FLORE DE L'ALGÉRIE

ANCIENNE FLORE D'ALGER TRANSFORMÉE

CONTENANT

LA DESCRIPTION DE TOUTES LES PLANTES
SIGNALÉES JUSQU'A CE JOUR COMME SPONTANÉES
EN ALGÉRIE

PAR

BATTANDIER ET TRABUT

Professeurs à l'École de Médecine et de Pharmacie d'Alger

DICOTYLÉDONES

PAR

J.-A. BATTANDIER

Ier FASCICULE

THALAMIFLORES

ALGER

TYPOGRAPHIE ADOLPHE JOURDAN
IMPRIMEUR-LIBRAIRE-ÉDITEUR

PARIS, LIBRAIRIE F. SAVY
77, Boulevard Saint-Germain, 77

1888

FLORE DE L'ALGÉRIE

ALGER. — TYPOGRAPHIE ADOLPHE JOURDAN

FLORE DE L'ALGÉRIE

ANCIENNE FLORE D'ALGER TRANSFORMÉE

CONTENANT

LA DESCRIPTION DE TOUTES LES PLANTES
SIGNALÉES JUSQU'A CE JOUR COMME SPONTANÉES
EN ALGÉRIE

PAR

BATTANDIER ET TRABUT
Professeurs à l'École de Médecine et de Pharmacie d'Alger

DICOTYLÉDONES

PAR

J.-A. BATTANDIER

ALGER
TYPOGRAPHIE ADOLPHE JOURDAN
IMPRIMEUR-LIBRAIRE-ÉDITEUR

PARIS, LIBRAIRIE F. SAVY
77, Boulevard Saint-Germain, 77

1888

A M. POMEL

ANCIEN SÉNATEUR

DIRECTEUR DE L'ÉCOLE SUPÉRIEURE DES SCIENCES

D'ALGER

Hommage de vive reconnaissance

J.-A. BATTANDIER.

Depuis la publication de notre premier volume, les matériaux dont nous disposions se sont accrus dans de telles proportions que nous avons cru pouvoir transformer notre Flore d'Alger en une Flore de l'Algérie, flore si impatiemment désirée par tous les botanistes. Par suite, nous avons dû condenser notre texte pour ne pas faire un ouvrage trop volumineux et ne pas augmenter outre mesure nos frais d'impression. Nous donnerons à la fin de l'ouvrage un appendice destiné à compléter les MONOCOTYLÉDONES.

Une pareille flore ne saurait être qu'une flore provisoire, qu'un prodrome. Nos trouvailles de tous les ans sont un indice certain de ce qui reste encore à découvrir dans ce pays; et, parmi les plantes déjà décrites, la valeur spécifique d'un grand nombre est encore à déterminer. Pour cela la vue d'échantillons d'herbier, souvent peu nombreux, parfois uniques, est loin de suffire.

J'habite au milieu de quelques espèces anciennement établies qui ont été depuis réunies à des espèces voisines; je suis ces plantes dans toutes leurs phases depuis de longues années et je suis arrivé à cette conviction que toutes avaient été établies à bon droit, et qu'on ne les a supprimées depuis que faute de les connaître suffisamment. Sans doute dans la plupart des cas les bonnes espèces se reconnaissent facilement, mais il est bien des cas douteux où une longue étude sur le vif est indispensable.

Cette étude, nous l'avions faite pour la plupart des plantes de la flore d'Alger, mais nous ne pouvions avoir la prétention de la faire pour toute l'Algérie. Une vie humaine serait loin d'y suffire. Nous avons donc dû étudier un certain nombre de plantes en herbier et nous ne nous flattons pas d'avoir pu éviter tous les écueils de ce genre d'études. C'est pour cela que dans tous les cas douteux nous avons soin de mettre la mention *(v. s.) Vidi siccam.*

Connaîtrait-on aussi parfaitement que possible toutes les plantes de la flore que l'on veut décrire, il est bien difficile de ne pas faire de l'arbitraire en classant ces plantes en espèces et variétés. Même en admettant avec les adversaires du Darwinisme que les espèces et variétés soient séparées par un abîme infranchissable, sur quel criterium se baser pour les reconnaître ? La ressemblance ? Mais c'est un criterium tellement élastique que chacun peut le plier à sa manière de voir. L'hérédité ? Mais d'après ce que nous ont appris les expériences des agriculteurs, des éleveurs et même des botanistes sur la persistance des variétés, ce criterium est pratiquement inapplicable. Je cultive certaines espèces critiques depuis douze ans, c'est beaucoup pour la vie d'un botaniste, c'est bien peu comme expérience. Prendra-t-on pour criterium la permanence ou la non permanence des hybrides ? Outre que l'application en serait difficile aussi, nous ne sommes point fixés sur la valeur de ce criterium faute d'une expérimentation suffisante en dehors de toute idée préconçue.

Le botaniste n'a donc pour se guider dans les cas douteux que les différences morphologiques et parfois anatomiques des plantes, et ces différences n'ont de valeur que par leur constance en dehors de toute action de milieu. Il ne faut d'ailleurs point perdre de vue qu'en botanique il y a peu de caractères généraux ; que tel caractère très inconstant et par suite sans valeur dans un genre ou une section de genre, peut acquérir une grande fixité dans un genre ou dans une section voisine. Or, cette constance des caractères ne peut être appréciée qu'en voyant un très grand nombre d'échantillons, ou mieux en observant la plante vivante dans toute son aire de dispersion.

Trouve-t-on des intermédiaires entre deux types. Il importe d'en discuter la valeur, de voir si la chaîne en est complète, si l'hybridité n'y est pour rien et s'il ne s'agit pas de cas accidentels.

Lorsque les formes végétales nous semblent constantes dans le temps et dans l'espace, deux partis se présentent à nous : ou bien les décrire toutes comme espèces, ou bien subordonner ces formes suivant l'importance de leurs caractères en espèces, races et variétés (1).

Le premier de ces partis est celui qui comporte le moins d'arbitraire; c'est celui qu'à suivi M. Pomel dans ses *Matériaux* et dans ses *Nouveaux matériaux pour la flore Atlantique*. C'était, dans ce cas, certainement le parti le meilleur; il évite les appréciations hypothétiques de la valeur des caractères pour ne s'occuper que des faits. Nous n'avons pas cru cependant devoir l'adopter pour notre flore, car une flore établie d'après ce système serait très volumineuse et peu commode à l'usage. Elle ne donnerait pas un tableau exact de la nature qui semble avoir réellement subordonné les formes végétales.

Nous avons donc adopté 4 ordres de types correspondant aux espèces, races, variétés et formes de la plupart des flores ; mais nous avons cru devoir supprimer ces termes, qui ont reçu dans la plupart des traités classiques des définitions trop précises, incompatibles avec la réalité des faits. Nous avons tâché d'être aussi complets que possible et de donner les moyens de déterminer toutes les formes végétales décrites et signalées jusqu'à ce jour en Algérie, tout en n'admettant qu'un nombre restreint de types spécifiques principaux.

Dans le classement et la subordination de cette multitude de formes, nous avons dû certainement commettre des erreurs d'appréciation. Il est probable que certains types classés par nous comme sous-espèces ou variétés, deviendront de bonnes espèces quand ils seront mieux connus.

Dans un pays neuf comme le nôtre, le seul moyen d'éviter les erreurs d'appréciation, c'est de tenir l'espèce à un niveau très élevé et de ne faire que peu de variétés. C'est le système suivi par M. le Dr Cosson dans son admirable *Compendium*

---

(1) Après les expériences de M. Jordan, il faut ou admettre ses espèces, ou reconnaître que les caractères des variétés peuvent être très longtemps héréditaires.

floræ atlanticæ (1), qui demeurera, dans ce genre, un modèle de perfection. Mais, à notre avis, ce système ne serre pas d'assez près la nature, et laisse échapper à travers ses mailles trop larges un grand nombre de formes végétales qui sont loin d'être sans intérêt.

Nous avons ajouté aux plantes d'Algérie un Catalogue des plantes du Maroc, d'après le *Spicilegium floræ marocannæ* de M. J. Ball et d'après des exemplaires de plantes sèches que nous devons à la générosité de M. le Dr Cosson.

Dans les délicates questions de priorité, nous nous sommes conformés à la règle généralement suivie aujourd'hui. Nous avons adopté le premier nom sous lequel les plantes ont été publiées et décrites. Nous n'avons fait, à cette règle, qu'une seule exception pour le genre *Cossonia*, n'ayant pas cru devoir éliminer de la flore de l'Algérie le nom du botaniste qui s'en est le plus occupé, pour une question discutable de priorité.

Les plantes décrites sans nom d'auteur, sont nouvelles ou décrites pour la première fois sous le nom indiqué.

Nous prévenons nos lecteurs que, pour économiser les frais d'impression, nous avons évité, autant que possible, les répétitions. Les caractères contenus dans les clefs, par exemple, ne sont pas répétés dans les descriptions; ceux des genres et des sections ne sont pas répétés pour les espèces.

Nous dédions ce volume à M. Pomel, qui a bien voulu mettre à notre entière disposition son précieux herbier, fruit de trente années de patientes recherches sur tous les points de l'Algérie, ainsi que d'importants et nombreux fragments manuscrits d'une *Flore d'Algérie* dont il avait projeté la publication. Cette œuvre magistrale eût été établie sur un plan bien plus vaste que le nôtre. C'est à lui surtout que nous devons d'avoir pu opérer la transformation de notre *Flore d'Alger*, et nous sommes heureux de lui offrir l'hommage de notre affectueuse reconnaissance.

Nous tenons à présenter également ici nos bien sincères

(1) Si nous n'avons pas cité les synonymes du *Compendium*, c'est que notre manuscrit avait été livré à l'imprimeur bien avant l'apparition de cet ouvrage. Nous l'avions cependant cité une fois ou deux d'après des renseignements que nous avait donné M. Letourneux.

remerciements à tous les botanistes qui nous ont aidé dans notre tâche, en nous communiquant des échantillons de plantes, ou de précieux renseignements : à MM. Cosson, Malinvaud, Rouy, etc. en France ; et à l'Étranger à MM. Freyn, Hakel, Willkomm, Todaro, Barbey, Gibelli, Belli, Lojacono, etc. ; à nos excellents correspondants algériens : Letourneux, Julien, Debeaux, Dr Chabert, Dr Clary, Gay, etc.

Pourquoi faut-il que, parmi ceux qui s'intéressaient à nos modestes travaux, la mort ait déjà fait tant de vides ? Cariot, Duval-Jouve, Allard, André, J.-E. Planchon, Meyer, puissiez-vous entendre le suprême hommage que nous adressons à votre mémoire !

Mustapha, 27 mai 1888.

J.-A. BATTANDIER.

FLORE DE L'ALGÉRIE

ANCIENNE FLORE D'ALGER [1] TRANSFORMÉE

DICOTYLÉDONES

Embryon à deux cotylédons, sauf de très rares exceptions; faisceaux fibro-vasculaires ouverts, rayonnant autour d'une moelle centrale; couches concentriques annuelles dans l'axe des plantes pérennantes; feuilles généralement angulinerviées; radicule persistante, devenant ordinairement une racine pivotante; bois et écorce distincts dans les axes ligneux.

Clef des groupes :

Corolle polypétale hypogyne . . . . **Thalamiflores.**
Corolle polypétale, rarement gamopétale, insérée sur le calice. . . . . **Caliciflores.**
Corolle gamopétale staminifère, insérée sur le réceptacle . . . . **Corolliflores.**
Pas de corolle distincte . . . . **Monochlamydées.**

NOTA. — A l'exemple de Boissier *(Fl. d'Or.)*, nous ne séparerons pas les *Paronychiées*, bien qu'elles soient souvent périgynes, des *Alsinées*, et nous rapprocherons les *Portulacées* de ce même groupe.

THALAMIFLORES D. C.

Clef des familles :

1.	Étamines libres.	2.
	Étamines soudées en une ou plusieurs phalanges	21.
2.	Plus de 12 étamines.	3.
	12 étamines ou moins.	9.
3.	Fruit capsulaire ou siliquiforme	4.
	Fruits agrégés en épi ou en verticille. . .	RENONCULACÉES et *Astrocarpus* des RÉSÉDACÉES.
4.	Feuilles opposées.	CISTINÉES.
	Feuilles alternes	5.

(1) 1 vol. *Monocotylédones*, typ. A. Jourdan, 1882.

5.	Pétales nombreux, plantes aquatiques . .	NYMPHÉACÉES.
	Pétales en nombre défini	6.
6.	Sépales 2 caducs ; fleurs tétramères. . .	PAPAVÉRACÉES.
	Sépales 4 ou davantage	7.
7.	Ovaire atténué en un long podogyne . . .	CAPPARIDÉES *(partie)*.
	Ovaire sessile ou subsessile	8.
8.	Capsule à placentation centrale.	*Peganum* et *Nitraria* des ZYGOPHYLLÉES.
	Capsule à placentation pariétale ordinairement ouverte au sommet	RÉSÉDACÉES.
9.	Anthères s'ouvrant par des opercules. . .	BERBÉRIDÉES.
	Anthères ne s'ouvrant pas par des opercules.	10.
10.	Embryon périphérique roulé autour de l'albumen.	20.
	Embryon non roulé autour de l'albumen .	11.
11.	5 étamines ou moins	12.
	Plus de 5 étamines	15.
12.	3 étamines, port de réséda, ovaire ouvert au sommet.	*Oligomeris* (RÉSÉDACÉES).
	Corolle éperonnée irrégulière	VIOLARIÉES.
	Corolle régulière	13.
13.	Tige articulée, noueuse; feuilles opposées ou fasciculées.	FRANKÉNIACÉES.
	Feuilles opposées; tige lisse; plante minuscule très rameuse au sommet; fleurs tétramères.	*Radiola* (LINÉES).
	Feuilles alternes	14.
14.	Arbrisseau grimpant, à feuilles palmées ; fruit baccien	*Vitis* (VITIFÈRES).
	Plantes herbacées; fleurs en cyme corymbiforme	LINÉES.
15.	6 étamines égales; fruit atténué en podogyne	CAPPARIDÉES.
	6 étamines, dont 2 plus courtes; fruit siliqueux ou siliculeux	CRUCIFÈRES.
	8 étamines, rarement 12 ou 15; arbres à feuilles opposées, à fruit formé de deux samares opposées.	*Acer* (ACÉRINÉES).
	10 étamines, dont parfois 5 privées d'anthères	16.
16.	Fruit capsulaire, à déhiscence variable . .	17.
	Fruit formé de carpelles distincts verticillés	18.
17.	Feuilles opposées; tiges articulées, noueuses; calice longuement tubuleux, 5 denté; fruit capsulaire, à placentation axile; graines planes avec le hile sur une face.	DIANTHÉES.
	Feuilles ponctuées; pellucides entières ou décomposées; plantes à odeur forte . .	RUTACÉES.
18.	Fruit atténué en long bec	GÉRANIACÉES.
	Fruit non atténué en bec	19.
19.	Feuilles composées.	ZYGOPHYLLÉES *(partie)*.
	Feuilles entières, trinerviées, lancéolées, opposées ; grand arbrisseau	*Coriara*.

20.	Calice à 2 sépales plus ou moins soudés. .	PORTULACÉES.
	Calice à 4-5 sépales libres ou presque libres ; pétales non onguiculés.	ALSINÉES.
	Calice tubuleux gamo-sépale, 4-5 fide ; pétales et étamines insérés au sommet d'un gynophore ; pétales longuement onguiculés	SILÉNÉES.
21.	Étamines très nombreuses.	22.
	10 étamines ou moins.	23.
22.	Étamines monadelphes uniloculaires, feuilles palmées et alternes.	MALVACÉES.
	Étamines soudées en plusieurs faisceaux, feuilles opposées	HYPÉRICINÉES.
23.	10 étamines monadelphes, fleurs régulières.	MÉLIACÉES.
	Fleurs irrégulières	24.
24.	2 sépales ; étamines diadelphes..	FUMARIACÉES.
	5 sépales, dont 2 grands et pétaloïdes ; anthères s'ouvrant par des pores au sommet.	POLYGALÉES.

RENONCULACÉES Juss.

Calice à 5 sépales libres, rarement 3 ou 4 ; pétales en même nombre ou plus nombreux, parfois très petits, transformés en nectaires ou nuls ; étamines indéfinies, hypogynes, libres, s'ouvrant par deux fentes latérales ; fruit formé de carpelles libres, agrégés en verticille ou en épi ; graine contenant un petit embryon droit ou pendant au fond d'un albumen corné.

Clef des tribus :

Feuilles .	opposées.		CLÉMATIDÉES.
	alternes .	Carpelles uniovulés (Achaines). .	RANONCULÉES.
		Carpelles folliculaires pluriovulés.	HELLÉBORÉES.

Tribu 1. — CLÉMATIDÉES

CLEMATIS L.

Calice pétaloïde régulier, à 4 sépales valvaires ; pétales nuls ; style très accrescent, longuement plumeux ; lianes grimpantes.

Cl. cirrhosa L. ; Desf., fl. atl. ; Poiret, voy. ; Munb. cat, ; Lx., cat. Kab. ; Ball. spic. — Feuilles dentées, les inférieures trifoliolées, les supérieures simples, fasciculées aux nœuds de la tige ; pédoncules uniflores, munis sous la fleur, de 2 bractées connées ; sépales très grands, d'un blanc verdâtre, parfois tachés de pourpre ; fleurs pendantes, en cloche. ♃ octobre-décembre. C. C. haies, broussailles. Région méditerranéenne.

β. *semitriloba* Ball. Maroc.

Cl. flammula L. ; Desf., fl. atl. ; Poiret, voy. ; Munb. cat., Lx., cat. Kab. ; Ball. spic. ; fig. Reich. 4666, α, β, γ, δ. — Feuilles composées, à segments entiers ; inflorescence ramifiée en thyrse; pédoncules privés d'involucre; sépales linéaires; fleurs dressées, odorantes. ♃ juin-août. C. C. champs. Rég. méd., Caucase.

α. genuina. — Folioles larges C. C.

β. maritima. — Folioles linéaires, A. R.

Les dimensions des fleurs peuvent aussi varier beaucoup. Var. *grandiflora* et *parviflora* Pomel, Nouv. mat., p. 247.

Tribu 2. — RANONCULÉES

Calice à préfloraison imbricative

Clef des sous-tribus :

Graine dressée ; pétales munis d'un nectaire à la base. . EURANONCULÉES.
Graine pendante ; pétales munis d'un nectaire à la base . MYOSUROÏDÉES.
Pétales nuls ou dépourvus de nectaire ; graine pendante . ANÉMONÉES.

Sous-tribu I. *ANÉMONÉES*

Clef des genres :

Feuilles 2 ou 3 fois pennées ; sépales (4-5) caducs ; pétales nuls ; achaines à côtes longitudinales, placés sur un axe très réduit ; plantes rhizomateuses vivaces. . . . . . . THALICTRUM.
Feuilles toutes radicales, palmées, plus ou moins divisées ; fleurs 1-2, sur une hampe munie d'un involucre de trois bractées ; calice pétaloïde ; pétales nuls ; carpelles petits, laineux, très nombreux sur un axe globuleux . . . . . ANÉMONE.
Corolle à 5-9 pétales ; feuilles très divisées ; tiges feuillées, ramifiées ; carpelles ridés, anguleux, en épi allongé. . ADONIS.

THALICTRUM L.

Th. flavum L.; Munb. cat.; Reich. 4639. — Plante élancée, de 1 m. environ; tige cannelée; feuilles glauques, à segments aigus; folioles souvent munies de stipelles; inflorescence en panicule serrée; anthères mutiques. ♃ A. R. juin-juillet, marais. Maison-Carrée, Oued-el-Alleg, Chaïba, Khodjaberry, etc. Toute l'Europe, Turquie.

TH. GLAUCUM (1) Desf.; Munb. cat.; Ball. spic.; Reich. 4641. — Plante plus robuste que la précédente, à tige striée, non cannelée; feuilles sans stipelles, à folioles plus larges, avec des lobes arrondis, repliés en dessous sur les bords, coriaces, très glauques et avec des nervures très saillantes en dessous; inflorescence compacte; fleurs plus grandes; anthères subapiculées. Tlemcen, Terni, H.-Pl. Oran. Lombardie, Portugal.

Th. minus L. — Plante bien plus petite; feuilles triangulaires dans leur pourtour, aussi larges que longues, à folioles

---

(1) *Nota.* — Les capitales maigres suivies d'un petit texte indiquent les sous-espèces. Les titres en italiques suivis d'un petit texte indiquent des variétés. Nous avons évité de mettre le mot variété, qui, pour nous, a un sens trop précis, et rarement justifiable.

petites ; fleurs en pyramidale, lâche ; anthères apiculées ; carpelles ovales, ventrus à la base ; tige cannelée. ♃ toute l'Europe.

Th. pubescens D. C. — Maroc, Cosson.

Th. saxatite D. C. ; Munb. cat. ; Lx., cat. Kab. ; Reich. 4632. — Tige à peine cannelée et seulement à la base, compressible ; carpelles régulièrement ovales. Zaccar de Miliana, Djurdjura. Juin.

ANÉMONE L.

A. palmata L. ; Desf., fl. atl. ; Munb. cat. ; Lx., cat. Kab. — Feuilles réniformes, peu divisées ; hampe portant souvent dans son involucre une fleur et une autre hampe involucrée ; sépales nombreux, lancéolés, velus, soyeux en dehors, d'un jaune vif. C. C. février-mars. ♃ rég. méd.

A. coronaria L. ; Munb. cat. ; Reich. 4648. — Feuilles très divisées ; hampe uniflore ; sépales, 5-8, largement obovales. ♃ février-mars. Rég. méd.

A. cyanea Hanry. — Fleurs bleues. C. C. Mitidja et Sahel, Maison-Carrée, Kouba, El-Biar, etc.

A. rosea Hanry. — Fleurs roses, non veloutées. Côteaux du Hamma.

A. coccinea Jordan. — Feuilles moins divisées ; sépales d'un beau rouge cochenille, très brillants, très veloutés, avec une tache blanche au fond. Fontaine-Bleue, près Alger.

A. nobilis Jordan. — Sépales pourprés, veloutés, avec une tache bleue au fond. Oued Beni-Messous, Château d'Hydra, près Alger, pelouses.

ADONIS L. (Goutte de sang)

a. *Fruits longs de 3 millim. environ*

A. microcarpa D. C. ; Munb. cat. ; Ball. spic. ; *A. Cupaniana* Guss. — Varie à fleurs rouges ou citrines ; fleurs ordinairement médiocres, grandes comme une pièce de 50 centimes. C. C. C. ① mars-mai. Rég. méd., Orient.

β. *grandiflora* (1). — Fleurs atteignant le diamètre d'une pièce de 1 fr. Mitidja C. C.

γ. *dentata*. *A. dentata* Delile, flore d'Égypte. — Base de l'achaine munie d'une ceinture de tubercules. Tout le Sahara.

b. *Fruits longs de 5 millim. environ*

A. æstivalis L. ; Desf., fl. atl. ; Munb. cat. ; Ball. ; spic., fig. Reich. 4619. — Sépales appliqués contre les pétales ; crête supérieure du fruit munie de 2 dents ; crête inférieure avec une dent à la base ; varie à fleurs grandes ou médiocres, rouges, minium ou citrines. A. R. Batna (fleurs très grandes), Teniet, Berrouaghia, etc. ① avril-mai. Rég. méd.

---

(1) α, β, γ indiquent des formes.

β. *dentata.* — Base du fruit munie d'une crête périphérique tuberculeuse. Teniet, Hauts-Plateaux, R. Maroc.

A. autumnalis L.; Desf., fl. atl.; Munb. cat.; Lx., cat. Kab.; Ball. spic.; Reich. 4621. — Sépales étalés; crête supérieure du fruit droite sans tubercules; fleurs ordinairement rouges. A. R. ① Mitidja, Maison-Carrée, Bou-Medfa. Avril. Rég. méd., Europe moyenne.

Sous-tribu II. *MYOSUROIDÉES*

MYOSURUS L.

M. minimus L.; Munb. cat. — Petite plante à feuilles toutes radicales, linéaires, étroites, subobtuses; hampe fistuleuse, uniflore; calice à 5 sépales prolongés en éperon à la base; pétales: 5, jaunes, à onglet filiforme, tubuleux; carpelles comprimés, bordés, terminés en bec et réunis en épi linéaire très long. ① mars-avril. Mare du Djebel Santo, à Oran. Europe.

Sous-tribu III. *EURANONCULÉES*

1 calice à 5 sépales:

Carpelles nombreux, bigibbeux à la base et prolongés en un long bec falciforme . . . . CERATOCEPHALUS.

Carpelles rarement gibbeux à la base, bec moins développé. RANUNCULUS.

2 calices à 3 sépales; pétales en nombre indéfini; feuilles luisantes. . . . . FICARIA.

CERATOCEPHALUS Mœnch.

C. falcatus Pers.; Munb. cat.; Reich. 4570. — Feuilles laciniées; fleurs petites; pétales jaunâtres; achaines à bec falciforme, à concavité tournée vers le haut; petite plante de 5-12 centim. ① mars-avril. Terres cultivées, lac Halloula, Médéa. C. dans les Hauts-Plateaux des trois provinces. Rég. méd., Orient, etc.

C. INCANUS Stev.; *C. furfuraceus* Pomel, Nouv. mat., p. 248. — Bec du fruit plus droit; épi plus étroit; plante toute cendrée, velue, laineuse. R. avec le précédent.

? *C. orthoceras* D. C.; Reich. 4570 *bis.* — Rostre droit non unciné, plus grêle. Espèce orientale. Algérie, ex Munb. cat. J'en ai un échantillon recueilli par le Dr Sollier, sans désignation de localité.

RANUNCULUS L. (Bouton d'or, Grenouillette)

Clef des sections :

A. Fossette nectarifère non recouverte d'une écaille; ovaires non bordés d'une marge à carène saillante :

a. Carpelles ridés en travers :

1. Pétales blancs; pédoncules courbés en arc; plantes aquatiques . . . . *Batrachium.*

2. Pétales jaunes, petits; pédoncules droits; plantes de marais . . . . *Hecatonia.*

b. Carpelles non rayés en travers, non ridés, rarement réticulés, gonflés; feuilles lancéolées, linéaires.. . . . . *Vesicastrum.*

B. Fossette recouverte d'une écaille ; ovaires lenticulaires, bordés, carénés, à carène saillante ; fleurs jaunes . *Xanthoranunculus.*

§ 1. *Batrachium*

R. homœophyllus Tenore; *R. cœnosus* Gussone; Lx. cat., non Gren.; Godr., Fl. Fr.; *R. mauritanicus* Pomel, Nouv. mat.; *R. hederaceus* Desf., fl. atl.; Munb. cat. — Feuilles luisantes, toutes réniformes, à 5-7 lobes profonds, arrondis; fleurs petites; carpelles nombreux, obovés, à bec grêle et arqué, assez long. ♃ mars-juin. Alger (le Ruisseau), Boufarick, Médéa, Miliana, Djurdjura, Daya, etc., etc. Europe, rég. méd.

R. aquatilis L.; Desf., fl. atl. — Feuilles généralement dimorphes, les inférieures ordinairement submergées, divisées en lanières capillaires, les supérieures ordinairement nageantes, réniformes, tripartites, à lobes lobulés; pétales ordinairement bien plus longs que le calice, obovés, blancs, tachés de jaune à la base; plante très polymorphe, dont toutes les variétés peuvent avoir des formes entièrement submergées, à feuilles toutes capillaires; des formes flottantes, à feuilles supérieures flabelliformes; des formes exondées, à feuilles également dimorphes; des formes à feuilles minces, et d'autres à feuilles charnues, etc. Parfois, les lanières des feuilles, au lieu d'être capillaires, deviennent épaisses, larges et charnues. ♃ mars-juin. Eaux douces ou saumâtres.

R. aquatilis Gren.; Godr., Fl. Fr.; *R. peltatus* et *R. diversifolius* Schrank, fig. Reich. 4576. — Étamines plus longues que les pistils; style court et trigone, épais; réceptacle globuleux très hispide; fruits, feuilles et gaines velus. Cette plante n'a pas encore été récoltée bien typique en Algérie; mais il y en a une forme voisine dans la mare des Beni-Khalfoun, près Tizi-Reniff (Kabylie), qui n'en diffère que par ses styles minces, plus allongés.

R. saniculæfolius Viv.; *R. atlanticus* Pomel. — Réceptacle court, peu hispide; styles minces, allongés; feuilles glabres, ainsi que les fruits. C. C. C. partout.

R. confusus Gren.; Godr.; *R. Petiveri* Koch. — Réceptacle conique, allongé; styles plus courts que les étamines. Biskra, Hauts-Plateaux, Mitidja, R.

R. Baudotii Godron; Munb. cat.; Ball. spic. — Styles dépassant les étamines, grêles, réfléchis au sommet; achaines gonflés vers le haut, petits, très obtus; réceptacle ovoïde, conique, poilu. Eaux saumâtres, Rassauta (Duval-Jouve).

R. trichophyllus Chaix.; *R. aquatilis*; var. *trichophyllus*

Lx., cat. Kab. Cosson; compend. *R. capillaceus* Thuil.; Munb. cat. — Feuilles toujours toutes laciniées, à divisions capillaires; pédoncules plus courts que dans l'espèce précédente; fleurs bien plus petites, à pétales plus étroits; carpelles amincis au sommet, apiculés. ♃ C. C. ruisseaux et mares. Mars-juin.

R. Drouetii Gren.; Godr., fl. fr. — Fleurs très petites; pétales obovés dépassant à peine le calice; 5-10 étamines seulement; pédoncules très grêles. Fossés de la Mitidja, Maison-Carrée, Boufarick, etc.

Espèces exclues:

R. tripartitus D. C.; ex Munb. cat. — N'a jamais été trouvé en Algérie.

R. peucedanoides Desf., fl. atl. — Espèce incertaine.

§ 2. *Hecatonia* Gren.-Godr.

R. sceleratus L.; Munb. cat.; Reich., fig. 4298. — Feuilles palmatipartites, incisées-crénelés, les supérieures trifides; plante glabrescente, à tiges dressées, 3-5 décim., très rameuses; sépales velus, réfléchis; pétales plus courts que le calice; achaines petits, très nombreux, sur axe ovoïde, vésiculeux. ① avril-mai. Réghaïa (marais près de la mer, sur la rive droite de la rivière), Constantine, La Calle. Plante cosmopolite.

R. globosus Freyn. in Pichler *(Plantæ persicæ)*. — Réceptacle globuleux, très gros. Batna. Orient.

§ 3. *Vesicastrum* Gren.-Godr.

R. batrachioides Pomel, Nouv. mat., 1874; *R. Xantholeucos* Cosson et Durieu, inédit; Coss., *Bull. Soc. Bot. fr.* 1880, p. 67, illustr., fl. atl., tab. I. — Petite plante de 4-20 centim.; feuilles glabres, linéaires-lancéolées, à nervures indistinctes, glabres, ainsi que la tige et les pédoncules; sépales glabres; pétales blancs, tachés de jaune à la base, cunéiformes, obovés, à nectaire bordé d'une membrane; carpelles nombreux, obovés, à style latéral, court, continuant la carène ventrale, lisses ou à peine ponctués. ① Tiaret (Sersou), lieux inondés l'hiver. Avril-juin.

R. pusillus Pomel, non Poiret. — Plante très grêle, minuscule; carpelles tuberculeux. Terni au-dessus de Tlemcen.

R. gramineus L.; Ball. spic. — Plante de rochers, à feuilles longues, lancéolées, linéaires, plus ou moins étroites, nerviées, glabres, ainsi que la tige et les pédoncules; souche vivace, entourée des fibrilles résultant de la destruction des pétioles anciens; racines fibreuses; fleurs jaunes; nectaire à bord relevé en cornet; carpelles en épi globuleux. ♃ R. Daya (Clary), sud et ouest de l'Europe, Maroc.

β. luzulæfolius Boissier, Elench., p. 6; Munb. cat.; Lx., cat. Kab. — Bas des feuilles et des tiges muni de longs poils blancs; cornet nectarifère très développé. Djurdjura, H.-Pl., Constantine, Babors, Tunisie, etc.

§ 4. *Xantoranunculus*

§§ 1. *Euranunculus* Gren.; Godr., Fl. Fr. — Racines fibreuses; plantes vivaces.

a. Feuilles entières lancéolées.

R. Flammula L.; Desf., fl. atl.; Munb. cat.; Reich. 4595. — Tige fistuleuse, parfois radicante; feuilles lancéolées ou linéaires, calleuses au sommet, non acuminées; tige 2-4 décim.; pédoncules sillonnés; carpelles petits, renflés, à bec droit, étroit, un peu courbé et caduc. ♃ Chaïba (Duval-Jouve), La Calle (Desf.), Europe.

b. Feuilles palmatipartites.

1° Bec fortement recourbé en crochet :

R. aurasiacus Pomel, Nouv. mat., p. 379; *R. demissus* Coss., voy. Munb. cat., non D. C.; *R. Villarsii* Lx., cat. Kab.; Coss., compend. — Souche rampante, vivace, épaisse, noueuse, portant les restes d'anciens pétioles, terminée par 1-2 rosettes florifères; feuilles velues-soyeuses, tripartites, les radicales suborbiculaires, à segments trifides, à lobes incisés; tiges ascendantes 1-3 décim., solitaires ou géminées, simples ou bifurquées, portant 1-2 feuilles sessiles; pédoncules sillonnés, un peu raides; réceptacle velu; carpelles en tête globuleuse, gros, comprimés, épaissis en avant, à bec prolongeant le bord supérieur et recourbé en cercle. ♃ Juin-juillet, sommets de tout le Djurdjura et de l'Aurès, vers 2,000 m. et au-dessus.

R. atlanticus Ball. spic.; *R. acris*, var. *Steveni* Coss. Maroc.

2° Bec droit ou peu courbé :

R. repens L.; Munb. cat.; Ball. spic.; Reich. 4610. — Feuilles ovales dans leur pourtour, ternées et biternées, à segments trifides, incisés, dentés; tiges rampantes, stolonifères; sépales trifides, velus, étalés; carpelles à bec étroit, arqué, subulé, n'égalant pas la moitié du carpelle. ♃ Avril-juillet. Djebel Mouzaïa, prairies vers 1,200 mètres. L'Arba (Jamin), Oued-el-Hammam (Pomel), Aurès, Lambèse, etc. Europe, Orient, Sibérie, Maroc.

R. bulbosus L.; Desf., fl. atl.; Poir., voy. en Barbarie; Munb. cat.; Ball. spic. — Feuilles ovales dans leur pourtour, ternées ou biternées, à segments trifides; sépales velus, réfléchis; écaille nectarifère courte et large; fruits à bec large, arqué, très court; souche ordinairement bulbeuse. ♃ H.-Pl., Garrouban, Europe.

β. *hispanicus* Freyn., Prod. fl. hisp. — Tiges solitaires, uniflores, feuillées. Djebel Amour (Roux), vidit Freyn.

γ. *macrocephalus* Cosson. — Maroc.

δ. *giganteus* Ball. — Maroc.

R. neapolitanus Tenore ; Munb. — Souche non bulbeuse. Maison-Carrée (Duval-Jouve), Réghaïa. Rég. méd.

R. macrophyllus Desf., fl. atl.; Munb. cat. ; Lx., cat. Kab. ; *R. lanuginosus* Poiret, voy., non L. ; *R. palustris*, var. *macrophyllus* Ball. spic. — Feuilles radicales à contour pentagonal, triséquées, à lobes larges, se recouvrant, bitripartits, crénelés-dentés ; feuilles caulinaires décroissantes, les supérieures sessiles, linéaires ; plante puissante, multicaule, rameuse, velue ; sépales étalés, velus, membraneux ; pétales munis d'une écaille arrondie plus large que l'onglet ; carpelles fortement bordés, à bec droit, large, plus court que le tiers du carpelle ; faces du carpelle lisses. ♃ C. C. C. Avril-juin. Fossés, prairies, marais, partout. Espagne, Baléares, Corse, Sardaigne.

β. *procerus; R. procerus* Moris, fl. sard., tab. II ; *R. decipiens* Pomel, Nouv. mat. — Carpelles muriculés sur les faces. Kouba, R., Dra-el-Mizan, Bou-Ksaïba, près Jemmapes, etc. Tunisie, Maroc, Sardaigne.

§§ 2. *Ranunculastrum.* — Racines grumeuses (fibres renflés en petits tubercules) ; plantes vivaces ; carpelles aplatis, subpapyracés, à bec assez long ; calice étalé à la floraison, sauf dans le *R. monspeliacus* L.

a. Feuilles toutes radicales, ovales ou elliptiques dentées.

R. bullatus L. ; Desf., fl. atl. ; Munb. cat. ; Lx., cat. Kab. ; Ball. spic. — Hampes velues, 1-3 décim., dressées, simples ou peu rameuses ; fleurs grandes, à odeur de violette ; carpelles petits, lisses, glabres, en épi ovoïde serré ; axe glabre. C.C.C. pelouses sèches. Oct.-déc. Rég. méd. Portugal.

b. Feuilles toutes pennatiséquées, très divisées, décomposées ; calice glabrescent ou peu velu.

R. millefoliatus Vahl. ; Desf., fl. atl., tab. 116 ; Reich. 4590. — Racines fortement tubérisées ; tiges velues, 1-3 décim., peu rameuses ; fleurs grandes ; sépales pubescents ; carpelles plus larges que longs, très arrondis au bord inférieur, comme tronqués-émarginés sous le bec. Juin. A. R. Montagnes calcaires, H.-Pl., Djurdjura.

R. meifolius Pomel. — Tiges robustes ; carpelles en épi oblong et non globuleux, plus hauts que larges, obliquement tronqués en avant. Aurès, Ras-Pharaoun.

c. Feuilles palmées, réniformes, tripartites ou trifides, à segments plus ou moins partits, lobés ou dentés ; hampe longuement nue, 2-5 décim., portant vers son sommet 2-3 rameaux uniflores à l'aisselle de feuilles bractéiformes, sessiles ; fleurs grandes ; épi fructifère cylindrique ; plantes mollement velues.

R. spicatus Desf., fl. atl., tab. 115; Munb. cat.; Lx., cat. Kab.; Ball. spic.; *R. olyssiponensis* Pers. — Épi carpellaire long et étroit; dents des feuilles peu velues. Février-avril. Mustapha, chemin du cimetière, Birmandreïs, Sahel d'Alger.

R. blepharicarpos Boiss., voy. Esp., pl. I; Munb. cat.; Ball. spic.; *R. Warionii* Freyn., Prod. fl. hisp., III, p. 919. — Feuilles plus molles, à dents plus aiguës; épi carpellaire moitié plus large et moitié plus court. C. C. C. lieux frais de toute la région montagneuse. Mars-mai.

d. Feuilles réniformes ou ovoïdes dans leur pourtour; fleurs grandes; calice réfléchi lors de l'anthèse; épi carpellaire ovoïde subcylindrique, très serré.

R. monspeliacus L.; Poir., voy.; Desf., fl. atl.; Munb. cat. — Plante 3-5 décim., pubescente, rameuse dans le haut. La Calle. Cette plante ne paraît pas avoir été revue depuis Desfontaines.

e. Feuilles rarement réniformes, souvent polymorphes; carpelles en épi ovoïde très serré, non appendiculés à la base; calice étalé.

R. rectirostris Cosson, illust. fl. atl., tab. II. — Racines les unes filiformes, les autres tubérisées; tiges de 2-4 décim., rameuses presque dès la base, mollement velues, ainsi que les pétioles; feuilles radicales, longuement pétiolées, pubescentes, ovoïdes ou suborbiculaires, palmati 3-5 partites à lobes incisés-dentés, les supérieures sessiles; fleurs grandes; carpelles ascendants, glabres ou un peu velus, tuberculés sur les faces; tubercules souvent pilifères, marginés, un peu gibbeux à la base, terminés par un long bec droit ascendant. ♃ Batna, Lambèse, Djelfa, Géryville, Hodna, etc. Voisin du *R. oxyspermus* Marsh. Bieb. d'Orient.

R. tenuirostris Pomel, Nouv. mat. et herb. — Rappelle beaucoup l'espèce précédente; mais je n'en ai vu que des échantillons peu complets. Aflou.

R. flabellatus Desf., fl. atl.; *R. Chærophyllos* de la plupart des botanistes, non L., d'après Freyn. — Feuilles radicales ordinairement dimorphes, les premières indivises, manquant parfois à la floraison, dentées, de forme variable; les autres profondément divisées, souvent décomposées, laciniées; feuilles caulinaires peu nombreuses, les supérieures sessiles, linéaires ou à 2-3 lanières; souche enveloppée de fibrilles entrecroisées, rarement nue; tiges simples ou rameuses. Type des plus variables formé probablement d'une série de types secondaires. Europe, rég. méd.

R. rufulus Brot. — Port du *R. monspeliacus*, dont elle diffère surtout par son calice étalé. Du pont du Chéliff à Ouillis (Dahra), broussailles humides, au bord de la route. R. R. Avril-mai. Plante stolonifère à anneau staminal velu (vidit Freyn.).

R. flabellatus Desf., fl. atl., tab. 114; Munb. cat.; Lx., cat. Kab.; Ball. spic. — Feuilles entières très développées, persistantes, ovoïdes ou arrondies, flabelliformes, souvent luisantes, glabrescentes, les intérieures plus ou moins finement laciniées. C. C. C. Sahel d'Alger, Kabylie, etc. Février-mai.

R. Chærophyllos Gren.; Godr., Fl. Fr. et multor. auct.; Munb. cat.; Lx., cat. Kab. — Plante plus velue ou fortement pubescente. cendrée; feuilles entières, petites, caduques; les internes moins finement laciniées. C. C. Atlas, H-Pl.

R. robustus Pomel, Nouv. mat. — Port plus robuste; pédoncules renflés en massue vers le haut. Berrouaghia, Ousseugh, etc. H.-Pl.

R. fibrosus Pomel, loc. cit. — Racines grumeuses, ovoïdes, enveloppées dans la masse assez dure des fibrilles anastomosées; feuilles à peu près toutes divisées; carpelles à bec droit, à peine bordés au côté inférieur, à faces alvéolées; anneau staminal rugueux. Garrouban.

R. chondrodes Pomel, loc. cit. — Diffère du précédent par ses fibrilles moins serrées, ses carpelles pubescents à bec étroit, les égalant, ponctués sur les faces; anneau staminal velu. Sersou.

R. nidulans Pomel, loc. cit. — Souche enveloppée dans des fibrilles très serrées, très fortes, mêlées de racines fibreuses redressées; feuilles dimorphes, soyeuses; carpelles un peu velus, à bec large, moitié plus court qu'eux, ponctués; anneau staminal velu. Oran, terrains argilo-ferreux. Mars-avril.

R. granulatus Pomel, loc. cit. — Racines grumeuses, non enveloppées de fibrilles; feuilles dimorphes; écaille nectarifère des pétales crénelée; carpelles petits, ponctués, un peu velus, à bec court, étalé; anneau staminal velu. Stora, Philippeville, terrains schisteux.

R. paludosus Poir., voy., II, p. 184. — Plante peu connue. La Calle.

f. Carpelles en tête sphérique, très grands, rugueux sur les faces, munis d'un grand bec plat, unciné, et d'un large appendice papyracé à la base.

R. orientalis L.; Munb. cat.; Ball. spic.; *R. squarrosus* Pomel. — Petite plante velue, pubescente, à tiges raides, rameuses; feuilles ovoïdes, décomposées. Médéa, moissons. H.-Pl., Orient.

§§ 3. *Brachybiastrum* Gren.; Godr., Fl. Fr. — Plantes anuuelles; carpelles lenticulaires, bordés, souvent muriqués ou épineux sur les faces; épi carpellaire court.

a. Feuilles entières ou à peine dentées, lancéolées; carpelles à faces finement tuberculeuses.

R. ophioglossifolius Vill.; Munb. cat.; Ball. spic.; Lx., cat. Kab.; Reich. 4615. — Tige creuse, radicante à la base, dressée; fleurs petites, pédonculées. Marais C. C. C. Avril-juin. Europe occidentale, rég. méd., Orient.

R. lateriflorus D. C.; Lx., cat. Kab.; Reich. 4612 sub. *R. nodiflorus*. — Fleurs sessiles ou subsessiles; écaille nectarifère au milieu du pétale cochléaire. R. Mare du Rond-Point, à Teniet. Kabylie. Mai-juin. Rég. méd.

b. Feuilles plus ou moins divisées ; carpelles tuberculeux sur les faces, à bec plus court que leur rayon.

R. sardous Crantz ; *R. philonotis* Retz ; Munb. cat.; Ball. spic. — Tige élancée, rameuse, fistuleuse ; plante velue, glabrescente, presque glabre ou velue ; feuilles radicales palmatitripartites, à lobes distincts, plus ou moins tripartits ou triséqués, le médian pétiolulé ; pétales dépassant toujours le calice, assez grands ; achaines en tête arrondie, nombreux, petits, à bec très court et conique. C. C. marais. Avril-juin. Toute l'Europe. Rég. méd.

β. macrocarpus Freyn. *in litteris; R. trachycarpus* Heildr, exsic; Boiss., fl. d'Or. an Fish. et Mey. ? — Fruits beaucoup plus grands ; bec plus large et plus développé. Entre Aïn-Taya et la Réghaïa. Mai. R. R. accidentel ? Orient.

γ. intermedius Poiret. — Intermédiaire entre les *R. Sardous* et *trilobus.* La Calle.

R. trilobus Desf., fl. atl., tab. 113 ; Munb. cat. ; Lx., cat. Kab. ; Ball. spic. — Plus glabre que le *R. sardous;* pétales plans ne dépassant pas le calice ; carpelles plus nombreux, plus petits, en un capitule ovoïde très compact ; bec un peu plus long et plat. Marais, moissons, partout. C. C. C. Avril-juin. Rég. méd.

c. Feuilles toutes palmatipartites ; tiges faibles, rampantes ; pédoncules courts ; pétales ne dépassant pas le calice velu ; carpelles, 10-20, assez grands, tuberculeux-épineux, en capitule lâche ; bec plus grand que dans les précédents.

R. parviflorus L. ; Desf., fl. atl. ; Munb. cat. ; Ball. spic. ; Reich. 4616. — Lieux frais, Chaïba, le Corso, le Chenoua, l'Alma, Hammam-R'hira, Fort-National, Dra-el-Mizan, etc. Avril-mai. Europe, rég. méd., Amérique du Nord.

d. Carpelles ordinairement épineux sur les faces, grands, à bec égalant à peu près leur diamètre.

R. cornutus D. C. — Espèce d'Orient, à port de *R. philonotis,* mais à bec très long ; a été trouvé une fois à Bab-el-Oued, aux portes d'Alger. Accidentel ?

R. muricatus L. ; Desf., fl. atl. ; Munb. cat. ; Lx., cat. Kab. ; Ball. spic. ; Reich. 4615. — Feuilles toutes palmatipartites, brillantes ; carpelles à bec aplati, ensiforme, recourbé. C. C. C. marais, ruisseaux, fossés. Mars-mai. Rég. méd., Orient, nord de l'Inde, Amérique du Nord.

R. arvensis L. ; Desf., fl. atl. ; Munb. cat. ; Lx., cat. Kab. ; Reich. 4614. — Plante grêle, dressée, 2-4 décim., à feuilles inférieures cunéiformes ou obovées-dentées, les autres découpées en lanières linéaires-lancéolées; fleurs médiocres, d'un jaune pâle; carpelles, 4-10, très grands, à bordure large, non carénée, ordinairement munie, ainsi que le disque, de longs aiguillons; bec long, subulé. Moissons et friches. C. C. Avril-mai. Europe, rég. méd., Orient.

(Je n'ai jamais vu, en Algérie, les variétés à fruit lisse ou à fruit tuberculé.)

FICARIA Dillen

Calice à 3 sépales; pétales 8-12 ou plus, jaunes, luisants, comme vernissés, munis d'une glande nectarifère; carpelles ventrus; racine grumeuse; feuilles cordiformes, luisantes, indivises.

F. grandiflora Robert; *F. calthæfolia* Reich., ic. 4571; Munb. cat.; Lx., cat. Kab.; Ball. spic.; *R. Ficaria* Desf., fl. atl. — Feuilles grandes, cordiformes; fleurs très grandes, odorantes. C. C. C. ♃ novembre-mars. Rég. méd.

Tribu 3. HELLÉBORÉES

Clef des genres :

a.	Plantes un peu périgynes, à anthères introrses, à fleurs rouges très grandes; racines tubéreuses	Pæonia.
b.	Plantes à insertion hypogyne :	
1.	Fleurs régulières; sépales colorés, pétaloïdes. . .	2.
	Fleurs irrégulières.	3.
2.	Pétales petits, bilabiés, nectariformes; follicules plus ou moins soudés.	Nigella.
	Pétales grands, éperonnés.	Aquilegia.
3.	Sépale postérieur éperonné	Delphinium.
	Sépale postérieur en casque.	Aconitum.

ACONITUM L.

A. Lycoctonum L., var *atlanticum* Cosson; *A. atlanticum* Cosson, olim. — Maroc.

DELPHINIUM L.

5 sépales subégaux lancéolés; 2 pétales postérieurs, souvent connés, prolongés en un éperon qui se loge dans celui du calice; ordinairement 2 pétales latéraux libres; ovaire formé de 1-5 follicules libres, polyspermes.

§ 1, *Consolida.* — Pétales postérieurs soudés; fruit formé d'un seul follicule; graines obconiques, écailleuses,

a. Grappes pauciflores; plantes divariquées, très rameuses, velues, pubescentes.

D. pubescens D. C.; Munb. cat. — Tiges peu robustes;

feuilles à pétioles et à lanières allongées; fleurs d'un bleu pâle; pétales postérieurs formant un ensemble trilobé, à lobes latéraux connivents, arrondis, munis en dessous d'un lobule peu apparent, à lobe médian bien plus élevé, profondément émarginé; follicule brusquement tronqué au sommet, à style tout à fait latéral, égalant le tiers de la capsule. ① H.-Pl., R. Hodna (Reboud), El-Aricha, M'kraoula (Pomel). Rég. méd.

D. **mauritanicum** Cosson, ill. fl. atl., tab. 3. — Tiges raides, courtes, très rameuses, très divariquées; feuilles à pétiole et lanières très courts; fleurs roses ou lilas; pétales postérieurs formant un ensemble à lobe médian à peu près nul. ① Kralfallah (Trabut), Sebdou, Tlemcen, Lalla-Maghnia, etc. H.-Pl. oranais. Mai-juillet.

b. Grappes multiflores; plantes élancées.

D. **Ajacis** L.; Munb. cat.; Ball. spic.; Reich. 4670. *Pied d'alouette* des jardins. — Tiges dressées de 3-9 décim., un peu pubescentes, à rameaux étalés; feuilles inférieures pétiolées, tripinnatifides, les supérieures sessiles, ternées, décomposées; bractées inférieures ternées; fleurs bleues, roses ou blanches, jamais violettes, en grappe lâche et longue; éperon plus long que les sépales; carpelles pubescents, à bec latéral droit égalant le quart ou le tiers de leur longueur. ① Sahara 3, R. (Munby), subspontané dans le Tell. Mai-juin. Rég. méd.

D. **orientale** Gay; Cosson, voy.; Munb., cat.; **Lx.**, cat. Kab. — Diffère du précédent par ses feuilles divisées en lanières capillaires, par ses bractées inférieures triternées, par ses grappes plus serrées, par ses fleurs souvent violettes, à éperon dépassant peu la longueur des sépales; par ses fruits un peu visqueux à la base, à style très court et déjeté de côté. ① Kabylie, Constantine, Batna, Biskra. Moissons, A. C. Mai-juillet. Orient, Espagne.

D. HISPANICUM Willk. — Tiges plus rameuses, à rameaux plus étalés; lanières des feuilles assez larges, aiguës; bractées peu divisées; fleurs en grappes lâches et pauciflores; fleurs violettes, à éperon court et relevé. Constantine, Saint-Arnaud (Reboud, Soc. Dauph. 2738). ①. Avec le précédent, dont il est très voisin. Espagne.

§ 2. *Delphinellum* D. C. — Fruit formé de 3 follicules; 4 pétales libres, les 2 supérieurs éperonnés, les 2 latéraux longuement onguiculés.

a. Annuels.

D. **peregrinum** D. C.; Desf., fl. atl.; Munb. cat.; **Ball.** spic.; Reich. 4672. — Plante dressée, à rameaux raides, dressés ou plus ou moins divariqués; feuilles inférieures et caulinaires tripartites, multifides, les supérieures simples; graines à lamelles écailleuses, transversales, fortement ombiliquées au sommet; fleurs bleues; pédoncules courts. Orient, rég. méd.

D. JUNCEUM D. C. — Feuilles un peu coriaces; les raméales indivises, linéaires ; limbe des pétales onguiculés, subelliptique, plus long que large ; éperon ordinairement dressé, ascendant, C. C. Juillet-août. L'Alma, Chiffa, Oued Djer, etc., etc.

β. ochroleucum. — Fleurs pâles, jaunâtres. Médéa. C. C.

D. HALTERATUM Sibth et Sm. ; Ball. spic. — Plante plus feuillue ; feuilles raméales inférieures trifides ; limbe des pétales onguiculés aussi large ou plus large que long. Dra-el-Mizan, H.-Pl.

D. cardiopetalum D. C. ; syst. Ball. spic. — Limbe des pétales onguiculés cordiforme-orbiculaire ; fleurs subhorizontales sur un pédoncule plus court qu'elles et que la bractée. H.-Pl. (Herb. Pomel), Maroc (Ball.).

D. macropetalum D. C. ; syst. Ball. spic. — Diffère des précédents par ses feuilles à lanières plus larges et ses fleurs plus grandes dans toutes leurs parties, par ses pédicelles plus longs, etc. Herb. Pomel (*sine loco).* Maroc (Ball.).

D. longipes Moris. — Feuilles glabres, à lanières larges et peu nombreuses; grappes pauciflores lâches, à pédicelles plus longs que l'éperon et bien plus longs que la bractée. Dra-el-Mizan, H.-Pl. (Herb. Pom.).

D. ambiguum L. ; Desf., fl. atl. Mauritanie (n. v.).

b. Plantes vivaces.

D. Balansæ Boiss. ; Reut, diagn. § 2, n° 5, p. 12; Munb. cat. ; Lx., cat. Kab. ; Cosson, ill., tab. 4. — Très voisin du *D. junceum;* en diffère surtout par sa souche ligneuse, multicaule, portant des rameaux stériles, ses graines subglobuleuses; fleurs pâles ou bleues. ♃. Mai-août. Montagnes des H.-Pl., Kabylie, Aurès, Djebel Antar, Ben-Chicao, etc. Maroc.

§ 3. *Delphinastrum.* — Pétales 4 libres, bifides ou bidentés, les 2 postérieurs éperonnés, les 2 autres barbus en dedans, onguiculés ; 3-5 carpelles; espèces vivaces.

D. pentagynum Desf., fl. atl., tab. 111; Munb. cat.; Lx., cat. Kab. ; Ball. spic. — Plante robuste, un peu velue; feuilles inférieures palmées, deux fois tripartites, longuement pétiolées, les supérieures sessiles, très divisées, plus ou moins velues, ainsi que les fleurs ; fleurs grandes, d'un bleu foncé ; anthères bleues ; ovaires à 3-5 graines très velues. C. C. lieux ombragés, broussailles. Mai-juin. Espagne, Sicile.

D. sylvaticum Pomel. — Toujours 3 carpelles ; graines papilleuses (v. s.). Beni-Foughal (Kabylie).

§ 4. *Staphysagria.* — Pétales 4 libres, glabres, entiers, les postérieurs courtement éperonnés, les antérieurs onguiculés, à limbe ovale ; éperon calicinal court; ovaire à 3 follicules; graines grosses, anguleuses, aréolées, rugueuses.

D. Staphysagria L.; Munb., cat.; Lx., cat. Kab. — Plante robuste, à tiges velues pouvant atteindre la grosseur du doigt; feuilles pubescentes, palmées, 5-7 partites, à divisions larges, entières ou bi-trifides, aiguës; fleurs grandes, bleues, avec les pétales onguiculés, blanchâtres. Lieux frais de l'Atlas, bord des ruisseaux. ① Blida, la Chiffa, etc. Juin-juillet. Plante toxique. Rég. médit., Orient.

AQUILEGIA L.

Calice à 5 sépales pétaloïdes; pétales 5, alternant avec les sépales et creusés au milieu en un cornet formant éperon; fruit formé de 5 follicules verticillés.

A. vulgaris L., var *viscosa; A. viscosa* Gouan; Munb., cat.; Lx., cat. Kab.; Ball, spic. — Plante multicaule très feuillée à la base; feuilles biternées, à folioles incisées-crénelées; crénelures arrondies, les radicales longuement pétiolées, les caulinaires sessiles, lobées à lobes souvent entiers, un peu velues, visqueuses (dans notre variété); tiges 3-8 décim.; fleurs grandes, nutantes; pédoncules à la fin redressés; pétales à lame tronquée plus courte que l'éperon recourbé; 8-10 filets stériles près des ovaires, obtus, plissés, larges. ♃ Région montagneuse, R. Djurdjura, Babors, montagnes du Chabet-el-Akra, etc. Europe.

NIGELLA L.

Plantes annuelles, à feuillage très divisé, à graines anguleuses *(in nostris)*; fleurs (formées surtout par les sépales pétaloïdes) terminales, solitaires, dressées.

§ 1. *Erobatos* Spach. — Carpelles soudés jusqu'au sommet, renflés, vésiculeux, à 2 loges, l'une interne, contenant les graines, l'autre externe, vide; fleurs involucrées par les dernières feuilles.

N. Damascena L.; Desf., fl. atl.; Munb., cat.; Lx., cat. Kab.; Ball, spic.; Reich. 4737. — Plante glabre, très feuillue, à feuilles découpées en lanières capillaires; sépales d'un bleu pâle, brièvement onguiculés. C. C. C. Moissons. Avril-mai. Rég. médit.

§ 2. *Nigellaria.* — Carpelles 5-10, soudés assez haut, uniloculaires; fleurs non involucrées.

N. sativa L.; Desf., fl. atl.; Munb., cat. — Feuilles à lanières courtes, linéaires-spatulées dans le bas; sépales brièvement onguiculés; ovaires soudés jusqu'en haut, en une capsule globuleuse; styles presque aussi longs que l'ovaire. Cult. subsp. Orient.

N. arvensis L.; Desf., fl. atl.; Munb., cat.; Ball, spic.; Reich. 4735. — Plante peu feuillée; sépales blanchâtres, brusquement atténués, en onglet presque aussi long qu'eux; capsule obconique allongée, à styles égalant environ les carpelles. Rare près d'Alger. H.-Pl. 3 prov., Maillot, Aïn-el-Hadjar, etc.

N. Cossoniana Ball, spic.; *N. hispanica*, var. *parviflora* Cosson, not. pl. crit. 49; *N. divaricata* Beaupré Sec; Willk., Prod. fl. hisp. — Rameaux divariqués dès la base; sépales plus brièvement et moins brusquement onguiculés; feuilles glauques, à lanières courtes. Hauts-Plateaux oranais. Maroc.

N. intermedia Cosson, *loc. cit.*; Lx., cat. Kab.; *N. hispanica* Desf., fl. atl. *(pro parte)*. — Plante non divariquée; fleurs bleues et grandes; sépales atténués en un onglet trois fois plus court qu'eux; fruit plus ou moins rugueux, glanduleux. A. C. Kabylie, Oued-Djer, Miliana, H.-Pl. 3 prov. Maroc, Tunisie.

N. hispanica L. — Fleurs d'un bleu vif, très grandes, à sépales à peine onguiculés; étamines pourprées; fruit fortement glanduleux-rugueux, arrondi à la base, à styles étalés horizontalement; plante puissante. Constantine (Meyer), près l'usine de Mansourah. Espagne.

Le *Nigella arvensis* et le *N. hispanica* sont très différents; mais les deux plantes intermédiaires servent de passage.

PŒONIA L. (Pivoine)

P. Russi Biv., var *coriacea* Cosson; Munb., cat.; Lx., cat. Kab.; *P. coriacea* Boiss., voy. Esp., pl. 3. — Plante puissante, à feuilles biternées, les supérieures ternées; folioles ovées, lancéolées, grandes, entières, glabres, glauques en dessous, un peu coriaces; fleurs roses, très grandes, 8-10 centim.; pétales 5-7, largement obovés; 2-3 follicules grands, glabres, horizontaux. Djurdjura, Babors. Espagne. Juin-août.

BERBÉRIDÉES Vent.

Sépales 4-6 en 2 verticilles; pétales opposés aux sépales et en même nombre; étamines opposées aux pétales et s'ouvrant par des valves en forme de trappe; ovaire solitaire uniloculaire, à stigmate capité; embryon droit dans l'axe de l'albumen.

4 sépales, 4-8 pétales, 4 étamines, ovaire capsulaire bivalve . . . . EPIMEDIUM.
6 sépales, 6 pétales, 6 étamines, ovaire baccien . . . . BERBERIS.

EPIMEDIUM L.

E. Perralderianum Cosson, Illustr. fl. atl., tab. 5, et Bull. Soc. Bot., IX, p. 167; Munb., cat. — Plante à rhizome sousligneux; feuilles toutes radicales, longuement pétiolées, trifoliolées, à folioles longuement pétiolulées, d'abord velues, puis glabres, ovoïdes-aigües, mais profondément cordées, subpeltées à la base, à bords dentés-épineux; fleurs jaunes, pendantes, 12-20 en grappe, un peu nutante au sommet sur une hampe dressée ; 8 pétales, dont 4 extérieurs, plus grands, obovés, suborbiculaires ; 4 intérieurs, cucculés, subbilabiés, papilleux, éperonnés ; capsule bivalve, 1 valve principale portant le style et 1 latérale plus petite ; graines strophiolées. ♃ Beni-Foughal, El-Ma-Berd, Babors, Tababor. Avril-juin.

BERBERIS L. (Épine vinette)

Arbrisseaux épineux, à feuilles simples dentées, à fleurs jaunes ; baie à 2-3 graines ; fleurs en grappes courtes, pendantes.

B. hispanica Boiss. Reut., pug., p. 1 ; Lx., cat. Kab. ; *B. vulgaris*, var. *australis* Boiss., voy. Esp. ; Cosson, voy. ; *B. æthnensis* Cosson, olim, non Presl. — Buisson bas, intriqué, à épines ternées, divariquées, égalant ou dépassant la feuille ; feuilles petites, coriaces, obovées ou cunéo-elliptiques, subsessiles, obtuses, mucronées, peu dentées ; grappes pauciflores ; fruits bleus. Juin-septembre. ♃ marabout de Sidi-Abd-el-Kader, au sommet des Beni-Sahla de Blida, Lella-Khadidja (Djurdjura), Aurès, Espagne, Maroc.

NYMPHÆACÉES Salisb.

Fleurs régulières ; 4-6 sépales ; pétales nombreux, passant insensiblement aux étamines ; anthères s'ouvrant par deux fentes longitudinales ; ovaire unique, multiloculaire ; loges multiovulées ; autant de stigmates que de styles ; embryon droit dans un albumen surnuméraire, sur un coin de l'albumen principal *(in nostris)*. Plantes à rhizomes très gros, à feuilles simples, entières, peltées ou cordiformes, longuement pétiolées, très grandes, nageant à la surface des eaux.

Clef des genres :

4 sépales ; étamines insérées sur l'ovaire ; fleurs blanches, doubles, très grandes . . . . NYMPHÆA.
5 sépales ; pétales nombreux, avec une fossette nectarifère sur le dos ; étamines insérées sous l'ovaire ; fleurs jaunes, plus petites . . . . NUPHAR.

NYMPHÆA Neck.

N. alba L. ; Munb., cat. La Calle, rare ; Europe.

NUPHAR Smith.

N. luteum Smith., ex Cosson, cat. manuscr. Europe.

PAPAVÉRACÉES Juss.

Plantes à latex coloré (sauf *hypecoum)*, à fleurs régulières ; sépales 2 ; pétales 4 ; étamines nombreuses (sauf *hypecoum)* ;

ovaire capsulaire déhiscent par des pores ou siliquiforme et bivalve, rarement plurivalve, multiovulé; embryon droit dans un albumen huileux; feuilles alternes sans stipules.

Clef des genres :

a. Capsule à 4-20 carpelles verticillés, s'ouvrant par des pores sous-stigmatiques. . . . . PAPAVER.

b. Capsule siliquiforme, uniloculaire :

Capsule tri-quadrivalve ; fleurs d'un violet foncé. . . . . ROEMERIA.
Capsule se découpant en articles superposés. . . . . . HYPECOUM.
Capsule siliquiforme, bivalve, uniloculaire ; fleurs jaunes, petites ; graines arillées. . . . . CHELIDONIUM.
Capsule siliquiforme, uniloculaire, bivalve, fleurs grandes jaunes, rouges ou fauves; graines non arillées. . . . . GLAUCIUM.

PAPAVER L. (Pavots, Coquelicots)

4-20 stigmates en étoile sur un disque sessile; graines petites, réniformes, à testa alvéolé, portées en grand nombre sur des placentaires très développés formant de fausses cloisons incomplètes et rayonnantes; fleurs penchées avant l'anthèse, préfloraison chiffonnée.

a. Plantes vivaces.

P. atlanticum Ball, spic.; fig. Cosson, illustr. flor. atl. tab. 6. Maroc.

b. Plantes annuelles.

1. Capsule lisse; feuilles caulinaires embrassantes.

P. somniferum L.; *P. setigerum* D. C.; Munb., cat.; Ball, spic. — Plante à feuilles glauques hérissées de gros poils rares à lobes aigus terminés par une soie; fleurs grandes, pétales violacés, filets remplis vers le sommet; capsule obovée assez grosse non stipitée; blés. Avril-mai. Alger, R. plaine du Chélif. C. etc. etc. Rég. médit. Orient.

Nota. — Le *P. somniferum album* ou pavot médicinal, le *P. somniferum nigrum* ou pavot à œillette, le *P. somniferum glabrum* Boissier, pavot à opium, pavot des jardiniers fleuristes, ne sont que des variétés culturales glabrescentes de cette espèce.

2. Capsule lisse, feuilles caulinaires non amplexicaules.

P. Rhœas L ; Desf., fl. atl.; Munb., cat.; Lx., cat. Kab.; Ball, spic.; Reich. 4470. — *Coquelicot.* — Feuilles pennatipartites à lobes lancéolés-aigus, incisés-dentés; pétales très larges d'un beau rouge, souvent tachés de noir à la base; filets subulés, capsule petite, globuleuse. C. C. Moissons. Mars-mai. Europe, Orient. Rég. médit.

β vestitum Gren. Godr. flor. Fr. (pro-parte) plus humble, plus hispide, fleurs plus pâles, A R, avec le précédent.

P. tenue Ball. Maroc.

P. dubium L.; Munb., cat.; Lx., cat. Kab.; Reich. 4477. — Diffère du précédent par ses pétales moins développés, plus pâles, et surtout par sa capsule obconique allongée. Barbarie, Europe, Orient.

α *genuinum*. feuilles du *P. Rhœas* C. C. C.

β *obtusifolium*, *P. obtusifolium*. Desf., fl. atl. — Feuilles très grandes, les inférieures presque bipinnatiséquées, à lobes arrondis obtus; capsule un peu allongée subcylindrique. Atlas, Blida, Chiffa, Médéa, etc.

γ *calcicolum* nob. — Feuilles comme dans le précédent, mais à divisions très étroites terminées par des lobes aigus; plante grêle, très hispide, capsules allongées, devenant parfois globuleuses et très grosses, à la suite de la piqûre d'un insecte; voisin du *P. Lecoquii Lam.*

δ *arenarium*, *P. Roubiæi* Vig. — Plante naine, rameuse dès la base, à pétales très petits, à capsule courte. Bord de la mer à Aïn-Taya, l'Alma, etc., etc.

ε *pinnatifidum*, *P. pinnatifidum* Moris? — Feuilles ordinairement simples, longues, étroites, pinnatipartites à lobes courts, larges, triangulaires, dentés, confluents vers le sommet; fleurs médiocres, capsule très longue, étroite. Chiffa, Palestro, Mazafran, Zaccar, etc. A. R.

θ *Maroccanum* Ball. Voisin du précédent, plus trappu. — Feuilles caulinaires un peu amplexicaules, capsule grosse, de longueur moyenne. Maroc, Djebel Antar, (Sud-Oranais), Trabut.

3. Capsules hispides.

P. hybridum L.; Munb., cat.; Lx., cat. Kab.; Reich. 4476. — Feuilles très divisées à lanières étroites, aigües; fleurs petites, ordinairement d'un rouge vineux, étamines à filets renflés en massue; capsule globuleuse fortement hérissée. C. C. Avril-mai. Varie à fleurs rose pâle. Chéliff, Europe, Orient. Rég. médit.

P. Argemone L.; Desf., fl. atl.; Munb., cat.; Reich. 4475. — Plante grêle, à pétales étroits, d'un rouge minium, tachés de noir à la base; filets en massue; capsule longue, étroite, fortement hérissée. Médéa, Ben-Chicao, Téniet, Garrouban, etc. Europe, Orient, rég. médit. Mai-juin.

RŒMERIA D. C., Medick.

R. hybrida D. C.; Munb., cat.; Lx., cat. Kab.; *Chelidonium hybridum* L.; Desf., fl. atl. — Plante à suc jaunâtre, rameuse, à rameaux grêles, très feuillue; feuilles bi-tripinnatifides, très découpées, à lanières étroites, aiguës, sétigères; fleurs d'un violet foncé; filets filiformes, silique 1-2 décim., tri-quadrivalve, étroitement linéaire, hérissée sur tout ou partie de sa longueur; graines sans arille. Blés A. R. Mars-avril. A. C. aux abords des H.-Pl. Rég. médit., Orient.

R. argemonoides Pomel, Nouv. mat. — Capsule courte, quadrangulaire, toute hérissée de longues et fortes soies étalées; plante naine. Cultures dès oasis, M'zab, Brezina (v. s.).

GLAUCIUM (Pavot cornu)

Pétales enroulés, non chiffonnés; silique très longue, s'ouvrant du sommet à la base.

G. luteum Scopoli; Munb., cat.; Lx., cat. Kab.; Ball, spic.; *Chelidonium glaucium* L.; Desf., fl. atl.; fig. Reich. 4468. — Plante robuste, feuillue, rameuse, très glauque; feuilles inférieures pétiolées, lyrées-pinnatifides, les supérieures largement amplexicaules; pédoncules courts et glabres; fleurs jaunes, grandes; silique très longue, arquée, glabre ou tuberculeuse. ②. Toute l'année, bord de la mer, partout. Europe, Orient, rég. médit., Amérique du Nord.

G. corniculatum Curtis; Munb., cat.; Lx., cat. Kab.; Ball, spic.; *Chelidonium corniculatum* L.; Desf., fl. atl.; fig. Reich. 4471. — Plante plus grèle, moins rameuse; pédoncules poilus; silique hispide. ① Avril-juin. Champs. Europe tempérée, rég. médit., Orient.

α. *phœniceum*. — Pétales écarlates, à onglet concolore ou portant une belle tache noire, nue ou bordée d'un cercle doré. Coléa, Marengo, Miliana, Chélif, H.-Pl. et Tell 3 prov. A. C.

β. *fulvum*. — Pétales fauves, plus foncés à la base. ① Camp des scorpions, vers Téniet, Maillot, El-Adjiba, H.-Pl. A. R.

CHELIDONIUM L.

Pétales roulés autour des organes floraux dans le bouton; étamines nombreuses; style très court; valves de la silique s'ouvrant de bas en haut; graines strophiolées; latex jaune, rougissant à l'air.

Ch. majus L.; Lx., cat. Kab.; Reich. 4466. — Feuilles molles, glauques en dessous, pinnatiséquées, à segments ovales, incisés-crénelés, ordinairement pétiolulés; tige dressée, rameuse: 4-6 décim.; fleurs jaunes, en ombelle, à pédoncules inégaux; pétales obovés, entiers; filets des étamines dilatés au sommet; silique toruleuse (2-4 centim. sur 2-3 millim.). ♃ juin. Lieux frais de la grande chaîne du Djurdjura. Europe, Orient.

HYPECOUM Tournefort

Plantes à suc aqueux; rosette de feuilles radicales, pétiolées, pennées, à pinnules pinnatifides très finement divisées; feuilles caulinaires sessiles; pétales roulés dans le bouton, les 2 externes différant des 2 internes; 4 étamines libres; style subulé; 2 stigmates; silique lomentacée; graines arillées.

H. procumbens L. ; Desf., fl. atl.; Munb., cat.; fig. Reich. 4464. — Feuilles radicales nombreuses, ordinairement étalées sur le sol, à laciniures linéaires; tiges nues, striées, ascendantes, peu rameuses ; pétales jaunes, les extérieurs trilobés, les internes trifides, à lanière médiane ordinairement ciliée ; silique arquée-redressée, marquée de côtes longitudinales, à section elliptique aplatie. ① Avril-mai. H.-Pl. 3 prov.. rare à Alger, Castiglione (Clauson), rég. médit., Orient.

β. *glaucescens*, *H. glaucescens* Gussone. — Feuilles glauques, à lanières plus courtes, lancéolées. Aïn-Taya, sable du rivage.

H. Duriæi Pomel ; *H. procumbens*, var. *albescens* D. R. — Fleurs blanches ou à peine jaunatres, bien plus grandes. Mostaganem, Le Sig, Aïn-Tédelès, Hodna (Reboud).

H. Geslini Cosson D. R., Munb., cat., fig. Illustr. fl. atl., tab. 6; *H. littorale* Desf., fl. atl. — Silique à section subcylindrique ; pétales extérieurs entiers, les internes à lobe médian elliptique, entier. Port des précédents. H.-Pl. 3 prov., Sahara.

H. pendulum L. ; Munb., cat. ; Ball, spic. — Feuilles à lanières capillaires, longues ; tiges dressées, dichotomes, avec une fleur dans chaque dichotomie ; pétales externes ovales, oblongs, les internes trilobés, à lobe médian denté-cilié ou rarement entier ; capsule rectiligne pendante, non articulée. H.-Pl. 3 prov. C. C. C. Avril-mai. Europe, Orient.

FUMARIACÉES

Fleurs irrégulières, à 2 sépales ; 4 pétales rapprochés, le supérieur éperonné ; étamines soudées en 2 phalanges composées chacune d'une étamine médiane biloculaire et de 2 étamines latérales uniloculaires ; ovaire uniloculaire, capsulaire et bivalve, ou achéniforme ; albumen charnu ; embryon inclus voisin du micropyle. Plantes à suc aqueux, à feuilles alternes sans stipules, souvent un peu charnues et ordinairement pennatiséquées à lobes bipinnatipartites.

Clef des genres :

Fruits au moins en partie siliqueux, polyspermes	Corydalis.
Fruits dispermes, indéhiscents, à côtes longitudinales, à bords épaissis ; feuilles charnues, à 1-3 lobes	Sarcocapnos.
Fruits monospermes, aplatis, elliptiques, à bord épaissi ; feuilles très divisées ; stigmate bifide.	Platycapnos,
Fruits indéhiscents, globuleux, monospermes ; stigmate bilobé	Fumaria.

CORYDALIS D. C.

C. heterocarpa Ball, spic. ; *Ceratocapnos umbrosa* Durieu, in Walpers annal. ; Munb., cat. ; fig. atl. expl. scient. Alg., pl. 78. — Plante grêle, grimpante, à feuilles bipinnatiséquées ou ternées, souvent prolongées en vrilles ramifiées; segments ovales-lancéolés, pétiolulés ; fleurs très petites, violacées, en grappes courtes, pédonculées; fruits dimorphes, les uns courts, monospermes, ridés en travers, les autres longs, dispermes, à bec allongé, unciné, muni de côtes longitudinales. Broussailles ombreuses de la région oranaise. Maroc.

C. bulbosa Pers. ; *Fumaria bulbosa* Desf., fl. atl. — N'a pas été retrouvé depuis Desfontaines.

SARCOCAPNOS D. C.

Plantes de rochers, vivaces, à feuilles charnues, peu divisées; fleurs à pédoncules s'allongeant beaucoup.

S. crassifolia D. C. ; Munb. cat.; *Fumaria crassifolia* Desf., fl. atl., tab. 173. — Feuilles longuement pétiolées, 1-3 foliolées, à folioles larges, charnues; sépales assez larges, denticulés ; pétale supérieur à limbe plus long que l'éperon. ♃ Tlemcen (Desf.), Garrouban (Pomel), Atlas 3 prov. (Munb., cat.).

PLATYCAPNOS Bernhardi

Plantes dressées, à feuillage très divisé en lanières capillaires; fleurs en grappes serrées, globuleuses ; style ordinairement cruciforme, à lobe médian bifide ; épicarpe déhiscent, bivalve; testa ordinairement crustacé.

Pl. saxicola Willk., Illust. fl. hisp., tab. XXI; Coss., ill. fl. atl., tab. 8. ♃ Maroc, Espagne. — Si les différences entre la planche de M. Cosson et celle de M. Willkomm existent réellement, il y aurait lieu de créer une nouvelle espèce pour la plante marocaine.

Pl. spicata Bernh. ; *Fumaria spicata* L. ; Munb., cat.; Reich. 4450. — Tiges dressées, 1-4 décim., peu rameuses, à rameaux dressés; feuilles très glauques, dressées ; fleurs petites, 6-5 millim., tachées de pourpre au sommet ou de jaune (*Pl. ochroleucus* Lange), en grappe serrée globuleuse ; fruits de 3 millim. sur 2, elliptiques, à bords épaissis. ① Castiglione (Clauson), R. Chélif, C. C. H.-Pl., etc. Rég. médit.

Pl. tenuilobus Pomel, Nouv. mat., p. 240. — Fleurs pourprées au sommet, d'un tiers plus grandes, en grappes plus lâches ; fruits lisses, à peine bordés, aigus aux deux bouts ; feuilles à lanières capillaires longues, divariquées, crispées ; tiges décombantes. ① H.-Pl. oranais, Mécheria, Mascara, etc. Djelfa.

FUMARIA L.

Pétale inférieur ordinairement écarté des autres, le supérieur fortement éperonné, tous soudés ensemble à leur base (1).

§ 1. *Petrocapnos* Cosson; *Rupicapnos* Pomel. — Plantes rupestres, un peu charnues, presque acaules; pédicelles floraux s'allongeant beaucoup à maturité; fruit très rugueux, un peu aplati.

F. africana Lamarck; Munb., cat.; Coss., Illust. fl. atl., tab. 9, de 12 à 20; *F. corymbosa* Desf., fl. atl. — Plante charnue, feuillue, à tiges courtes dépassées par les feuilles radicales longuement pétiolées; fleurs en grappe corymbiforme, d'un blanc rosé, à sommet pourpre, rappelant celles du *F. capreolata* et à peu près de même taille; sépales denticulés, 5-6 fois plus courts que la fleur; pétales latéraux peu élargis au sommet, l'inférieur gibbeux à la base; style en forme de marteau; feuilles longues, épaisses, à segments flabellés, obovés; sépales plus larges que le tube de la corolle; éperon égalant le sixième du tube. ♃ Garrouban, Tlemcen, Nedroma, la Tafna. Fleurit tout l'été. Espagne.

F. speciosa Pomel. — Feuilles très grandes, à segments flabellés; laciniures largement linéaires, mucronées; éperon égalant le quart du tube; sépales de la largeur du tube. Dolomies, cascade de la Mina.

F. graciliflora Pomel. — Sépales plus étroits que le tube; éperon égalant la moitié du tube; corolle grêle; segments flabellés, à lobules oblongs, mucronés. Nador de Tiaret.

F. platycentra Pomel. — Pédicelles épaissis au sommet; sépales aussi larges que le tube: éperon brusquement élargi, égalant au moins la moitié du tube. Kef-Iroud, près Toucria.

F. cerefolia Pomel. — Éperon égalant la moitié du tube; sépales plus étroits; fleurs très grandes; feuilles glauques, très divisées, à laciniures étroites. Miliana, Mazis.

F. ochracea Pomel. — Sépales très petits; corolle de 12 millim., et non de 15 comme dans les précédents; éperon égalant la moitié du tube; feuilles à lobules petits, spatulés, obovés. Goudjila, Djebel Antar.

F. numidica Cosson et Durieu, Bull. Soc. Bot., II, p. 306; Cosson, Ill. fl. atl., tab. 9. — Fleurs de 4-8 millim., ordinairement verdâtres au sommet; pédicelles claviformes, renflés au sommet; sépales égalant à peu près le quart de la longueur de la corolle; pétale inférieur élargi au sommet; style en forme de fourche. ♃ Été. H.-Pl., Sahara, Chenoua, d'après Clauson (n. v.), Constantine, etc.

---

(1) *Nota.* — Dans tout ce genre, il est extrêmement difficile de limiter les espèces, tous les types variant à l'infini et ces variations présentant entre elles de nombreux passages. J'ai constaté quelques cas d'hybridation chez les *Sphærocapnos*.

F. erosa Pomel. — Pédicelles très grêles ; sépales suborbiculaires et non lancéolés ; éperon court ; pétales érodés sur les bords. Djebel Amour.

F. sarcocapnoides Coss., D. R. ; Munb. cat. — Pétales supérieur et inférieur à limbe très élargi, orbiculaire ; fleurs de 8 millim.

F. tenuifolia Pomel. — Fleurs de 4 millim. ; feuillage très divisé ; éperon égalant le tiers du tube ; fruit obové, arrondi au sommet. Itima.

F. caput plataleæ Pomel. — Fleurs de 4 millim. ; éperon égalant le quart du tube ; fruits elliptiques, fortement apiculés, à tubercules presque réunis en côtes ; feuilles à divisions arrondies au sommet. El-Ghicha, au Djebel Amour.

F. Reboudiana Pomel. — Fleurs de 9-10 millim. Voisin du *F. sarcocapnoides*. Bou-Thaleb (Reboud).

Les plantes qui suivent et qui dépendent encore du *F. numidica* sont annuelles.

F. longipes Coss. D. R., Bull. Soc. bot. II. 305. — Racine annuelle, fleurs de 8 millim., feuilles glauques à lanières lancéolées aigües, fruit apiculé, éperon égalant les 2/3 de la fleur. El-Kantara, rochers près du pont, M'chounech, près Biskra.

F. muricaria Pomel. — Corolle de 6 millim. et éperon court, très voisin d'ailleurs du précédent. Metlili.

E. delicatula Pomel. — Corolle de 4 millim., éperon court. Ksar el Maïa.

§ II. *Sphærocapnos* D. C. — Plantes annuelles souvent grimpantes au moyen de leurs pétioles enroulables, à tiges rameuses feuillées, à feuilles deux fois pennées, folioles pétiolulées tripartites, à segments bi-trifides, fleurs en grappes, pédicelles courts, égaux entre eux.

a. Fleurs de 10 à 15 millim. folioles à laciniures ordinairement larges.

1. *Capreolatæ*. Pédoncules réfléchis, fruits obtus lisses.

F. capreolata L. ; Desf., fl. atl. ; Munb., cat. ; Lx., cat. Kab. ; Ball, spic. ; Reich. 4456 ; *F. albiflora* Hammar ; *F. pallidiflora* Jord. — Feuilles ordinairement molles à segments, assez larges, pétiolulés, mucronulés ; fleurs blanches, pourprées à maturité, avec le sommet pourpre-noir, éperon gros et court, un peu ascendant, sépales plus larges que la corolle, ovales, aigus, dentés au moins à la base ; pedicelles fructifères étalés-recourbés en grappe lâche pauciflore, fruits petits, presque carrés. Champs et cultures. Janvier-juin. C. C. C. Europe mérid. Rég. médit., Orient.

F. platycalyx Pomel, nouv. mat., en est une forme grêle à petites fleurs des lieux ombreux.

Var *condensata* Ball. Maroc. Forme à fleurs denses et à petits fruits. Rég. atl. La Chiffa.

F. gaditana Haussknett, cité en Algérie par Lange et Willk. Prodr. flor. Hisp. me paraît une forme exagérée du *F. Capreolata* que l'on trouve en mai dans les cultures à El-Biar. C'est également là, je crois, le *F. macrosepala* Gandoger, herborisations en Algérie, non Boissier.

F. speciosa Jordan; *F. flabellata* des auteurs algériens, non Gasparrini. — Tiges longuement sarmenteuses, robustes, anguleuses; feuilles glauques souvent un peu rigides à segments plus petits; pédoncules fructifères fortement réfléchis, grappes denses, éperon long, droit ou descendant, sépales ne dépassant pas la largeur de la corolle; fleurs plus rarement pourprées à maturité, pétale inférieur souvent très écarté des autres; fruit moins rugueux que dans le *F. flabellata* de Gasparrini. J'ai rapporté cette plante au *F. speciosa* de Jordan, certains échantillons du midi de la France étant à peu près identiques avec les nôtres. Haies, broussailles, bord des chemins. Janvier-juin, avec le précédent.

F. macrosepala Boissier, Voy. Esp., tab. 4. ♃ Maroc (Ball.)

2. *Agrariæ*. — Pédoncules fructifères dressés ou étalés, pétales extérieurs à bords largement relevés et plissés au sommet, fruit ovoïde-aigu, ordinairement rugueux.

F. rupestris Boiss. et Reut., pug. p. 4; Munb., cat. — Feuillage et fleurs rappelant le *F. speciosa*, sépales lancéolés-linéaires, aigus; fruits assez gros, tuberculeux. Mai-juin. Zaccar de Miliana, dans les rochers du sommet, Djurdjura. Reg. atl. 3 prov. Espagne.

β *robusta*, *F. arundana* Boiss. — Plante robuste à grappes multiflores, allongées, fleurs devenant souvent pourprées à maturité et rappelant tout à fait le *F. capreolata*; fruits gros, tuberculés, aigus. Blés. Plaine du Chéliff, haies. (Plaine des Issers, Palestro forme géante).

γ *maritima* nob., bull. soc. bot. 1885, p. 334. — Fruit petit, presque lisse, aigu, pédoncules étalés; feuilles molles. Bord de la mer. Pied du Chenoua, Aïn-Taya, Le Corso. Plante rare mais abondante d'Aïn-Taya au Corso.

F. agraria Lag.; Munb., cat.; Lx., cat. Kab.; Ball, spic. — Plante ordinairement dressée, à grosses tiges anguleuses, 2-4 décim., à feuilles assez finement divisées lorsqu'elle pousse dans les cultures, ou grimpante sarmenteuse à divisions des feuilles plus larges, quand elle pousse dans les haies; fleurs très grandes, ornementales; sépales lancéolés plus étroits que la corolle, dentés à la base; fruit gros, rugueux, sur un pédicelle renflé au sommet; fleurs d'un beau rouge ou blanches, tachées de noir au sommet. C. C. C. Champs et cultures, la variété blanche au bord de la mer, terrains sabloneux. Mars-mai. Rég. médit.

F. atlantica Cosson et D. R. — Tiges diffuses décombantes, folioles à segments larges, fleurs blanches; fruit très gros, rugueux. Djurdjura, Aïzer.

F. Munbyi Boiss. Reut, pug. 5. — Tiges dressées, non grimpantes; feuilles divisées en lanières fines, pédicelles dressés-étalés, 2-3 fois plus longs que le fruit, fleurs grandes, rose pâle, pourprées au sommet, sépales ovoïdes aussi larges que la corolle, dentés, dents de la base très profondes, éperon plus long que les sépales, fruit petit, aigu. Oran, faubourg de la mosquée. (Cette plante ne m'est pas suffisamment connue).

F. media Loiseleur; Hamm., mon.; Lange et Willk., prodr. flor. Hisp.; *F. muralis* Gren. Godron. — Plantes souvent grimpantes; fleurs très variables, ordinairement plus petites que dans le *F. agraria*, à sépales ovales plus larges, arrondis, denticulés sur tout leur pourtour; pétales extérieurs à bords relevés en une marge bien moindre et moins plissée que dans les précédents. Type des plus variables. Europe. Rég. médit.

a. Plantes élancées, grimpantes, fleurs de 10 à 12 millim. roses ordinairement.

F. Borœi Jordan. — Fleurs grandes, un peu plus courtes que celles du *F. agraria*, aussi larges, plante grimpante à fruits obtus peu rugueux. A. C. Cultures, haies. Fort-l'Empereur, Sahel d'Alger.

F. muralis Sonders. — Fleurs moitié plus petites; feuilles glauques molles, plante aussi élevée mais plus grêle. A. C. Cultures, jardins, haies.

b. Plantes plus basses, non grimpantes, fleurs de 8-10 millim.

F. Gussonei Boissier. — Plante à tiges diffuses, à feuilles molles, à laciniures assez larges, grappes denses. Cultures. Mustapha, Sahel. A. C.

F. vagans Jord. — Tiges ordinairement dressées; feuilles plus rigides à laciniures plus petites, sépales plus étroits, fruit aigu. Cultures du littoral, lieux sabloneux. Guyotville, Aïn-Taya, etc.

3. *Officinales.* — Fruit obcordé, fleurs de 8 millim. ordinairement; laciniures des feuilles assez étroites.

F. officinalis L.; Desf., fl. atl.; Munb., cat.; Lx., cat. Kab.; Reich. 4454. — Tiges dressées, rarement grimpantes; feuilles plus ou moins glauques; grappes plus ou moins denses; fleurs roses ou rouges. C. C. C. Champs, cultures. Europe. Rég. méd. Orient, Amer. du nord.

β *scandens* Hammar; *F. media* de divers auteurs. — Tiges décombantes, grimpantes, feuilles vertes plus molles avec le type, rare.

γ *densiflora* Parlatore. — Grappe dense, fleurs très foncées. Très commun aux environs de Batna.

δ *albiflora* Parlatare. — Fleurs pâles peu serrées, plante plus humble. A. R. ça et là.

4. *Micranthæ.* — Fleurs très petites, 4-6 millim.; pédicelles très courts : feuilles divisées en lanières linéaires très fines.

F. densiflora D. C.; Lx., cat. Kab.; *F. micrantha* Lag. — Plante diffuse, rarement grimpante; fleurs rouges, en grappes denses; sépales ovales, dentés, plus larges que la corolle;

fruit globuleux, obtus, luisant sur le frais, finement tuberculé à sec. Environs d'Alger, A. R. un peu partout. H.-Pl. C. C. Constantine, Europe, rég. médit., Orient. Avril-mai.

β. bracteosa, *F. bracteosa* Pomel. — Laciniure des feuilles très courtes, capillaires; fruits comme vernissés; fleurs d'un rose tendre; bractées plus grandes. H.-Pl., A. C. Oran.

F. parviflora Lamarck; Munb., cat.; Lx., cat. Kab.; Ball, spic.; Reich. 4451. — Plante diffuse, non grimpante; feuilles glauques, en lanières ordinairement capillaires, canaliculées, divariquées; grappes denses à la floraison; fleurs ordinairement blanches (4 millim.); sépales ovoïdes denticulés, plus étroits que la fleur; fruits aigus, apiculés. C. C. C. Cultures, jardins. Europe, rég. médit., Orient.

β. erecta Haussknett. — Tiges ordinairement dressées; fleurs roses, en grappes plus nettement pédonculées. Avec le type, plus rare.

F. Trabuti. — Fleurs assez grandes, 6 millim., blanches; sépales plus larges; fruits très gros, obtus, apiculés; tiges robustes et courtes; feuilles inférieures nombreuses, presque en rosette, étroites, oblongues dans leur pourtour, à laciniures courtes, lancéolées, assez larges, non canaliculées, rappelant certains *Petrocapnos*; feuilles supérieures comme dans le type. Aïn-el-Hadjar, H.-Pl. oranais (Trabut).

F. Vaillantii Lois.; Munb. cat.; Cosson, voy.; Ball, spic.; Reich. 4452. — Fruit très obtus, non apiculé; sépales étroits, linéaires; laciniures des feuilles linéaires assez longues et plus larges que dans le *F. parviflora*. Sud oranais (Cosson). Je ne l'ai pas vu d'Algérie. Europe, Orient.

CRUCIFÈRES Juss.

Feuilles alternes sans stipules ou à stipules très caduques; fleurs en grappe; sépales 4; pétales 4, onguiculés, en croix; étamines 6, didynames, entremêlées de glandes diversement disposées; fruit siliqueux ou siliculeux; graine exalbuminée; embryon huileux; plantes contenant le plus souvent des essences sulfurées.

Nota. — La manière dont l'embryon est replié dans la graine fournit des caractères importants pour la classification. Quand la radicule se replie contre le milieu du dos d'un des cotylédons, on dit les cotylédons *incombants* et la graine *notorhizée*. Si, dans ce même cas, les cotylédons se plient en deux comme la couverture d'un livre pour embrasser la radicule, on dit la graine *orthoplocée;* si la radicule se replie contre le bord des deux cotylédons, on dit la graine *pleurorhizée* et les cotylédons *accombants*.

Clef des tribus :

A. Fruit indéhiscent

Tribu 1. Fruit lomentacé se coupant en articles seperposés. RAPHANÉES.

Tribu 2. Fruit articulé, partie supérieure stylaire caduque, partie inférieure persistante[1]. . . . . CAKILINÉES.
Tribu 3. Fruit inarticulé, indéhiscent. . . . . NUCAMENTACÉES.

B. Fruit déhiscent

1. *Angustiseptées.* — Silicules aplaties, comprimées par le côté, ce qui rend la cloison très étroite :

Tribu 4. Cotylédons accombants (Pleurorhizées). . . . . THLASPIDÉES.
Tribu 5. Cotylédons incombants (Notorhizées). . . . . . LEPIDINÉES.

2. *Latiseptées.* — Cloison égalant le plus grand diamètre du fruit.

a. Siliculeuses

Tribu 6. Cotylédons incombants (*Notorhizés* ou *orthoplocés*). CAMÉLINÉES.
Tribu 7. Cotylédons accombants (*Pleurorhizées*) . . . . . ALYSSINÉES.

b. Siliqueuses

Tribu 8. Cotylédons incombants ; graines unisériées . . . SISYMBRIÉES.
Tribu 9. Fruit quelquefois siliculeux ; cotylédons accombants ; graines ordinairement unisériées . . . . ARABIDÉES.
Tribu 10. Graine orthoplocée ; silique rostrée par la base souvent séminifère du style . . . . BRASSICÉES.

Tribu 1. RAPHANÉES

COSSONIA Durieu, *Raffenaldia* Godron

Plantes acaules, à souche vivace, à feuilles lyrées, pinnatipartites, pétiolées, en rosette; pédoncules uniflores; fleurs assez grandes, de couleur variable; silique entièrement formée par le style, anguleuse, à articles épaissis aux extrémités et monospermes; embryon orthoplocé; calice bigibbeux à la base; 4 glandes hypogynes oppositipétales; graines pendantes.

C. africana D. R., ann. sc. nat., § 3, XX, p. 82, tab. 6; Munb. cat.; Cosson, Illust., tab. 37; *Raffenaldia primuloides* Godron, fl. juv.; Ball, spic. — Siliques quadrangulaires de 20-45 millim. H.-Pl. 3 prov. ♃ A. R. Février-juin.

C. intermedia Cosson, Ill. fl. atl., p. 53. Maroc.

C. platycarpa Cosson, loc. cit., tab. 37. Maroc.

RAPHANUS L. (Radis)

Siliques cylindriques formées par le style, la partie valvaire n'étant représentée que par un article inférieur court, oblitéré; plantes rameuses à feuilles inférieures grandes, lyrées-pinnatipartites, hispides; fleurs en grappes allongées; loges de la silique séparées par des étranglements plus ou moins marqués. Le reste comme dans *Raffenaldia.*

R. Raphanistrum L.; Munb., cat.; Lx., cat. Kab.; Ball, spic.; Reich. 4172. — Siliques fortement étranglées entre les logettes, striées longitudinalement, mésocarpe osseux, partie non séminifère du style très allongée; fleurs blanches, rarement jaunes. C. C. C. Champs, friches. ① Mars-juin. Europe, Orient.

β *fugax*, *R. fugax* Presl. — Siliques un peu plus charnues, peu étranglées à articles ne se séparant pas. ① Collo, herb. Pomel.

R. Landra Moretti; Munb., cat. — Silique grosse, charnue, partie non séminifère du style courte. ♃ La Calle, Rég. médit.

R. sativus L.; *Radis cultivé.* — Fleurs roses, silique primitivement biloculaire, gonflée, spongieuse, à articles peu marqués. Cult. subspont. Plante d'origine douteuse formant plusieurs variétés culturales : radis rose, radis noir, raifort de l'Ardèche.

Tribu II. — CAKILINÉES

ÉNARTHROCARPUS Labillardière

Caractères généraux des *Raphanus ;* partie valvaire de la silique plus développée, 1-3 sperme, partie stylaire à 2-3, loges superposées.

E. clavatus Delile, in Godr. flor. Juv.; Munb., cat.; Cosson, ill. p. 49, tab. 34; *Brassica lyrata* Desf., flor. atl., tab. 166; *E. lyratus* Lois. non D. C. — Partie valvaire du fruit, 0-1 sperme, partie stylaire obtuse au sommet brusquement apiculée. Silique ordinairement velue. ① H.-Pl., Désert, 3 prov. A. C.

E. trabalis Pomel. — Capsule plus velue, très longue, partie valvaire plus développée. Taguin, M'khaoula (Pomel).

E. lyratus D. C.; *E. recurvatus* Persoon ; *Raphanus lyratus* Forsk.; *Raphanus recurvatus* Del. — Partie valvaire de la silique, 1-3 sperme à graines pendantes; partie stylaire insensiblement atténuée, souvent uncinée, graines dressées. Arzeu, herb. Pomel ! Forme à siliques glabres. Orient, Grèce, Plante très rare.

HEMICRAMBE Webb.

H. fruticulosa Webb.; Ball, spic., Cosson, ill., tab. 35. Maroc.

CAKILE L.

Plantes pleurorhizées; silique en forme de fer de lance, indéhiscente, se désarticulant transversalement en 2 articles monospermes, sans valves apparentes. Article supérieur caduc à graine dressée; article inférieur brusquement dilaté au sommet en 2 saillies latérales; graine pendante; cotylédons linéaires.

C. maritima Scop.; Munb., cat.; Lx., cat. Kab.; Ball, spic.; Reich. 4158; *C. maritima, edentula et littoralis* Jordan. — Feuilles charnues, pennatilobées, à lobes linéaires entiers ou crénelés; tiges diffuses, fleurs violettes. ① Bord de la mer. C. C. C. Avril-juin. Europe.

ERUCARIA Gærtner.

Feuilles et port de *Cakile*, siliques étroites linéaires, article supérieur indéhiscent polysperme à graines logées dans un tissu spongieux, article inférieur bivalve, subdéhiscent; graines dressées dans l'article supérieur, pendantes dans l'inférieur; embryon notorhizé, cotylédons linéaires. Fleurs violacées.

E. tenuifolia D. C.; Munb., cat. — Article supérieur droit, monosperme; cotylédons enroulés. Oran, R. R. Munb. Je l'ai vue adventice à Alger.

E. Ægyceras J. Gay; Munb., cat.; Cosson, illust., tab. 33; *Hussonia uncata* Boissier, diagn, et flor. d'Or. — Article supérieur polysperme recourbé en crochet, cotylédons droits. ① Sahara, 3 prov. A. C.

Sous-genre. REBOUDIA Cosson et Durieu

Diffère des *Erucaria* dont il a le port par l'embryon orthoplocé à cotylédons larges.

R. erucarioides Coss. et Durieu; Munb.; Coss., illustr. tab. 32. — Article supérieur droit, linéaire, monosperme; article inférieur valvaire subdéhiscent polysperme. ① Sahara, 3 prov. A. R. Tunisie.

RAPISTRUM L.

Plantes ordinairement élevées, rameuses, à feuilles lyrées, ou pinnatipartites ou bipinnatipartites, les supérieures souvent indivises; fleurs jaunes, glandes hypogynes 4. Ovaire formé d'une partie stylaire globuleuse, parfois muriquée ou ailée, à la fin uniloculaire et monosperme à graine dressée, et d'une partie valvaire, plus étroite, stérile ou uni-pluriséminée, parfois subdéhiscente, à graines pendantes; embryon orthoplocé.

Clef des sous-genres :

a. Article valvaire très court indéhiscent 0-2 sperme.

Feuilles bipinnatipartites, article valvaire presqu'aussi large que l'article stylaire. . . . . DIDESMUS.

Feuilles lyrées, article stylaire globuleux ovoïde rugueux. RAPISTRUM.
Feuilles lyrées, article stylaire muni de deux grandes oreilles. . . . . OTOCARPUS.
Article valvaire muni de 2 cornes. . . . . CERATOCNEMON.

b. Article inférieur allongé, polysperme subdéhiscent.

Article stylaire ovoïde rugueux. . . . . RAPISTRELLA.
Article stylaire relevé de côtes saillantes dont 2 latérales aliformes. . . . . CORDYLOCARPUS.

Sous-genre. DIDESMUS Desv.

D. bipinnatus D. C.; *Sinapis bipinnata* Desf., fl. atl.; *Rapistrum bipinnatum* Munb., cat. — Feuillage d'*Erucaria*, fleurs pâles. ① Rég. saharienne, H.-Pl., 3 prov. R. Tunisie. Avril-mai.

Sous-genre. RAPISTRUM D. C.

Toutes les espèces de ce groupe peuvent être à fruit glabre ou à fruit velu. Plantes élevées à port de *Brassica*.

R. rugosum L.; Munb., cat.; Ball, spic.; Reich. 4168. — Pédicelle plus court ou à peine aussi long que l'article valvaire du fruit et aussi large, à la fin induré ligneux et appliqué contre la tige; article stylaire rugueux, brusquement atténué en un style aussi long que lui. ① 3 prov. A. R. Alger, Cherchell, etc. Mars-mai. Rég. médit. Orient.

R. strictissimum Pomel. — Pédicelle 2 fois long comme l'article valvaire, fruits très petits. ① Mostaganem.

R. orientale L.; Munb., cat. — Fleurs grandes (pour le genre) d'un beau jaune, pédoncule fructifère appliqué, à la fin induré, égalant l'article valvaire ou plus long, mais toujours plus étroit; article stylaire très gros, très rugueux, brusquement atténué en un bec plus court que lui. ① 3 prov. A. C. « ex Munby, cat. » Orient.

β confusum Pomel. — Pédicelles plus robustes. Alger, r., Oran, Tunisie (Kralick)

R. conoideum Pomel. — Pédicelle robuste égalant l'article valvaire, article stylaire gros, rugueux, conique. ① Aïn-Beïda, Haractas (v. s.)

R. Linnæanum Boiss. Reut.; Munb., cat.; Lx., cat. Kab. — Pédicelle grêle bien plus long que l'article valvaire, celui-ci plus étroit que le pédicelle, très court, stérile; article stylaire globuleux, rugueux, petit, style court. ① Mars-mai. C. C. C. Grèce, midi de la France, Baléares, Portugal. Cette plante atteint dans la Mitidja des tailles de 3 à 4 mètres.

Sous-genre. OTOCARPUS Durieu.

O. virgatus Durieu, Rev. Duchartr. II. p. 435.; Munb., cat.; atl. expl. scient. Alg., pl. 77. — Plante pubescente hispide, à tige rameuse dès la base, peu élevée 3-5 décim., rameaux dressés; feuilles oblongues sinuées dentées; fleurs jaunes; article stylaire ovoïde allongé, muni à la base de 2 oreilles cochléaires. ① Saïda.

Sous-genre. RAPISTRELLA Pomel.

R. ramosissima Pomel; mater. fl. atl. p. 11.; Munb., cat. — Port de *Rapistrum;* pédicelle étalé, fruit dressé, article valvaire, glabre ou hispide, long de 6 millim. environ, bivalve déhiscent à valves subcarenées par la nervure dorsale, à cloison membraneuse; article stylaire obové, rugueux, assez brusquement atténué en un bec anguleux, conique assez grêle. ① R. R. Trouvé une seule fois par M. Pomel entre Hammam-R'hira et Miliana. (v. s). Mai.

Sous-genre. CORDYLOCARPUS Desf.

C. muricatus Desf.; fl. atl., tab. 152; Munb., cat. — Plante basse (3-5 décim.) rameuse à fleurs d'un jaune pâle, grandes, siliques étalées, partie valvaire du fruit longue de 20 millim. environ, partie stylaire terminée par un bec grêle, conique plus long qu'elle. ① Terres argileuses. Hammam-R'hira, Belle-Fontaine, Chélif, etc. etc. Oran et Alger, A. C. (Munby).

Sous-genre. CERATOCNEMON Cosson et Balansa.

C. rapistroides Cosson et Balansa; Bull. soc. bot. Fr. XX, pr. 239. Maroc.

KREMERIA Cosson et Durieu.

Silique à articles caducs, article stylaire ovoïde, excentrique, arqué d'un côté, à 6-8 côtes, tuberculeux, prolongé en style assez long, uniovulé ; graine pendante orthoplocée ; article valvaire pas plus large que le pédicelle, stérile.

Kr. Cordylocarpus Coss. D. R., Bull. soc. bot. Fr. vol. III, p. 671; Munb., cat.; *Muricaria Cordylocarpus* Benth. et Hook. — Plante à port de Cordylocarpus; fleurs jaunes; feuilles trilobées. ① Nemours. Avril-mai.

MURICARIA Desvaux.

Plante décombante à feuilles bipennatilobées; fleurs blanches, article stylaire sphérique muriqué comme une masse d'armes, velu, à style court; graine pendante orthoplocée; article valvaire peu visible, stérile.

M. prostrata Desv.; Munb., cat.; *Bunias prostrata* Desf.; fl. atl.; tab. 150. Région saharienne, 3 prov. R.

CRAMBE L.

Sépales étalés, tous semblables; pétales obovés entiers; filets des étamines souvent dentés; article stylaire globuleux, lisse, monosperme; stigmate sessile; graine pendante au bout d'un long funicule partant de la base de la loge, embryon orthoplocé; article inférieur linéaire en forme de pédicelle, stérile. Plantes à grandes feuilles lyrées, inflorescences très rameuses à rameaux grêles; fleurs blanches.

Cr. reniformis Desf.; fl. atl., pl. 151; Munb., cat.; Lx., cat. Kab.; *Cr. hispanica* var. Ball, non L. — Feuilles molles, velues, à article terminal réniforme; plante grêle élancée, fruit minuscule. ♃ Lieux ombreux de l'Atlas partout. Août. Espagne.

Cr. hispanica L. — Maroc.

Cr. Kralickii Cosson et Durieu inédit. — Plante plus puissante, tige robuste, rameaux dressés, moins divariqués, robustes, feuilles à lobe terminal longuement ovoïde denté; fruits plus gros. ♃ Sahara, R. Ghardaïa (v. s.)

Cr. cordifolia Stev. Maroc. Cosson.

Tribu III. — NUCAMENTACÉES ou ISATIDÉES.

a. Siliques globuleuses, fleurs blanches ou rosées.

ZILLA Forskhall.

Arbrisseaux presque aphylles, fortement épineux, à rameaux divariqués; sépales dressés, tous semblables; silique ovoïde ou pyramidale, à style subulé, souvent munie d'ailes longitudinales; endocarpe osseux, à deux loges monospermes; graines pendantes; embryon orthoplocé; fleurs roses.

Z. macroptera Coss. D. R., *Bull. Soc. Bot. Fr.*, III, p. 670; Munb., cat. — Silique pyramidale, longuement atténuée en style et munie de 4 ailes membraneuses, cartilagineuses, très développées. ♃ Mai. Sahara.

Z. myagroides Forsk.; Munb., cat.— Silicule presque lisse, non ailée. ♃ Sahara oranais (ex Munby). J'ai vu cette plante de Tunisie. Égypte.

CALEPINA Adanson.

Plante glabrescente, multicaule, à feuilles inférieures pinnatifides, en rosette; feuilles caulinaires amplexicaules, entières ou dentées; fleurs blanches, en grappe corymbiforme, à la fin très allongée; silicule globuleuse, ovoïde, rugueuse, réticulée-monosperme, à graine pendante; embryon orthoplocé.

C. Corvini Desv.; Munb., cat. Rég. atl. A. C. ① Mars-mai. Chiffa, Blida, Miliana, etc. Europe, Rég. méd. Orient.

b. Fleurs jaunes.

NESLIA Desv.

Plante hispidule, à feuilles entières ou dentées, les supérieures amplexicaules sagittées; tiges peu ramifiées; fleurs en grappe; pédoncules étalés; silicule globuleuse, ruguleuse-réticulée, petite, brièvement stipitée, à la fin uniloculaire, monosperme; graine horizontale; embryon notorhizé.

N. paniculata Desv.; Munb., cat.; *Myagrum paniculatum* Desf., fl. atl., II, p. 63. — 3 prov. A. C. ① Mars-mai. Europe moyenne, rég. méd. Orient.

MYAGRUM L.

Silicule indéhiscente, à 3 loges, 2 supérieures, collatérales, stériles, une inférieure, uniovulée, à graine pendante; embryon notorhizé.

M. perfoliatum L.; Munb., cat.; Reich. 4176. — Feuilles radicales, sinuées ou lyrées-pétiolées, les autres amplexicaules. ① Oran R. (Munby), Pomel, herb.! Trouvé une fois à l'hôpital civil de Mustapha. Europe, rég. méd. Orient.

EUCLIDIUM R. Br.

Silicules presque sessiles, biloculaires, déhiscentes ou indéhiscentes; style déjeté de côté; plante rigide, rameuse.

E. syriacum Rob. Br.; Munb., cat.; Reich. 4157. — ① Algérie?

c. Silicules applaties ailées.

ISATIS L. Pastel.

Plantes glabres à feuilles entières, les radicales oblancéolées, les caulinaires amplexicaules; silicule indéhiscente, linéaire ou elliptique, pendante, comprimée par le côté; placentaires rapprochés, osseux; style court, papilleux; fruit uniloculaire, mono-disperme, embryon notorhizé.

I. tinctoria L.; Munb., cat.; Reich. 4177. — Siliques linéaires cunéiformes. ② Mai-juillet. Rég. méd., Orient.

I. lusitanica Gren.; Godr., Moris, flor. sard.; Desf., fl. atl.; Munb., cat. — Fruits pubescents au moins à la base. ② Oran, Kabylie, Fort-National, Bou-Adnan, Atlas de Blida (Pomel). Mai-juin.

I. lætevirens Ball. — Maroc.

I. Djurdjuræ Coss. D. R. Bull. soc., bot. IV, p. 523; Munb., cat.; Lx., cat. — Silicule elliptique, orbiculaire, très grande. ② ♃ Juin-juillet. Djurdjura.

CLYPEOLA L.

Herbes pubescentes à poils étoilés, à feuilles petites, oblancéolées, entières; filets ailés; silicule uniloculaire pendante, comprimée par le dos, orbiculaire, indéhiscente; placentaires marginaux; style court, graine descendante; embryon pleurorhizé.

Cl. Johnthlaspi L.; Desf., fl. atl.; Munb., cat.; var *microcarpa; Cl. microcarpa* Choulette exsic.; *Cl. gracilis* Planchon; *Cl. Gaudini* Trachsil.; *Cl. ambigua* Jord. Brev. II, p. 15. — Petite plante de 5-10 cent., grêle; silicules à bords entiers très petites, glabres ou glabrescentes. ① Mars. Coteaux du Hamma (Trabut), Batna (Jordan), El-Kantara, Kabylie (Lx.), Rég. méd., Orient.

Cl. cyclodontea Del.; Munb., cat.; fig. Coss., illust. tab. 47. — Plante plus robuste 1-3 décim., canescente; silicules grandes, dentées tout autour. ① H.-Pl., 3 prov. A. C. Subsp. à Blida, Kouba, etc.

Tribu IV. — THLASPIDÉES.

A. Fleurs jaunes.

BISCUTELLA L. Lunetière.

Herbes dressées à feuilles lyrées, hispides, inflorescence ramifiée; silicules didymes à valves orbiculaires; style assez long, stigmate capité, loges monospermes, embryon pleurorhizé.

Clef des sections :

Sépales tous égaux étalés. . . . . THLASPIDIUM.
Sépales dressés, 2 gibbeux à la base. . . . . JOHNDRABA.

§ 1. — *Thlaspidium*.

B. didyma L. — Feuilles radicales en rosette, pétiolées, entières ou pennatipartites lyrées, à lobe terminal bien plus grand que les autres; feuilles caulinaires peu nombreuses, sessiles ou nulles, inflorescences étalées à rameaux grêles divariqués, silicules à valves orbiculaires, parfois un peu oblongues, à bords un peu épaissis; saillie médiane au niveau de la graine. ① Mars-mai. C. C. C. Plante des plus variables contenant les formes suivantes. Rég. méd. Moyenne et orientale.

B. lyrata L.; Desf., fl. atl. — Feuilles presque toutes radicales, atténuées en pétiole, pennatipartites ou pennatiséquées, à lobe median grand, denté, fleurs grandes relativement.

α coriophora nob. — Plante puissante, à feuilles velues, à lobe terminal ovoïde-aigu, à dents grosses aigües; fleurs grandes, pâles, à odeur de punaise; silicules hispides sur toute leur surface. Duperré.

β algeriensis Jordan (sub specie). — Plante assez puissante, lobe terminal arrondi, denté, à dents obtuses; fleurs petites, jaune d'or; silicules médiocres, hispides sur toute leur surface. Alger. C. C. C.

γ maritima Tenore. — Silicule parfois très grande (12 millim.), souvent bien plus petite, glabre luisante sur les faces, ciliée sur le bord. El-Affroun, Berrouaghia, Téniet, etc., etc.

δ laxiflora Presl.; *B. raphanifalia* auctor. non Poiret. — Silicule tout à fait glabre, très grande. Camp des Chênes, route de Téniet.

ε Chouletti Jord. — Silicules à bord glabre, à disque pubescent. Choulette exsic. Constantine.

ξ confusa Pomel. — Style inséré très bas entre les valves de la silicule, silicule pubescente avec une fine marge transparente, glandes hypogyne; assez longues. Téniet.

B. apula L.; Desf., fl. atl.; Munb., cat.; Ball, spic.; *B. Columnæ* Ten. — Feuilles radicales entières dentées, non lyrées; feuilles caulinaires assez nombreuses, fleurs et silicules petites, pubescentes, à valves souvent excentriques oblongues. ① 3 prov. A. C.

β depressa D. C. — Silicules plus grandes à marge épaisse. Égypte.

γ ciliata D. C. — Disque glabre, marge ciliée. Tunisie. On en trouve parfois une forme à silicules minuscules, 2 millim. pour chaque valve. Chiffa, Blida.

B. raphanifolia Poiret; Desf., fl. atl. non aliorum; *B. radicata* Cosson et Durieu, exsic. Choulette n° 503; Coss., Bull. soc., Bot. Fr. 1872, p. 244, et illustr., tab. 50. — Feuilles velues, hispides, les radicales grandes, lyrées, les caulinaires amplexicaules dentées; tige naissant d'une souche vivace et pouvant s'élever à plus de 1 mètre; fleurs grandes pâles; siliques ordinairement glabres, luisantes, larges de 14-18 millim., rarement un peu hispides (Téniet). ♃ Avril-juin. Forêt de la Réghaïa, Corso, Chenoua, Zaccar, Djurdjura, Filfilla, Edough, etc.

B. frutescens Cosson, pl. crit. 27. — Souche ligneuse émettant de nombreuses rosettes, de feuilles radicales lancéolées, dentées, atténuées en pétiole, veloutées, feuilles caulinaires, sessiles, inflorescence pyramidale; fleurs petites à pétales biauriculés à la base; silicules petites pubescentes assez semblables à celles du *B. didyma* L. ♃ Garrouban (Espagne).

§ 2. *Johndraba.*

Plantes annuelles, hispides, à tige dressée, feuillue, rameuse au sommet; feuilles radicales oblongues, obtuses, sinuées dentées, atténuées en pétiole, les caulinaires sessiles, étroites, aigües; calice dressé, pétales longuement onguiculés à limbe étalé, 2 glandes hypogynes bifides descendant dans l'éperon des sépales; filets des étamines ailés; silicules à valves semicirculaires limitées par une côte saillante au delà de laquelle se trouve une bordure hyaline. Graines finement chagrinées.

B. auriculata L.; Desf., fl. atl.; Munb., cat.; Lx., cat. Kab.; Reich. 4208. — Plante de 4-6 décim., à grandes fleurs (12-15 millim.); éperon calicinal de 3 millim.; pédicelles hispides ou glabres plus longs que la hauteur du fruit; silicule de 13-15 millim. de large sur 6-8 millim. de haut déprimée, comme tronquée au sommet; style plus long que la hauteur du fruit, marge ordinairement décurrente sur le style; silique lissé ou papilleuse. A. C. Teniet, Chélif, Médéa, Miliana, etc. Rég. médit.

β *mauritanica* Jord. — Marge non décurrente sur le style, silicules toutes couvertes de papilles entremêlées de poils plus longs. Ténès, Batna, etc.

B. BREVICALCARATA Batt. — Fleurs moitié plus petites, éperon des sépales minuscule (1 millim.); silicules de 18-20 millim. de large, régulièrement arrondies au sommet comme à la base, lisses ou hispides, style plus court que la hauteur du fruit, pédicelle ordinairement de la longueur du style; marge décurrente sur le style; plante peu élevée, à fleurs denses. L'Adjiba, Forêt du Ksenna.

B. Fleurs blanches ou roses.

IBERIS L. (Thlaspi des jardiniers).

Sépales égaux, pétales inégaux, les deux extérieurs plus grands; étamines à filets non appendiculés; silicule échancrée ou bilobée, ailée au sommet, loges monospermes, graines pendantes.

a. annuels.

I. parviflora Munb., Bull. soc., Bot. Fr., II, p. 282 et XIII, p. 216; *I. odorata* Cosson non L.; *I. numidica* Jord. diagn.: *I. pectinata* Balansa non Boiss. — Plante peu élevée, rameuse à rameaux raides dressés en corymbe, feuillés jusqu'au sommet; feuilles linéaires plus ou moins hispidules, entières, dentées ou subpinnatifides; fleurs très petites (4 millim.), blanches ou rosées; fruits assez grands en corymbe serré, aussi larges que longs, avec deux grandes dents terminales écartées à angle ouvert; style atteignant à peu près la moitié du sinus. C. C. C. Miliana, Chélif, Médéa, H.-Pl., 3 prov. Mars-mai.

I. amara L. — Tige rigide, élancée, ramifiée au sommet; feuilles étroitement linéaires, ciliées, un peu pinnatifides au sommet; fleurs grandes, blanches, en grappe continue. (Je n'ai pas vu les fruits de la plante d'Algérie). Champs d'alfa entre Mahroun et Tarfat. Avril-mai (Rivière). Europe.

b. vivaces.

I. Pruitii Tenore; *I. Balansæ* Jordan; *I. umbellata* Desf. non L.— Plante sous frutescente à feuilles oblongues, obtuses très glabres, un peu charnues; fleurs grandes, blanches, roses ou violacées, en grappe à la fin allongée; silicules ovoïdes ou elliptiques à dents rapprochées; style long. Médéa, H.-Pl. et montagnes. A. C. Sicile.

I. gibraltarica L. — Maroc. Ball.

TEESDALIA R. Br.

4-6 étamines à filets munis d'une écaille pétaloïde, 2 funicules dans chaque loge, pétales subégaux.

T. Lepidium D. C.; Munb., Lx.; *Thlaspi nudicaule* Desf., fl. atl. — Petite plante herbacée, souvent multicaule, à tiges simples; feuilles presque toutes radicales en rosette, parfois entières oblancéolées, plus souvent pinnatifides à lobes étroits; fleurs blanches très petites, grappe à la fin allongée, pédicelles horizontaux; silicules faiblement échancrées; style court. ① C. C. Mars-avril. Pelouses de l'Atlas, forêt de la Réghaïa, Corso, etc., Rég. médit.

THLASPI L.

Plantes à feuilles glauques entières ou à peine dentées, les inférieures pétiolées en rosette, les supérieures sagittées, amplexicaules; 6 étamines non appendiculées; silicule des genres précédents, à loges pluriovulées; fleurs blanches petites à pétales égaux.

Th. perfoliatum L.; Munb., cat.; Lx., cat. Kab.; Ball, spic.; Reich. 4183. — Plante de 1-3 décim., à tige dressée un peu ramifiée dans le haut; feuilles caulinaires aigües embrassant la tige par deux larges oreilles arrondies, inflorescence à la fin très lâche, très allongée; silicules obcordées largement ailées au sommet, à ailes écartées; style court dans la commissure très ouverte. ① C. C. Rég. atl., dans toute l'Algérie, R. dans la plaine (Réghaïa, El-Affroun, etc.), Europe, Orient, Rég. médit.

Th. Tinnœanum Huet du Pavillon; *Th. obtusatum* Pomel; *Th. perfoliatum* var *rotundifolium* Ball, spic.; *Th. rotundifolium* Tineo non Gaudin. — Plante plus basse que la précédente, souvent multicaule; feuilles caulinaires obtuses, gibbeuses au point d'attache, inflorescence toujours plus compacte; silicule elliptique, non élargie au sommet; style obsolète au fond de la commissure étroite. ① Région montagneuse au-dessus de 1,200 mètres dans toute l'Algérie. Sicile, Maroc.

Th. arvense L.; Desf., fl. atl.; Munb., cat.; Reich. 4181. — Silicule très grande, orbiculaire ailée tout autour, 5 ou 6 graines noires et non rouges dans chaque loge. Boghar, La Calle. Cultures. A. R. Hémisphère boréal.

HUTCHINSIA Rob. Br.

Herbes grêles à feuilles pinnatipartites, à lobes étroits; fleurs blanches petites à 6 étamines non appendiculées; silicule elliptique à valves carenées non ailées, loges pluriovulées; style nul.

H. petræa Rob. Br.; Munb., cat.; Lx., cat. Kab.; Reich. 4190. — Petite plante de 1 décim. environ; feuilles à lobes pétiolulés tous égaux, inflorescence assez serrée, même à la fin, 2 graines dans chaque loge. ① Lieux frais des montagnes dans toute l'Algérie. A. R. Zaccar, Blida, Médéa, etc. Marsmai. Europe, Rég. médit., Orient.

H. procumbens Desv.; Munb., cat.; *Capsella procumbens* Fries; Reich. 4221. — Plante de 1-3 décim., multicaule; feuilles à 5-7 segments inégaux, le terminal plus grand, parfois existant seul, inflorescence à la fin très lâche, 5-7 graines dans chaque loge. ① Oran. C. 3 prov. A. R. (Munby). Ouargla, Tunisie (Kralick). Europe, Rég. médit., Orient, etc. — Nota. Les graines de cette plante sont ordinairement notorhizées, ce qui l'a fait placer dans les *Capsella*. D'autre part, elle ressemble tellement à la précédente qu'il est difficile de les séparer sur ce seul caractère.

Tribu V. — LEPIDINÉES.

A. Fleurs jaunes.

BIVONÆA D. C.

B. lutea D. C.; Munb., cat.; Lx., cat. Kab.; *Thlaspi luteum* Biv.; Gussone Prodr. — Plante très semblable au *Th. Tinnœanum* dont elle diffère par son embryon notorhizé, ses fleurs jaunes et sa graine finement tuberculeuse. ① Atlas au-dessus de 1,000 mètres partout. Blida, Arba, Mouzaïa, Dira, Djurdjura, etc.

B. Fleurs blanches, roses ou violettes.

1. Silicules aptères.

CAPSELLA Mœnch.

Plantes très semblables aux *Thlaspi;* feuilles radicales souvent pennatifides; sépales étalés; graines nombreuses.

C. bursa-pastoris Mœnch.; Lx., cat. Kab.; Ball, spic.; *Thlaspi bursa-pastoris* L.; Desf., fl. atl.; Munb., cat.; Reich. 4229. — Feuilles radicales en rosette, pétiolées, entières, dentées ou pennatifides, longuement lancéolées dans leur pourtour, les caulinaires embrassantes; tige dressée, peu rameuse, 2-4 décim.; pétales une fois plus longs que les sépales; silicule triangulaire à bords convexes; pédicelles fructifères filiformes horizontaux; grappe fructifère allongée. ① Plante glabre ou plus ou moins velue. Région montagneuse, Médéa, Mouzaïa, Mitidja, R. Boufarick, Maison-Carrée. Cosmopolite.

C. rubella Reuter, Bull. soc., Haller. 1854; *C. rubescens* Personnat, bull. soc. bot. vol. VII, p. 511. — Pétales dépassant peu le calice; silicule à bords concaves, plus courte; plante rougeâtre dans le haut. C. C. C. Partout.

C. gracilis Grenier. — Forme accidentelle à silicules très petites çà et là. A. R.

C. procumbens Fries, voy. *Hutchinsia*.

SENEBIERA Persoon.

Plantes herbacées vivaces ou annuelles à tiges diffuses nombreuses; fleurs blanches ou violettes; sépales égaux, pétales entiers, parfois abortifs; étamines 6 ou 4 par avortement; filets ni dentés, ni appendiculés; silicule à valves aptères, 1 seule graine pendante dans chaque loge; stigmate sessile.

§ 1. *Carara* D. C. — Silicules non émarginées au sommet, bordées de 2 crètes rugueuses.

S. violacea Munb., Bull. soc. bot., V, II, p. 282 et cat. — Souche vivace, tiges annuelles, longues, couchées sur le sol; feuilles de 2 à 5 cent. de long, pennatilobées à lobes lancéolés-linéaires, plus ou moins lobulés, à rachis et pétiole largement ailés; bractées linéaires, fleurs ordinairement violacées, grandes pour le genre (4 millim.), en corymbe serré; grappe fructifère s'allongeant beaucoup, très lâche; pédicelles dressés, grêles, bien plus longs que la silicule; silicule apiculée par le style assez long, faces lisses un peu veinées. ♃ Marais, Maison-Carrée, Réghaïa, Corso, Coléa, Farghen, Oran, etc. Mars-juin.

S. Coronopus Poiret; Munb., cat.; Lx., cat. Kab.; Ball, spic.; Reich. 4210. — Tiges plus courtes, plus robustes, portant dès leur base des grappes florifères, feuilles bien plus grandes longuement atténuées en pétiole, fleurs blanches, petites; grappes fructifères bien plus courtes que la feuille, compactes, à pédoncules et pédicelles très courts, indurés; silicules réniformes, toutes muriquées, alvéolées sur les faces. ① C. C. C. Partout, lieux humides, fond des flaques ou l'eau a disparu. Plante cosmopolite.

§ 2. *Cotylodiscus* D. C. — Silicules non émarginées au sommet, à bord lisse ou à peu près, à faces finement réticulées.

S. lepidioides Cosson, Bull. soc., bot. II, p. 245; Munb., cat. — Feuilles petites à lobes assez larges, courts, un peu pubescentes dans le haut, fleurs petites blanches, grappes fructifères lâches, pédicelles dressés, plus longs que la silicule, celle-ci portant au sommet une échancrure étroite, au fond de laquelle est le stigmate. ① M'zab, Ouargla.

S. pinnatifida D. C. Maroc. Cosson.

IONOPSIDIUM Reich.

Petites plantes à capsule obtuse aux deux bouts, à peine échancrée, à stigmate capité subsessile, à graines tuberculeuses ou échinulées; feuilles entières ou à peine dentées, les radicales pétiolées.

I. albiflorum Reich.; Munb., cat.; Lx., cat. Kab.; *Pastorea albiflora* Todaro; fig. atl. expl. scient. Alg. tab. 72, fig. 5. — Fleurs blanches très petites en grappe; silicule elliptique, port de *Thlaspi*. ① Rég. atl. Médéa, Mouzaïa, etc., etc. 3 prov. Sicile.

I. acaule Reich.; Desf., fl. atl. (sub *Cochlearia)*. ♃ Maroc Broussonet.

LEPIDIUM L.

Plantes à tiges feuillées; fleurs blanches, nombreuses; silicules ailées ou non; pétales et étamines avortant parfois en partie; loges monospermes; placentas dilatés à la base; cotylédons entiers sauf dans le *L. sativum*.

§ 1. *Cardaria* D. C. — Silicules petites, cordiformes, aptères, à valves gonflées, non carenées, style assez long.

L. Draba L.; Munb., cat.; Reich. 2911. — Plante très feuillue finement pubescente multicaule, 3-5 décim.; feuilles radicales oblongues, pétiolées, sinuées-dentées, les caulinaires embrassantes. ♃ Champs et bord des chemins, 3 prov. A. C. près d'Alger. Avril-juin. Europe moyenne et méridionale, nord de l'Asie.

§ 2. *Dileptium* D. C. — Silicule subelliptique, aptère, carenée, subémarginée à style très court; fleurs très petites.

L. subulatum L.; Munb., cat. — Petit arbrisseau de 1-3 décim. à feuilles toutes semblables, subulées; rameaux florifères nombreux, dressés portant des branches courtes et ligneuses; fleurs en panicule étroite. ♃ H.-Pl., 3 prov. A. C. Espagne.

§ 3. *Lepidiastrum* D. C. — Silicule aptère, non échancrée, style court.

L. latifolium L.; Desf., fl. atl.; Munb., cat.; Ball, spic.; Reich. 4219. — Plante traçante, glabre; feuilles toutes pétiolées ovoïdes, grandes, dentées en scie, les supérieures plus étroites presque sessiles, inflorescence en panicule très fournie, très rameuse; fleurs petites, silicules hispides. ♃ A. R. St-Eugène, Blida, Maroc. Juin-juillet. Europe, Rég. médit., Orient.

L. graminifolium L.; Munb., cat.; *L. Iberis* Cav.; D. C. non L.; Reich. 4218. — Tiges grêles, rigides, rameuses (4-6 décim.), partant d'une souche vivace; feuilles radicales étroites, dentées ou lyrées, les caulinaires linéaires-étroites, entières; grappes fructifères allongées, pédoncules dressés, silicules petites. ♃ Oran, R. Château d'Hydra près Alger. Europe, Asie mineure, Syrie.

§ 4. *Lepia* D. C. — Silicule ovale échancrée, valves carenées largement ailées, cotylédons entiers.

L. glastifolium Desf., fl. atl. tab. 147; Munb., cat.; Lx., cat. Kab.; *Thl. campestre* Poir. voy. — Feuilles radicales oblancéolées, entières ou dentées, glabres pétiolées, les caulinaires sagittées embrassantes, ondulées, dentées à la base; tige robuste de 3-6 décim., rameuse dans le haut; rameaux ordinairement simples, dressés-étalés, pubescents, fleurs assez grandes; silicules glabres de 10 millim. sur 8, largement ailées, un peu échancrées au sommet; style dépassant l'échancrure. ♃ C. C. Broussailles, bord des chemins. Mars-mai.

L. acanthocladum Cosson et Durieu; Munb., cat.; fig. Cos., illust. tab. 46. — Diffère du précédent par ses rameaux plus étalés, à la fin indurés spinescents, ramifiés eux-mêmes; silicules moitié plus petites, peu ailées dans le bas, très retrécies, non émarginées dans le haut; style assez long. ♃ ou ②.

α Fleurs assez grandes. *L. rigidum* Pomel. Téniet-el-Haâd, H.-Pl.

β Fleurs petites. *L. parviflorum* Pomel. Aurès.

L. humifusum Req.; Cosson, illust. tab. 45; *L. Villarsii* Gren. Godr.; fl. Fr.; *L. Calycotrichum* Künze; Munb., cat.; Lx., cat. Kab.; *L. Dayense* Munb. Bull. soc., bot. II, p. 282; *L. granatense* Cosson pl. crit.; *L. Nebrodense* var *atlanticum* Ball, spic. — Feuilles inférieures pétiolées, obovées ou oblongues, entières ou dentées, rarement lyrées, les supérieures sagittées, amplexicaules; plante multicaule à tiges ordinairement décombantes; silicules ordinairement hispides un peu en cuiller, ovoïdes, peu ailées dans le bas; ailées-échan-

:rées dans le haut ; style assez long. ♃ Région montagneuse.)ran et Alger, A. R. Dira, Djurdjura, Garrouban, Daya, etc. Avril-juillet. Rég. médit.

§ 5. *Cardamon* D. C. — Silicule suborbiculaire échancrée, longuement .ilée, cotylédons tripartits.

L. Sativum L.; Munb., cat.; Ball, spic.; Reich. 4212. — Cresson, alénois, cressonette, cult. subsp.; plante dressée, rameuse, à feuilles pennatifides.

ÆTHIONEMA Rob. Br.

Calice un peu gibbeux, étamines longues ailées, unidentées; silicule orbiculaire, échancrée au sommet, ailée dans tout son pourtour, graines pendantes alvéolées.

Æ. saxatile R. Br.; Munb., cat.; Reich. 4227. — Tiges droites feuillées, partant d'un rhizome ligneux ; feuilles coriaces, oblongues, très entières, un peu atténuées en pétiole; grappe fructifère allongée, un peu lâche; silicules obcordées, largement ailées, bi-loculaires, polyspermes, graines tuberculées. ♃ Ras Pharaoun, Tlemcen (herb. Pomel), Europe, Rég. médit.

Æ. Thomasianum J. Gay, ann. sc. nat. 1845, p. 81. — Diffère du précédent par ses tiges tortueuses décombantes, ses grappes fructifères très serrées, et surtout par ses silicules uniloculaires monospermes à graines lisses. ♃ Pierrailles calcaires versant Sud de Lella-Khadidja, sous le sommet. trouvé par le docteur Chabert. Juillet. Piémont.

Tribu VI. — ALYSSINÉES.

FARSETIA Turra.

Petits arbrisseaux désertiques à feuilles linéaires peu nombreuses, tout couverts d'un indumentum blanchâtre de poils en navette, rameaux pauciflores, calice dressé un peu bigibbeux, pétales onguiculés; filets des petites étamines parfois dentés; silicule applatie, parfois vraie silique; graines nombreuses, ailées-membraneuses.

F. Ægyptiaca Turra; Munb., cat.; *Cheiranthus Farsetia* Desf., fl. atl., p. 160. — Rameaux divariqués, robustes ; fleurs brunâtres, siliques elliptiques très larges, cloison présentant une fenêtre à la base. Rég. sahar., 3 prov. A. R. Biskra, Metlili, etc. Tunisie, Égypte, Arabie. Avril-mai.

F. linearis Decaisne, annal. sc. nat., § II. XVII. 150. Munb., cat.; Coss. illustr., tab. 38. — Rameaux plus grêles dressés; fleurs petites violacées; silique longuement linéaire, 2-4 cent. sur 4 millim., insensiblement atténuée en style. Avec la précédente, Orient.

ALYSSUM L.

Plantes à feuilles entières, petites, couverte de poils étoilés; sépales égaux dressés ou étalés, pétales souvent émarginés, non distinctement onguiculés; étamines à filets souvent ailés ou appendiculés; silicule lenticulaire ou cochléaire; graines 1-2 dans chaque loge, ou plus nombreuses *(Meniocus)*; fleurs jaunes en grappes simples.

§ 1. *Meniocus* Desv. — 6 graines dans chaque loge.

A. linifolium Steph.; *M. linifolius* D. C.; Munb., cat. — Plante dressée, rameuse, grêle, 1-2 décim.; feuilles étroitement linéaires, calice caduc, pétales entiers; silicules elliptiques, graines aptères. ① H.-Pl., Aïn-Hadjel, Aïn-Kerman, Djelfa, Itima, etc. Espagne, Orient.

§ 2. *Eu alyssum (adyseton* D. C. Prodr.) 1-2, graines parfois ailées dans chaque loge.

a. Plantes vivaces.

A. montanum L.; var *atlanticum* Ball, spic.; *A. atlanticum* Desf., fl. atl., tab. 149; *A. Clausonis* Pomel; *A. speciosum* Pomel; *A. decoloratum* Pomel; *A. patulum* Pomel; *A. numidicum* Pomel. — Souche ligneuse à la base; tiges étalées, redressées, plus ou moins flexueuses; plante canescente, rarement d'un vert foncé *(A. patulum)*, feuilles lancéolées; fleurs d'un beau jaune ou pâles *(A. decoloratum)*, grandes *(A. speciosum, A. Clausonis)* ou plus petites *(numidicum)*; sépales lâches, hispides; pétales à limbe obcordé; onglet linéaire *(A. Clausonis)* ou oblong *(A. patulum)* ou largement ailé *(A. decoloratum, A. speciosum, A. numidicum)*; filets des étamines courtes muni d'un appendice oblong, libre dans sa moitié supérieure; filets des étamines longues largement ailés, dentés près de l'anthère; silicule orbiculaire ou oblongue, un peu échancrée-tronquée au sommet; style égalant à peu près la longueur de la silicule; graines ailées ou aptères. — Nota. Des échantillons de Sétif que je possède se rapportent tout à fait à l'*A. montanum* type. Cette plante ne se rencontrant qu'au sommet des montagnes et n'ayant aucun moyen de dissémination à grande distance, compte presque autant de races que de stations. Zaccar, Dira *(A. Clausonis)*, Djurdjura, Aurès, Sétif, Tiaret *(speciosum* à fleurs très grandes et *decoloratum)*, Mazis *(patulum)*, Aïn-Beïda *(numidicum)*, etc., etc. Europe, Rég. médit., Orient. ♃ Mai-juin.

A. serpyllifolium Desf., fl. atl.; Munb., cat.; Lx., cat. Kab.; *A. alpestre* var. Ball, spic. — Plante plus grêle et plus faible dans toutes ses parties que la précédente, canescente, à feuilles très petites; fleurs petites, très serrées, d'un jaune vif; étamines du précédent; silicule oblongue ou elliptique, non échancrée, ni tronquée, à faces presque planes; style court. ♃ Rég. montagneuse. Juin-juillet. Djurdjura, Aurès, Bou-Thaleb, Ousseugh, Daya, etc. Espagne, Portugal.

Var *macrosepalum* Ball. Maroc.

A. cochleatum Cosson et Durieu; Munb., cat.; fig. Coss., illustr., tab. 39. — Petit arbrisseau plus robuste que les précédents; étamines à filets non dentés ni appendiculés; silicules en forme de cuiller. ♃ Montagnes autour de Djelfa, Hodna, Aurès, etc.

b. annuels, plantes basses humbles à feuilles oblancéolées; pétales dépassant peu le calice.

1. Filets des étamines ailés, ni dentés, ni appendiculés.

A. granatense Boissier et Reuter, pug., p. 9; Munb., cat.; *A. calycinum* Munb., cat.; Lx., cat. Kab.; Ball, spic. non L.; *A. granatense* et *algeriense* Pomel. Fig. Cosson, illustr., tab. 42. — Calice caduc, très hispide, sépales dépassant le milieu de la silicule; pétales émarginés, insensiblement atténués en onglet et dépassant de 1/3 le calice; glandes hypogynes très courtes; silicule ordinairement plus large que haute, échancrée au sommet, couverte de poils étoilés mêlés de soies plus longues; style court; graines marginées, C. C. C. Dans toute la région montagneuse et les H.-Pl. Mars-mai. Espagne.

β *sepalinum* Pomel. — Sépales plus longs que la silicule; silicule grande; tige souvent simple. Zaccar de Miliana.

γ *minutulum, a. luteolum staminibus exappendiculatis* Batt. et Trab. exsicc. n° 48. — Plante naine à silicules très petites, jaunâtres, luisantes, couvertes de poils rameux, tous semblables, tous appliqués. Les 2 cèdres, Blida. Mars-juin.

2. Filets des étamines ailés, appendiculés ou dentés, en totalité ou en partie.

aa. *Silicules hispides.*

A. luteolum Pomel, nouv. mat. — Port du précédent; calice moins développé persistant; pétales oblongs, cunéiformes à la base seulement; filets des étamines courtes, ordinairement ailés, appendiculés ou dentés; glandes hypogynes très développées; silicule ovoïde tronquée au sommet; style grêle très court; graines ailées ou aptères; plante jaunâtre, à silicules horizontales plus longues que larges, luisantes quoique pubescentes à la loupe, très bombées au niveau de la graine. Téniet, Mouzaïa, Djurdjura (Tala Rana), etc. Mars-mai.

β *pumilum* Pomel. — Plante naine à silicules petites; fleurs pâles, graines ailées. Aïn-Talazid, Col de Chrea au-dessus de Blida.

A. Pomeli; A. algeriense var *montanum* Pomel. — Plante élancée; pétales de l'*A. granatense*, glandes hypogynes assez courtes, filets des étamines courtes ailés, dentés; silicule allongée, à peine tronquée au sommet, plus hispide que dans le *luteolum*; graines ailées. Téniet-el-Haâd. Mars-mai. M. Pomel n'avait pas vu les fleurs de cette plante.

A. campestre L.; Munb., cat.; Lx., cat. Kab.; Ball, spic.; Reich. 4270. — Plante très hispide ordinairement multicaule à tiges diffuses ou dressées; sépales caducs; filets des étamines longues ailés, bi-dentés au sommet, ceux des étamines courtes munis d'un appendice oblong et adhérent; silicules orbiculaires, hispides, non échancrées au sommet; graines ailées. A. C. Partout. Europe, Orient.

A. nanum Pomel. — Petite plante naine. Sersou au sud de Téniet.

bb. *Silicules glabres, au moins sur les faces; graines ailées.*

A. macrocalyx Cosson et Durieu; Coss., bull. soc., bot. Fr. IV, p. 12 et illustr., tab. 41; Munb., cat. — Sépales très grands accrescents, dépassant la silicule; pétales petits, linéaires à onglet dilaté; filets des étamines courtes ordinairement munis d'un court appendice; glandes hypogynes petites; silicule glabre, ovoïde, suborbiculaire, longue de 5-6 millim. H.-Pl. voisins du Sahara, Djelfa, Bou-Saâda, Laghouat, etc. Plante ordinairement naine.

β major. — Plante bien plus grande, 1-2 décim. indumentum, jaunâtre; silicules orbiculaires. Ouargla (Lx.)

A. scutigerum D. R.; *A. clypeatum* D. R.; atl. expl. scient. alg., pl. 72; Munb., cat. — Calice beaucoup moins développé que dans le précédent, caduc; filets des étamines longues ailés, souvent appendiculés, filets des étamines courtes munis d'un appendice bi-denté; silicules parfois très grandes, un peu émarginées au sommet; placentaires munis d'un cercle de poils étoilés. Mêmes régions que le précédent. Batna, Aïn-Touta, Aïn-Hadjel, Djelfa, Arbaouat, Itima.

A. psilocarpum Boissier, voy. Esp.; Cosson, illustr. tab. 40. Filets des grandes étamines ailés, multidentés, filets des étamines courtes appendiculés; silicule très petite à faces bombées, entièrement lisse; glandes hypogynes minuscules; sépales persistant longtemps; petite plante à fleurs blanchâtres. Maroc (Cosson), Espagne.

A. leiocarpum Pomel. — Filets des grandes étamines, ailés mais rarement dentés; pétales d'un jaune d'or; silicules jaunâtres. Pour le reste comme le précédent. Crète de l'Atlas de Blida, Zaccar de Miliana (sommet). Mars-avril. Plante très précoce et vite disparue.

PTILOTRICHUM C. A. Mey.

Genre voisin des *Alyssum* dont il se distingue par ses fleurs blanches ou rosées à pétales entiers, par ses filets staminaux jamais dentés ni appendiculés, par la silicule elliptique ou orbiculaire, jamais tronquée ou émarginée, apiculée par le style; cloison sans nervures, indumentum étoilé.

Pt. spinosum Boissier; *Alyssum spinosum* L.; Munb., cat.; Lx, cat. Kab.; Ball, spic.; fig. Barrelier, icones 808. — Buisson sphérique de 30-50 cent. à rameaux intriqués-spinescents; grappes fructifères courtes. ♃ Sommet du Djebel-Aïzer. Juillet-août. Maroc, France, Espagne.

KONIGA Adanson.

Indumentum de poils en navette; fleurs blanches; 8 glandes hypogynes au lieu de 4; cloison placentarienne finement nerviée en réseau. Le reste comme dans *alyssum.*

K. maritima Rob. Br.; Lx, cat. Kab.; *Clypeola maritima* L.; Munb., cat.; Desf., fl. atl.; *Alyssum maritimum* Lam.; Ball, spic.; fig. Reich. 4266. — Plante multicaule, souvent sous-frutescente dans le bas; tiges grêles de 1-4 décim.; feuilles molles, vertes, oblancéolées dans les bons terrains, linéaires et blanchâtres dans les terrains maigres; pédoncules 3 fois plus longs que les silicules très petites (2-2 1/2 millim.); 1-2 graines aptères par loge; grappe à la fin très allongée; pétales 2 fois longs comme le calice. Les fleurs ont une odeur de miel. ♃ C. C. C. Partout. Novembre-mai. Rég. médit.

β *lepidioides* Ball. Maroc.

K. marginata Webb. Coss., illustr. tab. 43. Maroc.

K. lybica Viv. (sub. *Lunaria); Munb., cat. (sub. *Clypeola*). — Petite plante herbacée à tiges diffuses, à silicules bien plus grandes que dans les précédentes (4-5 millim.), 4-5 graines ailées dans chaque loge. ① Ouargla, Oran littoral (Munb.) Espagne, Tunisie.

DRABA L.

Diffère d'*Alyssum* par ses silicules gonflées à placentas inclus, par ses graines bisériées, ses feuilles radicales en rosette. Embryon pleurorhizé ou notorhizé.

§ 1. *Aizopsis* DC. — Plantes vivaces, cespiteuses à rameaux terminés par des rosettes de feuilles linéaires très serrées d'où sort la grappe florale non feuillée; fleurs jaunes.

D. hispanica Boissier, Élench et voy. Esp. pl. 13; Munb., cat.; Lx, cat. Kab.; Ball, spic. — Feuilles glabrescentes ciliées sur les bords, d'un vert clair; pédoncules et pédicelles velus hispides, courts; grappe courte, corymbiforme; pétales jaunes bientôt décolorés, deux fois plus longs que le calice; silicules velues, elliptiques, aigües, gonflées, acuminées par le style ♃ Rochers des montagnes au-dessus de 1,200 mètres.

α atlantica Pomel.— Rosettes peu serrées; feuilles longues de 15 millim. style moitié plus court que la silicule. Téniet-el-Haâd, Espagne.

β longistyla. — Rosettes très serrées, très rapprochées, formant un gazon serré; style plus long. Beni-Sahla (Blida); Djurdjura, Aurès.

§ 2. *Leucodraba* DC. — Plantes vivaces à fleurs blanches, à feuilles velues ou pubescentes.

D. hederæfolia Coss. Bull. soc., bot. XXVII, p. 69. Illustr. tab. 44. Maroc.

§ 3. *Drabella* DC. — Plantes annuelles grêles; feuilles radicales en rosette, feuilles caulinaires éparses; fleurs blanches.

D. muralis L.; Desf., fl. atl.; Munb., cat.; Lx, cat. Kab.; Reich 4235. — Feuilles radicales pétiolées, obovées, entières ou dentées, les caulinaires amplexicaules, cordiformes, dentées, molles, hispides, tige grêle; fleurs blanches, petites, en grappe à la fin très allongée; silicules petites, elliptiques-allongées, un peu plus courtes que les pédicelles; style très court. Lieux frais de la région montagneuse. Partout. Mars-mai. Toute l'Europe.

§ 4. *Erophila*. — Petites plantes annuelles à feuilles toutes radicales en rosette, à pétales blancs bifides.

D. verna L.; Lx, cat. Kab.; *Erophila verna* DC.; Munb., cat.; Ball, spic.; Reich. 4234. — Plante souvent multicaule; tiges de 3-8 cent.; pédoncules égalant 2-4 fois la silicule, celle-ci elliptique-allongée; style presque nul. C. C. Région montagneuse. Mars-avril. Europe.

β præcox Stev.; Reich. 4235. — Silicules elliptiques arrondies; plante plus faible, avec le type.

ANASTATICA L. (voir aux Arabidées).

RORIPA Bess.

Calice égal, pétales entiers, six étamines sans ailes, ni appendices; silicule déhiscente, elliptique ou globuleuse à valves régulièrement convexes sans nervure dorsale; graines nombreuses, chagrinées, aptères.

R. amphibia Bess.; *Nasturtium amphibium* R. Br.; Munb., cat. — Plante de 6-12 décim., vivace, radicante; tiges fistuleuses sillonnées; feuilles oblongues, lancéolées, les inférieures souvent pétiolées, toutes entières, ou les unes dentées les autres pinnatifides; pédicelles filiformes 4 fois plus longs que la silicule; fleurs jaunes. ♃ La Calle (Munby).

Tribu VII. — CAMÉLINÉES.

A. Embryon notorhizé.

CAMELINA Crantz. (Cameline).

Sépales subégaux; pétales entiers; 6 étamines à filets ni dentés, ni ailés; silicule obovée à bords déprimés mais très convexe dans le milieu; nervures dorsales des valves formant un prolongement étroit qui embrasse la base du style; graines bisériées, pendantes, aptères.

C. sylvestris Wallr.; Munb., cat.; Reich. 4293 (forma *microcarpa*). — Plante dressée à feuilles radicales atténuées en pétiole, les caulinaires auriculées, embrassantes, lancéolées, dressées, entières ou dentées, rudes; tige de 3-6 décim., un peu rameuse; fleurs d'un jaune pâle, petites; pédicelles étalés-dressés de 8-12 millim; grappe fructifère très allongée. ① Mars-mai. H.-Pl., 3 prov. A. R. Biskra, Batna, Kralfallah, etc. Europe.

B. Embryon orthoplocé.

SUCCOWIA Medick.

Plante annuelle très feuillue; feuilles grandes, molles, glabres, pennatiséquées à lobes pennatifides, lobules arrondis; fleurs jaunes assez grandes; sépales dressés-aigus au sommet; pétales 2 fois longs comme le calice; silicule brièvement pédicellée, globuleuse, toute hérissée de longs aiguillons mous et terminée par un style droit, subtétragone à la base, plus long qu'elle; une seule graine pendante dans chaque loge.

S. Balearica Medick; Munb., cat.; Ball, spic. — Grappe fructifère très allongée; fruits distants. C. C. Lieux frais sur tout le rivage de la mer; montagnes à Duperré. Avril-mai. ① Baléares, Sardaigne, Sicile, Canaries, Maroc.

CARRICHTERA Adanson.

Sépales dressés, semblables; silicule globuleuse munie de côtes longitudinales échinulées et surmontée d'un bec stylaire large, foliacé, plus long qu'elle; 2-4 graines globuleuses, pendantes dans chaque loge.

C. Vellæ DC.; Munb., cat.; Lx, cat. Kab.; Ball, spic.; *Vella annua* L.; Desf., fl. atl. — Plante de 1-3 décim., rameuse, hispide, à feuilles bipinnatiséquées, à segments linéaires; tiges raides; fleurs jaunâtres; pédicelles réfléchis plus courts que le fruit. ① Mars-mai. Alger, R. El-Affroun, Bou-Medfa, Chélif, H.-Pl., Aïn-Tédelès, etc., Oran, C. C. (Munby). Rég. médit. méridionale.

VELLA L.

Petits arbrisseaux à feuilles entières, à filets des grandes étamines soudés par paires; fruit stipité, semblable d'ailleurs à celui des *Carrichtera;* 1-2 graines pendantes par loge.

V. glabrescens Cosson, illustr., tab. 48; *V. cytisoïdes* var *glabrescens* Munb., cat. — Petit arbrisseau inerme, à feuilles oblongues glabres ou presque glabres; grappe florifère lâche, mêlée de bractées; loges monospermes, loge dorsale souvent stérile. ♃ Sud oranais, Maroc. Avril-juillet.

PSYCHINE Desf., fl. atl.

Calice allongé dressé, un peu bi-gibbeux; pétales longuement onguiculés, blancs; silique hispide, munie de deux grandes ailes en forme de papillon étalé; cloison membraneuse large, complète; valves un peu osseuses; graines rondes, nombreuses. Plante voisine des *Eruca.*

Ps. stylosa Desf., fl. atl. tab. 148; Munb., cat. — Plante hispide, un peu rameuse, feuillée jusques dans l'inflorescence; feuilles irrégulièrement dentées, les inférieures lancéolées-linéaires, les caulinaires amplexicaules plus larges; fleurs très grandes à nervures violettes; style très long, droit, persistant, un peu tétragone à la base. ① A. C. Hammam-R'hira, Affreville, Chélif, Palestro, etc.

Tribu VIII. — BRASSICÉES (1).

A. Eubrassicées.

Calice égal à la base ou légèrement bi-gibbeux dressé ou parfois étalé; pétales onguiculés; 6 étamines didynames à filets filiformes; 4 glandes hypogynes opposées aux pétales; silique le plus souvent longue, cylindrique, plus ou moins toruleuse; style persistant, rarement caduc, portant souvent une graine à sa base.

(1) Toutes les brassicées, en dehors des genres *Savignya* et *Henophyton* devraient être renfermées dans le genre *Brassica*; si nous maintenons un plus grand nombre de genres, c'est simplement pour nous conformer à l'habitude.

SINAPIS L.

Calice non gibbeux; siliques à valves trinerviées, nervures droites, rapprochées, égales; bec ordinairement séminifère, stigmate discoide.

§ 1. *Eriosinapis* Cosson. — Sépales étalés; silique souvent velue à nervures peu marquées, terminée par un bec conique continué par le style filiforme; plantes vivaces, multicaules à fleurs jaunes assez grandes, à feuilles radicales et caulinaires velues, lyrées-pennatiséquées à lobes dentés, le dernier bien plus grand.

S. pubescens L.; Munb., cat.; Lx, cat. Kab.; Ball, spic. — Siliques velues, petites, portées sur un pédicelle robuste appliqué contre l'axe; style arqué. C. C. C. Rég. atl., 3 prov. Avril-juillet. Rég. médit.

β *Circinnata*, *S. Circinnata* Desf., fl. atl. — Siliques glabres.

γ *Virgata S. virgata* Presl. ? — Plante glabre. Cap Carbon (Pomel).

S. INDURATA Cosson, illustr. tab. 30; Munb., cat. — Grappes fructifères fragiles; valves fortement indurées, un peu gibbeuses à leur base. Est de l'Algérie. Souk-Ahras, Djebel, Sgao, Djebel-Mahrouf, etc.

S. Aristidis Pomel; Cosson, illustr. pl. 31. — Feuilles très grandes, presque toutes en rosette; siliques très grosses, ventrues, coniques, à valves fongueuses. Djebel, Debah, Djebel-Thaya près Guelma.

§ 2. *Ceratosinapis* DC. — Sépales très étalés; nervures des siliques bien marquées, bec conique, nervié, séminifère; plantes annuelles à feuilles rudes, lyrées; tiges rameuses à rameaux étalés.

S. arvensis L.; Munb., cat.; Lx, cat. Kab.; Ball, spic. (sub. Brassica); Reich. 4425. — Siliques portées sur un pédoncule court, robuste, à la fin très épaissi, étalées ou dressées, à valves indurées. ① C. C. Dans les champs, partout. Mars-mai. Europe, Rég. médit., Asie occidentale.

α *genuina*. — Siliques glabres à bec moitié plus court qu'elles. C. C.

β *orientalis*, *S. orientalis* L. — Siliques hispides. Reich. 4226. C. C.

γ *Schkuhriana* Reich. 4226, b. — Siliques très longues, hispides, minces, étalées, puis dressées, toruleuses, bec plus long, comprimé. C. C.

§ 3. *Leucosinapis* DC. — Plantes annuelles; siliques larges, terminées par un bec large, applati, ensiforme, trinervié, séminifère, ordinairement plus long que les valves.

S. dissecta Lag.; Munb., cat.; fig. Moris, flor. sard., tab. 12. — Plante dressée, rameuse, à feuilles plus ou moins laciniées-décomposées, glabres ou glabrescentes, pennatipartites à lobes pinnatifides, étroits, distants; siliques très courtes, presque globuleuses à 2-3 graines, bec sans graine, plat, large et long; pédicelles étalés égalant les valves de la silique; graines grosses, noires, finement chagrinées. Mars-mai. Cultures. A. C. dans le Tell, apportée, dit-on, avec les lins. Rég. médit., méridionale et orientale.

S. alba L.; Munb., cat.; Ball, spic.; Reich. 4424, *moutarde blanche.* — Plante puissante, rameuse, hispide, à feuilles lyrées pinnatipartites ou pinnatiséquées à lobes inégalement sinués-dentés, le dernier très grand; pédicelles étalés, égalant les valves de la silique; silique hispide, grosse, à 2-3 graines, bec 2-3 fois plus long que les valves, séminifère; graines globuleuses d'un brun sale, finement chagrinées. La forme à graines jaunes n'existe pas en Algérie. Mars-mai. Plaine du Chélif. C. C., Alger. R. Europe, Asie occidentale.

S. hispida Schousboe, Régn. végét. au Maroc; pl. IV; Munb., cat.; Ball, spic. (sub. Brassica). — Diffère de la précédente par ses fleurs beaucoup plus petites, ses siliques plus longues, plus étroites, à 3-6 graines. Oran. A. C. Avril-mai. Mostaganem, Maroc, Espagne.

S. procumbens Poiret, encycl. meth.; Munb., cat.; Cosson, illustr.; tab. 29; *S. Choulettiana* Coss. Bull. soc., bot. IX, p. 295. — Plante multicaule à tiges ordinairement grêles, flexueuses, diffuses; feuilles glabrescentes, pétiolées, lyrées-pinnatifides, à lobes dentés ou entiers; feuilles supérieures oblongues, puis linéaires; fleurs grandes, jaune d'or en corymbe; grappe fructifère très lâche, allongée; siliques étalées ou dressées, parfois réfléchies, peu hispides ou glabres, linéaires, étroites, cylindriques, à 4-8 graines; nervures latérales peu visibles; graines brunâtres, finement chagrinées. Février-mai. L'Agha (Alger), Bône, La Calle.

ERUCA Tournefort (Roquette).

Stigmate bilobé; silicule ventrue, à bec large, ensiforme, sans graine; fleurs grandes, blanches ou jaunâtres veinées de violet; cotylédons bilobés; plantes à odeur très forte.

E. sativa Lam.; Munb., cat.; Reich. 4421. — Feuilles radicales lyrées; fleurs brièvement pédicellées, bec plus court que la silique, large; graines aptères. A. R. Alger. Cult. subsp. ① Mars-mai. Europe.

E. longirostris Uechtritz, fig. Willk., illustr. fl. hisp. pl. LIX. — Silique plus étroite, plus dure, bec souvent plus long que la silique; graines brièvement ailées. Oued-Djer, Chélif. C. C. Espagne, Sicile.

E. stenocarpa Boiss. Reut., pug. p. 8; Munb., cat.; Ball, spic. — Silique très étroite; nervure dorsale peu marquée; graines unisériées. Tlemcen, Garrouban.

E. deserti Pomel. — Voisine du *stenocarpa*, graines bisériées.

E. lanceolata Pomel. — Sépales terminées par un gros mucron; pédoncules très courts; style moitié long comme les valves. Sersou, Toucria.

E. PINNATIFIDA Desf., fl. atl.; tab. 165 (sub. *Brassica*). — Plante puissante de 1 mètre et plus, rarement naine dans les terrains secs; tiges fistuleuses, molles, longuement hispides, atteignant presque la grosseur du doigt; feuilles très grandes, pinnatifides; siliques renflées vésiculeuses, à valves molles, parcheminées, plus ou moins longues, lisses, graines bisériées, bec étroit et court. H.-Pl., Sahara, Biskra. ① Avril-mai. Tunisie.

E. brevirostris Pomel m'a paru une forme appauvrie de cette plante. Bou-Saâda, M'khaoula.

E. vesicaria L. (sub. *Brassica*); Munb., cat. — Calice renflé, longtemps persistant, accrescent, ventru; silique globuleuse, très courte, gonflée, indurée, souvent hispide; bec moins large que les valves et à peu près de même longueur. ① C. C. Dans toute la province d'Oran. Espagne.

E. longistyla Pomel. — Plante plus grêle, à feuilles moins divisées; silique plus petite; style 2 fois long comme les valves. Tell oranais, St-Cloud (Pomel).

E. setulosa Boissier et Reuter, diagn. Or., §§ II, v. p. 26; Munb., cat.; *Brassica setulosa* Cosson, illustr. tab. 23. — Plante vivace, cespiteuse, à feuilles toutes radicales en rosettes serrées, linéaires-oblongues, pinnatifides ou simplement dentées, longuement atténuées en pétiole; tiges florifères nues; fleurs violettes; siliques courtes, ventrues, à bec étroit et court. ♃ Tlemcen, Terni, Garrouban. Mars-juin. Cette plante établit le passage entre les *Eruca* et les *Brassica* section *Brassicaria* dont elle est inséparable.

BRASSICA Tournefort (Chou).

Stigmate discoïde; silique longuement cylindrique ou subtétragone, une nervure dorsale principale et des nervures latérales anastomosées; graines unisériées.

§ 1. *Brassicaria.* — Espèces vivaces, cespiteuses, à feuilles toutes en rosettes serrées, d'où partent des hampes florifères nues; graines à testa lisse, ou un peu chagriné. Plantes se reliant aux *Diplotaxis* par leurs cotylédons entiers et leur radicule saillante.

B. loncholoma Pomel, nouv. mat.; *B. Aurasiaca* Cosson, illustr. tab. 22; Munb., cat. — Feuilles pinnatifides, pennatipartites, ou simplement dentées, petites; hampes peu élevées ; fleurs jaunes un peu violacées ; siliques d'*Eruca* avec un bec moitié plus court qu'elles. ♃ Aïn-Beïda, Djebel-Cheliah (Aurès). Mai-juillet.

B. humilis DC. ; Munb., cat. ; *Sinapis nudicaulis* Lag. ; *Diplotaxis brassicoïdes* Rouy, Bull. soc., bot. XXIX et rev. des scienc. de Montpellier 1882 ; *B. latisiliqua* et *Blancoana* Boissier, diagn. § II, 1, p. 29 ; fig. Willk., illustr. flor. hisp., tab. LXXXV. — Diffère surtout du précédent par ses hampes plus élancées, ses fleurs toujours jaunes, ses siliques linéaires, dressées, étalées, parfois pendantes ; style petit, cylindrique. ♃ Rég. médit., montagnes de l'Europe méridionale.

Plante très variable en raison de son habitat sur des pics isolés les uns des autres et formant un nombre de races considérable. Voici les principales formes algériennes :

α *atlantica*. — Feuilles oblongues, dentées à dents éloignées, très hispides, rarement pinnatifides ; hampes de 1-5 décim. Sommet de l'Aizer et de Lella-Khadidja, Daya, Maroc.

β *cespitosa*, *B. cespitosa* Pomel. — Feuilles à pétiole, très long, ailé, très étroit, linéaires, pinnatifides, pinnatipartites, dentées ou entières, glabres ou glabrescentes. Sersou de Tiaret, Aïn-Mimoun (Aurès).

γ *nudicaulis* Pomel an Lag. ? — Plante glabre sauf les pétioles et le calice, humble ; feuilles pinnatifides à lobes très étroits. Ousseugh.

δ *latisiliqua* Boissier et Reut. Maroc.

§ 2. Eubrassica. — Cotylédons bilobés, graines ordinairement chagrinées, unisériées.

a. rupestres. — Plantes vivaces, rupestres, à feuilles radicales nombreuses, lyrées-pinnatifides, glabrescentes ; tiges ordinairement peu feuillées ; fleurs d'abord en corymbe, jaunes ; siliques très étalées ou un peu pendantes subtétragones, nervure dorsale et placentas très saillants ; style court, mince, non séminifère ; graines finement chagrinées, globuleuses, petites ; grappe fructifère allongée.

B. Gravinæ Tenore ; Lx, cat. — Feuilles radicales longuement lyrées, à lobes alternes, nombreux ; pédicelles bien plus courts que la silique ; celle-ci de 4-5 cent., horizontale ou pendante, épaisse. Rochers : Aïn-Toucria, Portes de fer, El-Kantara, Constantine, etc., etc. ♃ Mars-mai. Italie.

B. rupicola Pomel. — Siliques étalées-dressées atteignant à peine 2 cent. Kef-Iroud, ou 3-4 cent. Archa-Gharbi.

B. brachyloma Boissier, diagn. § II, 1 p. 30 ; *B. Gravinæ* Munb., cat. ; *B. Boissieri* Munb., Bull. soc., bot. II, 283. — Siliques de 15 à 20 millim, avec un pédoncule aussi long, étalées-pendantes. Tlemcen, Sefsef.

b. Oleraceæ. — Feuilles glabres, charnues, grosses; siliques à bec large, à valves coriaces, opaques ou subopaques; nervure médiane et placentas très saillants; plantes vivaces ou bisannuelles; graines chagrinées.

B. oleracea L.; Desf., fl. atl.; Lx, cat. Kab.; *choux pommés, choux fleurs, choux de Bruxelles,* etc. ② Cultivé rarement, subspontané.

B. insularis Moris; flor. sard., tab. XI, var *atlantica* Coss.; *B. cretica* Munb., cat. — Tiges ligneuses; feuilles inférieures de 1-2 décim. à limbe ovoïde-allongé, irrégulièrement sinué-denté, souvent auriculé à la base, sublyré, avec quelques petits lobules décurrents sur le pétiole; feuilles caulinaires, lancéolées-linéaires; fleurs grandes, blanches, veinées de violet; siliques de 80 millim, sur 4, à bec long et gros, séminifère. ♃ Base de l'Édough au bord de la mer. Tunisie, Italie.

B. scopulorum Cosson; Munb., cat.; fig. illustr., flor. atl.; tab. 20. — Rameaux ligneux à écorce blanche, divariqués, les anciens rameaux florifères parfois indurés spinescents; feuilles grasses, petites, éparses sur les rameaux, entières ou lobulées à la base; fleurs médiocres d'un blanc jaunâtre à veines violettes; siliques moitié plus petites que dans le précédent. ♃ Cap Falcon, prov. d'Oran.

β spinescens; B. spinescens Pomel. — Fleurs violacées; tiges plus spinescentes. Iles Habibas.

c. Sinapistrum Willk. — Silique cylindrique ou un peu applatie; valves transparentes à 2-4 nervures longitudinales secondaires moins apparentes que la médiane; style souvent seminifère.

1. Pas de rosette de feuilles radicales; fleurs jaunes.

B. Napus L.; Desf., fl. atl.; Munb., cat.; Reich. 4435. — Fleurs glauques, glabres (même les inférieures); plante élevée, puissante, à fleurs grandes odorantes. Cult. subsp. Colza, navet. La plante sauvage a toujours la racine grêle du Colza. Europe.

B. asperifolia Lam.; *B. campestris* et *B. rapa* L.; Reich. 4434. — Plante plus basse que la précédente, à fleurs un peu plus petites; feuilles inférieures hispides. Mitidja. C. C. Spont.? ① Mars-avril. Europe, Orient. *Raves, navettes.* Dans la plante sauvage, la racine est toujours grêle.

B. maurorum Durieu, Rev. Duch. II, 433; Munb., cat.; fig. atl., expl. scient. alg., pl. 73. — Feuilles glauques presque glabres, lyrées; lobe terminal très grand avec 2-5 lobes alternes plus petits à sa base; fleurs moyennes; grappe fructifère allongée; pédicelles grands, très étalés; siliques courtes égalant les pédicelles, larges, comprimées; graines sensiblement bisériées; style séminifère à moitié long comme les valves. H.-Pl. oranais, çà et là, sur les anciens campements des Arabes. Aïn-Kial, Ouled-Zeir, etc. Mai-juin ①.

2. Feuilles radicales lyrées ou roncinées en rosette; plantes annuelles.

B. Havardi Pomel. — Feuilles radicales peu nombreuses, glauques, hispides, pétiolées, lyrées, les caulinaires pinnatifides ou pinnatiséquées, les supérieures linéaires; tiges dressées, fermes, grêles, à rameaux dressés; sépales dressés, à bords membraneux; fleurs jaunes, petites, étamines inégales; siliques très grêles à podogyne court, longues de 25-30 millim., à nervure dorsale fine, les autres peu visibles; style de 4-5 millim., ordinairement sans graine, trinervié; pédicelles courts. ① Avril-mai. Dunes à l'ouest d'Alger, Ternifine, Tlemcen, Itima, Djebel-Antar. (v. s. in herb. Pomel).

B. sabularia Brotero; Munb., cat. — Plante souvent multicaule, à tiges hispides dans le bas, à rosette bien fournie; feuilles du précédent; fleurs jaunâtres assez grandes; pédicelles fructifères très longs (15-25 millim.), étalés; silique égalant à peu près le pédicelle; bec très développé avec ou sans graine. ① Nador de Médéa, Arzew, Tiaret, Toucria, etc. Avril-mai. Péninsule Ibérique.

B. psammophila Pomel. — Feuilles presque toutes radicales, très grandes style plus court ordinairement non séminifère; fleurs petites. Plaines d'Oran, St-Louis, La Macta. ① Avril-mai.

B. torulosa DR. (voy. *Diplotaxis siifolia).*

B. Tournefortii Gouan; Munb., cat. — Feuilles presque toutes radicales en rosette appliquées sur le sol, hispides ainsi que le bas des tiges; tige ordinairement simple dans le bas, robuste, rameuse dans le haut, rameaux souvent étalés; fleurs très petites, d'un blanc jaunâtre; silique longue (4-5 cent.) et grosse; style très long, souvent séminifère. ① A. C. Littoral, Guyotville, Fort-de-l'Eau, Mostaganem, Arzew, Oran, etc. H.-Pl., Sahara. Rég. médit.

3. Plantes vivaces.

B. fruticolosa Cyrillo; Munb., cat.; Ball, spic. — Plante fleurissant quelquefois la 1re année, mais devenant généralement vivace; feuilles inférieures hispides ou glabrescentes grandes, nombreuses et presque en rosette à la base des tiges florifères, feuilles supérieures lancéolées ou linéaires, entières pédicelles grêles, longs (12-20 millim.); silique ordinairement courte, brièvement stipitée, bosselée, à valves transparentes avec la nervure médiane fine et droite, les latérales peu visibles, placentaires peu saillants ; fleurs d'un jaune pâle ou jaunes, médiocres. ♃ Djebel-Santo à Oran, Ténès (1). Rég. médit.

B. RADICATA ; *Sinapis radicata* Desf., fl. atl., tab. 167. — Plante puissante (1-2 mètres), glauque, très hispide dans le bas; fleurs 2 fois plus grandes que dans le *B. fruticulosa*, à peine jaunâtres; silique de 2 à 3 cent.; style égalant la moitié ou le tiers de la silique. ♃ C. C. Littoral d'Alger, Guyotville, Corso, etc.

B. GLABERRIMA Pomel; *B. valentina* Munby? — Plante sous frutescente à la base comme la précédente, mais glabre; lobe terminal des feuilles inférieures peu développé; fleurs grandes, blanches. La Macta, Mostaganem.

On trouve au tombeau de la Reine, entre les pierres tombées du monument, un *Brassica* vivace à feuilles hispides et à fleurs petites d'un jaune d'or, voisin d'ailleurs du *B. fruticulosa*, c'est peut-être une espèce à part.

d. brevisiliquosæ. — Siliques subtétragones à nervure dorsale droite bien marquée, les intermédiaires peu visibles; style conique, court, non séminifère.

B. nigra L.; Munb., cat.; Reich. 4427, *moutarde noire.* — Plante un peu hispide à feuilles toutes pétiolées, les inférieures lyrées à lobe terminal très grand, les supérieures linéaires-oblongues, souvent pendantes; fleurs jaunes; sépales linéaires, étalés; siliques serrées contre la hampe; graines noires ou rougeâtres finement chagrinées. ① Mars-mai. A. R. 3 prov.

B. dimorpha Cosson, illustr., tab. 21; Munb., cat. — Plante vivace multicaule à feuilles petites oblongues, hispides, dentées, les plus inférieures atténuées en pétiole, les supérieures cordiformes, embrassantes, très glabres, entières ou peu dentées; siliques étalées égalant à peu près le pédicelle; graines lisses; fleurs jaunes. ♃ Mai-juin. Aurès, Batna.

B. amplexicaulis ; *Sinapis amplexicaulis* DC.; Munb., cat.; Lx, cat. Kab.; *Sisymbrium amplexicaule* Desf., fl. atl., tab. 153. — Plante souvent multicaule rameuse; feuilles inférieures glabrescentes, pétiolées, obovées ou oblongues, sinuées-dentées, les supérieures auriculées, embrassantes,

---

(1) Cette feuille était à l'impression quand j'ai reçu le *compendium floræ atlanticæ*, vol. II, que m'envoyait gracieusement M. le Dr Cosson. Cette plante constitue son *Brassica fruticulosa* var *mauritanica*. M. le Dr Cosson distingue en outre une var. *numidica* à feuilles glabres, à fleurs jaunâtres, à siliques plus grandes, plus longuement pédicellées. Cap de Garde. (Note ajoutée pendant l'impression).

glabres, dentées ou entières; fleurs jaunes, petites, en corymbe; grappe fructifère allongée; pédicelles étalés, grêles, égalant 2-3 fois la silique; celle-ci courte, toruleuse, un peu comprimée à bec très court; graines rondes finement chagrinées. ① Janvier-juin. C. C. C. Partout.

ERUCASTRUM Spenn.

Graines un peu comprimées; cotylédons plus longs que larges, entiers; style souvent court, un peu applati, trinervié; le reste comme dans *Brassica*.

E. varium DR., atl. expl. sc. pl. 75; Munb., cat.; *Brassica varia* DR., rev. Duch. II, p. 434. — Plante un peu hispide à feuilles inférieures lyrées-pinnatifides à lobes dentés, feuilles supérieures lancéolées, puis linéaires, entières ou dentées; tige dressée (2-5 décim.), un peu rameuse, rameaux étalés-dressés; fleurs jaunes médiocres; siliques comprimées, linéaires, étalées-dressées, 2-4 fois plus longues que leur pédicelle; style seminifère aussi large que la silique, plus ou moins long; graines alvéolées. ① Janvier-avril. Oran. C. C.

α campestris DR. — Feuilles supérieures amplexicaules; siliques et pédicelles glabres, bec court.

β montanum DR. — Siliques et pédicelles hispides, bec long; feuilles supérieures sessiles.

E. Cossonianum Reuter, cat. Gen.; Boiss. et Reut. diagn. Or. § II. 5 p. 26; Munb., cat.; Lx, cat. Kab.; *E. obtusangulum* var *exauriculatum* Cosson et DR. — Feuilles hispides lyrées ou profondément pennatipartites à lanières lobées ou dentées, non amplexicaules; tiges raides dressées; fleurs très pâles; siliques longues, grêles étalées-dressées 2-3 fois longues comme leur pédicelle; style court tronqué, rarement séminifère; graines lisses. ♃ H.-Pl. et Sahara, Kabylie, Isser, Biskra, Aflou, El-Ghicha. Avril-juin. Un échantillon d'Aflou dans l'herbier de M. Pomel a les feuilles auriculées.

E. leucanthum Coss. et DR., Bull. soc., bot. II, p. 307; Cosson, illustr., tab. 24; Munb., cat. — Diffère surtout du précédent par ses fleurs blanches, son bec très court, large, tronqué, toujours privé de graine. H.-Pl. dans l'alfa, Djelfa, Tiaret, El-Ghicha, Daya, etc.

HIRSCHFELDIA Mœnch.

Siliques courtes, grêles, serrées contre la tige, à style séminifère assez long; graines ovoïdes ou anguleuses.

H. adpressa Mœnch.; *Sinapis incana* L.; Munb., cat.; *Brassica adpressa* Ball, spic.; Reich. 4423. — Plante à feuilles inférieures lyrées, un peu hispides, à lobe terminal très grand, les supérieures lancéolées ou linéaires; tige rameuse à rameaux divariqués; fleurs jaunes, petites. Rég. médit., Orient.

α *genuina*. — Plante plus ou moins velue; pédicelle induré dressé, contre la tige; style droit, renflé, globuleux vers son milieu; silique glabre ou pubescente. 3 prov. A. R.

β *consobrina*, *H. consobrina* Pomel. — Pédicelles grêles, moins appliqués. Garrouban.

H. geniculata, *Sinapis geniculata* Desf., fl. atl.; Munb., cat.; Lx, cat. Kab. — Plante très rameuse, très divariquée; style géniculé sur la silique, longuement atténué au sommet. C. C. C. Alger. Mars-juin.

DIPLOTAXIS DC. (Doublerang.)

Graines ordinairement sur deux rangs, ovales; cotylédons arrondis ou tronqués au sommet, jamais bilobés; silique comprimée, munie d'une seule nervure dorsale; style court comprimé.

a. tiges feuillées; plantes annuelles.

D. erucoides DC.; Munb., cat.; Ball, spic.; Reich. 4422; *Sisymbrium erucoides* Desf., fl. atl. — Plante souvent multicaule, hispidule, feuillée dans le bas à hampes presque nues; feuilles inférieures pétiolées, lyrées, roncinées, pennatifides ou dentées, les supérieures sessiles, dentées; fleurs grandes, blanches, violacées ou jaunâtres, rarement jaunes; siliques comprimées à graines nettement bisériées, deux fois plus longues que le pédicelle, étalées, bec applati largement linéaire, parfois seminifère. ① C. C. H.-Pl. 3 prov. Rég. médit.

D. siifolia Kunze; *Brassica torulosa* Durieu, Rev. Duch. II, p. 434; Atlas, expl. sc. alg. pl. 74; Munb., cat.; Willk, illustr. Flor. hisp., tab. LXXXIII. — Plante élancée à port de *Brassica* ou de *Sinapis*. — Feuilles pennatiséquées à segments distants, ovoides, subpétiolulés, parfois avec un petit lobule à la base; tiges cannelées; fleurs jaunes; siliques linéaires-étalées-dressées, 2-3 fois plus longues que les pédicelles, bec allongé subensiforme, souvent seminifère. ① Prov. d'Oran, Tell. C. C. C. Oran, Mostaganem. Mars-mai. Maroc, Espagne.

Var *bipinnatifida* Coss., illustr., tab. 28; *D. catholica* Ball? Maroc.

D. virgata DC.; Munb., cat.; Ball, spic. — Voisin des précédents; feuilles lyrées, hispides, pinnatipartites; fleurs jaunes, petites; grappe fructifère allongée, assez serrée; siliques linéaires 2-3 fois plus longues que le pédicelle; style plus ou mois long, souvent séminifère. ① Avril-mai. C. C. 3 prov Chélif, Oran, etc., etc. Tell, H.-Pl., Sahara, Espagne.

D. humilis Cosson, not. pl. crit. — Style non seminifère, large, applati plante basse, multicaule. Avec l'espèce.

D. auriculata DR., atl. expl. sc. Alg., pl. 76; Munb. cat. *D. tenuisiliqua* Ball. spic. an Del? — Plante robuste, élancée à port de *Brassica napus;* feuilles toutes amplexicaules auriculées, glabres ou glabrescentes, les inférieures un peu atténuées en pétiole; fleurs jaunes médiocres, calice étalé grappes fructifères très allongées; pédicelles de 1-2 cent. égalant les siliques, horizontaux ou à peu près; style conique graines bisériées. ① C. C. Mitidja, Chélif, Issers, etc., etc.

Var *rupestris* Ball. Maroc.

b. Feuilles presque toutes radicales en rosette; plantes annuelles.

D. Delaagei Batt., Bull. soc., bot. 1886, p. 476. — Feuilles très hispides, entières ou sinuées-lyrées, pinnatifides à lobes dentés; tiges un peu rameuses et feuillées dans le bas; grappe fructifère occupant à peu près toute la tige; pédoncules de 10-25 millim. étalés; siliques comprimées de 12 mill. sur 2 1/2, à graines nettement bisériées, oblongues, lisses; style applati, ovoïde, obtus, aussi large que la silique, monosperme, à nervure médiane très saillante; stigmate large; fleurs jaunes, petites; pédicelles égalant 2-3 fois le calice. ① Sidi-Aïssa, Aïn-Kerman. Mai.

D. muralis DC.; Munb., cat.; Reich. 4417. — Feuilles pétiolées, linéaires-oblongues dans leur pourtour, glabres ou presque glabres, dentées, sinuées ou pinnatipartites; hampes assez nombreuses, parfois un peu feuillées et rameuses dans le bas, puis nues; fleurs jaunes en grappe corymbiforme; pédicelles 2 fois plus longs que le calice à la floraison; grappe fructifère lâche; pédicelles de 5-15 millim. étalés; siliques comprimées, 2-3 fois plus longues que le pédicelle, à graines bisériées; style linéaire, comprimé, non contracté à la base. ① Mars-juin. 3 prov. A. R. Un peu partout. Champs arides. Constantine, Kouba, Tlemcem, H.-Pl., Sahara. Europe.

D. viminea DC.; Munb., cat.; Reich. 4416. — Plante ordinairement plus petite que la précédente, mais très semblable, pédicelles florifères égalant le calice; fleurs moitié plus petites; style un peu étranglé à la base. C. C. Alger, champ de manœuvres, bord des chemins, etc. ① Europe, Orient, Rég. médit.

D. Platystylis Pomel. — Diffère du précédent par son style très large, non étranglé ; silique un peu plus large ; fleurs plus grandes. Mai. ① Itima.

c. Plantes vivaces.

D. tenuifolia DC.; Munb., cat.; Ball, spic.; Reich. 4420. — Plante sous frutescente, rameuse à la base, feuillée jusqu'aux inflorescences, glabre, glauque; feuilles un peu épaisses, longues, étroites, les inférieures pétiolées, pinnatifides ou pinnatipartites à lobes écartés, les supérieures linéaires-entières; fleurs grandes, jaunes, odorantes; grappes fructifères allongées; pédicelles de 2-3 cent. grêles, étalés; siliques comprimées, longues de 2-3 cent.; style court, comprimé, linéaire, non seminifère. ♃ Fort-l'Empereur, Bou-Ismaël. Les feuilles ont une odeur de roquette extrêmement forte. Europe moyenne, Orient.

D. pendula DC. ; Munb., cat. ; *D. Harra* Ball, spic. ; *Sisymbrium pendulum* Desf., fl. atl., tab. 156; *Sinapis Harra* Forsk. — Plante hispide, à feuilles pétiolées, dentées ou pinnatifides; fleurs jaunes assez grandes, longuement pédicellées, en corymbe; grappe fructifère allongée, très lâche; pédicelles très grêles, renflés à l'extrémité; silique longuement stipitée, plane, assez large, pendante; stigmate subsessile. ♃ C. C. H.-Pl., lieux abrupts. Abords du Sahara, 3 prov. Maillot, l'Adjiba, El-Kantara, etc., etc. Orient.

MORICANDIA DC.

Calice dressé, bigibbeux; glandes hypogynes 2, peu visibles à la base des étamines courtes; silique longue à valves uninerviées, souvent comprimée; bec court, souvent conique applati; fleurs violettes ou blanches; feuilles charnues.

§ 1. *Pseudoerucaria* Boissier, flor. d'Or. — Feuilles bipinnatipartites à segments linéaires; cotylédons parfois très étroits, n'enveloppant pas la radicule (ammosperma Benth. et Hook., genera), l'embryon se trouvant alors simplement notorhizé; plantes annuelles.

a. Embryon orthoplocé.

M. Tourneuxii Coss.; *M. clavata* Coss. olim.; Munb., cat. non Boiss. Reut.; fig. Coss., illustr., tab. 26. — Lanières des feuilles planes, assez larges; plante un peu charnue, tiges robustes; fleurs assez grandes d'un violet pâle; siliques brièvement pédicellées, largement linéaires-comprimées ; graines bisériées; style gros et court; stigmate bilobé. ① Extrême sud de la province d'Alger. Ouargla.

b. Ammosperma. — Embryon notorhizé.

M. teretifolia DC.; Munb., cat.; *Brassica teretifolia* Desf., fl. atl., tab. 164. — Laciniures des feuilles linéaires, très étroites; plante élancée, grêle; siliques longuement linéaires, grêles, longuement pédicellées; graines unisériées; bec conique allongé.

α genuina. — Fleurs grandes (12-15 millim.) d'un violet foncé; sépales étroits, violets à la base, dressés, longs de 7 millim.

β parviflora. — Fleurs plus petites, souvent pâles; sépales de 5 millim. moins dressés, les gibbeux plus larges.

Les 2 variétés ensemble. Biskra, Laghouat, Tunisie.

M. cinerea Cosson; *Ammosperma cinerea* Benth. et Hook; *Sisymbrium cinereum* Desf., fl. atl., tab. 157; Munb., cat. — Plante courtement velue, cendrée, multicaule à tiges souvent décombantes, diffuses; feuilles comme la précédente; fleurs blanches, petites; siliques linéaires très applaties, à graines bisériées; stigmate subsessile. C. C. Sahara, El-Kantara, Biskra, etc.

§ 2. *Eumoricandia* Boissier, flor. d'Or. — Plantes à feuilles amplexicaules, entières ou dentées, glabres, glauques. Type très variable où les espèces sont bien difficiles à délimiter. Voici les principales plantes de ce groupe décrites en Algérie :

M. arvensis DC.; Munb., cat.; Reich. 4431; *Brassica arvensis* L. — Feuilles inférieures larges, spatulées, entières ou dentées à peine retrécies à la base, les supérieures cordiformes, entières, largement auriculées, sessiles; fleurs grandes, violettes; siliques de 5-8 cent. sur 2 millim. 1/2; nervure dorsale saillante; graines bisériées. ② ♃ Laghouat, Géryville, Biskra. — Juillet. — Formes souvent très puissantes, très rameuses, très divariquées à siliques courtes (5 cent.) et larges. Europe mérid., Orient.

M. suffruticosa DC.; Munb., cat.; *Br. suffruticosa* Desf., fl. atl. — Plante nettement ligneuse à la base; feuilles plus petites, les inférieures atténuées en pétiole; silique très longue (8-10 cent.), grêle. ♃ Bord des rivières, Isser, Chiffa, Oued-Djer. 3 prov. A. C. H.-Pl., Sahara, Tunisie.

β patula, M. patula Pomel. — Siliques étalées ou dressées; feuilles inférieures moins atténuées en pétiole; graines unisériées. Djebel-Amour.

M. pallida Pomel. — Plante humble, ordinairement à petites fleurs; siliques dressées, courtes (3-6 cent.) sur un pédoncule court et fort. ♃ Confluents du Chélif et de l'Oued-Rouïna.

M. longirostris Pomel. — Feuilles inférieures et moyennes spatulées, atténuées en pétiole ailé, fortement sinuées-dentées rappelant des feuilles de *Leucanthemum*; siliques 7-11 cent. sur 3 millim. de large, bec de 7-8 mil. ♃ Sig, Tlélat, Relizane. Bord des rivières.

M. ALYPIFOLIA Pomel. — Feuilles inférieures obovées, peu atténuées, courtes, à 3-5 dents au sommet, les médianes obovées, souvent tridentées, auriculées, les supérieures cordiformes; silique dressée de 5 cent. sur 2 millim. à bec très court; fleurs grandes, violettes; plante très ligneuse. Ksar-el-Maia (Oran).

M. SPINOSA Pomel; *M. divaricata* Coss. et DR.; Munb., cat.; Coss., illustr., tab. 25. — Très voisine de la précédente, feuilles moins nettement dentées; rameaux très divariqués dès la base, quelques-uns transformés en épines; fleurs petites, violettes. Metlili, Ghardaïa, El-Goléa, etc. ♃

B. Brassicées aberrantes.

HENOPHYTON Coss. et DR.; *Henonia* Coss. et DR., Olim.

Calice dressé, bigibbeux, 2 glandes hypogynes; silique plane, largement linéaire, bivalve déhiscente; style allongé un peu comprimé, bilobé; graines planes 8-15 par loge, largement ailées.

H. deserti Coss. et DR.; Munb., cat.; Coss., illustr., tab. 27. — Arbrisseau à feuilles très entières, linéaires-oblongues; sessiles un peu charnues; fleurs violettes. Toute l'année, excepté l'été. ♄ Sahara, M'zab, Ouargla, Guerrara, Temacine, El-Goléa, etc. Tunisie, Tripolitaine.

SAVIGNYA DC.

Calice dressé, égal à la base; 2 glandes hypogynes grandes, dressées; silique stipitée, large, orbiculaire ou elliptique, terminée par un long style grêle; graines applaties largement ailées.

S. longistyla Boiss. et Reut., diagn. Or. § II, 5, p. 27. — Plante annuelle à feuilles radicales en rosette, obovées, sinuées-dentées, pétiolées, pubescentes, visqueuses, un peu charnues; tiges de 1-4 décim., peu feuillées à feuilles petites; fleurs lilas en corymbe; grappes fructifères très lâches; siliques elliptiques, longuement stipitées; style aussi long que la largeur de la silique; pédicelles très longs, filiformes. ① Sahara, Saâda près Biskra, Laghouat, Mzab.

Tribu IX. — SISYMBRIÉES.

Genres peu distincts, comme dans les *Brassicées*.

SISYMBRIUM L.

Ne diffère d'*Erucastrum* que par son embryon notorhizé.

§ 1. *Alliaria*. — Graines striées; siliques cylindriques dans toute leur longueur; cloison mince, fovéolée sans nervure; fleurs blanches.

S. Alliaria L.; Munb., cat.; Lx, cat. Kab.; Reich. 4379. — Plante de 2-5 décim. à tige dressée, un peu rameuse au sommet; feuilles toutes pétiolées, inégalement dentées, les inférieures réniformes, les supérieures ovales, acuminées; pédoncules de 4-6 millim., robustes, étalés; siliques étalées, raides, 4-6 centim.; graines cylindriques, noires, obliquement tronquées. La plante froissée répand une odeur d'ail. ① Mai-juin. Lieux ombreux de la région atlantique. A. C. Forêts élevées. Europe, Orient.

§ 2. *Arabidopsis* Boissier. — Fleurs blanches ou blanchâtres; siliques à valves comprimées uninerviées. Port d'*Arabis*.

S. Thalianum Gay et Monn.; Ball, spic.; *Arabis Thaliana* L.; Munb., cat.; Lx, cat. Kab.; fig. Reich. 4380. — Plante de 1-3 décim., pubescente, à poils rameux; tige grêle, rameuse; feuilles inférieures oblongues, légèrement dentées, pétiolées, en rosette; les supérieures lancéolées, sessiles; fleurs blanches, petites; pédicelles fructifères, 5-10 millim.; silique grêle, 2 fois longue comme le pédicelle. ① A. C. Lieux frais, broussailles. Mars-avril. Tout l'Atlas et même dans la plaine. Réghaïa, Alma, Bouzaréa, etc. etc. H.-Pl., Europe, Asie, nord de l'Amérique.

§ 3. *Sophia* Boissier. — Fleurs jaunes; valves de la silique uninerviées; cloison mince, parcourue par 1-2 nervures.

S. Sophia L.; Munb., cat. — Plante de 3-10 décim., dressée, rameuse, pubescente-cendrée, à feuilles bi-tripinnatiséquées, à segments fins, entiers ou incisés; fleurs petites; siliques et pédicelles à peu près comme dans le précédent. ① H.-Pl. oranais. Daya, Aïn-Sfissifa, etc. Europe, Rég. médit., Sibérie.

§ 4. *Pachypodium*. — Pédicelles fructifères épaissis, aussi larges que la silique, courts, étalés; cloison épaisse; siliques cylindriques à valves trinerviées.

S. Columnæ Jacquin; Munb., cat.; Reich. 4407. — Plante dressée de 2-6 décim., velue; feuilles toutes pétiolées, les inférieures roncinées, les moyennes pinnatipartites, les supérieures linéaires; fleurs d'un jaune pâle, assez grandes; siliques étalées, étroites, velues ou glabres, longues de 6-11 cent. ② Garrouban (Pomel), 3 prov. A. R. (Munby), Rég. médit.

S. macroloma Pomel. — Voisin du précédent, mais plus grand dans toutes ses parties; siliques glabres, étalées ou réfléchies, longues de 15-18 cent., plus larges, à 3 nervures bien nettes. Forêts de cèdres, Aïn-Mimoun (Aurès).

S. erysimoides Desf.; fl. atl., tab. 158; Munb., cat.; Ball, spic. — Plante glabrescente, à feuilles roncinées-pennatipartites; fleurs très petites; siliques horizontales (4-5 cent.), filiformes nettement trinerviées à la loupe; pédoncule très court, étalé, robuste. Téniet. R. Oran A. R. Tunisie, Espagne, Baléares, Canaries, Sardaigne.

§ 5. *Irio* DC. — Siliques cylindriques à valves trinerviées; pédicelles non épaissis; cloison mince.

S. Irio L.; Munb., cat.; Ball, spic.; Reich. 4408. — Plante glabre, 2-6 décim., dressée, à feuilles toutes pétiolées, roncinées-pinnatipartites; fleurs très petites, jaunes, à calice très étalé, dépassées par les jeunes siliques; pédicelles filiformes de 6-10 millim., étalés-dressés ainsi que les siliques grêles, toruleuses. ① C. C. C. Mars-juin. Partout. Europe, sauf les parties les plus froides, Rég. médit., Orient.

Var. *pubescens* Cosson; var. *xerophilum* Fournier monogr. des *Sisymbr.*, p. 74; *S. Reboudianum* Verlot. — Plante pubescente. Sahara, 3 prov. A. C.

Var *Kralickii* Cosson; *S. Kralickii* Fournier loc. cit. — Plante pubescente à fleurs blanches ou lilas; cloison munie au milieu d'une ligne opaque. Aïn-ben-Khelil, sud oranais. M. Cosson réunit aujourd'hui ces 2 variétés au *S. Irioides* Boissier.

S. hispanicum Jacq.? — Plante glabre à feuilles ciliées sur les bords, un peu glauques, les radicales petites en rosette, les unes oblongues, entières, les autres sinuées-roncinées; feuilles caulinaires sessiles, entières; tige dressée, extrêmement rameuse à rameaux grêles intriqués; pédicelles renflés au sommet, à la fin redressés-recourbés; siliques petites, toruleuses, n'atteignant pas les fleurs du sommet de la grappe, à bec court, épaissi au sommet. ① El-Biod, gare du chemin de fer d'Oran à Méchéria (Trabut). Mai-juin. Espagne.

S. crassifolium Cav.; Munb., cat. — Plante puissante, glauque, glabre ou glabrescente à souche vivace; tiges rameuses divariquées (5-10 décim.); feuilles un peu charnues à nervure médiane blanche, les inférieures, pétiolées en rosette irrégulièrement sinuées ou dentées ou pinnatifides, les caulinaires sessiles; fleurs grandes, blanchâtres; siliques dressées, arquées de 4-6 cent. sur un pédicelle court, dressé; stigmate fortement bilobé. ♃ H.-Pl., 3 prov. A. R. Téniet, Batna, Aflou, Garrouban, etc. Mai. Espagne.

S. tenuisiliqua Pomel. — Siliques très grêles, étalées; style obconique plus long; feuilles et tiges très hispides, probablement espèce légitime. Nador au sud de Tiaret.

§ 6. *Velarum.* — Fleurs jaunes, subsessiles; siliques dressées contre la tige, larges, tronquées à la base, amincies vers le sommet subulé; cloison mince.

S. officinale L.; Munb., cat.; Lx, cat. Kab.; Ball, spic.; *Erysimum officinale* L.; Desf., fl. atl.; fig. Reich. 4382; *Vélar, herbe au chantre.* — Plante de 3-8 décim.; tige dressée, rigide, hispidule dans le haut, à rameaux divariqués; feuilles pétiolées, roncinées, les supérieures hastées; fleurs très petites en grappes terminales nues; pédicelles et siliques exactement appliqués contre la tige; graines obliquement tronquées, ponctuées. ① Mai-août. C. C. Europe, Rég. médit.

§ 7. *Kibera.* — Fleurs jaunâtres; inflorescence feuillée; cloison épaisse.

S. runcinatum Lag.; Munb., cat.; Ball, spic. — Plante de 2-5 décim., à tiges raides, dressées ou diffuses, feuillées jusqu'au sommet de l'inflorescence; feuilles inférieures un peu en rosette, étroitement roncinées-pinnatifides, pétiolées, les caulinaires sessiles, ayant chacune une fleur à leur aissele. décroissantes; siliques dressées, arquées sur un pédoncule court. ① Mars-juin. C. C. H.-Pl., Kabylie, etc. Espagne.

α glabrum Cosson. — Tout glabre. R. R.

β hirsutum Cosson. — Hispide surtout dans l'inflorescence. C. C.

S. torulosum Desf., v. *Malcolmia.*

S. asperum, Munbyanum, coronopifolium, ceratophyllum, v. *Nasturtium.*

S. cinereum Desf., v. *Moricandia.*

S. nanum, binerve, malcolmioides, Doumetianum, v. *Maresia.*

S. perfoliatum, v. *Conringia.*

MARESIA Pomel.

Petites plantes grêles, cendrées, à indumentum de poils rameux, à feuilles petites, sessiles, oblongues ou lancéolées, entières ou dentées; fleurs roses, filets des étamines ailés ou élargis; siliques grêles à valves uninerviées; stigmate discoide; cloison mince parcourue par 2 nervures épaisses. Port du *Malcolmia parviflora,* et stigmate discoide des *Sisymbrium.*

M. nana, *M. binervis* Pomel; *Sisymbrium nanum* DC.; *Sisymbrium binerve* C.-A. Mey.; *Malcolmia binervis* Boissier; *Hesperis ramosissima* Desf., cat. Paris, non flor. atl. — Fleurs petites; style très court. ① Avril-mai. Mostaganem, Aumale, M'sila, Biskra, Hodna, etc., etc. Orient.

M. Doumetiana, *S. Doumetianum* Cosson, illustr., tab. 17. — Fleurs plus grandes (8-10 millim.); style plus long. Tunisie, Algérie?

M. malcolmioides Coss. et DR. (sub. *Sisymbrio);* Coss., illustr., tab. 18. — Fleurs petites, indumentum rare, peu visible; nervures de la cloison très larges; siliques brusquement atténuées en style; style long de 3 millim., 3 millim. 1/2. ① Embouchure de l'Oued-Messida (La Calle), Lx. Avril-mai.

MALCOLMIA Rob. Br.

Diffère des *Sisymbrium* par la silique insensiblement atténuée pour former le style et par son stigmate bifide à lobes connivents ou divariqués; siliques toruleuses à valves uninerviées.

a. annuels; fleurs roses.

Malcolmia parviflora DC.; Munb., cat.; *Hesperis ramosissima* Desf., fl. atl., tab. 161. — Plante grêle, rameuse, à tiges souvent couchées, indument peu fourni; feuilles subentières; siliques et pédicelles filiformes, dressés; style subulé. Plante très semblable au *Maresia nana*, sauf le style. Guyotville, Arzew, Mostaganem, Oued-Chérilla, etc. Rég. médit. Nos échantillons, semblables à ceux de Sicile, sont bien plus grêles et moins velus que ceux de France (1).

M. arenaria R. Br.; Munb., cat.; *Hesperis arenaria* Desf., fl. atl., tab. 162! non Lag. — Plante dressée (1-2 décim.), un peu rameuse, ferme, bien plus robuste que la précédente; calice bi-gibbeux; fleurs grandes, roses, à pétales entiers; pédicelle fructifère court (2-3 millim.), robuste, étalé, ainsi que la silique raide, toruleuse, difficilement déhiscente, insensiblement atténuée en style conique. ① Arzew (Desf.), Tlemcen, H.-Pl. Mars-avril. Baléares.

M. biloba Pomel. — Fleurs grandes à limbe bilobé; style long et mince; feuilles obtuses. ① Sables maritimes d'Oran à Mostaganem.

M. versicolor Pomel. — Fleurs moitié plus petites, jaunâtres; style court. Itima, H.-Pl. (v. s.)

M. Broussonetii DC.; Ball, spic. Maroc.

---

(1) M. le Dr Cosson, dans son compendium flor. atl., vol. II, p. 132, dit que l'*Hesperis ramosissima* Desf. et l'*H. arenaria* du même auteur, cueillis tous les deux par lui à Arzew, et figurés dans le Flora atlantica, planches 161 et 162, sont une seule et même plante; le *Malcolmia arenaria*. Il me paraît au contraire évident que la figure 161 représente avec une exactitude suffisante le *M. parviflora* et la fig. 162 le *M. arenaria*. Les 2 plantes se trouvent à Arzew. (Note ajoutée pendant l'impression).

M. Africana Rob. Br.; Munb., cat.; Reich. 4371. — Plante dressée (1-5 décim.), à tige droite, anguleuse, dressée, flexueuse, à rameaux étalés plus courts que l'axe; feuilles grandes, molles, hispides, pétiolées, lancéolées, profondément et irrégulièrement sinuées-dentées, les supérieures sessiles; calice égal à la base; fleurs petites, presque sessiles; siliques longues et étalées. ① Sahara, Biskra, Brezina, Tunisie, etc. Rég. médit.

M. maritima Rob. Br.; Munb., cat.; *Hesperis maritima* L.; Desf.; Reich. 4372; *Julienne de Mahon*. — Feuilles d'un vert cendré, oblongues ou obovées; fleurs roses très grandes à pétales spatulés, émarginées; siliques étalées à style long, persistant, large à la base; stigmate profondément fendu; cloison transparente. ① Cult. subsp. Rég. médit.

b. annuels; fleurs blanches, très petites.

M. torulosa Boissier, flore d'Or.; *Sisymbrium torulosum* Desf., fl. atl., tab. 159; Munb., cat. — Plante hispide de 1-3 décim., multicaule, à tiges diffuses raides; feuilles lancéolées-linéaires, dentées ou pinnatifides; siliques presque sessiles, toruleuses, rigides, hispides, étalées-dressées; style et stigmate très courts. ① Lavarande, H.-Pl., 3 prov. C. C. Batna, etc., etc. Orient.

β *contortuplicata* Boissier; *Sisymbrium Scorpiurus* Pomel. — Plante plus grêle à siliques roulées en cercle. Taguin.

c. vivaces.

M. littorea Rob. Br.; Munb., cat.; Ball, spic, var. *multicaulis, M. multicaulis* Pomel. — Souche frutiqueuse vivace, multicaule; plante canescente à feuilles linéaires-oblongues, entières, obtuses, souvent enroulées aux bords; calice peu gibbeux; pétales bilobés; fleurs grandes; pédoncules de 4-5 millim., robustes, étalés; siliques linéaires-cylindriques; style filiforme très-long (8-9 millim.); stigmates divergents: cloison opaque; graines oblongues. ♃ Mai.juin. Sourkelmitou, Aïn-Tédelès, Mostaganem. Rég. médit., Occid.

M. patula Lag. Maroc.

M. Ægyptiaca Spr.; Munb., cat.; *Hesp. ramosissima* Delile non Desf.; *Eremobium lineare* Boissier, flor. d'Or., var. *longisiliqua;* Coss., illustr., tab. 16. — Plante annuelle ou plus souvent vivace, velue-canescente à tiges longues et robustes, très rameuses, ou moins longues et moins rameuses; feuilles linéaires; fleurs roses, petites, brièvement pédonculées; calice gibbeux; pétales cunéiformes sans onglet distinct; siliques plus larges que leur pédicelle, déhiscentes à valves sans nervures; graines ailées; cloison translucide. ① ♃ Sahara, 3 prov. R. Orient.

CONRINGIA Adanson.

Herbes annuelles glauques, très glabres à feuilles entières sessiles, les caulinaires auriculées-amplexicaules; calice dressé; pétales onguiculés; silique linéaire tétragone; graines unisériées, oblongues, aptères, à cotylédons un peu canaliculés vers la radicule.

C. orientalis L. (sub. *Brassica);* Andr.; Lx, cat. Kab.; Reich. 4382. — Plante de 3-10 décim., puissante, glauque; feuilles inférieures oblongues, obtuses; fleurs grandes, jaunâtres; siliques étalées de 11-15 cent. sur un pédoncule étalé de 15 millim., uninerviées; style court; graines oblongues, rugueuses. ① A. R. Çà et là. Maison-Carrée, Blida, Oran, etc., etc. Europe, Orient, Rég. médit.

ERYSIMUM L.

Stigmate capité; silique carrée à valves uninerviées, recouvertes de poils naviculairés ou étoilés; fleurs jaunes.

a. Espèces annuelles.

E. Kunzeanum Boiss. et Reut.; Munb. cat.; Coss., illustr., tab. 19. — Plante dressée (1-6 décim.), raide, simple ou rameuse, à feuilles linéaires, dentées ou sinuées ou pinnatifides, couvertes de poils bi et trifurqués; fleurs jaunes, petites (5-6 millim.); calice peu ou pas gibbeux; siliques étalées-dressées, très raides, sur un pédicelle court, aussi larges qu'elles et couvertes de poils à 3 branches. Mars-juillet. ① H.-Pl., 3 prov. Batna, Boghar, le Khreider, etc. Espagne, Maroc.

b. Espèces vivaces (1).

Souche vivace émettant des tiges florifères et des rameaux stériles feuillés; feuilles linéaires ou lancéolées-entières ou un peu dentées, pétiolées, glabrescentes avec quelques poils en navette; calice bigibbeux; fleurs jaunes, grandes; pétales longuement onguiculés; siliques dressées, couvertes de poils en navette; stigmate bilobé.

---

(1) D'après le Dr Cosson, Compend. II, p. 150, tous les *Erysimum* qui suivent, bien que très dissemblables, appartiendraient à une seule et même espèce, l'*E. grandiflorum*. (Note ajoutée pendant l'impression).

1. Siliques longuement stipitées.

E. nemorale Pomel. — Plante puissante, à feuilles lancéolées-entières ou dentées; fleurs d'un beau jaune, grandes (18 millim.); pédoncules de 5 millim., peu robustes; podogyne épais, presqu'aussi gros; silique étroite à nervure peu saillante; stigmate petit. Téniet, Daya ♃.

2. Siliques non stipitées.

E. elatum Pomel. — Plante très puissante, sous-ligneuse à la base (6-12 décim.); siliques plus larges non stipitées; graines ailées presque tout autour. ♃ Mostaganem, Aïn-Tédelès, etc.

E. squarrosum Jan.? — Plante robuste élancée, très feuillue à feuilles relativement très grandes, largement lancéolées; fleurs de 16-18 millim.; calice fortement bigibbeux à la base et au sommet dans le bouton floral; siliques grandes, dressées. Djebel-Aïzer (Djurdjura). Juin.

E. grandiflorum Desf., fl. atl.; *E. australe* J. Gay.; Munb., cat. sec. Pomel. — Plante de 1-3 décim. à feuilles étroites, à tiges peu feuillées; fleurs jaune pâle, plus petites que dans les précédentes (12-14 millim.); sépales peu gibbeux au sommet du bouton floral; siliques dressées assez courtes. ♃ C. C. Toute la région montagneuse; coexiste dans le Djurdjura avec le précédent.

β *nervosum*, *E. nervosum* Pomel. — Tiges peu élevées, inflorescence courte; siliques longues, étalées à nervures dorsales, fortement marquées. Beni-Salah de Blida, Garrouban.

γ *gramineum*, *E. gramineum* Pomel. — Fleurs encore plus petites; feuilles subfiliformes; siliques grêles à nervures peu marquées, en grappes longues. Itima, El-Ghicha.

Tribu X. — ARABIDÉES.

CHEIRANTHUS Rob. Br.

Calice bigibbeux, dressé; pétales longuement onguiculés; 2 glandes hypogynes à la base des petites étamines; silique linéaire assez large, comprimée-tétragone; stigmate bilobé; graines unisériées, comprimées, ailées; indumentum formé de poils en navette; plantes vivaces.

Ch. Cheiri L.; Munb., cat.; Reich. 4347; *Violier, Giroflée des murailles.* — Plante à grosses tiges robustes, feuillues; feuilles lancéolées-entières; style très court; fleurs grandes, jaunes avec des stries plus foncées on concolores, odeur de violette. Toute l'année. Murailles, rochers. A. R. Pointe Pescade. Spont.? Europe.

Ch. semperflorens Schousboe; Ball, spic.; Coss., illustr., tab. 11. Maroc.

MATTHIOLA Rob. Br. Giroflée.

Calice bigibbeux dressé; pétales onguiculés; glandes hypogynes 2-4; graines unisériées; siliques linéaires, cylindriques ou comprimées; style court à lobes stigmatiques épaissis, connivents, souvent munis de cornes; indumentum de poils étoilés.

§ 1. *Pachynotum* DC. — Siliques comprimées, largement linéaires; lobes stgmatiques peu cornus; cloison mince, binerviée; graines ailées; limbe des pétales largement obové. *Giroflées quarantain* des jardiniers.

M. incana Rob. Br.; *Cheiranthus incanus* L.; Desf., fl. atl.; Reich. 4354. — Feuilles lancéolées-entières, obtuses; fleurs blanches ou violettes. ♃ Cult. subsp. Pointe Pescade. Rég. médit.

M. annua DC.; *Ch. annuus* L.; Desf., fl. atl. — Semblable au précédent, mais annuel. ① Fleurs très odorantes. Cult. subsp. Orient.

M. sinuata Rob. Br.; Munb., cat.; *Ch. sinuatus* L.; Desf., fl. atl.; Reich. 4350. — Plante puissante, tomenteuse, à feuilles inférieures fortement et irrégulièrement sinuées; fleurs un peu plus petites que dans les précédentes, odorantes le soir seulement; siliques très longues; plante de 3-15 décim. ② ♃ Rochers maritimes, La Calle (1), Pointe Pescade; certainement échappée de jardins dans cette dernière localité. Rég. médit.

§ 2. *Acinotum*. — Silique arrondie, souvent toruleuse; étroitement linéaire, rarement comprimée; cloison épaisse, sans nervures; graines ailées ou aptères; fleurs brièvement pédicellées ou sessiles.

a. Plantes annuelles.

1. Pétales roses ou pourprés, rarement blancs, à limbe obové ou émarginé.

M. lunata DC.; Munb., cat. — Plante de 1-4 décim., à tiges diffuses ou dressées, rameuses, pubescentes, glanduleuses; feuilles oblongues, sinuées-dentées, d'un vert gai, les inférieures pétiolées; fleurs grandes; pétales émarginés; siliques toruleuses, étalées, longuement linéaires, cylindriques ou un

---

(1) La plante de cette localité est probablement une espèce à part. Cosson, compend. II, p. 101.

peu applaties, glabrescentes, glanduleuses à maturité; style allongé cylindrique faisant entre les cornes une courte saillie obtuse et parcourue dans toute sa longueur par les lames stigmatiques; cornes relevées en croissant ou presque nulles. ① C. C. 3 prov. Atlas, lit des rivières, H.-Pl., etc. Espagne. Mars-mai.

α *Clausonis* Pomel (1). — Silique stipitée; placentas étroits. Mouzaïa.

β *anoplia* Pomel. — Cornes très courtes; style aussi large que la silique; placentas épais. Sersou, Mou-el-Glouta, Toucria.

M. glandulosa Pomel, m'a paru être un *M. lunata* déformé par le voisinage de la mer.

M. parviflora Rob. Br.; DC.; Munb., cat.; Ball, spic. — Plante tomenteuse à tiges dressées; feuilles lancéolées, sinuées-dentées; pétales à limbe très petit, 3-4 fois plus court que le calice; style faisant entre les cornes une très faible saillie; cornes longues, aigües, étalées-redressées. ① 3 prov. A. R. Chéliff, Kabylie, C. à Oran. Mars-mai.

M. tricuspidata Rob. Br.; Munb., cat.; Ball, spic.; *Cheir. tricuspidatus* L.; Desf., fl. atl. — Plante à tiges robustes, couchées, mollement tomenteuse; feuilles sinuées ou pinnatifides à lobes obtus; fleurs grandes; pétales à limbe obové égalant le calice; siliques cylindriques, tomenteuses à cornes assez longues, horizontales ou réfléchies, rarement ascendantes, obtuses, plus rarement très aigües; style formant entre les cornes un prolongement presque aussi long qu'elles, conique et stigmatifère seulement dans son 1/3 supérieur. ① C. C. C. Sur le bord de la mer. Avril-juin. Rég. médit.

2. Pétales livides à limbe linéaire-aigu, souvent ondulé; feuilles tomenteuses, lancéolées, sinuées-dentées.

M. Maroccana Coss., illustr., tab. 10. Maroc.

M. **oxyceras** DC.; Munb., cat. — Plante grêle à indumentum mêlé de glandes; siliques grêles, tricuspides, à pointes aigües; cornes égalant 4-5 fois le diamètre de la silique, étalées ou récurvées, rarement dressées. Sahara, 3 prov. R.

Var. *basiceras* Cosson; *M. Kralickii* Pomel. — Valves faisant une saillie gibbeuse à la base des siliques. Tunisie, Biskra?

M. livida DC.; Munb., cat. — Fleurs plus petites que dans l'espèce précédente; cornes ne dépassant guère 2 millim.;

(1) *M. phlox* Didrisch. sec. Cosson, compend. II, p. 106. (Note ajoutée pendant l'impression).

plante glanduleuse. Sahara, Saâda, Megarin, Maïa, Brezina, etc. Orient.

b. Plantes vivaces.

M. tristis Rob. Br.; Munb., cat.; Lx, cat. Kab.; Ball, spic.: *Cheiranthus tristis* L.; Desf., fl. atl.; fig. Reich. 4348. — Plante à indumentum blanc, court, soyeux; feuilles nombreuses fasciculées, linéaires ou lancéolées, entières ou dentées ou sinuées ou pinnatifides; fleurs ordinairement violettes rarement jaunâtres ou verdâtres, à pétales ondulés, plus ou moins grandes; siliques étalées à indumentum blanc, soyeux, longues de 3-12 centim., cylindriques sur un pédicelle court et épais; style faisant entre les cornes, quand elles existent, une courte saillie. Plante extrêmement variable ♃.

Variétés à cornes nulles ou presque nulles :

α *genuina.* — Pas de cornes stigmatiques. Isser, Boghar, etc., etc.

β *major, M. montana* Pomel non Boissier. — Plante élancée à grandes fleurs; pétales à limbe élargi; calice velu; feuilles parfois de 8 cent. sur 1, presque entières ou étroites. Ben-Chicao, Téniet.

Variétés à cornes bien développées ordinairement ascendantes :

γ *coronopifolia, M. coronopifolia* DC. — Semblable pour le reste à α.

δ *telum, M. telum* Pomel. — Plante plus robuste à calice plus velu; fleurs grandes; prolongement stylaire bien plus saillant entre les cornes; siliques atteignant parfois 12 cent. Sud oranais, Brezina, Itima.

ε *stenopetala, M. stenopetala* Pomel. — Plante humble à pétales jaunâtres, ochracés ou verdâtres, très étroits, ondulés, courts; cornes bien développées avec un mamelon stylaire, court. Garrouban. Pomel.

LONCHOPHORA Durieu.

Aspect et fleurs des *Matthiola*, siliques tétragones à valves comprimées par le dos, rigides, indéhiscentes, tricuspides au sommet et prolongées à leur base en 2 longues cornes; cornes stylaires alternes avec les valves; cloison ovale, profondément alvéolée; graines ailées; cotylédons obliques plus courts que la radicule; plantes annuelles à indumentum étoilé.

L. Capiomontana DR., Rev. Duch. II, p. 432; Munb., cat.; *L. Guyoniana* DR.; fig. Atl., expl. scient. alg., tab. 72, fig. 1. — Feuilles oblongues, entières ou dentées ou sinuées; grappes terminales sans bractées; fleurs subsessiles; cornes basilaires, étalées, pendantes ou arquées-redressées. ① Sahara oranais. Avril-mai.

NOTOCERAS Rob. Br.

Plantes parviflores à indumentum formé de poils en navette; calice égal; pétales entiers; siliques courtes, linéaires, subtétragones en épi serré; valves à nervure dorsale se terminant en mucron qui dépasse le style très court; graines aptères; herbes raides à tiges couchées,

N. canariense R. Br.; Munb., cat. — Feuilles lancéolées, linéaires-entières, rarement dentées; fleurs blanches, très petites. ① Rég. saharienne, 3 prov. R. Biskra, El-Kantara, Bou-Saâda, etc. Espagne, Canaries, Orient. Mars-avril.

MORETTIA DC.

Plantes à indumentum étoilé; calice égal; pétales entiers; silique cylindrique, hispide; style conique, court; stigmate bilobé; graines aptères unisériées; feuilles sessiles, petites, oblongues.

M. canescens Boiss., diagn. § I, VIII, p. 17; flor. d'Or.; Coss., illustr., tab. 14; Munb., cat. — Plante à fleurs blanches, très petites, à siliques bien plus longues que le calice. ♃ Sahara oranais. Orient.

ANASTATICA L.

Silicule ventrue à valves prolongées au sommet en 2 oreilles presque aussi longues qu'elles; style filiforme plus long que la silicule; graines comprimées, aptères, très peu nombreuses.

A. hierochuntica L.; Desf., fl. atl.; Munb., cat.; Lamarck, illustr., tab. 555; *Main de Fathma; Rose de Jéricho* (en partie). — Petite plante à tiges diffuses, toute couverte d'un indumentum étoilé; feuilles oblongues, dentées, pétiolées; fleurs petites, blanches, sessiles; calice égal; pétales obovés, onguiculés. Plante se roulant en boule par la dessication et se déroulant par l'humidité. Sahara, entre El-Kantara et Biskra, etc. R. Orient.

CARDAMINE L. (sect. *Cardaminoides* Gren. et Godr.)

Herbes dressées, à feuilles pennatiséquées, glabres ou glabrescentes, à fleurs blanches, petites, sessiles; calice égal; pétales égaux, entiers, à limbe étroit, dressé; 4-6 étamines aptères, sans appendice; silique linéaire à valves planes énerviées, s'ouvrant avec élasticité; stigmate petit, entier subsessile; graines unisériées. Saveur de cresson.

C. hirsuta L.; Desf., fl. atl.; Munb., cat.; Lx, cat. Kab.; Ball, spic. — Plante de 1-4 décim., à peine un peu hispidule à la base; feuilles à 5-9 segments pétiolulés, arrondis, sinués, décroissant vers le bas de la feuille, les caulinaires plus petites; fleurs souvent à 4 étamines, longuement dépassées par les siliques étalées-dressées. ① C. C. C. Partout, lieux frais. Janvier-mai. Europe.

C. sylvatica Link; Ball, spic. — Fleurs peu dépassées par les siliques; feuilles caulinaires plus grandes que les radicales; siliques redressées sur les pédoncules étalés. ② Bois des montagnes. Edough. Europe.

C. parviflora L. — Plante de 1-3 décim., grêle; feuilles à 11-17 segments très petits, les radicales en rosette lâche, caduques, les caulinaires insensiblement décroissantes; fleurs minuscules; siliques redressées sur le pédoncule. ① Bord des mares. Février-mars. Réghaïa, Maison-Blanche. Europe.

ARABIS L.

Plantes dressées à feuilles entières ou dentées, à indumentum étoilé ou glabres; siliques linéaires, planes ou tétragones comprimées, à valves uninerviées ou énerves; déhiscence sans élasticité; stigmate entier; graines comprimées, souvent ailées, unisériées; calice égal ou bossu; pétales égaux, entiers.

§ 1. *Conringioides* Boissier. — Feuilles caulinaires cordées, auriculées, glabres, très entières; calice égal à la base; pétales oblongs, dressés.

A. pseudo-turritis Boiss. et Heildr., diagn. § II, 1 p. 20; Cosson, illustr., tab. 12; Munb., cat.; Lx, cat. Kab. — Plante élancée, 6-12 décim.; feuilles inférieures en rosette, hispidules, oblongues, longuement atténuées en pétiole, obtuses, entières ou dentées; fleurs blanches de 6 millim., en grappe; siliques de 5-7 cent. sur un pédoncule de 1 cent.; valves uninerviées; graines unisériées. ② ♃ Mars-juin. Les 2 cèdres à Blida, R. R. Babors, Tababor, Akfadou, etc.

A. conringioides Ball, spic., pl. III. Maroc.

§ 2. *Turitella* C. A. Mey. — Calice ordinairement égal; pétales oblongs, cunéiformes, étroits, souvent dressés; nervure médiane des valves bien visible en général.

a. Siliques dressées contre l'axe.

A. pubescens Poiret; Munb., cat.; Lx, cat. Kab.; Ball, spic.; *Turritis pubescens* Desf., fl. atl., tab. 163 (inexacte quant au style). — Plante toute couverte d'un indumentum de poils à 4 branches; feuilles dentées à dents espacées, en escalier, les radicales en rosette oblancéolées, atténuées en pétiole, les caulinaires sessiles, semi-amplexicaules, successivement décroissantes, étalées-dressées; tige droite, ferme, rigide, de

4-8 décim., avec 2-3 rameaux dressés; fleurs blanches ou rosées de 6-8 millim.; grappe fructifère principale très allongée; pédoncules de 5 millim., robustes, parallèles à l'axe; siliques de 4-6 cent. sur 1 millim. et 1/2, atténuées au sommet; style de 1 millim.; graines ailées. ① ② Région atlant. avec le chêne ballote, C. C. C. Mai-juin. Maroc.

β *brachycarpa* Batt., Bull. soc., bot. XXX, p. 262. — Siliques moitié plus courtes; style un peu plus long. Djurdjura, Lella-Khadidja versant sud, Tala-Rana, Col des Aït-Ouaban.

A. DECUMBENS Ball, spic., pl. 2. Maroc.

A. sagittata DC.; Lx, cat. Kab.; Reich. 4343. — Voisine de la précédente mais plus glabre, d'un vert plus gai; feuilles à dents linéaires plus profondes. ② Goubia, Djurdjura.

β *exauriculata* Lange et Willk. — Feuilles minces, presque entières; siliques et haut des tiges très glabres. Djurdjura, Tala-Rana, Aït-Koufi, etc. ② Europe, Sibérie.

A. Balansæ Boiss. et Reut., diagn. § II, 5 p. 17; Munb., cat.; *A. ciliata* var *Balansæ* Coss.; *A. ciliata* Balansa exsicc. — Plante pubescente à feuilles radicales crénelées à lobes obtus, les caulinaires linéaires-entières; sépales glabres, rougeâtres; fleurs blanches, petites; siliques grêles, courtes, à nervure médiane très marquée. ② Plante de 15-20 cent. Aurès (Djebel-Cheliah).

A. Doumetii Cosson, illustr., tab. 13. — Plante petite, grêle, vivace; souche à divisions nombreuses, terminées par des rosettes de feuilles étroitement oblancéolées, longuement atténuées en pétiole, légèrement dentées; tiges florifères très grêles, 1-3 décim., axillaires, peu feuillées; grappes pauciflores; fleurs blanches de 5-6 mill.; siliques planes, énerviées, étroitement linéaires, dressées, glabres, 4-6 cent. ♃ Avril-juin. Route du Col de Tirourda, Tababor, Djebel-Sgao.

b. Siliques étalées; plantes annuelles hispides à très petites fleurs blanches.

A. auriculata Lam.; Munb., cat.; Lx, cat. Kab.; Ball, spic.; Reich. 4334. — Petite plante grêle à feuilles oblongues ou ovoides, hispides, dentées, les caulinaires auriculées; grappe grêle à rachis très flexueux; siliques très grêles. ① C. C. Zaccar, Dira, Mouzaïa, Djurdjura, Aurès, H.-Pl. Mars-mai. Europe moyenne, Rég. médit., Orient.

A. parvula L. Dufour; Munb., cat.; Lx, cat. Kab.; *A. latifolia* DR., atl. expl. sc. alg., pl. 72, fig. 3. — Plante velue, tomenteuse, à feuilles dentées, ovoïdes ou obovées, larges, les caulinaires sessiles non auriculées à la base; siliques larges ensiformes, à nervure dorsale marquée; pédicelles courts et robustes, rachis peu flexueux. H.-Pl., 3 prov. R. Kabylie, Aurès, etc. Avril-mai. Espagne.

§ 3. *Euarabis.* — Calice bigibbeux; limbe des pétales bien distinct de l'onglet, étalé; nervure médiane des siliques nulle ou peu visible.

a. Fleurs violettes; plantes annuelles.

A. verna R. Br.; Munb., cat.; Lx, cat. Kab.; Ball, spic.; *Hesperis verna* L.; Desf., fl. atl.; fig. Reich. 4321. — Feuilles radicales en rosette, larges, obovées, dentées, atténuées en pétiole; tiges presque nues; fleurs peu nombreuses, médiocres; siliques linéaires-étalées; style presque nul; pédoncules très courts, robustes. ① C. C. C. Lieux frais des régions atlantique et subatlantique. Bouzaréa, Atlas, Djurdjura, etc.

b. Fleurs blanches ou roses; plantes vivaces.

A. albida Stev.; Lx, cat. Kab.; *Turritis verna* Desf., fl. atl.; *A. alpina* Munb., cat. non L. — Plante mollement velue, émettant en même temps que les pousses florifères de nombreuses pousses stériles; feuilles radicales oblongues, grandes, sinuées-dentées, atténuées en pétiole largement ailé, les caulinaires nombreuses, grandes, sessiles, auriculées, sinuées-dentées; fleurs très grandes (12-15 millim.) d'un blanc pur; siliques très applaties, toruleuses, étalées-dressées sur un long pédicelle. ♃ Avril-juin. Zône du chêne ballote dans toute la région montagneuse, cèdres. Orient, Italie, etc.

A. erubescens Ball. Maroc.

c. Fleurs jaunâtres.

A. turrita L.; Reich. 4345. — Plante puissante de 4-10 déc., hispide; feuilles radicales oblancéolées, sinuées-dentées, pouvant atteindre 20 cent. sur 5, pétiolées, les caulinaires sessiles, auriculées, bien développées; siliques comprimées, rubanées, de 10-15 cent. sur 2 millim. et 1/2, recourbées horizontalement sur un pédoncule court et dressé; style court; graines ailées. ② Ruisseau des singes à la Chiffa. Avril-mai. Europe moyenne et méridionale.

NASTURTIUM Rob. Br.

Calice égal, étalé ou dressé; pétales à peine onguiculés; silique courte applatie, sans nervures marquées; graines bisériées, aptères; plantes à feuilles généralement pinnatifides ou pinnatiséquées.

a. Fleurs blanches, 4 glandes hypogynes.

N. officinale R. Br.; Munb., cat.; Lx, cat. Kab.; Ball, spic.; *Sisymb. nasturtium* L.; Desf., fl. atl.; fig. Reich. 4359; *Cres-*

son de fontaine. — Plante aquatique, glabre ou glabrescente; tige rameuse, anguleuse, fistuleuse; feuilles pennatiséquées à segments ovoïdes ou orbiculaires, sinués-crénelés, disposés par paires; sépales dressés; siliques linéaires arquées, bosselées, plus longues que le pédoncule, étalées ou même réfléchies; graines brunes, alvéolées. C. C. C. Eaux courantes. ♃ Plante cosmopolite.

β *siifolium.* — Segments lancéolés, plante plus puissante. Reich. 4361. C. C. Ruisseaux.

b. Sisymbrella Spach. — Fleurs jaunes, 6 glandes hypogynes.

N. asperum Cosson; *Sis. asperum* L.; Munb., cat. — Plante glabre à feuilles pectinées, les inférieures en rosette avec les segments lancéolés, incisés-dentés; fleurs petites en grappes serrées; pédicelles de 5-7 millim., étalés; siliques 2-3 fois plus longues que les pédicelles, étalées, droites ou un peu arquées, acuminées; style court; graines très petites. ① Algérie, ex Munb., cat. France, Espagne.

N. Munbyanum Boissier, diagn. Or., § II, 5 p. 19; Munb., cat. — Segments des feuilles radicales entières; fleurs safranées plus grandes. ♃? Ras-el-Asfour. Mai.

N. atlanticum Ball, spic., pl. 1. Maroc

c. Brachylobos Pomel. — Feuilles hispides, moins profondément divisées; fleurs jaunes; nervure médiane des siliques visible; siliques courtes. Plantes annuelles.

N, coronopifolium Cosson; *Sisymbrium coronopifolium* Desf., fl. atl., tab. 154; Munb., cat. — Feuilles radicales lancéolées ou oblongues, atténuées en pétiole, sinuées, pinnatifides à dents étroites, écartées, les caulinaires décroissantes; tiges souvent diffuses, rameuses; fleurs en corymbe; grappes fructifères lâches; pédoncules de 12-15 millim., grêles, étalés; silique linéaire, comprimée, toruleuse, courbée en faucille; stigmate subsessile; valves pubescentes à nervure médiane bien marquée dans toute sa longueur; graines petites oblongues, striées en travers. ① Mars-avril. C. C. H.-Pl. et Sahara.

N. pumilum Pomel. — Style plus long, étroit. El-Maïa.

N. ceratophyllum Coss.; *Sis. ceratophyllum* Desf., fl. atl., tab. 155; Munb., cat. — Feuilles linéaires à sinus étroits; siliques très courtes. (Tunisie), Biskra?

N. amphibium L. Voy. *Roripa, Alyssinées.*

BARBAREA Rob. Br.

Plantes à tiges dressées, raides, anguleuses à feuilles pennatiséquées-lyrées, glabres ou glabrescentes; fleurs jaunes à silique subtétragone carenée par une forte nervure médiane.

B. vulgaris R. Br.; Munb., cat.; Lx, cat. Kab., var. *intermedia; B. intermedia* Boreau. — Lobe terminal des feuilles ovoïde, les dernières feuilles caulinaires abritant les premières siliques; grappe fructifère assez serrée à siliques dressées, courtes. ② Kabylie Lx.

B. sicula Presl.; *B. stolonifera* Pomel. — Feuilles caulinaires embrassant la tige par les 2 lobes inférieurs; rosettes stériles assez nombreuses. ♃ ② Ras-Pharaoun, Djurdjura, Aurès, Dira, etc. Mai-juin.

B. perennis Pomel. — Siliques très courtes 12 millim.; fleurs grandes; feuilles radicales longuement pétiolées à lobes petits. ♃ Mafrouch, Terni Pomel.

CAPPARIDÉES Juss.

Feuilles alternes simples ou composées-palmées, 4 sépales, 4 pétales; étamines 4, 6, ou en nombre indéfini; ovaire atténué en podogyne long dans les *Capparis*, très court dans les *Cleome*.

CLEOME L.

4-6 étamines; silique bivalve polysperme à valves se détachant des placentas; podogyne très court ou nul.

Cl. arabica L.; Desf., fl. atl.; Munb., cat. — Plante dressée, ferme, 4-8 décim., rameuse, glanduleuse, visqueuse, fétide; feuilles trifoliolées à folioles linéaires oblongues, simples dans l'inflorescence; fleurs en grappes feuillées; pétales jaunâtres bordés de pourpre, petits, les 2 intérieurs plus grands; silique plane un peu gonflée, 3-5 cent. sur 5-10 millim., pendante, longuement acuminée par le style; graines velues. ① Biskra, Bou-Saâda, etc. Sahara, 3 prov., Orient.

J'ai vu dans l'herbier Clauson un échantillon très détérioré d'un *Cleome* qui m'a paru être le *Cl. viscosa* L., cueilli par le Dr Thévenon dans les jardins des Aït-Koufi (Djurdjura).

CAPPARIS L. Caprier.

Arbrisseaux sarmenteux à stipules souvent épineuses, à feuilles simples; étamines indéfinies; ovaire longuement stipité; fruit baccien polysperme; stigmate sessile.

C. spinosa L.; Desf., fl. atl.; Munb., cat.; Ball, spic.; Reich. 4487. — Sarments fermes, ascendants recourbés vers le sol, de 1 mètre et plus; feuilles pétiolées, orbiculaires ou ovales, obtuses ou émarginées, munies de 2 épines stipulaires; rameaux herbacés pubescents au sommet; fleurs solitaires, axillaires, très grandes, blanches, un peu irrégulières; filets pourprés, anthères jaunes. Mai-juillet. Rochers, murailles; A. C. Mustapha, Pointe-Pescade, La Chiffa, etc., etc. Rég. médit.

C. ovata Desf., fl. atl.; *C. sicula* Duh.; *C. spinosa* var. *Fontanesi* Deb. exsicc. — Feuilles ovoïdes-aigües, pubescentes ainsi que les rameaux et les calices. Bouzaréa, Oran.

β canescens Cosson. — Jeunes rameaux épais; feuilles charnues un peu cordiformes, le tout recouvert d'un tomentum blanc très épais. Ravin blanc à Oran.

C. rupestris Sibth. — Stipules sétacées caduques. Kabylie (Lx), Bougie (Dufour).

C. Ægypliaca Lam.; Boiss., flor. d'Or. Maroc (Ball).

RÉSÉDACÉES DC.

Fleurs en grappes terminales, un peu irrégulières; sépales 4-5-8; pétales 0-8 hypogynes rarement périgynes *(Randonia)*, les 2 supérieurs souvent divisés en lanières extérieurement et dédoublés intérieurement en une écaille pétaloïde; 3-40 étamines rarement libres à leur base, insérées en dedans d'un disque charnu; ovaire uniloculaire, sauf dans *Astrocarpus;* fruit capsulaire, rarement baccien; graines réniformes exalbuminées; racine souvent à odeur de raifort.

ASTROCARPUS Neck.

5 sépales, le supérieur plus court; pétales 5, les 2 supérieurs multipartites; 7-15 étamines; carpelles 4-6 distincts, monospermes, déhiscents par leur bord interne; ovule sessile.

A. Clusii J. Gay; Munb., cat.; Lx: cat. Kab. — Souche souvent ligneuse à la base; tiges grêles nombreuses, dressées, 2-5 décim.; feuilles toutes lancéolées-linéaires, glabres, les radicales plus larges en rosette; fleurs blanches, petites, brièvement pédicellées; grappe nue; sépales 5-6 ovales-aigus, plus courts que la corolle; 12-15 étamines à filets scabres ou hispides; carpelles à podogyne pubescent, gibbeux au sommet. Téniet-el-Haâd, Tiaret, Beni-Lint, Kabylie, etc. ② ♃ Rég. médit.

RANDONIA Cosson, Bull. soc., bot. VI, p. 391.

Calice persistant, en coupe à la base, à 8 sépales, adné au disque dans sa partie cupulaire; 8 pétales périgynes persistants imbriqués, divisés en une lamelle interne et une externe trifide dans les pétales supérieurs; ordinairement 16 étamines; ovaire bicarpellaire ouvert à maturité en capsule subglobuleuse, coriace, bicuspide à 2-4 graines.

R. africana Coss., loc, cit.; Munb., cat. — Arbrisseau de 5-10 décim. à feuilles caduques; fleurs jaunâtres en grappes spiciformes munies de bractées. Sahara, Ouargla, M'zab, etc.

RÉSÉDA L.

Insertion hypogyne, pétales supérieurs plus grands, multifides; 8-25 étamines insérées sur le disque; ovaire à 3-4 carpelles formant une capsule béante au sommet, à 4-5 dents formées par les styles.

§ 1. *Leucoreseda.* — Ovaire tétramère, placentas entiers; feuilles pennatiséquées; fleurs blanches ou jaunâtres.

R. alba L.; Desf., fl. atl.; Munb., cat.; Lx, cat. Kab.; fig. Reich. 4448 et 4447; *R. suffruticulosa* L. — Tiges de 4-6 déc., droites, fortes, anguleuses; feuilles pennatiséquées à segments lancéolés, les inférieures grandes, en rosette, pétiolées; fleurs assez grandes pentamères, en grappe dense, à forte odeur de prune, assez longuement pédicellées; pétales 5-7 millim., appendiculés, dépassant le calice; limbe trifide; 11-14 étamines; capsules carrées, allongées, un peu retrécies à la base et parfois au sommet; graines noires, finement ponctuées. ♃ ① ② C. C. C. Avril-juin. Angleterre, France, Rég. médit., Orient.

β maritima. — Plante toujours vivace, sous frutescente à la base, à feuilles charnues luisantes, grosses tiges; fleurs jaunâtres; pédicelles plus courts que le calice et que la bractée; capsules très grosses, longuement atténuées au sommet, ventrues, carrées, en grappe compacte; graines brunes, très grosses, granuleuses. Sables du rivage du Cap Matifou au Corso.

R. attenuata Ball, spic., pl. 5. Maroc.

R. propinqua Rob. Br.; Munb., cat.; Ball, spic. — Port des précédents, plus petit; feuilles plus finement divisées; grappe commençant presque à la base des tiges; pédicelles courts, égalant à peine le calice; fleurs un peu jaunâtres; pétales exappendiculés, pas de disque; capsules petites obovoïdes, resserrées à la gorge à 4 dents; graines lisses ou presque lisses. Biskra, Rég. sahar. Orient.

R. decursiva Forsk.; *R. eremophila* Boissier; Munb., cat. — Diffère du précédent par ses pétales blancs profondément divisés, ses pédicelles encore plus courts, ses capsules très ouvertes, ses graines tuberculeuses. Rég. sahar., 3 prov. A. C.

§ 2. *Resedastrum.* — Ovaire tétramère; placentas entiers; feuilles entières ou divisées, non pennatiséquées; fleurs jaunes ou jaunâtres.

a. Calice persistant; grosses capsules ventrues, à la fin pendantes; graines chagrinées, grosses 1 et 1/2-3 millim.; 16-20 étamines. Plantes ayant le port et l'aspect du réséda cultivé (*R. odorata*); tiges décombantes redressées en touffe; feuilles inférieures entières, oblongues ou lancéolées ou linéaires, les supérieures trifides ou plus ou moins divisées; disque développé à la partie supérieure de la fleur en une oreille poilue.

1. Filets persistants; calice peu accrescent.

R. arabica Boissier, diagn. I, p. 6; Munb., cat.; *R. prætervisa* Muller. — Capsules globuleuses; sessiles sur le calice; filets persistant longtemps; feuilles linéaires étroites; pédicelles plus longs que le calice, 3-5 millim.; pétales appendiculés d'environ 3 millim., les supérieures multifides; filets 21, peu dilatés sous l'anthère. ① Sahara, 3 prov. A. R. Petite espèce se rattachant au *R. Phyteuma.*

2. Filets caducs: calices accrescents.

R. Phyteuma L.; Desf., fl. atl.; Munb., cat.; Lx, cat. Kab.; Ball, spic.; Reich. 4443. — Plante souvent robuste, multicaule, à calice fortement accrescent, à divisions spatulées; pétales dépassant ordinairement le calice, les supérieurs 5 fides à lanières linéaires à peine élargies au sommet; filets dilatés au-dessus du milieu; feuilles assez larges; pédicelles de 10-15 millim.; graines de 2-2 1/2 millim. ① ② Oued-Dier, Zaccar, Téniet, Médéa, etc., etc. Mars-mai. Europe, Rég. médit.

β confusa, *R. confusa* Pomel; *R. fragrans* Texidor? — Pédicelles striés égalant près de 2 fois le calice; fleurs à odeur de violette très forte; sépales scabres, denticulés. Duperré, Oran.

R. Collina J. Gay, expl. sc. alg., pl. 71, 2. — Sépales peu accrescents; filets peu dilatés; lanières des pétales un peu plus larges; capsules globuleuses un peu plus courtes, moins atténuées à la base; souche souvent ligneuse par induration.

3. Filets persistants; calices non accrescents.

R. odorata L.; Desf., fl. atl.? Munb., cat.; Reich. 4444; *Reseda* cultivé. — Odeur de violette; calice à divisions spatulées; filets non renflés; capsules obovées; plante glabre ou glabrescente. ① ② Cult. subsp. « in arenis prope Mascar. » Desf., fl. atl.

Nota. — Tous les *resedastrum* décrits jusqu'ici sont extrêmement voisins et difficiles à distinguer.

R. media Lag.; Ball, spic. Maroc.

R. diffusa Ball, spic. Maroc.

b. Calice persistant; graines lisses; filets caducs; pétales supérieurs tripartits *à divisions latérales grandes semi-lunaires*, entières, dentées ou lobées, jamais régulièrement multifides.

1. Fleurs blanches ou un peu jaunâtres; capsules pendantes à maturité. (Groupe du *R. papillosa*).

R. papillosa Muller; Munb., cat. — Tiges décombantes à la base puis redressées, 2-4 décim.; feuilles inférieures entières, 2-4 cent. de long, lancéolées ou linéaires, les autres tripartites; calice fructifère très petit; *lanières latérales des pétales dentées-lobées;* filets un peu renflés; ovaire papilleux; capsules cylindriques peu resserrées à la gorge. ② ♃ Constantine! Moris! (Pomel). Tunisie, Zaghouan.

R. Duriæana J. Gay, atl., expl. sc., pl. 71, 2; Munb., cat. — Plante de 1-3 décim., très multicaule; grappes très fournies; diffère du précédent par les lanières latérales des pétales très entières; ses filets non renflés, ses graines plus grosses, ① ② H.-Pl., Constantine, C. C. C. Mars-mai.

2. Capsules dressées; fleurs jaunes; filets non renflés. (Groupe du *R. lutea*).

R. neglecta Muller; Munb., cat. — Tiges fermes, dressées, un peu rameuses (4-8 décim.), à rameaux dressés; feuilles inférieures spatulées (2-3 cent. sur 4 millim.), les autres tri ou bi-tripartites, à lobules linéaires; pétales égalant le calice à lanières latérales semi-linéaires, profondément lobées; filets scabres; capsules longuement cylindriques, 12 mill., étroites, peu resserrées à la gorge, à dents courtes; graines petites, 1 millim., très nombreuses; pédicelles dressés, égalant presque les capsules; grappe longue, assez fournie. ① ② Très commun dans la région des H.-Pl., Les Bibans, Maillot, plaine du Chéliff, El-Kantara, etc., etc.

R. lutea L.; Desf., fl. atl.; Munb., cat.; Ball, spic.; Reich. 4446. — Plante plus multicaule, à tiges plus diffuses que le précédent; lanières latérales des pétales supérieurs simplement dentés; capsules plus courtes, plus resserrées à la gorge, à dents plus saillantes; ovules moins nombreux (10-14 et non 20-25 par placentas); feuilles à divisions linéaires ou lancéolées, lisses ou ondulées. ① ② A. C. Maison-Carrée, Oran, etc. Europe, nord excepté, Rég. médit., Orient.

β stricta Muller. — Port du *R. neglecta*, capsules longuement tricuspides. A. R.

c. Calice caduc; graines lisses ou presque lisses.

R. stricta Pers.; Munb., cat. — Plante grêle à tiges dressées (3-5 décim.); feuilles tout à fait inférieures entières, les autres tripartites ou deux fois tripartites à divisions très étroites, glabres; pédicelles capillaires; pétales jaunes égalant le calice, les supérieurs multifides; capsules dressées cylindriques, resserrées à la gorge, brièvement tridentées. ① ② Espagne. ♃ Avril-mai.

α *Reuteriana* Muller. — Feuilles 2-3 fois triséquées; capsules cylindriques. Oran.

β *brachycarpa* Muller. — Capsules oblongues ou obovées. Oran, avec le précédent.

γ *gracilis* Muller. — Feuilles simplement triséquées; toute la plante très grêle; capsules longues. Lit de l'Harrach au niveau de Baba-Ali (Docteur Marès).

R. lanceolata Lag. var. *constricta* Ball. Maroc.

d. Calice caduc; graines tuberculeuses.

R. Alphonsi Mull.; *R. Aucheri* var. *Alphonsi* Coss., voy. *R. Aucheri* Munby non Boissier. — Plante puissante, rameuse à rameaux dressés, ronds, lisses, nombreux, pouvant atteindre 1 mètre; feuilles lancéolées entières, atténuées en pétiole, rarement tripartites, glabres, glauques, les inférieures spatulées; pétales tous semblables, trifides, à lanières homomorphes; 18 étamines environ; capsules étalées-dressées sur un pédicelle grêle, globuleuses ou elliptiques, surmontées d'un large col cylindrique obscurément tridenté; fleurs jaunâtres; graines petites. ② Biskra.

R. villosa Cosson et Durieu; Munb., cat. — Plante puissante à rameaux droits, robustes, striés, velus, laineux, ainsi que les feuilles; celles-ci entières, lancéolées; calice égalant les pétales assez tardivement caduc; divisions latérales des pétales supérieurs *très courtes, en forme de crète 8-12 partite*, division médiane onguiculée, ovale, d'un beau jaune; 40-60 étamines; capsules oblongues, elliptiques, grandes, à 3 dents larges et profondes; graines tuberculeuses. ② ♃ Sahara, M'zab. Rochers calcaires.

R. elata Cosson. Maroc.

§ 3. *Luteola* DC. (Gaudes). — Fleurs jaunâtres tétramères; feuilles entières longuement linéaires; pétales trilobés; ovaire trimère; capsules tridentées; filets et calices persistants; graines lisses.

R. luteola L.; Desf., fl. atl.; Munb., cat.; Lx, cat. Kab.; Ball, spic.; Reich. 4442. — Plante puissante à tiges peu nombreuses, fermes, dressées (8-12 décim.), simples ou peu rameuses à rameaux dressés; capsules aussi larges ou plus larges que longues, striées, à dents très écartées, courtement pédicellées, en grappes très étroites, très fournies et très longues, à gorge presque fermée par des replis carpellaires. ① ② Europe.

α *Gussonei* Muller. — Feuilles très ondulées; pétales supérieurs de 4 à 5 millim.; capsule à dents aigües assez longues. C. C. C. Mars-juillet.

β *Australis* Muller. — Tiges moins raides, moins hautes; fleurs un peu plus petites; plante polygame, gyno-dioique. Alger, Maroc.

γ *crispata* Muller. — Feuilles peu ondulées; dents de la capsule courtes. Maroc. Ball.

Le type européen à feuilles non ondulées manque en Algérie.

OLIGOMERIS Camb.

Plantes basses, rameuses, rigides, à feuilles entières, étroites, glauques, glabres; fleurs sessiles en épis grêles; sépales 2-5; pétales 2, non appendiculés; disque nul; 3-10 étamines; ovaire sessile; capsules 4-5-dentées, béantes; graines lisses.

O. subulata Boissier, fl. d'Or.; *O. glaucescens* Cambess.; *Reseda subulata* Delile; Munb., cat. — Pétales dentés-lobés; capsules déprimées-globuleuses; graines très petites. ① ② Sahara (Munb., cat.)

CISTINÉES.

Fleurs rosacées régulières; calice formé de 2 sépales externes, petits ou nuls, rarement plus grands que les internes (épicalice) et de trois sépales internes bien développés, semblables entre eux; 5 pétales chiffonnés très caducs; étamines en nombre indéfini; ovaire capsulaire à 3-5, rarement 6-10 carpelles; style et stigmates simples; feuilles entières ordinairement opposées.

Clef des genres et sections principales :

A. Étamines extérieures stériles à filets moniliformes; ovules anatropes; graines munies d'un raphé; embryon en crochet ou un peu spiralé; capsule triloculaire, trivalve; calice et épicalice. . . . . FUMANA.

B. Étamines toutes fertiles; ovules orthotropes, pas de raphé.

1. Capsule 5-10 loculaire à 5-10 valves; embryon spiralé; sépales de l'épicalice semblables aux autres ou nuls. . CISTUS.

2. Capsule triloculaire, trivalve, épicalice à pièces petites ou nulles.

a. Épicalice nul; embryon spiralé; style court. . . . . . HALIMIUM.

b. Épicalice diphylle; style nul; embryon en crochet. . TUBERARIA.

c. Épicalice diphylle; style allongé, géniculé à la base. . HELIANTHEMUM.

CISTUS L.

Arbrisseaux à feuilles opposées sans stipules, souvent visqueux; fleurs ordinairement grandes et ornementales.

a. Feuilles pétiolées.

§ 1. *Erythrocistus.* — Pièces de l'épicalice semblables aux sépales; pétales roses ou violacés à onglet jaune; style allongé; capsules s'ouvrant jusque dans le bas; fleurs en cymes.

C. heterophyllus Desf., fl. atl., tab. 104; Munb., cat.; Lx, cat. Kab. — Buisson très rameux divariqué; feuilles d'un vert luisant roulées sur les bords, elliptiques ou lancéolées, médiocres, très brièvement pétiolées; pétiole brièvement dilaté à la base; indument des feuilles formé sur les 2 faces de poils étoilés, raides, distants, et de quelques rares poils simples sur le bord; jeunes rameaux à pubescence étoilée; pédoncules et calices un peu velus; pédoncules ordinairement assez courts, uni-bi-triflores, articulés, bractéolés; sépales ovoïdes, brièvement acuminés; fleurs roses, grandes; capsule velue. ♄ C. C. C. Alger, Colonne Voirol, Guyotville, etc., etc. Mars-juin.

NOTA. — Sur les points où cette plante est en contact avec le *C. polymorphus* (El-Affroun), on trouve tous les intermédiaires (hybrides ?) entre les deux.

C. asperifolius Pomel. — Très voisin du précédent, pétioles un peu plus dilatés, connés à la base. Cette plante peut-être hybride, ne m'est pas suffisamment connue. Mazis, Beni-Chougran.

C. polymorphus Willk; Ball, spic.; *C. vulgaris* Spach.; *C. incanus* Lam.; *C. villosus* L.; Munb., cat.; Lx, cat. Kab. — Feuilles pétiolées à pétiole ailé, s'élargissant en une gaine amplexicaule, tri-plurinerviée, ample, assez longue; sépales ovoïdes, longuement acuminés, souvent longuement velus-soyeux; fleurs roses ou violacées; pédoncules uni-bi-triflores, articulés, bractéolés; capsule ovoïde, pentagonale, très velue. ♄ Mars-juin. Rég. médit.

α incanus L.; *C. villosus* Lam.; Reich. 4566-4567; *C. eriocephalus* Viv. — Feuilles souvent laineuses; rameaux velus-soyeux ainsi que le calice; grosses capsules. Zaccar, Médéa. Plante trappue. Mars-juin.

β creticus, C. creticus L.; fig. Reich. 4568. — Feuilles et rameaux presque glabres en dehors avec de courts poils étoilés; pédoncules plus grêles, plus allongés; capsules plus petites; gaines pétiolaires moins développées; plante plus élancée. Djebel-Mouzaïa, El-Affroun, Ténès, Palestro, Oran, etc., etc.

γ *corsicus* Willk. Maroc. Ball.

b. Feuilles sessiles.

C. albidus L.; Desf., fl. atl.; Munb., cat.; Lx, cat. Kab.; Ball, spic.; Reich. 4565. — Plante couverte d'un tomentum velouté très épais, blanchâtre, formé de poils étoilés; feuilles sessiles amplexicaules non connées, nne seule nervure principale bien saillante; sépales ovoïdes; pétales 2-3 fois plus longs que les sépales; capsule moitié plus courte que le calice. ♄ Baba-Hassen, Ouled-Fayet, Coléa, Gouraya, de Bouïra aux Bibans, etc., etc. H.-Pl. Mars-juin. Rég. médit.

Nota. — Clauson a signalé de nombreux intermédiaires (hybrides?) entre cette plante et le *C. heterophyllus* à Castiglione et à Douaouda.

C. crispus L.; Munb., cat.; Ball, spic.; Reich. 4564. — Plante à rameaux ordinairement décombants, velus-soyeux dans le haut; feuilles connées à la base, vertes quoique couvertes de poils étoilés assez serrés sur les 2 faces, parcourues dans toute leur longueur par 3 nervures égales, fortement ondulées-crispées; sépales très longuement linéaires-acuminés au sommet; pétales plus petits que dans les précédents, d'un beau rouge; fleurs subsessiles presque en capitule à l'aisselle de feuilles bractéales-lancéolées aussi longues qu'elles; capsule trois fois plus courte que le calice. ♄ Saoula, près Alger! Maroc, Tunisie. Mars-juin. Rég. médit.

§ 2. Stephanocarpus Spach. — Pièces de l'épicalice plus grandes que les sépales, accrescentes; capsule oligosperme s'ouvrant au sommet en 5 valves qui restent réunies par leur partie inférieure; fleurs blanches, petites, à onglets jaunes; stigmate discoïde; feuilles sessiles.

C. varius Pourret; *C. Pouzolzii* Delile; fig. de Pouzolz, flore du Gard; Munb., cat. — Feuilles étroites lancéolées *toutes couvertes d'un tomentum blanchâtre velouté sur les deux faces, les inférieures à bords ondulés-crispés, fortement gauffrées en dessous;* fleurs 2-5 en grappe unilatérale, au sommet des rameaux; sépales cordiformes tomenteux en dehors, longuement velus-soyeux à l'intérieur; *style* droit *égalant les étamines.* ♄ Mai-juin. Glacière Laval. Sommet du Zaccar, très rare. Espagne, Provence.

C. Monspeliensis L.; Desf., fl. atl.; Munb., cat.; Lx, cat. Kab.; Ball, spic.; Reich. 4561. — Buisson de 8-15 décim. très rameux, visqueux au sommet; feuilles lancéolées, étroites, aiguës, rugueuses, à bords roulés en dessous, souvent trinerviées, un peu connées, engainantes à la base, *presque glabres*; rameaux velus dans le haut; fleurs 2-8 en cyme unilatérale; sépales cordiformes, ovales, acuminés, longuement velus; style très court. ♄ C. C. C., forme à lui seul une part notable de nos broussailles. Mars-juin. Rég. médit.

C. Feredjensis nob. — J'ai décrit sous ce nom un hybride présumé des *C. Monspeliensis* et *salvifolius*, à fleurs entièrement privées d'étamines. Ce pied a été détruit par une plantation de vigne. J'ai depuis vu plusieurs pieds de *C. Monspeliensis* entièrement privés d'étamines, mais qui ne montraient pas de marques apparentes d'hybridité.

§ 3. *Ledonia* Spach. — Diffère de *Stephanocarpus* par la capsule entièrement déhiscente; style très court; fleurs blanches, très grandes.

C. salviæfolius L.; Desf., fl. atl.; Munb., cat.; Lx, cat. Kab.; Ball, spic.; Reich. 4503. — Rameaux souvent décombants, les plus jeunes tomenteux; feuilles pétiolées à pétiole non ailé, ovoïdes-lancéolées ou elliptiques, couvertes sur les deux faces de petits poils étoilés souvent bien vertes; boutons floraux penchés avant l'anthèse, longuement pédonculés; pédoncules uniflores; fleurs blanches, très grandes et très belles. C. C. C. Partout. Mars-juin. Rég. médit.

β *macrocalyx* Willk. — Pièces de l'épicalice, glabres ou glabrescentes, très grandes, cordiformes dès l'anthèse, très acuminées. C. C. Sahel d'Alger.

γ *biflorus* Willk. — Pédoncules bifurqués, biflores. Gorges de la Chiffa, R.

δ *cymosus* Willk. — Pédoncules ternés, le médian plus long, bi-triflore, R. R.

C. populifolius L. Maroc. Ball, spic.

§ 4. *Ladanium* Spach. — Point d'épicalice; calice à la fin caduc; style très court ou nul; ovaire à 10 loges.

C. ladaniferus L.; Desf. fl. atl.; Munb., cat.; Ball, spic. — Tige droite, raide, rameuse, glabre ainsi que les rameaux; feuilles lancéolées, étroites, pétiolées, un peu connées à la base, glabres, luisantes, souvent résineuses en dessus, blanches tomenteuses en dessous; pédoncules droits, cachés dans un amas de bractées ovoïdes, acuminées, soyeuses en dedans ainsi que les sépales; fleurs très grandes (7-8 cent. de diamètre). ♄ Zaccar de Miliana, Chenoua, Beni-Haoua près Ténès, Marengo, Mascara, Tlemcen, Maroc. Avril-Mai. Rég. médit.

§ 5. *Halimioïdes* Willk. — Pas d'épicalice; calice persistant; fleurs blanches, petites; style en masse, court; capsule à 5 loges; feuilles linéaires, sessiles, glabres en dessus, tomenteuses en dessous à bords enroulés; fleurs d'abord en inflorescence compacte au sommet des rameaux entourées de bractées semblables à celles du *C. Ladaniferus* mais plus petites, inflorescence s'allongeant ensuite beaucoup et portant 3-5 fleurs en ombelle à son sommet et souvent 2 opposées plus bas. Arbrisseaux bien plus grêles que tous les précédents ; 3 petites espèces affines.

C. **Munbyi** Pomel; *C. sericeus* Munby non Vahl.; Munb.. cat. — Calices, bractées et rameaux floraux fortement soyeux-argentés; sépales lancéolés, très acuminés dépassant la capsule tronquée. ♄ Oran, A. C. Castiglione, Fouka, Coléa. Mars-mai.

C. **Clusii** Dunal; Munb., cat.; Lx, cat Kab.; *C. Libanotis* Desf. non L.; *C. fastigiatus* Gussone. — Sépales ovales aigus dépassant à peine la capsule; inflorescences peu velues non argentées. ♄ A. C. Ouchda, Maghnia, Boghar, Maillot, Akbou, etc., etc. Espagne, Sicile.

C. **Sedjera** Pomel. — Sépales ovales, obtus, mucronés, plus courts que la capsule, très obtuse; bractées très étroites; boutons floraux, obtus, à pubescence courte. ♄ Sidi-Bouzid au Djebel-Amour.

HALIMIUM Dunal.

Épicalice à peu près nul; embryon des cistes; capsule des hélianthèmes; fleurs blanches ou jaunes; style court. Arbrisseaux ou sous-arbrisseaux à feuilles opposées sans stipules; fleurs petites en cymes.

H. umbellatum Spach.; *Hel. umbellatum* Miller; Munb., cat.; *Cistus umbellatus* L. — Aspect du *Cistus Clusii*, feuilles ciliées-hispides; fleurs blanches. Tirny près Oran (v. s. in herb Pomel). Rég. médit.

H. Libanotis Lange; *Cistus Libanotis* L. Maroc. Ball.

H. halimifolium Willk; *Cistus halimifolius* L.; Desf., fl. atl.; Munb., cat.; *Helianthum halimifolium* Willd; Ball, spic. — Arbrisseau à rameaux dressés, 4-8 décim.; feuilles oblongues ou oblancéolées, les supérieures sessiles, les inférieures pétiolées, tomenteuses, argentées, couvertes sur les deux faces de poils étoilés; fleurs médiocres jaunâtres, tachées de noir à la base, en grappe subcorymbiforme; sépales ovales, acuminés, cendrés; pièces de l'épicalice linéaires ou nulles; capsule bi-trivalve; style nul; graines tuberculeuses tétraédriques. 3 prov. A. C. Munby, Ouillis (Dahra), Sersou de Tiaret, Philippeville, Maroc, Tunisie. Rég. médit. Avril-juin.

H. multiflorum Willk. *Cist. ocymoides* Desf. fl. atl., 1, 414. Maroc.

H. lasiocalicinum Boiss. et Reut., diagn. § II, 1, p. 50. Maroc.

HELIANTHEMUM Tournefort.

Capsule trivalve subuniloculaire; ovule orthotrope; embryon en crochet; graine sans raphé.

§ 1. Tuberaria. — Style nul ou presque nul; inflorescence scorpioide; feuilles largement lancéolées-trinerviées; fleurs jaunes souvent tachées de pourpre noirâtre à la base.

a. Plantes vivaces.

H. Tuberaria Mill.; Munb., cat.; Lx, cat. Kab.; Ball, spic.; *Cistus Tuberaria* L.; Desf., fl. atl.; fig. Reich. 4528. — Plante vivace à tige naissant d'une rosette de feuilles radicales atténuées en pétiole large et embrassant, velues, soyeuses-argentées, surtout en dessous, largement oblancéolées; feuilles caulinaires petites, sessiles, glabres, aigües; fleurs grandes non guttées (non tachées à la base); sépales ovales-aigus, glabres, atteignant à la fin 12-15 millim.; épicalice à pièces linéaires courtes. ♃ Kabylie, Constantine, Philippeville, etc., etc. Rég. médit.

b. Plantes annuelles; feuilles inférieures opposées, largement lancéolées ou subelliptiques, les supérieures souvent alternes et stipulées.

H. echioides Lamarck (sub. *Cisto*); Munb., cat.; *H. scorpioides* Cosson not. crit., p. 29; *H. heterodoxum* Dunal. — Tige dressée rigide, hérissée de longs poils blancs; fleurs en grappe scorpioide serrée même à maturité, sessiles ou subsessiles; pièces de l'épicalice lancéolées, longues de 6-10 mill., hispides ainsi que les sépales qu'elles dépassent; pétales petits, guttés. ① Mediouna (Dahra) Pomel, Saïda, Mascara, Tiaret (Cosson). Espagne.

H. guttatum Miller; Munb., cat.; Lx, cat. Kab.; Ball, spic.; *C. serratus* Desf., fl. atl. non Cav. — Plante de 1-4 décim. a entre-nœuds plus longs que les feuilles; calice velu ainsi que l'ovaire; épicalice plus court que le calice, à pièces étroites; corolle de 10-15 millim., guttée ou non; pédicelles plus longs que le calice, étalés, arqués; graines tuberculées. C. C. C. Rég. médit. Mars-juin.

β *eriocaulon*, *H. eriocaulon* Dunal. — Plante velue-soyeuse à tiges et inflorescences couvertes de longs poils argentés-étalés. C. C. C. Beaucoup de formes intermédiaires avec le type.

γ *Viviani* Pall. *Tuberaria Cavanillesii* Willk, *Hel. viscidum* Pomel. — Inflorescences visqueuses. Oran.

δ *patulum, H. patulum* Pomel. — Visqueux; pédicelles de 25-30 millim. Oran.

ε *plantagineum, Hel. plantagineum* Willd. — Feuilles radicales et caulinaires moyennes, très larges, elliptiques-lancéolées; grappes courtes; sépales souvent tachés de noir. A. C. Zaccar, Bouzaréa, Guyotville, etc.

ξ *bupleurifolium, H. bupleurifolium* Dunal. — Feuilles inférieures oblongues atténuées en pétiole, toutes les autres linéaires-étroites; pédicelles arqués ascendants. Kaddara.

η *inconspicuum, Hel. inconspicuum* Thib. — Plante très grêle, humble, à fleurs très petites, à pétales plus courts que le calice; capsule et calice très petits. Kaddara.

H. villosissimum Pomel; *H. brevipes* Boissier et Reut. Pug.? — Plante humble, 1 décim., parfois plus élevée, très rameuse dès la base à rameaux géminés, s'élevant tous à la même hauteur, en corymbe; feuilles souvent aussi longues que les entre-nœuds; fleurs presque sessiles en grappes scorpioides très serrées, longuement soyeuses-argentées; épicalice à pièces cordiformes moitié plus court que les sépales; capsule très petite, ainsi que le calice; graines lisses. Cherchell, Beni-Menasser; graines tuberculeuses Réghaïa.

H. mocrosepalum Dunal. — Plante puissante, 3-8 décim., hispide à longs poils soyeux; feuilles inférieures très grandes, très larges, les supérieures lancéolées ou linéaires, longues, aigües, stipulées; grappes un peu denses; pédicelles à la fin réfléchis égalant 1-2 fois le calice; pièces de l'épicalice de 5-8 millim., ovoïdes, ciliées de longs poils, glabres ou velues sur le dos, égalant les sépales; graines à tubercules blancs. Mai-juin. (Plante tardive). Kaddara.

H. discolor Pomel. — Plante moins élevée à feuilles caulinaires plus larges; pièces de l'épicalice ovoïdes-orbiculaires, subcordiformes, 1/3 plus courtes que les sépales; glabres extérieurement. Tiaret, Ghamra, Aïn-Tédélès Pomel (v. s.)

§ 2. *Brachypetalum* Dunal. — Pétales souvent plus courts que le calice; étamines 7-15, unisériées; anthères obcordées ou reniformes; style droit, court et épaissi au sommet; capsule triquêtre luisante; cotylédons droits; graines ovoïdes-triquètres à hile très développé. Herbes annuelles.

a. Pédoncules dressés ou étalés.

1. Fleurs serrées en grappe unilatérale.

H. villosum Thib.; Munb., cat. — Plante généralement faible 8-20 cent. de haut; feuilles brièvement pétiolées-lancéolées, 2-3 fois plus longues que les stipules linéaires; bractées ovoïdes-lancéolées; fleurs à pédicelles très-courts dressés; épicalice velouté à pièces linéaires moitié plus courtes que les sépales veloutés-lancéolés ou oblongs, atteignant à la fin 8-10 millim.; pétales étroitement linéaires, jaunes, courts; capsule oblongue-aigüe; graines lisses ou grossièrement fovéolées. ① Espagne, Orient.

H. angustatum Pomel. — Calice long de 10-12 millim., très étroit; capsule très étroite restant renfermée dans le calice. ① Sefsef près de Lamoricière (Pomel), Duperré, R. R.

H. papillare Boissier, voy. Esp., tab. 14 bis, a; Munb., cat.; *H. biseriale* Pomel. — Plante assez robuste, tomenteuse à fleurs très serrées en épi à deux rangs, imbriquées-subsessiles; capsules triangulaires ciliées sur les angles, assez grosses; épicalice 1/3 plus court que le calice; pétales étroits; graines papilleuses. ① Zaccar de Miliana, Téniet, Sersou, etc. Espagne.

H. pediforme Pomel. — Port de l'espèce suivante. Fleurs en grappe unilatérale, unisériée, courte, dense, scorpioide au sommet; graines roses lisses. Territoire des Ghamras (Pomel). Presque intermédiaire entre les *H. papillare* et *Niloticum*.

2. Fleurs en grappe lâche.

H. niloticum Pers.; Munb., cat.; Lx, cat. Kab.; Ball, spic.; *Cistus niloticus* L.; Desf., fl. atl.; *C. Ledifolius* L. — Plante à tiges dressées, robustes, rigides, 2-4 décim., parfois plus courtes ou même couchées; feuilles pétiolées, elliptiques ou lancéolées, fortement nerviées, couvertes de poils étoilés, vertes ou tomenteuses, à tomentum doré ou argenté, deux fois plus longues que les stipules, assez écartées sur des pédoncules robustes plus courts que le calice, oppositifoliées; épicalice d'un tiers plus court que les sépales; pétales cunéiformes, quelquefois bien plus grands que le calice, guttés; graines lisses ou papilleuses. ① A. C. Partout. Rég. médit. Orient.

α *macrocarpum* Willk. — Capsule de 10-12 millim. égalant le calice. C. C.

β *erianthum* Willk. — Plante très tomenteuse dans les inflorescences; grosses capsules. R. R.

γ *Pomeli*. — Épicalice à pièces linéaires presque aussi longues que les sépales; plante très velue-tomenteuse; capsule plus courte que le calice (herb. Pomel).

H. salicifolium Pers.; Munb., cat.; *Cistus salicifolius* L.; Desf., fl. atl.; Reich. 4538. — Plante rigide, multicaule, rameuse, différant de l'*H. niloticum* par ses proportions moindres, par ses pédicelles étalés à angle droit puis redressés sous la capsule, plus longs que le calice; calice fructifère ovoïde-globuleux; pétales oblongs de grandeur variable; indumentum très variable aussi. C. C. C. Lieux secs et sablonneux. Rég. médit. Asie occidentale.

α macrocarpum Willk. — Capsule mûre égalant les sépales. C. C. C. Partout.

β microcarpum Willk. — Sépales dépassant la capsule; plante cendrée. Coteaux secs à Baba-Ali près Alger. Avril-mai.

γ brevipes Cosson; *H. apertum* Pomel. — Fleurs subsessiles; fleurs et capsules assez grosses. Aïn-Toucria, Ousseugh, Le Khreider, Djebel-Antar, etc., etc.

H. intermedium Thib.; Munb., cat. — Inflorescence plus grêle que dans le précédent; calice bien plus étroit, tordu; épicalice à pièces bien plus petites ainsi que les pétales; capsule plus courte que le calice; graines à bords papilleux. ① Oran, Duperré, etc. Avril-mai. Rég. médit.

H. ambiguum Pomel. — Graines lisses; capsule un peu plus grande. Sersou, Tiaret.

b. Pédoncules fructifères réfléchis.

H. retrofractum Pers.; Reich. 4539; *H. sanguineum* Lag.; Munb., cat. — Plante naine, visqueuse à tiges décombantes, rougeâtres ainsi que le dessous des feuilles; feuilles pétiolées-elliptiques, les inférieures ovoïdes plus petites, les florales non modifiées mais plus petites aussi; pédicelles robustes, 6-8 millim.; pièces de l'épicalice linéaires, petites; sépales ovoïdes obtus à 5 côtes, égalant le pédicelle; capsule glabre, courte; graines grosses, anguleuses, grises, tétraédriques. ① Duperré, Téniet, Oran, Daya, Aïn-Toucria, Garrouban. Avril-mai. Espagne, Crète, Italie.

H. Ægyptiacum Mill.; Munb., cat.; Lx, cat. Kab.; Ball, spic.; *Cistus Ægyptiacus* L.; Desf., fl. atl. — Plante dressée, rameuse; feuilles pétiolées, linéaires-lancéolées à bords un peu enroulés; stipules linéaires-sessiles; fleurs en grappes allongées; feuilles florales très petites; pétioles grêles (6-8 millim.); épicalice très court; sépales jaunâtres, ovales, aigus (10-12 millim.), à nervures saillantes, pourprées, membraneux-pellucides; calice fructifère, renflé, vésiculeux; pétales inclus, jaunes; capsule duvetée globuleuse cachée dans le calice; graines brunes, papilleuses, anguleuses, très grosses. ① C. Avril-mai. Terrains sablonneux, littoral, Atlas, un peu partout. Rég. médit. Orient.

§ 3. *Eriocarpon* Dunal. — Diffère de la section précédente par le style long, coudé à la base. Sous-arbrisseaux à feuilles brièvement stipulées, à petites fleurs jaunes. L'*H. getulum* est peut-être annuel.

a. Fleurs pédicellées.

H. Kahiricum Delile; Munb., cat. — Plante velue-canescente à feuilles petites, lancéolées; grappes courtes, denses, multiflores; pédicelles égalant à peu près le calice; épicalice un peu plus court que les sépales lancéolés-aigus. ♄ Sahara, 3 prov. A. R. Orient.

H. libycum Pomel. — Plante très velue à sépales obtus. M'zab.

H. getulum Pomel. — Racine annuelle (toujours?) pivotante; tige dressée, rameuse, velue, hispide; feuilles laineuses, lancéolées-elliptiques (20-25 millim. sur 7), pétiolées; stipules petites; fleurs brièvement pédicellées en grappe courte; épicalice à pièces linéaires moitié plus courtes que les sépales, ceux-ci longuement acuminés, très velus (7 millim.); pétales obovés-cunéiformes; capsule ovoïde, atteignant le milieu du calice. ① Ksar-el-Maïa. Avril. Espèce très remarquable.

H. Metlilense Coss. et DR. inéd. m'est inconnu.

H. Canariense Willd. Canaries.

b. Fleurs sessiles.

H. sessiliflorum Pers.; Munb., cat.; *H. Lippii* Ball (pro parte); *Cistus sessiliflorus* Desf., fl. atl., tab. 106. — Arbrisseau rameux, grêle, élancé; feuilles linéaires ou lancéolées-linéaires, brièvement pétiolées à bords enroulés, couvertes d'une pubescence blanche; fleurs en épi serré unilatéral; épicalice moitié plus court que les sépales; sépales ovoïdes fortement nerviés; capsule globuleuse (4-5 millim.), velue, dépassant les sépales. ♄ C. C. C. H.-Pl. Sahara; var. grande à rameaux rouges à l'embouchure de la Macta (Oran) et à Zamori (Alger). Orient, Sicile.

H. ellipticum Pers.; Munb., cat.; *H. Lippii* Ball (pro parte); *Cistus ellipticus* Desf., fl. atl., tab. 107. — Diffère du précédent par ses feuilles elliptiques et ses rameaux plus robustes. Rég. sahar., H.-Pl., Zaccar de Miliana (Desf.), El-Kantara, El-Abiod, Brezina, etc. ♄ Graines couvertes de papilles blanches.

H. velutinum Pomel. — Plante toute velue tomenteuse, n'ayant pas les grosses souches ligneuses des 2 précédentes; feuilles pétiolées largement lancéolées ou oblongues, alternes dans le haut; épicalice à pièces linéaires aussi longues que les sépales veloutés; capsule toute pubescente ovoïde-trigone, dépassant le calice de près de moitié; graines lisses. ♄ Metlili, Maïa (M'zab).

§ 4. *Chamæcistus* Willk; *Rhodax* Spach.; *Pseudo-Cistus* Dunal. — Plantes sous-frutescentes, cespiteuses; divisions de la souche terminées par une rosette de feuilles sous laquelle naissent à l'aisselle des feuilles inférieures, les rameaux florifères ordinairement feuillés; fleurs jaunes, petites, nombreuses en grappes simples ou composées; pédicelles flexueux, plus longs que le calice; style contourné en cercle à la base; étamines nombreuses, plurisériées; graines anguleuses, embryon en forme d'S.

a. Inflorescence en grappe simple.

H. Ælandicum DC., var. *canum*, *H. canum* Dunal; Lx, cat. cat. Kab.; *H. italicum* Munb., cat.? fig. Reich. 4534. — Feuilles pétiolées, *non stipulées*, obovales ou oblancéolées, argentées au moins en dessous (ce qui les distingue de l'*H. italicum*); tiges florifères feuillues, grêles, nombreuses, inflorescences argentées; fleurs en grappe lâche; sépales ovales obtus, 2 fois plus long que l'épicalice linéaire, velus-argentés, longs de 4 millim. Djurdjura dans les cèdres. Mai-juin. ♃ Djebel-Santo (Durando). Espagne, Italie, etc.

b. Inflorescences composées.

H. polyanthos Pers.; Munb., cat.; *Cistus polyanthos* Desf., fl. atl., tab. 108. — Plante puissante hispide; feuilles des rosettes lancéolées, vertes en dessus, argentées-tomenteuses en dessous, non stipulées; feuilles caulinaires plus grandes, vertes sur les deux faces, ovoïdes ou lancéolées, stipulées; stipules lancéolées, pétiolées, très grandes; tiges florales longuement rameuses, longuement hispides ainsi que les rameaux, les pédicelles et les calices; ♃ fleurs petites. Mascara, Mostaganem, etc.

H. rubellum Presl.; Munb., cat.; Lx, cat. Kab.; Ball, spic. — Feuilles ovoïdes, elliptiques ou orbiculaires, un peu rigides, toutes vertes en dessus, argentées en dessous; tiges florifères fermes, dressées, bien feuillées dans le bas, les supérieures au moins stipulées; stipules foliacées bien plus grandes que le pétiole; fleurs petites, nombreuses; grappes pédonculées, ordinairement ternées. Avril-juin. ♃ Zaccar, Téniet, Aumale, etc., etc. Djurdjura, H.-Pl., Djebel-Antar, etc. Espagne, Sicile.

β *tenuicaulis*, *H. tenuicaule* Pomel. — Tiges plus grêles, plus humbles. Garrouban.

H. prostratum Pomel. — Tiges longuement couchées, bien feuillées, puis redressées; feuilles assez longuement pétiolées, ovées-orbiculaires; stipules souvent plus courtes que les pétioles, oblongues, foliacées; fleurs très petites; sépales très obtus, soyeux; pièces de l'épicalice très petites, arrondies. Oran, St-Louis.

H. rotundifolium Dunal; *H. floribundum* Pomel. — Diffère du précédent par ses stipules linéaires plus petites, ses tiges grêles, ses fleurs plus petites, plus longuement pédicellées, son calice plus étroit. ♃ Oran, Batterie espagnole, Espagne, midi de la France.

H. marifolium Cav.; Munb., cat. — Divisions de la souche plus écartées que dans les précédentes; feuilles discolores, ovoïdes ou subcordiformes, pas de stipules. Algérie? ex-Munby. Espagne, midi de la France.

H. origanifolium Lam.; Munb., cat. — Tiges longuement rampantes, noires, glabrescentes, hispides dans le haut; feuilles vertes sur les 2 faces sans stipules, ovoïdes ou cordiformes, denticulées ou entières, un peu ciliées; fleurs peu nombreuses sur des grappes géminées, ternées ou simples. ♃ Oran ! Batterie espagnole. Espagne.

c. Arbrisseau ligneux élevé, divariqué, très rameux, à inflorescences ramifiées, lâches, pauciflores, feuillées.

H. Pomeridianum Dunal; Munb., cat.; *Rhodax pseudo Fumana* Pomel (herbier). — Feuilles lancéolées-linéaires, vertes sur les 2 faces; pédicelles droits, rigides, un peu plus longs que le calice; arbrisseau de 3-5 décim. Port de *Fumana*. Oran, A. C., inconnu ailleurs.

§ 5. *Polystachium* Willk. — Sépales à 2-4 nervures ordinairement peu saillantes; pétales jaunes ou orangés; étamines nombreuses; anthères apiculées; style grêle, filiforme, très flexueux à la base; stigmate à longues papilles; capsule elliptique, trigone, pubescente ou tomenteuse, oligosperme; graines anguleuses, petites; arbrisseaux toujours verts à feuilles opposées, stipulées; grappes serrées souvent composées, formant une inflorescence en corymbe; pédoncules à la fin longs, flexueux; embryon en crochet.

H. caput-felis Boissier, voy. Esp., pl. 16; Munb., cat. — Arbrisseau de 1-3 décim. à tiges serrées, nombreuses; feuilles lancéolées à bords enroulés, tomenteuses-blanchâtres, brièvement pétiolées; grappes 5-10 flores courtement pédonculées; bouton floral gros comme un pois, très velu, arrondi, simulant, quand les 2 pièces de l'épicalice se soulèvent, une tête de chat; fleurs safranées, aspect de *Teucrium polium*. Aïn-el-Turk (Oran). Mars-avril. Espagne.

H. lavandulæfolium DC.; Munb., cat.; Lx, cat. Kab.; Ball, spic.; *Cistus lavandulæfolius* Lam.; Desf., fl. atl. — Tiges robustes, rougeâtres, pubescentes, peu nombreuses; feuilles lancéolées ou linéaires à bords fortement enroulés, rarement planes, étalées, aigües, cendrées en dessus, blanches-tomenteuses en dessous, longues de 2-4 cent.; stipules et bractées ciliées; grappes 3-5 ensemble, pédonculées, argentées, d'abord nettement scorpioïdes, à boutons floraux très aigus, ensuite droites, unilatérales; fleurs jaunes, serrées, nombreuses, à la fin réfléchies; sépales ovoïdes-aigus de 8 millim.; épicalice moitié plus court, cilié. ♃ A. C. Guyotville, Dahra, Constantine, etc., etc. Avril-juin. Rég. médit., Orient.

H. squamatum Pers.; Munb., cat.; *Cistus squamatus* L.; Desf., fl. atl. — Plus petit, plus grêle que le précédent, même aspect, tout couvert de poils écailleux argentés; feuilles non enroulées; grappes ordinairement ternées, longuement pédonculées; calice à côtes bien marquées; pédicelles très flexueux; fleurs moitié plus petites. ♃ Avril-mai. Oran, La Sénia, lieux salés. Espagne.

§ 5. *Euhelianthemum.* — Sépales à 4 côtes; fleurs de couleurs diverses; étamines nombreuses plurisériées; anthères émarginées aux deux extrémités; style filiforme géniculé à la base, épaissi au sommet; capsule globuleuse ou ovoïde-pubescente; feuilles opposées, stipulées; pédicelles filiformes à la fin réfléchis; grappes toujours simples; fleurs ordinairement grandes, peu serrées. Mars-mai.

a. Fleurs blanches à onglet jaune.

H. pilosum Pers.; Munb., cat.; Reich. 4553; *H. pergamaceum* Pomel; *Cistus racemosus* Desf., fl. atl. — Plante cespiteuse; feuilles linéaires à bords enroulés, concolores ou discolores, ordinairement tomenteuses en dessous, plus ou moins pubescentes en dessus; stipules linéaires, poilues au sommet; tiges grêles, simples; bractées plus courtes que les pédicelles, tomenteuses; pièces de l'épicalice linéaires, 3 fois plus courtes que les sépales; ceux-ci glabres ou un peu pubescents, ovoïdes, obtus, membraneux-pellucides, à 4 côtes saillantes, épaisses, souvent colorées, parfois velues ou hispidules; calice ovoïde, 7-10 millim., tordu au bout, plus long que la capsule. C. C. C. ♃ Broussailles, lieux secs, partout. Rég. médit. La plante d'Algérie a le calice plus ample, plus tordu que le type.

H. obtusatum Pomel. — Calice bien plus court, très obtus. Garroubân.

H. asperum Lagasca. — Stipules linéaires 2-3 fois plus longues que le pétiole, hispides ainsi que les bractées, celles-ci égalant les pédicelles; grappe courte, 6-9 fleurs; côtes des sépales longuement hispides, avec le *pilosum* type, plus rare.

H. viscarium Boiss. et Reut., Pug., p. 14. — Tiges dressées, fermes, très rameuses, inflorescences courtes, indumentum de glandes visqueuses, pédicellées. Oran, Mostaganem. A. C.

H. polifolium DC.; *H. appenninum* DC., ex-Munby, cat. — Indiqué probablement par confusion avec un des précédents.

b. Fleurs roses.

H. virgatum Desf., fl. atl.; (sub. *Cisto)* Munb., cat. — Diffère du *pilosum,* par son calice pubescent plus court à côtes concolores, par sa capsule égalant le calice, pubescente; grappes courtes, pédonculées. Miliana. C. C., dans la province d'Oran. Espagne.

H. ciliatum Desf., fl. atl. (sub. *Cisto),* tab. 109; Munb., cat. — Ne diffère du *virgatum* que par ses côtes hispides. Avec l'espèce.

H. MARITIMUM Pomel. — Plante basse, à tiges courtes, robustes; grappes courtes, brièvement pédonculées; feuilles linéaires-elliptiques, un peu charnues; graines nombreuses. Bord de la mer. Aïn-el-Turk, Cap Falcon, Pomel (v. s.)

c. Fleurs jaunes, rarement blanches.

H. eremophilum Pomel; *H. hirtum* var. *deserti* Cosson, voy.; Munb., cat. — Plante toute couverte d'un tomentum cendré, étoilé; feuilles elliptiques ou linéaires-elliptiques; tiges grêles, feuillées jusqu'à la grappe; fleurs plus petites que dans les espèces précédentes; style bien plus long que les étamines; capsule de 1/3 plus courte que le calice; calice fructifère, ovoïde, tordu, de 6-7 millim. H.-Pl. et désert. Oran et Alger, Bou-Saâda, Khreider, etc. ♃ Février-mai.

H. eriocephalum Pomel. — Rameaux droits, fermes, grêles, glabres, verts; feuilles glabres, linéaires, portant souvent une soie au bout; stipules glabres, linéaires, subulées, terminées par une ou deux soies; grappes pauciflores, subglobuleuses; calice fusiforme très allongé non tordu, longuement hispide; fleurs plus grandes que dans le précédent. Paraît voisin de l'*H. filiferum* Boiss., voy. Esp., tab. 17. Maïa, Brezina.

H. glaucum Pers.; Munb., cat.; *Cistus croceus* Desf., fl. atl., tab. 110. — Plante à rameaux décombants ou dressés, tomenteux; feuilles largement elliptiques un peu roulées aux bords, couvertes sur les 2 faces d'un tomentum velouté, vert-jaunâtre, formé de poils étoilés; stipules linéaires dépassant le pétiole; bractées semblables aux stipules, plus courtes que les pédicelles; boutons floraux gros comme un pois, ovoïdes, obtus, tomenteux, jaunâtres; épicalice atteignant le milieu des sépales; pétales petits. ♃ Avril-juin. Téniet-el-Haâd, Djurdjura, Toucria, Tlemcen, etc. Rég. médit.

β croceum, H. croceum Pers. — Fleurs plus grandes; feuilles moins épaisses, moins tomenteuses, souvent vertes au-dessus, blanches au-dessous, parfois blanches sur les 2 faces. (Aïzer). Rég. atl. 3 prov. A. C.

H. Clausonis Pomel. — Petite plante à tiges couchées; feuilles petites, elliptiques-suborbiculaires, discolores; grappes très pauciflores; *pédicelles souvent articulés au milieu.* Forêt des cèdres de Blida.

H. Fontanesi Boiss. et Reut., Pug., p. 15; Munb., cat.; Lx, cat. Kab.; *Cistus helianthemoides* Desf., fl. atl. — Tiges couchées ou décombantes (1-4 décim.); feuilles un peu épaisses, elliptiques ou lancéolées (les inférieures plus petites), à bords un peu renversés en dessous; face inférieure couverte d'un tomentum blanc étoilé très épais avec la nervure médiane très saillante, garnie ainsi que les bords de longues soies; face supérieure verte avec de longues soies sur toute sa surface; stipules linéaires, hispides, ainsi que les bractées plus courtes que les pédicelles; calices ovoïdes-aigus un peu tordus (10 millim. long); capsule ovoïde-trigone bien plus courte que le calice, un peu tomenteuse; graines brunes, anguleuses, finement rugueuses. Tlemcen, Mascara, Tiaret, Beni-Lint (Pomel).

Nota. — Nous ne connaissons cette plante bien typique que des localités ci-dessus énumérées, partout ailleurs on trouve des variations sans nombre, tantôt intermédiaires entre les *H. Fontanesi* et *glaucum*, tantôt se rapprochant beaucoup de l'*H. vulgare* (Lambèse). Ces plantes sont répandues dans les H.-Pl., l'Aurès et le Djurdjura.

Espèce incomplètement connue.

H. halimioides Pomel, nouv. mat. 221 et herbier, un seul spécimen. — Port de l'*Hel. pilosum,* mais pédoncules inférieurs dressés, rigides, très longs (20-22 millim.); corolle inconnue. Terni, au-dessus de Tlemcen (Pomel).

FUMANA Spach.

Sous-arbrisseaux à feuilles linéaires, à fleurs jaunes; épicalice et calice des hélianthèmes. Voir caractères plus haut.

§ 1. *Fumanopsis* Pomel, matér. p. 9. — 6 graines par capsule; graines alvéolées à raphé égalant la moitié du pourtour de la graine; embryon en crochet; feuilles stipulées; capsules petites; calice fructifère ne dépassant guère 6 millim.; pédicelles naissant au niveau des bractées.

F. lævipes Spach.; Lx, cat. Kab.; Ball, spic.; *Cistus lævipes* L.; Desf., fl. atl.; *Hel. lævipes* Willd.; Munb., cat.; Reich. 4540. — Sous-arbrisseau diffus à tiges grêles, fermes, très feuillées; feuilles glauques, rarement d'un vert gai, alternes, sessiles, capillaires, glabres; stipules aciculaires, mucronées, formant avec les feuilles des bourgeons, de petites touffes à l'aisselle des feuilles adultes; fleurs petites, 5-10 en grappe lâche; pédicelles filiformes, glabres; graines brunes, réticulées. ♄ Mars-mai. Broussailles, rochers. A. C. Rég. médit.

F. glutinosa Boiss., flor. d'Or.; *F. viscida* Spach.; Lx, cat. Kab.; *Hel. glutinosum* Pers.; Munb., cat. — Sous-arbrisseau à tiges très nombreuses, le plus souvent en touffes serrées, dressées, ordinairement visqueux-pubescent dans le haut; feuilles linéaires ou linéaires-lancéolées à bords enroulés, les inférieures opposées; stipules linéaires, portant une soie au sommet; fleurs en grappes courtes au sommet des rameaux; pédicelles pubescents, glutineux ainsi que les calices; graines brunes subréticulées. C. C. C. Partout. Broussailles, lieux secs, rochers. Mars-juillet. Rég. médit.

α vulgare Gren. Godr.; *Cistus thymifolius* L.; Reich. 4543. — Feuilles velues-glutineuses excepté tout à fait à la base de la plante. C. C. C. Varie à glandes visqueuses seulement dans l'inflorescence, *F. Barrelieri.*

β juniperina. — Feuilles supérieures pubescentes, les autres glabres; tiges pubescentes ou bien glabres (*H. viride* Ten., fig. Reich. 4542). A. R.

γ lævis Willk. — Toutes les feuilles glabres; inflorescence plus ou moins pubescente. Reich. 4541. R.

§ 2. *Eufumana.* — 12 graines par capsule; raphé égalant le 1/4 du pourtour de la graine; embryon faisant un cercle complet; pas de stipules, sauf dans *F. arabica*; capsules plus grosses; calice fructifère (7-15 millim.).

F. arabica Spach.; *Cistus arabicus* L.; Desf., fl. atl. — Tiges dressées, fermes; feuilles lancéolées-linéaires, planes, pubescentes, pétiolulées; stipules très courtes, aigües; fleurs en grappes feuillées très lâches; graines rugueuses-fovéolées. ♄ Tunisie. Sud-Est de la province de Constantine (Lx).

F. Spachii Gren. Godr.; *F. scoparia* Pomel, nouv. mat.; *Cistus ericoides* Cav.; fig. Reich. 4530. — Port du précédent; tiges robustes; feuilles aciculaires sans stipules; grappes bi-triflores au sommet des rameaux; graines lisses. ♄ Buisson de 1-3 décim. A. R., avec le *F. glutinosa*. Maison-Carrée, Coléa, Chenoua, Téniet, Djurdjura, Tlemcen. Rég. médit., Orient.

F. MONTANA Pomel, mat. p. 10. — Plante diffuse à rameaux grêles lâchement feuillés jusqu'au sommet; feuilles linéaires demi-cylindriques, ciliées-scabres sur les bords; fleurs 1-2 extra-axillaires le long des rameaux feuillés, très longuement pédicellées; calice ovoïde, obtus, à nervures peu saillantes, ciliées-scabres; graines lisses. Djebel-Amour. (v. s.)

F. calycina Clauson; Ball, spic.; fig. Desf., fl. atl., tab. 105, très mauvaise; *F. Fontanesi* Pomel, mat. p. 10 et nouv. mat. p. 348. — Plante puissante 3-10 décim., à tiges rameuses, dressées ou étalées; rameaux droits, fermes; feuilles sessiles, linéaires, planes, dressées, distantes; rameaux feuillés jusqu'au sommet, portant 1-2 fleurs très éloignées, extra-axillaires; calice de 10-15 millim.; sépales longuement acuminés à nervures scabres, carenées; graines grises lisses; fleurs grandes pour le genre, safranées; pétales très caducs. Mars-juin, Adélia, Oued-Djer, l'Arba, etc. Très distinct de tous les autres par ses grandes proportions.

VIOLARIÉES DC.

VIOLA Tournefort. (Violettes, pensées).

5 sépales appendiculés à la base; 5 pétales irréguliers, l'inférieur prolongé en éperon creux qui loge les appendices nectarifères des 2 étamines inférieures; 5 étamines insérées sur un disque hypogyne; filets dilatés prolongés au-dessus de l'anthère; anthères contigües; style unique; capsule uniloculaire, trivalve, à valves medio-placentifères.

§ 1. *Nominium* Gingens. — Style atténué à la base, perforé au sommet; les 2 pétales intermédiaires ouverts souvent barbus, l'impair glabre.

a. Feuilles cordiformes, amples, dentées; style aigu et courbé au sommet; pédoncules bractéolés-étalés sur le sol à maturité; capsules globuleuses; tiges naissant d'une rosette de feuilles centrales.

V. hirta L.; Cosson, cat. inéd.; Reich. 4493. — Fleurs inodores violettes, rarement blanches; pétales tous échancrés, les 2 latéraux très barbus; stipules lancéolées, courtement ciliées; capsule velue; plante plus ou moins velue, non stolonifère. ♃ Algérie (Cosson). Europe.

V. odorata L.; Desf., fl. atl.; Munb., cat.; Lx, cat. Kab.; Ball, spic.; Reich. 4498. *La violette ordinaire.* — Diffère de la précédente par ses fleurs odorantes, ses 4 pétales supérieurs non émarginés, ses feuilles souvent subréniformes, son rhizome stolonifère; plante plus ou moins pubescente. ♃ Lieux frais, vallons du Sahel, Frais-Vallon, Oued-Beni-Messous, El-Biar. C. C., dans toute la région montagneuse; forme à gros éperon court, à pétales courts et larges, à Blida. Europe.

b. Pédoncules bractéolés-dressés à maturité. Port des précédentes.

Viola Sylvestris Koch; Reich. 4503; *V. Riviniana* Munb., cat. non Reich. — Plante presque glabre, à tiges décombantes puis redressées; feuilles en cœur ou un peu réniformes; stipules étroites longuement ciliées à cils aussi larges que la stipule; fleurs inodores; sépales très aigus; pétales violet-pâle non émarginés, les deux médians fortement barbus. ♃ Kabylie, Beni-Iraten, forêt d'Akfadou, etc. Europe.

c. Pédoncules dressés; tiges naissant d'un rhizome ligneux, pas de rosettes de feuilles; feuilles petites.

V. arborescens L. var. *serratifolia; V. suberosa* Desf., fl. atl.; Munb., cat. — Tiges ligneuses à la base, grêles, 1-6 déc.; écorce grise un peu subéreuse; feuilles étroites, oblongues ou lancéolées, dentées, le plus souvent à pétiole plus court qu'elles; stipules linéaires-lancéolées, entières; pédoncules sans bractées, dépassant les feuilles; pétales étalés; éperon court; fleurs médiocres d'un bleu pâle. ♄ Janvier-mai. Broussailles. Extrêmement commun sur tout le littoral d'Alger avant les défrichements. Rég. médit.

§ 2. *Melanium*. — Les 4 pétales supérieurs dressés-imbriqués; style en massue, ascendant; stigmate grand, urcéolé, muni à la base de 2 faisceaux de poils.

V. tricolor L.; Munb., cat. — Tiges anguleuses, dressées ou décombantes, simples ou rameuses; feuilles crénelées, dentées, glabres ou glabrescentes, pétiolées, les inférieures ovales ou arrondies, les supérieures lancéolées; stipules entières ou pinnatifides dans le haut; fleurs très variables, jaunes ou violacées, les 2 pétales supérieurs souvent fortement colorés. ① Europe.

V. parvula Tineo; Debeaux, cat. Boghar; *V. atlantica* Pomel; *V. Tejensis* Ball, spic.? — Plante grêle, petite, à feuilles scabres: fleurs petites (1 cent.); éperon obtus égalant les appendices élargis, tronqués-crénelés; pédoncules longs et grêles, portant 2 petites bractées vers leur sommet recourbé. Zaccar, Djurdjura, Boghar, etc. ①.

V. gracilis Sibth. et Sm., flor. gr.; *V. calcarata* Desf., fl. atl.; Munb., cat.; *V. Fontanesi* Coss. et DR., inéd.; *V. Munbyana* Boiss. et Reut., Pug., p. 15. — Tiges grêles, longues, grimpant dans les broussailles; feuilles pétiolées, à pétiole plus long qu'elles, ordinairement glabrescentes, crénelées-dentées, les inférieures arrondies ou ovoïdes, les supérieures lancéolées; stipules grandes, linéaires-lancéolées, avec 1-2 lobes linéaires ou sétacés à leur base; pédoncules longs, dépassant de beaucoup les feuilles, avec 2 bractéoles au-dessus de leur milieu; fleurs très grandes 2 1/2, 3 1/2 cent., bleues, violettes ou jaunes; éperon grêle, aigu, un peu plus court que la corolle, droit ou un peu courbé en avant; pétales supérieurs très larges, l'inférieur entier.

α *Munbyana*, *V. Munbyana* Boiss. et Reut. — Feuilles assez larges, ovoïdes ou subcordiformes; plante très grande, très grandiflore, glabre. Beni-Salah à Blida, Mouzaïa, Téniet, etc., etc. Région du chêne ballote et des cèdres.

β *æthnensis* Gussone. — Feuilles et stipules toutes velues, hispides, cendrées; éperon recourbé en 1/2 cercle; feuilles étroites. Hauts sommets, Djebel-Aïzer.

γ *aurasiaca*, *V. aurasiaca* Pomel. — Tiges ligneuses courtes; rameaux herbacés presque nuls réduits à des rosettes de feuilles arrondies ou ovoides, petites, pubescentes; fleurs relativement très petites. Aurès, sommet du Dira à Aumale, Lella-Khadidja, versant Sud. Plante des pelouses élevées.

POLYGALÉES Jussieu.

POLYGALA L.

Herbes ou arbrisseaux à feuilles alternes entières sans stipules; fleurs en forme de papillon; 5 sépales dont 2 grands (ailes), ordinairement pétaloïdes; corolle formée surtout par un pétale inférieur en forme de carène, bilobé, à lobes rapprochés; nervure médiane terminée entre les 2 lobes par une crête variable; 2 autres pétales linéaires; 8 étamines monadelphes ou diadelphes, uniloculaires ou biloculaires, s'ouvrant par un pore apical; ovaire biloculaire, bicarpellé, très comprimé; 1 graine velue, arillée, pendante dans chaque loge.

§ 1. *Polygalon* DC. — Crète multifide en pinceau; filets soudés jusqu'au sommet en 2 faisceaux.

a. Fleurs bleues, roses ou verdâtres en longues grappes terminales.

P. rosea Desf., fl. atl., pl. 176; Munb., cat.; Pomel, nouv. mat., p. 212; Boissier, voy. Esp. non aliorum; *P. Boissieri* Cosson, not. pl. crit., p. 100; Lge Willk. Prodr. flor. Hisp. — Souche vivace; tiges décombantes à la base puis dressées, 3-6 décim.; feuilles inférieures grandes, oblongues, spatulées, les supérieures lancéolées-linéaires, aigües; bractées ne dépassant pas le sommet des jeunes grappes; fleurs grandes, roses; ailes ovoïdes-oblongues (12-15 millim. sur 8-10), brusquement contractées à la base, 5-nerviées; nervures rameuses, anastomosées en réseau; carène exserte; ovaire longuement stipité, obcordé, à bordure membraneuse large; lobes de la caroncule égalant à peine le 1/4 de la graine. ♃ Montagnes de la province d'Oran, de Daya à Garrouban. Maroc, Espagne.

P. Nicæensis Risso; Munb., cat.; Gren. Godr., fl. fr.; *P. rosea* Cosson; Lx, cat. Kab.; Gren. Godr. non Desf. — Plus faible que le précédent; fleurs bleues, très rarement roses; bractées proéminentes au sommet de la jeune grappe; feuilles inférieures petites; fleurs plus petites; ailes à 3 nervures anastomosées; corolle moins exserte; capsule étroitement bordée, brièvement stipitée; prolongements de l'arille atteignant le milieu de la graine. ♃ Mars-mai. C. C. Broussailles du Sahel et des montagnes. Varie à ailes aigües-lancéolées ou à ailes ovoïdes-obtuses var. *obtusatum* et *commutatum* Pomel. Rég. médit.

P. Coursierana Pomel. — Plante de marais, longuement sarmenteus (tiges de 8-15 décim.); bractées peu proéminentes. Marais de la Rassaut près Alger, fleurit toute l'année.

P. VERSICOLOR Pomel. — Bractées non proéminentes, appendices d l'arille ne dépassant pas le 1/3 de la graine; fleurs roses, jaunissant rapi dement. ♃ Cèdres de l'Aurès, Ras-Pharaoun (v. s.)

NOTA. — *P. numidica* Pomel. — Voisin du *Nicæensis* à ailes très étroites m'est insuffisamment connu. La Calle.

P. nemorivaga Pomel. — Plante annuelle ou vivace pa induration, à tiges droites (1-3 décim.); bractées non proéminentes; ailes trinerviées à nervures anastomosées; fleurs bleues; capsule longuement stipitée; appendices de l'arille très grêles et très courts. ① ♃ Collo, Filfilla. Clairières des bois. Mai-juin.

P. monspeliaca L.; Desf., fl. atl.; Munb., cat.; Lx, cat. Kab.; Ball, spic.; Reich. 144. — Feuilles lancéolées-linéaires très aigües; tige droite, 1-3 décim., peu rameuse; bractées membraneuses non proéminentes; fleurs verdâtres ou d'un blanc sale; ailes étroites 3-nerviées, à nervures non anastomosées; corolle incluse; capsule un peu ailée, étroite, échancrée au sommet, peu ou pas stipitée; arille trilobé, à lobes très courts. ① C. C. C., partout. Mars-mai. Rég. médit. Orient.

b. Fleurs verdâtres en grappes axillaires et terminales très courtes, 1-6 flores; plantes rupestres, à souches et tiges ligneuses.

P. rupestris Pourret; Ball, spic.; *P. saxatilis* Desf., fl. atl., tab. 175; Munb., cat.; Reich. 150-1. — Feuilles lancéolées-linéaires, aigües, glabrescentes; bractées plus courtes que le pédicelle; fleurs de 6-7 millim., étroites; ailes blanches avec une épaisse nervure verte, longuement obovées-mucronées, trinerviées, à nervures rameuses sans anastomoses; sépales petits, herbacés, le médian plus long; corolle égalant les ailes; arilles à lobes très courts sub égaux. Mai-juin. Rochers calcaires: Chenoua, Batna, Djebel-Antar, Oued-Okris, etc., etc. Espagne, midi de la France.

P. rupicola Pomel. — Plante un peu intermédiaire avec la suivante; feuilles larges, peu aigües; capsule courte. ♃ Itima.

P. OXYCOCCOIDES Desf., fl. atl., tab. 174; Munb., cat. — Tiges bien plus courtes, plus fermes; feuilles elliptiques-arrondies, charnues, rigides, mucronées, glabres; capsule obcordée, échancrée au sommet. Bien distinct au premier abord du *P. rupestris*. mais présentant des intermédiaires. Garrouban, Tiaret. Mai-juin.

§ 2. *Chamæbuxus* DC. — Sépale supérieur concave avec une glande à la base ; carène à lobe médian non fimbrié ; ailes asymétriques ; fleurs en petites grappes axillaires ; arilles à prolongements très développés.

P. Munbyana Boissier, diagn., § II, 5, p. 50 ; Munb., cat. — Plante à souche ligneuse, à tiges nombreuses dressées, anguleuses à angles aigus, rameuses ; feuilles linéaires-lancéolées ou lancéolées-elliptiques, aigües parfois, les supérieures parfois obtuses ou émarginées ; fleurs roses ou jaunes de 15-18 millim. ; sépales amples, membraneux, le supérieur gibbeux à la base ; ailes obovées, caduques, égalant presque la corolle. ♄ Broussailles de Cherchell à Ténès, Bou-Sfer près d'Oran.

P. Webbiana Cosson, Bull. soc., bot. XX, p. 240 ; Ball, spic. Maroc.

P. Balansæ Cosson, loc. cit. ; Ball. Maroc.

FRANKENIACÉES St-Hil.

FRANKENIA L.

Herbes ou sous-arbrisseaux à feuilles opposées, simples sessiles, réunies à leur base par une gaîne amplexicaule, ayant souvent à leur aisselle des fascicules de feuilles constituant de jeunes bourgeons ; fleurs sessiles à l'aisselle des feuilles florales et dans les dichotomies ou en cyme ; calice gamopétale 4-5 fide ; pétales 4-5, libres, onguiculés, hypogynes ainsi que les étamines ; étamines 4-5 ; style filiforme à 3-4 stigmates ; capsule uniloculaire, loculicide, déhiscente à 3-5 valves medio-placentifères ; embryon droit au centre de l'albumen. Plantes des lieux salés.

a. Tiges herbacées annuelles ou vivaces couchées sur le sol, rarement dressées.

F. pulverulenta L. ; Desf., fl. atl. ; Munb., cat. ; Ball, spic. — Racine annuelle ; tiges rameuses, couchées en cercle ; feuilles obovées, planes, rétuses, glabres en dessus, pubescentes en dessous, à pétioles courts, ciliés ; fleurs d'un violet pâle ; sessiles dans les dichotomies, très petites. ① Plaine du Chéliff, Lavarande, Djelfa, Aïn-Kermane, Laghouat, H.-Pl., etc., etc. Avril-mai. Rég. médit., Orient, Sénégal, Cap de Bonne-Espérance.

β corymbosa. — Tiges dressées, dichotomes au sommet ; fleurs plus serrées, avec le type.

F. hirsuta L. ; Desf., fl. atl. — Tiges couchées en cercle sur le sol, rameuses ; feuilles aciculaires, roulées sur les bords ; pétiole cilié ; fleurs solitaires dans les dichotomies, et en petites cymes fastigiées au sommet des rameaux; pétales à limbe denticulé; calice à 4-5 côtes. Avril-juin. Europe, Rég. médit.

F. lævis L.; Desf., fl. atl.; Munb., cat.; Lx, cat. Kab.; Ball, spic. — Entre-nœuds allongés, rougeâtres; feuilles et calices glabres; fleurs de 6-8 millim., roses. Maison-Carrée, Bougie (Lx).

F. intermedia DC.; Munb., cat.; Ball, spic. — Entre-nœuds plus courts, pubescents ainsi que les feuilles et les calices; fleurs petites, rosées ou blanches. C. C. C., rivage de la mer, partout.

F. velutina DC. Maroc. Broussonet.

b. Tiges ou du moins rameaux dressés.

F. corymbosa Desf., fl. atl., tab. 93. — Diffère du précédent par ses tiges dressées, velues, plus robustes ou couchées avec leurs rameaux dressés; feuilles pubescentes, couvertes d'écailles calcaires; fleurs violettes en cyme au sommet des rameaux. ♃ Arzeu, Misserghin, Iles Rachgoun, Tunisie.

F. pallida Boiss. et Reut., diagn., § II, 1, p. 61. — Tiges dressées, courtement pubescentes ainsi que les feuilles; celles-ci d'un vert pâle, molles; fleurs d'un rose pâle; 5-7 paires de glomérules au-dessous du corymbe terminal. ♃ Biskra. Avril-mai.

F. revoluta Forsk. Maroc. Ball.

F. Boissieri Reuter; Munb., cat.; *F. glomerulata* Cosson, pl. crit., p. 30. — Tiges décombantes puis dressées; feuilles glabres en dessus, glauques ou pulvérulentes en dessous, les supérieures larges à bords moins enroulés, presque cordiformes à la base; fleurs en glomérules serrés et pauciflores au sommet des rameaux; pétales ne dépassant guère le calice. ♃ Mai-juin. Bône, embouchure de la Seybouse.

F. Webbii Boiss. et Reut., Pug., p. 16. — Tiges lâchement dichotomes, pubescentes; feuilles glauques, charnues, à bords roulés, un peu ciliées, glabrescentes; fleurs blanches en corymbes lâches; pétales cunéiformes; anthères ovoïdes. Algérie? d'après Lge et Willk, Prodr. flor. Hisp. Espagne.

F. thymifolia Desf., fl. atl.; Munb., cat. — Tiges couchées radicantes à rameaux redressés, très feuillés, à feuilles imbriquées sur presque toute leur étendue; feuilles atténuées dès leur base, un peu ciliées de 2 ou 3 millim.; fleurs toutes solitaires, axillaires. H.-Pl., Sahara, Khreider, Ouargla, M'zab oasis de M'raïer près Biskra, etc.

DROSERACÉES DC.

PARNASSIA Tournefort.

P. palustris L. — La Calle « ex Desf., » n'a pas été retrouvé.

DROSOPHYLLUM Link.

D. lusitanicum Link.; Ball, spic. Maroc.

MALVACÉES Rob. Br.

Fleurs régulières; calice souvent muni d'un calicule; 5 sépales (rarement 3-4) valvaires; 5 pétales tordus brièvement onguiculés; onglets souvent soudés entre eux et avec le tube staminal; étamines indéfinies, uniloculaires, libres au sommet, inférieurement soudées en tube; carpelles fermés, verticillés ou en tête; styles autant que de carpelles, soudés entre eux inférieurement. Plantes mucilagineuses, souvent couvertes de poils étoilés, à feuilles ordinairement palmées, stipulées.

Clef des tribus :

Fruit formé d'achaines en tête. . . . . Malopées.
Fruit formé d'achaines en verticille. . . . . Malvées.
Fruit capsulaire à loges polyspermes verticillées. . . . . Hibiscées.

Tribu I. — MALOPÉES.

MALOPE L.

Calicule de 3 pièces grandes, cordiformes, libres; carpelles monospermes, en tête hémisphérique.

a. Plante à racine annuelle, grêle, pivotante; carpelle exactement moulé sur l'embryon.

M. trifida Cav. — Plante à port de *Lavatera trimestris* L.; feuilles glabres, dentées, subréniformes, trifides, les supérieures ovoïdes-aiguës. Trouvé une seule fois à Miliana par M. Pomel. Tanger, Espagne.

b. Plantes vivaces; carpelle à côtes rayonnantes, non rempli par l'embryon surtout vers le hile.

M. stipulacea Cav.; Munb., cat.; *M. malachoïdes* Desf., fl. atl.; Lx, cat. Kab.; Ball, spic. non L. — Tiges dressées ou décombantes (2-4 décim.), simples ou peu rameuses; feuilles longuement pétiolées, ovoïdes, plus ou moins lobées ou crénelées; stipules grandes, ovoïdes; fleurs axillaires solitaires, grandes (3-7 cent. de hauteur); pédicelles plus longs que le calice; sépales longuement acuminés. ♃ Cette plante très variable et qui n'est peut être elle-même qu'une variété du *M. malachoides* L., donne en Algérie les formes suivantes.

M. hispida Boissier et Reuter, diagn., § II, 1, p. 100; Munb., cat. — Indumentum formé de longs poils simples, rarement géminés; plante puissante, 3-5 décim., multicaule, parfois très velue, parfois glabrescente avec tous les intermédiaires; feuilles très grandes, ovoïdes, dentées, un peu cordiformes à la base, très polymorphes, souvent trilobées ou tri-quinquépartites; fleurs ordinairement grandes; pétales cunéiformes, pouvant atteindre 7 cent., couleur et dimensions variables. ♃ C. C. C., près d'Alger. Mars-mai.

M. tripartita Boiss. et Reut., loc. cit.; Munb., cat. — Tiges grandes, grêles, presque glabres; indumentum de poils simples; feuilles tri-quinquépartites, laciniées; stipules supérieures très larges, cordiformes, longuement ciliées ainsi que le calice et le calicule; fleurs petites 2-3 cent. R. R. ♃ H.-Pl. oranais, Berrouaghia, Guelma, etc.

M. intermedia. — Aspect du *M. hispida*, mais indumentum formé de poils simples et de poils étoilés à branches courtes horizontales. ♃ Djurdjura, sommets, Aïzer, Lella-Khadidja.

M. lævigata Pomel. — Feuilles plus étroites sublancéolées, entières ou trilobées; plante glabre, sauf quelques poils étoilés sur les nervures et les pédoncules floraux. ♃ Biskra, Batna, El-Guerah. Sud de la province de Constantine.

M. stellipilis Boiss. et Reut., loc. cit. — Même type que le précédent; feuilles portant quelques poils simples sur les nervures et des poils étoilés sur le parenchyme. Plante glabrescente. ♃ Constantine, Saïda, etc.

M. asterotricha Pomel. — Feuilles plus irrégulières, plus lobées, plus cordiformes à la base, à face inférieure toute couverte de poils étoilés ainsi que les tiges, pétioles, pédoncules et calices; tandis que la face supérieure des feuilles est couverte de poils simples. ♃ Aurès.

Tribu II. — MALVÉES.

Clef des genres :

a. Calicule à trois divisions, parfois 2 seulement.

Pièces du calicule linéaires non soudées entre elles. . . MALVA.

Pièces du calicule larges, confluentes entre elles. . . . LAVATERA.

b. Calicule à 6-9 divisions. . . . . ALTHÆA.

MALVA L.

Calicule naissant de la base du calice; plantes annuelles ou vivaces à fleurs en petites cymes axillaires.

a. Calicule à 2 divisions linéaires.

M. hispanica L.; Desf., fl. atl., tab. 170; Munb., cat. — Plante mollement velue, blanchâtre, à tiges dressées; feuilles inférieures longuement pétiolées à limbe semi-circulaire, les florales rhomboidales courtement pétiolées; stipules linéaires; fleurs grandes (2-3 cent.) d'un rose très pâle, campanulées; carpelles 12-14, petits, à dos carené, fragiles; graine noirâtre, finement tuberculeuse. Plaine du Chéliff, Oran. ① Mars-mai. A. C. Espagne.

M. Ægyptiaca L.; Desf., fl. atl.; Munb., cat. — Plante un peu hispide; tiges de 1-3 décim., dressées ou couchées en cercle; feuilles orbiculaires dans leur pourtour, palmatiséquées à lobes tri-multipartits, à lobules linéaires-obtus ou mucronés, entiers ou dentés; stipules ovales plus courtes que le pétiole; pédoncules uniflores, rarement biflores, dépassant la feuille; pièces du calicule étroitement linéaires; fleurs petites, violacées; pétales inclus dans le calice à dents aiguës; carpelles marqués de rayons saillants sur les faces, à dos un peu concave cannelé en travers. ① Avril-mai. H.-Pl. et Sahara. C. C. Espagne, Orient.

M. libyca Pomel. — Pédoncules plus courts que le pétiole (moins de 1 cent.); carpelles moins rayonnés à nervure dorsale marquée. ① Brezina, El-Abiod-Sidi-Cheick.

b. Calicule à 3 folioles.

1. Groupe du *Malva Sylvestris*.

M. Sylvestris L.; Desf., fl. atl.; Munb., cat.; Lx, cat. Kab.; Ball, spic.; Reich. 4840. — Tiges étalées (3-10 décim.), rameuses; feuilles orbiculaires à 5-7 lobes dentés; stipules ovoïdes, dentées, ciliées, acuminées; pédoncules floraux longs, mais plus courts que la feuille, 1-5 en fascicule axillaire; pièces du calicule oblongues ou lancéolées; calice peu accrescent à lobes triangulaires; pétales trois fois plus longs que le calice (2-3 cent.), fortement échancrés; fruits glabres ridés en réseau. ② ♃ C. C. Alger, fortifications, Maison-Carrée, Atlas, H.-Pl., etc., etc. Europe, Sibérie. Plante très variable; dans l'Atlas, sur les rochers, les feuilles deviennent petites, cendrées.

β *gymnocarpa* Pomel. — Calice accrescent très étalé. Miliana.

γ *orbiculata* Pomel. — Feuilles orbiculaires presque peltées par le rapprochement des bords du limbe. El-Abiod-Sidi-Cheick.

δ *elata* Pomel. — Plante dressée; feuilles à lobes longs; calicule à pièces presque confluentes. Marais de Collo.

M. mauritiana L. — Pétales peu échancrés, larges au sommet; lobes des feuilles très obtus. Algérie (Munby), Maroc (Ball). Europe.

Sur les ruines de Lambèse existe un *malva sylvestris* à fleurs très belles presque rouges, à fruits réticulés par des crètes saillantes.

M. hirsuta Presl; Gussone, syn.; Todaro, exsicc. — Tiges très velues dans le haut ainsi que les inflorescences et les pétioles; feuilles souvent un peu frisées sur les bords, hispides; carpelles couverts d'un duvet court et serré. ♃ Maison-Carrée. Mai-juin. R. Sicile. On en trouve dans l'Aïzer au-dessus de l'Azib des Aït-Koufi une variété très remarquable par la teinte jaunâtre de toute la plante, par son indumentum de longs poils étoilés, mous, par les fruits couverts de poils longs et rares.

M. ambigua Gussone. — Fleurs plus petites que dans le *M. sylvestris;* pédoncules 2-3 grêles, égalant ou dépassant la feuille; calice à lobes appliqués sur l'ovaire à maturité. Castiglione (Clauson), Garrouban, Tiaret (Pomel)

b. Groupe du *M. rotundifolia.* — Feuilles réniformes à 5-7 lobes; pédoncules inégaux, fasciculés à l'aisselle des feuilles et bien plus courts que les pétioles; fleurs petites; plantes annuelles.

M. Nicæensis All.; Munb., cat.; Lx, cat. Kab.; Ball, spic.; Reich. 4838. — Plante robuste à poils tuberculés à la base, épars; pédoncules étalés-dressés; pièces du calicule lancéolées, larges; calice peu accrescent à lobes mi-étalés après la floraison; pétales une fois plus longs que le calice, violacés; carpelles velus ou glabres, réticulés-ridés, à bords ni ailés, ni dentés. ① Bord des chemins. Mars-juin. Rég. médit. Orient.

? Malva rotundifolia L.; Desf., fl. atl.? Ball, spic.; Reich. 4836.—Pédicelles à la fin réfléchis; pièces du calicule linéaires-aiguës; calice dressé après la floraison, peu accrescent; pétales 2 fois plus longs que le calice; carpelles lisses, velus. St-Louis d'Oran. R. (herb. Pomel, échantillons douteux).

M. parviflora L.; Desf., fl. atl.; Munb., cat.; Lx, cat. Kab.; Ball, spic. — Pièces du calicule étroitement linéaires; calice accrescent, à la fin étalé, à lobes larges, mucronés; pétales dépassant peu le calice; tube staminal glabre; carpelles velus ou glabres, ridés en travers, à bords saillants, fortement marginés-dentés; fleurs très petites d'un blanc bleuâtre. ① C. C. C. Mars-mai, partout. Europe, Orient.

M. coronata Pomel. — Exagération du type; carpelles à dos concave, à bords très saillants, très dentés; fruits larges, profondément sculptés; calice très accrescent; feuilles grandes. Trouvé une fois par M. Pomel dans le parc à fourrages d'Oran, puis par moi à la gare de Lavarande où on l'a détruite. Assez commune, mais bien moins typique à Mascara (Trabut).

M. microcarpa Desf. — Calice beaucoup moins accrescent, à tube appliqué sur le fruit; lobes seuls étalés; fruits moitié plus petits à bords non marginés, ni dentés. La plante d'Algérie a autant de pédoncules florifères à l'aisselle des feuilles que la précédente. A. C.

M. OXYLOBA Boissier, flor. d'Or. — Diffère de la précédente par ses feuilles très longuement pétiolées, tri-quinquefides à lobes profondément dentés, à dents très aiguës; feuilles de fin de saison très laciniées, petites. ① L'Agha, adventice; elle s'y hybride avec le *M. parviflora*. Palestine.

M. Tournefortiana L. Maroc (Cosson).

LAVATERA L.

Calicule naissant du pédoncule, monophylle, trifide; stigmates sétacés.

§ 1. *Anthema* Med. — Pédoncules fasciculés à l'aisselle des feuilles; carpophore petit, conique, dépassant à peine les carpelles.

L. cretica L.; Desf., fl. atl.; Munb., cat.; Ball, spic. — Plante de 3-20 décim., à port de *Malva;* fleurs violettes plus petites que celles du *M. Sylvestris* L.; feuilles vertes ou blanchâtres plus ou moins hispides, comme toute la plante; pièces du calicule ovoïdes, obtuses, peu accrescentes; calice à lobes brusquement acuminés; pétales échancrés égalant 2 fois le calice; carpelles à dos arrondi semblables à ceux du *M. Sylvestris*. ① ② C. C. C., partout. Rég. médit., Orient.

Var. *acutiloba*. Maroc. Ball.

L. Mauritanica Durieu, Rev. Duch. II, p. 436; atl., expl. sc. alg., pl. 69, 1; Munb., cat. — Diffère de la précédente par ses feuilles veloutées-épaisses; ses fleurs rouge-foncé dans le fond, et surtout par ses carpelles à bords marginés, saillants, à dos plat et non convexe, sans nervure médiane, réticulées, fortement rayonnées sur les faces latérales. ① Bord de la mer: Pointe-Pescade à Alger, Arzeu, Mostaganem, Oran.

L. arborea L.; Desf., fl. atl.; Reich. 4857. — Plante vivace, sous-frutescente, puissante, veloutée; diffère de la précédente par son calicule accrescent, plus grand que le calice, par ses fruits plus petits, plus velus, moins rugueux, à bords moins fortement relevés. ♄ Mars-juin. Falaises du cap Matifou; cult. jardins. Rég. médit.

§ 2. *Olbia* Med. — Carpophore prolongé en pointe conique, mammiforme, saillante, striée radialement et ne recouvrant pas les carpelles.

L. stenopetala Coss. et DR., inéd.; Munb., cat. — Plante rhizomateuse vivace, à tiges robustes (6-15 décim.), droites, rameuses, glabrescentes; feuilles veloutées sur les 2 faces, longuement pétiolées; 3-5 lobées à lobes peu ou pas dentés, obtus à fleurs solitaires à l'aisselle de petites bractées caduques, ou en petites grappes axillaires et en longue grappe terminale; calicule non accrescent en forme de coupe trilobée, à lobes obtus et courts atteignant le 1/3 du calice (souvent avec une 4e dent surnuméraire, petite), tout couvert ainsi que le calice d'une pubescence étoilée, courte et serrée; calice à 5 dents en ogive; pétales roses égalant 3-4 fois le calice, à onglet très foncé, très étroit, cilié, à limbe profondément bifide; tube staminal court; styles filiformes; carpelles lisses à bords profondément rentrants avec une nervure médiane marquée sur le dos. ♃ Terrains argileux, Mouzaïa les mines, Téniet-el-Haâd, Dra-el-Mizan, Constantine, etc.

L. olbia L. — Arbuste à tiges rougeâtres de 1-4 mètres, rameuses, hispides; feuilles 3-5 lobées à lobe médian plus long, crénelées-dentées, hispides ou veloutées; fleurs très grandes, roses, en longues grappes feuillées; pédoncules très courts, axillaires; calicule peu accrescent, trilobé-acuminé, égalant le calice, velu comme lui; calice à divisions ovales-acuminées, appliquées sur le fruit; pétales obovés plus ou moins échancrés, 2-3 fois plus longs que le calice; carpelles velus, plans sur le dos à bords obtus. ♄ Rég. médit.

α *genuina.* — Feuilles très veloutées sur les deux faces; indumentum de poils étoilés. Réghaïa. R.

β *hispida*, *L. hispida* Desf., fl. atl., tab. 171. — Feuilles plus vertes; plante plus élevée, plus hispide, moins veloutée. C. C. C.

L. thuringiaca Desf., fl. atl.; Reich. 4854 « in arvis Algeriæ Desf. » N'a pas été revue.

§ 3. *Oxolopha.* — Carpophore tronqué envoyant entre les carpelles des rayons rigides.

L. maritima Gouan; Desf., fl. atl.; Munb., cat.; Ball, spic.; Reich. 4856. — Plante sous-frutescente à tiges ligneuses, 3-8 décim.; feuilles mollement veloutées, blanchâtres ainsi que les rameaux et le calice; calicule court à dents obtuses; calice à divisions triangulaires longuement acuminées, recouvrant le fruit; pétales obovés, obcordés, d'un rose très pâle, égalant 3-4 fois le calice, à onglet pourpre, étroit; carpelles à faces latérales bombées, dos plan, un peu relevé aux bords; nervure dorsale marquée. ♄ Mars-juin. Rochers calcaires Chenoua, Aït-Ouaban (Djurdjura), Garrouban, Oran, Mostaganem, etc., etc. Rég. médit., Occid.

L. rupestris Pomel (*L. triloba* L.?) — Diffère du précédent par ses pédoncules fasciculés 2-3 à l'aisselle des feuilles, par son calice très accrescent, membraneux, vésiculeux. Mai-juin. Garrouban.

§ 4. *Stegia* DC. — Carpophore se dilatant en un large disque qui recouvre les carpelles ; pédoncules axillaires solitaires.

L. trimestris L. ; Desf., fl. atl. ; Munb., cat. ; Lx, cat. Kab. ; Ball, spic. ; Reich. 4859. — Plante dressée, rameuse dès la base, pyramidale, 3-8 décim., plus ou moins hispide à poils simples insérés sur un tubercule ; feuilles cordiformes, dentées, hispides sur les 2 faces ou glabrescentes en dessus, les supérieures 3-5 lobées ou lancéolées ; fleurs roses très grandes, ornementales, longuement pédonculées, dépassant la feuille ; calicule à lobes larges, triangulaires-aigus, souvent dentés sur le bord, plus courts que le calice, à la fin très accrescent, réticulé-membraneux ; calice à divisions lancéolées, aiguës, conniventes ; pétales largement cunéiformes (4-5 cent.) ; carpelles noirs à dos arrondi, fortement ridés. ① C. C., moissons. Mars-mai. Rég. médit., Orient.

β *moschata*, *L. moschata* Miergues ; *L. trimestris* var. *malvæformis* Ball, probablement. Mollement velue-hispide ; tige simple dans le bas (2-4 déc.), un peu rameuse dans le haut, odeur musquée ; bords du calicule entiers ; calicule très accrescent ; fleurs blanches ou roses. Marnes argileuses. C. C. L'Arba, Belle-Fontaine, etc.

L. flava Desf., fl. atl., tab. 172. Tunisie

ALTHÆA L.

Capsule à 6-9 divisions ; carpophore n'atteignant pas le sommet des carpelles.

a. Plantes annuelles.

A. Ludwigii L. ; Munb., cat. — Tiges couchées, hispides ; feuilles glabrescentes orbiculaires, les inférieures crénelées, les autres palmatiséquées à segments pennatipartits ; fleurs axillaires, agglomérées à pédicelles très courts ; calicule longuement hispide à divisions sétacées, dépassant le calice ; celui-ci hispide à dents lancéolées ; carpelles glabres, rugueux, à dos plat ; bords et nervure médiane proéminents, fortement rayonnés sur les faces. ① Sahara, El-Kantara, Biskra, El-Biod, etc., etc. Nord de l'Afrique et cap de Bonne-Espérance.

A. hirsuta L. ; Desf., fl. atl. ; Munb., cat. ; Lx, cat. Kab. ; Ball, spic. ; Reich. 4846. — Tiges dressées, très hispides ainsi que toute la plante, à poils longs, étalés ; feuilles inférieures réniformes ou orbiculaires, crénelées-lobées, les autres 3-5 palmatipartites, à lobes incisés-crénelés ; stipules lancéolées, longuement acuminées ; pédoncules 2 fois longs comme la feuille; calice et calicule à divisions lancéolées-linéaires, ciliées, le calicule plus court que le calice; pétales dépassant peu le calice ou plus courts, d'un blanc violacé; carpelles noirs, rugueux, à bords obtus, à faces rayonnées. ① Coléa, Marengo, Oued-Massine, etc., etc. Très répandue, mais très rare partout. Europe, Rég. médit., Orient.

A. longiflora Boissier et Reuter, diagn. 13; Munb., cat.; fig. atl., expl. sc. alg., pl. 69, 2. — Plus robuste, moins élancée que la précédente; fleurs bien plus grandes dans toutes leurs parties; pétales dépassant le calice; carpelles à dos carené par la nervure médiane, à bords rentrants et relevés transversalement de côtes saillantes qui rayonnent sur les faces latérales. ① Mars-mai. Oran, Bouïra, Beni-Mansour, etc., etc. C. C.

b. Espèces vivaces.

A. officinalis L.; Munb., cat.; Reich. 4849. *Guimauve officinale.* — Plante rhizomateuse; feuilles des pousses stériles glabrescentes, molles, celles des tiges florifères, fermes, couvertes sur les 2 faces d'un velours épais, blanchâtre, les premières réniformes, les secondes ovoïdes, 2 fois dentées; stipules caduques; inflorescences axillaires, multiflores, plus courtes que la feuille; calicule à dents linéaires, lancéolées-appliquées, plus court que le calice; celui-ci à lobes ovales, fortement velouté comme le calicule; pétales égalant 2 fois le calice, blancs ou rosés; carpelles velus, serrés, à bords obtus. ♃ C. C. Marais de la Mitidja. Europe, sauf le nord, Sibérie, Altaï.

A. cannabina L.; Reich. 4847. — Souche épaisse, rameuse; plante de 1-2 mètres, rude, à fleurs roses, à onglet purpurin; feuilles palmatipartites ou palmatiséquées, vertes en dessus, blanchâtres en dessous, pubescentes; stipules linéaires, subulées, persistantes; pédoncules axillaires 1-2 flores, plus longs que la feuille. ♃ Signalée en Algérie par le Dr Warion, prov. d'Oran? Rég. médit., Orient.

Tribu III. — HIBISCÉES.

Clef des genres :

Pas de calicule. **Abutilon.**

1 calicule
- multifide; graines glabres. . . . . **Hibiscus.**
- formé de 3 énormes bractées cordiformes, dentées; graines entourées de très longs poils. . . . . **Gossypium.**

ABUTILON Gœrtner.

Calice 5-fide; stigmates en tête; capsule à 5-30 loges polyspermes s'ouvrant au sommet du bord interne.

A. Avicennæ Presl.; *Sida Abutilon* L.; Munb., cat.; Reich. 4832. — Tiges droites, rigides, simples, rameuses dans le haut (1-20 décim.); feuilles cordiformes, acuminées, grandes, larges, mollement veloutées, crénelées; fleurs solitaires axillaires, jaunes; pédoncules plus courts que la feuille; corolle dépassant le calice; capsule velue à 15 loges bicuspides; graines noires, apiculées, pubescentes à l'ombilic. ① Septembre. Boufarick, Maison-Carrée, Réghaïa, etc. Cultures. Espagne, Portugal, Europe méridionale, Orient, Amérique du Nord.

HIBISCUS L.

Capsule à déhiscence loculicide à 5 loges.

H. palustris L.; *H. roseus* et *H. palustris* Munby, cat. — Tige de 1 mètre, simple, veloutée; feuilles ovales, aiguës, dentées, trilobées à lobes peu marqués, tomenteuses en dessous; pédicelles axillaires, articulés au dessous du milieu, géniculés; fleurs blanches à onglet pourpre, très grandes. ♃ Bône, probablement subsp. Plante d'origine américaine.

H. Trionum L.; Munb., cat.; Reich. 4860. — Tige dressée, rameuse, hispide ainsi que les pédoncules et les calices; feuilles glabrescentes, les inférieures orbiculaires, les autres 3-5 partites à lobes lobulés ou dentés; stipules minuscules; pédoncule égalant presque la feuille; calicule à divisions sétacées; calice accrescent, à la fin renflé, vésiculeux, à dents triangulaires; pétales jaunes à onglet pourpre égalant 2 fois le calice; fruit inclus dans le calice accru; graines petites, glabres, tuberculées. Port de l'*Althœa hirsuta*. ① Coléah, Tagoureith (Clauson, Pomel). Rég. médit., Orient.

H. esculentus L.; Desf. *Le Gombo*. Cult. subsp.

GOSSYPIUM L. (Cotonnier).

G. herbaceum L. a été subspontané quand on le cultivait.

GERANIACÉES DC.

Plantes annuelles ou vivaces à feuilles alternes, rarement opposées, stipulées; 5 sépales; 5 pétales alternant avec les sépales; 10 étamines dont 5 parfois stériles, rarement 15; fruits formés de 5 carpelles verticillés autour d'une colonne axile, placentifère, chaque carpelle prolongé en arête plus ou moins longue portant 1 style au sommet et fixée dans un sillon de l'axe dont elle se détache à la fin; graines exalbuminées fixées à la colonne centrale à travers une fente du carpelle; cotylédons condupliqués.

Clef des genres :

15 étamines. . . . . Monsonia.

10 étamines fertiles. Geranium.

5 étamines stériles et 5 fertiles . . . . Erodium.

MONSONIA L.

Fleurs régulières; 5 glandes hypogynes alternes avec les pétales; étamines soudées en anneau à la base; carpelles indéhiscents, à arête plumeuse.

M. nivea Decaisne (sub. *Erodio)*; Munb., cat. — Tiges couchées, hispides; feuilles ovées, oblongues, argentées, ondulées-crispées, denticulées; sépales argentés, presque mutiques; pétales roses dépassant à peine le calice. M'zab, Souf (n. v.) Orient.

GERANIUM L.

Feuilles à nervation palmée; 5 glandes hypogynes; carpelles arrondis au sommet; arêtes glabres se roulant en cercle et non en tire-bouchon à maturité; déhiscence élastique.

§ 1. *Eugeranium.* — Calice étalé; pétales à onglet bien plus court que le limbe.

a. Vivaces.

1. Feuilles profondément palmatipartites ou palmatiséquées à lobes pennatipartits ou bi-pennatipartits; racines tuberculeuses ou rhizomateuses.

G. tuberosum L.; Munb., cat.; Reich. 4885. — Plante à rhizome globuleux, poussant en touffes ou isolée; feuilles radicales longuement pétiolées, à 5-7 segments pennatipartits, à divisions linéaires; tige nue, simple jusqu'à l'inflorescence; feuilles sessiles et opposées aux dichotomies; cyme à pédoncules biflores et uniflores, géminés; sépales ovales, mucronés; pétales étalés, 2 fois longs comme le calice, émarginés, ciliés au-dessous de l'onglet, d'un rose violacé; valves du fruit courtes, non ridées, velues. ♃ Colonne Voirol, Jardin d'Essai, Hydra. Rendu très rare par les cultures, Kabylie, etc. Mars-avril. Rég. médit.

G. malvæflorum Boiss. et Reut., Pug., p. 27; Munb., cat.; Lx, cat. Kab.; Ball, spic. — Diffère du précédent par son rhizome fusiforme allongé, cylindrique et parfois rameux, son port plus robuste, plus trappu, ses feuilles plus grandes, à lobules plus larges, ses tiges plus hispides, ses sépales velus longuement mucronés, ses fleurs très grandes rappelant celles du *Malva sylvestris*, bleuâtres à nervures très foncées. Zaccar, Beni-Salah, Médéa, Tlemcen, Daya, Djurdjura, etc., etc. Plante des montagnes élevées. ♃ Espagne. Avril-juin.

G. atlanticum Boiss. et Reut., Pug., p. 27; Munb., cat.; Lx, cat. Kab.; *G. sylvaticum* Desf., fl. atl. non L. — Plante puissante à gros rhizome cylindrique, noueux, souvent ramifié; feuilles d'un beau vert, souvent maculées, à nervures saillantes en réseau, hispides, un peu canescentes en dessous; palmatipartites à 5-7 lobes larges, pennatifides, à 3-5 divisions fortement dentées, obtuses; feuilles radicales et moyennes longuement petiolées, les supérieures sessiles; inflorescence dichotôme, très ample; pédoncules solitaires ou géminés, les derniers bi-triflores; sépales velus, longuement acuminés; pétales obovés, violets, roses ou blancs; carpelles pubérulents à bec longuement atténué en style; graines finement tuberculeuses. ♃ Mars-mai. Rég. atlantique moyenne et inférieure. C. C. Blida, La Chiffa, forêt de Marengo, Constantine, Tlemcen, etc., etc.

G. bohemicum L.; Munb., cat.; Lx, cat. Kab.; *G. lanuginosum* Desf., fl. atl.; Lam.; Reich. 4874. — Plante velue; feuilles toutes opposées et pétiolées, 3-5 partites, à lobes rhomboïdaux dentés ou pennatifides séparés les uns des autres par des sinus très étroits; pédoncules biflores; pétales dépassant peu le calice, émarginés au sommet, largement cunéiformes. ♃ La Calle, Bône, Djurdjura, France, Italie, Europe méridionale.

2. Feuilles orbiculaires palmatifides ou palmatipartites, à lobes cunéiformes, incisés ou crénelés; racine vivace, verticale, descendante.

G. nanum Cosson, inéd. Maroc. Acaule.

G. pyrenaicum L.; Munb., cat.; Lx, cat. Kab.; Ball, spic.; Reich. 4881. — Plante mollement velue de 1-5 décim., à tiges faibles, ascendantes; feuilles molles d'un vert foncé, décroissant peu à peu vers le haut; stipules membraneuses, larges, fendues au sommet; pédoncules grêles, biflores; sépales brièvement mucronés; pétales obcordés, violets, moitié plus longs que le calice, ciliés au dessus de l'onglet; valves de la capsule lisses, noires, pubescentes ou glabres. ♃ Djurdjura et Aurès. Europe, Orient. Mai-juillet.

b. Annuels.

1. Feuilles et port du précédent; plantes plus humbles, à petites fleurs roses, violacées ou rarement blanches; pétales dépassant peu le calice.

G. molle L.; Desf., fl. atl.; Munb., cat.; Ball, spic.; Reich. 4879. — Pétales émarginés, obcordés, finement ciliés au-dessus de l'onglet; filets des étamines glabres; carpelles ridés en travers, non barbus à la commissure; graines lisses. ① C. C. C., partout, haies, bord des chemins, broussailles. Février-juin. Europe, Rég. médit., Orient.

G. pusillum L.; Munb., cat. — Se distingue du *G. molle* surtout par ses carpelles non ridés et les filets finement ciliés. (Je ne l'ai pas vu en Algérie). Europe, Rég. médit., Orient.

G. rotundifolium L.; Desf., fl. atl.; Munb., cat.; Lx, cat. Kab.; Ball, spic.; Reich. 4878. — Diffère des 2 précédents par ses pétales entiers, non ciliés et ses graines fortement alvéolées; filets glabres; feuilles mollement velues, moins profondément incisées; carpelles non ridés. Atlas A. C. Alger, ravins de la Bouzaréah R. Mars-juin. ① Europe, Rég. médit., Orient.

2. Feuilles opposées, orbiculaires, profondément palmatipartites, à 5-7 lobes étroits, distants, pinnatipartits, à divisions linéaires-aiguës; pédoncules biflores; pétales obcordés; pédicelles réfléchis à maturité; graines alvéolées.

G. dissectum L.; Desf., fl. atl.; Lx, cat. Kab.; Reich. 4876. — Tiges dressées, rameuses, à rameaux très étalés; pédoncules courts; pédicelles ne dépassant guère 15 mill.; sépales longuement mucronés; pétales petits dépassant peu le calice, roses ou blancs; carpelles lisses, velus, non carenés sur le dos; plante pubescente surtout dans l'inflorescence. ① C. C. C., partout, lieux humides. Mars-juin. Europe, Rég. médit., Orient.

G. columbinum L.; Desf., fl. atl.; Munb., cat.; Reich. 4875. — Plante plus grêle que la précédente; divisions des feuilles plus étroites; pédicelles un peu inégaux, 2-4 cent.; calice bien plus ample; bord des sépales courbé en dehors; fleurs bien plus grandes (10-12 millim.); carpelles carenés sur le dos, glabres ou glabrescents; plante d'un vert sombre; fleurs d'un rose gai, rarement blanches. ① R. Broussailles un peu humides : Blida, Réghaïa, Mazafran, Guyotville, etc., etc. Europe, Rég. médit., Orient.

§ 2. *Robertium* Picard. — Calice dressé, resserré au sommet; pétales longuement onguiculés; feuilles opposées; tiges rougeâtres, un peu charnues; pédoncules biflores; pédicelles étalés à maturité; pétales roses, entiers, rarement émarginés.

G. lucidum L.; Desf., fl. atl.; Lx, cat. Kab.; Ball, spic.; Reich. 4872. — Tiges 1-5 décim.; feuilles luisantes, orbiculaires, palmatifides, à lobes cunéiformes, incisés-crénelés; sépales ridés en travers; carpelles ridés en long; graines lisses. ① Atlas, vers 1000 mètres. C. C. C. Europe tempérée et méridionale, Rég. médit., Orient, Asie.

G. Robertianum L.; Desf., fl. atl.; Munb., cat.; Lx, cat. Kab.; Ball, spic.; Reich. 4871. — Plante de 3-5 décim., à feuilles polygonales dans leur pourtour, triséquées; division médiane pétiolulée, les deux latérales, bipartites, comme formés par l'accollement de 2 lobes, toutes pennatipartites, à divisions secondaires ordinairement pinnatifides; sépales non ridés en travers; limbe du pétale égalant l'onglet; carpelles ridés en travers vers le haut, réticulés en bas. ① Europe, Rég. médit., Orient.

α *genuinum*. — Fleurs assez grandes, rose-pâle; rides des carpelles écartées. R. R. Djurdjura.

β *purpureum* Villars. — Fleurs petites, pourprées; rides des carpelles plus rapprochées. C. C., partout, décombres.

ERODIUM L'Héritier.

Carpelles munis à leur sommet de deux fossettes bordées souvent en dessous d'un, rarement de deux plis ou sillons concentriques; arête se roulant en tire-bouchon; fleurs en ombelle simple, à pédicelles ordinairement déjetés d'un seul côté.

§ 1. *Cicutaria*. — Feuilles toutes composées-pennées, même les inférieures, à lobes plus ou moins divisés, ou décomposés en lanières linéaires; fruits ne dépassant pas 7 cent.

a. Plantes acaules; feuilles toutes radicales.

E. petræum L'Hér.; Munb., cat. — Grosse souche cespiteuse à écorce rouge, couverte d'écailles stipulaires et de débris de pétioles anciens; feuilles courtes, ovoïdes, velues, glanduleuses, bi-tri-pinnatipartites; pédoncules 2-4 flores; bractéoles involucrales lancéolées, acuminées; sépales courtement mucronés; pétales roses égalant 2 fois les sépales; filets tous glabres, acuminés, les stériles plus courts; graines striées en long. ♃ (Je ne l'ai pas vu en Algérie). Europe.

E. cheilanthifolium Boissier, Elenchus, p. 27, fl. d'Or.; *E. trichomanæfolium* Boissier, voy. Esp., tab. 37; Munb., cat.; Lx, cat. Kab. non Labill.; *E. petræum* var. *cheilanthifolium* Ball, spic. — Sépales plus nettement mucronés; pétales blancs, les supérieurs avec une large tache pourpre; indumentum argenté; fleurs un peu irrégulières. ♃ Kabylie (Lx), Lella-Khadidja (Debeaux, Lallemant, etc.), Djebel-Antar (Trabut). Espagne, Orient.

E. romanum Willd.; Desf., fl. atl.; Munb.. cat.; Ball, spic. — Plante ordinairement acaule, non cespiteuse, plus ou moins hispide, à longs poils blancs; feuilles longues (10-20 cent.), composées-pennées, courtement pétiolées, à segments ovoïdes ou elliptiques, pennatifides, à lanières lancéolées, simples ou bi-tridentées; stipules ciliées; pédoncules dressés ou étalés dépassant peu les feuilles, 3-8 flores; bractéoles ovales-aiguës; sépales hispides courtement mucronés, 2-3 fois plus courts que le pédicelle; pétales roses, 2-3 fois plus longs que les sépales; bec des carpelles 3-4 et 1/2 cent. ♃ La Calle (Desfontaines). Rég. médit., Orient.

b. Plantes caulescentes; tiges feuillées.

E. cicutarium L'Hér.; Munb., cat.; Ball, spic.; *Ger. cicutarium* L.; Desf., fl. atl. — Feuilles du précédent, à segments sessiles; stipules membraneuses, ovales, acuminées; pédoncules 2-8 flores; pétales inégaux, les supérieurs parfois maculés; filets fertiles non dentés, auriculés à la base. ① Type extrêmement variable et où les variétés sont difficiles à limiter. Europe.

aa. Carpelles munis d'un pli parfois peu saillant sous la fossette; folioles pinnatifides ou pinnatipartites, à segments larges, incisés-dentés.

E. pimpinellifolium DC. — Segments ovoïdes, pinnatifides ou pinnatipartits, à dents aiguës, les derniers confluents; plante glabrescente ou plus ou moins hispide; fleurs petites; pétales supérieurs un peu guttés. Mustapha. A. C. Janvier-mai.

E. filicinum Pomel. — Feuilles rappelant celles du *cystopteris fragilis;* segments primaires décurrents sur le rachis dans le haut, peu divisés, à lobules larges, obtus; plante glabrescente. M'khaoula, H.-Pl. Pomel (v. s.)

bb. Pli obsolète ou nul; feuilles divisées en lanières finement linéaires.

1. Feuilles pennatiséquées, à segments pennatipartits, rarement bipinnatiséquées.

E. nadorense. — Feuilles glabres ou glabrescentes, à lobules larges, spatulés; belle plante à fleurs rouges, assez grandes. Nador de Médéa, sables. R.

E. pilosum Thuillier. — Plante cendrée à pubescence courte; feuilles finement divisées. C. C., montagnes, H.-Pl., Sud.

2. Feuilles nettement bipinnatiséquées.

E. Jacquinianum Fisch. et Mey. — Pas de pli sous la fossette; pédoncules pauciflores. Zaccar, Téniet, etc.

β *Pomeli.* — Pédoncules, même les plus inférieurs 2 fois plus longs que la feuille, les supérieurs 3 fois plus longs; plante longuement hispide. Garrouban Pomel.

γ *microphyllum* Pomel. — Feuilles petites, très finement divisées; feuillage cendré, très élégant. M'zab, M'kaoula, El-Abiod-Sidi-Cheik, etc.

3. Feuilles bi-tripinnatiséquées, à lanières finement linéaires; pli peu marqué sous la fossette.

E. SALZMANI Delile; Munb., cat.; Ball, spic.; *E. chærophyllum* Cosson; *Ger. chærophyllum* Cavanilles; *G. numidicum* Poiret. — Plante robuste, hispide, glanduleuse dans le haut, à tiges rouges; feuilles larges, segments de 2e ordre divisés en lanières linéaires, longues, fines, aiguës; fleurs assez grandes, d'un rose foncé; pédoncules 2-9 flores; carpelles de 6-7 cent. Bord de la mer, sables. Alger, Maison-Carrée, etc., etc. Février-mai. Espagne.

E. ambiguum Pomel. — Plante mollement velue, à poils courts, papilleux; feuilles de l'*E. pimpinellifolium*, opposées, mais très inégales; pétales irréguliers, les supérieurs fortement maculés, égalant 2 fois les sépales, l'inférieur encore plus long; filets des étamines fertiles, fortement bidentés à la base. Plante intermédiaire entre les *E. cicutarium* et *moschatum*. ① Garrouban (v. s.)

E. moschatum L'Hér.; Munb., cat.; Lx, cat. Kab.; Ball, spic.; *G. moschatum* L.; Desf., fl. atl. — Feuilles à segments écartés, subpétiolulés, ovales, dentés ou incisés; étamines fertiles à filets bidentés à la base; plante robuste, velue-glanduleuse à odeur musquée désagréable; fleurs roses ou blanchâtres, petites. ① C. C. C., partout. Janvier-mai.

E. tordylioides Desf., fl. atl. (sub *Geranio)*; Munb., cat. — Plante très semblable à la précédente dont elle diffère par sa souche vivace, ses stipules très grandes, ses feuilles à segments parfois longuement pétiolulés, pennatilobés à 3-5 lobes dentés; pédoncules très longs, 6-12 flores; fleurs d'un bleu pâle; sépales grands (8 millim.), mucronés; arête des carpelles très velue en dedans; poils roux, très foncés. ♃ Tlemcen.

§ 2. *Gruinalia*. — Feuilles radicales, ovoïdes, entières, lobées-dentées ou pennatifides, disparaissant parfois de bonne heure, les autres profondément pinnatifides ou pinnatipartites rappelant celles de la section précédente; carpelles très gros, longs de 8-12 cent.; arête munie de poils fauves à la face interne.

E. Botrys Bertol.; Munb., cat.; Ball., spic. — Feuilles inférieures entières, glabrescentes, luisantes, les supérieures sessiles, pennatiséquées à rachis ailé, à lobes incisés-dentés; pétales rosés égalant le calice; filets glabres; carpelles avec 2-3 plis sous la fossette apicale. ① C. C. Région littorale, Guyotville, Aïn-Taya, etc., etc. Rég. médit.

E. ciconium Willd.; Munb., cat.; Ball, spic.; Reich. 4866. — Feuilles inférieures souvent pinnatifides, les moyennes longuement pétiolées, pennatiséquées, à segments écartés, pinnatifides ou dentés, les supérieures sessiles, pinnatipartites; sépales longuement acuminés; pétales bleus dépassant le calice; filets ciliés; pas de pli sous la fossette. ① Maison-Carrée, R. R. Chéliff, C. C. Téniet, H.-Pl., 3 prov. Rég. médit.

? **E. gruinum** Willd.; Munb., cat.; *Ger. gruinum* L. — Feuilles longuement pétiolées, les supérieures à 3 segments grossièrement dentés; sépales longuement mucronés; pétales violets dépassant le calice; un pli concentrique sous la fossette. Algérie? « ex-Munb., cat. » Sicile, Orient.

§ 3. *Malacoidea.* — Feuilles toutes ovales, les inférieures ordinairement entières ou tri-pentalobées, les autres plus ou moins divisées sans perdre leur contour ovoïde.

a. *Guttata.* — Fleurs grandes; pétales larges se recouvrant par leurs bords et tous marqués à la base d'une tache foncée; fruits de 6-12 cent. à arêtes souvent plumeuses; plantes vivaces; feuilles très odorantes quand on les froisse. (Je n'ai pu vérifier ce caractère sur l'*E. hirtum*).

E. arborescens Desf. (sub *Geranio*). — Tiges ligneuses; feuilles velues à la loupe, glabrescentes, entières ou dentées; fleurs roses; fruits de 10-12 cent. ♄ Tunisie, Algérie?

E. guttatum Desf. (sub *Geranio)*, fl. atl., tab. 169; Munb., cat.; Ball, spic. — Feuilles petites, argentées, à forte odeur de valériane, les inférieures entières ou crénelées-dentées, les supérieures plus ou moins incisées; fleurs très grandes (2 cent. environ), violettes; carpelles de 8-9 cent.; filets des étamines courtes, ciliés; arêtes brièvement plumeuses avec de grands cils à la base. ♃ Mars-juin. Sidi-Moussa ! (docteur Bourlier), Blida (Desf.) R. R. Très commun dans les H.-Pl., Maillot, l'Adjiba, El-Kantara, le Khreider, etc., etc.

E. glaucophyllum Aïton; Munb., cat.; Ball, spic.; *Ger. malopoides* Desf. fl. atl. — Plante très semblable à la précédente, à feuilles pubérulentes, lobées, non incisées, peu dentées; fruit de 6-10 cent. à arêtes longuement plumeuses, peu tortiles. ♃ H.-Pl., 3 prov., C. C. C. Sahara, C. C. C. Biskra, Bou-Saâda, le Khreider, etc., etc. Orient.

E. glabrum Pomel. — Diffère du *glaucophyllum* par ses feuilles glabres, ses filets tous glabres, les fertiles bidentés. El-Beïda au Djebel-Amour.

E. hirtum Forsk. (sub *Geranio)*; Munb., cat.; *Ger. crassifolium* Desf., fl. atl., non *aliorum*. — Feuilles bi-pinnatipartites, velues-cendrées ou glabrescentes; fleurs grandes, roses;

filets tous ciliés; fruit du *glaucophyllum*. Biskra, R. Avril-mai. Tunis, Orient.

b. *Acaulia.* — Feuilles toutes radicales, pennatiséquées, pennatipartites ou finement laciniées; souche vivace couronnée par les stipules; pas de sillon sous la fossette ; plantes des montagnes.

E. asplenioides Desf., fl. atl., tab. 168 (sub. *Geranio)*; Munb., cat. — Feuilles triséquées, à segment médian plus ou moins incisé, finement pubescentes; fleurs bleuâtres assez grandes; fruit de 5-6 cent. ♃ Kabylie (Munby), Constantine (Cosson, voy.), Tunisie (Desf.)

E. Choulettianum Cosson, inédit; *E. asplenioides* var. *Juliani* nob. Bull. soc., bot. Fr. 1886, p. 477. — Racine volumineuse à écorce blanche intérieurement; feuilles très finement divisées en lanières linéaires, hispidules, longuement pédonculées; pédoncules de 15-20 cent., 7-9 flores; bractéoles ovoïdes-aiguës; sépales mutiques, 5-7 nerviés; pétales grands, rosés; filets des étamines hispides, les stériles largement elliptiques, arrondis au sommet; carpelles de 3 cent. et 1/2. ♃ Djebel oum Settas, près Constantine. (Choulette, Julien).

E. atlanticum Cosson. Maroc.

c. *Caulescentia.* — Plantes caulescentes.

1. Groupe de l'*E. hymenodes* l'Hér. — Plantes vivaces, mollement velues-visqueuses, à sépales mutiques ou submutiques; feuilles molles; pétales larges, les supérieurs tachés; pas de pli sous la fossette.

E. hymenodes L'Hér.; Munb., cat.; *Ger. geifolium* Desf., fl. atl. — Feuilles molles, velues, visqueuses, glanduleuses sur les 2 faces, à odeur désagréable; cordées-suborbiculaires ou cordées-elliptiques, incisées, 3-5 lobées; lobes crénelés-dentés, à dents obtuses; stipules ovoïdes, grandes, fauves ou blanches-pellucides; tiges et calices velus-glanduleux; sépales obscurément mucronés; pétales obovés très larges, d'un blanc rosé, rarement violacés, élégamment veinés de pourpre ; 5 glandes hypogynes, dont 2 très développées; fruit de 3-4 cent. ♃ Rochers : Cap Caxine, Constantine, Djebel-Thaya, Tunisie, etc. Janvier-juin.

E. montanum Cosson. — Plante plus grêle, à fleurs violacées; pédoncules à 5-8 flores et non 8-10 flores ; filets des étamines stériles, linéaires-lancéolés et non lancéolés. ♃ Aurès, Tunisie. Mai-juin.

2. Groupe du *laciniatum.* — Feuilles supérieures généralement laciniées, les inférieures entières, lobées; sépales mucronés; pétales étroits, oblongs,

dépassant le calice, à onglet cilié, les 2 supérieurs guttés, ordinairement roses ou lilas; carpelles à bec généralement long, grêle; pas de pli sous la fossette apicale.

E. laciniatum Willd.; Munb., cat.; Reich. 4869. — Plante pubescente à pubescence fine appliquée; feuilles inférieures longuement pétiolées, à pétioles hispides, à poils reclinés; limbe ovoïde, pinnatilobé ou pinnatifide, à lobes elliptiques, incisés-dentés; feuilles supérieures courtement pétiolées, laciniées, à divisions linéaires; stipules grandes, membraneuses, brunes, ovoïdes, obtuses; pédoncules 4-6 flores, dépassant la feuille et portant au sommet 2 bractées membraneuses largement ovales, orbiculaires, obtuses, formant l'*involucre* de l'ombelle; pédicelles pubescents, glanduleux, à la fin réfractés; sépales longuement mucronés; pétales violacés dépassant un peu le calice; filets fertiles souvent bidentés, tous glabres et acuminés; carpelles de 5-6 cent. ① Oran, la Macta. Rég. médit., Orient.

E. PULVERULENTUM Desf., fl. atl. (sub *Geranio)*; Munb., cat.; Ball, spic.; vix Cavanilles; *E. arenarium* Pomel. — Plante toute couverte d'une pubescence cendrée; feuilles petites, plus ou moins divisées, plus petite d'ailleurs dans toutes ses parties; sépales brièvement mucronés; filets non dentés. ① Sahara, 3 prov. C. C. C. Cette plante serait bien distincte de la précédente si l'on ne trouvait quelques intermédiaires dans les H.-Pl.

E. SOLUNTINUM Todaro. — Plante puissante (3-8 décim.), à feuilles glabrescentes, à pétioles longuement hispides, les inférieures entières ou peu divisées, les dernières laciniées; stipules grandes, acuminées; pétales égalant 2 fois les sépales; ceux-ci longuement mucronés; bec de 6-8 cent. ① Mars-mai. C. C. Littoral algérien, Guyotville, bords de l'Oued-Djer à El-Affroun, etc. Italie.

E. Mauritanicum Cosson et DR., Bull. soc., bot. Fr. II, p. 309; *E. Munbyanum* Boissier inéd.; Munb., cat. et Bull. soc., bot. Fr. II, p. 283. — Port et aspect du précédent; fleurs encore plus grandes; pétales égalant 2-3 fois le calice; fruits à bec de 5-7 cent., plus gros; souche vivace. ♃ Littoral (sables), Oran, Ténès, Fort-de-l'Eau, Aïn-Taya, l'Alma, Ménerville, etc.

E. Medeense Batt.; Bull. soc., bot. Fr. XXX, p. 264. — Plante puissante, hispide; fleurs les plus grandes du genre (4-5 cent.); sépales ovoïdes 3-5 nerviés, à grosses nervures saillantes; pétales égalant 3 fois les sépales, d'un rose très pâle; carpelles très gros, longs de 13 millim. avec un bec de 8-12 cent., très semblable pour le reste au précédent. ♃ Nador de Médéa, Ben-Chicao. Mai-juin.

E. crenatum Pomel. — Diffère des deux précédents par ses feuilles petites, subentières même dans le haut, finement velues-canescentes, à pubescence très courte entremêlée de glandes sessiles, sphériques, dorées, brillantes, visibles à la loupe; bec de 4-5 cent. ♃ H.-Pl., Toucria, Beni-Lint, Tiaret, Terni, Garrouban, Aïn-el-Hadjar, etc.

3. Groupe de l'*E. chium*. — Feuilles plus ou moins profondément tripartites ou dentées; pas de pli sous la fossette apicale.

E. littoreum Léman; Munb., cat.; Ball, spic. — Feuilles tripartites, parfois sublaciniées; sépales à mucron de 1 mill.; pétales égalant le calice; fruit de 3-4 cent.; filets glabres, les stériles linéaires-oblongs. ♃ Garrouban (Pomel), Maroc (Ball). Rég. médit.

E. chium Willd.; Munb., cat.; Lx. cat. Kab.; Ball, spic.; *E. cuneatum* Viv.; Munb., cat.; fig. Reich. 4869; *E. Murcicum* Willd.; Munb., cat. — Plante un peu hispide à feuilles larges, molles, cordiformes, ovoïdes ou tri-quinquefides à lobes dentés, rarement laciniées; pédoncules 3-8 flores, pubescents, ainsi que les pédicelles; sépales ovoïdes, mucronés, 3-5 nerviés; pétales roses ou blancs, égalant 2 fois les sépales, obovés, presque tronqués à l'extrémité; filets stériles largement lancéolés, un peu hispides, subciliés; fruit de 3-3 et 1/2 cent., à carpelles grêles. ① C. C. C., partout sur le littoral. Décembre-mai. Rég. médit.

E. alnifolium Gussone; *Geranium crassifolium* Cavanilles; *Er. crassifolium* Munby, cat.? *Er. malopoides* Willd., non Desf.; fig. Moris, flor. Sard., tab. 24 (feuilles trop petites). — Plante robuste, à tiges couchées sur le sol, hispides; feuilles ovoïdes, un peu charnues, à grosses dents dentées elles-mêmes, rappelant bien les feuilles d'aune, les dernières très réduites, très profondément dentées; pédoncules à la fin plus longs que la feuille, 2-6 flores; sépales à mucron long, armé de 2-3 soies; pétales-lilas dépassant peu ou pas les sépales; fruit de 2-2 et 1/2 cent.; filets glabres, les stériles longuement ovoïdes. ① C. C. C. Mai-juillet. Terres argileuses. Mitidja, Issers, Dellys, Kabylie, etc., etc. Sicile, Sardaigne.

4. Groupe de l'*Er. malacoides*. — Feuilles des précédents; un sillon sous la fossette.

E. malacoides Willd.; Munb., cat.; Lx, cat. Kab.; Ball, spic.; *Ger. malachoides* L.; Desf., fl. atl.; fig. Reich. 4868. — Diffère du précédent par ses feuilles plus molles, souvent trilobées ou même tri-plurifides et surtout par le pli ou sillon sous la fossette; sépales à mucron moins cilié; pétales dépassant un peu le calice; fruit de 2 1/2-3 cent.; pédicelles de 12-15 millim. C. C. C., partout. Février-juin. Rég. médit., Orient.

E. FLORIBUNDUM nob., Bull. soc., bot. Fr. XXX, p. 265. — Fleurs beaucoup plus grandes que dans l'*E. malacoides;* pétales égalant 2 fois-2 fois et 1/2 les sépales, les 2 supérieurs souvent maculés à la base; pédicelles de 15-22 mill.; feuilles molles, entières, dentées, caractères bien constants. ① Téniet-el-Haâd, El-Affroun, Aumale, Chéliff, etc., etc. Mars-mai. R.

E. ANGULATUM Pomel; *Ger. murcicum* Cavanilles? — Feuilles souvent allongées, plurifides ou pluripartites à sinus en ogive; fruit semblable sauf le sillon à celui de l'*Er. chium*; arêtes séparées à la base par des sillons profonds. ① Oran, Sig, Perrégaux (Pomel). Forme microphylle, le Khreider (Trabut).

E. pachyrhizum Cosson, Bull. soc., bot. Fr., vol. IX, p. 432. *E. numidicum* Cosson, olim. — Souche pivotante vivace, renflée en tubercules; racines secondaires tuberculeuses aussi; feuilles assez semblables à celles de l'*E. malacoides;* fleurs de l'*E. mauritanicum* dont il est assez voisin; fruits intermédiaires pour la taille entre ceux des *E. mauritanicum* et *medeense,* mais avec un sillon sous la fossette; filets fertiles, hispides à la base. ♃ La Calle, El-Arouch (Cosson), Oued-Cherilla (Pomel).

Plantes qui me sont inconnues :

E. erectum DR., inéd., var. du *malacoides.*

E. muliebre DR., inéd., var. du *cicutarium.*

E. redolens DR., inéd. Hodna.

SILÉNÉES.

Tiges noueuses; feuilles opposées, entières, sans stipules; fleurs régulières, ordinairement pentamères; pétales, étamines et capsule généralement insérés au sommet d'un thécaphore; capsule uniloculaire avec des cloisons rudimentaires à sa base et s'ouvrant par des dents en nombre égal à celui des styles ou en nombre double.

Clef des tribus :

Calice muni de nervures commissurales; graines réniformes ou globuleuses, à embryon roulé autour de l'albumen et à hile latéral. LYCHNIDÉES.

Calice à 5 dents dépourvu de nervures commissurales; 5 pétales; 10 étamines; 2 styles; capsule s'ouvrant par 4-5 dents. . . . . DIANTHÉES.

Tribu I. — LYCHNIDÉES.

Clef des genres :

1	3 styles	2
	5 styles	3
2	Fruit baccien.	CUCUBALUS.
	Fruit capsulaire sec.	SILENE.
3	Capsule à 20 dents.	EUDIANTHE.
	Capsule à 5-10 dents.	4
4	Dents du calice opposées aux carpelles.	MELANDRIUM.
	Dents du calice alternant avec les carpelles. . . .	AGROSTEMMA.

CUCUBALUS Gærtner.

Fruit baccien muni de cloisons; 3 styles; 10 étamines; corolle munie d'une coronule; graines subglobuleuses.

C. bacciferus L. — Feuilles molles, lancéolées, larges, courtement pétiolées; fleurs verdâtres; calice campanulé, très ouvert; baie rouge puis noire; plante de 5-7 décim., d'un vert gai, pubescente. ♃ Barbarie d'après Poiret, voy. II, p. 162 (n. v.)

SILENE L.

Capsule munie de 3 cloisons à la base, s'ouvrant au sommet par 6 dents, rarement 3; 3 styles; tube du calice à 10-60 nervures; corolle à préfloraison tordue ou imbriquée, souvent munie d'une coronule à la gorge; parfois incluse dans le calice ou nulle; limbe des pétales entier ou bifide; filets parfois biauriculés (1).

§ 1. *Behenantha* DC., Prodr. — Plantes glabres ou glabrescentes, glauques, à calice très enflé, membraneux, à 10-20 nervures peu saillantes, anastomosées, corolle à préfloraison imbricative; fleurs en cyme, dichotomes; plantes vivaces.

S. inflata Smith.; Munb., cat.; Lx, cat. Kab.; Ball, spic.; *S. Behen* Desf., fl. atl. non L.; fig. Reich. 5120. — Feuilles glauques, glabres, lancéolées; calice globuleux, 20-nervié, ombiliqué, à dents triangulaires, larges; capsule arrondie, stipitée; styles longs, un peu renflés au sommet; pétales à

---

(1) On dit dans les *Silene* que le calice est ombiliqué lorsqu'il forme un bourrelet autour du pédicelle; on appelle gynophore ou thécaphore ou anthophore, le pied qui part du fond du calice et porte les pétales, les étamines et la capsule.

limbe bipartit, bigibbeux à la base, onglets ailés; graines d'un noir cendré, assez grosses. On le trouve parfois à fleurs roses. A. C. Mustapha, etc., etc. ♃ Europe, Rég. médit., Asie.

β *Tenoreana* Coll. — Capsule conique au sommet; graines plus petites; styles non épaissis au sommet. ♃ C. C. C., partout.

γ *sersuensis* Pomel. — Pas de gibbosité à la base du limbe; feuilles ciliolées. Sersou, Tiaret, Djebel-Amour.

δ *rubriflora* Ball. — Fleurs roses, petites. Maroc.

§ 2. *Conoimorpha* Otth.; DC., Prodr. — Calice renflé-vésiculeux, ovoïde, conique, atténué vers le haut, à 30 nervures égales; plantes annuelles, préfloraison tordue.

S. conica L.; Desf., fl. atl.; Munb., cat.; Reich. 5061 (sub. *S. conoidea*). — Plante hispidule, 1-3 décim.; feuilles lancéolées-linéaires; fleurs roses en cyme dichotome; calice ovale longuement conique, ombiliqué; pétales petits, bilobés, écailleux à la gorge; capsule ovoïde-conique remplissant presque le calice; graines petites. Batna! Daya! 3 prov. C. Munby. Europe, nord excepté, Orient, Rég. médit.

S. conoidea L.; Desf., fl. atl.; Munb., cat.; Reich. 5062 (sub. *S. conica*). — Fleurs plus grandes; calice et capsule renflés en sphère à la base et atténués ensuite en col droit cylindrique, « in arvis Algeriæ, Desf., fl. atl. » N'a pas été retrouvé. Rég. médit., Orient.

§ 3. *Eusilene*. — Calice 10-nervié.

§§ 1. *Stachymorpha* DC.; *Cincinnosilene* Rohrb., monogr. — Fleurs en grappes unilatérales, solitaires ou géminées.

a. *Cerastoideæ*. — Plantes rigides; fleurs distantes; calice ventru, brusquement atténué en col étroit, formé par les dents linéaires, sétacées, dressées; fleurs roses, petites; capsule sphérique surmontée d'une pointe conique; graines petites, striées, à dos large canaliculé, à faces latérales concaves.

S. cerastoides L.; Munb., cat.; Ball, spic.; Reich. 5057. — Tiges grêles; feuilles étroites; calice glabrescent, un peu hispide, élégamment réticulé, petit, à col moins long que le suivant; pétales bifides, à écaille bipartite; capsule stipitée. Mars-mai. R. Castiglione, Oran, Mostaganem. ① Maroc, etc. Rég. médit., Orient.

S. tridentata Desf., fl. atl.; Munb., cat.; Lx, cat. Kab.; Ball, spic. — Feuilles plus larges; tiges plus grosses; calice plus développé, hispide, à col long; pétales tridentés, peu exsertes; capsule sessile, non stipitée. ① Mars-mai. Alger, C. C. C. Kabylie, Oran, Renaut, etc., etc. Espagne, Canaries.

b. *cinereæ.* — Pétales bifides; fleurs ne s'ouvrant que le soir; capsule assez grosse, ovoïde, plus ou moins longuement stipitée; graines à dos large canaliculé, à faces creuses; striées en travers; calice ordinairement pubérulent, cendré entre les côtes.

S. cinerea Desf., fl. atl.; Munb., cat.; Lx, cat. Kab.; Ball, spic. — Plante cendrée, 3-6 décim.; feuilles inférieures obtuses, les autres lancéolées; calice pyriforme, gros, cendré, à nervures saillantes, vertes, un peu hispides, un peu anastomosées au sommet; pétales blancs, bifides, à divisions linéaires, à écaille bipartite, dentée; thécaphore égalant la capsule. ① El-Affroun, Tombeau de la Reine, Dra-el-Mizan, Constantine, Oran, Tlemcen, etc.

S. cirtensis Pomel. — Thécaphore 4 fois plus court que la capsule. (*S. hispida* Choulette, exsicc.) Constantine.

S. Kremeri Soy.-Will. et Godr., Sil. d'Alger, p. 31; Munb., cat. — Diffère du *S. cinerea* par ses nervures moins vertes, par l'indumentum du calice uniforme, à poils courts et appliqués, par les filets des étamines velus dans le bas et par son thécaphore plus long que la capsule. ① Guelma, Constantine, Milah. Mai-juin (n. v.)

S. hispida Desf., fl. atl.; Munb., cat. — Diffère du *S. cinerea* par ses nervures calicinales plus longuement hispides, par les dents du calice plus aiguës, par ses fleurs roses à coronule campanulée; plante puissante, hispide, à grappe serrée. ① Alger R., Bône, La Calle.

S. hirsuta Lag.; Ball, spic. — Plante moins élevée que la précédente, souvent très velue; fleurs grandes; thécaphore très long. ① Algérie? Espagne.

Var. *tuberculata* Ball. — Graines tuberculées, à faces planes. Maroc.

c. *dichotomæ.* — Graines à faces à peine concaves, à dos convexe, couvertes de tubercules saillants, aigus, hispidules; fleurs grandes, blanches; pétales bifides à lobes subspatulés; coronule très courte.

S. dichotoma Ehr.; Reich. 5071. — Plante puissante, rameuse; feuilles inférieures spatulées, les autres lancéolées, aiguës, hispidules; tiges couvertes de poils blancs, crépus; fleurs en grappes serrées, à la fin très allongées, très lâches, géminées avec une fleur dans la dichotomie; calice oblong, à nervures vertes, saillantes, hispidules, à dents courtes; capsule ellipsoidale sur un thécaphore très court. ① Le Khreider. Avril-mai. R. France, Orient.

d. *gallicæ.* — Plantes hispides, glanduleuses, à fleurs en grappes ordinairement serrées; calice fructifère ellipsoidal ou globuleux; thécaphore presque nul; graines petites, à faces concaves, striées, à dos plan ou presque plan; fleurs diurnes.

S. gallica L.; Munb., cat.; Lx, cat. Kab.; Ball, spic.; fig. Reich. 5061; *S. lusitanica* Desf., fl. atl. — Plante de 2-5 décim., à feuilles inférieures oblongues, les supérieures linéaires; bractées herbacées; calice non réticulé, resserré à la gorge, à dents longues, aiguës; pétales entiers ou dentés, rarement émarginés; filets staminaux hispides; fleurs médiocres, roses ou blanches. C. C. C., partout. ① Février-mai. Plante très répandue sur tous les rivages tempérés. Rég. médit., Europe moyenne.

β *quinquevulnera, S. quinquevulnera* L.; Desf., fl. atl.; Reich. 5055. — Pétales avec une large tache pourpre foncé. Bône, Collo, Lella-Khadidja. R.

γ *anglica, S. anglica* L. — Fleurs distantes; calices fructifères réfléchis. R. R.

δ *lusitanica* L. — Très velu; calices fructifères étalés, les inférieurs réfléchis. 3 prov. A. C. Maroc, Ball.

S. disticha Willd.; Munb., cat. — Plus grand, plus robuste que le précédent; capsules globuleuses; grappes très compactes; filets des étamines glabres. ① C. C. C. Mars-juin. Lieux frais, Mustapha, El-Biar, Réghaïa, etc., etc. Baléares.

e. *nocturnæ.* — Capsules cylindriques sur un thécaphore plus ou moins long; calice fructifère non resserré à la gorge, dressé contre l'axe à nervures souvent anastomosées; pétales bifides; graines striées, à dos canaliculé, à faces concaves; fleurs s'ouvrant souvent vers le soir. Mars-mai.

S. neglecta Tenore; Munb., cat. — Plante un peu hispide, à grappes lâches dans le bas; fleurs roses, les inférieures longuement pédonculées; calice fructifère oblong, à dents entièrement herbacées; filets hispides dans le bas; thécaphore presque nul. ① Alger. R. (Soy.-Will. et Godr., mon.), El-Arrouch, Stora, Bône, Constantine. Rég. médit.

S. nocturna L.; Munb., cat.; Lx, cat. Kab.; Ball, spic.; Reich. 5059. — Pubescence courte; capsule cylindrique sur un thécaphore très court; calice exactement moulé sur la capsule, à nervures peu saillantes, anastomosées, à peine pubescent, à dents largement lancéolées-aiguës, membraneuses aux bords; fleurs rosées ou blanches, d'un vert livide en dessous; graines à faces planes. C. C., partout. ① Montagnes. Mai. Rég. médit., Orient.

β *lasiocalyx* Soy.-Will. — Calice longuement velu-laineux; corolle exserte; thécaphore un peu plus long. Vallée du Rhumel à Constantine. Sicile.

γ *brachypetala* Reich. 5058. — Pétales non exsertes si ce n'est dans les dernières fleurs. C. C. C. Alger, Oran, Guelma, Mascara, etc.

δ *parviflora* Oth.; *S. permixta* Jord. Maroc. Ball.

S. DECIPIENS Ball. Maroc.

S. obtusifolia Willd.; Munb., cat.; Ball, spic. — Fleurs diurnes; grappes souvent géminées; calice à nervures non anastomosées; capsule égalant à peu près le thécaphore; plante velue; graines creusées sur les faces. ① Miliana (Pomel), Garrouban, Nemours, Téniet-el-Haâd. R. Maroc. Espagne, Canaries.

S. imbricata Desf., fl. atl., tab. 98; Munb., cat.; Lx, cat. Kab.; Ball, spic. — Capsule cylindrique sur un thécaphore 2-3 fois plus court qu'elle; plante hirsute dans le bas, semblable d'ailleurs au *nocturna* dont il se distingue par son thécaphore plus long et ses fleurs d'un rose pâle, plus grandes. ① C. C. C. Alger, Miliana, Oran, Tiaret, etc.

S. vestita Soy.-Will. et Godr., monogr. des *Silene* d'Alg., p. 20; Atl. expl. sc. alg., pl. 81-2. — Fleurs blanches, minuscules; calice à nervures saillantes, longuement velu-soyeux; capsule cylindrique, oblongue, à thécaphore court. ① Hachem-Garrabas, prov. d'Oran. R. R.; herbier Pomel, tiré d'une voiture de foin à Oran.

S. clandestina Jacq.; *S. arenarioides* Desf., fl. atl.; Munb., cat. — Fleurs très petites, roses ou blanches; thécaphore moitié plus court que la capsule; grappe lâche de 1-3 fleurs, longuement pédonculées; bractées opposées égales, égalant les pédoncules. ① « in arvis Desf. »

S. scabrida Soy.-Will. et Godr., loc. cit.; Munb., cat.; fig. atl., expl. sc. alg., pl. 81-1. — Tiges grêles; fleurs blanches très petites; calice fructifère fusiforme, à nervures écailleuses, scabres; thécaphore égalant la capsule; graines grandes, à faces planes. ① Saïda, Bone, La Calle. Juin.

S. mogadorense Cosson, inéd. Maroc.

S. mauritanica Pomel. Maroc.

S. Psammitis Link, var. *Lasiostyla*. Maroc.

f. *dipterospermés* Rohrb., monogr., p. 114. — Fleurs roses ou rouges; pétales bifides; graines aplaties finement striées radialement et prolongées en 2 ailes membraneuses, parallèles, ondulées.

S. glauca Pourret; Rohrb., monogr., p. 117; Ball, spic.; *S. ambigua* Cambes; Soy.-Will. et Godr., monogr., p. 24; Munb., cat.; Lx, cat. Kab.; *S. pyriformis* DR. — Courtement pubescent; tiges robustes; feuilles inférieures lancéolées, pétiolées, les supérieures sessiles, linéaires; entre-nœuds portant l'inflorescence très allongés; fleurs roses, petites, fermées dans le milieu du jour; calice ombiliqué, à la fin fortement renflé-pyriforme, à grosses nervures vertes, anastomosées dans le haut, pubérulent, glauque; grosse capsule globuleuse sur un thécaphore presque aussi long, cannelé; graines très grosses (2 millim.-diam.), noires. ① Avril-mai. Alger. A. C. Littoral, rochers, etc. Kabylie, Oran, H.-Pl. Sud, partout. Espagne.

S. colorata Poiret; Ball, spic.; Rohrb., monogr. 115; *S. bipartita* Desf., fl. atl., tab. 100; Munb., cat.; Lx, cat. Kab.; Cosson, exsicc. — Fleurs grandes, d'un rose vif, profondément bipartites; pétales cunéiformes, à écaille bipartite; bractées opposées très inégales; capsules, graines et thécaphore du précédent, mais plus petits. ① C. C. C. Février-juin. Sicile, Sardaigne, Crète, Espagne, Orient.

S. lasiocalyx Soy.-Will. et Godr., monogr.; *S. Duriæi* Spach. — Calice fortement velu. C. C., intérieur. Médéa, Miliana, Téniet, Oran, Espagne.

S. pteropleura Cosson. — Calice très velu, à nervures ailées. Djelfa, Géryville, Téniet, etc.

S. decumbens Soy.-Will. et Godr.; *S. canescens* Tenore. — Tiges étalées-couchées, peu velu. Sables du littoral. Orient.

S. spathulæfolia Soy.-Will. et Godron. — Feuilles spatulées. Bône, Constantine.

S. AMPHORINA Pomel. — Plante grande, grêle; calices et capsules moitié plus petits que dans l'espèce précédente. Oued Cherilla au pied du Filfilla.

S. setacea Viviani; Rohrb., mon.; Munb., cat.; Ball, spic. — Diffère du *colorata* par ses feuilles linéaires, très étroites. ① Sahara (M'zab), Maroc, Algérie, Tunisie. Orient.

S. getula Pomel. — Plante naine dans les échantillons de M. Pomel, uni-triflore; calice fructifère claviforme-obovoïde, à nervures non saillantes, pubescentes; capsule ellipsoïde trois fois longue comme le thécaphore; pétales bifides à lobes linéaires allongés, à écaille formée de 2 lobes tronqués; graines petites. ① Curieuse espèce ayant presque le port et la capsule du *S. nocturna*. M'zab, Ksar-el-Maïa.

S. apetala Wild.; Munb., cat.; Ball, spic.; Rohrb., mon.; fig. Reich. 5060. — Fleurs solitaires au sommet des rameaux et en grappes pauciflores ou en cymes; calice fructifère globuleux petit, non réticulé, ni ombiliqué, ouvert au sommet, à dents à la fin divariquées; pétales ordinairement nuls ou inclus; capsule globuleuse subsessile; graines petites à ailes très développées. ① A. R. Oran, Mostaganem, H.-Pl., Téniet.

g. *atlanticæ*. — Vivaces, graines à dos prolongé en 2 ailes horizontales (1); thécaphore très allongé.

S. atlantica Cosson, Bull. soc., bot. Fr., vol. II, p. 307; Rohrb., mon.; Lx, cat. Kab. — Souche émettant des rosettes terminales sous lesquelles naissent 2-3 tiges florales axillaires portant chacune 2-3 fleurs en grappe; fleurs grandes, blanches, nocturnes à pétales profondément bipartits; écailles de la coronule bipartites, assez longues; fleurs de 2 et 1/2-3 cent. de long; capsule cylindrique égalant le thécaphore; plante à pubescence courte et fine; feuilles inférieures pétiolées lancéolées-obovées, aiguës. ♃ Cèdres d'Aïn-Talazid, Téniet, Djurdjura, Aurès.

S. Chouletti Cosson, Bull. soc., bot. Fr., IX, p. 169; Lx, cat. Kab.; Rohrb. mon. — Souche subligneuse, multicaule, sans rosettes terminales; plante velue-hispide à feuilles lancéolées-aiguës; fleurs lilas-pâle; nocturne; pour le reste voisin du précédent. ♃ Mai-juillet. Constantine, Beni-Foughall. Djurdjura, Collo. R.

S. mauritanica Pomel. — Velu-velouté; fleurs roses, petites; pétales profondément bipartits; capsule 2 fois plus longue que le thécaphore. Mersa-bou-Nouar, en face des îles Habibas. Pomel (v. s.). ② ♃.

§§ 2. *Siphonomorpha* DC. — Fleurs en cyme dichotome ou irrégulièrement fasciculées.

a. Annuels.

1. *Nicæenses*. — Fleurs irrégulièrement fasciculées; plantes glanduleuses hispides propres aux terrains salés; *graines à faces convexes; pétales bifides ou bipartits.*

S. succulenta Forsk; Munb., cat.; fig. Delile; fl. Egypt.; Tab. 29, f. 2. — Feuilles charnues, ovales oblongues, obtuses, tiges charnues à villosité blanche; fleurs peu nombreuses au sommet des rameaux; pédoncules plus courts que le calice; calice de 22-25 millim. sur 5-6 à dents longues acuminées, onglets exsertes; graines à stries radiales très fines; à dos étroit et canaliculé. ① Sahara, Algérie (Munby), Tunisie! Orient.

---

(1) Une coupe de la graine suivant un rayon, aurait la forme d'un T dans ce groupe et la forme d'un V resserré dans le groupe des dipterospermées.

S. villosa Forsk; Munb., cat; Cosson, voy. — Plante basse, très rameuse à cymes souvent uniflores simulant une grappe unilatérale ; feuilles lancéolées un peu charnues, étroites, obtuses ; pédoncules courts réfléchis après l'anthèse ; fleurs blanches, onglets peu exsertes ; graines à épiderme formé d'écailles polygonales, séparées par des fentes abruptes, réticulées. C.C.C. dans les sables sahariens, Biskra, Tunisie. Orient.

β *micropetala*. — Petites fleurs. Sud Oranais (Cosson).

S. ramosissima Desf., fl. atl.; Munb., cat ; Rhorb., mon. — Très hispide, glutineux ; tiges robustes, dressées, rameuses ; feuilles oblongues, lancéolées, obtuses ; fleurs des dichotomies longuement pédonculées ; calice à la fin ovoïde globuleux, non ombiliqué, resserré à la gorge ; fleurs blanchâtres petites à onglet inclus ; capsule 3-4 fois plus longue que le thécaphore ; graines du *S. succulenta*, plus petites. ① Rivages de la mer. Mars-juin. Oran, Arzeu, Mostaganem, Ténès. Espagne.

S. nicæensis Allioni ; Munb., cat. ; *S. arenaria* Desf., fl. atl. ; fig. Reich. 5065. — Diffère du précédent par ses formes plus grêles, son calice ombiliqué, ses onglets exsertes, son thécaphore plus long, son calice moins globuleux non contracté à la gorge. ① C. C. C. Rivages maritimes. Réghaïa, l'Alma, le Corso, Bône, La Calle, Tunisie. Rég. médit.

2. *Viscosissimæ*. — Fleurs en cymes dichotomes, à bras des dichotomies grêles, rigides, très visqueux ainsi que les calices ; fleurs roses, petites à pétales émarginés ; graines tuberculées à faces planes ; herbes dressées rigides à feuilles aiguës, glabres ou glabrescentes.

aa. Pédoncules très courts.

S. reticulata Desf., fl. atl. ; tab. 99 ; Munb., cat. ; Lx, cat. Kab. — Thécaphore très long égalant deux fois la capsule ; calice élégamment réticulé. Région subatlantique. ① Blida, Chiffa, Kabylie. R. Mai-juillet.

S. muscipula L. ; Desf., fl. atl. ; Munb., cat. ; Lx, cat. Kab. ; Ball, spic. ; fig. Reich. 5077. — Thécaphore d'un tiers plus court que la capsule ; calice ombiliqué réticulé. ① Un peu partout dans le Tell. R. Mai-juin. Rég. médit., Orient.

S. pteropleura Boiss. et Reut., Pug., p. 18 ; Munb., cat. ; Lx, cat. Kab. ; *S. stricta* Soy.-Will. et Godr., mon. ; p. 44 ; Rohrb., mon. ; p. 171 ; non L., d'après Boiss. et Reut. — Diffère du *S. muscipula* par son calice à nervures ailées, sa capsule ventrue longuement conique et ses feuilles plus larges. ① Avec le précédent, plus abondant. Mai-juin. Oran, Mostaganem, Chélif, Alger, Maillot, Guelma, etc., etc.

bb. Fleurs longuement pédonculées.

S. cretica L.; *S. annulata* Thore; fig. Reich. 5076. — Calice et capsule globuleux, thécaphore très court. Algérie (Cosson inéd.)

S. inaperta L. Maroc. Ball.

3. *Rubellæ*. — Inflorescences serrées; calice membraneux, court, finement nervié; obconique à dents obtuses; pétales petits, roses, émarginés ou nuls; graines striées radialement à faces creusées; plantes glabrescentes, non visqueuses.

S. rubella L.; Munb., cat.; Ball, spic.; fig. Moris, fl. sard., tab. 14; Reich. 5078. — Feuilles obtuses à bords ondulés; capsule ovoïde égalant 2-3 fois le thécaphore. ① 3 prov. A. C. Alger, El-Affroun, Chélif, Djelfa, Tiaret, etc., etc. Rég. médit. Orient. Forme très grêle à petites fleurs, Oran; forme basse à fleurs très pâles, Batna.

S. turbinata Guss.? var. *apetala*. — Plante très grêle à entre-nœuds longs, droits, rigides; feuilles caulinaires linéaires; thécaphore court; plante apétale ou subapétale. Téniet, Berrouaghia. R. R.

4. *Atocion*. — Plantes hispides glanduleuses à pétales entiers, rarement émarginés; à calice ouvert, hispide allongé; graines des *Rubellæ*.

S. fuscata Link; Desf., fl. atl.; Munb., cat.; Lx, cat. Kab.; fig. Moris, flor. sard., tab. 15. — Tiges dressées noueuses; feuilles oblongues ou lancéolées, ondulées sur les bords; inflorescence en cyme serrée au sommet des rameaux; pédoncules égalant le calice ou plus courts; calice rougeâtre, ombiliqué, à la fin en massue; pétales roses, linéaires entiers, petits; coronule cylindrique allongée; thécaphore égalant la capsule. ① C. C. C. Champs, cultures. Tout le Tell. Décembre-mai. Sardaigne.

S. argillosa Munby, Bull. soc., bot. Fr., XI, p. 44. — Diffère du précédent par sa capsule longuement cylindrique, égalant 3-4 fois le thécaphore; graines petites à dos large canaliculé, fortement creusées sur les faces. ① Castiglione (Clauson), Oran (Munby). R. R. D'après Rohrbach, cette plante serait une forme du *S. rubella*; cette opinion est inadmissible si la plante de Castiglione que j'ai seule vue est bien identique à celle d'Oran. Le calice et la capsule de celle-là rappelleraient plutôt le *S. imbricata* comme forme, taille et dimensions; le calice, un peu velu-glanduleux, est exactement moulé sur la capsule et sur le thécaphore.

S. pseudo-Atocion Desf., fl. atl.; Munb., cat.; Lx, cat. Kab. — Plante à rameaux très étalés; feuilles obovales ou lancéolées-aiguës; thécaphore très long égalant deux fois la capsule ; fleurs bien plus grandes que dans les 2 précédents, coronule courte ; graines grosses, rayées, tuberculeuses à dos arrondi, à faces profondément creusées, presque globuleuses. ① C. C. C. Dans tout l'Atlas, Castiglione, H.-Pl. Février-juin. Baléares.

β *Oranensis.* — Pétales très larges (et non linéaires-oblongs) se recouvrant par leurs bords, obovés-cunéiformes, subémarginés ; thécaphore parfois à peine aussi long que la capsule, parfois comme dans le type. Oran, bord de la mer (Trabut).

S. **Atocion** Murray. — Pétales bilobés ; bractées membraneuses ; onglets auriculés. « Ex-Munb., cat. »

S. **corrugata** Ball. Maroc.

S. **adusta** Ball. Maroc.

5. *Divaricatæ.* — Plantes dichotomes, hispides, très divariquées, à fleurs longuement pédonculées, inflorescence feuillée, très lâche ; pétales émarginés à écaille bifide ; thécaphore 3 fois plus court que la capsule oblongue.

S. **divaricata** Clemente ; Munb., cat. — Plante longuement hispide à fleurs rosées ; calice fructifère de 13-14 millim. sur 4-5 ; graines canaliculées sur le dos, à faces profondément creusées. ① Oran, Arzeu. Mars-mai. Espagne. Orient.

S. **sedoides** Jacq. ; Munb., cat. ; Reich. 5064. b. — Fleurs blanches ; calice fructifère de 7 millim. sur 2-3 ; graines à faces planes. Petite plante grêle. ① Collo, Bône, falaises. Rég. médit. Orient.

S. **echinata** Oth. — Calice à côtes échinulées. Cultivé à Grenoble de graines envoyées d'Algérie par Clauson (n. v.)

b. Plantes vivaces.

1. Fleurs solitaires ou subsolitaires au sommet des rameaux.

S. **Boryi** Boissier, voy. Esp., tab. 25 a. Maroc.

2. *Bothryosilene* Rohrb. — Fleurs brièvement pédicellées en panicule trichotome ; calices ombiliqués ordinairement membraneux ; graines striées radialement, stries finement engrenées.

aa. *Italicæ.* — Plantes à tiges grêles élancées, à inflorence lâche ; dents du calice arrondies, scarieuses-ciliées au bord.

S. **velutinoides** Pomel ; *S. nutans* Desf., fl. atl. ; Munb., cat. ; Soy.-Will. et Godr., mon. ; non L. — Plante veloutée ; souche ligneuse, courtement cespiteuse ; feuilles des rosettes longuement atténuées en pétiole, oblancéolées-spatulées, les caulinaires courtes dressées contre la tige ; tige rigide, droite, noueuse, visqueuse sous les nœuds dans le haut; inflorescence souvent unilatérale, formée de cymes triflores, sessiles, un peu agglomérées; fleurs verdâtres, médiocres, un peu penchées; calice de 8-9 millim. à côtes saillantes, non réticulées, à dents courtes; pétales bifides, bigibbeux, à onglet cilié non auriculé; capsule plus longue que le thécaphore pubescent. ♃ Garrouban, Tlemcen (Pomel!). Voisin du *S. nutans*, mais bien distinct. Mai-juin.

S. MELLIFERA Boiss. et Reut., diagn., pl. Esp.; Munb., cat.; Lx, cat. Kab.; *S. patula* Desf., fl. atl.? — Feuilles obovées, très aiguës, les inférieures atténuées en pétiole, finement pubescentes ainsi que la tige; tiges grêles, élancées, 3-8 décim., à rameaux opposés en paires distantes, grêles, allongés, visqueux, portant 1-5 fleurs en cymes trichotomes; calice à la fin rompu par la capsule, long de 12-15 millim., à nervures peu marquées, membraneux, subréticulé; pétales blancs, bipartits, bigibbeux à onglet glabre non auriculé; capsule ovoïde-conique, un peu plus longue que le thécaphore; graines à faces peu concaves à dos canaliculé. ♃ Rég. atlantique avec le chêne ballotte. Blida, Miliana, Durdjura, etc. C. C. Espagne. Maroc. Au Maroc, les calices sont plus longs. Cette plante, admise comme espèce par Boissier et Reuter, Lange et Willk, Rohrbach, etc., ne me semble pas séparable de la suivante à laquelle je crois devoir la rattacher comme sous-espèce.

S. italica L. (sub *Cucubalo*) DC. Munb., cat.; *S. patula* Desf., sec. Rohrbach. — Diffère du précédent par ses feuilles obtuses, son calice plus long, ses pétales moins profondément divisés à onglets ciliés, biauriculés; capsule égalant le thécaphore; inflorescence moins divariquée. ♃ Maroc! Cosson, Algérie Munb., cat.

S. amurensis Pomel. — Plante presque glabre à feuilles longuement atténuées à la base; onglets glabres, non auriculés; pétales à peine gibbeux; inflorescence non visqueuse. ♃ Djebel Amour. Mai.

bb. *velutinæ*. — Tiges robustes, feuilles ordinairement larges; inflorescence généralement compacte; fleurs grandes; feuilles veloutées ou glabres.

Feuilles glabres.

S. rosulata Soy.-Will. et Godr., mon., p. 50; fig. Atl. expl. sc. alg., pl. 82; Munb., cat. — Tiges longuement rampantes ou rhizomateuses; feuilles larges, les inférieures atténuées en pétiole, spatulées-obtuses ou aiguës; tiges florifères grosses, fistuleuses (4-6 décim.); inflorescence trichotome, à rameaux inférieurs écartés, opposés; bractées scarieuses dans le haut; calices de 20-22 millim. en massue, à nervures rougeâtres; capsule ovoïde-conique égalant le thécaphore; pétales blancs ou roses, bipartits; graines à faces planes, rayonnées, à dos canaliculé. Plante très glabre. Bord de la mer, broussailles des falaises. ♃ Bou-Ismaël, Réghaïa, Corso, La Calle, Oran, Maroc. Mai-juin.

S. Aristidis Pomel ; *S. bupleuroides* Desf., fl. atl. non L. — Souche grosse, courtement cespiteuse ; feuilles courtes ; inflorescence compacte ; tiges de 2-3 décim. ; bractées herbacées ; calices velus-glanduleux ; pétales blancs, jaunâtres en dehors ; graines à dos très large, tuberculé. ♃ Djebel Bou-Zecza. Juin-juillet.

Plantes veloutées.

S. gibraltarica Boiss., voy. Esp., tab. 26 ; Ball spic ; *S. auriculæfolia* Pomel. — Feuilles inférieures spatulées arrondies ; calices longs, à la fin pourprés, veloutés ; pétales violet-livide en dehors, à onglet glabre, auriculé ; capsule plus longue que le thécaphore ; graines couvertes de plaques rayonnantes, finement engrenées, portant 1-2 pointes. ♃ Rochers de Sta-Cruz à Oran. Espagne. Presque glabre dans le haut.

S. velutina Pourret ; Munb., cat. ; Lx, cat, Kab. ; Ball, spic. ; *S. mollissima* Sibth. et Sm. — Feuilles inférieures oblancéolées ; pétales d'un blanc jaunâtre à onglets non auriculés ; capsule un peu plus longue que le thécaphore ; plante très veloutée. ♃ Oran, Tlemcen, Sidi-Mecid, Djurdjura, etc. Espagne, Corse, Baléares. Juin-Juillet.

S. ANDRYALÆFOLIA Pomel. — Feuilles longuement atténuées aux deux bouts ; capsule plus courte que le thécaphore. Août-septembre. Djurdjura. J'ai trouvé fin juillet dans les prairies du sommet du Zaccar, un *Silene* de ce groupe qui commençait à peine à pousser ses tiges florifères.

EUDIANTHE Reich.

5 styles ; capsule quinqueloculaire à la base, s'ouvrant par 20 dents. Le reste comme dans *Silene*.

E. cæli-rosa Reich. 5123 ; *Lychnis cœli-rosa* Desv. ; Munb., cat. ; Lx, cat. Kab. ; Ball, spic. ; *Agrostemma cœli-rosa* L. ; Desf., fl. atl. — Plante glabre, grêle, dressée, à feuilles lancéolées-linéaires, aiguës, parfois un peu scabres au bord ; inflorescence dichotomique à fleurs longuement pédonculées, très grandes, dressées ; calice non ombiliqué, renflé en massue, profondément sillonné entre les nervures, à sillons élégamment plissés en travers, et terminé par 5 longues dents sétacées ; pétales roses bilobés ; capsule ovoïde-oblongue, égalant à peu près le thécaphore ; graines du *S. Gibraltarica*. ① C. C. Champs. Avril-mai. Rég. médit.

β *aspera* Poiret ; *viscaria oculata* Lindl ; Munb., cat. — Calice plus court, à la fin fortement muriqué sur les côtes vers le haut ; thécaphore plus court que la capsule ; fleurs très grandes avec une belle tache noire autour de la coronule. Atlas et le Tell. A. C. ①

γ *speciosa* Pomel. — Semblable au précédent ; thécaphore plus long ; écailles de la coronule subentières. Kartoufa, Tiaret. On en trouve aussi une forme à pétales profondément bipartits à Tizi-Djaboub, Djurjura, et une forme naine sur le versant sud de Lella-Khadidja.

E. læta Reich. ; *Lychnis læta* Aïton ; Munb., cat. ; Lx. cat. Kab. ; Ball, spic. — Feuilles plus larges, les radicales en rosette ; fleurs des dichotomies très longuement pédonculées, les autres moins ; calice ombiliqué, court (8 millim. environ), oblong, peu resserré à la gorge, à nervures saillantes, mais non épaisses ni séparées par les sillons étroits du *cœli-rosa* ; thécaphore court ; graines subglobuleuses, toutes couvertes de tubercules coniques. ① A. R. Dra-el-Mizan, vallée du Sebaou, Bône, Aurès, Maroc, Espagne, France.

MELANDRIUM Rohl.

Capsule uniloculaire à dents 2 fois plus nombreuses que les styles ; carpelles opposés aux dents du calice ; calice 10-nervié ; pétales munis d'une écaille bipartite ; thécaphore court ; grandes plantes vivaces à port de *Silene*.

M. macrocarpum Boiss. ; voy. Esp. 772 (sub *Lychnide*) ; fig. Atl. expl. sc. alg., pl. 80 ; *Lychnis macrocarpa* Munb., cat. ; Lx, cat. Kab. ; Ball, spic. — Plante dioïque, sarmenteuse, noueuse, à tiges annuelles ; feuilles largement lancéolées-aiguës, plus ou moins velues ; fleurs blanches ; pétales bifides ; capsule grosse, ventrue, à dents réfléchies ; graines blanchâtres tachées de noir. ♃ C. C. Haies, broussailles. Espagne, Sicile.

M. pratense Rohl. ; *Lychnis dioica* DC. ; *L. vespertina* Sibth. Maroc. Ball.

AGROSTEMMA L.

Capsule uniloculaire ; carpelles alternant avec les dents du calice ; anthophore nul, 5 styles ; capsule à 5 dents ; calice à 10 nervures très proéminentes, à 5 dents très longues ; pétales nus à la gorge ; grosses graines noires, réniformes tuberculées.

A. githago L. ; Munb., cat. ; *Githago segetum* Desf., fl. atl. ; fig. Reich. 5132 a et b. — Plante velue dressée, à feuilles lancéolées-linéaires, aiguës ; fleurs très grandes, solitaires, terminales sur de longs pédoncules ; pétales roses, émarginés, plus courts que les dents du calice. ① R. R. Blés. Nous avons surtout la forme *nicæensis* à dents du calice égalant 2 fois les pétales.

Saponaria L., voyez *Dianthées*.

Tribu II. — DIANTHÉES

Clef des genres :

a. Graines réniformes à hile latéral, embryon courbe. . . SAPONARIA.

b. graines scutiformes hile facial.
- Pas de calicule ni de caroncule. DIANTHELLA.
- Pas de calicule, une caroncule. VELEZIA.
- Un calicule. . . . . DIANTHUS.

SAPONARIA L.

Calice à 5 dents, à 15-25 nervures parallèles non anastomosées ; thécaphore court ; fleurs en cymes ou fasciculées.

a. Plantes vivaces, fleurs en cymes corymbiformes, munies d'une coronule à écailles linéaires.

1. Pétales émarginés ou bifides.

S. glutinosa Marsh. Bieb. ; Munb., cat. ; fig. Reich. 4994. — Plante hispide glanduleuse, tige robuste, droite, rougeâtre ; feuilles largement lancéolées, trinerviées ; calices longs de 2 cent., cylindriques. ♃ H.-Pl. A. R. Mai. Espagne. Orient.

S. depressa Biv. ; Munb., cat. — Tiges grêles, décombantes ; feuilles glabres, lancéolées, étroites, pétiolées ; calices de 2 et 1/2 cent., hispides, glanduleux à la fin, ventrus. ♃ Kabylie (Munby). Italie.

2. Pétales entiers, écailles de la coronule courtes.

S. ocymoides L. ; Desf., fl. atl. ; Reich. 4994. — Tiges diffuses, grêles, rameuses, couchées en cercle ; plante plus ou moins hispide, glanduleuse dans le haut ; feuilles lancéolées, médiocres ; calices de 1 cent., à la fin ventrus. « in atlante Desf. » Europe. Rég. médit.

S. officinalis L. — Subspontanée à l'hôpital civil de Mustapha.

b. Pas de coronule, fleurs en cyme dichotome, plantes annuelles.

S. vaccaria L. ; Munb., cat. ; Lx, cat. Kab. ; Ball, spic. ; Reich. 4991. — Plante annuelle, glabre ; tige droite 4-6 décim., rameuse; feuilles connées, larges, lancéolées-aiguës; bractées membraneuses; fleurs roses longuement pédonculées; calice ovoïde, pyramidal, blanchâtre avec 5 ailes vertes aux angles; onglets ailés; pétales roses, denticulés, non émarginés; capsule ovoïde, sessile; graines grosses, finement tuberculeuses. Avril-juin. Cultures. Très répandue, mais assez rare. Europe, Orient, Asie.

DIANTHELLA Clauson; *Gypsophylla* Desf., non L.

D. compressa Clauson; *Gypsophylla compressa* Desf., fl. atl., tab. 97; Munb., cat.; Lx, cat. Kab.; *Tunica compressa* Ball, spic. — Souche ligneuse, multicaule à tiges grêles, rigides, rameuses vers le haut à rameaux comprimés; feuilles connées, linéaires, étroites, acuminées; fleurs roses ou blanches, petites en cymes irrégulières, fasciculées au sommet des rameaux; calice membraneux à 5 côtes vertes correspondant aux dents; pétales entiers. Plante un peu glanduleuse, voisine du *Gyps. illyrica* Sibth. ♃ Tout l'été. Atlas, H.-Pl., jusqu'au Sahara. C. C.

DIANTHUS L.

§ 1. *Kohlrauschia* Kunth. — Plantes annuelles, calice pentagonal, membraneux sur les commissures; pétales brusquement contractés en onglet linéaire, convergents à la gorge; fleurs roses, petites, souvent enveloppées plusieurs ensemble dans un involucre de bractées scarieuses, formant une tête globuleuse; tiges droites noueuses; feuilles linéaires.

D. prolifer L.; Munb., cat.; Ball, spic.; Reich. 5009; *D. diminutus* Desf., fl. atl., sec. Boissier, voy. Esp. — Fleurs *sessiles*; pétales à peine émarginés; écailles involucrales de chaque calice en particulier mutiques; graines chagrinées non tuberculées; feuilles glabres, scabres sur le bord. ① C.C. Partout. Europe, Orient. Rég. médit.

D. VELUTINUS Gussone; Munb., cat.; Lx, cat. Kab.; *D. prolifer* Desf., fl. atl., sec. Boissier. — Fleurs pédicellées, écailles de chaque fleur en particulier mucronées; pétales bifides ou subbifides; graines tuberculées non chagrinées; feuilles lisses sur le bord, plante un peu velue dans le bas. C. C. C. Partout. Mars-juin. ① Rég. médit. Orient.

§ 2. *Caryophyllum* Endlich. — Calice non anguleux, couvert tout le tour de nervures rapprochées, peu saillantes; pétales brusquement contractés en onglets linéaires, convergents à la gorge.

a. Verruculosi Boissier. — Plante annuelle, calice légèrement verruqueux.

D. tripunctatus Sibth et Sm., fl. græc.; Munb., cat; *D. Barati* Duv.-Jouv., Bull. soc., bot. Fr., 11, p. 350; *D. divaricatus* d'Urv. ; D. C. — Plante glabre, dressée 3-4 décim.; feuilles inférieures subspatulées, les supérieures étroitement linéaires-aiguës, scabres; rameaux 3-4, divariqués, uniflores; calice conique; calicule de 4 bractées membraneuses au bord, terminées par de longues pointes vertes subulées égalant ou dépassant les fleurs; pétales brièvement laciniés, roses avec 3 taches pourpre, d'un vert livide en dessous. ① St-Eugène, campagne Zermati (Alger). Mai-juin. Grèce, Orient. Les pétales se roulent longitudinalement le soir.

b. Carthusiani. — Plantes vivaces à fleurs agglomérées en tête au sommet des rameaux.

D. liburnicus Bartling; Munb., cat.; Lx, cat. Kab.; Reich. 5015. — Plante vivace gazonnante; tiges de 3-4 décim, rarement acaule (Lella-Khadidja); fleurs subsessiles en tête serrée; feuilles florales 2, égalant ou dépassant le capitule; écailles du calicule membraneuses et pubescentes aux bords, terminées par une longue arête verte subulée égalant le calice; pétales contigus, ordinairement cunéiformes, inégalement dentés sur le pourtour, glabres à la gorge; tiges florifères subtétragones; feuilles linéaires-aiguës, scabres. ♃ Juin-juillet, sur toutes les montagnes à partir de 1,500 m. France, Italie.

D. rupicola Biv.; *D. Bisignani* Tenore; Munb., cat. — Feuilles lancéolées-linéaires, les florales plus courtes que le capitule; bractées du calicule nombreuses, étroitement imbriquées, acuminées, ne dépassant pas le 1/3 du calice cylindrique; pétales roses irrégulièrement dentés. ♃ Babors (Munby). Italie.

c. Fleurs solitaires ou subsolitaires; plantes vivaces.

1. *Macrolepides.* — 6-8 écailles caliculaires, 2-3 fois plus longues que larges, longuement acuminées et striées sur une grande partie de leur longueur.

D. Broteri Boiss. et Reut., Pug. 22, var. *amœnus; D. amœnus* Pomel; *D. serrulatus* var. *grandiflorus* Cosson; *D. fimbriatus* Munb., cat. non Marsh. Bieb. — Plante multicaule, glauque ou verte; tiges très rameuses à entre-nœuds rapprochés; feuilles courtes, planes, linéaires-aiguës, 3-5 nerviées, denticulées, étroites, celles des rameaux floraux presque nulles; écailles 6, lancéolées très aiguës, étroitement membraneuses atteignant presque le milieu du calice, celui-ci cylindrique, étroit, longuement atténué à dents linéaires, pubescentes, membraneuses aux bords; fleurs odorantes, grandes, à pétales roses profondément laciniés en lanières très fines (fimbrées). ♃ Mai-juin. Rochers schisteux, Garrouban, Djebel Amour,

Djebel-Antar, etc. Espagne. Dans le *D. Broteri* type, les pétales sont bien moins finement fimbriés. Boiss., voy. Esp., tab. 23. Un échantillon cueilli par M. Trabut au Djebel-Bou-Guirat semble se rapporter à ce dernier type.

D. serrulatus Desf., fl. atl.; Munb., cat.; Lx, cat. Kab. — Feuilles inférieures longues, largement lancéolées, scabres sur les bords, trinerviées, celles des rameaux floraux étroites, aiguës; tiges de 4-5 décim.; pétales non contigus, souvent maculés à la base, roses, grands, plus ou moins profondément dentés, non fimbriés. ♃ Voisin du précédent. C. C. Friches, partout. Fleurit presque toute l'année.

D. MAURITANICUS Pomel. — Plante moins multicaule que la précédente, pétales dentés, contigus, à limbe très court, barbu en dessus. ♃ Friches et broussailles. Oran. ♃ (v. s.)

D. gaditanus Boiss. Maroc.

D. lusitanicus Brot.; Munb., cat.; Cosson, exsic. — Plante cespiteuse à tiges grêles, très nombreuses, peu ramifiées; feuilles très étroites, un peu charnues, à peine nerviées, scabres à la base seulement; onglets longuement exsertes; pétales barbus à la gorge. ♃ Maroc (Cosson), Algérie (Munby). Espagne.

D. Kremeri Boiss. et Reut., Pug., p. 21? Munb., cat. — Plante puissante, 4-6 décim.; feuilles très longues, étroitement linéaires, à 4-5 nervures, bords lisses ou scabres; tiges peu rameuses, à rameaux courts, uniflores; écailles caliculaires 6-8, larges, herbacées ou à peine scarieuses aux bords, striées dans la moitié de leur longueur, à dents glabres; pétales roses, assez grands, inégalement et courtement dentés. ♃ Mai-juin. Batterie espagnole, Beni-Saf, La Macta, Daya (Oran). Port du *D. Caryophyllus*.

NOTA. — La plante décrite dans le *Pugillus* devrait avoir les pétales entiers, mais les auteurs n'avaient vu qu'un échantillon fleuri hors saison.

D. attenuatus Sm. Maroc. Ball.

2. *Brachylepides*. — Écailles caliculaires 4, larges, brusquement et brièvement acuminées; plantes cespiteuses à rameaux stériles foliacés mêlés aux rameaux florifères.

D. siculus Presl; Munb., cat.; *D. Caryophyllus* Desf., fl. atl.? — Rejets stériles assez longs; feuilles linéaires, étroites, planes, à peine canaliculées; écailles caliculaires striées dans presque toute leur longueur; calice longuement atténué au sommet; pétales roses, grands, non contigus, dentés, peu odorants. ♃ Avril-mai. Sahel d'Alger. A. C. Broussailles. France, Sicile.

D. Caryophyllus L.; Desf., fl. atl.? Munb., cat.? — N'est peut-être qu'une variété culturale redevenue spontanée par endroits, de l'espèce précédente dont il diffère par ses feuilles glauques plus larges, par ses bractées caliculaires très larges, presque obcordées, peu striées, à mucron seul coloré en vert; par ses pétales à bords contigus, violacés, très odorants. ♃ Très cultivé, subsp.?

D. virgineus Gren. Godr.; Munb., cat.; Lx, cat. Kab.; Ball, spic. — Diffère des précédents par ses rejets stériles, courts, ses feuilles aciculaires, *aiguës*, fortement pliées en gouttière, presque triquètres, ses calices moins longuement atténués, ses pétales plus courts. ♃ C. C. C., dans toute la région montagneuse. Avril-juin. Rég. médit.

3. Acaules.

D. atlanticus Pomel. — Plante vivace cespiteuse, à feuilles petites, scabres, linéaires, canaliculées; tiges florales nulles ou presque nulles; fleurs sessiles, solitaires, purpurines, médiocres; écailles 4-6, dépassant souvent le milieu du tube, longuement cuspidées; tube cylindrique, étroit, strié dans toute sa longueur, à dents profondes, pubescentes; pétales inégalement dentés. ♃ Août-septembre. Hauts sommets du Djurdjura, Agouni-Bouschen, pic des Beni-Meddour (Lx) (v. s.)

VELEZIA L.

V. rigida L. — Plante annuelle, grêle, rameuse, à feuilles étroites, ciliées, les radicales linéaires-spatulées, les caulinaires aciculaires, pliées en gouttière; tige de 1-3 décim., rougeâtre, finement glanduleuse; calice long, raide, très grêle, à 15 nervures, pubescent, semblable à un article de tige; fleurs minuscules, roses; graines peu nombreuses, noires, oblongues. ① Mai-juin. Assez répandue dans le Sahel d'Alger, difficile à voir. C. C. C. Forêt du Ksenna, l'Adjiba, etc. Tell et H.-Pl., Rég. médit., Orient.

ALSINÉES comprenant les *Paronychiées.*

Feuilles opposées rarement alternes, entières; tiges ordinairement noueuses; calice 4-5 partit, à sépales presque libres étalés; pétales en même nombre que les sépales, rarement nuls ou nombreux, alternes; étamines 10-5 ou moins par avortement, hypogynes ou périgynes; ovaire capsulaire à placentation centrale.

Sous-famille I. — EUALSINÉES.

Feuilles opposées sans stipules; capsule ordinairement polysperme.

Clef des tribus :

Valves de la capsule entières et en nombre double de celui des styles, ou bifides et en même nombre que les styles . . . . STELLARINÉES.

Valves de la capsule entières et en même nombre que les styles . . . . SABULINÉES.

Tribu I. — STELLARINÉES.

Clef des sous-tribus :

3-4-5 styles opposés aux sépales; capsule cylindrique. . CÉRASTIÉES.

2-3 styles; capsule ovoïde. . . . . ARÉNARIÉES.

Sous-tribu I. — CÉRASTIÉES.

CERASTIUM L.

Caractères de la sous-tribu. Plantes humbles, herbacées.

§ 1. *Dichodon.* — Pétales bifides; 3 styles; capsule exserte, à dents non roulées par les bords.

C. anomalum Waldst. et Kit.; Reich. 4914; *C. mauritanicum* Pomel. — Tiges d'abord décombantes, subradicantes, puis dressées (1-2 décim.); feuilles linéaires; inflorescence plusieurs fois dichotome, un peu glanduleuse; pédoncules plus courts que le calice, dressés; sépales linéaires-oblongs, étroitement scarieux aux bords; pétales dépassant à peine le calice; 10 étamines; capsule d'un tiers plus longue que le calice. ① Lieux inondés l'hiver. Sersou de Tiaret (Pomel).

NOTA. — M. Pomel avait différencié cette plante du *C. anomalum* des environs d'Angers, lequel a les pédoncules égalant 1-2 fois le calice, et la capsule également plus longue; mais d'autre part mes échantillons de Sicile, de Crimée, etc., sont identiques à ceux de Tiaret.

§ 2. *Mœnchia.* — Calice à 4-5 divisions; pétales entiers ou subentiers; étamines 4-8-10; capsule incluse à dents roulées en dehors; plantes glabres et glauques.

C. glaucum var. *octandrum* Gren.; Lx, cat. Kab.; Ball, spic.; *Sagina erecta* Munb., cat. — Plante dressée, 1-2 décim., plus ou moins rameuse à tiges et rameaux filiformes, dressés, assez fermes; feuilles lancéolées-aiguës; bractées étroitement scarieuses; fleurs tétramères, à 8 étamines; sépales aigus, à bords membraneux; pétales égalant les sépales; pédicelles très longs, dressés. ① Mars-avril. A. C., friches, un peu partout. Tell et Atlas. Rég. médit. occidentale.

§ 3. *Orthodon.* — Pétales incisés; styles 4-5; étamines 4-5-8-10; capsule dépassant habituellement le calice, à dents ordinairement roulées par les bords et droites.

a. Dents de la capsule planes; capsule très longue, espèce pentamère.

C. dichotomum L.; Desf., fl. atl.; Munb., cat.; Lx, cat. Kab. — Tiges dressées ou étalées, plus ou moins rameuses (1-2 décim.); feuilles supérieures sessiles, lancéolées-linéaires, aiguës; inflorescence dichotomique; pédoncules plus courts que le calice, dressés; sépales très aigus, longs de 1 cent.; pétales plus courts que les sépales; plante pentamère, velue, glutineuse, à 10 étamines; capsule longue de 2 cent.; graines grosses, tuberculées, à tubercules arrondis, espacés. ① H.-Pl., 3 prov. A. C. Téniet, Sétif, Djurdjura, etc., etc. Orient, Espagne.

b. Plantes plus ou moins velues à feuilles lancéolées ou lancéolées-elliptiques; dents de la capsule roulées par les bords.

1. Espèces ordinairement tétramères; pétales et étamines glabres à la base.

C. pumilum Curt.; Lx, cat. Kab.; Ball. spic. — Plante de 1-2 décim., dressée, visqueuse dans l'inflorescence; pédicelles 1-2 fois plus longs que le calice, souvent penchés après l'anthèse; bractées herbacées; sépales et pétales égaux entre eux (5 millim.); graines tuberculées à tubercules rayonnants. ① Avril-mai.

C. Gussonei Todaro; *C. pentandrum* Gussone, Syn. — Pédicelles à la fin réfléchis; fleurs pentamères. Sables maritimes, La Macta (Oran).

C. tetrandrum Curt. — Pédicelles à la fin redressés; fleurs tétramères. Voisin du *C. glutinosum* Fries, mais toujours tétramère et à bractées entièrement herbacées. C. C. C. Tout l'Atlas, vers 1,000 et 1,200 mètres.

C. ALGERICUM nob. *C. pumilum* var. *algeriense* Batt., Bull. soc. bot. Fr. 1884, p. 361. — Fleurs plus grandes à 8 étamines, graines presque lisses. Teniet-el-Haâd. R. R.

C. siculum Gussone; *C. aggregatum* DR.; Gren. Godr., fl. Fr.; var. *tetrandrum* nob. — Petite plante de 5-8 cent., très glutineuse, très rameuse presque dès la base, à pédoncules égalant à peu près le calice ou un peu plus longs, dressés ou un peu courbés en arc au sommet; pétales plus courts que les sépales; 4 étamines plus courtes que les pétales; graines tuberculeuses; capsule égalant 1 fois et 1/2 le calice. ① Téniet-el-Haâd. R. R.

2. Espèces pentamères, pétales et étamines glabres à la base.

C. echinulatum Coss. DR. inéd.; Munb., cat.; Debeaux, cat. Boghar. — Plante de 1 décim. environ, courtement velue-glanduleuse; tiges dressées ou ascendantes; pédoncules égalant environ le calice, à la fin étalés ou réfléchis ; sépales aigus, membraneux aux bords, égalant les pétales ; capsule égalant plus de 2 fois les sépales (12 millim.) ; graines échinulées. ① Plante voisine du *C. Riœi* Desm. ; découverte à Boghar par M. O. Debeaux, Boghar. Mars-mai (v. s.)

C. **hirtellum** Pomel. — Voisin du précédent ; en diffère par sa capsule bien plus courte, incluse. Garrouban. Pomel. (v. s. un seul échantillon.)

C. **semidecandrum** L. ; Desf., fl. atl. ; Reich. 4968. — Plante minuscule 4-6 cent. ; pédicelles égalant 1 fois et 1/2 le calice, réfléchis après l'anthèse ; 5 étamines ; sépales largement scarieux aux bords ; graines finement tuberculeuses. ① Teniet-el-Haâd (herb. Pomel), *in arvis arenosis* « Desf. » H.-Pl. Boghar (Debeaux).

NOTA. — De tous les échantillons algériens que j'ai vus, seul celui de Boghar a des bractées scarieuses aux bords, ce qui est un caractère important de l'espèce.

3. Espèces pentamères à étamines ou pétales ciliés à la base.

C. **brachypetalum** Desp. ; Munb., cat. ; Lx, cat. Kab. ; Ball, spic. — Plante élancée, dichotome, velue, à cyme très lâche (1-3 décim.) ; bractées herbacées, velues ; pédicelles égalant 2-3 fois le calice, courbés au sommet ; sépales peu scarieux, barbus ; pétales ordinairement plus courts que le calice ; 10 étamines à filets ciliés ; graines à tubercules allongés étroitement imbriqués. ① H.-Pl., Djurdjura. A. C. Mai-juin. Europe, Orient.

β luridum ; *C. luridum* Gussone. — Inflorescence un peu plus compacte ; pédoncules plus courts ; plante très velue. ① Djurdjura. Mai-juin.

C. **glomeratum** Thuill. ; Munb., cat. ; Lx, cat. Kab. ; Ball, spic ; *C. viscosum* L. (pro parte) ; Desf., fl. atl. ; *C. vulgatum* L., herb. ; fig. Reich. 4970. — Fleurs en panicule d'abord serrée, s'allongeant ensuite ; pédicelles plus courts que le calice, arqués au sommet, étalés ; sépales peu scarieux au bord, barbus ; pétales à onglet cilié, 10 étamines ou 5 ; filets glabres ; capsule longue, étroite. Plante brièvement velue à feuilles larges, obtuses, arrondies ou ovales. ① C. C. C. partout. Février-mai. Europe, Asie, Amérique du Nord.

4. Espèces annuelles ou bisannuelles à rejets radicants, rampants ; pétales dépassant le calice ; onglets ciliés ; graines munies de crêtes concentriques.

C. **vulgatum** L. ; Cod. 3396 ; *C. triviale* Lamk. ; var *longipes* nob., Bull. soc. bot Fr. 1884, p. 361. — Plante mollement velue à feuilles larges, lancéolées-aiguës ; pédicelles de 15 millim., réfléchis après l'anthèse; plante pentamère à 10 étamines, d'un vert sombre, ① ② Ruisseaux de la Mouzaïa vers 1200 mètres. Avec le suivant.

C. ATLANTICUM DR., rev. Duch. II, 247; Munb., cat.; Lx, cat. Kab.; fig. atl. expl. sc. alg., pl. 81-3. — Diffère du précédent par ses feuilles glabrescentes ainsi que les tiges, d'un vert gai, les inférieures spatulées; par ses pédicelles un peu plus longs. ②① C. C. C. dans tout l'Atlas, lieux humides; Boufarik, dans une prairie.

5. Plantes nettement vivaces, plus ou moins canescentes, gazonnantes; feuilles lancéolées-linéaires, aiguës; fleurs pentamères à 10 étamines.

C. Boissieri Gren.; Munb., cat.; Lx, cat. Kab. — Pédicelles égalant 2-3 fois le calice, à poils laineux, crispés, visqueux; sépales lancéolés-scarieux; pétales glabres, bifides, égalant 2 fois les sépales au moins; capsule grosse, ventrue, presque droite, d'un tiers plus longue que le calice; graines à test vésiculeux attaché à l'amande par un seul point. ♃ Mai-juillet. Djurdjura, Aurès, Garrouban, etc. Espagne, Corse, etc.

C. arvense L. Maroc. Ball.

NOTA. — Le *Malachium aquaticum* Fries qui appartiendrait à une sous-tribu spéciale des *Malachiées*, signalé autrefois en Algérie par Desfontaines, n'y a jamais été retrouvé.

Sous-tribu II. — ARÉNARIÉES.

Clef des genres :

1	Pétales bifides ou bipartits.	STELLARIA.
	Pétales entiers rarement dentés au sommet. . . .	2
2	Graines strophiolées.	MOEHRINGIA.
	Graines non munies d'une strophiole.	3
3	Inflorescence en ombelle capsule à 6 valves involutées en dehors	HOLOSTEUM.
	Inflorescence en cymes variables; capsule à 6 valves ou à 3 valves bidentées.	ARENARIA.

HOLOSTEUM L.

H. umbellatum L.; Munb., cat.; Lx, cat. Kab.; Ball, spic.; Reich. 4901. — Une ou plusieurs tiges dressées, raides, simples, naissant d'une rosette centrale de feuilles pétiolées, oblongues, portant dans le haut 2 paires de feuilles sessiles; pédoncules inégaux, en ombelle, égalant plusieurs fois les calices, réfléchis après l'anthèse, puis redressés; pétales dépassant les sépales; étamines 3-5; capsule à 6 valves;

graines à dos large, tuberculées, à faces creusées. ① Mars-mai. Atlas et H.-Pl., assez répandu, souvent nain. Blida, Mouzaïa, Djurdjura, etc. Europe.

STELLARIA L.

Fleurs pentamères; étamines 10 ou moins par avortement; styles 3 ordinairement; capsule s'ouvrant au delà du milieu en valves 2 fois plus nombreuses que les styles; plantes diffuses.

St. media Vill.; Munb., cat.; Lx, cat. Kab.; Ball, spic.; *Arenaria media* L.; Desf., fl. atl.; fig. Reich. 4904. — Tiges nombreuses, diffuses ou ascendantes s'enracinant souvent à la base, noueuses, glabres, *avec une seule ligne* de poils sur un côté; feuilles ovales-acuminées ou subcordiformes, les inférieures pétiolées à pétioles ciliés; pédicelles une fois plus longs que le calice, hispides; sépales oblongs, lancéolés-obtus. ① *Mouron des oiseaux.* C. C. C. Partout. Février-juin. Plante cosmopolite.

α major; St. latifolia DC. — Pétales égalant le calice; 10 étamines; feuilles larges. A. C.

β minor. — Pétales plus courts que le calice, parfois nuls (Atlas); étamines avortant souvent en partie. C. C.

St. holostea L.; Reich. 4908. — Tiges anguleuses, décombantes, raides, fragiles; feuilles connées, linéaires acuminées, rigides, coriaces, scabres, les inférieures réfléchies; fleurs grandes (2 cent.), pédicelles très longs; sépales ovales lancéolés-aigus, non nerviés; pétales égalant 2 fois le calice, divisés jusqu'au milieu; capsule globuleuse. ♃ Goubia (Pomel). Tunisie, Europe.

St. uliginosa Murr. Maroc (Ball).

MŒHRINGIA L.

M. pentandra Gay; Munb., cat.; *M. trinervia* Lx, cat. Kab.; *Arenaria trinervia* Ball, spic. — Tiges couchées sur le sol, nombreuses, rameuses, divariquées; feuilles ovales, lancéolées, glabres, pétiolées; sépales lancéolés, uninerviés, glabres, trois fois plus longs que les étamines; pétales nuls, 5 étamines; capsule presque égale au calice, globuleuse; graines lenticulaires, noires, luisantes, finement chagrinées à la loupe. ① Lieux frais et ombreux de l'Atlas, bord de la mer, sous les broussailles. A.C. Ruisseau des Singes, Blida, Médéa, Frais-Vallon (Alger), embouchure du Mazafran, Le Corso, etc. Espagne, Corse.

M. stellarioïdes Coss. DR. inédit. — Tiges couchées, simples ou peu rameuses ; feuilles de 4-5 cent. sur 1, lancéolées-aiguës, subsessiles ; inflorescences axillaires ou terminales ; pédicelles très longs ; bractées linéaires, membraneuses ; sépales linéaires-aigus, uninerviés ; pétales lancéolés-linéaires, obtus, égalant 2 fois les sépales ; fleurs de 2 cent., 10 étamines à filets ciliés ; 3 styles ; capsule petite, incluse, à 6 valves ; graines finement chagrinées à strophiole blanche. ♃ Babors (Munby), Goubia (Pomel.)

ARENARIA L.

a. Espèces annuelles.

1. Feuilles ovoïdes ou lancéolées.

A. spathulata Desf., fl. atl. ; Munb., cat. ; Lx, cat. Kab. ; Ball, spic. ; *A. cerastoïdes* Poiret ; *Stellaria arenaria* L. ; Salzman. — Tiges dressées ou décombantes, un peu velues-glanduleuses (1 décim. environ), ramifiées en corymbe par dichotomie ; feuilles inférieures spatulées, pétiolées, les supérieures ovoïdes-aiguës ou lancéolées, sessiles, molles, glabres ou un peu ciliées, uninerviées ; pédicelles égalant 2-3 fois le calice ; sépales oblongs ; pétales égalant 2 fois les sépales, blancs, émarginés ; anthères bleues ; capsule incluse ; graines globuleuses noires, élégamment chagrinées. ① C. C. Bord de la mer, où elle devient souvent charnue ; on la trouve à feuilles linéaires à Mostaganem dans les terrains très secs. Espagne.

A. Pomeli Munby, cat. ; Pomel, nouv. mat., p. 207 et herb. — Port du précédent, feuilles glabres, scabres sur les bords et sur la nervure médiane, obovales, larges, les supérieures lancéolées-aiguës ; sépales cordiformes très amples, scabres, se recouvrant les uns les autres ; pétales inclus dans le calice ; capsule égalant le calice ; graines du précédent ; tiges et pédicelles à pubescence courte réclinée, visible à la loupe. ① Garrouban.

A. serpyllifolia L. ; Desf., fl. atl. ; Munb., cat. ; Lx, cat. Kab. ; Ball, spic. ; Reich. 4941. — Plante multicaule ou à tige simple, pubescente, à inflorescence dichotome ; feuilles ovoïdes-aiguës, brièvement pétiolées, puis sessiles ; obscurément 5 nerviées, petites ; entre-nœuds souvent allongés ; pédicelles égalant 2-3 fois le calice ; sépales hispides, aigus, trinerviés, inégaux, égalant 2 fois les pétales ; capsule ovoïde dépassant un peu le calice ; fleurs minuscules ; graines réniformes à tubercules étroitement imbriqués, allongés radialement. ① Alger, Médéa, Ben-Chicao. A. R. Europe, Sibérie.

β *gracillima* Willk. — Entre-nœuds ne dépassant guère la longueur des feuilles ; pédicelles égalant 1-2 fois le calice ; fleurs très petites ; graines minuscules. C. C. C., partout. Mars-juin.

On trouve à Lella-Khadidja une forme à grosses capsules, voisine de l'*A. Lloydii* Jord.

2. Feuilles linéaires-aiguës, très étroites.

A. emarginata Brotero. — Petite plante de 5-10 cent., toute pubescente-visqueuse, à tige souvent simple, très rameuse, dichotome ; rameaux dressés en corymbe serré ; pédicelles plus longs que le calice ; sépales de 4-5 millim., lancéolés-linéaires, uninerviés, membraneux sur le bord ; pétales un peu plus courts que les sépales, roses ou blancs, émarginés ; capsule incluse ; graines de l'*A. spathulata*, un peu plus petites. ① Mars-mai. Terrains sablonneux sur tout le littoral. Espagne.

A. ? calycina Poiret, voyages en Barbarie II, p. 167 ; Desf., fl. atl. ; Munb., cat. — Feuilles glabres ; tiges glabres, un peu rameuses ; fleurs blanches ; sépales membraneux dépassant les pétales. Lieux humides. Poiret, loc. cit. (n. v.)

b. Plantes vivaces, gazonnantes ; feuilles coriaces, à bords épaissis, aciculaires, piquantes, plus ou moins rigides, ciliées à la base, serrées-imbriquées surtout dans les pousses stériles, pubescentes en dessous, glabres en dessus ; fleurs grandes, blanches, à pétales 2 fois plus longs que les sépales ; capsule à 6 valves ; graines tuberculées.

A. grandiflora All. ; Munb., cat. ; Reich. 4946. — Feuilles droites peu rigides ; fleurs assez longuement pédonculées ; capsule dépassant le calice. ♃ Lella-Khadidja, versant sud, Aurès. Europe moyenne et méridionale, montagnes.

A. capitata Lamk. ; *A. tetraquetra* L., mantis. ; Munb., cat. — Feuilles disposées sur 4 rangs dans les rejets stériles, recourbées, rigides ; fleurs en capitules denses entourés de faisceaux de bractées semblables aux feuilles. ♃ Garrouban. Juin-juillet. Espagne, France.

A. pungens Clem. Maroc (Ball).

Var. *glabrescens* Ball. Maroc.

Tribu II. — SABULINÉES.

Clef des genres :

Capsule à valves opposées aux sépales et en même nombre. . . . . Sagina.

Capsule à 2 valves opposées aux sépales internes ; fleurs tétramères ; 1-2 graines. . . . . Buffonia.

Capsule monosperme s'ouvrant au sommet en 3 valves. . QUERIA.

Capsule trivalve; fleurs pentamères. . . . . ALSINE.

Capsule monosperme, indéhiscente. . . . . SCLERANTHUS.

ALSINE Whlbg.

Fleurs pentamères; 10 étamines, rarement 3 ou 5; pétales rarement nuls; 3 styles; plantes à petites fleurs.

§ 1. *Rhodalsine* Gay. — Étamines sur 2 rangs; cotylédons accombants.

A. procumbens Fenzl; Munb., cat.; *Arenaria procumbens* Vahl.; Lx, cat. Kab.; Ball, spic.; *Arenaria herniariæfolia* Desf., fl. atl.; *A. geniculata* Poiret, voy. — Plante à grosse souche vivace, à tiges grêles, rameuses, couchées en cercle sur le sol, longues de 2-3 décim., plus ou moins pubescente, glanduleuse; feuilles lancéolées-linéaires ou oblongues, uninerviées (6-10 millim.); fleurs roses assez longuement pédicellées; sépales membraneux aux bords (4 millim.); pétales ovoïdes égalant les sépales ou un peu plus longs; capsule incluse, à graines petites, tuberculées; tubercules allongés radialement; plante très florifère à port de *Spergularia*. ♃ Mars-juillet. Cherchell, Téniet, H.-Pl. et littoral, toute l'Algérie. Espagne, Sicile, Orient.

§ 2. *Eualsine*. — Sépales égaux, aigus, ordinairement trinerviés, peu ou pas indurés à la base; feuilles linéaires, subulées, à base élargie, trinerviées; plantes vivaces, cespiteuses.

A. setacea M. et K., var. *Corymbulosa* Boissier, fl. d'Or. — Divisions de la souche ligneuses, nombreuses; rejetons stériles, à feuilles étroitement imbriquées; tiges florifères dressées, noueuses, grêles, fermes; bractées membraneuses aux bords; inflorescence en cyme corymbiforme compacte; pédicelles égaux au calice ou plus courts; calice tronqué à la base, conique; sépales linéaires-aigus, à nervures fasciées, vertes, avec une marge membraneuse (4-5 millim. long.); pétales minuscules; capsule incluse; graines à tubercules radiés. ♃ Montagnes des H.-Pl., Djebel-Amour, été. Montagnes de la rég. médit., Alpes, Orient.

A. tenuissima Pomel. — Fleurs un peu plus grandes; feuilles capillaires; pédicelles plus longs; sépales inégaux. Djebel-Dréat (Lx).

A. atlantica Ball. Maroc.

A. verna Bartl.; Munb., cat.; Lx, cat. Kab., var. *Kabylica* Pomel; *Arenaria verna* L.; Ball, spic.; Reich. 4927-4929. — Plante moins rigide que la précédente, à souches moins ligneuses; tiges souvent diffuses; inflorescences lâches; bractées très courtes; pédicelles grêles plus ou moins longs; sépales ovoïdes, lancéolés, trinerviés, à bordure membraneuse étroite; pétales obovés, allongés, égalant le calice; plante un peu pubescente dans l'inflorescence; fleurs grandes, élégantes; capsule égalant les sépales. ♃ Djurdjura. A. C. Babors. Mai-août. Europe, Rég. médit., Orient. La plante d'Algérie a les fleurs un peu plus grandes et les nervures des sépales un peu moins écartées que dans la plante d'Europe.

§ 3. *Minuartiæ* Fenzl. — Sépales inégaux, très aigus, indurés à la base; pétales petits ou nuls; feuilles à base élargie, trinerviées, linéaires-subulées.

A. montana Fenzl; *Minuartia montana* Lœfl.; Munb., cat. — Plante de 5-10 cent., robuste, simple ou rameuse à la base; feuilles assez larges, acuminées, bien plus longues que les entre-nœuds; fleurs agglomérées en cymes globuleuses, serrées au sommet de la tige et de très courts rameaux; glomérules dépassés par les feuilles; calice longuement conique (7-9 millim.); sépales inégaux, trinerviés; pétales 5, ordinairement rudimentaires; étamines 10 ou moins; graines réniformes, à radicule proéminente, tuberculées, à tubercules serrés, obtus. ① A. R. L'Arba, forêt du Ksenna, H.-Pl., 3 prov. Espagne, Orient.

A. campestris Fenzl; *Minuartia campestris* Lœfl.; Munb., cat. — Plante souvent plus élevée (10-15 cent.), à entre-nœuds presque aussi longs que les feuilles; feuilles sétacées dépassant peu les glomérules; fleurs petites; calice 5-6 millim.; pétales souvent nuls; étamines 5 ordinairement; graines moitié plus petites, mais semblables. ① Très voisin du précédent. Djebel-Antar, le Khreider. Mai-juin. H.-Pl., Espagne.

A. mucronata L.; Reich. 4923. — Plante vivace, cespiteuse, à nombreuses tiges dressées; feuilles sétacées, dressées, les supérieures plus courtes que les entre-nœuds; fleurs en cymes lâches, terminales; pédicelles plus longs que les bractées, égalant à la fin le calice; pétales plus courts; étamines 10; capsule subincluse; graines tuberculées. ♃ Algérie (Cosson). Alpes, Pyrénées.

§ 4. *Sabulinées.* — Fleurs nettement pédicellées; calice à sépales subégaux, non indurés à la base; plantes annuelles, à feuilles sétacées, trinerviées à la base.

A. tenuifolia Crantz; Munb., cat.; Lx, cat. Kab.; *Arenaria tenuifolia* Ball, spic.; Reich. 4916. — Plante grêle, 5-15 cent., rarement plus; tige simple ou multiple, grêle, dichotome, formant ordinairement une panicule corymbiforme; bractées foliacées; fleurs petites; sépales de 3-4 millim., trinerviés, glabres, lancéolés, bordés d'une marge membraneuse; pétales oblongs, plus courts que le calice; 3-10 étamines; capsule égalant ou dépassant le calice; graines minuscules, semblables à celles des plantes précédentes. ① C. C. C., partout, printemps, été. Europe, Rég. médit., nord de l'Asie.

β *hybrida, A. hybrida* Jordan; *A. tenuifolia* var. *viscidula* Gren. Godr.; Munby. — Sépales et pédicelles velus-glanduleux; fleurs assez longuement pédicellées. C. C. C., partout avec le type.

γ *confertiflora* Fenzl. — Fleurs brièvement pédicellées; inflorescences denses; calices et pédicelles velus-glanduleux. Lit de l'Isser à Palestro, Djurdjura.

A. Munbyi Boissier, diagn. Or., § 1-1, p. 85. — Fleurs plus grandes; pétioles proportionnellement plus courts; calice velu-glanduleux; pédicelles plus longs que le calice, dressés, rapprochés ainsi que les rameaux; calice de 5 millim.; feuilles pâles; capsule subincluse. Aïn-Toucria près Téniet, Aflou (Pomel).

QUERIA L.

Q. hispanica Lœfl.; Munb., cat. — Petite plante pâle, à tige simple ou divisée dès la base, pubescente; feuilles denses, ciliolées, trinerviées à la base, aciculaires; fleurs à cymes contractées en tête compacte; fleurs des dichotomies hermaphrodites et seules fertiles; les autres réduites souvent à 2 sépales inégaux, uncinés au sommet; bractées lancéolées, naviculaires, longuement acuminées, uncinées; sépales inégaux, largement scarieux, lancéolés-acuminés; pétales nuls; 10 étamines, 5 staminodes; graines ailées. H.-Pl. (Munby), Djelfa (Reboud).

BUFFONIA Sauvage.

Fleurs tétramères; étamines 2-4; capsule bivalve, à 1-2 graines; 2 styles; tiges élancées jonciformes, rigides; feuilles subulées, largement engainantes à la base; les inférieures plus longues que les entre-nœuds; les supérieures plus courtes; fleurs pédicellées; sépales lancéolés-acuminés, plurinerviés, à marge membraneuse; pétales oblongs, entiers, blancs ou rosés.

a. Espèces annuelles ou subperennantes.

B. tenuifolia L.; Munb., cat. — Tiges droites, rameuses dans l'inflorescence, 2-3 décim.; rameaux courts; fleurs petites, brièvement pédicellées; sépales intérieurs 3 millim., extérieurs 1 et 1/2-2 millim., trinerviés, très aigus; pétales très petits; étamines 2-3, très courtes, ainsi que les styles; graines petites, presque lisses. ① Constantine, H.-Pl., 3 prov., subperennante au Djebel-Antar. Mai-juin. Europe, Orient.

? **B. macrosperma** Gay; Munb., cat. — Plante étalée dès la base, à feuilles sétacées, irrégulièrement rameuse; fleurs en petites cymes, 1-3 flores, fleur centrale plus longuement pédicellée; sépales 5-nerviés; pétales d'un tiers plus courts que le calice; étamines 4, très courtes ainsi que les styles; graines moitié plus grosses que dans l'espèce précédente, tuberculeuses. Algérie (ex-Munby, cat., sans localité).

b. Espèces vivaces, à souche ligneuse.

B. Duvaljouvii Batt. et Trab, Bull. soc., bot. Fr. 1879 et Bull. soc. dauph. 1885, fig. Atlas de la flore d'Alger, fasc. 1. — Plante à grosse souche vivace, très multicaule; tiges de 3-6 décim., rameuses, à rameaux divariqués; cymes lâches, pauciflores; sépales 3-5 nerviés, longs de 4-5 millim., égalant les pédicelles, les extérieurs un peu plus courts; pétales d'un quart plus courts que le calice; 4 étamines égalant les pétales; 2 styles allongés; une graine grosse, tuberculée, déprimée dans le milieu. Mouzaïa, Nador de Médéa, Ben-Chicao, Lella-Khadidja. ♃ Tout l'été.

B. macropetala Willk., var.; *B. perennis* Cosson, voy.; Munb., cat.? — Voisine de la précédente, plus petite, port moins divariqué; fleurs subsolitaires le long des rameaux, très longuement pédicellées; sépales plus courts; capsules à 2 graines bombées et non déprimées dans le milieu. ♃ El-Kantara, rochers. Avril-mai.

M. Willkomm à qui j'ai soumis mes *Buffonia*, trouve que cette dernière plante diffère de son *B. macropetala* par ses pétales entiers non émarginés et du *B. perennis* par ses fleurs tétrandres et ses styles plus longs.

SAGINA L.

Fleurs tétramères; étamines 4 (sauf *Sagina Linnæi* qui est pentamère diplostémone); capsule déhiscente jusqu'à la base; petites plantes humbles, grèles, à feuilles subulées, souvent aristées, ciliées ou non, élargies-connées à la base; fleurs minuscules souvent apétales.

a. Espèces vivaces.

S. Linnæi Presl. Maroc (Ball).

S. procumbens L.; Munb., cat.; Reich. 4959. — Tiges couchées, radicantes, naissant d'une rosette stérile; fleurs quelquefois pentamères; feuilles aristées, glabres; pédoncules grêles, recourbés au sommet, puis dressés à maturité; plante gazonnante. ♃ Mars-juin. Tixeraïn, près Alger. R.

Var. *parviflora*. Maroc (Ball).

S. fasciculata Poiret, dict. encycl. VI, p. 390. — Voisine de la précédente; sépales étalés, puis réfléchis, courts, obtus. Alger (n. v.)

b. Espèces annuelles.

1. Feuilles aristées; sépales extérieurs mucronés.

S. apetala L.; Munb., cat.; Lx, cat. Kab.; Ball; Reich. 4958; *S. urceolata* Viv. — Pédoncules longs, grêles, glanduleux au sommet ou glabres, arqués sous la fleur; sépales étalés à maturité, plus courts que la capsule; feuilles ordinairement ciliées. ① C. C. C., partout. Février-juin. Europe, Rég. médit., Orient.

S. ciliata Fries. — Pédoncules ordinairement plus courts, glanduleux; feuilles rarement ciliées; sépales toujours appliqués sur la capsule, peu exserte; plante souvent glanduleuse dans le haut. A. R. Djurdjura, Beni-Mered. Europe.

2. Feuilles mucronées, non aristées; sépales mutiques.

S. maritima L. — Tiges très nombreuses, serrées en touffe, glabres, très grêles, naissant d'une rosette centrale stérile; feuilles courtes; pédicelles très longs, très lisses; sépales obtus, étalés à maturité; capsule sessile assez grosse. ① Pointe-Pescade et tout le littoral. Mars-juin. Europe.

S. STRICTA Fries; Munb., cat. — Diffère de la précédente par ses tiges droites, raides, ordinairement solitaires sans rosette centrale; pédicelles droits: fleurs apétales. ① Sahara (Constantine), Munby.

SCLERANTHUS L.

Plantes annuelles à port de *Sagina;* feuilles opposées sans stipules; calice 4-5 fide, urcéolé à la base; pétales 5 ou moins, filiformes; étamines 5; capsule monosperme, indéhiscente, enfermée dans le tube induré du calice; graine pendante au sommet d'un long funicule basilaire.

Sc. annuus L. — Tiges noueuses souvent géniculées à la base, rameuses, dichotomes; fleurs solitaires aux dichotomies et fasciculées au sommet des rameaux, nombreuses; calice 10-nervié, long de 4 millim., à 5 dents écartées, à la fin plus longues que le tube, étroitement marginées. Mai-juin. ① Azrou des Aït-Idjer, route du col de Tirourda (Djurdjura). R. Europe, Orient.

Sc. VERTICILLATUS Tausch.; *Sc. polycarpos* DC., Prodr.; Gren. Godr., fl. Fr., non L.; Munb., cat.; *Sc. Delorti* et *Sc. pseudopolycarpos* des flores françaises; *Sc. annuus* var. Lx, cat. Kab.; Ball, spic. — Plante plus grêle, à fleurs moitié plus petites, plus nombreuses, en glomérules formant comme des verticilles; calice fructifère, long de 2 millim.; dents plus courtes que le tube, rapprochées à maturité. ① Avril-juin. C. C. C., dans toute la région montagneuse. France, Espagne.

Sous-famille II. — PARONYCHIÉES.

Feuilles stipulées, insertion généralement périgyne.

Clef des tribus :

1	Feuilles alternes	Corrigiolées.
	Feuilles opposées, rarement alternes dans le haut.	2
2	Capsule monosperme	Illécébrées.
	Capsule polysperme.	3
3	Fleurs blanches ou roses, à pétales égalant ou dépassant le calice; 5-10 étamines.	Spergulinées.
	Fleurs peu visibles; pétales petits ou nuls. . . .	Polycarpées.

Tribu I. — SPERGULINÉES.

SPERGULA L.

5 styles; 5 valves à la capsule; feuilles fasciculées subverticillées.

Sp. arvensis L.; Desf., fl. atl.; Munb., cat.; Ball, spic. — Tiges couchées ou dressées; feuilles mutiques étroitement linéaires, avec un sillon en dessus, inégales; pétales obtus, blancs ou rosés; capsule dépassant le calice; graines subglobuleuses, ceintes d'une aile très étroite, chagrinées et couvertes de grosses papilles blanches; plante un peu visqueuse. ① C. C. C. Lieux sablonneux, partout. Commune surtout sur le littoral. Europe.

α *Chieusseana, Sp. Chieusseana* Pomel. — Feuilles longues; pétales égalant 1 fois et 1/2 les sépales; capsule dépassant peu le calice; graines petites très papilleuses. C. C., littoral. Janvier-mai.

β *typica*. — Capsule et graines plus grandes; pétales plus petits; entrenœuds plus allongés; plante plus robuste. Téniet, H.-Pl. Mai-juin.

γ *glutinosa* Lange. — Semblable à la précédente, mais très visqueuse, canescente; cymes denses. Médéa, H.-Pl. Mai-juin.

Sp. pentandra L.; Munb., cat.; Ball, spic. — Plus grêle; tiges ordinairement dressées; inflorescences non feuillées; feuilles sans sillon; capsules dépassant le calice; graines sans papilles, presque lisses, ceintes d'une aile membraneuse, blanche, très large, égalant au moins le diamètre de la graine. ① Avril-mai. Biskra. Europe.

β tuberculata Pomel, inéd. — Graine toute couverte de petits tubercules aigus, régulièrement espacés. Miliana, Téniet.

γ Morisonii, *Sp. Morisonii* Boreau. — Aile un peu plus étroite, roussâtre, plissée, graine presque lisse au milieu, tuberculée sur les bords. Oran.

SPERGULARIA Persoon ; *Lepigonum* Vahl.

3 styles ; 3 valves à la capsule ; feuilles opposées ; fleurs ordinairement roses.

§ 1. *Microtheca* Kindb., monog. — Capsules longues de 2-4 millim., rarement 5 ; plantes annuelles ; étamines 2-10 ; graines non ailées.

Sp. diandra Heildr. ; Munb., cat. ; Lx, cat. Kab. ; Ball, spic. ; *Arenaria diandra* Gussone ; *A. salsuginea* de Bunge.— Plante à tiges grêles, dressées ou ascendantes, plusieurs fois dichotomes; entre-nœuds supérieurs allongés ; feuilles filiformes, mucronées ; stipules ovoïdes-aiguës, courtes, entières ou peu divisées au sommet ; pédicelles très grêles, longs 2-5 fois comme la capsule ; inflorescences très peu feuillées, très grêles, très multiflores, divariquées ; fleurs violacées à sépales très obtus, membraneux aux bords ; pétales un peu plus courts ; 2-3 étamines ; capsule dépassant peu le calice ; graines pyriformes, aplaties, un peu tuberculeuses ; plante glabre dans le bas, glanduleuse dans l'inflorescence. ① Mars-juin. Terres argileuses, Hammam-R'hira, Chéliff, Oran, H.-Pl., 3 prov. C. C.

Sp. tenuifolia Pomel. — Bractées sétacées ; pédoncules un peu réfractés. Tiaret.

Sp. rubra Pers. ; Desf., fl. atl. ; Munb., cat. ; Lx, cat. Kab. ; Ball, spic. ; Kind., monogr., fig. 29. — Très voisine de la précédente ; tiges plus robustes, souvent couchées ; feuilles plus épaisses ; stipules plus allongées, entières ou bifides ; inflorescences d'abord dichotomes, puis en grappes, moins grêles, plus feuillées, moins divariquées, moins florifères ; pédicelles ordinairement moins longs, souvent réfractés ; graines un peu plus grosses. ① C. C. C., partout. Mars-juin. Espèce très variable.

α vulgaris, var. *campestris* Willk., flor. Esp. — Pédicelles un peu plus longs que la capsule ; plante très feuillue, à stipules brillantes, à feuilles mucronées, plus ou moins velue ; 5-10 étamines. C. C. C.

β alpina Willk., flor. Hisp. — Entre-neuds rapprochés ; feuilles inférieures mutiques, les supérieures mucronées ; racine parfois vivace ? ; pétales courts ; stipules longues. Sommet de l'Aïzer (Djurdjura). R.

γ longipes Lange. — Pédicelles égalant 3-5 fois le fruit, réfractés après l'anthèse. C. C. C.

δ pinguis Fenzl. — Feuilles charnues ; capsules un peu plus grosses, atteignant 5 millim. Bord de la mer.

Sp. campestris Willk ; *Lepigonum campestre* Kindb. — Inflorescences très hispides, glanduleuses ; fleurs en grappes subscorpioides ; pédicelles plus courts que le fruit ; sépales tachés de noir à la commissure ; capsule obtuse ; tiges robustes, courtes, très rameuses, couchées en cercle sur le sol. ① C. C. C., chemins.

Sp. Amurensis Pomel ; *Lepigonum microspermum* Kindb., monogr., fig. 12 ? — Graines lisses ; pédicelles courts ; capsules très obtuses, incluses ; petite plante grêle. Djebel-Amour.

§ 2. *Macrotheca* Kindb. — Capsules de 5-7 millim. ; plantes souvent vivaces, à graines ailées ou aptères.

Sp. marina Willk, fl. Hisp. ; *Arenaria marina* Pallas ; Allioni ; Munb., cat. ? *Spergularia media*, var. *heterosperma* Gren. Godr., flor. Fr. ; *Sp. uliginosa* Pomel. — Plante souvent annuelle, parfois perennante ; feuilles très longues, glabres ou velues dans le haut, mucronées, semi-cylindriques ; stipules connées, larges, courtes, triangulaires ; tiges feuillées jusque dans les inflorescences ; pédicelles dépassant peu le calice ou plus courts ; capsule dépassant largement le calice, longue de 5-7 millim. ; graines couvertes de papilles cristallines, tantôt toutes aptères sauf 2 ou 3 au fond de la capsule, tantôt mi-partie ailées, mi-partie aptères. ① ♃ C. C. C. Lieux marécageux du littoral ; terrain salés. Mars-mai. Europe, Rég. médit., Orient.

β microcarpa. — Fleurs et capsules pas plus grandes que dans le *Sp. rubra ;* 2-3 graines ailées ; papilles cristallines très développées. Bord de la mer, au Corso. R. R.

γ longicaulis, Sp. longicaulis Pomel. — Styles cohérents à la base ; fleurs blanchâtres ; plante glaucescente. Oran.

Sp. media Persoon ; Desf., fl. atl. ; Ball, spic. ; *Sp. Munbyana* Pomel ; *Sp. macrorhiza* Munb., cat. ; *Sp. media* Gren. Godr., var. *marginata.* — Souches nettement vivaces, grosses, noires ; feuilles fasciculées ordinairement glabres ; stipules ovoïdes, allongées ; fleurs longuement pédicellées, en grappes à la fin allongées, non feuillées ; pédicelles souvent réfractés ; pétales plus longs que le calice, roses ou blancs ; graines suborbiculaires, finement chagrinées, sans papilles cristallines. C. C., prairies humides. ♃. Europe, Rég. méd.

α vulgaris. — Graines toutes bordées d'une aile membraneuse, large, entière, brillante. C. C. C.

β heterosperma Nob., non Gren. Godr. — Graines en partie aptères. Maison-Carrée.

γ *macrorhiza*, *Sp. macrorhiza* Gren. Godr. — Graines toutes aptères. Oran, Maison-Carrée.

Sp. fimbriata Boiss. et Reut., diagn. Or. § II, p. 94. Maroc (Ball).

Sp. gamostyla Pomel. — Plante voisine du *Sp. media,* très rameuse, ligneuse à la base, à rameaux courts, intriqués; styles soudés jusqu'au milieu. Sidi-Bouzid au Djebel-Amour (v. s.)

ROBBAIREA Boissier, flor. d'Orient.

5 étamines soudées en anneau périgyne; 5 pétales onguiculés, cordiformes; style trifide; capsule trivalve; graines cunéiformes, canaliculées sur le dos; plante à aspect de *Polycarpon.*

R. prostrata Boiss.; *Arenaria prostrata* Forsk.; Desf., fl. atl.; Munb., cat.; fig. Delile, fl. Ég., tab. 24. — Feuilles oblongues ou linéaires; stipules et bractées triangulaires, scarieuses au bord; fleurs roses. M'zab.

Tribu II. — POLYCARPÉES.

Clef des genres :

1	Feuilles étroitement linéaires	2
	Feuilles oblongues	3
2	Sépales inégaux, tricuspides.	LŒFLINGIA.
	Sépales égaux, mutiques; pétales nuls.	ORTEGIA.
3	Calice quinquefide; 5 étamines; 5 staminodes oppositipétales; style entier; herbes vivaces, à longues tiges	POLYCARPÆA.
	Calice à 5 sépales; 3-5 étamines; plantes basses, très rameuses.	POLYCARPON.

LŒFLINGIA L.

Plantes à tiges noueuses, à fleurs verdâtres peu visibles, en glomérules serrés comme ceux des *Scleranthus;* feuilles ciliolées à la base, munies de deux stipules adnées avec elles, libres à leur sommet sous forme d'une pointe sétacée; bractées et sépales (au moins les extérieurs) formés comme les feuilles et par suite tricuspides, ciliés; pétales 5, petits, inclus; capsule trigone; style plus ou moins divisé en 3 stigmates; 3-5 étamines.

L. hispanica L.; Desf., fl. atl.; Munb., cat.; Ball, spic. — Plante à entre-nœuds plus longs que les feuilles; sépales et bractées dressés; style entier; graines pyriformes, finement tuberculeuses. C. C. C. Mars-juin.

β pentandra, *L. pentandra* Cav. — 5 étamines; style profondément tripartit. Tiaret, Bou-Ismaël (Pomel).

L. Saharæ. — Entre-nœuds très courts; feuilles caulinaires très courtes, triangulaires, acuminées, à stipules très développées; plante très rameuse, très fleurie, à rameaux scorpioides; sépales et bractées à pointes renversées en dehors; arêtes des sépales externes très longues, divariquées; sépales internes presque entièrement membraneux; pétales trinerviés, soudés ainsi que les étamines en une cupule périgyne; capsule trivalve, un peu exserte à maturité; graines pyriformes, à faces bombées, arrondies, blanches, presque lisses; style plus court que la capsule, bi-trifide. ① Sahara, El-Biod (Trabut), Négrine (Julien).

ORTEGIA Lœfl.

O. hispanica L. — Plante à tiges dressées, rigides, rugueuses, rameuses, quadrangulaires; feuilles linéaires; stipules sétacées, caduques; insérées sur une glande pourprée; fleurs pédicellées, bibractéolées, en cymes dichotomes; sépales carenés; 3 étamines; graines en navette. Port de prêle « in arvis prope Mascar. » Desf., fl. atl. (n. v.)

POLYCARPON Lœfl.

Plantes glabres ou glabrescentes, à feuilles oblongues, opposées ou verticillées par 4; stipules et bractées petites, scarieuses; sépales carenés, membraneux aux bords; 5 pétales petits; 3-5 étamines; capsule à 3-5 valves se roulant en spirale; fleurs blanches ou verdâtres, petites, pédicellées, en cymes dichotomes régulières.

a. Annuels.

P. tetraphyllum L. fils; Desf., fl. atl.; Munb., cat.; Lx, cat. Kab.; Ball, spic. — Tiges nombreuses, dressées ou ascendantes, noueuses, rameuses (5-15 cent.); feuilles oblongues ou oblancéolées, variables; stipules et bractées argentées, acuminées, allongées; inflorescences très fournies; sépales à carène subailée, mucronés; pétales courts; 3 étamines. ① C. C. C. Mars-juin. Europe, Rég. médit., Orient.

P. alsinæfolium DC.; Munb., cat.; Ball, spic.; *P. Gmelini* Grisebach, sec.; Boissier. — Feuilles charnues, moins nombreuses; tiges robustes, couchées, peu rameuses; fleurs plus grosses, moins nombreuses, pentandres (toujours ?) Bord de la mer. Lieux sablonneux. A. C., mais généralement à 3 étamines.

b. Espèces vivaces.

P. peploides DC., Prodr.; Munb., cat. — Souches et base des tiges ligneuses; feuilles un peu charnues, obovées, elliptiques ou suborbiculaires, mucronées, pétiolées; stipules courtes; sépales obtus. ♃ Littoral constantinois, Bône, Cap de Garde, La Calle, etc. Rég. médit. Mai-juin.

P. BIVONÆ Gay, Rev. Duch. II, p. 372. — Feuilles plus étroites minces; sépales cuspidés; fleurs plus petites. Rég. montagneuse. C. C. Mai-juin. Djurdjura, Maillot, l'Adjiba, Téniet-el-Haâd, Aurès, etc., etc.

P. rupicolum Pomel, herb. *Polycarpæa rupicola* Pomel, nouv. mat. — Très voisin du *P. Bivonæ*, plus ramassé; tiges courtes partant d'une souche ligneuse; styles soudés jusqu'au milieu. Garrouban.

P. alsinæfolium J. Gay.; Munb., cat. — La Calle. M'est inconnu.

POLYCARPÆA Lamarck.

P. fragilis Del., tab. 24, fig. 1, flor. Ég.; Munb., cat. — Plante toute couverte d'une pubescence crépue et courte; feuilles raides à bords roulés en dessous, aiguës, brièvement lancéolées; stipules et bractées scarieuses; inflorescence de *Polycarpon;* style entier; stigmate capité. ♃ Sud oranais, Tyout, M'zab, Biskra, etc. Rég. Sahar., Orient.

P. gnaphalioides Poiret; *Illecebrum gnaphalioides* Schousboë. Maroc.

Tribu III. — ILLÉCEBRÉES.

5 sépales soudés à la base, en cupule périgyne; pétales peu développés ou nuls; étamines 5-1, insérées sur un anneau périgyne; capsule monosperme, ordinairement indéhiscente; graine pendante au sommet d'un funicule basilaire; feuilles opposées au moins à la base des tiges. (Dans *Pteranthus* les fleurs sont tétramères.)

SCLEROCEPHALUS Boissier.

Calices soudés avec les bractées, en un capitule à la fin globuleux, induré, épineux, de la grosseur d'un pois, simulant un fruit de *medicago;* pétales nuls; 5 étamines à filets très courts; utricule libre au sommet, adnée avec le tube du calice; style bifide au sommet.

Sc. arabicus Boissier; Munb., cat. — Plante annuelle, robuste, rameuse; feuilles linéaires, mucronées, opposées; stipules scarieuses, très aiguës. ① Avril. Biskra, Sahara, Orient.

ILLECEBRUM L.

Herbe grêle, à fleurs sessiles, en faux verticilles axillaires; sépales blancs, épais, spongieux, cucullés, aristés au sommet;

pétales 5, filiformes; étamines 5; *2 stigmates sessiles;* capsule à la fin déhiscente par le bas, en 5-10 valves unies par leur sommet; embryon presque droit.

I. verticillatum L.; Desf., fl. atl.; Munb., cat.; Ball, spic. — Petite plante à tiges simples, grêles, debiles; feuilles petites, obovées ou elliptiques, glabres; stipules minuscules; fleurs à la fin d'un blanc d'ivoire. ① Juin-juillet. Bord des mares, Réghaïa, Corso, etc. Europe, Rég. médit., Orient.

PARONYCHIA L.

Sépales pareils à ceux *d'Illecebrum,* mais non spongieux ou bien plan-concaves; 5 pétales filiformes ou nuls; *2 styles;* capsule indéhiscente, membraneuse; feuilles opposées.

§ 1. *Chætonychia* Willk. — Sépales cucullés-aristés, à partie cucullée, membraneuse; 3 sépales externes étalés au sommet, 2 internes dressés; pétales nuls; 2 étamines opposées aux 2 sépales dressés; graines exalbuminées à hile latéral.

P. cymosa Lam.; Munb., cat.; Ball, spic. — Petite plante finement tomenteuse, dressée, rameuse; feuilles linéaires-aiguës subverticillées; stipules filiformes, petites; fleurs en cymes dichotomes, très serrées; bractées peu développées. ① Algérie (Munby, cat., sans localité), Maroc, Espagne, France, Crète.

§ 2. *Euparonychia.* — 5 sépales égaux; 5 pétales rudimentaires; embryon roulé en anneau autour de l'albumen; calice urcéolé à la base.

a. *Aconychia.* — Sépales cucullés-aristés; utricule déhiscent.

1. Bractées très courtes peu visibles; fleurs en petits glomérules axillaires tout le long de la tige.

P. echinata Lam.; Munb., cat.; Lx, cat. Kab.; Ball, spic.; *Illecebrum echinatum* Desf., fl. atl. — Plante dressée, à tiges souvent rougeâtres; feuilles lancéolées, subfasciculées; stipules lancéolées-acuminées; sépales herbacés, membraneux aux bords, aristés, à arètes fortes, divergentes, assez longues. ① C. C. C. Champs et cultures. Mars-juin. Rég. médit.

2. Tiges couchées sur le sol; bractées membraneuses, argentées, très développées, égalant les fleurs ou les dépassant; fleurs en glomérules terminaux et axillaires; feuilles opposées.

P. argentea Lam.; Munb., cat.; Lx, cat. Kab.; Ball, spic.; *Illecebrum Paronychia* Desf., fl. atl.; *Par. hispanica* Lam. *(Thé arabe, sanguinaire).* — Feuilles lancéolées-mucronées; stipules lancéolées-acuminées, parfois très longues; bractées très larges, dépassant les fleurs; sépales herbacés, scarieux aux bords, hispides en dehors, à arête grêle et courte. ♃ C. C. C. Avril-juin. Rég. médit., Orient.

β *mauritanica* DC. — Feuilles plus larges; entre-nœuds allongés; fleurs plus grandes. Zaccar, Duperré, Alger, La Macta (Oran), etc.

γ *velutina*. Maroc (Ball, spic.)

δ Var. à sépales glabres, à peine cucullés. Maroc (Ball).

P. aurasiaca Webb, misc.; Munb., cat.; Lx, cat. Kab. — Diffère du précédent par ses feuilles à peine mucronées, ses stipules et ses bractées moins développées, ses sépales bien plus largement scarieux, à arête scarieuse, courte et large à la base. ♃ Djurdjura, Aurès, Constantine, etc.

P. arabica L. — Port du *P. argentea;* feuilles étroites, aristées; bractées lancéolées-aiguës; sépales largement scarieux, surmontés d'une arête longue et grêle, hispide à la base; plante finement pubescente. ① ② Égypte, Arabie.

P. longiseta Webb, misc.; Munb., cat. — Tiges veloutées, très fragiles sur le sec; feuilles étroites, aiguës, mucronées; stipules lancéolées, allongées, aiguës; bractées dépassant largement les fleurs. ② ♃? El-Kantara, Biskra. A. C.

P. Cossoniana Gay, misc. — Port très différent; tiges à entre-nœuds rapprochés; feuilles petites, étroites, mucronées; stipules égalant ou dépassant les feuilles; bractées étroites égalant les fleurs; fleurs en glomérules très nombreux, très rapprochés, étroits et épais. ♃ Le Khreider, Laghouat, etc.

b. *Anoplonychia*. — Sépales plan-convexes, non cucullés ni aristés.

P. nivea DC.; Gren. Godr.; Munb., cat.; Lx, cat. Kab.; Ball, spic. — Tiges dressées ou couchées, courtes; feuilles linéaires-lancéolées ou lancéolées-aiguës, velues-ciliées, rapprochées; stipules égalant ou dépassant les feuilles, très étroites; bractées scarieuses, argentées, très grandes, ovoïdes-acuminées; sépales dressés, rapprochés, inégaux, hispides, mucronés, verts, nerviés; fleurs en gros glomérules rapprochés en une agglomération argentée, brillante. ♃ Mars-juin. C. C. Broussailles, lieux secs, Atlas, Sahel, Alger, Maison-Carrée, etc. Rég. médit.

β *macrosepala* Boissier, flor. d'Or.; Ball, spic. — Sépales aussi longs que les bractées; bractées écartées à maturité, très aiguës, moins grandes que dans l'espèce. Tout le Sahara, Biskra, Metlili, etc., etc. H.-Pl., El-Kantara, Lit de l'Oued-Sahel, etc.

γ *querioides* Ball, spic. — Tiges dressées; bractées peu nombreuses, plus courtes que les calices; sépales et feuilles florales fortement arqués en arrière; fleurs en capitules au sommet des tiges. Port de *Queria hispanica*. Ksar-el-Maïa (Pomel), Maroc.

P. capitata Lam.; Munb., cat. — Feuilles plus larges que dans l'espèce précédente, lancéolées ou elliptiques; tiges couchées sur le sol; bractées très grandes, très obtuses ou cuspidées, *aussi larges que longues;* sépales courts, obtus, subégaux; glomérules de fleurs arrondis, moins agglomérés. ♃ Mai-juin. H.-Pl., Sourdjouab, etc.

β *serpyllifolia, P. serpyllifolia* DC. — Feuilles suborbiculaires ou elliptiques. Ben-Chicao, Garrouban, Djebel-Dréat.

GYMNOCARPON Forskall.

Diffère de *Paronychia* par son style trifide; sépales cucullés, brièvement apiculés.

G. fruticosum Persoon; Munb., cat.; *G. decandrum* Forsk.; Desf., fl. atl. — Arbrisseaux à rameaux divariqués; feuilles linéaires, mucronulées; stipules triangulaires très courtes; fleurs en glomérules verdâtres, terminaux et axillaires. ♄ Biskra, Ouargla, Metlili, etc. Sahara, Orient. Mars-mai.

HERNIARIA L.

Sépales herbacés, plans ou concaves, non cucullés ni aristés; pétales 4-5 filiformes; étamines 4-5 ou moins; stigmates 2, subsessiles, utricule indéhiscent; feuilles toujours opposées à la base, souvent alternes dans le haut; tiges le plus souvent couchées sur le sol; fleurs petites, en petits glomérules verdâtres.

a. Plantes annuelles.

H. cinerea DC.; Lx, cat. Kab.; Ball, spic.; *H. annua* Lag.; Munb., cat. — Tiges 5-10 cent., couchées en cercle, très rameuses; feuilles lancéolées ou ovales-lancéolées, égalant à peu près les entre-nœuds, presque toutes alternes; tiges et rameaux florifères dès leur base; bractées petites, subtriangulaires, ciliées; fleurs en petits glomérules oppositifoliés; calice petit, allongé, très hispide; plante toute velue-cendrée. ① Mars-juin. C. C. C., partout. Rég. médit.

β *virescens, H. virescens* Salzm.; DC. — Feuilles vertes non cendrées; plante moins hispide. Maroc. Des échantillons de l'Ouarsenis et de Duperré s'en rapprochent beaucoup.

γ *fragilis* Lange, Pug. — Tiges dressées ou diffuses, très fragiles; feuilles raméales petites; rameaux très florifères; plante très hispide. Djebel-Antar (Trabut).

b. Plantes vivaces.

H. glabra L.; Munb., cat.; Lx, cat. Kab.; Ball, spic. — Tiges couchées, grêles, très longues (2-4 déc.); feuilles lancéolées, glabres, un peu scabres sur le bord; stipules petites, ciliées;

fleurs très petites, glabres ou un peu scabres, subglobuleuses, subsessiles; pédicelles hispides ou nuls. 3 prov. A. R. Médéa, Teniet, Djurdjura, Europe.

β *decipiens* Pomel, herb. — Feuilles tout à fait glabres; fleurs assez longuement pédicellées. Djebel-Thaza, Garrouban.

H. hirsuta L.; Desf., fl. atl.; Munb., cat.; Lx, cat. Kab. — Diffère de l'*H. glabra* par ses feuilles ciliées, parfois hispides sur les deux faces surtout au sommet des rameaux; fleurs un peu plus allongées; calices très hispides. Kabylie. Aïn-el-Hammam, Tirourda, sommet de Lella-Khadidja, etc. Europe tempérée.

β *pauciflora*. — Fleurs très petites, globuleuses, en glomérules très pauciflores, très hispides ainsi que les tiges; celles-ci très feuillées; entre-nœuds rapprochés; feuilles ciliées, d'un vert gai. Goubia (v. s. in herb. Pomel).

H. permixta Guss.; Munb., cat.; *H. hebecarpa* J. Gay; Lx, cat. Kab. — Plante robuste, à feuilles elliptiques, suborbiculaires, ciliées, non hispides sur les faces; fleurs globuleuses, très hispides, en glomérules distants, bien plus gros que dans les espèces précédentes (gros comme un petit pois). ♃ Atlas d'Alger, Beni-Sahla de Blida, Mouzaïa, Kabylie, Khenchela, etc. (vers 1,200 mètres).

H. fruticosa L.; Desf., fl. atl.; Munb., cat. — Tiges ligneuses à la base; stipules petites; bractées ciliées, petites, ovées, triangulaires, ordinairement tachées de pourpre; fleurs vertes obconiques; sépales externes recouvrant les autres, un peu cucullés, charnus; plante très feuillée à la base ou chaque feuille a à son aisselle un bourgeon feuillé. Cette plante forme 2 sous espèces bien nettes. ♃ Espagne.

H. ERECTA Willk. — Tiges dressées; entre-nœuds écartés; feuilles linéaires ou linéaires-lancéolées; glomérules petits, pauciflores et distants; une fleur solitaire dans les dichotomies; bractées et souvent stipules presqu'entièrement couvertes d'une tache pourpre noir. Port de *Thymus vulgaris*.

α *glabra*. — Plante presque glabre. Bou-Saâda, Metlili, Brézina, Maïa, Ousseugh, Sidi-Bouzid, Mazis, etc.

β *pubescens*. — Plante pubescente, cendrée. El-Kantara.

H. FONTANESI J. Gay. — Tiges couchées sur le sol, noueuses, tortueuses, à entre-nœuds rapprochés; feuilles ovales-elliptiques ou ovées-lancéolées, en rosettes parfois toutes contiguës au début de la floraison; fleurs nombreuses, en gros glomérules rapprochés et nombreux au sommet des rameaux; bractées peu colorées; stipules blanches.

α *glabra*. Mascara, Kralfallah, Djebel-Antar, etc.

β *pubescens*. — Mêmes lieux, plus rare.

H. polygonoides Cavanilles; Ball, spic.; *H. erecta* Desf., fl. atl. d'après les auteurs. — Tiges dressées, ligneuses, très rameuses; feuilles mucronées; fleurs sessiles, en cymes dichotomes. Maroc (Ball), Mascara (Desf.), si c'est bien là la plante dont a voulu parler Desfontaines.

PTERANTHUS Forsk.

Pt. echinatus Desf., fl. atl.; Munb., cat. — Plante à tiges rameuses, dressées ou ascendantes; feuilles étroitement linéaires (1/2-1 millim. de largeur sur 1 cent. de long environ), un peu charnues, opposées, paraissant verticillées; stipules lancéolées; inflorescences bizarres tombant tout d'une pièce et formées d'un pédoncule large, oblong, aplati, portant 3 fleurs dans les dichotomies de petits rameaux avortés, épineux; calice fermé, à 4 sépales linéaires, cucullés, cornus à corne aplatie, membraneuse; 4 étamines; utricule monosperme. ① C. C. C. Dans les terres argileuses, Hammam-R'hira, Chélif, Biskra, Oran, H.-Pl., etc., etc. Avril-mai. Orient.

Tribu IV. — CORRIGIOLÉES.

CORRIGIOLA Fenzl.

Herbes à feuilles alternes, à stipules scarieuses; 5 sépales; 5 pétales; 5 étamines; capsule uniloculaire, univalve, indéhiscente; 3 styles; tiges couchées en cercle sur le sol, peu rameuses, à feuilles linéaires ou oblongues, lancéolées; fleurs blanches, petites.

C. littoralis L.; Desf., fl. atl.; Munb., cat.; Lx, cat. Kab. — Feuilles linéaires ou lancéolées ou oblongues, larges de 2-3 millim.; rameaux feuillés jusques dans les inflorescences; fleurs en petites grappes terminales et latérales très nombreuses. C. C. C. Lieux sablonneux du littoral et de l'intérieur. Automne. Tout le littoral, Médéa, Boufarick, Constantine, etc., etc. Europe, Rég. médit., Orient.

C. telephiifolia Pourret; Munb., cat.; Ball, spic. — Feuilles larges de 4-6 millim., glauques; plante plus robuste; fleurs plus grandes; sépales obtus; rameaux floraux non feuillés. Oran (Munby), Kosni ! (Pomel), Maroc.

Sous-famille III. — MOLLUGINÉES.

Fleurs régulières; calice 5-partit; *pétales en nombre indéfini ou nuls;* étamines 3-5 ou davantage, hypogynes; ovaire libre, pluriloculaire ou subpluriloculaire; placentation centrale ou axile; embryon roulé autour d'un albumen farineux; capsule coriace, loculicide; feuilles stipulées ou non, alternes ou pseudo-verticillées.

TELEPHIUM L.

Calice à 5 divisions; 5 pétales persistants subhypogynes; 5 étamines; 3 styles étalés, recourbés; capsule à 3-4 valves, à 3-4 loges incomplètes dans le haut; loges polyspermes.

T. Imperati L.; Desf., fl. atl.; Munb., cat.; *T. oppositifolium* DC., non Shaw.; *T. alternifolium* Mœnch. — Souche ligneuse, verticale; tiges de 1-4 décim., droites, couchées sur le sol, simples, feuillées jusqu'au sommet; feuilles alternes, obovées, glauques; stipules membraneuses, petites; fleurs blanches en cymes agglomérées au sommet des tiges; capsule triangulaire, fauve, brillante, exserte; graines noires, luisantes, chagrinées. ♃ Rochers des H.-Pl. A. C. Rég. médit. occidentale.

T. oppositifolium Shaw.; L.; Munb., cat.; *T. alternifolium* DC., Prodr., non Mœnch. — Feuilles opposées. Barbarie. Ne paraît pas avoir été revu depuis Shaw.

GLINUS Lœfl.

Herbes annuelles, tomenteuses, à feuilles opposées, sans stipules ou en pseudo-verticilles; calice 5-partit; pétales 3 ou en nombre indéfini, subpérigynes; étamines 3-20, hypogynes; ovaire libre à 3-5 loges; styles 3-5, linéaires; ovules nombreux fixés dans l'angle des loges.

G. lotoides L.; Desf., fl. atl.; Munb., cat. — Tiges décombantes ou dressées, dichotomes (1-4 décim.); feuilles oblongues ou spatulées, longues de 15-25 millim. sur 6-10 de largeur; fleurs inégalement pédicellées en fascicules axillaires; sépales elliptiques de 5-7 millim.; 12 étamines; 5 styles; graines strophiolées, réniformes, chagrinées. Port de *Cerastium*. ① Bône, La Calle, Rég. médit., Orient.

GISECKIA L., voy. *Phytolaccacées*.

PORTULACÉES Jussieu.

Calice bi-tripartit; pétales 5, libres ou un peu cohérents; étamines 5 ou plus, oppositipétales; fruit pixidaire, à 3-5 carpelles; placentation centrale; embryon roulé autour de l'albumen; feuilles entières sans stipules.

PORTULACCA L.; Pourpier.

2 sépales, à la fin caducs; 4-6 pétales; 8-15 étamines; style 5-6 fide.

P. oleracea L.; Munb., cat.; Lx, cat. Kab.; Ball, spic. — Plante charnue, à entre-nœuds allongés; feuilles sessiles, obovées ou oblongues, grasses, les inférieures opposées; fleurs jaunes, sessiles; sépales inégaux, carenés au sommet; graines petites, nombreuses, noires, tuberculées. C. C. C. Jardins, cultures. ① Tout l'été. Plante cosmopolite.

MONTIA L.

Calice à 2-3 sépales persistants; 5 pétales subhypogynes, soudés à la base; étamines 3 ordinairement; style tripartit; capsule trivalve; herbes aquatiques poussant en touffes serrées, à feuilles oblongues, opposées, un peu charnues. Port de *Stellaria* ou de *Mœhringia*.

M. fontana L.; Munb., cat.; Ball, spic.; *M. minor* Gmelin. — Plante d'un vert jaunâtre; tiges grêles, en gazon serré, hautes de 5-15 cent. au-dessus de l'eau; cymes terminales ou latérales, munies à leur base d'une bractée opposée à une feuille; fleurs blanches, minuscules; graines relativement grosses, noires, luisantes, chagrinées. Sources et ruisseaux des montagnes. ♃ Teniet, Fort-National, Tiaret, etc. A. R. Mai-juin. Europe, Rég. médit., Orient.

MELIACÉES Jussieu.

MELIA L.

M. Azedarach L. *(L'Azedarach, lilas du Japon)* Desf., fl. atl.; Munb., cat. — Arbre d'ornement cultivé.

VITIFÈRES ou **AMPELIDÉES** Endlicher.

VITIS L.

V. vinifera L. (la vigne sauvage); Desf., fl. atl.; Munb., cat.; Lx, cat. Kab.; Ball, spic. — Feuilles glabres ou tomenteuses en dessous. C. C. C. Broussailles humides, partout. Donne des fruits abondants sans taille ni culture, bien spontanée.

ACÉRINÉES DC.

ACER L.; Erable.

Arbres ou arbustes à feuilles opposées, palmatilobées, caduques; fleurs polygames, en grappes terminales, sessiles, corymbiformes; calice 5-partit; corolle à 5 pétales; étamines 8, rarement 4 ou 12; ovaire formé de 2 samares accolées; graines exalbuminées; embryon courbe; cotylédons condupliqués.

A. opulifolium Villars; *A. opulus* Aït.; *A. italum* Lauth.; Reich. 4827 a. — Arbre à grandes feuilles longuement pétiolées, suborbiculaires, à 5 lobes aigus ou obtus, crénelés, en cœur à la base, opaques, blanchâtres en dessous mais glabres; grappe corymbiforme, penchée, glabre; achaines fortement nerviés, bombés, à ailes peu retrécies à la base, dressées, peu écartées au sommet. Zaccar de Miliana! Rég. médit., Orient.

A. obtusatum Willd.; Munb., cat.; Lx, cat. Kab.; Reich. 4827 β; *A. neapolitanum* Ten., sec.; Gren. Godr. — Feuilles plus petites, velues en dessous; samares à ailes étalées. A. C. Bois des montagnes, Beni-Sahla à Blida, Mouzaïa, Teniet, Djurdjura, etc. Rég. médit.

A. campestre L.; Reich. 4825. — Grand arbre à feuilles opaques, vertes sur les 2 faces, grandes, en cœur à la base, à 5 lobes profonds séparés par des sinus aigus; grappe dressée; achaines peu bombés; ailes de la samare non retrécies à la base, étalées horizontalement ou un peu renversées en arrière. Oued-Thaza! Guerrouch! (Pomel). Europe? Rég. médit., Orient.

A. monspessulanum L.; Munb., cat.; Lx, cat. Kab.; Ball, spic.; Reich. 4826. — Arbre ou arbuste à feuilles trilobées, brillantes en dessus, petites; grappe à la fin penchée, velue à la base; samares petites, bombées, noires, à ailes dressées, retrécies à la base. Teniet, Djurdjura, etc. Rég. montagneuse, Europe, Rég., médit., Orient.

NOTA. — Le *Cardiospermum Halicacabum* L., *pois merveille, ballon de Venise* des jardiniers, *Sapindacée* de l'Inde souvent cultivée a été signalée dans le sud de l'Algérie par M. le Dr Cosson, probablement subspontanée.

CORIARIÉES DC.

CORIARIA L.

C. myrtifolia L.; Desf., fl. atl.; Munb., cat.; Lx, cat. Kab.; Ball, spic. — Arbuste à feuilles opposées subsessiles, trinerviées à la base, ovées-lancéolées, entières; fleurs verdâtres, en grappes simples, axillaires ou terminales; calice 5-partit, à divisions aiguës, imbriquées; 5 pétales libres, plus courts que le calice; fruit à 5 coques monospermes, se séparant à maturité; style 5-fide; embryon droit; graine exalbuminée; fruit noir à maturité. A. C. Ruisseau des Singes, Maison-Carrée, etc. Broussailles humides, bord des rivières.

OXALIDÉES DC.

OXALIS L.

Herbes vivaces, à feuilles digitées-trifoliolées, à folioles obcordées; fleurs en ombelle au sommet d'une hampe nue, régulières; calice persistant, libre, 5-partit, imbriqué; 5 pétales à préfloraison convolutive; 10 étamines en 2 verticilles;

5 styles plus ou moins soudés; fruit capsulaire à 5 loges, s'ouvrant avec élasticité en 5-10 valves; graines arillées, albuminées.

O. corniculata L.; Munb., cat.; Lx, cat. Kab.; Ball, spic. — Plante caulescente, à tiges couchées, radicantes, sans stolons; feuilles stipulées, vertes, à folioles profondément échancrées; pédicelles 2-3, réfléchis à maturité; fleurs jaunes, petites; capsule pubescente, allongée. ♃ C. C. C., partout, tout l'été. Plante cosmopolite.

β *pubescens.* — Feuilles très tomenteuses. A. R. Environs d'Alger.

O. cernua Thunb.; Munb., cat.; Ball, spic.; *O. lybica* Viv. — Plante ordinairement acaule, se reproduisant par des bulbilles souterrains; pétioles et hampes cylindriques, allongés, très glabres; ombelles multiflores; fleurs jaunes, grandes, penchées avant l'anthèse; styles très courts. Très commun près d'Alger. ♃ Plante gazonnante très envahissante, originaire du Cap ainsi que l'espèce suivante, naturalisée dans la région méditerranéenne.

β *microphylla.* — Feuilles plus petites, tachées de noir; fleurs doubles. Avec l'espèce.

O. compressa Jacquin. — Diffère de la précédente par ses pétioles courts, larges, aplatis, semi-cylindriques-ailés, ciliés sur les bords; folioles larges, un peu velues; hampes plus courtes; styles allongés. ♃ Avec la précédente, plus rare. Hôpital de Mustapha, etc. Ces 2 espèces ne grainent pas en Algérie.

O. acetosella L. Desf., fl. atl. — Plante acaule, stolonifère, à fleurs roses ou blanches, solitaires sur chaque hampe. Algérie (Desf., fl. atl.) N'a pas été retrouvée.

LINÉES DC.

Fleurs régulières à 5-4 sépales imbriqués; 5-4 pétales caducs, à préfloraison contournée; étamines 5-4, hypogynes et autant de staminodes rudimentaires; 3-5 styles; capsule à 5-4 loges biovulées (chaque loge souvent divisée en 2); déhiscence septicide; ovules suspendus à l'angle interne des loges; graines exalbuminées; embryon droit; radicule dirigée vers le hile; feuilles entières, sessiles.

RADIOLA Gmelin.

Fleurs tétramères; sépales bi-trifides; feuilles opposées.

R. linoides Gm.; Munb., cat.; Ball, spic.; Reich. 5152. — Petite plante très grêle, haute de 4-7 cent.; tige ordinairement simple, ramifiée, en corymbe étalé; feuilles uninerviées, ovales, aiguës, sessiles; pétales égalant le calice; fleurs blanches, très petites, pédicellées, solitaires dans les dichotomies et agrégées au sommet des rameaux. ① Forêt de la Réghaïa (Alger), Ouïllis (Dahra), Tiaret, La Calle, etc. Avril-mai. Europe.

LINUM L. Lin.

Fleurs pentamères; sépales entiers; feuilles alternes.

§ 1. *Linastrum*. — Pétales jaunes ou blancs, parfois striés de violet; sépales ciliés-glanduleux; fleurs courtement pédicellées.

a. Feuilles presque lisses; fleurs minuscules.

L. gallicum L.; Munb., cat.; Lx, cat. Kab.; Ball, spic.; Reich. 5168. — Plante grêle, dressée (1-4 décim.), à feuilles lancéolées-linéaires; rameaux filiformes, en panicule dichotome, lâche; pédicelle égalant le calice; fleurs minuscules, jaunes; capsule plus courte que le calice. ① C. C. Lieux arides et sablonneux, un peu partout. Mars-juin. Rég. médit., Orient.

L. setaceum Brot. Maroc (Ball).

b. Feuilles lancéolées-aiguës, scabres sur le bord et souvent sur les 2 faces; sépales longuement acuminés, bien plus longs que la capsule; celle-ci petite, globuleuse (2-3 millim.-diam.)

L. strictum L.; Desf., fl. atl.; Munb., cat.; Lx, cat. Kab.; Ball, spic.; fig. Reich. 5170.; *L. sessiliflorum* α Lamarck. — Tige raide, dressée, très feuillée; pétales jaunes dépassant peu le calice; fleurs agglomérées au sommet des rameaux, presque sessiles. ① C. C. C., partout. Mars-juin. Rég. médit., Orient.

β *macranthum* Batt., Bull. soc., bot. Fr. 1884, p. 361. — Pétales 2-3 fois plus longs que le calice, blancs, striés de violet, Camps-des-Chênes, sur la route de Téniet, La Chiffa (maison forestière), Palestro. R. R.

γ *alternum* Persoon; fig. Reich. 5170; *L. sessiliflorum* β Lamarck; *L. strictum* var. *laxiflorum* Gren. Godr. en partie. — Fruits espacés, en grappes subunilatérales. Bord de la mer, Maison-Carrée, Aïn-Taya, etc.

δ *spicatum* Persoon; Reich. 5170; *L. sessiliflorum* γ Lamarck. — Fleurs en glomérules axillaires, terminant des rameaux très courts. Mustapha, Oran, Biskra, etc., etc. Partout avec le type.

L. asperifolium Boiss. et Reut., Pug., p. 25; Munb., cat. — Plante grêle, ferme, à corymbe lâche très développé, à rameaux en zigzag; fleurs blanches, très grandes, veinées de violet. ① Pont du Caïd, route de Téniet-el-Haâd, Oran. C. C. Avril.

L. bicolor Schousboë ; Munb., cat. ; Ball, spic. — Diffère du précédent par sa tige veloutée dans le bas, ses feuilles étroites dressées contre la tige, ses fleurs plus petites et ses rameaux droits. ① Oran, Munby (v. s. in herb. Pomel).

L. Lambessanum Boissier et Reut., diagn. Or., § 11-5, p. 65 ; Munb., cat. — Fleurs plus grandes que dans les précédents ; feuilles scabres seulement sur les bords ; rameaux droits. ♃ Voisin des précédents. Lambèse, Bône.

L. corymbiferum Desf., fl. atl., tab. 80 ; Munb., cat. ; Lx, cat. Kab. ; Ball, spic. — Plante puissante (6-12 décim.), à souches ligneuses, multicaules ; tiges droites, ramifiées dans le haut en un ample corymbe ; feuilles scabres sur le bord et sur la nervure médiane ; fleurs grandes, blanches ou jaunes. ♃ Broussailles. C. C. C., var. blanche surtout dans les montagnes.

β velutinum. — Feuilles et tiges veloutées-laineuses. Marais de la Rassauta.

L. ARISTIDIS nob., Bull, soc., bot. Fr. 1885, p. 337. — Diffère du précédent par ses feuilles scabres sur toute leur surface, par sa racine toujours annuelle et par ses fleurs d'un jaune d'or vif. ① Aomar près Dra-el-Mizan, Tunisie (Cosson).

c. Feuilles lisses ou presque lisses ; fleurs jaunes, médiocres.

L. tenue Desf., fl. atl., pl. 81 ; Munb., cat. ; Lx, cat. Kab. ; Ball, spic. — Feuilles souvent scabres sur le bord, lancéolées-linéaires ; tiges solitaires ou nombreuses, grêles (3-10 décim.) ; fleurs jaunes peu brillantes, à la fin en longues grappes subunilatérales ; pédicelles plus courts que le calice ; sépales acuminés. ① C. C. C. Mai-août. Lieux secs, broussailles, partout. Espagne, Maroc.

L. MUNBYANUM Boiss. et Reut., Pug., p. 24 ; Munb., cat. — Diffère du précédent par sa souche vivace, ses feuilles lisses, ses sépales lancéolés-aigus, trinerviés. Oran. A. C. Maroc.

L. maritimum L. ; Desf., fl. atl. ; Munb., cat. ; Lx, cat. Kab. ; Reich., fig. 5172. — Feuilles lisses, parfois assez larges ; pédicelles souvent plus longs que le calice ; sépales ovés-lancéolés, non acuminés, dépassant peu la capsule. ♃ Marais du littoral. A. C. Juin-septembre. Maison-Carrée, etc. Rég. médit.

§ 2. *Eulinum*. — Fleurs violettes, roses ou bleues ; plantes souvent multicaules.

a. Espèces annuelles, à fleurs rouges, longuement pédicellées ; sépales ciliés jusqu'au sommet ; grosses capsules rondes.

L. grandiflorum Desf., fl. atl., tab. 78. — Feuilles glabres, lancéolées ; fleurs très grandes (3 cent.) ; sépales longs de 1 cent., ovoïdes-acuminés ; pétales élégamment nuancés de stries noires, rayonnantes dans le bas. ① Très ornemental. Oran. A. C. Alger. R. Mars-juin.

L. decumbens Desf., fl. atl., tab. 79 ; Munb., cat. — Tiges décombantes ; plante plus humble que la précédente ; pétales 2-3 fois plus courts, même type. ① Oran. A. C. Renaud, Oued-Okris, Tunisie.

b. Espèces annuelles ou perennantes ; fleurs bleues, longuement pédicellées ; sépales à marge blanche, ciliée, à mucron lisse ; grosses capsules rondes.

L. augustifolium L. ; Munb., cat. ; Lx, cat. Kab. ; Ball, spic. — Plante annuelle ou perennante, à tige simple, dressée, ou multicaule ; feuilles linéaires-subulées ; fleurs médiocres, d'un bleu pâle ; stigmates capités. C. C. C., partout. Mars-juin. Europe, Rég. médit.

L. usitatissimum L. ; Desf., fl. atl. ; Munb., cat. ; Lx, cat. Kab. *Lin cultivé.* — Fleurs grandes, d'un beau bleu ; feuilles plus larges ; sépales peu ciliés ; stigmates en massue. Très cultivé, subspontané. Patrie inconnue, dérive peut-être du précédent.

c. Espèces nettement vivaces, sous frutescentes à la base.

L. suffruticosum L. var. *squarrosum* Munb., cat. — Plante multicaule, à tiges dressées ; feuilles inférieures minuscules, fortement hérissées, hispides, imbriquées, les autres linéaires, subulées, aciculaires, un peu scabres ; pédicelles souvent plus courts que le calice ; calice glanduleux à sépales non marginés, acuminés ; capsule petite ; fleurs rosées. ♃ Avril-juin. H.-Pl. oranais, Djebel-Antar, Daya, Garrouban, Boghar.

L. punctatum Presl. ; *L. punctatum* et *L. austriacum* Munby, cat. ; *L. mauritanicum* Pomel. — Tiges courtes, décombantes ; feuilles imbriquées, lancéolées-linéaires, aiguës, couvertes (sur le sec) de points cristallins visibles à la loupe ; pédicelles articulés sous la fleur, d'abord courbés vers le sol puis redressés ; sépales elliptiques, aigus, 5-nerviés à la base, étroitement marginés, non glanduleux ; fleurs bleues, grandes ; capsule grosse, globuleuse, égalant 2 fois le calice. Mai. Garrouban, Asfour, Ouargla, Boghar, etc., etc.

ZYGOPHYLLÉES Rob. Br.

Plantes à feuilles opposées ou alternes, stipulées, souvent composées, non ponctuées ; 4-5 sépales ; 4-5 pétales alternant avec les sépales ; fleurs diplostemones, rarement isostemones ou triplostemones ; ovaire ; 4-5 lobé, à 4-5 carpelles, septicide, se séparant en 4-5 coques bi-pluriovulées ; 1 style, rarement 4 ou 5 ; embryon droit, albuminé ou non ; radicule supère.

Tribu I. — EUZYGOPHYLLÉES.

Feuilles opposées.

§ 1. Fruit se séparant en coques ; embryon exalbuminé.

TRIBULUS L.

Feuilles pennées sans impaire ; fleurs pentamères ; coques épineuses ; ovaire sessile ; style unique ; stigmate à 5 rayons ; 1-5 graines par loge ; herbes annuelles, à tiges rampantes, lâchement rameuses.

T. terrestris L. ; Desf., fl. atl. ; Munb., cat. ; Lx, cat. Kab. ; Ball, spic., fig. Reich. 4821. — Plante pubescente soyeuse, à fleurs jaunes, petites. ① A. C. Juin-septembre, un peu partout, Rég. médit.

§ 2. Fruit capsulaire ; embryon albuminé.

FAGONIA L.

Herbes couchées, rameuses, ordinairement vivaces, à feuilles opposées ; 1-3 foliolées, à stipules épineuses ; fleurs solitaires, roses ou violacées, axillaires, pentamères ; pétales onguiculés ; ovaire profondément 5 lobé, en forme de toupie ; style et stigmate simples ; graines aplaties à testa mucilagineux ; tiges articulées.

a. Jeunes rameaux subtétragones à faces marquées d'un sillon.

1. Stipules épineuses plus courtes que la feuille.

F. latifolia Delile, fl. Ég., tab. 28, fig. 3 ; Munb., cat. — Plante longuement velue, glanduleuse ; rameaux dressés-étalés, dichotomes ; entre-nœuds allongés ; stipules dépassant peu le pétiole très court ; feuilles inférieures trifoliolées, à foliole médiane 3-4 fois plus grande que les autres, élargie-arrondie au sommet, existant seule dans les feuilles supérieures ; sépales hispides ; fleurs pâles assez grandes ; pédicelle à la fin réfléchi, plus long que la capsule, hispide. ♃ Orient.

F. virens Cosson. — Feuilles glabres. Biskra. Une forme de Tunisie à des pédicelles courts.

F. glutinosa Delile, fl. Ég., tab. 26, fig. 3 ; Munb., cat. — Plante toute velue-glanduleuse, visqueuse ; feuilles plus petites que dans l'espèce précédente dont elle est voisine. ♃ C. C. C. Dans tout le Sahara. Orient.

F. cretica L.; Desf., fl. atl.; Munb., cat.; Ball, spic. — Plante glabre à tiges assez robustes, étalées, très rameuses; feuilles toutes trifoliolées, épines plus courtes que le pétiole; folioles lancéolées-linéaires, aiguës, égalant ou dépassant le pétiole; pédoncules recourbés, égalant à peu près la capsule; celle-ci grande, un peu velue (8 millim.) ♄ Littoral oranais. Bône, Tunisie. Rég. médit.

F. sinaica Boissier, diagn., § 1, fasc. 1, p. 61; Munb., cat. — Voisine de la précédente, un peu glanduleuse; épines plus développées; feuilles plus petites, les supérieures unifoliolées; capsule et graines plus petites. ♃ Sahara, Biskra, Bou-Saâda, etc., etc. Orient.

F. microphylla Pomel. — Plante toute velue-glanduleuse; épines bien plus courtes que le pétiole très long (20 millim.); feuilles toutes trifoliolées, à folioles très petites, charnues, glutineuses; pédicelles longs (5-12 millim.), étalés ou réfléchis; capsule grosse, velue, ordinairement plus courte que le pédicelle. ♃ Metlili, M'zab. Vieux pétioles persistant sous forme de longues épines blanches.

2. Stipules dépassant la feuille.

F. Bruguieri DC.; *F. echinella* Boissier; Munb., cat. — Plante pubescente-glanduleuse; feuilles courtement pétiolées, les inférieures trifoliolées; pédoncules recourbés, plus courts que la capsule. ♃ Sahara.

b. Jeunes rameaux cylindriques, striés.

F. arabica L. « in Algeria Desf., fl. atl. » N'a pas été retrouvé.

Espèces qui ne me sont pas suffisamment connues.

F. frutescens Cosson, voyages. Au-delà de Biskra.

F. getula Pomel. Biskra.

ZYGOPHYLLUM L.

Fleurs 4-5-mères, diplostemones; étamines insérées sous le disque, à filets intérieurement munis d'une écaille; ovaire sessile, anguleux, à 4-5 loges bi-pluriovulées; 1 style; fruit anguleux, à déhiscence variable; herbes ou arbrisseaux à feuilles stipulées, charnues, bifoliolées dans les espèces algériennes.

Z. cornutum Cosson, Bull. soc., bot. Fr. II, p. 364. — Arbrisseau très rameux, à rameaux blancs, pubescents ainsi que les feuilles; pétiole et folioles égaux, très charnus; stipules petites, soudées 2 à 2 en une écaille émarginée; fleurs blanches, petites, solitaires ou géminées; fruit obconique à 5 angles prolongés en 5 cornes divergentes à peu près aussi longues que lui. ♄ Oued-Biskra. A. C. Chott Chergui.

Z. album L.; Desf., fl. atl.; Munb., cat. — Diffère du précédent par son fruit plus petit, à cornes très peu développées, non étalées. Chott-el-Djerid, Tunisie, Tripoli, Orient.

Z. Geslini Cosson, Bull, soc., bot. Fr. III, p. 705. — Diffère des 2 précédents par son fruit globuleux non cornu au sommet. Touggourt, Hadjira (de Geslin), Ouargla (Pomel).

Z. Webbianum Cosson; *Z. Fontanesi* Webb. Canaries (Ball, spic.)

Z. Fabago L. Algérie? ex DC., Prodr.

Tribu II. — PSEUDO-ZYGOPHYLLÉES.

Feuilles simples, alternes.

PEGANUM L.

Calice 5-partit; pétales 5, imbriqués; 12-15 étamines insérées sous le disque, nues; ovaire globuleux à 3-4 loges; style triquêtre; ovules nombreux; fruit capsulaire trivalve, loculicide; graines anguleuses à testa spongieux.

P. Harmala L.; Desf., fl. atl.; Munb., cat.; Ball, spic. (*Harmel* des Arabes). — Herbe glabre, à tiges fortes, rameuses; feuilles multifides; fleurs grandes, blanches; pétales oblongs, elliptiques égalant à peu près les sépales (12-13 millim.); fruit capsulaire, sphérique déprimé au sommet. ♃ H.-Pl., 3 prov. A. C. Chélif, Djelfa, Batna, Laghouat, etc. Rég. médit. et désertique.

NITRARIA L.

N. tridentata Desf., fl. atl.; Munb., cat. — Arbrisseau de 6-12 décim., épineux, à feuilles cunéiformes, un peu charnues, 3-5 dentées au sommet; fleurs longuement pédicellées, en panicule corymbiforme au sommet des rameaux; calice quinquéfide; pétales blanchâtres, un peu hispides; 15 étamines nues; ovaire triloculaire pyramidal, acuminé par le style. ♄ Avril-juin. Oued-Biskra, Sahara, 3 prov. A. C. Orient.

RUTACÉES Jussieu

Diffèrent des *Zygophyllées* par leurs feuilles simples, ponctuées-pellucides, sans stipules.

RUTA L.

Fleurs jaunâtres, tétramères, la centrale souvent pentamère ; pétales ordinairement cucullés-fimbriés ; ovaire à 4-5 loges, s'ouvrant en autant de coques déhiscentes par leur bord interne ; disque à 8-10 fossettes nectarifères ; plantes odorantes, sous-frutescentes, à feuilles bi-tripinnatiséquées.

R. montana Clus. ; Munb., cat. ; Lx, cat. Kab. ; Ball, spic. ; Reich. 4811 ; *R. tenuifolia* Desf., fl. atl. — Segments des feuilles très étroits ; plante glauque, blanchâtre, à rameaux stériles très feuillés ; tiges grêles, peu rameuses ; bractées petites, subulées ; pétales non frangés ; fleurs petites ; capsule globuleuse (2-2 et 1/2 millim.) ; grappe fructifère serrée. ♃ C. C. C. Dans toute la région montagneuse. Rég. médit., Orient.

R. chalepensis L. ; *R. angustifolia* Persoon ; Munb., cat. ; Ball, spic. ; Reich. 4813. — Plante plus rameuse, plus étalée que la précédente, moins blanchâtre, moins touffue à la base ; divisions des feuilles plus écartées ; bractées pas plus larges que le rameau ; pétales longuement frangés ; coques aiguës acuminées (6-9 millim.) ; grappe fructifère étalée. ♃ Région subatlantique. El-Affroun, Oued-Djer, Boghar, Goudjila, etc. Rég. médit.

R. BRACTEOSA DC. ; Munb., cat. ; Lx, cat. Kab. ; Ball, spic. ; Reich. 4815. — Bractées larges, cordiformes ; feuilles à segments larges, d'un vert sombre. ♃ Bord de la mer, Cap Caxine, Corso, etc. Rég. médit.

HAPLOPHYLLUM Jussieu.

Fleurs pentamères ; pétales entiers, jaunes, cucullés ; stigmate capité ; feuilles ordinairement entières ou tripartites. Le reste comme dans le genre précédent.

H. linifolium Juss. ; Munb., cat. ; Reich. 4817. — Feuilles simples, lancéolées ; plante glabrescente ; fleurs grandes, pédicellées, peu nombreuses, en cyme compacte ; sépales très courts ; ovaire fortement pubescent. ♃ Constantine, Itima, Béguirat, etc. Espagne.

H. tuberculatum Forsk. ; Munb., cat. — Tiges de 3-5 décim., rameuses-dichotomes dans le haut ; feuilles longuement lancéolées-linéaires, un peu fasciculées, un peu enroulées en dessous, subcrénelées, toutes couvertes ainsi que la tige de pustules pleines d'essence; odeur extrêmement fatigante; fleurs petites, brièvement pédicellées. ♃ Avril-juin. Oued-Biskra, Mzab, Orient.

H. Broussonetianum Cosson. Maroc (Ball).

H. Buxbaumi Poiret. Tunisie. Peut être dans l'est de l'Algérie.

HYPÉRICINÉES DC.

Herbes vivaces ou arbrisseaux à feuilles opposées ou verticillées, simples, non stipulées, souvent ponctuées-pellucides; fleurs jaunes, en cymes corymbiformes, pentamères; étamines indéfinies, soudées en 3-5 phalanges; 3 styles; ovaire uniloculaire, à 3-5 carpelles multiovulés; ovules exalbuminés.

HYPERICUM L.

Caractères de la famille.

§ 1. *Androsæmum.* — Fruit baccien; étamines pentadelphes.

H. Androsæmum L.; *Androsæmum officinale* Allioni; Munb., cat.; Lx, cat. Kab. — Arbrisseau rameux, à feuilles ovées-lancéolées, entières (4-9 cent. sur 2-4); rameaux à 2 ailes étroites; fleurs médiocres (12-16 millim.) ♄ Lieux frais de la région atlantique. Ruisseau des Singes, Djurdjura, etc., etc. Europe, Rég. médit., Orient.

§ 2. *Euhypericum.* — Fruit capsulaire déhiscent; étamines triadelphes; feuilles opposées dans toutes les espèces algériennes.

a. Capsule toute couverte de grosses vésicules; plantes glabres; tiges rondes avec 2 lignes longitudinales.

H. perforatum L.; Munb., cat.; Lx, cat. Kab.; Ball, spic.; Reich. 5177. — Tiges très rameuses, dressées, rigides, stolonifères; feuilles étroites, sessiles, ponctuées de noir sur le bord ainsi que les sépales, les pétales et les anthères; panicule ample, multiflore; pétales 2 fois aussi longs que les sépales et dépassant les étamines; graines noires, luisantes, fovéolées. ♃ Lieux secs, pelouses, partout. A. R. Avril-juillet. Europe, Orient.

H. afrum Desf. fl. atl.; Munb., cat. — Diffère du précédent par ses tiges sous-frutescentes, hautes de 10-16 décim., ses feuilles plus larges, elliptiques, crispées sur le bord, son inflorescence plus étalée, ses capsules un peu plus grandes. ♃ Akfadou (Lx), La Calle, Tunisie.

H. ciliatum Lam.; Munb., cat.; *H. perfoliatum* L., sec. Ball; *H. dentatum* Lois.; *H. montanum* Desf.? — Tiges fortes, dressées, rameuses seulement dans le haut; feuilles de 4 cent. sur 1 et 1/2 environ, cordées-lancéolées, un peu aiguës, largement embrassantes, un peu dentées; sépales longuement ciliés, fimbriés, ponctués de noir; fleurs grandes en corymbe dense; étamines égalant presque les pétales; graines à stries longitudinales, ondulées. Mai-juillet. Alger. A. C. Kabylie, etc.

b. Capsule munie de bandelettes parallèles, nombreuses.

1. Tige quadrangulaire à 4 ailes étroites; plantes glabres.

H. tetrapterum Fries. — Tiges droites; feuilles elliptiques, finement ponctuées-pellucides; corymbe serré; fleurs médiocres; sépales lancéolés-aigus, entiers; graines cendrées, rugueuses, fovéolées. ♃ Médéa, Nador au-dessus de Lodi, sources; Kabylie. Juin-juillet. Europe.

2. Tige ronde ou munie de lignes ou ailes étroites; feuilles glabres, semi-amplexicaules.

H. montanum L.; Lx, cat. Kab. — Tiges dressées, peu rameuses; feuilles ovales bordées de points noirs, les supérieures ponctuées-pellucides; cymes compactes; pédicelles très courts; sépales munis de cils courts, glanduleux; graines fovéolées. Port de l'*H. ciliatum*. ♃ Djurdjura. Europe, Orient.

H. crispum L.; Desf., fl. atl.; Munb., cat. — Plante très rameuse, pyramidale, à rameaux divariqués; feuilles étroites, à bords ondulés, ponctuées; cymes pauciflores au bout des rameaux; sépales entiers; fleurs petites; graines ponctuées. ♃ « in arvis Desf. » Tunisie, Rég. médit.

H. repens Desf., fl. atl.; Munb., cat.; L.? *H. australe* Tenore. — Tiges nombreuses, souvent décombantes, grêles, 1-3 décim.; feuilles ovées-elliptiques bordées de points noirs, non ponctuées-pellucides, glauques en dessous; sépales entiers ou un peu glanduleux; pétales jaunes à veines rougeâtres; graines alvéolées. ♃ C. C. C. Partout dans le Tell. Mars-juillet. Rég. médit.

3. Feuilles et tiges pubescentes; tiges rondes; feuilles embrassantes ou connées.

H. Naudinianum Cosson, Bull. soc., bot. Fr. II, p. 308; Lx, cat. Kab.; *H. perfoliatum* Munb., non L. — Plante touffue, à tiges les unes stériles, les autres florifères, plus ou moins rameuses, décombantes; feuilles assez larges, pubescentes, connées, peu ou pas ponctuées; sépales un peu glanduleux, oblongs, lancéolés, entiers ou presque entiers; fleurs grandes; graines un peu rugueuses. ♃ Juin-septembre. Cascades de la région montagneuse, rochers humides. A. C.

H. tomentosum L.; Desf., fl. atl.; Munb., cat.; Ball, spic. — Tiges décombantes; feuilles ovales ou oblongues, à bords sinués, embrassantes, non connées; grappes corymbiformes; fleurs brièvement pédicellées; sépales lancéolés-acuminés, brièvement ciliés; capsule petite; graines striées, alvéolées. C. C. C. Juin-septembre. Champs, partout. ♃ Tell, H.-Pl., Espagne, France, Italie, Maroc.

β *racemosum*. — Feuilles petites, parfois glabrescentes; tiges grêles, couchées; fleurs en longues grappes unilatérales; forme tardive. Bord des chemins, le long des murs.

γ *palustre*. — Plante élancée, robuste, à tiges dressées. Marais, Boufarik, Maison-Carrée, etc.

H. PUBESCENS Boissier, voy. Esp., tab. 36; *H. suberosum* Salzman; Lx, cat. Kab.; Cosson, voyages. — Plante laineuse, à tiges droites, fermes, élancées, à fleurs plus grandes; sépales laineux, longuement acuminés, non ciliés. ♃ H.-Pl., Kabylie. A. C.

H. coadunatum Chr. Sm., var. *atlanticum* Ball. Maroc.

H. undulatum Schousboë. Maroc.

H. Roberti Cosson, inédit. — Espèce à feuilles linéaires-verticillées. Tunisie, probablement à Tébessa.

A la suite des *Hypéricinées* nous placerons le petit groupe des *Élatinées* que l'on rapproche souvent des *Lythrariées*, des *Haloragées* ou des *Crassulacées*, mais dont l'insertion est nettement hypogyne.

ÉLATINÉES Endl.

ELATINE L.

Herbes aquatiques, humbles, radicantes, à feuilles un peu charnues, stipulées, opposées ou verticillées, à petites fleurs tétramères diplostemones (in nostris); 4 styles; capsule globuleuse, à 4 loges, à déhiscence septicides; graines longues, rugueuses, exalbuminées ou à peu près.

E. campylosperma Seub.; Munb., cat. — Herbe grêle, humble, à feuilles opposées, pétiolées, petites; fleurs pédonculées, alternes, axillaires; graines fortement courbées. ① Bône (Munby, cat.)

E. alsinastrum L. — Plante plus élevée à port d'*Hippuris*; feuilles et fleurs verticillées et sessiles ou subsessiles; graines presque droites. ♃ Bône, Senhadja (herb. Pomel).

APPENDICE

AUX THALAMIFLORES

Depuis que ce fascicule a été livré à l'imprimeur, M. le docteur Cosson a fait paraître le 1er volume du *Compendium floræ atlanticæ*. Après avoir compulsé avec soin cette œuvre magistrale, nous avons reconnu la nécessité d'ajouter à notre rédaction les quelques modifications suivantes :

1° Plantes a ajouter.

Ranunculus cortusœfoluis Wild. Maroc.

Fumaria capræolata L., var. *flabellata* Gasparrini. — Diffère surtout du type par son fruit rugueux. Bône, Philippeville, Djidjelli, Oued-Zaouïa, près Garrouban (Cosson, *Compend.)*

Fumaria macrosepala Boissier. — Diffère du *F. Capræolata* L. par ses sépales encore plus grands, subentiers, bien plus larges que la corolle, et presque aussi longs dans le bouton floral ; souche vivace d'après Boissier. Tlemcen.

Draba lutescens Cosson. Maroc.

Brassica fruticulosa Cyrill., var. *Cossoneana* Cosson, *Compend.*, *B. Cossoneana* Boiss. et Reut., Diagn., § II-1, p. 31. — Feuilles hispides; fleurs jaunes, petites; sépales hispidules. Djebel-Tessala, Aflou, Tyout, Aïn-Sfissifa. C'est peut-être ma plante du Tombeau de la Chrétienne.

Le *Bunias Erucago* indiqué par M. Cosson à Maison-Carrée et au Hamma près d'Alger, ainsi qu'à Mostaganem, y était probablement adventif.

2° Plantes a supprimer.

Delphinium Ajacis L. — D'après les localités citées dans le *Compendium*, cette plante me paraît adventive.

Fumaria Vaillantii L. — Je ne l'avais cité que d'après les voyages de M. Cosson, qui le supprime aujourd'hui.

Mathiola incana Rob. Br. — La localité unique de cette plante citée dans le compendium : « De St-Eugène à la Pointe-Pescade », se continue sans interruption, avec un jardin, et beaucoup de pieds ont encore des fleurs panachées.

Mathiola sinuata Rob. Br. — Même localité, même observation. M. Cosson, cite encore cette plante à Bou-Ismaël, d'après la description du *M. glandulosa* Pomel, qu'il suppose appartenir à cette espèce, à tort, je crois. Quant à la localité de l'Oued-Messida, la plante qui s'y trouve appartient probablement d'après M. Cosson lui-même à une espèce nouvelle.

Observations diverses.

Le *Myosurus minimus* L. que je ne connaissais qu'au Djebel-Santo est encore signalé par M. Cosson à Daya (Oran), et à El-Aria (Constantine).

Le *Rœmeria argemonoïdes* Pomel serait d'après M. Cosson identique avec le *R. orientalis* Boissier.

Le *Brassica Havardi* Pomel pourrait bien être la plante décrite dans le *Compendium* sous le nom d'*Erucastrum varium*, var. *tenuirostre.*

M. Cosson rapporte aujourd'hui au *Diplotaxis muralis* DC. tous les échantillons d'Algérie qu'il avait autrefois déterminés *D. tenuifolia* DC. Pourtant je ne puis rapporter qu'au *D. tenuifolia*, plante qui m'est familière depuis mon enfance, les échantillons du Fort-l'Empereur.

M. Cosson cite, d'après les échantillons que je lui ai envoyés, le *Sisymbrium hispanicum* Jacquin : « *in cultis et campestribus.* » Ces mots doivent se rapporter à l'habitat général de la plante, car il n'y a jamais eu de cultures à El-Biod.

D'après les renseignements verbaux qu'à bien voulu me donner M. Cosson, l'*Erodium asplenioides* Desf. (sub *Geranio)*, des montagnes de Sbiba en Tunisie est actuellement inconnu. La plante déterminée sous ce nom sur les hauts sommets des montagnes d'Algérie, s'en rapproche certainement; mais rien ne prouve que ce soit là la plante décrite dans le *Flora atlantica.* M. Cosson est d'avis qu'il y a lieu de réunir son *E. montanum* à l'*E. hymenodes* L'Hér.; que l'*E. muliebre* DR. et l'*E. redolens* DR. sont une seule et même variété de l'*E. cicutarium;* que l'*E. erectum* DR. doit être réuni comme synonyme à l'*E. malacoides.*

Errata.

Page 10, ligne 23, après « *R. monspeliacus* » ajoutez : « et *R. orientalis.* »

Page 20, ligne 28, au lieu de remplis lisez renflés.

Page 40, au lieu d'*Iberis Pruitii* Tineo (et non Tenore) lisez : *Iberis ciliata* Allioni. — Plante à 2-3 tiges ou plus, ascendantes, dressées sous-frutescentes à la base, simples ou un peu rameuses dans le haut, glabres ou hispides; feuilles entières, oblongues, obtuses, un peu charnues, rarement dentées, glabres ou hispides, un peu atténuées en pétiole; fleurs blanches, roses ou violacées; fruits en corymbe ou en grappe; silicules ovoïdes, à dents triangulaires, largement ailées; ailes distinctes jusqu'à la base de la silicule; style dépassant l'échancrure de la silique. Midi de la France, Italie.

I. balansæ Jord.; *I. umbellata* Desf., non L. — Tiges naissant sous une rosette radicale très développée, persistante; feuilles glabres ou un peu ciliées, grandes; fleurs rayonnantes, très grandes, blanches ou rosées; silicules en corymbe. Médéa (Nador), Tababor, Aurès, Beguirat, Tlemcen, etc., etc.

I. taurica DC. — Fleurs roses ou violacées; feuilles ordinairement hispides; fleurs rayonnantes plus petites; silicules en grappe courte. Ouarsenis, Djelfa, Daïa, Sebdou, etc.

V. Cosson, *Compend.*, p. 253 et suiv.

Page 97, **Helianthemum Ælandicum** var. *canum,* supprimer la localité du Djebel-Santo, citée d'après l'herbier de M. Durando, probablement à la suite d'une erreur d'étiquette.

Page 145, ligne 27, avant « à dents glabres, » ajoutez : « calice. »

OUVRAGES DES MÊMES AUTEURS

FLORE D'ALGER

ET

CATALOGUES DES PLANTES D'ALGÉRIE

MONOCOTYLÉDONES

Un vol. grand in-8°, broché . . . . 5 fr.

ATLAS

DE LA

FLORE D'ALGER

MONOGRAPHIE AVEC DIAGNOSES
D'ESPÈCES NOUVELLES INÉDITES OU CRITIQUES
DE LA FLORE ATLANTIQUE

PHANÉROGAMES ET CRYPTOGAMES ACROGÈNES

1er FASCICULE

11 Planches, avec texte, grand in-8°. . . . . 4 fr.

ALGER. — TYPOGRAPHIE ADOLPHE JOURDAN

FLORE DE L'ALGÉRIE

ANCIENNE FLORE D'ALGER TRANSFORMÉE

CONTENANT

LA DESCRIPTION DE TOUTES LES PLANTES SIGNALÉES JUSQU'A CE JOUR COMME SPONTANÉES EN ALGÉRIE

PAR

BATTANDIER ET TRABUT

Professeurs à l'École de Médecine et de Pharmacie d'Alger

DICOTYLÉDONES

PAR

J.-A. BATTANDIER

2e FASCICULE

CALICIFLORES POLYPÉTALES

ALGER
TYPOGRAPHIE ADOLPHE JOURDAN
IMPRIMEUR-LIBRAIRE-ÉDITEUR

PARIS, LIBRAIRIE F. SAVY
77, Boulevard Saint-Germain, 77

1889

CALICIFLORES DC. (1)

Clef des familles :

Série *A*. Caliciflores dialipétales.

Fleurs à pétales généralement libres et distincts.

1	Ovaire libre.	2
	Ovaire soudé avec le calice	10
2	Ovaire monocarpellaire.	3
	Ovaire pluricarpellaire.	5
3	Fruit constitué par une gousse.	Légumineuses.
	Fruit constitué par un ou deux achaines	Sanguisorbées.
	Fruit drupacé	4
4	Arbres à feuilles stipulées, simples ; étamines nombreuses	Amygdalées.
	Arbres ou arbustes à feuilles non stipulées, ordinairement composées ; 5 étamines.	Térébinthacées.
5	Carpelles distincts.	6
	Carpelles soudés en un ovaire unique.	8
6	Ovaire formé de follicules polyspermes	7
	Ovaire formé d'achaines nombreux ou de petits drupes	Rosacées.
7	Plantes grasses; fleurs isostémones ou diplostémones; corolle parfois gamopétale	Crassulacées.
	Plantes à étamines nombreuses; feuilles non charnues	Spiréacées.
8	Fruit charnu, indéhiscent; étamines oppositipétales	Rhamnées.
	Fruit charnu, indéhiscent; étamines alternipétales.	Ilicinées.
	Fruit capsulaire	9

(1) Nous renverrons aux *Monochlamydées* les *Ceratophyllées* et les *Callitrichinées*, toujours nettement apétales.

9	Capsule pluriloculaire, charnue, à déhiscence loculicide un peu enfoncée dans un disque hypogyne.	CÉLASTRINÉES.
	Arbrisseaux à feuilles minuscules, squammiformes; ovaire uniloculaire; graines chevelues.	TAMARISCINÉES.
	Herbes vivaces ou annuelles, à capsule coriace, pluriloculaire, multiovulée; graines non chevelues.	LYTHRARIÉES.
10	Fleurs tétramères ou dimères	11
	Fleurs pentamères.	13
	Fleurs à pétales nombreux, indéfinis ou nuls; plantes grasses	12
11	Graines souvent albuminées; plantes aquatiques.	HALORAGÉES.
	Graines exalbuminées; plantes terrestres ou de marais	ONAGRARIÉES.
12	Placentation pariétale; feuilles petites, caduques; tiges très charnues	CACTÉES.
	Placentation centrale; feuilles bien visibles. . .	FICOÏDÉES.
13	5 étamines, rarement plus.	14
	10 étamines ou plus.	16
14	Fruit formé de deux achaines juxtaposés.	OMBELLIFÈRES.
	Fruit baccien ou charnu.	15
15	5-10 étamines; fleurs en ombelle.	ARALIACÉES.
	5 étamines; fleurs en grappes.	GROSSULARIACÉES
16	Ovaire très allongé, à 5 loges multiovulées . . .	*Jussiæa* (ONAGRARIÉES).
	Ovaire à 2 loges; 10 étamines; plantes herbacées.	SAXIFRAGÉES.
	Ovaire ordinairement pluriloculaire, à placentation centrale; étamines nombreuses, arbres ou arbrisseaux	17
17	Feuilles non stipulées; un seul style.	MYRTACÉES.
	Feuilles stipulées, à stipules caduques; styles ordinairement autant que de loges, rarement un seul.	POMACÉES.

Série *B*. CALICIFLORES GAMOPÉTALES.

Fleurs à pétales généralement soudés en tube ou en cloche, à ovaire infère.

1	Fruit uniloculaire uniovulé.	2
	Fruit à plusieurs loges.	4

2	Fleurs en capitules involucrés; étamines soudées par les anthères.	SYNANTHÉRÉES ou COMPOSÉES.
	Étamines libres ou soudées par leurs filets. . . .	3
3	Fleurs en capitule; 4 étamines; calice entouré d'un involucelle caliciforme.	DIPSACÉES.
	Achaine accompagné de 2 loges stériles; étamines 1-5; fleurs en cymes serrées.	VALÉRIANÉES.
	Fleurs unisexuées, les mâles en capitules les femelles solitaires.	AMBROSIACÉES.
4	Feuilles opposées et stipulées ou verticillées; fruit à 2 loges.	RUBIACÉES.
	Feuilles opposées sans stipules; fruit baccien. .	CAPRIFOLIACÉES.
	Feuilles alternes.	5
5	Fleurs unisexuées; 5 étamines en 3 phalanges 2-2-1	CUCURBITACÉES.
	Fleurs hermaphrodites; 10 étamines; fruit baccien	VACCINIÉES.
	Fleurs hermaphrodites; 5 étamines; fruit capsulaire	6
6	Corolle généralement régulière; étamines libres.	CAMPANULACÉES.
	Corolle irrégulière; étamines soudées par les anthères.	LOBELIACÉES.

CÉLASTRINÉES Rob. Br.

Fleurs hermaphrodites ou unisexuées, régulières; calice à 4-5 lobes persistants; 4-5 pétales insérés sur le bord d'un disque hypogyne, opposés aux sépales; 4-5 étamines alternant avec les pétales; 1 style; fruit capsulaire à 3-5 loges, s'ouvrant en 3-5 valves loculicides; graines arillées; feuilles stipulées; stipules très caduques.

EVONYMUS Tourn. (Fusain).

E. latifolius Scopoli; fig. Reich. 5136; *E. europæus* Munb., cat. non L. — Arbuste à feuilles oblongues ou ovoïdes, très finement dentées, un peu acuminées (8-12 cent. sur 5-6); fleurs très petites, verdâtres, en cymes corymbiformes, axillaires, longuement pédonculées; capsule grosse à 4-5 angles aigus. ♄ Cascades des 2 Cèdres au-dessus de Blida, Djurdjura. Europe méridionale, Orient.

CELASTRUS L.

C. europæus Boissier. Maroc (Ball).

ILICINÉES

Cette petite famille diffère des *Célastrinées* par ses fleurs tétramères *(in nostris)*, sa corolle un peu gamopétale, l'absence de disque hypogyne et par ses ovules pendants. Arbres ou arbustes toujours verts.

ILEX L. (Houx).

I. aquifolium L.; Munb., cat.; Lx, cat. Kab.; fig. Reich. 39. — Arbre ou arbuste à feuilles coriaces, luisantes, les inférieures épineuses, les supérieures entières, ovoïdes ou elliptiques, aiguës avec une forte nervure sur le bord; fleurs axillaires, fasciculées ou solitaires, courtement pédonculées; sépales et pétales obtus; baies rouges de la grosseur d'un pois. Région des cèdres, très répandu, mais peu abondant, sauf sur certains points du Djurdjura. Europe.

RHAMNÉES Rob. Br.

Diffèrent des *Ilicinées* surtout par leur disque hypogyne et leurs fleurs ordinairement pentamères. Arbres ou arbustes souvent épineux, à feuilles simples, pétiolées, à fleurs petites, verdâtres, en petites grappes composées, axillaires.

PALIURUS Tourn.

Fruit déprimé, aplati, bordé d'une aile membraneuse; fleurs hermaphrodites, pentamères; pétales roulés en dedans; ovaire triloculaire à trois noyaux soudés; graines dépourvues de sillon dorsal; feuilles distiques, ovales, dentées ou crénelées, trinerviées; stipules épineuses.

P. australis Rœm. et Schult.; *Paliurus aculeatus* Lam.; Desf., fl. atl.; Munb., cat. — Cultivé comme haie, souvent subspontané. Ben-Aknoun, Miliana, etc. Europe, Orient.

ZIZYPHUS Tourn. (Jujubier).

Calice quinquefide à tube rotacé; ovaire enfoncé dans le disque auquel il adhère; fruit drupacé, à noyaux soudés en un seul; feuilles distiques, ovées ou elliptiques, dentées; stipules épineuses dont une recourbée en bas. Le reste comme dans *Paliurus*.

Z. Lotus L. (sub. *Rhamno)*; Desf., fl. atl.; Munb., cat.; Lx, cat. Kab.; Ball, spic. Le *Lotus* des Lotophages d'après Shaw et Desfontaines. — Grosse souche souterraine d'où partent de nombreuses tiges grêles, flexueuses, d'un blanc grisâtre, rameuses à rameaux distiques, très épineux ; feuilles de 12-15 millim. sur 10; rameaux foliacés persistants ; fruits sphériques, gros comme des pois. ♄ C. C. C. A été une des broussailles les plus communes de l'Algérie et des plus difficiles à extirper. Rég. méd. méridionale.

Z. vulgaris Lam. ; Munb., cat.; Lx, cat. Kab.; *Z. sativa* Desf., fl. atl. *Jujubier cultivé.* — Arbre à branches noueuses, à rameaux foliacés caducs ; feuilles trinerviées, 3-6 cent. sur 2-3; fleurs jaunes en grappes très courtes; fruit elliptique, gros comme un œuf de pinson, rougeâtre comestible. Cultivé subspontané, Mustapha, chemin des aqueducs, etc. Rég. médit., Orient.

Z. spina Christi L. (sub. *Rhamno);* Desf., fl. atl. ; Munb., cat. — Arbre élevé à rameaux allongés, blanchâtres, glabres; épines très fortes; feuilles arrondies ou cordiformes à la base, ovoïdes, crénelées, un peu pubescentes dans le jeune âge, persistantes; pédicelles tomenteux ; fruit gros, ovoïde, globuleux. Cultivé dans les oasis, Biskra, Tunisie, Égypte, Nubie, Abyssinie, etc.

RHAMNUS L.

Calice 4-5 fide, à tube urcéolé; ovaire libre; drupe à 2-4 noyaux distincts; graines munies sur le dos d'un sillon profond ; fleurs dioïques ou polygames, rarement hermaphrodites ; stipules caduques, non épineuses.

§ 1. *Alaternus.* — Fleurs dioïques, pentamères, en grappes ou solitaires; style bi-trifide. Arbustes inermes à feuilles alternes, persistantes.

Rh. Alaternus L. ; Desf., fl. atl.; Munb., cat.; Lx, cat. Kab.; Ball, spic. — Arbuste toujours vert, parfois très grand, à feuilles luisantes, ovoïdes ou lancéolées, pétiolées (3-6 cent. sur 2-3), dentées, coriaces, à nervure médiane épaisse, trinerviées à la base; stipules linéaires, caduques; grappes axillaires plus longues que le pétiole, multiflores; fleurs verdâtres, très petites; baie petite, rouge puis noire, à 4 noyaux. C. C. C., partout, broussailles, haies. Rég. médit.

Rh. myrtifolia Willk.; *Rh. alaternus* var. *prostrata* Boissier; Lx, cat. Kab. — Arbuste petit, déprimé, à rameaux très intriqués, exactement appliqué sur les rochers où il forme des touffes rondes ; feuilles très petites, à peine dentées. Djurdjura, Tizi-Djaboub, Tizi-N'Teselent, etc. El-Kantara (forme). Espagne.

§ 2. *Cervispina.* — Fleurs fasciculées, tétramères, dioïques ou polygames; style bi-trifide ; rameaux épineux.

a. Feuilles persistantes.

Rh. oleoides L.; Desf., fl. atl.; Munb., cat. — Buisson à tiges fermes, rameuses, terminées ainsi que les rameaux par de fortes épines; feuilles très entières, courtement pétiolées, coriaces, oblongues, obovées ou suborbiculaires (15-30 mill. sur 10-18), luisantes en dessus, finement nerviées en réseau en dessous; fascicules axillaires pauciflores; fruits obovés, jaunâtres, assez gros. ♄ Très répandu, mais peu commun dans le Tell: Maison-Carré, Aïn-Taya, Crescia, etc., etc. Maroc, Rég. médit.

Rh. amygdalinus Desf., fl. atl. — Feuilles de 11-16 millim. sur 2-6; réseau de nervures très marqué en dessous. Bou-Zegza, Djebel-Aïssa (Sud oranais.)

Rh. angustifolius Lange, Pug. — Feuilles assez longues, étroitement linéaires. L'Adjiba, Maroc (Ball), Espagne.

Rh. lycioides L.; Desf., fl. atl.; Munb., cat.; Ball, spic. — Diffère du précédent par ses feuilles petites, étroitement linéaires, peu nerviées en dessous et par ses fruits mûrs noirs. Arbrisseau poussant dans les fentes des rochers, souvent brouté et rabougri. H.-Pl. et Sahara, 3 prov. A. C. El-Kantara, Saïda, Aumale, etc. Espagne.

b. Feuilles caduques, opposées dans les jeunes rameaux.

Rh. catharthica L.; Munb., cat. — Feuilles molles, assez grandes, finement dentées, glanduleuses, longuement pétiolées; baies noires, grosses. Kabylie d'après Munby. Europe, Orient.

§ 3. *Eurhamnus.* — Arbustes inermes à feuilles molles, caduques.

Rh. alpina L.; Munb., cat.; Lx, cat. Kab. — Rameaux fermes, dressés; feuilles arrondies à la base, ovées ou elliptiques, acuminées, glabres sauf sur les nervures, finement dentées, grandes penninerviées; stipules linéaires, caduques; fleurs glabres, dioïques; graines ovoïdes, trigones, à sillon dorsal ouvert. ♄ Djurdjura, Aurès, Djebel-Dréat. Rég. médit.

Rh. libanotica Boissier, diagn., § II, 1 p. 119 et flor. d'Or. — Feuilles couvertes sur les 2 faces d'un indumentum jaunâtre; graines à sillon prolongé jusqu'au sommet. Avec l'*Alpina*. Bou-Adnan, Azib des Aït-Koufi. Orient.

TÉRÉBINTHACÉES Jussieu.

Arbres ou arbustes à feuilles alternes, composées *(in nostris)*, non stipulées; fleurs petites, nombreuses, en grappes composées, unisexuées, régulières, pentamères; pétales parfois nuls; fruit drupacé plus ou moins succulent ou sec.

PISTACIA L.

Pétales nuls ; style indivis; 3 stigmates; étamines insérées au fond du calice; drupe peu charnu ou sec. Arbres ou arbustes dioïques, résineux, à feuilles pennées, glabres.

a. Feuilles persistantes.

P. lentiscus L.; Desf., fl. atl.; Munb., cat.; Lx, cat. Kab.; Ball, spic. *Lentisque.* — Arbuste pouvant devenir un arbre élevé; feuilles paripennées, à 2-5 paires de folioles coriaces, lancéolées à odeur forte (3-4 cent. sur 10-15 millim.); pétiole étroitement ailé; fleurs en petites grappes spiciformes; drupe succulent, petit, globuleux, rouge, puis noir. Un des principaux éléments des broussailles du Tell. Les gros arbres laissent découler à la suite d'incisions un peu de térébenthine qui ne se concrète pas en mastic. Rég. médit.

b. Feuilles caduques imparipennées.

P. atlantica Desf., fl. atl.; Munb., cat.; Lx, cat. Kab.; Ball, spic. En arabe, *Bétoum.* — Arbre élevé simulant le frêne pour lequel il est souvent pris; feuilles à 7-9 folioles lancéolées (3-5 cent. sur 12-15 millim.), peu coriaces, minces, atténuées aux deux extrémités; rachis très étroitement ailé; fleurs ♂ en thyrses terminaux, fleurs ♀ en panicule lâche; fruits gros comme un petit pois, rougeâtres, puis bleuâtres, peu charnus. Miliana, Tlemcen, Aumale, Téniet, Dréat, etc. H.-Pl., 3 prov. A. C. Fournit du mastic en Tunisie d'après Desfontaines. Barbarie.

P. Terebinthus L.; Desf., fl. atl.; Munb., cat.; Lx, cat. Kab. *Térébinthe.* — Arbuste ou arbre peu élevé, assez voisin du précédent, en diffère par son rachis peu ailé, bien plus robuste, ses grosses folioles coriaces, luisantes, épaisses, souvent élargies à la base, obtuses-mucronulées au sommet (5-6 cent. sur 3). A. C. Région atlantique. Blida, La Chiffa, l'Arba, Djurdjura, etc., etc. Donne par incisions la térébenthine de Chio qui était celle des anciens. Rég. médit.

RHUS L. (Sumac).

Pétales et étamines insérés sous un disque hypogyne; 3 styles courts; stigmates capités. Arbustes recherchés pour le tannage des peaux.

a. Arbuste non épineux à feuilles pennées, caduques.

Rh. coriaria L.; Desf., fl. atl.; Munb., cat. *Sumac des corroyeurs.* — Feuilles imparipennées à 3-6 paires de folioles ovales, fortement dentées en scie, subtomenteuses, vertes en dessus, blanches-tomenteuses en dessous; inflorescences velues en thyrses terminaux et latéraux, compacts. Arbuste de 2-3 mètres. 3 prov. A. R. (Munby). Bouzaréah, route du beau fraisier. Rég. médit., Orient.

b. Arbustes épineux, dioïques; feuilles digitées à 3-5 folioles persistantes.

Rh. pentaphylla Desf., fl. atl., tab. 77; Munb., cat.; Ball, spic. — Arbre ou fort arbuste à écorce grise, très rameux; rameaux et ramuscules épineux; feuilles à 3-5 folioles cunéiformes, entières ou tridentées au sommet (2-5 millim. sur 11-16), étroites, glabres, sauf dans leur jeune âge; fleurs en grappes composées, axillaires, grêles; fruit d'un jaune rougeâtre gros comme un petit pois, subsphérique avec trois tubercules au sommet. L'écorce teint les cuirs en rouge. Oran, Chélif. A. C. Italie, Maroc.

Rh. oxyacantha Cav.; Ball, spic.; *Rh. oxyacanthoides* Dumont de Courset; *Rh. dioica* Broussonnet; Munb., cat. — Très voisin du précédent, en diffère par son port moins robuste, ses rameaux moins serrés, ses pétioles moitié plus larges, crénelées, simulant les feuilles du *Cratægus oxyacantha;* rameaux rouges, tortueux; fruits moins gros. Mêmes usages que le précédent. Pied du Chenoua au bord de la mer, Constantine, H.-Pl. et Sahara. Italie, Orient.

LÉGUMINEUSES Jussieu.

Sous-famille I. — PAPILIONACÉES.

Feuilles composées, rarement entières, stipulées; fleurs hermaphrodites, irrégulières; calice à 5 dents, souvent inégales, tubuleux à la base; corolle irrégulière formée d'un pétale supérieur *(étendard)* recouvrant les autres dans le bouton floral, souvent relevé à angle droit dans la corolle épanouie, de 2 pétales latéraux *(ailes)* recouvrant les 2 inférieurs ordinairement soudés par leur bord externe *(carène);* étamines 10, rarement libres ou monadelphes, souvent diadelphes, la supérieure restant libre, tandis que les 9 autres sont soudés par leurs filets et forment une gouttière contenant l'ovaire et contenue elle-même dans la carène; anthères introrses, biloculaires, s'ouvrant en long; style ascendant; graines bisériées, anatropes ou amphitropes; albumen nul ou presque nul.

Clef des tribus :

1	Étamines libres; gousse uniloculaire.	PODALYRIÉES.
	Étamines monadelphes ou diadelphes.	2
2	Gousse divisée en articles transversaux.	HÉDYSARÉES.
	Gousse continue uniloculaire ou à 2 loges longitudinales	3
3	Cotylédons épigés, foliacés lors de la germination; feuilles imparipennées ou digitées.	LOTÉES.
	Cotylédons épigés, charnus.	PHASÉOLÉES.
	Cotylédons hypogés, charnus; feuilles paripennées ordinairement munies de vrilles.	VICIÉES.

Tribu I. — PODALYRIÉES Bentham.

Cotylédons épigés devenant foliacés.

ANAGYRIS Tourn.

Calice campanulé à 5 dents; étendard plus court que les ailes; ailes oblongues plus courtes que la carène; carène à 2 pétales libres; stigmate capité; gousse stipitée, comprimée, longue, à plusieurs graines.

A. fetida L.; Desf., fl. atl.; Munb., cat.; Lx, cat. Kab.; Ball, spic. — Arbuste rameux, non épineux, d'un vert sombre; feuilles trifoliolées, alternes, à folioles lancéolées-obtuses, très entières, grandes, sessiles; fleurs jaunes, en grappes multiflores; étendard taché de noir; gousses grandes simulant des gousses de haricot. ♄ Plante fétide, toxique. Mars-avril. A. C. Tout le Tell, Alger, Mustapha, etc., etc. Rég. médit.

Tribu II. — LOTÉES DC.

Étamines monadelphes ou diadelphes; gousse continue, uniloculaire, plus rarement biloculaire par l'inflexion d'une des sutures.

Clef des sous-tribus :

1	Étamines monadelphes; gousse uniloculaire. . .	2
	Étamines diadelphes.	3
2	Feuilles uni-trifoliolées ou digitées.	GÉNISTÉES.
	Feuilles imparipennées.	VULNÉRARIÉES.

3	Gousse à 2 loges longitudinales plus ou moins complètes; feuilles imparipennées, les primordiales alternes.	ASTRAGALÉES.
	Gousse uniloculaire	4
4	Feuilles trifoliolées, les primordiales alternes. . .	TRIFOLIÉES.
	Feuilles imparipennées, rarement trifoliolées, les primordiales opposées	GALÉGÉES.

Sous-tribu I. — GÉNISTÉES Rob. Br.

A. EUGÉNISTÉES. — Arbrisseaux uni ou trifoliolés; 5 étamines plus longues basifixes et 5 plus courtes dorsifixes; rameaux souvent dressés, minces, jonciformes, parfois épineux.

Clef des genres :

1	Calice spathacé, unilabié.	SPARTIUM.
	Calice allongé, profondément bivalve, à dents courtes; arbrisseaux à fleurs jaunes, très épineux. .	ULEX.
	Calice tubuleux à 5 dents courtes.	2
	Calice bilabié	3
2	Fleurs bleues	ERINACEA.
	Fleurs jaunes; arbustes épineux, trifoliolés; calice tubuleux, membraneux, conique, à 5 petites dents peu visibles, se rompant circulairement avant l'anthèse.	CALYCOTOME.
3	Légume indéhiscent, presque drupacé, à 1-2 graines; arbrisseaux inermes, à fleurs blanches ou jaunes.	RETAMA.
	Légume déhiscent.	4
4	Lèvres du calice courtes, divariquées, à dents peu profondes; arbrisseaux inermes.	CYTISUS.
	Lèvres du calice porrigées, à dents profondes. .	5
5	Stigmate capité; carène ascendante; étendard ovoïde; gousse glanduleuse; arbrisseaux trifoliolés, inermes.	ADENOCARPUS.
	Stigmate oblique; carène ascendante; étendard orbiculaire; arbrisseaux inermes, trifoliolés. .	ARGYROLOBIUM.
	Stigmate oblique; carène droite obtuse, à la fin réfléchie; étendard étroit; arbrisseaux épineux ou inermes, à port variable.	GENISTA.

B. LUPINÉES. — Herbes à feuilles digitées; 5-7 foliolées.

Clef des genres :

Fleurs en grappes terminales ; plantes dressées. . . . Lupinus.

Fleurs géminées ou ternées ; plante rampante. . . . Lotononis.

ERINACEA Clus.

E. pungens Boiss. voy. Esp. ; Munb. cat. — Buisson hémisphérique très rameux, à rameaux raides, courts, pubescents, striés, piquants au sommet ; feuilles à 1-3 folioles petites, caduques, soyeuses ; fleurs en petites grappes axillaires, 1-3 flores, grandes ; calice renflé-vésiculeux, membraneux, persistant, à dents courtes, les inférieures dressées ; pétales étroits, longuement onguiculés ; étamines monadelphes ; stigmate capité ; gousse sessile, velue-argentée (20 millim. sur 5 environ). ♄ Mai-juin. Montagnes du Sud. Djebel-Aïssa, Djebel-Amour, Aurès, Tunisie, Corse, Pyrénées.

ULEX L. (Ajonc).

Onglets courts et libres ; graines strophiolées ; gousse courte paucisperme ; feuilles primordiales trifoliolées bientôt transformées en épines ainsi que les rameaux et ramuscules ; fleurs solitaires ou géminées.

§ 1. *Euulex.* — Calice égalant presque la corolle et fendu jusqu'à la base ; style et étamines inclus dans la carène ; gousse à 2-4 graines dépassant peu le calice ; feuilles transformées en longues épines.

U. europæus L. — Gros rameaux velus ; ramuscules formant de grosses épines anguleuses, glabres, profondément striées ; fleurs de 15-18 millim. ; dents du calice petites ; étendard ovale ; ailes dépassant la carène. ♄ Mai-juin. Fort-National où il a été dit-on introduit. Europe.

U. africanus Webb. ; Munb., cat. — Épines moins fortes ; fleurs de 10-12 millim., à carène égalant les ailes ; gousse subcylindrique de 10-12 millim. sur 4. ♄ Mars-mai. Littoral oranais, Mostaganem.

Var. *Delestrei* Webb. Maroc.

U. scaber Kunze var. *Congesta* Ball. Maroc.

§ 2. *Nepa.* — Calice fendu jusqu'aux trois quarts de sa longueur, moitié plus court que la corolle et que la gousse ; style et étamines exsertes ; feuilles réduites à de minuscules écailles.

U. Webbianus Cosson, not. crit., p. 32 ; Munb., cat. — Très épineux, mais moins que les précédents ; fleurs de 10-11 millim. ; calice de 5-6 millim. ; gousse ovale, comprimée, velue. ♄ Mars-mai. Tlemcen, Garrouban. ♄ Espagne.

U. Boivini Webb. Maroc.

U. Megalorites Webb. Maroc.

SPARTIUM L.

Sp. junceum L.; Munb., cat.; Lx, cat. Kab.; *Genista juncea* Desf. — Arbuste élevé (1-3 mètres), inerme; longs rameaux jonciformes se laissant déprimer sous le doigt, glauques, finement striés; feuilles unifoliolées peu nombreuses; fleurs très grandes, jaunes, odorantes; pédicelles égalant le calice; calice persistant, spathacé, unilabié; étendard redressé, orbiculaire, apiculé, égalant la carène; ailes plus courtes, obovées, obtuses; carène courbée à pointe tournée en bas, formée de 2 pétales distincts; gousse linéaire comprimée de 6-8 cent. sur 6-10 millim. ♄ Mai-août. Très répandu, peu abondant. El-Biar, Maillot, Oran, Mascara, Constantine, etc., etc. 3 prov. Tunisie. Rég. médit.

GENISTA DC. (Genêt).

Série *A*. *Brachycarpés*. — Légumes courts, monospermes ou dispermes sauf dans *G. umbellata* Desf.

Fleurs en grappes

§ 1. *Ephedrospartum* Spach. — Arbrisseaux très rameux, à rameaux grêles, inermes, striés, dressés; feuilles soyeuses, linéaires, alternes, sans stipules; fleurs en grappes terminales, simples ou composées; pédicelles bractéolés; bractées et bractéoles caduques; stigmate à peine oblique; étendard et surtout carène soyeux en dehors.

a. Calice obscurément bilabié, à 5 dents subégales très courtes; feuilles toutes unifoliolées.

1. Folioles très caduques.

G. spartioides Spach, ann. sc. nat. 1844, p. 243; Munb., cat.; fig. atl. expl., sc. pl. 84-1. — Arbrisseau bas, très rameux, à rameaux raides, anguleux, courts; feuilles linéaires, petites, très caduques sur un coussinet pubescent; fleurs brièvement pédicellées par glomérules de 1-3 espacés; dents du calice obtuses; gousses glabres petites (3-4 millim. sur 7-8 bec compris), mono-dispermes, à bec ascendant. ♄ Avril-mai. Collines sèches des environs d'Oran, Dahra.

G. retamoides Spach, inéd.; Munb., cat.; Pomel herb. — Voisin du précédent, s'en distingue par son port plus élancé, ses rameaux striés non anguleux, grêles; par le calice à dents un peu plus longues et plus aigües, par la gousse plus grosse. (v. s.) ♄ Tlemcen, Garrouban, de la Tafna à Ouchda (Pomel).

2. Folioles persistantes.

G. Cossoniana; *G. retamoides* Batt. et Trab. exsic., non Spach; *G. spec. nov.* Cosson, cat., inéd. — Abrisseau élevé de 1-2 mètres à rameaux très longs, très grêles, dressés, finement striés, argentés-soyeux dans le haut; fleurs en glomérules ou en petites grappes 3-6 flores, espacées; pour le reste semblable au précédent. ♄ Mai-juin. Portes de fer. Mzita, Maillot. R. R.

b. Calice nettement bilabié, lèvre supérieure à 2 dents triangulaires, lèvre inférieure à 3 dents sétacées, rapprochées, folioles persistantes; feuilles inférieures trifoliolées.

G. Sarotes Pomel; *Spartium sphœrocarpon* Desf. fl. atl. *pro parte.* — Rameaux très longs, très grêles comme dans le précédent, flexibles, glauques, pubescents dans toute leur étendue; fleurs subsolitaires en grappes assez denses au sommet des rameaux; bractées ovoïdes-concaves, très caduques; calice gonflé, subombiliqué, à lèvre inférieure plus longue; gousse petite velue, presque aussi large que longue, à bec redressé. ♄ Mai-juin. Oued-Djer, Milianah, Zurich, etc. Simule bien le *Retama sphœrocarpa* avant la floraison.

G. filiramea Pomel. — Rameaux dressés, fermes, nombreux, subfasciculés; dents supérieures du calice assez longuement acuminées. Djurdjura (Lx). (v. s.)

G. numidica Spach, loc. cit., p. 244; Munb., cat.; Lx, cat. Kab.; fig. atl., expl. sc. pl. 84-2. — Diffère du *G. sarotes* par ses rameaux droits, un peu rigides, velus seulement dans les stries, par ses bractées linéaires, par ses fleurs en grappes serrées au sommet des rameaux, par son calice peu gonflé. ♄ Djidjelli, Bône, Stora, Tifrit (Lx).

G. ischnoclada Pomel. — Port du précédent; gousse glabre; calice à lèvres peu inégales. Aïn-Tédélès. (Pomel) (v. s.)

§ 2. *Fagonium* Pomel, Nouv. mat., p. 174. — Feuilles toutes trifoliolées à stipules épineuses; grappes terminales; stigmate oblique; gousse ovoïde rostrée; funicule non dilaté sur le hile; rameaux inermes longtemps feuillés.

G. spinulosa Pomel. — Plante très rameuse à rameaux intriqués, un peu tortueux, très feuillés; stipules finement aciculaires vulnérantes, longues de 2-4 millim.; folioles linéaires, mucronées-spinescentes au sommet; bractées épineuses; calice campanulé à lèvre inférieure un peu plus longue que la supérieure, dents toutes spinescentes; corolle glabre; étendard ovoïde égalant les ailes, bien plus court que la carène; gousse ovoïde de 10 millim. sur 4, glabre, fortement rugueuse, monosperme, rostrée à rostre ascendant. ♄ Mai. Mehadjer et Béni-Zeroual (Dahra). R.

§ 3. *Voglera.* — Buissons feuillés à épines rameuses, représentant des rameaux avortés, d'abord feuillées dans le bas, puis nues, dures, persistantes; pédicelles très courts avec une bractée à la base et deux bractéoles au sommet; feuilles uni rarement trifoliolées sur un coussinet mou, peu apparent; bractées et bractéoles persistantes; étendard ordinairement plus court que la carène pubescente.

a. Feuilles unifoliolées sans stipules; étendard bien plus court que la carène; épines fortes et longues, les unes simples les autres tricuspides.

G. erioclada Spach, loc. cit. 264; Munb., cat.; fig. atl., expl. sc., pl. 87-2. — Buisson bas, très rameux à rameaux intriqués, longuement velus-laineux dans le haut ainsi que les jeunes épines et les grappes florifères courtes et denses; fleurs assez grandes, soyeuses dans toutes leurs parties; gousse ovoïde, velue, acuminée par le style droit non ascendant. ♄ Mai-juin. Oran, Garrouban, Tlemcen.

β *glabrescens* Pomel. — Plante plus glabre. Sebdou.

G. atlantica Spach, loc. cit., p. 265; Munb., cat.; fig. atl., expl. sc. alg., pl. 87-1. — Voisin du précédent; rameaux moins intriqués, glabres ou glabrescents; fleurs plus petites en grappes plus allongées; étendard égalant la moitié et non le 1/3 de la carène. ♄ Tlemcen, Beguirat, etc.

b. Feuilles sans stipules, unifoliolées; étendard plus court que la carène; épines subfiliformes, la plupart pennées, très rameuses.

G. ulicina Spach, loc. cit, p. 268; Munb., cat.; Lx, cat. Kab.; fig. atl., expl. sc. alg., pl. 86. — Arbrisseau plus ou moins rameux, à port d'*Ulex*, à fleurs orangées, assez grandes, en grappe dense, souvent surmontée par l'extrémité verte du rameau; carène persistante, soyeuse; gousse d'un noir foncé, laineuse, à bec ascendant. ♄ Bône, La Calle, Philippeville, Djidjelli, Constantine, Tifrit, etc.

β *humilis* Pomel. — Plante basse, moins épineuse, très velue. Filfilla.

c. Feuilles unifoliolées; étendard égalant la carène.

G. hispanica L. — Cette plante a été signalée à La Calle par Desfontaines, probablement par confusion avec la précédente.

d. Feuilles unifoliolées, stipulées au moins en partie; stipules spinescentes, visibles à la loupe et persistant sur le coussinet; épines fortes, longues, simples, tricuspides ou pennées; étendard bien plus court que la carène.

G. tricuspidata Desf., fl. atl., tab. 183; Munb., cat.; Lx, cat. Kab.; Ball, spic. — Buisson rameux de 6-15 décim.; fleurs en longues grappes effilées, terminales; bractées et bractéoles filiformes; étendard ovoïde-aigu, un peu pubescent; gousse ovoïde ou rhomboïdale, acuminée, à rostre droit ou ascendant, glabrescente. ♄ Mai-juin. C. C. C. Broussailles du littoral et du Tell.

β *microcarpa*. — Gousse minuscule; plante parfois sans épines. Réghaïa, Aïn-Taya.

γ *virescens* Pomel. — Fleurs petites, verdissant en herbier; étendard plus obtus. Miliana, Mascara.

δ *crebrispina*, *G. crebrispina* Pomel. — Grappes denses, courtes; épines courtes, horizontales, fortes, cannelées, presque toutes simples, très rapprochées; lèvres du calice subégales. Miliana, Dahra.

ε *cirtensis*, *G. cirtensis* Pomel. — Feuilles larges; grappes longues, un peu lâches; dents du calice peu inégales; gousse très petite, à rostre ascendant; épines raides et courtes. Constantine.

G. Durlæi Spach, loc. cit., p. 271; Munb., cat.; *G. barbara* Munby, flor. d'Alg., fig. atl., expl. sc. alg., pl. 85-2. — Diffère du *G. tricuspidata*, auquel le réunissent de nombreux intermédiaires, par ses fleurs un peu plus grandes, en grappes courtes sur de petits rameaux latéraux, par son étendard obtus, glabre, d'un tiers plus court que la carène, par ses gousses ordinairement plus grandes, rhomboïdales, à rostre brusquement redressé. Buisson très épineux. Oran, Sta-Cruz, Dahra. C. C. Tombeau de la chrétienne, Alger, Bouzaréa. R. R.

G. gibraltarica DC. Maroc.

G. tridens Cavan. Maroc.

c. Feuilles trifoliolées en totalité ou pour la plupart; folioles rigides; ovaire glabre.

1. Feuilles sans stipules.

G. Vepres Pomel. — Grappes florifères denses, assez longues, dépassé par l'axe feuillé; épines simples, longues et fortes; feuilles à 3-5 folioles, les bractéales unifoliolées, coriaces, luisantes, glabrescentes; bractées, bractéoles et pédicelles velus; étendard cordiforme, aigu, glabre; gousse subfalciforme. Djebel-Goufi à Collo (Pomel).

G. triacanthos Brot. Maroc.

Var. *Galioides* Spach. Maroc.

2. Feuilles stipulées, à folioles aristées.

G. oxycedrina Pomel; *G. juniperina* Spach non Meyer. Maroc.

Fleurs en capitules

§ 4. *Cephalospartum.* — Genêts éphédroïdes, très rameux, peu feuillés, *à fleurs en capitules;* feuilles ordinairement unifoliolées; étendard égalant presque la carène.

a. Gousses courtes; stipules épineuses minuscules, mais bien visibles.

G. cephalantha Spach, loc. cit. 254; Munb., cat.; fig. atl., expl. sc. alg., pl. 85-1; *Anthyllis bidentata* Munb., olim. — Arbrisseau bas, extrêmement rameux à rameaux intriqués très courts, épineux, ramifiés; feuilles unifoliolées, lancéolées, soyeuses; bractées foliacées; capitules globuleux à 5-12; fleurs n'émergeant pas au-dessus des rameaux épineux; calice très velu; gousses violettes, falciformes, velues, assez longues (8-11 millim.), à rostre ascendant, mono-dispermes. ♄ Mai-juin. Oran, Arzeu.

G. Demnatensis Cosson. Maroc.

G. microcephala Coss.; DR., Bull. soc., bot. vol. 3, p. 738. — Petit arbrisseau pubescent, cendré, à rameaux grêles, peu ramifiés; folioles soyeuses, peu caduques; bractées et bractéoles ovales ou ovales-lancéolées; capitules très petits, très laineux; calice à lèvre inférieure profondément divisée; corolle velue-soyeuse. ♄ Avril-mai. Sud de la province de Constantine. El-Kantara, Aïn-Yagout, etc.

G. capitellata Coss.; DR., loc. cit. — Diffère du précédent par ses bractées et bractéoles linéaires, par ses calices soyeux et non laineux, à dents moins subulées. ♄ Avril-mai. Sud de la province d'Alger, Djelfa, Moudjebeur, etc.

b. Stipules peu ou pas visibles; gousses polyspermes allongées; folioles très caduques ou nulles.

G. umbellata Desf., fl. atl., tab. 180; Munb., cat. — Port des deux précédents; rameaux peu velus; capitules 5-8 flores, longuement pédonculés; fleurs grandes, velues-soyeuses; étendard large, arrondi ou émarginé; gousse plate de 15 millim. sur 4, argentée-soyeuse; graines lenticulaires un peu marbrées. ♄ Avril-mai. Oran, La Macta, Mostaganem.

G. clavata Poiret. Maroc.

G. quadriflora Munby. — Arbrisseau très rameux à rameaux courts, raides, forts, non épineux; folioles membraneuses, rudimentaires; capitules quadriflores, courtement pédonculés, à bractées ovoïdes-aiguës, très caduques; calices un peu renflés, velus-soyeux ainsi que les fleurs et les gousses; étendard plus court que la carène; gousses de 10-12 millim. dispermes. ♄ Ténira, Daya, etc., province d'Oran.

Série *B. Dolichocarpés*. — Gousses allongées, polyspermes.

a. Calice se coupant circulairement au-dessus de la base et tombant avec la corolle ; ailes et carène à la fin pendantes ; stigmate introrse.

G. ferox Poiret; *Spartium ferox* Desf., fl. atl., tab. 182; Munb., cat. — Arbuste élevé (1-3 mètres), bien feuillé, d'un beau vert; rameaux anciens formant d'énormes épines vulnérantes souvent peu nombreuses; feuilles inférieures trifoliolées; stipules formées de très petits aiguillons; fleurs en grappes denses, feuillées, terminales, grandes, odorantes; corolle glabre; gousses droites, étroites, aiguës (30-40 millim. sur 3-4), à 5-12 graines; bec droit. ♄ Mars-mai. Littoral d'Alger à Dellys, Bône, La Calle, Maroc.

G. SALDITANA Pomel; *G. Charegia* Coss., inéd. ? — Diffère du précédent par ses feuilles presque toutes trifoliolées, à folioles linéaires et par ses fleurs axillaires, éparses. Arbuste moins fort à épines plus faibles. Gouraya de Bougie.

G. Scorpius DC.; Munb., cat.; *Spartium Scorpius* Desf. — Arbrisseau bas, très rameux, très épineux; épines simples ou rameuses; fleurs en petits glomérules axillaires. « *In collibus incultis* ». Desf. N'a pas été retrouvé.

G. myriantha Ball. Maroc.

b. Rameaux et ramuscules épineux, raides, striés, tuberculés par les coussinets foliaires; calice persistant; ailes et carène non pendantes à la fin.

G. aspalathoides Poiret; Munb., cat.; *Spartium aspalathoides* Desf. — Arbrisseau éphédroïde, très rameux, à rameaux courts, aigus, vulnérants; feuilles sans stipules; folioles soyeuses, les supérieures ovoïdes; calice campanulé, soyeux, à lèvres subégales, à dents courtes; étendard et carène très velus; stigmate en fer à cheval; gousses velues (12-15 millim. sur 4). ♄ Saïda (Pomel), La Calle, Tunis.

c. Plantes inermes; stipules dentiformes, minuscules, persistantes; fleurs en glomérules le long des rameaux, formant des grappes irrégulières.

G. ramosissima Poiret; Munb., cat.; *Spartium ramosissimum* Desf., fl. atl. tab. 178. — Feuilles tomenteuses en dessous; folioles des feuilles florales oblongues-obtuses; calice blanc-soyeux; étendard ovale, émarginé, pubescent; carène velue-tomenteuse; gousses de 15-18 millim. sur 4, velues, à pubescence fauve. ♄ Avril-mai. H.-Pl., El-Kantara, Tlemcen, etc.

G. cinerea DC.; Munb., cat. — Diffère du précédent par son calice moins soyeux, son étendard arrondi, moins pubescent, et ses gousses à pubescence argentée. ♄ Avril-mai. Daya, Bel-Abbès, Constantine, Dauphiné.

G. Florida L. var. *Marcocana*. Maroc.

d. Fleurs solitaires à l'aisselle des bractées, en grappes terminales courtes, pour le reste comme *c.*

G. pseudopilosa Cosson. — Pédicelles plus courts que le calice; celui-ci velu ainsi que l'étendard, la carène et la gousse. ♄ Sahara R. R. Maroc.

§ 5. *Spartidium* Pomel. — Calice d'abord longuement obconique, puis campanulé, à 5 dents triangulaires subégales, l'inférieure étroite, un peu subulée; stigmate à peine oblique; gousse assez longuement stipitée, polysperme, comprimée.

G. Saharæ Coss. et DR., Bull. soc., bot. vol. II, p. 247; Munb., cat. — Arbuste élancé, grêle, rameux (1-2 mètres), peu feuillé, à rameaux droits, cylindriques; feuilles unifoliolées; folioles linéaires, caduques; fleurs espacées le long des rameaux grêles; pédicelles assez longs, bibractéolés au-dessus du milieu; étendard égalant la carène obtuse; gousses grandes, stipitées, papyracées. ♄ Juin-juillet. Aïn-Sefra, Tougourt, Mzab.

RETAMA Boissier.

Arbrisseaux inermes, très rameux, à longs rameaux jonciformes, soyeux, presque nus; feuilles inférieures trifoliolées, les autres unifoliolées, très caduques, à folioles linéaires, soyeuses; fleurs en petites grappes latérales le long des rameaux; calice petit, brièvement campanulé, à lèvre supérieure profondément bidentée; onglets des pétales plus ou moins soudés au tube staminal; étendard redressé; carène arquée, non rostrée; style subulé, ascendant; stigmate capité; gousse monosperme ou disperme, renflée-globuleuse ou acuminée.

a. Fleurs jaunes très petites (3-4 millim.), en grappes serrées de 8-15 fleurs; ovaire de la grosseur d'un pois, subsphérique, à style latéral.

R. sphærocarpa Boissier, voy. Esp.; Munb., cat.; *Spartium sphærocarpum* Desf., fl. atl. — Calice persistant; gousse blanchâtre, finement réticulée. ♄ Juillet-août. Aïn-Sefra, Mzab, El-Ghicha, Constantine, Maillot, Bouïra, etc.

β atlantica Pomel. — Calice se rompant circulairement après l'anthèse, dents souvent barbues. Sersou, Goudjila, Kosni. (v. s.)

b. Fleurs blanches en grappes courtes, légumes plus gros, ovoïdes-aigus.

R. Bovei Spach (sub *spartio)*, ann. sc. nat., § 2, vol. XIX, p. 297; Munb., cat.; *Spartium monospermum* Desf. — Arbrisseau robuste, élevé; fleurs en grappes courtes, à 5-12 fleurs; calice violacé; corolle soyeuse, longue de 14-15 millim.; étendard un peu plus court que la carène. Les fleurs ont une odeur très agréable; grosse gousse souvent disperme. ♄ Avril-mai. Sables du littoral d'Oran à Ténès. C. à la Macta. Espagne.

R. Duriæi Spach, loc. cit.; Munb., cat. — Étendard plus long que la carène; dents du calice très courtes; fleurs grandes, jaunâtres. ♄ La Calle.

R. Retam Webb; Munb., cat.; *R. Duriæi* Webb. var. *phæocalyx*. — Fleurs petites (8 millim.); étendard égalant à peu près la carène; gousse de 8-12 millim. sur 6-8. Rameaux moins longs que dans les précédents, plus rigides. Tout le Sahara. Aïn-Sefra, Biskra, etc., Orient.

R. Webbii Spach. Maroc.

CALYCOTOME Lamarck

Calice conique, tubuleux, à dents très courtes, peu visibles; étendard ovoïde réfléchi; carène courbe; onglet des pétales libre; stigmate capité; gousse assez large, allongée, à suture supérieure très épaisse, presque biailée; graines sans strophiole; arbrisseaux à rameaux bien feuillés, très épineux, à épines formées par le bout de courts rameaux; feuilles trifoliolées, pétiolées, à folioles elliptiques ou oblongues; stipules peu visibles; fleurs jaunes, très rarement blanches.

C. spinosa Lk; Munb., cat.; Lx, cat. Kab.; *spartium spinosum* L. Desf. fl. atl. — Feuilles glabres ou à peine pubescentes en dessous, rameaux glabres; fleurs solitaires ou en glomérules pauciflores, à pédicelles égalant le calice au plus longs; gousse à la fin *glabre, aplatie, luisante* à bord supérieur biailé (3-4 cent. sur 6-8 millim. ♄ Mars-mai. C. C. C. Tout le Tell algérien, Atlas, Djurdjura, Mostaganem, Tiaret. Rég. médit.

C. intermedia DC.; Munb., cat.; Ball, spic. — Rameaux et feuilles un peu plus soyeux; gousse semblable mais couverte de poils roux; fleurs fasciculées par 5-10. ♄ Mars-mai. Tell oranais. A. C. Maroc.

C. villosa L.; Munb., cat.; Ball, spic.; *Spartium lanigerum* Desf., fl. atl. — Feuilles et rameaux très velus, argentés; fleurs fasciculées; gousses très velues, presque quadrangulaires. ♄ Mars-mai. Tell constantinois. Rég. médit.

CYTISUS L. (Cytise).

Arbrisseaux inermes, à feuilles ordinairement trifoliolées, à graines munies d'une petite caroncule formée par l'épaississement du funicule sur le hile; calice persistant.

§ 1. *Teline.* — Ailes et carène à la fin pendantes, caduques; gousse courte, oblongue, paucisperme; fleurs en glomérules ou en grappes courtes; étendard glabre, oblong ou obové égalant la carène ou plus long; fleurs médiocres.

C. linifolius Lamark; Ball, spic.; *Genista linifolia* L.; Munb., cat.; Lx, cat. Kab.; *Spartium linifolium* Desf., fl. atl., tab. 181. — Arbuste droit, très rameux dans le haut; rameaux fermes, sillonnés-anguleux; feuilles trifoliolées; sessiles sans stipules; folioles linéaires, roulées par les bords, soyeuses en dessous; fleurs pâles en petites grappes courtes au sommet des rameaux; carène soyeuse; ailes et carène étroites; gousses pubescentes (15 millim. sur 6). ♄ Mars-mai. A. C. Terrains calcaires. Bouzaréa, Réghaïa, etc. Rég. médit.

C. candicans DC.; Lx, cat. Kab.; Ball, spic.; *Genista candicans* L.; Munb., cat. — Arbrisseau à rameaux verts, anguleux; feuilles trifoliolées, courtement pétiolées; stipules petites, caduques; folioles oblongues ou obovées, glabres ou glabrescentes, obtuses, mucronulées; fleurs 3-9 en ombelle, sur de courts rameaux; calice campanulé; gousse velue (20-25 millim. sur 5). ♄ Lieux frais des montagnes. Mars-mai. Gorges de la Chiffa, Djurdjura, etc. Rég. médit.

C. cincinnatus Ball. Maroc.

C. hosmariensis Cosson (sub. *Genista*). Maroc.

§ 2. *Sarothamnus.* — Étendard à limbe orbiculaire redressé; style très long, enroulé; stigmate en tête; carène à la fin pendante; gousse allongée, comprimée, polysperme; fleurs grandes.

C. arboreus Desf., fl. atl., tab. 177 (sub. *spartio*); Munb., cat.; Ball, spic. — Arbuste plus ou moins élevé, à feuilles pétiolées, trifoliolées; folioles oblongues ou obovales, finement pubescentes en dessous; rameaux blanchâtres, anguleux, relevés de côtes vertes, souvent nus, non épineux au sommet; fleurs solitaires ou en petits fascicules axillaires;

gousse papyracée, plane, finement pubescente (4-5 cent. sur 8 millim.); carène obtuse, ovoïde; ailes larges, ovoïdes. ♄ Février-mars. C. C. Sahel d'Alger, Atlas, 3 prov.

C. **bœticus** Webb; Munb., cat.; fig. Boiss., voy. Esp., tab. 40 a. — Diffère du précédent par ses ailes plus étroites et sa gousse velue-laineuse. ♄ Mars-mai. Oran, Mostaganem, Dahra, Maroc, Espagne.

C. **affinis** Boissier, voy. Esp., tab. 40; Munb., cat. — Carène falciforme et non obovée; style glabre. Algérie?

§ 3. *Eucytisus*. — Carène droite, jamais pendante; étendard ovoïde ou suborbiculaire; gousse des *Sarothamnus*.

a. Feuilles trifoliolées.

C. **triflorus** L'Hér.; Desf., fl. atl.; Munb., cat.; Lx, cat. Kab.; Ball, spic. — Arbuste velu; feuilles courtement pétiolées; folioles grandes, elliptiques, molles, soyeuses; fleurs pâles par petits groupes de 1-3 à l'aisselle des feuilles, formant de longues grappes; gousses velues; plante noircissant par la dessiccation. ♄ Mars-avril. C. C. C. Bouzaréah, Réghaïa, Atlas, Djurjura, etc. Rég médit.

C. **Fontanesi** Spach; *Spartium biflorum* Desf., fl. atl., tab. 179. — Arbuste glabre, rameux, dressé, peu élevé (3-5 décim); feuilles pétiolées; folioles linéaires-oblongues; fleurs en petits groupes de 1-4 au sommet des rameaux, souvent géminées; gousses courtes, oblongues, longtemps enfermées dans la corolle marcescente. ♄ Avril-Mai. Boghar, Téniet, Ouarsenis, Mansourah, Bibans, Espagne.

C. **sessilifolius** L.; Munb., cat. — Arbuste dressé, très rameux; feuilles trifoliolées, glabres, glauques en dessous, les supérieures sessiles; folioles suborbiculaires; fleurs en petites grappes dressées, 3-8 flores; gousse glabre, brune (25-30 millim. sur 10). Babors (Munby). Europe mérid.

C. **albus** Lamarck; *Spartium album* Desf., fl. atl. — Arbuste très rameux, à rameaux jonciformes, soyeux, dressés, fasciculés; feuilles subsessiles, les supérieures unifoliolées; folioles linéaires-lancéolées, argentées-soyeuses; fleurs blanches, 1-3 en petits glomérules axillaires, assez longuement pédicellées; gousses de 20-30 millim. à 4-5 graines. Port de *Retama*. — « *in Atlante* » Desf., fl. atl. Espagne.

b. Feuilles unifoliolées.

C. **Balansæ** Boiss. et Reut., diagn. or. § II-2, p. 7 (sub *Sarothamno)*, Munb., cat.; *C. purgans* var. *Balansæ* Cosson. —

Arbrisseau bas, très rameux, en touffes arrondies; rameaux verts, striés, finement pubescents à pointe un peu piquante; feuilles petites, peu nombreuses; inflorescences nues; fleurs solitaires, en grappes peu fournies; étendard plus grand que la carène; celle-ci linéaire-falciforme; gousse pubescente (20 millim. sur 6-7). Aurès, Madids, Lella-Khadidja, versant sud.

C. albidus DC. Maroc.

C. Tridentatus L. (sub *Genista*) var. *Lasiantha*. Maroc.

ADENOCARPUS DC.

Calice à deux lèvres; lèvre supérieure fendue jusqu'à la base, lèvre inférieure tridentée; stigmate capité; fleurs jaunes; gousse longue, aplatie, couverte de glandes; feuilles trifoliolées, pétiolées; arbrisseaux inermes.

A. anagyrifolius Pourret. Maroc.

A. commutatus Gussone; Lx, cat. Kab.; *A. cebenensis* Del. — Arbrisseau de 15-60 cent.; rameaux pubescents, peu feuillés; folioles oblongues, glabres en dessus, pubescentes en dessous, souvent condupliquées; stipules petites, lancéolées, acuminées; fleurs en grappes terminales peu fournies; calice à lèvres inégales, à dents de la lèvre inférieure subulées, la médiane plus longue; étendard pubescent; gousses verdâtres, velues (25-35 millim. sur 6). ♄ Kabylie, Espagne, midi de la France.

A. umbellatus Coss. et DR. — Rameaux dressés, hérissés; folioles linéaires, velues; fleurs en ombelles terminales; calice velu-hérissé à peine dépassé par la corolle. ♄ Oran, Andalous. R. R.

A. decorticans Boiss., voy. Esp., tab. 41; Munb., cat.; var. *Speciosa*; *A. speciosus* Pomel. — Arbrisseau à rameaux pubescents, un peu rugueux, tuberculeux, très feuillés; feuilles soyeuses à stipules linéaires, assez longues dans le haut, plus courtes que le pétiole; folioles linéaires; fleurs grandes, en grappes courtes au sommet des rameaux; pédicelles plus courts que le calice; bibractéolés, à bractéoles linéaires-caduques; calice à lèvres égales, à dents subulées; gousse tuberculée, glabre. ♄ Mai-juin. Asfour sur Garrouban.

ARGYROLOBIUM Eckl.

Très petits arbrisseaux non épineux, à feuilles trifoliolées, à gousse linéaire, à graines sans caroncule.

a. Fleurs en courtes grappes ombelliformes au sommet des rameaux.

A. Linnæanum Walp. ; Munb., cat. ; Lx, cat. Kab. ; Ball, spic. ; *Cytisus argenteus* L. ; Desf., fl. atl. — Feuilles pétiolées, argentées-soyeuses ; folioles elliptiques ou oblongues, un peu acuminées ; stipules lancéolées-linéaires ; calice à lèvres égales, argenté-soyeux, plus court que la corolle ; étendard soyeux en dehors, dépassant la carène ; gousses velues, comprimées (30-40 millim. sur 5-6). ♄ A. C. Région atlantique. Rochers, lieux secs. Chiffa, Tombeau de la Reine, Oued-Djer, Oran, Ouarsenis, etc., etc. Rég. médit.

A. grandiflorum Boiss. et Reut., Pug., p. 29. — Plante plus grande, à feuilles plus développées, plus vertes, à tiges décombantes ; fleurs géminées, rarement ternées au sommet des rameaux, orangées et non jaunes, très grandes ; étendard de 18 millim. sur 15, laineux en dehors ; gousses de 5 cent. ; graines pâles. Zaccar de Miliana ! Tlemcen.

A. Saharæ Pomel. — Plus petit que les 2 autres (5-10 cent. de haut.) ; stipules lancéolées ; calice à dents peu profondes ; étendard glabre en dehors excepté sur la nervure médiane ; pétales ne dépassant pas le calice. Rochers calcaires. Ksar-el-Maïa, Mzab. (v. s.)

A fallax Ball. Maroc.

A. stipulaceum Ball. Maroc.

b. Fleurs solitaires, axillaires et terminales.

A. microphyllum Ball. Maroc.

A. uniflorum Jaubert et Spach ; Munb., cat. — Petit arbrisseau grêle, blanc-argenté (1-2 décim.) ; feuilles courtement pétiolées, à folioles étroites ; stipules minuscules ; fleurs pâles, subsessiles, de 5-6 millim. ; calice profondément bilabié, plus court que la fleur ; gousses de 20 millim. sur 3, soyeuses-argentées. ♄ Mars-juillet. Sahara. 3 prov. A. R.

LUPINUS L. (Lupin).

Herbes annuelles, robustes, à tiges dressées ou ascendantes ; feuilles stipulées, longuement pétiolées ; fleurs en grappes terminales, bleues, blanches ou jaunes ; calice bilabié à lèvre supérieure, bifide ou bipartile, à lèvre inférieure tridentée ou entière ; étendard ovale ou orbiculaire, émarginé ; carené sur le dos ; stigmate velu, terminal ; gousse longue, aplatie, comprimée, cloisonnée entre les graines ; graines non strophiolées.

a. Fleurs en verticilles distants, formant une grappe à étages.

L. luteus L. ; Desf. fl. atl. ; Munb., cat. ; Ball, spic. — Fleurs jaunes, à odeur de violette très accentuée ; gousse à 4-6 graines noires, tachées de blanc. ① Mars-mai. Lieux sablonneux. Tout le littoral, Nador de Médéa, etc. Espagne, Italie.

L. hispanicus Boiss. et Reut. — Fleurs d'un violet pâle, à verticilles distants, peu nombreux; feuilles à 7-9 folioles, glabres en dessus, velues-soyeuses en dessous; graines fauves, lisses, homochromes. « Algérie » d'après Lange et Wilk., Prodr. flor. Hisp.

b. Fleurs alternes ou géminées, les moyennes parfois verticillées.

L. pilosus L. DC. Maroc.

L. hirsutus L.; Desf., flor. atl.; Munb., cat.; Lx, cat. Kab.; Ball, spic.; fig. Moris, flor. Sard., tab. 72, fig. 1. — Plante très velue, à poils dorés sur le sec; fleurs médiocres, bleues, subverticillées; bractées subulées, persistantes; calice à dents longues, linéaires, hirsutes; gousses très hirsutes; feuilles 5-7 foliolées, hirsutes sur les 2 faces. C. C. Avril-mai. ① Broussailles du Tell. Rég. médit.

L. angustifolius L.; Desf., flor. atl.; Munb., cat.; Lx, cat. Kab.; Ball, spic. — Plante assez élevée, glabrescente; feuilles 5-9 foliolées; folioles étroites, souvent pliées en gouttière, rétuses au sommet, finement pubescentes en dessous, inégales; fleurs en grappes spiciformes plus ou moins longues, d'un beau bleu; gousses larges; graines marbrées, non réticulées (10 millim. sur 7), remplissant la cavité de la gousse; folioles planes. ① Mars-mai. C. C. C. Littoral, Sahel. Rég. méd.

β *brachystachys* Pomel, herb. — Grappes très courtes à 3-4 fleurs; graines réticulées avec une tache près du hile. Blida, Garrouban.

L. RETICULATUS Desv.; Munb., cat. — Folioles petites, pliées en gouttière; graines petites, réticulées, ne remplissant qu'à moitié la cavité de la graine. Littoral. A. R. Ouillis (Dahra), Miliana, etc.

L. linifolius Roth. — Graines pisiformes, réticulées; gousse plus étroite. Castiglione (Clauson), Aïn-Taya, etc.

L. albus L. — Plante puissante à fleurs blanches, à grosses graines rondes. *Lupin cultivé.* Originaire d'Orient, subspontané çà et là.

L. varius L. Maroc.

LOTONONIS DC.; *Leobordea* Del.

Plantes à aspect de *Lotus*, à tiges couchées; calice à 4 dents supérieures unies par paires, à dent inférieure plus courte et plus étroite; tube staminal fendu; gousse comprimée; graines strophiolées.

L. lupinifolia Willk; *Leobordea lupinifolia* Boiss., voy. Esp., tab. 52; Munb., cat. — Plante à tiges nombreuses, très touffues, velue-soyeuse; feuilles à 5 folioles petites, oblongues ou linéaires ainsi que les stipules; fleurs axillaires 1-4, subsessiles; calice profondément fendu en dessus; étendard ovale; gousse de 14 millim. sur 5. ♃ Maroc (Pomel). Espagne.

β *Villosa*, *Leobordea villosa* Pomel. — Calice moins profondément fendu en dessus; étendard suborbiculaire; gousse plus courte, à peine exserte. ♃ Avril-mai. Aïn-Kial, Garrouban (Pomel).

γ *Intermedia* Pomel. — Gousse un peu plus exserte; fleurs petites. Oran, Ténès.

L. lotoidea Delile; Munb., cat. (sub *Leobordea*). — Feuilles trifoliolées; fleurs petites en glomérules de 3-6, souvent opposés aux feuilles. ① Sahara, prov. de Constantine. R. R.

L. maroccana Ball. Maroc.

Sous-tribu II. — TRIFOLIOLÉES.

Clef des genres :

1	Étamines monadelphes; carène rostrée.	ONONIS.
	Étamines diadelphes; carène obtuse.	2
2	Corolle marcescente; pétales plus ou moins soudés entre eux par leurs onglets et adhérents au tube staminal; filets plus ou moins dilatés au sommet.	TRIFOLIUM.
	Corolle caduque; pétales libres; filets non dilatés.	3
3	Gousse ordinairement linéaire, comprimée déhiscente.	TRIGONELLA.
	Gousse indéhiscente.	4
4	Gousse ordinairement roulée en spirale, parfois réniforme.	MEDICAGO.
	Gousse petite, ovoïde, à style terminal droit. . .	MELILOTUS.

ONONIS L. (Bugrane).

Stipules adnées aux pétiole; feuilles uni-trifoliolées, dentées; calice campanulé, à 5 divisions profondes subégales; étendard ovale, carené, dressé; carène rostrée avec 2 fossettes au-dessus des onglets; style subulé, genouillé, ascendant; gousse sessile ou subsessile, ovoïde, oblongue ou linéaire, ordinairement gonflée.

§ 1. *Natrix.* — Pédoncules uni ou pluriflores, toujours articulés sous le sommet.

a. Pédoncules pluriflores, réduits dans l'*O. arragonensis* à un simple tubercule.

1. Arbrisseaux rameux de 2-5 décim. ; feuilles glabres.

O. fruticosa L. — Feuilles presque toutes trifoliolées; folioles oblongues, sessiles, coriaces, atténuées à la base, fortement dentées; fleurs 2-3 sur des pédoncules rapprochés en grappe terminale; bractées ovales, laciniées au sommet; pédicelles égalant le calice, le médian bibractéolé, plus long; corolle purpurine 2-3 fois plus longue que le calice; gousse de 20 millim. sur 6. ♄ Babors (Munby), Lambessa (Pomel). Alpes et Pyrénées.

O. aragonensis Asso; Munb., cat. — Feuilles toutes trifoliolées; folioles orbiculaires, la médiane pétiolulée; fleurs jaunes médiocres, 1-2 sur un pédoncule réduit à une simple gibbosité; grappe longuement interrompue; pédicelles plus courts que le calice; bractées foliacées; gousse de 6-7 millim. sur 5, velue, dépassant peu le calice. ♄ Babors (Munby), Lella-Khadidja, versant sud. Pyrénées.

2. Plantes annuelles; feuilles toutes trifoliolées; pédoncules aristés, épars, égalant ou dépassant la feuille; gousses pendantes, linéaires, pubescentes; graines tuberculées.

O. geminiflora Lagasca; *O. biflora* Desf., fl. atl.; Munb., cat.; *O. bicolor* Moris, flor. sard., tab. 33. — Grandes fleurs blanches, toutes géminées; gousses gonflées (20 millim. sur 4-5); graines nombreuses, réniformes, à funicule épaissi sur le hile. ① Avril-mai. Oran, Orléansville, etc. Espagne, Italie.

O. ornithopodioides L.; Desf., fl. atl.; Munb., cat. — Fleurs solitaires ou géminées, jaunes, petites; calice à dents filiformes dépassant la corolle; gousse comprimée, toruleuse, arquée (22-25 millim. sur 2-3). ① Avril-mai. Broussailles fraiches, Adélia, Oran, Aïn-el-Hadjar, Constantine, etc., etc. Rég. médit.

b. Pédoncules uniflores; fleurs jaunes.

1. Fleurs en grappes globuleuses, serrées au sommet des rameaux; pédoncules mutiques; gousse incluse dans le calice; graines lisses.

O. pubescens L.; Desf., fl. atl.; Munb., cat.; Ball, spic. — Plante velue, visqueuse, dressée, touffue; feuilles médianes trifoliolées, les autres unifoliolées; folioles elliptiques; calice accrescent, à dents 5-nerviées, obtuses, égalant presque l'étendard. ① Mai-juin. Adélia, l'Arba, etc. 3 prov. A. C.

2. Pédoncules aristés ; graines tuberculées.

aa. Plantes annuelles.

O. massesylia Pomel; *O. natricoides* Coss. et DR., inéd.; *O. lingulata* Munby *(pro parte)*. — Plante souvent ramifiée dès la base, à tiges pubescentes, décombantes; feuilles médianes seules trifoliolées; folioles larges, elliptiques, un peu échancrées au sommet, glabres ou à peu près; fleurs axillaires, solitaires, écartées; calice profondément divisé, à dents sétacées égalant la corolle; gousse de 15-16 millim. sur 5; arête égalant le pédicelle; pédoncule dépassant les pétales. ① Avril-mai. Oran, batterie espagnole, la Macta, Arzeu. Sables maritimes.

O. antennata Pomel; *O. psammophila* DR.?; *O. lingulata* Munby *(pro parte)?* — Plante pubescente, très visqueuse; feuilles un peu charnues, glanduleuses, la plupart trifoliolées, à folioles linéaires-oblongues; bractées en partie trifoliolées, presque filiformes; fleurs en longues grappes terminales; pédoncules égalant les bractées et persistant étalés à angle droit sur les vieilles inflorescences; arête dépassant peu le calice; gousse velue (16-20 millim. sur 4-5); graines globuleuses, blanches. ① Avril-mai. Sables du plateau de Mostaganem.

O. sicula Gussone; Munb., cat.; Lx, cat. Kab.; Ball, spic. Plante grêle, dressée, pubescente; feuilles trifoliolées, les florales unifoliolées; folioles oblongues-linéaires, étroites; pédoncules filiformes, épars, égalant ou dépassant les feuilles; pédicelles plus courts que le calice et que l'arête; calice à dents profondes, sétacées, dépassant la corolle; corolle petite; gousse étroitement linéaire (12 millim. sur 2-3); graines réniformes. ① A. C. Avril-juin. Mitidja, Isser, Kabylie, Chéliff, Oran, Constantine, etc., etc. Maroc, Canaries, Espagne, Sicile.

O. viscosa L.; Munb., cat. — Tiges de 2-4 décim., rameuses, dressées ou décombantes, à longs poils blancs étalés; feuilles moyennes trifoliolées; folioles grandes, elliptiques, oblongues ou presque linéaires; stipules grandes, triangulaires, acuminées dans leur partie libre; pédoncules hispides, dépassant la feuille; arête longue, parfois foliacée; pédicelles plus courts que le calice; fleurs assez grandes, distantes; calice à dents lancéolées, plus courtes que la corolle; étendard ordinairement apiculé, souvent strié de rouge; gousse exserte, velue, visqueuse (10-12 millim. sur 4); graines réniformes. ① Mai-juillet. C. C. C. Broussailles, bord des routes, éboulis schisteux. Rég. médit.

O. PORRIGENS Salzm.; *O. fetida* Schousboë. Maroc.

O. BRACHYCARPA DC.; Munb., cat.; Lx, cat. Kab.; *O. picta* Desf., fl. atl.? Divisions du calice plus larges, moins aiguës que dans l'*O. viscosa;* gousse un peu comprimée, courte, incluse dans le calice. C. C.

O. Clausonis Pomel. — Plante microphylle et parviflore, très feuillue. Coléa.

O. breviflora DC.; Munb., cat.; Lx, cat. Kab.; *O. cuspidata* Desf., fl. atl.? — Plante puissante, rameuse, pyramidale, fétide, différant de l'*O. viscosa* par ses arêtes longues d'environ 3 cent., par ses fleurs plus petites dépassées par les dents du calice, étroitement linéaires; gousse de 14-20 millim. sur 3-5; graines réniformes. ①.

β subcordata, O. subcordata Cav., sec. Pomel. — Feuilles toutes unifoliolées. Mostaganem, Dahra (Pomel).

O. polyphylla Ball. Maroc.

O. Maweana Ball. Maroc.

bb. Plantes vivaces; feuilles toutes unifoliolées.

O. serotina Pomel; *O. viscosa* var. *frutiscescens* Ball? — Plante voisine de l'*Ononis viscosa* dont elle diffère par ses grosses souches vivaces, par ses tiges nombreuses, visqueuses, non hispides, par ses feuilles toutes unifoliolées, à folioles allongées, par ses bractées réunies en épis au sommet des rameaux, par ses fleurs blanchâtres plus petites, par ses gousses longuement exsertes. Plante aromatique. ♃ Septembre-octobre. Berrouaghia, Ben-Chicao, Djebel-Mouzaïa, Coléa.

cc. Plantes vivaces; feuilles ordinairement trifoliolées, les supérieures parfois unifoliolées; fleurs jaunes à étendard strié de pourpre, grandes ordinairement; carène fortement coudée; pédoncules égalant ou dépassant les feuilles; gousses linéaires, exsertes.

O. natrix L.; Munb., cat.; Lx, cat. Kab.; Ball, spic. — Plante poussant en touffes puissantes; feuilles d'un vert foncé, à folioles oblongues, assez larges; calice à tube de 3-4 millim., à dents linéaires bien plus courtes que l'étendard; fleurs de 15-20 millim.; gousses de 20 millim. sur 3. ♃ Zaccar, Dra-el-Mizan, Bouïra, Tizi-Djaboub, etc., etc. A. R. Europe mérid., Rég. médit. Juin-août.

O. picta Desf., fl. atl. — Fleurs plus petites (12-15 millim.)

O. mauritanica Pomel. — Paraît une forme analogue. Sahel d'Alger.

O. tomentosa Boissier, flor. d'Or. — Plante toute velue, à villosité blanche, soyeuse. Biskra.

O. condensata Gren. Godr. — Grappes courtes, serrées; pédicelles courts, submutiques; feuilles souvent 4-foliolées. Montagnes des Aït-Khalfoun.

O. inæquifolia Mutel; *O. anomala* Pomel. — Feuilles inférieures souvent 5-8 foliolées. Garrouban.

O. RAMOSISSIMA Desf., fl. atl., tab. 186; Munb., cat.; Ball, spic. — Plante à tiges plus raides que celles du *Natrix*, plus étalées, intriquées, très rameuses, à folioles étroites, minces, d'un vert tendre, à fleurs moitié plus petites, à gousses de 12-18 millim. sur 2-3. ♃ Lieux sablonneux, lit des rivières, Mitidja, bord de la mer. A. R.

β *Anomala*. — Feuilles moyennes seules trifoliolées. Pied du Babor, chez les Beni-Bezaz (Trabut).

O. hispanica L.? *O. microphylla* Pomel, non L. — Plante en petits buissons sphériques extrêmement denses, à folioles très petites, très serrées, condupliquées, linéaires, extrêmement visqueuses, huilant le papier; fleurs petites (8-10 millim.); gousses de 10 millim. sur 2 et 1/2. Lit des ruisseaux, Cherchell, Chélif et ses affluents.

O. Clausoniana nob. — Feuilles très petites, très serrées, à folioles orbiculaires; fleurs grandes. Bord de la mer à Douaouda (Clauson), Oued-Rha (Pomel, herb.)

O. angustissima Lamarck; Munb., cat.; Ball, spic.; *O. longifolia* Willd. — Sous-arbrisseau à tiges dressées, presque jonciformes; feuilles à folioles linéaires, glabrescentes; pédicelles raides, dressés, aristés, à la fin presque spinescents; fleurs assez petites; gousses glabres. Avril-juin. Tout le Sahara. C. C. C.

O. atlantica Ball. Maroc.

c. Fleurs roses, violacées ou blanches; pédoncules uniflores, mutiques ou à peine aristés; feuilles toutes trifoliolées.

1. Plantes vivaces.

O. cenisia L.; Munb., cat. — Tiges faibles, herbacées, décombantes; stipules longuement adnées au pétiole, membraneuses à la base, herbacées et dentées au sommet; feuilles rapprochées, brièvement pétiolées; folioles petites, cunéiformes, dentées au sommet, un peu glanduleuses, sessiles; fleurs solitaires, purpurines, axillaires, longuement pédonculées; calice à divisions étroites un peu plus longues que le tube, bien plus courtes que la corolle; gousse de 10-12 millim. sur 6, une fois plus longue que le calice, glanduleuse comme lui, oblique sur sa base; graines irrégulièrement tuberculées. ♃ Aurès, Azib des Aït-Koufi (Djebel-Aïzer), Maroc, Pyrénées, Alpes, Italie.

2. Plantes annuelles; gousses pendantes, cylindriques.

O. incisa Coss. et DR.; Munb., cat. — Très voisin du précédent, en diffère par ses stipules encore plus développées, ses folioles profondément dentées-incisées, ses pédoncules plus courts; sa gousse un peu plus étroite, plus hispide. ① Je n'ai vu de cette plante qu'un échantillon sans corolles qui m'a été donné par M. le Dr Cosson. Saïda, Timetlas.

O. laxiflora Desf., flor. atl., tab. 190; Munb., cat. — Tige droite, hispide, rameuse; stipules foliacées, obovées, dentées; folioles obovées, la médiane pétiolulée; entre-nœuds allongés; fleurs axillaires, solitaires; pédoncules mutiques, plus longs que la feuille; calice à dents linéaires-lancéolées égalant presque la corolle; corolle lilas pâle; gousse pendante (12-14 millim. sur 3-4), pubescente; graines tuberculées. ① Avril-mai. R. R. Médéa (Nador), H.-Pl., 3 prov. Tiaret, Garrouban. Espagne, Sicile.

O. GRANDIFLORA Munby, Bull. soc., bot. vol. XI, p. 45 et cat. — Fleurs beaucoup plus grandes; corolle de 15 millim. au lieu de 8. Pour le reste semblable au type. Garrouban.

O. pendula Desf., fl. atl., tab. 191; Munb., cat.; Lx, cat. Kab.; Ball, spic.; *O. Schouvii* DC. — Diffère de l'*O. grandiflora* par son port plus robuste, par ses feuilles glabrescentes plus grandes, plus rapprochées, par ses pédoncules plus courts que les feuilles florales; fleurs grandes, roses, violacées ou blanches, rapprochées en grappe compacte au sommet des rameaux lors de la floraison; gousses de 12 millim. sur 2-3, hispides. ① Mars-mai. C. C. C. Tout le Tell et la région montagneuse inférieure. Espagne, Sicile.

O. reclinata L.; Munb., cat.; Lx, cat. Kab.; Ball, spic. — Voisin du précédent, en diffère par son port plus débile, par ses fleurs moitié plus petites (8 millim.), à corolle ne dépassant pas le calice, bientôt réfléchies; gousse bien plus petite ainsi que les graines. ① Lavarande! Rég. médit.

O. mollis Savi; O. Cherleri DC.; Desf., fl. atl., non L. — Beaucoup plus petit, velu; bractées unifoliolées; fleurs très petites exactement réfléchies, en grappe serrée et feuillée; gousse de 5-6 millim. ① C. C. C. Avril-mai. Pelouses sèches de tout le Tell. Rég. médit.

O. Broussonetii DC. Maroc.

§ 2. *Bugrana* DC. — Pédoncules uniflores, non articulés sous le sommet; gousses courtes, paucispermes, dépassant peu le calice.

§§ 1. *Acanthononis* Willk. — Plantes frutescentes, à rameaux courts, épineux; fleurs solitaires ou géminées à l'aisselle des feuilles.

O. antiquorum L.; Cosson, voy.; Munb., cat.; Ball, spic. var. *pungens*; *O. pungens* Pomel. — Plante à tiges ascendantes, raides, rameuses, pubescentes-glanduleuses; épines solitaires, géminées ou ternées, fortes, vulnérantes; feuilles uni-trifoliolées, glanduleuses, à glandes sessiles, ainsi que le calice et la corolle; fleurs roses courtement pédonculées; corolle dépassant le calice; capsule lenticulaire, incluse. ♃ Mai-juin. Tlemcen, Garrouban, Rég. médit.

§§ 2. *Eubugrana*. — Plantes non épineuses; fleurs en grappe spiciforme.

a. Tube du calice très long (1 cent.); dent inférieure lancéolée égalant le tube, les autres bien plus courtes, les moyennes subulées, les supérieures triangulaires, aristées au-dessous du sommet; feuilles trifoliolées.

O. megalostachys Munby, Bull. soc., bot. vol. IX, p. 45 et cat. — Plante puissante, à tiges dressées, peu rameuses (4-6 décim.); feuilles à folioles elliptiques (4 cent. sur 2), dentées tout autour, glabrescentes; fleurs grandes, d'un blanc un peu rosé, en grappes de 20-25 cent. sur 4-5; bractées scarieuses, aiguës, plus courtes que le calice pubescent; gousse incluse; graines tuberculées. St-Denis-du-Sig. R. R.

b. Fleurs en grosses grappes denses; tube calicinal plus court que les dents subégales; bractées au moins les inférieures portant 1-3 folioles.

O. Avellana Pomel; fig. Batt. et Trab., Atl. de la fl. d'Algérie, pl. 5. — Tige robuste, plus ou moins rameuse, hispide; feuilles inférieures unifoliolées, les autres trifoliolées; folioles elliptiques, grandes (3 cent. sur 15 millim), la médiane pétiolulée, pubescentes; grappes florifères velues-soyeuses (10-18 cent. sur 4); calice très accrescent; fleurs blanches; étendard un peu cilié, obové, dépassant peu le calice; gousse ovoïde, grosse comme une petite noisette, contenant 2 graines grosses comme des pois, munies de papilles cristallines, claviformes. ① Mai-juin. Dahra, collines argileuses. Du Pont-du-Chélif à Renaud, Les 3 palmiers, route de Ténès. R.

O. rosea DR., Rev. de Duch. 2, p. 437; Munb., cat.; fig. atl., expl. sc. pl. 83; *O. spicata* Munby *olim*. — Tiges robustes (3-5 décim.), rameuses; feuilles trifoliolées, grandes, pubescentes; épi floral très dense (10 cent. sur 3 à maturité); fleurs roses; calice à dents inégales, les 2 supérieures plus courtes; étendard finement cilié, émarginé, dépassant le calice; gousse comprimée, ovoïde (7 millim. sur 4); graine unique finement tuberculeuse. ① Mitidja. A. C. Mai.

O. alopecuroides L.; Munb., cat. — Diffère du précédent par sa tige moins rameuse, par ses feuilles et ses bractées toutes unifoliolées, à foliole très grande, elliptique, contiguë aux stipules ; bractées linéaires dépassant la grappe ; grappe de 10-15 cent. sur 3 ; calice à dents longues, linéaires, égales ; fleurs roses, petites ; gousse moitié plus courte que le calice ; graines lisses. ① Mai. Mitidja, les Issers, Kaddara, etc. A. C. Rég. médit occidentale.

O. **Salzmaniana** Boiss. et Reut., Pug. p. 34 ; Munb., cat. — Diffère du précédent par ses feuilles supérieures trifoliolées ; ses épis floraux bien plus petits (3-5 cent.), ses bractées trifoliolées, à folioles latérales sétacées. ① Chaïba, Castiglione (Clauson). Maroc, Espagne.

c. Fleurs en grappes ovoïdes ou oblongues bien plus étroites que dans les précédents ; feuilles toutes trifoliolées.

1. Grappes peu allongées, oblongues.

O. **crinita** Pomel, nouv. mat., p. 170. — Folioles elliptiques, profondément et inégalement dentées, grandes, glabres ou glabrescentes ; grappes florales presque aussi grandes que dans le précédent ; bractées trifoliolées, à folioles lancéolées ; calice à divisions filiformes *très longuement ciliées*, égalant 2 fois le tube ; fleurs blanchâtres ; étendard bilobé, apiculé dans l'échancrure, dépassant le calice ; gousse ovoïde, incluse ; graines tuberculées. ① Mai. Mzila (Dahra).

O. **cephalantha** Pomel, nouv. mat., p. 168 ; *O. Munbyana* Cosson, compend. et exsic., soc. dauphin. ! — Tiges nombreuses, rougeâtres, décombantes (1-3 décim.), rameuses ; stipules courtes, lancéolées-aiguës ; folioles un peu charnues, petites, linéaires-elliptiques, fortement dentées à dents obtuses, luisantes, la médiane pétiolulée, toutes plus courtes que le pétiole ; fleurs roses, nuancées de blanc, sessiles, en grappe dense pubescente-glanduleuse ; bractées inférieures portant des folioles, les autres réduites aux stipules, plus courtes que les calices ; étendard ovale, apiculé, dépassant le calice ; gousse incluse ; graines lisses, marbrées ; plante visqueuse. ① Mai-juin. Eboulis schisteux, tranchée du chemin de fer d'Adélia à Affreville ; Oued-Massine, route de Téniet ; Camp-des-Chênes, route de Médéa, au pied de la Mouzaïa, vis-à-vis la maison forestière.

O. **mitissima** L. ; Munb., cat. ; Lx, cat. Kab. ; Ball, spic. — Tiges dressées et diffuses, grêles, assez fermes (3-5 décim.), rameuses ; feuilles à pétioles courts ; stipules peu développées ; folioles assez grandes, obovées, finement dentées, glabrescentes ; fleurs sessiles en épis compacts ; bractée à partie stipulaire concave, blanche, brillante, couvrant les calices, les inférieures trifoliolées, les autres unifoliolées ou aphylles ; calice à dents lancéolées, ciliées, aiguës, égalant le tube; corolle rose; étendard apiculé; graines globuleuses, tuberculeuses. ① Mai. Prairies et broussailles du Tell. A. C. Rég. médit.

O. Columnæ All.; Munb., cat.; Lx, cat. Kab.; *O. parviflora* Desf., fl. atl. — Tiges nombreuses, dressées (1-2 décim.); feuilles longuement pétiolées; folioles petites, obovées; bractées semblables aux feuilles; calice blanchâtre, à dents triangulaires-acuminées; corolle petite, *jaune;* gousse rhomboïdale; graines grosses, tuberculées; plante un peu visqueuse, à grappes denses, feuillées jusqu'au sommet. H.-Pl., Djurdjura. R. Montagnes du Sud. A. C. Aurès, Béguirat, Djebel-Amour, Djebel-Antar, Djebel-Mzi. Europe, Rég. médit., Orient.

d. Fleurs inférieures souvent solitaires, les autres rapprochées en grappe allongée, plus ou moins fournie; feuilles presque toutes trifoliolées, à foliole médiane pétiolulée.

1. Plantes annuelles à fleurs roses ou purpurines.

O. serrata Forskall; Munb., cat.; Ball, spic. — Plante pubescente-glanduleuse, à tiges décombantes, rameuses, feuilles petites, à folioles oblongues, linéaires; stipules herbacées, petites, plus ou moins dentées; calice à dents linéaires 1-3 nerviées égalant à peu près la corolle; gousses oblongues de 5 millim. sur 2, pubescentes; graines 4-5, très petites, tuberculées (1 millim. diam.) ① Avril-mai. Tout le Sahara, la Macta, Maroc, Tunisie, Orient.

β glaucescens, *O. glaucescens* Pomel. — Feuilles glaucescentes peu veinées, à folioles un peu plus larges; dents du calice lancéolées-acuminées; grappes plus compactes; graines plus grosses au nombre de 2. Metlili, Brezina.

O. DIFFUSA Tenore; Munb., cat.; Ball, spic.; *O. Denhardtii* Cosson, not. crit., p. 35, non Tenore; *O. serrata* Gren. Godr., flor. Fr., non Forsk. — Plante plus robuste que les précédentes; stipules oblongues, herbacées, dentées sur le bord; folioles de 15-25 millim. sur 10, dentées; grappe assez compacte, premières bractées semblables aux feuilles, les supérieures 1-foliolées; calice de 8 millim., à dents lancéolées, 3-5 nerviées; corolle dépassant le calice; gousse incluse; graines 2, tuberculeuses; plante beaucoup plus grande que l'*O. serrata* dans toutes ses parties; gousses de 8-9 millim. sur 5. ① Avril-juin. Sables du littoral, Médéa, etc. Rég. médit.

O. COSSONIANA Boissier et Reut., Pug., p. 33; *O. diffusa* Cosson, loc. cit., non Tenore. — Diffère du *diffusa* par ses graines lisses et sa corolle plus grande. Algérie? Maroc, Espagne.

O. hirta Desf., cat., hort. Par. — Tiges dressées ou diffuses, très rameuses, à villosité laineuse étalée; feuilles inférieures et bractées unifoliolées; folioles finement dentées, hispidules, obovées ou oblongues; stipules oblongues, dentées; fleurs en longues grappes lâches; calice à tube laineux, à dents lancéolées égalant 3 fois le tube et presque aussi longues que la corolle; gousse hispide, bien plus courte que les dents du calice, à 3-4 graines lisses et luisantes. ① Espagne, Orient.

O. cirtensis nob. — Tiges peu rameuses; stipules lancéolées-aiguës, entières, les florales seules un peu dentées; calice à tube glabrescent, blanchâtre, avec 5 nervures vertes; dents très longues mais n'égalant que deux fois le tube; gousse glabrescente à 2 graines très luisantes; plante à feuilles glabrescentes, un peu glanduleuses, fortement dentées dans le haut. ① Mai. Constantine, polygone (Julien).

2. Arbrisseaux assez élevés.

O. hispida Desf., fl. atl., tab. 189; Munb., cat.; Lx, cat. Kab.; *O. pseudoarborescens* Salles; Munb., cat. — Tiges dressées, raides, rameuses, très hispides (3-15 décim.); folioles oblongues ou orbiculaires, souvent glabrescentes, finement dentées, à dents aiguës; fleurs distantes dans le bas de l'inflorescence; grappes longues de 1-3 décim.; fleurs grandes, roses, brièvement pédicellées; calice très hispide, long de 12-15 millim., à dents lancéolées-linéaires, aiguës; gousse comprimée bien plus courte que le calice; graines tuberculeuses. ♄ Mai-septembre. El-Biar, Chenoua, La Chiffa.

O. arborescens Desf., fl. atl., tab. 193; Munb., cat. — Plus arborescent que le précédent; gros troncs ligneux; folioles plus molles; fleurs en grappes condensées au sommet des rameaux; divisions du calice lancéolées, plus larges, moins longues, moins aiguës; gousse gonflée égalant presque le calice. ♄ Pour le reste semblable au précédent. Oran, Bou-Tlélis, Arzeu, Téniet-el-Haâd, Zaccar de Miliana.

O. filicaulis Salzm. Maroc.

O. minutissima L. Maroc.

e. Feuilles toutes ou en grande partie unifoliolées; fleurs en grappes peu compactes.

1. Fleurs roses ou blanches. (Groupe de l'*O. monophylla*).

O. monophylla Desf., fl. atl., tab. 188; Munb., cat. — Plante à tiges de 3-5 décim., la centrale dressée, les autres divariquées, rameuses, raides, striées, hispides; stipules entièrement soudées au pétiole, dentées; feuilles toutes unifoliolées;

folioles sessiles, elliptiques ou lancéolées, les inférieures très grandes, les autres successivement décroissantes, rarement émarginées; corolle à étendard non émarginé au sommet, grande, rose, dépassant peu le calice; calice longuement velu, à dents linéaires-lancéolées (15 millim.), peu accrescent; gousse petite, incluse; graines tuberculées. ① C. C. C. Tout le Tell. Mai-juin.

O. Tuna Pomel; *O. villosissima* Lx, cat. Kab. *et in herbariis permultis*, non Desf. — Facies du précédent; plante velue, visqueuse, fétide; folioles à la fin minuscules, souvent orbiculaires-rétuses, dentées, pétiolulées; tiges très rameuses, à la fin très grêles; calice à dents d'abord linéaires, très accrescentes; étendard émarginé. ① Toute la Mitidja, marnes argileuses de tout le Tell. Mai-juin.

O. viscidula Pomel. — Feuilles inférieures trifoliolées; grappes très lâches; pédicelles égalant les bractées; plante visqueuse. ① Avril-mai. Dahra, Habra, Cherchel.

O. VILLOSISSIMA Desf., fl. atl., tab. 192! Pomel, herb., non *aliorum*. — Plante à tiges ordinairement dressées, courtes; feuilles presque toutes trifoliolées, à folioles petites; fleurs en grappes assez serrées dépassées par les bractées; calice à dents linéaires égalant ou dépassant la corolle. ① Bou-Tlélis. R. Plante identique à la figure du *Flora atlantica*.

O. ALBA Poiret, voy. vol. 2, p. 210; Desf., fl. atl.; Munb., cat.; fig. Moris, fl. sard., tab. 33. — Diffère du *Monophylla* par ses tiges dressées, sa pubescence courte; feuilles unifoliolées, écartées, à folioles sessiles ou subsessiles, lancéolées; corolle blanche ou rose, à étendard apiculé; calice peu velu, à dents lancéolées-linéaires, accrescentes. ① Bône, Tunisie, Littoral. Sardaigne.

2. Fleurs jaunes; plantes des sables.

O. euphrasiæfolia Desf., fl. atl., tab. 184; Munb., cat.; *O. stricta* Pomel, nouv. mat. et herbier. — Tiges grêles, peu rameuses, dressées ou étalées (1-3 déc.), rougeâtres; stipules acuminées; foliole unique, oblongue, linéaire-dentée, un peu charnue; fleurs en grappes effilées, brièvement pédicellées; dents du calice filiformes, plus courtes que le tube; étendard oblong, apiculé, dépassant beaucoup le calice. ① Avril-mai. Mascara, Aïn-Tédelès, Djelfa, etc.

β *Pomeli*, *O. euphrasiæfolia* Pomel, non Desf. — Feuilles, divisions du calice et étendard plus larges. Ghamra (Pomel).

O. variegata L.; Desf., fl. atl., tab. 185; Munb., cat.; Lx, cat. Kab. — Tiges de 1-3 décim., décombantes, couchées en cercle, très feuillées; feuilles charnues, luisantes; folioles fortement dentées, oblongues ou elliptiques; fleurs axillaires, pédicellées, solitaires ou en grappes lâches; divisions du calice égalant le tube, lancéolées; étendard apiculé dépassant le calice; gousse dépassant aussi le calice. ① Mars-mai. Plante trapue et non effilée comme la précédente. Sables maritimes sur tout le littoral, Médéa (Nador).

O. Tournefortii Cosson. Maroc.

TRIGONELLA L.

Gousse droite, rostrée; plantes acquerrant pour la plupart une forte odeur de *Fenugrec* par la dessication; feuilles trifoliolées, à foliole médiane pétiolulée.

§ 1. *Fœnum-græcum* DC. — Fleurs solitaires ou géminées à l'aisselle des feuilles, sessiles; gousse longue, longuement rostrée, courbée en faulx à concavité inférieure; carène très courte; fleurs jaunes ou jaunâtres.

Tr. Fœnum-græcum L.; Desf., fl. atl.; Munb., cat. *Fenugrec.* — Plante glabrescente de 3-5 décim.; folioles oblongues, dentées; gousses de 8-15 cent. sur 3 millim.; graines finement tuberculées. ① Cult. subsp. Rég. médit., Orient.

Tr. gladiata Stev.; Munb., cat.; Lx, cat. Kab.; *Tr. prostrata* Moris, fl. sard., tab. 54. — Fleurs petites; calice velu; plante pubesbente, haute de 10-20 cent.; gousses de 4-7 cent., dont la moitié pour le rostre, sur 6-7 millim. de largeur; graines fortement tuberculeuses. Avril-mai. H.-Pl., Médéa, Teniet, Zaccar, Dréat, etc. Rég. médit., Orient.

§ 2. *Buceras* Mœnch. — Fleurs jaunes en ombelle ou en grappes axillaires; gousse mucronée, courbée en faulx, à concavité supérieure.

a. Graines tuberculeuses.

Tr. monspeliaca L.; Desf., fl. atl.; Munb., cat.; Lx, cat. Kab.; Ball, spic. — Plante pubescente un peu cendrée, à tiges couchées, rameuses (1-2 décim.); folioles obovées, dentées au sommet; fleurs petites, jaunes, 5-15, en ombelle sessile; fruits arqués (12 millim. sur 2), non rostrés. ① Mars-mai. Pelouses sèches. C. C. Partout, mais peu visible. Rég. médit., Orient, Europe méridionale.

Tr. polycerata L.; Munb., cat.; Ball, spic. — Tiges dressées et diffuses (2-4 décim.); fleurs 2-5, en ombelle courtement pédonculée; gousses de 3-4 cent., dressées, étroitement linéaires, peu arquées. ① Avril-juin. C. C. Dans toute la région des Hauts-Plateaux, rare sur le littoral. Aïn-Sefra, Batna, Djelfa, Laghouat, etc., etc. Espagne, midi de la France.

β pinnatifida, *Tr. laciniata* Munb., cat., non L. — Feuilles laciniées. Sahara et H.-Pl., Aïn-Sefra, Biskra, etc.

γ *atlantica* Ball. — Légumes courts. Maroc. Ball.

b. Graines lisses souvent marbrées.

Tr. anguina Del., flor. Égypt., pl. 38; Munb., cat. — Plante glabrescente, à tiges couchées, nombreuses, rameuses, à la fin indurées à la base; folioles obovées; fleurs 5-7 en grappe très courte, subsessiles; gousse de 12-15 millim., étalées en étoile, fortement ondulées-flexueuses. ① Avril-mai. Biskra, Égypte, Orient.

Tr. stellata Forskall; Munb., cat.; *Tr. Ægyptiaca* Poiret. — Diffère de la précédente par ses gousses arquées (7 mill.), rugueuses, non flexueuses. ① Avril-mai. Biskra, Égypte.

§ 3. *Trifoliopsis*. — Fleurs roses, axillaires; corolle marcescente; onglets des ailes et de la carène un peu adhérents entre eux et avec le tube staminal; gousse courte, obtuse, non rostrée, paucisperme; graines lisses, marbrées.

Tr. ornithopodioides DC. — Petite plante glabre, grêle, fleurissant presque dès la base, plus ou moins rameuse; feuilles longuement pétiolées, à folioles obovées-cunéiformes, un peu émarginées, dentées au sommet; stipules petites, entières, lancéolées-aiguës; pédoncules plus ou moins longs, à 1-5 fleurs petites. ① Avril-juin. Rég. médit.

β *uniflora*, *Tr. uniflora* Munb., cat. et Bull. soc., bot. Fr., vol. XI, p. 45. — Fleurs solitaires, subsessiles. 3 prov. A. R. Avril-juin. Alger, Oran, Djebel-Dréat.

§ 4. *Dubiæ*. — Fruits courts, rostrés. Plantes à aspect de *Melilotus* ou de *Medicago*, d'un classement difficile.

Tr. ovalis Boissier, voy. Esp., tab 51; Munb., cat; *Medicago ovalis* Urban; Lange et Willk., Prod. flor. Hisp. — Plante hispide, à longues tiges grêles, diffuses; folioles cunéïformes, dentées; fleurs petites, jaunes, subsessiles, en glomérules de 6-7 à l'aisselle des feuilles; calice à dents sétacées, plumeuses; gousse ovale, aplatie (12 millim. sur 6), à faces finement rayées. Port de *Medicago*. ① Mai. Tlemcen, Espagne.

Tr. cretica Boissier, flor. d'Or.; *Melilotus cretica* L.; Desf., fl. atl.; *Pocokia cretica* DC., Prodr. — Gousse papyracée, plane, orbiculaire, ailée sur les sutures. ① « *In arvis Algeriæ* Desf. » N'a jamais été retrouvé. — Crète, Orient.

Tr. cœrulea Boissier, flor. d'Or.; *Melilotus cœrulea* L. — Fruits courts, rostrés par le style persistant, en capitules longuement pédonculés; port de Melilot; fleurs bleues. ① J'ai trouvé deux fois cette plante subspontanée près d'Alger.

§ 5. *Racemosæ.* — Fleurs jaunes, en grappes longuement pédonculées ; gousses linéaires, pendantes.

Tr. corniculata L. — Plante d'Europe trouvée une fois aux portes d'Isly par M. Lallemant. Gousses droites, à peine arquées.

Tr. Fischeriana Ser.? — Gousses fortement arquées, un peu flexueuses ; corolles deux fois plus longue que le calice. Trouvée une année très abondante à l'Hôpital civil de Mustapha. Orient.

MELILOTUS L.

Feuilles trifoliolées; folioles dentées, la médiane pétiolulée ; fleurs jaunes, rarement blanches, petites, en grappes axillaires ; gousses ovoides ou globuleuses, petites, indéhiscentes, ordinairement rugueuses en travers. Les plantes sèches répandent ordinairement une odeur de fève Tonka.

§ 1. *Gyrorytis.* — Gousse marquée de plis concentriques partant tous de la base du fruit; fleurs jaunes.

M. messanensis L.; Desf., fl. atl.; Munb., cat., Lx, cat. Kab.; fig. Moris, fl. sard., tab. 58. — Plante robuste (3-6 décim.); fleurs en grappes courtement pédonculées ; pédoncules plus courts que la feuille ; calice 10-nervié, à dents inégales, courtes, se rompant à la fin ; ailes plus courtes que l'étendard et que la carène; gousses ovales-acuminées, rostrées (7-8 millim. sur 4). ① Avril-mai. Lieux frais et marécageux. 3 prov. Alger, Maison-Carrée, l'Alma, Oran, etc., etc. Rég. médit.

M. sulcata Desf., fl. atl. ; Munb., cat. ; Lx, cat. Kab.; Ball, spic. ; fig. Moris, fl. sard., tab. 59. — Tiges dressées ou décombantes, fistuleuses, un peu pubescentes dans le haut ; folioles glauques en dessous ; fleurs petites (3-4 millim.) ; calice à dents égales ; ailes plus courtes que l'étendard et la carène ; grappes lâches plus courtes que la feuille ; fruits obtus, subglobuleux, obliquement insérés sur le pédicelle grêle, marqué de crêtes concentriques serrées et régulières. ① Rég. médit. Mars-juin.

α latifolia. — Folioles obovales assez larges. C. C. C., partout.

β angustifolia. — Folioles étroites, souvent linéaires; grappe dépassant un peu la feuille. C. C. C., partout.

γ inodora. — Petite plante grêle, inodore à sec; fleurs très petites ; grappes très lâches. Teniet, Ben Chicao, Zaccar, Adelia, etc.

M. compacta Salzman. — Diffère surtout du précédent par ses grappes très serrées, dépassant largement la feuille; fleurs de 4 millim., pâles; fruits plus petits, à crêtes moins marquées. C. C. Oran, Aïn-el-Hadjar, Mansourah, au delà des Bibans, etc. Rég. médit. — Plante inodore à sec.

M. LEIOSPERMA Pomel. — Plante puissante, à tiges dressées ou décombantes, rameuses, fistuleuses ; feuilles oblongues ou obovées, finement dentées, à dents acuminées ; fleurs d'un jaune vif (6-7 millim.), sentant la fleur d'oranger, en grappe très dense, longuement pédonculée ; graines à peu près lisses. Absolument inodore à sec. C. C. C., dans tout le Sahel d'Alger ; excellent fourrage.

M. infesta Gussone ; Munb., cat. — Plante élancée, puissante, à folioles larges, à tige fistuleuse ; fleurs en grappes lâches très longues, dépassant la feuille ; corolle d'un jaune très pâle ; fruits plus gros que dans les précédents (4 millim. sur 3), à stries concentriques profondes, moins régulières ; pédicelles plus longs que le tube du calice. ① Mai. Moissons de la Mitidja. R. R. Rég. médit., France exceptée.

α macrostachys, M. macrostachys Pomel. — Grappes de 10-18 cent. ; fleurs de 6-7 millim.

β rigida, M. rigida Pomel. — Fleurs de 4 millim. ; pédicelles égalant à peine le tube du calice. Dahra, Cherchel.

§ 2. *Plagiorytis.* — Gousse à stries transversales presque parallèles, un peu anastomosées.

a. Fleurs blanches.

M. speciosa DR., Rev. Duch. 1, p. 365 ; Munb., cat. ; fig. atl., expl. sc. alg., pl. 90. — Plante puissante dressée, très rameuse ; folioles obovées ou orbiculaires, dentées ; fleurs de 6 millim., à ailes égalant la carène, en grappes lâches dépassant la feuille ; fruits elliptiques-aigus, ascendants ; pédicelles égalant le tube du calice. ① Avril-mai. Oran, Grand ravin, ravin Noiseu, Misserghin, etc. La Calle.

b. Fleurs jaunes.

M. elegans Salzman ; DC., Prodr. ; Munb., cat. ; fig. Moris, fl. sard., tab. 57. — Tiges de 3-5 décim., dressées ou décombantes ; folioles obovées ; fleurs de 4 millim., en grappes lâches dépassant la feuille ; ailes égalant la carène ; fruit ovoïde-aigu, à nervure dorsale et à suture ventrale saillantes. ① Mai. Chaïba près Alger (Clauson), Sidi-Chami près Oran (Pomel). Rég. médit., Orient.

M. macrocarpa Durieu, cat. du jardin de Bordeaux ; Bull. soc., bot. Fr., revue bibliographique, vol. XIV, p. 39 ; *M. physocarpa* Pomel ; *M. italica* Munb., cat., non Lamarck ; *M. numidica* DR. ; Munb., cat. — Plante dressée, rameuse, d'un vert gai ; folioles très grandes, obovées ou suborbiculaires ; glauques en dessous ; fleurs de 6 millim., jaune-pâle, en grappes lâches dépassant les feuilles ; ailes plus courtes que la carène ; fruits de la grosseur d'un petit pois ou plus petits, ovoïdes-obtus ou subsphériques ; graines 1-2, grosses, tuberculées. ① Mars-mai. C. C. C. Alger, l'Arba, Miliana, etc., etc. Les fruits de cette plante sont usités comme épice par les Arabes ; ils ont l'odeur de mélilot à un haut degré.

§ 3. *Cœlorytis.* — Fruits fovéolés ; fleurs jaunes ; plantes annuelles ; grappes dépassant les feuilles.

M. italica Lam. — Ne diffère guère du précédent que par son caractère de section et les ailes égalant la carène. N'a probablement été indiqué en Algérie que par confusion, par Desfontaines et par Munby. M. Pomel l'a à la vérité trouvé une fois près de Miliana, mais avec les allures d'une plante adventive. Rég. médit.

M. neapolitana Tenore ; Munb., cat. ; *M. gracilis* DC. — Plante grêle un peu pubescente dans le haut ; folioles obovées ou orbiculaires, à peine dentées ; fleurs de 5 millim., pâles en grappes lâches ; ailes égalant la carène ; calice non ruptile ; fruits petits (3 millim.), globuleux, dressé, apiculés, pubescents. ① Mai. Aurès, Itima (Pomel). Rég. médit., Orient.

M. indica All. ; *M. parviflora* Desf., fl. atl. ; Munb., cat. ; Ball, spic. ; fig. Moris, flor. sard., tab. 56. — Tiges dressées, rameuses, fistuleuses, puissantes ou parfois grêles, diffuses ; folioles oblongues, fortement dentées presque tout autour ; fleurs très petites 2, 2 et 1/2 millim., en grappes très denses, longuement pédonculées ; pédoncules grêles ; ailes égalant la carène, calice ne se rompant pas à la fin ; fruits petits en grappes lâches, glabres. ① C. C. C., partout. Mars-mai. Rég. médit.

M. reticulata Pomel. — Fruits plus gros, oblongs, réticulés. Cultures. Oran, Le Sig.

MEDICAGO L. (Luzerne).

Gousse exserte, indéhiscente ou s'ouvrant par le dos seulement, contournée en spirale, plus rarement falciforme ou réniforme ; fleurs jaunes, rarement bleues, en petites grappes courtes, axillaires ; feuilles trifoliolées, à foliole médiane pétiolulée ; stipules adnées au pétiole.

§ 1. *Lunaria.* — Gousse plane, foliacée, indéhiscente, sans nervures extramarginales, réniforme ou orbiculaire.

M. radiata L. ; Desf., fl. atl. ; Munb., cat. — Gousse formant un cercle de 20-25 millim. diam., élégamment nerviée, dentée-ciliée au bord externe, munie d'une marge lacérée au bord interne. *In arvis Algeriæ* Desf. Espagne, France, Orient.

§ 2. *Lupularia.* — Gousses petites, réniformes, pubescentes, à faces convexes, nerviées, sans épines ni nervures extramarginales ; plantes pubescentes à fleurs petites, en grappes multiflores.

M. lupulina L. ; Munb., cat. ; Lx, cat. Kab. ; Ball, spic. — Tiges 2-5 décim., étalées ou dressées ; feuilles courtement pétiolées à folioles obovales ; fleurs de 2 millim., en grappe serrée, cylindrique ; fruits de 2 millim. et 1/2, en grappe compacte sur un pédoncule égalant 3-4 fois la feuille. ① Mars-mai. A. C. Europe, Rég., médit., Orient.

M. Cupaniana Guss. ; Lx, cat. Kab. — Fleurs un peu plus grandes ; pédoncules un peu plus courts. ♃ Mai-juillet. Grande chaine du Djurdjura, Djebel-Dréat. Sicile.

M. secundiflora DR., rev. Duchartre 1, p. 365 ; Munb., cat. ; Lx, cat., Kab. ; fig. atl., expl. sc. alg., pl. 88-2. — Plante de 1-2 décim., dressée ; folioles cunéiformes, émarginées, dentées ; fleurs en grappes unilatérales ; fruits 6-12 sur 2 rangs nullement spiralés, longs de 3-4 millim. Diffère en outre des précédentes par l'absence de tubercule près de l'ombilic de la graine. ① Mars-mai. C. C. C. Lieux herbeux des montagnes et des hauts-plateaux. Zaccar, Nador de Médéa, Ben-Chicao, Téniet, Djurdjura, Aurès, Aïn-el-Hadjar, Djebel-Mzi. France.

§ 3. *Falcago.* — Plantes vivaces à style plus long que la gousse à l'anthèse ; gousse falciforme ou spiralée, ordinairement perforée au centre et déhiscente, sans épines ni nervures concentriques extramarginales.

M. arborea L. ; Munb., cat. — Arbuste de 3-10 décim., à tiges robustes ; fleurs grandes ; fruits plats, lisses, glabres ou finement pubescents, annulaires, stipités (10-15 millim. diam.) ♃ Bône (Munby). Italie, Orient, Espagne.

M. sativa L. — Plante pubescente à tiges raides, dressées, 3-6 décim. ; folioles linéaires-elliptiques, subentières ; feuilles courtement pétiolées ; fleurs bleues, violettes ou jaunâtres, assez grandes (8-10 millim.) ; gousse spiralée, glabre ou velue.

♃ Mai-juin. C. C. C. Mansourah, au delà des Bibans; Djebel-Dréat, Babors; tout le Sud à la limite du Sahara, Djebel-Amour, Djebel-Aïssa, Aïn-Sefra, Aïn-el-Hadjar, El-Kantara, Biskra, etc., etc. Tunisie. Il est hors de doute que cette plante soit bien réellement spontanée en Algérie.

M. falcata L. — Fleurs jaunes, en grappe courte; fruit falciforme; semblable pour le reste à la précédente. Cette plante signalée en Barbarie par l'abbé Poiret ne paraît pas y avoir été revue.

§ 4. *Scutellaria.* — Gousse spiralée, indéhiscente, orbiculaire, sans épines ni nervures extramarginales.

a. Plantes vivaces.

M. suffruticosa Ramond. Maroc. (Ball.)

b. Plantes annuelles.

M. scutellata All.; Desf. fl. atl.; Munb., cat.; Lx, cat. Kab.; fig. Moris, fl. sard., tab. 36. — Plante pubescente-velue; folioles obovées ou oblongues; stipules dentées; fleurs 1-3 assez grandes, orangées, sur un pédoncule aristé plus court que la feuille; fruits à la fin globuleux (12-14 millim.); spire concave à tours emboîtés les uns dans les autres comme des calottes concentriques, à faces réticulées, pubescentes. ① Terres argileuses. Mars-mai. A. C. Rég. médit.

M. orbicularis All.; Desf., fl. atl.; Munb., cat.; Ball, spic. — Plante glabrescente, à tiges couchées (3-5 décim.); feuilles longuement pétiolées, à folioles larges, dentées; stipules laciniées; fleurs petites, jaunes, 2-3 sur un pédoncule aristé; gousse à la fin lenticulaire (15-18 millim. diam.); spires 3-5, à bords étroitement appliqués, foliacés, membraneux; graines ovales, triangulaires, finement tuberculeuses. ① C. C. Mars-mai. Pelouses. Rég. médit.

M. Biancæ Todaro. — Gousses plus petites, à 6-7 tours de spire, fortement nerviées. Aflou (Pomel). Italie.

M. marginata Willd.; Munb., cat. — Gousse discoïde et non lenticulaire; spires à bords écartés à maturité. Avec l'*Orbicularis*. C. C. C. Rég. médit.

M. elegans Jacquin; fig. Moris, fl. sard., tab. 38. — Plante pubescente; tiges de 2-4 décim.; pédoncules uni-biflores, aristés, plus courts que la feuille; stipules dentées; spires 2-3, à bords épais fortement et élégamment nerviés, à faces planes; réniformes, lisses. ① Alger, Colonne Voirol (Durando), Constantine, Daya (Clary). Corse, Italie, Grèce, Orient.

M. Soleirolii Duby; *M. plagiospira* DR., Rev. Duch. 1, p. 366; Munb., cat.; fig., atl., expl. sc. alg., pl. 89-1. — Plante velue-pubescente, à tiges dressées ou diffuses (2-5 décim.); folioles assez grandes, dentées; stipules laciniées; pédoncules à 3-6 fleurs plus longs que la feuille; gousses d'abord lenticulaires, finement réticulées en long, comme chagrinées; spires charnues, à 2-4 tours, à la fin très épaissis, à bords carenés; graines réniformes, lisses. ① Avril-juin. A. R. Lieux frais, Reghaïa, Corso, Dellys, l'Arba, La Chiffa, La Calle, Sardaigne, Corse.

§ 5. *Intertextæ.* — Plantes puissantes, à grandes fleurs orangées; gousses globuleuses, grosses (12-20 millim.), sans nervures extramarginales, à marge bordée de deux rangs d'épines obliques; faces des spires fortement réticulées; graines noires, grosses, réniformes, à radicule ne dépassant pas le milieu; tiges couchées (4-10 décim.), anguleuses; feuilles glabres ou glabrescentes; stipules grandes, ovales, laciniées-fimbriées sur le bord; fleurs 1-3, rarement 6, sur un pédoncule plus court que la feuille ou l'égalant.

M. Echinus DC.; Munb., cat.; Lx, cat. Kab.; fig. Moris, fl. sard., tab. 52. — Plante glabre à gousse elliptique, couverte de grandes épines luisantes, entrecroisées. ① Mai-juin. Prairies marécageuses, fossés. A. C. Rég. médit.

M. ciliaris Willd.; Munb., cat.; Lx, cat. Kab.; fig. Moris, fl. sard., tab. 51. — Fruits sphériques; épines courtes toutes couvertes de poils laineux, glanduleux. ① Mai-juin. C. C. C. Terres argileuses, Mitidja, etc. Rég. médit.

§ 6. *Pachyspiræ.* — Gousse le plus souvent cylindrique; spire à péricarpe épaissi, charnu, à tours serrés; une nervure concentrique de chaque côté de la nervure dorsale s'anastomosant avec des nervures rayonnantes; épines nulles ou coniques sans sillon; graines séparées par des cloisons membraneuses; radicule n'atteignant pas le milieu des cotylédons; gousses indifféremment dextrorses ou sinistrorses.

a. Gousses cylindriques ou lenticulaires.

1. *Obscuræ.* — Plantes pubescentes ou glabrescentes; stipules semi-lancéolées, laciniées; fleurs ordinairement nombreuses, assez grandes sur un pédoncule plus long que la feuille; ailes plus courtes que la carène obtuse; carène plus courte que l'étendard; gousses de 6-8 millim. de diam., monocycles ou polycycles et alors cylindriques, inermes ou armées d'épines *rayonnantes* partant de nervures concentriques; bord des spires un peu caréné. *M. obscura,* Retz. *sensu latiori;* Urban, mon.

aa. Gousses monocycles, rarement bicycles; spire s'amincissant régulièrement du milieu au bord; faces à éclat mat, finement chagrinées entre les nervures par des crêtes vermiculées, visibles à la loupe; fruits nombreux sur le même pédoncule.

M. corrugata DR., Rev. Duch. 1, p. 365; Munb., cat.; fig. atl., expl. sc. alg., pl. 88-1. — Fleurs grandes, orangées; fruits fortement rugueux; nervures concentriques extramarginales, munies de fortes épines. Plante assez robuste, d'un vert sombre. ① Dellys, bord de la mer. A. C. Alger, Bouzaréah. R.

M. lævis Desf., fl. atl.; *M. corrugata* var. *inermis*, soc. Dauph. d'échanges n° 4073. — Fleurs plus petites, d'un jaune pâle; gousses réniformes ne faisant pas un tour de spire complet, monospermes, finement rugueuses, à peine réticulées; nervures extramarginales peu apparentes; bord très mince sans épines. Plante d'un vert pâle. ① Mars-mai. R. R. L'Arba, Maison-Carrée.

bb. Fruits à 1-8 tours de spire, finement réticulés, lisses entre les alvéoles du réseau, ronds, jamais réniformes, plats, non lenticulaires.

M. obscura Retz. — Fruits monocycles à 1-2 graines. ① Mars-mai. Rég. médit.

α inermis. — Gousse sans épines. Tagoureith près Coléa (Clauson).

β spinulosa. — Gousse à petites épines grêles délicates. Avec la précédente et centuriées toutes les deux par Clauson dans l'*herbarium Fontanesianum normale* sous le nom de *M. helix*.

M. HELIX Willd. — Gousses à 1 et 1/2-4 tours, noircissant à maturité. C. C. C., partout. Rég. médit.

α inermis. — Gousse sans épines. C. C. C.

β spinulosa. — Gousses épineuses. C. C. C.

M. tornata Willd. — Gousse à 4-8 tours, un peu moins large. Sables maritimes.

α inermis. — Gousse sans épines. C. C. C.

β spinulosa. — Gousses épineuses.

2. *Littorales.* — Ces plantes se distinguent des *obscuræ* par le diamètre moindre de leurs fruits (3-5 millim.) — Tiges grêles, nombreuses, peu rameuses, couchées en cercle; folioles cunéiformes, petites, dentées au sommet; épines des fruits souvent plus fortes que dans les précédents, dressées ou rayonnantes; fleurs assez grandes, moins nombreuses; carène aiguë dépassant peu les ailes.

M. littoralis Rhode; Munb., cat.; Lx, cat. Kab.; Ball, spic.; fig. Moris, fl. sard., tab. 40. — Gousses à 3-6 tours de spire, sinistrorses ou dextrorses (*M. heterocarpa* DR., Atl., expl. sc., pl. 89-2). — Varie à gousses lisses ou tuberculées (*M.*

cylindracea Gren. Godr.) ou épineuses. La forme épineuse dextrorse est le *M. Braunii* Gren. Godr. Rég. médit.

M. striata Bastard. — Gousse lisse à 2-3 spires.

M. rugulosa nob. — Fruits presque aussi larges que ceux du *M. helix*, très fortement réticulés-rugueux sur les faces, à épines verticales très courtes. Sables du Nador de Médéa, H.-Pl.

3. *Truncatulæ.* — Diffèrent des *obscuræ* par les pédoncules uni-biflores, plus courts que la feuille: fleurs petites, à carène aiguë, dépassant peu les ailes; gousses cylindriques fortement épineuses, à bord épais; nervures dorsales et extramarginales saillantes, carenées; plantes pubescentes, à folioles cunéiformes ou obovées, fortement dentées; fruits assez gros (7-12 millim. sur 5-8).

M. truncatula Gærtner. — Caractères ci-dessus. ① A. C. Mars-mai. Rég. médit.

α *tribuloides*, *M. tribuloides* Desr. — Folioles obovales; épines du fruit longues et étalées. C. C.

β *Murex*, *M. Murex* Gren. Godr. et *M. truncatula* Gren. Godr. — Gousse allongée, pubescente dans sa jeunesse; épines souvent longues et entre-croisées (*M. uncinata* Willd.), ou courtes-tuberculeuses (*M. rigidula* Willd., non Desr.)

γ *laciniata* nob., Bull. soc., bot. Fr. 1886, p. 353. — Plante velue-laineuse à feuilles incisées-laciniées. Batna. Mai.

M. marina L.; Desf., fl. atl.; Munb., cat.; Lx, cat. Kab.; Ball, spic. — Plante extrêmement velue-veloutée; fleurs 6-12, jaunes, sur un pédoncule court; fruits velus, cylindriques, épineux, dextrorses ou sinistrorses. C. C. C. Sur le sable des rivages maritimes. Mai-juillet. France, Rég. médit.

b. Gousses sphéroïdales ou olivaires; fleurs petites; carène dépassant les ailes.

1. Plantes velues ou pubescentes; gousse ordinairement velue.

M. Gerardi Willd.; Gren. Godr., fl. fr.; Munb., cat.; fig. Moris, fl. sard., tab. 43; *M. rigidula* Desr. — Pédoncules 1-6 flores, non aristés; fleurs petites; gousses globuleuses, très velues, à nervures extramarginales tout à fait indistinctes; bord des spires arrondi et muni d'épines courtes. ① R. Mai-juin. Montagnes et Hauts-Plateaux, Zaccar, Médéa, Téniet, Djebel-Aïzer, Fort-de-l'Eau, près Alger. Rég. médit.

M. turbinata Willd.; Munb., cat.; fig. Moris, tab. 45. — Gousses plus grosses, à bords des spires exactement appliqués les uns sur les autres, presque plans; la nervure dorsale et les nervures extramarginales se trouvant à peu près sur un même plan vertical; pédoncules mutiques à 1-5 fleurs. Avril-mai. C. C. C. Rég. médit.

α *inermis*. — Fruits ordinairement velus, olivaires, inermes, tuberculés. *M. turbinata* (a) *lævis* Boissier, voy. Esp.; *M. turbinata* Gren. Godr., quant à la forme sinistrorse. C. C.

β *olivæformis*, *M. olivæformis* Gussone. — Fruits semblables aux précédents mais plus glabres et munis de courtes épines. A. C.

γ *aculeata*, *M. muricata* Gussone; Todaro, exsicc. an Willd.? — Fruits sphériques à grosses épines coniques, à large base indurée. A. C. Mitidja, Sahel, etc.

δ *neglecta*, *M. neglecta* Gussone; fig. Moris, tab. 45; fig. B. — Épines plus grêles que dans la variété précédente. A. C.

M. tuberculata Willd.; Munb., cat.; Moris, tab. 44. — Diffère du *M. turbinata* par ses fruits glabres, à base plane, un peu plus petits, à spires munies sur le bord de deux rangs de tubercules très réguliers, séparés par des sinus profonds. ① Algérie (Munby), Rég. médit.

2. Plantes glabrescentes; face supérieure des feuilles glabres; gousses glabres.

M. Murex Willd., non Gren. Godr., fl. fr.; *M. sphærocarpa* Gren. Godr.; Munb., cat. — Plante à aspect glabre, luisant, à fruits sphériques ou olivaires assez semblables à ceux du *M. turbinata*, mais ordinairement plus petits, glabres; pédoncules aristés; tours de spire très exactement appliqués les uns sur les autres; folioles obcordées ou obovées; stipules finement laciniées. C. C. C., partout dans les terres cultivables. ① Rég. médit. Mars-mai.

Variétés à fruits aiguillonnés ou muriqués.

α *ovata*, *M. ovata* Carmig. — Fruits olivaires larges de 5-7 millim. au millieu; épines ordinairement longues. C. C. C.

β *macrocarpa*, *M. macrocarpa* Moris, flor. sard., tab. 45. — Fruits sphériques, même diamètre. C. C.

γ *sphærocarpa*, *M. sphærocarpa* Bertoloni; fig. Moris, fl. sard., tab. 46. — Fruits beaucoup plus petits, brièvement aiguillonnés. A. C.

Variétés à fruits lisses ou à peine tuberculés.

δ *Sorrentini*, *M. Sorrentini* Tineo. — Fruits gros, luisants, lisses, olivaires. Réghaïa. R. R. Trouvé une seule fois dans une prairie. Téniet-el-Haâd. C. C., mais à fruits un peu tuberculeux.

ε *sicula, M. sicula* Todaro. — Fruits sphériques plus petits, lisses ou un peu tuberculeux.

§ 7. *Euspirocarpées* Urban. — Spires lâches; péricarpe peu induré; épines aplaties et sillonnées à leur base; gousses toujours sinistrorses; plantes annuelles.

§§ 1. Légumes à base plane, la spire inférieure étant la plus large; faces des spires obliquement striées-réticulées.

M. arabica Allioni; Desf., fl. atl.; *M. maculata* Willd.; Munb., cat.; Ball, spic.; fig. Moris., fl. sard., tab. 50. — Tiges couchées; folioles larges, obcordées, ordinairement maculées de noir, dentées; stipules semi sagittées, dentées ou incisées; pédoncules aristés, à 2-5 fleurs; gousse à la fin subglobuleuse, à 3-5 spires, plane sur les deux faces (6-7 mill. diam.), à longues épines arquées. Plante glabrescente ou plus ou moins velue. C. C. C. Mars-juin. Europe, Rég. médit., Orient.

M. lappacea Lamarck; Munb., cat.; Ball, spic. — Plante glabre ou glabrescente; folioles obovées, cunéiformes; stipules laciniées; pédoncules bi-triflores non aristés; ailes dépassant la carène et plus courtes que l'étendard; gousse à 3-6 tours de spire décroissant de la base au sommet, à bord mince, obtus, creusé de chaque côté d'un sillon interrompu par les épines, diam. 6-8 millim. ou 10-12 avec les épines, noircissant à maturité. ① Mars-mai. C. C. C. Europe moyenne et méridionale, Rég. médit., Orient.

Variétés à gousses à 3 tours de spire.

α *tricycla, M. tricycla* DC. — Gousses longuement épineuses; épines étalées, uncinées. C. C. C.

β *microdon.* — Épines très courtes, verticales. A. R.

Variétés à gouses à 5-6 tours de spire.

γ *pentacycla, M. pentacycla* DC.; Lx, cat. Kab.; *M. nigra* Willd. — Fruit à longues épines. C. C. C.

δ *terebellum, M. terebellum* Willd. — Épines très courtes. A. R.

M. denticulata Willd.; Munb., cat. — Plante très voisine du *M. lappacea* mais plus grêle, à fruits plus petits, plus régulièrement striés, à spires plus minces, généralement peu nombreuses, à épines généralement rayonnantes. Rég. médit., Europe moyenne, Orient. Donne les variétés suivantes :

Gousses à 1-3 tours de spire, rarement 4, le dernier très petit.

α *denticulata*, *M. denticulata* Willd.; *M. gracillima* Tineo. — Fruits à 1-2 tours de spire; épines plus longues que le rayon de la spire, étalées horizontalement. C. C. C.

β *apiculata*, *M. apiculata* Willd.; *M. sardoa* Moris, fl. sard., tab. 47. — Épines très courtes, verticales; *M. polycarpa* Willd. en est une forme à fruits nombreux à 3-4 cycles, à épines un peu plus longues. C. C. C.

γ *confinis*, *M. confinis* Koch. — Dents réduites à des tubercules. Algérie (herb. Pomel, sans localité).

Gousses presque cylindriques, à 5 tours de spire, plus grandes.

M. reticulata Bentham; Gren. Godr., fl. Fr. — Dans une prairie de montagne irriguée chez les Beni-Athia à l'Arba!

§§ 2. Gousses sphériques ou olivaires.

M. laciniata Allioni; Desf., fl. atl.; Munb., cat.; Ball, spic. — Tiges grêles, couchées; folioles petites, cunéiformes, dentées ou laciniées, glabres ou pubescentes, soyeuses en dessous; stipules laciniées ou profondément dentées; pédoncules capillaires, aristés, bi-triflores; gousses petites, sphériques, très épineuses à longues épines entrecroisées. ① Avril-juin. Région des Hauts-Plateaux et Sahara. 3 prov. C. C. C. L'Arba. R. Rég. médit., Orient.

β *brevispina* Cusin et Ansberque, Herbier de la flore française. — Fruit plus gros, olivaire, à épines courtes. Biskra!

M. minima Lamarck; Munb., cat.; Lx, cat. Kab.; Ball, spic.; *M. recta* Desf., fl. atl. — Plante velue-soyeuse; tiges dressées ou décombantes, assez robustes (1-2 décim.); feuilles courtement pétiolées; folioles obovales ou oblongues, faiblement dentées au sommet; stipules entières ou à peine dentées; pédoncules aristés, très-courts à 1-6 fleurs; fruits petits, sphériques. C. C. C. Pelouses sèches, partout. Mars. Europe, Rég. médit., Asie occidentale.

α *vulgaris*. — Épines plus longues que le rayon de la spire C. C.

β *longiseta*. — Épines plus longues que le diamètre de la spire C. C. C.

γ *pulchella* Tod. — Épines tres courtes, réduites à des tubercules. Garrouban (Pomel.)

M. Delestrei Spach, inédit.; Munb., cat. — Signalé à Mostaganem, m'est inconnu.

TRIFOLIUM L. (Trèfle).

Fleurs en capitules ou en grappes serrées spiciformes ou ombelliformes; corolle marcescente à ailes libres en avant;

carène obtuse; étamines diadelphes un peu soudées aux pétales, à filets un peu épaissis au sommet; gousse à 1-4 graines, incluse dans le calice persistant ou le dépassant peu.

Série A. *Pas de bractéoles à la base des pédicelles; fleurs sessiles; gousse monosperme incluse.*

§ 1. *Eutriphyllum* DC. — Capitules tous terminaux, à fleurs toutes fertiles; calice non vésiculeux à 10-20 nervures, plus ou moins fermé à maturité.

a. Feuilles supérieures toujours alternes.

1. — Folioles étroites, linéaires; stipules sétacées dans leur partie libre.

Tr. angustifolium L.; Desf., fl. atl.; Munb., cat.; Lx, cat. Kab.; Ball, spic. — Tiges dressées (2-4 décim.), fermes; stipules de 4 cent., longuement soudées au pétiole; folioles longues et aiguës; capitules (3-8 cent.), allongés-coniques, soyeux, pédonculés, solitaires; fleurs roses; calice à 10 nervures, fermé par 2 lèvres calleuses, à dents longues, à la fin étalées et spinescentes. ① Mars-mai. C. C. C., partout. Rég. médit.

Tr. intermedium Gussone; Munb., cat. — Voisin du précédent, moins élevé, plus velu; folioles obtuses, au moins dans le bas de la plante, moins allongées ainsi que les stipules; capitule plus court, plus obtus, à fleurs blanches ou rosées, souvent sessile; dents du calice longuement sétacées et velues, à la fin subégales; stipules de 1 et 1/2 à 2 cent. ① Mars-mai. Avec le précédent, bien plus rare.

2. Folioles courtes et larges; stipules ovoïdes, dentées dans leur partie libre.

Tr. incarnatum L.; Desf., fl. atl.; Munb., cat.; *Tr. stramineum* Presl. — Plante velue; tiges dressées (2-5 décim.); folioles obovales; stipules nerviées, ovales-obtuses; capitules allongés; fleurs rouges; calice à 10 nervures, à gorge ouverte, à dents subégales, à la fin étalées et plus longues que le tube. ① Alger, Isser, Chelif, etc. Cultures abandonnées, subsp. Midi de l'Europe, Turquie.

β Molinerii, *Tr. Molinerii* Balbis, non Reich. — Fleurs d'un blanc rosé. Sétif (Meyer).

Tr. stellatum L.; Desf., fl. atl.; Munb., cat.; Lx, cat. Kab.; Ball, spic. — Plante mollement velue (1-3 décim.); folioles petites, obcordées; stipules veinées, ovales, obtuses, dentées; capitules globuleux; fleurs roses ou blanches; calice mollement velu, 10-nervié, fermé à la gorge par de longs poils laineux; dents accrescentes, égales (10 millim.); s'étalant en étoile à maturité. ① Mars-mai. C. C. C. Rég. médit.

b. Feuilles supérieures opposées.

1. Plantes vivaces; folioles entières; gros capitules tantôt pédonculés, tantôt involucrés par les dernières feuilles; calice 10-nervié.

Tr. ochroleucum L.; Lx, cat. Kab. — Souche vivace brune; plante pubescente soyeuse; tige dressée; feuilles toutes pétiolées, distantes; stipules longuement acuminées dans leur partie libre; capitules ovoïdes; fleurs jaunes, rarement roses; calice fermé par deux lèvres calleuses; dent inférieure deux fois plus longue que les autres. ♃ Juin-juillet. Hautes montagnes : Djurdjura, Aurès, Dréat, Garrouban, etc. Europe, Rég. médit., Orient.

Tr. pratense L.; Desf., fl. atl.; Munb., cat.; Lx, cat. Kab.— Plante glabre ou velue; tiges dressées ou ascendantes; folioles ovales ou elliptiques, grandes, obtuses; stipules amples, veinées, à partie libre courte, triangulaire, brusquement acuminée, en pointe sétacée, celles des feuilles supérieures dilatées formant souvent un involucre aux capitules; calice à dents très inégales, muni d'un anneau calleux; fleurs rouges. ♃ Avril-mai. C. C. C., partout dans le Tell et les montagnes. Europe, Rég. médit., Sibérie.

β *flavicans* DC., prodr.; *Tr. nivale* Sieb. — Fleurs jaunâtres. Zaccar de Miliana!

2. Plantes annuelles; dents du calice sétacées, subégales même à maturité, ciliées, velues; capitules sessiles involucrés par les dernières feuilles.

Tr. pallidum Walldst. et Kit. — Plante pubescente voisine du *Tr. pratense*, à folioles plus petites, à capitules sessiles d'un blanc jaunâtre; calice 10-nervié, à gorge fermée un peu calleuse. ① C. C. C. Mai-juillet.

Tr. hirtum Allioni; *Tr. hispidum* Desf., fl. atl., tab. 209-1; Munb., cat. — Plante de 1-2 décim., velue-hispide, à tiges fermes, dressées ou étalées; stipules brièvement soudées au pétiole, à partie libre triangulaire, acuminée en une pointe sétacée; folioles obovées; capitules gros (25 millim.), globuleux, involucrés par deux feuilles bractéales dont une sans folioles; calice 20-nervié, à dents rougeâtres deux fois plus longues que le tube; celui-ci ouvert à la gorge; fleurs purpurines. ① Mascara (Desf.), Garrouban (Pomel)!

Tr. Cherleri L.; Munb., cat.; Lx, cat. Kab.; *Tr. Cherleri* et *Tr. sphærocephalon* Desf., fl. atl., tab. 209-2. — Plante plus faible que la précédente, à tiges décombantes, rameuses; capitules déprimés, plus petits, involucrés par 3 feuilles dont une sans folioles, fortement adhérentes au capitule et tombant avec lui; fleurs blanchâtres. ① Mars-mai. C. C. C. Pelouses sèches. Rég. médit.

3. Plantes annuelles; capitules souvent pédonculés; dents du calice triangulaires, 5-nerviées à la base puis longuement subulées, ciliées subégales; stipules médiocres, à partie libre lancéolée-acuminée; calice 20-nervié, ouvert et velu à la gorge.

Tr. lappaceum L.; Munb., cat.; Lx, cat. Kab.; Ball, spic.; fig. Moris, fl. sard., tab. 62-1. — Tiges dressées ou décombantes, grêles, flexueuses (1-5 décim.); folioles pubescentes, obovées ou émarginées; capitules petits, subglobuleux (12-15 millim.); fleurs blanches ou rosées. ① Mars-mai. C. C. C. Rég. médit.

4. Calice 10-nervié, à gorge linéaire fermée par 2 lèvres calleuses, à dents accrescentes, étalées à maturité, larges, rigides, insensiblement acuminées, l'inférieure plus longue ordinairement; capitules pédonculés, rarement sessiles; folioles oblongues; stipules linéaires, très longues, à partie libre longuement linéaire-acuminée, dressée.

Tr. leucanthum Marsh. Bieb.; fig. Moris, fl. sard., tab. 62-1. — Plante velue, blanchâtre; capitules petits, longuement pédonculés, à fleurs blanches; dents du calice relativement étroites, peu inégales. ① Mai-juin. A. R. Djebel-Ouach (Maury, Julien), Téniet-el-Haâd, Corse, Italie, Dalmatie.

Tr. maritimum Hudson; Munb., cat.; Lx, cat. Kab.; Ball, spic. — Tiges de 1-5 décim., dressées, fermes, rameuses; folioles de 2-4 cent.; capitules fructifères très denses, ovoïdes (15 mill. sur 20); fleurs rosées. ① C. C. C. Mars-mai. Rég. médit.

Tr. panormitanum Presl.; Munb., cat.; *Tr. squarrosum auctorum an* L?; Lx, cat. Kab. — Plante plus grande que la précédente dans toutes ses parties; rameaux latéraux moins longs que la tige centrale; folioles molles; fleurs blanches rarement rosée; capitules fructifères de 30 millim. sur 25; calice à tube resserré à la gorge, à dents un peu subulées, épineuses au bout, l'inférieure très longue (8-9 millim.) ① Mars-mai. C. C. C. Rég. médit.

Tr. Juliani Batt., Bull. soc., bot. Fr. 1887, p. 387 (1). — Port du précédent mais bien plus grêle et plus petit dans toutes ses

(1) D'après M. Belli, cette plante serait le vrai *Tr. Xatardi* DC., Prodr., espèce méconnue depuis et qu'on avait dû trouver accidentellement dans les Pyrénées où l'auteur l'indique. (Note ajoutée pendant l'impression).

parties; stipules à partie libre plus courte que la partie soudée sauf dans les feuilles supérieures; capitules allongés (20-25 millim. sur 10-12), très lâches, à fleurs subverticillées; dents du calice plus courtes que le tube, égales. ① Meridj, Djebel-Ouach près Constantine (Julien).

6. Dents du calice fructifère très larges, inégales, les 4 supérieures ovoïdes-aiguës, l'inférieure lancéolée bien plus grande; gorge fermée par 2 lèvres calleuses; folioles obovales, arrondies; stipules larges et courtes, à partie libre ovoïde-aiguë.

Tr. clypeatum L. — Tiges flexueuses; gros capitules; fleurs roses, grandes. Mustapha, à la Fontaine bleue (Durando, Duval-Jouve). Plante de Grèce et d'Orient qui paraît avoir disparu de cette localité où elle était probablement adventive.

§ 2. *Lagopodium* Reichb.; Gren. Godr. — Capitules terminaux et axillaires; fleurs petites toutes fertiles; calice 10-nervié, non vésiculeux; gousse ovoïde, monosperme, incluse, s'ouvrant irrégulièrement.

a. Capitules cylindriques, les axillaires pédonculés; tiges grêles, dressées, fermes; plantes pubescentes; calice 10-nervié.

Tr. phleoides Pourret; Munb., cat.; fig. Moris, fl. sard., tab. 60. — Plante canescente, dressée, 2-4 décim.; feuilles toutes pétiolées, à folioles oblongues, obtuses; stipules membraneuses, à partie libre triangulaire-aiguë, longuement acuminée; capitules de 20-30 millim. sur 10-12, longuement pédonculés, denses; calice fructifère ouvert, velu dans la gorge, peu velu en dehors, à dents uninerviées, triangulaires à la base, subégales, brièvement hispides, égalant le tube, à la fin étalées en étoile, subspinescentes; corolle petite, pâle. ① Avril-juin. Rég. médit.

Tr. ligusticum Balbis; Munb., cat.; Ball, spic. — Port du précédent; folioles obovales; stipules courtes, à partie libre brièvement sétacée; capitules moins longuement pédonculés, le terminal subsessile; calice très petit, calleux à la gorge, à dents égalant 2 fois le tube, aristées, ciliées, non étalées, subégales. Plante noircissant en herbier. ① Mars-mai. Coteaux secs. C. C. C. Rég. médit.

Tr. arvense Desf., fl. atl.; Munb., cat.; Ball, spic. — Plante grêle, dressée (1-4 décim.), très rameuse; folioles oblongues-linéaires, dentées au sommet; calice non calleux à la gorge, à dents égales, longuement sétacées, plumeuses, molles, non divariquées; fleurs d'un blanc rosé; capitules très soyeux, doux au toucher, blancs ou roux. ① Mars-mai. C. C. C. Lieux secs. Europe, Rég. médit., Orient.

β *longisetum*. — Dents très longues, très plumeuses, égalant 4 ou 5 fois le tube. Garrouban.

γ *Preslianum, Tr. Preslianum* Boissier, diagn. § 1-2, p. 25. — Folioles entières; rameaux divariqués; capitules plus gros. Maroc (Ball), Algérie?

Tr. lagopus Pourret; Munb., cat. — Plante velue, rousse, à tiges robustes, courtes; folioles petites, obovées, cunéiformes; stipules petites, à partie libre ovale-aiguë; capitules oblongs (30 millim. sur 15), brièvement pédonculés; calice ovoïde, calleux à la gorge, à dents inégales, sétacées dès la base, raides, ciliées, plus courtes que le tube, à la fin étalées-divariquées; fleurs petites, purpurines. ① Algérie (Munb., cat.) Midi de la France, Italie.

Tr. gemellum Pourret. — Tiges dressées (1-2 décim.), rameuses, hispides; stipules fortement nerviées, lancéolées-acuminées; folioles oblongues ou cunéiformes, un peu dentées au sommet, parfois émarginées; capitules de 15-18 mill. sur 12, géminés au sommet des tiges, solitaires sur les rameaux axillaires, tous involucrés par une feuille bractéale trifoliolée, sessile; calice fructifère, obconique, laineux, à nervures très saillantes, à gorge à demi fermée par un anneau velu un peu calleux, à dents triangulaires à la base, brusquement acuminées-sétacées, ciliées, subégales, rigides, étalées, plus longues que le calice et que la corolle; graine un peu chagrinée, à radicule non proéminente. ① Juin-juillet. R. R. Garrouban (Pomel), sommet du Djebel-M'zi (Sud oranais, frontière du Maroc). La plante de cette dernière localité est plus velue-laineuse et a les calices fructifères plus gros.

b. Capitules tous sessiles à l'aisselle des feuilles ou terminaux et alors souvent géminés.

Tr. Bocconi Savi; Munb., cat.; Lx, cat. Kab.; Ball, spic. — Tiges de 1-3 décim., dressées ou étalées, rigides; folioles oblongues, linéaires, dentées au sommet; stipules acuminées en pointe sétacée, les supérieures non dilatées; capitules de 10-12 millim. sur 6-7, géminés au sommet des tiges; calice à peine pubescent, à gorge ouverte, à dents triangulaires-lancéolées, hispides, un peu spinescentes, conniventes, peu inégales et plus courtes que le tube; corolle blanche ou rosée égalant le calice; fleurs très petites, très adhérentes à l'axe. ① A. R., mais très répandu, 3 prov. Rég. médit., Europe méridionale.

Tr. atlanticum Ball. Maroc.

Tr. striatum L.; Munb., cat. — Tiges dressées ou ascendantes (2-5 décim.); folioles obovées, oblongues ou obcordées, presque entières, molles, pubescentes; stipules larges, membraneuses, partie libre triangulaire, acuminée, en une pointe sétacée, courte, les supérieures dilatées; capitules ovoïdes; fruits caducs; calice un peu renflé, membraneux entre les nervures, contracté sous les dents, velu, à gorge ouverte, à dents courtes, un peu spinescentes, à la fin étalées, inégales, plus courtes que le tube. ① Avril-mai. A. C. Lieux herbeux et ombreux. Europe, Rég. médit., Orient.

β *spinescens* Lange. — Dents plus longues que le tube, divariquées, subégales. Montagnes : Téniet, Djurdjura, Djebel-Ouach, Oran, etc.

Tr. scabrum L.; Desf., fl. atl.; Munb., cat.; Lx, cat. Kab.; Ball, spic. — Tiges étalées ou dressées (1-3 décim.), raides; folioles obovées ou oblongues, coriaces, à nervures *arquées en dehors;* stipules courtes, à partie libre triangulaire, acuminée, en pointe étalée, les supérieures non dilatées; capitules petits, indurés, ne s'égrenant pas, retrécis dans le bas, solitaires; calice oblong, coriace, fermé par deux lèvres calleuses, à dents lancéolées-aiguës, un peu inégales, à la fin arquées en dehors, indurées. ① Mars-mai. C. C. C., partout. Europe, Rég. médit., Orient.

§ 3. *Calycomorphon* Presl. — Capitules tous axillaires; fleurs inférieures fertiles, bientôt réfléchies, puis enveloppées par des fleurs stériles, déformées, tardives; calice 10-nervié, ouvert, non vésiculeux; gousse très exserte à maturité, monosperme, bivalve.

Tr. subterraneum L.; Desf., fl. atl.; Munb., cat.; Ball, spic. — Tiges couchées; pétioles très longs; folioles obcordées; stipules ovales; fleurs fertiles blanches, 2-5, les autres sans corolle, à dents longues, laineuses, formant un capitule arrondi renfermant les fruits; pédoncules accrescents s'enfonçant dans le sol. ① C. C. C., pelouses. Mars-mai. Europe, Rég. médit.

Série B. *Fleurs bractéolées; feuilles finement dentées presque tout autour, à dents cuspidées, nerviées, à nervures parallèles, saillantes.*

§ 4. *Galearia* Presl. — Capitules tous axillaires; calice à deux lèvres, l'inférieure herbacée, la supérieure membraneuse se renflant en vessie à maturité; étendard porrigé; gousse ovoïde, non stipitée, incluse, bivalve, non rostrée, à 1-2 graines; capitules vésiculeux et parcheminés à maturité.

a. Plantes vivaces, à souches rampantes.

Tr. fragiferum L.; Munb., cat.; Lx, cat. Kab.; Ball, spic. — Plante glabrescente, gazonnante dans les pelouses marécageuses; folioles ovales ou elliptiques, élégamment nerviées, souvent tronquées-émarginées; stipules lancéolées-subulées, membraneuses; fleurs roses; capitules globuleux de 12-18 millim.; bractéoles lancéolées égalant à peu près les calices; calice fructifère à lèvre supérieure velue avec deux dents dirigées en bas. ♃ Juin-juillet. C. C. C. Europe, Rég. médit., Orient.

Tr. Durandoi Pomel. — Diffère du précédent par ses capitules deux fois plus gros et ses bractéoles très petites, plus courtes que les pédicelles. Juin-juillet. Pelouses sèches des montagnes, espèce bien tranchée pouvant coexister avec la précédente. Bou-Zegza, Mouzaïa, Téniet-el-Haâd. Le *Tr. Clausonis* Pomel ne me semble pas différer du *Tr. Durandoi.*

b. Plantes annuelles; petits capitules; fleurs renversées, l'étendard en bas, la carène en haut.

Tr. resupinatum L.; Munb., cat.; Lx, cat. Kab.; Ball, spic. — Tiges nombreuses (2-5 décim.), ascendantes ou diffuses; feuilles et stipules des précédents; capitules florifères d'un rose vif, déprimés (15 millim. sur 10); étendard émarginé; capitule fructifère globuleux; fleurs subsessiles; bractéoles très petites; calice fructifère, à lèvre supérieure prolongée en cône porrigé et terminé par deux dents sétacées, saillantes, divariquées. ① Mars-mai. C. C. C. Rég. médit.

β minus, Tr. Clusii Gren. Godr. — Fleurs plus petites, plus distinctement pédicellées; lèvre supérieure du calice moins développée. France, Espagne, Italie. Doit se retrouver en Algérie.

Tr. tomentosum L.; Desf., fl. atl.; Munb., cat.; fig. Moris, fl. sard., tab. 64. — Diffère du précédent par ses capitules très petits, à fleurs d'un blanc rosé; étendard entier; capitules fructifères sphériques, blancs, tomenteux; calice fructifère globuleux, à dents de la lèvre supérieure cachées dans le tomentum, courtes. ① Mars-mai. C. C. C. Rég. médit.

§ 5. *Mistylus* Presl. — Calice renflé, vésiculeux, 20-nervié; étendard porrigé; gousse non stipitée, exserte, bivalve, longuement rostrée, à 2-4 graines.

Tr. spumosum L.; Munb., cat.; Ball, spic.; fig. Moris, fl. sard., tab. 63. — Tiges robustes, fistuleuses (2-5 décim.); feuilles glabres, longuement pétiolées; stipules membraneuses terminées par une pointe sétacée; folioles obovées ou arrondies; gros capitules globuleux (3 cent.); bractées lancéolées-scarieuses; calice unilabié, fendu entre les deux dents supérieures, vésiculeux; fleurs rougeâtres. ① Mars-mai. A. C. Sahel, Mitidja, etc. Rég. médit., Orient.

§ 6. *Paramesus* Presl. — Capitules terminaux et axillaires; calice non bilabié, ni vésiculeux, 10-nervié; étendard porrigé; gousse sessile, non rostrée, oblongue, incluse, bivalve, à 2 graines.

a. Capitules sessiles, très petits, sphériques; plantes annuelles, à fleurs très petites.

Tr. glomeratum L.; Munb., cat.; Lx, cat. Kab.; Ball, spic. — Tiges grêles comme géniculées aux nœuds; un capitule à chaque nœud, parfois 2 au sommet de la tige; calice à dents étalées, triangulaires, réticulées et auriculées, aristées, plus courtes que le tube. ① Mars-juin. A. C. Dans l'Atlas, plus rare dans la plaine. Rég. médit.

β condensatum Ball. Maroc.

Tr. suffocatum L.; Munb., cat. — Tiges raides, courtes, couchées en cercle sur le sol, *toutes couvertes de capitules* et dépassées par les feuilles longuement pétiolées; calice à dents lancéolées, subulées, non réticulées; fleurs blanches. ① Avril-juin. A. C., mais difficile à voir. Alger, Kaddara, Bou-Ismaël, etc. Europe, Rég. médit.

b. Capitules pédonculés.

Tr. strictum L.; Moris, fl. sard.; *Tr. lævigatum* Desf., fl. atl., tab. 208; Munb., cat. — Tiges dressées (1-3 décim.); stipules très grandes, membraneuses, dentées, glanduleuses, ovales; folioles lancéolées, glabres, finement dentées, glanduleuses, d'un vert clair, luisantes, nerviées, les supérieures linéaires-aiguës; capitules denses, ovoïdes-globuleux, médiocres; calice glabre, campanulé, distendu par la gousse et turbiné à maturité, à dents inégales, étalées, triangulaires à la base puis subulées; fleurs roses ou rosées. ① Avril-juin. A. R. Prairies humides un peu partout; Mitidja, Réghaïa, mare du rond point à Téniet, etc. Rég. médit., Orient.

§ 7. *Amoria* Presl. — Capitules axillaires, assez gros, longuement pédonculés; fleurs blanches ou roses; étendard libre; ailes et carène à peine adhérentes au calice par les filets; gousse allongée à 2-6 graines non rostrée, sessile ou subsessile; calice 10-nervié, ni labié, ni vésiculeux.

a. Fleurs longuement pédicellées, à la fin réfléchies.

Tr. repens L.; Munb., cat.; Ball, spic. — Tiges couchées, radicantes; folioles obovées; stipules membraneuses, grandes, lancéolées, brusquement subulées; calice campanulé, à dents subulées, les supérieures contiguës, un peu plus longues, égalant le tube; gousse bosselée sur les faces; capitules globuleux. ♃ Mars-août. C. C. C. Marais; Europe, Sibérie, Amérique du Nord.

Tr. nigrescens Viv.; Lx, cat. Kab. — Tiges dressées ou étalées, pleines; fleurs et capitules plus petits que dans le précédent; calice à dents étalées, puis recourbées; gousse crénelée au bord inférieur. ① Mars-mai. C. C. C., partout. Rég. médit., Orient.

Tr. humile Ball. Maroc.

Tr. Michelianum Savy; Munb., cat. — Tiges fistuleuses, striées; capitules aussi grands mais moins fournis que dans le *Tr. repens*, très lâches, à fleurs très longuement pédicellées, calice très petit, à dents subégales bien plus longues que le tube, les supérieures non contiguës; gousse ovale, ni bosselée, ni crénelée. ① Mai-juillet. Marais de la Mitidja. Maison-Carrée. C. C. C. Espagne, France, Italie.

b. Fleurs brièvement pédicellées, non réfléchies.

Tr. isthmocarpum Brotero; Munb., cat.; Lx, cat. Kab.; Ball, spic.; *Tr. Jaminianum* Boiss. et Reut., diagn., § II-2, p. 19. — Tiges dressées ou ascendantes, fistuleuses; stipules grandes, membraneuses, à longue pointe sétacée; folioles grandes, obovales; capitules sphériques ou ovoïdes, denses, dépassant peu les dernières feuilles; calice membraneux, blanchâtre, allongé, à dents subulées, uninerviées, subégales, égalant le tube ou un peu plus longues. ① Mars-mai. C. C. C. Prairies. Espagne.

Nota. — La plante décrite ici est le *Tr. Jaminianum*, le *Tr. isthmocarpum* type, qui d'après Boissier existerait aussi en Algérie doit avoir : les stipules moins longuement acuminées; les folioles plus rondes; les dents calicinales plus larges, bordées de blanc et plus courtes que le tube; la corolle rose deux fois plus longue que le calice (n. v.)

§ 8. *Chrosonemium* Seringe. — Petites plantes grêles, annuelles, à fleurs jaunes, à petits capitules axillaires et terminaux; calice 5-nervié, très évasé à la gorge; étendard à sommet incombant, large, étalé, accrescent; gousse stipitée, exserte, bivalve, monosperme.

Tr. filiforme L.; Munb., cat.; *Tr. micranthum* Viv.; *Tr. capilliforme* Delile. — Tiges filiformes, très débiles, poussant en touffe serrée; plante glabre; feuilles presque sessiles, à folioles obovées-dentées, très petites; stipules dépassant le pétiole; capitules 5-7 flores, lâches sur un pédoncule capillaire allongé, flexueux; fleurs petites, d'un jaune pâle; pédicelles plus longs que le tube du calice; calice à dents peu inégales; étendard lisse, peu accrescent. ① Avril-mai. Prairies marécageuses; Maison-Carrée, Réghaïa, etc., etc. Europe, Rég. médit., Orient.

Tr. minus Smith.; *Tr. filiforme* DC. — Diffère du précédent par son port un peu moins grêle, par ses capitules à 5-15 fleurs; stipules dilatées à la base, à oreilles arrondies; foliole médiane pétiolulée; fleurs de bonne heure pendantes, à la fin rougeâtres; pédicelles plus courts que le tube du calice; calice à dents très inégales; étendard lisse, peu accrescent. ① Alger. R. R. Trouvé une fois à l'hôpital de Mustapha. Europe.

Tr. procumbens L.; Munb., cat.; Lx, cat. Kab.; Ball, spic.; *Tr. agrarium* L.; Gren. Godr., fl. Fr.; *Melilotus agraria* Desf., fl. atl. — Plante glabre ou pubescente, à tiges grêles encore, mais plus robustes que dans les deux précédentes; feuilles pétiolées, à foliole médiane pétiolulée, diffère en outre par ses capitules bien plus gros, densiflores, à la fin globuleux, par l'étendard bien plus accrescent, à limbe orbiculaire, plissé, cochléaire, devenant couleur de rouille. ① C. C. C., partout. Europe, Rég. médit., Orient.

α minus Koch.; *Trif. procumbens* Schreb. — Pédoncules ne dépassant pas les feuilles. C. C.

β majus Koch.; *Tr. campestre* Schreb. — Plante plus puissante, à pédoncules plus courts que la feuille. C. C.

DORYCNIUM L.

Gousse très courte, subglobuleuse; stipules linéaires, semblables aux folioles; calice subbilabié, à dents supérieures plus larges; étamines inégales, 5 plus longues, à filets renflés; fleurs petites, en capitules pédonculés; pédoncules nus; corolles blanches, à carène bleuâtre au sommet; plantes vivaces, argentées-soyeuses.

D. suffruticosum Villars; Munb., cat.; *Lotus Dorycnium* Desf., fl. atl. — Arbrisseau ligneux, très rameux, à rameaux dressés; pédicelles moitié plus courts que le tube du calice; calice velu-soyeux, à dents plus courtes que le tube; ailes ne recouvrant pas entièrement la carène; plante de 2-4 décim. ♄ H.-Pl., Sebdou, Daya, Aflou (Pomel). Rég. médit. occidentale.

D. JORDANIANUM Willk.; *D. gracile* et *D. decumbens* Jordan. — Plante ligneuse à la base, à tiges herbacées, longues de 5-7 décim.; capitules fleurissant presque tous à la fois: pédicelles égalant le tube du calice; ailes couvrant la carène. ♃ Marais de la Rassauta. Juin-juillet. C. C. C. Espagne, Midi de la France.

BONJEANIA Reich.

Calice profondément 5-fide, à dents ascendantes; pétales libres; étendard obové-cunéiforme, à onglet large; canaliculé; ailes munies antérieurement d'un pli longitudinal plus longues et plus larges que la carène; celle-ci non-rostrée; étamines inégales, 5 plus larges, à filets renflés; stigmate capité; gousse linéaire, exserte, polysperme.

B. recta Reichb.; *Lotus rectus* L.; Desf., fl. atl.; Munb., cat.; *Dorycnium rectum* DC.; Lx, cat., Kab.; Ball, spic. — Tiges robustes, rougeâtres, dressées (10-15 décim.), fermes, rameuses, à rameaux étalés; folioles ciliées, glabres, obovées, bien plus grandes que les stipules, ovoïdes, mucronulées; capitules denses, hémisphériques; fleurs blanches ou rosées; gousses de 10-13 millim. sur 2. ♄ C. C. C. Mai-août. Bord des ruisseaux. Rég. médit.

B. hirsuta Reichb.; *Lotus hirsutus* L.; Desf., fl. atl. « *in Barbaria.* » N'a pas été retrouvé depuis.

TETRAGONOLOBUS Scopoli.

Fleurs grandes; carène rostrée; étamines des genres précédents; gousses ailées, grandes; style dilaté; stipules parfois un peu adhérentes au pétiole; tiges couchées, herbacées.

T. purpureus Mœnch; Munb., cat.; Lx, cat. Kab.; *Lotus tetragonolobus* L.; Ball, spic.; Desf., fl. atl. — Plante mollement velue; folioles obovées; stipules ovoïdes; pédoncules uni-biflores, égalant à peu près la feuille; fleurs grandes, rouges, veloutées, nuancées de noir; dents du calice plus longues que le tube ou l'égalant; gousse de 3-4 cent. sur 1, à 4 ailes égales sur les 4 angles, très développées, onduléesplissées; graines grosses, noirâtres. ① Février-mai. C. C. C. Rég. médit.

T. biflorus Seringe; Munb., cat., Lx, cat. Kab.; *Lotus biflorus* Desvaux; Desf., fl. atl. — Diffère du précédent par ses fleurs jaunes, nuancées d'orangé, par ses pédoncules bi-triflores, par son calice à tube cylindrique deux fois long comme les dents. ① Février-mai. C. C. C. Pelouses sablonneuses. Sicile.

T. conjugatus Seringe; Munb., cat. — Plante voisine du *T. purpureus*, à fleurs plus petites, tirant davantage sur l'orangé; dents bien plus longues que le tube du calice; gousse longue, très étroite, à 4 ailes à peine marquées. ① Algérie ! (Le Sauvage, exsiccata.)

T. GUTTATUS Pomel. — Plante très velue, à gousse lisse, 5-6 cent. sur 3-4 millim.; 2 ailes seulement à peine visibles à la suture ventrale, point à la nervure dorsale. ① Mars-mai. Garrouban, Téniet-el-Hâad, Kaddara, Gontas, etc. R. R.

T. siliquosus Roth; Munb., cat.; Lx, cat. Kab.; Ball, spic. — Tiges longues; pédoncules uniflores, rarement biflores, très longs; fleurs jaunes, grandes; calice à tube bien plus long que les dents; gousse étroite et longue, à 4 ailes très étroites. ♃ Marécages. Mai-juin. Kabylie, Bône, Constantine, Oran, Aïn-Sefra, H.-Pl. A. R. Mitidja (Duv. Jouve). Europe, Rég. médit., Orient.

LOTUS L.

Calice tubuleux, 5-fide; pétales libres; ailes conniventes par le bord supérieur, planes; carène rostrée; étamines des genres précédents; style glabre, atténué au sommet; gousse polysperme, oblongue ou linéaire, dépourvue d'ailes, déhiscente, à valves se roulant ordinairement en tire-bouchon; graines séparées par du tissu celluleux formant de fausses cloisons transversales; feuilles trifoliolées; stipules libres, foliacées; fleurs en ombelles pédonculées.

§ 1. *Eulotus.* — Dents du calice égales ou à peu près.

a. Dents du calice égales, linéaires, hispides; gousse cylindrique, droite.

L. parviflorus Desf., fl. atl., tab. 211; Munb., cat.; Ball, spic. — Plante velue, à tiges hispides très rameuses, dressées ou ascendantes; fleurs petites, 4-6 par ombelle, subsessiles, verdissent par la dessiccation; calice très velu, à villosité blanche; corolle et gousse ne dépassant guère les dents du calice. ① Lieux sablonneux. Avril-mai. C. C. Littoral : Guyotville, Le Corso, etc. Rég. médit.

L. hispidus Desf.; Munb., cat.; Lx, cat. Kab.; Ball, spic. — Diffère du précédent par ses ombelles à 2-4 fleurs, ses ailes obovées et non tronquées au sommet, par ses gousses de 2 cent. sur 1 millim. et 1/2. ① Mars-mai. A. R. Avec le précédent.

L. STAGNALIS nob. — Plante puissante, à tiges sarmenteuses, rameuses (5-12 décim.), à entre-nœuds allongés; diffère en outre du *L. hispidus* par ses fleurs bien plus grandes, ses gousses plus courtes et un peu plus grosses (10-15 millim. sur 2). Voisin du *L. castellanus* Boiss. et Reut.

α villosus. — Plante velue-hispide.

β glabrescens. — Tiges hispides; folioles ciliées, glabres ou glabrescentes sur les faces.

γ glaberrimus. — Plante absolument glabre, même sur les dents calicinales.

Toutes ces formes poussent pêle-mêle dans les mares ou petits étangs du Corso, près d'Alger; elles sont toutes tardives, mais inégalement. Mai-août.

L. Clausonis Pomel. — Plante toute velue-canescente, à souche vivace; tiges nombreuses (3-10 décim.), couchées en cercle; fleurs à odeur de violette très marquée; fruits du *Stagnalis*, plus étroits. ♃ Juin-juillet. Mitidja. A. R. Maison-Carrée, Boufarick.

L. angustissimus L.; Gren. Godr., fl. Fr.! — Plante très grêle; fleurs 1-2 par pédoncule, petites, ne verdissant pas par la dessication; gousses de 20-25 millim. sur 1 et 1/2. ① Mai. R. R. Le Corso. Rég. médit., Orient, Asie.

L. arenarius Brotero. Maroc (Ball).

L. dumetorum Webb. Maroc (Ball).

b. Dents du calice subégales; gousse longuement linéaire, arquée en faucille; fleurs solitaires.

L. conimbricensis Brotero; Munb., cat., var. *granatensis* Willk. — Petite plante dressée (10-20 cent.), un peu hispide, un peu glauque; fleurs rosées, solitaires, brièvement pédonculées; gousses arquées-ascendantes, acuminées, rigides (40-45 millim. sur 1 et 1/2). ① Avril-mai. A. C., partout. Pelouses un peu sèches. Espagne.

Nota. — Le type de l'espèce est à fleurs jaunes et très répandu dans la région méditerranéenne. Je ne l'ai pas vu en Algérie.

c. Dents du calice subégales, larges au moins à la base; gousse droite; fleurs verdissant à la dessication, en ombelles longuement pédonculées; plantes vivaces.

L. decumbens Poiret; Gren. Godr., fl. Fr.!; Munb., cat. — Tiges couchées, grêles, flexueuses, rameuses, à entre-nœuds allongés; folioles oblancéolées-aiguës, les inférieures obovées; fleurs 2-4 par ombelle; calice à dents insensiblement atténuées, conniventes avant l'anthèse; carène coudée, à angle droit; ailes à bord presque droit ne recouvrant pas entièrement la carène; gousse de 2-3 cent.; plante ordinairement glabre. ♃ Mai-août. Marais du littoral et de la région montagneuse. Maison-Carrée, Réghaïa, Boufarik, Miliana, etc., etc. Europe, Rég. médit., Orient. Espèce bien voisine de la suivante.

L. corniculatus L.; Desf., fl. atl.; Munb., cat.; Lx, cat. Kab. — Plante glabre, glabrescente ou velue; tiges moins rameuses et à entre-nœuds plus rapprochés que dans la précédente, pédoncules 2-6 flores, très longs; calice à dents subulées au sommet; ailes fortement courbées au bord inférieur; étendard foncé; fruits et graines un peu plus gros. ♃ Oran, Mostaganem, Kabylie, H.-Pl., Maroc, Europe, Orient, Asie, Australie.

L. Kabylicus. — Petite plante velue très touffue, à feuilles très petites très rapprochées; fleurs géminées sur les pédoncules, très petites. Djebel-Aïzer. Août. (Chabert).

L. uliginosus Schkuhr; *L. major* Smith; Munb., cat. — Plante plus grande, plus puissante que les précédentes; tiges de 5-12 décim.; pédoncules à 6-12 fleurs, très longs, épais; carène courbe, non coudée; ailes droites obovées, arrondies au sommet; dents du calice lancéolées, étalées avant l'anthèse. ♃ 3 prov. A. R. (Munby). Ouillis en Dahra (Pomel), Maison-Carrée. Rég. médit.

L. filicaulis Durieu, Rev. Duch., vol. II, p. 438; Munb., cat. — Tiges grêles, couchées ou ascendantes; folioles obovées; pédoncules capillaires, uniflores ou pauciflores; calice à dents subulées. ♃ Oran, Mascara, Mostaganem.

§ 2. *Lotea.* — Dents du calice inégales, lancéolées, les 2 médianes un peu plus courtes; gousse linéaire.

a. Plantes vivaces; gousse droite, cylindrique.

L. creticus L.; Desf., fl. atl.; Munb., cat.; Ball, spic. — Plante soyeuse, canescente ou argentée, à tiges décombantes ou couchées, rameuses; feuilles subsessiles; fleurs 3-6 sur un pédoncule dressé; calice de 5-6 millim., à dents triangulaires plus courtes que le tube, carenées au sommet; étendard à limbe orbiculaire; carène longuement rostrée; ailes oblongues; gousses de 2-4 cent., épaisses. ♃ Mars-mai. C. C. C. Sables du littoral, Aïn-Tédelès, etc. Rég. médit.

L. COMMUTATUS Gussone; Ball, spic.; *L. Salzmani* Boissier et Reuter, Pug. p. 37. — Plante très soyeuse, plus grande dans toute ses parties que le *L. Creticus* dont elle diffère en outre par ses tiges ou au moins par ses rameaux dressés et par ses pédoncules souvent très longs et très gros. ♃ Oran, littoral; Oued-Madaghe (Pomel), Maroc, Italie, Espagne.

L. prostratus Desf., fl. atl.; Todaro, exsiccata, nº 345. — Tiges nombreuses, couchées en cercle ou dressées en touffes (2-3 décim.), assez robustes, rameuses, à rameaux raides; folioles glauques, glabres ou pubescentes, cunéiformes ou obovées; stipules ovoïdes égalant le pétiole subailé; fleurs de 15 millim., d'un jaune vif ou orangées, 3-6 sur un pédoncule égalant 2-3 fois la feuille; calice à dents lancéolées, carenées au sommet, égalant le tube ou plus longues; gousse de 30-40 millim. sur 3; souche ligneuse. ♃ C. C. C. Mars-juin. Sables du littoral, broussailles et rochers dans l'intérieur. Rég. médit.

L. CYTISOIDES L. (*pro parte*); *L. Allioni* Desv.; Gren. Godr., flor. Fr.; *L. coronillæfolius* Gussone. — Tiges plus longues, plus grêles, plus nombreuses, pendant sur les rochers maritimes; ombelles à 6-9 fleurs, plus petites, d'un jaune pâle; gousses plus grêles; folioles plus petites ainsi que les stipules. ♃ C. C. C. Rochers du littoral. Rég. médit.

b. Plante vivace; gousse comprimée; toruleuse et recourbée en cercle ou en 1/2 cercle; graines comprimées.

L. drepanocarpos Durieu, Rev. Duch. II, p. 438. — Plante semblable pour tout le reste au *L. cytisoides*. Bône (fort Génois). Provence.

c. Plantes annuelles; gousses comprimées, toruleuses.

L. pusillus Viviani; Munb., cat.; *L. halophilus*, Boissier, diagn. — Petite plante couchée, canescente, soyeuse; pédoncules uni-biflores; fleurs jaunes, petites, ne verdissant pas à la dessication; dents du calice plus courtes que le tube; gousse finement toruleuse, à peine comprimée, un peu arquée au bout (2-3 cent.) ① Avril-mai. Aïn-Sefra Bou-Saâda, Arbaouat, Biskra, etc. Sahara; littoral, forêt de Tamarix à Perrégaux. C. C. Tunisie, Sicile, Grèce, Orient.

L. ornithopodioides L.; Desf., fl. atl.; Munb., cat.; Ball, spic. — Plante de 1-5 décim., à tiges ascendantes ou diffuses, rameuses, pubescentes, d'un vert gai; folioles obovées, grandes, molles; pédoncules à 2-5 fleurs, un peu plus longs que la feuille; fleurs jaunes, petites; gousses de 3-5 cent. sur 2 et 1/2-3 millim., très comprimées, toruleuses, un peu arquées, rapprochées en faisceau et pendantes; graines comprimées. A. C. Mars-mai., partout dans le Tell. Rég. médit.

L. lamprocarpus Boissier. Maroc.

L. maroccanus Ball. Maroc.

L. Tingitanus Boissier. Maroc.

§ 3. *Krokeria*. — Dents du calice égales, linéaires; grosse gousse charnue, fortement canaliculée en dessus par l'introflexion des placentaires, arquée.

L. edulis L.; Desf., fl. atl.; Munb., cat.; Ball, spic.; *Krokeria oligoceratos* Mœnch; Todaro exsiccata. — Tiges diffuses ou ascendantes, rameuses; folioles obovées, cunéiformes, grandes, glauques; pétiole large, stipules ovales; pédoncules allongés, hispides, uni, rarement biflores; bractées larges; gousse rostrée, à bec piquant, divisée en deux loges longitudinales, large et grosse, arquée en croissant; graines grosses, tuberculeuses. ① C. C. C., partout. Rég. médit., Orient.

Sous-tribu III. — VULNÉRARIÉES Grenier et Godron.

Feuilles composées-pennées avec impaire, rarement unifoliolées ou trifoliolées; étamines ordinairement monadelphes.

HYMENOCARPUS Savi.

Calice quinquefide, non accrescent; étamines submonadelphes, à filets épaissis au sommet; gousse réniforme, exserte, indéhiscente; graines 2-3, à funicule non dilaté sur le hile; fleurs jaunes.

H. circinata Savi; *Medicago circinata* L.; Desf., fl. atl.; Munb., cat. — Plante velue-pubescente; tiges de 1-4 décim., dressées ou diffuses; feuilles inférieures entières, obtuses, atténuées en pétiole (4-6 cent. sur 2), les supérieures imparipennées; fleurs 2-4 en ombelle, pédonculée, dépassant la feuille; pédoncule portant une bractée; gousse velue, aplatie, papyracée, orbiculaire, à dos épineux ou non *(M. nummularia* DC.) (15 millim. diam.) ① Mars-mai. Cherchel, Gouraya, Aïn-Kial, etc. Port d'*Anthyllis Vulneraria*. Rég. médit.

CORNICINA Boissier, voy. Esp., p. 162.

Calice longuemement tubuleux; gousse linéaire, stipitée, à long rostre exserte; fleurs jaunes.

C. hamosa Boissier; *Anthyllis hamosa* Desf., fl. atl.; Ball, spic.; Munb., cat.; *A. Cornicina* Poiret, voy. non L. — Port de l'espèce précédente; fleurs en capitules denses, multiflores; calice de 10 millim., soyeux, à 5 dents, arqué; gousse de 12-15 millim., linéaire, longuement rostrée; rostre de 5-6 millim. ascendant. ① Mai. Lieux sablonneux du littoral oranais, Aïn-Tédélès, Pélissier, Aboukir, etc., etc. Espagne.

ANTHYLLIS L.

Calice renflé, accrescent; gousse incluse.

§ 1. *Vulneraria.* — Plantes vivaces ou sousfrutescentes, à feuilles imparipennées ; fleurs en capitules terminaux et axillaires, sessiles ; calice ordinairement peu renflé.

a. Feuilles à 7-30 folioles et plus.

A. Vulneraria L.; Desf., fl. atl.; Munb., cat.; Lx, cat. Kab.; Ball, spic. — Plante pubescente; tiges de 2-4 décim.; feuilles inférieures 1-5 foliolées, à foliole supérieure très grande, elliptique ou oblongue; feuilles supérieures à 3-6 paires de folioles subégales; capitules globuleux de 3 cent. de diam., involucrés par 1-2 bractées digitées, très courtement pédonculés; calice fusiforme, soyeux, bilabié, à gorge oblique; étendard biauriculé; graines 1-2, lisses. ♃ Mars-juin. C. C. C., partout. Europe, Orient.

α vulgaris Koch. — Fleurs jaunes. Région montagneuse inférieure. Palestro, Chiffa, etc., etc.

β Dillenii Schultes; *A. heterophylla* Mœnch. — Fleurs rouges. C. C. C. Littoral et montagnes.

A. polycephala Desf., fl. atl., tab. 195; Munb., cat. — Plante velue; tiges longues, raides, rameuses, sousfrutescentes à la base; feuilles à 8-14 paires de folioles toutes égales, petites (15 millim. sur 5), elliptiques-allongées; capitules sessiles; calices à 5 dents sétacées, subégales, à gorge non oblique; gousse monosperme; fleurs jaunes. ♃ Tlemcen, Garrouban, Djebel-Goufi (Pomel).

A. montana L.; Munb., cat.; Lx, cat. Kab. — Plante de 1-2 décim., gazonnante; tiges ligneuses, courtes, décombantes; feuilles à 10-15 paires de folioles très petites, soyeuses, mucronées; capitules terminaux, solitaires, involucrés par deux bractées; fleurs purpurines; calice non vésiculeux, à dents égales aussi longues qne le tube, appliqué sur le fruit très velu; gousse monosperme. ♃ Lella-Khadidja, Col de Tirourda, etc. Régions alpines des pays riverains de la Méditerranée.

A Barba-Jovis L.; Desf., fl. atl.; Munb., cat. — Tiges ligneuses, brunes, dressées, à écorce crevassée; feuilles argentées-soyeuses, à 4-9 paires de folioles linéaires-oblongues, mucronulées, égales; capitules terminaux et axillaires plus petits que dans les espèces précédentes ; fleurs citrines; calice à dents bien plus courtes que le tube, non vésiculeux, appliqué. ♃ Cap de Garde, La Calle. Rég. médit.

A. tejedensis Boissier. Maroc.

b. Feuilles à 5 folioles au plus, la terminale bien plus grande, deux bien plus petites et deux à peine visibles appliquées contre le rachis ; rarement une seule foliole.

A. sericea Lagasca; Munb., cat. — Arbrisseau de 3-6 déc., dressé; capitules terminaux, pauciflores, munis de deux bractées foliacées, digitées, égalant les calices; calice très soyeux, à dents triangulaires à la base, acuminées, plumeuses, plus courtes que le tube; fleurs jaunes; étendard 2 fois plus long que les ailes et la carène. ♄ Sahara, 3 prov. Espagne.

A. Henoniana Cosson; Munb., cat. — Diffère de la précédente par ses bractées plus petites, ses fleurs plus grandes, son calice très velu à poils étalés et par l'étendard dépassant peu les ailes. ♄ Mzab, Sahara.

A. subsimplex Pomel. — Plante voisine des précédentes; feuilles unies et trifoliolées. ♄ Entre Ouargla et Hammam-el-Hout. (v. s.)

§ 2. *Physanthyllis* Boissier. — Plante annuelle ; calice à la fin vésiculeux, à dents linéaires subégales ; étamines diadelphes ; capitules sessiles, pauciflores.

A. tetraphylla L. ; Munb., cat.; Ball, spic. — Tiges décombantes, velues-soyeuses ainsi que les calices; feuilles à 2-5 folioles, la terminale elliptique, obtuse, plus grande que les autres; capitules axillaires, à 4-5 fleurs longues de 2 cent., d'un blanc jaunâtre; gousse stipitée, disperme, étranglée au milieu. ① Mars-mai. C. C. C. Tell, Rég. médit.

§ 3. *Aspalathoides* DC. — Fleurs jaunes, en épis irréguliers, interrompus ; arbrisseaux à feuilles uni-trifoliolées.

A. cytisoides L. ; Munb., cat. — Tiges rameuses, dressées; folioles elliptiques-aiguës ou lancéolées; fleurs de 10-12 millim., en petits glomérules réunis en faux épi; dents du calice linéaires, plus courtes que le tube. ♄ Garrouban, Gouraya de Bougie (Pomel). Espagne, France.

A. tragacanthoides Desf., voy. *Acanthyllis*.

A. numidica Coss. et DR., voy. *Acanthyllis*.

DORYCNOPSIS Boissier.

D. Gerardi Boissier. Maroc (Ball).

Sous-tribu IV. — ASTRAGALÉES.

Feuilles imparipennées, les inférieures au moins alternes; étamines diadelphes; gousse ordinairement à deux loges longitudinales plus ou moins complètes par suite de l'introflexion d'une des sutures.

Clef des genres :

1	Gousse à deux loges plus ou moins complètes.	2
	Gousse nettement uniloculaire	3
2	Gousse aplatie, dentée tout autour.	BISERRULA.
	Gousse non dentée.	ASTRAGALUS.
3	Gousse demeurant enfermée dans le calice, renflé-vésiculeux et membraneux; arbrisseaux épineux	ACANTHYLLIS.
	Gousse très grande; grande plante vivace, inerme.	EROPHACA.

ACANTHYLLIS Pomel.

Dents du calice courtes; étendard ovale atténué en onglet; ailes accrochées à la carène; carène semi-lunaire, obtuse; étamines à filets subégaux, non renflés au sommet; gousse coriace, petite, stipitée, subtriquètre, déhiscente; funicule non dilaté sur le hile; arbrisseaux très épineux, à épines formées par les rachis indurés des feuilles; folioles linéaires; stipules membraneuses, soudées en une lame bidentée et oppositifoliée.

A. tragacanthoides; *Anthyllis tragacanthoides* Desf., fl. atl., tab. 194; Munb., cat.; *Astragalus Fontanesi* Cosson et Durieu, inéd.; De Bunge, mon., p. 126. — Buisson dressé, à rameaux droits, forts, très épineux; épines très fortes, blanches; feuilles à 3-5 paires de folioles, glabres ou pubescentes; dents du calice triangulaires à la base, brièvement acuminées. ♄ Avril-juin. Région désertique. A. C. 3 prov. Tunisie, Lybie.

A. armata; *Astragalus armatus* Lamarck; De Bunge, mon., p. 127; *Astragalus numidicus* Lx, cat. Kab.; *Anthyllis numidica* et *Anthyllis tragacanthoides* Cosson, exsic. permulta. — Voisin du précédent, s'en distingue par ses rameaux souvent diffus, intriqués, à épines généralement moins fortes, par ses feuilles à 5-8 paires de folioles souvent velues, par son calice à dents sétacées longues de 3-4 millim., par sa gousse souvent monosperme et non à 3-4 graines. ♄ Avril-juin. Djurdjura, Dirah, Constantine, Aurès, etc.

EROPHACA Boissier, voy. Esp., p. 176.

Calice courtement et largement campanulé, bossu, à dents très inégales, les supérieures plus courtes; fleurs blanches, grandes, en grosses grappes bien fournies; étamines diadelphes, les 4 qui avoisinent l'étamine libre, de même longueur qu'elle et se détachant bien plutôt de la gaîne, les 5 inférieures plus longues; gousse très grande, longuement stipitée, uniloculaire, à valves se roulant en tire-bouchon; style filiforme, à stigmate peu distinct; graines grosses, luisantes, un peu comprimées.

E. bœtica Boiss.; *Phaca bœtica* L.; Desf., fl. atl.; Munb., cat.; Lx, cat. Kab.; *Astragalus lusitanicus* Lamarck; Ball, spic. — Grande plante à grosses souches vivaces, à tiges herbacées, dressées, grosses comme le doigt et hautes de 6-12 décim.; feuilles à 12-13 paires de folioles elliptiques, grandes, pubescentes-soyeuses en dessous, vertes en dessus, fleurs en grappes pédonculées plus courtes que la feuille; gousse de 7 cent. sur 20-25 millim. Varie à calices verts et à calices rouges. ♃ Février-mai. C. C. C. Broussailles du Tell. Espagne, Sicile, Grèce, Orient.

ASTRAGALUS L.

Calice à dents égales ou subégales, bilabié; carène obtuse, mutique; style ascendant, droit ou courbe; gousse sessile ou stipitée, divisée en deux loges complètes ou incomplètes par l'introflexion de l'une des sutures, la dorsale ordinairement.

§ 1. *Astrabe* Pomel. — Petites plantes canescentes à indumentum formé de poils bicuspides fixés par leur milieu; feuilles imparipennées; stipules libres.

A. epiglottis L.; Desf., fl. atl.; Munb., cat.; Lx, cat. Kab.; Ball, spic. — Tige de 5-15 cent., dressée, simple ou rameuse; feuilles à 4-7 paires de folioles linéaires-oblongues; fleurs blanchâtres ou bleuâtres, très petites, en grappe serrée et courte, brièvement pédonculée ou subsessile; calice à pubescence noirâtre, à dents égalant presque le tube; gousses de 7 millim. sur 6, aplaties de façon que la nervure dorsale touche presque les placentaires, en forme de selle ou de cerf-volant, aiguë au sommet. ① Mars-mai. Pelouses sèches C. C. C.

β *pedunculata*, *A. asperulus* L. Duf. — Grappes longuement pédonculées, dépassant la feuille. A. R. Zaccar, l'Arba, l'Adjiba, Oran, etc., etc.

γ *Ephippium*, *A. Ephippium* Pomel. — Grappes pédonculées dépassant la feuille, plus longues et plus étroites, pas de poils noirs sur le calice et les stipules; gousse un peu plus grande, plus longuement acuminée. Téniet, Garrouban.

§ 2. *Glottidion* Pomel. — Fleurs en grappes globuleuses ou ovoïdes; calice tubuleux peu ou pas accru; gousse semi-ovale ou cordiforme, subtriquètre, acuminée, gibbeuse et épaissie au bord inférieur, marquée d'un sillon et se séparant par le dédoublement de la cloison en deux loges monospermes.

a. Tiges couchées sur le sol; grappes assez longuement pédonculées.

A. pentaglottis L.; Desf., fl. atl.; Munb., cat.; Lx, cat. Kab.; Ball, spic. — Tiges de 1-5 décim.; feuilles à 7-10 paires de folioles obovales ou oblongues, rétuses; stipules libres, ovales, acuminées; fleurs purpurines, 10-15 en grappe serrée, toujours globuleuse, sur un pédoncule égalant ou dépassant la feuille; gousses de 12-14 millim. sur 7, dressées, imbriquées, couvertes d'écailles sétigères, sessiles, semi-ovales, à bord externe ventru avec un sillon profond, à bec crochu; graines brunes, réniformes, réticulées, lacuneuses. ① C. C. C. Mars-mai. Tell, Rég. médit.

A. Glaux L.; Munb., cat.; Lx, cat. Kab.; Ball, spic. — Diffère de la précédente par sa souche vivace, ses tiges ordinairement moins longues, ses folioles soyeuses, ses stipules soudées, ses fleurs petites, purpurines ou bleuâtres, nombreuses, son étendard linéaire et non ovale-échancré, ses gousses plus petites, apiculées, très velues, ovoïdes-trigones, calice à poils noirâtres; graines réniformes. ♃ A. C. Région subatlantique et des H.-Pl. L'Arba, Djebel-Dréat, etc. Espagne, France.

A. glauciformis Pomel. — Se distingue par son indumentum jaunâtre dans les jeunes pousses; par sa grappe ovoïde, par ses gousses plus grandes ainsi que les fleurs. ♃ Zaccar, Téniet, Tiaret, etc.

A. rostratus Ball. Maroc.

b. Tiges dressées; gousses subsessiles; plantes vivaces.

A. hypoglottis L.; Desf., fl. atl. — Plante à tiges grêles, décombantes, puis redressées (1-2 décim.); feuilles à 7-12 paires de folioles oblongues, obtuses ou émarginées, pubescentes, grisâtres; stipules soudées, oppositifoliées; fleurs violettes, 10-20 en grappe globuleuse, serrée, à pédoncule plus long que la feuille; étendard ovale; ailes émarginées sous le sommet; gousses de 10 millim. sur 4, dressées, velues, brièvement stipitées, ovoïdes, en cœur à la base. ♃ Signalé près de Mascara par Desfontaines, n'a pas été revu. Europe, Orient, Sibérie.

A. africanus De Bunge, mon., p. 104. — Plante multicaule, puissante; tiges droites, fermes (4-10 décim.), glabrescentes ou velues; feuilles très grandes, multifoliolées, à folioles elliptiques ou oblongues, plus ou moins velues; stipules lancéolées-acuminées, très plumeuses; grappes subsessiles à l'aisselle des feuilles supérieures, très grosses (6 cent.), ovoïdes ou globuleuses; bractées filiformes, plumeuses; fleurs jaunes de 25-28 millim.; calice longuement velu, à poils argentés, à dents sétacées égalant le tube et atteignant la base de la carène, celle-ci coudée, à angle droit, dépassant les ailes ou les égalant; gousses semi-ovoïdes, très velues. ♃ Mai. Téniet-el-Haâd, Batna, Daya, Bibans. La plante de Daya dont je n'ai qu'un mauvais échantillon paraît plus grêle, plus pauciflore. L'*A. africanus* n'est certainement qu'une variété géographique plus robuste et à carène un peu plus longue de l'*A. narbonensis* d'Europe.

A. atlanticus Ball. Maroc.

§ 3. *Onycholobium* Pomel. — Calice brièvement tubuleux; gousse linéaire, subtriquètre, flexueuse, acuminée au sommet, épaissie à la base, sillonnée en dessous, à sillon élargi vers le bas, se scindant à la fin en deux loges complètes; plantes annuelles.

a. Gousses dressées, jamais étalées en étoile.

1. Grappes pédonculées.

A. geniculatus Desf., fl. atl., tab. 205; Munb., cat. — Plante velue-hispide, à tiges dressées ou décombantes; feuilles à 6-10 paires de folioles elliptiques, obtuses ou émarginées; stipules linéaires, acuminées; pédoncules d'abord plus courts puis plus longs que la feuille; fleurs purpurines ou violacées, assez grandes (15 millim.); dents du calice noirâtres, égalant le tube; gousses de 15-25 millim., sur 4-6, ventrues, dressées, longuement acuminées, munies d'un sillon très ouvert en dessous, fortement hispides, à longs poils étalés avec d'autres plus courts couchés, ascendants, dressés; graines lisses, réniformes. ① Mars-juin. C. C. C. Région atlantique et subatlantique, lit des rivières du Tell, H.-Pl., Sahara.

A. Stella Gouan; Desf., fl. atl.; Munb., cat. — Diffère du précédent par ses gousses bien plus petites (10-15 millim.), à sillon ventral étroit, réunies, 10-15 en capitule globuleux ou hémisphérique très dense, les extérieures à la fin étalées à la base du capitule; fleurs blanchâtres ou violacées. Sétif! (Meyer), Espagne, France.

2. Grappes sessiles.

A. sesameus L; Desf., fl. atl.; Munb., cat.; Lx, cat. Kab.; Ball, spic. — Fleurs petites, bleuâtres, 4-10 par capitule; étendard ne dépassant pas les ailes; gousses de 12-15 millim. sur 3, toutes dressées, courtement velues. ① Avril-mai. C. C. C La Chiffa, Mazafran, Atlas, Djurdjura, Djebel-Mzi, etc., etc. Rég. médit.

b. Gousses étalées en étoile, à base large, bigibbeuse.

1. Grappes sessiles ou subsessiles.

A. tribuloides Delile; *A. arenicola* Pomel. — Petite plante souvent cachée dans le sable, à calice étroitement tubuleux, à dents subulées, flexueuses; gousses courtes, à poils de deux sortes, les plus grands tuberculeux, tous couchés, ascendants. ① Sahara, Brezina, Maïa, Arbaouat, Mehaïguen, etc. (v. s.), Orient, Inde.

A. pseudo-Stella Delile, fl. d'Ég. — Capitules subsessiles ou brièvement pédonculés; calice à dents égalant presque le tube; gousses de 10-14 millim., plus grandes que dans l'espèce précédente, à indumentum double, les longs poils étalés et tuberculeux à la base; plante souvent petite, à demi cachée dans le sable. ① Mai-juin. Sahara. A. C. Biskra! Aïn-Sefra! Tunisie, Orient.

A. Saharæ Pomel. — Très voisin du précédent; dents du calice plus courtes. Metlili, Mehaïguen.

2. Grappes pédonculées.

A. cruciatus Link; Munb., cat.; *A. polyactinus* Boissier. — Plante canescente, à tiges couchées (1-3 décim.); feuilles à 6-10 paires de folioles, petites, elliptiques-obtuses comme dans les espèces précédentes; fleurs jaunâtres; dents du calice égalant le tube; gousses de 10-15 millim., hispides, à pubescence double et couchée-ascendante, étalées en étoile; capitules inférieurs à 2-5 gousses, subsessiles ou plus ou moins pédonculés, les supérieurs longuement pédonculés, à gousses nombreuses; pédoncules étalés. ① Mars-mai. Rég. saharienne. C. C. C. Orient.

A. RADIATUS Ehr. — Diffère de l'*A. cruciatus* par ses gousses plus courtes, pubescentes mais non hispides, à pubescence simple, courte, apprimée, par ses fleurs plus petites, par ses pédoncules dressés. ① Mars-juin. Portes de fer, Sidi-Aïssa près Aumale, Djebel-Antar, etc. Orient.

A. Aristidis Cosson, inéd. — Diffère de l'*A. radiatus* par ses fleurs bleues un peu grandes, par ses styles longuement subulés, par les capitules supérieurs à gousses nombreuses, presque dressées, etc. Guelâat-es-Snam, près Tebessa (Tunisie), probablement dans l'Est de la province de Constantine.

A. radians Pomel. — Plante peu pubescente, à folioles oblongues, à stipules lancéolées-acuminées ; fleurs bleuâtres ; calice couvert de poils noirs, à dents subulées, égalant le tube ; étendard lancéolé-émarginé, plus long que les ailes ; ailes falciformes, subaiguës, dentées sous le sommet ; gousses grandes, carenées en dessus, à sillon étroit, très élargi à la base, pubescentes, à pubescence appliquée ; 5-6 graines lisses ; capitules fructifères, bien radiés en étoile. ① Sersou, Toucria. Lieux sablonneux (v. s.)

A. longicaulis Pomel. — Port du *radians* ; dents du calice plus courtes que le tube ; ailes de la corolle oblongues, subspatulées, échancrées sous le sommet très arrondi ; gousses à sillon profond et ouvert ; 5-8 graines jaunâtres, à peine rugueuses ; folioles linéaires. ① Terrains sablonneux près de Mostaganem.

A. astraboides Pomel. — Calice à dents un peu plus courtes que le tube ; étendard dépassant peu les ailes subentières ; gousses étalées en étoile, plus courtes que dans les deux précédentes (15 mill.), à peine arquées, à sillon large, ouvert ; pédoncules étalés ; 2-3 graines un peu ridées, scrobiculées. ① Plaine de l'Habra, Perrégaux.

A. Trabutianus. — Tiges longues, grêles, presque glabres ; folioles linéaires ou lancéolées-linéaires ; stipules triangulaires ; fleurs petites ; calice à dents bien plus courtes que le tube étroitement tubuleux ; étendard lancéolé-oblong dépassant les ailes ; gousses 9-10 par capitule, étalées non rayonnantes, longues de 18-20 millim., étroites, coudées vers la base, puis droites, insensiblement acuminées, finement pubescentes avec quelques grands poils tuberculeux, surtout à la base ; 12-15 graines, petites, lisses. ① Aïn-Kermann, route d'Aumale à Bou-Saâda.

Nota. — Le type de l'*A. cruciatus*, très variable en Algérie, réclame de nouvelles études.

§ 4. *Edodimus* Pomel. — Calice tubuleux ou campanulé ; gousse droite, épaisse, prismatique, veinée sur les faces, déprimée ou sillonnée en dessus, à deux loges complètes s'ouvrant par la suture supérieure ; style court ; plantes annuelles.

A. bœticus L. ; Desf., fl. atl. ; Munb., cat. ; Ball, spic. — Plante un peu pubescente, verte ; tiges épaisses, fistuleuses ; feuilles à 9-15 paires de folioles oblongues, rétuses, mucronées, glabres en dessus, pouvant atteindre 30 millim. sur 15 ; stipules libres, grandes, lancéolées, acuminées ; fleurs jaunâtres, 3-15 en grappe spiciforme, sur un pédoncule plus court que la feuille; gousses dressées-étalées, grandes (25-30 millim. sur 8), trigones, avec un sillon en dessous, uncinées au sommet, pubescentes; graines réniformes, comprimées, pâles. ① C. C. C. Mars-mai. Champs cultivés du Tell. Rég. médit., Orient. — Plante fourragère; les graines torréfiées donnent un produit qui a été utilisé en guise de café.

A. **edulis** Coss. et DR., inéd.; Munb., cat.; De Bunge, mon. — Fleurs bleuâtres, sur des pédoncules grêles, plus courts que la feuille; gousses trigones de 18 millim. sur 7-8, brusquement terminées aux deux bouts, à peine mucronées au sommet, fortement rugueuses, réticulées sur les faces, faces latérales bombées, celle correspondant à la nervure dorsale occupée toute entière par un large sillon peu profond; graines grosses, très anguleuses, rugueuses, brunes. Pour le reste semblable à la précédente. ① Oran, Arzeu, le Sig.

A. **Gryphus** Cosson et Durieu, inéd.; Munb., cat.; De Bunge, mon.; *A. uncinatus* Pomel. — Plante velue; tige dressée, simple (1 décim.); feuilles à 5-7 paires de folioles oblongues, entières ou émarginées; stipules libres, acuminées; fleurs 1-2, subsessiles, petites; gousses de 15 millim. sur 4, dressées, recourbées en griffe au sommet, mollement velues, avec un sillon à la face supérieure; graines trapezoïdales, anguleuses. Lieux herbeux. ① Mai. Saïda, Tiaret.

§ 5. *Platyglottis* De Bunge. — Plante perennante, à grosses gousses triangulaires, non ridées, avec un large sillon ventral; calice à dents supérieures plus larges; étendard à limbe ovoïde, acuminé.

A. **peregrinus** Vahl.; Munb., cat. — Plante velue, blanchâtre, à tiges courtes; feuilles à 8-9 paires de folioles; fleurs blanchâtres, 1-5 sur un pédoncule égalant la feuille; gousses dressées, un peu arquées, de 35 millim. sur 7-8, très velues, chagrinées; graines réniformes, aplaties, scrobiculées. ♃ Mai-juin. Ousseugh, Kosni, El-Biod, H.-Pl. et Sahara. Orient.

§ 6. *Euastragalus.* — Calice tubuleux ou campanulé; gousse longuement linéaire, ordinairement arquée avec un sillon étroit; cloisons complètes; loges polyspermes.

a. Sillon superficiel; gousse cylindrique, acuminée, arquée ou droite.

1. Gousses linéaires, droites, courtes.

A. **depressus** L. — Tiges couchées (5-15 cent.); feuilles à 9-12 paires de folioles oblongues ou cunéiformes (6-8 millim. sur 3-5), obtuses ou rétuses, vertes en dessus, pubescentes en dessous; fleurs petites, blanchâtres, 9-15 en grappe globuleuse; calice à dents un peu plus courtes que le tube; gousses glabres, lisses (15 millim. sur 3). ♃ Juin-juillet. Djebel Aïzer, Maroc, Sud de l'Europe, Orient.

2. Gousses courbées en arc ou en hameçon.

A. hamosus L.; Desf., fl. atl.; Munb., cat.; Lx, cat. Kab.; Ball, spic.; *A. hamosus* et *buceras* De Bunge, mon.; *A. ancocarpus* Pomel. — Tiges de 1-4 décim., dressées ou décombantes; stipules soudées à la base, oppositifoliées; feuilles pétiolées, à 8-12 paires de folioles oblongues, obtuses ou rétuses, glabres en dessus, pubescentes en dessous; fleurs petites, blanchâtres, 8-15 en grappe serrée, pédonculée, s'allongeant à maturité; dents du calice égalant le tube; étendard oblong, plus long que les ailes, celles-ci oblongues, entières; gousses glabres, à sillon peu profond, courbées en hameçon (30-40 millim.). ① C. C. C., partout dans le Tell. Mars-mai. Rég. médit.

β ancistron, *A. ancistron* Pomel. — Fruits plus petits, très recourbés; pédoncules presque nuls. Toucria, Tiaret, Arbaouat, Aflou.

A. BRACHYCERAS Boissier; Munb., cat. — Folioles cunéiformes, rétuses; pédoncules dépassant la feuille; gousses régulièrement courbées en demi-cercle, plus petites, à 12-17 ovules, et non 20-30. Daya (Munb.), Le Kreider. Orient, Inde.

A. Solandri Lowe. Maroc (Ball).

b. Sillon profond; gousses solitaires ou par deux, sessiles, arquées, ascendantes.

A. scorpioides Pourret; *A. canaliculatus* Willd.; Munb., cat. — Port de l'espèce précédente; fleurs petites, bleuâtres; gousses dressées, recourbées en faux ou en arc. ① Oran, Le Sig, Batna ! Espagne, Marseille (Larambergue) !

c. Sillon profond; gousses comprimées, subtriquètres.

1. Gousses dressées, annulaires; bords du sillon obtus.

A. tenuirugis, Boissier, diagn., § 1-9, p. 61; Munb., cat. — Plante grêle, glabrescente; tiges dressées ou décombantes; feuilles à 6-7 paires de folioles oblongues-rétuses; 1-5 fleurs en grappe lâche sur un pédoncule grêle dépassant ordinairement la feuille; calice petit, à dents courtes; gousses glabres (20-30 millim. sur 3), courbées en faucille, à bec court, crochu; sillon très profond; bord externe réticulé-rugueux; suture placentarienne plane. ① Avril-mai. Rég. saharienne. El-Abiod, Brezina, Biskra, Tunisie, Orient.

A. Kralikii Cosson, inéd.; *A. biflorus* Cosson, *olim*; Munb., cat. non Viv. — Plante très velue, blanchâtre; feuilles courtes, à 4 paires de folioles très petites, oblongues; calice à tube de 6 millim., à dents de 1 et 1/2 millim.; fleurs de 14 millim., réunies 1-4 sur des pédoncules courts; gousses hispides, assez semblables à celles de l'espèce précédente, moins les rugosités. ① Biskra ! Tunisie.

A. mareoticus Delile, fl. d'Ég., p. 113., tab. 39, fig. 3; Boissier, flor. d'Or. — Plante mollement velue; feuilles à 6-8 paires de folioles; fleurs bleuâtres, 3-4 sur un court pédoncule; calice égalant les 2/3 de la corolle; gousses légèrement pubescentes (30-35 millim., sur 5). ① M'zab (Cosson), Égypte.

A. Gyzensis Delile, fl. d'Ég. suppl., p. 64; *A. Hauarensis* Boiss., *olim*; Munb., cat. — Plante velue, pubescente, à tiges dressées ou décombantes; feuilles à 1-4 paires de folioles elliptiques (6-10 millim., sur 4-6); pédoncules 1-5 flores, plus courts que la feuille; fleurs blanchâtres; gousse en faucille (15-20 millim.), courtement mucronée, épaisse, velue. ① M'zab, Biskra, Oued-R'hir, Mehaïguen, Tunisie, Orient.

2. Gousses pendantes à la base, puis ascendantes par suite de leur courbure.

A. annularis Forskall; Munb., cat.; Boissier, flor. d'Or; *A. trimorphus* Viv.; *A. subulatus*, Desf., fl. atl. — Ne diffère guère de l'*A. Gyzensis* que par sa gousse pendante, à la fin tachée de sang. ① Sahara, Orient.

A. mauritanicus Coss. et DR., Bull. soc. bot. Fr., vol. III, p. 673; Munb., cat. — Tiges dressées ou diffuses (1-3 décim.), longuement velues ainsi que les pétioles et les pédoncules; feuilles à 6-8 paires de folioles oblongues, obtuses, glabres en dessus, pubescentes en dessous; stipules entièrement libres; fleurs purpurines de 10-12 millim., réunies 6-10 sur un pédoncule égalant presque la feuille; calice à dents plus courtes que le tube; gousses en croissant (2-3 cent. sur 6 millim.), velues-hispides; graines lisses. ① Mai. Nemours, Mazoudj.

A. falciformis Desf., Munb., cat.; De Bunge, mon.; *A. falcatus* Desf., fl. atl., tab. 206, non Lamarck. — Tiges de 2-4 décim., couchées en rosette sur le sol; stipules un peu soudées au pétiole; feuilles pétiolées, à 8-13 paires de folioles, un peu pubescentes en dessous, oblongues-rétuses, celles des feuilles inférieures minuscules, obcordées; fleurs de 12 millim., blanches ou jaunâtres, réunies 15-20 en grappe serrée, ovoïde, s'allongeant à maturité; calice à dents inégales plus courtes que le tube; étendard lancéolé, bilobé au sommet, et non aigu comme dans la figure citée; gousses semblables à celles de l'espèce précédente, finement pubescentes à la loupe, larges de 4-5 millim.; graines lisses, carrées. ♃ Avril-mai. R. Maison-Carrée, Djebel-Mouzaïa, El-Afroun, l'Oued-Djer, Mazafran, Miliana.

A. leptophyllus Desf., fl. atl., tab. 207. Tunisie. — Plante très voisine de l'*A. falciformis*, qui serait, taille à part, mieux représenté par la figure de l'*A. leptophyllus* dans le *Flora atlantica*, que par la sienne propre.

A. eremophilus Boissier. — Plante cendrée tomenteuse; tiges décombantes ou couchées; feuilles à 4-6 paires de folioles obovées-rétuses; fleurs 2-4 sur un pédoncule plus court que la feuille; dents du calice égalant presque le tube, étendard ovoïde dépassant peu la carène, celle-ci plus longue que les ailes; *stigmate barbu;* gousses semi-circulaires, velues-hispides. ① Guerrara (Cosson). Orient.

§ 7. *Onobrychium.* — Plantes vivaces, argentées-soyeuses; tiges dressées, fermes, striées, grêles; folioles linéaires; stipules soudées, oppositifoliées; fleurs en grappe serrée; gousses pubescentes, droites ou arquées, dressées, avec un sillon superficiel; calice tubuleux, à dents bien plus courtes que le tube.

A. tenuifolius Desf., fl. atl.; Munb., cat. — Feuilles à 8-9 paires de folioles de 8-9 millim. sur 1-2 ou plus petites; fleurs de 16 millim., 8-15 en grappe serrée sur un pédoncule plus court que la feuille; gousses de 15-20 millim. sur 2, dressées ou étalées, un peu arquées, acuminées; graines lisses. ♃ Avril-mai. Saïda (Cosson), Djelfa (Lx), Bou-Saâda (Trabut), El-Kantara, El-Ghicha (Pomel). Espagne.

A. Onobrychis L.; Olivier et Reboud, plantes du Bou-Taleb et des Madids. — Feuilles à 15-18 paires de folioles; fleurs bleuâtres, nombreuses, sur un pédoncule dépassant largement la feuille. ♃ Juin. Djebel-Nehar.

A. Reinii Ball. Maroc.

§ 8. *Centrolobium* Pomel. — Grosse gousse obscurément trigone, ni stipitée, ni sillonnée, velue, insensiblement acuminée en une grosse pointe épineuse; loges complètes, polyspermes; stipules libres ou à peine adnées au pétiole.

A. Gombo Coss. et Durieu, Bull. soc., bot. Fr., vol. IV, p. 136; Munb., cat. — Plante veloutée-laineuse, blanche, à grosses tiges sous-frutescentes à la base, longues de 4-10 décim.; feuilles longues de 1 à 2 décim., à 20-30 paires de folioles, à rachis blanc, subpersistant; folioles petites, ovées-orbiculaires, plus ou moins tomenteuses; stipules velues-ciliées; fleurs jaunes, grandes (3 cent.), en grappes axillaires courtes, subsessiles; calice tubuleux, à dents deux fois plus courtes que le tube; étendard à limbe ovoïde, tronqué au sommet; gousses de 3-4 cent. sur 1; graines réniformes, scrobiculées ♃. Tout le Sahara Algérien et Tunisien. Mai-juin. Sables. Variété à fruits glabres, à Biskra et à feuilles glabres à Saïda.

A. Gombæformis Pomel. — Fleurs plus petites, étendard à limbe orbiculaire; tube du calice égalant à peine les dents. Sables de l'Oued Metlili.

§ 9. *Phaca.* — Plantes vivaces, acaules ou subacaules, à grandes fleurs jaunes, odorantes, pédicellées, réunies en grappe lâche sur un pédoncule plus court que la feuille; étamines égales; stigmate capité; gousse stipitée, grosse, ventrue, brièvement et brusquement acuminée, à parois coriaces, sans sillon aux sutures, à cloison complète ou incomplète.

A. Caprinus L.; Desf., fl. atl.; Munb., cat.; Lx, cat. Kab. — Feuilles de 2-4 décim., dressées ou étalées, à 12-14 paires de folioles et plus, celles-ci grandes, ovées ou elliptiques, ciliées ou hispides ainsi que le rachis; bractées papyracées, linéaires, très longues, persistantes; calice longuement tubuleux, à dents linéaires plus courtes que le tube; étendard bien plus long que les ailes; ovaire velu; gousses grandes (2-6 centim. sur 12-16 millim.), un peu déprimées aux sutures; graines lisses, réniformes. ♃ Mars-mai. C. C. C. Brousailles du Tell. Sicile.

β glaber DC., Prodr.; Pomel. — Folioles glabres; inflorescence presque glabre; très grande, longuement stipitée, longuement acuminée au sommet. Dra-el-Mizan, Zaccar.

γ dictyocarpus Pomel. — Gousses médiocres, marquées de nervures transversales saillantes. Ghamra.

A. lanigerus Desf., fl. atl., tab. 202; Munb., cat. — Plante un peu plus petite que la précédente, très hispide, toute couverte de longs poils argentés qui lui donnent un aspect laineux; folioles plus petites, plus serrées, plus velues; fleurs en grappes plus courtes, plus compactes; ailes égalant presque l'étendard; fruits oblongs deux fois plus longs que le calice. ♃. Littoral d'Alger. C. C. C. Oran, Djelfa, etc.

β *salinus* Pomel. — Folioles linéaires étroites; dents du calice subulées; fruits plus petits. Voisin de l'*A. Alexandrinus* Boiss.

γ *glabrescens* Ball. Maroc.

A. Reboudianus Cosson, inéd.; De Bunge, mon., p. 49. — Plante plus petite que les précédentes, très velue, veloutée-soyeuse, canescente; feuilles à 8-12 paires de folioles; grappes à 4-7 fleurs courtement pédonculées; ailes bien plus courtes que l'étendard; gousse velue. ♃ Sahara, 3 prov. Tunisie.

A. Alexandrinus Boissier. Tunisie, Algérie? (1).

§ 10. *Apatellobium* Pomel. — Gousse non stipitée, sans sillon sur les sutures, de forme variable, à deux loges complètes, polyspermes; calice campanulé ou tubuleux, non accrescent; plantes vivaces, à feuilles en touffe au sommet des divisions de la souche.

A. monspessulanus L.; Desf., fl. atl.; var. *chlorocyaneus* Costa; *A. chlorocyaneus* Boiss. et Reut., pug., p. 39; Munb., cat; Lx, cat. Kab.; Ball, spic. — Souches vivaces; tiges sous-frutescentes à la base, revêtues des pétioles persistants et des stipules des années précédentes; feuilles nombreuses, à 20-25 paires de folioles petites, elliptiques (8 millim. sur 5 environ ou plus petites), glabres en dessus, finement pubescentes en dessous; stipules canescentes adnées par leur base au pétiole; hampes dépassant les feuilles ou les égalant; fleurs rougeâtres, souvent mêlées de vert ou de jaune, nombreuses en grappe lâche à la fin, longues de 20-25 millim.; calice longuement tubuleux, à dents moitié longues comme le tube; étendard émarginé, oblong, bien plus long que les ailes; gousses linéaires, arrondies parfois, un peu sillonnées à la nervure dorsale, longues de 30-35 millim. sur 3, longuement atténuées en bec fort, arquées-ascendantes, d'abord pubescentes, puis glabres; graines lisses, brunes. ♃ Mars-mai. C. C. C. Broussailles du Tell. France, Suisse, Tyrol, Espagne, Italie.

β *canescens* Boissier. — Souches épaisses, cespiteuses; feuilles courtes, à folioles minuscules; fleurs blanches. Djebel Dréat.

γ *Cossoni*; *A. Cossoni* De Bunge, mon. — Hampes plus courtes que la feuille; étendard ne dépassant le calice que d'un tiers, largement ovoïde à la base (n. v.) Djelfa.

---

(1) Nota. — Les plantes de cette section méritent, en Algérie, de nouvelles études. J'ai en herbier un échantillon incomplet venant du capitaine Lucas et récolté en Algérie, mais sans désignation de localité, qui ne peut certainement se rapporter à aucune des espèces précédentes. Celles-ci, d'autre part, semblent présenter entre elles des intermédiaires.

A. nummularioides Desf., emend.; Munb., cat.; *A. nummularius* Desf., fl. atl., tab. 204 non Lamarck. — Feuilles à 7-9 paires de folioles elliptiques, ovoïdes ou orbiculaires, pubescentes-soyeuses sur les deux faces; stipules ovales-lancéolées, acuminées; fleurs d'un rose pâle, 6-10 en grappe serrée, pédonculée, dépassant les feuilles; calice longuement tubuleux, à dents courtes; étendard ovoïde, brusquement contracté au sommet en un appendice linéaire-oblong; gousses ellipsoïdales, gonflées (10-15 millim. sur 6-8), apiculées, carenées sur la commissure, verdâtres, souvent tachées de rouge, un peu tomenteuses, glabres à la fin. A. C. H.-Pl., El-Ghicha, Arbaouat, etc. Tunisie.

β *atlantica* Pomel. — Plus robuste, moins pubescent; étendard moins brusquement contracté. Téniet-el-Haàd, l'Adjiba, Boghar, Saïda, etc.

A. incurvus Desf., fl. atl., tab. 203; Munb., cat. — Feuilles mucronulées, à 7-14 paires de folioles; étendard régulièrement lancéolé; gousse linéaire (15 millim. sur 4-5), un peu courbée, un peu claviforme, à mucron brusquement recourbé, suture dorsale légèrement sillonnée; scape égalant les feuilles. Très voisin du précédent. ♃ Sidi-Bel-Abbès, Mascara, Saïda. Espagne.

A. macrorrhizus Cav. — Très voisin encore des précédents; folioles mucronées; scapes dépassant les feuilles; étendard émarginé; gousses courtes, non courbées, jaunâtres, non tachées de rouge; grosses souches noirâtres. ♃ Aurès (Cosson). Espagne.

A. Tragacantha L. — Signalé: « *in collibus arenosis* » par Desfontaines, ne paraît pas avoir été retrouvé en Algérie.

A. ochroleucus Cosson, inéd. Maroc. M'est inconnu.

BISERRULA L.

B. Pelecinus L.; Desf., fl. atl.; Munb., cat.; Lx, cat. Kab.; Ball, spic. — Tiges de 1-3 décim., grêles, décombantes; feuilles à 7-15 paires de folioles oblongues, incisées, un peu velues, petites; stipules libres; fleurs petites, blanches ou bleuâtres, 3-10 sur un court pédoncule; gousses aplaties de façon que la nervure dorsale touche les placentaires, droites, dentées tout autour (25 millim. sur 6-7), formant une double scie. ① Très répandu dans le Tell, peu abondant. Rég. médit.

Sous-tribu V. — GALÉGÉES.

Feuilles imparipennées ou trifoliolées, les premières opposées, les autres alternes; légume déhiscent ou indéhiscent; plantes non grimpantes.

Clef des genres :

1	Feuilles trifoliolées; fleurs en capitule ou en épi.	PSORALEA.
	Feuilles imparipennées.	4
2	Gousse fortement renflée-vésiculeuse.	COLUTEA.
	Gousse courte, à 2-4 graines.	GLYCYRRHIZA.
	Gousse linéaire, polysperme, à stries obliques. .	GALEGA.

GLYCYRRHIZA L. (Réglisse).

Calice campanulé, bilabié; carène aiguë; stigmate obtus, oblique; gousse sessile, exserte, comprimée-bivalve.

Gl. fetida Desf., fl. atl., tab. 199; Munb., cat.; Ball, spic. — Plante rhizomateuse; tiges robustes de 3 à 6 décim; stipules lancéolées, caduques; feuilles à 9-11 folioles elliptiques ou obovées (15-25 millim. sur 10-15), glanduleuses sur les 2 faces, ponctuées de noir à la loupe en dessous, fétides; fleurs en grappe serrée, oblongue (5-7 cent. sur un pédoncule de 4-5); pédoncules, pédicelles et calices glanduleux; fleurs d'un jaune pâle (8-10 millim.); étendard ovoïde ou lancéolé, aigu; ailes et carène étroites; style persistant; gousse ovoïde, acuminée (12-15 millim. sur 8), toute couverte de longs aiguillons fauves. ♃ Avril-juin. Champs : Tizi, Mascara, Adélia, Miliana, Duperré, etc., etc. Maroc.

Gl. glabra L.; Munb., cat., var. *brachycarpa* Cosson; *Gl. brachycarpa* Boissier. — Feuilles plus grandes, à 11-13 paires de folioles ovées-lancéolées (30-35 millim. sur 12); fleurs bleuâtres, à étendard oblong, mucroné; gousse bosselée, peu épineuse (25-30 mill. sur 6-7). Touggourt. Rég. médit., Europe mérid.; la variété en Orient.

GALEGA L.

Calice campanulé à 5 dents subulées subégales; carène presque aiguë; stigmate capité.

G. officinalis L.; Munb., cat. — Plante de 6-12 décim., glabre, multicaule, à tiges herbacées et rameuses; feuilles à 5-8 paires de folioles oblongues ou lancéolées-linéaires, mucronées; stipules semi-sagittées, dentées, acuminées, très aiguës; fleurs d'un blanc bleuâtre, en grappes dépassant longuement la feuille; étendard à limbe orbiculaire redressé. ♃ R. R. Par pieds isolés çà et là, subspontané. Prairies, bord des fossés. Mitidja. Europe moyenne et mérid.

COLUTEA L. (Baguenaudier).

Calice campanulé, non bilabié; carène tronquée au sommet; stigmate inséré sur le bord interne du style au-dessous du sommet; gousse stipitée, vésiculeuse.

C. arborescens L.; Desf., fl. atl.; Munb., cat.; Lx., cat. Kab.; Ball, spic. — Arbrisseau de 1-2 mètres, rameux; feuilles à 7-13 folioles elliptiques, obtuses, glabres ou finement pubescentes en dessous dans leur jeunesse; stipules petites, lancéolées; fleurs 2-6 en grappe axillaire, pédonculée, plus courte que la feuille; calice large à dents courtes, l'inférieure plus longue; corolle grande, jaune; étendard orbiculaire, échancré; ailes étroites, plus courtes que la carène; grande gousse membraneuse, vésiculeuse; graines brunes, aplaties, lisses. ♄. Février-juin. De la Chiffa à Médéa, Oued-Djer, Adelia, Ouarsenis, Djebel-Aïssa, etc., etc. Broussailles rocheuses de la région subatlantique. Europe moyenne, Rég. médit.

C. affinis Pomel. — Ailes munies d'un appendice oblong, embrassant la carène, gousse longuement stipitée. Oued-Bourkika.

PSORALEA L.

Herbes vivaces à tiges de consistance presque ligneuse; feuilles trifoliolées, longuement pétiolées, calice campanulé, 5-partit; étendard onguiculé; carène obtuse; pétales un peu cohérents; style filiforme, capité; gousse monosperme; plantes glanduleuses, péricarpe souvent adhérent à la graine.

a. Fleurs en capitule globuleux, devenant parfois spiciforme à maturité; gousse rostrée, à bec ensiforme, exserte.

P. bituminosa L.; Desf., fl. atl.; Munb., cat.; Lx, cat. Kab.; Ball, spic. — Tiges de 5-12 décim., rameuses, dressées ou décombantes; feuilles d'un vert foncé, à grandes folioles lancéolées, la médiane pétiolulée; pédoncules floraux égalant plusieurs fois la feuille; fleurs bleues, rarement blanches; calice 10-nervié, à dents longues acuminées, à pointe non plumeuse; gousse incluse, à bec ensiforme, plus long qu'elle et exserte, poilue et épineuse sous le bec; graine jaunâtre, réniforme. ♃. C. C. C. Broussailles de l'intérieur. Mai-juillet. Médéa. Aïn-el-Hadjar, Djebel-Antar, Aïn-Sefra, El-Kantara, etc., etc. Rég. médit.

β *latifolia*; *P. plumosa* Reich; *P. Palæstina* Moris; *P. altissima* Salles, in Munb., cat.? — Tiges épaisses toujours dressées, se laissant écraser sous la pression du doigt; capitules globuleux, gros, denses; pédoncules plus courts; calice à dents velues, ciliées. C. C. C. Sur le littoral.

b. Fleurs en grappe spiciforme; légume non rostré (*Munbya* Pomel *olim*, non Boissier; *Lamottea* Pomel, Bull. soc., bot. Fr., vol. XVII, p. 234).

P. plicata Delile, fl. d'Ég., pl. 37; Munb., cat. — Folioles hérissées, dentées, sinuées; grappes lâches, à fleurs roses en pseudo-verticilles, bi-triflores; pédoncules persistants, spinescents; gousse incluse. ♄ M'zab (Munb.), Nubie, Soudan.

P. polystachya Poiret; *P. dentata* var *polystachya* DC. — Tiges dressées, robustes (4-6 déc.); folioles glanduleuses, avec quelques poils étoilés, obovées ou orbiculaires, sinuées-dentées, grandes; fleurs en grappes serrées dans le haut, dépassant un peu la feuille; calice pubescent, à dents lancéolées, inégales, l'inférieure dépassant la corolle; fleurs petites, blanchâtres; gousse incluse, à péricarpe déliquescent subbaccien. ♃ Mai-juin. Berges du Chélif, Tunisie.

ROBINIA L.

R. pseudo-Acacia L.; vulgò l'*Acacia*. — Cultivé, subspontané.

Tribu III. — VICIÉES.

Feuilles pennées sans impaire, sauf dans le genre *Cicer*, rarement réduites aux stipules ou transformées en phyllodes, souvent munies de vrilles; gousse bivalve, uniloculaire; cotylédons charnus, hypogés; inflorescences axillaires.

Clef des genres :

1	Feuilles imparipennées; gousse vésiculeuse . . .	CICER.
	Feuilles paripennées.	2
2	Style comprimé par le côté, canaliculé en dessus.	PISUM.
	Style comprimé d'avant en arrière	3
3	Tube des étamines, tronqué à angle droit; style pubescent à la face supérieure, canaliculé en dessous.	LATHYRUS.
	Tube des étamines obliquement tronqué.	4

4 Gousse arrondie au sommet, à bec court ou nul . **Ervum.**
Gousse obliquement tronquée, à bord supérieur prolongé en bec. 5

5 Graines rondes . . . . **Vicia.**
Graines lenticulaires ; gousse rhomboïdale, courte, mono-disperme . . . . **Lens.**

CICER L.

Calice 5-partit subrégulier ; étamines diadelphes, à tube court, à filets alternativement dilatés au sommet ; style fin, subulé ; fleurs solitaires ; pédoncules articulés.

C. arietinum L.; Desf., fl. atl.; Munb., cat. — Le *Pois chiche.* Cultivé, subspontané. Orient.

C. atlanticum Cosson. Maroc.

VICIA L. (Vesce).

Calice à dents égales ou inégales, à tube campanulé, obliquement ou verticalement tronqué ; étendard oblong ou émarginé ; ailes adhérentes à la carène ; style plus ou moins barbu, rarement glabre, à stigmate terminal ; gousse plus ou moins comprimée, polysperme, rarement disperme ; herbes annuelles ou vivaces.

§ 1. *Euvicia* Vis. — Fleurs réunies 1-3 à l'aisselle des feuilles, sessiles ou brièvement pédonculées ; style barbu au sommet de la face supérieure.

a. Gousse sessile ; calice régulier ; plantes grimpantes, à tiges anguleuses.

V. sativa L. ; Desf., fl. atl. ; Munb., cat. ; Lx, cat. Kab. ; Ball, spic. — Plante plus ou moins velue ou glabrescente ; feuilles à 5-7 paires de folioles obovées ou linéaires, tronquées ou émarginées au sommet ; stipules maculées, semi-sagittées, dentées ou lancéolées, entières ; vrille rameuse ; fleurs solitaires, géminées ou ternées, brièvement pédicellées ; fleurs de 20-25 millim., roses, violettes ou bleuâtres ; calice grand, rompu par la gousse à maturité, à dents porrigées, ciliées, égalant le tube ; gousse linéaire plus ou moins large ; graines arrondies. Type des plus variables et des plus difficiles à limiter. ① C. C. C., partout. Mars-mai. Europe, Rég. médit.

V. macrocarpa Bertoloni. — Plante puissante à feuilles larges et à grandes fleurs ; gousses de 60-80 millim. sur 12, parfois réfléchies ; graines ayant la saveur d'amandes amères. Bouzaréah, broussailles fraiches du Sahel.

V. CORDATA Gren. et Godr., fl. Fr. an Wulf? — Feuilles largement obcordées, mucronées ; plante robuste, velue ; dents du calice plus longues que le tube; gousse de 55 millim. sur 6, ne noircissant pas à maturité; graines comprimées; fleurs grandes. Moissons. Mars-mai. Réghaïa.

V. ANGUSTIFOLIA Roth; Gren. et Godr., fl. Fr.; Munb., cat.; *V. segetalis* Thuillier. — Plante plus grêle que les précédentes; feuilles à folioles plus étroites, tronquées, les supérieures linéaires; gousse de 45 millim. sur 6, subcylindrique, noire à maturité; graines brunes. A. C. Mars-mai. Forêts, blés, champs, un peu partout.

β nemoralis, *V. nemoralis* Boreau. — Feuilles arrondies, entières au sommet. A. C., dans les forêts.

V. MACULATA Presl.; Todaro, exsiccata, nº 1300. — Calice non rompu à maturité, maculé aux sinus; gousse étroite; graines maculées. Sersou, Tiaret, Beni-Lint (Pomel).

V. AMPHICARPA Dorth.; Munb., cat. — Plante émettant à sa base des rameaux souterrains portant des fleurs cleistogames auxquelles succèdent des gousses courtes monospermes; tiges aériennes dressées ou diffuses, à folioles cunéiformes fortement échancrées ou linéaires; fleurs très grandes, violettes, solitaires, subsessiles; dents du calice à la fin deux fois plus courtes que le tube; gousses aériennes atténuées aux deux bouts, glabres ou pubescentes, noircissant à maturité; graines ovoïdes-comprimées, d'un brun clair; plante glabrescente, pubescente ou très velue. H.-Pl., Garrouban, Aïn-el-Hadjar, Berrouaghia, Lella-Khadidja, Batna, etc., etc.

V. consobrina Pomel. — Tiges droites, peu rameuses, 1-4 décim.; folioles pubescentes, soyeuses, molles, oblongues, arrondies ou tronquées au sommet, mucronées; vrilles simples ou rameuses; stipules non maculées; fleurs petites, bleuâtres, solitaires, brièvement pédicellées; calice pubescent, maculé dans les sinus, à dents égalant le tube, celui-ci non fendu à maturité; gousse dressée, rarement réfléchie (Ben-Chicao), pubescente, comprimée (40 millim. sur 5); graines fauves, lisses, petites. ① Mai-juin. C. C. C. Broussailles élevées des montagnes. Zaccar, Téniet, Ben-Chicao.

V. lathyroides L.; Munb., cat.; Lx, cat. Kab. — Petite plante à tiges couchées (5-15 cent.); feuilles à 1-4 paires de folioles échancrées ou tronquées, mucronulées au sommet; stipules entières, non maculées; vrille simple ou nulle; fleurs solitaires, bleues, petites; calice pubescent, non rompu à la fin, à dents égalant presque le tube; gousse glabre de 20-25 millim. sur 3, noircissant à maturité; graines brunes, presque cubiques, *tuberculeuses*. ① A. C. Mai-juin. Sous les Cèdres, Blida, Téniet, Kabylie, etc. Europe moyenne et méridionale, Orient.

V. cuneata Gussone. — Diffère de la précédente par sa gousse ne noircissant pas et par ses graines lisses, globuleuses-comprimées. Itche-Ali (Aurès) d'après le général Paris (Bull. soc., bot. Fr. 1871, p. 357), France, Sicile.

b. Gousse stipitée; calice irrégulier à dents supérieures plus courtes; fleurs solitaires ou géminées.

V. peregrina L.; Munb., cat.; Lx, cat. Kab. — Plante glabrescente, à tiges grêles, décombantes (3-6 décim.); feuilles à folioles linéaires, échancrées-mucronées; fleurs lilas, solitaires, brièvement pédicellées; étendard glabre; carène courte; gousse de 35-40 millim. sur 10-12, comprimée, fauve, pubescente; graines brun-pâle, tachées de noir. ① Mars-mai. Champs et cultures. C. C. C. Rég. médit.

V. lutea L.; Munb., cat.; Ball, spic. — Plante un peu hispide, à tiges dressées (2-5 décim.); feuilles à 5-7 paires de folioles linéaires-oblongues, arrondies et mucronées au sommet; stipules petites, semi-sagittées ou bilobées, maculées; vrilles rameuses; fleurs solitaires ou géminées, courtement pédicellées, grandes, jaunes ou un peu purpurines; dents supérieures du calice conniventes, l'inférieure dépassant le tube; étendard glabre, veiné; gousse à la fin réfléchie (30-35 millim. sur 9-12), largement lancéolée, subrhomboïdale, couverte de poils étalés insérés sur un tubercule, noircissant à maturité; graines brunes, maculées, à hile égalant le cinquième de la circonférence. ① Mars-mai. Oran. C. C., dans les moissons. Europe, Rég. médit., Orient.

V. hirta Balbis. — Fleurs maculées de violet; plante bien plus hispide. C. C. C., partout. Moissons.

V. vestita Boissier, voy. Esp., tab. 57. — Fleurs violettes, très grandes, tachées de noir; fruits très hispides, à poils dorés ou blancs. C. C. C.

V. lævigata Boissier; *V. nitida* Ball. Maroc.

V. hybrida L.; Munb., cat. — Diffère des plantes précédentes par son étendard velu, par les dents supérieures du calice plus longues, par sa gousse assez longuement stipitée, à poils non tuberculeux, par ses graines à hile noir, moitié plus court. Bône (Meyer), Oran (Pomel), Europe, Rég. médit., Orient.

c. Fleurs en grappes plus ou moins pédonculées.

1. Gousse sessile.

V. Faba L.; Munb., cat.; Lx, cat. Kab. *Fève cultivée.* — Tiges robustes, grosses comme le doigt, peu rameuses (6-10 décim.); feuilles à 1-3 paires de folioles elliptiques-oblongues, très grandes; vrilles nulles; stipules maculées, dentées; fleurs grandes, blanches, à ailes maculées de violet; gousse charnue, pubescente, très grosse; graines aplaties (20 millim. sur 15). Cultivée-subspontanée. Origine inconnue.

V. narbonensis L.; Desf., fl. atl.; Munb., cat.; Lx, cat. Kab. — Assez semblable à l'espèce précédente dont elle est peut-être la forme primitive sauvage; tiges moins robustes, grimpantes; feuilles à 1-3 paires de folioles, les supérieures à vrille rameuse; fleurs purpurines plus petites, gousses de 5-7 cent. sur 10-12 millim., hispides sur les bords, noircissant à maturité; graines relativement petites, brunes, globuleuses-comprimées. ① A. R. Mars-mai. Moissons, partout. Rég. médit.

V. serratifolia Jacquin. — Folioles dentées; stipules incisées. R. R.

V. bythynica L.; Munb., cat.; Lx, cat. Kab. — Plante de 2-6 décim., hispide ou glabrescente, à tiges faibles, grimpantes; feuilles inférieures à 1-2 paires de folioles elliptiques ou ovales, grandes; feuilles supérieures à 2-3 paires de folioles lancéolées ou linéaires, aiguës, mucronées; stipules grandes, semi-sagittées, acuminées, souvent maculées; vrilles rameuses; fleurs 1-3 sur un pédoncule plus ou moins long; calice à dents égales, porrigées, lancéolées-acuminées; gousse velue (35-40 millim. sur 8-9), aplatie; graines globuleuses, marbrées, à hile ovale. ① Mars-mai. Moissons. R. Mustapha, Fort-National, etc. Europe, Rég. médit., Orient.

2. Gousse stipitée.

V. pannonica Jacquin. — Plante grimpante un peu hispide; feuilles à 5-8 paires de folioles oblongues; vrilles simples ou rameuses; stipules très petites, entières, maculées; fleurs 2-4, pendantes, en grappe courtement pédonculée; calice à dents presque égales, linéaires-aiguës; étendard velu; gousses de 24-30 millim. sur 9, pubescentes, jaunâtres; graines grosses, maculées. ① Mars-mai. Oran. R. R. (Herbier Pomel).

V. onobrychioides L.; Desf., fl. atl.; Munb., cat.; Lx, cat. Kab.; Ball, spic. — Plante de 2-5 décim., glabrescente ou pubescente; feuilles à 5-7 paires de folioles oblongues ou linéaires-oblongues, mucronées, non échancrées au sommet; vrilles rameuses; stipules semi-hastées, dentées; fleurs 6-12, en grappe lâche unilatérale sur un pédoncule dressé plus long que la feuille, grandes, brillantes, d'un bleu tirant sur le violet; calice à dents très inégales; étendard glabre; gousse de 30 millim. sur 6, longuement atténuée à la base, glabre; graines noires; hile égalant le 1/3 de la circonférence de la graine. ♃ C. C. C. Pelouses et broussailles des montagnes. Téniet, Zaccar, Djurdjura, Daya, etc., etc. Europe méridionale, Rég. médit., Orient.

Nota. — *V. elegans* Gussone en est une forme à feuilles très étroites.

V. altissima Desf., fl. atl.; Munb., cat.; Lx, cat. Kab.; Ball, spic. — Tiges nombreuses (10-20 décim.), grimpantes; feuilles à 5-7 paires de folioles elliptiques, obtuses, mucronées, écartées le long du rachis; vrilles grandes, rameuses; stipules incisées-dentées; fleurs 10-15, en grappe lâche, étalée, égalant ou dépassant la feuille, grandes, blanches, à étendard bleuâtre ou violacé; dents du calice courtes, très inégales; gousses de 40-50 millim. sur 6-7, fauves à maturité; graines noires, globuleuses. ♃ Mai-juin. Littoral. R. R. Arzeu, Ouillis, Cherchell, Bouzaréah, Réghaïa, Bou-Zecza, Philippeville, France, Italie.

§ 2. *Orobella* Presl. — Tiges droites, raides, presque ligneuses, non grimpantes; feuilles sans vrilles, à 1-3 paires de folioles linéaires-lancéolées, longues et aiguës; fleurs grandes, brillantes, en grappes denses, pédonculées, dépassant la feuille; style un peu comprimé d'avant en arrière, cylindrique, barbu au sommet; gousses stipitées.

V. sicula Gussone; *Orobus atropurpureus* Desf., fl. atl., tab. 196; Munb., cat.; Lx, cat. Kab. — Plante de 4-8 décim., glabrescente, à stipules linéaires, semi-hastées, entières; fleurs longues de 20-22 millim., d'un brillant métallique, blanches à la base, puis d'un rose bleuâtre et enfin d'un pourpre foncé au sommet; calice campanulé, à dents courtes, triangulaires, subégales; gousses de 45 millim. sur 12, atténuées à la base; graines globuleuses, noirâtres. ① C. C. C. Prés et bois du Tell. Avril-mai. Calabre, Sicile.

Nota. — Cette plante, qui peut varier quant à la couleur des fleurs, est un peu intermédiaire entre les genres *Vicia* et *Lathyrus*.

§ 3. *Cracca* Rivin. — Style comprimé par le côté, pubescent tout autour; gousse stipitée, comprimée, rostrée, obliquement tronquée au sommet; fleurs ordinairement en grappes pédonculées.

a. Fleurs jaunes en grappes bien fournies; plantes vivaces.

V. ochroleuca Tenore. — Plante glabre (6-10 déc.); folioles elliptiques; vrilles rameuses; stipules entières, linéaires-lancéolées, longues, les inférieures semi-hastées; fleurs nombreuses, longues de 10 millim.; calice glabre, à dents triangulaires très courtes, l'inférieure un peu plus longue mais n'égalant pas le tube; gousses glabres, pendantes, atténuées à la base (25-30 millim. sur 7); graines lisses, à hile concolore. ♃ Mai-juin. R. Goubia (Pomel), Italie.

V. atlantica Pomel; *V. ochroleuca* Munb., cat.; Lx, cat. Kab., non Tenore. — Diffère de la plante précédente par ses folioles larges, très velues ainsi que les stipules et les calices, par les trois dents inférieures du calice subulées, velues, plus longues que le tube, par ses fleurs de 15 millim., par ses graines à hile discolore, etc. ♃ Mai-juillet. Zaccar de Miliana, prairies élevées, var. moins velue dans le Djurdjura.

Nota. — *V. pinetorum* Boissier et Sprunner, voisine de notre plante, a les dents du calice plus courtes et la gousse hispide.

b. Fleurs violacées; plantes vivaces.

V. tenuifolia Roth.; Munb., cat. — Plante élevée (10-15 décim., à peine pubescente, à tiges raides, grimpantes; feuilles à vrilles rameuses, à 10 paires de folioles oblongues ou linéaires; stipules semi-hastées, entières; fleurs nombreuses, en grappe d'abord triangulaire-oblongue, s'allongeant ensuite beaucoup et dépassant longuement la feuille; calice à dents plus courtes que le tube; étendard une fois plus long que l'onglet dont il est séparé par un retrécissement; gousses de 20-25 millim. sur 6; graines ovoïdes. ♃ Europe, Orient.

β *latifolia* Lange; *Vicia polyphylla* Desf., fl. atl. — Feuilles peut-être un peu plus larges que dans la plante d'Europe. Daya, prov. d'Oran.

γ *villosa; V. polyphylla* Cosson, exsiccata du Maroc. — Plante très velue; calice plus grand, velu, à dents inférieures plus longues que le tube. Maroc (Cosson).

V. Cracca L. — Signalé en Algérie par Desfontaines, n'y a pas été retrouvé.

c. Plantes annuelles ou bisannuelles; fleurs violettes ou bleues, en grappes allongées.

V. varia Host. — Plante glabrescente ou pubescente, à tiges grimpantes (5-15 décim.); feuilles à 5-7 paires de folioles oblongues ou linéaires, obtuses ou aiguës; vrilles rameuses; stipules semi-sagittées, entières; fleurs nombreuses s'ouvrant toutes en même temps, étalées horizontalement en grappe lâche; calice à tube bossu à la base, à dents inférieures égalant presque le tube; étendard à limbe une fois plus court que l'onglet; gousses de 25-30 millim. sur 10, fauves à maturité; graines brunes, à hile égalant le huitième de la circonférence. ① ② Mars-juin. Moissons, champs, très répandu, mais rare. Rég. médit., Orient.

V. villosa Roth. — Grappes souvent plus courtes que la feuille; fleurs s'ouvrant successivement; grappe un peu velue-plumeuse avant l'anthèse. R. R. Avec le type.

V. pseudo-Cracca Bertoloni; *V. Bivonæ* DC., Prodr. — Diffère des précédentes par l'étendard plus long que les ailes qui sont généralement jaunes, par sa gousse plus longuement stipitée, à pédicule dépassant le tube du calice. ① Cherchell, La Calle. R. R. Rég. méd. occidentale.

V. Monardi Boiss. et Reut., pug., p. 131; Munb., cat.; Lx, cat. Kab. — Tiges grêles, grimpantes (3-6 décim.); stipules dimorphes, velues-ciliées, l'une entière, l'autre bi-trilobée; feuilles à 7-9 paires de folioles lancéolées, pubescentes; fleurs petites (6-10 millim.); calice à dents supérieures courtes, les 3 inférieures subulées, égalant presque le tube; étendard égalant les ailes; fleurs bleuâtres; gousse large, oblongue-rhomboïdale (3-4 cent. sur 15-18 millim.); 2-4 graines comprimées, noires-veloutées, elliptiques; hile égalant le 1/8e de la circonférence. ① Mars-mai. Broussailles des environs d'Alger. C. C. Kabylie, Chélif, Atlas. R.

d. Plantes annuelles à grappes multiflores; fleurs rouges, rarement blanches; plantes pubescentes ou velues; jeunes grappes velues-plumeuses.

V. atropurpurea Desf., fl. atl.; Munb., cat.; Ball, spic. — Plante de 4-5 décim., mollement velue; folioles oblongues; grappes ne dépassant pas la feuille; fleurs de 16 millim., rouges ou pourprées, d'un pourpre noir au sommet, rarement rosées ou blanches; calice velu, à dents très inégales, toutes linéaires, sétacées, plumeuses, l'inférieure plus longue que le tube; étendard plus long que les ailes, à limbe plus court que l'onglet; style tordu sur son axe; gousse très velue, fauve (30-35 millim. sur 10); graines noires veloutées; hile égalant le 1/5e de la circonférence. ① Moissons, champs. Mars-mai. C. C. C.

V. Lagopus Pomel. — Plante voisine de la précédente, mais bien plus petite dans toutes ses parties; fleurs de 5 millim. Garrouban, Tlemcen (v. s. in herb. Pomel).

V. fulgens Battand., Bull. soc., bot. Fr., vol. XXXII, p. 338, fig. atl., fl. d'Alger, pl. 9; *V. cruenta* Cosson, herb. — Plante puissante (1-2 mètres), rameuse, finement pubescente; grappe dense sur six rangs, argentée-plumeuse avant l'anthèse, égalant ou dépassant la feuille; fleurs de 7 milim., très brillantes, d'un rouge carmin vif; calice poupre-rosé, à dents sétacées, velues, inégales; étendard dépassant les ailes, celles-ci à limbe semi-hasté; gousse glabre de 20-25 millim. sur 10; graines noires, à hile égalant le 1/5e de la circonférence; stipules dimorphes. ① Mai-juillet. Oued-Cheretta à l'Alma; Barral, prov. de Constantine (Cosson).

e. Plantes annuelles, à grappes pauciflores (1-5 fleurs); fleurs lilas; gousses glabres, polyspermes; vrilles rameuses; pédoncules aristés.

V. calcarata Desf., fl. atl.; Munb., cat. — Plante de 3-5 décim., finement pubescente, à tiges souvent raides, dressées; feuilles à folioles linéaires-oblongues ou oblongues, mucronulées, rétuses; fleurs de 15-17 millim.; calice glabre, à dents inégales, acuminées; gousse de 40 millim. sur 10; graines globuleuses, comprimées, à hile égalant le 1/8e de la circonférence. ① Mars-juin. C. C. C. Moissons, champs. Rég. médit.

V. biflora Desf. fl. atl., tab. 197; Munb., cat.; Ball, spic. — Cette plante bien voisine de la précédente, aurait d'après M. Pomel des fleurs un peu plus grandes et des folioles oblongues-rétuses. Il me paraît assez probable d'ailleurs que la plante généralement prise pour le *Vicia calcarata* Desf. et qui ne répond que fort imparfaitement à la description de cet auteur, est en réalité celle qu'il a figurée sous le nom de *V. biflora;* le vrai *V. calcarata* serait alors la plante suivante qui répond bien mieux à sa description.

V. Cossoniana nob.; *V.* spéc. Cosson, herb. de l'expos. permanente. — Diffère du *V. calcarata* par sa taille plus petite (1-4 décim.), par ses tiges ordinairement couchées, par ses feuilles inférieures courtes, sans vrille, à folioles oblongues, rétuses, non mucronées, par ses grappes plus courtement pédonculées, par ses gousses de 25-30 millim., sur 8, rugueuses, par ses graines fauves très petites, 3-4 millim. de diam. et non 5-6. ① Batna, Lambèse, Aflou, Djelfa.

V. monanthos Desf., fl. atl.; Munb., cat.; *Ervum monanthos* L; *Cracca monanthos* Gren. Godr. — Tiges grêles; fleurs solitaires, médiocres; pédoncules plus courts que la feuille; stipules dimorphes, l'une pétiolulée, profondément laciniée en éventail, l'autre linéaire, aiguë et sessile; calice à dents subulées presque égales, plus longues que le tube; gousse de 25-30 millim. sur 8-9; graines rousses; hile très petit. ① « *in arvis* » Desf.

f. Plante vivace, radicante, pubescente-cendrée; feuilles sans vrilles ou à vrilles rudimentaires; fleurs roses à ailes maculées.

V. glauca Presl.; Munb., cat.; Lx, cat. Kab.; Ball, spic.; fig. Moris, fl. sard., tab, LXIX. — Tiges de 1 décim., non grimpantes; feuilles courtes à 5-6 paires de folioles; grappes de 4-8 fleurs dépassant un peu la feuille; calice à dents sétacées subégales; gousses glabres, petites. ♃ Pierrailles et pelouses des hauts sommets calcaires; Djurdjura, Aurès, Sicile, Sardaigne.

g. Fleurs petites (3-7 millim.), blanches ou bleuâtres, à ailes souvent maculées; plantes annuelles, grimpantes, pubescentes, grêles, vrilles rameuses.

V. erviformis Boissier, voy. Esp.; Munb., cat.; Ball, spic.; *Ervum vicioides* Desf. fl. atl., tab. 198. — Plante grêle, grimpante; feuilles à 6-10 paires de folioles oblongues, obtuses ou rétuses; stipules semi-sagittées, subulées, entières; fleurs bleuâtres, 6-9 en grappe lâche, un peu plus courte que la feuille; calice velu, à dents sétacées, hispides, égalant 2 fois le tube; étendard bien plus long que les ailes; gousse glabre de 20-22 millim. sur 8-10; 2 grosses graines brunes un peu comprimées. ① Oran A. C. Brousailles. Mars-mai. Sta-Cruz, Bou-Tlelis, etc. Espagne.

V. disperma DC.; Munb., cat. — Diffère de la précédente par son port plus robuste, par ses folioles lancéolées-aiguës, par ses grappes à 2-6 fleurs seulement, moins pubescentes, par son calice à tube moins velu et à dents inégales. ① Mars-mai. C. C. C. Broussailles et haies de tout le Tell. Région médit. occidentale.

β *sericea*. — Plante toute argentée-soyeuse; à calice très velu, bien plus que dans le *V. erviformis*; à fleurs 20-30 en grappe serrée. Probablement espèce nouvelle. Trouvée une seule fois au Zaccar de Miliana.

V. leucantha Biv.; Munb., cat.; fig. Moris; fl. sard., tab. LXX.; *V. Bivonæ* DC., Prodr.; *Ervum agrigentinum* Guss. — Folioles oblongues ou elliptiques, obtuses; stipules larges, dentées; fleurs deux fois plus grandes que dans les espèces précédentes (7 millim.); dents du calice subégales; gousses polyspermes de 30 millim. sur 10. ① Mars-mai. Mustapha, près d'un chemin au-dessous de la Colonne-Voirol. Oran. A. C. Constantine, Bône, etc. Italie.

V. hirsuta Koch; *Cracca minor* Gren. Godr.; *Ervum hirsutum* L. — Diffère de toutes les espèces précédentes par ses gousses très petites (8-10 millim. sur 3-4), ordinairement velues (var. *eriocarpon* Gren. Godr.), noircisssant à maturité; graines petites, jaunâtres, à hile égalant le 1/3 de la circonférence. Garrouban (Pomel), Zaccar, Djebel-Aissa, etc. Europe, Orient, Asie.

ERVUM L.

§ 1. *Euervum.* — Plantes grêles, grimpantes; fleurs petites, bleuâtres; gousses petites, arrondies au sommet; feuilles à vrilles rameuses.

E. tetraspermum L.; Desf., fl. atl.; Munb., cat. — Plante de 2-5 décim., presque glabre; fleurs 1-2 au sommet d'un pédoncule capillaire non aristé égalant la feuille, petites, lilas, veinées de violet; calice à dents très inégales, plus courtes que le tube; gousse presque cylindrique (8-12 millim. sur 3-4); graines 3-5, à hile égalant le 1/5 de la circonférence. ① Mars-mai. R. Maison-Carrée. Europe, Orient, Asie.

E. pubescens DC.; Munb., cat.; Ball, spic. — Pédoncules pauciflores, grêles, non aristés; dents du calice linéaires-subulées, plus longues que le tube; gousses ordinairement pubescentes (12-15 millim. sur 3); graines 5-6, à hile égalant le 1/10 de la circonférence; plante d'un vert pâle, ordinairement pubescente. ① A. C. Prés, lieux frais.

E. gracile DC.; Munb., cat.; *Vicia gracilis* Lois.; Lx, cat., Kab. — Pédoncules aristés, pluriflores, dépassant la feuille; dents du calice peu inégales, plus courtes que le tube, lancéolées-aiguës; gousse de 15-20 millim. sur 3-4, à 4-6 graines; hile ne dépassant pas le 1/10 de la circonférence. ① C. C. C. Mars-mai. Rég. médit.

§ 2. *Ervilia.* — Tiges dressées, rameuses, non grimpantes; vrilles nulles; gousse moniliforme, à bec court, fin, subulé.

E. Ervilia Willd.; Munb., cat.; *Ervilia sativa* Gren. Godr. *Ervilier.* — Fleurs rosées, 1-3 sur un pédoncule plus court que la feuille, aristé; gousses de 15-20 millim. sur 4-5; graines 3-4, globuleuses. ① Mars-mai. Cult. subsp.

LENS Tournefort (Lentille).

L. nigricans Godron; *Ervum lentoides* Ten.; Munb., cat. — Plante de 1-2 décim., pubescente, non grimpante; feuilles sans vrilles, à 3-5 paires de folioles oblongues ou lancéolées; stipules entières, ovoïdes-aiguës ou linéaires; fleurs 1-2 sur un pédoncule plus long que la feuille; calice à dents linéaires, subulées, ciliées, plus longues que le tube et ne dépassant pas la fleur; fleurs petites, bleuâtres; gousses glabres, dispermes, de 10 millim. sur 5. ① A. R. Mai-juin. Rég. atlantique. Blida, La Chiffa, Zaccar, Reghaïa, etc.

L. Lenticula Schreb. (sub. *Ervo); Ervum uniflorum* Tenore. — Feuilles à folioles plus larges, elliptiques ou oblongues ; pédoncules toujours uniflores ; gousse pubescente. ① Avec l'espèce R. La Chiffa, Blida.

L. villosa ; *Ervum villosum* Pomel, nouv. mat., p. 194. — Plante voisine des précédentes, très velue, à folioles linéaires ; pédoncules uniflores, longuement aristés ; fleurs plus grandes ; calice à dents velues, 4 fois plus longues que le tube, et dépassant longuement la corolle ; hile égalant le 1/10 de la circonférence. ① Avril. Garrouban.

L. esculenta Mœnch. — Fleurs petites, blanches, veinées de violet, 1-3 sur un pédoncule aristé, égalant presque la feuille ; calice à dents linéaires-subulées, plus longues que le tube ; feuilles à 5-7 paires de folioles obovées ou oblongues-linéaires, terminées par une vrille simple ou fourchue ; stipules lancéolées, presque entières ; plante de 2-4 décim., pubescente. ① Cult. subsp. Abondante au Santa-Cruz d'Oran.

LATHYRUS L. (Gesse).

Style comprimé d'avant en arrière et élargi au sommet ; hile couvert par le funicule dilaté ; calice campanulé, à cinq dents, dont les supérieures plus courtes.

§ 1. *Clymenum.* — Étendard muni de deux bosses calleuses à la base du limbe ; feuilles inférieures réduites au pétiole dilaté ; plantes glabres, annuelles, à tiges et pétioles ailés ; vrilles rameuses.

L. Clymenum L. ; Desf., fl. atl. ; Munb., cat. ; Lx, cat. Kab. ; Ball, spic. — Plante grimpante de 10-20 décim. ; pétioles inférieurs linéaires-lancéolés, décurrents sur la tige ; feuilles supérieures à 2-4 paires de folioles oblongues ou ovales, mucronées ; stipules lancéolées ou semi-sagittées, nulles aux feuilles inférieures ; fleurs 1-5 sur un pédoncule non aristé, égalant ou dépassant la feuille ; calice à dents courtes subégales ; étendard purpurin (15-20 millim.), biauriculé, plus long que les ailes ; ailes bleues ; style élargi sous le sommet, brusquement contracté en une pointe subulée, réfléchie ; gousse de 5-7 cent. sur 10-12 millim., canaliculée sur la commissure, glabre, à peine bosselée, réticulée-veinée ; graines ovoïdes, tronquées ; hile égalant 1/5 de la circonférence. ① Mars-mai. C. C. C. Broussailles, champs. Rég. médit.

L. tenuifolius Desf., fl. atl. — Folioles linéaires ; fleurs et gousses un peu plus petites ; graines cunéiformes, à hile égalant le 1/10e de la circonférence. C. C. C. Tout l'Atlas.

L. ARTICULATUS L.; Desf., fl. atl.; Munb., cat. — Diffère du *L. Clymenum* par son style obtus, non prolongé en pointe, par ses ailes blanches, par sa gousse fortement bosselée; graines du *tenuifolius*. « *Inter segetes* » Desf.

L. Ochrus DC.; Munb., cat.; Lx, cat. Kab.; Ball, spic.; *Pisum Ochrus* L. — Plante de 3-6 décim., à tiges couchées ou grimpantes; feuilles inférieures et moyennes réduites au pétiole foliacé, oblong et large de 2-3 cent., muni d'une vrille, sauf dans les feuilles du bas; feuilles supérieures portant 1-4 folioles ovales; fleurs de 18-20 millim., d'un jaune pâle, solitaires sur un pédoncule axillaire, non aristé, plus court que la feuille; étendard égalant les ailes et muni à la base de deux petites cornes; gousse de 40-50 millim. sur 12-15, munie d'ailes horizontales à la commissure. C. C. C. Champs, cultures. Mars-mai. Rég. médit.

§ 2. *Aphaca*. — Feuilles réduites (sauf tout à fait les inférieures qui disparaissent de bonne heure) aux stipules, et au rachis transformé en vrille, non ailé, non plus que les tiges; étendard sans bosses calleuses; style droit, canaliculé en dessous.

L. Aphaca L.; Desf., fl. atl.; Munb., cat.; Lx, cat. Kab.; Ball, spic. — Tiges grêles (3-6 décim.); stipules grandes, ovoïdes-sagittées (1 et 1/2 à 2 cent.); fleurs de 1 cent., d'un jaune d'or, 1-2 sur un pédoncule plus long que le rachis; étendard ovoïde, non émarginé; calice à dents linéaires-aiguës, bien plus longues que le tube; gousses de 25-30 millim. sur 7. ① C. C. C. Avril-juin. Lieux frais.

L. affinis Gussone. — Fleurs plus grandes, d'un jaune très pâle, à étendard émarginé; stipules glauques, obtuses; dents du calice plus larges, lancéolées; plante moins élevée. ① Broussailles, pelouses. Mars-avril. C. C. C.

§ 3. *Nissolia* Tournef. — Pétioles tous foliacés sans vrilles; stipules minimes, subulées; étendard sans bosses calleuses; style droit.

L. Nissolia L.; Munb., cat. — Pétioles lancéolés-linéaires, aigus, pouvant atteindre 10 cent. sur 5 millim.; 1-2 fleurs purpurines sur un pédoncule grêle; gousse de 50-55 millim. sur 4-5. ① Djebel-Tougourt (Aurès). Europe tempérée, Rég. médit., Orient.

§ 4. *Cicercula* Mœnch. — Étendard sans bosses calleuses; style tordu sur son axe, généralement droit; feuilles à 2-4 folioles et à vrilles rameuses.

L. annuus L.; Munb., cat.; Ball, spic.; *L. luteus*, Munb. — Tiges nombreuses 5-15 déc.; folioles longuement lancéolées-linéaires (5-15 cent.); stipules très étroites; fleurs jaunes,

1-3 sur un pédoncule articulé plus court que la feuille; gousses glabres, de 5-6 cent. sur 10-12 millim., canaliculées sur la suture; graines ridées, tuberculeuses. R. R. Un peu partout dans le Tell, par pieds isolés. Mars-mai.

L. Allardi Battand., Bull. soc., bot. Fr. 1882, p. 288. — Tiges de 2-4 décim.; feuilles à 2, rarement 4 folioles lancéolées-aiguës, 30-40 millim. sur 6-8, glabres ou un peu hispides; stipules semi-sagittées, grandes; fleurs couleur Saumon (16-22 millim.); étendard obové-émarginé aussi long que large, dépassant un peu les ailes; carène grande, semi-circulaire, non coudée au bord inférieur et égalant les ailes; style long, régulièrement arqué en faucille, barbu à la face supérieure; gousse jeune velue, puis glabre. Cette plante a le port du *L. sativus*, mais s'éloigne beaucoup par son style arqué et sa grande carène de toutes les espèces de la section *Cicercula*. ① R. R. Mars-mai. Saoula (Allard), Aïn-Taya. Spont.?

L. sativus L.; Desf., fl. atl.; Munb., cat.; Lx, cat. Kab.; Ball. spic. — Port de la plante précédente; feuilles à 2 folioles lancéolées; fleurs blanches; rosées ou bleues; étendard à limbe plus large que long; carène beaucoup moins développée, coudée au bord inférieur; gousse de 30-40 millim. sur 15-8, portant 2 ailes horizontales très développées sur la commissure; style droit; graines cunéiformes, blanches ou brunâtres. ① Mars-mai. Très cultivé, surtout en Kabylie, subsp.

L. amphicarpos Sm. — Fleurs purpurines; gousse un peu ciliée, largement ailée à la commissure, presque elliptique. R. R. Duperré, Bou-Ismaël, Gontas. Orient.

L. Cicera L.; Desf., fl. atl.; Munb., cat.; Lx, cat. Kab.; Ball, spic. — Diffère du *L. sativus* par ses fleurs rouges un peu plus petites, par sa gousse canaliculée, non ailée à la commissure; graines brunes. ① Mars-mai. C. C. C., partout. Rég. médit.

L. numidicus Battand, Bull. soc., bot. Fr. 1887, p. 388. — Diffère du *L. Cicera*, par ses tiges très étroitement ailées, par ses folioles longuement linéaires-aiguës ainsi que les stipules, par ses gousses bien plus étroites, plus gonflées à maturité, par ses graines globuleuses, marbrées. ① El-Kantara. Avril. R. R.

L. fissus Ball. Maroc.

L. tingitanus L.; Desf., fl. atl.; Munb., cat.; Ball, spic. — Plante glabre, à tiges puissantes (5-20 décim.), grimpantes;

feuilles à 2 folioles ovales, elliptiques ou lancéolées, grandes; vrilles rameuses très puissantes; stipules grandes, semi-sagittées, ovoïdes ou lancéolées; grandes fleurs rouges, 2-3 sur un pédoncule plus long que la feuille; calice à dents subulées, un peu inégales, plus courtes que le tube; étendard ovoïde, presque aigu; gousses linéaires (10-11 cent. sur 10-12 millim.), réticulées-nerviées sur les faces, un peu ailées à la commissure; nervure dorsale très forte; graines noirâtres, un peu comprimées. ① Mars-mai. C. dans le massif du Bouzaréa à Alger, Maroc, Madère, Espagne, Sardaigne.

L. odoratus L.; Desf., fl. atl.; Munb., cat.; Lx, cat. Kab. *Pois de senteur.* — Plante velue, à tiges de 5-15 décim.; folioles 2, elliptiques ou obovées, mucronées; fleurs très grandes, très odorantes; gousses oblongues, linéaires, hispides. ① Cultivé.

L. hirsutus L.; Desf., fl. atl.; Munb., cat.; Lx, cat. Kab. — Plante velue, un peu grêle; tiges nombreuses, 4-12 décim., raides, peu ailées; stipules linéaires-aiguës, semi-sagittées; 2 folioles de 3-5 cent., lancéolées-linéaires, aiguës; vrilles rameuses, faibles; fleurs bleuâtres, petites, 1-3 sur un pédoncule deux ou trois fois plus long que la feuille; gousse de 30-35 millim. sur 7-8, hispide, à commissure carenée; graines tuberculeuses. ② Mai-août. A. C. Marais : Maison-Carrée, Boufarick, etc. Europe, Rég. médit., Orient.

§ 5. *Eulathyrus* Seringe. — Plantes vivaces; style arqué, ascendant, tubuleux à la base et tordu sur son axe; pétioles tous pourvus de vrilles rameuses et de folioles; étendard sans bosses calleuses.

L. sylvestris L.; Desf., fl. atl.; Munb., cat. — Plante glabre, puissante (10-15 décim.), à tiges fortement ailées; feuilles à 2 folioles lancéolées, trinerviées; pétiole ailé; stipules semi-sagittées, étroites; 4-10 fleurs rosées sur un pédoncule d'ordinaire plus long que la feuille; calice à dents inégales, les inférieures triangulaires, subulées, séparées par un sinus arrondi, les supérieures plus courtes; étendard redressé, à limbe plus large que long, obcordé, verdâtre en dehors; carène verdâtre, plus courte que les ailes, celles-ci plus courtes que l'étendard; gousse de 5-6 cent. sur 7 millim., comprimée, glabre, munie sur la commissure de trois nervures denticulées. ♃ Juin-août. A. R. Champs, broussailles, Zaccar de Miliana. Europe, Orient.

L. latifolius L.; Munb. cat.; Lx, cat. Kab.; Ball, spic. — Très voisin du précédent, en diffère par ses stipules et ses folioles ordinairement plus larges, par ses pédoncules beaucoup plus longs que la feuille, portant des fleurs nombreuses, à étendard bien plus large que long, non taché de vert; gousse de 6-8 cent. sur 8-10 millim., munie sur la commissure de trois côtes denticulées, dont la médiane saillante et tranchante. C. C. C. Broussailles et marais. Juin-août. Europe moyenne, Rég. médit.

L. ensifolius Badarro. — Folioles linéaires-acuminées. Çà et là. R.

L. tuberosus L.; Munb., cat. — Plante glabre, un peu glauque (5-12 décim.); souche rampante, munies de tubercules; tiges grêles, non ailées; feuilles à pétiole non ailé, court, à 2 folioles oblongues; fleurs 3-5, assez grandes, rosées, odorantes, sur un pédoncule plus long que la feuille; gousse de 30 millim. sur 6, glabre, presque cylindrique, avec trois côtes peu saillantes à la commissure. Dellys! (Meyer), Sebdou (Munby).

§ 6. *Orobus* Gren. Godr. — Style droit, non tordu, canaliculé en dessous; étendard sans bosses calleuses à la base; pétioles tous munis de folioles; vrilles nulles ou faibles.

a. Plantes vivaces; pédoncules pluriflores.

L. pratensis L. Maroc. (Cosson).

L. niger Wim.; *Orobus niger* L.; Lx, cat. Kab.—Tiges droites (4-6 décim.), non grimpantes ni ailées, à 4-6 paires de folioles elliptiques (18-20 millim. sur 8-10); stipules petites, pas de vrille; fleurs purpurines, médiocres, 4-8 sur un pédoncule plus long que la feuille; gousses linéaires de 5 cent. sur 5 millim.; plante noircissant par la dessication. ♃ Avril-juin. Akfadou, Taourirt-Guiril (Lx), Babors (Trabut). Tunisie, Europe, Orient.

b. Plantes annuelles; pédoncules uniflores.

L. sphæricus Retz.; Munb., cat.; Ball, spic. — Plante de 1-6 décim., glabre; tiges et pétioles faiblement ailés; pétioles courts (10-15 millim.); stipules étroites, aiguës; folioles linéaires-lancéolées, aiguës, 1-2 cent. sur 2-6 millim.; vrille simple; fleurs rouges, petites, solitaires, sur un pédoncule égalant deux fois le pétiole et portant une arête longue et forte; gousse de 6 cent. sur 5-6 millim. fortement nerviée en long; graines sphériques. A. R. Lieux ombreux, broussailles, un peu partout. Avril-juin. Rég. médit., Orient.

L. ANGULATUS L., Gren. Godr.; Munb., cat. — Diffère du précédent par ses pédoncules plus longs et plus grêles, par sa vrille rameuse, sa gousse à peine veinée et ses graines cubiques. Algérie? (Munb.) Rég. médit.

L. INCONSPICUUS L.; Munb., cat. — Encore voisin du *L. sphæricus*, en diffère par son pédoncule plus court que le pétiole, non aristé et par ses vrilles réduites à un mucron. Algérie (Munb.), Castiglione (Clauson, échantillon douteux). Rég. médit.

L. setifolius L.; Munb., cat. — Plante glabre, multicaule, à tiges grêles, de 1-4 décim., non ailées, ainsi que les pétioles très courts; stipules semi-sagittées, étroitement linéaires; folioles 2, linéaires-subulées, très-étroites; vrilles rameuses ou simples; fleurs petites, purpurines; calice à dents égalant le tube; gousse stipulée, 25-30 millim. sur 10-12; graines grosses, sphériques, marbrées, fortement tuberculeuses. ① 3 prov. A. C. (Munb.) Rég. médit.

β *amphicarpos*. — Fruits en partie souterrains. Oran. R. (Munb).

L. ciliatus Gussone; *Orobus saxatilis* Vent. — Plante pubescente, à tiges grêles, dressées, anguleuses (1-3 décim.); feuilles à 2, rarement 3 paires de folioles; feuilles inférieures à folioles cunéiformes, tronquées, tridentées au sommet, sans vrille; feuilles supérieures à folioles longuement linéaires, très étroites, à vrille réduite à une simple pointe sétacée; fleurs petites, bleuâtres, solitaires, sur un pédoncule articulé, court, non aristé; gousses stipulées, de 12-30 millim. sur 5; graines petites, brunes, lisses, marbrées, globuleuses. El-Kantara, pierrailles au sortir de la porte ! Avril. Rég. médit.

PISUM L. (Pois).

Plantes puissantes, glabres, glauques, grimpantes; stipules très grandes, ovales, arrondies à la base, crénelées sur les bords; pétioles et tiges non ailés; feuilles à 2-3 paires de grandes folioles ovales, souvent crénelées et mucronulées; vrille rameuse; fleurs grandes, 1-4 sur un pédoncule égalant ou dépassant les stipules; calice campanulé, quinquefide, à divisions foliacées; étendard redressé, large, muni à la base de deux bosses calleuses; style genouillé à la base, canaliculé en dessous, plié en long, arqué, comprimé latéralement au sommet, velu en dessus; gousses grandes, sessiles, oblongues, bivalves, polyspermes; graines globuleuses, à hile elliptique couvert par le funicule dilaté.

P. sativum L.; Desf., fl. atl. — Graines blanches, globuleuses; fleurs blanches, plus rarement pourprées. ①.

α *saccharatum* DC. *Petit pois*. Cult.

β *macrocarpum* DC. *Pois mange tout*. Cult.

P. arvense L.; Lx, cat. Kab. *Piseaille, pois à pigeon.* — Fleurs rouges, à étendard violet; graines lisses, comprimées, anguleuses, brunes ou marbrées. Cult., surtout en Kabylie, subsp. ①

P. elatius Marsh. Bieb.; Munb., cat.; Gren. Godr., fl. Fr.; *P. Tuffeti* Boreau; *P. granulatum* Lloyd. — Graines noires ou marbrées, toujours foncées, tuberculeuses, séparées dans la gousse par une cloison de poils; étendard rose avec les ailes noirâtres; gousse atteignant 1 décim. ① C. C. C. Mars-juin.

Tribu IV. — PHASÉOLÉES.

Aucune *Phaséolée* n'existe sauvage en Algérie; mais on y cultive plusieurs espèces de *Phaseolus (Haricots)* qui peuvent se rencontrer à l'état subspontané, ainsi qu'un grand nombre d'espèces ornementales des genres *Dolichos, Glycine, Kennedia, Erythrina, etc., etc.*

Tribu V. — HEDYSARÉES.

Gousses à graines séparées par des cloisons transversales et se coupant souvent en autant d'articles à maturité; articles rarement réduits à un seul; gousses rarement spongieuses, paucispermes, indéhiscentes; cotylédons épigés, foliacés; feuilles ordinairement imparipennées, alternes, rarement paripennées ou simples; étamines ordinairement diadelphes.

Clef des genres :

Série *A*. — *Gousse non lomentacée, spongieuse, indéhiscente.*

1	Gousse bi-trilobée.	ARACHIS.
	Gousse linéaire, non lobée.	SECURIGERA.

Série *B*. — *Gousse lomentacée; fleurs en ombelle réduite parfois à une seule fleur.*

1	Feuilles simples.	SCORPIURUS.
	Feuilles composées.	2
2	Gousse aplatie; chaque article fortement incisé d'un côté; graines courbées en anneau incomplet	HIPPOCREPIS.
	Gousses linéaires, droites ou arquées, non incisées.	3
3	Gousse plate; feuilles trifoliolées, velues.	HAMMATOLOBIUM.
	Gousse plate, à articles veinés, réticulés; feuilles multifoliolées	ORNITHOPUS.
	Gousse linéaire, cylindrique ou anguleuse. . . .	CORONILLA.

Série *C*. — *Fleurs en grappe; gousses mono ou pluriarticulées; calice quinquefide, à dents subégales; carène obliquement tronquée; filets tous subulés; feuilles imparipennées.*

1	Grappes ovoïdes plumeuses; calice à dents bien plus longues que le tube, plumeuses ; corolle et gousse incluses dans le calice.	EBENUS.
	Gousses exsertes; grappe non plumeuse.	2
2	Gousse à un seul article orbiculaire ou semi-orbiculaire, comprimé, réticulé-fovéolé, souvent muriqué.	ONOBRYCHIS.
	Gousse à plusieurs articles comprimés	HEDYSARUM.

ARACHIS L. (Arachide).

A. hypogæa L. *Pistache de terre, Cacaouette.* Cult.

SECURIGERA DC.

S. coronilla DC. Maroc.

SCORPIURUS L. (Chenillette).

Plantes annuelles à tiges dressées ou décombantes; feuilles plus ou moins pubescentes, lancéolées-spatulées, aiguës, un peu charnues, longuement atténuées en pétiole, entières, grandes; fleurs jaunes ou orangées, en ombelle parfois uniflore sur de longs pédoncules; calice campanulé, à 5 dents dont les 2 supérieures sont soudées au delà du milieu; carène acuminée, rostrée; étamines à filets alternativement dilatés au sommet; gousse articulée, roulée en spirale, munie de 8-12 côtes longitudinales, lisses, aiguillonnées ou tuberculeuses; graines arquées portant le hile sur la partie convexe. Excellents fourrages dans les bonnes terres du Tell.

Sc. vermiculata L.; Munb., cat.; Lx, cat. Kab.; Ball, spic.; *Sc. purpurea* Desf., fl. atl. — Fleurs ordinairement solitaires, grandes, orangées (12 millim.); calice à dents lancéolées égalant le tube; gousse grosse presque comme le petit doigt, toute couverte de tubercules stipités, élargis au sommet en forme de chapeau; grande plante pubescente. Les Arabes en épluchent les fruits pour manger les graines. ① Mars-mai. C. C. C. Tout le Tell. Rég. médit.

Sc. subvillosa L.; Desf., fl. atl.; Munb., cat.; Lx, cat. Kab.; Ball, spic. — Plante un peu plus petite que la précédente; ombelles à 2-4 fleurs plus petites; calice à dents linéaires égalant à peu près le tube; gousse bien plus étroite, très irrégulièrement contournée, chargée sur toutes les côtes visibles d'épines plus ou moins longues, droites, crochues ou bifides. ① Mars-mai. Avec le précédent. C. C. C.

α genuina Gren. Godr. — Épines allongées, flexibles, varie à gousses glabres ou finement velues-tomenteuses.

β breviaculeata. — Épines courtes, fermes; gousses glabres ou finement velues, tomenteuses.

Sc. sulcata L.; Desf., fl. atl.; Munb., cat.; Lx, cat. Kab.; Ball, spic. — Diffère du précédent par ses gousses à spires toutes dans un même plan, et dont les côtes externes seules sont aiguillonnées, les latérales restant lisses; calice à dents plus courtes que le tube. ① Mars-mai. C. C. C.

Sc. MURICATA L.; Munb., cat. — Épines remplacées par de petits tubercules. Cherchel (Munby).

Sc. LÆVIGATA Boissier. — Côtes toutes lisses; gousses un peu plus grosses. Tunisie, Algérie?

CORONILLA L. (Coronille).

Feuilles imparipennées; gousses linéaires, multiarticulées, à articles caducs, linéaires ainsi que les graines; plantes glabres, à ombelles bractéolés. Pour le reste comme dans le genre précédent.

§ 1. Gousse droite ou à peine arquée; arbrisseaux à fleurs jaunes, à odeur de *Genêt*.

C. valentina L.; Gren. Godr., fl. Fr. — Arbrisseau de 6-15 décim., très rameux; feuilles à 3-4 paires de folioles glauques, obovées, cunéiformes, souvent tronquées, mucronulées; stipules réniformes, très amples, caduques, insérées sur la tige, bien plus larges que les folioles; ombelles à 6-12 fleurs; pédoncules dépassant la feuille; pédicelles égalant deux fois le calice; calice bilabié, à dents courtes; gousses pendantes, à 4-7 articles fusiformes. ♄ A. C. Mars-avril. Atlas, bord des ruisseaux : La Chiffa, l'Arba, l'Alma, Maison-Carrée, etc. Rég. médit. occidentale.

C. PENTAPHYLLA Desf., fl. atl.; Munb., cat.; Lx, cat. Kab.; Ball, spic. — Diffère à peine de la précédente par ses stipules ovoïdes-aiguës et par ses feuilles moins glauques. ♄ Mars-avril. Sahel d'Alger. C. C. La Chiffa, Kabylie.

C. GLAUCA L.; Munb., cat.; Ball, spic. — Stipules lancéolées-étroites. Pour le reste semblable aux précédentes. ♄ Mars-avril. D'Oran à Ténès. Espagne, Maroc, France, Italie, Dalmatie.

C. minima L.; Villars, fl. Dauph.; Desf., fl. atl.; Munb., cat.; Ball, spic. — Plante de 1-3 décim., à tiges frutescentes à la base seulement, dressées ou décombantes; feuilles à 3-4 paires de folioles très petites (4-5 millim. sur 2-3), glauques, un peu charnues, apiculées, transparentes sur le bord; stipules soudées ensemble, petites, oppositifoliées; fleurs petites, 6-10 sur un pédoncule bien plus long que la feuille; étendard à onglet dépassant un peu le calice; gousses de 12-18 millim., droites, pendantes, à 2-4 articles. ♄ H.-Pl., Sourdjouab, Tlemcen, Tiaret, Aïn-Guetana, Soukarras, etc. France, Belgique, Suisse, Italie, Maroc, Espagne.

C. juncea L.; Desf., fl. atl.; Munb., cat.; Lx, cat. Kab.; Ball, spic. — Plante de 4-8 décim., à tiges frutescentes, très rameuses, à longs rameaux jonciformes, très verts, striés, peu feuillés, se laissant écraser sous la pression du doigt; feuilles à 1-3 paires de folioles linéaires ou oblongues; stipules petites, membraneuses, libres, lancéolées, caduques; fleurs 5-8 sur un pédoncule bien plus long que la feuille; gousses pendantes de 15-25 millim., à 4-9 articles de 5 millim., un peu comprimées. ♄ C. C. C. Mars-mai. Broussailles du Sahel et de la région montagneuse. Espagne, France, Italie, Dalmatie.

C. Pomeli Battand., Bull. soc., bot. Fr., vol. XXXIII, p. 353. — Plante plus puissante, à stipules ovoïdes plus larges; ombelles brièvement pédonculées; gousses de 40-80 millim., à 3-8 articles ancipités, à angles aigus, longs de 8-10 millim., le premier très long; graines 2 fois plus longues que dans l'espèce. ♄ Montagnes du sud oranais. Avril-juin. Djebel-Antar, Djebel-Aïssa, Djebel-Mzi.

C. ramosissima Ball. Maroc.

C. viminalis Salisb. Maroc.

§ 2. Plantes annuelles; gousse arquée au moins au sommet; fleurs brièvement pédicellées; calice à tube très court, courtement denté.

a. Fleurs blanches-violacées ou rosées, assez grandes; gousse droite, recourbée en crochet au sommet; feuilles à 7-9 paires de folioles oblongues, tronquées ou émarginées au sommet, mucronulées ou non.

C. atlantica Boiss. et Reut., *in litteris;* Lx, cat. Kab.; *Securigera atlantica* Boiss. et Reut., pug., p. 41; Munb., cat. Tige de 3-5 décim., faible, dressée ou décombante, anguleuse; feuilles de 8-15 cent.; stipules orbiculaires ou réniformes, libres, érodées-dentées; fleurs 7-9 sur un pédoncule à la fin un peu plus long que la feuille; pétales subégaux; carène linéaire peu arquée; gousses de 8-12 cent., à 7-15 articles, linéaires, quadrangulaires. ① Lieux frais subatlantiques. Avril-juin. Mustapha, Réghaïa, l'Arba, La Chiffa, Kabylie, etc., etc.

b. Fleurs jaunes, petites; folioles peu nombreuses, la terminale plus grande; gousses arquées.

C. scorpioides Koch.; Munb., cat.; Ball, spic.; *Ornithopus scorpioides* L.; Desf., fl. atl.; *Arthrolobium scorpioides* DC.; Lx, cat. Kab. — Plante de 1-3 décim.; feuilles formées d'une grande foliole terminale, elliptique ou ovale et d'une paire de folioles ovales-orbiculaires, stipuliformes, qui avortent souvent; stipules petites, soudées, oppositifoliées; fleurs 2-4 sur un pédoncule un peu plus long que la feuille ou l'égalant; gousses de 4 à 6 cent., à 6-11 articles, arquées-uncinées, se redressant un peu à maturité; cloisons saillantes. ① C. C. C. Mars-juin. Rég. médit.

C. repanda Gussone; Munb., cat.; Ball, spic. — Feuilles à 1-7 folioles oblongues, les inférieures orbiculaires; fleurs un peu plus grandes; fruits plus arqués. ① Mostaganem! Arzeu! Constantine (Munby), Sicile, Rég. médit. occidentale.

C. dura Boiss., diagn., § II-2, p. 34; Munb., cat. — Feuilles à rachis large, à folioles obovées ou obcordées, souvent mucronulées; fruits à cloisons non épaissies. Oran (Munby), Espagne.

ORNITHOPUS L.

Plantes herbacées multicaules, ordinairement velues; feuilles imparipennées multifoliolées, à folioles petites; petites fleurs en ombelles pauciflores; gousses aplaties, ridées en long; cloisons peu ou pas saillantes; calice tubuleux ou obconique.

a. Plantes glabres, à ombelles non involucrés par une feuille florale; fleurs jaunes; fruits fortement arqués, étroits, peu aplatis.

O. ebracteatus Brotero; *Arthrolobium ebracteatum* DC.; Munb., cat.; Lx, cat. Kab. — Plante grêle, glabre ou glabrescente, luisante; tiges de 1-3 déc., très grêles, rameuses; feuilles à 3-6 paires de folioles petites, oblongues, mucronées; fleurs de 6 millim., 1-3 sur un pédoncule dépassant la feuille; calice tubuleux, à dents courtes; fruits de 30-35 millim., en 1/2 cercle, à bec crochu et aigu. ① C. C. C. Mars-mai. Pelouses sèches, sables, broussailles. Rég. médit., Orient.

b. Plantes velues-pubescentes; ombelles involucrés par une feuille florale; gousses plus larges; feuilles parfois opposées dans le haut.

1. Fleurs jaunes; gousse un peu arquée sans étranglements aux articulations.

O. compressus L.; Desf., fl. atl.; Munb., cat.; Lx, cat. Kab.; Ball, spic. — Tiges anguleuses, peu rameuses; feuilles à 7-18 paires de folioles elliptiques ou oblongues; 3-5 fleurs petites sur un pédoncule égalant la feuille ou plus long; gousse de 5-6 cent. sur 3 millim., uncinée; feuille florale à 7-9 folioles. ① C. C. C. Lieux sablonneux du littoral: Atlas, etc. Rég. médit.

2. Gousses souvent étranglées aux articulations; fleurs roses ou blanchâtres.

O. isthmocarpus Cosson, not., pl. crit. 36; Munb., cat.; Ball, spic. — Diffère du précédent par son port plus grêle, sa feuille involucrale très petite, ses fleurs roses, ses articles parfois séparés par de longs étranglements; bec de la gousse 3-5 fois plus long que l'article terminal, unciné. ① Avril. Aïn-Tédelès, Maroc, Espagne.

O. sativus Brotero; Munb., cat.; *O. roseus* Desf. — Voisin du précédent; gousse plus droite, à bec moins long, à articles non séparés par de longs isthmes. ① Algérie (Munby).

O. perpusillus L.; Desf., fl. atl. — Plante très grêle, humble, à fleurs rosées, à feuille bractéale dépassant les fleurs; gousse étranglée aux articulations, petite, à bec court. ① (n. v.)

HAMMATOLOBIUM Fenzl; Benth. et Hook.

H. Ludovicia; *Ludovicia Kremeriana* Cosson, Bull. soc., bot. Fr., V. III, p. 674; Munb., cat. — Plante vivace, velue, à tiges de 3-4 décim., dressées ou diffuses, très feuillées; feuilles subsessiles, à folioles lancéolées-aiguës; stipules semblables aux folioles; pédoncules 1-3 flores, courts à l'aisselle des feuilles supérieures; fleurs jaunes, grandes (20 mill.); calice de 10 millim. sur 6, à dents plus courtes que le tube; gousses velues (40 millim. sur 4), à articles carrés bordés d'une marge un peu proéminente et terminés par un bec court. ♃ Avril-mai. Nemours.

HIPPOCREPIS L.

Gousse souvent courbée en fer à cheval, portant au milieu de chaque article une échancrure profonde du côté externe; graine courbée autour de l'échancrure, à hile dans la concavité; étamines à filets alternativement dilatés; carène acuminée et rostrée; herbes à port de *Coronille*; feuilles imparipennées, à folioles oblongues, parfois linéaires, tronquées ou émarginées, le plus souvent glabres.

a. 1, rarement 2-3 fleurs subsessiles; gousses presque droites.

H. unisiliquosa L.; Desf., fl. atl.; Munb., cat.; Lx, cat. Kab.— Tiges ordinairement couchées; fleurs petites; gousses de 20-30 millim. sur 5. ① Février-mai. A. C. Rég. médit.

b. Fleurs en ombelles pédonculées.

1. Plantes annuelles.

H. biflora Sprengel? *H. unisiliquosa* var. *ambigua* Pomel. — Fleurs 2, rarement 3-4 sur un pédoncule de 1 à 3 cent.; gousses plus étroites que dans le précédent, arquées, papilleuses, portant les sinus dans la concavité (c'est le contraire dans le véritable *H. biflora);* graines faisant un cercle complet. Beni-Zerouals au Dahra (v. s. herb. Pomel).

H. ciliata Willd.; Munb., cat. — Tiges grêles, dressées ou décombantes (1-4 décim.); 3-5 paires de folioles linéaires ou obovées dans les feuilles inférieures, un peu glauques, un peu pubescentes; 2-5 fleurs sur un pédoncule plus court que la feuille ou à la fin un peu plus long; gousses de 15-28 mill. sur 3, papilleuses, subciliées, *à sinus dans le bord concave.* ① Mars-mai. C. C. C. Rég. médit.

H. multisiliquosa L.; Desf., fl. atl.; Munb., cat. — Un peu plus robuste que le précédent; folioles moins étroites; 2-6 fleurs sur un pédoncule égalant le plus souvent la feuille; gousses un peu plus grandes, plus courbées, *portant les sinus sur la convexité de l'arc.* ① C. C. C. Mars-mai. Rég. médit.

H. Salzmani Boiss. et Reut., diagn., § I-2, p. 101 et Pug., p. 42; Munb., cat.; Ball, spic.; *H. minor* Munby, flor. d'Alg., p. 80 et cat.; Lx, cat. Kab. — Voisin du précédent, en diffère par ses fleurs du double plus grandes (1 cent.), réunies 2-4 sur un pédoncule bien plus long que la feuille, par ses gousses bien plus larges (4-6 millim.), fortement papilleuses sur la graine; folioles grandes, glabres, d'un vert gai; calice un peu velu. ① C. C. C. Lieux frais de la région subatlantique. Bouzaréah, Pointe-Pescade, Valmy, tout l'Atlas. Espagne.

Nota. — John Ball et Munby séparent les *H. minor* et *Salzmani*. Ce dernier serait la plante de Valmy que je n'ai point vue; mais je ne trouve rien dans les descriptions qui permette de la séparer de l'*H. minor*. La description donnée par Sir J. Ball de ce dernier, ne saurait se rapporter qu'à un échantillon appauvri.

H. bicontorta Lois.; Munb., cat.; *H. cornigera* Boissier. — Tiges dressées ou diffuses (1-5 décim.); folioles étroitement linéaires, allongées; pédoncules bien plus longs que la feuille, portant 2-4 fleurs assez grandes; gousse papilleuse ou glabre formant une ou deux circonférences; articles pentagonaux dans leur pourtour, terminés par 2 cornes. ① Avril-mai. R. Algérie, Orient.

α *typica*. — Cornes fermant les sinus; gousses glabres. Tunisie.

β *sinuosissima* Pomel. — Cornes laissant les sinus ouverts; gousse très papilleuse. Aïn-Kermane, Arbaouat, El-Abiod.

2. Plantes vivaces.

H. scabra DC., prodr.; Munb., cat.; Ball, spic.; *H. comosa* Desf., fl. atl.? *H. atlantica* DR. — Plante pubescente, à souche ligneuse, à tiges peu élevées (1 décim.); feuilles à folioles linéaires-oblongues, très petites, pubescentes en dessous; pédoncules 5-8 flores bien plus longs que la feuille; gousses droites, longues, à sinus largement ouverts, ou arquées et alors à sinus dans la concavité, peu ouverts. ♃ Avril-mai. C. C. C. Région des H.-Pl., Boghar, Aïn-Toucria, Garrouban, Aïn-Hadjel, Batna, etc. Espagne.

H. atlantica Ball. — Feuilles plus grandes, à 6-10 paires de folioles larges, presque obcordées, pétiolulées. Pour le reste comme le précédent. ♄ Djebel-Aïssa, Maroc.

EBENUS L.

E. pinnata Desf., fl. atl., V. II, p. 152; Munb., cat.; Lx, cat. Kab. — Sous-arbrisseau à tiges raides, dressées (3-6 décim.); feuilles pétiolées, à 3-4 paires de folioles pubescentes-soyeuses, linéaires (25-30 mill. sur 4-5); stipules plus ou moins soudées entre elles, membraneuses; pédoncules de 15-25 cent., droits, raides, pubescents; fleurs purpurines en grappe ovoïde très serrée; gousse velue à la base, réticulée; plante ornementale. ♄ C. C. Broussailles. Mai-août.

ONOBRYCHIS Gærtner.

§ 1. *Eubrychis* DC. — Gousse épaisse, dure, à suture ventrale droite épaisse, à suture dorsale arquée, épineuse, à faces lacuneuses, rugueuses, souvent muriquées.

a. Plantes annuelles; fleurs petites.

O. Caput-Galli Lamarck; Munb., cat.; Lx, cat. Kab.; *Hedysarum Caput-Galli* L.; Desf., fl. atl. — Plante un peu pubescente; tiges couchées ou ascendantes, raides, droites, peu rameuses; stipules soudées entre elles, oppositifoliées; feuilles à 5-7 paires de folioles oblongues ou linéaires; fleurs purpurines très petites; calice à dents égalant deux fois le tube et atteignant le bord de la corolle; étendard plus long que la carène; gousses pubescentes (10 mill. sur 8), à bord externe caréné et muni d'épines plus fortes que celles des faces. ① C. C. C. Pelouses. Mars-mai. Rég. médit.

O. Crista-Galli Lamarck; Munb., cat.; *O. trilophocarpa* DR., inéd. — Plante pubescente; 4 premières feuilles réduites à un phyllode linéaire, les autres à 5-7 paires de folioles linéaires-cunéiformes ou oblongues, mucronées; pédoncules uni-triflores plus courts que la feuille; dents du calice égalant trois fois le tube; corolle pâle plus courte que le calice; gousse de 15 millim. sur 7-8 sans les dents de la crête; crête à dents longues et aiguës avec 2 autres crêtes latérales presqu'aussi développées; faces et crêtes alvéolées, velues, puis glabres. Mars-mai. ① Mostaganem, Oran, Le Sig. Rég. médit., Orient.

O. Gærtneriana Boissier, fl. d'Or.; Cosson, Bull. soc., bot. Fr., vol. IV, p. 139 et 140. — Diffère du précédent par ses premières feuilles trifoliolées, par sa corolle dépassant le calice, par ses crêtes latérales developpées. ② Avec le précédent.

b. Plantes vivaces; corolles longuement exsertes.

O. eriophora Desv. Maroc.

O. horrida Desv. Algérie, sec. DC., prodr. (n. v.)

O. alba Waldst. et Kit.; Desv.; Munb., cat. — Plante pubescente-soyeuse, cendrée; tiges dressées (3-6 décim.), rigides; feuilles à 5-10 paires de folioles lancéolées-linéaires, aiguës; stipules libres ou soudées, membraneuses; pédoncules de 15-30 cent.; fleurs rosées, en grappe serrée, cylindrique-oblongue; calice à dents quatre fois plus longues que le tube et égalant les 2/3 de la corolle; étendard un peu plus court que la carène; celle-ci coudée presque à angle droit; ailes très petites, courtes; fruit pubescent ou glabre, dépassant peu le calice, fovéolé, brièvement aiguillonné sur le disque; crête plus étroite que le disque, à 4-5 dents aiguës. ♃ Avril-juin. A. C. Broussailles subatlantiques. Téniet, Sakamodi, etc. Italie, Orient.

O. paucidentata Pomel. — Étendard plus long que la carène; gousse pubescente, peu ou pas épineuse sur les faces. Hammam-R'hira, Tizi-Djaboub (Djurdjura), etc.

O. argentea Boissier, voy. Esp.; Munb., cat.; *O. sativa* Munb., *olim*. — Tiges de 1-3 décim. ou plus, souvent couchées, robustes; feuilles à 5-7 paires de folioles elliptiques, obovées ou oblongues, obtuses, plus ou moins soyeuses, vertes en dessus, parfois presque glabres ; pédoncules bien plus longs que la feuille (8-15 cent.) ; fleurs roses ou purpurines ; étendard égalant à peu près la carène obliquement coudée et à angle arrondi ; gousse alvéolée sur les faces ; bord des alvéoles un peu épineux ; crète à dents ne dépassant guère la largeur de la partie entière. ♃ Avril-juin. H.-Pl. A. C. Espagne.

O. pseudomadritensis nob. — Grappe plus allongée ; corolle plus de deux fois plus longue que le calice ; gousse petite en dehors de l'aile ; bord des aréoles longuement épineux, à épines subulées, flexibles ; crète à dents subulées, très aiguës, égalant presque le diamètre de la crète et du fruit réunis. ♃ Téniet, Boghar.

O. CRISTATA Pomel. — Plante souvent très grande ; pédoncules presque aussi longs que dans l'*O. alba* ; gousse de 12 millim. sur 8-10, pubescente, à crète radiée, à aiguillons triangulaires, courts. ♃ Miliana, Adélia.

O. sativa Lamarck. *Esparcette.* — Parfois subspontané. Maroc (Ball).

β *pseudosupina* Ball. Maroc.

§ 2. *Hymenobrychis* DC. — Bord supérieur de la gousse concave ; bord externe formant un cercle presque complet et bordé d'une aile membraneuse, large, veinée, couronnée de petites épines.

O. venosa Desv. ; Munb., cat. ; *Hedysarum venosum* Desf., fl. atl., tab. 201. — Plante velue-soyeuse, à tiges courtes ; feuilles à 5-6 paires de folioles ovoïdes, mucronées (25 millim. sur 12), très velues en dessous, maculées de pourpre en dessus ; pédoncules forts, velus, dressés, pouvant après l'allongement de la grappe dépasser 3 déc. ; fleurs jaunâtres, à étendard strié de pourpre ; fruits de 18 millim. sur 15 y compris l'aile, grossièrement alvéolés-muriqués sur les faces. ♃ Mai-juin. Constantine. A. C. Portes de fer, etc.

HEDYSARUM L. (Sainfoin).

§ 1. *Gamotion* Basin ; *Sellastrum* Pomel. — Stipules soudées entre elles et oppositifoliées ; tiges ligneuses à la base, dressées ; étendard plus court que la carène.

H. humile L. ; Munb., cat. — Plante peu élevée, pubescente-argentée ; feuilles à 7-10 paires de folioles oblongues, vertes et ponctuées en dessus ; grappes longuement pédonculées (1-3 décim.) ; fleurs purpurines (18-20 millim.) ; calice à dents égalant le tube ou plus longues ; ailes atteignant le milieu de la carène, plus courtes que l'étendard ; gousses à 2-3 articles orbiculaires, larges de 7 millim., rugueux, réticulés en travers, ordinairement aiguillonnés au bord et sur les faces, plus rarement tuberculés. ♄ Mai-juillet. Djelfa, Goudjila, Sidi-Bouzid, etc. France, Espagne.

H. Fontanesi Boissier, Elenchus, p. 38; Munb., cat.; *H. confertum* Desf., fl. atl.; fig. Boiss, voy. Esp., tab. 56. — Plante bien plus élancée, à port d'*Onobrychis sativa*; dents du calice un peu plus longues que le tube; étendard plus court que la carène, de 1/4 et non de 1/3. ♄ 3 prov. R. (Munby). Djebel-Amour.

H. laxum Pomel. — Plante très élancée (4-10 décim.); stipules à la fin rompues; grappes très lâches, très allongées même à la floraison; calice à dents sétacées, 3-4 fois plus longues que le tube; gousses peu épineuses, finement pubescentes. ♄ Bois, à Daya.

H. Bovei Boiss. et Reut., pug., p. 40. — Fleurs grandes, en grappes serrées; fruits couverts d'aiguillons longs et flexibles. ♄ Broussailles sableuses. St-Cloud, Arzeu.

H. Naudinianum Cosson, Bull. soc., bot. Fr., V. III, p. 675; Munb., cat.; *H. papale* Pomel. — Diffère des précédents par ses gousses papyracées, privées d'aiguillons sur les faces, pubescentes-argentées, à la fin glabres, luisantes, larges de 12 à 14 millim., élégamment réticulées, à bords munis de deux rangées de courts aiguillons confluents en bordure. ♄ Mai-juin. Boghar, Mouzaïa, Adélia, etc. Broussailles.

H. Perrauderianum Cosson, loc. cit., p. 739; Munb., cat. — Plante robuste, à feuilles longuement pétiolées, à folioles grandes (20 millim. sur 10), soyeuses-argentées sur les deux faces; fleurs très grandes; gousses semblables à celles du précédent mais pas plus larges que celles de l'*H. humile* (7 millim.) ♄ Juin-juillet. Batna, Djebel-Tougourt, Lambèse, Bou-Thaleb.

H. membranaceum Cosson. Maroc.

§ 2. *Eleutherotion* Basin; *Sella* Pomel. — Stipules libres; herbes annuelles ou vivaces, à tiges généralement couchées sur le sol; gousses toujours épineuses ou tuberculées; étendard dépassant ou égalant la carène.

a. *Capitata*. — Fleurs en grappe courte plus ou moins globuleuse; étendard égalant ou dépassant un peu la carène; gousses ordinairement un peu arquées, à 2-3 articles orbiculaires, rarement 4-5; plantes annuelles, à tiges couchées, droites et peu rameuses; feuilles à 3-9 paires de folioles petites, oblongues, souvent rétuses (8-10 millim. sur 3-4 environ) ou plus longues (*aculeolatum*), un peu pubescentes.

H. capitatum Desf., fl. atl.; Munb., cat.; Lx, cat. Kab.; Ball, spic.; fig. Moris, fl. sard., tab. LXVIII. — Fleurs de 2 cent., rouges ou roses, très ornementales, en grosses têtes; gousses de 20-28 millim. sur 8-9, très épineuses; plante formant tapis, très florifère. ♃ Mars-mai. C. C. C. Broussailles et pelouses. Tell et Atlas. Rég. médit.

H. aculeolatum Munby *in* Boissier, diagn., § II-5, p. 92 et cat. — 4-5 paires de folioles de 15-18 millim.; pédoncules un peu plus courts que la feuille; fleurs 4-6 en grappe serrée, petites, toujours dressées; gousse droite, à 4-5 articles pubescents à la loupe, épineux, plus étroits. ① Entre Tlemcen et Lella-Maghnia. (n. v.)

H. spinosissimum Sibth. et Sm.; Munb., cat., non L.; *H. capitatum B. pallens* Moris, fl. sard., tab. LXVIII (B). — Diffère de l'*H. capitatum* par ses fleurs moitié plus petites, pâles, peu nombreuses, par ses gousses un peu plus petites et ses pédoncules plus longs. ① Oran, Renaud, Bou-Saâda, Aïn-Sefra, etc. Rég. médit.

b. *pallida.* — Fleurs grandes, ornementales, blanches, lavées de pourpre; étendard égalant ou dépassant la carène; plantes puissantes, annuelles ou vivaces, plus ou moins pubescentes, à tiges épaisses, décombantes; folioles elliptiques ou oblongues (10-20 millim. sur 5-10); fleurs en grappes oblongues dépassant la feuille; gousses épineuses, à 4-7 articles, à bordure verticale épineuse.

1. Vivaces.

H. pallidum Desf., fl. atl.; Munb., cat. — Tiges très robustes; fleurs en grappes allongées, fournies; ailes un peu plus courtes que la carène; étendard émarginé, à lobes obtus, dépassant largement la carène; calice à divisions un peu plus courtes que le tube. ♃ A. C. Terrains salés et gypseux de toute l'Algérie; çà et là. Mars-mai. Dahra, Constantine, etc.

H. atlanticum Pomel. — Étendard à lobes anguleux; dents du calice égalant le tube très long; fleurs médiocres; gousses épineuses ou tuberculées (var. *aculeolatum* Pomel). Nador de Tiaret, Garrouban. (v. s.)

H. INTACTUM Pomel. — Étendard entier, arrondi; fleurs étroites, médiocres; gousse réticulée-rugueuse; dents du calice plus longues que le tube. (v. s.) Daya.

2. Annuels.

H. mauritanicum Pomel. — Se distingue toujours nettement de l'*H. pallidum* par sa racine annuelle, sa carène plus large égalant presque l'étendard; ailes un peu plus longues. Les caractères qui séparent ces deux plantes sont peu apparents, mais parfaitement constants, elles peuvent vivre ensemble sans s'hybrider. ① Avril-mai. Dahra, Cherchell, Ténès.

α typica. — Gousses larges de 7 millim., à grandes épines. C. C.

β Clausonis, H. Clausonis Pomel. — Gousses plus étroites, à épines plus courtes. Novi, Tombeau de la chrétienne.

c. *Carnosa.* — Grappes multiflores, allongées; fleurs roses, grandes; gousses pendantes, à 2-5 articles, presque droites, à peine sinueuses au bord supérieur; plante dressée, à tiges latérales décombantes, charnue, à folioles oblongues ou elliptiques souvent émarginées, assez grandes, à stipules minuscules.

H. carnosum Desf., fl. atl., tab. 200; Munb., cat. — Varie à gousses épineuses ou rugueuses, plus ou moins larges. ① H.-Pl. et Sahara Constantinois. Mars-mai. El-Kantara, Biskra, Tunisie.

d. *Coronaria.* — Fleurs roses en grappes oblongues, très fournies, dépassant la feuille; gousses petites, très nombreuses, sinueuses sur les 2 bords, à articles épineux de 5 millim. sur 4; plantes puissantes, à tiges décombantes, rarement dressées; 4-7 folioles grandes (15-40 millim.), elliptiques, pubescentes en dessous, vertes en dessus.

H. coronarium L.; Desf., fl. atl.; Munb., cat. *Sainfoin cultivé.* — Fleurs de 18-20 millim.; gousses droites. ♃ Mars-mai. C. C. C. Prov. de Constantine. Rarement subspontané à Alger.

♦ **H. flexuosum** L.; Desf., fl. atl.; Munb., cat.; Lx, cat. Kab.; Ball, spic.; *H. algeriense* Pomel. — Plante très robuste, formant d'énormes touffes; folioles presque orbiculaires, d'un vert foncé; fleurs de 10-12 millim., en grappes très fournies, longues; gousses à articles inclinés les uns sur les autres en zigzag. ① Mars-mai. C. C. C. Tout le Tell. Fourrage plantureux mais plaisant peu aux bestiaux.

Sous-famille II. — CÉSALPINIÉES Rob. Br.

Fleurs hermaphrodites ou dioïques, à préfloraison imbriquée; corolle irrégulière, régulière ou nulle; calice à 5 divisions; étamines libres 10 ou moins; embryon droit; graine albuminée ou exalbuminée.

CERATONIA L. (Caroubier).

Arbre dioïque ou polygame; calice caduc; pétales nuls; 5 étamines divergentes insérées sous un large disque hypogyne et opposées aux dents du calice; grosse gousse charnue, comprimée, à bords épais, divisée en logettes par de larges cloisons pulpeuses, brièvement stipitée; stigmate pelté.

C. Siliqua L.; Desf., fl. atl.; Munb., cat.; Lx, cat. Kab.; Ball, spic. *Le Caroubier*. — Arbre élevé, à rameaux noueux; feuilles imparipennées, à 3-5 paires de folioles coriaces, pétiolulées, grandes, elliptiques-rétuses, ondulées, luisantes en dessus; stipules caduques; fleurs en grappes raides, courtes, naissant sur les branches et les rameaux. Fleurit en septembre-octobre. C. C. C. Tout le Tell. Y semble spontané.

Sous-famille III. — MIMOSÉES Rob. Br.

Fleurs hermaphrodites ou polygames, en tête sphérique ou en épi; calice 4-5 partit.; corolle régulière, subhypogyne; étamines 10-20, à longs filets; embryon droit; graine exalbuminée ou albuminée. Aucune plante de cette sous-famille n'est sauvage en Algérie; mais beaucoup d'espèces d'*Acacia* y sont cultivées. La *Cassie (Acacia Farnesiana* Wild.) est souvent subspontanée.

ROSACÉES Jussieu.

Feuilles simples ou composées, stipulées, ordinairement alternes; corolle régulière; étamines le plus souvent indéfinies. Le fruit, très variable, n'est jamais une gousse, ce qui distingue cette famille des *Légumineuses*.

Sous-famille I. — AMYGDALÉES.

Calice 5-lobé, caduc, non adhérent à l'ovaire; étamines nombreuses; fruit drupacé, à noyau osseux, contenant deux graines généralement réduites à une seule par avortement; pas d'albumen; arbres ou arbrisseaux à feuilles simples, à stipules libres et caduques.

Clef des genres :

Noyau irrégulièrement sculpté en creux; fruit pubescent; feuilles pliées en gouttière dans la vernation. . AMYGDALUS.

Noyau lisse; fruit glabre et pulpeux . . . . PRUNUS.

AMYGDALUS L.

Fleurs solitaires, brièvement pédonculées; feuilles simplement pliées dans leur jeunesse.

A. communis L.; Desf., fl. atl.; Munb., cat. *L'Amandier*. — Très cultivé en Algérie, paraît réellement spontané sur divers points. Rochers de Tadjenent au-dessus de Mansourah, au delà des Bibans; forêt chez les Ouled-Dahn, près Guelma (général de Marsilly); Saïda (Cosson); Zaccar, au-dessus de Miliana. Les amandes sauvages sont toutes amères, c'est du moins ce que j'ai constaté à Mansourah et ce que le général de Marsilly a vu à Guelma.

A. persica L. *Le Pêcher.* — Cultivé.

PRUNUS L.

§ 1. *Euprunus.* — Épicarpe couvert à maturité d'une efflorescence cireuse; feuilles enroulées en dedans par les bords dans leur jeunesse; fleurs solitaires ou géminées; noyau ovale, lisse, comprimé, carené ou muni de trois côtes au bord ventral.

P. insititia L.; Desf., fl. atl.; Munb., cat. — Arbrisseau de 2 à 3 mètres de hauteur, peu ou pas épineux, à jeunes rameaux pubescents, veloutés, grisâtres; feuilles ovales ou lancéolées, dentées en scie, un peu velues en dessous, surtout sur les nervures; pédoncules souvent géminés, finement pubescents; pétales blancs, médiocres; fruit globuleux ou elliptique, gros comme une noisette ou davantage, pendant. ♄ Fleurs en mars; fruits de juin à août. C. C. C. Broussailles du Tell. Ancêtre du prunier cultivé. Europe, Rég. médit., Orient.

P. spinosa L.; Lx, cat. Kab. — Plus petit; rameaux noirs, divariqués, pubescents, munis de longues et fortes épines; fruits gros comme des pois ou un peu plus; feuilles à la fin presque glabres. ♄ Kabylie, Djurdjura, chez les Aït-Ismaël près Dra-el-Mizan. Europe.

P. domestica L.; Desf., fl. atl.; Ball, spic. *Prunier.* — Cultivé.

§ 2. *Tubopadus* Pomel. — matér., p. 8. — Feuilles simplement pliées en deux dans la vernation; fleurs subsessiles; calice longuement tubuleux; 30 étamines environ insérées en 2-3 pseudo-verticilles dans la moitié supérieure du tube; drupe un peu pubescente, non efflorescente; sarcocarpe mince; noyau à sillons peu marqués.

P. prostrata Labill.; Desf., fl. atl.; Munb., cat.; Lx, cat. Kab.; Ball, spic.; *Amygdalus incana* Pallas; *Cerasus prostrata* Seringe; Boiss., flor. d'Or. — Petit arbrisseau à feuilles ovales, orbiculaires ou oblongues, courtement pétiolées, blanches-tomenteuses en dessous, vertes en dessus, rarement concolores, finement dentées; fleurs roses; fruit gros comme un pois, ovoïde. ♄ Mai-juillet. Montagnes calcaires au-dessus de 1,000 mètres. A. C. Bou-Zegza, Mouzaïa, Djurdjura, etc. Maroc, Espagne, Orient.

§ 3. *Cerasus* Jussieu. — Drupe glabre non efflorescente; feuilles enroulées en dedans dans la vernation; noyau globuleux à peine carené sur le bord dorsal, carené et muni de deux petites côtes latérales au bord ventral.

P. avium L.; Desf., fl. atl.; *Cerasus avium* Lois.; Munb., cat.; Lx, cat. Kab. *Cerisier sauvage.* — Arbre à feuilles fasciculées au sommet des rameaux, obovées-lancéolées, aiguës, doublement dentées; pétioles munis au sommet de deux glandes rougeâtres; fleurs blanches, longuement pédonculées; fruits globuleux amers. Mai-juin. A. C. Dans l'Atlas : Bou-Zegza, Blida, Mouzaïa, Zaccar, Djurdjura, etc. Europe. M. Gay, *Revue botanique* 1887, p. 230 et M. Pomel, herb. en ont distingué une variété très florifère, à bractées larges, à pétales rosés, et une autre moins florifère à bractées plus petites.

§ 4. *Armeniaca.* — Grosse drupe courtement pédonculée; noyau obtus sur le bord dorsal, carené au bord ventral avec 2 sillons latéraux; feuilles enroulées dans la vernation.

P. armeniaca L.; Desf., fl. atl. *L'Abricotier.* — Cultivé.

Sous-famille II. — ROSÉES.

Herbes ou arbustes à feuilles souvent composées; carpelles libres, ordinairement nombreux, à style latéral.

Tribu I. — EUROSÉES.

Ovaires non verticillés.

Clef des genres :

1	Achaines secs enfermés dans le réceptacle charnu, urcéolé; arbrisseaux aiguillonnés, à feuilles imparipennées	ROSA.
	Réceptacle convexe; ovaires en tête serrée . . .	2
2	Calice sans calicule; ovaires drupacés; arbustes sarmenteux, aiguillonnés. à feuilles imparipennées	RUBUS.
	Calice muni d'un calicule.	3
3	Réceptacle charnu; herbes vivaces à feuilles trifoliolées.	FRAGARIA.
	Réceptacle sec; herbes vivaces.	4
4	Style caduc	POTENTILLA.
	Style souvent genouillé au sommet, persistant et accrescent.	GEUM.

ROSA L. (Rosiers, Églantiers).

§ 1. *Synstylæ.* — Styles agglutinés en colonne au centre de la fleur; sépales étalés ou réfléchis, à la fin caducs.

a. Plantes sarmenteuses, grimpantes, à rameaux grêles; stipules toutes semblables.

R. sempervirens L.; Gren. Godr., fl. Fr.; Munb., cat.; Lx, cat. Kab.; Ball, spic. — Plante longuement sarmenteuse, à tiges grêles; feuilles moyennes des rameaux florifères, à 5-7 folioles luisantes, elliptiques, acuminées, dentées, non glanduleuses; pédoncules en corymbe, allongés, ordinairement glanduleux au sommet; stipules oblongues; bractées lancéolées; boutons ovoïdes, brusquement acuminés; sépales ovales-lancéolés, les intérieurs terminés par une pointe courte, les extérieurs portant 0-2 petites folioles; pétales larges; fruits ovoïdes, petits. ♄ C. C. C. Haies, broussailles. Mai-juillet. Europe mérid.

β *scandens*, *R. scandens* Desegl. — Fruits globuleux. C. C.

R. moschata Miller; Desf., fl. atl.; Munb., cat. — Feuilles moyennes des rameaux florifères, 7-9 foliolées, souvent pubescentes; cymes multiflores, à pédoncules souvent velus; stipules et bractées plus étroites que dans la précédente; boutons floraux lancéolés, à sépales lancéolés-allongés, insensiblement atténués en une longue pointe, les extérieurs avec 2-4 folioles bien apparentes; pétales plus étroits se recouvrant peu. ♄ A. R. Mai-juillet. Bouzaréa.

β *glabrescens*; *R. Munbyana* Gandoger. — Feuilles et pédicelles presque glabres. Birmandreïs (Crépin).

b. Plante à tiges dressées, non grimpantes; stipules supérieures fortement dilatées, les autres étroites.

R. stylosa Desv.; Gren. Godr., fl. Fr. — Feuilles à 5-7 folioles ovales-aiguës, fortement dentées, pubescentes sur les nervures; fleurs en corymbe ou solitaires; pédoncules glabres un peu spinuleux; fruit plus gros que dans les espèces précédentes; sépales pennatiséqués, foliacés, réfléchis, égalant la corolle; styles soudés en colonne capitée, glabre; fleurs grandes, odorantes. Zaccar de Miliana (Pomel, herb.) Europe.

§ 2. *Caninæ.* — Styles libres; stipules supérieures dilatées; sépales étalés ou réfléchis après l'anthèse, à la fin caducs; feuilles peu ou pas glanduleuses en dessous, inodores; aiguillons en faux ou uncinés; plantes non grimpantes, à tiges fortes; fleurs roses ou rosées.

R. canina L.; Munb., cat.; Lx, cat. Kab.; Ball, spic. — Aiguillons très forts à la base; feuilles à 5-7 folioles glabres ou pubescentes, vertes ou glauques, souvent brillantes en dessus, à nervures plus ou moins pubescentes-glanduleuses en dessous, ovoïdes-aiguës, simplement ou doublement dentées; fleurs solitaires ou en corymbes pauciflores; pédicelles plus ou moins longs, glanduleux ou glabres; bractées variables; fruits elliptiques ou globuleux, glabres ou glanduleux; sépales extérieurs pennatiséqués, glanduleux ou non; styles velus ou glabres; fleurs assez grandes. ♄ Europe, Caucase, Orient. Type formé d'une foule de petites espèces, très répandu dans la région montagneuse où l'on remarque surtout les formes suivantes :

R. LUTETIANA Lem. — Pétioles glabres ou presque glabres; folioles glabres, non glanduleuses sur les nervures secondaires, toutes à dents simples; pédoncules et réceptacles florifères glabres.

α *nitens* Desv. — Feuilles d'un vert luisant sur les deux faces. Médéa, Mouzaïa, Fort-National, etc.

β *glaucescens* Desv. — Feuilles glauques. Médéa, Miliana, Beni-Sahla (Blida), etc.

R. ANDEGAVENSIS Desv.; Gren. Godr., fl. Fr. var. *hirtella* Lx, cat. Kab. — Folioles médiocres, luisantes supérieurement, ovales-aiguës, simplement dentées; pédoncules et souvent tube du calice glanduleux-hispides; fleurs roses très élégantes. Médéa, Mouzaïa, Berrouaghia, Djurdjura, etc.

R. POUZINI Trattinick. — Tiges grêles; feuilles à pétiole épineux; folioles médiocres, épaisses, glabres ou glabrescentes, doublement dentées, glanduleuses sur les dents et les nervures principales; pédicelles glanduleux, assez longs; styles glabres ou velus. A R. Rég. montagneuse, Zaccar, Djurdjura, Médéa, Aïssa, etc. Rég. médit. Intermédiaire entre les *Caninæ* et les *Rubiginosæ*.

R. DUMETORUM Thuillier; Munb., cat. — Rosier puissant, à folioles grandes, tomenteuses en dessous et un peu en dessus, simplement dentées ou rarement subbidentées; sépales réfléchis. C. C. Rég. atlantique. Aïn-Talazid, Mouzaïa, Mzi, Aïssa, etc. Europe, Orient.

β *collina*, *R. collina* Jacquin. — Pédicelles hispides. Avec la précédente.

R. SUBINERMIS Ball. Maroc.

§ 3. *Rubiginosæ* Crépin, prodr., fl. Hisp. — Aiguillons souvent inégaux et recourbés; stipules supérieures plus larges; folioles ordinairement petites, odorantes, ponctuées-glanduleuses en desssous; sépales à la fin caducs. Port plus humble que dans les *Caninæ*.

R. sepium Thuillier; Munb., cat.; *R. canina*, var. *sepium* Cosson; Lx, cat. Kab.; *R. Fontanesi* Pomel. — Aiguillons tous semblables ; tiges flexueuses, grêles, arquées ; sépales réfléchis ; *folioles longuement atténuées en coin à la base,* de dimensions très variables ; fleurs blanches, solitaires ou peu nombreuses ; calices fructifères, oblongs ou ovoïdes. ♄ A. C. Médéa, Mouzaïa, Blida, Garrouban, Djurdjura, etc. Europe mérid.

R. RUBIGINOSA L. ; Munb , cat. — Folioles non atténuées en coin à la base ; fleurs roses assez foncées ; tiges épaisses, droites, rigides, souvent très aiguillonnées.

R. MICRANTHA Smith ; Ball, spic. — Aiguillons tous semblables ; pétioles velus-glanduleux, hispides ainsi que les fruits ; fleurs roses ; sépales dressés après l'anthèse. ♄ Djebel-Dréat ! Europe mérid.

β *graveolens* Gren. Godr. — Pédoncules et fruits glabres. Blida ! Djurdjura (Lx).

γ *atlantica* Ball. Maroc.

R. Serafini Viv. ; Munb., cat. ; Lx, cat. Kab. ; Ball, spic. — Buisson bas, à tiges fortement aiguillonnées, à aiguillons serrés et polymorphes ; folioles très petites, un peu épaisses, rougeâtres dans les jeunes pousses ; fleurs ordinairement solitaires, à pédoncules courts, presque nuls, glabres, ainsi que les fruits. ♄ Djurdjura, Babors, etc. Maroc, Italie.

Espèces signalées en Algérie et dont l'existence m'y semble bien douteuse :

R. tomentosa Smith ; Duval-Jouve, notes.

R. Sherardi Davies ; Munb., cat.

R. pimpinellifolia Ser. Babors (Munb.)

R. Gallica L. ; Munb.

Espèces douteuses et difficiles à assimiler :

R. Maialis Desf., fl. atl.

R. microphylla Desf., fl. atl., *an R. sempervirens* ?

RUBUS L. (Ronces).

§ 1. *Eurubus.* — Fruits formés de petits drupes succulents.

R. discolor Weihe et Nees ; Munb., cat. ; *R. fruticosus,* var. *discolor* Lx, cat. Kab. ; Ball, spic. — Tiges très longues, recourbées vers le sol, trainantes, anguleuses, fortement aiguillonnées ; feuilles caulinaires 5-foliolées, les supérieures souvent trifoliolées ; folioles pétiolulées, finement dentées, blanches-tomenteuses en dessous sauf les premières, vertes en dessus ; pétioles plans ou canaliculés, épineux ; stipules filiformes ; fleurs en thyrse multiflore, à pédoncules tomenteux, divariqués ; sépales ovoïdes, tomenteux, non glanduleux, à peine acuminés au sommet ; pétales obovés, entiers, chiffonnés, roses ; fruits globuleux d'un noir luisant, comestibles. ♄ C. C. C., partout. Juin ; fruits en août-septembre. Rég. médit. Cette plante peut donner une très belle variété à fleurs doubles.

R. atlanticus Pomel. — Plante faible, à tiges grêles, décombantes, arrondies et striées dans le bas, anguleuses dans le haut, toutes velues-glanduleuses ainsi que les pétioles et les inflorescences ; aiguillons faibles ; feuilles toutes trifoliolées, très grandes ; folioles ovoïdes, doublement dentées, amples, discolores, peu coriaces ; sépales brièvement acuminés, un peu glanduleux, à la fin réfléchis ; pétales glabres, entiers, oblongs ; fruit ovoïde-globuleux, à petits carpelles rouges très nombreux. ♄ Juillet. Goubia, chez les Beni-Foughal. Voisin du *R. nemorosus* Hayne.

§ 2. *Dalibarda*. — Achaines secs.

R. debilis Ball. Maroc.

FRAGARIA L. (Fraisiers).

On cultive beaucoup dans les jardins les *Fragaria vesca* L. ; *Collina* Ehr. ; *Elatior* Ehr. ; *Chilensis* Ehr. ; mais on n'a jamais retrouvé à l'état spontané le *F. vesca* indiqué : « *in atlante* » par Desfontaines, probablement par confusion avec le *Potentilla micrantha*.

POTENTILLA L.

Calice et calicule à 5, rarement 4 divisions ; autant de pétales arrondis ou obcordés ; carpelles nombreux, à péricarpe sec, sur un réceptacle convexe non charnu ; styles latéraux, courts, caducs.

§ 1. *Laterales* Döll. — Tiges florales, latérales, annuelles, naissant de l'aisselle d'une rosette centrale non florifère.

a. Fleurs blanches.

1. Feuilles trifoliolées.

P. micrantha Ramond ; Munb., cat. ; Lx, cat. Kab. — Plante simulant tout à fait le *Fragaria vesca* ; souche brune, non stolonifère ; feuilles longuement pétiolées, velues, à folioles obovées et dentées ; tiges florifères grêles, biflores, plus courtes que les feuilles radicales au moment de la floraison ;

feuille caulinaire unique, unifoliolée ; calicule égalant presque le calice ; pétales obovés ou émarginés plus courts que le calice ; carpelles ridés transversalement à maturité. ♃ Mai-juin. C. C. C. Forêts et ravins atlantiques et subatlantiques. Europe mérid.

P. Fragariastrum Ehr. ; Munb., cat. — Diffère du précédent par ses souches stolonifères, par ses tiges plus longues, à 1-2 feuilles trifoliolées, par son calice plus court que la corolle. ♃ Babors (Munby. n. v.)

P. splendens Ramond ; Munb., cat. — Diffère des précédents par ses folioles soyeuses-argentées en-dessous, très entières sur les bords avec 5-7 dents conniventes au sommet, par ses carpelles lisses, etc. ♃ Babors (Munby. n. v.)

2. Feuilles 5-7 foliolées.

P. caulescens L. ; Munb., cat. ; Lx, cat. Kab. — Souche grosse, rameuse, couverte par les débris des pétioles, à folioles oblongues, plus ou moins velues, dentées au sommet ; tiges de 1-3 décim., feuillées ; calicule égalant le calice ; pétales oblongs-cunéiformes dépassant le calice ; carpelles hispides. ♃ A. R. Rochers du Djurdjura, Col des Aït-Ouaban ; Aït-bou-Addou, Aït-Idjer, etc. Europe mérid., Rég. médit.

c. Fleurs jaunes ; tiges radicantes.

P. reptans L. ; Munb., cat. ; Lx, cat. Kab. ; Ball, spic. *Quintefeuille*. — Souche ligneuse ; tiges longuement radicantes, feuillées ; feuilles 5-foliolées, les supérieures trifoliolées ; folioles oblongues élégamment dentées tout autour, pubescentes mais vertes ; fleurs pentamères, grandes ; pédoncules solitaires ou géminés, plus longs que les feuilles ; carpelles tuberculeux. ♃ C. C. C., partout. Février-juin. Europe.

β *lanata* Lange ; *P. reptans*, var. *argentea* nob., Bull. soc., bot. 1888. — Feuilles couvertes d'un épais tomentum argenté-soyeux sur les deux faces. — Aïn-el-Hadjar. Espagne.

§ 2. *Terminales* Döll. — Tiges florales, annuelles, terminales, naissant du centre de la rosette ; fleurs jaunes ; tiges fortes, robustes, multiflores ; fleurs en corymbe ; feuilles digitées rarement imparipennées, à 5-7 folioles oblongues fortement dentées tout autour, à dents linéaires ; plantes vivaces.

1. Feuilles inférieures imparipennées.

P. pensylvanica L. ; Munb., cat. — Plante mollement velue ; feuilles inférieures imparipennées, longuement pétiolées, les supérieures sessiles de plus en plus petites, 3-1 foliolées; pièces du calicule plus étroites que les sépales; pétales dorés, obovés; ovaires réticulés-rugueux; fleurs médiocres. ♃ Maroc, Algérie (Munby), Espagne, Sibérie, Amérique du Nord.

2. Feuilles digitées.

P. hirta L.; Munb., cat.; Lx, cat. Kab. — Diffère surtout de la précédente par ses feuilles digitées. Plante très polymorphe offrant en Algérie deux formes principales toutes deux intermédiaires entre les *P. hirta* L. et *recta* L. qui ne sont plus séparables aujourd'hui à cause des nombreux intermédiaires qui existent dans la région méditerranéenne.

α *atlantica*. — Plante longuement et mollement velue, à villosité épaisse et blanche; tiges robustes (2-4 décim.); stipules très développées; feuilles à 5-7 folioles dentées dès la base; fleurs grandes, pâles; achaines bordés d'une aile membraneuse étroite et parcourus par des crêtes peu saillantes. ♃ A. C. Mai-juin. Montagnes : Téniet, Djurdjura, Zaccar, etc.

β *tenuirugis, Potentilla tenuirugis* Pomel. — Plante glabrescente; tiges de 3-6 décim., plus grêles; folioles à peine hispides, étroites, profondément laciniées; inflorescence très multiflore, très ramifiée. Port du *P. inclinata* Vill.; fleurs plus petites que dans la variété précédente; aile et crêtes des fruits plus ou moins développées. ♃ Mai-juin. Bouïra, Garrouban.

GEUM L. (Benoite).

Styles genouillés vers leur milieu, à article supérieur caduc; carpelles secs, poilus, lancéolés, en tête globuleuse; plantes vivaces, herbacées, à souche noirâtre, à feuilles radicales très irrégulièrement pennatiséquées, à segments inégaux, lobés ou incisés-dentés, le terminal plus grand; feuilles caulinaires trilobées ou triséquées; tiges de 4-10 décim., rigides; fleurs jaunes.

G. urbanum L.; Munb., cat.; Lx, cat. Kab. — Feuilles radicales à 3 segments terminaux subégaux, les latéraux ordinairement petits; tiges bien feuillées; fleurs dressées, à pétales dépassant peu le calice et ne se touchant pas par les bords; calice réfléchi après la floraison; carpelles fortement hispides; style articulé au 1/4 supérieur. ♃ Europe.

β *mauritanicum* Pomel. — Fleurs et fruits un peu plus grands. Avril-juin. Bois de la région subatlantique. R. Ruisseau des Singes, Mouzaïa, Zaccar, Djurdjura.

G. sylvaticum Pourret; Munb., cat.; Lx, cat. Kab.; *G. atlanticum* Desf., fl. atl. — Feuilles radicales à lobe terminal très grand, ové-cordiforme, les latéraux petits; feuilles caulinaires courtes; fleurs dressées ou un peu penchées, grandes; calice non réfléchi; pétales obcordés plus larges que longs, dépassant le calice d'un tiers; carpelles gros, en tête globuleuse plus ou moins stipitée; styles genouillés vers le milieu. ♃ Mai-juillet. Rég. montagneuse. Zaccar, Ben-Chicao, Djurdjura. Espagne, France mérid.

? **G. heterocarpum** Boissier, Voy. Esp., tab. 58; Munb., cat. — Fleurs blanches, petites; carpelles linéaires en capitule stipité et étoilé, un carpelle restant généralement isolé à la base du podogyne; appendice caduc, velu; style à poils rétrorses. Algérie? (Munby).

Tribu II. — SPIRÉACÉES.

Clef des genres :

1	Ovaires verticillés, dispermes ou polyspermes dressés	SPIRÆA.
	Ovaires verticillés, horizontaux, monospermes, enfermés dans le calice scléreux, échinulé en dessus, déprimé en forme de bouton indehiscent; feuilles simples	NEURADA.

SPIRÆA L. (Spirée).

Calice sans calicule à 5 divisions; carpelles à styles terminaux.

Sp. Filipendula L.; Munb., cat.; Lx, cat. Kab. — Tiges herbacées, dressées, raides (3-6 décim.); feuilles en rosette radicale et quelques-unes sur les tiges, pennatiséquées, lancéolées-linéaires dans leur pourtour; segments nombreux, inégaux, finement divisés, sessiles, ciliés; fleurs blanches, très petites, très nombreuses, en cyme composée; pétales obovés, à peine onguiculés; ovaires pubescents droits. Plante à racines renflées au bout en tubercules globuleux ou oblongs. ♃ Kabylie, Bône, Europe. Grèce exceptée.

NEURADA L.

N. procumbens L.; Desf., fl. atl.; Munb., cat. — Petite plante canescente, couchée sur le sol, à port d'*Heliotropium supinum;* feuilles ovoïdes, pétiolées, sinuées, subpinnatifides; stipules minuscules; fleurs solitaires axillaires, courtement pédonculées; pétales 5, petits, insérés avec les étamines à la gorge du calice; calice fructifère fermé, formant un bouton plat, velouté, lisse en dessous, échinulé en dessus, large de 15 millim. ① Sables du désert. Avril. C. C. C.

Tribu III. — SANGUISORBÉES.

Achaines 1-2, rarement plus, nuciformes, contenus dans le calice fermé, induré ou subcharnu; étamines 1-20, rarement plus ; corolle ordinairement nulle.

Clef des genres :

1	Corolle bien développée; fleurs jaunes.	AGRIMONIA.
	Pas de corolle; fleurs tétramères	2
2	Feuilles composées-pennées ; fleurs en capitules; pédonculés terminaux.	POTERIUM.
	Feuilles palmatipartites ; fleurs en glomérules axillaires enveloppés dans les stipules.	APHANES.

AGRIMONIA Tournefort (Aigremoine).

Plantes herbacées, vivaces, à feuilles pennatiséquées, à segments fortement dentés, les uns grands, lancéolés, les autres petits, irréguliers; stipules amples, semi-ovoïdes, fortement dentées; fleurs en longues grappes terminales, irrégulières, spiciformes; calice turbiné, à la fin réfléchi, marqué de 10 cannelures et entouré vers la gorge d'une épaisse couronne d'épines subulées et crochues, à 5 dents conniventes après l'anthèse; pétales 5, obovés.

A. Eupatoria L.; Munb., cat.; Lx, cat. Kab. — Plante robuste, velue, un peu glanduleuse; fleurs petites; tube calicinal obconique, marqué de 10 cannelures profondes qui vont à peu près jusqu'à la base. ♃ Zaccar, Kabylie. Europe. Régions glaciales exceptées.

A. odorata Miller; Ball, spic. ; Kralik, exsic. (Tunisie). — Diffère par son port plus puissant, ses feuilles plus glanduleuses en dessous, odorantes, ses fleurs plus grandes, ses calices à tube subhémisphérique marqué de cannelures peu profondes, n'allant pas jusqu'à la base ; dents calicinales acuminées et non obtuses. Maroc, Tunisie, Europe tempérée.

NOTA. — Cette plante, signalée au Maroc et en Tunisie, existe évidemment en Algérie. La plante de ce groupe, commune aux environs d'Alger par son port robuste, par le développement de ses feuilles et de ses stipules s'en rapproche beaucoup ; les cannelures du calice ne vont pas jusqu'à la base mais, d'autre part, le tube du calice est longuement obconique.

POTERIUM L. (Pimprenelle).

Plantes vivaces, à feuilles alternes, imparipennées, à segments incisés-dentés; tiges grêles, dressées, à fleurs polygames, tétramères, apétales, en épi globuleux; calice à tube quadrangulaire, resserré à la gorge, à divisions lancéolées et herbacées; étamines nombreuses insérées sur la gorge du calice; achaines 2-3; graine suspendue.

§ 1. *Ancistroides* Spach. — Souche épaisse, rameuse; tiges florales, scapiformes, sortant des rosettes radicales.

P. ancistroides Desf., fl. atl., tab. 251; Munb., cat.; Ball, spic. — Souches noirâtres revêtues des anciens pétioles persistants; feuilles en rosettes très fournies, à 5-7 paires de folioles ordinairement arrondies, à dents égales et obtuses; scapes grêles, courts, portant 1-2 capitules; fruits fusiformes, aigus aux deux bouts, étroits (4 millim. sur 1), à côtes nerviformes aux quatre angles, réunies par des rides anastomosées qui ne vont pas jusqu'à la base et qui circonscrivent des fovéoles irrégulières. ♃ Rochers: Oran, Tlemcen, Garrouban.

β *parviflorum* Pomel. — Capitules plus petits; folioles très petites ainsi que les bractées; fruit réticulé à peu près jusqu'à la base. Sersou de Tiaret.

§ 2. *Pimpinelloides.* — Souche hypogée; tiges florales feuillées, anguleuses.

a. dictyocarpa. — Fruits fusiformes-quadrangulaires, ordinairement étroits (4 millim. sur 2), munis sur les angles de 4 ailes entières, parcheminées, égales ou 2 plus grandes que les 2 autres; faces du fruit presque lisses sur le vif, plus ou moins réticulées à sec. Plantes des bois ombreux.

P. Fontanesi Spach; Pomel, matériaux et herbier; *P. Sanguisorba* Ball, spic., non L.; *Sanguisorba mauritanica* Desf., fl. atl. — Plante élancée (6-12 décim.), souvent velue dans le bas; folioles molles, ovées-allongées, régulièrement dentées, petiolulées, à dents relativement peu profondes, velues ou hispides au moins en-dessous; inflorescence centrifuge. ♃ Mai-juin. A. C. Chiffa, Zaccar, Djurdjura, Berrouaghia, Ravin de la femme sauvage près Alger, etc., etc.

P. Duriæi Spach; Munb., cat., Ball. spic. — Cette plante indiquée à La Calle et que je n'ai point vue de cette localité paraît différer surtout de la précédente par son inflorescence centripète. J'ai trouvé au Corso un pied centripète d'un *Poterium*, présentant d'ailleurs tous les caractères du *P. Fontanesi*.

P. Mauritanicum Cosson, non Boissier. Maroc.

b. Pimpinelloidea. — Fruits plus gros, souvent contractés à la base en stipe court; ailes remplacées par des côtes ligneuses; faces plus ou moins sculptées, à saillies dures et ligneuses; plantes toutes très semblables de port, à inflorescence centrifuge, à feuilles un peu coriaces, à dents profondes et irrégulières. Voy. Spach, ann. sc. nat., 1846, p. 31.

P. muricatum Spach, loc. cit.; Munb., cat. — Cette plante, par son fruit muni de 4 ailes peu indurées et plus ou moins fortement réticulé-muriqué sur les faces, est pour ainsi dire intermédiaire entre les *Dictyocarpa* et les *Pimpinelloidea*. A. R. Avril-juin. Aïn-Taya, Bou-Ismaël.

P. alveolosum Spach, loc. cit. — Fruit gros, ligneux (5-6 millim. sur 3-4), à 4 ailes ligneuses saillantes; faces excavées avec des crêtes continues anastomosées, peu ou pas muriquées, circonscrivant un petit nombre d'alvéoles profondes. ♃ Constantine, Khenchela.

P. crispum Pomel. — Dents du calice crispées sur les bords.

P. vestitum Pomel. — Feuilles velues. De Garrouban à Tlemcen.

P. Magnoli Spach, loc. cit.; Munb., cat.; Lx, cat. Kab. — Diffère du *P. alveolosum* par son fruit, à ailes dentées, à faces couvertes de tubercules dentiformes, droits, épais, denses, aussi élevés que les ailes. ♃ C. C., partout. Rég. médit.

P. verrucosum Spach, loc. cit. — Fruit à ailes tout-à-fait obsolètes, à angles arrondis, tout couvert de verrues mousses et de petites alvéoles au lieu de tubercules dentiformes; feuilles souvent grêles et glauques. ♃ A. C. Avec le type, Tous les *Pimpinelloidea* devraient peut-être être réunis en une seule espèce.

P. agrimonoides Cav. Mauritanie d'après Boissier.

P. anceps Ball. Maroc.

P. multicaule Boiss. et Reut. Maroc.

P. hybridum Desf., fl. atl. M'est inconnu.

P. spinosum L. — Espèce ligneuse de Tunisie et d'Orient, peut être dans la province de Constantine.

APHANES L.

Petites plantes annuelles, à glomérules de fleurs oppositifoliés, involucrés par les stipules; étamines 1-2; calice à 4 divisions alternant avec 4 autres plus petites (calicule); un achaine ovale-aigu à style latéral.

A. cornucopioides Lagasca; Pomel, nouv. mat.; *Alchemilla Aphanes* Desf., fl. atl.; *Alchemilla arvensis* Munb., cat.; Lx, cat. Kab., non Scop. — Plante de 5-15 cent., uni ou multicaule; tiges dressées ou un peu décombantes à la base, velues; feuilles velues, palmati-tripartites; segments 3-4 lobés, à lobes linéaires-obtus, à limbe décurrent jusqu'aux stipules, plus rarement atténué en pétiole; stipules semi-ovoïdes, très amples, soudées à la base, dentées tout autour, enfermant le glomérule floral très compact; tube du calice velu; dents longuement ciliées, oblongues, bien visibles. ① Avril-juin. Atlas, Djurdjura, etc. Espagne.

β *glabrata*. — Plante plus glabre, à feuilles plus nettement pétiolées, à glomérules moins gros, se rapprochant beaucoup de l'*Aphanes arvensis* Scop. : mais celui-ci a toujours les dents du calicule bien plus petites, les feuilles pétiolées et glabrescentes, les glomérules moins gros et moins rapprochés. Je ne l'ai pas vu d'Algérie. La var. *glabrata* se trouve sur le littoral : Alger, Bouzaréa, Aïn-Taya, Réghaïa, etc.

A. pusilla Pomel, nouv. mat.; *A. microcarpa* Boissier et Reuter? — Petite plante minuscule très grêle, à feuilles non pétiolées, à calice et calicule non ciliés, glabres; glomérules pauciflores; fleurs très petites. ① Asfour, Tiaret. (v. s. herb. Pomel).

Tribu III. — POMACÉES.

Arbres ou arbrisseaux à feuilles simples ou imparipennées; 5 carpelles verticillés, ou moins par avortement, soudés avec le tube du calice accrescent et devenant charnu ou pulpeux ; étamines indéfinies insérées avec la corolle sur le tube du calice ; ovules 2 par loge, rarement plus ; graines ascendantes, exalbuminées.

Sous-tribu I. — NUCULÉES.

Endocarpe osseux ; fruits à noyaux.

CRATÆGUS L. (Aubépine et Azerolliers).

Noyaux 1-2, rarement plus, enfermés dans le tube du calice dont la gorge est fermée par un disque ombiliqué; fruit charnu, rouge ou jaune, couronné par les dents étalées du calice ; arbres ou arbustes à rameaux épineux, à feuilles flabellées-lobées.

1. *Oxyacantha*. — Rameaux anciens toujours glabres, ceux de l'année pubescents ou glabres.

C. Oxyacantha L. ; Munb., cat. ; Lx, cat. Kab. ; Ball, spic. ; *Mespilus Oxyacantha* Desf., fl. atl. L'*Aubépine*. — Rameaux de l'année toujours glabres ; feuilles coriaces, glabres ou glabrescentes, luisantes, vertes, pennatilobées ou pennatipartites, ou 3-5 lobées à lobes obtus, à nervures arquées avec la concavité en dedans; stipules foliacées, subfalciformes, dentées sur les jeunes rameaux, linéaires et entières sur les rameaux fleuris; fleurs en corymbes rameux, pédicellés; bractées caduques; pédoncules glabres; divisions du calice glabres, ovales, acuminées, très étalées et recourbées au sommet; pétales concaves; styles 2-3; fruits ovales-globuleux, rouges, à 2-3 noyaux. ♄ A. R. Un peut partout. Atlas, Corso, Maison-Carrée, Reghaïa, Kabylie, etc. Europe.

β *hirsuta* Lge et Willk., Prodr., fl. Hisp., non Boissier. — Feuilles et pédoncules légèrement velus. Ancien consulat de Danemarck à Mustapha.

C. monogyna Jacquin; Munb., cat.; Lx, cat. Kab. — Feuilles plus profondément divisées, à lobes plus aigus, à nervures arquées en dehors; 1 seul style, rarement 2; feuilles discolores, très polymorphes, celles des rameaux florifères souvent cunéiformes-trilobées, à lobes plus ou moins aigus, celles des rameaux stériles ovées pennatipartites; stipules semi-circulaires, très grandes; pédoncules souvent velus; divisions calicinales réfléchies, appliquées sur le fruit globuleux. ♄ C. C. C., partout. Difficile à distinguer du précédent, les caractères étant peu stables.

C. triloba Poiret. — Épines plus nombreuses, plus courtes, plus fortes; stipules plus étroites; feuilles souvent trilobées, pubescentes ainsi que les jeunes rameaux. R. Berrouaghia, Aïn-Talazid. Sicile.

C. maura L. fils. — Arbrisseau ou arbre souvent inerme; feuilles glabres, ainsi que les rameaux, dimorphes, les inférieures entières, oblongues ou dentées au sommet, les autres trilobées-obovées, à lobes entiers; stipules grandes, dentées; fruits oblongs, petits, rouges. ♄ Algérie? (Gandoger, herborisations.) Maroc, Espagne.

2. *Azarollus*. — Rameaux de l'année précédente pubescents.

C. laciniata Ucria; *C. eriocarpa* Pomel; *C. Oxyacantha*, var. *hirsuta* Lx, cat. Kab. *an* Boissier? — Arbuste ou arbre à rameaux divariqués, à puissantes épines, à écorce grise; feuilles cunéiformes, trifides, à lobes incisés et à lobules aigus, velues-canescentes sur les deux faces, ainsi que les stipules et les jeunes rameaux, les pédoncules, les calices et même les fruits; fleurs en corymbe, brièvement pédicellées; fruits petits, globuleux; dents calicinales triangulaires-acuminées; styles 2. ♄ Zaccar, Biskra, Aurès, Djurdjura, etc. Maroc, Sicile, Grèce.

C. ruscinonensis Grenier et Blanc, Billotia, p. 71 et Soc. dauphinoise n° 2056 *bis*. — Arborescent; rameaux de l'année velus, rameaux anciens glabrescents; feuilles allongées en coin aigu à la base, pubescentes *(in nostris)* sur les deux faces, ou au moins sur les nervures à la face inférieure, longuement pétiolées ; pétiole grêle, velu ; fruit globuleux (1 cent. diam.) ; pédoncules longs et grêles ; épines courtes, faibles. ♄ Djebel-Dréat, Constantine, France.

Nota. — J. E. Planchon, Comptes-rendus LXXIV, p. 613, considère cette plante comme un hybride de *C. oxyacantha* et *Azarollus*. Ce qui viendrait à l'appui de cette opinion, c'est que j'ai trouvé dans la forêt de Téniet une plante voisine, aussi velue que le *C. laciniata*, à lobes des feuilles très aigus, et qui semble de même être un hybride des *C. laciniata* et *Azarollus*.

C. **Azarollus** L. ; Desf., fl. atl. ; Munb., cat. ; Lx, cat. Kab. — Arborescent à bois très dur comme le précédent ; feuilles bien plus épaisses, cunéiformes, à pétiole plus court ; rameaux velus ; pédicelles courts et robustes, velus comme toute la plante ; fruits gros comme une sorbe cultivée (15-18 millim.), rouges, à 2-5 noyaux. A. C. Djurdjura, Constantine, etc. Rég. médit.

β *Aronia; C. Aronia* Bosc. — Fruits jaunes, un peu musqués. Miliana, Duperré, Constantine, etc.

Nota. — On peut greffer le *Poirier* sur tous les *Cratægus*.

L'Eriobotrya Japonica Lindley ou *Néflier du Japon*, voisin des *Cratægus*, est très cultivé.

COTONEASTER Médick.

3-5 noyaux faisant saillie à travers le disque, nus dans leur tiers supérieur ; feuilles entières ; rameaux inermes.

C. **Fontanesi** Spach ; Munb., cat. ; Lx, cat. Kab. — Arbuste à rameaux droits, fermes, à écorce noirâtre ; feuilles elliptiques ou subrhomboïdales, aiguës aux deux bouts, glabres en dessus, tomenteuses en dessous (25-35 millim. sur 20-25) ; fleurs petites, en corymbes courts, très fournis, terminant de petits ramuscules axillaires ; calices et pédoncules tomenteux ; dents du calice dressées ; fruits globuleux. ♄ Djurdjura, Aurès.

C. **nummularia** Fisch. et Mey. ; Munb., cat. — Feuilles très tomenteuses en dessous, obtuses-arrondies aux deux bouts, orbiculaires ou elliptiques ; fruit dressé, pubescent, turbiné, à 2 carpelles ; dents du calice étalées. Très voisin du précédent, qui n'en est peut-être qu'une variété. ♄ Zaouia, Garrouban, Babors, Orient.

C. **tomentosa** Lindley. — Feuilles ovoïdes, pubescentes-tomenteuses sur les deux faces, aiguës, mucronulées ; fleurs 3-7, en corymbes terminant de petits rameaux axillaires ; rameaux, pédoncules et calices velus. Djebel-Gourou au Djebel-Amour (Dr Clary).

Sous-Tribu II. — POMACÉES vraies.

Endocarpe parcheminé ou cartilagineux; fruits à pépins.

Clef des genres :

1	Loges multiovulées.	CYDONIA.
	Loges uni-biovulées	2
2	Loges simples.	PYRUS.
	Loges bipartites par une cloison incomplète . . .	AMELANCHIER.

AMELANCHIER Médick.

Calice turbiné à 5 dents; 5 pétales lancéolés-linéaires; styles 5, soudés à la base; fruit globuleux bleuâtre, couronné par les dents du calice; endocarpe crustacé, fragile; 2 graines à testa finement membraneux.

A. vulgaris Mœnch; Munb., cat.; Lx, cat. Kab. — Arbrisseau à feuilles elliptiques, glabres en dessus, blanches-tomenteuses en dessous, à tomentum détersible; fleurs assez grandes en corymbes terminaux; fruits de la grosseur d'un pois. ♄ Montagnes, rochers. Djurdjura, Dréat, Aurès, etc. Europe moyenne, Rég. médit.

PYRUS L.; Benth. et Hooker.

Sous-genre PYRUS.

Calice urcéolé à 5 dents; pétales 5, suborbiculaires; ovaire à 5 loges biovulées; 5 styles; endocarpe parcheminé; graines à testa cartilagineux.

a. Styles libres; fruit non ombiliqué à la base (Poiriers).

P. longipes Cosson, Bull. soc., bot. Fr., vol. II, p. 310; Munb., cat. — Arbre élevé ayant quelques rameaux épineux; feuilles longuement pétiolées, suborbiculaires ou ovoïdes, brièvement acuminées, dentées, un peu pubescentes en dessous dans leur jeune âge, puis glabres ainsi que les rameaux et les bourgeons; fleurs grandes, longuement pédicellées, en corymbe au sommet des rameaux; limbe du calice caduc; fruits ordinairement solitaires, gros comme une cerise, à pédoncule trois fois plus long qu'eux. ♄ Forêts de l'Aurès, Daya (Clary).

P. communis L. (Poirier). Cultivé.

b. Fruit ombiliqué à la base; styles soudés dans le bas.

P. malus L. (Pommier). Cultivé.

Sous-genre SORBUS.

2-4 styles, rarement 5; endocarpe souvent crustacé, fragile.

a. Feuilles imparipennées.

S. domestica L.; Desf., fl. atl.; Munb., cat. — Grand arbre à bois très dur; feuilles grandes, imparipennées, à pétiole glanduleux, à folioles lancéolées-dentées à dents aiguës, cotonneuses en dessous, à la fin presque glabres; bourgeons gros, visqueux, glabres; fleurs en corymbes composés, multiflores, terminaux; fruit pyriforme, gros comme une petite noix; 5 styles. Tababor (Lx. Cosson), Bouzaréa. Paraît cultivé dans cette dernière station. Europe.

b. Feuilles simples, dentées, lobées ou pennatiséquées à la base.

S. Aria Crantz; Munb., cat.; Lx, cat. Kab. — Arbre à feuilles ovales ou elliptiques, entières, doublement dentées, fortement nerviées, blanches-tomenteuses en dessous, vertes en dessus (7-10 cent. sur 5-8); bourgeons un peu cotonneux; pétales petits, tomenteux à l'onglet; 2 styles; fruits ovales-globuleux, orangés, gros comme un pois. ♄ Rég. montagneuse. Juin-juillet. Sidi-Abd-el-Kader de Blida, Djurdjura, Babors, Aurès, etc.

S. latifolia Pers., syn.; *Cratægus latifolia* Lamarck; Munb., cat. — Diffère du précédent par ses feuilles grises-tomenteuses en dessous, de forme variable, en général plus aiguës aux deux extrémités, plus irrégulièrement dentées, un peu lobées vers le haut; fruits plus gros. Garrouban. Europe.

S. torminalis Crantz; Munb., cat.; Lx, cat. Kab. — Arbre à feuilles pennatilobées ou pennatiséquées à la base, à lobes aigus très développés et finement dentés, vertes sur les deux faces, grandes; pétales presque glabres à l'onglet; fruit âpre puis acidule et non doux comme dans les deux précédents. Babors, Djurdjura, Mechmel des Aït-Daoud (Lx). Europe, Orient.

MYRTACÉES Rob. Brown.

Arbres ou arbustes à feuilles simples, ordinairement ponctuées-pellucides, odorantes; 4-5 sépales; 4-5 pétales périgynes; étamines en nombre indéfini; ovaire infère, pluriloculaire, à loges pluriovulées; style unique; placentaires centraux; graines exalbuminées.

Sous-famille I. — GRANATÉES.

Feuilles non ponctuées-pellucides; ovaire à deux étages, l'inférieur à trois loges, à placentation centrale, le supérieur à 5-9 loges, à placentation pariétale; fruit capsulaire très gros; graines nombreuses, entourées individuellement d'une pulpe acidule agréable, exalbuminées; cotylédons foliacés, contournés en spirale.

PUNICA L. (Grenadier).

P. Granatum L.; Desf., fl. atl.; Munb., cat.; Lx, cat. Kab. — Feuilles opposées, alternes ou fasciculées, lancéolées, luisantes, caduques; fleurs d'un rouge vif; calice tubuleux, à dents charnues, triangulaires. ♄ A. C. Subspontané près des habitations. Rég. médit.

Sous-famille II. — EUMYRTACÉES

Ovaire à un seul étage, capsulaire ou baccien; carpelles verticillés; placentas centraux.

MYRTUS L. (Myrte).

Étamines libres; fruit globuleux, baccien, couronné par les dents du calice; à 2-3 loges multiovulées; 5 sépales; 5 pétales.

M. communis L.; Desf., fl. atl.; Munb., cat.; Lx, cat. Kab.; Ball, spic. — Arbrisseau de 1 à 3 mètres, pouvant exceptionnellement devenir un grand arbre, très rameux; à rameaux dressés ou étalés, tétragones, pubescents dans leur jeunesse; feuilles coriaces, ovoïdes ou lancéolées, aiguës, luisantes, ponctuées-pellucides, odorantes, brièvement pétiolées, munies de deux petites stipules très caduques; fleurs élégantes, blanches, longuement pédicellées, solitaires et axillaires; étamines nombreuses; fruit bleuâtre, un peu glauque, globuleux ou elliptique, gros comme une olive sauvage. ♄ C. C. C. Broussailles du Tell algérien et Constantinois. Rég. médit.

NOTA. — Les feuilles de cette plante varient beaucoup de taille et de forme. Certaines formes microphylles sont assez remarquables, mais elles ne constituent pas de bonnes variétés. A cette même famille appartiennent une foule d'arbres cultivés appartenant aux genres: *Eucalyptus*, *Psidium*, *Metrosideros*, *Melaleuca*, *Eugenia*, *Myrtus*, etc., dont la seule énumération dépasserait les limites de cet ouvrage.

ONAGRARIÉES DC.

Calice à tube soudé avec l'ovaire; limbe à 2, 4, rarement 5 divisions; pétales 2, 4, 5 ou nuls; 2-10 étamines insérées avec les pétales au sommet du tube calicinal ; style filiforme ; stigmates autant que de loges ; ovaire à 2 loges monospermes ou à 4-5 loges multiovulées.

Clef des genres :

1	Fleurs dimères	CIRCÆA.
	Fleurs pentamères.	JUSSIÆA.
	Fleurs tétramères	2
2	Ovaire siliquiforme à 4 valves ; corolle bien développée	3
	Capsule petite, obovée ou oblongue ; pétales avortés	ISNARDIA.
3	Graines aigrettées ; fleurs roses ou violacées. . .	EPILOBIUM.
	Graines nues ; fleurs jaunes	ŒNOTHERA.

EPILOBIUM L.

Ovaire siliquiforme, étroitement linéaire, à 4 loges multiovulées; herbes à feuilles lancéolées, entières ou dentées, ordinairement opposées.

a. Stigmates soudés en massue.

E. tetragonum L. ; Munb., cat. ; Lx, cat. Kab. ; Ball, Spic. — Souche vivace, à stolons très courts, ayant leurs feuilles rapprochées en rosette ; tiges dressées dès la base (3-6 décim.), fermes, tétragones et un peu ailées par la décurrence des feuilles ou rondes, rameuses, à rameaux dressés ; feuilles moyennes sessiles, glabres, lancéolées, dentées ; fleurs roses très petites (5-7 millim.) ; ovaire de 7 cent. sur 1-2 millim. ; graines finement tuberculeuses, arrondies à la base. ♃ Mai-septembre. A. C. Lieux humides, partout. Partie tempérée de tout notre hémisphère.

E. Lamyi Schultz. — Feuilles moyennes brièvement pétiolées. ① ou ② Mitidja (Pomel, herbier).

E. virgatum Fries ; Munb., cat. ; Lx, cat. Kab. ; *E. obscurum* Reich. — Diffère de l'*E. tetragonum* par ses stolons filiformes, allongés, à feuilles écartées, ses tiges radicantes à la base, ses graines atténuées dans le bas, etc. Acherchour-en-Tensaout (Lx), Alger, d'après Munby.

E. Tournefortii Michalet, hist. nat. du Jura, p. 355 ; Munb., cat. ; *E. tetragonum*, var. *grandiflorum*, Lx, cat. Kab. ; *E. tingitanum* Salzman, exsic. ; Ball, spic. — Diffère de l'*E. tetragonum* par ses fleurs très grandes (20-25 millim.) A. C., partout avec le *tetragonum*, mais plus rare.

b. Stigmates étalés en croix.

E. lanceolatum Seb. et Maur. — Port de l'*E. tetragonum*; feuilles pétiolées, cunéiformes, non dentées à la base. Algérie Cosson, catalogue inédit.; Rég. médit., Allemagne.

E. parviflorum Schreber; Ball, spic.; *E. pubescens* Roth; Schousboë; *E. molle* Lamarck; Munb., cat. — Plante de 4-8 décim., mollement velue-pubescente; tiges rigides; feuilles plus larges que dans les précédentes, molles; fleurs petites, d'un violet pâle; boutons dressés avant l'anthèse. ♃ A. R. Mai-juillet. Gorges de la Chiffa, Tala-Rana, La Calle, etc., etc. Europe.

E. hirsutum L.; Munb., cat.; Lx, cat. Kab.; Ball, spic. — Plante puissante, velue-soyeuse, à souche stolonifère; tiges arrondies, dressées (8-15 décim.); feuilles lancéolées ou oblongues, dentées, opposées; fleurs dressées avant l'anthèse, très grandes (2 cent.), purpurines, très belles; bouton floral, brusquement apiculé. ♃ Bord des ruisseaux. Juin-octobre. C. C. C. Europe.

β *villosissimum* Koch. — Plante encore plus velue, canescente. Avec le type.

ŒNOTHERA L.

Œ. biennis L.; Munb., cat. — Plante de 3-7 décim., à tige dressée, à port d'*Epilobium;* calice longuement prolongé au dessous de l'ovaire; fleurs jaunes, très grandes. Babors (Munby). Plante américaine, naturalisée en Europe depuis longtemps.

ISNARDIA L.

I. palustris L.; Desf., fl. atl.; Munb., cat. — Plante de 1-3 décim., glabre, radicante à la base; feuilles opposées, un peu charnues, luisantes, entières, ovales-aiguës, à limbe de 1 et 1/2-2 cent. sur 1, atténuées en pétiole; fleurs petites, apétales, solitaires à l'aisselle des feuilles, sessiles ou à peu près; calice à tube court; étamines 4, insérées sous un disque épigyne. ♃ R. R. R. Marais : La Calle (Desf.) Europe.

JUSSIÆA L.

J. repens L.; *J. diffusa* Forskall; Munb., cat. — Plante glabre portant dans ses ramifications des radicelles et des vésicules natatoires; feuilles pétiolées, alternes, obovées ou oblongues; fleurs solitaires, axillaires, pédonculées; calice à tube ne dépassant pas l'ovaire, à limbe étalé et persistant;

pétales jaunes, obovés, égalant deux fois le calice; 10 étamines; style filiforme; capsule linéaire, à 5 loges, couronnée par le calice. ♃ Bône. Plante des régions tropicales et subtropicales. Afrique, Asie, Amérique.

CIRCÆA L.

C. lutetiana L.; Munb., cat.; Lx, cat. Kab. — Plante souvent stolonifère, à tiges grêles (1-5 décim.); feuilles molles, opposées, les inférieures longuement pétiolées, ovoïdes-acuminées, à bords subentiers, glabres, assez grandes; fleurs petites, en grappes terminales, à la fin très allongées; pédicelles fructifères réfléchis; ovaire oblong ou obové, très petit (2 millim.), très hispide, à loges monospermes; calice resserré sous le limbe en col court; limbe formé de deux lobes lancéolés, réfléchis; pétales 2, bilobés, rosés; étamines 2. ♃ R. Mai-juin.

α *brevipes.* — Pédicelles à peine plus longs que le fruit. Ruisseau des Singes, Djurdjura.

β *longipes.* — Pédicelles égalant trois à quatre fois la longueur du fruit. Édough, Goubia, Cap Cavallo, etc.

HALORAGÉES Rob. Br.

MYRIOPHYLLUM Vaillant.

Plantes aquatiques à feuilles verticillées, finement laciniées, n'émergeant guère que par leurs inflorescences grêles, en forme d'épi interrompu nu ou feuillé; fleurs sessiles, petites, monoïques; calice à tube court, arrondi dans les fleurs mâles, tétragone dans les fleurs femelles, à limbe caduc; pétales petits ou nuls dans les fleurs femelles; 8 étamines ou moins; 4 gros stigmates sessiles persistants; fruit se divisant en 4 coques monospermes; albumen mince.

M. verticillatum L.; Desf., fl. atl.; Munb., cat.; Lx, cat. Kab. — Feuilles pennatipartites à segments opposés; inflorescences dressées à la surface de l'eau; fleurs verticillées en épi feuillé et terminé par un bouquet de feuilles; feuilles florales toutes pectinées et plus longues que les fleurs. ♃ C. C. C. Eaux stagnantes profondes. Juin-août. Europe.

α *pinnatifidum* Vallr. — Feuilles florales semblables aux autres. Lieux d'où l'eau s'est retirée. R. R.

β *intermedium* Koch. — Bractées 3 fois plus longues que les fleurs, à lobes rapprochés. C. C. C.

γ *pectinatum* Vallr. — Bractées à peine plus longues que les fleurs. A. R.

M. spicatum L. ; Desf., fl. atl. ; Munb., cat. ; Ball, spic. — Fleurs toutes verticillées ; bractées diminuant progressivement, les supérieures simples ; sommet de l'épi nu ; plante peu émergée. ♃ A. C. Avec le précédent. Europe.

M. alterniflorum DC. — Plante bien plus grêle et plus rare que les précédentes ; feuilles plus petites, à segments alternes ; fleurs toujours alternes, les inférieures réunies, 2 ou 3 à l'aisselle des feuilles, les supérieures solitaires, à l'aisselle d'une bractée plus courte qu'elles. ♃ Juillet. Mares à la Réghaïa et au Corso. Europe.

SERPICULA L.

Fleurs monoiques très petites, agglomérées à l'aisselle des feuilles, les mâles pédicellées ; calice à tube très court ; pétales 4, petits, cucullés ; 8 étamines ; fleurs femelles à tube calicinal obové, à 8 côtes et à 4 lobes caducs ; ovaire uniloculaire ; 4 styles plumeux ; 4 graines albuminées.

S. numidica DR. — Petite plante radicante à la base, à port de *Lythrum Thymifolium*. Tiges de 5-20 cent., à feuilles oblongues, entières, petites, opposées, un peu atténuées en pétiole ; fleurs très petites. La Calle. R. Juillet.

TRAPA L.

Fleurs hermaphrodites ; calice à tube court soudé avec la base de l'ovaire, à divisions à la fin spinescentes ; pétales chiffonnés ; 4 étamines ; style filiforme ; stigmate capité, caduc ; fruit gros, ligneux, uniloculaire ; graine unique exalbuminée ; cotylédons inégaux.

T. natans L. ; Munb., cat. — Plante fluitante, à feuilles immergées, opposées, subsessiles, fimbriées, les supérieures flottantes, alternes, longuement pétiolées, à pétiole renflé, à limbe rhomboïdal plus large que long et fortement denté ; fleurs blanches brièvement pédicellées à l'aisselle des feuilles supérieures ; fruit noir, gros, à 4 épines calicinales *(Chataigne d'eau)*. ♃ R. Bône. Europe tempérée et mérid.

LYTHRARIÉES Jussieu.

Calice tubuleux ou campanulé à 4-12 dents ordinairement bisériées ; pétales 4-6, caducs, rarement nuls ; étamines 6-12, rarement plus, ou moins par avortement ; un style ; un seul stigmate ; capsule à 2-4 loges polyspermes, entourée par le calice persistant ; plantes herbacées, à feuilles opposées sans stipules.

Clef des genres :

Calice tubuleux, allongé, longuement dépassé par les pétales roses ou violacés ; style filiforme ; capsule allongée, cylindrique. . . . . LYTHRUM.

Calice campanulé, court ; pétales rudimentaires, caducs ou nuls ; stigmate subsessile ; capsule globuleuse. . . PEPLIS.

Calice à tube court, tétragone, à 4 lobes ovoïdes, étalés ; pétales rangés par paires ; ovaire non recouvert par le calice ; arbrisseau glabre. . . . . LAWSONIA.

LYTHRUM L.

L. Salicaria L. ; Munb., cat. ; Lx, cat. Kab. ; Ball, spic. — Tige de 6-15 déc., raide, droite, un peu rameuse, à rameaux dressés ; feuilles opposées, sessiles, un peu amplexicaules, lancéolées-aiguës, pubescentes ; fleurs en faisceaux axillaires, subverticillées, formant de longs épis terminaux ; fleurs trimorphes, purpurines, assez grandes. ♃ C. C. C. Marais, bord des ruisseaux. Mai-septembre.

β *Tomentosum* DC ; *L. altissimum* Pomel. — Forme géante, tomenteuse, fleurs souvent solitaires. Oued-Fékan (Pomel).

L. flexuosum Lag. ; Munb., cat ; Lx, cat. Kab. ; Ball, spic. ; *L. Grœfferi* Tenore ; *L. acutangulum* Lag. — Plante glabre, à tiges flexueuses, décombantes, radicantes à la base (3-6 décim. ; feuilles souvent alternes, luisantes, oblongues, plus petites que dans le précédent ; fleurs trimorphes (1 cent.), purpurines, solitaires à l'aisselle des feuilles supérieures ; pédicelles courts, bibractéolés ; bractées scarieuses ; calice à 12 dents, les 6 internes scarieuses, ovales-aiguës ; les 6 externes lancéolées ; pétales aussi longs que le calice tout entier. ♃ C. C. C. Mai-août. Lieux humides. Rég. médit.

L. hyssopifolium L. ; Desf., fl. atl. ; Munb., cat. ; Lx, cat. Kab. ; Ball, spic. — Tiges plus raides, plus droites que dans le précédent ; feuilles plus étroites ; fleurs 3-4 fois plus petites ; bractéoles herbacées ; dents externes du calice très courtes, triangulaires-obtuses ; pétales égalant la moitié de la longueur du calice. C. C. C. ① Lieux frais., partout. Rég. médit.

L. THYMIFOLIUM L. ; Munb., cat. ; Ball, spic. — Ne diffère guère du précédent que par sa taille exiguë (5-10 cent.) ; calice ordinairement à 8 divisions, les externes subulées. R. Coteaux. Bou-Ismaël, Colonne Voirol, Garrouban. Rég. médit.

NOTA. — M. le Dr Clary a trouvé à Daya un *Lythrum* qui est au *L. flexuosum*, ce que le *L. Thymifolium* est au *L. Hyssopifolium*.

L. Salzmani Jordan, obs. ; *L. bibracteatum* et *L. tribracteatum* Jordan ; *L. Thymifolium* Sibth. et Sm. ; Moris, non L. — Plante de 1-2 décim., à tiges anguleuses, rameuses dès la base, à rameaux divariqués, les inférieurs très longs ; pédicelles bibractéolés ; bractéoles herbacées ; calice à 6 dents externes triangulaires, courtes, obtuses ; et 6 internes membraneuses, rudimentaires ; capsule égalant le calice ; 2 bourgeons à l'aisselle de chaque feuille. ① Mai-juin. C. C. C. Fond des mares ou l'eau disparaît de bonne heure. Rég. médit. occid.

PEPLIS L.

Petites plantes (1-3 décim.), à feuilles entières, glabres, obovées, opposées, rarement alternes ; fleurs verdâtres, axillaires, petites. Plantes des lieux exondés l'été.

P. Portula L. ; Munb., cat. ; Lx, cat. Kab. — Tiges couchées, radicantes à la base ; feuilles opposées, pétiolées ; fleurs solitaires, brièvement pédicellées ; pédicelles bibractéolés ; calice fructifère cyathiforme, évasé, à tube plus court que la capsule, à dents variables. ① Avril-juin. Tala-Semda (Lx).

P. longidentata J. Gay ; *P. Fradini* Pomel. — Dents du calice dépassant la capsule et égalant le tube ; stigmate fortement papilleux ; placentaires sublinéaires et non ovoïdes. Bône (Fradin).

P. Nummulariæfolia Lois. (sub. *Lythro) ;* Ball, spic. ; *P. erecta* Requien. — Feuilles opposées, les supérieures parfois alternes, écartées, obovées, non pétiolées, un peu ciliées dans leur jeunesse ; fleurs solitaires ou fasciculées, sessiles ou subsessiles ; calice fructifère campanulé, à tube dépassant la capsule, à dents égales ; style moitié plus court que l'ovaire, papilleux. ① Avril-mai. Espagne, France, Italie.

β *hispidula ; P. hispidula* DR., Rev. Duch. — Plante dressée, à feuilles assez grandes et écartées, un peu hispide dans le haut ; dents calicinales extérieures moitié plus courtes que les intérieures ; fleurs à peu près sessiles ; bractéoles courtes. A. C. Maison-Carrée, Boufarick, etc.

γ *biflora ; P. biflora* Salzm. — Fleurs souvent géminées ou même fasciculées ; dents extérieures très courtes, les autres 4 fois plus longues ; plante glabre, radicante à la base. Avril-juillet. Réghaïa, Corso.

P. Boræi Jordan — Feuilles alternes. Alger, d'après Munby (n. v.)

LAWSONIA L.

L. inermis L.; Desf., fl. atl.; Munb., cat. *Le Henné.* — Cultivé rarement.

TAMARISCINÉES Desv.

Arbres ou arbrisseaux toujours verts, à feuilles squamiformes, alternes, entières, serrées; fleurs petites en grappes spiciformes; fleurs tétramères ou pentamères, isostémones; capsule polysperme se séparant en autant de valves qu'il y a de styles; placentaires pariétaux insérés sur le milieu des valves.

TAMARIX L.

Fleurs pentamères à 3 styles; capsule à 3 valves; graines dressées surmontées d'une aigrette sessile à axe central; fleurs roses ou blanches.

a. Feuilles plus longues que larges.

1. Étamines insérées entre les cornes du disque.

T. gallica L.; Desf., fl. atl.; Munb., cat.; Lx, cat. Kab.; Ball, spic. — Rameaux grêles; feuilles entièrement opaques, ovales-acuminées; fleurs petites, en grappes grêles (3-4 millim. diam.), agglomérées en inflorescences assez fournies et portées sur des rameaux grêles; 10 étamines à anthères cordiformes, apiculées; capsule petite pyramidale (3 millim.); arbre ou arbuste. C. C. C. Mai-juin. Lit des ruisseaux; broussailles, du Tell au Sahara. Rég. médit.

2. Étamines insérées sur les cornes du disque.

T. brachystylis J. Gay, inéd.; Munb., cat. — Aspect du précédent; arbuste à inflorescences très denses; feuilles ovoïdes-aiguës, courtes, à peine transparentes sur le bord, fortement ponctuées-imprimées; bractées linéaires-acuminées à base élargie; 5 étamines à anthères dorsifixes, apiculées; stigmates claviformes assez longs, réunis en style court ou nul; capsules petites; fleurs roses, petites. Oued-Biskra. Mai-juin.

β *Sanguinea* J. Gay, inéd. — Épis courts; fleurs petites d'un beau rose; rameaux rouges. Oued-Biskra.

T. Bounopœa J. Gay, inéd.; Munb., cat. — Feuilles opaques, lancéolées-acuminées, ponctuées-imprimées; grappes plus grosses et plus lâches que dans les précédents (5-6 cent. sur

5-6 millim.); fleurs plus grandes, blanchâtres; bractées linéaires; 5 étamines à anthères mutiques, ovoïdes, dorsifixes; capsule lancéolée, grêle, longue de 6 millim.; graines petites, nombreuses. ♄ Le Kreider, Biskra, Tunisie.

T. africana Poiret, voy. vol. II, p. 139; Desf., fl. atl.; Munb., cat.; Lx, cat. Kab.; Ball, spic. — Arbre ou arbuste à feuilles transparentes sur le bord, ovales-acuminées; fleurs grandes pour le genre en épis court et épais (5-7 millim. diam.), naissant souvent sur de gros rameaux; calice à divisions oblongues; 5 étamines à anthères mutiques et ovales; capsule courte, ovoïde, trigone. C. C. C. Lieux frais, partout. Avril-juin. Forme des forêts (Habra, etc.). Rég. médit.

β *laxiflora* J. Gay, inéd.; *macrostachys* Cosson, voy. — Grappes longues et lâches; fleurs grandes; bractées linéaires-aiguës, très longues. Bord de la Sebka de Miserghin, Biskra.

γ *Saharæ* J. Gay, inéd. — Grappes courtes, denses, dressées; rameaux pourprés plutôt que noirâtres. Biskra.

T. Balansæ J. Gay, inéd.; Munb., cat. — Rameaux grisâtres, grêles, flexueux; feuilles opaques, blanchâtres, fortement ponctuées-imprimées, celles des ramuscules rhomboïdales-aiguës et imbriquées, celles des rameaux distantes, triangulaires-acuminées; bractées ovoïdes, concaves, membraneuses aux bords; fleurs assez grandes, en grappes lâches et longues sur un rachis grêle; sépales ovoïdes, scarieux; pétales obovés, assez grands; 10 étamines à anthères apiculées; capsule de 7 millim., ovoïde-pyramidale; graines grandes. ♄ Avril-juin. Saâda, Biskra, R.

b. Feuilles plus larges que longues.

1. Étamines insérées sur les cornes du disque.

T. pauciovulata J. Gay, inéd.; Munb., cat. — Feuilles opaques, fortement ponctuées-imprimées, triangulaires, très courtes, semi-amplexicaules, très serrées sur les jeunes rameaux; grappes courtes, très grosses; bractées plus courtes que les fleurs; calice à dents ovoïdes, obtuses; pétales très grands pour le genre (4 millim.); 6-10 étamines à anthères apiculées; capsules grandes (7-9 millim.), ovoïdes-pyramidales; graines grandes. ♄ Avril-juin. Biskra, Saâda. Très voisin du *T. passerinoides* Delile, dont il n'est probablement qu'une variété à graines moins nombreuses dans chaque capsule.

2. Étamines insérées entre les cornes du disque.

T. articulata Vahl.; Munb., cat.; Ball, spic. — Arbre à ramuscules très longs, grêles, cylindriques, glauques; feuilles formant autour du rameau une gaine complète, courte, coupée presque horizontalement avec un petit mucron; grappes grêles et courtes; fleurs petites, subsessiles; bractées très courtes; sépales suborbiculaires, à bord scarieux; disque 10-lobé; 5 étamines; capsule petite (3 millim.), ovoïde. ♄ Arbre saharien portant des galles recherchées pour le tannage des peaux. Biskra, Saâda, Mzab, etc. Orient.

CRASSULACÉES DC.

Calice à 3-20 divisions; 3-20 pétales libres ou soudées en tube; étamines en même nombre que les pétales, ou en nombre double; carpelles autant que de pétales, munis à leur base d'une écaille nectarifère, polyspermes et s'ouvrant longitudinalement en dedans; plantes généralement charnues.

Clef des genres :

1	Pétales soudés en tube.	UMBILICUS.
	Pétales libres	2
2	3-4 étamines; feuilles opposées; plantes naines.	3
	5 étamines ou davantage; feuilles alternes. . . .	4
3	3-4 pétales; carpelles biovulés; port de Mousse.	TILLÆA.
	4 pétales; 4 carpelles polyspermes; plante aquatique	BULLIARDIA.
4	5 sépales, rarement 4 ou 7; 10 étamines, rarement 4 ou 5; 5 follicules, rarement 4; 4-5 écailles nectarifères; rejets stériles nuls ou à feuilles alternes.	SEDUM.
	Fleurs 6-20 mères, diplostémones; 12-18 écailles nectarifères; feuilles des rejets stériles en rosette; plante puissante.	SEMPERVIVUM.

TILLÆA Micheli

T. muscosa L.; Munb., cat.; Lx, cat. Kab.; Ball, spic. — Plante de 2 à 6 cent., à tiges simples ou rameuses très feuillées; feuilles glabres, opposées-connées, ovales-aiguës, mucronées, peu ou pas charnues, souvent rougeâtres; fleurs petites, sessiles, axillaires; corolle blanche; écailles hypogynes presque nulles. ① Février-mai. Lieux sablonneux et stériles. C. C. C. Rég. médit.

BULLIARDIA DC.

B. Vaillantii DC.; Munb., cat. — Plante à tiges grêles, dressées (4-10 cent.), plus ou moins rameuses, irrégulièrement dichotomes au sommet; feuilles petites, charnues, linéaires-oblongues, connées; fleurs petites, en cymes irrégulières; pédicelles plus longs que les feuilles; pétales d'un blanc rosé. ① R. R. Mars-avril. Mares : Cap Matifou (Duv.-Jouve), Chaïba (Clauson), Beni-Mered, Oran, etc. Europe moyenne et mérid.

SEDUM DC.

§ 1. *Cepæa.* — Racine grêle, annuelle ou bisannuelle ; tiges simples ou rameuses, sans rejets rampants à la base.

a. *stellata.* — Fleurs sessiles ou subsessiles, en grappes scorpioïdes ou unilatérales, formant un corymbe terminal ; carpelles étalés en étoile ; fleurs rosées ; plantes peu élevées.

S. stellatum L. ; Pomel, nouv. mat. — Plante robuste (5-15 cent.); feuilles planes, obovées, larges, dentées, anguleuses, atténuées en pétiole; fleurs assez grandes; 10 étamines; carpelles ovales-obtus, avec 2 gibbosités au bord supérieur séparées par un sillon profond ; stigmate subsessile. ① Mai-juin. A. R. Réghaïa, sous les lentisques, L'Alma (Marabout), le Corso, Kaddara, Collo (Pomel). Rég. médit.

S. rubens L. ; DC. ; Munb., cat. ; Ball, spic. ; *Crassula rubens* L. — Plante souvent rougeâtre (5-8 cent.), à feuilles radicales en rosette, planes et spatulées, disparaissant de bonne heure, les autres semi-cylindriques ; fleurs plus petites que dans l'espèce précédente ; 5 étamines ; carpelles acuminés ; rameaux florifères nombreux, en corymbe dense un peu pubescent. ① A. C. Un peu partout. Mai-juin. Rég. médit. occid.

S. cespitosum DC. ; Munb., cat. ; Ball, spic. ; *Crassula rubens* DC. — Voisin du précédent, mais bien plus grêle et plus petit ; feuilles toutes ou presque toutes alternes, semi-cylindriques ; corymbe glabre ; pétales glabres en dehors, plus courts que les carpelles ; carpelles comme plissés longitudinalement. ① C. C. C. Lieux arides et humides, un peu partout. Mars-mai. Rég. médit.

b. *paniculata.* — Fleurs plus ou moins longuement pédicellées, en panicule composée ; carpelles dressés.

1. Feuilles planes.

S. modestum Ball. Maroc.

S. Cepæa L. ; Lx, cat. Kab. ; Pomel, nouv. mat. — Plante de 1-4 décim., rameuse dans le haut ; feuilles opposées ou verticillées, rarement éparses, oblongues, atténuées en pétiole, très entières ; fleurs rosées, médiocres, lâchement paniculées ; pétales longuement acuminés. ① R. R. Dra-el-Mizan, Collo, Stora, Cap Cavallo. Europe.

2. Feuilles charnues, cylindriques ou a peu près ; pédicelles un peu plus longs que les fleurs, grêles, glanduleux ou hispides ; fleurs bleues ou jaunes.

S. cæruleum Vahl. ; Munb., cat. ; Lx, cat. Kab. ; *S. azureum* Desf., fl. atl. ; *S. heptapetalum* Poiret, Voy. vol. II, p. 169. — Plante de 5-15 cent., très rameuse dans le haut, aussi large que haute ; feuilles glabres, très obtuses ; 6-7 pétales d'un beau bleu (ou blanchâtres dans les montagnes), acuminés ; sépales petits ; 10-12 étamines ; style égalant les carpelles. ① C. C. C., partout. Mars-mai. Tunisie, Corse, Sardaigne, Sicile, Malte.

S. hispidum Desf., fl. atl. ; Munb., cat. ; Lx, cat. Kab. ; Ball, spic. — Plante hispide, de 1-2 décim., très rameuse ; pédicelles, grêles plus longs que la fleur ; fleurs assez grandes, jaunes ; pétales 5-6, aigus, bien plus longs que les sépales ; 10-12 étamines. ① C. C. C., partout dans le Tell. Lieux arides. Mai-Juillet.

3. Feuilles charnues, cylindriques ou ovoïdes ; fleurs roses ; plantes moins rameuses que les précédentes.

S. villosum L. ; Pomel, nouv. mat. — Plante grêle, pubescente, glanduleuse ; feuilles épaisses ; fleurs roses longuement pédicellées ; pétales obovés-aigus ; sépales étroits, moitié plus courts que les pétales ; 5 ou 10 étamines ; carpelles dressés, à style assez long. ① Tiaret. R. Europe.

S. NEVADENSE Cosson. — Plante glabre, diffère en outre du *S. villosum* par ses sépales plus développés. Garrouban (Pomel). Espagne.

S. andegavense DC.? — Feuilles très obtuses, presque aussi larges que longues ; fleurs brièvement pédicellées, en grappes à la fin allongées, un peu flexueuses ; sépales ovoïdes, très larges se recouvrant par les bords ; style court. La plante ici décrite a été récoltée au Djebel-Amour, par M. Roux. Je ne l'ai vue qu'en fruits. Des échantillons secs trouvés au Camp-des-Chênes (route de Téniet), semblent identiques.

§ 2. *Eusedum* Koch. — Plantes vivaces, à tiges florifères mêlées de rejets chargés de perpétuer la plante sauf dans *Sedum tuberosum*.

a. Fleurs jaunes diplostémones, en grappes unilatérales, à carpelles divariqués en étoile ; pétales aigus, cuspidés, égalant deux fois le calice ; feuilles planes ou semi-cylindriques, charnues, obtuses, les caulinaires sessiles et éperonnées au point d'attache.

1. Grosse souche tubéreuse émettant des rosettes de feuilles radicales ; tiges toutes florifères, naissant à l'aisselle des feuilles des rosettes ; feuilles planes.

S. tuberosum Cosson et Letourneux, Bull. soc., bot. Fr. 1875, p. 9 ; Pomel, nouv. mat. — Feuilles des rosettes atténuées en pétiole, oblongues-obtuses (15-20 millim. sur 5) ; tiges ascendantes (10-15 cent.), bien feuillées ; fleurs de 15 millim. en 1-3 grappes. ♃ Mars-juin. Trous des rochers : Gorges de Palestro, Bou-Zecza, Tigremount, etc.

2. Pas de souche tubéreuse, pas de rosettes ; tiges florifères et rejetons stériles.

S. acre L. ; Munb., cat. ; Lx, cat. Kab. ; Ball, spic. — Tiges nombreuses, rampantes, radicantes à la base puis dressées, très feuillées ; feuilles charnues, ovoïdes ou lancéolées, un peu planes en dessus, un peu éperonnées au point d'attache, celles des tiges florifères plus larges ; fleurs de 10 millim. ; carpelles bossus à la base du côté interne. ♃ A. R. Djurdjura, H.-Pl., Ras-Pharaoun. Europe.

S. multiceps Cosson et Durieu, Bull. soc., bot., vol. IX, p. 171 ; Lx, cat. Kab. ; Munb., cat. — Plante extrêmement feuillue, à feuilles étroitement linéaires-obtuses, toutes couvertes de papilles cristallines et formant d'épaisses rosettes au sommet des rameaux stériles, munies à leur base d'un éperon tronqué ; souches très rameuses ; tiges florifères souvent longues, sinueuses ; fleurs jaunes 5-7 mères, petites, en 2-4 grappes pauciflores ; carpelles très comprimés, bossus à la base du côté supérieur. ♃ Mai-juillet. De Collo à Bougie, Rif-Sidi-Drès (Constantine, Dr Reboud), Babors.

b. Fleurs jaunes, brièvement pédicellées, en grappes unilatérales ; feuilles cuspidées ; carpelles dressés ; 5-7 pétales.

1. Feuilles caulinaires éperonnées au point d'attache : rejets stériles se transformant en tubercules aériens oblongs.

S. amplexicaule DC. ; Munb., cat. ; Lx, cat. Kab. — Souche tortueuse, rameuse ; feuilles des rejets stériles subulées, imbriquées, dilatées à la base, amplexicaules ; tiges florifères de 1-2 décim., à feuilles linéaires-cylindriques, portant 1-2 grappes pauciflores ; fleurs grandes ; pétales linéaires-obtus ; carpelles lancéolés-acuminés. ♃ A. C. Sommet des montagnes. Rég. médit.

2. Feuilles toutes semblables, fusiformes, aiguës, non éperonnées au point d'attache.

S. **altissimum** Poiret ; Munb., cat. ; Lx, cat. Kab. ; Ball, spic. — Plante puissante à gros rejets stériles, très feuillés ; tiges de 2-3 décim. portant de nombreuses grappes scorpioïdes en corymbe serré ; fleurs grandes, à pétales linéaires-obtus ; étamines à filets poilus dilatés inférieurement ; carpelles lancéolés-acuminés. C. C. C. Rochers, broussailles de toute l'Algérie. Juin-août. Rég. médit.

c. Fleurs blanches ou roses, en cymes corymbiformes.

1. Feuilles cylindriques ou elliptiques, fortement charnues.

S. album L. ; Munb., cat. ; Lx, cat. Kab. ; Ball, spic. — Plante glabre, très rameuse, gazonnante à la base ; feuilles cylindriques ou semi-cylindriques ou ellipsoïdes, charnues ; tiges florifères hautes de 10-15 cent. ; fleurs blanches, petites, très nombreuses, en corymbe régulier très fourni. ♃ Mai-juillet. C. C. C. Rochers des montagnes.

α genuinum. — Feuilles caulinaires glabres, horizontales, très charnues ; pétales obtus. Sommet du Djurdjura, Maroc, Europe.

β micranthum ; *S. micranthum* Bastard ; *S. Clusianum* Gussone. — Feuilles caulinaires dressées ; plante très gazonnante, à feuilles semi-cylindriques, glabres. C. C. C. Atlas.

γ glanduliferum Ball. Maroc.

S. majellense Tenore ; Boissier, flor. d'Or. ; *S. Olympicum* Boissier, *olim* ; Lx, cat. Kab. — Tiges nombreuses, flexueuses, ascendantes, grêles (5-10 cent.) ; feuilles planes, largement obovées ou elliptiques ; fleurs blanches ; pétales aigus. ♃ R. R. Sommets du Djurdjura, Aïzer, Tizi-Tsennent. Sicile, Dalmatie.

S. **dasyphyllum** L. ; Desf., fl. atl. ; Munb., cat. ; Lx, cat. Kab. ; Ball, spic. — Plante ordinairement glauque, poussant sur les rochers en petites touffes serrées ; feuilles obovées très charnues, turgides, imbriquées-serrées dans les rejets stériles, distantes dans les tiges florifères ; tiges florifères hautes de 5-8 cent. ; fleurs rosées assez grandes, en corymbe dont les rameaux se terminent en grappes. ♃ C. C. Rég. atl., H.-Pl. ; rare dans le Sahel, Bouzaréa. Mai-juin.

β *glanduliferum; S. glanduliferum* Gussone. — Feuilles toutes couvertes de poils glanduleux. Avec le type, mais plus rare.

γ *pulligerum* Pomel. — Feuilles ponctuées en dessus par des glandes immergées avec ou sans poils glanduleux; tiges florifères très feuillées. C. C. Atlas de Blida.

S. brevifolium DC. Maroc (Ball).

§ 3. *Monanthoidea.*

S. surculosum Cosson; *Monanthes atlantica* Ball. Maroc.

SEMPERVIVUM L. (Joubarbe).

6-20 sépales; autant de pétales soudés à la base entre eux et avec les filets staminaux; 6-20 glandes hypogynes et autant de carpelles polyspermes; plantes charnues, à feuilles en rosettes denses au sommet des rameaux ou des rejets stériles.

S. arboreum L.; Desf., fl. atl. — Plante ligneuse, à grosses tiges rameuses, à rameaux obconiques terminés par de larges rosettes d'où partent des hampes florifères; feuilles larges, ciliées, cunéiformes, spatulées; fleurs jaunes, grandes, en thyrse. ♄ Cult. Rég. médit. mérid.

S. atlanticum Ball. Maroc.

UMBILICUS DC.

Fleurs 5-mères; calice minuscule; corolle tubuleuse avec 5 petites pièces hypogynes appliquées contre les ovaires.

Clef des sous-genres :

1	Feuilles inférieures peltées; corolle cylindrique.	COTYLEDON.
	Feuilles oblongues ou linéaires, charnues. . . .	2
2	Corolle campanulée; fleurs en grappes lâches. .	MUCIZONIA.
	Corolle hypocrateriforme; fleurs en corymbe. . .	PISTORINIA.

Sous-genre COTYLEDON.

C. Umbilicus L. — Souche tubéreuse; feuilles inférieures longuement pétiolées, peltées-orbiculaires, charnues, crénelées-lobées; feuilles moyennes dentées, cunéiformes, subsessiles; tiges robustes (1-13 décim.), simples ou un peu rameuses dans l'inflorescence, à rameaux dressés plus courts que la tige principale; fleurs brièvement pédicellées naissant chacune à l'aisselle d'une bractée lancéolée et formant des grappes cylindriques, terminales. ♃ Mai-août. Rochers, murs, talus, lieux frais. Type polymorphe.

C. ERECTUS ; *Umbilicus erectus* DC. ; Pomel, nouv. mat., p. 325 et herbier. — Fleurs toutes dressées contre la tige, ou étalées-dressées. Dahra. Europe.

C. HORIZONTALIS Gussone ; *Umbilicus horizontalis* DC. ; Munb., cat. ; Lx, cat. Kab. ; Ball, spic. — Corolles de 5-7 millim. sur 2, vertes ou jaunâtres, à dents ovoïdes-aiguës, à la fin conniventes ; ovaires courts, couronnés par les stigmates subsessiles et formant dans leur ensemble une masse ovoïde. C. C. C., partout dans le Tell. Sicile, Espagne, Canaries.

C. *gaditanus* Boiss. et Reut., Pug., p. 45 ; Munb., cat. ; Ball, spic. — Corolle linéaire à dents triangulaires-acuminées ; grappe très dense ; fruits plus longs, atténués en un style court et formant un ensemble linéaire. A. C. Alger, Sahel, Maroc, Espagne.

β *giganteus* nob., Bull. soc., bot. 1885, p. 339. — Plante très puissante (2-13 décim.), à fleurs rouges ou rougeâtres ; corolles de 10 millim. sur 4 ; fruits longuement atténués en style. Falaises maritimes : Pointe-Pescade, Matifou, l'Alma, le Corso. R.

C. PENDULINUS ; *Umbilicus pendulinus* DC. ; Munb., cat. ; *U. patulus* Pomel. — Fleurs un peu campanulées, à pédicelles étalés, plus longs que le calice ; corolles larges de 4 millim. ; fruits atténués en style court. Stora, Djebel-Goufi (Pomel).

β *deflexus*, *Umbilicus deflexus* Pomel. — Pédoncules plus courts, réfléchis à maturité. Djurdjura, L'Adjiba, Fort-National, Tlemcen, Batna, El-Kantara, etc.

C. PATENS ; *Umbilicus patens* Pomel. — Corolles courtes, petites, d'abord horizontales, puis pendantes, les fructifères ovoïdes ou globuleuses, parfois minuscules (*Umbilicus micranthus* Pomel). A. C. Bouzaréa, Chenoua.

Sous-genre MUCIZONIA.

M. hispida ; *Cotyledon hispida* Lamarck ; Desf., fl. atl. ; Ball, spic. ; *Umbilicus hispidus* DC. ; Munb., cat. — Plante grêle de 4-12 cent., glanduleuse, hispide, rameuse ; fleurs en grappes très lâches ; corolles de 8 millim. sur un pédoncule aussi long qu'elles, campanulées, divisées jusqu'au tiers en lobes ovoïdes ; fleurs rosées, veinées ; pas de bractées. ① Oran. A. C. Tlemcen.

Sous-genre PISTORINIA.

P. Salzmani, Boissier, voy. Esp., p. 224, tab. 74 ; Munb., cat. — Plante de 4-10 cent., à tige grêle, mais ferme ; fleurs en corymbe composé et terminal ; corolle à tube de 5-8 millim., évasé dans le haut ; limbe rotacé de 6-8 millim. de diam., à dents lancéolées-oblongues, mucronées ; étamines saillantes. ① Juin.

α *flaviflora.* — Fleurs jaunes très courtes. Cap-Djinnet (Lx). Espagne.

β *rubella.* — Fleurs purpurines, jaunâtres à la gorge. Aïzer, Lella-Khadidja, Boghar, Tiaret.

P. INTERMEDIA Boiss. et Reut., diagn. Or., § II-2, p. 60. — Diffère de la précédente par sa taille plus élevée (5-20 cent.) et surtout par ses fleurs plus grandes, à tube de 15-20 millim.

α *flaviflora.* — Fleurs d'un jaune vif. Bord de la mer, du Corso à la Réghaïa.

β *rubella.* — Fleurs purpurines. A. C. Dans la région montagneuse : Beni-Sahla (Blida), Mouzaïa, Tizi-Ouzou, Tiaret, Mostaganem, etc., etc.

P. hispanica DC. ; *Cotyledon hispanica* Desf., qui diffère du *P. intermedia* par le tube de la corolle resserré sous la gorge ne paraît avoir été signalé en Algérie que par confusion avec la plante précédente.

P. brachyantha Cosson ; *Cotyledon Cossoniana* Ball. Maroc.

FICOÏDÉES DC.

Plantes grasses, à feuilles alternes ou opposées ; calice à 5 sépales plus ou moins soudés à la base ; pétales indéfinis, définis ou nuls ; étamines nombreuses, plurisériées ; ovaire à 5 carpelles soudés au tube du calice ou libres ; placentation axile ; embryon roulé autour de l'albumen ; graines chagrinées.

Tribu I. — EUFICOÏDÉES.

Ovaire soudé au tube du calice.

MESEMBRYANTHEMUM L. (Ficoïde).

5 sépales ; pétales indéfinis, soudés à la base ; 5 styles ; capsule charnue et déprimée.

M. nodiflorum L. ; Desf., fl. atl. ; Munb., cat. ; Lx, cat. Kab. — Plante glabre, à tiges nombreuses, couchées, couverte de petites papilles cristallines ; feuilles cylindriques, obtuses, semi-amplexicaules, opposées ou alternes ; fleurs courtement pédonculées, axillaires et terminales, involucrées dans une paire de bractées ; pétales linéaires, indéfinis, très petits, blancs, jaunâtres ou rosés, égalant à peine les divisions linéaires du calice ; capsule petite, de la grosseur d'un pois. ① Bord de la mer. Mai-juin. Rég. médit.

M. crystallinum L.; Munb., cat.; Ball, spic. *Cristalline, Glaciale.* — Plante toute couverte de grosses papilles cristallines; feuilles planes, charnues, les inférieures opposées, obovées-spatulées, atténuées en pétiole trinervié, à bords ondulés, les supérieures alternes, sessiles, ovoïdes-aiguës; divisions du calice ovoïdes, plus courtes que les pétales; capsule bien plus grosse que dans le précédent. ① R. Avril-mai. Oran, La Macta, Tunisie, etc. Rég. médit.

Tribu II. — AÏZOÏDÉES DC.

Pétales nuls; 5 sépales pétaloïdes en dedans; ovaire libre surmonté de 5 stigmates épais.

AÏZOON L.

A. hispanicum L.; Desf., fl. atl.; Munb., cat.; Ball, spic. — Plante de 5-20 cent., pubérulente, rameuse-dichotome; feuilles opposées, sessiles, lancéolées-obtuses; calice campanulé, subsessile, à dents plus longues que le tube; calice fructifère long de 20 millim., fortement nervié sur un diam. de 12 mill. à la gorge. ① Mars-mai. A. R. Oran, Chélif, Fort-National, Biskra, etc., etc. Maroc, Espagne.

A. canariense L.; Desf., fl. atl.; Ball, spic. — Plante pubescente, presque veloutée, annuelle ou subperennante, à tiges robustes, sinuées, rameuses, en rosette serrée aplatie sur le sol; feuilles obovées, petites, brièvement pétiolées, peu charnues; fleurs petites, sessiles; calice hémisphérique, à dents courtes, dépassées par la capsule; capsule à 5 angles fortement déprimée, ombiliquée au sommet. Rég. désertique. R. Biskra, Negrine, Maroc, Tunisie, Orient, Inde, îles du cap Vert.

Tribu III. — RÉAUMURIÉES.

Calice à 5 divisions, involucré par des bractées; pétales persistants alternant avec les divisions du calice; capsule libre à 5 loges; styles filiformes; graines velues.

REAUMURIA L.

R. vermiculata L.; Desf., fl. atl.; Munb., cat. — Arbrisseau de 6-12 décim., à tiges dressées, nombreuses, rameuses, blanchâtres; feuilles éparses, linéaires, charnues, nombreuses autour du calice; pétales blancs avec des appendices écailleux à la base, dépassant les sépales; 20-30 étamines insérées sur le calice. ♄ Avril-juin. Sahara, Biskra, Tunisie, Sicile.

CACTÉES DC.

OPUNTIA Tournefort (Raquette).

O. Ficus-indica Haw; Lx, cat. Kab.; *Cactus Opuntia* L.; Desf., fl. atl. *Figuier de Barbarie.* — Plante américaine depuis longtemps introduite par les Espagnols et subspontanée aujourd'hui sur bien des points. ♄ Gorges de Palestro, etc. Les fruits forment une part importante de la nourriture des Arabes qui l'appellent : « *Kermous ensara* ou figue des chrétiens. » Les Kabyles en cultivent une race inerme comme fourrage.

L'*O. Cochinillifera* du Mexique a été cultivé. Il en existe encore une plantation près du Jardin d'Essai du Hamma.

Un nombre considérable de *Cactées* sont cultivées pour l'ornement.

CUCURBITACÉES Jussieu (1).

Plantes sarmenteuses dont les tiges grimpent souvent au moyen de vrilles naissant à côté des feuilles; feuilles alternes, ordinairement palmées; fleurs gamopétales, monoïques ou dioïques, rarement polygames; 5 étamines soudées en 3 phalanges (2-2-1); anthères extrorses à connectif flexueux; style court; 3-5 stigmates bilobés; ovaire infère primitivement triloculaire; fruit charnu; graines exalbuminées; embryon droit; plantes à suc purgatif, à feuilles ordinairement glanduleuses et fétides quand on les froisse.

CITRULLUS Schrader.

Fleurs toutes solitaires, monoïques; feuilles laciniées; fruit sphérique, marbré; plantes rampantes.

C. Colocynthis Schrad.; Ball, spic.; *Cucumis Colocynthis* L.; Desf., fl. atl.; Munb., cat. *Coloquinte.* — Feuilles triangulaires dans leur pourtour, 3-5 partites, à segments lobés; fruits fongueux de la grosseur d'une orange ou plus gros. ♃ Sahara C. C. C. Juillet-septembre. Plante scabre, très amère; purgatif drastique puissant. Espagne, Orient.

C. vulgaris Schrad. *Pastèque.* ① Très cultivé, parfois subspontané.

---

(1) A l'exemple de la plupart des floristes, nous plaçons ici cette famille, bien que dans la clef nous ayons dû la placer dans la série des gamopétales, toutes nos cucurbitacées algériennes étant nettement gamopétales.

ECBALLIUM Rich.

Fleurs mâles en grappes, les femelles solitaires; fruits oblongs; feuilles entières, triangulaires ou ovoïdes; tiges courtes, robustes, sans vrilles; fruit se séparant du pédoncule avec explosion.

E. Elaterium Rich.; Ball, spic.; *Momordica Elaterium* L.; Munb., cat.; Lx, cat. Kab. — Souche vivace souterraine, pivotante, parfois énorme; tiges grosses comme le doigt; feuilles longuement pétiolées, un peu charnues, tuberculées-scabres, dentées ou lobées, triangulaires ou ovoïdes; fleurs campanulées assez grandes; fruits nutants longuement pédonculés, longs de 4-7 cent. sur 2-3, scabres et pubescents. ♃ Mars-août.

α monoicum. — Plante monoïque. Alger, Dra-el-Mizan. R. Rég. médit., Orient.

β dioicum. — Plante dioïque; fleurs des pieds mâles très grandes. C. C. C. Toute l'Algérie. Cherchell, Chéliff, Oran, Mascara, Biskra, El-Kantara, etc.

BRYONIA L. (Bryone).

Plantes grimpantes, dioïques, à fleurs en grappes axillaires.

B. dioïca Jacquin; Munb., cat.; Lx, cat. Kab.; Ball, spic.; *B. alba* Desf., fl atl. — Grosse souche tubéreuse souterraine; tiges grêles, anguleuses, très longues, grimpant dans les broussailles au moyen de vrilles simples très longues; feuilles cordiformes à la base, palmatilobées, à lobes plus ou moins profonds; pieds mâles à feuilles souvent plus divisées, à pédoncules floraux dépassant les feuilles; fleurs petites (15 millim.), blanches ou verdâtres, nerviées, en corymbe ou en grappes; pieds femelles à fleurs en corymbe ou en ombelles brièvement pédonculées, souvent avec 1-2 fleurs à la base du pédoncule; fruits rouges à maturité, gros comme un pois, sphériques, bacciens. ♃ Février-juin.

α genuina. — Feuilles ovales dans leur pourtour, à 5 lobes, le médian plus long, hispides snr les 2 faces; style trifide. Constantine. Europe. Rég. médit.

β sicula Gussone? — Fleurs mâles longuement pédicellées en longues grappes 30-40 flores, très brièvement pédonculées; inflorescences femelles à pédicelles et pédoncules très courts; feuilles de la forme précédente, plus petites. Médéa.

γ *digyna, B. digyna* Pomel. — Style allongé, bifide ; stigmates profondément divisés en 2 lobes tordus ; lobes des feuilles profonds et dentés. Alger et Oran. C. C. C.

B. ACUTA Desf., fl. atl. — Feuilles profondément divisées en 5-7 lobes lancéolés très aigus, entiers ou peu dentés ; entre-nœuds très courts ; fleurs plus grandes ; style bifide. La Macta (Oran). R. R. Tunisie, Maroc. Sicile.

NOTA. — Le *Cucumis prophetarum* L., plante d'Arabie et le *C. Dudaim* L. signalés par Desfontaines en Algérie, n'y ont pas été retrouvés à l'état sauvage, mais on y cultive les *Cucumis Melo* L. ; *Dudaim* L. ; *sativus* L. ; les *Cucurbita Pepo* L. et *maxima* Duch. ; le *Lagenaria vulgaris* Ser. ; le *Sechium edule* Schwartz ; le *Momordica Balsamina* L., etc.

GROSSULARIACÉES DC.

Arbrisseaux à feuilles palmées, alternes, pétiolées, sans stipules ; fleurs hermaphrodites en grappes axillaires ou solitaires, rarement unisexuées ; fleurs pentamères, isostémones, régulières ; fruit baccien, globuleux, uniloculaire, polysperme.

RIBES L. (Groseiller).

R. Uva-crispa L. ; Munb., cat. ; Lx, cat. Kab. ; Ball, spic. — *Groseiller à maquereau.* — Arbrisseau très rameux portant 2-3 grandes épines vulnérantes sous chaque bourgeon ; feuilles petites, fasciculées, pubescentes, 3-5 lobées, à lobes crénelés ; grappes uni-triflores ; baie ovoïde-globuleuse, courtement pédonculée et plus ou moins hispide. ♄ Hauts sommets du Djurdjura et de l'Aurès. Juin-août. Europe tempérée.

β *atlantica* Ball. — Fruits glabres ; sépales dressés. Maroc.

R. petræum Wulf. ; Lx, cat. Kab. — Tiges dressées, robustes, inermes ; feuilles grandes, longuement pétiolées, 3-5 lobées, dentées ; fleurs en grappes dressées à la floraison, puis pendantes, à rachis robuste et velu ; bractées velues ; baies petites, rouges, acerbes. Fleurs avril-juin ; fruits septembre. Djurdjura, versant nord. Europe moyenne.

SAXIFRAGÉES Jussieu.

SAXIFRAGA Juss. (Saxifrage).

Plantes herbacées ; calice adhérent à l'ovaire, à 4-5 dents ; 4-5 pétales ; 8-10 étamines ; capsule biloculaire, à 2 becs, s'ouvrant supérieurement par les sutures internes des carpelles ; fleurs en cymes terminales.

a. Plante annuelle.

S. tridactylites L.; Munb., cat.; Lx, cat. Kab.; Ball, spic. Plante grêle de 4-15 cent., pubescente-visqueuse; souche sans bulbilles, à une ou plusieurs tiges plus ou moins rameuses; feuilles inférieures trifides ou trilobées; fleurs petites, blanches, en cymes irrégulières; pédicelles longs, filiformes, bibractéolés; calice urcéolé, subglobuleux. ① A. R. Lieux frais. Mars-mai. Djurdjura, Aït-Ali, l'Adjiba, l'Arba, Alger, Blidah, Sétif, Garrouban, etc., etc. Europe, Rég. médit.

b. Plantes vivaces, non gazonnantes, à tubercules souterrains, pubescentes-visqueuses; fleurs blanches en cyme dichotome peu ramifiée.

S. atlantica Boissier et Reuter, Pug. p. 48; Munb., cat.; *S. granulata* Desf., fl. atl.; Ball, spic., non L. — Souche fibrilleuse, avec 1 ou plusieurs tubercules tuniqués, assez gros, au bout de pédicules radiciformes, à tuniques brunes; tige ordinairement solitaire (1-3 décim.); feuilles radicales nombreuses, pétiolées, cordiformes à la base, ovoïdes ou orbiculaires, à 9-11 lobes; feuilles supérieures sessiles; fleurs courtement pédicellées; inflorescence d'abord compacte, puis s'allongeant en deux grappes sympodiques, rarement très ramifiée (Maroc); pétales blancs égalant deux fois le calice. ♃ Mars-mai. C. C. C. Rég. montagneuse, Mitidja R. Maison-Carrée, Réghaïa, Saoula, etc.

Nota. — Le *S. Parisii* Pomel me semble en être une forme grêle des hauts sommets.

S. carpetana Boiss. Reut.; Munb., cat.; Lx, cat Kab.; ***S. sabulicola*** Pomel. — Diffère du précédent par ses feuilles radicales non cordiformes à la base, atténuées en pétiole plus court qu'elles, par ses fleurs plus longuement pédicellées; par les dents du calice plus longues que le tube à la floraison. ♃ A. R. Tiaret, Téniet, Djebel-Goufi (Pomel), Djurdjura, Aurès, Dira. Espagne. — La plante type d'Espagne a ses fleurs subsessiles.

S. arundana Boissier, voy. Esp., tab. 64; Munb., cat.; Lx, cat. Kab.; *S. Debeauxii* Pomel. — Diffère des précédents par ses feuilles radicales assez longuement pétiolées, tripartites, à lobes trifides; par ses fleurs plus grandes assez longuement pédicellées. ♃ Fort-National, Babors (Munby). Espagne.

c. Plantes gazonnantes tapissant les rochers; tiges grêles; fleurs blanches, petites; pas de tubercules souterrains; rameaux stériles, souvent renflés en tubercules aériens.

S. globulifera Desf., fl. atl., tab. 96-1; Munb., cat.; Lx, cat. Kab.; Ball, spic.; *S. granatensis* Boiss. et Reut., p. 46. — Tiges couchées à la base, très feuillées; feuilles assez longuement atténuées en pétiole, les inférieures entières, les autres tridentées ou trifides, à lobes entiers ou tridentés; tubercules aériens obtus, obovés, enveloppés de feuilles, plus ou moins velus; hampes florifères grêles, presque aphylles; inflorescence en panicule ramifiée; fleurs petites, pédicellées; pétales égalant 2 fois le calice; plante de 5-10 cent. ♃ Avril-mai. Rochers humides de toute la région montagneuse. Espagne.

β *major*. — Plante de 10-25 cent., très florifère, à feuilles plus grandes, plus divisées. Gorges de Palestro, Aït-Khalfoun.

S. ORANENSIS Munby, Bull. soc., bot. Fr., vol. II, p. 284. — Feuilles larges peu divisées, à lobes aigus très longuement pétiolés (4-10 cent.); tubercules aériens glabres, aigus; hampes à bractées bien développées; fleurs plus grandes que dans le *S. globulifera*. ♃ Avril-juin. Oran, ravin Noizeux, Santa-Cruz.

S. SPATHULATA Desf., fl. atl., tab. 96-2; Munb., cat.; Lx, cat. Kab. — Plante formant un gazon court, très serré; feuilles très petites atténuées en pétiole, spatulées, obtuses, entières ou tridentées, ciliées ou plus ou moins velues, formant des rosettes serrées au sommet des rameaux florifères et des rameaux stériles; bulbes aériens petits, oblongs, axillaires, peu apparents à la floraison; hampes très grêles (3-8 cent.), uni-pauciflores, bractéolées. ♃ C. C. C. Mars-mai. Toute la région montagneuse.

NOTA. — Bien que cette plante semble très distincte du *S. globulifera* on trouve entre elles de si nombreux intermédiaires qu'il n'est pas possible de les séparer complètement. Le *S. oranensis* mériterait peut être mieux de former une espèce distincte.

S. Maweana Baker. Maroc.

S. demnatensis Cosson. Maroc.

OMBELLIFÈRES Jussieu.

Fleurs pentamères, régulières ou à pétales rayonnants sur le pourtour de l'inflorescence; calice soudé à l'ovaire, à limbe nul ou denté; pétales ordinairement obcordés par l'inflexion d'un lobule médian; 5 étamines libres; 2 styles terminaux épaissis à la base en un *stylopode* plus ou moins large; fruit formé par deux achaines juxtaposés *(méricarpes)*, se séparant d'ordinaire à maturité, mais restant suspendus au sommet d'une colonne centrale souvent bifide *(carpophore)*. Méricarpes plans ou concaves à la commissure, portant d'ordinaire 5 côtes *(côtes primaires)* sur la face dorsale, séparées par des sillons *(vallécules)*. Parfois entre les côtes primaires se développent *4 côtes secondaires*, une au milieu de chaque vallécule. Des canaux à oléo-résine *(bandelettes)* sont habituellement logés dans l'épaisseur du péricarpe des vallécules et de la face commissurale de chaque méricarpe. Chaque méricarpe contient un embryon droit, très petit, à radicule dirigée vers le hile et un albumen corné, plan, concave ou roulé par les bords du côté de la commissure.

Plantes à feuilles alternes munies à leur base d'un ochrea ou gaîne ; fleurs le plus souvent en ombelles composées.

Clef des tribus :

Série A. — *HETEROSCIADÉES.*

Fleurs en capitules, en verticilles ou en ombelles simples ou irrégulières.

Fleurs en capitules . . . . ERYNGIÉES.

Fleurs en faux verticilles ; feuilles entières orbiculaires HYDROCOTYLÉES.

Série B. — *HAPLOZYGIÉES.*

Fleurs en ombelles composées ; rien que des côtes primaires.

1 { Fruits comprimés par le dos ; côtes dorsales filiformes, côtes marginales épaissies. . . . . . PEUCÉDANÉES.
Fruits à section orbiculaire ; côtes marginales contiguës . . . . SESELINÉES.
Fruits comprimés par le côté. 2

2 { Feuilles entières ; fleurs jaunes. . . . . BUPLEURÉES.
Feuilles plus ou moins divisées. 3

3 { Fruits durs, à péricarpe épais, non rostrés, canaliculés à la face commissurale. . . . . SMYRNÉES.
Albumen plan, rarement canaliculé et alors fruits rostrés ; péricarpe ordinairement peu épais. . . AMMINÉES.

Série C. — *DIPLOZYGIÉES.*

Fleurs en ombelles composées ; côtes primaires et côtes secondaires.

1 { Fruits linéaires comprimés par le côté . . . . . CUMINÉES.
Fruits sphériques ou didymes, lisses . . . . . . CORIANDRÉES.
Fruits comprimés par le dos ou à section orbiculaire. 2

2 { Côtes secondaires toutes ou en partie développées en ailes membraneuses. . . . . THAPSIÉES.
Côtes garnies d'aiguillons, de longs poils ou de tubercules. . . . . DAUCINÉES.

Tribu I. — HYDROCOTYLÉES.

HYDROCOTYLE L. (Hydrocotyle).

Fruits comprimés par le côté, à deux écussons carenés sur le dos, pas de bandelettes; involucre obgophylle.

H. vulgaris L.; Desf., fl. atl.; Ball, spic.; fig. Reich., pl. 1. La Calle (Desf.), Maroc, Europe.

Tribu II. — ÉRYNGIÉES.

ERYNGIUM L. (Panicaut).

Fleurs sessiles, chacune à l'aisselle d'une bractée spinescente; fruit arrondi, écailleux ou tuberculeux; côtes et bandelettes ordinairement nulles; carpophore bipartit, soudé avec les méricarpes; capitules involucrés, inflorescence générale définie.

a. Bractées simples égalant l'involucre et 3-4 fois plus longues que les fruits; capitules sessiles.

E. Barrelieri Boissier; Munb., cat.; Lx, cat. Kab.; *E. pusillum* L. *(ex parte);* Desf., fl. atl. — Feuilles inférieures à pétiole ailé, embrassant, non épineux à la base, à limbe mou, peu ou pas épineux, linéaire-oblong, obtus, ondulé sur les bords, souvent crénelé-denté; tige simple dichotome au sommet, peu feuillée; capitules globuleux, très serrés; pièces de l'involucre et bractées lancéolées-linéaires, acuminées en épine, souvent munies de deux dents spinuleuses à leur base; dents du calice dressées, épineuses, lancéolées; fruit écailleux; racines noires, fibreuses, naissant d'une souche très courte. ① ② Juin-août. Lieux marécageux du Tell; forme des peuplements serrés dans le fond des mares inondées l'hiver. Sicile, Corse, Sardaigne.

E. tenue Lam. Maroc. Ball.

b. Pièces de l'involucre plus longues que les bractées; capitules plus ou moins pédonculés.

1. Bractées entières, subulées, parfois bidentées à la base; capitules assez longuement pédonculés; fruits écailleux.

E. triquetrum Desf., fl. atl., tab. 54; Munb., cat.; Lx, cat. Kab.; Ball, spic. — Feuilles radicales petites, pétiolées, en rosette appliquée sur le sol, les premières oblongues et entières, crénelées-dentées, les autres tri-quinquefides, dentées-épineuses; feuilles caulinaires palmatipartites, à lobes lancéolés-épineux, entiers ou dentés; tige droite, striée, très rameuse; rameaux anguleux, les derniers triquètres; pédoncules triquètres élargis au sommet; involucre de 3-4, rarement 5 pièces entières, rigides, carenées, vulnérantes; capitules pauciflores, déprimés; dents du calice lancéolées-cuspidées; plante de 3-4 décim. formant un buisson arrondi, souvent amethyste. ♃ C. C. C. Terres argileuses. Juillet-août. Maroc.

E. campestre L.; Munb., cat.; Ball, spic. — Souche ramifiée, profonde; feuilles coriaces, nerviées, les radicales longuement pétiolées, rarement oblongues-dentées, généralement grandes, bipinnatipartites, à divisions larges, dentées, à dents triangulaires, piquantes; feuilles caulinaires embrassantes, à pétiole largement ailé, nul dans les supérieures; capitules globuleux ou ovoïdes, involucrés par 5-7 pièces longuement linéaires, piquantes, entières ou dentées-épineuses; bractées dépassant les fleurs; calice à dents acuminées, dressées; inflorescence très rameuse. A. R. Juillet-août. Ben-Chicao, de Thiers à Bouïra, Boghar, Chéliff, Aïn-el-Hadjar, Garrouban, etc. Europe, Maroc.

E. Bourgati Gouan; Ball, spic. Maroc.

E. Aquifolium Cav.; Ball, spic. Maroc.

E. dilatatum Lam.; Ball, spic. Maroc.

E. variifolium Cosson. Maroc.

E. dichotomum Desf., fl. atl., tab. 55; Munb., cat.; Lx, cat. Kab.; Ball, spic. — Feuilles inférieures longuement pétiolées, oblongues, entières, dentées-crénelées, molles, non épineuses; feuilles caulinaires sessiles, palmatipartites, dentées, épineuses; capitules ovoïdes; involucre à pièces dentées-épineuses à la base, subulées; bractées munies de deux spinules à leur base; dents calicinales dressées, acuminées; inflorescence étalée, di-trichotome. ♃ Juin-août. C. C. C. Prairies, lieux humides du Tell. Maroc, Tunisie, Espagne, Sicile.

2. Bractées tricuspides.

E. tricuspidatum L.; Desf., fl. atl.; Munb., cat.; Lx, cat. Kab.; Ball, spic. — Souche napiforme, noire; feuilles radicales disparaissant de bonne heure, longuement pétiolées, à pétiole grêle, à limbe cordé-orbiculaire, denté à dents mucronulées; feuilles caulinaires subsessiles, palmatipartites, à divisions étroites, lancéolées, épineuses, dentées ou pennatiséquées, à pointe longuement acuminée, vulnérante; tige ordinairement peu rameuse; inflorescence peu étalée; capitules longuement pédonculés; involucre de 5-6 pièces étroitement lancéolés, dentées-épineuses, longuement acuminées et vulnérantes au sommet; capitules ovoïdes, à bractées tricuspides dépassant les fleurs; fruits écailleux sur la face dorsale. ♃ Juillet-septembre. Broussailles, partout. Maroc, Espagne, Sicile.

E. Bovei Boissier, ann. sc. nat. 1844, p. 124. — Feuilles radicales à limbe réniforme; tiges longues et grêles; feuilles caulinaires à divisions courtes et larges ainsi que les pièces de l'involucre. Bône, La Calle.

E. MAURITANICUM Pomel. — Feuilles radicales à limbe plus développé, fortement denté dans le haut, profondément échancré à la base, à bords du sinus se recouvrant; feuilles caulinaires et pièces involucrales plus larges; inflorescence plus étalée; capitules plus gros, à bractées plus grandes; fruits ne portant que deux rangs d'écailles, un de chaque côté. ♃ Garrouban, Oran.

E. maritimum L.; Desf., fl. atl.; Munb., cat.; Lx, cat. Kab.; fig. Reich. 8. — Souche rhizomateuse; tiges dressées, grosses comme le petit doigt; feuilles glauques, amples, très coriaces, fortement nerviées, dentées-épineuses, les inférieures pétiolées, à limbe réniforme plus ou moins lobées, les autres sessiles trifides ou tripartites; inflorescence dichotome; capitules longuement pédonculés, très gros; involucre à folioles ovales, fortement épineuses, très grandes; fleurs dépassant les bractées; calice à dents lancéolées acuminées, étalées en étoile; fruit gros, écailleux surtout sur le milieu des faces. ♃ Juillet-août. Sables du littoral. A. C. Europe, Maroc.

E. ilicifolium Lam.; Desf., fl. atl., tab. 53; Munb., cat.; Lx, cat. Kab.; Ball, spic. — Plante annuelle à tige florifère dès la base, dichotome; feuilles toutes semblables, oblongues, coriaces, fortement dentées-épineuses; pièces de l'involucre semblables aux feuilles; capitules subsessiles, multiflores, ovés-cylindriques; bractées courtes mais dépassant les fleurs, les supérieures parfois plus longues formant un toupet au sommet du capitule; fleurs petites; sépales bilobés longuement mucronés, dressés; achaines couverts sur les côtes d'écailles blanches très obtuses. ① Mai-juillet. Pelouses des régions sèches. C. C. C. H.-Pl. L'Adjiba, Oran, El-Kantara, etc. Maroc.

NOTA. — L'*E. planum* L., signalé par Desfontaines en Algérie, n'y a pas été retrouvé.

SANICULA L. (Sanicle).

S. europæa L.; Munb., cat.; Lx, cat. Kab.; fig. Reich., pl. 1, fig. 2. — Plante à feuilles presque toutes radicales, pétiolées, glabres, luisantes, palmatipartites, à 3-5 segments oblongs-cunéiformes, 1-3 lobés, dentés, fortement nerviés en réseau; tiges peu feuillées, peu rameuses; inflorescence formée de petits capitules globuleux, pédonculés, simulant dans leur ensemble une ombelle irrégulière; fleurs polygames, blanches ou rosées, les hermaphrodites sessiles; ovaire sans côtes, mais muni de bandelettes. ♃ Mai-juillet. Bois des montagnes : Djurdjura, Babors, Édough, Mouzaïa, etc., etc. Europe.

HOHENACKERIA Fish. et Mey.

Plantes glabres, naines, annuelles, à feuilles graminiformes; fleurs toutes hermaphrodites et sessiles, agglomérées en capitules non involucrés, terminaux ou placés dans les dichotomies; méricarpes à 5 côtes avec une seule bandelette à la commissure, adhérents au carpophore; fleurs verdâtres, petites.

H. bupleurifolia Fish. et Mey.; Munb., cat.; Cosson, Bull. soc., bot., vol. II, p. 182 et annales des sc. nat., série IV, t. V avec planche. — Plante presque acaule (4-8 cent.); calice à 3-5 dents un peu contracté sous le limbe; stylopode stipité; fruit glabre à côtes à la fin peu distinctes. ① Avril-mai. H.-Pl. R. Batna, Djelfa, Saïda, Géryville, etc. Espagne, Caucase.

H. polyodon Coss. et DR., loc. cit. — Tiges plus nettement dichotomes; plante plus élancée; calice à 5-10 dents non contracté sous le limbe; fruit pubescent à côtes distinctes jusqu'au sommet. ① Avril-mai. A. R. Batna, Djelfa, Sidi-bel-Abbès, etc.

Tribu III. — AMMINÉES.

Clef des sous-tribus :

Feuilles des involucelles ordinairement ciliés; albumen canaliculé à la face commissurale; fruit plus ou moins allongé en bec; fleurs blanches. . . . . Scandicinées.

Fruit non rostré; albumen généralement plan à la commissure; involucelles à folioles glabres. . . . . . Euamminées.

Sous-tribu I. — SCANDICINÉES.

Clef des genres et sous-genres :

1	Plantes tuberculeuses	2
	Plantes non tuberculeuses	3
2	Feuilles peu divisées.	BALANSÆA.
	Feuilles très divisées.	GEOCARYUM.
3	Achaines longuement rostrés, déhiscents avec élasticité	SCANDIX.
	Achaines à bec court	4
4	Une bandelette par vallécule; côtes obtuses. . .	CHÆROPHYLLUM.
	Pas de bandelettes; côtes carenées.	ANTHRISCUS.

SCANDIX L.

Fruit largement rostré; méricarpes à 5 côtes obtuses et égales; bandelettes peu visibles; involucre nul ou monophylle. Herbes annuelles à feuilles très divisées.

§ 1. *Pecten* DC. — Bec comprimé par le dos.

Sc. Pecten-Veneris L. Desf., fl. atl.; Munb., cat.; Lx, cat. Kab.; Ball, spic.; fig. Reich. 189-2. — Tige de 1-4 décim., dressée; feuilles à contour ovoïde, bi-tripinnatiséquées; ombelles à 1-3 rayons; involucelle à pièces bifides ou palmatifides, dépassant peu les pédicelles; fruits de 5-7 cent.; styles bien plus longs que les stylopodes; plante glabre ou pubescente. ① Mars-mai. C. C. C. Europe, Orient.

Sc. pinnatifida Vent.; fig. Reich, 206-1. — Ombelle à 2-3 rayons courts et épais; pièces de l'involucelle trifides ou pinnatifides plus longues que les pédicelles; pédicelles très courts ainsi que les styles. ① Aurès, Dréat, Espagne, Orient.

§ 2. *Wylia* Hoffm. — Bec comprimé par le côté.

Sc. australis L.; Desf., fl. atl.; Munb., cat.; Lx, cat. Kab.; Ball, spic. — Bien plus grêle que les précédents; tiges hispides; feuilles odorantes à lanières capillaires; ombelles à 1-3 rayons allongés; fruits nombreux, grêles, scabres, à pédicelles et styles très courts; pièces de l'involucelle oblongues, marginées, subentières au sommet. ① Mars-mai. C. C. C. Médéa, Miliana, Chéliff, H.-Pl., Djurdjura, etc. Espagne, Orient, Sicile.

ANTHRISCUS Hoffm.

Fruit sans côtes ni bandelettes, à bec court muni de 10 côtes; plantes annuelles ou vivaces.

A. Cerefolium Hoffm.; *Scandix Cerefolium* L.; Desf., fl. atl. *Cerfeuil cultivé*. Jardins.

A. sylvestris Hoffm.; Cosson, voy. var. *mollis; A. mollis* Boissier, diagn., Or., § II-2, p. 99; Munb., cat. — Tiges dressées, fistuleuses (6-12 décim.), dichotomes, hispides dans le haut; feuilles bipinnatiséquées, glabres en dessus, velues en dessous; ombelles assez longuement pédonculées, à 6-8 rayons, pas d'involucre; involucelle à pièces réfléchies, ovoïdes, ciliées; fruit luisant, lisse, à bec strié 6 fois plus court que les méricarpes. ② ♃ Juin-juillet. Zaccar, Mouzaïa, Médéa, Djurdjura, Aurès, Garrouban, etc.

A. vulgaris Pers.; Munb., cat. — Tiges fistuleuses, faibles (3-6 décim.); feuilles molles, un peu velues, ombelles courtement pédonculées paraissant oppositifoliées, à 3-6 rayons glabres, égaux, étalés; involucelle à 4-5 folioles lancéolées-acuminées; fleurs blanches; fruit ovoïde très petit (4 millim.), tout couvert de poils glochidiés; bec de 1 millim. ① Avril-mai. Lieux frais des montagnes. A. R. Médéa, La Chiffa, L'Arba, etc. Europe, Orient.

CHÆROPHYLLUM L.

Fruit non rostré, allongé, surmonté d'un stylopode conique et d'un style dressé; méricarpes à 5 côtes primaires; une bandelette par vallécule et 2 à la face commissurale.

Sous-genre EUCHÆROPHYLLUM

Plantes à racine fusiforme, à côtes larges et à vallécules étroites.

Ch. atlanticum Cosson. Maroc.

Ch. temulum L.; Munb., cat.; Lx, cat. Kab. — Plante de 12 décim.; tige cannelée, robuste, rameuse, hispide; feuilles molles, velues, bipinnatiséquées, à segments ovales, obtus, incisés-crénelés; ombelles penchées avant l'anthèse, à 6-12 rayons hispides; pétales glabres; fruits de 6-7 mill., glabres styles à la fin étalés, égalant le stylopode. ② A. R. Lieux frais et ombreux : Boufarick, région montagneuse çà et là. Europe.

Ch. nodosum Lam.; Munb., cat.; *Physocaulus nodosus* Tausch.; Lx, cat. Kab.; fig. Reich. 174. — Tige droite (3-10 décim.), épaisse, striée, hérissée à la base, dichotome dans le haut, fortement renflée sous les nœuds; feuilles velues, bipinnatiséquées, à segments ovales, incisés-dentés; ombelles à 2-3 rayons hérissés ainsi que les pédicelles; involucelles velus; pétales à nervure ciliée; fruits de 1 cent., fortement hispides, à poils ascendants; stigmates sessiles sur le stylopode. ① Mars-mai. Région montagneuse : La Chiffa, Djurdjura, etc. Rég. médit., Orient.

Sous-genre BALANSÆA Boiss. et Reut.

Plante bulbeuse; côtes filiformes; bandelettes assez larges; un involucre et un involucelle à 2-4 pièces marginées, non ciliées.

B. Fontanesi Boiss. et Reut., pug., p. 49; Munb., cat.; Lx, cat. Kab.; *Scandix glaberrima* Desf., fl. atl., tab. 74. — Bulbe profond, plus ou moins gros, globuleux, très caduc; feuilles ternées ou biternées, l'inférieure à segments ovoïdes trilobés ou tripartits, à lobes lobulés-dentés, les supérieures à segments lancéolés-aigus; ombelles à 5-10 rayons grêles, allongés; fruits de 5 millim. environ; tige dressée, grêle, ferme, fistuleuse, ordinairement peu rameuse; plante glabre et luisante sauf les pétiolules hispidules, rarement à feuilles un peu ciliées. ♃ Mai-juin. Rég. atl. C. C. C.

Sous-genre GEOCARYUM Cosson.

Diffère de *Balansæa* surtout par ses feuilles toutes bi-tripinnatipartites à divisions linéaires.

G. capillifolium Cosson, not. crit., p. 113; *Bunium flexuosum* Brot.; Munb., cat. — Bulbe gros comme une noisette; tige dressée, grêle, ferme, peu rameuse (3-10 décim.), feuillée; feuilles supérieures réduites à 3 lanières; ombelles à 10-20 rayons; involucre nul ou monophylle; involucelle polyphylle; fruits de 5-6 millim. ♃ Juin-juillet, Bône, Maroc, Espagne, Sicile.

Sous-tribu II. — EUAMMINÉES.

Clef des genres et sections :

1	Fleurs blanches ou rosées	2
	Fleurs jaunes	13
2	Plusieurs bandelettes par vallécule	3
	1 bandelette par vallécule (parfois 2 dans *Apium*).	4
3	Racine fusiforme	PIMPINELLA.
	Racine tuberculeuse.	BUNIUM.

4 Bandelettes bien plus courtes que le fruit, élargies en massue vers le bas. . . . . Sison.
Bandelettes égales sur toute l'étendue du méricarpe 5

5 Involucre à folioles trifides ou pinnatifides. . . . Ammi.
Involucre à folioles simples ou nulles. 6

6 Plantes tuberculeuses . . . . Bulbocastanum.
Plantes non tuberculeuses 7

7 Tiges nues sauf à la base, raides; côtes du fruit peu marquées. . . . . Deverra.
Tiges feuillées. 8

8 Ni involucre, ni involucelle. 9
Au moins un involucelle. 12

9 Vallécules latérales à deux bandelettes; feuilles à segments larges, obovés . . . . Apium.
Vallécules à une seule bandelette; feuilles à lobes linéaires ou oblongs. 10

10 Fruits hispides; plante annuelle. . . . . Tragiopsis.
Fruits glabres; plantes vivaces. 11

11 Fruits de 2-3 millim. . . . . Selinopsis.
Fruits de 4-5 millim. . . . . Carum.

12 Feuilles à lanières capillaires. . . . . Ptychotis.
Feuilles à grands lobes lancéolés-dentés. . . . . Falcaria.
Plantes aquatiques; tiges rampantes ou fluitantes. Helosciadium.

13 Involucre et involucelle; fleurs jaunâtres. . . . Petroselinum.
Pas d'involucre ni d'involucelle. 14

14 Plusieurs bandelettes par vallécule. . . . . . . Reutera.
1 bandelette par vallécule . . . . Ridolfia.

BUNIUM L.

Plantes ordinairement bulbeuses, à feuilles bi ou tripinnatifides, à divisions étroites, les caulinaires peu développées; un involucre et un involucelle; fruit non rostré, à côtes primaires fines, bien marquées au moins sur le sec; styles étalés ou réfléchis; fleurs blanches.

§ 1. *Bulbocastanum.* — Une bandelette par vallécule et deux à la face commissurale; involucres polyphylles.

B. incrassatum; *Carum incrassatum* Boissier, voy. Esp.; Munb., cat.; Lx, cat. Kab. — Tubercule souvent plus gros qu'une noix, à écorce noire, écailleuse; feuilles radicales assez grandes, à divisions linéaires; tiges robustes (1-5 décim.), cannelées, dressées ou étalées, rameuses, feuillées, flexueuses; ombelles à pédoncules longs et robustes, à 8-12 rayons étalés, un peu inégaux, robustes; pédicelles courts, à la fin épaissis, rigides, souvent inégaux; dents du calice bien marquées, rigides; méricarpes épaissis au sommet, séparés par le carpophore épais et bifide; albumen canaliculé. ♃ Mars-juillet. Champs, moissons. C. C. C. Espagne.

B. mauritanicum; *Carum mauritanicum* Boiss. et Reut., Pug., p. 49; Munb., cat.; Lx, cat. Kab.; Ball, spic. — Tiges moins épaisses; pédicelles non indurés, non étalés en étoile; fruits de 3-4 millim. et non 5-6; dents du calice peu visibles. ♃ Mars-juillet. Avec le précédent. Bou-Ismaël, Atlas, H.-Pl., etc., etc.

? **B. Bulbocastanum** L.; Desf., fl. atl.; Munb., cat. — Diffère du précédent par son fruit ovoïde et non linéaire. Indiqué en Algérie par Desfontaines, probablement par confusion avec les précédents.

§ 2. *Eubunium*. — Plusieurs bandelettes par vallécule.

B. Chaberti Batt., Bull. soc., bot. Fr. 1888. — Tubercule et feuilles des précédents; tige centrale presque nulle; ombelles latérales longuement pédonculées, à pédoncules décombants ou dressés, à 6-10 rayons; involucre à 6-8 folioles linéaires-aiguës; involucelles semblables aux involucres, plus petits; pédicelles non indurés, inégaux, les extérieurs plus longs que le fruit; stylopodes très déprimés; limbe du calice nul; 3 bandelettes, dont la médiane bien plus large, dans chaque vallécule et 4-6 à la face commissurale de chaque méricarpe. ♃ Sommet de Lella-Khadidja. Juin-juillet.

B. alpinum Waldst. et Kit.; Munb., cat.; *B. nivale* Boiss., voy. Esp., tab. 67. — Tubercule gros comme une noisette, noir; feuilles radicales 1-2, à divisions primaires pennatiséquées très glabres, les caulinaires peu développées; tige grêle (1-2 décim.), flexueuse; ombelle à 3-7 rayons; méricarpes contigus; 1-3 bandelettes par vallécule et 2 à la commissure. ♃ A. R. Sous les cèdres. Mai-juillet. Rég. médit.

B. Macuca Boissier, voy. Esp., tab. 66. — Diffère du précédent par ses feuilles radicales, à divisions primaires bipinnatiséquées, par ses tiges de 3-4 décim. plus rigides, par ses ombelles à 6-10 rayons, par ses méricarpes arqués ne se touchant à la fin que par la base et le sommet, par ses vallécules toutes à 3 bandelettes bien développées et par les bandelettes de la commissure au nombre de 4; albumen marqué d'un double sillon. ♃ Mai-juillet. Remplit les prairies du sommet du Zaccar de Miliana. Espagne.

§ 3. *Carum*. — Racine pivotante annuelle ou bisannuelle; 1 bandelette par vallécule.

B. Carvi M. Bieb. *Le Carvi*. — Cultivé, surtout au Maroc.

PTYCHOTIS Koch.

Calice à limbe obsolète; pétales avec une tache dorsale; styles réfléchis dépassant peu le stylopode; fruit ordinairement scabre-papilleux, ovoïde, à 6 bandelettes; carpophore bipartit; involucre pauciflore, à folioles inégales ou nul.

Pt. ammoides Koch.; Ball, spic.; *Seseli ammoides* L.; *Seseli verticillatum* Desf., fl. atl.; *Ptychotis verticillata* Duby; Munb., cat.; Lx, cat. Kab. — Plante grêle, glabre, glauque, feuillée, très rameuse, à rameaux dressés; feuilles inférieures pétiolées, linéaires dans leur pourtour, à segments multifides divisés en lanières subverticillées; feuilles supérieures sessiles, pinnatifides, à lanières longues, scabres, finement capillaires, aristées; ombelle d'abord nutante puis dressée, à 10-20 rayons capillaires, inégaux, pas d'involucre; involucelle à 2 folioles spatulées et à 2-3 autres subulées, plus courtes; fruits minuscules, lisses ou à peine scabres. ① C. C. C. Mai-juillet. Partout. Rég. médit.

Pt. trachysperma Boissier, voy. Esp.; *Pt. asper* Pomel. — Moins rameux dans le bas; rameaux étalés; les 2 folioles spatulées de l'involucelle plus grandes, égalant l'ombellule; fruits fortement rugueux. Oran, Garrouban, Tlemcen, Espagne.

Pt. atlantica Cosson, Bull. soc., bot. Fr., vol. IX, p. 296; Munb., cat.; Lx, cat. Kab. — Souche pivotante, vivace; feuilles radicales en rosette; tiges ordinairement dressées, fermes, rameuses, bien plus robustes que dans les précédents (3-6 décim.); fruits lisses, plus longs (2-2 1/2 millim.); involucres à 0-2 folioles; involucelles à folioles presque toutes lancéolées. ♃ Août-septembre. Rég. atl. C. C. Vers 1,300 mètres et au-dessus.

SELINOPSIS Cosson et Durieu, inéd.

Plantes vivaces à tiges flexueuses, à feuilles triternatiséquées, à lanières lancéolées, glabres, à gaines bordées d'une marge blanche membraneuse; involucres nuls; involucelles nuls ou oligophylles, à folioles aiguës; méricarpes à 6 bandelettes, à côtes épaisses; calice à dents obsolètes; styles réfléchis dépassant peu le stylopode.

S. montana Coss. et DR., inéd.; Munb., cat.; Lx, cat. Kab. — Plante des rochers calcaires à souches épaisses; tiges grêles, finement striées; ombelles longuement pédonculées; fruits oblongs (2-2 1/2 millim.) ♃ Avril-juin. Bou-Zegza, Djurdjura, Aurès, etc.

S. fœtida Coss. et DR., inéd.; Munb., cat. — Tiges plus robustes, anguleuses, cannelées; pédoncules et pédicelles plus courts et plus robustes; fruits ovoïdes plus courts, un peu rugueux ainsi que les pédicelles. ♃ Plaines de Batna et de Lambèse.

TRAGIOPSIS Pomel.

Diffère de *Ptychotis* et de *Selinopsis* par ses fruits hispides à méricarpes globuleux, pas d'involucre ni d'involucelles.

Tr. dichotoma Pomel; *Pimpinella dichotoma* L.; Munb., cat. — Petite plante annuelle, dichotome, très rameuse; feuilles à gaine courte bordée d'une large marge blanche, à limbe étalé en forme d'éventail, triternatiséqué, à lanières étroitement linéaires, obtuses, un peu scabres; ombelles oppositifoliées, à 10-15 rayons filiformes, styles réfléchis dépassant un peu le stylopode. ① C. C. H.-Pl., 3 prov. Mars-juin.

β scabriuscula; Tr. scabriuscula Pomel. — Plante plus scabre; fruits à pointes sériées, moins nombreuses. Djebel-Amour.

PIMPINELLA L.

Fruit ovale; méricarpes à bords contigus; plusieurs bandelettes par vallécule; carpophore libre, bifide; albumen plan à la commissure; involucre et involucelles nuls; styles longs, dressés-étalés.

P. Tragium Villars; Munb., cat.; Lx, cat. Kab.; Ball, spic. — Souche vivace à divisions couvertes par les débris des vieux pétioles; tiges florifères grêles, rameuses; feuilles glabres ou pubescentes en rosette au sommet des divisions de la souche, pétiolées, à pourtour linéaire, pennatiséquées, à 5-7 segments pétiolulés ou sessiles, entiers ou bi-trifides, semi-circulaires ou ovoïdes ou cunéiformes, dentés; feuilles caulinaires ordinairement très réduites; ombelles penchées avant l'anthèse, à 5-10 rayons filiformes; fruit petit, tomenteux. ♃ Rochers calcaires des montagnes. Bou-Zecza, Djurdjura, Djebel-Antar, Djebel-M'zi, Maroc, Rég. médit.

P. **Battandieri** Chabert. — Diffère de la précédente par ses feuilles très développées, à segments ovoïdes, le médian trilobé; tiges courtes, trappues; ombelles à 12-16 rayons égaux; velus, assez épais, non penchées avant l'anthèse; styles plus courts que le fruit. Djurdjura.

P. **villosa** Schousboë. Maroc.

P. **dichotoma** L., voy. *Tragiopsis*.

P. **lutea** Desf., voy. *Reutera*.

REUTERA Boissier, Elenchus, p. 46.

Diffère de *Pimpinella* par ses fleurs jaunes, à pétales lancéolés, à pointe recourbée, mais non échancrés; par les styles courts et réfléchis.

R. **Fontanesi** Boissier; *Pimpinella lutea* Desf., fl. atl., tab. 76 et 76 bis; Munb., cat.; Lx, cat. Kab. — Souche vivace à racine verticale; feuilles molles, velues, grandes (2-4 déc.), mais de même forme que dans les plantes précédentes; tige puissante (10-16 décim.), glabre, lisse, feuillée dans le bas, rameuse dans le haut; rameaux grêles très divisés; ombelles à 3-5 rayons capillaires; fruits lisses, brillants. Feuilles au printemps, fruits en septembre-octobre. C. C. Mitidja, Atlas, etc., etc.

FALCARIA Rivin.

F. **Rivini** Host.; Desf., fl. atl. (sub *Sio*). — Plante bisannuelle à feuilles trifoliolées; folioles grandes, lancéolées-dentées; tige dressée; involucre et involucelles polyphylles, à folioles inégales; fleurs blanches. « *In arvis* » Desf., n'a pas été revu.

AMMI Tournefort.

Calice à limbe oblitéré; pétales à lobes inégaux; méricarpes à bords contigus, plans à la commissure; carpophore libre, bipartit; involucre très grand, à folioles composées; 6 bandelettes.

A. **majus** L.; Desf., fl. atl.; Munb., cat.; Lx, cat. Kab.; Ball, spic. — Plante glabre assez robuste, à tiges dressées, striées, rameuses (3-8 décim.); feuilles polymorphes, les inférieures ordinairement pennatiséquées, à 3-7 segments elliptiques ou ovales, grands (3-7 cent.), dentés, à dents fines et aiguës, les autres de plus en plus divisées, à segments de plus en plus étroits, linéaires, acuminés; ombelle à rayons grêles et nombreux; fleurs blanches; fruit petit, ovale, à côtes fines et saillantes. ① C. C. Tout le Tell, Atlas, H.-Pl., Europe tempérée, Rég. médit., Orient.

β *intermedium* Gren. Godr. — Feuilles inférieures décomposées, à segments cunéiformes. Garrouban.

γ *glaucifolium* Noulet. — Feuilles toutes bipinnatiséquées, à segments linéaires, entiers ou peu dentés. Çà et là, rare.

δ *tenuis; A. Broussonetii* DC.? Maroc. (Ball).

A. Visnaga Lam.; Desf., fl. atl.; Munb., cat.; Lx, cat. Kab.; Ball, spic. — Plante de 3-9 décim., robuste, rameuse, très feuillée, à feuilles toutes bi-tripinnatiséquées, à lanières linéaires, canaliculées; involucres et involucelles très grands; pédoncules à la fin dilatés en large disque portant les rayons de l'ombelle, ceux-ci nombreux, à la fin connivents, redressés et indurés. ① Juin-août. Terres argileuses du Tell. C. C. C. Aspect d'un *Daucus*. Rég. médit.

SISON Lagasca.

S. Amomum L.; Munb., cat. — Plante de 5-12 décim., glabre, à fleurs blanches; tige dressée, flexueuse, rameuse, à rameaux effilés; feuilles pennatiséquées à 5-9 segments ovales ou oblongs, incisés-lobés, dentés, les derniers souvent confluents; feuilles caulinaires de plus en plus réduites; ombelles pauciradiées à rayon central plus court; styles très courts, étalés; fruit ovale à méricarpes contigus; albumen plan à la commissure; bandelettes en massue ne dépassant pas le milieu du fruit; involucre et involucelle oligophylles. ② Edough, Guerrouch, Djurdjura, Europe.

DEVERRA DC.; *Pithuranthos* Viv.

Pétales ovoïdes, à pointe infléchie, peu ou pas émarginés; stylopodes ovoïdes, ondulés à la base; fruits ovoïdes, à côtes peu marquées; 6 bandelettes; méricarpes arrondis; involucre et involucelles polyphylles, ordinairement caducs. Plantes sahariennes et des H.-Pl. à tiges aphylles, sauf à la base, raides, glauques, finement striées; fleurs blanches ou verdâtres.

D. chlorantha Coss. et DR., Bull. soc., bot. Fr., vol. II, p. 249; Munb., cat. — Tige rameuse à rameaux grêles, allongés, glabre ainsi que les feuilles; celles-ci triséquées ou 2 fois triséquées, à lanières filiformes, courtes; gaines représentant les feuilles caulinaires courtement ovoïdes; pétales verdâtres à nervure dorsale large, pubescente; styles égalant à peine les stylopodes; fruits petits, hispides. ♃ Mai-décembre. El-Kantara, Biskra, le Khreider, etc. Tunisie.

D. scoparia Coss. et DR., loc. cit.; Munb., cat.; Ball, spic. — Involucre et involucelles moins caducs; pétales blancs à nervure glabre plus étroite; ombelles à 5-10 rayons; styles dépassant longuement les stylopodes; fruits plus petits; plantes à longues tiges dressées souvent peu rameuses et à rameaux courts. ♃ Février-octobre. Bibans, Aïn-Sefra, Biskra, etc. Tunisie, Maroc.

D. Reboudii Coss. et DR., Bull. soc., bot. Fr., vol. IX, p. 296. — Tiges diffuses, étalées, nombreuses, un peu rameuses, à rameaux courts; courtement pubescentes ainsi que les feuilles; involucre et involucelles caducs; ombelles à 3-7 rayons velus terminant de courts rameaux; pétales verdâtres à nervure dorsale large, un peu velue; carpophore bifide et non bipartit. ♃ Août-septembre. Djelfa (Reboud).

D. tortuosa Coss. et DR.; *Bubon tortuosum* Desf., fl. atl. Tunisie.

D. juncea Ball. Maroc.

APIUM L.

Calice à limbe oblitéré; pétales ovoïdes-aigus à pointe réfléchie, peu ou pas émarginés; stylopodes déprimés, à bords entiers; fruit ovoïde ou plus large que long, subdidyme, resserré à la commissure; méricarpes pentagonaux à 5 côtes épaisses, saillantes; 6-8 bandelettes; plantes glabres à fleurs blanches; involucre et involucelles nuls ou oligophylles.

§ 1. *Euapium*. — Vallécules latérales à 2 bandelettes; involucre et involucelles nuls.

A. graveolens L.; Desf., fl. atl.; Munb., cat.; Lx, cat. Kab.; Ball, spic.; fig. Reich. 13-2. *Céleri sauvage*. — Tige cannelée, très rameuse, à rameaux étalés; feuilles luisantes, un peu charnues, les inférieures pennatiséquées à segments cunéiformes à la base, incisés-dentés, les autres décroissantes; ombelles sessiles ou brièvement pédonculées; styles égalant les stylopodes; fruit glabre, brun, à côtes blanches. ① ♃ Mai-septembre. Marais, lieux humides. C. C. C. Europe.

§ 2. *Helosciadium.* — 6 bandelettes; un involucelle polyphylle; tiges molles; plantes aquatiques.

A. nodiflorum Reich.; Ball, spic.; *Helosciadium nodiflorum* Koch; Munb., cat.; Lx, cat. Kab.; fig. Reich. 15. — Tiges fistuleuses couchées, puis redressées ou flottantes, rameuses; feuilles pennatiséquées, à segments grands, ovales, opposés, sessiles, dentés en scie; ombelles sessiles ou courtement pédonculées à 5-15 rayons; involucre à 0-2 pièces caduques, allongées; involucelles à folioles bordées d'une marge blanche; styles égalant 2 fois le stylopode. ♃ C. C. C. Ruisseaux : Europe, moyenne, Rég. médit. Plante variable. Tout l'été.

A. crassipes Reich., fig. 13; *Helosciadium crassipes* Koch; Munb., cat. — Tige rampante à la base, puis dressée, dichotome, grêle, flexueuse; feuilles submergées divisées en lanières capillaires; feuilles aériennes à 3-5 segments petits, ovales ou cunéiformes, incisés-dentés; ombelles courtement pédonculées ou sessiles, souvent oppositifoliées, pauciradiées; involucre nul; involucelle à folioles herbacées; pédicelles épaissis à maturité dans leur moitié inférieure; fruits petits. ♃ R. R. Mai. Mare au Corso, La Calle. Corse, Italie.

§ 3. *Petroselinum* Hoffm. — Pétales jaunâtres un peu émarginés; carpophore libre, bipartit.

A. Petroselinum L.; Desf., fl. atl.; *Petroselinum sativum* Hoffm.; Munb., cat. *Persil.* — Tige dressée, rameuse, un peu cannelée; feuilles luisantes à odeur forte, les inférieures pétiolées, bi-tripinnatiséquées, à segments obovés-cunéiformes, incisés-dentés; feuilles supérieures triséquées, à segments lancéolés-linéaires; fruits ovoïdes; involucre oligophylle; involucelles plurifoliolés. ♃ Mai-août. Tlemcen, Tunisie, Orient.

RIDOLFIA Moris.

Limbe du calice obsolète; pétales jaunes, larges; styles réfléchis égalant à peine le stylopode; fruit ovale un peu resserré à la commissure; côtes saillantes peu marquées; 6 bandelettes; carpophore bipartit; ni involucre ni involucelle.

R. segetum Moris; Munb., cat.; Lx, cat. Kab.; *Carum Ridolfia* Benth. Hook.; Ball, spic. — Tige glabre, finement striée (4-8 décim.); feuilles toutes décomposées en longues lanières capillaires; ombelles d'abord penchées, à rayons nombreux, inégaux. ① C. C. C. Moissons, champs. Mai-juillet. Rég. médit., Orient.

Tribu IV. — BUPLEURÉES.

BUPLEURUM L.

Limbe du calice obsolète; fruit comprimé par le côté; graines rondes, planes ou convexes à la face commissurale, rarement canaliculées; stylopodes déprimés; styles courts, divergents; bandelettes en nombre variable ou nulles; côtes plus ou moins saillantes; ordinairement un involucre et un involucelle; pétales orbiculaires plus larges que longs, à sommet cucullé-infléchi; herbes ou arbrisseaux à feuilles très entières et glabres.

§ 1. *Perfoliata.* — Tiges perfoliées; pas d'involucre; pas de bandelettes; herbes annuelles.

B. rotundifolium L.; Desf., fl. atl.; Cosson, cat., inéd. — Plante de 3-8 décim., glabre, glauque; feuilles mucronulées à étroite bordure transparente, les inférieures oblongues et atténuées à la base, les supérieures largement ovales et perfoliées; tige dressée, rameuse à rameaux étalés-dressés; ombelles à 5-8 rayons courts; involucelle à 3-5 folioles ovales et brièvement acuminées, redressées à maturité; fruits oblongs, lisses, à côtes filiformes. ① Algérie? Europe moyenne et mérid., Orient.

B. protractum Link et Hoffm.; Munb., cat.; Lx, cat. Kab.; Ball, spic.; fig. Reich. 39. — Feuilles plus allongées; rameaux plus étalés; ombelles à 2-3 rayons; involucelles très étalés même à maturité; fruits plus gros, fortement tuberculeux. ① Avril-mai. C. C. C. Moissons, champs.

B. heterophyllum Link. — Plus petit que les précédents; feuilles beaucoup plus allongées, aiguës, acuminées, les inférieures étroitement lancéolées, atténuées en pétiole; ombelles à 2-3 rayons très courts. ① Téniet, Chélif, Oran, Tunisie, Orient.

§ 2. *Eubupleurum.* — Un involucre; tige non perfoliée.

a. Plantes annuelles.

1. Fruits rugueux ou tuberculés; ombelles à rayons très inégaux; feuilles graminiformes ou étroitement lancéolées-linéaires.

B. tenuissimum L.; Munb., cat.; Ball, spic.; var. *Columnæ; B. Columnæ* Guss. — Tiges dressées ou étalées, raides, grêles (2-5 décim.), très rameuses à rameaux courts; feuilles trinerviées; ombelles terminales à rayons très inégaux, les latérales sessiles ou subsessiles souvent réduites à une seule ombellule; involucelle à 6 folioles entières, ne dépassant guère les fruits; fruits rougeâtres de 1 et 1/2 millim., à côtes saillantes, sans bandelettes. ① Juillet-août. C. C. C. Moissons. Europe.

B. procumbens Desf., fl. atl., tab. 56. — ♃ Maroc. Tunisie. (n. v.)

B. semicompositum L.; Desf., fl. atl.; Munb., cat.; var. *glaucum; B. glaucum* Robert et Castagne; Gren. Godr., fl. Fr. — Plante plus basse (5-20 cent.), moins rigide que la précédente; tige très rameuse, très feuillée; feuilles 3-5 nerviées; involucre et involucelles à folioles lancéolées-aiguës, scabres, denticulées; fruits globuleux, très petits, noirs avec des tubercules blancs; 3 bandelettes; côtes oblitérées. ① A. C. 3 prov. Avril-juin. Rég. médit.

Nota. — Dans le *B. semicompositum* type, les folioles des involucres et involucelles ne sont pas denticulées. De même le *B. tenuissimum* type est moins robuste que la var. *Columnæ*, ses rameaux sont plus étalés, ses ombelles mieux développées. Je n'ai pas vu ces plantes d'Algérie.

B. Odontites Desf., fl. atl., an L.? ; Munb., cat. — Feuilles 5-nerviées; involucre et involucelles à pièces lancéolées-aiguës, trinerviées, membraneuses-pellucides, très grandes. ① Algérie? Tunisie! Rég. médit.

b. Plantes vivaces, sous-frutescentes au moins à la base; feuilles parallélinerviées.

1. Feuilles graminiformes, plurinerviées; tiges grêles, rameuses; fruits le plus souvent à 6 bandelettes; involucres et involucelles à pièces courtes, linéaires-aiguës. Groupe de petites espèces affines.

B. mauritanicum Batt., Bull. soc., bot. Fr. 1888. — Souches courtes, épaisses, à divisions rapprochées; feuilles presque toutes radicales en rosettes denses au sommet des divisions de la tige, courtes (3-4 cent.), aiguës, à marge membraneuse très étroite, un peu charnues, trinerviées à nervures peu visibles; tiges très grêles entièrement herbacées (3-6 décim.), rigides, rameuses dans le haut; ombelles à 2-4 rayons capillaires; fruits sessiles ou subsessiles. ♃ Dans l'*Halfa*, de Mahroun à Ras-el-Mâ (Oran). Juin-juillet.

B. Chouletti Pomel; *B. frutiscescens* Choulette, exsic., non L.; *B. paniculatum* herb. de l'exposition permanente d'Alger, non Brot. — Diffère du précédent par sa souche rameuse, plus élancée, non gazonnante; par ses feuilles plus minces, nettement nerviées; par ses tiges plus fortes, plus rameuses, plus feuillées; par ses fruits distinctement quoique très brièvement pédicellés. ♄ Juin. Constantine, Batna, Soukarras.

B. oligactis Boissier, diagn., § II-2, p. 83; *B. exaltatum* Coss, voy. non M. Bieb.; *B. exaltatum* et *B. oligactis* Munb., cat. — Plus robuste que les précédents, très rameux à la base; feuilles planes, minces, à 5-7 nervures, rigides, brusquement acuminées au sommet; tiges perennantes dans le bas, feuillées, très rameuses (4-10 décim.); ombelles à 2-6 rayons peu étalés; fruits égalant leurs pédicelles. ♄ Juin-juillet. Montagnes du Sud. C. C. C. Djebel-Amour, Djelfa, Aurès, Maroc.

B. montanum Cosson, Bull. soc., bot. Fr. VIII, p. 706. — Diffère du précédent par ses feuilles plus molles, jamais en rosette et surtout par ses ombelles à 5-9 rayons étalés; par ses involucres et involucelles plus développés, à folioles lancéolées-aiguës. ♄ Juillet-août. Djurdjura, Dréat, Téniet, Aurès, Maroc.

B. paniculatum Brot.; Ball, spic. — Plante puissante à feuilles inférieures de 2 décim. et plus, très nombreuses à la base des tiges; pédicelles 2-4 fois plus longs que les fruits. Maroc.

B. acutifolium Boissier, voy. Esp., tab. 71, qui paraît en être une variété plus humble a été signalé en Algérie par Munby, mais sa présence m'y paraît bien douteuse. Maroc (Ball).

B. Balansæ Boiss. et Reut., diagn., § II-2, p. 83; Munb., cat.; *B. frutiscescens* auct. alger., non L. — Plante grêle, longuement sous-frutescente et très feuillée à la base; feuilles étroites, minces, un peu marginées et scabres aux bords, un peu canaliculées en dessus, insensiblement acuminées, 5-nerviées à nervures contiguës sur les 2 faces, réunies en touffes à la base des pousses de l'année; tiges grêles, striées, rameuses à rameaux courts; ombelles à 4-5 rayons inégaux; fruits 2 fois plus longs que le pédicelle. ♄ Juin-août. Broussailles du Tell. A. C.

Nota. — *B. frutiscescens* L. en est très voisin, mais a des tiges plus robustes, anguleuses; des feuilles plus épaisses, lisses à la face supérieure, non marginées, à nervures distantes, non réunies en touffes à la base des tiges. Je ne l'ai pas vu d'Algérie. Maroc? (Ball).

B. dumosum Cosson. Maroc.

B. foliosum Salzm. Maroc.

B. spinosum L., fils; Desf., fl. atl.; Munb., cat.; Lx, cat. Kab.; Ball, spic. — Buisson ligneux hémisphérique, très épineux (3-6 décim. diam.), à rameaux spinescents divariqués; feuilles un peu fermes, oblancéolées, mucronées, trinerviées, non transparentes aux bords; ombelles à 1-5 rayons à la fin spinescents; involucre et involucelles courts; pédicelles plus courts que les fruits; méricarpes souvent solitaires par avortement, cylidriques, un peu courbées. ♄ Sommet des montagnes vers 1,400 mètres. Juillet-août. Toute l'Algérie. Maroc, Espagne, Corse.

2. Feuilles oblongues ou lancéolées.

B. rigidum L.; Desf., fl. atl.; Munb., cat. — Plante glauque, glabre, à feuilles inférieures longuement atténuées en pétiole (15-25 cent.), coriaces, à limbe oblancéolé, fortement nervié, à nervures anastomosées, saillantes sur les 2 faces; tige de 6-12 décim., pleine, striée, peu feuillée dans le haut; rameuse à rameaux grêles, paniculés; involucre et involucelles peu développés; ombelles à 2-4 rayons filiformes; pédicelles dépassant largement l'involucelle; fruits assez gros. ♄ H.-Pl., 3 prov. (Munby). Ras-el-Mâ! Maroc, Europe moyenne et mérid.

B. oblongifolium Ball. Maroc.

B. lateriflorum Cosson. Maroc.

B. canescens Schousboë. Maroc.

B. plantagineum Desf., fl. atl., tab. 57; Munb., cat.; Lx, cat. Kab. — Plante puissante (13-16 décim.); feuilles glauques, lancéolées, obtuses, mucronées, sessiles, pouvant atteindre 15 cent. sur 4, les supérieures successivement plus petites; tiges rondes, dressées, pleines, cannelées, robustes, rameuses, à rameaux terminés par une ombelle et portant sur les côtés quelques ramuscules rudimentaires; involucre et involucelles polyphylles, à pièces aiguës; ombelles convexes, multiradiées; pédicelles dépassant les involucelles. ♄ Bougie. Juin-juillet.

c. Plantes ligneuses à feuilles uninerviées, coriaces, lancéolées, mucronées, sessiles ou subsessiles, étroitement cartilagineuses aux bords, à nervures secondaires transparentes formant un réseau très fin.

B. fruticosum L. Desf., fl. atl.; Munb., cat.; Lx, cat. Kab.; Ball, spic.; fig. Reich., tab. 45. — Arbuste de 1-2 mètres; feuilles vertes en dessus, glauques en dessous (5-12 cent. sur 2-3); tiges rondes, rougeâtres, ligneuses, à peine striées vers le haut ; rameaux feuillés jusqu'au sommet et terminés par une ombelle convexe, multiradiée ; involucre et involucelles caducs ; fruits égalant les pédicelles ou plus longs. ♄ Juin-août. Lieux frais. Broussailles des montagnes, bord des rivières. Chiffa, Maison-Carrée, etc. Rég. médit.

B. gibraltaricum Lam. ; Desf., fl. atl. ; Munb., cat. ; Ball, spic. — Plante de 3-12 déc., multicaule ; feuilles de 3-8 cent. sur 1, 1 et 1/2, glauques sur les 2 faces, souvent ondulées, les supérieures bractéiformes ; inflorescences plus rameuses ; involucre et involucelles persistants, réfléchis, à pièces ovoïdes-aiguës ; ombelles à rayons courts, robustes ; fruits plus longs que les pédicelles (6 millim. sur 3). ♄ Juillet-septembre. Oran, Maroc, Espagne, Tunisie.

Tribu V. — SMYRNÉES.

Méricarpes gros, gonflés ; albumen canaliculé à la commissure.

Clef des genres :

1	Fleurs jaunes	2
	Fleurs blanches	4
2	Feuilles finement laciniées ; fruits très gros	3
	Feuilles entières ou découpées en gros segments ovoïdes ; fruits gros ; côtes filiformes	Smyrnyum.
3	Méricarpes lisses, subéreux, à vallécules recouvertes par les côtes	Cachrys.
	Méricarpes à côtes et vallécules bien marquées	Hippomarathrum
4	Fleurs polygames ; plante épineuse ; fruits à un seul méricarpe	Echinophora.
	Fleurs hermaphrodites ; plantes inermes	5
5	6 bandelettes ; calice à 5 dents	Physospermum.
	Bandelettes nombreuses, non visibles à maturité ; côtes ondulées ; calice à limbe obsolète	Conium.

ECHINOPHORA L.

Fleur centrale de chaque ombelle seule femelle et donnant un fruit involucré par les pédicelles épineux des fleurs mâles ; calice épineux.

E. spinosa L. ; Desf., fl. atl. « *Ad maris littora.* » N'a pas été revu.

HIPPOMARATHRUM Link.

Dents du calice persistantes ; pétales ovoïdes, peu émarginés ; style à la fin divariqués, dépassant le stylopode déprimé et ondulé sur le bord ; fruits ovoïdes à péricarpe épais (10-15 millim. diam.) ; involucre et involucelles très développés ; plantes vivaces, puissantes, hautes de 4-8 décim., à feuilles divisées en lanières étroites, souvent dimorphes et alors les inférieures très scabres et glauques.

H. pterochlænum Boissier ; Ball, spic. ; *Cachrys sicula* L. ; Desf., fl. atl. ; Munb., cat. — Feuilles inférieures à divisions courtes et scabres ; les supérieures à lanières plus lisses, plus longues, presque capillaires ; involucre et involucelles pinnatiséqués ou bipinnatiséqués ; fruits de 15 millim., à côtes et vallécules arrondies, lisses (littoral), muriquées ou hispides (Miliana). Mitidja. C. C., Sahel, etc. Maroc, Espagne, Sardaigne.

H. Bocconei Boissier, ann. sc. nat., § II, vol. 3, p. 74 ; *H. cristatum* Boiss., var. *Bocconei* Ball, spic. ; *Cachrys pungens* Jan. ; Munb., cat. ; *C. humilis* Schousboë? ; *C. pterochlæna* exsic., Soc. Dauph. n° 3740, non Boissier. — Feuilles à divisions plus larges, très longues ; involucre et involucelles à folioles simples ; involucelles dépassant les pédicelles ; fruit rugueux plus petit (10 millim.), à côtes aiguës séparées par des vallécules arrondies. ♃ Guelma, La Calle, Espagne, Tunisie, Sicile.

H. CRISPATUM Pomel. — Fruit encore plus petit, à vallécules profondes et aiguës, plus fortement muriqué, à aspérités terminées en poils crispés ; involucelles plus courts ; feuilles à divisions moins longues. C. C. Oran.

β brachylobum. — Feuilles à lobes très courts et larges très hispides ; involucre et involucelles très courts. Entre Ras-el-Mà et Mahroun (Oran).

H. *Libanotis* L. Maroc (Ball).

CACHRYS L.

C. peucedanoides Desf., fl. atl. ; Munb., cat. — Plante de 3-6 décim., à feuilles vertes un peu pubescentes ; ombelle grande, convexe ; involucre pinnatifide ; involucelles à folioles simples. « *In arvis*. » Desf.

SMYRNIUM L.

Calice à limbe oblitéré ; styles divariqués dépassant peu le stylopode déprimé ; méricarpes ovoïdes subglobuleux ; côtes dorsales proéminentes, les latérales oblitérées; bandelettes nombreuses; herbes bisannuelles, robustes à racine napiforme; involucres nuls.

Sm. Olusatrum L.; Desf., fl. atl.; Munb., cat.; Lx, cat. Kab.; Ball, spic. *Maceron.* — Plante de 8-15 décim., à tiges robustes, cannelées, fistuleuses, très rameuses; feuilles inférieures pétiolées, triternatiséquées, à segments ovoïdes-dentés; les supérieures sessiles sur une large gaine, opposées biternées ou simplement ternées; ombelles à 8-16 rayons épaissis au sommet; pas d'involucre; involucelle rudimentaire; fleurs d'un jaune verdâtre; achaines de 5 millim., noirs, fortement rugueux sur le sec. ② Mars-mai. Lieux frais du Tell et des montagnes. C. C. C. Rég. médit. Plante jadis cultivé comme légume.

Sm. rotundifolium L.; Munb., cat.; Lx, cat. Kab.; fig. Reich. 196. — Plante plus basse et moins rameuse que la précédente, à feuilles caulinaires entières, perfoliées arrondies ou ovoïdes; achaines moitié plus petits, globuleux, à côtes peu marquées. ② Avril-mai. Montagnes au-dessus de 1,000 mètres. Zaccar, Blida, Teniet, Djurdjura, etc. Europe Orient.

PHYSOSPERMUM Cusson.

Calice à 5 petites dents persistantes; fruit lisse, ovoïde, didyme; méricarpes arrondis à côtes filiformes à peine visibles; bandelettes très grosses; carpophore indivis; graine concave à la commissure; plantes vivaces, glabres, à feuilles triternatiséquées, à lobes, larges.

Ph. acteæfolium Presl.; Munb., cat.; Lx, cat. Kab. — Segments des feuilles ovoïdes (4-8 cent. sur 2-4), fortement dentés; tige ronde, pleine, striée, rameuse dans le haut; involucre et involucelles à pièces lancéolées-aiguës; ombelles à 8-12 rayons allongés, fruits de 3 millim. longuement pédicellés. ♃ R. Région montagneuse. Djurdjura, Babors, etc. Sicile, Grèce.

CONIUM L. (Ciguë)

Styles divariqués dépassant peu le stylopode déprimé et ondulé aux bords; fruit ovoïde à méricarpes contigus, à la fin un peu arqués; côtes égales, carenées, ondulées; bandelettes nombreuses dans le fruit jeune, disparaissant ensuite.

C. maculatum L.; Desf., fl. atl.; Munb., cat.; Lx, cat. Kab.; Ball, spic.; fig. Reich. 191. — Plante de 8-15 décim.; grosse tige fistuleuse, striée, très rameuse dans le haut, tachée de pourpre à la base ainsi que les pétioles; feuilles très grandes à pétioles fistuleux, luisantes en dessus, à limbe triternatiséqué, triangulaire dans son pourtour; feuilles supérieures sessiles; segments foliaires ovoïdes ou lancéolés, pinnatipartites, à lobes dentés; involucre et involucelles peu développés; ombelles à 8-12 rayons grêles. ① ② A. R. Voisinage des villes et des habitations. Rég. médit. Europe tempérée, Orient.

Tribu VI. — SÉSÉLINÉES.

Clef des sous-tribus :

1 { Côtes filiformes sauf dans *Magydaris*, non indurées EUSÉSÉLINÉES.
  { Côtes épaisses et indurées en totalité ou en partie ŒNANTHÉES.

Sous-tribu I. — EUSÉSÉLINÉES.

1 { Fleurs jaunes. . . . . FOENICULUM.
  { Fleurs blanches. 2

2 { Albumen campylosperme; fruit velouté. . . . . MAGYDARIS.
  { Albumen plan. 3

3 { Plusieurs bandelettes par vallécule. . . . . . . MEUM.
  { Une bandelette par vallécule. 4

4 { Styles dressés même à maturité; fruit velu. . . ATHAMANTA.
  { Styles réfléchis; fruit glabre ou hispide. 5

5 { Dents du calice longues; 4 bandelettes à la face commissurale . . . . LIBANOTIS.
  { Dents du calice courtes; 2 bandelettes à la face commissurale 6

6 { Stylopode à bords ondulés ou crénelés. . . . . SESELI.
  { Stylopode à bords entiers, non ondulés. . . . . CNIDIUM.

MAGYDARIS Koch.

Limbe du calice obsolète; pétales blancs, velus en dessous; styles hispides 2-3 fois plus longs que le stylopode; fruit oblong, très velouté, à côtes larges, obtuses; vallécules étroites; graine toute couverte de bandelettes; herbes vivaces, puissantes (1-2 mètres), à grosses tiges, à feuilles pennatiséquées, très grandes, à lobes larges, ovoïdes, obtus, finement dentés, à ombelles très grandes multiradiées.

M. tomentosa Koch; Lx, cat. Kab.; Ball, spic.; *Cachrys tomentosa* L.; Desf., fl. atl.; Munb., cat. — Feuilles pubescentes en dessous; involucre et involucelles à folioles lancéolées-subulées, longues; tiges striées; ombelles très grandes. ♃ Tell et montagnes. A. C. Avril-mai. Sicile, Sardaigne.

M. panacina DC.; Lx, cat. Kab.; Ball. spic. — Feuilles velues seulement sur les nervures de la face inférieure; involucre et involucelles à pièces lancéolées, courtes; rayons 10-20, plus courts; tige cannelée, scabre. R. R. Dra-el-Mizan, Boghni, Maroc, Espagne.

M. ambigua DC., prodr. Maroc.

ATHAMANTHA Koch.

A. sicula L.; Desf.; Munb., cat.; Lx, cat. Kab.; *Tinguara sicula* Parl.; Ball, spic. — Plante finement tomenteuse dans toutes ses parties, à tiges rondes, pleines, striées, rameuses (3-10 décim.); feuilles très finement divisées, grandes, molles; ombelles à rayons nombreux; un involucre et un involucelle; pétales velus en dehors; fruit linéaire, long d'un centimètre. ♃ Avril-mai. Rochers calcaires. Tout l'Atlas, Santa-Cruz, Mouzaïa, l'Arba, Blida, Zaccar, Djurdjura, etc., etc. Baléares, Sicile, Italie, Maroc.

A. macedonica DC?; *Bubon macedonicum* Desf., fl. atl. « *In atlante.* » N'a pas été retrouvé.

MEUM Tournefort.

M. atlanticum Cosson. Maroc.

LIBANOTIS Crantz.

L. montana All. Maroc (Cosson).

CNIDIUM Cosson.

C. Fontanesi Coss.; *Laserpitium peucedanoides* Desf., fl. atl., tab. 71; Munb., cat. Tunisie.

SESELI L.

Calice à 5 dents courtes; fruit ovoïde ou oblong, à section orbiculaire; méricarpes à côtes peu saillantes, épaisses, fongueuses, les latérales souvent un peu plus larges; 6 bandelettes; commissure plane; involucre nul ou oligophylle; plantes glabres, vivaces, à feuilles divisées en lanières linéaires.

S. varium Trev.; Cosson, voy.; Munb., cat., var. *atlantica*; *S. atlanticum* Boissier, diagn., § II-2, p. 87. — Plante glauque à grosses souches fibrilleuses au sommet; feuilles longuement pétiolées, bi-tripinnatiséquées, oblongues dans leur pourtour; tiges dressées (4-6 décim.), striées, rameuses, à rameaux grêles, allongés; ombelles longuement pédonculées, à 6-12 rayons inégaux; fruits linéaires-oblongs égalant le pédicelle (3 millim.) ♃ Juin-juillet. Aurès, Djurdjura, Mzi, Aïssa, Tlemcen.

Le vrai *S. varium* Trev. a, d'après Boissier, les feuilles à limbe presque triangulaire, les fruits de 2 millim.; les pièces de l'involucelle largement marginées. Orient, Autriche.

S. montanum L. var. *nanum* Soy.-Will.; Gren. Godr.; *Gaya pyrenaica* Gaudin; Munb., cat. — Plante de 5-15 cent., diffère en outre du précédent par ses feuilles à lanières courtes, lancéolées-obtuses; par les ombelles à rayons courts, pubescents; par les involucelles à folioles étroitement marginées; jeunes fruits pubescents. ♃ Juin-juillet. Aurès, Pyrénées.

S. Bocconi Guss.; Cosson, cat., inéd. — Plante robuste (2-5 décim.); tiges sous-frutescentes à la base, peu rameuses; feuilles triangulaires, bi-triternatiséquées, à divisions lancéolées-linéaires, grandes; ombelles à 8-15 rayons épais; fruit ovoïde-oblong, à la fin glabre. ♃ (n. v.) Italie.

S. tortuosum L. Tunisie.

FŒNICULUM L. (Fenouil).

F. vulgare Gærtner; Munb. cat.; Lx, cat. Kab.; Ball, spic. — Souche épaisse multicaule, à tiges grosses comme le doigt, hautes de 1 à 2 mètres, pleines, striées, cylindriques; feuilles décomposées en lanières filiformes, allongées, luisantes, non situées dans un même plan; ombelles à 6-20 rayons inégaux; involucre et involucelles nuls; calice à limbe entier formant une bordure un peu épaisse; fruit oblong, glabre, à section orbiculaire. Plante à odeur aromatique. ♃ Juin-août. C. C. C. Tout le Tell. Europe mérid., Orient.

F. piperitum DC.; Munb., cat. — Feuilles à lanières très courtes; ombelles pauciradiées, saveur poivrée. A. C.

Une autre forme grêle, à fruits d'une saveur désagréable, à côtes épaisses, à port grêle, divariqué, à divisions des feuilles allongées se trouve au Djebel-Amour (Clary).

Sous-tribu II. — ŒNANTHÉES.

Clef des genres :

1	Bandelettes nombreuses; pétales entiers	2
	1 bandelette par vallécule ou pas.	3
2	Herbe à feuilles charnues; graine non adhérente au péricarpe et couverte de bandelettes. . . .	CRITHMUM.
	Herbe à feuilles non charnues; graine soudée au péricarpe; 2-3 bandelettes par vallécule. . . .	KUNDMANIA.
3	Bandelettes invisibles à maturité; fruit un peu comprimé par le dos, à côtes dorsales et marginales très développées, rugueuses sur les côtés	CAPNOPHYLLUM.
	Fruit à section orbiculaire	4
4	Fruit globuleux à grosses côtes dorsales indurées.	SCLEROSCIADIUM.
	Fruit à côtes latérales aussi développées que les dorsales ou plus développées.	5
5	Fruit globuleux; limbe du calice peu visible; style court	ÆTHUSA.
	Styles allongés ainsi que les dents du calice; fruits globuleux ou oblongs	ŒNANTHE.

CRITHMUM L.

Calice à dents peu visibles; pétales verdâtres ou blancs, peu échancrés, à préfloraison valvaire; styles plus courts que le stylopode; fruit ovoïde, à méricarpes contigus; côtes carenées, égales et équidistantes; carpophore libre, bipartit. Herbes charnues munies d'involucres et d'involucelles.

C. maritimum L.; Desf., fl. atl.; Munb., cat.; Lx, cat. Kab.; Ball, spic. — Plante glabre, stolonifère, à tiges flexueuses, dressées, pleines, robustes; feuilles pinnati ou bipinnatiséquées, à divisions épaisses, lancéolées-linéaires. ♃ C. C. C. Rochers du bord de la mer. Récolté comme condiment. Rég. médit., France, Angleterre.

KUNDMANIA Scopoli.

Dents du calice obtuses; pétales jaunes, arrondis; styles bien plus courts que les stylopodes disciformes et crénelés; fruit linéaire, à côtes égales, obtuses, indurées, filiformes; 2-3 bandelettes par vallécule, 4 à la commissure.

K. sicula DC. ; Lx, cat. Kab. ; Ball, spic. ; *Sium siculum* L. ; Munb., cat. ; *Brignolia pastinacifolia* Bert. ; fig. Reich. 58. — Tige dressée (4-12 décim.), pleine, striée, rameuse ; feuilles inférieures nombreuses, en rosettes glabres, luisantes, à segments ovoïdes ou arrondis et dentés ; pétioles et rachis un peu pubescents, cylindriques ; grandes ombelles, à rayons nombreux ; involucre et involucelles réfléchis, à pièces étroitement linéaires-acuminées ; pédicelles nombreux, inégaux, à la fin indurés. ♃ Mai-juin. C. C. C. Rég. médit.

ŒNANTHE L.

Dents du calice dressées, subulées, accrescentes ; styles bien plus longs que le stylopode conique, dressés ; fruits oblongs, globuleux ou comprimés par le dos ; méricarpes contigus, à 6 bandelettes ou plus, à côtes obtuses, indurées en totalité ou en partie ; carpophore adné aux méricarpes. Plantes à fleurs blanches habitant d'ordinaire les lieux humides.

a. Ombellules fructifères sphériques.

Œ. fistulosa L. ; Munb., cat. ; fig. Reich. 57. — Plante de marais, stolonifère ; tige striée, resserrée aux nœuds, fistuleuse ; racines les unes renflées, les autres filiformes ; feuilles longuement pétiolées, à pétioles fistuleux ; les inférieures bipinnatiséquées, à segments ovales-obtus, entiers ou trilobés ; les supérieures pinnatiséquées, à segments linéaires ; ombelles centrales seules fertiles, à 2-3 rayons courts, fortement accrescents et striés, les latérales stériles, à 4-7 rayons ; ombellules très fournies, à la fin globuleuses, compactes, à fleurs blanches rayonnantes ; fruits indurés, obconiques, anguleux par suite de leur pression réciproque ; styles aussi longs que les fruits. ♃ Mai-juin. Fossés et marais du Tell. C. C. C. Europe.

Œ. globulosa L. ; Desf., fl. atl. ; Munb., cat. ; Lx, cat. Kab. ; Ball, spic. — Plante robuste non stolonifère, à racines renflées-tubéreuses ; tige ferme, striée, rameuse ; feuilles inférieures pétiolées, à pétiole plein ; bipinnatiséquées, à segments entiers ou tridentés, luisants ; feuilles supérieures pinnatiséquées, à segments linéaires ; ombelles à 2-10 rayons assez longs, épaissis à maturité ; fleurs blanches, rayonnantes ; fruits très renflés, globuleux, 10-12 par ombellule, subsessiles, un peu plus longs que les styles. ♃ C. C. C. Partout, fossés, lieux humides. Mai-août. Rég. médit.

b. Ombellules fructifères hémisphériques.

Œ. anomala Cosson et Durieu, pl. crit. 133 ; Munb., cat. ; Lx, cat. Kab. ; *Œnosciadium anomalum* Pomel. — Port de la précédente ; feuilles plus divisées, les inférieures à segments pinnatifides, les supérieures réduites à quelques lanières linéaires ; tiges plus élevées (4-12 décim.), striées, peu rameuses ; fruits à la fin comprimés par le dos comme des fruits de *Peucedanum*, à côtes peu marquées ; styles presque aussi longs que les fruits. ♃ C. C. C. Bois, broussailles, marais. Avril-juillet.

Œ. silaifolia M. Bieb. ; Munb., cat. — Tiges cannelées, fistuleuses, fermes ; feuilles assez semblables à celles de l'espèce précédente ; ombelles à rayons épaissis à maturité ; fleurs rayonnantes ; ombellules fructifères, compactes, hémisphériques, rappelant tout à fait, sauf ce dernier caractère, les ombellules de l'*Œnanthe fistulosa*. ♃ Mai-août. Bône, Constantine, La Calle, Ben-Chicao, rare dans la Mitidja, Maison-Carrée, Fort de l'Eau, Boufarik, etc. Rég. médit.

Œ. peucedanifolia Poll. ; Munb., cat. ; Cosson, pl. crit. 135. — Tige dressée, fistuleuse, rameuse, sillonnée ; feuilles toutes à lanières linéaires ; ombelle à 6-12 rayons allongés, toujours grêles ; fruits de 4 millim. sur 2, moins serrés que dans la précédente, non obconiques et par conséquent à sommets écartés ; styles égalant presque le fruit ; achaines contractés sous le limbe du calice. ♃ A. R. Maison-Carrée, dans un marais sur la route de l'Arba ; Blida, Constantine, Tiaret, Europe moyenne, Rég. médit.

Œ. Lachenalii Gmel. — Tige pleine, très élancée, sillonnée, peu rameuse ; feuilles radicales petites, pinnatipartites, à segments oblongs ou lancéolés, les supérieures à lanières linéaires, très longues et un peu charnues ; ombellules à fruits très petits, très nombreux, serrés. ♃ Juillet-septembre. R. R. Marais de la Rassauta, près Alger. Europe moyenne, Rég. médit.

Œ. callosa Salzman. Maroc.

Œ. apiifolia Brot. Maroc.

ÆTHUSA L.

Fruit ovoïde, globuleux ; dents calicinales oblitérées ; méricarpes à côtes saillantes et carenées, étroitement ciliées ; commissure plane ; involucre nul ou monophylle ; involucelles à trois folioles réfléchies et déjettées d'un seul côté.

Æ. Cynapium L.; Lx, cat. Kab.; fig. Reich. 60. — Tige dressée, 1-10 décim., fistuleuse, souvent striée de rouge; feuilles bi-tripinnatiséquées, à segments ovales-lancéolés, fortement incisés-dentés; ombelles à 5-10 rayons longuement pédonculés. ① R. Bougie, Europe, Orient.

CAPNOPHYLLUM Gærtner.

Méricarpes comprimés par le dos, à côtes dures et épaisses, plissées-rugueuses sur les côtés; 6 bandelettes détruites à maturité; dents du calice courtes, rigides; fleurs blanches; feuilles très divisées; un involucre et un involucelle.

C. peregrinum Brot.; *Tordylium peregrinum* L.; *Conium dichotomum* Desf., fl. atl., tab. 66; Munb., cat.; *Capnophyllum dichotomum* Ball, spic.; *Krubera leptophylla* DC.; Lx, cat. Kab. — Tige rigide, flexueuse, dressée, sillonnée, anguleuse, dichotome avec une ombelle dans les dichotomies; ombelles subsessiles à 2-5 rayons courts, robustes, raides, divariqués; fruits subsessiles, ovés ou elliptiques. ① C. C. Mars-mai. Terres argileuses : Belle-Fontaine, Bou-Medfa, Dély-Ibrahim, Oran, Constantine, etc. Tout le Tell. Espagne, Italie, Orient.

SCLEROSCIADIUM Koch.

S. nodiflorum Ball. Maroc.

Tribu VII. — PEUCÉDANÉES.

Fruit plat, comprimé par le dos; côtes dorsales peu saillantes; bord des carpelles contigus.

Clef des genres :

1	Fruit discoïde entouré d'un bourrelet saillant plissé en travers; côtes dorsales à peu près nulles. .	TORDYLIUM.
	Fruit ové ou discoïde à bord épais, avec une zone translucide en dedans; côtes dorsales filiformes.	MALABAILA.
	Fruits à bords lisses peu renflés.	2
2	Fleurs jaunes; plusieurs bandelettes par vallécule; grandes plantes vivaces.	FERULA.
	Une bandelette par vallécule.	3
3	Fleurs nettement jaunes.	4
	Fleurs blanches, roses ou jaunâtres.	5
4	Fruit ovale; côtes marginales écartées des côtes centrales	PASTINACA.
	Fruit elliptique; côtes équidistantes.	ANETHUM.

5 Bandelettes grêles; tiges lisses, striées; plantes glabres . . . . **Peucedanum.**
Bandelettes claviformes moitié plus courtes que le fruit; tiges cannelées; plantes velues. . . . **Heracleum.**

FERULA (Tournefort).

Pétales peu ou pas émarginés; fruit grand, lisse, à dents calicinales nulles ou peu développées; stylopode déprimé à bord ondulé; carpophore libre, bipartit; feuilles à limbe très divisé, à lanières ordinairement linéaires.

§ 1. *Euferula* Boiss., fl. d'Or. — Côtes dorsales filiformes peu saillantes; 1-5 bandelettes par vallécule, visibles à l'œil nu; méricarpes lisses très aplatis; pas d'involucre.

F. communis L.; Desf., fl. atl.; Munb., cat.; Lx, cat. Kab.; Ball, spic.; fig. Reich. 104, var. *univittata*, vulgairement *Fenouil*. — Plante puissante; tiges de 2-3 mètres, épaisses de 3-4 cent., pleines, striées, rameuses, à rameaux courts et verticillés; feuilles très grandes, à grosse gaine, à pétiole plein, à limbe triangulaire divisé en lanières filiformes, aiguës, longues et un peu canaliculées en dessus; pétiolules opposés; feuilles supérieures réduites à leur gaine; ombelles terminales grandes, fertiles, courtement pédonculées; les latérales stériles; fruits elliptiques ou suborbiculaires; 1 bandelette par vallécule, rarement plusieurs. ♃ C. C. C. Avril-juillet. Tell et H.-Pl. Rég. médit. Cette plante nourrit souvent en abondance un excellent champignon, le *Pleurotus Eryngii.*

β gummifera. — Variété laissant découler de sa tige et souvent de la pointe des lanières foliaires une gomme résine très abondante analogue à la gomme ammoniaque et qui est probablement le *Fushog* des marocains. Sud oranais, Djebel-Aïssa, Djebel-Mzi, Djebel-Antar, etc.

F. glauca L.; *F. Ferulago* Desf.? fl. atl., ex descriptione, non L. — Feuilles à divisions plus larges, plus courtes, élégamment veinées, un peu fermes, très glauques en dessous; ombelle centrale très grande; fruits oblongs. « *In arvis* » Desf.

F. tingitana L.; Desf., fl. atl.; Munb., cat.; Ball, spic. — Plante moins élevée que les précédentes; feuilles à divisions ultimes écartées, courtes, luisantes, vertes, incisées-dentées; fruits elliptiques-oblongs, à 3 bandelettes par vallécule et 4 à la face commissurale; pédicelles plus courts que les fruits. ♃ Avril-juillet. A. C. Oran, Arzeu, Maroc, Espagne.

F. vesceritensis Coss. et DR., inéd. — Voisine de la précédente; lanières des feuilles plus étroites et plus longues; tige grêle, gommeuse; pédicelles égalant le fruit ou un peu plus longs; fruits elliptiques, allongés; bandelettes larges. ♃ El-Kantara, Biskra, Aurès.

F. longipes Cosson, inéd.; *F. Cossoniana* Batt. et Trab., voy. — Feuilles rudes, à lanières extrêmement courtes; tiges de 5-12 décim., très rameuses à rameaux longs, divariqués; pédicelles égalant 2-3 fois le fruit; fruit large à 3-5 bandelettes par vallécule. ♃ Avril-juin. Sud oranais, Aïn-Sefra, Founassa, Maroc.

F. tunetana Pomel et Batt. Tunisie.

§ 2. *Ferulago.* — Côtes dorsales épaisses; bandelettes cachées dans le péricarpe épaissi, les commissurales nombreuses et bien visibles; involucre et involucelles polyphylles.

F. sulcata Desf., fl. atl., tab. 67; Munb., cat.; Lx, cat. Kab. — Tige robuste (5-15 décim.), fortement cannelée, rameuse, à rameaux supérieurs souvent verticillés; feuilles très finement divisées en lanières linéaires-aiguës, scabres, assez courtes; ombelle terminale grande, brièvement pédonculée, à 10-15 rayons, dépassée par les rameaux; rameaux assez longs terminés par une ombelle et formant corymbe; fruits de 2 cent. sur 1 environ, à côtes très épaisses. ♃ Mai-juin. Tout le Tell. Espagne, Italie.

F. biumbellata Pomel. — Rameaux florifères très nombreux et ramifiés eux-mêmes, étagés. Dahra, Cherchel.

F. crassicosta Pomel. — Côtes très épaisses; pédicelles épaissis. Beni-Zenhtis (Dahra).

F. leptocarpa Pomel. — Fruit étroit; rameaux peu développés; pédicelles courts et épaissis. Maghnia.

F. parvifolia Pomel. — Fruit petit; petites feuilles. Bou-Ksaïba, près Jemmapes.

F. scabra Pomel. — Involucre et involucelles à folioles minces, denticulées, scabres; lanières des feuilles distantes, scabres; tiges striées, non cannelées. Constantine.

Ces diverses plantes, très étroitement affines au *F. sulcata*, ne me sont pas suffisamment connues.

PEUCEDANUM L.

Diffère de *Ferula* par ses fleurs blanches ou verdâtres; ses bandelettes solitaires dans les vallécules; par ses fruits plus petits; côtes médianes peu marquées, filiformes.

P. Munbyi Boissier, diagn., § II-2, p. 89 ; Munb., cat. ; Ball, spic. — Feuilles oblongues dans leur pourtour, longuement pétiolées, bipinnatiséquées, à segments linéaires, entiers ou bifides, glauques en dessous ; tiges cylindriques, striées, grêles, hautes de 8-12 décim., rameuses, à rameaux grêles et inégaux ; feuilles supérieures à limbe très réduit ou nul ; ombelles à 3-5 rayons inégaux dressés après l'anthèse ; involucre nul ; involucelle à folioles très petites, aiguës, bordées de blanc ; pétales blancs, rougeâtres en dehors ; fruit ovoïde ou elliptique (7 millim. sur 6), rougeâtre, à bandelettes très fines, celles de la commissure avortant parfois. Plante glabre ; feuilles mars-avril ; fleurs août ; fruits novembre. C. C. Marais. Toute l'Algérie.

P. Cervaria Lapeyrouse. — Souche fibrilleuse ; feuilles inférieures courtement pétiolées, triangulaires, glauques en dessous, bi-tripinnatiséquées, à segments ovoïdes, opposés, fortement dentés, souvent confluents ; tige dressée, pleine, peu feuillée, peu rameuse ; ombelles multiradiées ; involucre et involucelles polyphylles, réfléchis ; fruits obovés, grands. ♃ Algérie (Cosson, cat., inéd.)

P. atlanticum Pomel ; *Imperatoria hispanica* Munb., cat., non Boissier. — Souche vivace, épaisse, oblique ; tige cylindrique, dressée, peu rameuse, striée ; feuilles glabres, un peu glauques, longuement pétiolées, coriaces, ternées ou pennatiséquées, à 5 folioles ovoïdes, très grandes, dentées ; ombelles planes, à 20-30 rayons anguleux, scabres ; involucre monophylle ; involucelles à pièces nombreuses, sétacées, inégales ; fruit elliptique presque obcordé, égalant la moitié des pédicelles extérieurs ; côtes médianes épaisses, carenées. Plante glabre ne différant guère de l'*Imperatoria hispanica* Boissier, voy. Esp., tab. 74, que par ses fruits plus gros. ♃ Garrouban.

PASTINACA L.

P. sativa L. ; Desf., fl. atl. ; *Le Panais*. Cultivé.

TORDYLIUM L.

T. apulum L. ; Munb. ; cat. ; *T. humile* Desf., fl. atl., tab. 58. — Plante mollement hispide (2-5 décim.), rameuse, dressée ; feuilles pétiolées, pinnatiséquées, à segments obovés, crénelés-dentés ; ombelles à 3-7 rayons ; involucre et involucelles polyphylles, à pièces petites, sétacées ; fleurs blanches très rayonnantes au pourtour des ombelles ; fruit orbiculaire à bordure élégante, à disque papilleux; bandelettes nombreuses. ① Avril. R. R. Abattoir de Mustapha. Constantine, Tunisie, Rég. médit., Orient.

MALABAILA Hoffm.

M. numidica Cosson, Bull. soc., bot. Fr., vol. IX, p. 297. — Plante pubescente, à tige dressée (3-7 décim.), striée-anguleuse, peu rameuse, émettant souvent dès la base 1-2 tiges latérales ; feuilles supérieures courtement pétiolées, bipinnatiséquées, ovées-triangulaires, à lobes ovoïdes-cunéiformes, incisés-pinnatifides, à lobules dentés; feuilles supérieures plus petites, sessiles sur la gaine; ombelles à 8-20 rayons; involucre mono-oligophylle à pièces membraneuses, linéaires, caduques; involucelle à 3-5 pièces sétacées, caduques; fleurs jaunes; pétales velus sur la nervure dorsale; fruit suborbiculaire émarginé, égalant le pédicelle; 6 bandelettes n'atteignant pas la base du fruit. ② Juin-juillet, Moissons. Batna, Lambèse, Khenchela.

HERACLEUM L.

H. Sphondylium L.; Lx, cat. Kab.; Ball. spic. — Plante robuste, pubescente, laineuse; tige dressée, grosse, cannelée, fistuleuse; feuilles inférieures grandes, longuement pétiolées, pinnatiséquées, à 5 segments anguleux, très-grandes, pinnatifides ou pinnatipartites, les inférieures pétiolulées; ombelles longuement pédonculées; involucre nul ou oligophylle; involucelles à pièces sétacées; fruit elliptique un peu obcordé (10 millim. sur 8), non rempli par la graine; plante à fleurs blanches. Europe. Maroc.

H. atlanticum Cosson, inéd. — Fleurs jaunâtres. Agoulmin-Aberkan (Djurdjura. Lx.). Cette plante ne m'est pas suffisamment connue.

NOTA. — Un échantillon en fruits de la plante du Maroc que je dois à l'obligeance de M[r] le Dr Cosson, à ses fruits plus étroits que la plante d'Europe et non obcordés.

ANETHUM L.

A. graveolens L. — Tige dressée, striée, fistuleuse, rameuse; feuilles tripinnatiséquées, à lanières filiformes; ombelles longuement pédonculées à 12-30 rayons inégaux, ni involucre ni involucelle. Plante glabre, odorante. ① Juillet-août. Kosni (Pomel), Bibans, Tunisie, midi de l'Europe, Orient.

Tribu VIII. — THAPSIÉES.

Plantes ordinairement vivaces, à pétales extérieurs peu ou pas radiants, à stylopode déprimé, crénelé sur le bord; côtes primaires filiformes; côtes secondaires ailées, au moins les 2 latérales; carpophore libre, bipartit.

Clef des genres :

1	Albumen convoluté; côtes secondaires toutes ailées.	2
	Albumen plan ou presque plan.	THAPSIA.
2	Fleurs jaunes	ELÆOSELINUM.
	Fleurs blanches.	MARGOTIA.

THAPSIA L.

Th. garganica L.; Desf., fl. atl.; Munb., cat.; Lx, cat. Kab.; Ball, spic. *Le Thapsia*, *Bou Nafa* des Arabes. — Feuilles à pétioles cylindriques, striés, à limbe tripinnatipartit, à segments divisés en lanières linéaires-aiguës, décurrentes, plus ou moins larges, glauques en dessous, luisantes en dessus, tiges de la grosseur du doigt, pleines, striées, cylindriques, peu rameuses, hautes de 7-12 décim.; feuilles supérieures réduites à de grosses gaines; involucre nul; involucelles nuls ou peu développés; ombelles très grandes (12-26 cent.), hémisphériques ou globuleuses; ombellules globuleuses; fleurs jaunes, à pétales peu ou pas émarginés; fruits à ailes dorsales nulles, à ailes latérales brillantes, très développées, émarginées au sommet et à la base, à bords des échancrures aigus ou obtus, rapprochés ou écartés, lisses ou plissés; fruits de 15-30 millim., sur 12-18; plante vésicante. L'écorce de la racine sert à préparer la résine qui est la base de l'emplâtre de Thapsia. ♃ C. C. C. Mai-juin. Rég. médit., France exceptée. Très variable.

α typica, *Th. Sylphium* Viv.; *Sylphium* du Dr Laval. — Feuilles à lanières linéaires, glabres sur les 2 faces; fruit variable. C. C. *Th. lineariloba* Pomel en est une forme à lanières très étroites.

β decussata DC.; *Th. decussata* Lag. — Feuilles à segments décussés, à lanières larges (8-12 mill.), un peu velues en dessous sur les nervures; fruits à ailes aiguës au sommet. A. C.

γ stenocarpa, *Th. stenocarpa* Pomel. — Voisin du précédent; achaines très étroits, ailes non comprises. Miliana.

δ *platycarpa, Th. platycarpa* Pomel. — Achaines très larges, ailes non comprises. Miliana, Garrouban.

Th. maroccana Pomel. — Fruits velus. Maroc.

Th. villosa L.; Desf., fl. atl.; Munb., cat.; Lx, cat. Kab.; Ball, spic.— Diffère du *Th. garganica* par sa souche fibrilleuse; par ses feuilles à lanières plus courtes et obtuses, velues-laineuses en dessous, glabres ou un peu velues en dessus; par ses fruits de 10-12 millim. sur 8, ailes comprises; celles-ci atteignent à peine la largeur de l'achaine; ailes médianes souvent bien marquées. ♃ Mai-juin. Blida, Chiffa, Miliana, Tipaza, Aïn-Taya, etc. Rég. médit.

α *microcarpa* Desf., fl. atl.; *Th. microcarpa* Pomel. — Segments des feuilles assez larges; fruits de 9-10 millim. A. C.

β *stenoptera; Th. stenoptera* Pomel. — Feuilles très divisées; fruits de 12 millim. Les Andalous, à Oran.

Th. polygama Desf., fl. atl., tab. 75; Munb.; cat.; *Laserpitium Carota* Boissier; *Daucus alatus* Poiret? — Plante à port de *Daucus gummifer;* tiges rameuses, dressées, striées, hispides; feuilles inférieures bipinnatiséquées, à segments ovoïdes, incisés-dentés, hispides en dessous, glabres en dessus; feuilles supérieures à lobes plus finement divisés, cunéiformes, tri-plurifides; involucre polyphylle à pièces souvent trifides; involucelles trifides, à pièces lancéolées-linéaires; pétales blancs; fleurs centrales stériles; fruits de 10-12 millim. sur 8-9, à achaine bien plus étroit que l'aile. Juin-août. Bône, La Calle.

MARGOTIA Boissier, Elenchus, p. 52.

Dents du calice triangulaires-aiguës, bien apparentes; pétales largement obcordés avec une pointe infléchie; côtes secondaires latérales largement ailées, les médianes peu ou pas; bandelettes très grandes, nombreuses, une sous chaque côte, se touchant toutes.

M. gummifera Lange; *M. laserpitioides* Boiss., voy. Esp.; Lx, cat. Kab.; *Laserpitium gummiferum* Desf., fl. atl., tab. 72; Munb., cat. — Souche fibrilleuse; tige dressée (6-12 décim.), rameuse, pleine, striée; feuilles glabres, luisantes, tripinnatiséquées, à segments divisés en lanières linéaires, étroites, courtes et aiguës; involucres à 6-7 folioles linéaires-aiguës; involucelles à 6-16 rayons; fruits de 1 cent., à ailes dorsales peu développées ou nulles, les latérales bien développées;

plante odorante. ♃ Juillet-octobre. Terrains calcaires : Alger, Bouzaréah, Guyotville, Zaccar de Miliana, etc., etc. Espagne Portugal.

ELÆOSELINUM Koch.

Dents calicinales courtes, subulées ; fleurs jaunes ; pétales peu ou pas obcordés ; le reste comme *Margotia.*

E. Fontanesi Boissier ; Munb., cat. ; *Laserpitium thapsoides* Desf., fl. atl., tab. 68. — Feuilles glabres, bi-tripinnatiséquées, à segments finement découpés en lanières linéaires courtes et aiguës ; tige droite peu rameuse (3-5 décim.) ; involucre et involucelles polyphylles, réfléchis ; ombelles à rayons égaux ; ombellules sphériques à longs pédicelles ; méricarpes à 4 ailes, souvent toutes bien développées, les latérales grandes, aiguës au sommet, rarement obtuses. ♃ C. C. C. Côteaux secs : Alger, Oran, Constantine, etc. Juin-septembre. *E. laxum* Pomel, me semble une forme de cette plante à ombelles très grandes, à ailes du fruit très larges et très aiguës au sommet. Dahra, Perrégaux.

E. meoides Koch ; Munb., cat. ; Lx, cat. Kab. ; Ball, spic. ; *Laserpitium meoides* Desf., fl. atl., tab. 69. — Plante puissante (5-10 décim.) ; pétioles hispides ; feuilles glabres, décomposées, très divisées, à divisions ultimes filiformes, courtes, divariquées en tout sens ; frisées ; souche fibrilleuse ; tige rameuse dans le haut, striée ; feuilles supérieures réduites à leur spathe ; ombelles hémisphériques à 12-20 rayons ; involucre et involucelles à 3-6 pièces lancéolées-acuminées, à la fin réfléchies ; fruits allongés à ailes dorsales souvent abortives, les latérales égalant le diamètre du fruit, plissées en travers. ♃ Mai-août. A. C. Rég. montagneuse. Zaccar Beni-Sahla, Djurjura, etc., etc. Espagne, Italie.

E. humile Ball. Maroc.

E. exinvolucratum Cosson. Maroc.

E. fœtidum L. Maroc.

Tribu IX. — DAUCINÉES.

5 côtes primaires et 4 côtes secondaires ordinairement aiguillonées ; 6 bandelettes, 4 sous les côtes secondaires et 2 à la commissure, rarement pas de bandelettes ; fleurs souvent rayonnantes au pourtour de l'ombelle ; un involucre manquant rarement et un involucelle.

Sous-tribu I. — CUMINÉES.

Fruit lancéolé-fusiforme, un peu comprimé par le côté; calice à 5 dents subulées, inégales; stylopodes petits; côtes filiformes, subégales, couvertes de petits aiguillons tous semblables.

CUMINUM L. (Cumin).

C. Cyminum L. — Petite herbe grêle, glabre, dressée; feuilles palmati ou bipalmatiséquées, à lanières filiformes, allongées; ombelles à 3-5 rayons dépassés par les folioles sétacées de l'involucre; ombelles à 3-5 fleurs; pédicelles courts; fruits hispides. ① Est de l'Algérie (Pomel), Tunisie, Égypte, Orient.

Sous-tribu II. — CAUCALINÉES.

Fruit comprimé par le côté; méricarpes à côtes primaires filiformes, hérissées de soies ou d'aiguillons, ou tuberculeuses; nervures secondaires plus saillantes, ordinairement aiguillonnées; graines roulées par les bords du côté de la commissure; carpophore libre, bifide.

Clef des genres :

1	Méricarpes régulièrement tuberculeux sur toute leur surface	AMMIOPSIS.
	Fruits aiguillonnés	2
2	Côtes primaires hérissées, les secondaires peu distinctes entièrement couvertes d'aiguillons. .	TORILIS.
	Côtes commissurales tuberculeuses ou à aiguillons courts, toutes les autres primaires ou secondaires semblables, saillantes, armées de 2-3 rangs d'aiguillons égaux	TURGENIA.
	Côtes primaires filiformes, hérissées ou tuberculeuses; côtes secondaires plus saillantes, à un ou deux rangs d'aiguillons	CAUCALIS.

TORILIS Sprengel.

Calice à 5 dents lancéolées, involucre 0-1 foliolé; fleurs blanches.

a. Ombelles très brièvement pédonculées ou sessiles; involucre nul.

T. nodosa Gærtner; Munb., cat.; Lx, cat. Kab; *Caucalis nodosa* L.; Desf., fl. atl.; Ball, spic.; fig. Reich. 167. — Tiges diffuses (1-4 décim.); feuilles bipinnatiséquées, à segments lancéolés, incisés-dentés, pubescents; fleurs petites, égales, régulières, en ombelles globuleux; méricarpes souvent dimorphes, l'extérieur étant couvert d'aiguillons tandis que l'autre est simplement tuberculeux. ① Mars-mai. C. C. C. Tout le Tell, rég. montagneuse. Europe.

b. Ombelles pédonculées.

T. heterophylla Gussone. — Tiges dressées, peu rameuses; feuilles inférieures comme dans le précédent, les supérieures à 1-3 segments linéaires-lancéolés, très entiers; ombelles longuement pédonculées, penchées avant l'anthèse, à 2-3 rayons grêles; fruits hétérocarpés comme dans le précédent. ① Algérie (Cosson). Rég. médit.

T. infesta Hoffm.; *T. helvetica* Gmelin; Munb., cat.; *Caucalis infesta* Ball, spic.; *Caucalis anthriscus* Desf., fl. atl.; Munb., cat., non aliorum. — Plante dressée, rameuse, scabre; feuiles pinnati ou bipinnatiséquées, à segments lancéolés, incisés à la base, dentés au sommet, les terminaux allongés; ombelles planes, multiradiées, dressés avant l'anthèse; fleurs rayonnantes; involucre monophylle ou nul; fruit elliptique tout couvert d'aiguillons droits, étalés, glochidiés au sommet; carpophore profondément bifide. ① Europe tempérée, Nord de l'Afrique.

T. neglecta Rœmer et Schultes; Munb., cat.; Lx, cat. Kab. — Plante puissante (4-15 décim.), rameuse à rameaux étalés dans le haut; styles égalant au moins 6 fois le stylopode. ① Mars-juin. C. C. C., partout dans le Tell et dans la région montagneuse.

T. helvetica Koch. — Plante moins élevée, rameuse dès la base; styles ne dépassant pas deux fois la longueur du stylopode; aiguillons des fruits souvent pourprés. ① Mai-juin. Lieux frais de la rég. montagneuse. A. C.

β *heterocarpa*. — Ombelles très longuement pédonculées; fruits pour la plupart aiguillonnés, quelques-uns dimorphes comme dans le *T. nodosa* ① A. R. Dendou, cap Cavallo, Miliana (Pomel), l'Alma.

γ *bifrons*, *Lappularia bifrons* Pomel. — Ombelles à 1-2 rayons longs et grêles, les inférieures sessiles, les supérieures pédonculées; fruits parfois hétéromorphes. ① H.-Pl., Tiaret, Toucria, Zaccar, Djurdjura.

δ *purpurea*, *Torilis purpurea* Gussone. — Ombelles à 2-4 rayons, très longuement pédonculées; segments terminaux des feuilles peu allongés; aiguillons pourprés. ① Région montagneuse. A. C. Bou-Zecza, la Chiffa, Zaccar, etc.

CAUCALIS L.

Dents du calice aiguës, petites; involucre nul.

a. Aiguillons des côtes secondaires bisériés; plantes à aspect de *Torilis infesta*, mais à fruits un peu plus gros, à aiguillons plus élargis à la base, plus régulièrement disposés; tige scabre.

C. leptophylla L.; Munb., cat.; Lx, cat. Kab.; Ball, spic.; *C. humilis* Desf., fl. atl. — Plante rameuse presque dès la base; feuilles bi-tripinnatiséquées, à segments linéaires-aigus, très petits, pubescents-scabres; ombelles courtement pédonculées, à 2-3 rayons robustes; stigmates sessiles; fruits de 6-8 millim. ① C. C. C. Avril-Juillet. Moissons, champs: Tell, Rég. montagneuse, H.-Pl. Europe tempérée, Rég. médit., Orient.

β *heterocarpa* Ball. Maroc.

C. *bifrons* Coss. et DR., inéd. — Forme grêle, à ombelles sessiles, à 1-2 rayons allongés. Saïda (Cosson), El-Kantara. Même port que le *Lappularia bifrons* Pomel.

C. cærulescens Boissier; Lx, cat. Kab.; *C. mauritanica* Pomel. — Plante très élancée, à port et à feuilles de *Torilis helvetica;* ombelles à pédoncules grêles, bi-triradiées; rayons grêles divariqués; fleur centrale des ombellules souvent stérile; involucre nul ou monophylle; fleurs pourprées; jeunes fruits bleuâtres. ② Mai-Juin. Kaddara, Téniet-el-Haâd, Garrouban, Djurdjura, etc. Espagne.

b. Aiguillons des côtes secondaires unisériés.

C. daucoides L.; Lx, cat. Kab.; fig. Reich. 170. — Tige dressée, rameuse, anguleuse; feuilles glabrescentes tripinnatiséquées, à segments courts, lancéolés; ombelles longuement pédonculées, à 2-5 rayons anguleux; fleurs centrales des ombellules stériles; gros fruits (8-10 millim. sur 5); côtes primaires marquées d'un sillon, les secondaires armées de forts aiguillons; calice à dents ovées-lancéolées, persistantes. ① R. R. Kabylie (Lx), Tlemcem (Pomel). Europe tempérée, Orient.

TURGENIA Hoffm.

T. latifolia Hoffm.; Munb., cat.; Lx, cat. Kab.; *Caucalis latifolia* L.; Desf., fl. atl.; Ball. spic.; Reich., fig. 168. — Tige scabre, robuste, hispide (1-4 décim.); feuilles pinnatiséquées, scabres, à segments larges, lancéolés ou oblongs, pinnatifides; ombelles longuement pédonculées, à 2-5 rayons; involucres à 2-5 folioles elliptiques, obtuses, membraneuses aux bords; involucelles pareils aux involucres; fleurs assez grandes, ordinairement rosées, les externes fertiles et brièvement pédicellées; fruits gros, à gros aiguillons ordinairement rouges-violacés. ① C. C. C. Moissons. Avril-mai. Europe mérid., Orient.

AMMIOPSIS Boissier.

Limbe du calice coroniforme ou cupuliforme, à peine denté ; pétales du bord de l'ombelle radiants ; fruits petits, oblongs, comprimés par le côté ; méricarpes régulièrement couverts de tubercules sur toute leur surface, obscurément prismatiques, à côtes primaires filiformes, peu marquées, logées dans des sillons entre les larges côtes secondaires ; vallécules indistinctes ; pas de bandelettes ; commissure convexe, creusée d'un sillon pour loger le carpophore, ce qui rend l'albumen concave ; herbes annuelles, à port de *Daucus* ; feuilles sessiles sur leur gaine, triangulaires dans leur pourtour, tripinnatiséquées ou décomposées en lanières linéaires ; ombelles multiradiées, pédonculées ; pédoncules fortement épaissis au sommet ; involucre à folioles semblables aux feuilles, à la fin réfléchies ; involucelles à folioles trifides ; rayons à la fin un peu épaissis ; ombelles contractées.

A. **Aristidis** Cosson, inéd. (sub. *Dauco*). — Plante robuste à feuilles et à tige hispides ; feuilles glabres divisées en lanières capillaires subulées ; fleurs jaunissant en herbier, la centrale semblable aux autres. ① Juillet. Bône, Mondovi, Bou-Hadjar. (Communiquée par M[r] le Dr Cosson).

A. **Daucoides** Boissier. Maroc.

Sous-tribu III. — EUDAUCINÉES.

Fruit ordinairement comprimé par le dos, rarement à section cylindrique ; côtes primaires filiformes, hérissées ; côtes secondaires ordinairement plus saillantes, armées d'aiguillons ; graine plane ou presque plane à la commissure ; involucre et involucelles foliacés.

Clef des genres :

1	Côtes secondaires toutes couvertes de longs poils soyeux, denses, un peu scabres.	AMMODAUCUS.
	Côtes secondaires chargées d'aiguillons	2
2	Côtes secondaires avec une seule rangée d'aiguillons ; folioles de l'involucre pinnatipartites. . .	DAUCUS.
	Côtes secondaires à 2 rangs d'aiguillons ; pièces de l'involucre entières	ORLAYA.

ORLAYA Hoffm.

Fruits nettement comprimés par le dos.

O. grandiflora Hoffm.; Munb., cat. — Plante de 1-3 décim., dressée, glabre, rameuse; tiges striées, rondes; feuilles inférieures pétiolées, tripinnatiséquées, à lanières courtes, petites, rapprochées; feuilles supérieures sessiles sur leur gaine; ombelles oppositifoliées, longuement pédonculées, à 5-8 rayons; involucre à 5-8 folioles entières largement scarieuses aux bords; fleurs de la circonférence dix fois plus grandes que celles du centre; styles beaucoup plus longs que le stylopode; calice à dents subulées; fruit ovoïde; aiguillons subulés dès la base, crochus, non glochidiés. ① Europe tempérée, Algérie? (Munby).

O. platycarpos Koch; Munb., cat.; Reich. 156. — Diffère de la précédente par ses tiges anguleuses; ses ombelles à 2-3 rayons; ses fleurs extérieures 1 ou 2 fois plus grandes que les internes; par ses aiguillons à base large; fruits de 15 millim. sur 7. ① Mai-juin. Palestro, H.-Pl., Tlemcen, etc., etc. Tunisie, Midi de l'Europe.

O. maritima Koch; Munb., cat.; Lx, cat. Kab.; *Caucalis maritima* Desf., fl. atl.; *Daucus humilis* Ball, spic. — Plante pubescente-cendrée, ramifiée dès la base, à rameaux couchés sur le sol, cylindriques, scabres; feuilles toutes pétiolées, bi-tripinnatiséquées, à lanières courtes, oblongues, rapprochées; ombelles brièvement pédonculées, à 2-5 rayons; involucre à pièces entièrement herbacées, entières ou trifides; fleurs toutes très petites; styles plus courts que les stylopodes coniques; côtes primaires velues; côtes secondaires armées d'aiguillons très larges à la base, glochidiés en étoile au sommet, plus ou moins longs; fruits de 7 millim. sur 3. ① Mars-juin. Sables. C. C. C., au bord de la mer. Rég. désertique, Aïn-Sefra, etc., etc. Rég. montagneuse : Nador de Médéa. Rég. médit.

AMMODAUCUS Coss. et DR., inéd.

Calice à bord 5-denté; pétales égaux, émarginés avec une lanière infléchie; fruit oblong, comprimé par le dos; côtes primaires filiformes presque nues; 4 côtes secondaires plus saillantes, les latérales un peu aliformes; bandelettes très grosses; carpophore bipartit; commissure plane; fruit tout couvert de longs poils blanchâtres, denses.

A. leucotrichus Coss. et DR., inéd. — Tige dressée finement striée, rameuse ; feuilles bi-tripinnatiséquées à lanières linéaires, un peu charnues; ombelles oppositifoliées, à 2-4 rayons; involucre à autant de folioles tripinnatipartites sur une gaine membraneuse aux bords; involucelle à folioles ordinairement trifides, papilleuses, scabres; fleurs blanches, petites; styles à peine divergents, plus courts que le stylopode; fruits oblongs, très odorants, très velus, longs d'un centim. environ; plante glabre. ① Rég. sahar. M'zab, Timetlas. Usité comme condiment (lieutenant Palat).

DAUCUS L. (Carotte).

Involucre polyphylle à folioles ordinairement pinnati ou bipinnatiséquées; côtes primaires marginales non visibles extérieurement, mais placées à la face commissurale plus ou moins près du carpophore.

§ 1. *Ctenolophus* Pomel, inéd. — Côtes primaires dorsales et côtes secondaires développées en forme d'ailes étroites; involucre et involucelles à folioles entières, lancéolées-aiguës.

D. laserpitioides DC.; Munb., cat.; *Laserpitium daucoides* Desf., fl. atl., tab. 70; *Caucalis virgata* Poiret, voy. II, p. 133. — Plante glabre à grosses souches vivaces; feuilles bipinnatiséquées, à segments écartés, à lanières linéaires ou lancéolées-aiguës; feuilles supérieures réduites à quelques lanières; tiges grêles (3-7 décim.), dressées ou décombantes, rigides, lisses; ombelles très longuement pédonculées, petites, à 10-15 rayons très inégaux, à la fin contractées; fleurs blanches ou rosées, petites; fruit un peu comprimé par le dos; côtes primaires dorsales munies de 2 rangs de tubercules divergents, les secondaires développées en aile blanche, découpée-pectinée en pointes larges très obtuses; styles longs, étalés. ♃ Septembre-octobre. Endroits sablonneux: Bône, Beni-Foughal.

D. stenopterus nob. — Côtes secondaires pas beaucoup plus développées que les primaires; celles-ci noires, tuberculées; fruit cylindrique, plutôt un peu comprimé par le côté. ♃ Forêt de la Réghaïa (Alger). C. C.

D. Reboudii Cosson, inédit. — Tiges grêles, dressées, 4-10 décim., hispides à la base et aux nœuds, à poils réfléchis ; feuilles grandes, pétiolées, à pétiole et râchis hispides, bi-tripinnatiséquées, à lanières linéaires-lancéolées, mucronulées, les supérieures réduites à la gaine; ombelles à 15-20 rayons, non contractées à la fin; fruits presque linéaires

(7 millim. long.); un seul méricarpe à ailes développées; bandelettes très grosses; odeur de *Fenouil* très agréable. ♃ Édough (communiquée par M. le Dr Cosson).

§ 2. *Meoides* Lange. — Feuilles lancéolées-linéaires dans leur pourtour; bipinnatiséquées, à segments divisés en lanières filiformes, mucronulées, sessiles, subverticillées; styles étalés, réfléchis, égalant 4-6 fois les stylopodes; plantes vivaces, à souche verticale, fibrilleuse au sommet; aiguillons des fruits mous et à peine glochidiés.

D. setifolius Desf., fl. atl., tab. 65; Munb, cat.; *Pomelia setifolia* Durando; *D. brachylobus*, Boiss., voy. Esp. — Feuilles radicales dressées en touffe épaisse, pubescentes, les caulinaires décroissantes, les supérieures sans limbe; tige dressée, ferme, finement striée, plus ou moins rameuse; involucre à folioles entières ou pinnatifides; ombelles à 10-20 rayons subégaux, pubescents; involucelle à folioles sétacées; fleurs blanches, petites, à pétales égaux, pubescents en dehors; fruit cylindrique, à côtes primaires veloutées comme le reste du fruit, les marginales écartées; côtes secondaires munies d'une ligne d'aiguillons n'égalant pas le diamètre du fruit; carpophore bifide au sommet. ♃ Feuilles en mai-juin; fruits en septembre. Gorges de la Chiffa, Médéa, Réghaïa, Djurdjura, Constantine, Garrouban, etc., etc. Espagne.

D. crinitus Desf., fl. atl., tab. 62; Munb.; Lx, cat. Kab.; Ball, spic. — Feuilles radicales plus courtes que dans la précédente, glabres, couchées en rosette sur le sol, les caulinaires semblables; ombelles longuement pédonculées, grandes, planes, à rayons inégaux; fleurs blanches ou rosées, un peu rayonnantes à la périphérie de l'ombelle; fruit linéaire-ovale, à côtes toutes couvertes de longs aiguillons soyeux, rosés ou jaunâtres, égalant deux fois le diamètre du fruit; carpophore bifide. ♃ Feuilles au printemps; fruits en juillet-août. Broussailles du Tell. A. C. 3 Prov. Espagne.

§ 1. *Eudaucus.* — Côtes primaires hérissées; côtes secondaires découpées en une rangée d'aiguillons glochidiés; involucre à folioles pinnatifides ou bipinnatifides; fleur centrale des ombelles souvent stérile, grande et colorée; fleurs de la périphérie souvent rayonnantes.

a. graciles. — Feuilles toutes décomposées en lanières capillaires très longues, divariquées; plante très grêle, glabre.

D. gracilis Steinheil, ann. sc. nat., série 2, vol. IX, p. 203, fig. ibid.; Munby, cat. — Feuilles inférieures oblongues dans leur pourtour, à lanières plus courtes; feuilles supérieures triangulaires, à lanières très longues; ombelles à la fin contractées, à rayons grêles, inégaux; involucre à folioles garnies à la base d'une gaine membraneuse aux bords, puis pinnatiséquées en lanières capillaires, égalant les rayons ou plus courtes; involucelles à folioles inégales, ciliées, les unes membraneuses, lancéolées, courtes, les 3 externes linéaires, longues, herbacées; fleur stérile rouge, fleurs périphériques rayonnantes; fruits petits, à aiguillons des côtes secondaires grêles, égalant 2 fois le diamètre du fruit; styles très longs, étalés-dressés. ① Constantine, Bône, Collo.

b. Carota. — Feuilles triangulaires dans leur pourtour, bi-tripinnatiséquées, à segments pétiolés; styles courts.

1. *Gingidium.* — Plantes des falaises maritimes, robustes, bisannuelles, à ombelles compactes, à petites fleurs, souvent privées de la fleur centrale stérile; fruits très rapprochés, à aiguillons courts.

D. gummifer Lam.; *D. Gingidium* auctor. an. L.?; *D. hispanicus* DC. prodr.; *D. lucidus* Lapeyrouse; *D. gummifer* et *D. Gingidium* Gren. Godr.; *D. hispidus* Desf., fl. atl., tab. 63, non aliorum; *D. jolensis* et *D. paralias* Pomel. — Plante puissante à feuilles hispides en dessous, luisantes-vernissées en dessus, à segments ovoïdes, incisés ou dentés, à dents obtuses mucronées; tiges rondes, épaisses, striées-cannelées, scabres; ombelles longuement pédonculées; pédoncules pareils aux tiges, élargis au sommet, involucre foliacé, à à folioles triséquées ou pinnatiséquées, de longueur très variable, ordinairement moitié plus courtes que les rayons; très nombreux, et peu inégaux; pièces de l'involucelle lancéolées-entières ou trifides; ombelle à la fin bombé ou concave; fruits ovales, à aiguillons courts, glochidiés, élargis à la base; styles courts et épais. ② C. C. C. Falaises maritimes; rivages de la Méditerrannée et de l'Atlantique.

Nota. — Après avoir examiné avec soin les *Daucus* de ce groupe, communs sur nos rivages, je ne puis y limiter aucun type. On trouve pourtant sur le Santa-Cruz d'Oran, une forme puissante bien moins luisante et plus hispide que les autres, très feuillue; je ne l'ai pas vue en fruits.

D. alatus Poiret, dict. suppl., serait d'après Mutel, fl. Fr., v. II, p. 405, une forme de ce même type à aiguillons largement confluents à leur base et formant une aile. Bône.

? D. siculus Tineo. — S'en distingue par sa taille bien plus petite (5-15 cent.) La Calle, d'après Munby.

2. *Eucarota.* — Ombelles moins compactes, à rayons très inégaux, contractés en nid d'oiseau; fleurs de la périphérie rayonnantes; plantes ordinairement annuelles, plus élancées, moins trappues.

D. MAXIMUS Desf., fl. atl; Munb., cat.; Lx, cat. Kab.; Ball. spic.; *D. mauritanicus* L., non aliorum d'après Lamarck; fig. Reich. 162. Ancêtre de la *Carotte* cultivée. — Plante robuste, à tiges dressées (5-15 décim.), cannelées, hispides, rameuses, rudes au sommet, velues inférieurement; feuilles molles, généralement velues, grandes, triangulaires, tripinnatiséquées, à segments ovales-aigus incisés-dentés, feuilles supérieures sessiles sur leur gaine, à segments plus étroits; ombelles très grandes (10-25 cent. diam.), planes, sur un pédoncule long et robuste, dilaté au sommet; involucre égalant presque les rayons, à lanières lancéolées-linéaires, aiguës; involucelles dépassant les ombellules, à folioles inégales, ciliées, pinnatiséquées, à segments étroits et acuminés; rayons très inégaux; fleurs de la périphérie rayonnantes; fleur centrale stérile très développée, noirâtre; fruits comprimés par le dos, petits, ellipsoïdes, armés d'aiguillons glochidiés distincts jusqu'à la base. ② Mars-juin. C. C. C.. Tout le Tell. Rég. médit. Le *Daucus grandiflorus* Desf., fl. atl., tab. 59; Munb., cat., paraît n'en être qu'une forme à fleurs radiantes très grandes et à ombellules écartées. Ça et là avec le type, qui doit lui-même être rapporté comme sous espèce au *Daucus Carota* L.

D. Carota L.; Desf., fl. atl.; Munb., cat.; Ball. spic. — Diffère du *D. maximus* par son port plus grêle; ses feuilles plus petites, à segments lancéolés plus étroits; par ses ombelles plus petites sur des pédoncules relativement grêles; par ses involucres moins développés simplement pinnatiséqués. ② Mêmes localités mais plus rare. Rassauta, Miliana, etc., etc.

β *serotinus* Pomel. — Plante tardive ayant presque les feuilles du *D. maximus*. Alger, Miliana (Pomel).

D. MARITIMUS Lamarck! — Plus grêle, plus élancé que les précédents; feuilles plus glabres, brillantes, un peu épaisses, les inférieures oblongues, bipinnatifides, à segments courts et lancéolés; involucelles à folioles raides, carenées, linéaires-acuminées; ombelle petite à rayons très grêles, à très petites fleurs peu rayonnantes. ② Mai-octobre. Marais et lieux frais. Boufarik, Maison-Carrée, Rassauta. Rég. médit.

β *serratus* Lange; *D. serratus* Moris, fl. Sard., tab. 77 bis!; Gren. Godr., fl. Fr. — Aiguillons du fruit très courts et confluents à la base en forme de lame de scie; fruits un peu plus gros, plus épais. ② Marais de la Rassauta près Alger.

D. parviflorus Desf., fl. atl., tab. 60; Munb., cat.; Ball, spic. — Se distingue du *D. maritimus* par ses pédoncules très inégaux, ce qui fait que les ombellules sont très écartées; plante très grêle, très élancée, à fleurs très petites, jaunâtres; styles égalant 3-4 fois le stylopode; involucre à folioles bien plus courtes que les rayons, à divisions ordinairement subulées très fines; involucelles à folioles subulés, simples ou trifides; feuilles inférieures oblongues dans leur pourtour, ordinairement velues. ① A. C. Juin-août. Prov. d'Oran et Maroc. Espèce bien distincte.

α *genuinus.* — Plante puissante (6-15 décim.); ombelles pouvant atteindre 3 décim. de largeur et ne se contractant pas toujours en nid d'oiseau. Oran, Arzeu.

β *micranthus; Daucus micranthus* Pomel. — Plante velue, plus grêle; ombelles de 5-7 cent. Montagnes du sud et des H.-Pl. oranais. Garrouban, Djebel-Antar, Aïn-Sefra, Bou-Saâda.

D. glaberrimus Desf., fl. atl. — Plante très grêle, glabre; feuilles à divisions ultimes courtes, spatulées, très obtuses; ombelles très petites, à ombellules écartées; fruits à très gros aiguillons confluents à la base. Oasis du Sahara (Pomel, Munby), Tunisie (Desf.) Je n'ai point vu cette rare plante qui est peut être un *Platyspermum.*

§ 4. *Durieua* Boiss. et Reut. — Ombelles subsessiles; styles ne dépassant guère la longueur du stylopode; graine à albumen un peu roulé par les bords.

D. Durieua Lange; *Durieua hispanica* Boiss. et Reut. — Tige scabre, dressée, flexueuse, rameuse dès la base; feuilles bi-tripinnatiséquées, à segments lancéolés, mucronés, entiers ou bi-trifides; ombelles à 3-5 rayons inégaux; pièces de l'involucre très dissemblables, quelques-unes pareilles aux feuilles; fleurs jaunâtres; aiguillons des côtes secondaires jaunes dépassant le diamètre du fruit. ① Mai-juin. Garrouban (Munby, cat.). Espagne.

§ 5. *Platyspermum* Hoffm. — Aiguillons des côtes secondaires très développés et très nettement confluents à la base; gros fruits à côtes toutes bien visibles; côtes primaires latérales devenues commissurales et rapprochées du carpophore; feuilles très divisées; styles ordinairement longs.

D. muricatus L.; Desf., fl. atl.; Munb., cat.; Lx, cat. Kab.; Reich., fig. 161. — Tige dressée, rude, épaissie aux nœuds; ombelles terminales, courtement pédonculées, tandis que les axes secondaires se développent beaucoup; feuilles hispides, molles, lancéolées dans leur pourtour; tripinnatiséquées, à segments divisés en lanières étroites et mucronulées; ombelles oppositifoliées, à rayons accrescents à maturité, très inégaux, striés, hispidules en dedans, à la fin très contractés; involucre plus court que l'ombelle, à folioles pinnatiséquées, à laniéres subulées, à la fin réfléchi; involucelles à folioles entières ou trifides; fleurs blanches, les extérieures rayonnantes, souvent très grandes; fruits très gros (8 millim. de long.), à côtes secondaires ailées et divisées en aiguillons brillants, glochidiés au sommet, longs de 5 millim., blancs ou violets. ① C. C. C. Rég. médit.

α erecta. — Tige dressée, dichotome, robuste; feuillage pâle; ombelles multiradiées; involucre réfléchi, apprimé. A. C. Maison-Carrée, Hammam-R'hira, etc.

β decumbens. — Feuillage sombre; tiges grêles, décombantes; involucre moins nettement réfléchi; ombelles pauciradiées; fruits violets. C. C. C. Terres argileuses : Palestro, Belle-Fontaine, etc., etc.

D. **aureus** Desf., fl. atl., tab. 61; Munb., cat.; Lx, cat. Kab.; Ball, spic. — Tige dressée, hispide; feuilles divisées en lanières linéaires écartées, un peu frisées, hispides sur les côtes et les pétioles; ombelles longuement pédonculées, à rayons peu inégaux, à la fin peu indurés, un peu contractés; involucre à la fin réfléchi, à folioles pinnatiséquées, à lanières filiformes égalant l'ombelle; fleurs petites peu inégales, jaunissant par la dessication ainsi que la plante elle-même; fruit de 4-5 millim., linéaire, à aiguillons dorés, distincts à peu près jusqu'à la base, longs de 3-4 millim. ① Mars-juin. Forme des peuplements denses sur les collines argileuses auxquelles elle communique sa teinte dorée. Espagne, Italie.

D. **pubescens** Koch; Munb., cat. — Plante cendrée, à pubescence courte; tige très rameuse dès la base; feuilles bi-tripinnatipartites, à lanières très petites, serrées, linéaires, mucronulées; involucre et involucelles à folioles linéaires, entières ou trifides; toujours dressées; ombelles de l'espèce précédente, plus petites; fruits semblables aussi, mais à côtes commissurales plus écartées et munies d'un rang de poils raides; aiguillons de 2-3 millim. ① Rég, saharienne. Orient. C. C. C. Avril-juillet.

Tribu X. — CORIANDRÉES.

Fruit glabre, globuleux ou didyme; embryon courbé en arc de la base au sommet.

CORIANDRUM L. (Coriandre).

Dents du calice inégales, persistantes; pétales extérieurs rayonnants, profondément bifides; diachaine sphérique; pas d'autres bandelettes que les 2 de la commissure; côtes peu apparentes.

OUVRAGES DES MÊMES AUTEURS

Flore d'Alger et Catalogue des plantes d'Algérie, ou énumération systématique de toutes les plantes signalées jusqu'à ce jour comme spontanées en Algérie, avec description des espèces qui se trouvent dans la région d'Alger. — *Monocotylédones.* — 1 vol. in-8° . . . . 8 fr. »

Atlas de la Flore d'Alger. — Monographie avec diagnoses d'espèces nouvelles, inédites ou critiques, de la flore atlantique. — *Phanérogames et Cryptogames acrogènes.* Une feuille de texte et 11 planches. — 1er fascicule in-8°. . . . . 4 fr. »

Flore de l'Algérie, *ancienne flore d'Alger transformée,* contenant la description de toutes les plantes signalées jusqu'à ce jour comme spontanées en Algérie. — Dicotylédones. — In-8° grand raisin.

1er fascicule. — *Thalamiflores* . . . . 4 fr. »

2e — *Caliciflores polypétales*. . . . . 4 fr. »

SOUS PRESSE

3e fascicule. — *Caliciflores gamopétales*. . . . . 4 fr. »

Étude sur l'Halfa (*Stipa tenacissima*), par M. L. Trabut, professeur à l'École de médecine d'Alger (mémoire ayant obtenu le premier prix au concours ouvert par le gouvernement général de l'Algérie, 1888), 1 vol. grand in-8° avec 22 planches . . . . 4 fr. »

Alger. — Typographie Adolphe Jourdan.

FLORE DE L'ALGÉRIE

ANCIENNE FLORE D'ALGER TRANSFORMÉE

CONTENANT

LA DESCRIPTION DE TOUTES LES PLANTES
SIGNALÉES JUSQU'A CE JOUR COMME SPONTANÉES
EN ALGÉRIE

PAR

BATTANDIER ET TRABUT

Professeurs à l'École de Médecine et de Pharmacie d'Alger

OUVRAGE HONORÉ D'UNE SUBVENTION DE L'ASSOCIATION FRANÇAISE
pour
L'AVANCEMENT DES SCIENCES

DICOTYLÉDONES

PAR

J.-A. BATTANDIER

3e FASCICULE

CALICIFLORES GAMOPÉTALES

ALGER
TYPOGRAPHIE ADOLPHE JOURDAN
IMPRIMEUR-LIBRAIRE-ÉDITEUR
4, Place du Gouvernement, 4

1890

C. sativum L. ; Desf., fl. atl. ; Munb., cat.; Lx, cat. Kab.; Ball, spic. ; fig. Reich 202. *Coriandre.* — Aspect général du *Persil*, et employé aux même usages par les indigènes. Les fruits prennent en séchant une odeur agréable. ① Cult. subsp. Mai-juin. R. Orient.

BIFORA Hoffm.

Fruit didyme, biglobuleux ; limbe du calice peu visible ; commissure percée de deux orifices ; carpophore adné, bipartit ; involucre et involucelles nuls ou oligophylles.

B. testiculata DC. ; Munb., cat. ; Lx, cat. Kab.; Ball, spic ; Reich., fig. 201-1. — Plante glabre d'un vert gai, à tiges faibles, dressées, anguleuses, rameuses ; feuilles pennatiséquées, à segments tripartits, à lobes cunéiformes, incisés-dentés ; ombelles à 2-3 rayons ; ombellules à 2-3 fleurs toutes fertiles ; fruits très rugueux, à sommet prolongé en mamelon. ① A. C. Avril-mai. Moissons. Rég. médit.

ARALIACÉES Jussieu.

Plantes généralement arborescentes, différant des ombellifères par leur ovaire baccien, pluriloculaire, par leurs fleurs en ombelles simples généralement réunies en panicules.

HEDERA L. (Lierre).

H. Helix L. ; Desf., fl. atl. ; Munb., cat. ; Lx, cat. Kab. ; Ball, spic.—Arbrisseau toujours vert, grimpant au moyen de racines adventives nombreuses, transformées en crampons ; feuilles pétiolées, lancéolées ou 3-5 lobées, glabres, coriaces, luisantes en dessus ; fleurs verdâtres en ombelles globuleux ; fruits noirs de la grosseur d'un pois. ♄ C. C. C. Lieux frais des forêts ; haies et broussailles, partout. Toute l'Europe, sauf l'extrême nord. Rég. médit. Asie.

CAPRIFOLIACÉES Richard.

Feuilles opposées, ordinairement sans stipules ; fleurs pentamères ou tétramères, isostémones ; ovaire baccien à 4-5 loges, couronné par les dents très courtes du calice. (Reichembach, Icones, vol. XII).

1 { Corolle tubuleuse, irrégulière, bilabiée, 5-fide ; style long ; stigmate capité ou bilobé ; ovaire à loges pluriovulées . . . . LONICERA.
Corolle rotacée ; 3-5 stigmates sessiles ; loges uniovulées 2

2 { Feuilles pennées avec des pseudo-stipules ; fruit à 3-5 graines. SAMBUCUS.
Feuilles simples sans stipules ; fruit monosperme par avortement. . . . . VIBURNUM.

SAMBUCUS L. (Sureau).

Grosses tiges remplies de moelle; fleurs en large cyme plane et ombelliforme; fruits noirs, sphériques.

S. Ebulus L.; Munb., cat.; Lx, cat. Kab.; Ball, spic.; Reich. 1434. *Yèble.* — Souche rampante; tiges herbacées (1-2 mètres); feuilles à 5-9 folioles lancéolées-aiguës, grandes, dentées en scie; stipules inégales, foliacées. ♃ Mai-juillet. Bord des ruisseaux, lieux frais : Alma, Blida, Miliana, Djurdjura, Dréat, etc. Europe.

S. nigra L.; Desf., fl. atl.; Munb., cat.; Lx, cat. Kab.; Ball, spic.; Reich. 1435. *Sureau.* — Arbre ou arbuste; feuilles à 5-7 segments ovales-lancéolés, acuminés, dentés; stipules nulles ou très petites. ♄ Haies près des lieux habités. A. C. Subspontané. Mai-août. Europe. Écorce, bourgeons et fruits purgatifs; fleurs sudorifiques.

VIBURNUM L. (Viorne).

V. Tinus L.; Desf., fl. atl.; Munb., cat.; Lx, cat. Kab.; Ball, spic.; Reich. 1170. *Laurier-Thym.* — Arbuste à feuilles pétiolées, coriaces, entières, ovoïdes-aiguës; fleurs en cyme ombelliforme, rosées dans le bouton, puis blanches, bibractéolées; fruit bleu, fusiforme, presque sec. ♄ Février-avril. Broussailles du Tell. C. C. C. Rég. médit.

V. Lantana L.; Munb., cat., fig. 1171, var. *glabrescens.* — Arbuste à fleurs blanches, odorantes, à feuilles pétiolées, ovales, en cœur à la base, dentées en scie, presque glabres sur les deux faces; baies globuleuses; fleurs de la circonférence rayonnantes. ♄ Babors. Europe moyenne et mérid.

V. Opulus L. — Feuilles lobées; fleurs grandes; inflorescence en forme de boule; fruits rouges. Tababor (Pomel, inédit.) Europe.

LONICERA L. (Chèvrefeuille).

Calice à 5 dents; corolle bilabiée, à lèvre supérieure formée d'un seul lobe et l'inférieure de 4. lobes; feuilles simples, entières, sans stipules; lianes vivaces, grimpantes, ou arbrisseaux.

§ 1. *Caprifolium.* — Fleurs terminales, en tête ou subverticillées; corolle à tube allongé; tiges volubiles.

L. implexa L.; Munb., cat.; Ball, spic.; Reich. 122-IV. — Plante glabre à feuilles coriaces, persistantes, luisantes en dessus, glauques en dessous, les supérieures largement connées, ovales ou obovées, elliptiques, les dernières formant autour des fleurs une collerette presque aussi large que longue; fleurs en capitule sessile; corolle glabre, odorante, à tube plus long que le limbe; étamines à peine exsertes; fruit rouge. ♄ Mars-mai. C. C. C. Broussailles du Tell.

L. etrusca Santi; Munb., cat.; Lx, cat. Kab.; Ball, spic.; *L. Caprifolium* Desf., fl. atl., non L.; fig. Reich. 121-V. — Jeunes rameaux pubescents ou glabres; feuilles caduques, glauques, molles, pubescentes en dessous, obovées, pétiolées, les florales un peu connées; capitules pédonculés, terminaux ou axillaires; corolle glabre, odorante, à tube plus long que le limbe; étamines exsertes; baie, rouge. ♄ Lieux frais des montagnes. A. C. Tunisie, Maroc, Europe mérid., Russie exceptée.

L. hispanica Boiss. et Reut. Maroc (Ball).

§ 2. *Nintooa.* — Lianes volubiles; fleurs géminées sur des pédoncules axillaires rapprochés en panicule au sommet des tiges; corolle en tube allongé.

L. biflora Desf., fl. atl., tab. 52; Ball, spic.; *L. canescens* Schousboë; Munb., cat. — Jeunes rameaux velus; feuilles toutes pétiolées, ovoïdes, glauques, pubescentes en dessous; pédoncule commun portant un involucre de 6 bractéoles; corolle jaunâtre, odorante, à tube plus long que le limbe, pubescente; filets et style barbus dans le bas; baies noires, bleuâtres. ♄ Juin-août. Oran, Mostaganem, Tlemcen, Maroc, Espagne, Sicile.

§ 3. *Xylosteum.* — Arbrisseaux non volubiles; fleurs géminées, axillaires, distantes; corolles à tube court; baies noirâtres, puis jaunâtres.

L. arborea Boissier, voy. Esp., tab. 82; Munb., cat.; Lx, cat. Kab. — Arbuste pouvant atteindre de grandes dimensions et ayant parfois un gros tronc; feuilles toutes pétiolées, petites, entières, ovoïdes ou orbiculaires, glabres sur les deux faces, glauques en dessous; fleurs petites, subsessiles dans un petit involucre; calice à tube urcéolé, à dents linéaires, glabres; tube de la corolle plus court que le limbe, gibbeux en dessus. ♄ Juin-juillet. Djurdjura, Babors, Aurès. Espagne. La plante d'Espagne est moins glabre.

RUBIACÉES Jussieu (fig. Reich. vol. XVII).

Tribu I. — CINCHONÉES.

Feuilles opposées, stipulées; loges de l'ovaire polyspermes.

OLDENLANDIA L.

O. inconstans Pomel, herb.; *O. sabulosa* Munb., cat.; Lx, exsic. non DC.— Petite plante à tiges grêles, diffuses, articulées (5-10 cent,), très rameuses, dichotomes dès la base avec des fleurs dans toutes les dichotomies; rameaux et fleurs parfois fasciculés à l'aisselle des feuilles; entre-nœuds quadrangulaires, un peu scabres dans le haut; feuilles linéaires, uninerviées, acuminées; fleurs pentamères ou tétramères sur un pédicelle arqué un peu plus court qu'elles; calice à tube globuleux, à 4-5 dents étroitement lancéolées, denticulées, ciliées vers la base; corolle velue en dedans, petite, égalant les dents du calice; étamines à anthères subsessiles, insérées sur le milieu du tube; stigmate subsessile, bifide, très papilleux; capsule atténuée à la base; graines nombreuses, petites, tuberculeuses. ① R. R. Marais de la Senhadja près Bône (Lx, Fradin, Pomel).

Tribu II. — COFFÉACÉES.

Fruit à deux loges uniovulées, sec, plus rarement baccien.

Clef des genres :

1	Feuilles opposées, stipulées.	2
	Feuilles verticillées; tiges articulées.	3
2	Fleurs enfermées dans un involucre de bractées filiformes, ciliées; fruit sec.	GAILLONIA.
	Fleurs à long tube; bractées peu apparentes; fruit baccien	PUTORIA.
3	Fruit étalé ou pendant, uniloculaire par avortement, recouvert d'une grande bractée membraneuse en forme de toit.	CALLIPELTIS.
	Fruit souvent monosperme par avortement, à 3 cornes, dont deux formées par des fleurs stériles soudées avec lui, réfléchi à la fin.	VAILLANTIA.
	Fruit à deux loges monospermes.	4
4	Fruit baccien.	RUBIA.
	Fruit non baccien.	5

5 { Corolle rotacée à tube très court. . . . . **Galium.**
{ Corolle infundibuliforme à tube allongé. 6

6 { Lobes de la corolle connivents; fleurs en épi, entourées chacune de 2-3 bractées raides. . . . **Crucianella.**
{ Lobes de la corolle divergents; fleurs en cymes ou en verticilles, jamais en épi. 7

7 { Calice à 4 dents courtes, caduques. . . . . **Asperula.**
{ Calice à 5-6 divisions lancéolées, persistantes. . . **Sherardia.**

GAILLONIA A. Richard.

G. Reboudiana Coss. et DR., Bull. soc., bot. Fr., vol. II, p. 250; Munb., cat.; *Choulettia Reboudiana* Pomel. — Petit arbrisseau bas, rameux à rameaux souvent opposés, à écorce blanche, hispides sous les fleurs; feuilles linéaires, un peu charnues, les florales et leurs stipules formant un involucre de 7-10 folioles ciliées égalant la fleur; calice à 2 dents accrescentes; corolle tubuleuse, un peu velue en dehors à 4 lobes dépassant les étamines; fruit à 2 coques monospermes, indéhiscentes, attachées au sommet d'un carpophore bipartit. ♄ Sahara, M'zab, Tyout, etc.

PUTORIA Persoon.

Sous-arbrisseaux à tiges couchées, très rameuses, à feuilles oblongues ou linéaires-oblongues, coriaces, luisantes, uninerviées, brièvement pétiolées; fleurs tétramères; corolle infundibuliforme à long tube, à 4 divisions linéaires, calleuses au sommet, ordinairement purpurines; étamines saillantes; baies oblongues, biloculaires; plantes fétides, noircissant en herbier.

a. Fleurs en cymes plus ou moins compactes.

P. calabrica Persoon; Munb., cat.; Lx, cat. Kab.; Ball, spic.; *Asperula calabrica* L.; Desf., fl. atl.; *Putoria calabrica* et *P. cymosa* Pomel. — Feuilles de 15-18 millim. sur 3; cymes très compactes ou à 3 pédoncules distincts; calice à dents courtes; corolles de 10-15 millim. ♄ Juin-juillet. A. R. Rochers. Oued Kebir (Blida), La Chiffa, Miliana, L'Arba, l'Oued Djer, Djurdjura, Babors, Constantine, etc., etc. Espagne, Sicile, Italie, Orient.

b. Fleurs solitaires.

P. brevifolia Coss. et DR., inéd.; Munb., cat. — Feuilles courtes (10 millim. sur 3 environ); tiges veloutées; fleurs grêles (14-15 millim.); calice à dents très inégales; lobes corollins mucronulés. ♄ Toute l'année. Oran (Santa-Cruz).

P. microphylla Pomel. — Plante en petites touffes courtes, serrées; feuilles très petites (3-5 millim.); calice à 2 dents, denticulé dans les sinus; corolles de 8-10 millim. Mai. Kalaa à l'est de Mascara (v. s.)

P. tenella Pomel. — Port du *P. microphylla;* calice à 2 dents, à sinus entiers; corolle de 5-6 millim., à divisions égalant les 2/3 du tube. Zaouïa sur Garrouban, Beni-Snous.

CRUCIANELLA L.

Inflorescence en épis; limbe du calice nul; bractées par groupes de 3, une extérieure et 2 intérieures servant de calice à la fleur; lobes de la corolle aristés, à arête infléchie en dedans.

a. Plantes vivaces.

C. maritima L.; Desf., fl. atl.; Munb., cat.; Lx, cat. Kab.; Ball, spic.; fig, Reich. 125. — Souche ligneuse; racines rouges; tiges décombantes, fortes, blanchâtres ainsi que les feuilles; celles-ci verticillées par 4, coriaces, lancéolées, scabres aux bords; fleurs en épis denses (3-4 cent. sur 1); bractée extérieure ovoïde-aiguë, mucronée, ciliée-denticulée et membraneuse aux bords; bractées internes opposées, connées, embrassant la fleur comme un calice; corolles jaunes, longuement exsertes; fruit oblong. ♃ Mai-juillet. C. C. C. Rivages maritimes. Rég. médit.

b. Plantes annuelles.

C. latifolia L.; Desf., fl. atl.; Munb., cat. — Tiges de 2-4 décim., scabres, à entre-nœuds supérieurs très allongés; feuilles vertes, glabres, verticillées par 4-5, oblongues ou lancéolées-linéaires, un peu scabres, les supérieures plus longues (20-25 millim. sur 3-5); épis floraux très longs et très étroits (6-20 cent. sur 2-3 millim.); bractées extérieures largement connées, lancéolées-aiguës, membraneuses aux bords, scabres ou ciliées; bractées intérieures lancéolées-linéaires, ciliées, égalant les externes; corolle petite, peu exserte; fruits obovés, noirs, avec des lignes dorées. ① Avril-mai. R. R. Lieux frais: Bou-Ismaël, Kouba, Maison-Carrée, etc. Rég. médit. Orient.

C. angustifolia L.; Desf., fl. atl.; Munb., cat.; Lx, cat. Kab; Ball, spic.; fig. Reich. 125-II. — Tiges dressées, lisses; feuilles linéaires-acuminées, très scabres; épis de 3-5 cent.

sur 5-6 millim., quadrangulaires ; bractées extérieures libres, lancéolées-aiguës, blanches-membraneuses aux bords, scabres, non ciliées ; corolle petite ; fruits de l'espèce précédente. ① Avril-mai. Broussailles, A. C. Sahel, Réghaïa, Rég. montagneuse. Rég. médit., Europe tempérée, Orient.

C. **hirta** Pomel. — Plante à tiges courtes, lisses, ascendantes, puis dressées ; feuilles verticillées par 4, lancéolées-linéaires, scabres ; épis nombreux, contigus, dressés, ordinairement plus longs que les tiges (3-12 cent. sur 10-12 millim.) ; bractées extérieures et intérieures, lancéolées-linéaires, dressées-étalées, ciliées de cils rigides, entièrement herbacées, opaques ; bractéoles un peu plus courtes que les bractées, égalant les corolles petites et hispidules ; fruits oblongs, rugueux, finement tuberculés, munis de quelques poils courts et aigus. ① Sahara, 3 prov. ; Founassa, Aïn-Sefra, Brezina, El-Kantara. R.

C. **patula** L. ; Munb., cat. — Plante rameuse, à rameaux étalés ou divariqués ; feuilles verticillées par 4 ou 6 dans le haut ; feuilles linéaires-acuminées, scabres, enroulées aux bords ; épis pédonculés, très lâches, un peu composés dans le bas ; bractées et bractéoles étalées, assez semblables aux feuilles ; corolle petite ; fruits noirs, assez gros, tuberculés, avec 3 sillons longitudinaux sur le dos. ① C. C. C. H.-Pl., 3 prov. Espagne.

ASPERULA L.

a. Fleurs bleues en capitules.

A. **arvensis** L. ; Munb., cat. ; Lx, cat. Kab. ; fig. Reich. 126-II. — Tiges dressées (2-4 décim.), scabres, un peu rameuses dans le haut ; rameaux dressés ; feuilles verticillées par 2-4 dans le bas, par 6-8 dans le haut, linéaires-obtuses ; capitules longuement pédonculés, involucrés par des bractées ciliées ; fleurs subsessiles ; corolle glabre, petite ; achaines anguleux, ponctués. ① Avril-mai. Çà et là, moissons, cultures. Europe.

b. Fleurs roses, jaunâtres ou purpurines, en cymes terminales paniculées, composées ou corymbiformes ; feuilles linéaires.

A. **hirsuta** Desf., fl. atl.; Munb., cat.; Lx, cat. Kab.; Ball, spic. — Plante multicaule, plus ou moins velue-hispide dans le bas et parfois jusqu'au sommet ; tiges anguleuses, ascendantes, dressées, fermes, rameuses ; feuilles verticillées par 6, rarement plus ou moins, linéaires-acuminées, à bords enroulés ; fleurs en cymes terminales denses, capitées; bractées linéaires, verticillées; corolles roses, élégantes, glabres ou glabrescentes, non papilleuses ; à tube étroit, long de 8-10 millim. ; limbe étalé à 4 divisions obtuses ou à peine mucronées, étalées ; style bifide, inclus ; fruits glabres. ♃ Mai-juillet C. C. C. Broussailles, haies, partout. Tell et rég. montagneuse. Espagne.

β *breviflora* nob., Bull. soc., bot. Fr. XXXI, p. 364. — Tiges très grêles, décombantes, puis redressées ; fleurs pâles, odorantes, à tube de 4-5 millim., en têtes pauciflores ; plante gazonnante. ♃ Aïn-Talazid. R. R.

A. aristata L. fils ; Munb., cat.; Lx, cat. Kab. ; Ball, spic. ; *A. cynanchica* Munb., cat.? — Tiges plus grêles que dans l'espèce précédente, diffuses ou ascendantes ; feuilles verticillées par 4, les inférieures obovés, souvent scabres ; les supérieures linéaires-étroites, mucronées-aristées, lisses, inégales, à bords enroulés, à nervure dorsale forte, blanchâtre ; rameaux étalés ; cymes trichotomes formées de glomérules de 3-5 fleurs ; bractées subulées ; corolles rosées ou jaunâtres, papilleuses en dehors, à tube élargi, à lobes munis d'un mucron calleux ; fruits couverts de papilles cristallines. ♃ Broussailles et rochers. C. C. C., partout. Mai-août. Type méditerranéen très variable. Nous signalerons en Algérie les formes suivantes :

A. breviflora nob. — Corolles de 3-4 millim., à tube n'égalant pas deux fois le limbe.

α *scabridula*. — Fleurs très papilleuses ; plante scabre. Aïn-el-Hadjar.

β *lævis*. — Plante moins scabre. Djebel-Mzi.

A. longiflora Gren. Godr., fl. Fr. ; Reich. 130, an Waldst. et Kit. ? — Corolles de 5-7 millim.

α *vulgaris*. — Tiges robustes ; inflorescences peu fournies. C. C. C. Tout le Tell.

β *gracilis*. — Tiges glauques, très grêles ; fleurs jaunâtres ou rosées, souvent trimères ; plante poussant en touffes droites très fournies. Gorges de la Chiffa, Maillot, etc.

γ *floribunda*. — Fleurs roses, très grandes, peu papilleuses ; divisions du limbe grandes et étalées ; plante très florifère. Gorges de la Chiffa, vers le pont.

δ *scabra; A. scabra* Presl. — Tiges et feuilles inférieures scabres. Algérie (Munby), Maroc (Ball).

c. Fleurs blanches en cymes axillaires et terminales ; feuilles verticillées par 4.

A. lævigata L.; Desf., fl. atl. ; Munb., cat.; Lx, cat. Kab. — Plante glabre, à longues tiges faibles, décombantes ; feuilles oblongues ou lancéolées, uninerviées, entières, bien plus courtes que les entre-nœuds ; fleurs très petites ; anthères subsessiles ; fruits rugueux, glabres. ① Avril-juin. Lieux frais de la région montagneuse. Bouzaréa, Réghaia, etc. Rég. médit.

d. Fleurs blanches, tubuleuses-campanulées, en corymbe terminal ; feuilles larges, verticillées par 6-8, avec une couronne de poils sous chaque verticille.

A. odorata L. ; Munb., cat. ; fig. Reich. 127-II-III. — Tiges droites, simples (1-2 décim.) ; feuilles obovées ou lancéolées, glabres, scabres aux bords, ponctuées en dessus, mucronulées ; fleurs petites ; fruits gros, hispides. La plante sèche répand une odeur de mélilot. ♃ Mai-juin. Forêts : Akfadou, Babors, Beni-Foughal. Europe, Orient.

SHERARDIA L.

Sh. arvensis L.; Desf., fl. atl.; Munb., cat.; Lx, cat. Kab. ; Ball, spic.; fig. Reich. 132. — Tiges décombantes anguleuses, scabres, rameuses (2-4 décim.); feuilles hérissées-scabres en dessus et aux bords, les inférieures opposées, les autres verticillées par 4 puis par 6; fleurs 4-8, subsessiles dans des involucres glabres, à folioles étalées et soudées à la base; corolles roses, rarement blanches, tétramères ; fruits hérissés d'aiguillons courts surmontés par les 6 dents du calice, profondes et accrescentes. ① C. C. C. Mars-mai. Champs et cultures. Europe.

RUBIA L. (Garance).

a. Fleurs pentamères et tétramères ; plantes scabres ou épineuses.

R. tinctorum L.; Desf., fl. atl.; Munb., cat.; Lx, cat. Kab.; fig. Reich. 133. — Plante puissante, herbacée, grimpante ; feuilles marcescentes l'hiver, lancéolées, garnies aux bords et sur la nervure dorsale de dents spinuleuses amphitropes ; nervures secondaires saillantes sur les deux faces ; verticilles inférieurs de 6 feuilles, les supérieurs de 4-2 ; fleurs en cymes axillaires réunies en panicule au sommet des rameaux ; corolles jaunes, à divisions aiguës ; anthères linéaires-ovales ; stigmates en massue ; baies noires à maturité, de la grosseur d'un pois. ♃ Oran, Sidi-Bel-Abbès, Mostaganem, Sud Oranais, oasis, Djurdjura. Plante cultivée et devenue subspontanée, peut-être spontanée dans le Sud oranais (Cosson).

R. peregrina L.; Munb., cat.; Lx, cat. Kab.; Ball, spic.; Reich. 133. — Liane grimpant au moyen des aiguillons de ses tiges et de ses feuilles; tiges de 1-3 mètres, sous-frutescentes à la base; feuilles coriaces, luisantes, verticillées par 4-6, variables de forme; réseau des nervures secondaires à peine visible en dessous; anthères suborbiculaires; stigmate en tête; pour le reste comme l'espèce précédente. ♃ C. C. C. Haies du Tell et de la région montagneuse. Rég. médit., Orient.

α *latifolia* Gren. Godr.; *R. lucida* Desf., fl. atl.; L.? — Feuilles larges, ovales ou oblongues, brusquement mucronées. A. C. Çà et là.

β *intermedia* Gren. Godr. — Feuilles un peu moins larges, ovales ou lancéolées, acuminées. C. C. C., partout.

γ *angustifolia* Gren. Godr.; *R. longifolia* Poiret; *R. angustifolia* L. — Feuilles lancéolées-linéaires, étroites, acuminées. R. R. Çà et là.

b. Fleurs blanches toujours tétramères; plante à port de *Galium*.

R. lævis Poiret; Munb., cat.; Lx, cat. Kab.; *Galium Poiretianum* Ball, spic. — Tiges dressées (5-10 décim.); feuilles moyennes linéaires, très longues, à bords enroulés, à peine scabres sur la nervure dorsale, verticillées par 8, décroissant en nombre et en dimensions dans la panicule, plus larges et moins nombreuses au bas de la tige; fleurs petites en panicule très grande et très fournie; étamines saillantes; stigmates capités au sommet des styles; fruits charnus, blancs, moitié moins gros que dans les précédents. ♃ Mai-août. Broussailles de toutes les montagnes. C. C. C. Bouzaréah, Alger. R. Maroc.

GALIUM L.

Calice à limbe presque nul, à peine denté, disparaissant à maturité; corolle tétramère, rotacée; fruits sec à 2 carpelles subglobuleux se séparant à maturité.

§ 1. *Platygalium* Koch. — Feuilles trinerviées, verticillées par 4; inflorescence en grande panicule terminale; pédoncules fructifères dressés; fleurs blanches.

G. ellipticum Willd.; Munb., cat.; Lx, cat. Kab.; Ball, spic. — Plante le plus souvent velue; tiges souvent solitaires, dressées, rameuses (2-4 décim.); feuilles verticillées par 4, elliptiques ou ovoïdes, parfois orbiculaires; panicule grande, très rameuse; pédicelles capillaires; fruits hispides. ♃ C. C. C. Rég. montagneuse. Grèce, Italie, Corse, Espagne.

G. ephedroides Willk.; Munb., cat., var. *rupicolum; G. rupicolum* Pomel. — Plante poussant en touffes serrées; tiges raides, sublignеuses, quadrangulaires, à angles nerviformes saillants, très rameuses; rameaux dressés, peu feuillés; feuilles alternativement inégales, étalées, scabres aux bords, fermes, à nervures latérales peu visibles, linéaires-cunéiformes, les unes brusquement tronquées et apiculées, les autres subaiguës; un anneau calleux pubérulent sous les verticilles; inflorescence à rameaux et pédicelles courts; fruits glabres, chagrinés. ♃ Juin-Juillet. Sud oranais: Kalaa, Mécheria, Aïn-Sefra, Founassa, etc. Fissures des rochers, lits des rivières. Espagne. La plante d'Espagne, type de l'espèce, a les feuilles plus larges, obovées.

§ 2. *Trichogalium* DC. — Fruit très velu; feuilles uninerviées.

G. concatenatum Cosson. Maroc.

§ 3. *Eugalium* DC. — Feuilles uninerviées; inflorescence en panicule composée, terminale; tiges plus ou moins accrochantes; plantes vivaces.

a. *Rupestria*. — Plantes des rochers à cymes peu fournies, étroites, bien feuillées; feuilles lancéolées ou elliptiques, mucronées, verticillées par 6-8, à verticilles rapprochés.

1. Feuilles larges, elliptiques; plante velue.

G. Bourgæanum Cosson, inéd.; Munb., cat. — Tiges faibles, décombantes; fleurs blanches; fruits glabres; pédicelles divariqués (2-2 et 1/2 millim.). ♃ Tlemcen, Sefsef. (Pomel).

Var. *maroccanum* Ball. Maroc.

2. Plantes glabres; feuilles lancéolées, étroites; tiges très grêles.

G. Perralderii Cosson et DR., inéd.; Munb., cat.; Lx, cat. Kab. — Petite plante très feuillée, poussant en touffes compactes et tapissant les rochers; feuilles très petites, luisantes; lancéolées-acuminées, à bords entiers non enroulés, à nervure peu visibles; verticillées par 4-7; fleurs très petites d'un blanc verdâtre; pédoncules uniflores, dépassant les feuilles; fruits relativement gros, velus ou glabres, tuberculés. ♃ A. R. Juin-juillet. Djurdjura, Babors.

G. Clausonis Pomel. — Tiges grêles, pendant contre les rochers (1-4 décim.); feuilles molles, brièvement acuminées, à nervure bien visible, à bords non enroulés, lisses, verticillées par 6 ; fleurs purpurines ; 2-3 pédicelles très longs sur chaque pédoncule ; fruits petits, glabres. ♃ Mai. Rochers abrupts du Chenoua au-dessus de la mer.

G. noli-tangere Ball. Maroc.

3. Tiges courtes, raides, dressées, très feuillées ; inflorescence dépassant peu les verticilles de feuilles.

G. petræum Cosson, inéd. ; Munb., cat. — Plante poussant en touffes dans les fentes des rochers ; tiges pubescentes ; feuilles glabres, raides, un peu scabres, acuminées, à la fin un peu dressées ; fleurs blanches ; pédicelles divariqués ; fruits glabres. ♃ Avril-mai. H.-Pl. Sahara, El-Kantara, Tunisie.

b. *Mollugineа*. — Plantes multiflores à panicule très développée ; axes florifères très ramifiés ; feuilles lancéolées-linéaires, ou linéaires.

1. Fleurs rouges brunâtres.

G. brunnæum Munby, fl. d'Alg., p. 16 et cat. ; Lx, cat. Kab. — Tiges dressées ou diffuses (2-3 décim.), rameuses, quadrangulaires, lisses, parfois hérissées dans le haut ; feuilles lancéolées-acuminées un peu épaisses, verticillées par 6, luisantes ; fleurs petites, à divisions cuspidées, à pointe infléchie ; pédicelles plus longs que le fruit ; fruit glabre, luisant, rugueux. ♃ Mai-juillet. Santa-Cruz (Oran). Gouraya (Bougie).

2. Fleurs jaunes.

G. verum L. ; Munb., cat. ; Lx, cat. Kab. — Tiges dressées, raides, arrondies ou peu anguleuses (2-5 décim.) ; feuilles de 1-3 cent., verticillées par 8-12, raides, étroitement linéaires, à bords enroulés plus ou moins rudes en dessus, pubescentes en dessous, à nervure saillante ; fleurs en panicule oblongue très rameuse et très serrée ; pédicelles très étalés ; corolle à divisions obtuses, apiculées, noircissant par la dessiccation, velue ou glabre. ♃ Aflou, Sebgague (Pomel), Djurdjura (Lx), Aurès (Cosson), etc. Europe, Sibérie.

G. aureum Ball. Maroc.

3. Fleurs blanches, rarement jaunâtres.

G. tunetanum Poiret, voy. II, p. 110 et Dict. ; Desf., fl. atl. ; Munb., cat., Lx, cat. Kab. ; Ball, spic. — Diffère du *G. verum* surtout par la couleur de ses fleurs ; Plante très variable. ♃ Avril-juin. Broussailles. Maroc, Tunisie.

α genuinum. — Plante glabre sauf dans l'inflorescence ; pédoncules, pédicelles et fruits fortement hispides ; corolle pubescente en dehors, à divisions brièvement acuminées ; feuilles glabres, très longues. C. C. C., partout.

β hirtum. — Tiges et feuilles rudes, entièrement couvertes de petits poils épineux visibles à la loupe ; feuilles courtes ; inflorescence étroite, compacte, à pédicelles pas beaucoup plus longs que le fruit. Ben-Chicao, Djebel-Mzi, Djebel-Aïssa.

γ glaberrimum. — Entièrement glabre ou à peine scabre dans les inflorescences, pédicelles plus longs ; corolles grandes à lobes longuement cuspidés ; feuilles très longues ; plante puissante. Aït-Khalfoun, Tala-Rana, Djebel-Mzi.

Nota. — *G. serotinum* Munby, Bull. soc., bot. Fr. II, p. 284, plante par trop insuffisamment décrite est probablement une des formes ci-dessus.

G. lucidum Allioni ; DC., prodr. ; Munb., cat. ; Lx, cat. Kab. ; Ball, spic. — Tiges quadrangulaires, fermes, dressées ou décombantes (2-4 décim.) ; feuilles verticillées par 6-8, linéaires, glabres, luisantes, aiguës, mucronées, scabres aux bords plus ou moins infléchis ; fleurs en panicule lâche, moins nombreuses que dans les précédents ; corolle à lobes acuminés ; pédicelles dressés, peu étalés, égalant le fruit ou plus longs ; fruits glabres assez gros. ♃ C. C. C. Rochers, partout. Type variable très répandu dans la région méditerranéenne. Voici les principales formes décrites en Algérie :

G. Fontanesianum Pomel. — Un peu glauque, grêle ; axes secondaires des panicules un peu scabres ; feuilles à nervure fine ; fleurs petites. Gorges de la Chiffa, Oued-Kebir (Blida).

G. abruptorum Pomel. — Fleurs grandes (4 millim.) ; pédicelles épaissis au sommet, plus longs que le fruit ; fruit petit, rugueux ; nervure des feuilles épaisse et saillante. Kalaa près Mascara.

G. atlanticum Pomel. — Pédicelles de longueur variable ; gros fruits peu rugueux ; corolle petite ; feuilles courtes, fermes, luisantes, à nervure très forte. Djebel-Amour, Djebel-Antar, etc.

G. erectum Hudson ; Munb., cat. ; Ball, spic. — Diffère de toutes les formes du précédent par ses pédicelles bien plus longs, étalés-dressés, égalant 5 fois le fruit, par son port moins robuste ; tiges un peu molles, glabres ; feuilles glabrescentes, molles ; inflorescence peu fournie. ♃ Constantine (Munby), Djurdjura, Tizi-Tsennent ! (Chabert), Maroc, Europe.

G. sylvestre Poll., var. *atlanticum* Ball. Maroc.

G. acuminatum Ball. Maroc.

G. numidicum Pomel. — Tiges grêles, dressées, rigides, lisses, à peine anguleuses (4-6 décim.); feuilles longuement linéaires (3-5 cent. sur 2 millim.), planes, molles, à nervure médiane fine, veinulées, scabres aux bords, un peu aristées au sommet; panicule pauciflore, lâche, très feuillée, formée d'un petit nombre de rameaux, à axes longs et grêles dépassant peu les feuilles; pédicelles capillaires, dressés, longs; corolle jaunâtre, à divisions aristées; fruits lisses, au moins très jeunes. ♃ Hammam de Khenchela (Pomel, v. s.)

G. sylvaticum L.; Poiret, voy. Desf., fl. atl. — Feuilles oblongues-lancéolées, grandes, mucronées; panicule pyramidale très ample, très lâche. Algérie?

§ 4. *Aparinoides* Jordan. — Plantes de marais un peu accrochantes, grimpant dans les herbes, à tiges faibles aux nœuds, quadrangulaires, munies de quelques aiguillons recourbés ou lisses; rejets stériles débiles; feuilles planes; inflorescences lâches en panicule terminale; fleurs blanches; fruits glabres ou hispides.

G. elongatum Presl; Munb., cat. — Tiges de 3-10 décim., épaisses, presque lisses; feuilles de 2-4 cent., verticillées par 4-6, elliptiques-linéaires, rudes aux bords, à 2 rangs d'aiguillons divergents; inflorescence un peu corymbiforme au sommet, à rameaux étalés, non déjetés; fleurs de 4 millim.; fruits de 2 millim.; pédicelles dressés; plante noircissant par la dessiccation. ♃ C. C. C. Marais, ruisseaux. Mai-juillet. Rég. médit., Europe tempérée.

NOTA. — *G. palustre* L., indiqué en Algérie par Munby et par M. Letourneux, peut être par confusion avec le précédent, s'en distingue par la taille plus petite de toutes ses parties, par ses feuilles bien plus étroites et plus courtes, par son inflorescence à axes diffus, divariqués, par ses pédicelles très étalés. Je ne l'ai point vu en Algérie. Europe.

G. DEBILE Desv.; *G. constrictum* Desmoulins. — Diffère du *palustre* par ses tiges droites, grêles mais fermes, par ses fruits très tuberculeux égalant leurs pédicelles ou plus longs; feuilles courtes; inflorescence peu fournie. ♃ Algérie (Cosson), Europe.

§ 5. *Aparine*. — Plantes annuelles; tiges plus ou moins munies d'aiguillons réfléchis.

a. *Pseudoaparine*. — Fleurs très petites ainsi que les fruits; inflorescence en panicule terminale à axes et pédicelles capillaires.

1. Fleurs jaunes ou jaunâtres.

G. campestre Schousboë; Lx, cat. Kab.; *G. viscosum* Vahl; *G. glomeratum* Desf., fl. atl., tab. 40; Munb., cat.; Ball, spic. — Tiges robustes (1-5 décim.), dressées, quadrangulaires à angles saillants, muriqués; feuilles verticillées par 6-12, plus ou moins larges, à bords scabres, souvent enroulés, les supérieures souvent hispides, ciliées; fleurs en panicule fournie, di-trichotome avec une ombellule plus ou moins longuement pédonculée dans les dichotomies; pédicelles divariqués, un peu plus longs que le fruit; fruits petits, finement tuberculeux. ① Mai-juin. Moissons. C. C. C. Tout le Tell. Espagne, Tunisie.

G. **Bovei** Boissier et Reuter, Pug., p. 50; Munb., cat. — Plante plus grêle, plus basse que la précédente, à cymes plus compactes; ombelles des dichotomies sessiles; corolles à divisions aiguës, mais non aristéee verdâtres; pédicelles à la fin réfléchis; fruits plus tuberculeux. ① Environs d'Oran. C. C. C. Avril-juin.

2. Fleurs blanches ou roses.

G. setaceum Lam.; Munb., cat.; Ball, spic. — Petite plante dressée, ferme, à tige très fine, quadrangulaire, peu accrochante, lisse dans le haut (5-20 cent.); feuilles inférieures obovées, vite marcescentes, les autres sétacées, dressées-étalées, verticillées par 6-9, scabres aux bords; panicule étalée, peu fournie, à axes finement capillaires; pédoncules plus courts que la bractée; pédicelles bien plus longs que le fruit; fleurs roses ou rouges; fruits longuement hispides, à poils blancs ordinairement crochus. ① H.-Pl. et Sahara. Avril-mai. C. C. C. Bibans. Rég. médit.

G. divaricatum Lam.; Munb., cat.; Ball, spic. — Plante de 1-3 décim., noircissant en herbier; tiges grêles quadrangulaires, dressées, scabres; feuilles lancéolées-linéaires, aiguës, scabres, verticillées par 6-7, non réfléchies à la fin; inflorescence en panicule terminale, ovale, étalée, à axes capillaires inégaux plus longs que les fruits; fruits très petits, chaque méricarpe n'atteignant qu'un 1/2 millim. ① Février-mai. C. C. C. Champs, broussailles. Rég. médit.

α leiocarpon; G. trinoides Pomel; *G. gracile* Presl. — Fruits glabres un peu tuberculeux. C. C. C.

β eriocarpon; G. microspermum Desf., fl. atl.; fig. Reich. 145. — Fruits hispides. R. Mascara.

G. parisiense L.; Lx, cat. Kab.; Ball, spic. — Plante ne noircissant pas en herbier ou presque pas; feuilles à la fin réfléchies; tiges scabres, accrochantes, souvent décombantes; inflorescence en panicule oblongue, commençant presque dès la base des tiges et formée de rameaux opposés, à axes grêles, mais non capillaires, moins longs que dans le précédent ; fruits ordinairement plus gros ; pédicelles courts; plante à port moins grêle et moins rigide que le *G. divaricatum*. ① Mars-juin. A. C. Europe moyenne, Rég. médit.

α *leiocarpon; G. anglicum* Huds. — Fruits tuberculeux mais glabres. R. R. (n. v.)

β *eriocarpon; G. litigiosum* D. C. — Fruits hispides. C. C. C.

G. decipiens Jordan. Pédicelles allongés ; tiges robustes ; corolles pubescentes ; feuilles larges, molles, noircissant en herbier. Mécheria. R.

G. Willkommianum nob. — Tiges couchées en cercle sur le sol, très accrochantes, longues ; feuilles courtes, les supérieures acuminées-cuspidées, les inférieures obtuses ; inflorescences axillaires, très courtes, ordinairement moins longues que l'entre-nœud, opposées; fruits lisses ou munis de quelques courts aiguillons réfléchis et appliqués ; pédicelles très épineux, scabres, courts. ① Avril-mai. Couvre parfois le sol d'un feutrage continu. Mitidja, Maison-Carrée, Maison-Blanche, etc.

b. *Euaparine*. — Fleurs en cymes axillaires souvent écartées; plantes plus puissantes que les précédentes ; tiges quadrangulaires, très accrochantes.

1. Pédoncules droits après l'anthèse.

G. Aparine L.; Desf., fl. atl.; Munb., cat.; Lx, cat. Kab.; Ball, spic; fig. Reich. 146. *Grateron*. — Plante de 1-2 mètres, puissante ; tiges noueuses à nœuds velus ; feuilles verticillées par 6-8, très grandes, oblongues ou lancéolées-linéaires, très accrochantes en dessous, hérissées en dessus d'aiguillons ascendants ; fleurs en petites grappes axillaires; pédoncules droits, accrochants, plus longs que les feuilles, souvent biflores; pédicelles divariqués; fruits de 4-5 mill. de diamètre, hérissé de poils crochus et tuberculés à la base. ① C. C. C. Haies, broussailles. Mars-mai. Europe.

G. spurium L., var. *Vaillantii* Gren. Godr.; Lx, cat. Kab.; Ball, spic.; *G. Vaillantii* DC.; Munb., cat.; Reich. 146-III. — Diffère du précédent par la taille moitié plus petite de toutes ses parties ; par sa tige ni renflée, ni velue aux nœuds; par ses fruits 3-4 fois plus petits, à aiguillons non tuberculés à la base. ① Très répandu, mais assez rare. — Rég. montagneuse. Lavarande, Téniet, Djurdjura, Djebel-Aïssa, Tlemcen, Berrouaghia, etc. Europe.

2. Pédoncules recourbés après l'anthèse.

G. tricorne Withering; Munb, cat.; Lx, cat. Kab.; Ball. spic.; fig. Reich. 147-III. Tiges de 1-5 décim., peu rameuses, ascendantes, scabres; feuilles verticillées par 6-8, linéaires-oblongues, cuspidées, nues en dessus, accrochantes en dessous ; fleurs en grappes bi-triflores, plus courtes que les feuilles, à pédicelles recourbés en crochet ; fruits tuberculeux (5-6 millim.) ① Mai-juin. Moissons. C. C. C. Europe. Rég. médit.

G. saccharatum Allioni ; Munb., cat. ; Lx, cat. Kab. ; Ball, spic. ; *Vaillantia Aparine* L. ; Desf., fl. atl. ; fig. Reich. 147-I. — Tiges de 1-4 décim. ; faibles décombantes ou couchées, rameuses, très-feuillées ; feuilles verticillées par 6-7, molles, scabres ; cymes triflores, dont 2 fleurs mâles et une femelle ; fruits solitaires (5-6 millim.), muriqués de gros tubercules blancs, coniques. ① Janvier-mai. C. C. C. Rég. médit.

d. *Pseudo-Vaillantia.* — Plantes petites, grêles ; pédoncules très courts, uniflores ; corolles petites, jaunâtres.

G. verticillatum Danthon. — Tiges dressées, peu rameuses ; feuilles verticillées par 4, 5 ou 6, lancéolées-aiguës, scabres aux bords, réfléchies ; fruit ovoïde, hérissé, à aiguillons droits, 2-5 par verticille, dressés sur un court pédoncule. ① A. R. Montagnes. Avril-juin. Djurjura, Terni, Garrouban. Djebel-Amour. Rég. médit., Orient.

β *thymoides* nob. — Feuilles florales ovoïdes, opposées ; pédoncule plus long que le fruit. Djebel-Antar, près Méchéria.

G. murale Allioni ; Munb., cat. ; Lx, cat. Kab. ; Ball, spic. — Tiges grêles, très nombreuses, couchées ou étalées ; glabres ou hispides ainsi que les feuilles ; feuilles scabres, linéaires-lancéolées ou oblongues, petites, non réfléchies ; fruits linéaires, très hispides, à la fin réfléchis. ① C. C. C. Broussailles, bas des murs, bord des chemins, etc. Rég. médit., Orient.

CALLIPELTIS Steven.

C. Cucullaria DC. ; Munb., cat. ; Ball, spic. — Petite plante glabre, un peu scabre, dressée, rameuse (5-10 cent.) ; feuilles verticillées par 4-6, lancéolées ou obovées, obtuses ; fleurs verticillées, formant une grappe interrompue ; corolle petite, rotacée, campanulée ; fruit linéaire, hispide, recouvert par la bractée. ① Avril-mai. Sahara et H-Pl., 3 Prov. C. C. C. Bibans, Espagne, Orient.

VAILLANTIA DC. ou *Valantia* Tournefort ; L.

Fleurs en cymes triflores, courtes ; fleur médiane hermaphrodite ; fleurs latérales mâles ; pédoncule de la fleur centrale large, accrescent, enroulé, exactement réfléchi contre la tige; pédoncules des fleurs mâles soudés au pédoncule central, tous trois couverts de grosses aspérités (épines déformées) rigides, simulant un fruit épineux et cachant le fruit véritable. Voir Pomel, Bull. soc., bot. Fr. 1870, p. 233. Ce genre est peu distinct de *Galium* auquel le réunit le *Galium saccharatum*, de même que le *G. murale* forme le passage entre les genres *Galium* et *Callipeltis*.

V. muralis L.; DC.; Munb. cat.; Ball, spic. — Petite plante glabre, à tiges courtes, couchées, peu rameuses; feuilles verticillées par 4, réfléchies, luisantes, obovées; groupe pédonculaire à 4 cornes dont une dorsale dressée, toutes fimbriées et glochidiées au sommet, à la fin d'un blanc d'ivoire. ① Avril. Rochers des falaises maritimes sur tout le littoral. A. R. Rég. médit.

V. hispida L.; Desf., fl. atl.; Munb., cat.; Lx, cat. Kab. — Tiges plus longues (1-2 décim.), hispides, fragiles; feuilles oblongues; groupe pédonculaire sans corne dorsale, très hispide. ① Avril-juin. Carrières de Bab-el-Oued, Tifrit. (Kabylie), etc.

β *incrassata; V. incrassata* Pomel. — Tiges et pédoncules à la fin fortement épaissis. Oran, Ténès.

VALÉRIANÉES DC.

Calice adhérent à l'ovaire, à limbe ordinairement denté ou divisé en lanières plumeuses, d'abord roulées en dedans et se déroulant à maturité; corolle tubuleuse, parfois éperonnée; 1-3 étamines; 1 style; 3 stigmates; fruit achénien accompagné de deux loges stériles plus ou moins visibles; graine exalbuminée; herbes annuelles ou vivaces, à feuilles opposées. (Fig. Reich., vol. XII).

Clef des genres :

1	Fruit couronné par une aigrette plumeuse à soies d'abord enroulées.	2
	Fruit à limbe denté, herbacé.	3
2	Corolle gibbeuse ou éperonnée; 1 étamine. . . .	Centranthus.
	Corolle non éperonnée; 3 étamines.	Valeriana.
3	Corolle longuement tubuleuse, un peu gibbeuse; 3 étamines dont 2 connées, ou 2 seulement. . .	Fedia.
	Corolle régulière; 3 étamines libres.	Valerianella.

VALERIANA L. (Valériane).

V. tuberosa L.; Munb., cat.; Lx, cat. Kab.; Ball, spic.; fig. Reich. 1426; *V. Phu* Desf., fl. atl. — Souche tubéreuse; tige droite (1-5 décim.), simple, glabre; feuilles inférieures pétiolées, entières, elliptiques ou ovoïdes, les supérieures pinnatiséquées à 3-4 paires de segments linéaires, le terminal plus grand; fleurs roses, polygames, en corymbe serré, trichotome; bractées linéaires, scarieuses aux bords; stigmate bi-trifide; fruit ovale, comprimé, hispide. ♃ Avril-mai. A. C. Rég. montagneuse, collines : Bouzaréah, Santa-Cruz, etc. Europe mérid., Rég. médit.

CENTRANTHUS DC.

a. Feuilles entières; corolle longuement éperonnée.

C. ruber DC.; Munb., cat.; Lx, cat. Kab.; *Valeriana rubra* L.; Desf., fl. atl.; fig. Reich. 1416. — Plante glauque, glabre; tiges de 5-12 décim., fistuleuses, dressées, peu rameuses; feuilles ovoïdes ou lancéolées-aiguës, les inférieures pétiolées; fleurs rouges en cymes denses; éperon plus long que l'ovaire, égalant presque le tube. ♃ C. C. C. Rochers du littoral et des montagnes. Toute l'année. Europe moyenne et méditerranéenne.

C. ANGUSTIFOLIUS DC.; Munb., cat.; *Valeriana angustifolia* All.; Desf., fl. atl.; fig. Reich. 1415. — Feuilles linéaires-lancéolées très étroites; tiges rameuses; fleurs en cymes compactes; tube dépassant peu la longueur de l'ovaire. ♃ 3 prov. A. C. (Munby); Aurès, Djurdjura (Pomel, herb.). Maroc. Europe méditerranéenne.

b. Feuilles pinnatifides; éperon court.

C. Calcitrapa L.; Munb., cat.; Lx, cat. Kab.; Ball, spic.; *Valeriana Calcitrapa* L.; Desf., fl. atl.; fig. Reich. 1414. — Tige dressée fistuleuse, simple ou rameuse; feuilles inférieures entières, dentées, ovoïdes, pétiolées, les autres pinnatifides à segments subégaux, lobulés, souvent oblongs, obtus, les supérieures à segments linéaires-aigus; fleurs nombreuses très rapprochées sur des rameaux dichotomes, distiques, dressées et unilatérales, naissant à l'aisselle de bractées lancéolées-linéaires; corolle de 2-3 millim., rose, à éperon court inséré tantôt sous la gorge tantôt plus bas; fruits glabres ou hispides. ① Mai-juin. Midi de la France, Espagne, Italie.

β *Clausonis*; *C. Clausonis* Pomel; *C. macrosiphon* Clauson, exsic. non Boissier. Feuilles beaucoup moins divisées, les supérieures lyrées; éperon un peu plus long, naissant au milieu du tube; au 1/3 inférieur, ou même tout à fait à la base (El Kantara); fruits généralement glabres. Broussailles fraiches, littoral et montagnes. Avril-mai. C. C. C.

C. macrosiphon Boissier, voy. Esp., tab 85, a; Munb., cat. — Fleurs 4 fois plus grandes que dans le *C. calcitrapa* (8-10 millim.); éperon de 1 millim. naissant à la base du tube; tiges renflées, ordinairement ramifiées en pyramide; feuilles lyrées du *C. Clausonis*. ① Avril-mai. Tlemcen! Garrouban!

FEDIA Mœnch (Mâche, doucette).

Herbes annuelles, glabres, à feuilles inférieures pétiolées, entières ou peu dentées, ovoïdes, elliptiques ou oblongues, les supérieures sessiles, entières ou dentées; tiges dichotomes à rameaux florifères épaissis; corolle bilabiée, rose ou rouge, rarement blanche, longuement tubuleuse avec une toute petite gibbosité sur le tube; 2 étamines ou 3, dont 2 connées; fruits sessiles distiques, ordinairement dimorphes, Ceux des dichotomies différant de ceux logés dans les alvéoles des rameaux épaissis, à l'aisselle de bractées aiguës.

§ 1. *Physocœlæ* Pomel. — Loges stériles gonflées, bien plus grandes que la loge fertile, au moins dans les fruits raméaux; fruits des dichotomies comprimés; limbe du calice à dents très courtes.

F. Cornu-copiæ Gærtner; Pomel, nouv. mat.; Ball, spic.; non Lange et Willk., prodr., fl. Hisp.; *F. graciliflora* Fish. et Mey.; Munb., cat.; Lx, cat. Kab. *F. heterocarpa* Pomel; fig. Reich. 1413-I. — Fruits des dichotomies plus ou moins velus, comprimés, terminés par une cupule assez large; fruits raméaux presque hémisphériques; loges stériles très gonflées et présentant une bande spongieuse à la face ventrale. ① C. C. C., partout. Mars-mai. Nous avons surtout la forme *graciliflora* à tube de la corolle très long et grêle.

F. sulcata Pomel. — Fruits moitié plus petits; loges stériles séparées par un sillon profond et linéaire; limbe formant une toute petite cupule. Collo, Goufi, Filfilla, Stora.

§ 2. *Streptocœlæ* Pomel. — Loges stériles des fruits raméaux linéaires, plus étroites que la loge fertile.

F. Caput-bovis Pomel; *F. cornuta* Spach?; Munb., cat. — Fruits souvent pubescents; les rameaux à limbe dilaté en forme de coupe munie de 2 grandes dents triangulaires-acuminées simulant deux cornes, rarement 1 seule ou 3 dont une plus petite; loges stériles ne débordant pas la loge fertile et pleines de tissu fongueux, sauf un canal à l'angle interne. ① Mars-avril. C. C. C., partout.

F. decipiens Pomel. — Plante grêle à fruits minuscules (3 millim. sur 1), linéaires; loges stériles fistuleuses, filiformes, séparées par un sillon profond; limbe en petite cupule oblique; fruits des dichotomies un peu plus grands. ① Mai. Collo, Filfilla, Goufi, Philippeville (Pomel).

Explications de la planche I, fig. de 1 à 4 inclusivement :

1. *Fedia Cornucopiæ.* — Fruit des rameaux vu de face et en coupe; 2. *Fedia sulcata.* — Fruit des rameaux vu de face et en coupe; 3. *Fedia Caput-bovis.* — Fruit des rameaux vu de face et en coupe; 4. *Fedia decipiens.* — Fruit des rameaux vu de face et en coupe.

VALERIANELLA Tournefort (Mâche, doucette).

Herbes annuelles ordinairement ramifiées en corymbe, dichotomes; corolles infundibuliformes, très petites, d'un blanc bleuâtre; fleurs solitaires dans les dichotomies et rapprochées en glomérules compacts et bractéolés, au sommet des rameaux; feuilles simples.

§ 1. *Syncœlæ* Pomel. — Loges stériles contiguës cachant la loge fertile et séparées par une cloison entière ou atrophiée aboutissant à un sillon ventral peu profond; feuilles inférieures oblongues, obtuses, pétiolées; feuilles supérieures sessiles plus au moins dentées à la base.

a. Fruits comprimés par le côté, subdiscoïdes; 2 fins sillons sur chaque face latérale, 1 sur la face ventrale et 1 sur la face dorsale; péricarpe fortement épaissi et fongueux sur le dos du fruit; limbe calicinal à peu près nul.

V. olitoria Poll.; Munb., cat.; *Valeriana locusta* A. Desf.; fl. atl.; fig. Reich. 1398. — Tiges scabres sur les angles; feuilles supérieures et bractées un peu ciliées; limbe du calice réduit à une dent minuscule; fruit souvent pubescent; cloison interne des loges stériles souvent incomplète; loge fertile recouverte par une énorme bande de tissu fongueux. ① Teniet-el-Haâd! Aurès (Pomel).

V. gibbosa Gussone; Munb., cat.; Lx, cat. Kab. — Diffère de la précédente par ses tiges lisses, ses feuilles entières et glabres ainsi que les bractées, ses fruits toujours glabres, à loges stériles séparées par une épaisse cloison et surtout munies de deux bandes latérales de tissu fongueux. Ce caractère extrêmement net sur une coupe du fruit ne permet pas de confondre ces deux espèces. Kabylie (Lx. n. v.) Italie.

b. Fruit ovoïde-aigu, anguleux, à section triangulaire; loges stériles plus petites que la loge fertile.

V. fallax Cosson et Durieu, inédit.; Munb., cat. — Fruit pubescent ou glabre, à limbe calicinal bilabié, non nervié;

lèvre supérieure tridentée, l'inférieure bilobée, plus courte, correspondant aux loges stériles. ① R. R. Berrouaghia, Médéa, Constantine, Le Khreider, etc., etc.

c. Fruits linéaires, plus ou moins sillonnés sur la face ventrale.

V. stephanodon Cosson et Durieu, Bull. soc., bot. Fr., vol. III, p. 741 ; Munb., cat. — Plante plus au moins pubescente, à feuilles caulinaires sinuées-dentées, ou pinnatifides à la base; fruits de 3-4 millim., glabres ou pubescents ; limbe du calice courtement campanulé à 3 dents, une obtuse très courte correspondant à la loge fertile et 2 correspondant aux loges stériles, desquelles dents une courte et une presque aussi longue que le fruit. ① A. C. H.-Pl., 3 prov. Batna, Djelfa, Laghouat, Le Khreider, etc.

V. cymbæcarpa C. A. Mey. — Plante de la Russie méridionale a été signalée en Algérie (Munb., cat.) probablement par confusion avec la précédente, qui lui ressemble beaucoup.

V. leptocarpa Pomel. — Diffère par le limbe calicinal urcéolé, à peine denté. ① Avril-mai. Daya.

V. carinata Loiseleur; Munb., cat. ; Ball, spic. ; fig. Reich. 1399. — Feuilles entières, glabres ou un peu ciliées ; tige à rameaux très étalés ; fruit glabre ou pubescent à section semi-lunaire ; limbe du calice oblitéré. ① C. C. C. Avril-mai. Rég. montagneuse. Europe tempérée et mérid., Orient.

§ 2. *Paracœlæ* Pomel. — Loges stériles encore contiguës mais laissant entre elles un sillon ventral profond.

a. Fruit linéaire.

V. Pomeli ; *V. Chorostephana* Pomel non Boissier. — Fruit très velu, à couronne large et courte, glabre, verte, trilobée, le grand lobe correspondant à la loge fertile ; feuilles un peu hispidules, les supérieures incisées-dentées à la base ; bractées ciliées ; tige hispidule, grêle, élancée ; capitules denses. ① Mai. Moudjaf. H.-Pl.

V. echinata DC. ; *Valeriana echinata* L. ; Desf., fl. atl. ; fig. Reich. 1409. — Plante relativement puissante, à tiges épaisses ; feuilles glabres, les supérieures incisées-dentées ; pédoncules à la fin épaissis, recourbés en dehors ; fruit glabre, à 3 sillons, couronné par 3 cornes divergentes, arquées en dehors, la plus forte correspondant à la loge fertile. ① Oran (Warion). Rég. médit., Orient.

b. Fruit ovoïde ou orbiculaire.

V. pumila DC. ; Munb., cat.; fig. Reich. 1404. — Tige dressée, un peu rude; feuilles étroites, allongées, brièvement ciliées, rudes aux bords, les supérieures incisées-dentées; pédoncules grêles; capitules serrés; fruit orbiculaire; limbe calicinal très court, tridenté. ① Avril-mai. H.-Pl. A. C. Djelfa, Boghar, Moudjaf, Sidi-Bouzid, Mostaganem, etc. Rég. médit. Orient.

V. Auricula DC. ; Ball, spic. ; fig. Reich. 1400. — Fleurs en petits corymbes plans, peu serrés; fruit ventru, ovoïde; limbe du calice resserré en goulot étroit, saillant, obliquement tronqué et denté. ① R. R. Mitidja (Pomel). Europe, Orient.

§ 3. *Coronatæ.* — Loges stériles séparées par un sillon très évasé dans sa partie médiane; limbe du calice plus large que le fruit, nervié en réseau, en forme de couronne, à dents uncinées au sommet; capitules fructifères globuleux; gros fruits.

V. vesicaria Lois.; Desf., fl. atl. — Limbe du calice à la fin vésiculeux, globuleux, très grand. — « *In arvis cultis et incultis.* » Desf. N'a pas été revu. Marseille, Sicile, Orient.

V. discoïdea Lois.; Gren. Godr., fl. Fr.; Munb., cat.; Kab.; Ball, spic.; *V. coronata* Desf., fl. atl.; fig. Reich. 1411. — Tige hispide sur les angles; fruit velu, obconique, plus court que le limbe du calice, celui-ci un peu velu sur les deux faces, à la fin rotacé, divisé jusqu'aux 2/3 en 6 dents ovoïdes, parfois bifides, terminées en arête uncinée au sommet; plante un peu trappue. ① Avril-mai. C. C. C. Région médit.

V. multidentata Loscos et Pardo; fig. Illustr., fl. Hisp., tab. XLV. — Limbe du calice divisé en 12-18 dents terminées en arête uncinée; loges stériles débordant la loge fertile. ① Novi! Espagne.

V. chlorodonta Coss. et DR., Bull., soc., bot. Fr., vol. III, p. 740; Munb., cat. — Diffère du *V. discoidea* par son limbe calicinal très peu développé, à peine nervié, divisé jusqu'à la base en dents souvent inégales, non aristées; loges stériles linéaires, écartées en siphon. ① Avril-mai. H.-Pl., 3 prov. A. C. Oran, L'Habra, etc.

§ 4. *Psilocœlæ* DC. — Loges stériles linéaires, contiguës seulement par leur base et figurant un siphon renversé; fruits petits; capitules plans et non globuleux.

a. Limbe du calice encore en forme de couronne complète, campanulée, plus ou moins réticulée-nerviée.

V. eriocarpa Desv.; Munb., cat.; fig. Reich. 1406. — Tiges un peu anguleuses, hispidules aux angles; feuilles brièvement ciliées, les supérieures incisées-dentées; bractées hastées, ciliées, égalant à peu près les fruits mûrs; fruits glabres ou hispides *nerviés-réticulés sur le dos;* limbe calicinal presque aussi long que le fruit, évasé, nervié-réticulé, obliquement tronqué. ① A. R. Médéa, Europe, Rég. médit.

V. macrocyathus Pomel. — Limbe du calice aussi long que le fruit, resserré à la gorge, subrégulier, divisé en 6 dents lancéolées, long de 3 millim. Mitidja (Clauson. v. s.)

V. plagiocyathus Pomel. — Couronne urcéolée, subrégulière. Mitidja, Tunisie. (v. s.)

V. microcyathus Pomel. — Couronne étroite, courte, entière, nerviée-réticulée. Mitidja (Clauson. v. s.)

V. truncata DC. — Diffère du *V. eriocarpa* par son achaine non nervié-réticulé sur le dos, par le limbe calicinal non réticulé. Bou-Zecza, Djurdjura, Rég. médit.

b. Limbe du calice en forme d'oreille non nervié-réticulé.

V. Morisonii DC., prodr.; Gren. Godr., fl. Fr.; *V. mixta* Dufr.; fig. Reich. 1402 et 1403. — Port du *V. eriocarpa,* en diffère surtout par la forme du fruit. α et γ Mitidja, Bou-Zecza, Palestro; β Médéa. Europe, Rég. médit.

V. microcarpa Lois.; Munb., cat.; Lx, cat. Kab.; Ball, spic. — Capitules plans, rectangulaires, à la fin réunis en corymbe presque plan; fruits ovoïdes, hispides, petits. C. C. C. Rég. médit.

β *major; V. otodonta* Pomel. — Fruits deux fois plus gros. Palestro, Dra-el-Mizan, Cherchel, Mitidja.

V. puberula DC.; Gren. Godr., fl. Fr. — Fruit minuscule; limbe du calice très entier circonscrivant une aire suborbiculaire; capitules et corymbe moins plans, moins réguliers; plante plus petite. C. C. C. Avec l'espèce.

Explication de la planche I, de 5 à 22 :

5. *Valerianella olitoria.* — Fruit vu de côté et en coupe; 6. *V. gibbosa.* — Fruit vu de côté et en coupe; 7. *V. fallax.* — Fruit vu par la face ventrale et en coupe; 8. *V. stephanodon.* — Fruit vu par la face ventrale et en coupe; 9. *V. leptocarpa.* — Fruit vu de côté et de face, même coupe que le précédent; 10. *V. carinata.* — Coupe; 11. *V. Pomeli.* — Fruit vu de face et en coupe; 12. *V. pumila.* — Fruit vu de face et en coupe; 13. *V. auricula.* — Fruit vu de face, même coupe que le précédent; 14. *V. echinata.* — Fruit et coupe; 15. *V. vesicaria.* — Fruit; 16. *V. discoidea.* — Fruit et coupe; 17. Couronne du *V. multidentata;* 18. *V. chlorodonta.* — Fruit vu de face et coupe; 19. Groupe du *V. eriocarpa : α eriocarpa, β macrocyathus, γ plagiocyathus, δ microcyathus, ε truncata.* — Même coupe pour tous et pour les suivants; 20. *V. Morisonii α, β* et *γ;* 21. *V. microcarpa;* 22. *V. puberula.*

PL. I

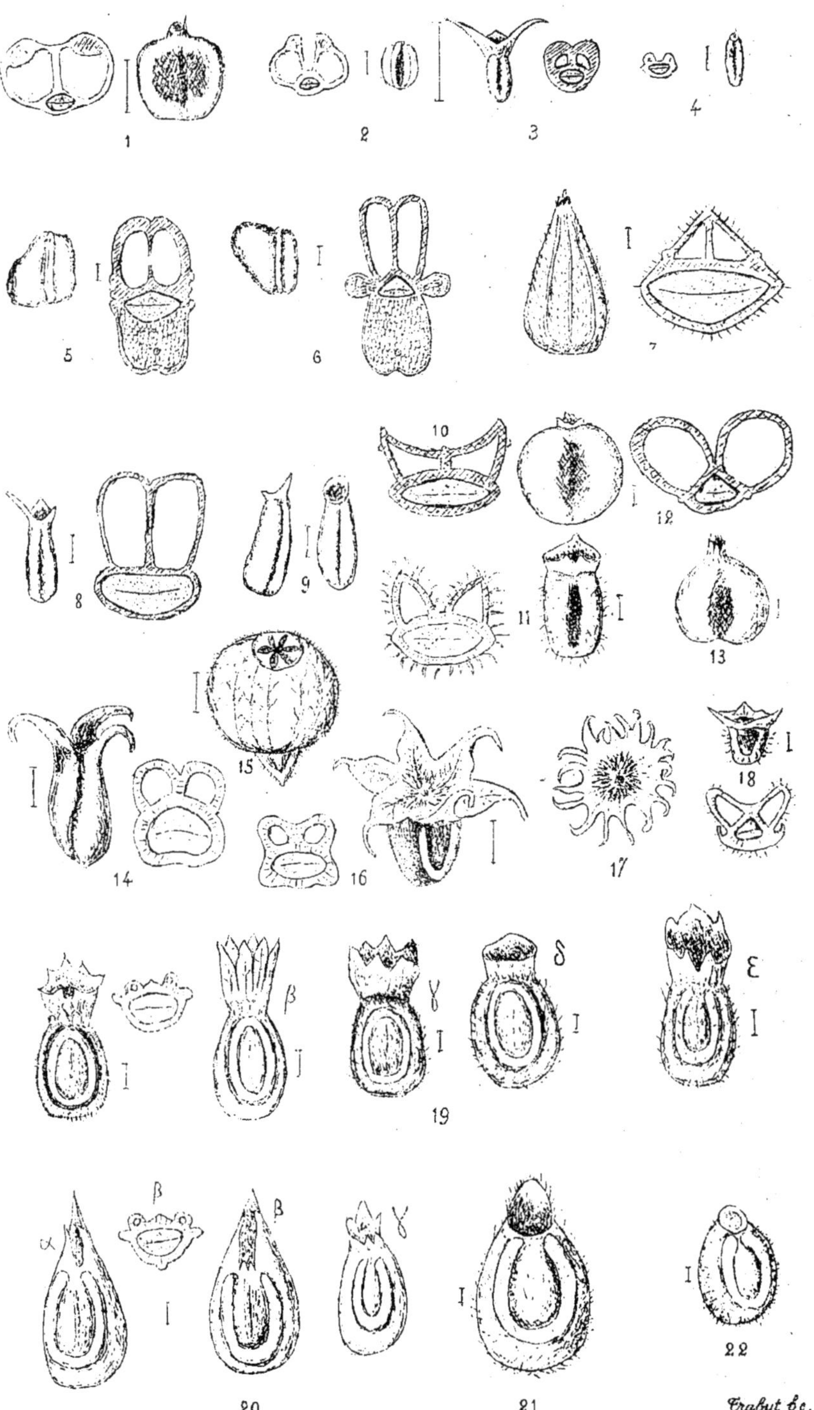

Trabut del.

DIPSACÉES Vaillant.

Herbes annuelles ou vivaces, à feuilles opposées; fleurs un peu irrégulières en capitules involucrés; 4 étamines libres; achaines à une seule loge surmontée d'un calice cupulaire ou à soies divergentes, entouré d'un involucelle persistant; embryon droit dans un albumen charnu; graine pendante. (Fig. Reich., vol. XII).

Clef des genres :

1	Calice en forme de cupule ciliée.	2
	Calice formé de soies persistantes; involucre à folioles unisériées.	3
2	Involucre à folioles imbriquées sur plusieurs rangs, les intérieures plus longues et pareilles aux paillettes du réceptacle; plantes non épineuses. . .	CEPHALARIA.
	Involucre à folioles uni-bisériées, bien plus longues que les paillettes réceptaculaires; plantes épineuses.	DIPSACUS.
3	Calice 6-multiradié, caduc.	4
	Calice à 5 soies, persistant; réceptacle paléacé. .	SCABIOSA.
4	Soies calicinales molles, plumeuses; réceptacle paléacé	PTEROCEPHALUS.
	Soies rigides; réceptacle hispide.	KNAUTIA.

DIPSACUS Tournefort.

D. silvestris Miller; Desf., fl. atl.; Munb., cat.; Lx, cat. Kab; Ball, spic.; fig. Reich. 1397. — Plante puissante (10-15 déc.), à tige sillonnée, épineuse; feuilles coriaces, épineuses sur la nervure dorsale, inégalement crénelées, les radicales brièvement pétiolées, oblongues, en rosette, les caulinaires connées-amplexicaules, formant un godet autour de la tige; capitules gros, ovoïdes; involucre à folioles linéaires (4-15 cent.); paillettes du réceptacle droites, longuement sétacées, ciliées, dépassant les fleurs; involucelle tétragone, pubescent; calice tétragone, velu, caduc; corolle lilas, à 4 lobes. ② C. C. C. Marais de tout le Tell. Mai-juin. Europe, Rég. médit., Orient.

CEPHALARIA Schrader.

Calice en forme de cupule arrondie ou subtétragone, dentée-ciliée; corolle à 4 lobes; involucelle tétragone à 8 sillons, à limbe peu distinct, à 4-8 dents; paillettes réceptaculaires semblables aux écailles du péricline; plantes robustes, à tiges fermes, dressées; capitules globuleux.

§ 1. *Echinocephalus* Lange. — Écailles et paillettes aristées, piquantes; plante annuelle.

C. syriaca Schrader; Munb., cat. — Tige de 2-6 décim., striée, pubescente, hérissée; feuilles simples, lancéolées, dentées, pubescentes; involucelle hérissé à 4-8 dents inégales; corolle bleuâtre à lobes égaux; capitules petits (10-12 millim.) Mostaganem, El-Maïa (Sahara oranais). Rég. médit., Orient.

§ 2. *Lepicephalus* Lange. — Écailles et paillettes non aristées; plantes vivaces.

a. Fleurs blanches.

C. leucantha Schrader; Munb., cat. — Tiges de 4-6 décim., lisses, rameuses, nombreuses sur la même souche; plante ordinairement glabre; feuilles radicales simples, ovales, dentées, caduques, les caulinaires pennatiséquées à segments dentés en scie ou pinnatifides, lancéolés ou linéaires; capitules médiocres (20-25 millim.); écailles pubérulentes, ovales, moitié plus courtes que la fleur; calice subsessile, velu; involucelle velu, multidenté, cilié; anthères blanches. A. R. Août-septembre. Gorges de la Chiffa! Terni, Garrouban. Rég. médit., Orient.

b. Fleurs jaunes ou jaunâtres.

C. mauritanica Pomel. — Plante puissante, à tiges solitaires (1-2 mètres), cannelées, pubescentes, munies aux nœuds de poils réclinés, un peu rameuses dans le haut; feuilles grandes, pubescentes, fermes, un peu coriaces, dentées en scie, les inférieures largement lancéolées avec 1-2 paires de lobules, les autres pinnatipartites, à 3-4 paires de segments lancéolés, le terminal beaucoup plus grand; capitules gros (4 cent.), longuement pédonculés; écailles réceptaculaires veloutées, coriaces, les inférieures ovales, obtuses, très petites, les autres plus grandes et aiguës, brièvement et brusquement acuminées; corolles grandes, non rayonnantes; involucelle velu, à 8 dents inégales; calice subsessile, denté-cilié. ♃ Juillet-septembre. Zaccar de Miliana.

C. atlantica Coss. et DR., inéd.; Lx, cat. Kab. — Diffère de la plante précédente par ses tiges glabres, à peine hispides aux nœuds, par ses feuilles glabrescentes, par ses fleurs un peu plus petites, par son involucelle à dents angulaires dépassant souvent la cupule caliculaire. ♃ Djurdjura. Août.

C. maroccana Cosson, inédit. Maroc.

Nota. — Le *C. alpina* Schrad. est indiqué à Soukarras par Munby, peut être par confusion avec une des plantes précédentes qui en sont très voisines.

KNAUTIA Coulter.

K. arvensis Koch.; Munb., cat.; *Scabiosa arvensis* L.; Desf., fl. atl.; Reich. 1353. — Plante velue, plus ou moins glanduleuse; souche vivace; tiges de 3-6 décim., rameuses dans le haut; feuilles inférieures ovales, incisées ou pinnatiséquées, les supérieures pinnatifides; capitules déprimés à fleurs lilas, celles du bord rayonnantes; involucelle velu, retréci au sommet, à bord saillant et denticulé; calice sessile ou subsessile, divisé en 8 soies raides; fruit velu, quadrangulaire, comprimé. ♃ Mai-juillet. A. C. Rég. montagneuse et lieux herbeux des H.-Pl. Type polymorphe ou M. Pomel distingue les formes suivantes :

K. mauritanica Pomel. — Limbe du calice brièvement denté, à dents portant des soies purpurines égalant le 1/3 de l'involucelle; fruit oblong à peine resserré sous le limbe; celui-ci denté aux angles seulement. Garrouban.

K. lanceolata Pomel. — Calice divisé jusqu'au 1/3, en dents portant des soies jaunâtres un peu plus longues que le limbe; fruit oblong à limbe saillant, régulièrement denté-crénelé. Zaccar.

K. centauroides Pomel. — Fruit très resserré au sommet, à limbe court, faiblement denticulé, avec une épine à chaque angle. Kartoufa près Tiaret.

K. subscaposa Boiss. et Reut., Pug., p. 53. — Tiges simples, scapiformes, monocéphales, nues avec 2 feuilles vers la base; fleurs roses. Algérie (Munby. n. v.)

PTEROCEPHALUS Vaillant.

P. depressus Cosson. Maroc.

SCABIOSA L. (Scabieuse).

Clef des sections :

1	Involucre gamophylle.	Pycnocomon.
	Involucre polyphylle	2
2	Involucelle à 8 sillons ou à 8 fossettes, à limbe scarieux bien développé, arrondi, sans arêtes, campanulé ou cyathiforme; calice stipité à 5 arêtes étalées en étoile.	Euscabiosa.
	Involucelle subtétragone à 8 côtes, à peine fovéolé, à limbe herbacé, dressé, 4-7 denté; calice à soies très courtes	Succisa.

§ 1. *Euscabiosa.*

a. *Spongiostemma* Reich.; *Vidua* Coulter. — Involucelle à tube parcouru dans toute sa longueur par 8 côtes, à limbe court, spongieux et infléchi; calice longuement stipité, à limbe étroit, entouré d'une gaine conique, à arêtes rayonnantes.

Sc. maritima L.; Munb., cat.; Lx, cat. Kab.; Ball, spic.; Reich. 1364-1366. — Plante annuelle ou vivace par induration; tiges de 3-12 décim., rameuses, à rameaux étalés; feuilles inférieures oblongues, spatulées, ordinairement simples, dentées en scie, les autres pinnatiséquées, à segments très variables lancéolés ou linéaires, dentés ou entiers, le dernier ordinairement plus grand; capitules longuement pédonculés, déprimés au début, ovoïdes ou oblongs à maturité; involucre à folioles entières, lancéolées-acuminées, élargies à la base, pubescentes, à la fin réfléchies; corolles 5-fides, les extérieures rayonnantes; réceptacle allongé, à paillettes linéaires, ciliées; côtes ciliées sur le fruit globuleux, étroites, séparées par de larges sillons plans dans le fond et souvent partagés par un rang de cils; involucelle élargi, obconique, plus grand que le fruit, à côtes glabres, anastomosées en arceau et circonscrivant des aréoles peu profondes; limbe de l'involucelle court, pubérulent, spongieux, infléchi. ① ② ♃ C. C. C., partout. Europe moyenne, Rég. médit., Orient.

α vulgaris. — Feuilles glabres ou glabrescentes; fleurs lilas clair. C. C. C.

β atropurpurea. — Fleurs d'un pourpre noir, les rayonantes très grandes. Cultivée, parfois subspontanée.

γ ochroleuca Cosson; *Sc. grandiflora* Desf., fl. atl. — Fleurs d'un blanc jaunâtre. C. C. C. Kabylie, Maison-Carrée, etc.

δ adenocalyx nob. — Plante vivace à feuilles très divisées, bipinnatiséquées, en lobes tous linéaires, pubescentes; fleurs blanches ou jaunâtres; capitules médiocres; tube du calice tout glanduleux à l'intérieur. H.-Pl., Aïn-el-Hadjar, Khenchela.

ε grandiflora Boissier. — Corolles rayonnantes de 20-25 millim.; fleurs d'un beau bleu; pièces de l'involucre larges; feuilles presque toutes entières, courtes, obtuses, subspatulées. Beni-Foughal (Trabut).

ξ dubia. — Plante robuste, peu élevée, à gros capitules; fleurs rayonnantes, bleues, très grandes; folioles de l'involucre parfois un peu pinnatifides. Dra-el-Mizan.

η villosa Cosson. — Plante velue. Bord de la mer. A. R. Douaouda, etc.

Sc. daucoides Desf., fl. atl., tab. 38; Munb., cat. — Diffère surtout du *Sc. maritima*, dont-il a le fruit par les pièces de l'involucre très velues et pinnatifides, par ses feuilles velues, rarement glabrescentes, dont les médianes sont bipinnatiséquées, à segments linéaires, les supérieures pinnatiséquées, à segments étroitement linéaires et étalés, à angle droit; pédoncules striés, très longs; capitules grands; fleurs lilas. ① ② C. C. C. Affreville, Miliana.

β *ochroleuca*. — Fleurs d'un blanc jaunâtre. Tizi-Djaboub (Djurdjura), Zaccar.

Sc. arenaria Forskall; Boissier, fl. d'Or.; *Sc. fenestrata* Pomel. — Petite plante grêle, ordinairement rameuse dès la base, à rameaux étalés; pédoncules allongés; capitules médiocres, à fleurs blanches, purpurines ou bleues. Cette plante diffère surtout du *Sc. maritima* par ses achaines plus courts, à involucelle très étalé, hémisphérique, à côtes circonscrivant des aréoles très larges fermées par une membrane pellucide. C. C. C. Dans tout le Sahara. Juin.

Sc. semipapposa Salzm.; Munb., cat.; Ball, spic. — Diffère de toutes les plantes précédentes par ses achaines quadrangulaires, étroits, à côtes épaisses, peu ou pas ciliées, séparées par des sillons profonds et étroits, par ses involucelles peu évasés, peu distincts du reste de l'achaine, plus courts que les fruits; fruits souvent dimorphes, les supérieurs à calice développé en 5 soies, les inférieurs privés de soies et à involucelle très réduit; le nombre des achaines de chacune de ces deux formes étant très variable, l'une ou l'autre des formes peut même disparaître totalement; capitules fructifères moitié plus petits que dans le *Sc. maritima;* pédoncules très grêles et très longs. ① C. C. C. Mai-juin.

α *major*. — Plante puissante (10-15 décim.), à la fin extrêmement rameuse, à longs pédoncules grêles, divariqués; feuilles à lobes terminaux, lancéolés-dentés, bien plus grands que les latéraux; fleurs ordinairement rosées ou lilas pâle; achaines quadrangulaires, étroits, à calice brièvement stipité; stype non exserte. C. C. C. Toute la Mitidja. Mai-juin.

β *integriloba*. — Lobe terminal des feuilles lancéolé-aigu, entier; involucelles plus évasés; calice plus exserte; plante parfois puissante comme la précédente (Perrégaux), plus souvent grêle. H.-Pl., Saïda, Garrouban, etc., etc.

b. *Sclerostemma* Koch. — Tube de l'involucelle parcouru dans toute sa longueur par 8 sillons; limbe étalé, membraneux; calice subsessile.

Sc. Columbaria L.: Desf., fl. atl.; Lx, cat. Kab. — Port du *Sc. maritima;* tiges à poils réclinés; soies du calice égalant 3-4 fois la couronne de l'involucelle; fleurs bleuâtres. ♃ Djurdjura. Août-septembre. Europe, Rég. médit.

Sc. Djurdjuræ Chabert, Bull. soc., bot. Fr. 1889. — Soies du calice égalant 6-8 fois le limbe de l'involucelle. Djurdjura.

Sc. ochroleuca L. — Corolle jaunâtre; soies plus courtes que dans le *Sc. Columbaria* type.

β *Webiana; Sc. Webiana* Don. — Feuilles inférieures pubescentes-argentées; soies plus ou moins longues. Djurdjura, Aït-Attaf (Lx).

Sc. Gramuntia L.; Desf., fl. atl. — Soies du calice dépassant à peine la couronne de l'involucelle; feuilles bipinnatiséquées. ♃ «*In arvis*» Desf. N'a jamais été retrouvé.

Sc. dichotoma Ucria; *Sc. parviflora* Desf., fl. atl. Munb., cat. — Plante dichotome, à rameaux très étalés; feuilles oblongues, entières; capitules fructifères sphériques, petits, sessiles dans les dichotomies et au sommet des rameaux; couronne courte; calice mutique. «*Algeria*» Desf. (n. v.) Sicile, Tunisie?

c. *Asterocephalus.* — Tube de l'involucelle arrondi, ordinairement velu et dépourvu de plis à la base, creusé de fossettes au sommet; couronne grande, membraneuse, étalée.

1. Plantes vivaces.

Sc. crenata Cyrillo; Munb., cat.; Lx, cat. Kab. — Souche ligneuse, cespiteuse, formant parfois sur les montagnes de grosses plaques dures, lignifiées; feuilles petites, nombreuses, denses, d'un vert gai, oblongues, dentées ou pinnatiséquées, à segments tridentés; tiges généralement courtes et couchées; pédoncules plus ou moins longs, dressés, glabres ou pubescents; folioles de l'involucre pubescentes, obtuses; fleurs rosées ou blanchâtres, rayonnantes; capitule médiocre; involucelle resserré au niveau des fossettes; fossettes étroites, cachées par les poils; couronne grande, argentée ou violacée. ♃ Juillet-août. Djurdjura, Babors, Aurès, Italie, Orient.

Sc. argentea L.; Desf., fl. atl.; Munb., cat. — Souche ligneuse; feuilles velues-soyeuses, petites, lancéolées, profondément dentées, en rosettes au sommet des tiges; pédoncules parfois très longs, nus ou à 1-2 paires de folioles pinnatiséquées; folioles de l'involucre ovoïdes, pubescentes, très courtes; fleurs jaunâtres. ♃ Djurdjura? (Chabert), Tunisie. (v. s.)

Sc. graminifolia L.; Desf., fl. atl.; Munb., cat. — Feuilles linéaires-aiguës, argentées-soyeuses; fleurs violettes. ♃ «*In collibus*» Desf. (n. v.)

2. Plantes annuelles ; capitules fructifères sphériques.

Sc. monspeliensis L. ; Lx, cat. Kab. ; Ball, spic. — Plante dressée, dichotome, rameuse presque dès la base (1-4 décim.), plus ou moins hispide ; feuilles radicales oblongues, atténuées en pétiole, dentées ou incisées ; feuilles caulinaires pinnatiséquées, à segments linéaires, entiers ou dentés, le dernier plus grand ; capitules longuement pédonculés ; pédoncules striés ; folioles de l'involucre incisées à la base, à la fin réfléchies ; corolles lilas, velues ; achaines velus, à poils cachant presque les fossettes ; couronne très grande, à la fin étalée, plus longue que le tube de l'involucelle, denticulée, multiradiée, à rayons velus en dehors ; calice à 5 dents lancéolées, terminées par de longues arêtes scabres dépassant largement la couronne ; écailles du réceptacle ovales, acuminées, ciliées, courtes. ① C. C. C. Partout. Avril-juin. Rég. médit.

β minor. — Grêle, extrêmement rameuse dès la base ; capitules bien plus petits ; écailles du réceptacle herbacées au sommet, longuement acuminées. Aïn-Sefra, Founassa (Sud oranais).

Sc. stellata Desf., fl. atl. — Plante puissante, peu rameuse à la base ; feuilles peu divisées, très grandes ; gros capitules ; folioles de l'involucre entières et laineuses ; paillettes concaves, brusquement acuminées, ciliées ; couronne multinerviée, à nervures scabres et non velues ; calice stipité, à dents ovoïdes-lancéolées, terminées par une arête dépassant peu la couronne. ① Algérie ? Espagne.

Sc. simplex Desf., fl. atl., tab. 39, fig. 1 ; Lx, cat. Kab. — Plante dressée, velue-hispide, à tiges simples ou peu rameuses ; feuilles inférieures dentées, vite caduques ; toutes les autres divisées en lanières linéaires ; capitules longuement pédonculés, à pédoncules assez robustes ; folioles de l'involucre très hispides, lancéolées-linéaires ; incisées à la base ou entières ; corolles bleuâtres, rayonnantes achaines velus à poils cachant les fossettes ; couronne multiradiée, à rayons scabres, égalant l'achaine ; calice stipité à arêtes dépassant peu la couronne. ① C. C. Mai-juin.

Sc. prolifera L. ; Desf., fl. atl. — Grosse plante à tiges fistuleuses, dichotomes ; à feuilles simples, grandes, dentées ou non ; gros capitules brièvement pédonculés. « *In arvis* » Desf. Algérie ? Orient.

§ 2. *Pycnocomon.* — Involucre gamophylle en cupule.

Sc. rutæfolia Vahl ; Munb., cat. ; Ball, spic. ; *Sc. urceolata* Desf., fl. atl. ; Lx, cat. Kab. — Tiges de 4-10 décim., glabres ou pubescentes dans le bas, rameuses à rameaux raides, grêles, dichotomes, divariqués; feuilles un peu charnues, glabres ou pubescentes, les radicales entières, dentées ou incisées, caduques; les caulinaires pinnatiséquées ou bipinnatiséquées; involucre à 6-8 lobes lancéolés-linéaires, inégaux; corolles blanches ou roses; achaines pubescents, tétragones avec une nervure sur chaque angle et une au milieu de chaque face et 8 fossettes peu marquées au sommet; couronne droite, très courte, dentée; calice sessile à 5 soies allongées dans les fruits médians, mutique dans les autres. ♃ C. C. C. Juin-juillet. Sur tout le littoral. Rég. médit.

Sc. **montana** Pomel (sub *Pycnocomon*). — Plante puissante à feuilles divisées en lanières très fines, nombreuses. Cette plante m'est insuffisamment connue. Tiaret, Sersou, Aflou, Sebgague.

Sc. **camelorum** Coss. et DR., Bull. soc. bot., vol. II, p. 250; Munb., cat. — Pièces de l'involucre soudées seulement à la base; achaines à sillons presque nuls, à couronne droite égalant le 1/3 et non le 1/5 du tube; tiges sous-frutescentes. Port des 2 précédents. Guerrara (Mzab).

§ 3. *Succisa.* — Achaines subtétragones, velus, à couronne dressée; calice sessile à 5 soies dressées; folioles de l'involucre libres ou à peu près; plantes vivaces.

Sc. **farinosa** Cosson. Tunisie.

Sc. **Succisa** L.; Munb., cat.; Reich., fig. 1385. — Souche prémorse; feuilles velues ou glabrescentes, entières ou dentées, obovées ou lancéolées; tiges dressées, simples ou peu rameuses; capitules à la fin globuleux; involucre à folioles sur 2-3 rangs; fleurs bleues à peine rayonnantes; couronne de l'involucelle formée de 4 dents herbacées. ♃ Juin-août. La Calle. (n. v.)

SYNANTHÉRÉES Ch. Rich.; *Composées* Jussieu.

Fleurs hermaphrodites, unisexuées ou neutres par avortement, sessiles et réunies en capitule dense sur un réceptacle nu, paléacé, alvéolé, ou poilu, entouré d'un involucre de bractées *(péricline)*; calice soudé avec l'ovaire, à limbe nul ou en forme d'écailles, d'aigrette, de couronne ou d'arêtes; corolle tantôt tubuleuse, régulière, à 4-5 dents et 4-5 nervures aboutissant aux sinus du limbe *(fleuron)*, tantôt à limbe fendu et déjetté d'un seul côté en forme de languette *(ligule* ou *demi-fleuron)*; étamines insérées sur le tube de la corolle, alternes avec ses dents ; filets libres ; anthères soudées en tube, à connectif ordinairement prolongé en appendice lancéolé, souvent aussi à loges munies à la base d'appendices filiformes *(caudicules)* ; style unique, filiforme, bifide, parfois renflé au sommet, logé dans le tube staminal et muni de poils collecteurs pour ramasser le pollen des anthères qui s'ouvrent par 2 fentes longitudinales ; achaine prolongé ou non en bec ; graine exalbuminée, dressée ; ovule anatrope. Plantes annuelles ou vivaces, rarement ligneuses, à feuilles généralement alternes (chez nous), sans stipules ; ensemble des capitules formant d'ordinaire une inflorescence définie. Fleurs tantôt toutes également hermaphrodites (capitules *homogames*), tantôt les unes femelles et les autres hermaphrodites ou mâles (capitules *hétérogames*).

Clef des sous-familles :

Fleurs toutes ligulées. . . . . CHICORACÉES ou *Semi-flosculeuses*.

Fleurs toutes tubuleuses *(fleurons)* ; style renflé en nœud sous les stigmates. . . . . CARDUACÉES ou *Cynarocéphales*.

Fleurs de la périphérie ligulées, avortant quelques fois ; fleurs du centre tubuleuses ; style non renflé en nœud SÉNECIODÉES ou *Corymbifères*.

Sous-famille I. — SÉNÉCIODÉES ou *Corymbifères* Jussieu.

Plantes à suc aqueux (Fig. Reich., vol. XVI).

Tableau des tribus :

Tribu I. EUPATORIÉES. — Capitules homogames ou hétérogames ; réceptacle nu ; anthères non caudiculées ; style à branches cylindriques ou semi-cylindriques, obtuses ; achaines non rostrés, cylindriques, munis de côtes et d'une aigrette poilue.

Tribu II. ASTÉRINÉES. — Capitules hétérogames, rarement homogames ; réceptacle nu ; anthères non caudiculées ; branches du style nues au sommet, comprimées ou arrondies ; achaines comprimés, sans côtes, rarement cylindriques avec des côtes ; aigrette poilue, rarement nulle ou scarieuse.

Tribu III. INULÉES. — Capitules radiés hétérogames, rarement homogames par avortement des ligules ; anthères caudiculées ; branches du style pubescentes au sommet ; achaines cylindriques ou tétragones, à aigrette poilue.

Tribu IV. GNAPHALIOÏDÉES. — Capitules rarement ligulés, généralement petits, hétérogames ou homogames ; réceptacle nu ou pailleté à la circonférence seulement; anthères généralement caudiculées; style à branches obtuses; achaines cylindriques ou comprimés, à aigrette poilue, soyeuse ou nulle.

Tribu V. ANTHÉMIDÉES. — Capitules hétérogames, rarement homogames, ordinairement radiés; anthères non caudiculées; styles des fleurs hermaphrodites à branches linéaires, tronquées ou coniques au bout, avec un pinceau de poils sous le sommet; aigrette membraneuse, paléacée ou nulle.

Tribu VI. EUSÉNÉCIODÉES. — Capitules hétérogames, rarement homogames, radiés; fleurs du rayon femelles, les autres hermaphrodites; réceptacle nu ou poilu; anthères non caudiculées; style des fleurs du disque à branches linéaires, tronquées, terminées en pinceau; achaines cylindriques munis de côtes et d'une aigrette, ceux du rayon rarement chauves.

Tribu VII. CALENDULÉES. — Capitules hétérogames, radiés; fleurs du centre mâles; réceptacle nu; anthères caudiculées; style à branches courtes, épaisses, velues; achaines très polymorphes, sans aigrette.

Tribu VIII. ARCTOTIDÉES. — Capitules pluriflores réunis en capitule composé; écailles de l'involucre épineuses ainsi que les feuilles et les bractées qui enveloppent l'ensemble des capitules; anthères sagittées; branches du style cylindriques, aplaties; aigrette en forme de cupule. Une seule plante *(Gundelia)* trouvée accidentellement.

Tribu I. — EUPATORIÉES.

EUPATORIUM L. (Eupatoire).

Capitules homogames; péricline simple, cylindrique, imbriqué; corolles toutes longuement tubuleuses, quinquéfides; aigrette à poils dentelés; réceptacle plan; *feuilles opposées.*

E. cannabinum L.; Munb., cat.; Lx, cat. Kab.; fig. Reich. 1. — Plante de 6-12 décim., à tiges rigides, dressées, striées, pubescentes; feuilles brièvement pétiolées, subpalmatipartites, à 3-5 segments longuement lancéolés, dentés, finement pubérulents; capitules en corymbe composé, très rameux; péricline à folioles très inégales, caduques, obtuses; fleurs purpurines ou blanches, ordinairement 5 par capitule; corolle glanduleuse; fruits noirs, glanduleux; aigrette blanche plus longue que l'achaine. ♃ Juin-juillet. Lieux humides des hautes montagnes. A. R. Djurdjura, Babors, Guerrouch, Tlemcen, Europe, Orient.

E. adenophorum Spreng. — Plante pubescente-glanduleuse; feuilles glabres en dessus, ovoïdes ou triangulaires, aiguës, dentées; corymbe trichotome; capitules à 30-40 fleurs; écailles du péricline égales, subciliées, linéaires, pubescentes en dehors ; ♃ Plante du Mexique, naturalisée au ravin des carrières à Alger.

PETASITES Tournefort.

Plantes presque dioïques, à capitules campanulés, multiflores; écailles de l'involucre linéaires, égales, unisériées; fleurs de la périphérie femelles, peu nombreuses, celles du disque mâles ou hermaphrodites, ou bien fleurs presque toutes femelles sauf quelques fleurs mâles au centre; achaine atténué aux deux bouts; plantes vivaces, souvent hystéranthées, à feuilles radicales cordées-orbiculaires ou cordées-ovoïdes; grandes, dentées; tiges simples; feuilles caulinaires très réduites, souvent transformées en écaille; capitules nombreux, en corymbe ou en thyrse.

a. *Nardosmia.* — Corolles femelles brièvement ligulées.

P. fragrans Presl.; Munb., cat.; Lx, cat. Kab.; *Cacalia alliariæfolia* Poiret; Desf., fl. atl.; fig. Reich. 5. — Feuilles radicales grandes, réniformes, régulièrement dentées, longuement pétiolées, glabres en dessus; feuilles caulinaires variables ou atrophiées; capitules à odeur de vanille, brièvement pédonculés, en thyrse oblong. ♃ A. R. Février. Lieux frais du Tell et des montagnes. Mustapha, Chéragas, l'Alma, Blida, Djurdjura, etc., etc. France, Italie. Les ligules de la plante d'Algérie sont peu développées.

b. *Eupetasites.* — Corolles des fleurs femelles obliquement tronquées au sommet.

P. vulgaris Desf., fl. atl.; Munb., cat. « *Habitat Algeria* » Desf. — N'a pas été revu.

P. albus Gærtner; Desf., fl. atl. — N'a pas été revu non plus.

TUSSILAGO L. (Tussilage).

Capitules terminaux, solitaires; péricline à écailles bisériées; fleurs de la périphérie femelles, ligulées, sur plusieurs rangs; fleurs centrales mâles, peu nombreuses; achainé atténué aux deux bouts; aigrette à poils à peine ciliés.

T. Farfara L.; Munb., cat.; Lx, cat. Kab. — Plante hystéranthée; feuilles radicales polygonales, peu échancrées à la base, dentées, vertes en dessus, blanches tomenteuses en dessous, les caulinaires squammiformes; plante de 1-2 déc., à fleurs jaunes. ♃ Février-avril. Guerrouch, Babors, Djurdjura oriental. Europe, Orient.

Tribu II. — ASTÉRINÉES Nees d'Ésembeck.

Clef des genres :

1	Aigrette nulle ou peu distincte.	BELLIS.
	Aigrette formée de paillettes et de soies.	BELLIUM.
	Aigrette poilue.	2
2	Achaines cylindriques, munis de côtes; aigrette unisériée.	SOLIDAGO.
	Achaines comprimés, sans côtes.	3
3	Poils de l'aigrette unisériés souvent ciliés. . . .	4
	Poils de l'aigrette bisériés ou plurisériés.	6
4	Fleurs femelles ligulées; réceptacle alvéolé. . . .	ERIGERON.
	Fleurs femelles filiformes	5
5	Réceptacle alvéolé et ponctué.	NOLLETIA.
	Réceptacle ponctué ou fibrilleux.	CONYZA.
6	Capitules homogames non radiés.	LINOSYRIS.
	Capitules radiés hétérogames	ASTER.

Sous-tribu I. — BELLIDÉES.

Capitules bien radiés, à ligules blanches ou rosées, femelles; fleurons jaunes, hermaphrodites; achaines obovés, comprimés, pubescents, sans côtes; aigrette nulle ou formée de paillettes en totalité ou en partie.

BELLIS L. (Pâquerette).

Réceptacle convexe ou conique; involucre à folioles linéaires, uni-bisériées; ligules nombreuses, linéaires, pas d'aigrette ou fausse aigrette formée par les poils du haut de l'achaine.

a. Plantes caulescentes généralement annuelles.

Bellis annua L.; Desf., fl. atl.; Lx, cat. Kab.; Ball, spic.; *Bellis dentata* DC.; Munb., cat. — Plante multicaule plus ou moins pubescente; tiges décombantes puis redressées (5-12 cent.), rameuses, très feuillées; feuilles obovées ou spatulées, crénelées-dentées, rarement entières; capitules épanouis, larges de 15-20 millim.; écailles de l'involucre noirâtres, obtuses, oblongues, pubescentes. ① C. C. C. Tell et Atlas, 3 prov. Rég. médit.

B. MICROCEPHALA Lange; Ball, spic.; *B. annua* var. *minuta* DC., prodr. — Plante très grêle, à feuilles entières spatulées, à capitules moitié plus petits (8-10 millim.); écailles de l'involucre aiguës, hispides; ligules oblongues. ① Montagnes et collines du Sud. C. C. C. El-Kantara, Aïn-Sefra, Lella-Maghnia, etc.

β vergens Pomel. — Achaines papilleux; réceptacle à la fin allongé-fusiforme. Mazis. (v. s.)

B. prostrata Pomel; *B. radicans* Coss. et DR., inéd. — Tiges couchées, radicantes à la base; feuilles glabres, fermes, dressées, presque unilatérales, cunéiformes-spatulées, tridentées au sommet; ligules linéaires, velues sur le tube; achaines fortement marginés. ① ♃ Bône (Senhadja, v. s.)

b. Plantes vivaces, acaules; pédoncules radicaux, longs et assez épais.

B. sylvestris Cyrillo; Munb., cat.; Lx, cat. Kab.; Ball, spic.; *Doronicum Bellidiastrum* Desf., fl. atl., non L. — Souches courtes, tronquées, brunes, noueuses, émettant de longues fibres radicales; feuilles hispides, pubescentes ou veloutées, atténuées en pétiole, à limbe denté de forme variable, trinervié; scapes puissants, pubescents (1-4 décim.); capitules de 3 cent. de diamètre; écailles du péricline oblongues-lancéolées d'un vert foncé; ligules linéaires, rougeâtres en dehors; achaines obovés, hispidules, bordés d'une marge en forme de bourrelet. ♃ Rég. médit. Mars, dans la montagne; octobre, sur le littoral.

α genuina. — Feuilles à limbe lancéolé, longuement atténué en pétiole à la base; achaines pubescents. Çà et là. R. R. Chiffa, Oran.

β atlantica; Bellis atlantica Boiss. et Reut., Pug., p. 54; Munb., cat. — Feuilles à limbe large et court, brusquement contracté en pétiole; achaines hispides. C. C. C., partout. Tell et Atlas, pelouses.

γ velutina; Bellis velutina Pomel; *B. pappulosa* Boissier, voy. Esp.?; Munb., cat. — Plante veloutée; achaines fortement marginés, à marge hispide; poils du sommet simulant une aigrette. Pelouses des montagnes: Zaccar, Téniet, Aurès, Djurdjura, etc.

δ rotundifolia; Bellis rotundifolia Boiss. et Reut., Pug., p. 55; Munb., cat.; Lx, cat. Kab. — Feuilles à limbe ovoïde ou suborbiculaire, tronqué ou un peu cordiforme à la base; scapes hispides, à poils cloisonnés (1); achaines du *velutina*. Février-avril. Bois, pelouses, broussailles. A. C.

B. cœrulescens Cosson. Maroc.

---

(1) Ils le sont aussi plus ou moins dans toutes les autres variétés; une longue étude sur le vif m'a amené à réunir toutes ces plantes.

BELLIUM L.

Achaines munis d'une véritable aigrette formée d'écailles paléacées et de poils rigides.

a. *Eubellium.* — Ligules et écailles du péricline sur un seul rang.

B. bellidioides L.; Desf., fl. atl. Tunisie. N'a pas été revu.

b. *Belliopsis* Pomel. — Écailles du péricline sur 2 rangs, celles du rang interne plus courtes, paléacées, toutes abritant une ligule; ligules par suite sur 2 rangs.

B. rotundifolium DC., prodr.; *Doronicum rotundifolium* Desf., fl. atl., tab. 235, fig. 1 !; Pomel, matér. et nouv. mat., non aliorum. — Plante d'un vert gai; feuilles courtes, à peine pubescentes; pétiole élargi au sommet; limbe orbiculaire ou ovoïde, crénelé-denté à dents rares, uninervié; hampes de 12-25 cent., pubescentes, un peu rudes; écailles extérieures du péricline hispides, lancéolées, subaiguës, un peu membraneuses aux bords, à la fin un peu rigides, pliées en gouttière et embrassant la fleur; réceptacle nu, conique, fovéolé; achaines obovés, comprimés, hispides; aigrette égalant 1/3 de la longueur de l'achaine formée de paillettes argentées et de 5-6 poils jaunes, scabres, un peu plus longs que les paillettes. ♃ Avril-mai. Forêts, trous des rochers. Terni sur Tlemcen, Asfour sur Garrouban, Goudjila (Pomel), Djelfa.

Sous-tribu II. — ÉRIGÉRONÉES.

Capitules homogames, radiés, rarement discoïdes; achaines comprimés, rarement cylindriques, sans côtes, à aigrette poilue.

ERIGERON L.

Péricline hémisphérique; fleurs femelles de la circonférence sur plusieurs rangs; aigrette à poils brièvement ciliés, unisériés; réceptacle nu, alvéolé.

E. canadense L.; Munb., cat.; Lx, cat. Kab. — Plante grêle, ferme, dressée (6-12 décim.), cendrée, pubescente; tige dressée, rameuse dans le haut; feuilles pétiolées, lancéolées ou lancéolées-linéaires, dentées ou subentières, rudes, pubescentes, ciliées; rameaux étalés-dressés; capitules petits très nombreux, en grappe composée, pyramidale, très fournie, un peu feuillée; péricline glabrescent; ligules d'un blanc sale ou rosées, très courtes, dépassant à peine le péricline. ① A. R. Bord des ruisseaux. Septembre-octobre. Aïn-Taya, Boufarick, etc. Plante d'origine américaine. Cosmopolite.

CONYZA Less.

Fleurs femelles filiformes; réceptacle ponctué ou fibrilleux, le reste comme *Erigeron.*

C. ambigua DC.; Munb., cat.; Lx, cat. Kab.; *Erigeron linifolium* Willd.; Ball, spic. — Aspect de l'*E. cadanense;* capitules un peu plus gros, en grappe composée, oblongue; plante de 3-5 décim. ① Juin-octobre. C. C. C. Partout dans le Tell. Rég. médit.

C. pulicarioides Coss. et DR., inéd.; Munb., cat., voyez *Nolletia chrysocomoides* Cassini.

C. Gouani DC. Maroc.

NOLLETIA Cassini.

Fleurs toutes tubuleuses, les marginales femelles et filiformes, les autres hermaphrodites; écailles de l'involucre à la fin réfléchies; réceptacle convexe alvéolé, à alvéoles entourées d'une fine crête membraneuse; aigrette égalant deux fois l'achaine, peu fournie. Le reste comme dans *Erigeron.*

N. chrysocomoides Cassini; Munb., cat.; Ball, spic.; *Conyza chrysocomoides* Desf., fl. atl., tab. 232; *Conyza pulicarioides* Coss. et DR., inéd.; Munb., cat.; teste Cosson. — Plante pubescente-cendrée; tiges dressées ou diffuses, grêles, feuillées jusqu'aux capitules; feuilles petites, linéaires; capitules hémisphériques larges de 1 cent.; écailles du péricline linéaires, lancéolées, les intérieures égalant les fleurs; fleurs jaunâtres dépassées par les aigrettes. ♃ Mars-août. C. C. Lieux sablonneux du Sahara, 3 prov. Espagne.

LINOSYRIS Lobel.

Capitules homogames; péricline à folioles imbriquées; réceptacle alvéolé, à alvéoles étroitement bordées; achaines pubescents, comprimés, sans côtes, plus courts que l'aigrette bisériée.

L. vulgaris Cassini; Munb., cat.; Lx, cat. Kab.; Debeaux, cat., de Boghar. — Plante glabre, un peu scabre; tiges dressées, grêles, rigides, très feuillées jusqu'en haut; feuilles lancéolées-linéaires; capitules à la fin hémisphériques, larges de 10-15 millim.; péricline plus court que les fleurs toutes tubuleuses. ♃ Août-septembre. Boghar (Debeaux), Djebel-Rouis près Aïn-Beïda (Julien). Europe tempérée, Rég. médit., Orient.

ASTER L.

Capitules hétérogames, radiés, réunis en corymbe; péricline imbriqué; réceptacle alvéolé, à alvéoles étroitement bordées; achaines comprimés, sans côtes; aigrette plurisériée.

A. Tripolium L.; Munb., cat. — Plante glabre, un peu glauque; tige dressée, plus ou moins rameuse, feuillée; feuilles entières à bords scabres, ou dentées, lancéolées-aiguës, les inférieures pétiolées, oblongues; ligules étroites de couleur lilas, parfois nulles; capitules assez grands. ♃ Marais saumâtres : Algérie (Munby), Tunisie. Europe.

SOLIDAGO L.

Diffère surtout du genre *Aster* par ses achaines munis de côtes.

S. virga-aurea L.; Munb., cat.; Lx, cat. Kab.; fig. Reich. 20. — Tige dressée (3-12 décim.); feuilles courtement pétiolées, largement lancéolées, dentées ou entières, rudes, un peu pubescentes en dessous; inflorescence en grappe composée, oblongue; pédoncules courts, écailleux; écailles du péricline très inégales, lâches, lancéolées-linéaires, à bords membraneux; fleurs jaunes. ♃ Octobre. Kabylie orientale, Édough. Europe, Orient.

Tribu III. — INULÉES.

Clef des genres :

Série A. — *Réceptacle nu.*

1	Aigrette simple.	INULA.
	Aigrette double, l'extérieure très courte, l'intérieure à longs poils ciliés.	2
2	Aigrette extérieure à poils courts, distincts, parfois paléacés.	3
	Aigrette extérieure en forme de cupule membraneuse dentée ou laciniée.	4
3	Feuilles pinnati ou bipinnatiséquées ; achaines velus; écailles extérieures de l'involucre foliacées, un peu charnues.	PERRALDERIA.
	Feuilles entières; écailles extérieures de l'involucre petites, un peu membraneuses à la base.	JASONIA.
4	Aigrette extérieure libre	PULICARIA.
	Aigrette extérieure adhérente à l'intérieure. . . .	FRANCOEURIA.

Série B. — *Réceptacle garni à la périphérie seulement de paillettes servant de bractées aux fleurs femelles.*

1 { Plante acaule. . . . . Gymnarhena.
Sous-arbrisseaux multicaules . . . . Rhanterium.

Série C. — *Réceptacle tout garni de paillettes; achaines du bord triquètres, les autres oblongs; péricline fructifère induré, hygrométrique.*

1 { Arbrisseau à feuilles sinuées-dentées; aigrette nulle. . . . . Anvillæa.
Herbes à feuilles entières; une aigrette 2

2 { Achaines de la circonférence non ailés; aigrette scarieuse bien développée. . . . . Asteriscus.
Achaines de la circonférence bi-ailés; aigrette scarieuse très courte . . . . Pallenis.

JASONIA DC.

Péricline campanulé, imbriqué; réceptacle plan; achaines cylindriques, atténués aux deux bouts, munis de côtes; aigrette externe à poils très courts, l'interne à poils longs, roussâtres, un peu ciliés; inflorescence en panicule.

J. rupestris Pomel. — Plante toute couverte de glandes dorées très abondantes, odorante; souche ligneuse; tiges grêles, rigides, dressées, ramifiées dans le haut en ample panicule oblongue, à rameaux simples ou presque simples; jeunes tiges très velues, à feuilles molles, hispides, oblongues-obtuses ou elliptiques, dentées, ondulées; tiges florifères, à feuilles petites, rigides, glabrescentes, très glanduleuses; capitules terminaux (1 cent.); fleurs du rayon filiformes, à aigrette simple, appauvrie; fleurons à aigrette double, l'intérieure égalant deux fois l'achaine velu-glanduleux. ♃ Fentes des rochers : Tlemcen, Garrouban (Pomel), Lella-Maghnia, Nemours. Cette plante me semble bien différente du *J. glutinosa* DC.

PULICARIA Gærtner.

Capitules hétérogames; un seul rang de ligules femelles; fleurons hermaphrodites; aigrette extérieure libre en forme de cupule laciniée; aigrette interne formée de longs poils peu nombreux, à peine ciliés; achaines munis de côtes, arrondis au sommet; réceptacle plan, à peine alvéolé; fleurs jaunes; capitules solitaires au sommet des rameaux ou en grappe corymbiforme.

P. sicula Moris, fl. Sard.; Ball, spic.; *Jasonia sicula* DC.; Lx, cat. Kab.; *Inula chrysocomoides* Poiret; Desf., fl. atl.; Munb., cat.; *Erigeron siculum* L.; fig. Reich. 43-I. — Tiges dressées (4-8 décim.), fermes, élancées, rougeâtres, rameuses; rameaux étalés en corymbe; feuilles rudes, pubescentes, entières ou obscurément dentées, les inférieures oblongues-lancéolées, atténuées en pétiole, les supérieures sessiles, étroites, embrassantes, à bords enroulés; capitules petits (6-10 millim.), en petites grappes lâches au sommet des rameaux; pédoncules grêles, un peu épaissis au sommet avec 1-2 bractéoles; ligules courtes, dressées, ne dépassant pas le péricline; achaines blanchâtres, velus, à coronule parfois fimbriée jusqu'au bas. ① C. C. C. Juillet-novembre. Fossés et marais. Rég. médit., Orient.

β *radiata* DC. — Ligules bien plus grandes, étalées, rayonnantes. La Réghaïa. A. C.

P. vulgaris Gærtner; Munb., cat. — Plante basse, trappue (1-4 décim.), souvent rameuse dès la base, à rameaux dépassant l'axe primaire; feuilles molles, très ondulées sur les bords, entières ou peu dentées, rudes en dessus, velues-laineuses en dessous; les inférieures atténuées en pétiole large, les supérieures sessiles, arrondies à la base; capitules sessiles dans les dichotomies, laineux, hémisphériques (7-10 mill.), brièvement ligulés; péricline à folioles inégales, linéaires; pédoncules courts, non épaissis, un peu feuillés; plante d'un vert sombre. Juillet-septembre. Fond des mares au Corso, très rare à la Réghaïa. Europe tempérée, Rég. médit.

P. DENTATA DC.; *Cupularia Clausonis* Billot, in Clauson, *Herb. Fontanesianum normale; Pulicaria Clausonis* Pomel. — Plante d'un vert clair; capitules plus petits, plus nombreux, presque cylindriques; rameaux moins étalés; feuilles plus dentées, un peu laineuses sur les deux faces; achaines glabrescents avec un cercle de grosses glandes sous la cupule. ① Juillet-septembre. Chaïba (Clauson), Terni (Pomel). Italie, Grèce, Crète.

P. longifolia Boissier, diagn., § 2-III, p. 16; Munb., cat.; Ball, spic.; *Inula arabica* Desf., fl. atl., vix L.; *Pulicaria aspera* Pomel. — Tiges dressées (1-6 décim.), rameuses dans le haut à rameaux dressés; feuilles lancéolées-oblongues, entières ou subdentées, rudes, tuberculeuses, plus ou moins velues ou glabrescentes, les inférieures atténuées en pétiole; inflorescence dichotome-paniculée; capitules tous pédonculés, radiés (10-15 millim.); achaines hispides à cupule laciniée, 3 fois plus courts que l'aigrette interne. ② ♃ Issers, Fort-National, l'Adjiba. Tout le Sahara et les H.-Pl., etc.

NOTA. — On rapporte souvent cette plante comme variété au *P. arabica* Cassini. Les échantillons d'Égypte que j'ai de cette dernière plante sont nettement annuels, petits, dichotomes et non paniculés. Ball cite le *P. arabica* au Maroc. Je ne l'ai pas vu en Algérie. A Constantine, on trouve des formes du *P. longifolia* grêles, à feuilles presque toutes atténuées en pétiole, spatulées, minces, glabrescentes. Rhummel (Julien).

P. inuloides DC. Maroc.

P. filaginoides Pomel. — Plante dressée (3 déc.), rameuse dès le bas, à rameaux tous égaux et étalés à angle droit, velus et feuillés; feuilles linéaires, obtuses, mucronulées, un peu rudes, un peu atténuées à la base subauriculée; capitules agglomérés 3-5 au sommet des rameaux en cymes compactes; écailles du péricline inégales, imbriquées, linéaires; ligules ne dépassant pas le péricline. ① Lieux inondés: Assi-Ameur, près Oran.

P. dyssenterica Gærtner; Munb., cat.; Lx, cat. Kab. — Plante pubescente ou hispide de 2-6 décim., à souche épaisse, rameuse, émettant des turions souterrains; feuilles molles, tomenteuses, un peu ondulées, cordiformes-embrassantes, les inférieures atténuées en pétiole; capitules radiés de 15-20 millim., solitaires ou groupés au sommet des rameaux; écailles du péricline linéaires, velues-glanduleuses; ligules étroites; achaines bruns, hispidules. ♃ Juin-septembre. Marais. C. C. C. Europe, Rég. médit., Orient.

P. odora Reich.; Munb., cat.; Lx, cat. Kab.; Ball, spic.; *Inula odora* L. — Tiges velues, dressées (3-6 décim.), fermes, ramifiées en corymbe au sommet, partant d'une souche tuberculeuse, écailleuse, odorante; feuilles inférieures longues de 10-15 cent. sur 4-5, oblongues, laineuses, atténuées en court pétiole, les supérieures largement auriculées, aiguës, velues-laineuses en dessous, pubescentes en dessus; capitules grands (25 millim.), radiés, solitaires sur leurs pédoncules épaissis au sommet et nus; péricline à écailles sétacées, inégales, laineuses; ligules dépassant longuement le péricline. ♃ C. C. C. Broussailles du Tell. Rég. médit., Orient.

β *macrocephala* Ball. Maroc.

P. mauritanica Cosson, inéd.; Ball, spic. — Plante velue-laineuse, très feuillée, très odorante, camphrée; tiges dressées, rameuses (1-4 décim.); feuilles ondulées sur les bords, les inférieures oblongues, atténuées en pétiole élargi à la base et assez régulièrement dentées, les supérieures à base auriculée, élargie, très irrégulièrement sinuées-dentées; capitules grands et longuement radiés (3-4 cent. diam.), solitaires sur de longs pédoncules nus ou bractéolés, un peu élargis au sommet; péricline à écailles externes lancéolées, herbacées, longuement ciliées, les internes scarieuses, linéaires-aiguës, plus longues; achaines oblongs, à côtes saillantes, à hile ponctiforme; cupule multidentée à dents peu profondes; soies de l'aigrette interne ciliées égalant 2 fois et 1/2 la longueur de l'achaine. ♃ Mai-juillet. Montagnes du Sud oranais. D'Aïn-Sefra au Maroc. C. C. C.

FRANCŒURIA Cassini.

Ne diffère de *Pulicaria* que par la soudure plus ou moins complète de la cupule avec l'aigrette interne.

F. crispa Cass.; Munb., cat. — Tiges nombreuses, dressées ou ascendantes, laineuses, ramifiées en corymbe; feuilles sessiles, embrassantes, velues-laineuses, petites, sinuées-dentées, ondulées; capitules petits; solitaires; pédoncules bractéolés; écailles de l'involucre linéaires-lancéolées, acuminées, inégales, glabrescentes; ligules ne dépassant pas les fleurons; poils de l'aigrette plumeux au sommet seulement. ♃ Mzab, Guerrara. Orient.

F. laciniata Cosson et Kralick, Bull. soc., bot. Fr., vol. IV, p. 181; Munb., cat. — Feuilles laciniées, velues ou glabrescentes; capitules du double plus gros (20-25 millim.), ligules radiantes; poils de l'aigrette plumeux dans toute leur étendue. ① ♃ Avril-mai. Biskra, Laghouat, Tunisie.

PERRALDERIA Cosson.

Capitules homogames; aigrette externe à poils courts; aigrette interne à poils longs et nombreux; achaines cylindriques; feuilles pinnatifides ou bipinnatifides, à lanières linéaires.

P. coronopifolia Cosson, ann. sc. nat., § 4, vol. XVIII, p. 209, pl. 12 et Bull. soc., bot. Fr., v. VI, p. 395; Munb., cat. — Plante de 1-2 décim., odorante; tiges ascendantes, pubescentes-glanduleuses, furfuracées; feuilles pubescentes, un peu charnues; gros capitules solitaires au sommet des rameaux; pédoncules nus; écailles du réceptacle de deux sortes, les extérieures foliacées, linéaires, charnues, très longues, dépassant souvent les fleurons, peu nombreuses, les autres linéaires-aiguës, imbriquées, plus courtes; fleurons jaunâtres. ♃ Mzab, Berrian, Gardaïa, Metlili.

P. purpurascens Cosson, inéd. — Diffère de l'espèce précédente par ses tiges élevées (3-5 décim.), dressées, rigides, par ses feuilles glabres, nettement bipinnatiséquées, par ses fleurons agréablement pourprés au sommet, par l'aigrette interne à soies moins nombreuses. ♃ Moghrar-Tahtani (Bonnet et Maury), Maroc.

INULA L.

Péricline à écailles imbriquées, inégales; aigrette simple; tiges feuillées; fleurs jaunes.

§ 1. *Cupularia* Gren. Godr. — Achaines cylindriques ou anguleux, à côtes nulles, atténués au sommet; poils de l'aigrette dilatés à la base et soudés en cupule; grandes inflorescences paniculées, oblongues ou pyramidales.

I. viscosa Aïton; Desf., fl. atl.; Munb., cat.; Lx, cat. Kab.; Ball. spic.; Reich. 44-II. — Plante puissante (5-15 décim.), rameuse, à gros rameaux rougeâtres, pubescents, de consistance ligneuse, sous-frutescents à la base; feuilles vertes, glanduleuses sur les 2 faces, lancéolées, sinuées-dentées, les caulinaires sessiles, demi embrassantes; capitules médiocres (15-20 millim. diam.), radiés; pédoncules bractéolés; péricline à écailles extérieures membraneuses aux bords; ligules peu nombreuses dépassant le péricline; achaines velus-blanchâtres. ♃ C. C. C. Juin-octobre. Tout le Tell. Rég. médit.

I. graveolens Desf., fl. atl.; Munb., cat; Lx, cat. Kab.; fig. Reich. 44-I. — Plante de 3-7 décim., très rameuse, pyramidale; feuilles entières d'un vert sombre, glanduleuses sur les deux faces, rudes, jamais embrassantes, lancéolées-linéaires, les inférieures linéaires oblongues; capitules bien plus petits que dans l'espèce précédente (8-10 millim.); écailles externes du péricline herbacées; plante fétide ① Août-octobre. C. C. C. Champs cultivés. Rég. médit.

§ 2. *Euinula*. — Achaines cylindriques, munis de côtes, peu ou pas atténués au sommet; poils de l'aigrette libres à la base.

I. montana L.; Munb., cat.; Lx, cat. Kab.; Ball, spic.; fig. Reich. 34. — Tiges de 1-4 décim., dressées, monocéphales; feuilles velues-laineuses sauf les premières qui sont glabrescentes et disparaissent vite, oblongues, entières ou subentières, les inférieures pétiolées, les supérieures petites, amplexicaules, lancéolées; capitules larges de 4-5 cent., radiés; écailles extérieures du péricline herbacées, lancéolées; les intérieures scarieuses, ciliées, linéaires, toutes un peu étalées; ligules bien plus longues que l'involucre; achaines pubescents. ♃ Juin-août. Tous les sommets depuis 1800 mètres. Montagnes de la rég. méd.

Nota. — La plante d'Algérie, par ses capitules très grands, par les écailles extérieures du péricline toutes élargies dans la partie herbacée, arrondies et velues au sommet, appartient à la variété *calycina* de Linné; *Inula calycina* Presl.

I. **crithmoides** L.; Desf., fl. atl.; Munb., cat.; Lx, cat. Kab.; Ball, spic.; *Limbardia tricuspis* Cassini; *Inula crebrifolia* Coss. et DR., inéd.; Munb., cat. — Plante glabre, sous-frutescente, multicaule; tiges de 5-10 décim., rameuses dans le haut, très feuillées; feuilles charnues, linéaires, ou linéaires-lancéolées, obtuses, entières ou tridentées; capitules radiés assez grands sur des pédoncules bractéolés; écailles de l'involucre inégales, glabres, linéaires-acuminées, appliquées, achaines velus. ♃ Lieux salés et aquatiques : Oran. C. C. C. Bord de la mer. R. Douaouda, Bougie. Rivages de la Méditerrannée et de l'Océan.

I. **Oculus-Christi** L.; Desf., fl. atl.; Munb., cat.; fig. Reich. 33-II. — Plante velue-pubescente, à tige dressée, ramifiée en corymbe dans le haut; feuilles subentières, les inférieures oblongues ou elliptiques, obtuses, pétiolées, les inférieures à base auriculée-amplexicaule; capitules terminaux, pédonculés hémisphériques; écailles du péricline inégales, apprimées, linéaires-lancéolées, aiguës; ligules 2 fois plus longues que l'involucre. ♃ La Calle (Desf.) Rég. médit. orientale.

I. **Conyza** DC.; *Conyza squarrosa* L. — Plante de 6-9 déc., très rameuse dans le haut; feuilles molles, pubescentes, elliptiques-lancéolées, à peine dentées, les inférieures pétiolées, les supérieures sessiles, atténuées à la base; capitules agglomérés au sommet des rameaux en grappe compacte, corymbiforme; péricline à folioles inégales, les extérieures lancéolées-aiguës, herbacées, réfléchies au sommet, ciliées, pubescentes, les internes scarieuses, étroites, rougeâtres et ciliées au sommet; ligules très courtes; achaines bruns, velus. ② Guerrouch (Pomel).

GYMNARHENA Desf.

Capitules hétérogames; fleurs femelles très nombreuses chacune à l'aisselle d'une paillette; fleurs hermaphrodites stériles en petit nombre au centre du capitule; capitule souvent involucré par quelques feuilles bractéales; péricline à folioles ovoïdes, peu nombreuses, plus courtes que les paillettes du réceptacle; paillettes fermes, scarieuses, lancéolées, longuement acuminées; anthères obtuses, appendiculées; styles des fleurs du disque indivis, claviformes, les autres bifides; achaines très velus, à aigrette multisériée avec quelques paillettes très larges à l'intérieur; fleurs jaunes. Plantes à port d'*Evax*.

G. micrantha Desf.; Munb., cat. — Plante glabre, acaule ou à peu près; feuilles linéaires, dentées, dépassant longuement les capitules; cotylédons bifides; 1 à 25 capitules brièvement pédicellés, à paillettes saillantes; base des corolles indurée, persistante. ① Avril-mai. Sahara, Égypte.

β *Balansæ* Cosson, Bull. soc., bot. Fr. 1857, p. 179. — Folioles de l'involucre et paillettes peu nombreuses, plus larges, brusquement acuminées; aigrette plus longue à paillettes internes largement lancéolées. Biskra, avec le type.

RHANTERIUM Desf., fl. atl.

Capitules hétérogames, radiés, petits, à fleurs jaunes; ligules unisériées, femelles, tridentées; fleurons hermaphrodites à 5 dents; péricline campanulé à écailles imbriquées; anthères sagittées, longuement appendiculées à la base, à caudicules connés; achaines cylindriques, étroits, à 4-5 côtes, les rangs externes à l'aisselle de paillettes et souvent chauves, les autres à 4-5 soies plumeuses. Sous-arbrisseaux canescents, multicaules, à feuilles alternes, petites, entières et dentées, à rameaux droits, nombreux, serrés en touffes, monocéphales.

R. adpressum Coss. et DR.; Munb., cat. — Écailles du péricline étroitement appliquées, obtuses; réceptacle plan, n'ayant de paillettes que dans son pourtour. ♄ Juin-juillet. Sahara: Aïn-Sefra, Mzab, Laghouat, Bou-Saâda, Biskra.

R. INTERMEDIUM Pomel; *R. squarrosum* Coss. et DR., inéd.; Munb., cat. — Écailles du péricline atténuées en pointe subaiguë un peu étalée, à peine membraneuses aux bords. ♄ Metlili. Bord des Oueds.

R. suaveolens Desf., fl. atl., tab. 240. — Réceptacle pailleté presque jusqu'au centre; écailles du péricline aiguës, étalées. ♄ Tunisie, Algérie?

ANVILLÆA DC.

A. radiata Coss. et DR., Bull. soc., bot. Fr., vol. III, p. 742; Munb. cat.; *Sycodium radiatum* Pomel. — Arbrisseau très rameux de 2-5 déc., pubescent, tomenteux, à rameaux blanchâtres; feuilles obovées ou oblongues, cunéiformes, atténuées en pétiole, dentées ou un peu pinnatifides; capitules grands, longuement radiés, terminaux ou brièvement pédicellés dans les dichotomies, à la fin très indurés, involucrés par des feuilles bractéales devenant spinescentes; involucre campanulé, à écailles lancéolées, dressées; paillettes du réceptacle tronquées au sommet et prolongées en un mucron sétiforme; fleurons orangés; achaines tétragones, ceux du rayon triquêtres. ♄ Mars-juillet. C. C. C. Sahara, 3 prov., Maroc, Tunisie.

ASTERISCUS Mœnch.

A. graveolens Forsk.; Munb., cat. — Arbrisseau assez semblable au précédent; feuilles velues-soyeuses, linéaires; incisées-dentées à lobules linéaires; tiges rameuses, dichotomes; capitules médiocres, à ligules dépassant peu les fleurons; péricline involucré par quelques feuilles bractéales, à écailles externes linéaires-aiguës, les internes oblongues; aigrette à écailles lancéolées, lacérées. ♄ Guerrara (Mzab).

A. odorus Schousboë. Maroc.

A. maritimus Mœnch; Munb., cat.; Lx, cat. Kab.; *Buphthalmum maritimum* L.; Desf. fl. atl.; *Odontospermum maritimum* Neck; Ball, spic.; fig. Reich. 48-III. — Souche ligneuse, rameuse, à divisions écailleuses, noirâtres; tiges simples ascendantes, feuillées; feuilles entières, oblongues ou spatulées, atténuées en pétiole, un peu charnues, glabrescentes ou plus ou moins velues, en rosettes fournies sur les divisions de la souche; gros capitules, longuement radiés, solitaires au sommet des tiges, involucrés par 1-4 feuilles florales; écailles du péricline toutes foliacées au sommet, brièvement cuspidées; achaines pubescents; paillettes lancéolées, carenées, longuement acuminées. ♃ Avril-août. Rochers du littoral. C. C. C. Europe méridionale.

β *villosissimum*. — Feuilles très velues. Cap de Garde (Meyer).

γ *microphyllum* Ball. Maroc.

A. aquaticus Mœnch; Munb., cat.; Lx, cat. Kab.; *Buphtalmum maritimum* L.; Desf., fl. atl.; *Odontospermum aquaticum* Neck; Ball, spic.; fig. Reich. 48-II. — Tige dressée (1-3 décim.), rameuse, dichotome; feuilles oblongues, entières, pubescentes, les inférieures longuement atténuées en pétiole, les supérieures amplexicaules; capitules médiocres, terminaux et subsessiles dans les dichotomies; péricline à écailles foliacées, étalées, dépassant largement les ligules; ligules nombreuses, étroites et courtes; paillettes du réceptacle tronquées; achaines pubescents, à aigrette formée de paillettes laciniées. ① C. C. Terres argileuses. Avril-juillet. Palestro, Chélif, Médéa, Bibans, etc., etc. Rég. médit.

A. pygmæus Cosson et Kralick, Bull. soc., bot. Fr., vol. IV, p. 277; Munb., cat. — Diffère du précédent par sa tige nulle ou presque nulle, ses feuilles toutes pétiolées, son aigrette à soies peu ou pas laciniées. ① C. C. C. Mars-mai, Orient.

A. imbricatus Cav. Maroc.

PALLENIS Cassini.

P. spinosa Cass.; Munb., cat.; Lx, cat. Kab.; Ball, spic.; *Buphtalmum spinosum* L.; Desf., fl. atl.; fig. Reich. 48-I. — Tiges de 3-6 décim., robustes, droites, velues, feuillées, dichotomes dans le haut; feuilles oblongues cuspidées, entières, pubescentes, les inférieures grandes et atténuées en pétiole, les supérieures semi-amplexicaules; capitules radiés, assez grands, pédonculés; péricline non involucré, à folioles externes, oblongues ou lancéolées, grandes, foliacées, spinescentes, étalées en étoile et dépassant longuement les ligules; écailles internes, ovoïdes, cuspidées, courtes; ligules étroites, nombreuses. ② ♃ C. C. C. Avril-juillet. Rég. médit.

β *aurea* Salzmann. — Folioles extérieures du péricline plus courtes, inégales, oblongues; paillettes internes du réceptacle largement carenées, ailées; plante très velue. Oran, Khenchela (Pomel), Tanger.

P. CUSPIDATA Pomel. — Beaucoup plus grêle, moins velue que le type; feuilles caulinaires à peine auriculées, longuement et fortement cuspidées; folioles externes du péricline très piquantes mais plus courtes et parfois dépassées par les ligules très développées; paillettes internes du réceptacle non ailées sur le dos. ② ♃ Sahara, 3 prov. C. C.

Tribu IV. — GNAPHALIOÏDÉES.

Clef des genres :

1	Fleurs femelles ligulées.	LEYSSERA.
	Fleurs toutes tubuleuses	2
2	Fleurs femelles logées à l'aisselle de paillettes. . .	3
	Fleurs toutes réunies sur le plateau central, sans paillettes.	5

3	Fleurs femelles logées dans des écailles fermées, globuleuses ou triquètres et écartées les unes des autres.	MICROPUS.
	Écailles du péricline pareilles aux paillettes du réceptacle et normalement imbriquées.	4
4	Fleurs centrales munies d'une aigrette plumeuse au sommet; péricline petit, cylindrique.	IFLOGA.
	Péricline arrondi, à écailles très nombreuses, spiralées.	EVAX.
	Péricline à 5 angles séparés par des sillons; écailles carenées, en 5 séries verticales.	FILAGO.
5	Plante naine à port d'*Evax*; capitules de *Filago*; achaines sans aigrette.	EVACIDIUM.
	Plante naine, velue-laineuse; achaines à aigrette plumeuse.	LASIOPOGON.
	Plantes caulescentes	6
6	Anthères non caudiculées; fleurs femelles filiformes sur plusieurs rangs.	PHAGNALON.
	Anthères caudiculées	7
7	Fleurs femelles sur un seul rang ou nulles; péricline brillant, scarieux	HELICHRYSUM.
	Fleurs femelles sur plusieurs rangs; péricline peu brillant.	GNAPHALIUM.

Sous-tribu I. — LEYSSÉRÉES.

Capitules radiés, à ligules femelles; réceptacle muni de paillettes à la périphérie; stigmates courts et comprimés; achaines à côtes peu visibles; aigrette formée de soies et de paillettes.

LEYSSERA L.

Capitules cylindriques, multiflores; péricline à écailles scarieuses, lâches, petites, inégales; réceptacle alvéolé; achaines striés, linéaires, les extérieurs munis d'une aigrette courte, paléacée, les intérieurs à aigrette double formée de paillettes courtes et de longs poils plumeux.

L. capillifolia DC.; Munb., cat.; Ball. spic.; *Gnaphalium leysseroides* Desf., fl. atl. — Petite plante de 5-10 cent.; tige grêle, dichotome, à rameaux étalés; feuilles filiformes, pubescentes-glanduleuses; pédoncules capillaires, longs, très étalés, luisants, redressés sous le capitule; capitules de 6-8 millim.; ligules pâles, petites, peu nombreuses. ① Sahara, 3 prov. A. R. Camp-des-Chênes en montant vers Téniet. Espagne, Orient.

Sous-tribu II. — GNAPHALIÉES.

Capitules hétérogames, non radiés; fleurs femelles filiformes; stigmates variables; achaines sans côtes, aigrette poilue ou nulle.

LASIOPOGON Cassini.

Fleurs femelles sur un ou plusieurs rangs; fleurons hermaphrodites peu nombreux; écailles du péricline scarieuses, sur 1-2 rangs, hyalines et tronquées au sommet, dépassant les fleurs; réceptacle plan, nu; stigmates filiformes; aigrette plumeuse, unisériée.

L. muscoides DC.; *Gnaphalium muscoides* Desf., fl. atl., tab. 231; Munb., cat. — Petite plantule dichotome, rameuse, appliquée sur le sol, très velue, laineuse, à feuilles spatulées, entières, à petits capitules agglomérés. ① Sahara oranais. Espagne.

IFLOGA Cassini.

Péricline petit, cylindrique, à écailles scarieuses, imbriquées; 4-6 fleurs femelles à l'aisselle des écailles supérieures; fleurs du disque non munies d'écailles, mâles, à style entier et à aigrette plumeuse au sommet; fleurs femelles à achaine chauve et à style bifide; réceptacle filiforme, tronqué au sommet.

I. spicata C. H. Schultz; *I. Fontanesi* Cass.; *Gnaphalium cauliflorum* Desf., fl. atl.; *Gn. spicatum* Vahl; Munb., cat. — Tiges dressées ou ascendantes (3-10 cent.), presque entièrement couvertes par l'inflorescence spiciforme et feuillée; feuilles pubescentes, linéaires-aiguës; capitules petits, en faux verticilles. ① Mars-mai, Sahara, 3 prov. Espagne, Orient, Inde.

EVAX.

Capitules réunis en glomérules généralement involucrés par les feuilles du haut de la tige; péricline ovoïde, non anguleux, à écailles non carenées, scarieuses aux bords; achaines obovés un peu comprimés, couverts de poils courts, papilliformes, hyalins, sans aigrette; fleurs mâles à achaines abortifs, munis ou non d'une aigrette non plumeuse. Petites plantes pubescentes ou laineuses, souvent presque acaules.

Nota. — Les nombreuses découvertes faites en Algérie et en Tunisie par M. Pomel, sur les plantes des genres *Evax* et *Filago*, ne permettent plus de séparer ces genres par la présence ou l'absence d'aigrette dans les fleurs mâles, caractère des plus inconstants donnant une classification par trop artificielle.

§ 1. *Euevax* DC. — Point d'aigrette aux fleurs mâles; petites plantes subacaules, simples ou un peu rameuses, à capitules réunis en glomérule convexe, involucré par des feuilles rayonnantes.

a. Écailles du péricline non cuspidées, aranéeuses-laineuses au sommet; plantes à poils aranéeux très denses, feutrés, réunissant toutes les feuilles.

E. Crocidion Pomel. — Glomérules de 3-5 capitules; achaines comprimés, fortement ciliés, à poils formant une fausse aigrette au sommet; plante minuscule en forme de petit bouton cotonneux, voisine de l'*Evax micropodioides* Willk, dont elle diffère par ses feuilles supérieures bien plus développées, largement radiantes. Avril-mai. Terni, Nador de Tiaret, Sersou.

b. Écailles acuminées ou cuspidées; glomérules assez grands formés de nombreux capitules.

1. Capitules verdâtres ou jaunâtres.

E. pygmæa DC.; Munb., cat.; Lx, cat. Kab.; Ball, spic.; *Micropus pygmæus* Desf., fl. atl.; fig. Reich. 53 I-II. — Plante de 1-5 cent., simple ou rameuse, tomenteuse-blanchâtre; feuilles tomenteuses sur les 2 faces, obovées ou oblongues, obtuses, croissant régulièrement de la base de la tige au sommet, les florales étalées, rayonnantes, oblongues, obtuses, peu ou pas mucronées; glomérule assez grand; écailles du péricline longuement acuminées, appliquées par leur base, étalées au sommet, un peu velues sur le dos au-dessous de l'acumen, glabres et jaunâtres au sommet; anthères à caudicules filiformes; achaines à papilles cristallines petites, sphériques. ① Mars-mai. C. C. C. Pelouses arides. Rég. médit., Orient.

E. mucronata Pomel, Bull. soc., bot. Fr., vol. XXXV, p. 333. — Diffère de l'*E. pygmæa* par son port robuste, ses feuilles florales très grandes, très larges, nettement mucronées, indurées à la base. Oran, Alger, etc.

E. psilantha Pomel, loc. cit. Tunisie.

E. linearifolia Pomel, loc. cit. — Plante grêle, de 5-10 cent., souvent rameuse dès la base ; feuilles linéaires ou linéaires-oblongues, minces, ondulées sur les bords, vertes et à peine aranéeuses en dessus, blanches-tomenteuses en dessous, les florales très longuement radicantes, atténuées au-dessus de la base, lancéolées, écartées ; achaines des précédents. Mostaganem, Reghaïa.

E. ASTERICIFLORA Persoon ; Munb., cat. Kab. ; fig. Reich. 53-III. — Tige dressée, ferme, robuste, simple ou rameuse (3-10 cent.) ; feuilles atténuées en pétiole, oblongues ou spatulées, soyeuses sur les deux faces, fermes ; les florales lancéolées aiguës, très longuement rayonnantes, mucronées, indurées à la base ; écailles des précédentes ; anthères à caudicules pectinés ; achaines à longues papilles linéaires. ① Mars-mai. A. C. Tout le Tell. Espagne, Italie, Orient.

NOTA. — Cette belle plante paraît au premier abord un type bien tranché et bien distinct de l'*Evax pygmæa ;* mais il s'y rattache par bien des intermédiaires au nombre desquels nous comptons les espèces de M. Pomel ci-dessus décrites.

2. Péricline argenté.

E. argentea Pomel. — Plante souvent très rameuse, blanche tomenteuse ; glomérules sessiles dans les dichotomies et terminaux, ou tous terminaux ; feuilles oblongues, linéaires, ou spatulées, les florales plus ou moins grandes, plus ou moins rayonnantes, dépassant les glomérules, souvent ondulées; capitules oblongs, nombreux ; écailles lancéolées-acuminées, atténuées à la base, glabres ou glabrescentes, scarieuses-argentées avec la nervure verte et souvent une tache pourprée, à la fin un peu étalées au sommet ; achaines régulièrement papilleux, à papilles très petites. ① Mars-mai. Nador de Tiaret, El-Beïda, Arbaouat, Aïn-Sefra, Perrégaux, Tunisie.

E. desertorum Pomel. — Plante très blanche, très tomenteuse ; capitule central plus gros que les autres ; écailles toujours dressées, même au sommet, laineuses sur le dos. Metlili.

§ 2. *Filagopsis* nob. ; *Pseudevax* Pomel, non DC. — Péricline des *Euevax* ; fleurs femelles filiformes à l'aisselle de toutes les écailles, sauf celles du rang interne à achaines nus; fleurs du centre nombreuses, stériles, tétramères, pourvues d'une aigrette de 10 soies scabres égalant presque la corolle.

F. mauritanica Pomel (sub *Pseudevax)*, loc. cit., p. 335. — Plante cotonneuse, rameuse dès la base ; feuilles spatulées, mucronulées; glomérules nombreux terminaux et sessiles dans les dichotomies, formant un corymbe dense mêlé de feuilles involucrales oblongues, dépassant à peine les glomérules, obscurément rayonnantes ; capitules de l'*Evax argen-*

tea, à écailles laineuses sur le dos; achaines papilleux, à papilles très petites. ① El-Beïda, pied nord du Djebel-Amour. magnifique type spécial à l'Algérie.

Pour les autres *Evax* voir *Filago*.

FILAGO Tournefort.

Capitules pentagonaux, à écailles carenées, opposées en 5 séries verticales; achaines des *Evax*; plantes cotonneuses, canescentes.

§ 1. *Evacidium* Pomel. — Fleurs toutes réunies sur le plateau central du réceptacle et privées d'écailles; capitules tout à fait semblables à ceux des autres *Filago*, et réunis en un large glomérule involucré par les feuilles florales, rayonnantes; fleurs extérieures femelles sur plusieurs rangs; fleurs stériles peu nombreuses au centre; pas d'aigrette; achaines finement papilleux.

F. Heldreichii; *Evax Heldreichii* Parlatore; Munb., cat.; Lx, cat. Kab. — Plante naine, à tige simple ou rameuse; glomérules larges, terminaux, involucrés par les feuilles florales rayonnantes, spatulées, blanches-tomenteuses; capitules petits, enfoncés aux 3/4 dans un tomentum épais; écailles sur 3 rangs horizontaux. ① Mai-juillet. Hautes montagnes: Djurdjura, Dréat, Babors, Aurès, etc. Sicile, Maroc.

§ 2. *Gifola*. — Écailles du péricline cuspidées, abritant à leur aiselle des fleurs femelles filiformes à achaines chauves; fleurs du centre nues, les extérieures femelles, les plus intérieures hermaphrodites, à achaines munis d'une aigrette; glomérules globuleux, axillaires et terminaux, plus ou moins tomenteux.

F. germanica L.; Munb., cat.; Lx, cat. Kab.; Ball, spic.; fig. Reich. 54-I-II. — Plante de 1-4 décim., tomenteuse-grisâtre, à tige simple, droite, dichotome dans le haut, plus rarement rameuse au collet, à rameaux ascendants; feuilles oblongues ou lancéolées, aiguës, rarement obtuses, dressées contre la tige, presque imbriquées; glomérules globuleux, obscurément involucrés par 1-3 feuilles, à 20-30 capitules petits, subégaux, presque cylindriques, à peine anguleux, plongés jusqu'au milieu dans un tomentum épais; écailles du péricline peu ou pas carenées, laineuses à la base, scarieuses et longuement cuspidées dans le haut, dressées, disposées sur 3-4 rangs horizontaux. ① C. C. C. Avril-mai. Champs, moissons. Europe tempérée, rég. médit.

β lutescens; *F. lutescens* Jordan. — Indumentum d'un jaune verdâtre. Blida. R. R. (Meyer).

F. eriocephala Gussone ; Ball, spic. — 40-60 capitules très petits, plongés jusqu'aux 2/3 dans un tomentum épais ; plante canescente, très tomenteuse. Mitidja A. R.

F. numidica Pomel, loc. cit., p. 336. — Plante très tomenteuse, extrêmement feuillée, à feuilles linéaires acuminées, molles, nombreuses et courtes ; glomérules ovoïdes formés de très nombreux capitules presque entièrement plongés dans un tomentum grisâtre ; rameaux nombreux étalés à angle droit sous le glomérule terminal et portant 1-3 glomérules. ① Djebel-Alia, près Jemmapes (v. s., herb. Pomel, 1 seul pied).

F. fuscescens Pomel, nouv. mat. — Plante grêle, plus ou moins rameuse, à rameaux étalés-dressés ; feuilles éparses, spatulées, mucronulées, les florales assez nombreuses, petites, ne dépassant pas les capitules ; glomérules hémisphériques à 3-5 capitules ; capitules du *F. Germanica* tomenteux seulement à la base ; écailles du péricline peu nombreuses (12-15), brunes et brillantes au sommet, à peine tomenteuses à la base. ① Mars-mai. Oran, Daya, Nemours.

F. spathulata Presl. ; Lx, cat. Kab. ; Ball, spic. ; *F. Jussiœi* Cosson et Germain ; Munb., cat. ; fig. Reich. 54-III. — Tige le plus souvent rameuse dès la base, à rameaux étalés, dichotome ou trichotome ; feuilles spatulées ou oblongues, obtuses, plus ou moins étalées ; glomérules hémisphériques involucrés par 3-5 feuilles étalées, à 8-15 capitules pyramidaux, à 5 angles saillants séparés par autant de sillons, le capitule médian plus grand, tous laineux mais non plongés dans un tomentum épais ; écailles du péricline carenées, cuspidées, un peu lâches, à pointe étalée, généralement sur 5 rangées horizontales. ① C. C. C., partout. Mars-juin. Europe moyenne et rég. médit. Type extrêmement variable.

β lutescens. — Indumentum jaune-verdâtre ; port de la variété *erecta.* Aflou (Clary).

γ erecta. — Tige dressée, dichotome. C. C. C.

δ furcata Cosson. — Tige dressée terminée par un glomérule sessile sous lequel partent 2 longs rameaux étalés ; écailles souvent tachées de pourpre sous l'acumen. A. C. Teniet, Bibans, etc.

E. prostrata. — Tiges couchées, diffuses. A. C. Abonde dans la plaine des Angad à Lella-Maghnia.

F. robusta Pomel. — Grande plante dressée, à port de *F. germanica ;* écailles du péricline sur 4 assises horizontales seulement. Oran, Alger.

F. microcephala Pomel. — Plante très rameuse, très florifère ; glomérules petits, à fleurs peu nombreuses. Dahra (v. s.)

F. MICROPODIOIDES Lange; *F. prostrata.* Parl., non DC, ; *F. obovata* Pomel. — Plante rameuse dès la base, à glomérules nombreux, rapprochés, globuleux, non dépassés par les feuilles florales; capitules plongés dans un tomentum épais; plante très réduite. ① H.-Pl., 3 prov. Lieux arides. Blida, Berrouaghia, El-Achir, Terni, Espagne, Sicile.

F. desertorum Pomel. — Petite plante à port d'Evax, fortement tomenteuse, blanche. Pour le reste semblable à la précédente. Djebel-Amour, El-Abiod, Metlili.

F. prolifera Pomel. — Tige presque nulle terminée par un glomérule radical sous lequel partent de nombreux rameaux décombants filiformes; feuilles obovées, mucronées, vertes, aranéeuses, ponctuées-pellucides, les florales rayonnantes dépassant les glomérules; capitules 3-6 par glomérule, ovés-pyramidaux, à 5 angles saillants; écailles du péricline sur 4 rangs horizontaux. ① Metlili, Mehaïguen (v. s. herb. Pomel).

§ 3. *Evacopsis* Pomel; *Pseudevax* DC., prodr., pro parte. — Diffère de *Gifola* par les fleurs centrales stériles, à achaines sans aigrette.

F. exigua Sibthorp; *Evacopsis polycephala* Pomel; *Evax exigua* DC., pro parte. — Plante semblable, sauf les caractères de section au *F. micropodioides.* Aïn-Touta, près El-Kantara, El-Achir, Aflou, Sidi-Bouzid, El-Abiod, etc.

F. ANGUSTIFOLIA; *Evacopsis angustifolia* Pomel, Bull. soc., bot. F., vol. XXXV, p. 333. — Grande plante très rameuse, à port de *Filago spathulata,* à feuilles oblongues ou linéaires, les florales dépassant largement le glomérule; glomérules petits; capitules à 6 rangs horizontaux d'écailles, les plus externes linéaires abritant aussi des fleurs femelles. (v. s.) ① Perrégaux.

F. Duriæi Cosson, inédit. — Tige simple dressée, rigide, 10-15 cent., dichotome, à rameaux étalés-dressés, portant 1-2 glomérules; feuilles lancéolées, mucronulées les florales formant un involucre qui dépasse le glomérule; gros glomérules ovoïdes à 12-15 capitules; capitules anguleux, le médian plus grand; écailles carenées sur 5 rangs horizontaux, concaves, lancéolées-aiguës, *non cuspidées,* tachées sur le dos et tomenteuses; 3-4 fleurs stériles au centre, sans aigrette. ① Saïda (1).

---

(1) M. Willkomm, dans le Prod. flor. Hisp., décrit cette plante avec des fleurs stériles munies d'une aigrette scabre. L'échantillon authentique que m'en a communiqué M. le Dr Cosson était totalement privé d'aigrettes. Il y a lieu de se demander si ce caractère est bien constant et a une grande valeur, et si les *Evacopsis* diffèrent assez des *Gifola* auxquels ils ressemblent complètement d'ailleurs. Delile, dans la flore d'Égypte, figure et décrit son *Filago mareotica* comme privé d'aigrettes; M. le Dr Cosson,

F. Pomeli; *Evacopsis montana* Pomel. — Plante extrêmement velue-laineuse, d'un blanc sale; port de l'espèce précédente; feuilles oblongues ou lancéolées, aiguës, mucronées; glomérules sphériques entièrement enveloppés dans un tomentum aranéeux qui rend leurs capitules, au nombre de 12-15, indistincts; feuilles florales plus courtes que les glomérules; écailles du péricline aiguës, non cuspidées, 3-4 fleurs stériles au centre du capitule. ① Garrouban (Pomel). Type très remarquable.

§ 4. *Logfia (Oglifa* et *Logfia* des auteurs). — Receptacle court et plan au sommet; écailles du péricline non cuspidées, sur 3 ou 4 rangs, étalées en étoile à maturité, les moyennes au moins fortement pliées en gouttière pour embrasser les achaines; achaines des fleurs du centre munis d'une aigrette bien développée.

F. Cupaniana Parlatore; Lx, cat. Kab.; *Filago heterantha* Gussone; *Logfia spicata* Pomel. — Plante velue tomenteuse, grise ou canescente (1-3 décim.); tige simple ou rameuse; rameaux dressés formant un ensemble pyramidal; feuilles lancéolées-linéaires, aiguës; capitules ovoïdes-pyramidaux, laineux jusqu'au sommet, solitaires ou irrégulièrement groupés par 2-3, axillaires et terminaux, en panicules spiciformes. ① Mai-Août. A. R. Zaccar, Adélia, Berrouaghia, Dréat, Djurdjura, Aïn-Taya, etc. Sicile.

F. dichotoma Pomel. — Diffère de l'espèce précédente par ses tiges dichotomes très rameuses à longs rameaux dressés, géminés; capitules 3-5 par glomérule. ① Garrouban (v. s.)

F. montana DC.; Munb., cat.; *F. minima* Fries; Munb., cat.; fig. Reich. 55-I. — Petite plante très grêle, à feuilles linéaires, étroites et courtes, les florales plus courtes que les glomérules; capitules minuscules à écailles obtuses; achaines couverts de papilles sphériques. ① R. R. Aflou (Clary). Europe.

Bull. soc., bot. Fr., vol. IV, p. 281, déclare lui en avoir trouvé de très caduques. Nous en avons examiné, M. Pomel et moi, de très nombreux échantillons apportés d'Égypte par M. Letourneux; aucun ne présentait la moindre trace d'aigrette. Cette espèce semble donc tantôt avoir, tantôt n'avoir pas d'aigrette. Dans tous les cas il est à première vue impossible de la distinguer du *Filago floribunda*. Kralick, de Tunisie, qui, lui, possède de magnifiques aigrettes. J'ai vu, une fois ou deux, des *Evacopsis* présenter accidentellement un poil d'aigrette sur quelqu'un de leurs achaines stériles. J'ai vu le même fait pour les achaines chauves de l'*Helminthia Balansæ*. Si l'absence d'aigrette n'était pas en outre accompagnée de la stérilité des fleurons centraux, j'eusse certainement réuni les *Evacopsis* aux *Gifola*.

F. gallica L. ; Desf., fl. atl. ; Munb., cat. ; Lx, cat. Kab. (sub *Logfia)* ; Ball, spic. ; *Logfia subulata* Cassini ; fig. Reich. 56-I. — Plante de 1-3 décim., dressée, rameuse ; à rameaux dressés-étalés, blanche-tomenteuse ou soyeuse ; feuilles raides, dressées, linéaires-subulées ; glomérules de 4-5 capitules, sessiles, terminaux ou axillaires, dépassés par les feuilles florales subulées ; péricline à 5 angles saillants et obtus, à écailles un peu scarieuses au sommet, les moyennes formant un urcéole ouvert seulement au sommet et logeant un achaine ; achaines très petits, grisâtres ; réceptacle muni d'écailles à la circonférence, nu au centre. ① Avril-Juin. C. C. C., partout. Europe moyenne, rég. médit. Amérique.

β *longibracteata* Willk. — Feuilles plus grandes, les florales égalant 3-4 fois les glomérules. A. C.

MICROPUS L.

Fleurs femelles filiformes, enveloppées dans les écailles florigères du péricline globuleuses ou triquètres, écartées les unes des autres ; fleurs mâles sur le disque, au nombre de 5-7, à 5 dents ; achaines sans aigrette.

§ 1. *Bombycilæna* DC. — Péricline globuleux à 2 rangs de folioles, les externes planes, libres, les internes florigères, globuleuses, au nombre de 4-8.

M. bombycinus Lag. ; Munb., cat. ; Lx, cat. Kab. ; Ball, spic. ; *M. erectus* var. A. Desf., fl. atl. ; *M. erectus* Munb., cat. — Plante dressée, 5-20 cent., toute couverte d'un tomentum blanc laineux ; feuilles lancéolées-aiguës ou oblongues, obtuses ; capitules globuleux, extrêmement laineux ; écailles internes du péricline subglobuleuses, laissant sortir par un pore la corolle filiforme. ① C. C. C. Pelouses sèches. Avril-juin. Rég. médit.

§ 2. *Acantholæna* DC. — Feuilles opposées ; capitules solitaires à l'aisselle des feuilles supérieures ; péricline à un seul rang d'écailles, peu nombreuses, cucullées, indurées, épineuses, triquètres.

M. supinus L. ; Desf., fl. atl. ; Munb., cat. ; Lx, cat., Kab. ; Ball, spic. ; fig. Reich. 52-III. — Tiges décombantes ; feuilles argentées-soyeuses, spatulées, mucronulées ; écailles du péricline grandes et peu nombreuses, toutes florigères. ① Mars-juin. C. C. C., partout. Rég. médit. mérid.

PHAGNALON Cassini.

Capitule hétérogame, campanulé ou ovoïde, à écailles nombreuses, imbriquées, scarieuses au sommet, n'ayant jamais de fleurs à leur aisselle, à la fin étalées en étoile; fleurs femelles marginales sur plusieurs rangs, à corolle filiforme, les centrales hermaphrodites; anthères non caudiculées; achaines cylindriques sans côtes, tous pourvus d'une aigrette; réceptacle plan et nu; herbes vivaces, multicaules à tiges rameuses, tomenteuses; capitules solitaires ou agglomérés, 2-6 au sommet de longs pédoncules grêles.

Ph. saxatile Cassini; Munb., cat.; Lx, cat. Kab.; Ball, spic.; *Conyza saxatilis* L.; fig. Reich. 29-II. — Plante de 2-5 décim., très rameuse, à rameaux dressés; feuilles linéaires-lancéolées, aranéeuses en dessus, tomenteuses en dessous, les inférieures dentées ou ondulées; capitules de 1 cent., solitaires sur de longs pédoncules grêles, dressés; écailles du péricline glabres, scarieuses, linéaires-lancéolées, ondulées au sommet, aiguës, les extérieures étalées-réfléchies. ♃ C. C. C. Mai-septembre. Broussailles, rochers. Rég. médit.

Ph. lepidotum Pomel. — Sommet des écailles plus large, spatulé. Oran, Mustapha, Gouraya de Bougie.

Ph. purpurascens Schultz Bip.; Munb., cat., Capitules un peu plus petits que dans le type; écailles du péricline toutes dressées appliquées, même les extérieures très courtes, les supérieures très aiguës, toutes pourprées au sommet. ♃ Rég. désert., 3 prov. Beni-Mansour, etc.

Ph. rupestre DC.; Munb., cat.; Lx, cat. Kab.; Ball, spic.; *Ph. Tenorii* Presl; *Conyza rupestris* Desf., fl. atl.; fig. Reich. 29-III. — Tiges frutescentes, couchées à la base, à rameaux ascendants, blancs, tomenteux (1-2 décim.); feuilles oblongues ou oblongues-lancéolées, très ondulées sur les bords, les inférieures atténuées en pétiole; écailles du péricline toutes appliquées, non onduleuses aux bords, fermes et arrondies au sommet. ♃ C. C. C. Broussailles, rochers. Rég. médit.

Ph. græcum Boiss., fl. d'Or. — Diffère du *Ph. rupestre* par les écailles inférieures de l'involucre plus étroites, plus longues, moins scarieuses, aiguës. ♃ Alger, récolté par Monnard (Boissier, fl. d'Or. n. v.)

Ph. calycinum Cavan. Maroc.

Ph. atlanticum Ball. Maroc.

Ph. sordidum DC.; Munb., cat.; fig. Reich. 29-I. — Plante de 3-5 décim., très rameuse; feuilles linéaires roulées par les bords; capitules plus petits que dans les précédents, agglomérés, 1-6 au sommet de longs pédoncules; écailles du péricline larges, ovales, appliquées. ♃ A. R. Rochers, 3 prov., un peu partout. Rég. médit. occidentale.

HELICHRYSUM DC.

Péricline brillant, à écailles presque entièrement scarieuses ; fleurs femelles sur un seul rang, peu nombreuses ou nulles ; anthères caudiculées ; fleurs jaunes ; capitules en cymes compactes, corymbiformes au sommet des rameaux. Le reste comme *Phagnalon*.

§ 1. *Stæchadina*. — Péricline doré, à écailles dressées ou conniventes ; capitules petits ; plantes vivaces, tomenteuses, à feuilles linéaires enroulées par les bords.

H. Stæchas DC. ; *Gnaphalium Stœchas* L. — Tiges ligneuses à la base, étalées, très rameuses, à rameaux dressés, fermes ; feuilles odorantes quand on les froisse ; capitules pédonculés, en corymbe composé, convexe, dense ; pédoncules bractéolés ; péricline globuleux d'un jaune d'or, à écailles non glanduleuses, les extérieures velues à la base, presque entièrement scarieuses, oblongues ou lancéolées un peu aiguës, les intérieures oblongues, spatulées, scarieuses au sommet, coriaces et laineuses dans la partie inférieure ; achaines petits, bruns, glanduleux, à aigrette scabre égalant la corolle. ♃ Juin-août. Rég. médit. Le type ne parait pas exister dans le nord de l'Afrique.

H. Fontanesi Camb. ; Munb., cat. ; Lx, cat. Kab. ; *H. Stæchas* Ball, spic. ; *Gnaphalium Stæchas* Desf., fl. atl. — Grande plante de 3-6 décim. ; feuilles tomenteuses en dessous, souvent glabrescentes en dessus, longues plus ou moins larges, inodores quand on les froisse ; écailles du péricline ovoïdes. ♃ C. C. C., partout dans le Tell. Cette plante, très variable donne au bord de la mer des formes très robustes, à gros capitules ; au Gouraya de Bougie on en trouve une forme à feuilles très grandes, larges de 6-8 millim., fermes, très vertes en dessus.

H. DECUMBENS Camb. ; *H. cespitosum* Presl. ; Todaro, exsic. ; *H. rupicolum* Pomel. — Plante très tomenteuse, très blanche, feuilles tomenteuses en dessus mais un peu vertes, très blanches en dessous ; capitules globuleux, peu nombreux, en corymbe dense ; écailles du péricline d'un jaune vif, aiguës, les intérieures linéaires, oblongues, à partie coriace, laineuse et couverte de glandes dorées. ♃ Montagnes de tout le Sud.

H. NUMIDICUM Pomel. — Feuilles enroulées, grises, étroites, odorantes quand on les froisse ; capitules petits, cylindriques, pédonculés, en corymbe bien fourni ; écailles du péricline pâles, étroites, les intérieures glanduleuses sur la partie coriace ; achaines papilleux. Plante intermédiaire entre les *H. Stæchas* et *angustifolium*. ♃ Khenchela (Pomel), Bibans.

H. serotinum Boissier. — Diffère de l'*H. decumbens* par ses achaines non glanduleux. Mauritanie, d'après Lange et Willkomm (n. v.).

§ 2. *Argyreia* DC. — Écailles de l'involucre argentées.

H. lacteum Coss. et DR., Bull. soc., bot., vol. II, p. 365; Munb., cat.; Lx, cat. Kab. — Plante gazonnante; tiges florifères de 1-4 décim.; rameaux stériles terminés par une rosette de feuilles et se renflant parfois en tubercules aériens; feuilles tomenteuses-aranéeuses, oblongues ou spatulées, obtuses ou aiguës, celles des hampes florifères étroites, flexueuses; capitules globuleux plus gros qu'un pois, assez longuement pédonculés, en corymbe bien fourni; péricline à écailles oblongues, obtuses, d'un blanc de lait, dressées, non radiantes à maturité, poilues à leur base seulement, égalant les fleurs; fleurs toutes hermaphrodites. ♃ Rég. atl. supérieure. Juin-juillet. Djurdjura, Babors, Aurès, Maroc.

GNAPHALIUM Don.

Péricline à écailles planes, imbriquées, à la fin étalées; fleurs marginales femelles sur plusieurs rangs, filiformes, à corolles denticulées; anthères caudiculées; aigrette à poils lisses. Le reste comme *Phagnalon*.

Gn. luteo-album L.; Desf., fl. atl.; Munb., cat.; Lx, cat. Kab.; Ball, spic.; fig. Reich. 57. — Tiges dressées, tomenteuses, 2-4 décim.; feuilles uninerviées, tomenteuses sur les 2 faces, semi-amplexicaules, oblongues, obtuses; capitules presque sessiles, entourés à la base d'un tomentum abondant, en glomérules serrés et réunis en grappe corymbiforme au sommet des tiges; péricline glabre, campanulé, à écailles d'un blanc sale, ovales, obtuses; achaines finement tuberculeux. ① A. R. Bord des ruisseaux : Bab-el-Oued, La Chiffa, etc., etc. Mai-octobre. Plante cosmopolite.

Tribu V. — ANTHÉMIDÉES Cassini.

Sous-tribu I. — EUANTHÉMIDÉES.

Réceptacle paléacé; achaines ordinairement comprimés.

Clef des genres :

1	Petits capitules en corymbe dense au sommet des tiges.	2
	Capitules solitaires au sommet des rameaux. . . .	5
2	Capitules hétérogames, radiés.	ACHILLÆA.
	Capitules homogames, non radiés	3
3	Feuilles entières, blanches-tomenteuses.	DIOTIS.
	Feuilles laciniées, pinnatifides.	4

4 { Paillettes du réceptacle résineuses. . . . . RHETINOLEPIS.
Paillettes du réceptacle non résineuses. . . . . . LONAS.

5 { Réceptacle paléacé et fibrilleux; achaines marginés; grands capitules subsessiles, à rayons jaunes; plante di-trichotome. . . . . CLADANTHUS.
Réceptacle paléacé, non fibrilleux. 6

6 { Feuilles entières ou palmatipartites; écailles du réceptacle à bandelettes résinifères. . . . . . . FRADINIA.
Feuilles ordinairement pinnatifides; paillettes du réceptacle non résineuses. 7

7 { Achaines de la périphérie ailés sur les côtés. . . ANACYCLUS.
Achaines non ailés. 8

8 { Sous-arbrisseaux touffus, à feuilles linéaires pinnatilobées; capitules indistinctement radiés; achaines chauves, comprimés, subtétragones. . . . . SANTOLINA.
Herbes annuelles ou vivaces; feuilles ordinairement pinnati ou bipinnatipartites, laciniées. 9

9 { Base des fleurons ne débordant pas sur le sommet de l'achaine. . . . . ANTHEMIS.
Base des fleurons débordant sur l'achaine. 10

10 { Achaines persistants; écailles du péricline jamais réfléchies. . . . . ORMENIS.
Achaines caducs; écailles du péricline à la fin réfléchies. . . . . PERIDEREA.

ACHILLÆA L.

Ligules courtes, femelles, unisériées, corolle des fleurs hermaphrodites à 5 dents, comprimée-ailée; achaines obovés, oblongs, comprimés, lisses, étroitement marginés; capitules petits en corymbe plan et dense; feuilles pinnatiséquées ou bipinnatiséquées.

a. Fleurs blanches, rarement rosées.

A. odorata L. — Plante pubescente (2-4 décim); souche tortueuse, non stolonifère, à rejets ascendants, très feuillés; tiges ascendantes, rigides; feuilles bipinnatipartites, finement découpées, oblongues dans leur pourtour, les inférieures grandes, pétiolées, les caulinaires sessiles, décroissantes; rachis un peu ailé, entier; segments subégaux, à lanières linéaires, fortement mucronées; petits capitules en corymbe très dense; écailles du péricline velues, oblongues, concaves;

fleurs d'un blanc jaunâtre; ligules très courtes; achaines arrondis au sommet, noirs sur les faces, blancs sur les bords. ♃ Mai-juillet. Sommet du Mzi et de l'Aïssa (Sud-oranais). Variété d'un vert gai à feuillage très élégant, plus velu au Maroc, Europe moyenne, Rég. médit.

A. **ligustica** Allioni ; Munb., cat. ; Lx, cat. Kab. ; Ball, spic. — Plante puissante (3-6 décim.), à tiges raides, cannelées; feuilles pubescentes, irrégulièrement bipinnatipartites, à rachis ailés, souvent denté, les caulinaires ovales dans leur pourtour, très grandes; capitules petits, assez longuement pédonculés, en corymbe très développé. ♃ Juin. Fort-National, Collo, Maroc, Rég. médit.

b. Fleurs jaunes.

A. leptophylla Marsh. Bieb.; *A. spithamea* Coss. et DR. olim; Munb., cat. — Plante pubescente-tomenteuse, à souche verticale non rampante ni stolonifère, souvent annuelle; tiges dressées (1-2 décim.); feuilles lancéolées-linéaires dans leur pourtour, à rachis non ailé, pinnatipartites, à segments nombreux, petits divisés en lanières ovoïdes-aiguës, courtes, souvent orientées dans un plan autre que celui de la feuille; corymbe dense; capitules ovoïdes, tomenteux, à pédoncules courts et forts; ligules d'un jaune d'or. ① ♃ H.-Pl. Kralfallah, le Kreider, Itima, Daya, Khenchela, Orient.

Nota. — La plante d'Orient a dans mes échantillons des pédoncules plus longs que celle d'Algérie.

A. Santolina L.; Munb., cat. — Tiges grêles, simples ou rameuses, pubescentes ou tomenteuses; segments des feuilles tripartits, dentés; capitules ovoïdes, tomenteux, en corymbe assez dense; pédoncules plus longs ou plus courts que le capitule, épais; ligules jaunes, très courtes; plante plus ou moins pubescente. ♄ A. C. Sud: Boghar, Laghouat, Aflou, Sidi-Bouzid. Orient.

A. Santolinoides Lagasca; Munb., cat. — Plante élevée (3-5 décim.); segments des feuilles trilobés; capitules globuleux; pédoncules grêles; ligules jaunâtres. ♄ Oran, Sidi-Chami, Remchi (herb. Pomel). Espagne.

SANTOLINA L. (Santoline).

Péricline hémisphérique à écailles imbriquées; fleurs femelles subligulées sur un seul rang, celles du disque hermaphrodites, tubuleuses, à tube comprimé, ailé, coiffant le sommet de l'ovaire, 5-denté; achaines comprimés, tétragones, tronqués au sommet, non ailés, sans aigrette; réceptacle hémisphérique; feuilles caulinaires alternes; sous-arbrisseaux à tiges ligneuses, à rameaux florifères dressés en touffe, très nombreux, monocéphales; fleurs jaunes.

S. chamæcyparissus L. — Rameaux florifères bien feuillés, nus et épaissis au sommet; feuilles caulinaires lancéolées-linéaires dans leur pourtour, pinnatipartites, à segments linéaires sur 2 rangs; feuilles inférieures linéaires-cylindriques, à segments courts et obtus sur 4-6 rangs; écailles du péricline étroitement appliquées, carenées, bordées d'une membrane scarieuse, les extérieures aiguës, les intérieures oblongues. ♄ Rég. médit., Europe mérid.

α incana Gren. Godr.; *Santolina incana* Lamarck. — Plante blanche-tomenteuse. Algérie (Munby).

β virens Willkomm; *Santolina squarrosa* Willd.; Munb., cat. — Plante verte ou cendrée; péricline glabrescent. H.-Pl. A. C. Sourdjouab, Sétif, Daya, Aïn-Beida, Aurès, etc.

S. rosmarinifolia L. — Feuilles étroitement linéaires, les plus inférieures à dents linéaires-aiguës, écartées, les moyennes simplement lobées, les supérieures entières; pédoncules longuement nus, plus ou moins épaissis au sommet, striés longitudinalement; écailles du péricline carenées, scarieuses aux bords, les externes ovées-lancéolées, les internes oblongues. ♄ Espagne, Italie.

β canescens; S. canescens Lagasca. — Plante pubescente ou tomenteuse. A. C. Rég. montagneuse. Juin-juillet. Djurdjura, Babors, Aurès, Djebel-Amour, Djebel-Aïssa, etc.

DIOTIS Desfontaines.

Fleurs toutes tubuleuses hermaphrodites, 5-dentées, à tube ailé-comprimé embrassant l'ovaire par 2 oreilles basilaires; achaine ovoïde-comprimé, à 5 côtes obtuses; réceptacle convexe.

D. candidissima Desf., fl. atl.; Munb., cat.; *D. maritima* Cosson; Lx, cat. Kab.; Ball, spic.; *Athanasia maritima* L.; fig. Reich. 107. — Plante de 2-3 décim. poussant en touffes serrées, toute couverte d'un tomentum blanc, épais; tiges dressées ou ascendantes, simples ou rameuses, très feuillées; feuilles sessiles, oblongues, entières ou dentées; capitules globuleux de la grosseur d'un pois, en petits corymbes; fleurs jaunes. ♃ Juillet-septembre. A. C. Réghaïa, etc., etc. Rivages maritimes. Rég. médit. Plante odorante, emmenagogue. (*Herba buena* des Espagnols).

CLADANTHUS Cassini.

Ligules jaunes neutres; fleurons hermaphrodites à corolle non comprimée coiffant le sommet de l'achaine; achaine glabre, obové, un peu comprimé-marginé, finement strié, chauve; réceptacle paléacé et fibrilleux, convexe; paillettes concaves, un peu cucullées au sommet, résineuses.

Cl. arabicus Cassini; Munb., cat.; Ball, spic.; *Anthemis arabica* L.; Desf., fl. atl.; *A. prolifera* Persoon. — Tige dressée, ferme, di-trichotome; feuilles pinnatipartites, à lobes bi-trifides, à divisions linéaires; plante un peu pubescente; grands capitules radiés involucrés par des feuilles bractéales, subsessiles dans les dichotomies et terminaux; rameaux étalés, fermes, grêles. ① Avril-juillet. Lella-Maghnia, Nemours et toute la région désertique voisine des H.-Pl., du Maroc jusqu'en Orient.

FRADINIA Pomel.

Cladanthus sect. *Mecomischus* Cosson et Durieu, Bull. soc., bot. Fr., vol. IV, p. 13.

Capitules longuement pédonculés, terminaux; pédoncules nus au sommet; ligules blanches ou jaunâtres; réceptacle paléacé, non fibrilleux, à paillettes concaves; achaines comprimés, non ailés, carenés sur les côtes; plantes à feuilles entières ou palmatipartites. Pour le reste comme *Cladanthus*.

F. pedunculata Pomel; *Cladanthus pedunculatus* Coss. et DR.; Munb., cat.; *Ormenis pedunculata* Benth. et Hook., (*Genera*). — Tiges de 2-5 décim., dressées; feuilles alternes, les inférieures divisées en 2-3 lanières linéaires elles-mêmes trifides; les supérieures simples, linéaires; toutes un peu pubescentes; péricline hemisphérique, pubescent; grands capitules à ligules jaunâtres; achaines peu ou pas marginés, à peine comprimés. ① Mostaganem.

F. halimifolia; *Anthemis halimifolia* Munby, Bull. soc. bot. Fr., vol. II, p. 284; *Cladanthus Geslini* Cosson, loc. cit. — Plante sous-frutescente à la base, très rameuse, couverte de poils étoilés, à la fin caducs; tiges florifères dressées, simples ou ramifiées en corymbe; feuilles sessiles, opposées sauf au sommet des rameaux, linéaires-oblongues, obtuses, un peu charnues; écailles du péricline peu nombreuses, les externes ovoïdes, les internes oblongues, largement scarieuses; paillettes du réceptacle caduques; ligules blanches;

tube des fleurons comprimé-ancipité à la base. ♄ Mai-juin. Dunes du Sahara; Leumbah, Aïn-Sfissifa (Sud Oranais), Laghouat.

LONAS Adanson.

Capitules homogames, non radiés, réunis en corymbe pareil à celui des *Achillea;* péricline à écailles imbriquées, inégales, concaves, un peu membraneuses aux bords; réceptacle linéaire à paillettes semblables aux écailles du péricline; achaines prismatiques, glabres, couronnés par une aigrette membraneuse, lacérée-dentée.

L. inodora Gærtner; Munb., cat., *Athanasia annua* L.; Desf., fl. atl. — Tiges dressées, raides, striées (1-5 décim.), simples ou rameuses; feuilles alternes, irrégulièrement pinnatifides ou bipinnatifides, à lanières sublinéaires; capitules de la grosseur d'un pois; fleurs jaunes; plante glabre. ① Mai-juillet. Broussailles sèches. Bouzaréah, Aïn-Taya, Réghaïa, Kaddara, L'Arba, Djidjelli, Djebel-Ouach, etc. Sicile.

RHETINOLEPIS Cosson.

Diffère de *Lonas* par ses paillettes réceptaculaires sécrétant de la résine sur la nervure dorsale, par ses achaines striés, obovés, sans aigrette; fleurons ne coiffant pas l'ovaire, ceux de la périphérie comprimés.

Rh. lonadioides Cosson, Bull. soc., bot. Fr., vol. III, p. 708. — Port et aspect du *Lonas inodora;* plante ordinairement petite, pubescente, cendrée, souvent rameuse dès la base; feuilles souvent palmatifides au sommet, à lobes linéaires; fleurons jaunes. ① Mai. Sahara, entre Tyout et Asla, Brézina.

ANACYCLUS Tournefort.

Capitules ordinairement radiés; fleurons à tube comprimé, bi-ailé, non élargi à la base; achaines tronqués au sommet, comprimés, les extérieurs au moins bi-ailés; réceptacle un peu conique; capitules rigides, indurés à maturité.

§ 1. *Diorthodon.* — Capitules hétérogames, ordinairement radiés; fleurons du centre à deux lobes étroits et dressés, les 3 autres étalés, achaines extérieurs souvent munis d'une petite aigrette membraneuse; plantes annuelles à feuilles bipinnatiséquées.

A. clavatus Persoon; Munb., cat.; Lx, cat. Kab; Ball, spic,; *A. tomentosus* DC.; *Anthemis clavata* L.; Desf., fl. atl. — Plante de 2-5 décim., pubescente, verte ou blanchâtre; tiges dressées ou décombantes, rigides, rameuses, à rameaux étalés-divariqués ; feuilles divisées en lanières linéaires, mucronées ; capitules grands sur des pédoncules souvent élargis au sommet, striés ; péricline à écailles velues, appliquées, coriaces, lancéolées-aiguës, les intérieures obtuses, non appendiculées ; ligules grandes, blanches, parfois rares ou même nulles ; achaines striés de noir, les extérieurs largement ailés à ailes terminées en haut par deux oreilles généralement dressées ; paillettes à sommet triangulaire, court, cilié. ① Avril-juillet. C. C. C., partout. Rég. médit. occid.

β *inconstans ; A. inconstans* Pomel. Ligules rares ou nulles. Toute la région d'Oran. C. C. C.

γ *discoideus*. — Ligules nulles. Çà et là. A. R.

A. LINEARILOBUS Boissier et Reuter, Pug., p. 57 ; Munb., cat. — Se distingue de l'*A. clavatus* par ses feuilles plus larges, ordinairement luisantes et un peu charnues, à lanières lancéolées plus grandes et moins nombreuses. Ces caractères résistent à la culture. ① Sables maritimes : Arzeu, La Macta, Mostaganem, Le Corso.

A. radiatus Lois. ; Munb., cat. ; *Anthemis valentina* L. ; Desf., fl. atl. — Ligules jaunes, grandes ; écailles intérieures du péricline surmontées d'une appendice blanc, scarieux ; oreilles de l'achaine dressées. Mascara (Desf.) Maroc. Rég. médit. occid.

β *ochroleucus* Ball. Maroc.

A. valentinus L. ; Desf., fl. atl. ; Munb., cat. — Un peu plus grêle que les précédents ; capitules un peu plus petits ; un seul rang de ligules jaunes très courtes, ne dépassant pas les fleurons ; achaines non striés de noir, à oreilles divariquées ou nulles, l'aile étant brusquement tronquée au niveau de l'achaine. ① Maroc, rég. médit. occid.

A. PROSTRATUS Pomel. — Ligules tout à fait obsolètes ; 2-3 rangs de fleurons réguliers à la périphérie ; tiges couchées très rameuses ; petits capitules ; achaines ponctués-glanduleux. Méchéria, Kreider, Aflou.

A. dissimilis Pomel. — Encore voisin de l'*A. Valentinus*, mais se rapprochant davantage de l'*A. clavatus* var. *eradiatus*, par ses achaines à oreilles dressées et marquées de linéoles brunes. Oued-Metlili. (v. s.)

§ 2. *Cyrtolepis*. — Capitules homogames.

A. alexandrinus Boissier ; *Cyrtolepis alexandrina* DC. ; Munb., cat. — Port de l'*A. prostratus ;* capitules brièvement pédonculés ; achaines suborbiculaires ; ailes dentées tout autour; paillettes cunéiformes, subrhomboïdales. ④ Biskra, Tunisie, Orient.

A. mauritanicus Pomel. — Pédoncules épaissis au sommet; achaines cunéiformes, plus grands; paillettes plus acuminées, non cucullées. M'kraoula, El-Beida, Aflou, etc.

§ 3. *Leucocyclus.* — Capitule radié, hétérogame; fleurons réguliers (dents toutes égales); achaines sans aigrette; ligules blanches, purpurines en dehors.

A. Pyrethrum Cassini; Munb., cat.; Lx, cat. Kab.; *Anthemis Pyrethrum* L.; Desf., fl. atl. — Tiges nombreuses, couchées en cercle sur le sol, longues de 1 à 3 décim., simples ou peu rameuses, à rameaux monocéphales, feuillés jusqu'au capitule; feuilles pubescentes, bipinnatifides, à lanières très fines, aiguës; capitules de 2 cent. de diamètre, ligules non comprises; péricline hémisphérique à écailles lancéolées, à bordure d'un pourpre noirâtre, ondulée; ligules grandes, oblongues; paillettes oblongues, concaves, obtuses, pourprées au sommet, membraneuses sur le bord, celles du centre cucullées plus larges que longues, en forme de cerf-volant, scarieuses; achaines des ligules triangulaires, ailés sur le bord, auriculés au sommet, les moyens très variables, les internes linéaires; racine pivotante, conique, d'une saveur piquante. Cette racine est l'objet d'un commerce important avec l'Orient. ♃ Mai-août. A. C. Tlemcen, Mascara, Djebel-Amour, Teniet, Aumale, Djurdjura, Constantine, Aurès, etc.

A. depressus Ball, spic., pl. XXIV. — Voisin du précédent, plus grêle, moins feuillé, feuilles plus petites; tiges plus rameuses; capitules moitié plus petits; paillettes moins concaves, triangulaires-cunéiformes; écailles du péricline à marge blanchâtre; achaines moitié plus petits, brièvement ailés-auriculés, sauf ceux du centre linéaires et rugueux; racine non piquante. ② ♃ Djebel-Aïssa! Djebel-Mzi! Maroc. Les échantillons d'Algérie sont identiques à ceux du Maroc.

ANTHEMIS L.

Capitule hétérogame, radié, rarement homogame par avortement des ligules; ligules femelles rarement neutres; fleurons réguliers, hermaphrodites, dilatés à la base à maturité, peu ou pas ailés; achaines obconiques, munis de côtes et souvent d'une aigrette membraneuse; réceptacle à la fin conique à écailles persistantes.

§ 1. *Euanthemis.* — Paillettes du réceptacle planes ou carenées; achaines chauves ou à couronne membraneuse; ligules femelles.

a. Ligules blanches.

1. Écailles du péricline bordées de noir ou de pourpre rarement homochrômes.

A. montana L. — Plante multicaule à tiges ascendantes peu rameuses ; rameaux monocéphales, longuement nus au sommet ; feuilles pétiolées, à pétiole élargi à la base, portant de chaque côté des dents ou des lanières linéaires ; limbe pinnati ou bipinnatipartit à segments 2-5 fides, aigus ou obtus ; écailles du péricline ovées-lancéolées, aiguës, les intérieures lancéolées-obtuses ; paillettes de la circonférence mucronées, les intérieures lancéolées, longuement acuminées, toutes tachées de pourpre au sommet ; achaines pâles, prismatiques, plus ou moins tuberculeux, à couronne membraneuse courte et dejettée d'un seul côté dans les achaines extérieurs ; plante plus ou moins pubescente. ♃ Mai-août. Montagnes de la rég. médit. et de l'Orient. Type polymorphe auquel je crois devoir rattacher les plantes algériennes suivantes.

A. kabylica ; A. Cupaniana Batt., Bull. soc., bot. vol. XXXII, p. 340, non Tod. — Feuilles à lanières lancéolées-aiguës, mucronées, larges, soyeuses en dessous, rappelant les feuilles d'absinthe. Voisin de l'*A. Cupaniana* mais à lanières plus aiguës et à capitules plus petits. Azrou-Tidjeur, route du col de Tirourda.

A. punctata Vahl ; Desf., fl. atl., tab. 239 ; Munb., cat. ; Lx, cat. Kab. — Plante puissante, un peu gazonnante, à feuilles grandes, plus ou moins finement divisées ; pédoncules un peu striés, renflés et creux au sommet. Djurdjura, Djebel-Goufi, Tunisie.

A. pedunculata Desf., fl. atl. ; *A. tenuisecta* Pomel, olim ; *Anacyclus pedunculatus* Pers. ; Munb, cat. — Plante d'un gris cendré, sous-frutescente à la base, parfois annuelle ; tiges raides, dressées, assez longues, rameuses ; feuilles bi-tripinnatifides, à lanières fines ; capitules longuement pédonculés ; pédoncules striés un peu renflés vers le haut ; écailles du péricline lancéolées aiguës ; réceptacle brièvement conique ; paillettes carenées, mucronées-subulées au sommet à mucron jaunâtre ; achaines à côtes plus ou moins tuberculées, un peu contractés sous le sommet ; disque crénelé par la saillie des côtes ; pas d'aigrette. ♃ ① Avril-juin. C. C. C. Beni-Sahla (Blida), Mouzaïa, Zaccar, Berrouaghia, Tiaret, Garrouban, etc., etc.

A. tuberculata Boissier, voy. Esp., tab. 90 ; Lx, cat. Kab. ; *A. atlantica* Pomel. — Se distingue de l'espèce précédente par ses côtes très fortement tuberculeuses et ses paillettes brusquement acuminées en un fort mucron. ① ② ♃ A. C. Montagnes : Djurdjura, Aurès, Tiaret, Djebel-Mzi, Maroc, Espagne.

A. granulata Pomel. — Très voisin du précédent, s'en distingue par le bord du disque légèrement relevé en couronne submembraneuse, dimidiée, très courte, ce qui le rapproche de l'*A. montana*; feuilles petites. Tiaret.

A. monilicostata Pomel; *A. fugax* Gay, inéd. — Petite plante pubescente, grêle, rameuse dès la base (5-10 cent.); feuilles cendrées, pinnatipartites, à lobes linéaires simples ou bi-trifides; capitules petits, longuement pédonculés, à pédoncules un peu élargis au sommet; péricline glabrescent, réceptacle conique, à la fin très allongé; achaines à côtes étroites, séparées par des sinus larges et profonds, profondément crénelées. ① H.-Pl. oranais; Ousseugh (Pomel), Kralfallah, Aïn-Sefra.

A. stiparum Pomel. — Petite plante pubescente blanchâtre, à achaines blancs, granuleux, à côtes larges munies de 2 rangs de tubercules glanduleux; bord du disque un peu crénelé, aigu. Plante voisine, sauf le port, de l'*A. tuberculata*. ① Ousseugh, Itima, Rassoul (v. s.).

A. sabulicola Pomel. — Très voisin du précédent, plus velu ; écailles du réceptacle très caduques, linéaires-acuminées et non brusquement acuminées; bord du disque crénelé. Metlili, Brezina, Aïn-Sefra.

2. Écailles du péricline vertes sur le dos, blanches aux bords.

A. maritima L.; Desf., fl. atl.; Munb., cat.; Lx, cat. Kab.; fig. Reich. 120-I. — Plante glabrescente, sous-frutescente à la base, puissante, odorante; tiges ascendantes, rameuses; feuilles étroites, un peu charnues, ponctuées-imprimées, pinnatipartites à segments larges, cunéiformes, entiers ou dentés; achaines à 10 côtes peu saillantes, finement chagrinées; disque ombiliqué au centre, à bord aigu et dentelé du côté interne; paillettes lancéolées, brusquement acuminées. ♃ Mai-août. Bougie, Bône, Philippeville. Rég. médit., Orient.

A. Clausonis Pomel. — Plante sous-frutescente à la base très semblable à l'*A. pedunculata* dont elle est peut-être une variété, mais à écailles non bordées de noir; achaines presque obovés, un peu glanduleux, resserrés au sommet, à côtes obtuses, à vallécules superficielles, disque plan, un peu crénelé par le prolongement des côtes. Mazafran (Clauson, v. s.)

A. secundiramea Biv.; Reich. 115-I-II. — Plante de 1-3 décim., glabrescente; tiges souvent radicantes à la base; feuilles un peu charnues, ponctuées-imprimées, pinnatipartites, petites, à lobes courts, oblongs ou obovés, bi-trifides; achaines à 10 côtes égales, épaisses, tuberculeuses; disque épigyne à la fin ombiliqué au centre, pourvu d'un bord aigu, entier ou denté; paillettes carenées oblongues ou lancéolées, aiguës. ① La Calle, Bône, France, Italie, Orient, Allemagne.

A. arvensis L.; Munb. cat. fig. Reich. 113. Tige dressée, rameuse; feuilles pubescentes, non ponctuées, bipinnatipartites, à lanières étroites et aiguës; pédoncules striés; péricline velu; écailles à côte verte, saillante; ligules à la fin réfléchies; achaines murs très inégaux â 10 côtes lisses et égales; disque épigyne à la fin ombiliqué au centre, pourvu d'un bord d'abord aigu, se dilatant ensuite en un bourrelet épais, ondulé-plissé, plus marqué dans les achaines de la circonférence; paillettes brusquement acuminées dépassant à la fin les fleurons. ① Alger et environs A. R. Europe, Orient.

A. ubensis Pomel. — Port de l'espèce précédente; achaines un peu resserés sous le sommet, marqués d'élégantes linéoles brunes, très régulières, sur un fond blanc et lisse; à côtes simplement marquées par de très petits sillons; disque relevé en un cercle de mamelons et non en bourrelet continu. ① Prairies sablonneuses au bord de la basse Seybouse.

b. Ligules jaunes.

A. Boveana J. Gay; Munb., cat.; fig. atl., expl. sc. alg., pl. 60, fig. 2. — Tiges dressées (1-3 décim.); feuilles plus ou moins pubescentes, un peu charnues, pinnati ou bipinnatipartites, à divisions étroites, lancéolées-aiguës; pédoncules non renflés, finement striés; péricline pubescent, à écailles vertes sur la nervure, blanches aux bords; ligules jaunes, égalant ou dépassant le diamètre du disque; fleurons épaissis à la base sur une grande longueur; paillettes oblongues-lancéolées; achaines à côtes épaisses, tuberculeuses; disque relevé du côté interne, en couronne dimidiée, scarieuse, crénelé par le sommet des côtes du côté externe. ① Avril-mai. R. Environs d'Oran.

A. chrysantha J. Gay; Munb., cat.; fig. atl., expl. sc. alg., pl. 60, fig. 1. — Diffère du précédent par ses feuilles velues-tomenteuses, charnues, pinnatipartites à segments trilobés-arrondis; par ses pédoncules courts et renflés au sommet, et surtout par ses ligules très courtes n'égalant pas le diamètre du disque. ① A. C. Avril-mai. Littoral oranais : Christel, Mostaganem, etc.

A. tenuisecta Ball. Maroc.

§ 2. *Maruta.* — Ligules neutres, blanches; paillettes linéaires-subulées; achaines tuberculés, chauves.

A. Cotula L.; Munb., cat.; fig. Reich. 109-I. — Plante glabre, verte, odorante (2-4 décim.), très rameuse; pédoncules florifères grêles, longuement nus, jamais épaissis; feuilles non ponctuées, bipinnatipartites, à segments linéaires, fins, mucronés; capitules médiocres; péricline à écailles linéaires, subégales, à côtes vertes avec d'étroites marges membraneuses; disque de l'achaine plan, à bord obtus. ① Mars-juin. A. C. Jardins, champs. Europe, Orient.

ORMENIS J. Gay.

Écailles du péricline largement scarieuses au sommet; base des fleurons coiffant l'achaine d'un capuchon entier ou dimidié; achaines petits, claviformes, arrondis au sommet, sans aigrette, marqués de 3 côtes du côté interne, arrondis du côté externe, persistants sur le réceptacle. Pour le reste comme *Anthemis*.

O. nobilis Gay, var. *eradiata; Anthemis santolinoides* Munb., Bull. soc., bot. Fr., vol. II, p. 284 et cat.; *A. piscinalis* Durieu; *Chamomilla aurea* Gay, olim; *Anthemis aurea* DC., Prodr. — Tige de 2-4 décim., dressée, très rameuse; feuilles ponctuées-imprimées, les inférieures pétiolées, en touffe, les autres sessiles; toutes étroites, pinnatipartites, à segments divisés en lanières linéaires très fines, mucronées, parfois subverticillées autour du rachis; pédoncules striés, épaissis au sommet, longuement nus; capitules médiocres, non radiés, très multiflores, à la fin globuleux; achaines très petits, coiffés tout autour par la base de la corolle. Plante odorante, d'un vert gai, un peu pubescente. ① Avril-mai. Bord des mares à Oran, Dahra, etc. L'espèce est munie de ligules et habite la rég. médit., l'Europe et l'Orient.

O. mixta DC.; Munb., cat.; Lx, cat. Kab.; *Anthemis mixta* L.; Ball, spic.; fig. Reich. 110-I. — Plante robuste à tige dressée et ramifiée en corymbe, ou ramifiée dès la base et à tiges décombantes; feuilles pubescentes, linéaires dans leur pourtour, les inférieures pinnatifides, à lobes bi-palmatipartits, à lanières linéaires-lancéolées, aiguës; les supérieures à segments entiers ou dentés; pédoncules nus sur une faible étendue; capitules grands, radiés, à ligules orangées à la base, blanches au sommet; fleurons coiffant jusqu'à la base une moitié de l'achaine; achaine enveloppé dans la paillette, lisse, striolé sur le dos, arrondi et oblique au sommet, anguleux à la partie antérieure. ① Avril-juillet. C. C. C. Lieux sablonneux de toute la région littorale. Rég. médit.

O. AUREA Durieu; Munb., cat.; fig. atl., expl. sc. alg., pl. 61-1. — Diffère de l'espèce par ses ligules entièrement jaunes et son capitule un peu plus déprimé. Les autres caractères différentiels figurés dans la planche citée, m'ont paru très inconstants.

O. heterophylla Cosson. Maroc.

PERIDEREA Webb.

Écailles du péricline lâchement imbriquées, réfléchies à maturité, scarieuses au bord et au sommet; paillettes oblongues, obtuses, les inférieures persistantes, les supérieures caduques avec les fruits; fleurons à tube ailé, coiffant régulièrement le sommet de l'achaine; achaines subtétragones. Pour le reste semblable aux genres précédents.

P. fuscata Webb.; Lx, cat. Kab.; *Anthemis fuscata* Brot.; Munb., cat.; Ball, spic. — Plante glabre, d'un vert gai, à odeur de camomille; tiges dressées ou ascendantes, rameuses; feuilles bipinnatipartites à lanières linéaires, mucronées; capitules penchés avant l'anthèse; ligules neutres d'ordinaire, grandes, blanches; achaines très petits. ① Extrêmement commun dans tous les marais et lieux frais du Tell. Janvier-juin. Rég. médit.

Sous-tribu II. — CHRYSANTHÉMÉES.

Réceptacle nu, rarement poilu.

Clef des genres :

1	Réceptacle fortement conique à maturité; feuilles odorantes divisées en lanières filiformes. . . .	MATRICARIA.
	Réceptacle conique, déprimé; fleurs femelles de la circonférence sans corolle, à achaines stipités, pas d'aigrette.	COTULA.
	Réceptacle plan ou concave ou convexe.	2
2	Achaines de la circonférence soudés aux écailles du réceptacle; feuilles à lanières filiformes.	OTOSPERMUM.
	Achaines tous libres.	3
3	Achaines du disque entièrement privés d'aigrette capitules radiés ou non	4
	Achaines tous munis d'une aigrette membraneuse, rarement déprimée sur le disque et peu visible.	6

4	Achaines anguleux, hétéromorphes.	PINARDIA.
	Achaines cylindriques, arrondis au sommet, munis de côtes tout autour, ceux des ligules parfois munis d'une aigrette.	LEUCANTHEMUM.
	Achaines un peu comprimés.	5
5	Petite plante désertique annuelle, pubescente, à capitules solitaires, non radiés.	BROCCHIA.
	Herbes vivaces à petits capitules non radiés, très nombreux, en grandes grappes composées ou en panicule	ARTEMISIA.
6	Petits capitules non radiés en corymbe dense. . .	TANACETUM.
	Petites plantes désertiques à capitules non radiés, à achaines munis d'une aigrette membraneuse aussi longue qu'eux.	CHLAMYDOPHORA
	Capitules radiés, rarement discoïdes et alors très grands.	CHRYSANTHEMUM

COTULA Gærtner.

C. coronopifolia L. Tunisie, probablement à La Calle.

CHLAMYDOPHORA Ehr.

Capitules non radiés, réceptacle convexe; écailles du réceptacle imbriquées à la fin étalées; fleurons à limbe court, à la fin épaissis à la base; achaines cylindriques, à peine comprimés, munis d'une aigrette membraneuse, longue, tronquée et auriculée (déjettée d'un seul côté). Petites plantules sahariennes annuelles.

Ch. pubescens Cosson et DR.; Munb., cat.; *Cotula pubescens* Desf., fl. atl.; *Otoglyphis pubescens* Pomel. — Tiges décombantes; feuilles un peu pubescentes, pinnatifides, à lobes lancéolés-aigus, entiers ou trifides; capitules longuement pédonculés ; pédoncules nus, non épaissis ; capitules hémisphériques, subhétérogames (6-7 millim. diam.); écailles du péricline largement arrondies et scarieuses au sommet; fleurs femelles peu nombreuses, à limbe atrophié, éparses à la périphérie ; fleurons hermaphrodites débordant un peu en oreille sur l'achaine ; achaines jaunâtres, lisses, oblongs, à aigrette aussi longue qu'eux. ① Sahara, 3 prov. Tunisie.

Ch. tridentata Ehr. Tunisie, Orient.

MATRICARIA L.

Involucre imbriqué à écailles scarieuses, réceptacle conique ; achaines oblongs, lisses sur le dos à 3-5 côtes du côté ventral, avec ou sans aigrette. Herbes annuelles, glabres, à feuilles finement divisées en lanières linéaires, longues mucronulées; plantes odorantes.

M. Chamomilla L.; *Chamomilla officinalis* Koch. — Plante de 2-4 décim., ramifiée en corymbe; capitules médiocres à ligules blanches réfléchies. ① Algérie (Cosson, cat. inéd.), Europe, Orient.

M. aurea L. (sub. *Cotula); chamomilla aurea* Gay; Munb., cat.; *Periderea aurea* Willk., Prodr. fl. hisp. — Petite plante grêle de 5-15 cent., très rameuse; capitules non radiés, très petits (5-6 millim.), sur des pédoncules capillaires; achaines ordinairement munis d'une couronne membraneuse plus longue qu'eux et déjettée d'un seul côté. ① Mars-mai. Biskra, canaux d'irrigation. Orient, Espagne.

β *Calva.* — Plante plus ramassée à feuilles plus touffues, plus serrées; achaines chauves. Ousseugh. (Pomel.)

OTOSPERMUM Willk.

Capitules assez grands, radiés, à ligules blanches; écailles du péricline linéaires, appliquées, bordées de noir, subégales sur 3 rangs; fleurons 5-dentés, papilleux en dedans; achaines, comprimés, courbes, obovés-oblongs, subtrigones, à 5-6 côtes subéreuses, rugueuses en travers, ceux du rayon soudés aux écailles de l'involucre; aigrette en forme d'oreille membraneuse, plus courte dans les achaines du centre. Port du *Matricaria Chamomilla.*

O. glabrum Willk.; *Pyrethrum arvense* Salzm. ① Collo, Bône, Oran. R.

LEUCANTHEMUM Tournefort.

Achaines du disque chauves, cylindriques, marqués de côtes fines.

§ 1. *Hymenostemma* Willk. — Capitules radiés, à rayons blancs; involucre à écailles linéaires, imbriquées, appliquées, bordées de noir et scarieuses au bord, brusquement rétrécies sous le sommet; réceptacle à la fin conique; achaines cylindriques, à côtes équidistantes, ceux du disque chauves, ceux des fleurons souvent à aigrette membraneuse.

L. glabrum Boiss. Reut., Pug. p. 57; Munb., cat.; *Chrysanthemum paludosum* Desf., fl. atl.; *Ch. glabrum* Poiret; Ball, spic.; *Hymenostemma Fontanesi* Willk. — Plante glabre, annuelle, à tiges dressées ou diffuses, simples ou rameuses; feuilles spatulées, grossièrement dentées, un peu charnues, les inférieures atténuées en pétiole aussi long que le limbe, les supérieures sessiles, auriculées, embrassantes; capitules assez grands, élégants; fleurons coiffant le sommet de l'achaine à coiffe un peu déjettée d'un côté; ligules d'un beau blanc, neutres, à achaines vides surmontés d'une aigrette membraneuse campanulée, un peu plus longue qu'eux; plante très variable quant à la forme des feuilles. ① C. C. C. Mars-mai. Littoral et montagnes. Espagne.

β *affine; L. affine* Pomel. — Forme oranaise, à feuilles obtusément dentées, à hile peu oblique.

γ *arenarium; L. arenarium* Pomel. — Feuilles très profondément dentées; écailles du péricline oblongues, peu atténuées au sommet, hile oblique, achaines noirs entre les côtes. Sables maritimes à Oran.

L. DECIPIENS Pomel; *L. glabrum*, var *laciniatum* Munb., cat. — Feuilles profondément laciniées, pinnati ou bipinnatipartites. Les achaines des ligules seraient fertiles d'après M. Pomel; je me suis assuré à Lella-Maghnia que c'est là un fait exceptionnel. Lella-Maghnia, Garrouban.

L. Reboudianum Pomel, inéd. herbier. — Feuilles du précédent; tiges grêles, longuement rampantes. (v. s. un seul échantillon). Bou-Taleb. (Reboud.)

L. pubescens Lag., ex Munb., cat. — M'est inconnu. Aurès.

§ 2. *Plagiopsis*. — Ligules nulles; capitules homoganes; écailles du péricline homochrômes.

L. Fontanesi Boissier et Reuter, Diagn., § II, — 3, p. 26; *Balsamita virgata* Desf., fl. atl.; *Plagius virgatus* DC.; Munb., Cat. — Plante sous-frutescente (10-15 décim.), très rameuse, à rameaux longs, fermes, dressés; feuilles oblongues, sessiles, amplexicaules, fortement dentées en scie, à dents aiguës, souvent dentées elles-mêmes; capitules médiocres (12-18 millim. diam.) sur des pédoncules striés; plante glabrescente. ♄ Mars-juillet. Alger, Miliana, Bougie, La Calle, etc.

CHRYSANTHEMUM L.

Capitules radiés à ligules ordinairement jaunes, neutres ou femelles; achaines dimorphes, ceux de la périphérie plus ou moins triquêtres ou triailés, ceux du disque cylindriques ou comprimés.

§ 1. *Pinardia*. — Achaines dépourvus de couronne.

Ch. coronarium L.; Desf.; fl. atl.; Munb., cat.; Lx, cat. Kab.; Ball, spic.; fig. Reich. 95-II. — Plante glabre, puissante, à tige dressée (5-12 décim.), ferme, rameuse, feuillée (plus rarement à tiges diffuses, décombantes); feuilles d'un vert gai, bipinnatipartites, à rachis lobé-denté, à segments élargis vers le sommet, incisés-dentés, aigus, à dents mucronées; feuilles inférieures pétiolées, les supérieures auriculées, embrassantes ; pédoncules striés, épaissis ; capitules très grands; péricline ombiliqué, à écailles inégales, obtuses, les extérieures carenées, les intérieures largement scarieuses; ligules obovées; achaines fauves, prismatiques, brusquement tronqués au sommet et à la base, striés; les externes triquêtres aussi larges que longs. ① C. C. C. Tout le Tell. Mars-mai, Rég. médit.

α concolor. — Ligules jaunes d'or. A. C.

β discolor. — Ligules jaunes à la base, blanches ou blanchâtres vers le haut ; Capitules très grands; plante ornementale. C. C. C.

Ch. viscosum Desf.; Munb., cat. ; *Pinardia anisocephala* Cassini. — Tiges de 3-6 décim., dressées, raides, peu rameuses; feuilles oblongues, les inférieures pétiolées, pinnatifides, à lobes dentés, les supérieures embrassantes, oblongues, dentées; grands capitules à ligules jaunes, oblongues; écailles du péricline peu inégales, oblongues, obtuses, largement scarieuses; achaines du rayon triailés, à ailes terminées par une pointe oblique, aiguë, la médiane plus développée; achaines du disque fortement comprimés. ① Avril-mai. Oran, lieux sablonneux; Aïn-Tédélès, Mostaganem, etc.

Ch. segetum L.; Desf., fl. atl.; Munb., cat.; Lx, cat. Kab.; Ball, spic.; fig. Reich. 95-I. — Plante glabre, un peu glauque (2-5 décim.), à tige dressée, striée, simple ou rameuse; feuilles oblongues, un peu charnues, amplexicaules, dentées ou pinnatifides, les inférieures atténuées en pétiole; grands capitules ombiliqués, à ligules jaunes, oblongues, sur des pédoncules striés, épaissis au sommet; écailles du péricline concolores, imbriquées, inégales, concaves; les internes scarieuses aux bords; achaines de la circonférence aussi larges que longs, triquêtres; les autres cylindriques à 10 côtes égales, tous privés d'aigrette. ① Mars-juin. C. C. C. Tout le Tell, Europe moyenne et méditerranéenne, Orient.

§ 2. *Ismelia*. — Diffère de *Pinardia* par la présence d'une aigrette membraneuse, coroniforme, dentée.

Ch. carinatum Schousboë; Ball, spic. Maroc.

§ 3. *Coleostephus.* — Ligules ordinairement neutres à achaines toujours munis d'une aigrette unilatérale ; achaines des fleurons fertiles, avec la même aigrette en forme d'oreille ou bien avec une aigrette déprimée sur le disque, non saillante, tous munis de côtes tout autour ; côtes souvent épaissies au sommet et à la base de l'achaine du côté interne ; écailles du péricline inégales, imbriquées, scarieuses au sommet ; ligules jaunes comme les fleurons ; plantes glabres ou glabrescentes, à tiges peu rameuses ; rameaux monocéphales ; pédoncules peu ou pas épaissis ; feuilles spatulées, un peu charnues, dentées, les inférieures pétiolées, les moyennes embrassantes, les supérieures linéaires bractéiformes. Aspect et odeur des *Leucanthemum.* Herbes annuelles formant des peuplements denses.

Ch. macrotum Durieu (sub. *Coleostepho)* ; Munb., cat. ; Ball. spic. ; *Glossopappus chrysanthemoides* Kunze ; Willk. Ill. fig. XIII. — Plante de 1-3 décim., à tiges peu ou pas ramifiées, plus ou moins nombreuses ; écailles du péricline bordées de noir, très largement scarieuses au sommet ; fleurons éperonnés à la base et à 2 dents plus longues ; achaines tous munis d'une aigrette auriculée, argentée, plus longue qu'eux et dépassant à la fin les fleurons. ① C. C. C. Mars-mai. D'Oran à Duperré, Djebel-Aïssa, Maroc, Espagne.

Ch. Myconis L. ; Desf., fl. atl. ; Munb., cat. ; Ball, spic. ; *Pyrethrum Myconis* Mœnch ; Lx. cat, Kab. — Plus élevé que le précédent ; tige souvent ramifiée ; écailles non bordées de noir, un peu carenées ; aigrette auriculiforme un peu charnue bien plus courte que l'achaine et le fleuron. ① C. C. C. Avril-juin. Tout le Tell, lieux irrigués des H.-Pl. rég. médit.

Ch. Clausonis Pomel (sub. *Coleostepho)* ; *Kremeria paludosa* DR., Rev. Duch., vol. 1, p. 364 et atl., expl. sc. alg., pl. 59 ; *Pyrethrum paludosum* Munb., cat. (1). — Port et aspect du précédent, un peu plus grêle, en diffère surtout par les achaines du disque plus grêles, peu calleux à la base, *à aigrette déprimée sur le disque de l'achaine, coroniforme*, visible à la loupe après la chute du fleuron, ① Mai-juin. Forme des peuplements denses dans le fond des mares

(1) Le nom de *Ch. paludosum* ne saurait être adopté à cause du *Ch. paludosum* de Desfontaines qui est notre *Leucanthemum glabrum.* Il en résulterait une confusion qui s'est déjà produite dans les *Genera* de Bentham et Hooker. M. Cosson a employé dans quelques exsiccata le nom de *Pyrethrum Kremerianum*, mais ce nom n'ayant jamais été publié, il y a je crois antériorité pour celui de M. Pomel. C'est bien à tort que Lange, dans le Prodr. fl. hisp., confond cette plante avec le *Pyrethrum hybridum* de Gussone, lequel n'est qu'une forme du *P. Myconis.* Notre plante est toujours annuelle, mais elle est souvent rampante et radicante à la base dans les marais, ce qui la fait paraître vivace.

sèches l'été. Castiglione, Maison-Carrée, Réghaïa, Le Corso, Bône, La Calle, Espagne.

Ch. multicaule Desf., fl. atl., tab. 236; *Pyrethrum multicaule* Willd.; Munb., cat.; fig. Atl., expl. sc. alg., pl. 58. — Plante multicaule, rameuse (2-3 décim.); écailles extérieures du péricline petites, les intérieures longues et largement scarieuses; ligules elliptiques, souvent fertiles; achaines fortement auriculés, calleux du coté interne, subgibbeux, ceux des ligules à aigrette auriculiforme plus longue qu'eux, les autres à aigrette auriculiforme courte; fleurons de la périphérie largement épaissis à la base debordant sur l'achaine en large éperon, ceux du centre stériles, régulièrement coniques. ① Mars-mai C. C. C. Oran, Tiaret, Mostaganem.

§ 4. *Plagius.* — Capitules homogames, non radiés; achaines cylindriques, munis d'une aigrette en forme d'oreille courte et de côtes filiformes, épaissis et calleux à la base; réceptacle plan.

Ch. grandiflorum; *Balsamita grandiflora* Desf., fl. atl.; *Plagius grandiflorus.* L'Hér.; Munb., cat.; Lx, cat. Kab. — Grosses tiges simples ou peu rameuses (4-6 décim.), striées, velues; feuilles oblongues, dentées en scie, glabrescentes, un peu charnues, les inférieures en rosette, pétiolées, les supérieures sessiles, un peu ondulées, décroissantes; écailles du péricline linéaires, carenées, naissant d'un large disque formé par l'épâtement du pédoncule, les internes plus courtes, paléacées; capitule sans ligules, large de 2-5 cent. ♃ Broussailles de toute la Mitidja et du Tell. A. C. Bord des chemins. Avril-mai.

§ 5. *Pyrethrum* Gærtner. — Capitules, hétérogames, radiés; achaines tous semblables ou peu différents, munis d'une aigrette membraneuse; feuilles bipinnatipartites ou laciniées.

a. Plantes vivaces, puissantes, très feuillées; capitules en corymbe composé; feuilles bipinnatipartites.

Ch. corymbosum L.; *Pyrethrum corymbosum* Willd.; Munb., cat.; Lx, cat. Kab., var. *tenuisectum; Pyrethrum tenuisectum* Pomel. — Tiges de 3-6 décim. striées; feuilles divisées en lanières lancéolées-acuminées, glabres en dessus, velues en dessous, les inférieures très grandes en rosette; capitules médiocres, ligules blanches; pédoncules bractéolés inégaux, souvent pas beaucoup plus longs que le capitule; achaines linéaires-allongés, finement chagrinés, munis d'une courte couronne membraneuse, plus longue dans ceux du rayon. ♃ R. Broussailles fraiches des montagnes : Bou-Zecza, Chiffa, Cherchel, Djurjura, Bougie, etc., etc.

Nota. — La plante type d'Europe à les feuilles moins finement divisées, moins velues en dessous, les inférieures pétiolées ; des capitules plus gros sur des pédoncules bien plus longs, droits, raides, non bractéolés. Europe moyenne et mérid. Orient.

Ch. Webbianum Cosson Maroc.

Ch. Parthenium Pers. La *Matricaire*. Cult. subsp.

b. Feuilles palmatipartites ou bipalmatipartites ou plus ou moins lacinées-palmées.

1. Plantes annuelles.

Ch. fuscatum Desf. fl. atl., tab. 237 ; *Pyrethrum fuscatum* Willd. ; Munb., cat. ; *Heteromera fuscata* Pomel. — Tiges diffuses, striées (5-20 cent.) ; feuilles trifides au sommet ou subpinnatipartites, à lanières linéaires, longues, un peu charnues, mucronulées ; pédoncules longs, nus, pubescents, striés ; péricline imbriqué ; écailles à nervure noire, scarieuses aux bords, les internes largement scarieuses, brunâtres au sommet ; ligules blanches, grandes ; fleurons jaunes ; achaines subtétragones, un peu comprimés, linéaires, à 3 côtes et à 6 bandelettes résinifères à la face interne ; ceux des ligules à aigrette membraneuse d'une seule pièce, érodée-dentée, un peu auriculée, aussi longue qu'eux ; ceux des fleurons à aigrette formée de paléoles distinctes et plus courtes qu'eux ; plante à port d'*Anthemis*, glabre ou pubescente. ① Mars-juin. C. C. C. Rég. saharienne et H.-Pl., partout. Bibans, Beni-Mansour, etc.

Ch. macrocarpum Cosson et Kralick, inéd. ; Munb., cat. — Port du précédent ; feuilles un peu charnues, trifides au sommet ou pinnatiséquées ; écailles du péricline orbiculaires, largement scarieuses aux bords ; ligules blanches ; achaines tous surmontés d'une aigrette coroniforme entière, bien plus courte qu'eux, ceux de la périphérie triquètres, fertiles, ailés, gros (4-7 millim. sur 3), les intérieurs oblongs et anguleux. ① Mzab. Communiqué par M. le Dr Cosson.

Ch. trifurcatum Desf., fl. atl., tab. 235, fig. 2 ; *Pyrethrum trifurcatum* Willd. ; Munb., cat. ; Coss. et DR., Bull. soc., bot. vol. IV, p. 17. — Plante glabre à tiges dressées ou rameuses à la base ; feuilles rarement subpinnatifides, ordinairement divisées en 1-3 lanières un peu charnues, calleuses, mucronulées au sommet, simples ou bi-trifides ; pédoncules longs, dressés, lisses, nus ; grands capitules à ligules jaunes ; péricline à écailles ovoïdes, obtuses, scarieuses aux bords, les internes surmontées d'un large appendice scarieux ; fleurons comprimés ; achaines du rayon un peu comprimés avec 2 côtes à la face interne, surmontés d'une aigrette membraneuse auriculiforme ; achaines du disque à 10 côtes égales, à aigrette charnue, coroniforme, dentée, très courte. ① Avril-mai. Oued-Biskra, Tunisie.

2. Plantes vivaces.

Ch. macrocephalum Viviani, fl. Lyb.; *Pyrethrum macrocephalum* Coss. et DR., loc. cit.; Munb., cat. — Diffère du précédent par sa souche ligneuse, multicaule ; par ses feuilles à lanières courtes, lancéolées-aiguës, souvent dentiformes, mucronulées ; par ses tiges longues et grêles ; achaines plus longs, ceux du rayon semblables aux autres. ♄ Sahara. Mai-juillet. Founassa, Géryville, Zahrès, Bou-Saâda, Itima, etc. Maroc, Tunisie.

Ch. Maresii ; *Pyrethrum Maresii* Cosson, loc. cit.; Munb., cat. — Souche ligneuse, noirâtre ; feuilles pubescentes, trifides, à longues lanières divergentes, aiguës, ordinairement indivises ; écailles du péricline bordées de noir, peu scarieuses au sommet ; ligules jaunes, à la fin pourprées, émarginées, 3-4 dentées ; achaines tous semblables, noirs avec des côtes blanches, proéminentes, à couronne membraneuse moitié longue comme eux, un peu auriculée. ♃ Mai-juin. Montagnes du Sud oranais : Antar, Taelbouna, Mzi, etc.

Var. *Ilosmariensis* Ball. Maroc.

Ch. Gayanum ; *Pyrethrum Gayanum* Coss. et DR., loc. cit. ; Munb., cat. — Diffère du *Ch. Maresii* par ses feuilles 2 fois trifurquées ; par son péricline pubescent, à écailles aiguës, non bordées de noir ; par ses ligules blanches, rosées en dessous ; par ses fleurons d'un pourpre noirâtre ; par ses achaines plus minces, à aigrette membraneuse, auriculée, aussi longue qu'eux et égalant les fleurons. ♃ Avec le précédent. Maroc.

Ch. atlanticum Ball. Maroc.

Ch. Catananche Ball. Maroc.

TANACETUM L.

T. annuum L. Maroc.

BROCCHIA Visiani

Capitule discoïde, homogame ; péricline imbriqué ; réceptacle hémisphérique, papilleux ; fleurons comprimés à 4 dents ; achaines chauves, comprimés.

B. cinerea Delile (sub. *Cotula); Tanacetum cinereum* DC. ; Munb., cat. — Petite plante tomenteuse, cendrée, à port de *Chlamydophora;* tiges diffuses ou dressées (5-15 cent.), rameuses ; feuilles oblongues, petites, entières, dentées, ou trilobulées au sommet. ① Avril. Biskra, Ouargla, Mégarine, Tunisie.

ARTEMISIA Less.

Capitules homogames ou hétérogames, discoïdes ; fleurs du disque hermaphrodites ; celles du rayon femelles ou hermaphrodites ; involucre à écailles imbriquées, scarieuses au bord ; anthères à appendice ordinairement cuspidé-subulé ; achaines obovés, chauves, lisses. Plantes ordinairement odorantes.

§ 1. *Euartemisia.* — Capitules multiflores, hétérogames.

a. *Absinthium.* — Capitules globuleux, gros (3-6 mill.); réceptacle velu ; fleurons insérés au sommet ou sur le côté de l'achaine ; feuilles, au moins les inférieures, pinnatifides ou bipinnatifides.

1. *Macrophyllæ.* — Feuilles très grandes, les inférieures dépassant en général 1 décim., pétiolées, bi-tripinnatifides à lanières assez larges. Plantes argentées-soyeuses.

A. arborescens L. ; Desf., fl. atl. ; Munb., cat. ; Lx, cat, Kab. ; Reich. 138-II. — Arbrisseau à gros tronc, très rameux ; rameaux très feuillés ; feuilles ovales dans leur pourtour, divisées en lanières linéaires, obtuses ; gros capitules de 5-6 millim., brièvement pédonculés, penchés, puis redressés en grappes courtes formant une panicule étroite et assez serrée ; achaines glanduleux. ♄ C. C. C. Juin-août. Bord de la mer. Côteaux. Région médit.

A. Absinthium L. ; Desf. fl. atl. ; Munb., cat. ; Lx, cat. Kab. ; Ball, spic. ; Reich. 138-I. — Feuilles à lanières larges, obtuses, courtes et souvent trilobées dans les feuilles inférieures, capitules un peu plus petits, en inflorescence pyramidale plus lache ; achaines glabres, lisses ♃ ♄ juillet-août. Djurdjura, Babors. Europe, Orient.

2. *Camphoratæ.* — Feuilles bien plus petites que dans les précédentes, les inférieures pétiolées, bi-triternatiséquées, à lanières étroitement

linéaires, souvent 2 lanières stipuliformes à la base du pétiole ; feuilles supérieures souvent réduites à une simple lanière ; capitules assez gros, d'ordinaire sur un court pédoncule brusquement réfléchi.

A. atlantica Cosson, Bull. soc., bot. vol. IX, p. 298 ; Munb., cat. — Tiges sousfrutescentes, à la base, grêles, dressées (2-4 décim.), peu rameuses dans le haut ; feuilles argentées-soyeuses ainsi que les rameaux, petites (1-2 cent.) ; capitules en longues grappes terminales ordinairement simples ; fleurons insérés très obliquement sur l'achaine et très velus au sommet, au moins dans les fleurons hermaphrodites ; achaines munis de quelques poils vers le sommet ou glabres. ♃ juillet-août. Djelfa, Batna, Djebel-Noughis près Tébessa, Djebel-Aïssa, Djebel-Mzi, etc.

A. camphorata L. ; Reich. 142-II. — Plante de 4-8 décim., souvent glabrescente ; feuilles de 2-4 cent., ponctuées ; fleurons glabres, presque tous insérés au sommet de l'achaine ; capitules assez gros, en grappes axillaires formant une longue et étroite panicule ; écailles du péricline très concaves, membraneuses au bord. ♃ Maroc (herb. Cosson), Algérie ? souvent cultivé. Europe moyenne et mérid.

A. kabylica Chabert, Bull. soc., bot. fr. 1889. — Diffère de la précédente par ses capitules tous solitaires à l'extrémité de rameaux axillaires grêles, longs de 2 ou 4 cent. Plante à odeur suave que je n'ai vue qu'en boutons. Beni-bou-Youcef, près Aïn-el-Hammam.

A. chitachensis Cosson. Maroc.

A. maroccana Cosson. Maroc.

b. *Microcephalæ.* — Capitules petits ; réceptacle glabre.

1. *Abrotanum.* — Fleurons du disque hermaphrodites.

A. vulgaris L. ; Desf. fl. atl. ; Munb. cat. fig. Reich. 147. — Tiges de 6-12 décim., dressées, fermes, rougeâtres ; feuilles soyeuses et blanchâtres en dessous, vertes en dessus, à pourtour ovale, les inférieures pétiolées pinnatipartites, à segments larges, lancéolés, mucronés, entiers ou incisés, plus grands et confluents vers le haut de la feuille ; feuilles supérieures sessiles, auriculées à la base ; capitules sessiles, en longs épis unilatéraux formant une panicule pyramidale. ♃ Juin-juillet. Boufarick R. « in agris » Desf. Europe, Sibérie.

A. pontica L. ; Desf., fl., atl. ; Munb., cat. ; Reich. 150-III. — Plante sousfrutescente, argentée-soyeuse, à feuilles un peu vertes en dessus, bi-tripinnatiséquées, très finement divisées, à lanières courtes ; capitules courtement pédonculés, pendant en grappes serrées. ♄ Algérie (Desf.).

A. variabilis Tenore. Maroc (herb. Cosson).

2. *Dracunculus.* — Fleurons du disque stériles ; capitules petits pauciflores.

A. Dracunculus L. ; Desf. fl. atl. *L'Estragon.* Cult.

A. campestris L. ; Munb., cat. — Plante à tiges striées glabres, un peu décombantes à la base, puis dressées (3-6 décim.) ; feuilles glabrescentes, d'un vert foncé, les inférieures et celles des rameaux stériles pétiolées, les supérieures sessiles, toutes divisées en lanières linéaires-aiguës, mucronées, peu ou pas glutineuses ; capitules très petits, glabres, luisants, ovoïdes, dressés ou pendants en grappes assez fournies ; écailles du péricline très inégales, les extérieures ovales ; anthères prolongées en appendice acuminé ; achaines oblongs, glabres. ♃ H.-Pl. A. C. Batna, Aïn-Sefra, etc. Mêlé à l'*A. Herba-Alba*. Europe, Sibérie.

A. odoratissima Desf. fl. atl. — Plante odorante à panicule étalée ; écailles du péricline elliptiques ; capitules dressés, sur de petits rameaux étalés très grêles. Juin-août.

A. Clausonis Pomel. — Mêmes caractères ; feuilles très petites ; plante puissante. Coléa (Clauson).

A. GLUTINOSA J. Gay ; Munb., cat. — Diffère de l'*A. campestris* par ses tiges droites dès la base, glabres ; par ses rameaux fortement glutineux dans le haut, ses capitules oblongs, ses anthères à appendice lancéolé. Aïn-Beida (Pomel) ; d'Aïn-el-Hadjar à Mecheria.

A. judaica L. — Numidie d'après Besser.

§ 2. *Seriphidium* Besser. — Corolle insérée très-obliquement sur l'ovaire ; stigmates élargis au sommet en disque cilié ; petits capitules pauciflores à fleurs toutes hermaphrodites.

A. Herba-alba Asso ; Munb., cat. ; Ball, spic. ; fig. Boiss., voy. Esp., tab. 94. — Plante sous-frutescente à tiges nombreuses, hautes de 3 à 5 décim., tomenteuses ; feuilles ordinairement pubescentes-argentées, courtes, celles des rameaux stériles pétiolées, à contour ové-orbiculaire, bipinnatiséquées, à lanières linéaires, courtes, les supérieures très réduites ; capitules sessiles ou subsessiles, oblongs-cylindriques ; péricline imbriqué à écailles extérieures petites, orbiculaires, opaques, pubescentes, les intérieures oblongues, largement scarieuses, brillantes, glanduleuses; 2-4 fleurs glanduleuses. ♄ Août-octobre. C. C. C. H.-Pl. et Sahara, Oran, Le Sig, Perrégaux, Chéliff, l'Adjiba, Bibans, etc. Espagne, Tunisie.

α *genuina*. — Rameaux dressés-étalés. C. C.

β *patula*. — Rameaux étalés, pendants. C. C.

γ *oranensis* Debeaux, Assoc. fr., Congrès d'Oran, p. 307. — Écailles extérieures de l'involucre un peu gibbeuses; capitules cylindracés assez grands. Oran (Debeaux)

δ *densiflora* Boissier. — Capitules très condensés sur des rameaux courts. Sahara.

A. Saharæ Pomel. — Très voisin de l'*A. Herba-alba;* capitules très agglomérés à écailles presque entièrement scarieuses; fleurons plus nombreux, brusquement retrécis sous le limbe; achaines blancs, striés, glabres, non glanduleux. ♄ Metlili, Maïa, Biskra, El-Abiod. (v. s.)

Tribu VI. — EUSÉNÉCIODÉES.

Clef des genres :

Péricline imbriqué; achaines du rayon sans aigrettes. . Doronicum.

Péricline unisérié avec un calicule de bractées à la base. Senecio.

Péricline unisérié à larges écailles, non caliculé; ligules seules fertiles . . . . Othonnopsis.

DORONICUM L.

Péricline déprimé, à écailles acuminées sur 2 ou 3 rangs; achaines chauves à 8 côtes, ceux du disque à aigrette formée de poils plurisériés et munis de 10 côtes; grandes herbes vivaces à grands capitules longuement radiés, solitaires et terminaux.

D. scorpioides Willd.; Lx, cat. Kab.; Persoon, Synopsis! non aliorum; *D. pardalianches* Desf., fl. atl., non L.; *D. scorpioides* et *D. pardalianches* Munb., cat. — Grosse souche horizontale, squameuse, laineuse au sommet; tige dressée (5-8 décim.), simple et monocéphale, rarement ramifiée, portant environ 4 feuilles très grandes, molles, ovoïdes, non cordées à la base, d'un vert gai, plus pâles en dessous, brièvement pubescentes, l'inférieure pétiolée, la suivante à pétiole auriculé-denté, les 2 supérieures sessiles, embrassantes, irrégulièrement dentées, aiguës; pédoncule pubescent épaissi au sommet, muni d'une bractée linéaire; capitule de 4-5 cent. de diamètre; écailles du péricline herbacées, égales, longuement acuminées; ligules d'un jaune pâle; achaines chauves de 2 millim., un peu courbes, un peu pubescents entre les côtes, les autres fortement pubescents 2 fois plus courts que leur aigrette. ♃ Mai-juin. Tout l'Atlas, vers 1,500 mètres. Plante voisine du *D. pardalianches*, mais plus grande dans toutes ses parties.

SENECIO L. (Seneçon).

Péricline cylindrique ou campanulé, unisérié, caliculé par des bractéoles; achaines cylindriques, tous semblables avec une aigrette à poils plurisériés.

§ 1. *Eusenecio* Gren. Godr. — Plantes annuelles; feuilles caulinaires plus ou moins divisées, rarement entières, auriculées ou amplexicaules; écailles du calicule souvent peu nombreuses.

a. Capitules non radiés ou à ligules très-courtes; achaines pubescents.

S. Decaisnei DC., prodr.; Munb., cat.; *S. Claviseta* Pomel. — Plante glabre; tige ordinairement simple, dressée, rameuse dans le haut (5-20 cent.); feuilles rougeâtres, ovoïdes ou cordiformes, fortement dentées, les inférieures assez longuement pétiolées, les autres sessiles et amplexicaules; capitules en corymbe lâche; calicule presque nul; écailles du pericline linéaires, un peu sphacélées au sommet cilié et barbu; fleurons extérieurs non ligulés, femelles; aigrette à soies capillaires, caduques, les intérieures claviformes, inégales. ① Mars. Lieux rocheux du Sahara: Moghrar, Mzab, Ouargla, etc. Orient, Cap de Bonne-Espérance.

S. lividus L.; Munb., cat.; Ball, spic.; *S. fœniculaceus* Tenore; fig. Reich. 71-I. — Plante velue-visqueuse à pubescence crépue; tiges de 3-5 décim.; feuilles oblongues, obovées ou lancéolées, sinuées-dentées ou pinnatifides, les inférieures pétiolées, les supérieures embrassantes; capitules assez gros (15 millim.); en corymbe lâche; écailles du péricline linéaires, barbues au sommet; squamules caliculaires 4-5, sétacées, appliquées, 4 fois plus courtes que le péricline; ligules très courtes, enroulées; achaines noirs à pubescence blanche, à longue aigrette. ① Mars-juin. Cultures et broussailles du Tell. A. R. Rég. médit. occid.

Nous avons surtout la forme *fœniculaceus* à pubescence très fournie, à 30-40 fleurons par capitule.

S. vulgaris L.; Munb., cat.; Lx, cat. Kab.; Ball, spic.; Reich. 68-I. — Plus petit, plus grêle que le précédent glabre ou pubescent, non visqueux; feuilles un peu charnues, glabres ou aranéeuses, plus petites que dans le *S. lividus;* capitules bien plus petits en corymbes plus fournis; péricline à écailles glabres, barbues et dentelées au sommet, celles du calicule tachées de noir à l'extrémité; fleurs toutes tubuleuses. ① Cultures, champs, broussailles. C. C. C. Plante cosmopolite originaire de l'ancien continent.

S. Teneriffæ Schutz-Bip. Maroc.

S. vulgari-leucanthemifolius. — Plante intermédiaire à tous les degrés imaginables entre ses parents et vivant avec eux; a été trouvée à Coléa par Clauson, et par moi à Maison-Carrée. R. R. R.

b. ligules plus longues que le diamètre du disque.

S. leucanthemifolius Poiret, Voy. II, p. 238; Munb., cat.; Lx, cat. Kab.; Ball, spic.; *S. humilis* Desf., fl. atl., tab. 233; Munb., cat.; *S. glaucus* DC.; *S. vernus* Biv.; *S. Fradini* Pomel. — Tiges dressées ou décombantes, simples ou rameuses; feuilles inférieures généralement petiolées, oblongues ou obovées, dentées, les autres amplexicaules, auriculées, dentées, sinuées-dentées, ou pinnatifides; capitules médiocres; ligules d'un jaune citron, un peu enroulées à l'extrémité, presque aussi longues que le péricline; calicule très-court à 8-10 écailles noires au sommet; écailles du pericline linéaires-acuminées et pénicilliées au sommet noirâtre; achaines noirs, longs de 2 millim. et 1/2, à côtes couvertes de poils blancs appliqués. Plante glabre, ou un peu hispidule, ou aranéeuse. ① C. C. C. Tout le littoral. Rég. médit.

α *humilis.* — Tiges nombreuses, décombantes; feuilles inférieures oblongues, les supérieures sinuées-pinnatifides; plante de 5-20 cent. C. C. C. Bord de la mer, lieux sablonneux.

β *leucanthemifolius.* — Feuilles presque toutes oblongues ou spatulées, simplement et finement dentées, uu peu charnues. Bougie, Bône, Collo. Rare à Alger.

γ *Fradini* Pomel. — Tiges très feuillées; feuilles pinnatipartites, ligules courtes; aigrette dépassant les fleurons; plante de 1 à 6 décim. Mustapha, Maison-Carrée.

S. mauritanicus Pomel. — Capitules et achaines un peu plus gros; feuilles plus étroites à lobes lancéolés-aigus et assez longs; écailles du calicule nombreuses, presque entièrement noires. Les feuilles rappellent celles du *S. coronopifolius.* Chelif, Oran, jusqu'au Maroc.

S. atlanticus Boiss. et Reut., Pug., p. 58 ; *S. leucanthemifolius* var. *major* Ball. — Diffère du *S. leucanthemifolius* par ses feuilles fortement auriculées, par ses achaines de 3 millim. et 1/2, de couleur claire, pubescents. C. C. Dans la région montagneuse : L'Arba, Blida, La Chiffa, Zaccar, etc., etc. Maroc, Orient.

S. crassifolius Willd. ; Munb., cat. ; Ball, spic. — Diffère du *S. leucanthemifolius* par ses feuilles charnues, ses pédoncules plus longs, bractéolés ; par ses calicules peu distincts des bractéoles ; par ses capitules plus gros à écailles du péricline vertes, concolores, linéaires-lancéolées ; par ses ligules pâles, fortement enroulées ; par ses achaines gros et courts, couverts sur les nervures de gros poils argentés un peu étalés. ① La Macta. Rég. médit.

β *pinguiculus* ; *S. pinguiculus* Pomel. — Petite plante à feuilles presque toutes entières, lancéolées, peu ou pas dentées. Mostaganem, Ouillis en Dahra.

S. coronopifolius Desf., fl. atl., Munb., cat. ; Ball, spic. — Plante de 2-4 décim., glabrescente ou aranéeuse, rameuse ; feuilles pinnatipartites à rachis et à lobes linéaires, ceux-ci entiers ou dentés ; capitules aussi gros que dans le précédent ; ligules longues bien radiées ; calicule presque nul. ① C. C. C. Sables de toute la région saharienne.

S. Auriculatus Desf., fl. atl. ; Munb, cat. ; *S. auritus* Willd. ; Persoon. — Tige de 3-6 décim., rameuse ; feuilles amplexicaules, un peu hispides, pinnatifides, à lanières écartées, inégalement dentées ; capitules en corymbe dense, ligules à peine exsertes ; achaines glabres « in deserto. » Desf.

S. gallicus L. ; Munb., cat. ; Ball, spic. — Plante de 1-4 décim., glabre ou munie de poils articulés ; tige dressée, rameuse ; feuilles pinnatiséquées, finement divisées, les inférieures pétiolées, les supérieures sessiles et auriculées ; capitules petits, en corymbe lâche ; pédoncules grêles et assez longs ; bractées petites, éparses, lancéolées, demi-embrassantes ; achaines couverts de petits poils appliqués. ① Algérie, 3 prov. A. R. (Munby), Maroc (Ball), Rég. médit. occid.

β *sonchifolius* Ball. Maroc.

S. delphinifolius Vahl ; Desf., fl. atl., Munb., cat. ; Lx, cat. Kab. — Tiges dressées, pubescentes (2-5 décim.), rameuses dans le haut ; feuilles inférieures obovées-dentées, pétiolées, vite caduques, les autres sessiles, pinnati ou bipinnatipartites, pubescentes en dessous, ordinairement divisées en lanières étroitement linéaires ; capitules en corymbe assez serré, à ligules radiantes, étalées, non enroulées, nombreuses et étroites, longues; péricline à écailles linéaires, étroites, non tachées de noir, ni barbues; calicule indistinct des bractéoles; achaines très courts (1 mill. 1/2), ellipsoïdes, couverts de poils glanduleux, brillants, subsphériques. ① Avril-mai. C. C. C. Terres argileuses du Tell. Sicile, Sardaigne.

§ 2. *Jacobea* DC. — Plantes vivaces, rarement annuelles; capitules radiés; feuilles pinnati ou bipinnatilobées.

1. Feuilles vertes ou un peu blanchâtres en dessous.

S. nebrodensis L.; Munb., cat.; Lx, cat. Kab. — Plante aranéeuse, glabrescente ou glabre; tiges dressées ou ascendantes, rameuses (3-5 décim.); feuilles grandes, les inférieures longuement pétiolées, les supérieures embrassantes, auriculées, pennatilobées ou dentées, subentières; gros capitules radiés, en corymbe lâche, très inégalement pédonculés; calicule à écailles noires au sommet, celles du péricline bicarenées. ① ♃ Mai-juin. Toute la région atlantique. Europe moyenne et rég. médit.

β aurasiacus; S. Balansæ Boiss. et Reut., Diagn., § 2-III, p. 32. — Forme humble presque toujours annuelle. Aurès.

γ laciniatus; S. laciniatus Bertoloni. — Plante très rameuse à tiges souvent décombantes, moins élevées; feuilles ordinairement rouges en dessous, bipinnatilobées. ① ♃ Gorges de Palestro. Italie.

S. erraticus Bertoloni. — Tiges dressées, raides (5-12 décim.); rameuses dans le haut, formant un large corymbe dichotome et très irrégulier; feuilles d'un vert foncé, les inférieures profondément lyrées, à lobe terminal arrondi au sommet, les caulinaires sessiles, les supérieures, irrégulièrement laciniées; capitules médiocres; pédoncules épaissis au sommet; calicule presque nul; péricline à écailles ovales-aiguës; achaines extérieurs glabres, les autres pubescents. ② Mai-août. Marais. C. C. C. Europe tempérée. Rég. médit.

S. erucæfolius L.; Munb., cat. — Tiges dressées, raides (5-10 décim.), rameuses dans le haut et formant un corymbe serré; feuilles blanches en dessous, pennatilobées, à segments obliques, parallèles, les inférieures pétiolées; achaines tous pubescents. ♃ Environs d'Alger (Monnard n. v.) Europe, Sibérie.

S. giganteus Desf., fl. atl., tab. 234; Munb., cat.; Ball, spic. — Tiges de 1 à 2 mètres, dressées, cannelées, grosses comme le doigt, fermes, largement ramifiées en corymbe dans le haut ; feuilles blanchâtres et aranéeuses en dessous, vertes en dessus, très grandes, les inférieures de 2-4 décim., plus ou moins pétiolées, lyrées-pinnatipartites, à lobes inégaux, sinués-dentés, le dernier ovoïde très grand ; capitules médiocres ; calicule presque nul ; écailles du péricline lancéolées ou ovoïdes-aiguës, trinerviées, membraneuses aux bords ; achaines très petits, moins larges que la base de l'aigrette, glabres ou papilleux. ♃ Juin-août. Ruisseaux de l'Atlas et de la Mitidja.

2. Feuilles nettement blanches-tomenteuses en dessous et parfois en dessus.

S. giganteo-Cineraria. — Plante extrêmement rameuse et puissante. Hybride produit au jardin botanique de l'école de médecine.

S. Cineraria DC., prodr. ; Munb., cat. — Tige de 3-6 décim., dressée, sous-frutescente à la base, blanche, très rameuse, très feuillée à la base ; feuilles pétiolées, grandes, épaisses, blanches-tomenteuses en dessous, vertes et aranéeuses en dessus, pinnatipartites, à segments étalés, bi-trifides, contractés dans leur partie inférieure ; segment terminal grand, orbiculaire et lobé dans les feuilles inférieures, semblable aux autres dans les feuilles supérieures ; capitules en corymbe composé, dense ; pédoncules épaissis au sommet, non bractéolés ; pas de calicule ; péricline campanulé, tomenteux ; achaines bruns, glabres. ♄ Avril-juin. Bord de la mer. Ténès, Cherchel. Rég. médit., Belgique.

S. ambiguus DC., Munb., cat. ; *Cineraria ambigua* Biv. — Diffère du précédent par ses tiges glabrescentes dans le haut ; ses feuilles souvent glabres et luisantes en dessus, à lobe terminal très grand, à lobes latéraux dentés en dehors ; divisions du corymbe plus grêles, plus étalées ; pédoncules bractéolés. Constantine. Rég. atl. (Munb).

S. Gallerandianus Coss. et DR., Bull. soc., bot. vol. II, p. 365 ; Munb., cat. ; *S. Absinthium* Cosson ; Lx, cat. Kab. — Souche rampante, noirâtre, terminée par une rosette de feuilles argentées-soyeuses sur les deux faces ainsi que la tige, bipinnatipartites à lobules linéaires-oblongs, obtus ; tige de 1-3 décim., partant du centre de la rosette, portant 3-4 feuilles décroissantes, ramifiées dans le haut en corymbe simple et lâche ; capitules radiés, assez grands ; fleurs jaunes ; péricline caliculé, hémisphérique ; achaines pubescents. ♃ Juin-août. Hauts sommets du Djurdjura et de l'Aurès, Djebel-Afgan.

§ 3. *Doria* Gren. Godr. — Feuilles entières ; capitules caliculés par quelques bractéoles ; capitules campanulés, à écailles lancéolées ou linéaires, non sphacélées au sommet ; achaines pubescents ; aigrette égalant le fleuron ; plantes vivaces.

S. linifolius DC. ; Munb., cat. ; *Cineraria linifolia* Biv. — Plante vivace, glabre ou glabrescente, à tiges herbacées ou sousfrutescentes, grandes, dressées, rameuses, très feuillées ; feuilles linéaires ou lancéolées-linéaires, entières, rarement dentées ; capitules médiocres, radiés, en corymbe lâche ; pédoncules bractéolés ; péricline à écailles lancéolées, aiguës, scarieuses aux bords. ♃ Mai-juin. Oran, carrières du Santa-Cruz. Espagne.

S. Auricula Bourgeau ; Cosson, not. pl. crit. p. 169 ; Munb., cat. — Feuilles inférieures en rosette fournie, un peu charnues, obovées ou oblongues, très entières, atténuées en court pétiole, glabres ou un peu aranéeuses ; tige de 1-4 décim., terminale, dressée, aranéeuse, peu feuillée, à feuilles acuminées, successivement décroissantes, non amplexicaules ; capitules 2-5, assez gros, radiés, longuement pédonculés, en petit corymbe ; involucre campanulé, pubescent, à écailles linéaires, à peine caliculé. ♃ Mai. Djebel-Senalba, près Djelfa.

S. Perralderianus Cosson ; Lx, cat. Kab. ; Munb., cat. ; *S. atlanticus* Cosson, Bull. soc. bot., vol. III, non Boissier et Reut. — Tige de 2-5 décim., grêle, aranéeuse, glabre dans le haut, simple ou à 2-3 rameaux monocéphales ; feuilles molles, grandes, aranéeuses en dessous, grossièrement dentées, les inférieures longuement pétiolées, à limbe cordé-orbiculaire, les caulinaires d'abord semblables, à pétiole auriculé-denté à la base, puis sessiles-amplexicaules, cordées-acuminées ; capitules très grands, longuement radiés ; pédoncules bractéolés, élargis au sommet ; calicule à bractéoles linéaires acuminées, assez longues ; péricline aranéeux, à écailles linéaires. ♃ Toute la grande chaîne du Djurjura, Dréat, Babors.

S. Doronicum L., var. *Hosmariense* Ball. Maroc.

S. Pteroneura Ball ; *Kleinia pteroneura* DC. Maroc.

S. scandens DC. ; *Delairea scandens* Lem. Grande plante grimpante originaire du Cap, très propre à garnir les tonnelles et fréquemment cultivée. S'est naturalisée sur plusieurs points. Gorges de la Chiffa, Mustapha.

OTHONNOPSIS Jaubert et Spach.

Capitules radiés, hétérogames ; Ligules femelles et fertiles ; fleurons stériles ; involucre campanulé, à écailles unisériées, largement ovoïdes ou oblongues, aiguës.

O. cheirifolia Jaub. et Sp. ; *Othonna cheirifolia* L. ; Desf., fl. atl. ; Munb., cat. — Plante vivace, multicaule, glabre, poussant en touffes denses ; tiges couchées à la base, ascendantes ; feuilles un peu charnues, oblongues-mucronulées, entières, les inférieures un peu atténuées à la base, plus petites ; capitules assez gros (2 cent.), solitaires sur des pédoncules nus et élargis au sommet ; fleurs d'un jaune citron ; achaines pubescents à aigrette de 2 centimètres très fournie. ♃ C. C. C. Prov. de Constantine, Djelfa, Tunisie.

Tribu VII. — CALENDULACÉES.

CALENDULA L. (Souci).

Écailles du péricline linéaires-aiguës ; ligules grandes, ordinairement tridentées ; achaines très polymorphes, souvent arqués et hérissés de pointes, sans aigrette ; plantes pubérulentes ou pubescentes, glanduleuses, odorantes, à feuilles entières ou dentées, un peu charnues, alternes. — Groupe de petites espèces variables et difficiles à limiter.

a. Espèces annuelles

1. Plantes grêles, petites ; capitules florifères très petits (1 cent.), à ligules dépassant peu le péricline ; tiges rameuses, dressées ou ascendantes ; feuilles petites.

C. gracilis DC., Prodr. ; Munb., cat. ; *C. subinermis* Pomel, nouv. mat. — Feuilles linéaires-oblongues, denticulées, les inférieures atténuées en pétiole, les autres sessiles ; achaines dépassant peu le péricline, tous courbés en anneau, presque inermes, les extérieurs plus ou moins cymbiformes. ① Sahara, 3 prov. A. R. Metlili, Tadjerouna, Biskra.

C. platycarpa Cosson ; Munb., cat. ; *C. thapsiæcarpa* Pomel ; *C. stellata*, var. *hymenocarpa* Cosson, Bull. soc. bot., IV, p. 282. — Achaines extérieurs non rostrés, largement ailés à 3 ailes dont 2 latérales, qui parfois avortent, et une médiane, à côté dorsale muriculée ou granuleuse ; achaines internes non marginés, munis de crêtes transversales muriculées ; pour le reste comme le précédent. ① R. Aïn-Sefra, Bou-Saâda, Metilli.

C. malvæcarpa Pomel ; *C. stellata*, var. *intermedia* Cosson, loc. cit. ? — Ailes latérales des achaines marginaux courtes et un peu dentées. El-Beïda au Djebel-Amour, Sahara, 3 prov. R.

2. Plantes plus grandes et plus robustes que les précédentes, très rameuses ; feuilles plus grandes ; capitules de 15-20 millim.

C. arvensis L. ; Desf., fl. atl. ; Munb., cat. ; Lx, cat. Kab. ; Ball, spic. ; fig. Reich. 159-IV. — Feuilles oblongues ou lancéolées, entières ou plus ou moins sinuées-dentées, pubescentes, les inférieures atténuées en pétiole, les supérieures auriculées-embrassantes ; péricline à écailles lancéolées-acuminées dépassées par les ligules ; ligules jaune-pâle, rarement orangées ; fleurons jaunes ; achaines épineux sur le dos, très polymorphes, ordinairement 5 extérieurs arqués à la base, puis redressés en long rostre droit dépassant largement le péricline, 5 autres également extérieurs, hémisphériques et creux *(cymbiformes)*, les autres enroulés en cercle presque complet, ceux du centre verts marqués de crêtes transversales et semblables à de petites chenilles *(vermiformes)*. ① C. C. C. Champs, partout d'octobre à juin de l'année suivante. Europe, Rég. médit.

β *bicolor ; C. bicolor* Raffinesque. — Fleurons d'un pourpre noir ; ligules pâles ou orangées. C. C. C.

γ *parviflora ; C. parviflora* Raffinesque. — Achaines tous enroulés ou quelques-uns cymbiformes, plus ou moins épineux, avec les précédents. R. Atlas, H.-Pl., Maroc, Rég. médit.

Nota. — Le *Calendula stellata* de Cavanilles, Icon., vol. I, tab. 5, me paraît une forme du *C. arvensis* L. dans laquelle 5 ou 6 achaines extérieurs sont largement ailés et laciniés sur le bord, un peu épineux sur le dos et étalés en étoile. J'ai vu cette modification se produire en Algérie non seulement sur le *C. arvensis*, mais sur le *C. algeriensis*.

3. Grands capitules à longues ligules orangées ; fleurons d'un pourpre noir.

C. algeriensis Boissier et Reuter, diagn., § II-6, p. 109 ; Munb., cat. — Même type que le *C. arvensis ;* diffère de la var. *bicolor* par ses capitules presque aussi grands que ceux du *C. officinalis*. Fait partie des soucis de jardin. Feuilles peu dentées, les supérieures étroites, aiguës, peu embrassantes, ce qui le distingue du *C. fulgida* Raff. ① C. C. C. avec le précédent. Surtout à Oran et dans le Chélif.

b. Plantes vivaces ; fleurons toujours jaunes ; ligules aussi grandes que dans les soucis cultivés (1).

---

(1) M. Cosson réunit toutes les plantes de ce groupe dans une seule espèce, le *C. suffruticosa* Vahl. Il est certain qu'elles ont entre elles une grande affinité et qu'elles présentent parfois des intermédiaires peut-être hybrides ; pourtant elles constituent un certain nombre de types, stables sur de vastes étendues, qu'il me semble impossible de passer sous silence,

1. Achaines épineux sur le dos.

C. **suffruticosa** Vahl ; DC., Prodr. ; Munb., cat. — Plante sous-frutescente à la base, à tiges rameuses, grêles, élancées ; feuilles pubescentes, lancéolées, étroites et aiguës, sinuées-dentées, les inférieures pétiolées, les supérieures subulées ; écailles du péricline linéaires-lancéolées, aiguës ; ligules étroites plus ou moins longues ; achaines extérieurs longuement rostrés (15-25 millim.), droits et étalés ou arqués-redressés, alternant avec d'autres tri-ailés, à ailes planes, courts, les internes cymbiformes et vermiformes. ♃ Oran, Mostaganem, Stora, Constantine. Rég. médit. mérid.

C. **maroccana** Ball. Maroc.

C. **marginata** Willd. ; Munb., cat. — Diffère du *C. suffruticosa* par ses feuilles plus larges, son port plus robuste, ses fruits plus développés assez variables. Chenoua, Bougie, Gibraltar.

β *acutifolia* Boiss. et Reut., loc. cit. — Ligules orangées ; achaines fortement ailés à ailes dentées ; feuilles toutes aiguës, un peu dentées. Blida, Médéa, Oran.

C. **Balansæ** Boiss. et Reut., loc. cit. — Plante toute couverte d'un tomentum blanchâtre; fruits cymbiformes remplacés par des fruits à membrane plane. ♃ Oran, Batterie espagnole.

2. Fruits lisses ou tuberculés sur le dos mais jamais épineux.

C. **tomentosa** Desf., fl. atl., tab. 245; Munb., cat. — Plante toute couverte d'un tomentum blanchâtre; achaines extérieurs les uns rostrés, bacillaires, étalés, les autres ailés, à ailes entières ou dentées, les intérieurs vermiformes, quelques-uns intermédiaires plus ou moins cymbiformes. ♃ Maroc, Djurdjura, Tunisie.

C. **foliosa** nob. — Plante puissante, non tomenteuse, remarquable par le grand développement de son feuillage qui dans la plante cultivée ne permet plus que difficilement de reconnaitre un souci. ♃ Djebel bou Zecza, Gorges de Palestro. Plante des plus remarquables dans le genre; achaines du précédent.

C. **Monardi** Boiss. et Reut., loc. cit. ; Munb., cat. — Plante sous-frutescente à la base, grimpant haut dans les broussailles ; tiges anguleuses ; feuilles petites, un peu tomenteuses, visqueuses, les inférieures spatulées, obtuses, mucronulées, pétiolées, entières ou denticulées, les supérieures aiguës; achaines ne dépassant guère le péricline, les extérieurs les uns rostrés mais courts, les autres ailés à ailes planes, les internes vermiformes. ♃ ♄ Du Mazafran à Alger au bord de la mer, Corso.

Tribu VIII. — ARCTOTIDÉES.

GUNDELIA Tournefort.

Capitules de 5 à 7 fleurs à l'aisselle de chaque bractée du glomérule; fleur centrale fertile, les latérales stériles; involucre de chaque capitule conné avec la bractée; achaine subtétragone.

G. Tournefortii L.; Munb., cat.; *Echinops castaneus* Munb., olim. — Grande plante glabre ou aranéeuse, à tiges robustes, lactescentes, rameuses; feuilles et capitules épineux. ♃ Oran, R. Probablement adventive. Asie mineure.

Sous-famille II. — CARDUACÉES ou *Cynarocéphales* Juss.

Plantes à suc aqueux; rien que des fleurons sauf dans quelques *Atractylis*; style souvent renflé et articulé sous les branches stigmatiques. (Fig. Reich., vol. XV).

Tableau des tribus :

Tribu I. Warioniées. — Style ni renflé ni articulé; capitules solitaires, terminaux; achaines velus, pédiculés sur un réceptacle alvéolé; aigrette persistante; fleurons tous semblables. Arbrisseau saharien à affinités très obscures, appartenant peut-être, d'après MM. Bonnet et Maury, au groupe des *Mutisiacées*.

Tribu II. — Échinopsidées. — Capitules uniflores réunis en tête sphérique; aigrette paléacée, unisériée, coroniforme.

Tribu III. Carlinées. — Achaines souvent velus, à hile basilaire; aigrette à poils ou à paléoles distincts et tombant séparément, plus rarement réunis par leur base en phalanges ou en anneau, tombant rarement d'une seule pièce par déchirure du sommet de l'achaine.

Tribu IV. Centaurinées. — Achaines à hile latéral, rarement basilaire, glabres ou pubescents; aigrette parfois nulle, souvent double, à poils ou à paléoles libres et tombant individuellement sauf dans le genre *Cnicus*.

Tribu V. Carduinées. — Achaines ordinairement glabres, à hile basilaire, rarement latéral; aigrette simple, à poils soudés en anneau à la base et tombant d'une seule pièce.

Tribu I. — WARIONIÉES.

WARIONIA Cosson et Bentham.

Fleurons tous égaux et fertiles ; réceptacle alvéolé couvert d'un duvet blanc, à la fin glabre ; achaines velus, à longue aigrette scabre, fragile non caduque, s'insérant au centre de chaque alvéole par un pédicule filiforme ; anthères caudiculées à caudicules lacérés ; filets glabres ; péricline large à folioles imbriquées, coriaces, ovoïdes ou lancéolées, très nombreuses ; fleurs jaunes régulières ou subbilabiées.

W. Saharæ Cosson, Bull. soc. bot., vol. XIX, p. 165. — Arbuste à gros troncs subéreux, à grosses tiges courtes, semblables à des tiges de laitue ; feuilles toutes couvertes de glandules sphériques et odorantes, oblongues, subsessiles, sinuées-pinnatifides, à lobes irrégulièrement triangulaires, érodés-dentés ; grands capitules solitaires et terminaux. ♄ Mai-juillet. Sud-Oranais : Tyout, Founassa, Mzi, Mir-Djebel, Si-Sliman, Maroc.

Tribu II. — ECHINOPSIDÉES.

ECHINOPS L.

Capitules nombreux ; péricline anguleux à écailles carenées, acuminées, enveloppées à la base dans un faisceau de poils raides *(pinceau)* ; fleurs hermaphrodites ; filets glabres, monadelphes à la base ; anthères brièvement caudiculées ; involucre général réfléchi contre la tige et caché par les capitules ; plantes épineuses.

E. spinosus L. ; Desf., fl. atl. ; Lx, cat. Kab. ; Ball, spic. ; *E. Bovei* Boissier, diagn. § I-6, p. 99 ; Munb., cat. — Tiges dressées, fermes (4-8 décim.), rameuses dans le haut, glabrescentes ou glanduleuses, striées, violacées ; feuilles blanches-tomenteuses en dessous, glabres ou aranéeuses en dessus, pinnati ou bipinnatiséquées, à segments triangulaires-acuminés, terminés ainsi que leurs dents par de longues épines vulnérantes, les radicales très grandes à pétiole élargi et épineux, les caulinaires embrassantes ; têtes à la fin très grosses (5-6 cent. diam.) ; corolles bleues ; involucre général à folioles tronquées, laciniées au sommet ; pinceau très fourni à poils inégaux moitié plus courts que le péricline ; écailles du péricline denticulées, brusquement acuminées, les extérieures en pointe courte, les internes en longue épine et souvent maculées de noir, les plus internes soudées en tube ; achaines velus, obconiques ; couronne cachée dans les poils, laciniée. ♃ Mai-juillet. C. C. C. Barbarie.

β *macrochætus* Boissier. — Pinceau aussi long que le péricline ; feuilles moins divisées. Oran, Ténès, Alger. R.

γ *cornigerus* Boissier. — Épines internes de quelques capitules supérieurs prolongés en cornes de 4 à 7 centim. Atlas, Blida, etc.

E. chætocephalus Pomel. — Feuilles tomenteuses en dessous, très aranéeuses en dessus, à segments très étroits, presque réduits à de longues épines ciliées ; pinceau égalant les capitules non cornigères ; couronne à écailles distinctes presque jusqu'à la base. ♃ El-Abiod-Sidi-Cheik.

NOTA. — Cette plante paraît se rapprocher beaucoup du type même de l'*E. spinosus* L., plante d'Égypte, dont nous avons surtout la variété *Bovei* ci-dessus décrite. — Il existe encore dans l'herbier de M. Pomel une autre forme de ce même type, à tiges et à face supérieure des feuilles couverte d'un épais indumentum roux et glanduleux, à pinceau égalant le 1/3 de l'involucre, à écailles externes grêles et brusquement dilatées en losange, à capitules supérieurs cornigères (Garrouban).

E. sphærocephalus L. ; Desf., fl. atl. ; Poiret, It. ; Munb., cat. — Port des précédents ; feuilles peu épineuses, presque molles ; écailles du péricline presque égales, acuminées en une pointe subulée, inerme ; achaines à couronne très peu fimbriée égalant les poils supérieurs de l'achaine. (n. v.) Europe, Orient.

E. Ritro L. ; Poiret, It. ; Ball, spic. — Capitules bien plus petits que dans l'*E. spinosus ;* pinceau égalant le 1/4 du péricline ; celui-ci à écailles très inégales, ciliées-fimbriées vers leur milieu ; couronne profondément fimbriée, cachée dans les poils de l'achaine ; feuilles coriaces, épineuses. (n. v.). Maroc, Europe, Orient.

E. strigosus L. ; Desf., fl. atl. ; Munb., cat. ; Ball, spic. — Feuilles tomenteuses en dessous, hérissées en dessus de poils raides et spinescents, pinnati ou bipinnatiséquées, à lobes linéaires un peu enroulés sur les bords, brièvement épineux au sommet ; tige canescente ; involucre général minuscule ; grosses têtes non cornigères ; receptacle sphérique ; pinceau égalant le quart des péριclines ; péricliness à écailles carenées, régulièrement imbriquées, à la fin arquées en dehors, acuminées, un peu piquantes, nombreuses, longuement ciliées, les internes non soudées ; achaine pentagone, court, non stipité, couvert de poils dorés ; aigrette à paléoles libres, étroites, aiguës, scabres. ① A. C. De Ténès à Oran. Chélif, Maroc, Espagne.

Tribu III. — CARLINÉES.

Clef des genres :

1	Écailles du péricline pectinées et épineuses ainsi que les feuilles; capitules oblongs, subsessiles en corymbe composé dense; fleurons égaux. .	CARDOPATIUM.
	Écailles du péricline entières ou denticulées. . .	2
2	Péricline non involucré; achaines glabres ou pubescents; aigrette persistante; plantes inermes.	3
	Péricline involucré par des folioles épineuses souvent pectinées; achaines longuement velus-soyeux; aigrette plumeuse, à soies agglutinées à la base et tombant parfois d'une seule pièce par déchirure du sommet de l'achaine; plantes épineuses. . .	5
3	Péricline globuleux à écailles terminées par une longue pointe recourbée en crochet; achaines glabres.	LAPPA.
	Écailles du péricline ovées ou lancéolées, très entières, scarieuses, appliquées.	4
4	Péricline cylindrique étroit; achaines glabres; plante vivace.	STÆHELINA.
	Péricline campanulé; à écailles internes un peu radiantes; achaines pubescents; plante annuelle.	XERANTHEMUM.
5	Écailles internes du péricline radiantes, souvent colorées.	CARLINA.
	Écailles internes du péricline non radiantes. . .	ATRACTYLIS.

CARDOPATIUM Jussieu.

Réceptacle fibrilleux, étroit; anthères longuement caudiculées et hirsutes à la base; achaines ovoïdes, à aigrette paléacée à paillettes 1-2 sériées, libres ou à peu près; plantes vivaces à feuilles pinnatiséquées; à segments divisés en lobes aigus fortement épineux, les inférieures en rosette, pétiolées.

C. amethystinum Spach; Munb., cat., fig. atl., expl. sc. alg., pl. 56; *Carthamus corymbosus* L. pro parte. — *Chamæleon noir* des Anciens. — Souche noire, épaisse; plante glabre ou glabrescente de 1-3 décim.; tige un peu anguleuse grosse comme le petit doigt; feuilles lancéolées dans leur pourtour, les inférieures longues de 1-3 décim., les autres décroissantes le long de la tige, non décurrentes à pétiole embrassant, épineux, corymbe large à 3-5 rayons; bractées et bractéoles colorées, coriaces; réceptacle fibrilleux à fibrilles entières et capillaires; aigrette profondément fimbriée. ♃ Juillet-août. Friches du Tell. A. C.

C. Fontanesi Spach. Tunisie.

XERANTHEMUM L.

Fleurs marginales stériles, subbilabiées, en petit nombre, les autres hermaphrodites; étamines à filets libres, non adhérents à la corolle, glabres; anthères à caudicules ciliés; achaines comprimés; aigrette à un seul rang de paléoles lancéolées-acuminées, scabres; plantes dressées, un peu rameuses à feuilles entières, lancéolées.

X. erectum Presl; *X. inapertum* Willd.?; Munb., cat.; Reich., pl. 6, fig. 1. — Plante de 1-3 décim., canescente, grêle; capitules solitaires sur des rameaux longuement nus; écailles du péricline parcheminées, ovoïdes ou lancéolées, les intérieures peu rayonnantes; 30-40 fleurs purpurines; achaines noirâtres avec une callosité blanche à la base; aigrette plus longue que l'achaine. ① Rég. médit. A. C.

β Reboudianum Verlot, Catal. du jard. de Grenoble 1856. — Fleurons stériles plus longs et plus étroits que dans la plante d'Europe; capitules un peu plus gros à écailles plus fortement colorées sur le dos. C. C. C., partout, broussailles. Avril-mai.

γ australe Pomel. — Achaines plus petits à aigrette plus courte; plante grêle. Tell et H.-Pl. (Pomel).

X. annuum L.; Munb., cat. — Écailles internes longuement radiantes. (n. v.)

X modestum Ball. Maroc.

STÆHELINA L.

Fleurons égaux; péricline cylindrique, étroit, à écailles scarieuses, imbriquées, apprimées, lancéolées-aiguës, pourprées sur le dos; achaines claviformes, anguleux, glabres, à aigrette 4-5 fois longue comme eux, formée de poils simples agglutinés en phalanges à la base.

St. dubia L.; Munb., cat.; Lx, cat. Kab.; Ball, spic. — Sous-arbrisseau très rameux, très feuillé, poussant en touffes; feuilles lancéolées-linéaires, ondulées-crispées, tomenteuses en dessous; rameaux feuillés jusque sous les capitules, tomenteux; capitules de 3 cent. sur 5-7 millim., réunis en petits corymbes. ♄ Mustapha, Bouïra, Djurdjura. Rég. médit. Une forme à capitules solitaires se trouve à l'Oued-Djer, Tlemcen, Sebdou, Garrouban.

CARLINA L.

Fleurons égaux; aigrette à poils plumeux, plus ou moins agglutinés en phalanges et indurés à la base; paillettes du réceptacle fimbriées à lanières fusiformes, aiguës.

a. Espèces vivaces.

C. atlantica Pomel. — Plante acaule; feuilles en rosette, coriaces, subtomenteuses sur les deux faces, pétiolées, pennatiséquées à segments divisés en lobes dentés et épineux, lancéolées dans leur pourtour; capitule de 4-5 cent. de diam., solitaire au centre de la rosette, sessile; involucre foliacé, épineux, plus court que le péricline; écailles du péricline vertes, lancéolées-aiguës, à peine denticulées, les internes longuement radiantes, jaunes; fleurons jaunes; aigrette deux fois plus longue que l'achaine. Port de l'*Atractylis gummifera* ♃ Garrouban, Terni (Pomel), Daya (Clary).

C. corymbosa L.; Desf., fl. atl.; Munb., cat.; Lx, cat. Kab. — Tiges dressées, fermes, ramifiées en corymbe; feuilles glabres ou aranéeuses élégamment nerviées, souvent luisantes, coriaces, condupliquées, les caulinaires embrassantes, non atténuées à la base, toutes pennatilobées à lobes dentés-épineux; capitules de 3 cent. de diamètre environ; involucre à folioles semblables aux feuilles; assez nombreuses; péricline à écailles lancéolées-aiguës, les plus externes un peu pectinées-épineuses se confondant avec les folioles involucrales, les plus internes radiantes, jaunes; le reste comme dans l'espèce précédente. ♃ A. R. Broussailles, champs de toute l'Algérie. Rég. médit.

C. involucrata Poiret; Desf., fl. atl.; Munb., cat. — Tiges de 3-5 décim., rougeâtres, fortes, dressées, souvent solitaires, simples avec 1-2 rameaux monocéphales au sommet; feuilles inférieures longuement pétiolées, les supérieures sessiles, linéaires, les involucrales très grandes dépassant longuement le péricline; capitules de 4-6 cent. diam.; pour le reste comme l'espèce; plante algérienne. Les échantillons italiens des centuries de Todaro doivent être rapportés au type même de l'espèce. Mustapha, Bône, Boghar, Constantine.

β *brachylepis*. — Écailles externes du péricline obtuses et tachées de noir, les radiantes seules lancéolées. Daya (Clary), Aïn-Sefra, Bedeau.

C. Reboudiana Pomel. — Tiges dressées, simples, flexueuses, grêles (3-6 décim.); feuilles largement linéaires, pinnatilobées, épineuses, fortement nerviées-scalariformes, aranéeuses; capitules petits, sessiles, solitaires, axillaires et terminaux; feuilles involucrales peu nombreuses; péricline aranéeux, à écailles lancéolées-acuminées, spinescentes, les radiantes d'un jaune pâle. ♃ ? Djelfa (Reboud). Très belle espèce dont j'ai vu un seul échantillon dans l'herbier Pomel.

b. Espèces annuelles.

C. racemosa L. ; Munb., cat. ; Lx, cat. Kab. ; Ball, spic. ; *C. sulphurea* Desf., fl. atl., tab. 224. — Plante de 1-5 décim., rameuse-dichotome dès le bas ; feuilles primordiales pétiolées, les autres sessiles, lancéolées-condupliquées, atténuées à la base à nervures transversales scalariformes ; capitules petits, solitaires ou réunis, 2-3 dans les dichotomies et au sommet des rameaux ; folioles involucrales épineuses dépassant le péricline ; celui-ci à écailles subulées, purpurines au sommet, les internes radiantes d'un jaune d'or, lancéolées ; fleurons jaunes. ① Juillet-septembre. C. C. C. Broussailles, pelouses.

C. lanata L. ; Desf., fl. atl. ; Munb., cat. ; Lx, cat. Kab. ; Ball, spic. ; Reich. 12-I. — Plante beaucoup plus robuste que la précédente moins rameuse, dichotome ; feuilles et tiges plus ou moins laineuses ; gros capitules de 3 cent. ; folioles involucrales nombreuses, épineuses ; écailles radiantes purpurines. ① Juin-septembre. A. C. Rég. médit. Orient.

ATRACTYLIS L.

Pas d'écailles radiantes ; fleurons extérieurs parfois transformés en ligules radiantes.

§ 1. *Chamælcon* Cassini. — Soies de l'aigrette bisériées, très longues, agglutinées en phalanges comme dans les *Carlina.*

A. gummifera L. ; Desf., fl. atl. ; *Carlina gummifera* DC. ; Munb., cat. ; Lx, cat. Kab. — *Chardon à glu ; Chamæleon blanc* des anciens. — Feuilles très grandes, en rosette, pétiolées, lancéolées dans leur pourtour, pinnatipartites, à segments pinnatifides, dentés et très épineux, plus ou moins aranéeuses ; tiges souterraines se réunissant en une grosse souche profonde, pivotante qui, tronquée, laisse découler un latex se concrétant en grosses larmes employées pour faire de la glu ; capitules cylindracés, très gros, solitaires ou réunis 2-3 au sommet d'une tige très courte ou à peu près nulle ; involucre de folioles épineuses plus ou moins développé ; péricline furfuracé, à écailles nombreuses, imbriquées, inégales, lancéolées-linéaires, acuminées, terminées en épine appliquée ; fleurons purpurins. ♃ Juillet-septembre. C. C. C. Rég. médit.

A. macrocephala Desf., fl. atl.; Munb., cat.; *Carlina Fontanesi* DC. — Capitules 2 fois plus gros que dans la précédente; folioles involucrales plus larges, très épineuses sur les bords. ♃ Tlemcen (DC.), Tunisie (Desf.) n. v.

A. macrophylla Desf., fl. atl., tab. 226; Munb., cat.; Ball, spic. — Tiges de 3-8 décim., dressées, fermes, simples ou peu rameuses, très feuillées; feuilles glabres ou aranéeuses, coriaces, fortement nerviées, pennatilobées, à lobes dentés-épineux, les inférieures pétiolées et lancéolées, les autres sessiles, amplexicaules, ovoïdes ou lancéolées, grandes, les dernières plus petites, involucrales; capitules un peu plus petits que dans l'*A. gummifera*, à péricline assez semblable. ♃ Juillet-août. R. Tlemcen, Garrouban, Maroc.

§ 2. *Euatractylis.* — Poils de l'aigrette unisériés, libres ou agglutinés à la base.

a. *Carlinoideæ.* — Plantes vivaces ou sous-frutescentes à involucre passant insensiblement aux feuilles ordinaires; écailles du péricline brusquement acuminées en épine.

1. *Cespitosæ.* — Plantes vivaces, herbacées, à tiges très feuillées, les unes stériles, les autres florifères, serrées en touffe.

A. cespitosa Desf., fl. atl., tab. 225; Munb., cat.; Ball, spic. — Feuilles petites, lancéolées-linéaires, aiguës, atténuées à la base, glabres ou pubescentes, uninerviées, à bords épaissis en nervure marginale et régulièrement dentés-spinuleux; pousses nombreuses à feuilles étroitement imbriquées, formant d'épaisses touffes sous-frutescentes à la base; hampes feuillées; solitaires au centre des rosettes de feuilles, grêles, plus ou moins longues (1 à 30 cent.); capitules globuleux; feuilles involucrales semblables aux autres ou plus fortement épineuses; péricline de 15 millim. sur 20 en moyenne, à écailles tronquées avec la nervure dorsale prolongée en épine subulée; aigrette très plumeuse égalant 2 fois l'achaine. ♃ Juin-juillet. C. C. C. H.-Pl., 3 prov. Maillot, Berrouaghia, etc.

β *radians.* — Forme puissante du Sud oranais, à écailles du péricline larges tachées de noir au sommet, très brusquement tronquées ou émarginées; fleurons de la périphérie longuement radiants; gros capitules; hampes parfois très hautes, (3-4 décim.) Djebel-Amour (Clary), Djebel-Mzi, etc.

Nota. — Cette variété se rapproche par la plupart de ses caractères de l'*A. humilis* L., nom sous lequel je l'ai signalée, Bull. soc., bot. 1888, p. 391. C'est peut-être là aussi l'*A. humilis* du *Spicilegium* de J. Ball. Elle est d'ailleurs inséparable de l'*A. cespitosa* type. L'*A. humilis*, de Narbonne, a les capitules un peu plus étroits et plus resserrés sous le sommet, les fleurons radiants plus nombreux, les feuilles moins denses un peu plus fortement nerviées; mais ce sont là des caractères fort peu tranchés, et peut-être conviendrait-il de réunir toutes ces plantes.

A. polycephala Cosson, inéd. — Diffère de l'*A. cespitosa* par la taille bien plus petite de toutes ses parties; capitules enfoncés dans les feuilles des rosettes, longuement dépassés par les feuilles involucrales peu distinctes des autres; capitules oblongs (15 mill. sur 6 de largeur); écailles du péricline arrondies et cuspidées au sommet; aigrette très plumeuse noirâtre à la base; feuilles presque subulées, dentées. ♃ Juin. Djelfa.

2. *Fruticulosæ*. — Sous-abrisseaux rameux, à feuilles éparses.

A. phæolepis Pomel; *A. diffusa*, var. *phæolepis* Cosson; Munb., cat. — Feuilles plus ou moins condensées rappelant parfois le groupe précédent, plus fortement lobées-épineuses, les involucrales semblables aux autres et dépassant le péricline; capitules solitaires ou groupés au sommet des rameaux, dioïques par avortement, les fertiles 2-3 fois plus gros, ovoïdes (18 millim. sur 10-12); écailles du péricline très larges suborbiculaires ou ovales, violettes avec une marge blanche, mucronulées, les plus internes oblongues, à mucron plus long; achaines et aigrettes des espèces précédentes; plante glabre ou glabrescente. ♄ Juin. Djelfa, Taguin.

A. echinata Pomel; *A. diffusa* Cosson, inéd.; Munb., cat. — Diffère de la plante précédente par ses feuilles moins denses, moins profondément lobées; par ses capitules plus petits, solitaires au sommet des rameaux; par son péricline furfuracé à écailles concolores toutes également cuspidées; plante fortement aranéeuse à la fin glabrescente. ♄ Juin. Kosni, Djelfa, Beni-Mansour.

A. serratuloides Sieber; Boissier, fl. d'Or.; *A. microcephala* Coss. et DR. Ann. sc. nat., § IV, vol. I; Munb., cat. — Arbrisseau rameux de 1-6 décim., plus ou moins aranéeux, très voisin de l'espèce précédente dont il se distingue par son port plus élancé; ses feuilles rigides plus petites; ses capitules plus étroits (7-8 millim.), solitaires ou non au sommet des rameaux; par son péricline à écailles plus étroites, toutes oblongues, vertes, aranéeuses, également cuspidées. ♄ Juin-juillet. Sahara et H.-Pl., 3 prov. A. C. Orient.

A. flava L.; Desf., fl. atl.; Munb., cat.; Ball, spic. — Plante rameuse dès la base; tiges ascendantes simples ou peu rameuses, blanches-tomenteuses; feuilles coriaces, lancéolées-linéaires, pennatilobées, épineuses, les involucrales plus rigides dépassant le capitule; péricline campanulé (20 millim.), à écailles oblongues, tomenteuses, obovées-arrondies, cuspidées; fleurs jaunes, les extérieures un peu radiantes; achaines couverts de long poils blancs. ♃ Juin-août. Tunis, Orient.

β *glabrescens* Boissier; *A. citrina* Cosson, Bull. soc., bot. Fr., v. IV, p. 361. — Fleurons radiants très développés; tiges et feuilles glabrescentes. Sahara Algérien, 3 prov. A. C. Maroc, Orient.

b. *Cancellatæ*. — Involucre d'un seul rang de folioles pectinées-filiformes, peu rigides, parfois entouré de vrais feuilles ; écailles du péricline lancéolées-acuminées ; plantes annuelles à fleurs purpurines, à feuilles molles, lancéolées-oblongues, faiblement dentées-épineuses sur le bord, les inférieures pétiolées, entières ou dentées.

A. prolifera Boissier; Munb., cat. — Plante rameuse dès la base, à rameaux décombants, grêles; feuilles petites, étroites, subentières; capitules à fleurons de la périphérie ligulés, longuement radiants, purpurins; folioles involucrales peu nombreuses et grêles; péricline aranéeux (15-18 millim. sur 7-8), à écailles lancéolées-aiguës les plus internes linéaires. ① Mai-juillet. Sahara, 3 prov. A. C. Orient.

A. serrata Pomel. — Voisin de l'espèce précédente ; capitules plus gros (25-28 millim. sur 20); folioles involucrales plus développées souvent terminées par un appendice foliacé; écailles du péricline ovées-acuminées bien plus larges, largement scarieuses aux bords; ligules radiantes plus nombreuses, plus étroites, formant un cercle régulier; achaines plus gros; feuilles plus développées. ① Kosni, Mehaïguen (Pomel), Beni-Mansour, Tunisie (Lx).

A. cancellata L.; Desf., fl. atl.; Munb., cat.; Lx, cat. Kab.; Ball, spic.; fig. Reich. 14. — Diffère des précédentes par ses capitules à fleurons tous semblables non radiants; folioles involucrales nombreuses; écailles du péricline étroites; tiges dressées ou décombantes; feuilles supérieures assez longuement spinuleuses. ① Avril-mai. C. C. C. Toute l'Algérie. Rég. médit., Orient.

LAPPA Tournefort (Bardane).

Péricline globuleux, à écailles atténuées en longue pointe recourbée en crochet à son extrémité; caudicules des anthères filiformes et glabres; achaines oblongs, comprimés, à côtes plus ou moins marquées, rugueux ; hile basilaire ; disque à bord entier ; aigrette courte à poils libres, denticulés.

L. minor DC. ; *Arctium Lappa* L. ; Desf., fl. atl. ; *L. communis* var. *minor* Spach ; Lx, cat. Kab. ; *L. major* Munb., cat. ? *L. atlantica* Pomel. — Grosse tige striée, rameuse (8-12 décim.) ; feuilles pétiolées, vertes en dessus, blanches-aranéeuses en dessous, mucronées au sommet, munies de petites dents subulées, distantes, les inférieures très grandes (1-3 décim.), ovoïdes, cordées à la base, les supérieures ovales, cordées ou atténuées en coin (*L. sylvestris* Pomel) ; capitules en grappe oblongue au sommet des rameaux, large de 2 cent. y compris les écailles ; écailles glabres plus courtes que les fleurs ; disque épigyne à bord saillant, lisse ; côtes peu marquées ; aigrette plus courte que l'achaine ; celui-ci réticulé à la base. ♃ Juin-août. Tlemcen, Djurdjura, Guerouch, Babors, Europe, Nord de l'Asie.

Tribu IV. — CENTAURINÉES.

Clef des genres :

1	Aigrette simple (sauf dans *Kentrophyllum lanatum*)	2
	Aigrette double, rarement nulle.	5
2	Capitules involucrés par des feuilles bractéales souvent épineuses	3
	Capitules à péricline non involucré.	4
3	Achaines rugueux, quadrangulaires, à angles proéminents ; aigrette simple ou double.	KENTROPHYLLUM.
	Achaines obovés, à angles peu saillants, très lisses dans le bas.	CARTHAMUS.
4	Gros capitules ; écailles du péricline surmontées d'un large appendice scarieux.	RHAPONTICUM.
	Capitules à écailles externes et moyennes non appendiculées, acuminées ou spinuleuses. . . .	SERRATULA.
5	2 aigrettes tombant d'une seule pièce, formées chacune de dix soies raides, celles de l'aigrette intérieure plus courtes.	CNICUS.
	Aigrette externe à soies ou à paléoles nombreuses, ne tombant jamais d'une seule pièce ; achaines comprimés parfois chauves.	6
6	Achaines lisses.	7
	Achaines à côtes longitudinales très fines et généralement sculptés dans les intervalles.	8

7 { Hile basilaire, superficiel, plus ou moins oblique; aigrette interne en cupule à 10 dents; achaines veloutés . . . . CRUPINA.
Hile latéral, creusé; aigrette interne à paléoles conniventes; achaines parfois chauves, glabres ou pubescents . . . . CENTAUREA.

8 { Aigrette interne à une seule paléole déjettée de côté; achaines extérieurs parfois chauves. . . MICROLONCHUS.
Aigrette interne peu distincte de l'externe, à plusieurs soies ou paléoles. . . . . AMBERBOA.

SERRATULA Less.

Écailles internes du péricline scarieuses au sommet, les autres acuminées ; fleurs toutes égales rarement hétérogames; achaines comprimés latéralement, presque bicarenés; hile basilaire; aigrette à poils denticulés.

§ 1. *Sarreta* DC. — Capitules dioïques, petits, en corymbe au sommet des tiges.

S. tinctoria L.; fig. Reich. 71-I. — Tige dressée, raide (2-8 déc.), rameuse au sommet, à rameaux dressés; feuilles vertes finement dentées en scie, les inférieures pétiolées, ovales-lancéolées ou pennatilobées, les supérieures sessiles; péricline oblong (12 mill. sur 6), atténué à la base; capitules agglomérés en corymbe dense. ♃ La Calle (Pomel, herb.) Europe, Rég. médit.

§ 2. *Klasea* Cass. — Gros capitules, solitaires au sommet des rameaux; fleurs toutes fertiles.

S. flavescens Poiret, Dict.; *S. mucronata* Desf., fl. atl., tab. 219; Munb., cat.; Lx, cat. Kab. — Plante glabre; tiges rigides, anguleuses (2-6 décim.), dressées, simples ou peu rameuses; feuilles coriaces à grosse nervure blanche, lancéolées ou oblongues, mucronées-dentées, les inférieures longuement pétiolées, quelquefois pinnatifides ; péricline subombiliqué, gros, ovoïde ou globuleux, à écailles coriaces, trinerviées, toutes longuement aristées sauf les plus intérieures, arête renversée en arrière; aigrette égalant deux fois l'achaine. ♃ Mai-juillet. Broussailles du Tell. A. C. Espagne, Italie.

S. PROPINQUA Pomel. — Diffère nettement de la précédente par son péricline non ventru, subcylindrique; par ses feuilles un peu embrassantes à la base, peu ou pas dentées; par sa tige feuillée presque jusqu'en haut. ♃ Juin-juillet. Sud oranais : Djebel-Amour, Daya, Djebel-Aïssa.

S. pinnatifida Poiret; Munb., cat. — Plante plus basse que les précédentes, un peu pubescente-furfuracée; feuilles inférieures pétiolées, ovales ou lancéolées, pubescentes-furfuracées en dessous, entières ou plus rarement pinnatifides; capitules ovoïdes-coniques, allongés, souvent involucrés par une bractée; écailles du péricline larges, ovées-lancéolées, furfuracées, mucronées à mucron court, peu étalé; achaines subcylindriques à aigrette 3 fois plus longue qu'eux. ♃ Avril-juillet. H.-Pl., Daya, Batna, El-Achir, etc. Espagne.

CRUPINA Cassini.

Péricline oblong à écailles lancéolées-aiguës, les exérieures mucronées; fleurs peu nombreuses, égales, les extérieures neutres; gros achaines sans côtes, veloutés, obovés; aigrette externe brune à poils inégaux, multisériés; plantes dressées, grêles, un peu rameuses; groupe de petites espèces affines.

C. vulgaris Cassini; Munb., cat.; Lx, cat. Kab.; Ball, spic.; *Centaurea Crupina* L.; Desf., fl. atl.; fig. Reich. 18-I. — Tige de 3-6 décim., grêle, sillonnée; feuilles vertes, hérissées en dessous et aux bords de petits poils raides, les inférieures petites, oblongues, dentées, atténuées à la base, les autres pinnatipartites à segments distants, étroitement linéaires ainsi que le rachis, dentés; capitules aigus à la base, glabres, à écailles inégales, vertes ou purpurines, scarieuses au bord, striées sur le dos; 3-5 fleurs purpurines par capitule; achaines arrondis et non comprimés à la base; hile grand, basilaire et orbiculaire; aigrette plus longue que l'achaine. ① Mai-juin. Djebel-Aïssa (Sud oranais), Rég. médit., Orient.

β *intermedia*, *C. intermedia* Mutel. — Hile un peu latéral et elliptique. Djurdjura, Aïn-el-Hadjar, etc.

C. CRUPINASTRUM Vis.; Munb., cat.; Lx, cat. Kab.; fig. Reich. 18-II; *C. Morisii* Boreau. — Diffère de l'espèce précédente par ses feuilles à rachis plus large, denté; par ses capitules arrondis à la base, à 9-15 fleurs; par les achaines comprimés à la base, à hile petit, linéaire, très oblique. ① Mai-juin. C. C. C. Partout dans le Tell, Alger, Miliana, etc. Avec l'espèce.

CENTAUREA DC. (Centaurée).

Capitules rarement involucrés par des feuilles bractéales, souvent solitaires au bout de longs rameaux, parfois paniculés; péricline à écailles ordinairement surmontées d'un appendice très variable de forme; réceptacle poilu; fleurs de la périphérie ordinairement plus grandes, stériles; filets libres papilleux; anthères sagittées peu ou pas caudiculées;

achaines lisses, comprimés; hile latéral, profond; aigrette nulle ou double, très rarement simple.

§ 1. *Cheirolophus* Cass. — Aigrette interne nulle; aigrette externe nulle ou caduque; ombilic à 4 lobes ascendants; étamines à anthères brièvement caudiculées; péricline ovoïde; appendice des écailles pâle, petit, triangulaire, non décurrent, cilié; plante inerme à fleurs roses.

C. **sempervirens** L.; Munb., cat. — Tiges de 5-15 décim., dressées, frutescentes à la base, simples ou rameuses; feuilles vertes, un peu rudes, les inférieures hastées, les autres lancéolées, entières, rarement sinuées-dentées, munies à la base de deux lobules stipuliformes. ♃ Juillet-août. Gorges de la Chiffa, Mouzaïa, Toulon, Italie, Gallicie.

§ 2. *Centaurium* DC. — Péricline globuleux à larges écailles coriaces, membraneuses aux bords, inermes et non appendiculées; filets très papilleux; anthères caudiculées, achaines obovés, gibbeux, à 4 côtes; plantes vivaces, élancées, à tiges peu ou pas feuillées, à feuilles coriaces, à fleurs jaunes.

C. **tagana** Brot.; Munb., cat.; Lx, cat. Kab.; Ball, spic. — Feuilles radicales pétiolées, très grandes, oblongues ou elliptiques, dentées tout autour; tiges de 6-12 décim., à longs rameaux monocéphales. ♃ Juillet-août. C. C. C. Broussailles du Tell. Espagne.

C. africana Lamarck; Desf., fl. atl.; Munb. cat.; Ball, spic. — Semble en être une variété à feuilles pinnatifides ou bipinnatifides. Lamarck l'a décrite d'après un échantillon cultivé au Museum et d'origine incertaine.

§ 3. *Jacea* Cass. — Écailles du péricline munies d'appendices distincts, scarieux, non décurrents, cucullés, frangés ou ciliés, non terminés en épine; hile ovale, nu.

a. *Eujacea*. — Appendices ciliés. Groupe du *C. Jacea* L.

C. **Ropalon** Pomel; *C. jacea* Munby non L. — Plante vivace, pubescente, puissante; souche noirâtre; feuilles inférieures sessiles, longuement linéaires, sinuées-pinnatifides, plus ou moins décurrentes sur la tige, velues, à poils articulés; tiges rameuses à longs rameaux grêles et fermes; feuilles raméales petites, rudes, lancéolées-linéaires; capitules solitaires au sommet élargi des rameaux, parfois involucré par quelques bractées courtes; péricline en forme de massue, très atténué à la base; écailles à nervure médiane légèrement prolongée en mucron dans les écailles supérieures largement cucullées; fleurs purpurines; achaines chauves. ♃ Juin-septembre. Marais de la Rassauta, autrefois à Maison-Carrée, Miliana. Plante bien distincte dans le groupe du *C. Jacea* L.

b. *Phalolepis* Cass. — Appendices à bords entiers ou irrégulièrement lacérés, non cuspidés.

C. amara L.; Lx, cat. Kab.; fig. Reich. 22. — Diffère du *C. jacea*, outre la forme de l'appendice, par sa taille moins élevée; ses capitules globuleux. ♃ Août. Col de Tirourda (Chabert), Akfadou, Taourirt-Iril, etc. (Lx). Europe, Rég. médit., Orient.

C. alba L.; fig. Reich. 21, var. *mauritanica* nob. — Tiges courtes; feuilles subentières ou à peine sinuées-dentées, linéaires-lancéolées; capitules globuleux assez gros; appendice des écailles grand, cucullé, à bords très entiers, taché de brun au milieu; fleurs purpurines; achaines à aigrette courte, l'interne étalée, égalant presque l'externe. ♃ Juin. Kheneg-Lekhal au Djebel Amour (Clary).

§ 4. *Acrolophus* Cass. — Capitules petits; côte médiane des écailles du péricline prolongée en mucron plus ou moins saillant.

C. tougourensis Boissier et Reuter, diagn., § 2-III, p. 76; Munb., cat.; *C. alba* Cosson non L. — Plante cendrée-pubescente à tiges rameuses, grêles, rigides, anguleuses; feuilles pennatilobées à lobes linéaires, étroits, les supérieures lancéolées-linéaires; écailles du péricline terminées par un fort mucron et souvent par quelques petits cils à la base, à appendice scarieux, blanc; aigrette 3 fois plus courte que l'achaine, l'interne semblable à l'externe. ♃ Djebel-Tougour, Aurès.

C. Parlatoris Heildr.; Munb., cat.; *C. Olivieri* Pomel. — Diffère de la précédente par l'appendice des écailles cilié-pectiné, non membraneux. ♃ Bou-Thaleb (Reboud et Olivier).

β *vesceritensis*; *C. vesceritensis* Boiss. et Reut., loc. cit.; Munb., cat. — Capitules très petits; tiges très rameuses; écailles du péricline terminées en épine assez longue; aigrette interne très courte ou nulle. Djebel-Tougour, Aurès, Biskra, etc.

C. parviflora Desf., fl. atl.; Munb., cat.; Lx, cat. Kab. — Plante ligneuse à la base, formant des buissons serrés, rameux, intriqués; rameaux grêles, rigides; feuilles comme dans les précédentes, petites; écailles du péricline ciliées presque jusqu'à la base, terminées par une épine renversée en arrière; achaines noirs, ventrus à 4 côtes assez marquées; aigrette courte. ♃ Juin-août. L'Arba, Mouzaïa, Médéa, Bouïra, Mascara, etc.

C. Pomeliana Batt., Bull. soc. bot., 1888. — Port des espèces précédentes, plus puissante; capitules globuleux, glus gros; écailles du péricline à appendice cucullé comme dans les *Jacea*, cilié et mucroné comme dans les *Acrolophus;* fleurs purpurines; aigrette externe plus longue que l'achaine, l'interne courte à paléoles conniventes; achaine pubescent. ♃ Juin-juillet. Djebel-Amour (Pomel, Clary), Djebel-Aïssa, Djebel-Mzi.

C. incana Lagasca, non Desf. — Tiges courtes, dressées ou décombantes, brièvement rameuses, très feuillées; feuilles pubescentes, cendrées, souvent ponctuées, pennatilobées, à lobes lancéolés-oblongs ou sublinéaires; capitules petits, solitaires, involucrés par les dernières feuilles; péricline ové-cylindrique; écailles terminées par une longue épine brune, dressée ou étalée, pectinée-ciliée ainsi que l'appendice décurrent sur l'écaille; aigrette plus courte que l'achaine; celui-ci à côtes bien marquées. ♃ Juin-août. A. R. H.-Pl.

Nota. — Nous réunissons dans cette espèce principale toutes les plantes de la section *Acrocentroides* Willkomm, très répandues dans les Hauts-Plateaux de l'Algérie. M. Pomel y a fait les distinctions suivantes :

C. vulnerariæfolia Pomel. — Tiges dressées; feuilles assez grandes à lobes lancéolés, peu rapprochés; achaines à côtes discolores, 3 fois plus longs que l'aigrette; fleurs purpurines. Mai. Goudjila, Sersou.

C. angulosa Pomel. — Tiges fortement anguleuses; feuilles à lobes plus étroits; cils de l'épine cornés, ceux de l'appendice blancs, scarieux; achaines à côtes concolores, ceux de la périphérie plus petits, à aigrette très appauvrie. El-Beïda au Djebel-Amour.

C. polyphylla Pomel. — Tiges dressées ou couchées très feuillées; feuilles discolores à lobes étroits; capitules en petits corymbes; achaines à côtes peu distinctes. Daya.

C. trifurcata Pomel. — Tige très courte, un peu tomenteuse, à feuilles éparses; feuilles rudes, scabres, vertes, les premières entières, oblongues, les autres lyrées-pinnatifides à lobes obovés, le terminal grand et anguleux; capitules 2-3 terminant une tige courte dépassée par les feuilles; péricline glabre, ovoïde; appendice des écailles largement scarieux aux bords, pectiné de longs cils, terminé par une épine trifide à peine vulnérante. ① Vallées du Sahara : Mehaïguen au sud de Tadjerouna (Pomel).

§ 5. *Melanoloma* Cass. — Écailles du péricline bordées de noir, lancéolées ou ovoïdes, terminées par un appendice cilié renversé en arrière; capitules involucrés par des feuilles bractéales; corolles de la périphérie longuement rayonnantes; achaines pubescents à hile nu, à aigrette double, paléacée, l'externe étalée, l'interne plus courte à paléoles conniventes; herbes multicaules, annuelles, feuillues, à tiges décombantes.

C. pullata L.; Desf. fl. atl.; Munb., cat.; Lx, cat. Kab.; Ball, spic.; fig. Reich. 35. — Tiges tantôt presque nulles, tantôt allongées, ascendantes, flexueuses; feuilles molles, oblongues, entières ou lyrées-pinnatifides, les radicales en rosette; capitule de 4-6 cent. de diamètre à fleurs purpurines, blanches ou jaunâtres; aigrette 2-3 fois plus courte que l'achaine; hile presque fermé par les lobes inégaux. ① ♃ C. C. C., partout. Plante très variable.

C. CLARYI Debeaux, Soc. hist. nat. Toulouse, mars 1889. — Diffère de l'espèce par ses fleurs jaunes; plante acaule, à 3 capitules; appendice noirâtre ② ♃ Aflou (Clary). — M'est insuffisamment connu.

C. involucrata Desf., fl. atl.; Munb., cat. — Plante grêle annuelle, à capitules plus petits; fleurs jaunes; écailles parfois non bordées de noir, hile largement ouvert à lobes égaux. ① Lieux secs. Oran, H.-Pl.

§ 6. *Cyanus* Cassini. — Feuilles généralement entières; péricline ovoïde ou globuleux à écailles bordées de noir, scarieuses et ciliées sur le bord; corolles de la périphérie longuement radiantes, bleues; aigrette double; hile barbu.

C. Cyanus L. *Le Bleuet.* ① Cultivé.

C. seuseana Chaix, var. Maroc.

§ 7. *Menomphalus* Pomel. — Plantes vivaces à souches généralement couvertes par les débris des anciennes feuilles; péricline ovoïde ou globuleux, généralement grand; écailles appliquées, à appendice décurrent, souvent cilié; fleurs neutres du rayon souvent plus courtes que les autres, rarement plus longues; filets papilleux; tube de la corolle élargi et induré à la base; achaines comprimés à aigrette double, l'interne conique, plus courte, paléacée; hile barbu, fortement échancré; feuilles non décurrentes.

a. *Lopholoma* Cass. — Fleurs roses.

1. Capitules petits, en corymbe composé, très rameux, au sommet d'une forte tige; port d'*Acrolophus*.

C. gymnocarpa Moris; Munb., cat.; var. *papposa* Cosson, plantes critiques, p. 136. — Plante tomenteuse-blanchâtre à souche ligneuse; tiges de 4-6 décim., feuillées jusque sous les capitules; feuilles inférieures bipinnatipartites à lobes linéaires-oblongs, obtus, les supérieures successivement décroissantes; péricline globuleux à écailles coriaces à peine ciliées au sommet; aigrette trois fois plus courte que l'achaine, et non nulle comme dans le type. ♄ Bône, baie des Caroubiers, Cap de Garde.

2. Plantes multicaules à tiges peu ou pas rameuses, grêles, anguleuses, fermes ; gros capitules solitaires au sommet de la tige et des rameaux ; appendice des écailles triangulaire, brun, cilié, généralement terminé en courte épine ; aigrette aussi longue ou plus longue que l'achaine ; feuilles radicales pétiolées à pétiole noyé dans une touffe de laine blanche.

C. **Malinvaldiana** Batt. Bull. soc., bot. Fr. 1886 et Atl. fl. d'Alger, pl. XI. — Plante cendrée, laineuse ; feuilles entières ou lyrées, à lobes lancéolés peu nombreux, le terminal plus grand. ♃ Juin. Djebel-Antar (Trabut).

C. COSSONIANA Batt., Bull. soc., bot. Fr. 1888. — Plante glabre ou glabrescente à feuilles lyrées, multilobées. Juin. Montagnes et collines du massif des Amours, d'Aflou au Maroc.

b. *Acrocentron* Cass. — Fleurs jaunes.

C. **pubescens** Willd. ; Munb., cat. ; Lx, cat. Kab ; *C. incana* Desf. non Lagasca ; Ball, spic. — Plante cendrée, canescente, un peu laineuse ; feuilles radicales pinnatipartites ou bipinnatipartites, les caulinaires décroissantes ; tiges raides, anguleuses, un peu rameuses ; gros capitules ovoïdes, coniques, solitaires au sommet des tiges et des rameaux ; péricline ovoïde à écailles larges, coriaces, ciliées, sans nervures, les médianes souvent terminées en longue épine, les supérieures allongées à appendice arrondi-cucullé ; achaines blanchâtres à aigrette plus longue qu'eux, souvent violacée. ♃ Mai-juillet. C. C. Maroc. Tunisie.

α *littoralis*. — Feuilles radicales très grandes à segments pétiolulés. Miliana, Mouzaïa.

β *Saharæ* Pomel. — Feuilles plus courtes à segments petits. Sahara, H.-Pl.

γ *rupicola* Pomel. — Feuilles polymorphes peu velues, coriaces, les plus extérieures entières ou lyrées à limbe lancéolé-denté. Djebel-Amour.

C. AMOURENSIS Pomel. — Plante glabre à capitules munis de longues épines pectinées à la base ; achaines du rayon linéaires, subfusiformes, aussi longs que les autres. ♃ Djebel-Amour.

C. OMPHALOTRICHA Coss. et DR., inéd. — Plante glabre, multicaule, à feuilles entières ou lobulées à la base, coriaces, pétiolées ; péricline atténué à la base ; achaines de la périphérie aplatis et plus courts que les autres. ♃ Avril-mai. Oued Biskra, Tunisie.

C. **Hookeriana** Ball. Maroc.

C. **Clementei** Boissier. Maroc.

C. **nana** Desf., fl. atl., tab. 241 ; Munb., cat. — Plante acaule ou brièvement caulescente ; feuilles grandes, pétiolées à pétiole enfoncé dans un tomentum laineux, coriaces, entières, lyrées ou pinnatifides; capitules ovoïdes-coniques, brièvement pédonculés; écailles du péricline ovoïdes, allongées, sans nervures, coriaces, à bords entiers, apiculées ou à peine ciliées au sommet, les internes à appendice cucullé; fleurs safranées; achaines à longue aigrette. ♃ Daya, Tlemcen.

C. acaulis Desf., fl. atl., tab. 243; Munb., cat., en arabe *Rejagnou.* — Plante acaule ou caulescente et ramifiée en corymbe, diffère de la précédente par ses feuilles pubescentes souvent pinnatipartites à lobes oblongs très inégaux; par ses capitules globuleux, gros, à fleurs d'un jaune citron; écailles du péricline appendiculées à appendice ovoïde-allongé, convexe, non appliqué, épais, volumineux, terminé en forte épine et muni sur les côtés de cils robustes et épineux. ♃ Mai-août. Oran, Aïn-el-Hadjar, Daya, Bibans, etc. Palestro, var. à appendices plus plats, à cils plus développés, à épine moins forte.

C. Balansæ Boiss. et Reut., diagn., § II-3, p. 82; Munb., cat.; *C. Choulettiana* Pomel. — Diffère du type par l'appendice des écailles orbiculaire et appliqué, à cils non épineux et à épine moins développée. Cette variété répond tout à fait à la figure du *Flora atlantica*; elle est très répandue dans l'est de l'Algérie et en Tunisie où elle devient tout à fait caulescente. (*C. punica* Pomel, inéd.) Les *C. nidulans* Pomel, à capitules nombreux et *Pharaonis* Pomel, a très fortes épines, ne me semblent que de simples formes du *C. acaulis*, plante extrêmement variable.

C. takredensis Cosson. Maroc.

§ 8. *Calcitrapa.* — Appendices non décurrents, terminés en forte épine, spinuleuse à la base, rarement nulle; achaines à aigrette double ou nulle, à hile nu.

a. *Mesocentron* DC. — Fleurs jaunes; feuilles décurrentes sur la tige; fleurs du rayon ne dépassant pas les autres, souvent plus courtes.

1. Gros fruits luisants, comprimés (5 millim. sur 3 environ), à aigrette fauve plus longue qu'eux; feuilles longuement décurrentes; tiges ailées; plantes annuelles.

C. eriophora L.; Desf., fl. atl.; Munb., cat.; Ball, spic. — Plante canescente, dichotome, à feuilles linéaires oblongues, les inférieures pétiolées, souvent sinuées-pinnatifides; capitules involucrés par les feuilles supérieures, gros, globuleux, subsessiles dans les dichotomies ou terminaux, en corymbe irrégulier; écailles du péricline terminées par une épine de 15-18 millim., étalée, dorée, vulnérante, pectinée de spinules étalées à angle droit, longues et grêles, noyées dans un tomentum aranéeux qui englobe le capitule; fleurs citrines, peu nombreuses; aigrette à poils barbelés décroissant vers l'extérieur; aigrette interne conique et courte, paléacée. ① A. C. Avril-mai. Chélif, Oran, H.-Pl., Kabylie, etc. Espagne.

C. **pterodonta** Pomel; *C. maroccana* Ball, spic.; *C. sicula* Cosson, exsicc., soc. dauph., non L. — Diffère de la plante précédente par ses capitules plus petits, ovoïdes-coniques, non aranéeux, peu involucrés; épines de 20-25 millim., souvent noires, longuement pectinées. ① Oran, H.-Pl., 3 prov. Maroc.

C. **sulphurea** Willd.; Munb., cat. fig. Boiss., voy. Esp., t. 100 *b*. — Diffère du *C. pterodonta* par ses capitules plus gros, en corymbe irrégulier, peu ou pas involucrés et surtout par ses épines périgoniales non pectinées, mais munies, à la base seulement de spinules divergentes. ① Juin-Juillet. Zaccar, Mouzaïa, Tlemcen, Mascara, Mazis. Espagne.

C. **sicula** L.; Munb., cat. — Algérie? Signalée probablement par confusion avec les précédentes.

2. Petits achaines de 2-3 millim. sur 1; aigrette blanche; feuilles décurrentes.

C. **Schouwii** DC.; Munb., cat.; Cosson, cat. inéd.; fig. Reich. 64. — Feuilles inférieures grandes, lyrées, pétiolées, les supérieures sessiles, largement décurrentes, puis entières, aiguës; tiges fortes, droites, rameuses dans le haut, à rameaux divariqués; capitules petits, globuleux, aranéeux à la fin glabres, à fortes épines jaunes de 20-25 millim., spinuleuses seulement à la base; corolles nombreuses; achaines petits à longue aigrette blanche. ① Constantine, Tunisie, Sicile.

C. **solstitialis** L.; Munb., cat.; Cosson, cat. inéd.; fig. Reich. 64. — Diffère de la précédente par ses tiges grêles étroitement ailées; écailles moyennes du péricline seules terminées par une épine longue et grêle. ① Europe moyenne et mérid.

C. **melitensis** L.; Lx, cat. Kab.; Ball, spic.; *C. apula* Lam.; Munb., cat. — Plante grêle à tige dressée, étroitement ailée; feuilles étroites; capitules petits, ovoïdes, souvent agglomérés en petits corymbes denses; écailles du péricline toutes épineuses, à épines grêles et courtes (1 cent.), rameuses seulement à leur base. ① A. R. Moissons, lieux secs de toute l'Algérie. Rég. médit.

C. **glomerata** Vahl. Tunisie.

b. *Nicæenses.* — Feuilles non décurrentes ; fleurs jaunes ou purpurines, celles de la périphérie rayonnantes ou non.

C. nicæensis Allioni ; Munb., cat. ; Lx, cat. Kab. ; *C. fuscata* Desf., fl. atl., tab. 244. — Plante variable, dressée ou décombante, très rameuse, finement pubescente-furfuracée ; tiges rigides, anguleuses ; feuilles inférieures lyrées, pétiolées, les supérieures sessiles, amplexicaules, entières, pinnatilobées ou dentées, mucronées ; capitules médiocres (15-20 millim.), à pédoncule élargi au sommet, solitaires, involucrés ou non ; appendice souvent noirâtre, cilié, terminé en épine forte, étalée, élargie à la base longue de 1 à 2 cent., parfois presque nulle ; fleurs jaunes, celles de la périphérie plus courtes que les autres ou les égalant ; achaines pâles, oblongs, lisses, de 3 millim. sur 1 ; aigrette de 1 à 1 et 1/2 millim. ① ② Juin-août. Tout le Tell. Espagne, Italie.

C. barbara Pomel. — Épines du péricline longues de 20 à 25 millim., très élargies, un peu pectinées à la base ; plante robuste. Sig, Chélif, Tlélat, Tiaret, Garrouban.

β fuscescens Pomel. — Épines peu dilatées et presque rondes à la base ; appendice à cils nombreux ; gros capitules. Tiaret, Lambèse.

C. kroumirensis Cosson. — Plante dressée peu rameuse, à feuilles larges, largement auriculées à la base, entières ou finement dentées ; appendices épineux dilatés-cucullés, fortement ciliés. Tunisie et problablement dans l'est de l'Algérie.

C. ATLANTICA Pomel ; *C. Rixana* Reich. fils, fig. 69-III ? — Capitules petits (10-15 millim.), ovoïdes, épines peu développées ; appendice très réduit, en général à 2 spinules ; achaines chauves. ① Tout le sud : Djelfa, Aflou, etc.

C. algeriensis Coss. et DR., not. pl. crit., p. 136 ; Munb., cat. ; Lx, cat. Kab. ; *C. acutangula* Boissier et Reuter, Pug., p. 68. — Fleurs purpurines, celles de la périphérie plus grandes, rayonnantes, plus foncées ; plante grêle, rameuse, élancée, assez voisine du *C. nicæensis ;* écailles du péricline à appendices assez longuement décurrents, ciliés ; aigrette égalant la moitié de l'achaine. ① C. C. C. Mai-juin. Tell algérien, R. à Oran.

NOTA. — M. Debeaux a bien voulu partager avec moi son unique échantillon de *C. calcitrapo-fuscata* Deb., cat. Boghar ; cette plante ne m'a pas paru différer de notre *C. algeriensis.*

C. microcarpa Coss. et DR., inéd. ; Munb., cat. — Plante très semblable à la précédente, plus petite et plus grêle ; fleurs pâles, les radiantes à peine aussi longues que les autres, presque blanches; appendices non décurrents sur l'écaille, palmés, à cils longuement spinuleux, le médian formant une épine grêle; achaines très petits (2 et 1/2 millim. sur 1), égalant deux fois l'aigrette. ① Avril-mai. Biskra, Bibans.

Nota. — Un pied des Bibans conservé dans mon herbier, présente de grosses épines comme celles du *C. nicæensis*. Le *C. microcarpa* forme le passage à la section des *Seridiæ*.

C. furfuracea Coss. et DR., Bull. soc. bot., vol. IV, p. 363; Munb., cat. — Tige presque nulle, terminée par un capitule sous lequel naissent un ou deux rameaux sympodiques; capitules par suite sessiles ou terminaux, médiocres, involucrés par les feuilles supérieures; écailles du péricline terminées par une épine courte, faible, pennée à la base; fleurs jaunâtres, celles du rayon ne dépassant pas les autres; achaines à hile un peu barbu, à aigrette aussi longue qu'eux; plante pubescente-furfuracée à feuilles inférieures souvent lyrées. ① Oued R'hir, Biskra, Tunisie.

c. *Eucalcitrapa*. — Fleurs purpurines, rarement blanches; achaines chauves; écailles du péricline à épines très puissantes, élargies vers le bas, canaliculées, blanches, pennées à la base, étalées.

C. Calcitrapa L.; Munb., cat.; Lx, cat. Kab.; Ball, spic.; fig. Reich. 67-I. — Feuilles inférieures grandes, molles, hispides, pétiolées, étalées en rosette, pinnatifides, à rachis denté, à lobes linéaires-lancéolés; feuilles caulinaires décroissantes, les supérieures sessiles, peu divisées; tige robuste, sillonnée, dressée, très rameuse dans le haut à rameaux divariqués, intriqués, très feuillés; capitules involucrés, solitaires sur de courts rameaux ou subsessiles; péricline oblong; épines de 25 millim.; achaines comprimés, obovés (3 millim. sur 2). ② C. C. C. Tout le Tell. Europe mérid., Orient.

Nota. — On trouvera probablement en Algérie le *C. macroacantha* Gussone, à feuilles entières, lancéolées-dentées et le *C. calcitrapoides* L., à feuilles glabres et à achaines munis d'une aigrette; plantes très voisines du *C. Calcitrapa*.

C. pungens Pomel; *C. macracantha* Cosson et DR., inéd., non Gussone. — Plante basse, multicaule, à tiges courtes, décombantes, brièvement rameuses, partant d'une souche vivace; feuilles plus étroites que dans le *C. Calcitrapa;* capitules plus gros; épines de 30-35 millim.; achaines cylindriques, gros (5 millim. sur 3); hile grand, en entaille partant de la base aiguë de l'achaine. ♃ Juin-juillet. Sud oranais: Aïn-Sefra, Founassa, etc.

§ 9. *Seridiæ.* — Fleurs purpurines, les rayonnantes plus longues que les autres; écailles du péricline terminées en appendice corné, non décurrent, muni tout autour et parfois en dessus d'épines grêles, peu vulnérantes, la médiane un peu plus longue, rarement très grande et robuste *(C. ferox)*.

a. Tiges anguleuses, grêles, rameuses, dressées; feuilles coriaces, les supérieures lancéolées-entières; capitules petits, peu épineux; plantes à pubescence courte et rude au toucher.

1. Plantes annuelles.

C. infestans Durieu, Rev. de Duchartre II, p. 430; Munb., cat. — Feuilles non décurrentes, les inférieures lyrées ou entières, en rosette, les supérieures sessiles, entières ou dentées; appendices munis de 5-7 épines sétacées, subégales, molles, divergentes; aigrette double, l'externe moitié plus courte que l'achaine, blanche, l'interne courte, brune; plante à port variable souvent dichotome dès la base. ① Juin. Oran, Tizi, etc. C. C. C.

C. napifolia L.; Desf., fl. atl.; Munb., cat.; Lx, cat. Kab.; fig. Reich. 69-II. — Tige fortement ailée par suite de la décurrence des feuilles; ailes ondulées; appendices des écailles à épines courtes, raides, presque parallèles; aigrettes concolores; plante élancée (5-12 décim.), rameuse dans le haut, à rameaux étalés; feuilles inférieures très grandes, lyrées, rappelant des feuilles de *Rave*. ① C. C. C. Mai-juin. Tell. Rég. médit. Varie à fleurons radiants très longs ou très courts.

C. diluta Aïton; *C. elata* Poiret; *C. elongata* Schousboë. Maroc.

C. phæolepis Cosson, not. pl. crit., p. 138; Munb., cat. — Souche vivace; feuilles non décurrentes; appendices peu épineux; fleurons radiants peu développés; aigrettes du *C. napifolia*. ♃ Juin-août. Tiaret, Daya.

b. Tiges diffuses, ascendantes, épaisses, très feuillées; feuilles un peu charnues; capitules globuleux, plus ou moins involucrés par les dernières feuilles, assez gros, piquants; plantes plus ou moins pubescentes, souvent aranéeuses, à feuilles ponctuées-glanduleuses.

1. Appendices munis d'un rang d'épines tout autour, lisses dessus.

C. sphærocephala L.; Desf. fl. atl.; Munb., cat.; Lx, cat. Kab.; fig. Reich. 69-I. — Tiges de 3-6 décim., dressées ou décombantes, souvent nombreuses, rameuses, anguleuses; feuilles inférieures lyrées, les supérieures sessiles, auriculées, plus ou moins sinuées-dentées, décurrentes ou non; capitules solitaires; péricline ovoïde, large de 2-3 cent., arrondi à la base; appendice étalé ou réfléchi à 5-7 épines vulnérantes, la médiane plus longue égalant à peu près l'écaille; achaines cylindriques ou oblongs, d'un blanc sale, tachés de brun, longs de 4-5 millim.; aigrette courte. ♃ Mai-juillet. C. C. C. Tout le Tell, rég. mont., Rég. médit.

β *Algeriensis; C. Fontanesi* Cosson, soc. dauph., n° 2938, non DR. — Plante canescente, aranéeuse, à péricline longuement aranéeux; feuilles un peu décurrentes. Littoral d'Alger.

γ *Fontanesi; C. Fontanesi* DR., Rev. Duch., vol. II, p. 429. — Achaines oblongs, chauves; péricline glabre ou aranéeux. De Ténès au Maroc.

δ *pterocaulos; C. pterocaulos* Pomel. — Tiges dressées, raides, anguleuses, cannelées, rudes, fortement ailées-dentées par la décurrence des feuilles, peu rameuses; feuilles coriaces, glabrescentes, rudes, les inférieures lyrées, les supérieures lancéolées-entières, grandes, réfléchies. ♃ Mai. Garrouban. Cette plante a en herbier un facies très particulier, mais je crois que c'est une simple déformation du *C. sphærocephala.* (v. s., herb. Pomel).

C. Seridis L., var. *maritima* Lange? Ball, spic.; *C. aspera auctorum algeriensium* non L. — Diffère du *C. sphærocephala* par ses capitules un peu plus petits, à écailles du péricline munies d'épines subégales; par ses achaines luisants, tachetés, noirâtres, ceux de la périphérie souvent chauves; par ses feuilles plus raides, toutes couvertes d'aspérités. ♃ Terrains sablonneux de tout le littoral. C. C. C.

β *decurrens.* — Capitules plus gros, à épines plus longues, assez semblables à celles du *C. sphærocephala*; feuilles parfois longuement et largement décurrentes, bien plus que dans le type du littoral; achaines blanchâtres; fleurs du rayon peu développées. ♃ Nador de Médéa.

C. Ixodes Pomel. — Plante bien voisine des précédentes; feuilles non décurrentes. Ne m'est pas suffisamment connue. Tiaret.

Nota. — Le *C. sonchifolia* L. ne me semble qu'une forme soit du *C. Seridis,* soit du *C. sphærocephala.*

C. fragilis DR., Rev. Duch. vol. II, p. 429; Munb., cat.; Ball, spic., fig. Atl., expl. sc. alg., pl. 54. — Plante longuement sarmenteuse, fragile, glabrescente; feuilles auriculées, pennatilobées, à lobes profonds et sinués, auriculés; capitules petits, à épines courtes, peu divergentes; achaines un peu pubescents à aigrette très courte. ♃ Avril-juillet. Littoral oranais.

β *integrifolia* Ball. Maroc.

Nota. — J'ignore ce que peut être le *C. romana* Desf., fl. atl., à tiges laineuses, à feuilles décurrentes et à épines très réduites.

2. Appendices épineux sur le bord et à la face supérieure ; tiges ailées par la décurrence des feuilles (*Philostizus* Cass.)

C. ferox Desf., fl. atl., tab. 242 ; Munb., cat. — Tiges de 3-5 décim., robustes, rameuses, ailées dans toute leur étendue ; feuilles linéaires, les inférieures pétiolées, sinuées-dentées, très longues et étroites ; péricline large de 25-30 millim. épines non comprises, globuleux ; appendice des écailles très développé à épine médiane puissante, vulnérante, longue de 20-22 millim. ; achaines cylindriques (5 millim. sur 2) à aigrette courte. ♃ C. C. Affreville, Mostaganem, Perrégaux, Oran, Aflou, etc.

C. dimorpha Viviani ; *C. eriocephala* et *C. Kralickii* Boiss., olim. ; *C. polyacantha* Cosson, voy., non Willd. — Plante à aspect de *C. sphærocephala* L., dont elle diffère, outre les caractères de sa série, par ses feuilles canescentes longuement décurrentes ; tiges souvent couchées, naissant alors sous un capitule central, presque sessile dans la rosette de feuilles radicales. *(C. Kralickii)*. ♃ Juin-juillet. Tout le Sahara, lieux sablonneux ; Orient. Varie à capitules aranéeux ou glabres, à épines plus ou moins longues, etc.

C. polyacantha Willd. Maroc, Espagne.

MICROLONCHUS DC.

Péricline ovoïde ou ovoïde-conique ou globuleux, à écailles glabres, serrées, coriaces, non nerviées, sphacélées au sommet, souvent mucronées, non appendiculées, les plus internes scarieuses au sommet ; stigmates libres dans leur moitié supérieure ; achaines munis de côtes peu saillantes et rugueux à la loupe dans l'intervalle des côtes ; aigrette interne réduite à une seule paillette déjettée de côté *(languette)*, facile à confondre avec les paillettes de l'aigrette externe. — Plantes glabrescentes à tiges fermes, élancés, rameuses ; rameaux grêles, longs, peu feuillés, rigides, monocéphales ; fleurs purpurines.

§ 1. *Heterachænium* Spach, Ann. sc. nat. 1845, p. 167. — Achaines dimorphes, les extérieurs plus petits, sans aigrette ; mucron des écailles persistant ; plantes annuelles.

M. Delestrei Spach, loc. cit. ; Munb., cat. ; fig. atl., expl. sc. alg., pl. 55. — Plante de 6-12 décim., très rameuse ; feuilles inférieures lyrées, les supérieures linéaires-dentées ; péricline ovoïde-allongé, étroit, égalant en longueur la partie exserte des fleurons ; mucrons des écailles de 3-4 millim. ;

languette égalant l'aigrette, celle-ci à peine aussi longue que l'achaine. ① Mai-juillet. Oran, Perrégaux, Miserghin, etc.

M. tenellus Spach, loc. cit. ; *M. Duriæi* Spach ; Munb., cat. ; *M. strictus* et *M. Reboudii* Pomel. — Tige rameuse à rameaux étalés ou étalés-dressés ; capitules ventrus, globuleux ou ovoïdes ; écailles du péricline brièvement mucronées ; corolles courtes, la partie exserte égalant la 1/2 longueur du péricline, achaines un peu gibbeux, les intérieurs à aigrette courte. ① Mai-juillet, un peu partout. Aflou, Mécheria, Le Khreider, Kabylie, Bibans, Chélif, Oran, Biskra, etc., etc. Tunisie, Sicile.

NOTA. — *M. tenellus* Spach, doit avoir le capitule globuleux, les stigmates libres et l'achaine 2 fois plus long que l'aigrette, celle-ci égalant la languette ou plus courte ; *M. Duriæi* Spach, doit avoir l'aigrette aussi longue que l'achaine et les stigmates soudés jusqu'au milieu ; *M. strictus* Pomel, a son capitule ovoïde-aigu et l'achaine un peu plus long que l'aigrette ; *M. Reboudii* Pomel, se ramifie en sympode dès la base. Ces divers caractères m'ont paru peu constants.

§ 2. *Homachænium* Spach, loc. cit. — Achaines tous semblables, tous munis d'une aigrette, plantes vivaces.

M. salmanticus L. et Desf. (sub *Centaurea)* ; Ball, spic. ; *M. Clusii* Spach ; Munb., cat. ; Lx, cat. Kab. — Plante puissante (6-15 décim.) ; péricline ovoïde, égalant la partie exserte des fleurons ou plus court ; mucrons courts ; achaines égalant à peu près l'aigrette et la languette. ♃ C. C. C. Partout. Mai-août. Rég. médit.

M. leptolonchus Spach ; Munb., cat. ; Lx, cat. Kab ; Ball, spic. — Plante un peu plus grêle que le type ; péricline un peu plus étroit ; achaines deux fois plus longs que leur aigrette, celle-ci plus longue que la languette ou l'égalant. ♃ C. C. C. Avec le type, Maroc.

M. gracilis Pomel. — Plante très grêle à péricline fusiforme. ♃ Sebkas d'Oran.

AMBERBOA Isnard.

Plantes à port de *Centaurea* dont elles diffèrent par leurs achaines munis de côtes et souvent sculptés dans les intervalles comme chez les *Microlonchus ;* aigrette interne peu distincte de l'interne ; fleurs de la circonférence neutres, rayonnantes.

§ 1. *Stephanochilus* Coss. et DR., inéd. — Achaine obconique, à côtes très nombreuses, dilaté au sommet en large disque ; hile latéral peu marqué ; écailles du péricline bordées au sommet d'une marge scarieuse, blanche, ciliée et terminées par une épine étalée, longue et grêle.

A. Omphalodes; *Centaurea Omphalodes* Cosson. et DR.; Munb., cat. — Plante très rameuse à feuilles sinuées-pinnatifides; capitules petits, globuleux, courtement pédonculés, très nombreux; aigrette plus longue que l'achaine. ① R. R. Biskra, Tunisie.

§ 2. *Euamberboa.* — Écailles du péricline lancéolées-aiguës; achaines plus ou moins comprimés, pubescents, non dilatés au sommet.

A. muricata DC.; Munb., cat.; Ball, spic. — Plante pubescente-aranéeuse (2-6 décim.); tige droite, sillonnée, rameuse; rameaux monocéphales, longuement nus; feuilles inférieures lancéolées-entières ou plurifides, atténuées en pétiole, à bords légèrement sinués-dentés, les supérieures sessiles; capitules globuleux-ovoïdes, pubescents-glanduleux, à écailles terminées par une longue arête non vulnérante; fleurs de la périphérie bleues, longuement rayonnantes; achaines pubescents, à 20 côtes, à hile grand, latéral, fortement calleux; aigrette plus courte que l'achaine. ① A. C. Avril-juin. Tell oranais. Espagne.

A. micractis Boissier, diagn., § 2-III, p. 62. — Fleurs du rayon blanches, longues de 10-12 millim. et non de 20-25 millim.; capitule étalé au sommet et non resserré; achaine un peu plus gros, égalant l'aigrette. ① Oran. Avec le type.

A. leucantha Cosson. Maroc.

A. Lippii DC.; Munb., cat.; *Volutarella Lippii* Cass.; Ball, spic.; *Centaurea Lippii* L.; Desf., fl. atl. — Plante très rameuse dès la base; tiges dressées ou diffuses, un peu scabres; feuilles lyrées ou pinnatifides à lobes distants et sinués-dentés; capitules solitaires ou réunis 2-3 sur des pédoncules assez courts et sillonnés; péricline large de 1 cent. environ, à écailles scarieuses aux bords, non aristées, glabres ou pubescentes; corolles de la périphérie rayonnantes, purpurines comme celles du disque; achaines petits, pubescents, à côtes peu marquées et un peu plus longs que l'aigrette. ① A. R. Avril-mai. H.-Pl., 3 prov. Biskra, Lella-Maghnia, Maroc, Espagne, Orient.

A. crupinoides DC.; Munb., cat.; *Centaurea crupinoides* Desf., fl. atl.; *Volutarella crupinoides* Ball, spic. — Plante grêle, élancée, à feuilles caulinaires très étroites, très réduites; capitules oblongs (12 millim. sur 6-7); écailles du péricline sphacélées au sommet, pubescentes ou glabres, trinerviées; fleurons radiants bleus, ne dépassant pas le péricline, ceux du disque safran vif; achaines velus égalant l'aigrette;

celle-ci à larges paillettes barbelées. ① Avril-juin. Tout le Sud : Aïn-Sefra, Biskra ; littoral oranais : Le Sig, Lella-Maghnia.

RHAPONTICUM DC.

Gros capitules à écailles terminées par un appendice scarieux, lacéré ; fleurs toutes égales et fertiles ; filets libres, papilleux ; achaines anguleux ; aigrette formée de poils, scabres, roux, cassants, très nombreux, tous semblables ; réceptacle poilu.

R. acaule DC. ; Munb., cat. ; Lx, cat. Kab ; *Cynara acaulis* Desf., fl. atl., tab. 223 ; *Centaurea Chamærhaponticum* Ball, spic. — Plante acaule ; feuilles grandes, en rosette, pétiolées, coriaces, vertes en dessus, blanches-tomenteuses en dessous, les premières (rarement toutes) ovées ou oblongues, les intérieures bipinnatiséquées, parfois toutes bipinnatiséquées ; gros capitule sessile ; fleurs jaunes à odeur d'œillet très agréable. ♃ Février-mai. Lieux sablonneux du Tell et de l'intérieur, C. sur le littoral. Cette plante est mangée comme *Artichaud* par les Arabes.

R. caulescens Cosson. Maroc.

CNICUS Gærtner; *Carbenia* Adanson.

Capitules ovoïdes entourés d'un involucre foliacé ; écailles supérieures du péricline prolongées en appendice pectiné ; fleurons périphériques neutres, pas plus grands que les autres ; achaines cylindriques à côtes longitudinales nombreuses ; disque épigyne à rebord denté ; aigrette caduque à 10 longues soies rigides alternant avec 10 soies de l'aigrette interne, plus courtes, non conniventes ; réceptacle poilu.

Cn. benedictus L. *(Chardon bénit)*. — Tige dressée, laineuse, rameuse ; feuilles d'un vert pâle, pubescentes, sinuées-pinnatifides, dentées ; fleurs jaunes ; fond du réceptacle caduc. ① Avril-mai. Littoral. R. R. Zéralda (Allard), Aïn-Taya, Le Corso. Rég. médit., Orient.

KENTROPHYLLUM Neck.

Capitules entourés d'un involucre foliacé très épineux ; écailles du péricline acuminées, inermes ; réceptacle paléacé ; filets munis d'un anneau pileux ; stigmates connés ; achaines centraux quadrangulaires, à angles proéminents, à faces rugueuses ; aigrette plus longue que l'achaine, à paléoles nombreuses sur plusieurs rangs, les extérieures plus courtes ; plantes très épineuses.

§ 1. *Durandoa* Pomel. — Aigrette simple, très fragile sur tous les achaines; rebord du disque dressé, denticulé.

K. arborescens Hooker; Munb., cat.; *Durandoa Clausonis* et *Durandoa arborescens* Pomel. — Plante d'un vert gai, un peu pubescente-glanduleuse, fétide; tiges de 6-15 décim., fermes, dressées, rameuses; feuilles coriaces, sinuées-pinnatifides, inégalement dentées-épineuses, fortement nerviées-réticulées, les caulinaires sessiles, largement amplexicaules; gros capitules solitaires au sommet des rameaux; folioles involucrales très épineuses passant insensiblement aux écailles du péricline; celles-ci d'abord un peu épineuses à bords entiers ou ciliés; fleurs d'un jaune vif, assez grandes; achaines extérieurs trigones, les intérieurs tétragones. ♃ Juin-juillet. R. R. Persiste peu dans ses localités : Oran, Ténès, l'Alma à l'embouchure du Boudouaou, Espagne.

§ 2. *Atraxyle*. — Aigrette double, l'interne courte à paillettes conniventes; achaines du bord chauves.

K. lanatum DC.; Munb., cat.; Lx, cat. Kab.; Ball, spic.; fig. Reich. 15. — Plante pubescente-aranéeuse, un peu visqueuse; tige dressée, ferme, rameuse au sommet, à rameaux étalés; feuilles radicales linéaires dans leur pourtour, pinnatipartites, à segments lancéolés, incisés-dentés; feuilles caulinaires comme dans le précédent, plus étroites; capitules ovoïdes, très aranéeux; folioles de l'involucre linéaires-acuminées, très vulnérantes, dépassant le péricline; achaines gros et courts, à 4 côtes saillantes s'élevant en pointe sur le bord du disque, à faces rugueuses, sculptées, à hile très latéral. ① C. C. C. Juin-août. Type variable.

α genuinum. — Fleurs d'un beau jaune, nombreuses, dépassant l'involucre; achaines blancs, maculés de noir. France, Europe, Algérie?

β bœticum; K. bœticum Boiss. et Reut., Pug. — Plante glabrescente à feuilles luisantes; fleurs peu nombreuses, très pâles, dépassées par l'involucre; achaines noirâtres. Oran, Garrouban (Pomel). Espagne.

γ algeriensis. — Diffère du *bœticum* par sa pubescence cendrée et ses achaines blanchâtres.

K. montanum Pomel. — Feuilles grêles, étroitement linéaires; folioles de l'involucre nombreuses, dressées, ne dépassant pas les fleurs; plante très visqueuse. Sersou, Kosni.

K. trachycarpum Coss. et DR., inéd.; Munb., cat. — M'est inconnu.

K. elegans Ball. Maroc.

CARTHAMUS L.

Diffère de *Kentrophyllum* par ses achaines à angles peu ou pas saillants, très lisses dans le bas, arrondis au sommet; fleurs souvent bleues; pas d'anneau pileux sur les filets du *C. tinctorius*.

C. helenioides Desf., fl. atl., tab. 230; *Onobroma helenioides* Sprengel; Munb., cat. — Tige dressée, simple ou rameuse, striée, ferme (3-10 décim.); feuilles coriaces, glabres, grandes, ovées-lancéolées, fortement nerviées, entières, à peine denticulées sur le bord, les inférieures pétiolées, les supérieures cordées-amplexicaules; capitules très gros (4-5 cent. diam.), ombiliqués sur un pédoncule épaissi; involucre foliacé très grand; écailles externes du péricline longuement ciliées, les internes entières, terminées par un appendice scarieux, cilié; fleurs jaunes; achaines lisses, plus courts que l'aigrette. ♃ Juin-juillet. Mascara, Boghar, El-Achir, Constantine.

C. cœruleus L.; Desf., fl. atl.; Ball, spic.; *Carduncellus cœruleus* DC.; Munb., cat.; Lx, cat. Kab.; *Kentrophyllum cœruleum* Gren. Godr. — Plante glabrescente ou aranéeuse; tiges dressées, rigides, cannelées, ordinairement simples, monocéphales; feuilles radicales atténuées en large pétiole, oblongues, dentées ou lyrées-pinnatifides, charnues, hispides en dessous; feuilles caulinaires sessiles, amplexicaules, ovées-lancéolées, dentées-épineuses; gros capitules; involucre foliacé un peu épineux, de dimensions très variables; écailles du péricline larges, plurinerviées, terminées par un appendice scarieux, cucullé, les externes ciliées; fleurs bleues; gros achaines globuleux deux fois plus courts que l'aigrette. ♃ C. C. C. Rég. médit.

β tingitanus; Carduncellus tingitanus Duby et DC. — Feuilles toutes pinnatifides ou pinnatipartites. A. R. Damrémont (Pomel), Bône (Lx). Espagne, France, Sicile.

Nota. — On trouve entre Mansourah et El-Achir, province de Constantine, une série d'hybrides entre les *C. henelioides* et *cœruleus*, présentant toutes les combinaisons possibles des caractères de ces deux espèces.

C. multifidus Desf.. fl. atl., tab. 227; *Carduncellus multifidus* DC.; Munb., cat.; Lx, cat. Kab. — Souche vivace, fibrilleuse; feuilles radicales en rosette, longues de 15 à 30 cent., glabres ou hispides, pétiolées, rarement lancéolées, entières et un peu coriaces, plus généralement pinnatipartites à segments décurrents, aigus, lancéolées ou linéaires, entiers, dentés ou pinnatifides, spinescents, réclinés, imbriqués; tiges de 4 à

10 décim., striées, anguleuses, ramifiées en corymbe dans le haut; feuilles caulinaires supérieures ovées-lancéolées, fortement dentées-épineuses, sessiles; capitules ovoïdes (20 millim. sur 15); folioles involucrales inégales, imbriquées, à base très élargie, coriaces, ciliées de cils bruns et terminées en pointe herbacée et acuminée en épine plus ou moins développée; écailles du péricline cachées par celles de l'involucre, peu distinctes, les internes terminées par un appendice scarieux dépassant l'involucre; fleurs peu nombreuses; achaines luisants, à côtes peu marquées, peu rugueux dans le haut, longs de 7 millim. sur 4, égalant l'aigrette. ♃ C. C. C. Juin-août. Tout le Tell.

C. strictus; *Onobroma stricta* Pomel. — Tiges très nombreuses, en touffe, grêles, simples ou peu rameuses; feuilles coriaces, rigides, toutes pinnatipartites, à segments distants, linéaires-acuminés, épineux; feuilles radicales pas beaucoup plus développées que les autres; feuilles caulinaires condupliquées, étalées, très épineuses; capitules médiocres, cylindriques; folioles involucrales épineuses dépassant les écailles du péricline; celles-ci ciliées sur le bord, les plus internes terminées en appendice brun, scarieux, cilié; achaines tétragones, lisses, blancs (5 millim. sur 3-4); aigrette très courte; fleurs d'un bleu très pâle. ♃ Juin-août. Grande chaîne du Djurdjura : Tala-Rana, Beni bou Drar, etc. Medjarou, commune d'Aïn-Bessem (Chabert).

C. calvus; *Carduncellus calvus* Boissier et Reuter, pug., p. 64; Munb., cat.; Lx, cat. Kab. — Tiges de 1-5 décim., dressées ou ascendantes, souvent solitaires, simples ou peu rameuses, striées-anguleuses; feuilles un peu pubescentes, les radicales pétiolées, pinnatipartites, à lobes oblongs, entiers ou dentés; feuilles caulinaires, étalées, condupliquées, ovées-lancéolées, dentées-épineuses, fortement nerviées, sessiles, embrassantes; capitules médiocres; folioles involucrales assez grandes, larges, rigides, égalant le péricline ou plus courtes; péricline comme dans le précédent; achaines bruns, petits, pyriformes (4 millim. sur 3), lisses, chauves. Port du *C. cœruleus*, plus petit. ♃ Juin-août. C. C. C. Régions sèches de toute l'Algérie.

Nota. — Cette espèce présentant de nombreux intermédiaires, peut-être hybrides, avec des plantes voisines, est fort difficile à limiter.

C. carlinoides; *Onobroma carlinoides* Pomel. — Tiges fermes, droites; achaines centraux munis d'une courte aigrette. Maillot, Tala-Rana, Aïzer, Sersou, etc.

C. DEPAUPERATUS; *Onobroma depauperatum* Pomel. — Plante remarquable par ses feuilles toutes entières, inermes ou à peine denticulées, coriaces; achaines du *C. carlinoides*. Lella-Maghnia.

C. carthamoides; *Onobroma carthamoides* Pomel. — Plante pubescente-aranéeuse dans le haut, à tiges ascendantes, peu élevées, ramifiées en corymbe; feuilles épaisses, coriaces, fortement nerviées, les radicales pétiolées, pennatiséquées, à lobes décurrents, étroits et distants, terminées en petite épine sétacée, les moyennes pennatilobées, les supérieures sessiles, ovées-lancéolées, dentées-épineuses; capitules petits (2-3 cent. sur 1); involucre à folioles assez semblables aux dernières feuilles des rameaux, imbriquées, spinuleuses, fortement nerviées, indurées à la base, herbacées dans le haut, terminées en épine arquée en arrière, les plus internes ciliées; péricline peu distinct de l'involucre, à écailles internes terminées par un appendice scarieux, denté-lacéré, orbiculaire; fleurons bleus assez longuement exsertes; achaines presque tous chauves; aigrette représentée par quelques soies sur quelques achaines du centre. ♃ Garrouban, Tlemcen.

C. pectinatus Desf., fl. atl., tab. 228; Munb., cat. — Tiges dressées, rigides, très rameuses dans le haut; feuilles toutes dentées-épineuses, pectinées, glabrescentes ou glabres, jamais lobées ou pinnatifides, les inférieures étroitement lancéolées, longues de 1 à 3 décim., pétiolées; feuilles caulinaires ovées-lancéolées, sessiles, fermes, 5-nerviées, acuminées en épine courte et vulnérante décroissant insensiblement jusqu'aux involucres; capitules de l'espèce précédente mais glabres; involucre à folioles pectinées d'épines plus longues et plus fortes; fleurons moins saillants; achaines petits, ceux du centre munis d'une aigrette. ♃ Août. H.-Pl. A. C. Téniet, Saïda, Tlemcen, Daya, etc.

C. tinctorius L. *Le Carthame*. Cultivé.

Tribu V. — CARDUINÉES.

Clef des genres :

1	Anthères caudiculées; plantes inermes.	2
	Anthères non caudiculées; plantes généralement épineuses	3
2	Gros capitules; écailles du péricline terminées par un large appendice scarieux, brillant.	LEUZEA.
	Écailles du péricline terminées en pointe herbacée, acuminée, presque épineuse.	JURINEA.

3	Filets cohérents en tube ; feuilles maculées de blanc	4
	Filets libres	5
4	Achaines à 10 côtes très fines ; capitules médiocres	GALACTITES.
	Achaines sans côtes ; très gros capitules à longues épines vulnérantes	SYLIBUM.
5	Réceptale alvéolé ; alvéoles bordées d'une membrane dentée.	ONOPORDON.
	Réceptacle non alvéolé, fibrilleux ou paléacé. . .	6
6	Achaines quadrangulaires ; fleurs généralement bleues.	7
	Achaines comprimés, lisses, sans côtes ; fleurs purpurines ou blanches.	8
7	Péricline non involucré ; filets papilleux.	CYNARA.
	Péricline involucré ; filets munis d'un anneau pileux	CARDUNCELLUS.
8	Aigrette à poils denticulés.	CARDUUS.
	Aigrette à poils plumeux	9
9	Écailles du péricline terminées par une épine pectinée.	PICNOMON.
	Écailles du péricline terminées en épine simple. .	CIRSIUM.

CARDUNCELLUS Adanson.

Genre voisin de *Carthamus*, en diffère par son aigrette à poils généralement plumeux, soudés en anneau à la base et tombant d'une seule pièce; achaines quadrangulaires à hile oblique, à angles saillants.

a. *Cynaroidei.* — Plantes à tige courte ou nulle, monocéphales; feuilles radicales en rosette.

C. pinnatus Desf., fl. atl., tab. 229 (sub *Carthamo*); Munb., cat.; Lx, cat. Kab. — Plante glabre ou aranéeuse; feuilles brièvement pétiolées, lancéolées dans leur pourtour, pinnatipartites à rachis grêle, à segments non décurrents, ovoïdes ou lancéolés, spinuleux sur le bord et terminés en épine courte et vulnérante, coriaces, nerviés, souvent munis à la base d'un auricule divariqué, épineux; tige nulle d'ordinaire; capitule ovoïde (5 cent. sur 3-4); folioles involucrales très dilatées et charnues à la base, surmontées d'un limbe foliacé, penné ou pectiné, épineux; péricline à écailles internes terminées en large appendice scarieux, orbiculaire, cucullé, cilié-lacéré; fleurons bleus ou purpurins; achaines de 7 mill.

sur 4, rugueux, à disque denté sur le bord; aigrette de 35 millim., scabre, purpurine. ♃ Juin-août. C. C. C. H.-Pl., Montagnes, 3 prov. Téniet, Djurjura, Santa-Cruz, etc.

β *caulescens.* — Tige grêle de 8 à 15 cent., feuillée. Misserghin. C'est la forme figurée par Desfontaines, elle se rapproche du *C. mitissimus* DC.

On trouve très rarement une forme à feuilles entières, simplement dentées. Cette modification peut d'ailleurs se trouver dans une foule de *Carduacées*, les feuilles deviennent alors plus coriaces. Cette forme se produit seule dans l'espèce suivante.

C. rhaponticoides Coss. et DR., inéd.; Munb., cat. — Plante acaule; rosette très fournie; feuilles pétiolées, glabres, lancéolées, subrhomboïdales, dentées-spinuleuses sur le bord; gros capitules globuleux (4-7 cent.); folioles de l'involucre peu nombreuses, élargies à la base, terminées en petit limbe foliacé, bien plus courtes que le péricline; écailles du péricline nombreuses, imbriquées, toutes terminées en large appendice scarieux, lacéré, orbiculaire; fleurons bleus; achaines étroits (3-5 millim. sur 1, 1 et 1/2 millim.), lisses, inégaux; hile basilaire; disque radié, à bords relevés en coupe aiguë; aigrette de 2 cent., très plumeuse. ♃ Aflou.

C. atractyloides Coss. et DR., inéd.; Munb., cat.; Lx, cat. Kab. — Plante cespiteuse, acaule ou caulescente; feuilles toutes pinnatipartites, pennées, les plus inférieures à lobes oblongs, décurrents, peu épineux; les autres à lobes étroitement lancéolés, acuminés en forte épine vulnérante; folioles de l'involucre semblables aux dernières feuilles, un peu élargies à la base, égalant ou dépassant les fleurs; écailles externes du péricline ciliées, acuminées en épine, les intérieures purpurines, plurinerviées, dilatées en appendice scarieux, cilié, orbiculaire; capitules de 4 cent. sur 3 environ; achaines de 6 millim. sur 5, à hile latéral, obpyramidaux, lisses, à large disque horizontal et radié; aigrette plumeuse égalant 2 fois l'achaine. ♃ Juin-août. Djurdjura, vers 1,800 m., Aurès.

C. plumosus Pomel; *C. atlanticus* Cosson et DR., inéd.; Munb., cat. — Plante acaule ou brièvement caulescente; feuilles coriaces, pétiolées, lyrées-pinnatipartites, à segments décurrents, oblongs, dentés, brièvement spinuleux, plus rarement entières ou dentées; capitules médiocres, cylindriques (3 cent. sur 2 environ); folioles de l'involucre élargies à la base, terminées en limbe foliacé, penné, dressé; écailles du péricline fortement nerviées-lancéolées, acuminées en pointe épineuse, non appendiculées; fleurs bleues; achaines rugueux (6 millim. sur 2 et 1/2), à disque rayonné relevé en cupule dentée; aigrette plumeuse deux fois longue comme l'achaine. ♃ Juin-juillet. H.-Pl., Batna, El-Guerrouch, Aflou, etc., etc.

C. ilicifolius Pomel. — Feuilles généralement entières; achaines un peu plus gros que dans le type. Kosni (Pomel).

C. monspeliensium All. — Voisin des deux plantes ci-dessus, et presque intermédiaire entre elles et le *C. atractyloides;* est signalé par Munby, à Djelfa, où aucun autre botaniste ne l'a revu.

b. *Cirsiastri.* — Tiges plus ou moins élancées, rameuses; écailles du péricline atténuées en pointe simple, non appendiculées, sauf dans *C. eriocephalus.*

C. eriocephalus Boissier, diagn., § 1-X, p. 100; Munb., cat. — Plante pubescente-laineuse, surtout sur l'involucre; tige de 1-2 décim., ferme, dressée, simple ou peu rameuse; feuilles inférieures pétiolées, pinnatipartites, à lobes décurrents acuminés en épine, entiers ou dentés-épineux, triangulaires-lancéolés; feuilles supérieures sessiles, embrassantes, pectinées-épineuses, lancéolées; gros capitules de 4 à 5 cent. sur 3-4, arrondis à la base; folioles de l'involucre élargies à la base, assez semblables aux dernières feuilles; écailles du péricline terminées en appendice scarieux, orbiculaire, lacinié; fleurs bleues; achaines de 7 mill. sur 3, semblable d'ailleurs à ceux du *C. plumosus;* aigrette de 17 millim., blanche. ♃ Collines bordant le Sahara, tout le Sud, Tunisie, Orient.

C. Reboudianus Batt., Bull. soc. bot., 1889; *C. multifidus* Reboud, herb. exp. perm. d'Alger, non Desf. — Plante un peu laineuse sur la tige et sur les nervures des feuilles; tige grêle, ferme, élancée (4 décim.), rameuse dans le haut, à rameaux dressés; feuilles peu nombreuses, toutes pinnatipartites à rachis étroit, à segments linéaires, acuminés en épine triquètre, simples ou eux-mêmes pinnatipartits; capitules ovés-globuleux (3-4 cent.); folioles de l'involucre dilatées à la base, acuminées en pointe herbacée, étalée, plus courtes que le péricline; écailles du péricline multinerviées, acuminées en épine, entières ou à peine dentées sous le sommet; achaines rugueux, semblables d'ailleurs à ceux du *C. atractyloides.* ♃ Base du Djebel-Senalba du côté d'Aïn-Meska (Reboud).

C. Choulettianus Pomel (sub *Lamottea*) (1). — Tige ferme, épaisse (3-5 décim.), dressée, laineuse, très feuillée, ramifiée au sommet en corymbe court et serré ; feuilles toutes lancéolées, multinerviées, coriaces, épineuses, pectinées-dentées, les radicales pétiolées, plus longues, les autres sessiles, amplexicaules, étalées, presque imbriquées ; capitules oblongs (25-30 millim. sur 15), sessiles ou brièvement pédonculés ; folioles de l'involucre acuminées en épine et épineuses sur les bords, herbacées dans le haut, passant insensiblement aux écailles du péricline ; celles-ci à bords entiers, parcheminées ; fleurs bleues ; achaines obpyramidés (5 millim. sur 2 environ), à disque radié et plan ; aigrette de 15 millim. ♃ A. C. Province de Constantine : Batna, Sétif, etc., jusqu'aux Bibans, où il paraît s'hybrider avec le *Carthamus calvus*.

c. *Phæolepides*. — Feuilles glabres, luisantes, coriaces, lancéolées-dentées, à bords parcourus par une nervure blanche, cartilagineuse, qui suit les contours des dents et porte des épines blanches ; capitules oblongs ; folioles involucrales semblables aux feuilles ; écailles du péricline ovoïdes-aiguës, les plus internes linéaires, toutes acuminées, non appendiculées, plurinerviées, marquées sur le dos d'une large tache violette ; fleurs bleues ; achaines tétragones, à hile latéral.

C. Pomelianus Batt., atl. fl. d'Alg., pl. 3 et Bull. soc. bot. 1886. — Souche sous-frutescente, très multicaule ; tiges grêles, un peu laineuses ainsi que les nervures médianes des feuilles, rameuses à rameaux longs ; feuilles inférieures longues, étroites, longuement pétiolées, les caulinaires courtes, sessiles, embrassantes ; écailles du péricline jamais ciliées ; capitules de 25-30 millim. sur 10-12 ; achaines de 4 millim. sur 2 ; aigrette plumeuse à la base seulement ; plante de 3 à 4 décim. Djebel-Antar.

C. Duvauxii Batt., Bull. soc. bot., 1888. — Tiges solitaires, fermes, généralement peu élevées, très feuillées, peu rameuses ; feuilles inférieures courtes, spatulées, les supérieures larges, largement embrassantes, toutes luisantes, d'un vert foncé avec la marge cartilagineuse et les épines très blanches ; capitules un peu plus gros à involucre bien développé, subsessiles ou terminaux ; écailles extérieures du péricline ciliées ; aigrette très plumeuse jusqu'au sommet. ♃ Juillet-août. Founassa, Maroc (herb. Cosson).

(1) J'ai souvent vu cette plante déterminée dans les herbiers *C. pectinatus* Desf., nom sous lequel Choulette l'avait distribuée. D'après la planche du *Flora atlantica* et d'après l'herbier de Desfontaines c'est là une erreur manifeste.

C. cespitosus Batt., loc. cit. — Plante cespiteuse, formant des touffes herbacées, compactes ; tiges très feuillées, grêles (4-8 cent.) ; feuilles toutes étroitement lancéolées, atténuées à la base, décroissant du sommet à la base des rameaux ; capitules presque enfouis dans les feuilles supérieures, longs de 25-30 millim. sur 10-12 ; aigrette à peine plumeuse. ♃ Sommet des montagnes du Sud-Oranais. Juillet-août. Mzi, Aissa, etc.

CYNARA Vaillant (Artichaud).

Péricline ovoïde à écailles cornées, se prolongeant en un acumen vulnérant, canaliculé ; réceptacle plan, charnu, à soies bifides ; anthères souvent un peu caudiculées, à caudicules ciliés, courts ; filets papilleux ; gros achaines tétragones, parfois un peu comprimés ; aigrette grande, plumeuse, à soies plurisériées, épaisses à la base.

C. Cardunculus L. ; Desf., fl. atl. ; Munb., cat. ; Lx, cat. Kab. ; Ball, spic. ; fig. Reich. 152. — Feuilles radicales en rosette, longues de 3 à 6 décimètres, blanches-tomenteuses en dessous, aranéeuses en dessus, pinnatipartites, à segments incisés-dentés, épineux, à lobes triangulaires ou lancéolés ; hampes puissantes (4-6 décim.), un peu rameuses dans le haut ; gros capitules ovoïdes, à écailles lancéolées, charnues à la base, étalées, terminées en forte épine. ♃ C. C. C. Toute la région cultivable. Juin-juillet. Rég. médit.

C. Scolymus L. ; Desf., fl. atl. ; Munb., cat. *(L'Artichaud)*. Très cultivé. — Cette plante, de même que le *Cardon*, n'est très probablement qu'une simple variété du *C. Cardunculus*.

C. humilis L., Desf., fl. atl. ; Ball, spic. ; *Bourgæa humilis* Cosson, pl. crit. ; Munb., cat. — Tige droite simple ou peu rameuse, striée-anguleuse, canescente ; feuilles tomenteuses en dessous, vertes en dessus, bipinnatiséquées, à segments étroitement linéaires-lancéolés, un peu enroulés sur les bords, terminés en courte épine ; feuilles radicales grandes, pétiolées, les caulinaires successivement décroissantes ; gros capitules solitaires ; écailles du péricline glabres, pourprées, linéaires ou lancéolées, les moyennes étalées ; fleurs bleues ; gros achaines tétragones, à angles ailés, à aigrette très longue. ♃ Oran. R. Terrains argilo-sableux à l'Est de Mascara. Maroc, Espagne.

C. histrix Ball. Maroc.

LEUZEA DC.

Gros capitules ovoïdes ou globuleux, à écailles terminées par un large appendice scarieux, cucullé, souvent lacéré ; anthères brièvement appendiculées au sommet et à la base ; achaines obovés-comprimés, glabres, à hile oblique ; aigrette caduque à poils fins, plumeux, soudés en anneau à la base ; herbes pubescentes, aranéeuses, à feuilles coriaces, inermes.

L. conifera DC. ; Munb., cat. ; Lx, cat. Kab. ; Ball, spic. ; *Centaurea conifera* L. ; Desf., fl. atl. ; fig. Reich. 84. — Tiges de 2-5 décim., fermes, dressées, simples ou peu rameuses ; feuilles inférieures pétiolées, irrégulièrement pinnatifides ou entières, les supérieures sessiles, toutes blanches en dessous, aranéeuses en dessus ; péricline de 4-5 cent. sur 3-4, ovoïde, involucré par les dernières feuilles ; fleurs purpurines peu nombreuses ; achaines chagrinés à aigrette blanche, très longue. ♃ A. C. Mai-juillet. Broussailles. Rég. médit.

L. berardioides Cosson. Maroc.

JURINEA Cassini.

Péricline à écailles non appendiculées ; caudicules des anthères filiformes et fendus au bout ; achaines obpyramidaux, quadrangulaires, à hile oblique, écailleux ; aigrette à poils scabres, raides, multisériés et soudés en anneau.

J. humilis DC. ; Munb. ; cat. ; Lx, cat. Kab. ; *J. Bocconi* Gussone ; Gren. et Godr., fl. Fr. — Plante de 3-15 cent. ; tige simple, tomenteuse, souvent presque nulle ; feuilles blanches-tomenteuses en dessous, vertes en dessus, pétiolées, tantôt toutes pinnatipartites, à segments lancéolés ou linéaires, tantôt les inférieures entières, lancéolées, rarement toutes entières (Djebel-Antar) ; capitules assez grands ; fleurs purpurines ; écailles du péricline linéaires-lancéolées, herbacées, les extérieures recourbées en dehors. ♃ Mai-juillet. Montagnes et H.-Pl., partout. Rég. médit.

GALACTITES Mœnch.

Péricline médiocre, à écailles acuminées en épine grêle ; fleurons de la périphérie neutres, radiants ; filets soudés, papilleux ; achaines subcylindriques à côtes très fines, à hile plus ou moins oblique, à disque relevé en rebord corné et entier ; aigrette plumeuse égalant 2-3 fois l'achaine ; plantes herbacées, épineuses, rameuses, à feuilles tomenteuses en dessous, vertes, maculées de blanc en dessus, lancéolées, pour la plupart pinnatipartites, à lobes triangulaires ou lancéolés, entiers ou dentés, épineux.

G. tomentosa Mœnch.; Munb., cat.; Lx, cat. Kab.; Ball, spic.; *Centaurea Galactites* L.; Desf.; fl. atl.; fig. Reich. 88. — Tiges peu ailées, rameaux tomenteux; capitules solitaires ou subsolitaires au sommet des rameaux; péricline large de 15-18 millim., aranéeux, à écailles brusquement acuminées en épine grêle et triquètre de 8 à 12 millim.; fleurons purpurins, rarement blancs, les stériles longuement radiants; achaines de 4 à 5 millim. ① C. C. C. Mai-juillet. Tout le Tell. Rég. médit.

G. mutabilis Spach., Rev. Duch., vol. I, p. 362; Munb., cat.; Lx, cat. Kab.; fig. Atl. expl. sc. alg., pl. 52. — Tige ailée, très épineuse; capitules moitié plus petits, agglomérés au sommet des rameaux; péricline glabrescent ou aranéeux, à écailles insensiblement acuminées en épine faible; fleurons d'abord purpurins puis blanchâtres, ceux du rayon ne dépassant guère les autres; achaines très petits. ① Djidjelli, Philippeville, Djebel-Mouzaïa.

β major. — Capitules plus gros; tige couverte de fortes épines. Djurdjura, Édough.

G. Duriæi Spach, loc. cit.; Munb., cat.; fig. loc. cit. pl. 53. — Épines des feuilles très fortes ainsi que les nervures; capitules agglomérés, presque aussi grands que dans le *G. tomentosa;* péricline aranéeux; écailles moyennes 4 fois plus longues que les externes, atténuées brusquement en une épine assez forte, longue de 2 cent.; fleurons purpurins ou blanchâtres, ceux du rayon ne dépassant guère les autres; achaines de 6 millim., un peu glutineux. ① Oran A. C. Espagne.

SILYBUM Vaillant.

Très gros péricline à écailles extérieures et moyennes dilatées en appendice foliacé, denté-épineux, terminé, au moins dans les écailles moyennes, par un acumen canaliculé, vulnérant, très fort; écailles intérieures entières, non appendiculées; fleurons tous égaux, tous fertiles; achaines sans côtes, obovés, un peu comprimés; hile basilaire; disque comme dans *Galactites;* capitules solitaires, terminaux. Plantes puissantes; tiges rameuses, sillonnées, non ailées; feuilles vertes, maculées de blanc, sinuées-pinnatifides, dentées, plus ou moins épineuses, les radicales très grandes, pétiolées, les caulinaires embrassantes.

S. Marianum Gærtner; Munb., cat.; Lx, cat. Kab.; Ball, spic.; *Carduus Marianus* L.; Desf., fl. atl.; fig. Reich. 151. *Chardon Marie.* — Plante glabre ou glabrescente, à épines courtes et faibles, les caulinaires à épines plus fortes; lobe terminal pas beaucoup plus long que les autres; écailles externes du péricline presque toutes munies d'un acumen épineux, renversé en arrière, long de 3 à 5 cent. ① Mai-juillet. C. C. C. Plante devenue cosmopolite.

S. eburneum Coss. et DR., Bull. soc., bot., vol. II, p. 366; Munb., cat. — Diffère du précédent par ses feuilles terminées par un lobe linéaire, allongé, beaucoup plus épineuses et à épines plus fortes, les radicales ciliées ou hispides en dessous; écailles externes du péricline sans acumen, les moyennes à acumen dressé, droit, long de 6-7 cent.; plante très épineuse dans le haut, à épines robustes, blanches, dorées au sommet. ① Talus des chemins de fer dans tout le Sud et les H.-Pl. Espagne.

ONOPORDON Vaillant.

Réceptacle charnu, alvéolé; filets glabres; achaines obovés, subtétragones, rugueux transversalement; aigrette à poils ciliés; péricline à écailles entières, terminées en un fort acumen triquètre, vulnérant.

1. Écailles du péricline insensiblement acuminées.

O. acaule L.; Munb., cat. — Tige très courte, non ailée; capitules agrégés sur de courts rameaux au centre d'une rosette de feuilles; feuilles tomenteuses sur les deux faces, lancéolées, pinnatifides, à lobes larges, dentés-épineux; gros capitules ovoïdes à écailles nombreuses, glabres, à épine faible, réfléchie près du sommet; achaines noirs, petits, six fois plus courts que l'aigrette. ♃ Montagnes du Sud oranais : Mzi, Ksel, etc. Djelfa, Pyrénées, Grèce.

O. macracanthum Schousboë, Règne végétal au Maroc, pl. V; Munb., cat.; Lx, cat. Kab.; Ball, spic. — Plante puissante (5-12 décim.); tige largement ailée, rameuse dans le haut, à grands rameaux étalés, munis de 6 grandes ailes continues, dentées-épineuses; feuilles radicales très grandes, lancéoles (3-5 décim.), pennatifides, à lobes dentés-épineux, les caulinaires successivement décroissantes, décurrentes sur la tige, toutes tomenteuses sur les 2 faces, ou vertes à la face supérieure (Maroc); capitules déprimés, ombiliqués, larges de 4 à 5 cent., solitaires et terminaux; écailles inférieures du péricline étalées, à épines longues et fortes; achaines bruns, très rugueux, deux fois plus courts que l'aigrette; fleurs bleues-violacées. ① ② C. C. C. Tell, Maroc, Espagne.

O. illyricum L. Maroc.

O. algeriense Pomel; *Carduus algeriensis* Munby. — Plante puissante, rameuse; feuilles radicales grandes, en rosette, tomenteuses en dessous, vertes en dessus, pinnatipartites, à segments décurrents profondément dentés, multifides, épineux, feuilles caulinaires décroissantes, sessiles, peu ou pas décurrentes; tiges cannelées, irrégulièrement ailées, à ailes interrompues, dentées-épineuses; grands capitules solitaires et terminaux, ombiliqués; écailles du péricline très larges, à acumen très long et fort, les inférieures étalées-réfléchies, les moyennes scabres, dressées, dépassant les fleurs; fleurs purpurines; achaines gros, obovés, un peu plus courts que l'aigrette fauve. ① ② Pointe-Pescade près Alger.

2. Écailles du péricline brusquement acuminées en un acumen relativement grêle.

O. arenarium Pomel; *O. ambiguum* Cosson, Voy.; Munb., cat., non Fresenius; *O. Sibthorpianum* Bonnet et Maury, Voy. an Boissier et Heldr.?; *Carduus arenarius* Desf., fl. atl., tab. 222 et herbier. — Voisin de l'*O. macracanthum*, plus grêle dans toutes ses parties; ailes de la tige proportionnellement plus épineuses; capitules peu ou pas ombiliqués, souvent agglomérés 2 ou 3 au sommet des rameaux; acumen de 2 millim. à la base sur 20 de longueur; achaines grisâtres, étroits, deux ou trois fois plus courts que l'aigrette. C. C. Tout le Sahara et H.-Pl. Mai-août.

Nota. — On en trouve dans les montagnes des variétés plus grandes, plus vertes, moins tomenteuses, à épines plus fortes. El-Abiod, Djebel-Amour (Pomel).

3. Écailles du péricline toutes dressées; capitules involucrés.

O. Espinæ Cosson. Tunisie.

PICNOMON Lob.

Péricline conique, à écailles tomenteuses, terminées par une épine pennée; fleurs toutes fertiles; filets velus; achaines oblongs, à hile basilaire; aigrette plumeuse.

P. Acarna Cassini; Munb., cat.; Lx, cat. Kab.; fig. Reich. 89. — Plante blanche-tomenteuse, très épineuse, à épines dorées; tige ailée de 2-5 décim., dressée, rameuse à rameaux divariqués; feuilles lancéolées-linéaires, dentées-épineuses, décurrentes sur la tige; capitules médiocres, agglomérés au sommet des rameaux et involucrés par des feuilles bractéales semblables aux autres. ① Mai-juillet. A. R. L'Arba, Ben-Chicao, Djurdjura, etc., etc. Rég. médit., Orient.

CIRSIUM Tournefort.

Péricline à écailles imbriquées, simples, entières, acuminées en épine plus ou moins développée; fleurs toutes égales et fertiles; filets libres, velus; anthères non caudiculées; achaines sans côtes, comprimés; disque épigyne relevé en rebord entier; hile basilaire; aigrette à poils plumeux.

§ 1. *Notobasis* Cassini. — Capitules involucrés par quelques feuilles bractéales très épineuses; gros achaines lenticulaires plus développés d'un côté, gibbeux; hile oblique.

C. syriacum Gærtner; *Carduus syriacus* L.; Desf., fl. atl.; *Cnicus syriacus* Willd.; Ball, spic.; *Notobasis syriaca* Cass.; Munb., cat.; Lx, cat. Kab. — Plante robuste (5-12 décim.); tige velue, sillonnée, rameuse; feuilles glabres et veinées de blanc en dessus, pubescentes en dessous, les inférieures grandes, pennatilobées, à lobes irrégulièrement dentés-épineux, les supérieures sessiles, auriculées, fortement épineuses; capitules médiocres souvent ternés au sommet des rameaux; fleurs purpurines. ① A. R. Mitidja, Rouïba, Kabylie. Rég. médit.

§ 2. *Chamæpeuce* DC. — Écailles du péricline terminées en acumen triquètre, vulnérant; achaines obovés à péricarpe dur.

C. Casabonæ DC., fl. Fr.; *Cnicus Casabonæ* L.; Ball, spic.; *Chamæpeuce Casabonæ* DC., Prodr.; Munb., cat.; Lx, cat. Kab.; fig. Moris, fl. Sard., tab. 88. — Tiges fermes, nombreuses, dressées (3-6 décim.), simples, cannelées; feuilles coriaces, lancéolées-linéaires, un peu enroulées par les bords, luisantes en dessus, à nervures blanches, tomenteuses en dessous, épineuses à épines géminées ou ternées, fortes, jaunes, vulnérantes; capitules subsessiles en longue grappe feuillée; fleurs blanchâtres. ② Juin-août. Djurdjura, Constantine. A. R. Provence, Corse, Italie, Maroc.

C. afrum Jacquin a été indiqué à tort en Algérie.

§ 3. *Eriolepis*. — Feuilles hérissées à la face supérieure de petites épines subulées.

C. echinatum Desf., fl. atl. (sub *Carduo*); Munb., cat.; Lx, cat. Kab.; *Cnicus echinatus* Ball, spic. — Tiges robustes, laineuses, sillonnées, ramifiées en corymbe presque dès la base; feuilles épaisses, à bords un peu enroulés, fortement spinuleuses en dessus, blanches-tomenteuses en dessous, pennatilobées, à rachis linéaire, à segments distants bi-trilobés, à lobes divariqués et triangulaires-lancéolées, le 3e très petit, tous terminés par une forte épine; capitules de 4-5 cent. sur 3, rapprochés en corymbe dense au sommet des tiges et dépassés par les feuilles bractéales; péricline aranéeux, ovoïde-conique, à écailles terminées par une épine triquètre arquée en dehors; achaines obovés à aigrette très développée. ② ♃ Mai-juillet. A. R., un peu partout. Atlas, Djurjura, Mitidja, etc. Rég. médit. occid.

C. **Willkommianum** Porta et Rigo ; fig. Willk., Illustr., tab. CII. — Feuilles radicales en rosette, tige élancée (8-12 décim.), ramifiée au sommet en corymbe lâche, à capitules terminaux et solitaires. Pour le reste comme le précédent. Aïn-Aissa (Sud oranais). Baléares.

On trouve sur le Mzi une forme à capitules réunis par 2-3 au sommet de rameaux plus courts.

C. **Kirbense** Pomel. — Plante du même type que les précédents, à port régulièrement pyramidal, haute de 1 à 2 mètres dans les bons terrains, très réduite dans les terrains maigres; feuilles régulièrement décroissantes de la base au sommet de la tige, peu aranéeuses en dessous, à segments bi-quadrilobés, à lobes divariqués sur des plans différents, l'un beaucoup plus grand que les autres; inflorescence en panicule étroite le long de la tige; capitules ovoïdes très gros (7 cent. sur 5), plus petits dans les terrains maigres, sessiles ou terminaux sur les rameaux axillaires courts, solitaires au bout de chaque rameau dans le haut de l'inflorescence; péricline à écailles internes dressées, appliquées, flexibles, les autres recourbées en dehors, épineuses. ② Espèce des plus remarquables, ornementale. Juin-août. R. R. Chez les Aït-Ismaël, près Dra-el-Mizan, Mouzaïa-les-Mines, Col de Kerba (Pomel).

C. **lanceolatum** Scopoli ; Munb., cat. ; fig. Reich. 95. — Diffère des espèces précédentes par ses feuilles presque glabres en dessous, décurrentes sur la tige, à bords non enroulés, moins épaisses, par son port élancé, plus grêle ; par ses capitules bien plus petits (3 cent sur 2), en panicule lâche; péricline ovoïde, un peu aranéeux, à écailles acuminées en une longue pointe épineuse étalée-dressée, non renversée en arrière. ② Juin-septembre. Sidi-bel-Abbès, de Tlemcen à Maghnia, Khenchela (Julien). Europe.

Cirsium giganteum Desf., fl. atl., tab. 221 (sub *Carduo*); Munb., cat.; Lx, cat. Kab.; Ball, spic. (sub *Cnico*); *Carduus scaber* Poiret, Voy. II, p. 231. — Tige puissante (2-4 mètres), tomenteuse, rameuse dans le haut, à rameaux divariqués; feuilles tomenteuses en dessous, faiblement spinuleuses et aranéeuses en dessus, oblongues-lancéolées, larges, pennatilobées, à lobes larges, dentés-épineux, les inférieures en rosette, pétiolées, très grandes (4-8 décim.), les caulinaires sessiles et amplexicaules; capitules médiocres (3-4 cent. sur 2), réunis 1-3 à l'extrémité de courts ramuscules; péricline globuleux ou ovoïde, aranéeux, à écailles terminées en épine récurvée, courte et faible; fleurs roses. ♃ A. C. Juin-août. Tout le Tell. Lieux frais. Maroc, Sicile, Sardaigne, Espagne.

§ 4. *Onotrophe* Cassini. — Feuilles non spinuleuses en dessus, ciliées et à peine épineuses sur le bord; petits capitules; écailles du péricline appliquées, tachées de noir au sommet, acuminées en épine très courte; achaines oblongs.

C. palustre Scopoli; fig. Reich. 100. — Tige de 3-12 décim., ailée, dressée, sillonnée; feuilles plus ou moins velues sur les deux faces, aranéeuses en dessous, pinnatipartites, à segments bi-trifides; capitules agglomérés au sommet des rameaux; écailles du péricline rudes aux bords. ② Juin-juillet. Batna (Cosson). Europe.

C. monspessulanum All.; Munb., cat.; fig. Reich. 99. — Souche vivace, stolonifère; tige de 6-15 décim., sillonnée, aranéeuse, ailée par la décurrence des feuilles, un peu rameuse au sommet, à rameaux dressés, monocéphales; feuilles un peu rudes, entières, lancéolées, longuement ciliées-spinuleuses aux bords, les inférieures pétiolées. ♃ Marais de la Rassauta (Alger), Oran, Gorges de Zaouïa. R., 3 prov. Munby. Forme des peuplements denses et étendus. Espagne, France, Italie.

CARDUUS L.

Diffère de *Cirsium* par l'aigrette à poils scabres, non plumeux.

§ 1. *Microcephali.* — Petits capitules ovoïdes ou oblongs, longs de 20 à 25 millim.; écailles du péricline lancéolées-acuminées, un peu ciliées, couvertes de glandes dorées visibles à la loupe; achaines striés. Plantes annuelles.

C. pycnocephalus L.; Munb.; Lx, cat. Kab.; Ball, spic.; fig. Reich. 133-I. — Tige dressée, plus ou moins rameuse, ailée, à ailes sinuées-dentées très épineuses, celles des rameaux très étroites, interrompues; feuilles vertes quelquefois maculées de blanc en dessus, tomenteuses en dessous, sinuées-pinnatifides à segments triangulaires et palmatilobés, à lobules divariqués, ciliés-spinuleux aux bords, tous terminés par une épine courte, subailée; capitules cylindriques, allongés, réunis 1-3 sur des pédoncules non ailés au sommet, souvent aphylles, ou axillaires et sessiles le long de la tige; péricline à écailles externes peu étalées, non scarieuses aux bords, les internes brièvement acuminées, plus courtes que les fleurs; achaines glutineux ①. C. C. C. Tout le Tell. Europe moyenne et Rég. médit.

C. TENUIFLORUS Curtis; Munb., cat.; Ball, spic.; Reich. 134. — Plante ordinairement très feuillée, à tiges plus largement ailées, à rameaux ailés jusque sous les capitules; ceux-ci plus courts, agglomérés au sommet de la tige et des rameaux, subsessiles, ou axillaires et sessiles; écailles externes du péricline blanches et étroitement scarieuses aux bords, les internes finement et longuement acuminées, plus longues que les fleurs. ① Avec le précédent au voisinage des habitations, talus: Miliana, Affreville, Oran, etc. Europe moyenne, Rég. médit.

C. SARDOUS DC., Prodr. Maroc (Ball).

C. ARABICUS Jacquin. — Rameaux étroitement ailés, nus supérieurement; feuilles à épines faibles et courtes, les inférieures souvent moins divisées que dans les précédents; écailles du péricline courtes, oblongues, lancéolées, à nervure obsolète, à épine très courte au sommet, les internes peu acuminées. ① Sahara, Orient.

C. getulus Pomel. — Voisin des précédents; tiges et rameaux ailés-spinuleux jusqu'au sommet; feuilles glabrescentes, les inférieures entières ou plus ou moins pinnatilobées, épineuses; capitules de 15-17 millim., subsessiles, le premier au centre de la rosette, les autres réunis 2-3 au sommet des rameaux, plus rarement axillaires et solitaires péricline aranéeux à écailles supérieures subtrinerviées, scarieuses, insensiblement atténuées en pointe molle; achaine des précédents. ① Sahara, Aïn-Sefra, Brezina.

C. Balansæ Boiss. et Reut., Diagn., § 2-III, p. 44; Munb., cat.; *Carduus myriacanthus* Durieu, atl. expl. sc., pl. 50-2; Munb., cat, non Salzman. — Tige simple à la base, dressée, rameuse dans le haut (2-5 décim), ailée ainsi que les rameaux de la base au sommet; ailes dentées, interrompues, à dents rapprochées, garnies d'épines longues et très nombreuses ; feuilles hispides, papilleuses, visqueuses, pinnatipartites, à lobes triangulaires, lobulés, garnis de petites épines courtes et très nombreuses; capitules de 20-25 millim., ombiliqués à la base; péricline à écailles régulièrement lancéolées-acuminées, les supérieures égalant l'aigrette; fleurs purpurines; achaines de 5 millim. environ, étroits, luisants, rugueux à la loupe, surmontés du mamelon central du disque pédiculé et quadrilobé. ① Avril-mai. Mostaganem. C. C. Moissons.

C. **myriacanthus** Salzman. Maroc.

C. **pteracanthus** Durieu, Rev. de Duch., vol. I, p. 361; Munb., cat.; fig. Atl. expl. sc., pl. 50, 4 et 5; *C. Reuterianus* Boissier, sec. Lange. — Diffère du précédent par les ailes de la tige à épines courtes et faibles; par les capitules souvent plus nombreux au sommet des rameaux, pédonculés ou subsessiles à pédoncules non ailés ou ailés; par les écailles du péricline brusquement acuminées en une épine courte, les supérieures retrécies sous le sommet; fleurs purpurines; achaines très petits (3 millim.), lisses. ① C. C. C. Bou-Medfa, Téniet, Constantine, Bône, Batna, Oran, etc.

β *erythrolepis*. — Capitules nombreux, petits, à écailles tachées de pourpre. Bou-Medfa, La Calle.

C. **leptocladus** DR., loc. cit.; Munb., cat.; fig. Atl. expl. sc., pl. 50-3. — Diffère du précédent par les écailles du péricline plus régulièrement lancéolées-acuminées et appliquées; par ses capitules longuement pédonculés, plus rarement sessiles; par ses pédoncules non ailés, tomenteux; limbe de la corolle égalant le tube et non plus long; mamelon du disque tubuleux, à la fin capité. ① A. R. Daya, Kosni, Le Khreider, etc.

C. **Spachianus** DR., loc. cit.; Munb., cat.; fig. Atl. expl. sc., pl. 51. — Plante de 4 à 6 décim., assez robuste, à tige aranéeuse, dressée, rameuse dans le haut, ailée presque jusqu'au sommet, à ailes étroites presque réduites aux épines souvent très longues et très fortes; feuilles sinuées-pinnatifides, dentées, fortement épineuses, tomenteuses en dessous; capitules réunis 1-3 ou plus au sommet des rameaux, oblongs, sans feuilles florales; écailles du péricline un peu lâches, aranéeuses, lancéolées-linéaires, terminées en courte épine; corolles blanches, parfois rosées, à partie exserte aussi longue que le péricline; achaines médiocres à mamelon du disque pédiculé et étoilé. ① A. C. Avril-mai. Oran, Chélif, Bou-Medfa, Maillot, etc. Cette espèce se reconnaît facilement à sa grande taille et à ses fleurs ordinairement blanches.

C. Duriæi Boissier et Reut., Pug. p. 64. — Très voisin du précédent, en diffère par ses feuilles plus divisées, longuement épineuses ; par ses capitules plus agglomérés ; par les écailles du péricline spinescente et non seulement aiguës ; par le mamelon du disque cylindrique. Aïn-Temouchent, d'Oran à Tlemcen (Boiss. et Reut, loc. cit.)

§ 2. *Megacephali.* — Gros capitules globuleux, larges de 3 à 5 cent. ; écailles du péricline larges, à bords entiers ; plantes bisannuelles.

C. macrocephalus Desf., fl. atl. ; Munb., cat. ; Lx, cat. Kab. ; Ball, spic. ; fig. Atl. expl. sc., pl. 50-I. — Tiges aranéeuses, dressées, rameuses dans le haut, longues de 3-5 décim. ; rameaux monocéphales ; feuilles aranéeuses, pinnatifides, à segments décurrents, dentés-lobés à dents terminées par de longues épines ; capitules très gros, ombiliqués, penchés, longuement pédonculés, quelques-uns parfois plus petits, sessiles ; pédoncules non ailés ; péricline à écailles étalées, lancéolées-linéaires, un peu glanduleuses à la base, hérissées-scabres ou pubescentes, les extérieures et les moyennes atténuées en une pointe acuminée un peu concave en dessus, large à la base et terminé en épine forte et vulnérante, les intérieures subscarieuses, dressées, faiblement épineuses ; achaines de 4-5 millim., à mamelon pédiculé, lobé. ② Mai-juin. C. C. C. Toute la rég. montagneuse. Sicile.

C. atlanticus Pomel. — Péricline non ombiliqué, glabre ; achaine de 5 millim., rugueux à la loupe ; tige ailée jusque près des capitules. ② Mai. Djebel-Amour (v. s.)

C. Kahenæ Pomel. — Écailles du péricline étalées subréfléchies ; achaines de 4 millim. ; feuilles moins divisées, moins épineuses. ② Khenchela (Pomel).

C. Ballii Hooker. Maroc.

C. numidicus Cosson et DR. ; Munb., cat. ; Lx, cat. Kab. ; fig. Atl. expl. sc., pl. 49. — Tige dressée, hispidule, rameuse à rameaux monocéphales, ailée à ailes dentées-épineuses s'arrêtant loin des capitules ; feuilles hispidules en dessous, pinnatilobées à lobes sinués-dentés, brièvement épineux ; gros capitules globuleux ; péricline à écailles courtement lancéolées, trinerviées, concaves, subcochléaires, élargies vers le haut et brusquement acuminées en une courte épine. ① Bône, Collo, Djurdjura, etc.

C. propinquus Pomel. — Écailles du péricline intermédiaires entre celles des *C. numidicus* et *macrocephalus*. Constantine (Pomel).

S.-famille III. — CHICORACÉES Vaillant, ou *Liguliflores* Endl.

Capitules homogames à fleurs toutes ligulées, hermaphrodites ; ligules 5 nerviées et 5 dentées ; style cylindrique, ni épaissi ni articulé au sommet, à 2 branches filiformes, recourbées, pubescentes, marquées de linéoles stigmatiques distinctes. Plantes lactescentes à feuilles alternes, à fleurs généralement jaunes. (Fig. Reich., vol. XIX).

Tableau des Tribus :

Tribu I. Scolymées. — Aigrette coroniforme, paléacée ; réceptacle alvéolé, garni d'écailles très amples, embrassant l'achaine et simulant un péricarpe biailé.

Tribu II. Hyoséridées. — Aigrette coroniforme, paléacée ou nulle ; réceptacle sans paillettes, glabre ou hérissé de soies.

Tribu III. Hypochæridées Gren. Godr. — Aigrette des achaines du disque à poils plumeux, élargis à la base ; réceptacle paléacé à paillettes caduques.

Tribu IV. Scorzonérées. — Aigrette de la section précédente ; réceptacle nu, velu ou fibrilleux.

Tribu V. Crépoïdées. — Aigrette à poils denticulés, ni plumeux ni élargis à la base ; réceptacle généralement dépourvu de paillettes.

Tribu I. — SCOLYMÉES.

SCOLYMUS L.

Herbes puissantes, épineuses, à feuilles sinuées-pinnatifides, à lobes épineux, plus au moins pubescentes-ponctuées, souvent maculées de blanc aux nervures, nerviées en réseau à nervures proéminentes, les inférieures pétiolées, oblongues, lancéolées dans leur pourtour, les caulinaires sessiles, amplexicaules, plus au moins décurrentes sur la tige ; capitules sessiles ou subsessiles ; péricline ovoïde à écailles lancéolées, involucré par des bractées pectinées-épineuses ; achaines oblongs, munis de quelques costules.

a. *Myscolus* Cassini. — Aigrette coroniforme avec 2-4 soies caduques ; plantes vivaces ou bisannuelles.

Sc. hispanicus L. ; Desf., fl. atl. ; Munb., cat. ; Lx, cat. Kab. ; Ball, spic. ; fig. Reich. 1. — Plante de 5 à 12 décim., à feuilles radicales grandes, pinnatifides, à lobes épineux, oblongues dans leur pourtour ; tiges striées, peu ou pas ailées, très rameuses, à rameaux étalés-dressés, décroissant vers le haut de la tige ; feuilles caulinaires largement amplexicaules, à bord cartilagineux, épaissi; capitules axillaires et terminaux, petits, longuement dépassés par 3 bractées involucrales, épineuses; péricline à écailles lancéolées-linéaires, cuspidées; ligules hérissées de poils blancs à la base; anthères jaunes. ② Juin-août. Les côtes des feuilles sont recherchées comme légume par les indigènes. C. C. C., partout. Rég. médit., Orient.

Sc. grandiflorus Desf., fl. atl., tab. 218; Munb., cat.; Lx, cat. Kab. — Tiges dressées ou étalées, peu ou pas rameuses, fortement ailées-épineuses par la décurrence des feuilles; feuilles pinnatipartites à segments lancéolés étroits, les caulinaires linéaires moins largement embrassantes; capitules axillaires, subsolitaires, sauf au sommet de la tige, très grands (ligules de 3 cent.), involucrés par 3 bractées rigides (6 pour le capitule terminal), fortement épineuses, à nervures fortes et blanches; péricline à folioles lancéolées, scarieuses aux bords, les extérieures obtuses, non cuspidées. Juin-août, ♃ C. C. C. Sicile.

b. *Euscolymus.* — Plante annuelle; achaines à coronule très courte, sans soies.

Sc. maculatus L.; Desf., fl. atl.; Munb., cat.; Lx, cat. Kab.; Ball, spic.; fig. Reich. 2-I. — Feuilles radicales petites, molles, oblongues, presque entières, à peine épineuses sur le bord, les caulinaires sinuées-pinnatifides, rigides, cartilagineuses aux bords, embrassantes, fortement nerviées, souvent maculées, très épineuses; tige fortement ailée-épineuse, dressée, rameuse dans le haut, à rameaux divariqués, très longs; capitules involucrés par 4-5 bractées très rigides, très épineuses, à épines longues et rigides, réunis en corymbe dense au sommet des rameaux. ① Juin-Juillet. C. C. C. Marnes argileuses. Rég. médit., Orient.

Tribu II. — HYOSÉRIDÉES.

Clef des genres :

1	Aigrette nulle ou indistincte; fleurs jaunes. . . .	2
	Une aigrette sur tout ou partie des achaines. . .	4
2	Achaines très longs arqués-connivents ou étalés. .	3
	Achaines petits, caducs, enfermés dans le péricline cylindrique.	LAPSANA.
3	Achaines lisses ou pubérulents, les externes enfermés dans les écailles du péricline.	RHAGADIOLUS.
	Achaines muriqués, libres.	KŒLPINIA.

4	Aigrette formée d'écailles très courtes; fleurs bleues	CICHORIUM.
	Aigrette bien développée.	5
5	Péricline à écailles larges, scarieuses, argentées; fleurs bleues ou jaunes.	CATANANCHE.
	Péricline à écailles herbacées.	6
6	Achaines du disque comprimés-ailés.	HYOSERIS.
	Achaines non ailés	7
7	Écailles du péricline accrescentes, à la fin indurées, logeant les achaines extérieurs.	HEDYPNOIS.
	Écailles du péricline non accrescentes, les extérieures subulées et généralement étalées. . . .	TOLPIS.

CICHORIUM Tournefort. (Chicorée).

Péricline double, l'intérieur tubuleux à 8 écailles indurées et soudées à leur base à maturité, l'extérieur à 5 écailles plus courtes; réceptacle fibrilleux; achaines persistants, anguleux, tronqués au sommet et couronnés par 1-2 rangs d'écailles nombreuses, petites, obtuses. Herbes à fleurs bleues, à feuilles radicales ordinairement roncinées et pétiolées, à feuilles caulinaires sessiles, auriculées et dentées à la base; capitules les uns subsessiles et réunis en glomérules axillaires, les autres solitaires sur de gros pédoncules fistuleux partant de la base des glomérules. Groupe de petites espèces d'une constance douteuse.

C. Intybus L.; Ball, spic.; fig. Reich. 6-II. — Tige dressée, rameuse, robuste, souvent scabre, sillonnée dans le haut; péricline interne à écailles linéaires-obtuses, souvent ciliées-glanduleuses au sommet, les extérieures ovales, obtuses; aigrette à peine visible, à paillettes de 1/2 millim., érodées au sommet; feuilles plus ou moins hispides; capitules réunis 1-10 à l'aisselle des feuilles caulinaires. ♃ C. C. C. Moissons. Littoral d'Alger, Dra-el-Mizan, etc. Europe.

C. callosum Pomel. — Rameaux florifères courts très fortement renflés-vésiculeux; péricline interne formant à sa base 3 angles calleux, saillants à travers le péricline externe. Dahra (Pomel).

C. glabratum Presl. — Plante presque glabre, grêle. Kaddara. R. R.

C. pumilum Jacquin; Ball, spic.; *C. divaricatum* Schousboë; Munb., cat.; Lx, cat. Kab.; fig. Reich. 6-III. — Plante grêle, rameuse-divariquée dès la base; tiges lisses; péricline à écailles ciliées, non glanduleuses, les extérieures obtuses; paillettes de l'aigrette lancéolées-aiguës, longues de 1 millim.

au moins ; feuilles caulinaires petites, largement auriculées et terminées en pointe aiguë. ① ② C. C. C. Avec l'*Intybus*.

C. polystachium Pomel. — Plante basse, extrêmement remarquable par ses glomérules à 15-20 capitules sur 3 rangs, simulant des épis d'orge dont on aurait coupé les arêtes. Relizane. (v. s.)

C. Endivia L. *(Endive)*. — Feuilles florales largement ovales. Cult.

TOLPIS Bivone

Périanthe simple à écailles linéaires, nombreuses, plurisériées, entouré à la base de bractéoles sétacées ; réceptacle nu, alvéolé, plan ; achaines subtétragones à aigrette formée de soies inégales, non dilatées à la base, souvent remplacée dans ceux de la périphérie par une couronne fimbriée. — Plantes à feuilles lancéolées, dentées ; à tiges dressées, grêles, rigides, dichotomes ; à capitules solitaires, pédonculés, médiocres.

§ 1. *Drepania* Juss. — Plantes annuelles ; achaines dimorphes, ceux de la périphérie à couronne fimbriée.

T. barbata Willd. ; Munb., cat. ; Lx, cat. Kab. ; Ball, spic. ; fig. Reich. 8-I ; *Drepania barbata* Desf., fl. atl. — Plante de 1-3 décim., feuillée presque jusqu'en haut, à feuilles fortement dentées ; capitules larges de 20-25 millim., enveloppés de bractéoles et d'écailles subulées, arquées, étalées et très longues ; ligules du centre noirâtres ; achaines centraux à 2-3 soies. ① Mai. Collo (Pomel), La Calle (Munby), Rég. médit.

β *grandiflora* Ball. Maroc.

T. umbellata Bertoloni ; Munb., cat. ; Ball, spic. — Diffère du précédent par sa tige moins feuillée, plus élancée ; par ses capitules plus petits (15 millim.), moins barbus extérieurement ; par ses achaines centraux généralement munis de 4 soies. ① C. C. C. Sables du Tell, surtout au bord de la mer. Rég. médit.

β *minor* Lange ; *T. microcephala* Pomel. — Plante extrêmement rameuse, à capitules minuscules. Alger, terrains siliceux.

§ 2. *Schmidtia* Mœnch. — Achaines tous pourvus de soies ; plantes bisannuelles ou vivaces.

T. altissima Persoon ; Munb., cat. ; Lx, cat. Kab. ; *T. virgata* Bert. ; *T. sexaristata* Biv. ; *Crepis virgata* Desf., fl. atl., fig. Reich. 8-II. — Plante dressée (4-6 décim.), rigide, ramifiée en corymbe moins étalé que dans les précédents ; capitules médiocres, à bractées et écailles externes courtes et appliquées ; achaines à 4-8 soies. ② ♃ Mai-juillet. C. C. C. Corse, Italie.

HEDYPNOIS Tournefort.

Péricline de 10 à 20 écailles subunisériées, embrassant les achaines extérieurs, et muni à la base de quelques écailles caliculaires ; réceptacle nu ; achaines linéaires, les extérieurs à aigrette courte, membraneuse, cyathiforme, les intérieurs à deux rangées de lamelles, les extérieures courtes, les intérieures au nombre de 5 environ lancéolées, acuminées en longue soie scabre et denticulée. — Type méditerranéen extrêmement polymorphe ; feuilles radicales en rosette ; tiges rameuses ; capitules à la fin globuleux, indurés, sur de longs pédoncules plus ou moins renflés en massue au sommet et fistuleux.

H. polymorpha DC., Prodr. ; Munb., cat. ; Lx, cat. Kab. ; *Rhagadiolus pendulus* Ball, spic. — Tiges dressées ou diffuses ; rameaux allongés et nus ; pédoncules peu renflés au sommet ; feuilles inférieures brièvement pétiolées, lancéolées ou oblongues, entières ou dentées ou pinnatifides, glabres ou hispides, les supérieures sessiles amplexicaules ; capitules médiocres, nutants avant l'anthèse ; écailles mûres un peu étalées, plus ou moins scabres ; achaines noirs, un peu rugueux. ① Mars-juin. C. C. C., partout.

α pendula ; H. pendula et *H. polymorpha* DC. ; *H. monspeliensis* Willd. ; fig. Reich. 11-II. — Capitules nutants avant l'anthèse ; pédoncules glabres ; écailles du péricline lisses ou scabres au sommet ; feuilles d'un vert gai, glabres ou glabrescentes, subentières ou les inférieures pinnatifides (*H. pinnatifida* DC.) C. C. C.

β crepidiformis ; H. crepidiformis Reich. — Tiges et pédoncules glabres ; écailles hispides, scabres. C. C.

γ rhagadioloides. — Plante entièrement hispide, robuste, dressée, feuillée jusqu'au sommet ; pédoncules plus courts. A. C.

δ gracilis ; H. sabulorum Pomel. — Plante très grêle ; pédoncules très fins ; péricline peu contracté à maturité, à écailles muriquées jusqu'au sommet. Sables à Mostaganem.

H. tubæformis Tenore ; fig. Reich. 10. — Plante hispide à poils glochidiés ; feuilles inférieures souvent sinuées-pinnatifides ; pédoncules très fortement renflés en massue, non resserrés sous les capitules ; capitules dressés avant l'anthèse, à la fin globuleux, compacts ; écailles du péricline scabres, hispides, s'indurant fortement. Plante de port très variable. ① C. C. C.

H. cretica Willd. ; *Hyoseris cretica* L. ; Desf., fl. atl. — Tiges glabres ou glabrescentes ; pédoncules fortement renflés, mais resserrés sous le capitule ; celui-ci à écailles lisses ou muriquées au sommet, moins contracté. A. C.

H. arenaria DC. ; *Rhagadiolus arenarius* Ball. Maroc.

HYOSERIS Jussieu.

Péricline à 8-20 écailles unisériées, enveloppant les achaines extérieurs, et muni de quelques bractéoles ; achaines de la périphérie subcylindriques, à aigrette courte et fimbriée, ceux du disque comprimés-ailés, à aigrette longue, composée d'écailles extérieures filiformes et d'écailles intérieures dilatées à la base et acuminées en soie denticulée. — Plantes acaules, à scapes assez longs, monocéphales, naissant d'une rosette de feuilles roncinées-pinnatipartites.

H. scabra L. ; Desf., fl. atl.; Munb., cat.; fig. Reich. 9-II. — Petite plante à scapes étalés, renflés, fistuleux ; péricline à 8-10 écailles dressées, conniventes après l'anthèse ; plante glabre ou glabrescente ① A. C. Mars-mai. Tout le Tell. Rég. médit.

H. radiata L. ; Desf., fl. atl.; Munb., cat.; Lx, cat. Kab.; Ball, spic. ; fig. Reich. 9-I. — Plante vivace, glabre ou pubescente ; scapes dressés (1-3 décim.), égalant ou dépassant les feuilles, fistuleux, non renflés ; péricline à 10-20 écailles à la fin étalées, glabres ou plus ou moins hispides (var. *hispida* et var. *vestita* Pomel) ; achaines de 8-10 millim. ♃ C. C. C. Avril-juillet. Rég. médit.

H. blechnoides Pomel; *H. radiata*, var. *crassifolia* Lx, cat. Kab.? — Feuilles grêles, glabres, à lobes arrondis, charnus; achaines de 5 millim. ♃ Cap de Garde (v. s.).

RHAGADIOLUS Tournefort.

Péricline à 7-9 folioles unisériées, accrescentes, enveloppant les achaines extérieurs, muni ou non de courtes écailles à sa base ; réceptacle nu ; achaines sans aigrette, subcylindriques, tous ou au moins ceux du bord persistants, les extérieurs étalés en étoile, ceux du centre plus ou moins arqués-enroulés ; capitules à 8-12 ligules.

Rh. stellatus Willd. ; Desf., fl. atl. ; Munb., cat. ; Lx, cat. Kab. ; fig. Reich. 5 (sub *Rh. edule*). — Plante glabre ou pubescente, de 2-4 décim., à tige dressée, dichotome, ramifiée en corymbe étalé ; feuilles inférieures en rosette, pétiolées, entières ou pinnatifides (*Rh. intermedius* DC) ; capitules florifères très petits, les terminaux brièvement, les latéraux longuement pédonculés; fruits en étoile au nombre de 6-8, longs de 2 cent., insensiblement acuminés; fruits internes 2-4, glabres, enroulés. ① Mars-mai. C. C. C. Champs. Rég. médit.

β *hebelænus* DC. — Feuilles inférieures lyrées-pinnatifides; fruits intérieurs pubérulents. R. R.

Rh. edulis Gærtner; *Rh. lampsanoides* Desf., fl. atl.? *Rh. rigidus* Pomel; fig. Reich. 4 (sub *Rh. stellato*). — Plante pubescente, à tiges très longues, presque simples, dressées ou étalées; feuilles molles, les inférieures ordinairement lyrées; capitules subsessiles, très distants le long d'un sympode presque droit; fruits périphériques étalés, courts (12 millim.), droits, fusiformes, uncinés au sommet, peu nombreux (4-5); fruits centraux pubérulents. ① A. C. Montagnes. Gorges de la Chiffa, Garrouban, etc. Rég. médit.

KŒLPINIA Pallas.

Diffère de *Rhagadiolus* par les écailles du péricline peu accrescentes, ne couvrant pas les fruits; par ses fruits linéaires, tous arqués, connivents et couverts d'aiguillons glochidiés au sommet.

K. linearis Pallas; Munb., cat. — Plante glabre ou pubescente, rameuse, dichotome, à tiges anguleuses, à feuilles linéaires-subulées; péricline de 5-7 écailles, caliculé par 2 squamules. ① Mars-mai. C. C. C. H.-Pl., Sahara, Orient.

LAPSANA L.

Péricline dressé, cylindrique, à 8-10 écailles unisériées, caliculé à la base par quelques écailles très courtes; achaines linéaires, chauves, caducs, non atténués au sommet et marqués de 20 stries longitudinales très fines.

L. communis L.; Munb., cat., var. *macrocarpa*; *L. macrocarpa* Cosson, Bull. soc., bot. vol. IX, p. 173. — Plante de 3-12 décim., plus ou moins velue; tige dressée, ferme, ramifiée en corymbe peu étalé; feuilles molles, pétiolées, lyrées, à limbe terminal bien plus grand, souvent seul, cordé, ovoïde ou orbiculaire; capitules longs de 1 cent. environ; pédoncules velus, glanduleux. ① Mai-juin. Bois des montagnes. Zaccar, Djurdjura, etc. Le type de l'espèce à les capitules un peu plus petits et les pédoncules glabres. Europe.

CATANANCHE Vaillant.

Péricline à folioles amples, scarieuses, imbriquées sur plusieurs rangs ; réceptacle hérissé de longues soies ; achaines subpentagones, tronqués au sommet, souvent dimorphes ; aigrette formée de 5 paillettes lancéolées ou ovoïdes, terminées au moins dans les achaines du centre par 5 longues soies scabres ; fleurs jaunes ou bleues ; capitules longuement pédonculés.

a. Plantes annuelles.

C. lutea L.; Desf., fl. atl.; Munb., cat.; Lx, cat. Kab.; Ball, spic.; fig. Reich. 12-I; *Piptocephalus carpholepis* Schultz Bip. — Souche épaisse, multicaule, enfermant un grand nombre de petits capitules souterrains uniflores ou biflores, cachés dans des écailles et des racines indurées, redressées ; feuilles lancéolées, pubescentes, avec quelques dents sur le bord, les radicales pétiolées; tiges dressées, rameuses (2-4 décim.); capitules à la fin caducs, cylindriques-campanulés, longs de 25 millim.; péricline à écailles externes ovoïdes, les internes bien plus longues, lancéolées-aiguës, dépassant les ligules ; fleurs jaunes ; achaines extérieurs, ainsi que ceux des capitules radicaux, à aigrette formée d'écailles scarieuses, non aristées ; achaines du disque un peu velus sur les côtes, à paillettes longuement aristées. ① C. C. C. Avril-juin. Partout. Rég. médit., France exceptée.

C. arenaria Cosson et DR., Bull. soc., bot. vol. II, p. 253 ; Munb., cat. — Grêle ; pas de capitules radicaux; feuilles radicales en rosette, entières ou plus ou moins pinnatilobées, à lobes linéaires, velues; capitules plus petits, à écailles toutes brusquement cuspidées; fleurs jaunes souvent panachées de bleu; achaines homomorphes, aristés, velus aux angles. ① Avril-mai. Biskra, El-Kantara, Bou-Saâda, Ouargla, Guerrara, Aïn-Sefra, etc., etc. Maroc, Tunisie.

b. Plantes vivaces.

C. cœrulea L.; Desf., fl. atl.; Munb., cat.; Lx, cat. Kab.; Ball, spic.; fig. Reich. 12-I. — Souche vivace, non fibrilleuse ; tiges de 3-5 décim., dressées, rameuses ; feuilles lancéolées-linéaires, velues, longues, parfois avec quelques lobules latéraux, les supérieures sessiles; pédoncules souvent munis vers le haut d'écailles pareilles à celles du péricline ; péricline ovoïde ou turbiné à écailles ovoïdes, argentées, lâches, toutes brusquement cuspidées ; corolles grandes, radiantes, bleues (rarement blanches ou jaunâtres); achaines homomorphes à écailles de l'aigrette aristées, parfois plus courts dans les achaines externes. ♃ A. C. Montagnes : Djurdjura, Dréat, Teniet, Garrouban, etc., etc. Maroc, Espagne, France, Italie.

C. propinqua Pomel; *C. cærulea* var. *tenuis* Ball, spic. — Souche très multicaule ; feuilles étroitement linéaires, pubescentes mais non soyeuses ; pédoncules très longs, peu écailleux ; bouton floral ovoïde. Sud-Oranais. C. C. C. Maroc.

C. montana Cosson, Bull. soc. bot., vol. III, p. 743; Munb., cat. — Diffère du *C. cærulea* type, par sa souche fibrilleuse au sommet; ses feuilles presque toujours entières; son péricline à écailles extérieures mutiques; ses ligules jaunes à dents plus ou moins bleues. ♃ Djurdjura, Dréat, Aurès.

C. cespitosa Desf., fl. atl., tab. 217; Munb., cat.; Ball, spic. — Souche épaisse, fibrilleuse, cespiteuse ; feuilles en rosettes denses, linéaires, un peu charnues, petites, entières ou tridentées ; tiges nulles ou très courtes ; péricline globuleux, gros, à larges écailles obtuses et mutiques ; fleurs grandes d'un jaune d'or. ♃ H.-Pl. Tlemcen, Daya, Constantine, El-Achir, etc., etc. Maroc.

Tribu III. — HYPOCHÆRIDÉES Gren. Godr.

Réceptacle paléacé, à écailles caduques ; aigrette des achaines du disque formée de poils plumeux, dilatés à la base; plantes herbacées, à feuilles radicales en rosette.

Clef des genres :

Péricline à écailles imbriquées sur plusieurs rangs. . . Hypochæris.

Péricline à écailles sur un seul rang, avec quelques petites écailles caliculaires à sa base. . . . . Seriola.

HYPOCHÆRIS L.

§ 1. *Genuinæ* Koch. — Aigrette à soies sur 2 rangs, les extérieures denticulées, les interieures plumeuses.

H. glabra L. ; Munb. cat.; Ball, spic.; *H. minima* Cyrillo ; Desf., fl. atl. — Plante glabre ou hispide ; tiges dressées, rameuses ; capitules solitaires sur de longs pédoncules un peu élargis au sommet ; feuilles presque toutes en rosette, oblongues, entières ou sinuées-dentées ; écailles du péricline lancéolées-aiguës, scarieuses aux bords. ① C. C. C. Avril-mai. Lieux sablonneux de toute l'Algérie. Europe, Rég. médit., Orient.

α genuina. — Achaines de la périphérie brusquement tronqués, à aigrette sessile, ceux du centre atténués en bec.

β Loiseleuriana Godron. — Achaines tous atténués en bec.

γ arachnoidea Poiret. — Achaines tous tronqués, à aigrette sessile.

H. Salzmaniana DC. Maroc, Espagne.

H. radicata L.; Munb., cat.; Lx, cat. Kab.; Ball, spic.; fig. Reich. 46. — Souche vivace; feuilles en rosette, épaisses, généralement hispides, sinuées-pinnatifides, à lobes obtus; tiges dressées ou ascendantes, un peu rameuses; capitules solitaires sur des pédoncules épaissis au sommet; péricline à écailles lancéolées-acuminées, glabres ou hérissées. ♃ Mai-juillet. C. C. C. Europe, Rég. médit.

α rostrata; H. neapolitana DC.; Munb., cat. — Achaines tous rostrés, à bec plus long qu'eux. A C.

β heterocarpa Moris; *H. platylepis* Boissier. — Achaines de la périphérie dépourvus de bec, les autres longuement rostrés; paillettes du réceptacle dépassant souvent les aigrettes. C. C.

§ 2. *Achyrophorus* Scopoli. — Achaines à une seule rangée de soies toutes plumeuses.

H. Claryi Spec. nov. — Plante vivace, glabre, glauque; feuilles linéaires-lancéolées, longues, entières ou dentées, atténuées à la base en large pétiole embrassant, les supérieures bractéiformes, sessiles; tiges droites, élancées, striées-anguleuses (4-12 décim.), ramifiées dans le haut en corymbe resserré; capitules petits (15 millim.), solitaires sur des pédoncules à peine renflés; péricline campanulé, furfuracé, à folioles lancéolées, régulièrement imbriquées, membraneuses aux bords; ligules petites, violacées en dehors, dépassant peu le péricline; paillettes du réceptacle subulées au sommet, égalant presque les aigrettes; achaines tous très brièvement rostrés, fusiformes. ♃ Bords de l'Oued Aflou au Djebel-Amour (Clary).

Cette plante est, je crois, le *Seriola Warionis* de l'herbier de M. le Dr Cosson.

SERIOLA L.

Achaines tous rostrés; aigrette à soies unisériées, peu dilatées à la base, caduques; tiges et pédoncules grêles; péricline à écailles unisériées, caliculé à la base par des écailles plus courtes; écailles du péricline étalées en étoile à maturité.

a. Achaines extérieurs à bec court, sans aigrette.

S. æthnensis L.; Desf., fl. atl.; Munb., cat.; Lx, cat. Kab.; *Hypochæris æthnensis* Ball, spic.; fig. Reich. 44-I-II. — Feuilles hispides, les radicales en rosette, grandes, oblongues ou dentées, les caulinaires sublinéaires; tiges de 2-4 décim., dressées, glabres ou hispides, ramifiées en corymbe; écailles du péricline hérissées ainsi que les pédoncules de poils rigides et étalés; achaines longuement rostrés. ① Avril-juin. C. C. C., partout. Région médit.

b. Plantes vivaces; achaines tous semblables, rostrés.

S. lævigata Desf., fl. atl., tab. 216; Munb., cat.; Lx, cat. Kab.; Ball, spic. — Souches vivaces, cespiteuses; feuilles toutes radicales en rosettes denses, pétiolées, oblongues ou spatulées, dentées, glabres ou hispides; tiges dressées, grêles, glabres, rameuses; capitules médiocres; péricline à écailles à la fin réfléchies, peu indurées, glabres ou hispides. ♃ Juin-août. C. C. C. Rochers humides de toute la région montagneuse. Sicile.

β *pinnatifida* Doumergue, Ass. franc., Congrès d'Oran. — Feuilles grandes, pinnatifides. Santa-Cruz d'Oran.

γ *hispida.* — Feuilles hispides, ainsi que les capitules, glauques. Djurdjura, etc.

δ *Baborensis.* — Plante courte, très cespiteuse, extrêmement hispide; péricline à écailles accrescentes, à la fin étalées en étoile, indurées et munies sur la nervures dorsale de fortes soies rigides. Babors (Trabut).

Tribu IV. — SCORZONÉRÉES Less.

Sous-tribu I. — LÉONTODONÉES.

Barbes des poils de l'aigrette non emmêlées.

Clef des genres :

1	Péricline à écailles unisériées soudées entre elles à la base.	Urospermum.
	Péricline à folioles imbriquées.	2
2	Feuilles toutes ou presque toutes radicales, en rosette; hampes florifères simples ou rameuses.	Leontodon.
	Tiges feuillées, rameuses.	Picris.

LEONTODON L.

Clef des sous-genres :

1	Achaines dimorphes, ceux de la périphérie chauves ou à aigrette cupuliforme très courte. . . .	2
	Achaines tous semblables.	4
2	Achaines périphériques entièrement chauves; hampes ramifiées, non feuillées.	KALFBUSSIA.
	Achaines périphériques à aigrette très courte, en cupule.	3
3	Feuilles toutes radicales; hampes simples, grêles.	THRINCIA.
	Hampes robustes, souvent bifurquées; plante hérissée, très hispide	ASTEROTHRIX.
4	Hampes simples, grêles; achaines rostrés et munis d'une aigrette; racines tubéreuses, fasciculées.	MILLINA.
	Hampes grêles, ramifiées; achaines brièvement rostrés; plante glabre ou glabrescente.	FIDELIA.
	Hampes robustes, simples ou rameuses; plantes hispides ou pubescentes.	LEONTODON.

Sous-genre THRINCIA Roth.

Feuilles toutes radicales, pubescentes, en rosette, pétiolées, oblongues, entières, dentées ou roncinées-pinnatifides; péricline à écailles linéaires-lancéolées, appliquées; réceptacle nu ou fibrilleux; achaines striés, scabres, à côtes fines plus ou moins atténuées au sommet; achaines de la périphérie logés dans les écailles du péricline, les intérieurs à aigrette stipitée; capitules penchés avant la floraison.

a. Plantes annuelles.

Th. hispida Roth; Munb., cat.; Lx, cat. Kab.; *Leontodon Rothii* Ball, spic.; *Thrincia mauritanica* Sprengel, pro parte; fig. Reich. 13-II. — Feuilles oblongues, entières ou variablement dentées-pinnatifides, hispides; scapes grêles; capitules médiocres; ligules glabres; achaines internes atténués en bec dans leur moitié supérieure; aigrette à 10 soies; achaines extérieurs à cupule très petite. ① Avril-juin. C. C. C. Rég. médit. occid.

β major Boissier. Maroc.

Th. maroccana Persoon; Munb., cat.; *Leontodon maroccanus* Ball, spic.; *Thrincia mauritanica* Spr., pro parte. — Plante plus robuste que la précédente, fortement hispide;

pédoncules renflés au sommet ; capitules plus gros ; ligules velues-soyeuses en dehors ; achaines internes à bec 3-4 fois plus long qu'eux ; aigrette très plumeuse doublée extérieurement de poils filiformes ; cupule des achaines périphériques assez grande. ① Avril-juin. Miliana, Oran, Maroc, Espagne.

b. Plantes vivaces.

Th. tingitana Boissier et Reuter. Maroc.

Th. tuberosa DC. ; Munb., cat. ; Lx, cat. Kab. ; fig. Reich. 13-I. — Racines tubéreuses, fusiformes, fasciculées ; port du *Th. maroccana ;* achaines brièvement rostrés, rugueux ; aigrette formée d'une vingtaine de soies, sans poils filiformes à l'extérieur. ♃ Octobre-mars. C. C. C. Rég. médit.

Sous-genre MILLINA Cassini.

Ne diffère de *Thrincia* que par ses achaines homomorphes, tous longuement rostrés et munis d'une aigrette.

M. leontodoides Cassini ; Munb., cat. ; Pomel, nouv. mat. ; *Apargia chicoracea* Tenore. — Scapes glabres ou un peu hispides au sommet ; corolles glanduleuses, un peu velues à la gorge ; pour le reste identique au *Th. tuberosa*, sauf les caractères de sous-genre. ♃ Sommet des montagnes. Sicile, Orient.

Sous-genre KALFBUSSIA Schultz-Bipontinus.

Hampes ramifiées ; achaines rugueux transversalement, les médians rostrés, à aigrette, ceux de la périphérie chauves ; feuilles toutes radicales.

K. Mulleri Schultz-Bip. ; DC., Prodr. : Munb., cat. ; *Leontodon Mulleri* Ball, spic. ; fig. Moris, fl. Sard., tab. XCI. — Feuilles oblancéolées dans leur pourtour, entières ou dentées ou sinuées-pinnatifides ; scapes de 1-4 décim., à 1-5 capitules sur des pédoncules un peu renflés au sommet ; péricline campanulé, médiocre, à écailles externes petites, inégales, à écailles internes égales, lancéolées-acuminées, ne s'indurant pas à maturité, membraneuses aux bords, glabres, furfuracées ou hispides, plus courtes que les aigrettes ; achaines extérieurs insensiblement atténués en bec court ; achaines internes atténués en bec grêle un peu plus court qu'eux, ou un peu plus long, portant une aigrette de 8-10 soies élargies à la base, généralement doublée en dehors d'un rang de paillettes lancéolées non aristées. ① Mars-mai.

C. C. C. H.-Pl., partout. Sicile, Maroc. Type très variable ou M. Pomel a distingué les formes suivantes :

K. cirtensis. — Achaines un peu plus longs que leur bec.

K. oranensis. — Achaines un peu plus courts que leur bec.

K. algeriensis. — Achaines égalant le bec ; plante pubescente.

K. Reboudii. — Écailles extérieures de l'aigrette très étroites. Djelfa.

K. parvifolia. — Plante glabrescente, grêle, à tiges étalées ; feuilles linéaires, pectinées, à lobes étroits, dentés ; fruits bleuâtres à bec plus court qu'eux. Brezina.

K. Salzmani Schultz-Bip. — Achaines extérieurs élargis au sommet. Maroc, Espagne (n. v.)

Sous-genre FIDELIA Schultz-Bip.

F. Reboudiana Pomel. — Aspect du *Kalfbussia Mulleri;* en diffère outre les caractères du sous-genre par ses hampes ramifiées presque dès la base ; achaines tous brièvement rostrés. ① Zab oriental (Reboud). Plante voisine du *Fidelia hispidula* Schultz, figuré dans la Flore d'Égypte de Delile, pl. 42 ; en diffère par ses achaines à bec moitié plus court et son péricline moins régulièrement imbriqué. Une autre forme voisine *F. trivialis* Ball (sub *Leontodon*) se trouve au Maroc.

Sous-genre ASTEROTHRIX Cassini.

A. hispanica DC. ; Munb., cat. ; *Spitzelia aspera* Pomel. — Feuilles sinuées-pinnatifides ou roncinées, très hispides comme toute la plante, à poils simples ou brièvement bifurqués ; hampes le plus souvent simples (1-3 décim.) ; achaines du disque atténués en bec plus court qu'eux et portant une aigrette plumeuse ; achaines de la périphérie non rostrés, terminés par une cupule fimbriée. ♃ H.-Pl., 3 prov. A. C. Djebel-Antar, Djelfa, Batna, etc., etc. Espagne.

NOTA. — Je n'ai vu en Algérie que la plante à achaines dimorphes. En Espagne elle a tantôt des achaines dimorphes, tantôt rien que des achaines rostrés, à aigrette plumeuse.

Sous-genre LEONTODON L.

Plantes vivaces ; feuilles toutes ou presque toutes en rosette radicale, hispides ; hampes simples ou rameuses ; capitules assez gros ; péricline imbriqué à écailles souvent indurées à maturité ; achaines rugueux transversalement, à aigrette plumeuse, sessile ou sur un bec court.

§ 1. *Dens-Leonis*. — Achaines non atténués en bec; aigrette à soies plumeuses avec des poils simples plus courts. Plantes très hispides, à poils brièvement bifurqués au sommet.

L. helminthioides Cosson et DR., inédit.; Munb., cat.; Ball, spic. — Aspect de l'*Asterothrix hispanica;* hampes plus robustes (2-5 décim.), souvent rameuses; achaines de 8 millim.; aigrette de même longueur à poils tous plumeux. ♃ Juin-juillet. Montagnes du Sud. Aurès, Maroc.

L. Djurdjuræ Cosson et DR., inédit.; Munb., cat.; Lx, cat. Kab. — Plante très hispide comme les précédentes, à scapes ordinairement simples, grêles; achaines de 6 millim.; aigrette munie à la base de nombreux poils simples; écailles du péricline s'indurant fort peu. ♃ Juin-juillet. Toute la grande chaine du Djurdjura.

§ 2. *Oporinia*. — Achaines atténués en bec; soies de l'aigrette toutes plumeuses; plantes couvertes de courts poils étoilés.

L. Balansæ Boissier, diagn., § 2-III, p. 89; Munb., cat.; *L. hispidus* var. Cosson. — Souche épaisse, noire, horizontale, tronquée; feuilles lancéolées ou oblongues, subentières, dentées ou sinuées-pinnatifides; hampes de 2-5 décim., simples ou rameuses; achaines de 1 cent. sans l'aigrette, finement rugueux, striés en long. ♃ Juin-juillet. Aurès, Bou-Thaleb, Dréat, Garrouban, etc.

L. autumnalis L., var. *atlanticus* Ball. Maroc.

L. coronopifolium Desf., voy. *Spitzelia*.

PICRIS L.

Involucre ovoïde, urcéolé ou campanulé, à écailles internes unisériées, s'indurant à la fin; écailles externes herbacées, imbriquées ou verticillées; réceptacle un peu fibrilleux; achaines des *Leontodon,* dont ces plantes diffèrent surtout par leur tige plus habituellement rameuse et feuillée.

Clef des sous-genres :

1	Écailles du péricline linéaires, les internes indurées et contractées à maturité, rarement étalées à la fin, hispides	2
	Écailles du péricline larges, non indurées à maturité, les externes ovoïdes, cordiformes ou lancéolées.	3
2	Achaines tous atténués en bec	PICRIS.
	Achaines dimorphes	SPITZELIA.

3	Écailles du péricline imbriquées.	4
	Écailles externes du péricline verticillées par 5, cordiformes	5
4	Achaines dimorphes; plante hispide, mais non piquante-hérissée.	VIREA.
	Achaines tous longuement rostrés, homomorphes; plantes hérissées-piquantes	DECKERA.
5	Achaines homomorphes.	HELMINTHIA.
	Achaines dimorphes.	VIGINEIXIA.

NOTA. — Il est impossible d'établir dans ce groupe, de même que dans celui des *Leontodon*, des divisions naturelles; nous avons dès lors préféré y admettre beaucoup de coupes artificielles, mais qui facilitent beaucoup les déterminations.

Sous-genre PICRIS L.

P. Sprengeriana Lam. — Plante rude, hérissée de poils glochidiés; tige dressée (2-4 décim.), rameuse-divariquée presque dès la base, hérissée; feuilles oblongues ou lancéolées, entières ou sinuées-dentées, les supérieures linéaires, sessiles; petits capitules fortement étranglés au milieu. ① (Cosson, cat., inéd.)

P. albida Ball. Maroc.

Sous-genre SPITZELIA Schultz-Bip.

Achaines extérieurs sans bec, surmontés d'une cupule scarieuse. — Ces plantes sont aux *Picris* ce que les *Thrincia* sont aux *Leontodon*.

a. Cupule membraneuse, entière ou dentée.

S. cupuligera DR., Rev. Duch. II, p. 431; Munb., cat.; fig. Atl., expl. sc., pl. 48; *Picris pilosa* Ball, spic., non Delile. — Plante uni ou multicaule; tiges dressées ou ascendantes, rameuses; feuilles inférieures pétiolées, entières ou sinuées-pinnatifides; pédoncules bractéolés à bractéoles linéaires se continuant insensiblement avec les écailles externes du péricline; celles-ci étalées; écailles internes hispides, à la fin indurées et étalées avec les achaines à cupule; achaines presque lisses, les extérieurs plus gros, à cupule rougeâtre, les intérieurs petits, atténués en bec, à aigrette plumeuse, d'un blanc sale, caduque. ① Avril-juin. Régions un peu sèches du Tell. C. C., à Oran, Bibans, etc.

S. Willkommii Schultz-Bip. — Diffère de la précédente par ses feuilles caulinaires acuminées ; par les écailles du péricline non étalées à maturité ; par ses achaines tomenteux. ♃ ② Algérie d'après Lange et Willkomm (n. v.)

b. Plantes sahariennes ; couronne des achaines extérieurs fimbriée.

S. Saharæ Cosson, Bull. soc. bot. IV, p. 369. — Plante basse à tiges diffuses ; fleurs grandes ; achaines intérieurs brièvement rostrés, à aigrette persistante, longs de 4-5 millim. sans l'aigrette, fortement rugueux en travers. ① C. C. C. Sahara, 3 prov., Tunisie.

β *aviorum ; S. aviorum* Pomel. — Capitules un peu plus petits ; achaines plus nettement rostrés, très rugueux. Metlili.

S. getula Pomel. — Fleurs très pâles, grandes ; aigrette très caduque. Aïn-Sefra, Maïa, Metlili.

S. radicata Forskall (sub *Crepis*) ; *Leontodon coronopifolium* Desf., fl. atl., tab. 214 ; fig. Delile, Fl. d'Égypte, n° 768. — Plante voisine du *S. Saharæ*, à feuilles plus ou moins divisées, souvent pinnatifides, à tiges plus rameuses ; achaines bien plus petits (2-3 millim.), d'un bleu cendré et non noirs ou rougeâtres ; aigrette caduque. ① Algérie? Tunisie, Orient.

Sous-genre VIRÆA Vahl.

V. asplenioides ; *V. scabra* Scopoli ; *Picris asplenioides* L. ; Desf., fl. atl. ; *Helminthia asplenioides* DC. ; Munb., cat. — Tiges très hispides, presque veloutées, robustes, rameuses, à longs rameaux monocéphales, un peu renflés, avec de nombreuses bractées linéaires sous les capitules ; feuilles lyrées-pinnatifides à lobes obtus et dentés, pétiolées, pubescentes ; gros capitules de 3-4 cent. ; achaines tous longuement rostrés, peu rugueux. Plante puissante. ♃ La Calle, Tunisie.

Sous-genre DECKERA Schultz-Bip.

Grosses plantes dressées, robustes, rameuses, hérissées-aiguillonnées. Groupe peu naturel formant transition entre les *Picris* et les *Helminthia*.

a. *aculeatæ*. — Écailles internes du péricline brièvement aristées sous le sommet.

D. aculeata Schultz ; Pomel, nouv. mat. ; *Picris aculeata* Vahl ; Desf., fl. atl. ; *Helminthia aculeata* DC. ; Munb., cat. ; Lx, cat. Kab. ; Ball, spic. — Feuilles radicales grandes, obovées ou oblongues, brièvement pétiolées, les caulinaires plus petites, sessiles; tige dressée, striée, plus ou moins rameuse; capitules solitaires sur des pédoncules plus ou moins renflés-fistuleux; péricline à écailles foliacées, régulièment imbriquées, les externes ovoïdes, petites, parfois denticulées, les internes lisses, étalées à maturité; achaines fusiformes, hérissés au sommet, atténués en bec plus long qu'eux; aigrette caduque. ♃ Avril juin. A. C. Lieux stériles et broussailles de tout le Tell, H.-Pl. Sicile.

β *montana*; *D. montana* Pomel. — Tige élevée, très rameuse, à rameaux en corymbe peu étalé; pédoncules longs, peu ou pas renflés. Zaccar de Miliana, Adélia, Teniet, L'Adjiba, etc.

γ *callosa*; *D. callosa* Pomel. — Écailles inférieures du péricline calleuses, dentées, assez distinctes des autres; achaines atténués en bec deux fois aussi long qu'eux. Port du *D. montana*. Dahra.

D. glomerata Pomel; *Helminthia Duriæi* exsicc., soc. dauph. n° 1,714; *Picris Duriæi* Schultz-Bip. — Feuilles inférieures grandes, oblongues, pétiolées; tiges robustes, rameuses, à rameaux courts, ou plus rarement grands et étalés en corymbe; feuilles bractéales assez grandes; capitules cylindriques, subsessiles, agglomérés sur des rameaux courts et rigides; écailles externes du péricline subverticillées, grandes, oblongues, foliacées, ciliées-épineuses aux bords, les internes linéaires, épineuses, avec un mucron au-dessous du sommet, dressées-conniventes, indurées et carenées à maturité, à la fin étalées; achaines presque lisses à bec aussi long ou plus long qu'eux; aigrette très plumeuse, blanche, caduque. ♃ C. C. C. Friches du Tell, 3 prov. Juin-juillet.

b. *Comosæ*. — Écailles internes du péricline longuement aristées sous le sommet, les externes oblongues, grandes, foliacées, subverticillées.

D. comosa; *Helminthia comosa* Boiss., Voy. Esp., tab. 116; Lx, cat. Kab. — Plante très hérissée-aiguillonnée, à port de *Deckera aculeata*; écailles externes du péricline oblongues, aiguillonnées sur les bords et sur la nervure médiane, étalées, trois fois plus courtes que les internes; celles-ci lancéolées, à appendice cilié très long, égalant les corolles et dépassant l'aigrette; grandes fleurs; achaines de 8-10 millim. bec compris, à aigrette très fragile. ♃ Kabylie orientale (Lx. n. v.) Espagne.

D. racemosa Pomel. — Plante robuste très fortement hérissée-aiguillonnée; feuilles radicales très grandes, oblongues; tige simple ou peu rameuse; capitules agglomérés à l'aisselle des bractées, en panicule spiciforme ; écailles externes du péricline très-grandes ainsi que les bractées, atteignant presque le sommet des internes ; écailles internes à arête très longue, longuement ciliée ; fleurs très-grandes ; achaines de 7 millim., à bec plus court que le fruit. ♃ Juillet-Août. Zaccar, Barrage du Hamiz, Bouïra, Djurdjura, Guerrouch, etc.

D. rubiginosa Pomel. — Diffère de la plante précédente par ses tiges rougeâtres, longuement ramifiées ; par les écailles externes du péricline un peu plus courtes ; par les arêtes moins développées. Cap Cavallo (Pomel. v. s.)

Sous-genre HELMINTHIA Jussieu.

Ne diffère de *Deckera* que par les écailles externes du péricline verticillées, cordiformes-acuminées.

H. echioides Gærtner ; Munb., cat. ; Lx, cat. Kab. ; Ball, spic. — Plante très rameuse, très feuillée, à tiges moins rigides que dans les précédentes ; feuilles caulinaires auriculées ; capitules en corymbes irréguliers ; péricline externe à 3-5 écailles foliacées, très grandes ; péricline interne à 8 écailles aiguës plus ou moins longuement aristées ; achaines petits (2-3 millim.), brusquement atténuées en bec aussi long qu'eux ; aigrette très caduque, plumeuse. Plante variable. ① ② C. C. C. Tout le Tell.

Sous-genre VIGINEIXIA Pomel.

V. Balansæ Pomel ; *Helminthia Balansæ* Cosson et DR., Bull. soc., bot. vol. III, p. 744 ; Munb., cat. — Tige dressée, ramifiée en corymbe ; feuilles oblongues ou lancéolées, entières ou dentées, hispides ; capitules ovoïdes-allongés ; péricline externe à 5 écailles cordiformes-acuminées, foliacées, très grandes, égalant les internes moins leur arête ; écailles internes prolongées au sommet en longue pointe ciliée ; achaines extérieurs fusiformes, non rostrés, longs de 7-8 millim., terminés par une cupule minuscule visible à la loupe et portant quelquefois 1 ou 2 poils d'aigrette (Maillot, Bibans) ; achaines du centre de 5 millim., prolongés en bec de 1 cent. ; aigrette plumeuse ; corolles petites, peu étalées. ① Terres argileuses : Oran, Maillot, Bibans, El-Achir, etc.

UROSPERMUM Jussieu.

Péricline de 8 folioles unisériées, soudées à la base ; achaines comprimés latéralement, muriqués, surmontés d'un long bec fistuleux, dilaté à la base et bien plus large qu'eux, séparé de l'embryon par un diaphragme; aigrette à poils tous plumeux; réceptacle fibrilleux, pubescent.

U. Dalechampi Desf.; Munb., cat.; Lx, cat. Kab.; Ball, spic.; *Tragopogon Dalechampi* L.; Desf., fl. atl.; fig. Reich. 26-I. — Souche noire, vivace; feuilles radicales en rosette, grandes, pubescentes, oblongues, entières, roncinées ou pinnatifides; tiges scapiformes, simples ou peu rameuses, feuillées à la base, les deux dernières feuilles opposées, embrassantes; pédoncules robustes, pubescents; gros capitules larges de 4-5 cent., à fleurs d'un jaune soufre, violettes en dehors; péricline à écailles largement lancéolées, finement pubescentes; achaine à bec 2 fois plus long que lui. ♃ C. C. C. Tout le Tell. Rég. médit.

U. picrioides Desf.; Munb., cat.; Lx, cat. Kab.; Ball, spic.; fig. Reich. 26-II-IV. — Plante un peu glauque; tige dressée; rameuse; feuilles irrégulièrement sinuées-dentées ou roncinées, spinuleuses aux bords et sur les nervures; péricline hérissé-spinuleux, brusquement contracté au niveau des achaines; écailles lancéolées-aiguës; achaines prolongés à la base en court podogyne. ① C. C. C. Tout le Tell. Rég. médit.

Sous-tribu II. — TRAGOPOGONÉES.

Réceptacle nu; anthères brièvement caudiculées; grands achaines allongés-fusiformes; poils de l'aigrette à barbes emmêlées au moins dans les achaines centraux. Herbes le plus souvent glauques, glabres; capitules solitaires sur de longs pédoncules; péricline allongé; fleurs jaunes ou violettes.

Clef des genres :

1	Péricline à écailles imbriquées.	2
	Péricline à écailles unisériées	4
2	Achaines portés sur un podogyne.	Podospermum.
	Achaines sans podogyne et sans bec bien apparent.	3
3	Achaines linéaires-fusiformes	Scorzonera.
	Achaines obovés-comprimés; petite plante pubescente.	Tourneuxia.
4	Fruits homomorphes, tous à soies plumeuses. . .	Tragopogon.
	Fruits dimorphes, ceux de la périphérie à 5 soies simples.	Geropogon.

PODOSPERMUM DC.

Involucre à écailles nombreuses, inégales, lancéolées; achaines portés sur un podogyne presque aussi long qu'eux, blanchâtres, striés en long; aigrette presque aussi longue que l'achaine et le podogyne réunis.

P. laciniatum DC.; Munb., cat.; fig. Reich. 34-35. — Plante glabre, bisannuelle, à racine pivotante, parfois pubescente ou rude; feuilles pétiolées, les radicales nombreuses, en rosette, à tiges simples ou rameuses, dressées ou décombantes; fleurs jaunes, médiocres. Plante très variable.

P. octangulare Willd. — Feuilles pinnatipartites à segments étroitement linéaires, le dernier très long; écailles du péricline planes et nues ou munies d'une corne sous le sommet. Plante glabre ou scabre (*P. muricatum* DC.) Maison-Carrée, Teniet, etc.

β *subulatum* DC.; *Scorzonera pinifolia* Gouan. — Feuilles simples, entières, graminiformes. Maison-Carrée, Bou-Saâda.

P. intermedium DC.; *Scorzonera intermedia* Gussone. — Segments des feuilles lancéolés-aigus; écailles du péricline ordinairement mutiques. Maison-Carrée, Adélia, Tipaza, Djelfa, etc.

P. calcitrapæfolium Koch, non DC.; Munb., cat.; Lx, cat. Kab. — Lobes des feuilles larges, oblongs, spatulés ou suborbiculaires; écailles du péricline mutiques ou plus rarement cornues. C. C. C.

P. Gussonii Cosson, not. pl. crit., p. 10; *Scorzonera Tenorii* Gussone, non Presl.; *P. Tenorii* DC., Prodr. — Feuilles pinnatipartites, à lobes linéaires-lancéolés; écailles du péricline munies au sommet d'une houppe laineuse. Maison-Carrée.

β *integrifolium*. — Feuilles entières, graminiformes. Maison-Carrée.

P. Tenorii Presl. (sub *Scorzonera); Cosson*, loc. cit. — Diffère du *P. Gussonii* par les lobes des feuilles larges et oblongs. Palestro.

NOTA. — On trouve dans ce type toutes les combinaisons possibles tirées des caractères des feuilles et des écailles du péricline. Grenier et Godron, dans leur Flore de France, ont établi une espèce pour les formes à tiges décombantes, nous ne croyons pas qu'il y ait là un caractère spécifique.

SCORZONERA L. (Scorzonère).

Diffère de *Podospermum* par ses achaines sans bec ni podogyne bien marqué; réceptacle fortement alvéolé.

§ 1. *Euscorzonera*. — Aigrette à soies plumeuses, dont 5 plus longues, nues au sommet; achaines glabres.

a. Feuilles entières; fleurs purpurines.

Sc. undulata Vahl; Munb., cat.; Lx, cat. Kab.; Ball, spic. — Souche brune, cylindrique ou tubériforme; feuilles lancéolées-acuminées, lisses ou ondulées, glabres ou furfuracées, les radicales nombreuses, pétiolées; tiges simples ou rameuses à la base; scape et péricline glabres ou furfuracés; péricline imbriqué, à écailles très inégales; capitules grands, violacés. Plante de 1-4 décim., très variable. *Sc. lancifolia* Pomel, est la forme la plus habituelle à feuilles largement lancéolées; *Sc. heterophylla* Pomel est une autre forme (de Goufi), à feuilles radicales courtes, elliptiques. ♃ Mai-juin. C. C. C. Tout le Tell, Maroc.

Sc. deliciosa Gussone; Munb., cat.; *Sc. purpurea* Poiret; Munb., cat., non L. — Racine noire, allongée; feuilles lancéolées-linéaires, canaliculées, furfuracées à la base ainsi que la hampe; péricline glabre à écailles externes exactement apprimées. ♃ La Calle, Sicile. (n. v.)

Var. *tetuanensis* Ball. Maroc.

Sc. Alexandrina Boissier, fl. d'Or.; *Sc. undulata* exsicc. alger. permulta. — Diffère du *Sc. undulata* par ses feuilles linéaires, furfuracées-canescentes comme toute la plante; écailles inférieures de l'involucre cuspidées. C. C. C. Tout le Sud: Orient.

Sc. hispanica L. *Scorzonère.* — Cultivé, rarement subsp.

b. Feuilles pinnatifides ou laciniées; grandes fleurs jaunes.

Sc. coronopifolia Desf., fl. atl., tab. 212; Munb., cat.; Lx, cat. Kab.; *Sc. brevicaulis* Vahl. — Souche épaisse noirâtre; feuilles plus ou moins profondément pinnatifides à lobes linéaires; capitule solitaire sur une hampe nue au sommet ou munie d'une bractée; péricline cylindrique à écailles extérieures ovoïdes, les internes lancéolées, toutes marginées-membraneuses aux bords, ondulées, un peu laineuses; achaines de 2 cent., rugueux, plus longs que l'aigrette. Plante plus ou moins furfuracée à ligules dorées, velues à la gorge, brunes-violacées en dehors et au sommet. ♃ Juin-juillet. C. C. C. Montagnes, H.-Pl.

β fasciata; Sc. fasciata Pomel. — Grande forme à hampes de 2-4 décim., à gros capitules, à feuilles et à écailles du péricline très larges; achaines de 25 mill., très rugueux; aigrette de 3 cent. Zaccar, Beni-Sahla, Teniet.

§ 2. *Gelasia.* — Poils de l'aigrette tous semblables, plumeux dans le bas, scabres dans le haut.

Sc. pygmæa Sibth. et Sm.; Cosson, exsicc.; Ball, spic.; *Sc. cespitosa* Pomel. — Plante naine à grosses souches cespiteuses; feuilles toutes radicales, linéaires, très nombreuses; scapes courts et grêles; petits capitules; ligules jaunes, pourprées en dehors. ♃ Juin-juillet. Aurès, Maroc, Grèce.

TRAGOPOGON L.

Péricline unisérié, à la fin réfléchi; réceptacle alvéolé; achaines rostrés, fusiformes; aigrette des *Scorzonera*. — Plantes glabres ou un peu laineuses, à feuilles linéaires, entières, à capitules terminaux, solitaires.

a. Pédoncules peu ou pas renflés au sommet.

Tr. crocifolius L.; Munb., cat.; Lx, cat. Kab.; fig. Reich. 37. — Plante grêle, glabre ou laineuse à la base des feuilles; feuilles linéaires-subulées, embrassantes à la base; tiges rameuses, grêles; capitules médiocres; ligules jaunes, petites; achaines muriculés plus longs que le rostre dilaté au sommet, longs de 25 millim. rostre compris; aigrette de 15-18 millim. ① ② Djurdjura, Lella-Khadidja, etc. Oran (Munby). Peut varier à fleurs purpurines. Rég. médit.

b. Pédoncules renflés au sommet; fleurs purpurines. Plantes puissantes à feuilles largement linéaires.

Tr. porrifolius L.; Munb., cat.; Ball, spic.; fig. Reich. 36. *Salsifis*. — Plante de 3-12 décim., simple ou rameuse; feuilles supérieures embrassantes; pédoncules fortement renflés, fistuleux; péricline à 8 écailles environ; réceptacle fortement alvéolé; capitules plans à la floraison; écailles du péricline dépassant peu les ligules; achaines muriculés à bec aussi long qu'eux ou plus court, non élargi au sommet, resserré sous l'aigrette en anneau parfois laineux; achaines de 5-7 cent. aigrette comprise. ② Algérie (Munby), Maroc (Cosson). Rég. médit., Orient.

Tr. australe Jordan; Munb., cat.; Ball, spic. — Diffère du type par ses feuilles ondulées, les caulinaires élargies, brusquement acuminées, par ses ligules plus courtes, d'un violet foncé et non lilas, par ses achaines blancs et non fauves, à bec un peu élargi vers le haut, plus long que l'achaine. ① ② A. R. Un peu partout dans le Tell et les H.-Pl., Berrouaghia, Djebel-Antar, etc. Provence.

T. MACROCEPHALUM Pomel; *Tr. longirostre* Bisch.? — Diffère de l'*Australe* par ses capitules très gros, ses achaines mûrs de 9 à 11 cent. aigrette comprise. Miliana, Hammam-R'hira, Teniet.

GEROPOGON L.

Diffère de *Tragopogon* par le dimorphisme des achaines et par son péricline étalé à la fin, non réfléchi.

G. glabrum L.; Munb., cat.; Lx, cat. Kab.; Ball, spic.; fig. Reich. 28. — Racine annuelle; feuilles de *Tragopogon porrifolius ;* tige de 1-5 décim., ramifiée en corymbe; pédoncules renflés-fusiformes; écailles du péricline 8, dépasssant longuement les ligules rosées et peu nombreuses; achaines allongés, étroits, rugueux, longuement rostrés, surtout les extérieurs, dont l'aigrette à 5 soies simples est beaucoup plus courte que les aigrettes plumeuses, tout en arrivant au même niveau. ① Avril-mai A. C. Alger, tout le Tell, Rég. médit.

TOURNEUXIA Cosson.

Réceptacle nu, un peu concave; achaines obovés-comprimés, subailés, glabres, à hile basilaire, étalés horizontalement; aigrette redressée, à poils multisériés, plumeux, quelques-uns plus longs et nus au sommet, à la fin étalés, rayonnants.

T. variifolia Cosson, Bull. soc., bot. VI, p. 395; Munb., cat. — Petite plante désertique presque acaule, cendrée-pubescente, à feuilles graminiformes ou lancéolées, parfois suborbiculaires, entières, dentées ou pinnatifides, pétiolées; pédoncules grêles, allongés; petits capitules à fleurs jaunes; écailles de l'involucre aiguës, acuminées. ① Mars-mai. Aïn-Sefra, Chott Melrir, Ouargla, Mzab, etc.

Tribu V. — CREPOIDÉES Gren. Godr.

Clef des genres :

1	Achaines ovoïdes ou oblongs, non comprimés, rostrés, à bec entouré à sa base d'écailles spiniformes.	2
	Achaines comprimés	3
	Achaines cylindriques ou prismatiques.	4
2	Plante rameuse à rameaux jonciformes.	CHONDRILLA.
	Plantes acaules.	TARAXACUM.
3	Achaines rostrés	LACTUCA.
	Achaines sans bec parfois à peine comprimés. . .	SONCHUS.
4	Aigrette sessile, blanche, à poils fins, soyeux, très nombreux, multisériés ; plantes généralement glauques et glabres; achaines non rostrés, peu ou pas atténués au sommet.	5
	Aigrette à poils rigides, uni ou paucisériés. . . .	6
5	Achaines quadrangulaires à angles fortement crénelés.	PICRIDIUM.
	Achaines prismatiques, étroits, ceux de la périphérie souvent pubescents.	ZOLLIKOFFERIA.

6	Achaines plus ou moins longuement rostrés. . . .	CREPIS.
	Achaines non rostrés.	7
7	Achaines périphériques gibbeux; capitules les uns sessiles dans les dichotomies, les autres terminaux sur des pédoncules renflés.	ZACINTHA.
	Achaines réguliers à 10 côtes.	8
8	Achaines minuscules (1 millim. environ), 5-8 fois plus courts que l'aigrette; plantes veloutées. . .	ANDRYALA.
	Achaines de 2-4 millim. égalant au moins le 1/3 de l'aigrette, parfois plus longs.	HIERACIUM.

CHONDRILLA L.

Péricline cylindrique à 8-10 écailles, caliculé par des écailles plus petites; réceptacle nu; 7-12 fleurs jaunes sur 2 rangs; achaines fusiformes, non comprimés, muriqués-épineux au sommet, à bec filiforme, allongé, naissant entre 5 spinules.

Ch. juncea L.; fig. Reich. 49. — Feuilles radicales roncinées, en rosette, les caulinaires lancéolées ou linéaires; tige très rameuse, à rameaux allongés et raides, plus ou moins rude à la base; capitules brièvement pédonculés, solitaires ou géminés; achaine plus court que le bec; aigrette blanche. Plante de 4-10 décim. ② C. C. C. Tout le Tell. Europe moyenne, Rég. médit., Orient.

TARAXACUM Jussieu (Pissenlit).

Plantes acaules à souche vivace, épaisse, brune; feuilles en rosette, atténuées en pétiole, souvent roncinées, généralement glabres; scapes monocéphales; péricline oblong ou campanulé à écailles linéaires, nombreuses, les extérieures plus courtes formant calicule; capitules multiflores à fleurs jaunes; achaines subcomprimés, écailleux et muriqués au sommet, à long bec, à aigrette blanche. — Groupe de petites espèces affines.

T. officinale Wig.; Ball, spic.; fig. Reich. 53. — Plante glabre, robuste à feuilles oblongues, roncinées, à dents triangulaires-aiguës; péricline à écailles linéaires ou lancéolées, ni gibbeuses ni bidentées au sommet, les externes réfléchies; capitules assez gros, scapes dressés; achaines d'un gris olivâtre, brusquement atténués en bec plus long qu'eux. ♃ Algérie? Maroc! Europe.

T. lævigatum DC.; Gren. Godr., fl. Fr.; Munb., cat.; *T. Dens leonis* Desf., fl. atl.; *T. officinale* Munb., cat.; Lx, cat. Kab. — Écailles du péricline toutes gibbeuses et bidentées au sommet ; achaines pâles ou jaunâtres, fortement rugueux en travers. ♃ A. C. Mars-juin. Tout le Tell, rég. mont., H.-Pl. Europe.

T. obovatum DC. ; fig. Reich. 54-4. — Diffère du *T. lævigatum* par ses feuilles obovées souvent entières ; par les écailles inférieures du péricline, larges, ovales, lancéolées, étalées ; par les achaines jaunâtres. Juin-septembre. Sommet des montagnes. C. C. Europe.

T. inæquilobum Pomel ; *T. depressum* Coss. et DR., exsic. Choulette, n° 360. — Feuilles appliquées sur le sol, roncinées, à lobes très inégaux, très irréguliers, généralement oblongs et obtus ; scapes grêles paraissant avec les premières feuilles ; péricline à écailles peu calleuses, les extérieures lâchement appliquées ; achaines plus petits que dans les précédents ; souche épaisse. Septembre-novembre. Plante bien voisine du *T. gymnantum* DC., très commune sur le sommet de certaines montagnes : Zaccar, Beni-Sahla (Blida), Constantine, etc.

T. microcephalum Pomel. — Base des pétioles très laineuse ; feuilles roncinées, à côtes laineuses ainsi que les scapes très grêles ; capitules minuscules ; péricline à écailles peu ou pas calleuses au sommet, les externes petites, linéaires, membraneuses aux bords, lâchement imbriquées ; achaines très petits, longuement rostrés, aigrette petite. ♃ Juin. Garrouban, Aïn-el-Hadjar, etc.

T. atlanticum Pomel. — Plus glabre, capitules plus gros, péricline à écailles un peu calleuses. Djebel-Ksel, Djebel-Amour.

T. getulum Pomel. — Glabre, feuilles entières ou roncinées, longuement linéaires ; scapes grêles ; péricline à écailles peu ou pas calleuses, les externes lancéolées, appliquées, marginées aux bords ; capitules médiocres ; achaines longuement atténués et muriculés au sommet, striés en long, lisses dans le bas ; bec épaissi ou non sous l'aigrette. Plante très voisine du *T. palustre* DC., mais plus grêle, à écailles plus étroites. ♃ Juin. Le Khreider, Arbaouat.

LACTUCA L. (Laitue).

Péricline étroit, cylindrique, à écailles imbriquées, les inférieures formant calicule ; achaines comprimés, brusquement terminés en bec capillaire, avec une ou plusieurs côtes sur les faces ; aigrette blanche ; receptacle nu. Plantes élancées, raides, rameuses, lactescentes.

a. Feuilles décurrentes sur la tige, à décurrence bien verte, appliquée, simulant une chenille sur la tige blanche.

L. viminea Link ; Ball, spic. ; *Phœnopus vimineus* DC. ; Munb., cat. ; Lx, cat. Kab. ; *Prenanthes viminea* L. ; *Lactuca Bauhini* Loret. — Tiges dressées, grêles, rigides (3-6 décim.), rameuses, à longs rameaux effilés, simples ou peu rameux ; feuilles radicales pinnatifides ou roncinées, petites, à segments étroits ; feuilles supérieures lancéolées ou linéaires ; achaines noirs, lancéolés, atténués en bec aussi long qu'eux ou plus court. ♃ Juin-août. C. C. C. Dans la rég. mont. Europe.

L. intricata Pomel. — Petite plante très rameuse à rameaux intriqués ; achaines à bec très court. M'est insuffisamment connue. Daya.

L. ? numidica spec. nov. — Plante puissante de 1-2 mètres, rameuse dans le haut ; feuilles un peu pubescentes, à nervures lisses ou hérissées, les radicales oblongues, atténuées en pétiole largement ailé, embrassant à la base, denticulées sur le bord, arrondies au sommet ou obtuses, longues de 20-30 cent. sur 5-8 ; feuilles caulinaires très grandes, larges de 6-9 cent., roncinées-pinnatipartites, à lobes largement linéaires, sinués-dentés ; décurrences longues de 3-10 cent. ; fleurs et fruits inconnus. Plante des plus remarquables. ② ④ Rochers de Tadjenent sur Mansourah au delà des Bibans, prov. de Constantine.

b. Feuilles non décurrentes sur la tige.

1. Fleurs bleues.

L. tenerrima Pourret. Maroc.

2. Fleurs jaunes.

L. saligna L. ; Munb., cat. ; Lx, cat. Kab. ; Ball, spic. ; Reich. 69-I. — Tige dressée, simple ou peu rameuse (5-12 décim.) ; feuilles inférieures roncinées, à lobes aigus et entiers, souvent spinuleuses sur la nervure principale, les supérieures entières, lancéolées-aiguës, sessiles, auriculées à la base ; capitules subsessiles en grappe spiciforme, irrégulière ; achaines grisâtres (3 millim.) brusquement atténués en bec deux fois aussi long qu'eux. ② Juin-septembre. Tout le Tell. C. C. Nous avons surtout la forme à feuilles roncinées-spinuleuses (*L. adulterina* Grenier). Europe moyenne, Rég. médit., Orient.

L. Scariola L. ; Lx, cat. Kab. ; *L. sylvestris* Lamarck ; Munb., cat. ; fig. Reich. 70-I. — Plante glauque, robuste, dressée ; tige souvent épineuse à la base (5-20 décim.), très rameuse, paniculée dans le haut ; feuilles spinuleuses aux bords et sur les nervures, roncinées, à limbe vertical, les supérieures embrassantes, les radicales oblongues, entières ou roncinées; capitules pédicellés en panicule lâche; achaines du précédent mais hérissés au sommet et légèrement marginés. ② A. C. Juin-août. Médéa, Miliana, Aïn-el-Hadjar, Daya, Djurdjura, etc. Rég. médit.

L. sativa L.; Desf., fl. atl.; Munb., cat. — *Laitue*. Cultivée.

L. virosa L.; Munb., cat.; fig. Reich. 71. — Plante puissante à grosse tige ramifiée en panicule dense dans le haut; feuilles embrassantes, ovales-oblongues, entières, denticulées ou lobées; capitules nombreux, brièvement pédicellés, ventrus et resserrés au sommet; achaines ovoïdes, noirs, marginés, longs de 4-5 millim. sur 2 et 1/2, à bec à peine aussi long. ② Juin-août. Médéa, Guerrouch. Europe, Rég. médit., Orient.

L. muralis Fres.; Lx, cat. Kab.; *L. atlantica* Pomel; *Phœnixopus muralis* Koch; Munb., cat.; *Prenanthes muralis* L. — Plante annuelle à tige grêle, dressée, fistuleuse, glabre, lisse, rameuse-paniculée dans le haut; feuilles molles, pétiolées, glabres, glauques en dessous, profondément lyrées-pinnatiséquées, à lobes anguleux et dentés, le terminal très grand; pétiole largement ailé-embrassant dans les feuilles supérieures, embrassant, mais non ailé dans les feuilles radicales; capitules étroitement cylindriques, pédicellés, achaines brunâtres, à bec court, hyalin. ① Djurdjura, Babors. Europe.

SONCHUS L.

Péricline imbriqué; achaines dépourvus de bec, comprimés, munis de côtes sur les faces; aigrette blanche, sessile, soyeuse. — Herbes fistuleuses, lactescentes à fleurs jaunes ou blanchâtres.

S. tenerrimus L.; Desf., fl. atl.; Munb., cat.; Lx, cat. Kab.; Ball, spic; *S. pectinatus* DC.; fig. Reich. 58. — Plante glabre, fragile, à tiges grêles; feuilles molles, inermes, presque toutes pétiolées, pinnatipartites ou pinnatiséquées, les caulinaires auriculées; embrassantes; segments très variables de formes et de dimensions; capitules médiocres, en cyme corymbiforme, à pédicelles grêles, souvent enveloppés à la base dans un flocon de laine blanche; péricline de 12 millim., à écailles lancéolées-aiguës; achaines quadrangulaires, claviformes, rugueux en travers, longs de 3 millim. sur 1; aigrette plus longue que l'achaine. Plante extrêmement variable à sommités glabres ou hérissées-glanduleuses; à tiges solitaires ou poussant en grosses touffes ; souche généralement vivace ou même sous frutescente à la base. ♃ C. C. C. Fleurit presque toute l'année. Rég. médit.

β *annuus* Lange. — Plante grêle, annuelle, à tige unique. ① Champs, collines. A. R.

S. PUSTULATUS Willk. ; *S. fragilis* Ball, spic. ; *S. tenerrimus* var. *pectinatus* Cosson, in Bourgeau exsic. — Capitules plus grands ; souche vivace ; subéreuse ; tiges courtes, couvertes de tubercules blancs ; feuilles charnues, pectinées ; achaines à 4-5 côtes, lisses ; aigrette caduque. ♃ Oran (littoral), Maroc, Espagne.

S. ARBORESCENS Salzm. Maroc.

S. TUBERCULATUS Ball. Maroc.

S. maritimus L. ; Desf., fl. atl. ; Munb., cat. ; Lx, cat. Kab. ; Ball, spic. ; *Sonchidium maritimum* Pomel ; fig. Reich. 62-II-III. — Tiges dressées, ramifiées en corymbe dans le haut (4-10 décim.) ; feuilles glauques, glabres, longuement lancéolées-linéaires, entières ou denticulées, ou sinuées-lobées (1-2 décim. et plus) ; capitules et pédoncules glabres ; achaines lisses, à 4-5 côtes longitudinales, la médiane et les latérales très marquées. ♃ C. C. Toute l'année. Fossés de toute l'Algérie jusque dans le Sahara, Rég. médit.

S. arvensis L. ; Munb., cat. ; fig. Reich. 61. — Souche vivace, rampante ; tige cylindrique, fistuleuse (5-12 décim.), glabre ou hérissée-glanduleuse dans le haut ; feuilles oblongues ou lancéolées, dentées-spinuleuses sur le bord, entières ou roncinées-pinnatifides, les supérieures embrassantes ; capitules épanouis très grands (3 cent. de diam.), en corymbe terminal pauciflore ; achaines comprimés, elliptiques-lancéolés, rugueux, à côtes équidistantes, bruns, rugueux en travers. ♃ Champs : Nador de Tipaza, Bou-Medfa, etc. Europe moyenne, Rég. médit., Orient.

S. mauritanicus Boissier. — Achaines plus petits, presque lisses ; feuilles presque toutes radicales ; plante plus petite et plus glabre. Oran.

S. asper Villars ; Munb., cat. ; Ball, spic. ; fig. Reich. 59-II, 60. — Tige épaisse, cannelée, très feuillée ; feuilles entières ou roncinées-pinnatifides, longuement spinuleuses sur les bords, rigides, les caulinaires embrassant la tige par 2 grandes oreilles arrondies-spinuleuses ; capitules blanchâtres, médiocres, en corymbes terminaux ; achaines largement elliptiques, très comprimés, munis sur chaque face de 3 côtes écartées, marginés, à marge spinuleuse. ① Avril-juillet. Champs. C. C. C. Europe, Orient.

β inermis Bischoff. — Feuilles moins rigides, moins spinuleuses. R. R.

S. glaucescens Jordan ; Ball, spic. — Diffère du *S. asper* par sa racine bisannuelle, sa couleur glauque, ses feuilles très rigides, spinescentes ; par ses fleurs plus grandes, plus colorées : par ses achaines largement marginés et bordés de cils réclinés. ② Médéa, Djurdjura, Daya, etc. Maroc, Espagne, France, Orient.

S. oleraceus L. ; Desf., fl. atl. ; Munb., cat. ; Lx, cat. Kab. ; Ball, spic. ; Reich. 59-I. — Tige dressée, lisse, fistuleuse ; feuilles molles, rarement spinuleuses, glauques en dessous, lyrées ou pinnatifides, les supérieures embrassantes, auriculées ; achaines non marginés et rugueux en travers. ① C. C. C. Champs, cultures. Europe, Orient.

ZOLLIKOFFERIA DC., Prodr.

Péricline imbriqué à écailles généralement membraneuses aux bords ; ligules jaunes ; réceptacle nu ; achaines généralement linéaires, prismatiques, rarement un peu comprimés, peu ou pas atténués au sommet, les extérieurs souvent veloutés, pubescents ou rugueux ; aigrette des *Sonchus*, sessile. — Plantes rameuses, dichotomes, à feuilles glabres, calleuses et blanchâtres sur le bout des dents ou des lobes.

§ 1. *Atalanthus* Don. — Plantes sous frutescentes, très rameuses, à ramuscules épineux, intriqués ; capitules cylindriques, achaines glabres.

Z. spinosa Boissier, fl. d'Or. ; *Lactuca spinosa* Lamarck ; Desf., fl. atl. ; Munb., cat. ; *Sonchus spinosus* DC. ; *Prenanthes spinosa* Forskall ; *Microrhynchus spinosus* Ball, spic. — Souche ligneuse, épaisse, écailleuse, souvent laineuse au sommet, à divisions terminées par les rosettes des feuilles toutes radicales, linéaires, roncinées, denticulées ; tiges nombreuses, dichotomes, très rameuses, nues sauf quelques bractéoles aux dichotomies ; rameaux spinescents ; achaines blancs, lisses, un peu atténués au sommet, ventrus ; écailles du péricline linéaires-lancéolées, les extérieures courtes ; capitules épanouis larges de 2 et 1/2-3 cent. ♄ C. C. C. Lieux secs. Oran, Bibans, H.-Pl., Sahara. Espagne, Orient.

Z. arborescens Batt., Bull. soc. bot. 1888, p. 342 et 391. — Arbrisseau de 6-15 décim., à tiges très lactescentes, feuillées ; feuilles étroitement linéaires-roncinées, à lobes étroits, aigus, à bords très entiers, jamais denticulés ; capitules moitié moins larges que dans le précédent ; écailles du péricline plus larges ; achaines gris, brunâtres, fortement rugueux en travers, jamais atténués en bec. ♄ Founassa, Djenien-bou-

Resq, Nemours. Plante vivant toujours avec l'espèce précédente sans s'hybrider.

Nota. — On trouve à El-Kantara, près Biskra, une plante de ce groupe, également mêlée au *Z. spinosa*, extrêmement basse, à ramuscules très courts, que je n'ai pu voir en fleurs.

§ 2. *Euzollikofferia* Boissier, fl. d'Or. — Capitules ovoïdes, rarement cylindriques ; achaines prismatiques, linéaires, lisses, les extérieurs ordinairement veloutés ou pubescents. — Herbes bisannuelles ou vivaces ; côtes de l'achaine prolongées à la base en 4 éperons aigus.

a. Achaines de 4-7 millim.

Z. mucronata Boissier, fl. d'Or. ; *Leontodon mucronatus* Forskall ; *Sonchus Candolleanus* Jaubert et Spach ; *Zollikofferia Candolleana* Cosson ; Munb., cat. — Tige robuste, dressée, ramifiée en corymbe à partir du milieu, plus rarement dès la base, haute de 3-5 décim. ; feuilles inférieures lancéolées, pinnati ou bipinnatipartites à lobes lancéolés ; feuilles caulinaires largement embrassantes à auricules multifides ; capitules ovoïdes en corymbe lâche, longuement pédonculés, à pédoncules bractéolés ; écailles du péricline larges, marginées, avec un callus blanc au sommet, les externes ovées-mucronées à mucron étalé. ♃ Biskra. Orient.

Z. tenuiloba Pomel (sub *Rhabdotheca*). — Feuilles presque toutes radicales, en rosette, à lobes linéaires comme dans l'espèce suivante. Metlili.

Z. resedifolia Cosson, pl. crit., p. 120 ; Munb., cat. ; *Sonchus chondrilloides* L. ; Desf., fl. atl. ; *Rhabdotheca chondrilloides* Schultz ; Pomel, nouv. mat. — Diffère de l'espèce précédente par ses feuilles découpées en lobes linéaires-allongés, les caulinaires non embrassantes ; par ses tiges souvent nombreuses ; par son péricline plus étroit, subcylindrique, à écailles extérieures non mucronées, subappliquées. ♃ H.-Pl., Sahara. C. C. C. Espagne, Sicile, Orient.

β viminea Lange. — Plante rameuse-divariquée dès la base, diffuse ; capitules petits ; feuilles à lobes assez larges. Aïn-Sefra, Bou-Saâda, Oued-Sahel. Tunisie, Espagne.

γ setacea. — Feuilles très nombreuses, sétacées, dressées, à lobes peu nombreux, étroitement linéaires ; écailles du péricline presque entièrement membraneuses. Gada-d'Enfous (Clary).

Z. longiloba Boiss. et Reut., Pug., p. 70 ; Munb., cat. — Plante robuste à tige ordinairement simple, dressée, rameuse dès le milieu ; grandes feuilles à lobes longuement linéaires, denticulés, les caulinaires non embrassantes ; péricline ovoïde (2 cent. sur 8 millim.), à écailles larges, obtuses, peu membraneuses. Plante noircissant en herbier. ♃ Mars-mai. Mostaganem, littoral oranais.

b. Achaines courts (3 millim.)

Z. angustifolia Cosson et DR., Bull. soc. bot., vol. II., p. 254; *Z. arabica* Boissier; *Sonchus angustifolius* Desf., fl. atl. — Tiges courtes, diffuses; feuilles oblongues dans leur pourtour, pectinées, à lanières linéaires, distantes, dentées; feuilles caulinaires sessiles, amplexicaules; capitules assez gros, globuleux ou à peu près, solitaires ou en corymbe pauciflore, toujours penchés; écailles du péricline larges, orbiculaires ou elliptiques, obtuses; achaines extérieurs très velus, surtout sur les angles ailés-fimbriés. ② Mars-mai. Laghouat, Bou-Saâda, Biskra.

Z. squarrosa Pomel. — Capitules solitaires un peu plus gros. Ksar de Metlili (v. s.)

Z. quercifolia Cosson et Kralick, Bull. soc. bot., vol. IV, p. 369, Munb., cat.; *Sonchus quercifolius* Desf., fl. atl., tab. 213. — Souche ligneuse; feuilles oblongues simplement dentées ou plus ou moins découpées ou pinnatifides; capitules de l'espèce précédente, plus gros, même port général; achaines extérieurs veloutés, 4 fois plus courts que l'aigrette; aigrette à soies intérieures scabres, plus longues. ♃ Biskra. Tunisie.

§ 3. *Rhabdotheca* Cassini. — Capitules cylindriques; achaines glabres, linéaires, les extérieurs au moins rugueux en travers; plante herbacée.

Z. nudicaulis Boissier; *Sonchus divaricatus* Desf.; Munb., cat.; *Microrhynchus nudicaulis* Less.; Ball, spic. — Feuilles presque toutes radicales en rosette, oblongues, roncinées, denticulées-spinuleuses, à lobe terminal obtus; tiges dressées, dichotomes, nues ou peu feuillées; capitules étroits, cylindriques, distants, brièvement pédicellés, en grappe lâche; écailles du péricline largement membraneuses aux bords. ♃ C. C. C. Mars-juin. Lieux un peu salés : Oued-Djer à El-Affroun, Bibans. Tout le Sud et les H.-Pl., Tunisie, Maroc, Espagne, Orient.

β divaricata Pomel, nouv. mat. — Tiges décombantes, divariquées; péricline à écailles moins scarieuses aux bords; aigrette plus longue. Maghnia, Mazis (Pomel).

§ 4. *Lomatolepis* Cassini. — Capitules cylindriques-oblongs, agglomérés au sommet des tiges; achaines courts, fongueux, à côtes marginales ailées.

Z. glomerata Boissier; *Lomatolepis glomerata* Cassini; Munb., Cat. — Feuilles de l'espèce précédente, plus grandes (10-15 cent.), presque toutes radicales; capitules agglomérés au sommet de scapes simples ou bifides. ② Avril-mai. Biskra, Tunisie, Orient.

PICRIDIUM Desf., fl. atl.

Péricline imbriqué, urcéolé, fortement resserré au-dessus des achaines, à écailles membraneuses aux bords, calleuses au sommet; achaines dimorphes, les extérieurs gros, prismatiques, à 4-5 angles épais et crénelés, les internes en général stériles, lisses; aigrette des *Sonchus*, caduque. Herbes glabres, glauques, à tiges fistuleuses, lactescentes, à capitules solitaires sur de longs pédoncules renflés au sommet et munis de quelques écailles semblables à celles du péricline.

a. Ligules jaunes concolores, velues à la gorge, grandes.

P. vulgare Desf., fl. atl.; Munb., cat.; Lx, cat. Kab.; Ball, spic.; Reich. 56; *P. rupestre* Pomel. — Plante de 2-6 décim., simple ou multicaule; feuilles radicales pétiolées, les caulinaires amplexicaules, très polymorphes, oblongues ou linéaires, entières ou sinuées-dentées, ou pinnatifides, plus ou moins charnues ou minces. ♃ Mars-juillet. C. C. C. Tout le Tell. Rochers et lieux stériles. Rég. médit.

P. MARITIMUM Ball; *P. ligulatum* Vent.?; Boiss., voy. Esp. — Souche épaisse horizontale, stolonifère; feuilles oblongues, toutes sinuées-pinnatifides, souvent charnues; tiges courtes; capitules très grands. ♃ Rochers des falaises à Aïn-Taya. A. R.

P. INTERMEDIUM Schultz-Bip.; Ball, spic. — Plante annuelle à feuilles généralement entières, amples, denticulées sur le bord, les caulinaires largement amplexicaules; tige simple à la base, rameuse dans le haut; pédoncules largement dilatés au sommet. ① Mars-mai. C. C. C. Champs.

b. Ligules discolores, très grandes, d'un pourpre noir à la base; écailles extérieures du péricline ovoïdes, largement membraneuses aux bords, fortement discolores.

P. tingitanum Desf., fl. atl.; Munb., cat.; Ball, spic.; *P. hispanicum* Poiret; *Scorzonera tingitana* L. — Feuilles ordinairement sinuées-pinnatifides, denticulées, papilleuses sur les 2 faces, étroites, les caulinaires embrassantes; tiges peu élevées, parfois presque nulles. *(P. subacaule* Willk.) ♃ Littoral oranais : Oran, Nemours, Maroc, Espagne.

P. DISCOLOR Pomel. — Plante annuelle à feuilles souvent moins divisées, parfois entières *(P. arabicum* Hochst.), plus larges, à pédoncules fortement renflés au sommet; écailles du péricline un peu moins larges. ① C. C. C. Lieux secs : Oran, Sahara, Tunisie, Orient (1)

(1) Cette plante est exactement au *P. tingitanum* ce que le *P. intermedium* est au *P. vulgare.*

P. Saharæ Pomel. — Diffère du *P. discolor* par ses feuilles plus étroitement laciniées, ses achaines plus petits et ses écailles du péricline très largement membraneuses, les internes oblongues et non linéaires. ① Metlili. (v. s.)

P. maroccanum Ball. Maroc.

ZACINTHA Tournefort.

Péricline imbriqué, urcéolé, anguleux; écailles internes gibbeuses au sommet, enveloppant les achaines extérieurs gibbeux et à aigrette latérale; achaines internes cylindriques.

Z. verrucosa Gærtner; Desf., fl. atl. — Plante basse, dichotome à petits capitules sessiles et terminaux. « Habitat in arvis » Desf.

CREPIS L.

Péricline imbriqué à écailles externes formant habituellement calicule; achaines à 10-30 stries longitudinales, amincis au sommet, souvent rostrés; aigrette à soies capillaires, rarement nulle sur les achaines extérieurs; réceptacle nu ou fibrilleux.

§ 1. *Ceramiocephalum* Schultz-Bip., Bull. soc. bot. Fr., vol. IX, p. 284. — Achaines peu ou pas atténués au sommet; aigrette très courte et très caduque à soies inégales; receptacle resserré, conservant les achaines à maturité.

C. patula Poiret, Voy. II, p. 227; *Ceramiocephalum patulum* Schultz-Bip.; *Lampsana virgata* Desf., fl. atl., tab. 215; Munb., cat. — Souche vivace, couronnée par les anciens pétioles; feuilles radicales pétiolées, oblongues (1-2 décim.), entières, dentées ou roncinées, glabrescentes, les caulinaires peu nombreuses, sessiles; tiges dressées, glabrescentes (3-5 décim. ou plus), un peu pubescentes à la base et divisées en 2-4 longs rameaux monocéphales; péricline resserré vers le milieu, à la fin fortement induré, contracté, un peu pubescent, à écailles linéaires, les internes lancéolées; achaines tous semblables, bruns, à 20 stries dont 5 plus saillantes; capitule épanoui large de 4 cent. environ. ♃ Mai-juin. La Calle (Poiret), Fort-National (Durando), Tigremount, El-Kseur, etc.

§ 2. *Phæcasium* Reich. — Capitules pauciflores; achaines atténués en bec court, quelques-uns à la périphérie parfois privés d'aigrette; péricline glabre à écailles externes minuscules, les internes lancéolées-aiguës, à la fin réfléchies, indurées et carenées; réceptacle alvéolé.

C. pulchra L.; Lx, cat. Kab.; Ball, spic.; Reich. 80. — Plante glabre dans le haut, grêle, dressée, ramifiée en corymbe fastigié ; feuilles inférieures pétiolées, pubescentes-glanduleuses, les caulinaires décroissantes ; capitules cylindriques sur de longs pédoncules ; fleurs médiocres ; achaines linéaires à 10 stries. ① Avril-juin. Djurdjura (Lx), Aflou (Clary). Maroc, Europe moyenne et mérid.

§ 3. *Barkhausia* Mœnch. — Achaines, au moins les internes, rostrés.

a. Pédoncules penchés avant la floraison.

C. fetida L. ; *Barkhausia fetida* DC. ; Munb., cat. — Plante hispide (2-4 décim.), généralement très rameuse dès la base ; feuilles roncinées, à lobes aigus, sinués-dentés, les caulinaires sessiles, embrassantes ; capitules solitaires sur de longs pédoncules renflés et bractéolés au sommet ; péricline pubescent à écailles externes linéaires, appliquées, les internes lancéolées, à la fin indurées (10-12 millim.) ; achaines du bord sans bec, à aigrette ne dépassant pas le péricline ; achaines centraux longuement rostrés, à aigrette exserte. ① Constantine (Sidi Mecid). Europe, Orient.

C. senecioides Delile, fl. Eg., tab. 42-2. — Plante rameuse dès la base, à tiges ascendantes ; feuilles presque toutes radicales, glabrescentes, oblongues, denticulées ou subroncinées, à dents spinuleuses ; tiges ramifiées en corymbe, à 2-5 capitules longuement pédonculés ; péricline de 8 millim., cylindrique, pubescent-glanduleux ; écailles internes à la fin indurées, logeant les achaines extérieurs insensiblement atténués en bec ; achaines médians subcomprimés, à 10 stries, à bec hyalin, muriculé, aussi long qu'eux ou plus long. ① Avril-juin. Bibans, Biskra, Tunisie, Égypte.

Nota. — Notre plante, identique à la plante de Gabès et à la figure de Delile, a le bec des achaines moins long que ne l'indique Boissier, fl. d'Or. C'est la plante décrite par M. Pomel sous le nom de *B. Kralickii*.

C. suberostris Coss. et DR (sub *Barkhausia*) ; Munb., cat. — Plante glabrescente, rameuse dès la base, à rameaux dressés ; feuilles inférieures pétiolées, lancéolées, entières, dentées, sinuées-pinnatifides, ou pinnatipartites, à lobes aigus ; feuilles caulinaires embrassantes, auriculées, les supérieures subulées ; capitules médiocres, en corymbe irrégulier ; péricline hispide à écailles externes sétacées, les internes lancéolées-aiguës, égalant l'aigrette, peu indurées à maturité ; ligules petites, dorées ; achaines fusiformes, un peu comprimés, très courts (2, 2 1/2 millim.), à 10 stries, à bec à peu près nul ; aigrette blanche, très caduque, égalant 2 fois l'achaine. ① ② Sables à Mostaganem.

b. Capitules dressés avant la floraison.

C. arenaria Pomel. — Port de l'espèce précédente; en diffère par ses tiges hispides; par ses achaines de 3 millim., un peu muriculés sur les côtes et atténués en bec presque aussi long qu'eux; par ses feuilles à dents cuspidées, les caulinaires oblongues et embrassantes et non linéaires-auriculées. ① Excellente espèce. Itima, Tiaret.

C. amplexifolia Godron, fl. Juv.; *Barkhausia amplexicaulis* Cosson et DR, inéd.; Munb., cat. — Tige robuste, dressée (3-6 décim.), hispide ou rude, feuillée, rameuse, subdichotome dans le haut; feuilles molles, glabrescentes, les inférieures longuement pétiolées, oblongues, dentées ou lyrées-pinnatifides, les caulinaires largement embrassantes; capitules 2-4, en corymbe; pédoncules robustes; péricline pubescent, à écailles externes-étalées, assez grandes, les internes dressées, à la fin indurées, logeant les achaines extérieurs insensiblement rostrés; achaines du centre muriculés-spinuleux au sommet, atténués en bec plus long qu'eux. ① Avril-mai. C. C. Mitidja, Chélif, Constantine, etc.

C. taraxacifolia Thuillier; Ball, spic.; *Barkhausia taraxacifolia* DC.; Munb., cat.; Lx, cat. Kab. — Racine épaisse, charnue; feuilles radicales en rosette, le plus souvent sinuées-pinnatifides, lyrées ou roncinées, plus rarement entières, atténuées en pétiole ailé et élargi à la base; feuilles caulinaires sessiles, embrassantes, les supérieures bractéiformes; tiges ordinairement dressées, fermes, fistuleuses, striées-anguleuses; capitules médiocres en corymbes terminaux à pédoncules dressés, bractéolés; péricline cylindrique à la fin réfléchi, peu induré, pubescent, à écailles inférieures courtes, membraneuses aux bords, les internes lancéolées, plus courtes que l'aigrette; ligules médiocres; styles bruns; achaines fusiformes à 10 stries, atténués en bec un peu dilaté au sommet, généralement aussi long qu'eux; ceux de la périphérie moins brusquement rostrés; aigrette blanche, plus longue que le bec. Plante ayant souvent l'apparence vivace, tantôt glabre, tantôt hispide ou glanduleuse, surtout dans les montagnes. ① ② ♃ Type extrêmement variable de la région méditerranéenne, formé d'une foule de petites espèces et variétés très difficiles à limiter.

Plantes à écailles externes du péricline étroitement linéaires-aiguës :

C. MYRIOCEPHALA Cosson et Durieu, inéd.; Munb., cat.; *Barkhausia macrophylla* DC., prodr. ?, Batt. et Trab., exsic. — Feuilles inférieures très grandes, souvent entières, les caulinaires largement embrassantes;

capitules petits, très nombreux, en corymbe dense; péricline de 8-10 millim. sur 3-4; achaines petits, muriculés, les extérieurs à bec court; plante puissante 3-8 décim., rameuse, glabre, glabrescente ou tout à fait velue dans les montagnes. ② ♃ Janvier-juin. C. C. C. Tout le Tell.

β *intermedia*. — Capitules plus gros, moins nombreux. Mêmes lieux; H.-Pl.

C. SPATHULATA Gussone; Pomel, herb. — Feuilles radicales oblongues, subentières, dentées vers le bas, à pétioles longs et grêles; tige presque aphylle; capitules en corymbe très irrégulier; achaines plus gros, brièvement rostrés. Oran (v. s.).

C. TINGITANA Salzm. Maroc.

Plantes à écailles externes du péricline lancéolées-ovoïdes ou suborbiculaires, largement scarieuses aux bords :

C. TARAXACIFOLIA Thuillier; fig. Reich. 86-I. — Écailles externes du péricline médiocres, 2-3 fois plus courtes que les internes; achaines du disque atténués en bec aussi long qu'eux; capitules assez gros; tiges généralement dressées, robustes (2-4 décim.). ② Mars-juillet. A. C., partout.

C. intybacea DC. en est une forme à feuilles caulinaires largement auriculées, embrassantes. Oran (Debeaux).

C. numidica Pomel, me paraît en être une autre forme hispide, subcanescente; à feuilles toutes radicales, en rosette, roncinées; à tiges courtes, scapiformes, subaphylles, à pédoncules très inégaux; cette plante est nettement vivace. Un échantillon que j'ai récolté au Khreider avait des tiges couchées en cercle sur le sol. Cette forme est inséparable du *C. recognita* Hall. Les formes vivaces du *C. taraxacifolia* en général, constituent probablement le *C. taraxacoïdes* Desf., fl. atl. Je possède un échantillon de Tunisie vivace, glabre, semblable à un *Taraxacum* à hampes tricéphales dépassant peu les feuilles.

C. STELLATA Ball. Maroc.

C. HIRSUTA Pomel. — Plante dressée, élevée, très hispide à poils crépus, non glanduleux; feuilles lyrées, à lobe terminal ovoïde, à lobes latéraux petits, distants, irréguliers, à long pétiole grêle; feuilles caulinaires largement embrassantes, pinnatifides; calicule à écailles très amples, un peu moins que dans la plante suivante; achaines atténués en bec dans leur 1/4 supérieur seulement. ② Dahra (v. s.).

C. VESICARIA L.; Lx, cat. Kab.; *C. macrophylla* Desf., fl. atl. et herb.! non aliorum; fig. Reich. 86-II. — Capitules plus gros que dans les plantes précédentes; bractées largement scarieuses; écailles externes du péricline ovoïdes, grandes, largement scarieuses aux bords, atteignant le milieu des écailles internes; achaines du centre à bec aussi long qu'eux. ② Montagnes: Djurdjura, Dréat, Aurès, Médéa, etc.

C. Claryi. — Plante hispide à poils blancs, non glanduleux; feuilles glauques, épaisses, les radicales roncinées, atténuées en pétiole, les caulinaires embrassantes à la base, oblongues-dentées; tige de 4-5 décim., ramifiée en corymbe presque dès la base; bractées subulées, à base embrassante, hispides, hérissées; péricline de 12 millim. sur 8-10, à la fin peu induré, à écailles tomenteuses, hérissées sur la ligne médiane, les extérieures linéaires, les intérieures lancéolées-aiguës, 3 fois plus longues, égalant l'aigrette; ligules dorées, médiocres; achaines rostrés; capitules en petits corymbes de 4 réunis eux-mêmes en corymbe composé; pédoncules robustes. ② Mai-juin. Aflou (Clary).

C. setosa L.; Munb., cat., fig. Reich. 84-I. — Diffère de la plante ci-dessus par ses feuilles molles, très variables; ses capitules moitié plus petits, à écailles externes atteignant le milieu du péricline, réunis en corymbe irrégulier, à pédoncules très grêles. Algérie ① (Munby, n. v.)

C. Clausonis Pomel. — Plante glabre ou glabrescente, longuement traçante, rhizomateuse; feuilles radicales oblongues, entières, dentées ou pinnatifides, paraissant d'ordinaire après les fleurs; tiges scapiformes de 2-4 décim., plus ou moins rameuses, portant quelques feuilles très réduites; capitules assez grands, solitaires sur de très longs pédoncules; péricline plus ou moins pubescent, à écailles toutes lancéolées-linéaires, les externes moitié plus courtes; achaines bien développés insensiblement atténués en bec épaissi sous l'aigrette et denticulé jusqu'au sommet; aigrette exserte égalant les 2/3 de l'achaine; très souvent les achaines restent abortifs et alors, le bec ne se développant pas, l'aigrette reste incluse dans le péricline. Cette belle espèce fleurit aux premières pluies en octobre-novembre. Les feuilles se développent l'hiver. ♃ Mitidja, A. R. Réghaia, Rouïba, Maison-Carrée, Boufarik, Castiglione, Tébessa, Constantine (1).

§ 4. *Ætheorhiza.* — Souches grêles, blanches, traçantes, renflées çà et là en tubercules arrondis; achaines non rostrés, fusiformes, subtétragones à 6-8 côtes, plus courts que l'aigrette; aigrette molle, blanche, soyeuse.

---

(1) C'est, je crois, une forme appauvrie de cette espèce que M. le dr Cosson a nommé dans les exsiccata de la Société dauphinoise, no 1709 : *Barkhausia macrophylla* Sprengel, avec le synonyme *Crepis macrophylla* Desf. Je ne puis accepter ici la manière de voir de cet illustre botaniste, car la plante n'a rien de commun ni avec la description de Desfontaines, ni avec la plante conservée dans son herbier, laquelle se rapporte bien à la description.

C. bulbosa Frœl.; Ball, spic.; *Æthearhiza bulbosa* Cassini; Munb., cat.; Lx, cat. Kab.; *Leontodon bulbosus* L.; Desf., fl. atl.; fig. Reich. 82-I. — Plante glabre, glauque, traçante; feuilles oblongues ou lancéolées, entières ou dentées; scapes uni, biflores, poilus-glanduleux sous le capitule; péricline imbriqué, hispide glanduleux, à écailles toutes lancéolées. ♃ Avril-mai. C. C. C. Haies, broussailles, etc. Rég. médit.

HIERACIUM L. (Épervière).

Péricline imbriqué ou subcaliculé; réceptacle sans paillettes, alvéolé avec le bord des alvéoles fimbrié; achaines à 10 côtes, tronqués au sommet, atténués à la base; aigrette sessile, blanchâtre ou rousse, à poils simples ou dentés, raides et fragiles.

§ 1. *Pilosella* Fries. — Plantes stolonifères; achaines petits (2 millim.), à sommet crénelé par le prolongement des sillons; poils des aigrettes très fins et égaux; tiges scapiformes.

H. pilosella L.; Munb., cat.; Lx, cat. Kab.; Ball, spic.; fig. Reich. 107. — Feuilles spatulées ou oblongues, entières, atténuées en pétiole, canescentes en dessous avec un tomentum de poils étoilés, munies sur les 2 faces de longs poils simples; scapes de 1-2 décim., grêles, uniflores, aphylles, pubescents; capitules médiocres. ♃ Mai-juillet. Montagnes. C. C. C. Europe, Orient.

NOTA. — Nous avons le plus souvent des formes très poilues (*H. pelletieranum* Mer.), ou à grandes fleurs et à capitules velus-hispides, à poils noirâtres (*H. macranthum* Tenore).

§ 2. *Euhieracium*. — Plantes non stolonifères; achaines de 3-4 millim., à sommet non denticulé; écailles du péricline imbriquées; souche se renouvelant par des bourgeons latéraux.

H. saxatile Villars; Munb., cat.; Lx, cat. Kab. — Feuilles oblongues ou obovées, aiguës, à peine pétiolées, glauques, entières, hérissées de poils mous sur les deux faces; tige scapiforme de 1-2 décim. avec 1-2 feuilles embrassantes, peu rameuse; rameaux monocéphales, velus-glanduleux au sommet; capitules assez grands; péricline régulièrement imbriqué à écailles linéaires-aiguës. ♃ Août. Tizi-Hout (Lx). Espagne, France.

H. grandifolium Schultz-Bip., Bull. soc. bot., vol. IX, p. 440; Munb., cat.; *H. murorum* Munby? non L.; *H. prenanthoides* Cosson; Lx, cat. Kab., vix Villars. — Tige de 3-10 décim., un peu flexueuse, ramifiée en corymbe dans le haut, mollement velue; feuilles molles, pubescentes, papyracées, pâles en dessous, toutes caulinaires, les supérieures sessiles, embrassantes, les inférieures très grandes, pétiolées, à limbe oblong ou ovoïde, denté, acuminé, à dents cuspidées; pédoncules et péricline à indumentum glanduleux, mêlé de poils étoilés; écailles lancéolées-aiguës, noirâtres; ligules dorées, ciliées; achaines de 4 millim., noirs, glabres; aigrette de 6 millim. ou moins. ♃ Djurdjura, Babors.

ANDRYALA L.

Péricline à écailles subunisériées, les caliculaires avortant d'ordinaire; réceptacle fibrilleux; achaines minuscules 5-8 fois plus courts que l'aigrette, atténués à la base, tronqués au sommet, noirs, à 10 côtes saillantes, claires, terminées au sommet en petite dent étalée; aigrette un peu plumeuse vers la base, très caduque. — Plantes mollement veloutées, à capitules en corymbe, médiocres, subglobuleux.

§ 1. *Euandryala.* — Péricline à écailles n'embrassant pas les achaines extérieurs; receptacle fibrilleux mais sans paillettes à la périphérie.

a. Plantes sous frutescentes à la base, couvertes d'un duvet court et serré.

A. ragusina L.; Munb., cat.; Ball, spic. — Tiges de 1-5 décim.; feuilles oblongues, lancéolées, les inférieures dentées ou roncinées-pinnatifides, les caulinaires dentées ou entières; capitules longuement pédonculés, en corymbe lâche, irrégulier; écailles du péricline à nervure peu marquée, dépassant les aigrettes; aigrettes moins caduques que dans les espèces suivantes; disque denté à dents étalées alternant avec celles des côtes. ♃ Mai-juillet. Algérie (Durando, herb.), Maroc, Espagne, France.

A. SPARTIOIDES Pomel, herb.; *A. ragusina* var. *virgata* Cosson. — Sous-arbrisseau multicaule à tiges épaisses, rameuses à la base, à rameaux jonciformes, terminés par 2-3 ramuscules monocéphales; feuilles très étroites, les inférieures sinuées-pinnatifides, toutes les autres linéaires, entières ou subentières; capitules petits; écailles du péricline à nervure bien marquée. ♄ Djelfa, El-Outaïa, El-Kantara, etc. Maroc (Cosson).

A. mogadorensis Cosson. Maroc.

b. Plantes annuelles ou bisannuelles, jamais ligneuses à la base.

A. nigricans Poiret, Voy. II, p. 228; Desf., fl. atl.; DC., Prodr.; Munb., cat. — Plante élevée (5-12 décim.) presque glabre dans le bas, veloutée-noirâtre dans le haut; tige épaisse, rameuse, à longs rameaux dressés; capitules en corymbe lâche; péricline de 1 cent. environ; feuilles inférieures lyrées-pinnatifides, à lobes longuement linéaires, les autres entières ou dentées, linéaires. ② ♃ La Calle (Desf.), Kamart (Pomel).

A. integrifolia L.; Munb., cat.; Lx, cat. Kab.; Ball, spic.; *A. æstivalis* Pomel, non Batt. et Trab., exsic.; fig. Reich. 75-II-III. — Tige de 3-10 décim., dressée, feuillée, rameuse au sommet en corymbe serré; capitules comme dans l'espèce précédente, très veloutés, à tomentum jaunâtre ou verdâtre, mêlé de poils glanduleux, bruns, plus au moins nombreux. ① ② C. C. C. Mai-août. Rég. médit.

α *integrifolia*. — Feuilles entières ou dentées, les radicales oblongues, pétiolées, les caulinaires sessiles, lancéolées-aiguës. A. R.

β *sinuata; A. sinuata* L.; Munb., cat. — Feuilles ondulées, sinuées ou pinnatifides. C. C. C., partout.

A. dentata Sibth. et Sm.; *A. tenuifolia* DC., Prodr.; Munb., cat. — Plante grêle, à tomentum court, rameuse; feuilles lancéolées, entières ou dentées; capitules penchés avant l'anthèse, longuement pédonculés pour la plupart, bien plus petits que dans les plantes précédentes, en corymbe lâche, très irrégulier; racine grêle nettement annuelle; achaines à dents des côtes saillantes, à disque muni d'une coronule blanche assez saillante. ① Lieux secs: Sahara, H.-Pl., Founassa, Biskra, Bibans, etc. Sicile, Orient.

A. arenaria Boiss. et Reut., Pug., p. 71; Munb., cat. — Diffère du type par ses feuilles caulinaires cordées-amplexicaules; par sa tige plus robuste, ses capitules bien plus laineux en corymbes denses, à ligules plus grandes, plus foncées. ① Oran, Espagne.

§ 2. *Rothia* Schreber, non Persoon. — Achaines extérieurs enveloppés dans les écailles du péricline; péricline doublé intérieurement d'un ou deux rangs de paillettes hyalines plus courtes que lui. Plantes annuelles.

A. floccosa Pomel (sub *Rothia*); *A. æstivalis* Batt. et Trab., exsic., non Pomel. — Plante très veloutée-laineuse de 1-4 décim., dressée, ramifiée dans le haut en corymbe assez dense; feuilles oblongues, entières, dentées ou sinuées, les supérieures sessiles, embrassantes, gros capitules (12-15 millim.), extrêmement laineux, floconneux, à tomentum blanc devenant fauve en herbier, à peine glanduleux; écailles du péricline lâchement enroulées, dépassant les ligules et deux fois longues comme les paillettes; achaines à disque relevé en coronule bien saillante. ① Juin-août. Orléansville, Téniet, Miliana, Dahra, etc., etc.

A. laxiflora Salzman; Munb., cat., Ball, spic. — Moins tomenteux que le précédent; capitules en corymbe très lâche, irrégulier; écailles du péricline plus courtes; achaines à coronule moins saillante. ① Collo, Garrouban, Maroc.

AMBROSIACÉES Link.

Fleurs unisexuées, les mâles pareilles à des fleurons de *Composées* et disposées en capitule a péricline unisérié; anthères libres; fleurs femelles solitaires ou géminées, à involucre gamophylle; style cylindriqne à deux branches arquées et bordées de bourrelets stigmatiques; achaines soudé au calice, dépourvu d'aigrette et enfermé dans le péricline induré; graine exalbuminée; embryon droit, radicule tournée vers le hile. (Reich., vol. XIX.).

XANTHIUM L. (Lampourde).

Péricline des capitules mâles, à écailles libres; réceptacle garni de paillettes; capitules femelles biflores à corolles filiformes, tubuleuses; achaines enfermés dans le péricline oblong, épineux, muni de deux pointes en forme de cornes.

§ 1. *Strumaria.* — Plantes inermes, à tige dressée, ferme, rameuse (2-10 décim.); feuilles longuement pétiolées, rudes, cordiformes-triangulaires, irrégulièrement lobées-dentées. Ces plantes ont été très employées dans la teinture en jaune.

X. strumarium L.; Desf., fl. atl.; Munb., cat. — Involucres fructifères de 8-10 millim. sur 6, à épines peu nombreuses, surtout vers le haut, distantes; cornes dressées, plus fortes que les épines. ① R. R. Août. Tlemcen! (Pomel). Europe, Rég. médit., Orient.

X. antiquorum Wallr.; Munb., cat.; Lx, cat. Kab.; Ball, spic. — Plante puissante; involucres fructifères plus gros que dans le précédent, à épines nombreuses et rapprochées, même au sommet du péricline; cornes courtes et écartées. ① C. C. C. Juillet-août. Lieux humides du Tell. Maroc, Orient.

X. macrocarpum DC.; Munb., cat. — Péricline fructifère gros, allongé, tout couvert d'épines serrées, longues et crochues au sommet ainsi que les cornes; celles-ci de 6-8 millim. très fortes. ① Algérie, 3 prov. R., d'après Munby, Europe mérid.

§ 2. *Spinosa.* — Tiges rameuses dès la base, munies de longues épines tripartites vers la base des feuilles; feuilles petites, courtement pétiolées, blanches-tomenteuses en dessous, vertes en dessus, cunéiformes à la base, 3-5 lobées, à lobes ascendants, le médian plus long, longuement acuminé.

X. spinosum L.; Munb., cat.; Lx, cat. Kab. — Capitules femelles solitaires à l'aiselle des feuilles, sessiles, un peu déjettés de côté; capitules mâles sessiles aussi, rapprochés au sommet des rameaux; périclines fructifères à épines longues, grêles, rapprochées; cornes peu distinctes des épines. ① R. un peu partout près des lieux habités. Midi de l'Europe.

AMBROSIA L.

Péricline des capitules mâles gamophylle; capitules femelles uniflores, à corolle nulle; péricline fructifère très petit, muni au milieu d'un verticille d'épines et de deux pointes au sommet.

A. maritima L.; Munb., cat.; Lx, cat. Kab.; fig. Reich. 216-II. — Plante velue-canescente à tige dressée, rameuse; feuilles pétiolées à pourtour ovoïde, bipinnatipartites ou pinnatipartites à segments incisés; capitules mâles et femelles en épis assez longs et très fournis, les capitules mâles à 15-20 fleurs, occupant le sommet de l'épi. ① Bône, Bougie, Tunisie. Italie, Orient, Espagne.

LOBÉLIACÉES Jussieu.

Plantes généralement lactescentes à feuilles alternes non stipulées, simples, penninerviées; fleurs hermaphrodites, irrégulières; ovaire infère à 2-3 loges multiovulées; calice à 5 divisions persistantes; corolle généralement marcescente, 5-lobée, bilabiée; 5 étamines synanthérées, à filets réunis en tube dans le haut; style filiforme; embryon droit dans un albumen charnu; radicule rapprochée du hile. (Reich., vol. XIX.)

LAURENTIA Neck.

Fleurs bleues; capsule biloculaire; corolle tubuleuse, à tube entier, 5-fide, à divisions subégales.

L. Micheli DC.; Munb., cat.; Lx, cat. Kab.; Ball, spic.; *Lobelia Laurentia* L.; Desf., fl. atl. — Petite plante grêle de 5-15 cent., feuillée, simple ou multicaule ou rameuse; feuilles oblongues, dentées, pubérulentes, les inférieures pétiolées; fleurs petites, longuement pédonculées, à pédoncules portant 1-2 bractéoles; calice ovoïde à dents aiguës égalant le limbe; corolle bleue à gorge blanchâtre. ① A. C. Sources et marais. Aïn-Taya, Réghaïa, Corso, Fort-National, Tala-Rana, Blida, Médéa, Miliana, Oran, Philippeville, etc., etc. Rég. médit.

β subacaulis Pomel, herb. — Plante à peu près acaule, à très longs pédoncules scapiformes, à feuilles entières; très semblable au *L. tenella* DC., mais annuelle. Ouillis en Dahra.

CAMPANULACÉES Jussieu.

Corolle régulière; étamines libres ou un peu soudées par la base des anthères; pour le reste comme les *Lobéliacées*. (Reich., vol. XIX.)

Clef des genres :

1	Fleurs en capitule involucré.	Jasione.
	Fleurs petites, à long tube filiforme, en corymbe ombelliforme, dense, très multiflore au sommet des rameaux.	Trachelium.
	Fleurs en grappe.	2
2	Capsule linéaire	Specularia.
	Capsule obconique	Campanula.

TRACHELIUM L.

Calice minuscule, ovoïde, à limbe 5-fide; corolle à tube filiforme, 5-lobée; 5 étamines libres à filets capillaires; style longuement exserte; 3 stigmates. Herbes vivaces.

T. cœruleum L.; Desf., fl. atl.; Munb., cat.; Lx, cat. Kab.; *Valeriana cœrulea* Barrelier. — Tiges dressées (3-10 décim.), simples ou rameuses; feuilles pétiolées, ovoïdes ou lancéolées, dentées en scie; corymbes denses, très composés, parfois très larges au sommet des rameaux; style longuement exserte; bractées linéaires. C. C. C. Lieux frais et ombreux du Tell. Espagne, Italie.

T. angustifolium Schousboë. Maroc.

JASIONE L.

Calice 5-fide; corolle 5-partite, à divisions linéaires à la fin étalées en roue; 5 étamines soudées par la base des anthères et à filets libres; style filiforme à deux stigmates; capsule biloculaire s'ouvrant au sommet par 2 valves très courtes; fleurs en capitules involucrés.

a. *Corymbosæ.* — Plantes maritimes, annuelles, rameuses dès la base; tiges anguleuses, feuillées au-dessus du milieu; péricline à 8-9 écailles.

J. corymbosa Poiret; Munb., cat. — Plante plus ou moins hispide, multicaule, à tiges anguleuses; feuilles rapprochées, sessiles, subdécurrentes, un peu épaissies aux bords, linéaires-oblongues, ondulées; écailles du péricline ovoïdes-aiguës, dentées; pédicelles égalant l'ovaire; calice à dents subulées, glabres, égalant deux fois le tube, plus courtes que les corolles. ① Avril-mai. Maroc, Espagne.

J. GLABRA Durieu, inéd.; Boissier et Reuter, Pug., p. 72. — Plante plus petite, glabre, un peu charnue; tige moins anguleuse; capitules petits. ① Oran, la Grande Falaise.

J. BLEPHARODON Boiss. et Reut., loc. cit. — Plante hispide, plus grande que les précédentes; capitules plus gros; péricline à écailles fortement dentées, lancéolées, égalant ou dépassant les corolles et surtout dents du calice pectinées-ciliées. Mostaganem (herb. Pomel). Maroc, Espagne.

J. cornuta Ball. Maroc.

b. *Montanæ.* — Plantes bisannuelles ou vivaces, à tiges longuement nues dans le haut, striées, dressées, peu rameuses, hautes de 2-4 décim.; feuilles linéaires-lancéolées ou oblongues, dentées ou ondulées, les inférieures atténuées en pétiole; involucre à 15-25 écailles.

J. montana L.; Desf., fl. atl.; fig. Reich. 217-I. — Feuilles linéaires, ondulées, ordinairement hispides, rarement glabres; tiges élancées, peu rameuses, nues dans leurs deux tiers supérieurs; capitules médiocres (15-20 millim.); folioles de l'involucre subentières, ovoïdes, ondulées sur les bords; calice glabre à dents égalant une fois et 1/2 le tube. ② Europe.

J. echinata Boissier et Reuter, Pug., p. 73; *J. stricta* Pomel. — Feuilles plus larges, oblongues ou lancéolées, dentées ou ondulées; tiges souvent feuillées jusqu'au milieu; capitules souvent plus gros; folioles de l'involucre fortement dentées; dents du calice subulées-épineuses égalant 2 fois le tube et plus, à la fin étalées. ② ♃ C. C. Montagnes : Blida, Teniet, etc.

c. *perennes.* — Souches vivaces à rejets nombreux, les uns stériles, les autres florifères, tous très feuillés, à feuilles petites, obtuses, glabres, serrées et imbriquées sur les jeunes rejets.

J. sessiliflora Boiss. et Reut.; *J. cespitans* Pomel; *J. perennis* var. *intermedia* Cosson, not. crit., p. 121; Lx, cat. Kab. — Plante cespiteuse, à tiges étalées ou ascendantes, flexueuses, feuillées très haut, pubescentes, simples, monocéphales; involucre à folioles ovoïdes, pubescentes, entières ou à peine dentées; fleurs sessiles ou subsessiles; calice à divisions laineuses, linéaires, brusquement aiguës, égalant le tube ou plus courtes. ♃ Juillet-août. Hautes montagnes : Djurdjura, Dréat, Dira, Djebel-Amour, etc. Maroc, Espagne.

J. megalocalyx Pomel. — Tiges longuement nues au sommet, peu ou pas pubescentes; involucre très court; calice très développé, à dents lancéolées-aiguës égalant le tube et dépassant l'involucre. Asfour sur Garrouban.

J. Bovei Boissier et Reuter, Pug., p. 74. — Calice moins développé que dans le précédent. La Calle.

CAMPANULA L. (Campanule).

Fleurs pentamères; corolle généralement campanulée; 5 étamines libres à filets dilatés à la base; style à 3-5 stigmates filiformes.

§ 1. *Podanthum* Boissier. — Stigmate trifide ; corolle divisée presque jusqu'à la base en 5 lobes linéaires étalés en roue.

C. trichocalycina Tenore ; Munb., cat. — Tiges dressées, finement hispides, simples ou peu rameuses, nues au sommet ; feuilles ovoïdes, hispidules, fortement dentées ; fleurs agglomérées au sommet des tiges en grappe simple ou subcomposée ; pédicelles et bractées filiformes ; calice glabre à tube égalant à la fin le pédicelle, à dents brusquement sétacées dès la base ; capsule obovée, pendante, s'ouvrant par des valvules basilaires. ♃ Juillet. Babors, Italie, Orient.

§ 2. *Medium* DC. — Sinus du calice portant un appendice réfléchi sur le tube ; capsule s'ouvrant par des valvules basilaires.

a. Plantes rupestres à souche épaisse et vivace, fleurs en corymbes terminaux pauciflores.

1. Tiges florifères naissant à l'aisselle des feuilles d'une rosette radicale.

C. filicaulis DR. ; Munb., cat. ; fig. Atl. expl. sc. pl. 62-3. — Plante brièvement hispide ; feuilles entières, oblongues, celles de la rosette plus grandes, très atténuées à la base ; tiges flexueuses (1-3 décim.), anguleuses, assez fermes, rameuses au sommet ; fleurs paniculées 1-3 au sommet des rameaux ; pédoncules égalant ou dépassant le calice ; calice obconique à lobes linéaires-aigus très étalés, ciliés, élargis à la base ; lobes des sinus triangulaires, bien plus courts que le tube du calice, non recourbés en crochet ; corolle de 15-20 millim., fendue jusqu'au milieu en 5 lobes oblongs-lancéolés, étalés ; capsule à la fin penchée. ♃ Juin-août. Constantine, Tiaret, Frendah.

C. Reboudiana Pomel ; *C. filicaulis* var. Choulette, exsicc. nº 450. — Plante glabre ou glabrescente ; fleurs plus petites que dans l'espèce précédente ; lobe des sinus égalant l'ovaire ; celui-ci large et court ; corolle hispidule ou glabre ; feuilles un peu ondulées ; plante grêle. ♃ Djelfa, redoute Lappasset, Daya, Djebel-Amour (Clary).

C. numidica Durieu ; Munb., cat. ; fig. loc. cit. pl. 62-2. — Plante mollement velue à poils blancs, étalés, très denses sur la tige, l'inflorescence et les calices ; feuilles oblongues entières ou dentées, celles de la rosette plus grandes et nettement atténuées en pétiole, les caulinaires petites ; tiges très nombreuses, grêles ; calice dressé à lobes aigus dépassant le tube de la corolle ; appendice des sinus plus long que le tube du calice et recourbés en crochet ; fleurs de 20 mill., penchées à la floraison, puis redressées ; corolle bleue à lobes lancéolés-aigus ; capsule large et courte. ♃ Mai-Juillet. Constantine. A. C.

C. mollis L.; Munb., cat.; Lx, cat. Kab.; *C. velutina* Desf., fl. atl. tab. 51. — Plante très multicaule, mollement veloutée, à feuilles obovées, de dimensions variables; calice à lobes dressés, triangulaires-aigus, atteignant le 1/3 ou le milieu de la corolle; lobes des sinus recourbés en crochet et égalant le tube du calice ou plus courts; corolle bleue ou bleuâtre, longue de 2-3 cent., fendue jusqu'au 1/3 environ en lobes arrondis, peu étalés. ♃ Mai-juillet. Santa-Cruz, Terni, Tlemcen, Djurdjura (Lx). Espagne, Crète.

β *microphylla* DC. — Feuilles et fleurs plus petites. Tlemcen.

C. maroccana Ball. Maroc.

2. Tiges naissant directement des divisions de la souche.

C. velata Pomel. — Plante velue-soyeuse, à très petites feuilles, à corolles pâles, petites (1 cent.); appendices des sinus presque nuls, non crochus. ♃ Juin. Oued-Zaouïa, près Garrouban.

C. serpylliformis Batt, et Trab., Atl. fl. d'Alger., pl. 6. — Tiges flexueuses, grêles, diffuses, très rameuses, en touffes denses, partant d'un grosse souche ligneuse; feuilles subsessiles, elliptiques, très petites (4-8 millim. sur 3-6); fleurs de 1 cent.; appendices des sinus très développés, recourbés en crochet; corolle très pâle, hispidule, d'un tiers plus longue que le calice. Plante hispidule, à poils raides, ni soyeuse ni veloutée. ♃ Djebel-Antar. Juin-juillet.

C. atlantica Coss. et DR. inéd.; *C. Afganica* Pomel (1). — Tiges dressées, fermes, rigides, simples; feuilles oblongues, sinuées; lobes du calice dépassant les sinus de la corolle; fleurs de 1 cent. environ, dressées. Plante hispide. ♃ Juin-juillet. Bou-Thaleb, Djebel-Afgan, Batna, Aurès.

b. Plantes annuelles.

C. dichotoma L.; Desf., fl. atl.; Munb., cat.; Lx, cat. Kab.; Ball, spic.; *C. afra.* Cavanilles; *C. brachiata* Salzm. — Plante mollement hispide; tiges dressée, rameuse, à rameaux flexueux, grêles, étalés, subdichotomes; feuilles grandes, ovoïdes ou oblongues, molles, les inférieures seules pétiolées; grandes fleurs bleues de 20-25 millim., sur des pédoncules plus longs que les bractées, penchées à la fin; calice ample à lobes triangulaires-aigus atteignant les sinus de la corolle;

(1) D'après les règles de priorité que nous nous sommes imposées, nous aurions dû prendre le nom de M. Pomel, mais ce nom aurait l'inconvénient de faire croire à une espèce de l'*Afghanistan*.

appendices plus longs que le tube du calice, recourbés; corolle à lobes ovoïdes-aigus. ① Avril-juillet. C. C. C. Tout le Tell. Espagne, Italie, Orient.

C. KREMERI Boiss. et Reut., Pug., p. 75; Munb., cat.; Ball, spic. — Fleurs deux fois plus petites à corolle ne dépassant pas le calice. ① Littoral: d'Oran à Nemours et au Maroc. R. R. Type bien tranché; a été signalé à tort en Kabylie par confusion avec des formes appauvries du *C. dichotoma.*

§ 3. *Eucodon.* — Sinus du calice non appendiculés; capsule toujours triloculaire.

a. Capsule penchée à dehiscence basilaire.

1. Divisions du calice ovales ou lancéolées, assez larges.

C. Erinus L.; Desf., fl. atl.; Munb., cat.; Lx, cat. Kab.; Ball, spic.; fig. Reich. 246-I. — Plante hispide, dressée, rameuse, dichotome; feuilles ovales ou oblongues, dentées, brièvement pétiolées; fleurs solitaires, pendantes, subsessiles dans les dichotomies ou terminales; calice à la fin étalé, 5-partit, à lobes ovales; corolle petite (5-6 millim.) blanchâtre, peu apparente, étroitement campanulée-tubuleuse. ① C. C. C. Haies-murs, etc., etc. Mars-mai. Rég. médit.

C. Trachelium L.; Munb., cat.; Lx, cat. Kab. — Souche vivace; tige dressée, ferme (5-10 décim.), simple ou peu rameuse; feuilles inférieures longuement pétiolées à limbe cordiforme à la base, triangulaire, très grand, doublement et irrégulièrement denté, mou, plus ou moins hispide; feuilles caulinaires, ovées ou lancéolées, à pétioles de plus en plus courts; fleurs de 3 à 4 cent., réunies 1-3 sur des pédoncules axillaires formant une grappe terminale; calice à lobes dressés, glabrescent, hispide ou fortement hérissé; corolle campanulée, ciliée, divisée jusqu'au tiers en lobes lancéolés-aigus; style inclus. ♃ Mai-juillet. Guerrouch, Goubia! Europe. Rég. médit.

β *mauritanica*; *C. trachelioides* Munby, Bull. soc. bot., vol. II, p. 285, non Bieb.; *C. mauritanica* Pomel. — Fleurs ordinairement plus petites; stigmates exsertes. ♃ C. C. Réghaïa, Mustapha, Birmandreis, Boufarik, Blida, Miliana, Guerrouch, etc., etc.

2. Divisions du calice linéaires-subulées.

C. macrorhiza J. Gay; fig. Reich. 243-II; *C. rotundifolia* Cosson, voyages; Munb., cat., non L.; *C. jurjurensis* Pomel. — Plante rupestre ordinairement glabre, à souche épaisse, stolonifère; tiges grêles, ascendantes; feuilles radicales pétiolées, à limbe petit (1 cent.), crénelées, orbiculaires, pétiolées; feuilles caulinaires rarement semblables, plus souvent lancéolées-dentées; fleurs bleues de 15-20 millim.; calice à lobes étalés; corolle largement campanulée, à lobes courts; style inclus ou saillant; capsule de 8 millim., brusquement pendante, à côtes très marquées, à disque large et saillant. ♃ Août. Djurdjura et Aurès, sur les plus hauts sommets. Nice, Piémont, Corse, Ligurie.

b. Capsule toujours dressée, s'ouvrant par des pores, vers le sommet et non au milieu.

1. Plantes élancées en longues panicules racémiformes.

C. **Rapunculus** L.; Desf., fl. atl.; Munb., cat.; Lx, cat. Kab.; Ball, spic.; fig. Reich. 252-II. — Racine blanche, charnue, fusiforme; plante glabrescente ou plus ou moins pubescente, ou rude; tiges anguleuses, fermes, dressées (4-10 décim.), à rameaux courts et dressés; feuilles oblongues ou lancéolées, entières, subcrénelées ou ondulées, les inférieures pétiolées, à limbe décurrent sur le pétiole, les supérieures sessiles et embrassantes; fleurs bleues, à pédoncules courts, les latéraux bibractéolés à la base; calice à lobes subulés; corolle campanulée, assez grande, à lobes lancéolés-aigus; capsule obconique à 3 sillons profonds; graines jaunâtres. ② Avril-juin. C. C. C. Tout le Tell. Rég. médit.

β *strigulosa* Link et Hoff. — Calice couvert de gros poils cristallins, courts. Avec l'espèce.

C. **alata** Desf., fl. atl., tab. 50; Lx, cat. Kab.; *C. alata* et *C. peregrina* Munb., cat. (1). — Tige puissante, fistuleuse, simple ou peu rameuse (5-12 décim.); feuilles très-grandes, molles, oblongues, obtuses, crénelées à gros crénaux denticulés, les inférieures longues de 10-20 cent. sur 4-5, atténuées en pétiole, les caulinaires sessiles, décurrentes sur la tige; fleurs glomérulées, en grappe allongée, subsessiles; calice à lobes larges, acuminés; corolle large de 4-5 cent., presque rotacée, divisée jusques vers le milieu en lobes ovés; graines noires. Lieux humides. Sahel, Mitidja, montagnes. Août-septembre.

C. **Lœflingii** Brot. Maroc.

2. Petite plante annuelle de 3 à 8 cent., dichotome formant un corymbe serré de fleurs terminales et sessiles dans les dichotomies; intermédiaire entre les *Campanula* et les *Specularia*.

---

(1) De Candolle, dans le Prodrome, signale en Algérie le *C. peregrina* L. à feuilles non décurrentes, ce qui arrive quelquefois en effet sur la plante de Desfontaines, laquelle est souvent hispide et même hérissée. De plus sa capsule s'ouvre au sommet et non à la base, comme l'a dit Desfontaines; mais nous n'avons dans ce groupe qu'un seul type.

C. fastigiata Léon Dufour ; Munb., cat. — Feuilles brillantes, papilleuses, les inférieures obovées, les autres oblongues ou lancéolées, crénelées ; calice à tube allongé à maturité, à dents lancéolées-linéaires, obtuses, dépassant la corolle. ① Perrégaux, Djelfa, Espagne.

SPECULARIA Heist.

Capsule allongée, linéaire, prismatique, s'ouvrant par des pores placés vers le sommet ; calice à 5 lobes linéaires ou lancéolés ; corolle rotacée à lobes courts. — Plantes annuelles à fleurs bleues ou purpurines, en panicules terminales feuillées. Ce genre ne diffère de *Campanula* que par sa capsule linéaire plus allongée.

S. falcata DC. ; Munb., cat. ; Lx, cat. Kab. ; Ball, spic. ; *Campanula Speculum* Desf., fl. atl. ? ; fig. Reich. 255-I. — Tige de 2-5 décim., dressée, simple ou peu rameuse ; feuilles oblongues ou lancéolées, les inférieures courtement pétiolées, les supérieures embrassantes ; fleurs sessiles 1-3 à l'aisselle des feuilles, en long épi très lâche ; calice à lobes linéaires, souvent courbés en faulx, égalant l'ovaire et dépassant la corolle. ① C. C. C. Avril-juin. Rég. médit.

S. Speculum DC. ; Munb., cat. — Plante de 1-3 décim., très rameuse ; corolle égalant les lobes du calice ; celui-ci de même longueur que le tube. Algérie ? Je ne l'y ai vu qu'adventif. Europe.

S. hybrida DC. ; Munb., cat. ; Lx, cat. Kab. ; *Campanula hybrida* Desf., fl. atl. ; fig. Reich. 255-IV. — Plante de 1-3 déc., pubescente à feuilles ondulées ; fleurs en petits corymbes terminaux, peu nombreuses ; calice à lobes lancéolés, bien plus courts que le tube ; corolle très petite. ① Mai-juin. Montagnes. A. C. Europe moyenne, Rég. médit., Orient.

NOTA. — Le *Specularia perfoliata* L. (sub *Campanula*) et le *Roella ciliata* L., Campanulacées exotiques, sont indiquées en Algérie, dans le *Flora Atlantica*, probablement par erreur.

VACCINIÉES DC.

VACCINIUM L.

V. Myrtillus L. *Airelle.* — Cette plante a été indiquée par Desfontaines dans les montagnes de Blida, où on ne l'a jamais retrouvée ; et il y a peu d'apparence qu'elle y existât réellement à cette époque.

OUVRAGES DES MÊMES AUTEURS

Flore d'Alger et Catalogue des plantes d'Algérie, ou énumération systématique de toutes les plantes signalées jusqu'à ce jour comme spontanées en Algérie, avec description des espèces qui se trouvent dans la région d'Alger. — *Monocotylédones*. — 1 vol. in-8°. . . . . **3** fr. »

Atlas de la Flore d'Alger. — Monographie avec diagnoses d'espèces nouvelles, inédites ou critiques, de la flore atlantique. — *Phanérogames* et *Cryptogames acrogènes*. Une feuille de texte et 11 planches. — 1er fascicule in-8° . . . . **4** fr. »

Flore de l'Algérie, *ancienne flore d'Alger transformée*, contenant la description de toutes les plantes signalées jusqu'à ce jour comme spontanées en Algérie. — Dicotylédones. — In-8° grand raisin.

1er fascicule. — *Thalamiflores*. . . . . **4** fr. »

2e — *Caliciflores polypétales*. . . . . **4** fr. »

3e — *Caliciflores gamopétales* . . . . **4** fr. »

4e — sous presse.

Notes critiques sur quelques espèces méditerranéennes, par Battandier, avec 1 planche. . . **1** fr. **50**

ALGÉRIE. — **Plantes médicales, essences et parfums.** — In-8° grand raisin . . . . **1** fr. **50**

Étude sur l'Halfa *(Stipa tenacissima)*, par M. L. Trabut, professeur à l'École de médecine d'Alger (mémoire ayant obtenu le premier prix au concours ouvert par le gouvernement général de l'Algérie, 1888). — 1 vol. grand in-8° avec 22 planches. **4** fr. »

Carte de l'Halfa et du Chêne-liège, par L. Trabut **4** fr. »

D'Oran à Méchéria, par L. Trabut, 1887. . . . . **1** fr. **50**

Les Zônes botaniques de l'Algérie, par L. Trabut, 1888. . . . . **1** fr. **50**

EN PRÉPARATION

Catalogue des plantes d'Algérie, *Phanérogames et Cryptogames*.

Alger. — Typographie Adolphe Jourdan.

FLORE DE L'ALGÉRIE

ANCIENNE FLORE D'ALGER TRANSFORMÉE

CONTENANT

LA DESCRIPTION DE TOUTES LES PLANTES
SIGNALÉES JUSQU'A CE JOUR COMME SPONTANÉES
EN ALGÉRIE

PAR

BATTANDIER ET TRABUT

Professeurs à l'École de Médecine et de Pharmacie d'Alger

OUVRAGE HONORÉ D'UNE SUBVENTION DE L'ASSOCIATION FRANÇAISE
pour
L'AVANCEMENT DES SCIENCES

DICOTYLÉDONES

PAR

J.-A. BATTANDIER

4e FASCICULE

COROLLIFLORES ET APÉTALES

ALGER
TYPOGRAPHIE ADOLPHE JOURDAN
IMPRIMEUR-LIBRAIRE-ÉDITEUR

PARIS, LIBRAIRIE F. SAVY
77, Boulevard Saint-Germain, 77

1890

COROLLIFLORES.

Clef des familles :

1	Fleurs diplostémones; étamines entièrement libres; arbustes à corolle urcéolée.	Éricacées.
	Étamines en même nombre que les lobes de la corolle ou en nombre moindre, généralement insérées sur la corolle.	2
2	Étamines en nombre moindre que les lobes de la corolle ou que les dents du calice.	3
	Autant d'étamines que de lobes à la corolle ou de dents au calice.	8
3	Corolle régulière ; feuilles généralement opposées ; 2 étamines	Jasminées.
	Corolle irrégulière.	4
4	4 carpelles uniovulés; style gynobasique.	Labiées.
	Style terminal.	5
5	4 carpelles uni ou biovulés, plus ou moins cohérents en un fruit sec ou charnu.	Verbénacées.
	1 seul carpelle uniovulé ; fleurs ligulées en capitule dense, involucré.	Globulariacées
	Ovaire capsulaire, bicarpellaire, polysperme. . . .	6
6	Placentation centrale; 2 étamines; plantes aquatiques	Lentibulariacées.
	Placentation pariétale ; plantes parasites sans chlorophylle	Orobanchacées.
	Placentation septale ; plantes à chlorophylle. . . .	7
7	Ovules assis sur un prolongement du placenta; graines sans albumen.	Acanthacées.
	Ovules insérés sur les placentas; graines albuminées.	Scrophulariées et genre *Celsia* des Verbascées.
8	Ovaire formé, sauf avortement, de 4 achaines distincts, ou plus rarement cohérents 2 à 2 ; style généralement gynobasique; inflorescence scorpioïde	Boraginées.
	1 ou plusieurs styles terminaux.	9

9	Étamines opposées aux divisions de la corolle; ovaire uniloculaire à placentation centrale. . . .	10
	Étamines alternant avec les divisions de la corolle; 1 seul style.	11
10	Ovaire uniovulé; 5 styles libres ou cohérents. . .	PLOMBAGINÉES.
	Ovaire pluriovulé; 1 seul style.	PRIMULACÉES.
11	Fleurs petites, tétramères, en épis denses; corolle scarieuse; ovaire pyxidaire.	PLANTAGINÉES.
	Inflorescences variées; fleurs pentamères.	12
12	Ovaires folliculaires; feuilles opposées ou verticillées.	13
	Ovaire capsulaire.	14
13	Pollen de chaque loge réuni en une seule masse ou pollinie.	ASCLÉPIADÉES.
	Pollen non aggloméré en pollinies.	APOCYNÉES.
14	Feuilles généralement opposées; placentation pariétale.	GENTIANÉES.
	Feuilles alternes; placentation septale.	15
15	Ovaire à 2-4 loges uni ou biovulées.	CONVOLVULACÉES
	Ovaire à 2 loges multiovulées.	16
16	Embryon courbe; étamines généralement égales. .	SOLANÉES.
	Embryon droit; corolle rotacée, pentamère, un peu irrégulière; 4 ou 5 étamines inégales.	VERBASCÉES.

ÉRICACÉES Desv.

Fleurs régulières, tétramères ou pentamères, diplostémones; corolle hypogyne, urcéolée; étamines libres, insérées sur le disque, non adhérentes à la corolle; anthères biloculaires, s'ouvrant par des pores apicaux; ovaire libre, à 4-5 carpelles multiovulés; graines pendantes, à testa scrobiculé; embryon droit dans un albumen charnu; radicule voisine du hile. Arbrisseaux à feuilles entières, persistantes, sans stipules. (Fig. Reich., vol. XVII).

ARBUTUS L.

Fleurs pentamères; anthères portant sur le dos deux appendices filiformes réfléchis; fruit baccien; corolle caduque; calice très court.

A. Unedo L.; Desf., fl. atl.; Munb., cat.; Lx, cat. Kab.; Ball, spic.; Reich. 116-I-II. *Arbousier*. — Arbuste ou petit arbre à feuilles coriaces, courtement pétiolées, lancéolées (8-10 cent. sur 3-4), dentées en scie, luisantes en dessus; fleurs blanches en grappes pendantes, terminales; gros fruits globuleux, rouges, muriculés comme des fraises, comestibles. C. C. Broussailles du Tell. Rég. médit.

CALLUNA Salisbury (Bruyère).

Diffère d'*Erica* par la capsule septicide et par le calice plus long que la corolle.

C. vulgaris Salisb.; Ball, spic. Maroc.

ERICA L. (Bruyère).

Fleurs tétramères; corolle bien plus longue que le calice; capsule à 4 loges, à déhiscence loculicide. Arbrisseaux ou arbustes à feuilles très petites, très serrées, plus ou moins enroulées en dessous, linéaires, très brièvement pétiolées, très caduques par dessication.

E. multiflora L.; Munb., cat.; Lx, cat. Kab.; Ball, spic.; Reich. 114-II; *E. vagans* Desf., fl. atl., non L. — Arbrisseau rameux à rameaux dressés; feuilles luisantes, linéaires-obtuses (6-10 millim. sur 1), canaliculées en dessous; fleurs roses longuement pédicellées en grappes compactes et courtes au sommet des rameaux; corolles oblongues de 4-6 millim.; étamines saillantes, non appendiculées. ♄ Septembre-décembre. Collines du Sahel, broussailles. Rég. médit.

E. arborea L.; Desf., fl. atl.; Munb., cat.; Lx, cat. Kab.; Ball, spic.; Reich. 113-I. — Arbuste à tronc parfois très gros (1 à 6 mètres de hauteur); tiges rameuses, pyramidales; rameaux pubescents; feuilles étroitement linéaires; fleurs blanches ou rosées (3-4 millim.), non contractées à la gorge, brièvement pédicellées, en ample panicule pyramidale au sommet des tiges; étamines incluses, à anthères appendiculées; appendices larges, plats, denticulés. ♄ C. C. C. Broussailles. Mars-avril. Rég. médit.

E. scoparia L.; Munb., cat.; Lx, cat. Kab.; Ball, spic.; Reich. 113-III. — Tiges de 4-15 décim., rameuses; rameaux grêles, dressés, glabres; feuilles étroitement linéaires; fleurs petites, subsessiles, verdâtres, en grappes feuillées jusqu'au sommet; anthères mutiques. ♄ De Bougie à Bône, Djurdjura oriental, Babors. Rég. médit. occid.

JASMINÉES Jussieu.

Fleurs régulières, pentamères ou tétramères, à 2 étamines adnées au tube de la corolle; fruit biloculaire; graine albuminée, à radicule supère. Arbres ou arbrisseaux à feuilles généralement opposées. (Fig. Reich., vol. XVII).

Sous-famille I. — EUJASMINÉES.

Corolle à préfloraison imbriquée; anthères basifixes; albumen peu apparent à maturité.

JASMINUM L. (Jasmin).

Feuilles simples ou plus souvent composées; calice campanulé à 5-8 dents subulées; corolle 5-8 fide, rotacée, à tube allongé; baie globuleuse, généralement monosperme.

J. fruticans L.; Desf., fl. atl.; Munb., cat.; Lx, cat. Kab.; Ball, spic.; Reich. 36. — Arbrisseau glabre, sarmenteux, non volubile, à rameaux verts, dressés, anguleux, allongés; feuilles alternes, simples et trifoliolées, à folioles oblongues, obtuses; fleurs jaunes, médiocres, odorantes, 1-4 en cyme au bout de ramuscules; calice à dents de longueur variable, toujours bien plus court que le tube de la corolle; fruit noir, gros comme un pois. ♄ C. C. Broussailles. Avril-juin. Rég. médit., Orient.

Nota. — On cultive beaucoup dans les jardins les *J. grandiflorum* L., *Officinale* L., *Sambac* L. (d'après Desf.), etc.

Sous-famille II. — OLÉINÉES Link.

Fleurs tétramères; corolle à préfloraison valvaire; anthères dorsifixes; ovules pendants; albumen bien apparent.

Clef des genres :

1	Fruit samaroïde, indéhiscent, monosperme. . . .	FRAXINUS.
	Fruit baccien; feuilles simples, persistantes. . .	2
2	Étamines exsertes; corolle à tube très court. . . .	3
	Étamines incluses; corolle à tube assez long. . .	LIGUSTRUM.
3	Baies olivaires assez grosses, à noyau osseux. .	OLEA.
	Petites baies bleuâtres, globuleuses, à noyau fragile	PHYLLIREA.

OLEA L. (Olivier).

O. europæa L.; Desf., fl. atl.; Munb., cat.; Lx, cat. Kab.; Ball, spic.; *Olea Oleaster* DC.; Reich. 33-III. — Grand arbre ou arbuste dans les broussailles; feuilles simples opposées, oblongues ou lancéolées; rameaux florifères souvent pendants; fleurs d'un blanc jaunâtre en grappes axillaires. ♄ C. C. C. Rég. médit., Orient.

β *buxifolia* Aït. — Arbrisseau divariqué à feuilles courtes, suborbiculaires, un peu charnues. Broussailles.

NOTA. — Aucune plante ne peut d'après sa dispersion actuelle être considérée comme indigène en Algérie, à plus juste titre que l'*Olivier*, qui constitue notre essence forestière la plus généralement répandue, en dehors de toute action de l'homme.

PHILLYREA Tournefort.

Arbustes très semblables à l'*Olivier*, à rameaux dressés, à feuilles simples, brièvement pétiolées, entières ou dentées, coriaces; fleurs d'un blanc jaunâtre, en petites grappes axillaires subglobuleuses. Groupe méditerranéen de petites espèces affines. Reich. 34-35.

Ph. angustifolia L.; Desf., fl. atl.; Munb., cat.; Lx, cat. Kab.; Ball, spic. — Feuilles linéaires-lancéolées très entières; drupe apiculé. ♄ Mars-mai. R. R., 3 prov.

Ph. media L.; Desf., fl. atl.; Munb., cat.; Lx, cat. Kab.; Ball, spic. — Feuilles lancéolées ou ovées-lancéolées, entières ou dentées; drupe apiculé. ♄ C. C. C.

Ph. latifolia L.; Desf., fl. atl.; Munb., cat.; Lx, cat. Kab.; Ball, spic. — Feuilles dimorphes, celles des premières pousses très larges, dentées-épineuses, celles des rameaux supérieurs subentières, plus étroites; drupe ombiliqué. ♄ C. C. C.

LIGUSTRUM Tournefort (Troêne).

L. vulgare L. — Signalé par Desfontaines, ne paraît pas avoir été retrouvé. On cultive beaucoup le *L. japonicum*.

FRAXINUS Tournefort (Frêne).

Fleurs hermaphrodites, polygames ou dioïques; corolle nulle ou à 4 lobes linéaires; ovaire biloculaire, à loges biovulées; fruit lancéolé, ailé au sommet, monosperme par avortement. Arbres à feuilles caduques, composées-pennées, à folioles dentées.

a. *Fraxinaster.* — Fleurs apétales, polygames ou dioïques, en panicules latérales.

F. excelsior L.; Desf., fl. atl.; Munb., cat. — Grand arbre à folioles lancéolées ou ovées lancéolées, un peu pubescentes sous la nervure dorsale, à dents peu profondes, à rachis non canaliculé ; bourgeons gros et noirs ; samares obtuses dans le bas, émarginées dans le haut. ♄ Cultivé. Europe, Orient.

F. OXYPHYLLA Marsh. Bieb ; Munb., cat.; Ball, spic.; *F. australis* Lx, cat. Kab., an Gay ? — Folioles plus ou moins étroites, fortement dentées, très glabres en dessous comme en dessus, souvent ponctuées de noir en dessous ; pétiole canaliculé ; bourgeons d'un brun clair, plus petits ; samares très atténuées à la base et parfois au sommet ; non émarginées, généralement longues, à graine bien plus longue que l'aile. ♄ C. C. C. Toute l'Algérie. Rég. médit., Orient.

NOTA. — *Fraxinus rostrata* Gussone en est une forme à samares aiguës au sommet, souvent mucronées par le style.

b. *Ornus.* — Fleurs à longs pétales blancs, linéaires.

F. Ornus L. — Frêne à la manne. Cultivé dans les pépinières.

c. *Sciadanthus.* — Fleurs généralement hermaphrodites, en ombelles sessiles.

F. dimorpha Cosson et Durieu, Bull. soc. bot., vol. II, p. 367; Munb., cat. — Arbre ou arbuste ; premiers rameaux des jeunes pieds à folioles minuscules, souvent suborbiculaires, crénelées-dentées ; feuilles des rameaux supérieurs à 3-5 paires de folioles bien plus grandes (2-3 cent.), oblongues-lancéolées, aiguës, dentées ; fleurs brièvement pédicellées ; calice persistant, très petit ; samares assez variables, généralement atténuées à la base. ♄ Aurès, Djebel-M'zi, Toudja (Djurdjura) Lx. Maroc.

APOCYNÉES Rob. Brown.

Corolle régulière à préfloraison tordue, isostémone ; étamines adnées au tube de la corolle ; pollen granuleux ; 2 carpelles distincts ou cohérents ; style unique ; graine albuminée ; feuilles opposées ou verticillées sans stipules (Reich, vol. XVII).

NERIUM L. (Laurier-Rose).

Calice 5-partit ; corolle en coupe à 5 lobes obliques, à gorge munie de 5 écailles incluses ; anthères soudées au stigmate indivis ; follicules allongés unis en une pseudo-gousse cylindrique ; graines poilues portant une aigrette près de l'ombilic.

N. Oleander L. ; Desf., fl. atl. ; Munb., cat. ; Lx, cat. Kab. ; Ball, spic. ; Reich. 23. — Arbuste de 1-5 mètres, glabre, à tiges dressées ; feuilles opposées ou ternées ; brièvement pétiolées, longuement lancéolées, épaisses, coriaces ; fleurs roses, grandes, en corymbes terminaux. ♄ C. C. C. Lieux humides, lit et bord des ruisseaux. Rég. médit.

VINCA L. (Pervenche)

Calice 5-fide ; corolle à 5 lobes obliques, étalés en roue, à gorge nue, munie de 5 plis correspondant au milieu des lobes ; étamines incluses ; filets velus, genouillés à la base ; anthères surmontées par le connectif élargi ; style indivis, renflé en anneau stigmatifère surmonté d'un appendice poilu en forme de champignon ; fruit linéaire à deux follicules ; graines tuberculeuses sans aigrette. Plantes sarmenteuses à feuilles opposées brièvement pétiolées, à pétioles biglanduleux vers la base du limbe.

V. media Link et Hoffm. ; Munb. cat. ; Ball, spic. ; Reich. 22-II. — Feuilles ovales-aiguës ou lancéolées, jamais cordiformes, glabres ; calice plus court que le tube de la corolle ; grandes fleurs d'un bleu pâle. ♃ C. C. C. Février-mai. Rég. médit.

On en trouve une variété à fleurs très bleues, à feuilles et à lobes corollins plus étroits, dans la région des Babors à Guerrouch.

V. major L. ; Desf., fl. atl. ? — Feuilles cordiformes à la base, à bords pubescents et ciliés ; calice égalant à peu près le tube de la corolle ; fleurs grandes bleues. ♃ Cult. et subsp. Rég. médit. Je l'ai trouvé dans la broussaille, loin des jardins à Boufarick.

ASCLEPIADÉES Rob. Br.

Fleurs régulières ; calice 5-partit ; corolle à 5 lobes, à préfloraison valvaire ; 5 étamines insérées à la base de la corolle, alternipétales ; filets ordinairement soudés en tube et adhérents à des appendices corollins de forme variée *(couronne staminale)* ; anthères soudées et appliquées sur le stigmate, très souvent surmontées par le connectif dilaté, à 2-4 loges ; pollen réuni en massules ou pollinies, une par loge ; ovaire formé par 2 follicules souvent libres ou un seul par avortement ; graines chevelues d'ordinaire à longue aigrette soyeuse. Plantes à suc laiteux et à feuilles généralement opposées.

Clef des genres :

1	Plantes cactoïdes, à tige carrée.	2
	Plantes non cactoïdes.	3
2	Couronne staminale à 5 dents.	APTERANTHES.
	Couronne staminale à 15 dents.	BOUCEROSIA.
3	Plantes volubiles, à feuilles cordiformes.	4
	Plantes non volubiles.	5
4	Plantes glabrescentes; fleurs blanches (Tell). . . .	CYNANCHUM.
	Plantes tomenteuses ; fleurs brunes (Sahara). . . .	DÆMIA.
5	Herbe vivace à petites fleurs jaunâtres en panicules axillaires et terminales.	VINCETOXICUM.
	Arbustes ou arbrisseaux.	6
6	Follicule à péricarpe vésiculeux couvert de longues épines molles; feuilles lancéolées-aiguës. . . .	GOMPHOCARPUS.
	Follicules lisses, divariqués : arbrisseau à petites feuilles lancéolées-obtuses ou oblongues, subsessiles.	PERIPLOCA.
	Arbuste puissant à larges feuilles (Oasis de l'extrême Sud).	CALOTROPIS.

Tribu I. — PÉRIPLOCÉES.

Filets libres, au moins dans le haut ; anthères barbues sur le dos ; 10-20 pollinies libres, appliquées individuellement sur le stigmate ; grains de pollen réunis par phalanges de 4 dans la pollinie.

PERIPLOCA L.

Corolle rotacée à 5 appendices alternipétales obcordés et aristés ; follicules glabres divariqués, cylindriques.

P. lævigata Aïton ; Munb., cat. ; *P. angustifolia* Labill. ; Desf., fl. atl. — Fleurs purpurines, bordées de jaune, en cymes axillaires pauciflores plus courtes que la feuille. ♄ Tout le Sud. A. R. Littoral oranais : Oued Madagh, Nemours. Tunisie, Maroc, Espagne, Sicile, Orient.

Tribu II. — EUASCLÉPIADÉES.

Filets cohérents ; anthères biloculaires ; 10 pollinies fixées par paires aux cornes du stigmate.

VINCETOXICUM Mœnch.

Corolle rotacée à 5 lobes aigus; couronne staminale d'une seule pièce, scutelliforme, charnue, à 5-10 lobes; anthères surmontées d'un appendice membraneux; masses polliniques renflées, pendantes et fixées au-dessous du sommet, follicules étalés.

V. officinale Mœnch; Munb., cat.; Lx, cat. Kab.; Reich. 26; *Asclepias Vincetoxicum* L. — Racine rampante, fibreuse; tiges de 3-8 décim., dressées, simples ou peu rameuses, feuillées; feuilles brièvement pétiolées, luisantes, ovoïdes-aiguës, cordiformes ou lancéolées, acuminées, finement pubescentes sous les nervures et aux bords; fleurs blanches, à couronne jaunâtre 5 lobée, à lobes obtus, petites, en panicules axillaires égalant la feuille ou plus courtes; follicules glabres, lancéolés-acuminés. ♃ Juin-Juillet. Rég. mont. C. C. Djurdjura, Babors, etc., etc. Europe, Orient, etc.

Nota. — *V. contiguum* Grenier et Godron, à lobes de la couronne contigus, mais distincts et non réunis par une membrane pellucide, et *V. laxum* Gren-Godr., à lobes comme dans le type, à feuilles étroites, à tige plus grêle, devront être recherchés dans nos montagnes et étudiés sur le frais.

V. Fradini Pomel. — Tiges très longues, rameuses; feuilles lancéolées; fleurs petites; lobes de la couronne staminale aigus. Djidjelli (v. s.)

CALOTROPIS Rob. Br.

Calice divisé jusqu'à la base; corolle campanulée à tube court, quinquéfide; couronne staminale à 5 pièces carenées, verticales et adnées au tube staminal, gibbeuses à la base; anthères assez longuement membraneuses au sommet; pollinies comprimées; stigmate large, déprimé. Arbustes élevés à écorce subéreuse.

C. procera Willd; Munb., cat. — Feuilles épaisses, pubescentes-blanchâtres, puis glabrescentes, brièvement pétiolées, largement ovoïdes ou oblongues; fleurs grandes, pourprées et tigrées en dedans, en grappes axillaires ombelliformes égalant les feuilles; follicules gros, ovoïdes, obtus. ♄ Extrême Sud : Égypte, Sénégal, Abyssinie, Inde.

DÆMIA Rob. Br.

Corolle en coupe quinquépartite, à tube court et étroit; couronne staminale double, l'extérieure en forme d'anneau court, sinué, 10 lobé; l'intérieure à 5 pièces libres dans le bas, éperonnées, atténuées au sommet en acumen infléchi; pollinies comprimées; stigmate mutique; sous arbrisseaux volubiles dans le haut.

D. cordata Rob. Brown; Munb., cat.; *Pergularia tomentosa* L.; Desf., fl. atl. — Arbuste très tomenteux, à feuilles cordiformes, à rameaux supérieurs volubiles; fleurs longuement pédicellées, en grappes ombelliformes dont le pédoncule dépasse la feuille et s'épaissit à la fin; calice égalant le tube de la corolle; lobes corollins ciliés; follicules ovoïdes brièvement acuminés; graines crénelées au bord inférieur. ♄ Sahara, 3 prov. Avril-Juin. Nord de l'Afrique.

D. Schmidtiana Pomel. — Pédicelles plus courts; calice plus long que le tube de la corolle; lobes corollins non ciliés; graines veloutées, entières au bord inférieur; pièces de la couronne interne éperonnées près du milieu et non au 1/3 inférieur; feuilles plus arrondies, plus veloutées. Biskra (v. s.)

CYNANCHUM L.

Calice 5-partit; corolle rotacée, profondément 5-partite, couronne staminale tubuleuse-campanulée et portant 5 dents sur un seul rang ou bien 10 dents dont 5 internes plus courtes, opposées aux externes; pollinies renflées; stigmate terminé par une pointe bifide; follicules longuement fusiformes, divariqués.

C. acutum L.; Desf., fl. atl.; Munb., cat.; Lx, cat. Kab.; Reich. 29. — Souche ligneuse; tiges longuement volubiles; feuilles cordiformes ou sagittées, pétiolées, glauques, pubescentes puis glabres; fleurs de 6-7 millim. de diam., blanches, odorantes, en ombelles pédonculées, axillaires et terminales; follicules lisses, allongés. ♄ C. C. C. Littoral, lieux humides. Juin-septembre. Rég. médit., Orient.

C. fissum Pomel. — Diffère du type par sa couronne 5-fide et non entière. Chélif sous Miliana. (v. s.)

GOMPHOCARPUS Rob. Br.

Corolle rotacée ou réfléchie, 5-partite; couronne staminale à 5 pièces dressées, cucullées, naviculaires; pollinies aplaties, pendantes; stigmate pentagonal, déprimé; follicule à péricarpe vésiculeux hérissé de longues pointes. Herbes vivaces ou sous-arbrisseaux.

G. fruticosus R. Br.; Munb., cat.; Ball, spic.; *Asclepias fruticosa* L.; Desf., fl. atl.; Reich. 30. — Plante glabrescente, sous-frutescente à la base, très rameuse (1-2 mètres); rameaux dressés, très feuillés; feuilles subsessiles, lancéolées-linéaires; fleurs blanches en ombelles pédonculées axillaires et terminales; couronne saillante. ♃ Constantine, Bône, Djebel-Thaya, etc. R. Espagne, Corse, Sardaigne, Orient.

BOUCEROSIA Wight et Arn.

Corolle charnue, quinquéfide; couronne staminale charnue, courte, à 5 lobes appliqués sur les anthères et 10 autres réunis par paires, alternant avec eux, étalés ou dressés; tube staminal court; pollinies ascendantes; follicules fusiformes, lisses, acuminés; tiges carrées, cactoïdes, à petites feuilles squamiformes sur les angles.

B. Munbyana Decaisne; Munb., cat.; fig. Atl., expl. sc. Alg., pl. 62-1. — Fleurs petites, noirâtres; corolle à lobes linéaires. ♃ Oran, Santa-Cruz.

B. maroccana Hooker fils; *Stapelia quadrangula* Schousboë, Maroc.

APTERANTHES Mikau.

Diffère de *Boucerosia* par sa couronne staminale à 5 dents seulement, appliquées sur les calices; Corolle rotacée à lobes triangulaires panachés circulairement de jaune et de pourpre.

A. Gussoniana Mikau; Munb., cat.; fig. Atl., expl. sc. alg., pl. 62-2. — Tiges maculées de rouge; fleurs larges comme une pièce de 50 cent., ciliées. ♃ Montagnes du Sud : Garrouban, Filhausen, Djebel-Ksel, Djebel-Amour, Mzi, etc. Ile Lampeduse, Espagne.

GENTIANÉES Jussieu.

Corolle régulière, à préfloraison tordue ou induplicative, marcescente; ovaire uniloculaire ou subbiloculaire; ovules nombreux, horizontaux, anatropes, à placentation pariétale; capsule s'ouvrant par décollement des bords carpellaires; graine albuminée; embryon droit. Herbes généralement glabres, à feuilles opposées, non stipulées, rarement alternes, à suc aqueux et amer, à graines petites, non chevelues. (Reich., vol. XVII.)

Clef des genres :

1	Corolle à 6-8 lobes ; tige perfoliée, fleurs jaunes.	CHLORA.
	Corolle à 5 lobes ; étamines à la fin tordues . . .	ERYTRÆA.
	Corolle à 4 lobes, plantes filiformes	2

2	Calice 4-denté ; tiges droites peu rameuses. . . .	MICROCALA.
	Calice 4-fide, à lobes linéaires ; tiges étalées, rameuses	CICENDIA.

ERYTHRÆA Richard

Calice tubuleux à 5 angles saillants et à 5 divisions linéaires; corolle infundibuliforme à tube cylindrique, resserré sous la gorge; anthères à la fin spiralées; style filiforme, caduc; stigmate bifide. Plantes fébrifuges.

a. Fleurs rouges, rarement blanches ou rosées ; style indivis.

E. ramosissima Persoon ; Ball, spic.; Reich. 20-V ; *E. pulchella* Horn. ; *E. latifolia* Smith ; Gren. Godr., fl. Fr. ; Lange et Willk., Prodr. fl. Hisp. — Tige droite ou dichotome-rameuse dès la base, quadrangulaire, à angles ailés ; feuilles oblongues, obovées ou lancéolées, les radicales par paires, rarement en rosette, plus petites que les caulinaires ou tout au plus égales ; inflorescence en cyme dichotome, régulière, très multiflore ; fleurs solitaires dans les dichotomies et au sommet des rameaux, subsessiles ou brièvement pédicellées ; calice égalant presque le tube de la corolle ; limbe corollin étalé n'atteignant pas 10 mill., à lobes étroits, lancéolés-aigus ; capsule égalant le calice. ① Mai-juillet. Lieux frais et humides. Europe, Rég. médit., Orient.

α *latifolia ; E. latifolia* auct. — Feuilles obtuses, les paires inférieures parfois rapprochées en rosette ; tige ferme, ailée, ramifiée dans le haut en cyme fastigiée, très serrée. C. C. C.

β *pulchella; E. pulchella* auct. — Tige grêle, peu ailée, dichotome presque dès la base en cyme très lâche ; feuilles jamais en rosette ; fleurs plus petites, plus nettement pédicellées. R. R.

γ *grandiflora.* — Fleurs 2 fois plus grandes. Tunisie.

E. Centaurium Pers. ; Lx, cat. Kab. ; Ball, spic. ; *Gentiana Centaurium* L. ; Desf., fl. atl.; var. *suffruticosa* Griseb.; *Chironia suffruticosa* Salzm. ; *E. graciliflora* Pomel ; *E. major* Munb., cat. *(Petite centaurée)*. — Tige dressée, peu ailée, peu anguleuse, à angles rapprochés par paires, rameuse au sommet, plus rarement dès la base ; feuilles coriaces, luisantes, oblongues ou lancéolées, les inférieures grandes (5-10 cent.), 5-nerviées, atténuées en pétiole, obtuses, réunies en rosette ; fleurs généralement en cymes ombelliformes, solitaires dans les dichotomies et fasciculées au sommet des rameaux ; calice moitié plus court que la corolle à l'anthèse ; limbe de la corolle de 10-12 millim., à lobes ovoïdes ou largement lancéolés, obtusiuscules ou aigus; capsule dépassant le calice, mais plus courte que dans l'espèce précédente. La plante algérienne est plus grande et plus robuste que les autres variétés, mais jamais elle n'est sous frutescente. ① C. C. C. Broussailles du Tell. Rég. médit.

E. grandiflora Persoon ; *E. major* Boissier. — Fleurs grandes en cyme plus régulièrement dichotome ; calice égalant presque le tube de la corolle. R. R. Tunisie, Espagne, Italie.

E. spicata Pers. ; Munb., cat. ; Lx, cat. Kab.; Ball, spic.; *Gentiana spicata* L.; Desf., fl. atl.; Reich. 20-IV. — Tige dressée, souvent rameuse dès la base, à longs rameaux effilés une ou deux fois dichotomes, arqués-redressés ; feuilles toutes semblables, ovoïdes ou lancéolées, pas de rosettes; fleurs subsessiles dans les dichotomies et le long des rameaux en longs épis peu fournis ; calice égalant le tube de la corolle; celle-ci à limbe de 12 millim., à lobes ovoïdes, acuminés. ① Juin-septembre. Bord des eaux. C. C. C. Rég. médit.

b. Fleurs jaunes; style longuement bifide.

E. maritima Pers ; Munb., cat.; Lx, cat. Kab.; Ball, spic.; Reich. 20-VI; *Gentiana maritima* L.; Desf., fl. atl. — Tiges simples ou peu rameuses, peu feuillées; feuilles ovoïdes ou lancéolées, les inférieures plus petites; cyme dichotome, pauciflore; calice égalant presque le tube de la corolle; celui-ci long de 15-20 millim.; limbe jaune assez grand; capsule de 15 milim., épaisse. ① Mai-juin. R. Un peu partout. Littoral et montagnes. Rég médit. Orient.

MICROCALA Hoffm. et Link.

Calice 4-denté; corolle jaune à tube ovoïde, à lobes étalés, à préfloraison tordue; 4 étamines subincluses; ovaire uniloculaire à placentaires peu saillants en dedans; graines petites, réticulées; style filiforme; stigmate entier, pelté.

M. filiformis Hoffm. et Link.; Lx, cat. Kab.; Ball, spic.; Reich. 4-I. — Tiges filiformes, rigides, dressées (5-10 cent.), simples ou rameuses; feuilles minuscules, les inférieures oblongues, en rosette, les caulinaires aciculaires, bractéiformes; fleurs solitaires sur de longs pédoncules dressées. R. R. Avril-mai. Marais un peu sablonneux. Réghaïa, Corso, Maison-Carrée, mare des Beni-Khalfoun, etc. Rég. médit.

CICENDIA Adanson.

Calice quadripartit, à lobes linéaires ; corolle à tube cylindrique, 5 étamines subincluses; ovaire uniloculaire à placentaires saillants à l'intérieur ; graines petites, fovéolées ; stigmate bilamellaire.

C. pusilla Griseb.; Ball, spic.; *C. Candollei* Griseb.; *Exacum pusillum* D. C. — Plante très rameuse, divariquée, à rameaux filiformes ; feuilles lancéolées-linéaires bien développées ; fleurs rosées ou jaunâtres sur des pédoncules filiformes. ① Juin. Corso, La Calle, R. Espagne, France, Belgique et Italie.

CHLORA L.

Calice 6-12 partit ; corolle rotacée, à tube court, globuleux, 6-10 partite, à préfloraison tordue ; 6-12 étamines ne se tordant pas après l'émission du pollen ; style gros, court ; stigmate bilobé ; capsule biloculaire. Herbes glabres, glauques, à fleurs jaunes en cyme dichotome, à feuilles radicales en rosette.

Ch. grandiflora Viv. ; Munb., cat. ; Lx, cat. Kab. ; *Ch. perfoliata* var. Desf., fl. atl.; Ball, spic. — Tiges de 2-5 décim., rondes, perfoliées, en corymbe parfois très large dans le haut ; feuilles radicales oblongues, atténuées en pétiole ; les caulinaires soudées 2 à 2, larges, ovoïdes-aiguës ; fleurs de 20-35 millim. de diam. ; calice à lanières trinerviées ; corolle à lobes lancéolés-aigus, un peu plissés en travers à la base. Plante ornementale. ① C. C. C. Mai-juin. Corse, Sardaigne.

Ch. perfoliata L. — Diffère par ses fleurs 6-8-mères, moitié plus petites, ses lobes calicinaux uninerviés et ses lobes corollins non plissés à la base. Tunisie ! Rég. médit., Europe occid. Des échantillons de la province de Constantine m'ont paru s'y rapporter.

CONVOLVULACÉES Jussieu.

Corolle régulière, isostémone, à préfloraison tordue ; étamines insérées au fond du tube de la corolle ; ovaire à 2-4 loges 1-2 ovulées ; ovules dressés, anatropes ; capsule à valves se détachant de la cloison, ou baie ; graine à albumen mucilagineux ; embryon courbe à radicule infère.

Tribu I. — CONVOLVULÉES

Plantes feuillées ; embryon enfermé dans l'albumen ; cotylédons généralement plissés (Reich., vol. XVIII).

CONVOLVULUS L. (Liseron).

5 sépales en quinconce ; corolle en entonnoir à 5 angles et à 5 plis ; étamines incluses ; style filiforme à 2 stigmates ; capsule indéhiscente, biloculaire à 1-2 graines.

Clef des sous-genres :

1	Stigmate bifide.	2
	Stigmate capité ou bilobé.	3
2	Fleurs solitaires, axillaires, munies à leur base de 2 larges bractées.	CALYSTEGIA.
	Bractées distantes des fleurs et peu développées.	CONVOLVULUS.
3	Stigmate capité ; capsule biloculaire à 5 valves ; sépales égaux.	IPOMŒA.
	Stigmate bilobé ; capsule bi-tri ou quadriloculaire.	BATATAS.

Sous-genre CALYSTEGIA Rob. Brown.

C. sepium Rob. Brown ; Lx, cat. Kab. ; Ball, spic. ; *Convolvulus sepium* L. ; Munb., cat. ; Reich. 139. — Tige volubile, glabre, anguleuse ; feuilles pétiolées, cordiformes ou sagittées, à lobes du sinus arrondis ou anguleux ; bractées cordiformes, allongées-aigues, enveloppant le calice ; corolle blanche (4-5 cent.) ; capsule globuleuse, obtuse. ♃ Mai-juin. Broussailles marécageuses. Maison-Carrée. Cosmopolite.

C. SYLVATICA Grisebach ; *C. physoides* Pomel ; fig. Reich. 140-I. — Plante puissante, très grande dans toutes ses parties ; feuilles à lobes basilaires anguleux ; bractées cochléaires, renflées-vésiculeuses ; corolle à angles souvent rougeâtres en dehors. ♃ Broussailles fraîches du Tell. A. C. Alger, Collo, Djidjelli, etc.

C. barbara Pomel. — Intermédiaire entre les 2 précédents. Alger, Miliana, etc.

C. Soldanella Rob. Brown ; Ball, spic. ; *Convolvulus Soldanella* L. ; Desf., fl. atl. ; Munb., cat. ; fig. Reich. 140-II. — Tige rampante ; feuilles réniformes, luisantes, charnues ; pédoncules courts mais dépassant les feuilles ; bractées ovales, arrondies, embrassant le calice ; fleurs de 4-5 cent., purpurines. ♃ Sables maritimes. Mai. Reghaïa, Corso, etc. Cosmopolite.

Sous-genre CONVOLVULUS L.

§ 1. *Strophocaulos* Don. — Plantes vivaces, à tiges volubiles ; capsules glabres ; fleurs roses.

C. althæoides L.; Desf., fl. atl.; Munb., cat.; Lx, cat. Kab.; Ball, spic.; Reich. 138-I. — Plante velue-pubescente; feuilles inférieures cordiformes, sinuées; feuilles supérieures profondément divisées, à divisions lancéolées ou linéaires; pédoncules 1-3 flores, solitaires; bractées sétacées; corolle grande, rose, poilue au sommet du bouton, avec une grande tache plus foncée dans le fond. ♃ C. C. C. Avril-juillet. Tell, Rég. médit.

C. TENUISSIMUS Sibth. et Sm.; *C. althæoides* var. *pedatus* Munb., cat.; *C. argyræus* DC.; *C. althæoides* var. *argyræus* Lx, cat. Kab.; Reich. 138-II. — Plante plus grêle, couverte d'un indumentum *soyeux-argenté*; feuilles plus minces, *plus finement divisées; corolle rose à fond blanchâtre.* — Voisin du *C. althœoides*, mais parfaitement distinct sans aucune forme douteuse ou intermédiaire. C. C. C. Rég. montagneuse. Boufarik, etc., etc. Rég. médit.

C. arvensis L.; Munb., cat.; Lx, cat. Kab.; Ball, spic.; Reich. 126-III. — Plante glabre ou glabrescente, à tiges anguleuses, couchées puis volubiles; feuilles hastées, très variables (variétés *aphacæfolius* Pomel, *filicaulis* Pomel, etc.); pédoncules axillaires, biflores ou triflores; sépales appliqués à bords scarieux; corolle blanche ou rose à angles rougeâtres en dehors, à fond plus clair que les bords. ♃ C. C. C. Mai-septembre. Toute l'Europe, Asie, Amérique.

C. Durandoi Pomel. — Souche ligneuse grosse comme le pouce, brune; tiges robustes étalées, peu volubiles; feuilles d'un vert sombre, un peu charnues, finement nerviées en réseau transparent, les inférieures souvent orbiculaires, tronquées à la base; pédoncules robustes, quadrangulaires; sépales charnus au sommet cucullé et étalé en forme de collerette; corolle très étalée, rose avec une tache plus foncée, rayonnante dans le fond; capsule et graines du double plus grosses que dans le *C. arvensis;* cotylédons charnus bien plus volumineux. ♃ Excellente espèce en voie de disparition, un seul défrichement la détruisent sans retour. Maison-Carrée, Réghaïa, Aïn-Taya, St-Pierre et St-Paul, Fondouck, La Calle (Herb. Desfontaines sub *C. arvensis.*)

§ 2. *Orthocaulos.* — Tiges non volubiles ou peu volubiles et alors plantes annuelles à fleurs bleues.

a. Plantes vivaces; souches sous ligneuses, rameuses; corolles velues extérieurement au moins sur les angles.

1. Fleurs roses ou accidentellement blanches; capsule velue.

C. lineatus L.; Desf., fl. atl.; Munb., cat. — Plante argentée-soyeuse, à tiges droites souvent courtes, rameuses à rameaux peu étalés; feuilles linéaires-oblongues ou lancéolées, les inférieures pétiolées; pédoncules plus courts que les feuilles à 1-4 fleurs, réunis en panicule assez dense; pédicelles ordinairement plus courts que le calice; bractées linéaires. ♃ A. C. Mai-juillet. 3 prov., littoral et intérieur. Rég. médit., Orient.

C. cantabrica L.; Desf., fl. atl.; Munb., cat.; Lx, cat. Kab.; Ball, spic.; Reich. 155-I. — Tiges sous-ligneuses à la base, pubescentes, très rameuses, à rameaux grêles, étalés; feuilles pubescentes, lancéolées, les inférieures courtement pétiolées; pédoncules distants, étalés, plus longs que la feuille, à 1-4 fleurs; pédicelles plus longs ou plus courts que le calice. ♃ Mai-juillet. Tout le Tell. Rég. médit., Orient.

Nota. — On en trouve au Djebel-Antar une curieuse déformation en petits buissons hémisphériques, extrêmement denses, très feuillés, à feuilles et à fleurs très petites. La culture le ramène de suite au type.

C. Dorycnium L. Tunisie.

2. Fleurs bleues ou blanches, rarement rosées.

C. suffruticosus Desf., fl. atl., tab. 48; Munb., cat. — Tiges décombantes, longuement hispides; feuilles très brièvement pétiolées, hispides, les inférieures oblongues, les autres lancéolées; pédoncules uniflores dépassant la feuille; fleurs grandes, ordinairement bleuâtres ou presque blanches, parfois rosées; capsule glabre ou glabrescente. Tlemcen. Mai-juin.

β oranensis Pomel. — Pédoncules souvent biflores; feuilles moyennes un peu tronquées à la base. ♃ Oran, Nemours, Lella-Maghnia, etc. Avril-juin.

C. supinus Cosson et Kralick; Bull. soc. bot. Fr., Vol. IV, p. 400; Munb., cat. — Diffère du précédent par ses feuilles courtes, ovoïdes ou oblongues, arrondies ou mucronées au sommet, brusquement atténuées en pétiole très court, par ses fleurs toujours blanches, par sa villosité blanche et soyeuse, bien plus dense, surtout dans le haut de la tige; capsule velue. ♃ C. C. C. Avril-juin. Sables désertiques, 3 prov.

C. leucotrichus Pomel. — Fleurs et bractées couvertes d'une villosité blanche, soyeuse, longue et épaisse. Metlili, Ouargla.

C. brevipes Pomel. — Diffère du *C. supinus* par ses sépales subégaux, par ses pédoncules plus courts que la feuille ou presque nuls, par sa corolle presque glabre. Plante pubescente plutôt que velue. ♃ El-Abiod-Sidi-Cheick (Pomel, v. s.)

C. mauritanicus Boiss., Voy. Esp., tab. 122; Munb., cat.; *C. sabatius* Lx, cat. Kab., vix Viv.; *C. sabatius* var. *mauritanicus* Ball, spic. — Plante hispide, pubescente ou presque glabre (L'Arba), à tiges grêles, simples ou peu rameuses; feuilles ovoïdes ou elliptiques brièvement pétiolées; pédoncules uni-triflores égalant la feuille ou plus longs; bractées lancéolées assez grandes; pédicelles égalant les calices; sépales ovés-lancéolés; corolle bleue assez grande; capsule glabre. ♃ Avril-juillet. Montagnes calcaires. Chenoua, L'Arba, Djurdjura, Bougie, Constantine, etc., etc. Espagne. Le *C. sabatius* est italien.

C. sabatius, var. *atlanticus* Ball. Maroc.

b. Plantes annuelles à fleurs bleues.

C. tricolor L.; Desf., Munb., cat. Kab.; Ball, spic.; *C. cupanianus* Todaro, inéd.; fig. Reich. 137-II. — Tiges décombantes, non volubiles, simples ou peu rameuses, hispides, surtout dans le haut; feuilles inférieures atténuées en pétiole, obovées-spatulées, les supérieures sessiles, lancéolées, pubescentes; pédoncules axillaires, plus longs que les feuilles, contournés après l'anthèse; sépales cordiformes-lancéolées, longuement hispides; corolle bleue au sommet, blanche dans le milieu, jaune dans le fond; étamines dépassant peu les sépales. ① C. C. C. Mars-mai. Forme des peuplements serrés dans les marnes argileuses du Tell. Rég. médit.

β *hortensis* fig. Reich. 137-I. — Grandes fleurs larges de 4-5 cent., d'un bleu intense au bord; pédoncules ne dépassant pas les feuilles et ne se recourbant pas; sépales hispides, larges, oblongs. Cult.; rare et même douteux, à l'état sauvage.

C. undulatus Cavanilles; Munb., cat.; Lx, cat. Kab.; Ball, spic.; *C. evolvuloides* Desf., fl. atl., tab. 49. — Tiges courtes, simples ou peu rameuses, hispides, bien feuillées; feuilles oblongues, ondulées, les inférieures brièvement pétiolées; fleurs petites, subsessiles; capsule globuleuse, hispide. ① Avril-mai. C. C. C. Terres argileuses du Tell. Espagne, Sicile.

C. siculus L.; Desf., fl. atl.; Munb., cat.; Lx, cat. Kab.; Ball, spic. — Plante glabrescente; tiges décombantes ou dressées dans les broussailles, parfois volubiles; feuilles pétiolées, ovoïdes-aiguës, tronquées à la base; pédoncules uniflores ou biflores, dépassant peu les feuilles, arqués bien au-dessous des bractées; bractées lancéolées; pédicelles presque nuls; corolle très petite; capsule glabre. ① Avril-mai. C. C. C. Broussailles, Rég. médit.

C. flexuosus Pomel. — Plante élancée à grandes feuilles; pédoncules biflores, bien plus longs que les feuilles et brusquement réfractés sous les bractées; bractées grandes; pédicelles l'un très court, l'autre allongé, bibractéolé et réfracté sous la fleur. ① R. Alger, Garrouban.

C. ELONGATUS Willd.; *C. pseudosiculus* Cav.; *C. geniculatus* Munby; *C. refractus* Pomel. — Pédoncules très grêles et très longs à 1-3 fleurs; bractées petites; pédicelles inégaux tous plus longs que le calice, à la fin épaissis vers la capsule et réfractés dans les bractées et les bractéoles. ① Garrouban, Mers-el-Kebir.

C. fatmensis Kunze; Munb., cat. — Voisin des précédents; feuilles irrégulièrement dentées, lobées; pédoncules ne dépassant pas le pétiole; pédicelles réfractés; bractées très petites; sépales ovales, très obtus, scarieux aux bords. ① Sahara constantinois (n. v.)

Sous-genre IPOMŒA L.

I. sagittata Desf., fl. atl.; Munb., cat. — Plante glabre, volubile, s'élevant à 3-5 mètres; feuilles pétiolées, les inférieures cordiformes-acuminées, les supérieures sagittées-lancéolées; pédoncules ordinairement uniflores, épais, égalant les pétioles; sépales ovoïdes, glabres; corolle purpurine-rosée, plus foncée intérieurement, longue de 5-7 cent.; grosses capsules arrondies; graines noires, laineuses sur les angles. ♃ Août. R. Marais de la Réghaïa, au bord de la rivière; marais de la Rassauta, La Calle, Bône, Djidjelli, L'Habra, Sicile, Espagne, Amérique du Nord.

Sous-genre BATATAS Choisy.

B. littoralis Choisy: *Ipomœa littoralis* Boissier, fl. d'Or.; *Convolvulus littoralis* L. Munb., cat. — Plante glabre; tiges rampantes, radicantes, stolonifères; feuilles pétiolées, un peu charnues, en cœur à la base, ovées-panduriformes, trilobées ou tripartites à lobes parfois bifides; pédoncules axillaires uni-biflores, plus courts que la feuille; pédicelles plus longs que le calice; sépales elliptiques, obtus; corolles jaunâtres égalant 4-5 fois le calice; capsule biloculaire; 2 graines très velues. ♃ R. R. R. Bord de la mer, de Castiglione à Fouka (Clauson). Italie, Açores, Amérique.

B. edulis Choisy. *Patate.* — Très cultivé, subsp.

CRESSA L.

5 sépales égaux; corolle infundibuliforme à limbe plan, quinquéfide; étamines saillantes; 2 styles; stigmates capités; capsule bivalve, uni ou biloculaire, a une, rarement plusieurs graines.

C. cretica L.; Munb., cat.; Lx, cat. Kab.; Reich. 134-I. — Petite plante pubescente, dressée, ferme, très rameuse, à port de Bruyère; feuilles petites, très serrées, ovales ou lancéolées, aiguës, sessiles, souvent couvertes d'un enduit salin visqueux; fleurs petites, subsessiles, rapprochées en glomérules au sommet des rameaux; corolle d'un blanc rosé. ♃ A. R. Maison-Carrée, Corso, Bougie, etc. Rég. médit., Rég. tropicale.

Tribu II. — CUSCUTÉES Presl.

Tiges filiformes, aphylles, jaunâtres ou rougeâtres, grimpant à l'aide de suçoirs; fleurs en tête ou en grappe; fruit généralement capsulaire à déhiscence transversale; embryon filiforme roulé en spirale autour de l'albumen; cotylédons nuls. (Reich., vol. XVIII).

CUSCUTA L. (Cuscute).

Calice 4-5 fide; corolle urcéolée ou campanulée, à 4-5 lobes unis ou munis sous les étamines d'écailles pétaloïdes; généralement 2 styles; capsule biloculaire à loges biovulées.

§ 1. *Grammica*. — Stigmate capité.

C. corymbosa Ruiz et Pav., *C. suaveolens* Seringe; fig. Reich. 143-III. — Fleurs en corymbes paniculés; pédoncules simples ou rameux, plus ou moins longs; corolle campanulée égalant 2-3 fois le calice; écailles infléchies fermant l'entrée de la corolle, lancéolées-dentées; styles plus longs que l'ovaire. ① Bou-Kanéfis (Kralick). R. R. Plante américaine introduite.

§ 2. *Eucuscuta*. — Stigmates aigus ou claviformes; capitules globuleux généralement munis d'une bractée à la base.

C. europæa L.; *C. major* DC.; fig. Reich. 141-IV. — Calice en forme de coupe, à lobes arrondis, à tube charnu à la base et prolongé en dessous de l'ovaire; corolle un peu rosée à tube subcylindrique puis renflé, égalant le limbe; limbe à lobes obtus, étalés, redressés au sommet; étamines incluses; écailles petites, crénelées, appliquées contre le tube; styles 2, divergents, plus courts que l'ovaire; graines lisses. ① Sur *Urtica dioica* Aïn-el-Hammam (Djurdjura Lx.), Miliana (Pomel), Europe, Asie centrale.

C. epithymum L.; Munb., cat.; Reich. 142. — Fleurs sessiles ou subsessiles, plus petites que dans l'espèce précédente ; lobes du calice étalés, non nerviés ; corolle campanulée à tube égalant à peu près le limbe, à lobes étalés, non nerviés, à la fin réfléchis ; écailles grandes, fimbriées, formant toit sur l'ovaire ; étamines saillantes. Espèce très polymorphe dont il est difficile de suivre sur le sec toutes les variations, d'autant qu'elle diffère à peine du *C. planiflora* également variable. Aussi, bien que les plantes de ce groupe soient très répandues en Algérie, je ne signalerai que les formes dont l'identité paraît bien certaine.

C. trifolii Babington ; Gren. Godr., fl. Fr. — Fleurs blanches, grandes ; calice non étalé ; style ne dépassant pas les étamines. Cette plante forme dans les luzernes des cercles de dévastation réguliers. R. R. Bouzaréah ; Maison-Blanche dans les cultures de luzerne.

C. Godroniana Desmoulins ; Debeaux, cat. de Boghar ; Munb., cat.; *C. alba* Gren. Godr. an Presl ? — Tiges pâles, très grêles ; capitules très petits ; fleurs blanches ou jaunâtres. A. R. Sur beaucoup de plantes. *C. microcephala* Pomel, an Welw.? m'en semble bien voisin.

C. cuspidata Pomel ! — Plante semblable au *C. epithymum*, mais avec les divisions de la corolle cucullées au sommet apiculé, en forme d'étouffoir, comme dans les *Paronychia ;* écailles presque nulles. Caractères très nets, même sur le sec. Sur toutes les petites plantes ligneuses. Mostaganem, Sersou, Guelma.

C. planiflora Tenore ; Lx, cat. Kab.; Ball, spic. Diffère du *C. epithymum* par les lobes du calice et de la corolle munis d'une nervure saillante en dessous ; par les lobes de la corolle jamais réfléchis ; écailles profondément fimbriées. C. C. C. Sur toute sorte de plantes ; extrêmement variable ; lobes corollins et calicinaux tantôt plans, tantôt turgides, plus ou moins développés.

C. callosa Pomel. — Écailles staminales très courtes ; lobes de la corolle calleux ; étamines non exsertes. Sur *Salvia Balansæ*. Pont du Chélif (v. s.)

Nota. — Cette plante rappelle le *C. episonchum* Webb., It. tab. 141, que M. Debeaux a signalé à Boghar et que je n'ai point vu d'Algérie. Le *C. episonchum* a les étamines subsessiles et les écailles rudimentaires.

C. acuminata Pomel ! — Corolle à lobes plus longs que le tube, lancéolés, très longuement acuminés ; calice infundibuliforme, à lobes obovés, longuement et brusquement cuspidés, dépassant le tube de la corolle ; étamines à anthères jaunes, incluses ou peu exsertes ; écailles fimbriées, courtes, en toit sur l'ovaire ; styles très longs. Cette plante est signalée par M. Pomel sur les *Asphodèles* du Zaccar de Miliana ; je l'y ai trouvée sur le *Deckera racemosa* et sur une ombellifère; John Ball semble l'avoir également trouvée au Maroc sur une Asphodèle (Spic., p. 580). Cette plante me semble bien distincte des espèces voisines, elle a de grandes fleurs.

BORAGINÉES Jussieu.

Fleurs pentamères, régulières ou irrégulières; anthères introrses, biloculaires, à déhiscence longitudinale; style simple souvent gynobasique; 1-2 stigmates; ovaire primitivement biloculaire; fruit formé de 4 achaines libres ou plus ou moins soudés 2 par 2 ou cohérents tous les 4; graine pendante; embryon orthotrope; albumen nul ou mince; fleurs généralement en cyme scorpioïde; feuilles alternes, sans stipules, généralement rudes et hérissées de poils tuberculés à leur base (Reich., vol. XVIII).

Clef des tribus :

Fruit à carpelles biloculaires, connés; style terminal; graine un peu albuminée. . . . . Heliotropées.

Fruit formé de 2 (rarement 1 seul par avortement) carpelles biloculaires; style basilaire libre. . . . . Cérinthées.

Fruit formé d'achaines libres ou adnés au style basilaire. Boragées.

Tribu I. — BORAGÉES.

Clef des sous-tribus :

Carpelles libres insérés par une base excavée, à rebord annulaire, saillant et plissé. . . . . Anchusées.

Carpelles libres insérés par une base plane. . . . . . . Lithospermées.

Carpelles adnés à la base du style. . . . . Cynoglossées.

Sous-tribu I. — ANCHUSÉES DC.

Clef des genres :

1 { Corolle rotacée à lobes aigus; anthères conniventes en cône . . . . Borago.
Corolle hypocratériforme ou infundibuliforme; étamines incluses sans appendices. 2

2 { Corolle portant intérieurement 5 écailles velues. . Anchusa.
Corolle sans écailles; calice accrescent. . . . . . Nonnæa.

BORAGO Tournefort (Bourrache)

Calice à lobes linéaires; corolle munie à la gorge de 5 écailles glabres et émarginées; filets des étamines munis sous le sommet d'un appendice dressé; carpelles ovoïdes inéquilatéraux.

B. officinalis L.; Desf., fl. atl.; Munb., cat.; Lx, cat. Kab.; Ball, spic.; Reich. 101-III. *La Bourrache.* — Plante puissante, rameuse, hérissée ; feuilles pétiolées, ovoïdes ou oblongues, les supérieures sessiles ; fleurs bleues, rarement blanches ou rosées, longuement pédicellées, en grappes solitaires ou géminées ; feuillées à la base, réunies en panicule lâche ; carpelles oblongs carenés sur les 2 faces, striés en long, tuberculeux au sommet. ① Avril-juin. C. C. C. Tout le Tell. Rég. médit., Orient.

B. longifolia Poiret, Voy. II, p 119; Desf., fl. atl., tab. 44; Munb., cat. — Plante très puissante, à souches vivaces, multicaules ; feuilles sessiles, étroitement lancéolées ; calice à lobes très longs ; achaines oblongs, cylindriques, lisses et arrondis au sommet. Pour le reste comme le précédent. ♃ Toute l'année ; Mitidja, Sahel, La Calle.

ANCHUSA L. (Buglosse).

§ 1. *Euanchusa.* — Corolle droite ; écailles papilleuses ou veloutées aux bords et non barbues-ciliées.

A. granatensis Boissier, Voy. Esp., tab. 123; Ball, spic.; *A. calcarea* Munb., non Boissier. — Plante hérissée ; tige robuste dressée, rameuse, anguleuse ; feuilles oblongues-lancéoléés, un peu ondulées, entières ou dentées sur les bords, les inférieures pétiolées, toutes couvertes de soies insérées sur un tubercule blanc ; grappes multiflores à la fin lâches, réunies en panicules ; bractées lancéolées, les inférieures égalant le calice ; calice à la fin très accrescent, subvésiculeux à dents triangulaires, obtuses, hérissées ; corolles à tube jaunâtre, exserte, à limbe petit, violet foncé ; achaines réticulés-rugueux, relevés en pointe aiguë vers le haut. ♃ Avril-juin. Tlemcen, Maroc, Espagne (1).

A. undulata L. à feuilles fortement ondulées, existe au Maroc et en Tunisie. On doit la retrouver en Algérie.

---

(1) J'ai de Daya une sommité fleurie d'un *Anchusa* très remarquable récolté par le docteur Clary. C'est une plante de haute stature à feuilles supérieures lancéolées-aiguës, sessiles, très rudes, toutes couvertes de poils ; à fleurs bleues, grandes comme des fleurs de *Myosotis palustris,* réunies en grappes géminées, très denses ; les bractées sont ovoïdes, aiguës, les inférieures égalant le calice ; celui-ci a les dents linéaires à la fin accrescentes ; les carpelles sont semblables à ceux de l'*A. calcarea,* mais plus petits et fortement tuberculés entre les rides, gris. Daya, chemin du Telagh. Cette plante doit constituer une espèce nouvelle voisine de l'*A. calcarea* Boissier.

§ 2. *Buglossum*. — Bord des écailles barbu.

A. macrophylla Lamarck ; Desf., fl. atl. Maroc.

A. italica Retz; Munb., cat.; Lx, cat. Kab.; Ball, spic.; *A. officinalis* Desf., non L.; Reich. 106-II. — Plante de 3-8 décim., hérissée; tige dressée, rameuse dans le haut à rameaux dressés-étalés; feuilles ovées ou lancéolées, acuminées, entières ou faiblement sinuées; fleurs grandes, bleues, en grappes à la fin un peu lâches; inflorescence en panicule très hérissée; bractées linéaires égalant les pédicelles; calice à lobes linéaires dépassant le tube de la corolle; écailles munies au sommet d'un pinceau de poils; achaînes allongés réticulés et tuberculeux. ② ♃ Mai-Juillet. C. C. C. Moissons, champs, lieux pierreux. Rég. médit.

A. aggregata Lehman, a été signalé à tort en Algérie, Gussone ayant cru reconnaître cette plante dans l'*Echium humile* de l'herbier de Desfontaines, qui a en effet un port très semblable à l'*Anchusa aggregata*.

A. atlantica Ball. Maroc.

§ 3. *Hispidæ*. — Petites plantes annuelles à tiges diffuses, à pédoncules fructifères réfléchis.

A. hispida Forskall; Munb., cat. — Feuilles lancéolées ou oblongues, hispides, à poils inégaux, un peu ondulées et dentées, les inférieures longuement pétiolées, fleurs petites en grappes feuillées, lâches; pédoncules à la fin réfléchis; calice hérissé de poils argentés. ①. Tout le Sahara. Mzab, Ouargla, etc. Nubie, Inde.

§ 4. *Lycopsis*. — Plantes annuelles; corolle très petite, à tube bossu, sinueux, à limbe subirrégulier.

A. orientalis L.; Boissier, flor d'Or. — Plante hérissée, à poils tuberculeux à la base; tige dressée, rameuse (3-6 décim.); feuilles oblongues, entières ou un peu sinuées-dentées, les inférieures pétiolées, les florales sessiles, ovoïdes, grappes très lâches; corolle bleue, petite, dépassant peu le calice; celui-ci 5-partit; lanières plus longues que les pédicelles, laissant voir les achaines; achaines réticulés-tuberculeux, grisâtres, à anneau basilaire rugueux. ① Perrégaux (Trabut) spont.? Espagne, Orient.

A. Milleri Willd. Tunisie.

NONNEA Medick.

§ 1. *Eunonnea ; Echioides* Desf. — Calice 5-fide ou 5-partit, accrescent, à la fin souvent vesiculeux; corolle infundibuliforme à gorge ouverte, mais avec 5 petites écailles insérées plus bas et barbues ; étamines incluses ou exsertes ; stigmate bifide ; achaines d'*Anchusa* avec l'anneau plissé.

N. nigricans Desf., fl. atl. (sub *Echioide*) ; Munb., cat. ; Lx, cat. Kab. — Plante hispide ou pubescente-glanduleuse, à tiges dressées ou ascendantes, rameuses au sommet, très feuillées ; feuilles oblongues ou lancéolées, entières, les inférieures pétiolées ; fleurs en grappes feuillées ; pédicelles à la fin réfléchis, égalant le calice ; calice rougeâtre, à la fin fortement vésiculeux, dépassant la corolle ; corolle cylindrique à limbe petit, étalé, à lobes noirâtres, obtus ; étamines insérées à la gorge de la corolle ; achaines courts, glabres, fortement rugueux, s'insérant par un anneau régulièrement circulaire, et parrallèle au bord externe redressé à angle droit. ① C. C. C., partout. Espagne, Italie.

N. VIOLACEA Desf. (sub *Echioide*) ; Munb., cat. ; Ball, spic. Corolle à limbe plus grand, violacé, dépassant un peu le calice. ① Sahara (n. v.)

N. micrantha Boissier et Reuter, diagn. ; Munb., cat. — Plante pubescente, d'un vert pâle ; tiges diffuses ou ascendantes ; corolle à limbe assez grand, bleu de ciel ; écailles petites, glabres insérées au-dessus du milieu du tube ; calice moins renflé que dans le *N. nigricans*, vert ; pédicelles plus courts que le calice. ① C. C. C. Lieux secs. Perrégaux, Oued Sahel, Bibans. Rég. subdésertique.

§ 2. *Phaneranthera*. — Corolle étroitement cylindrique à lobes noirâtres, plissés, gibbeux à la base redressés en voûte et laissant entre eux des fenêtres par où l'on voit les étamines ; stigmate capité, bilobé ; achaines à anneau peu saillant, lisses, réticulés, plus allongés que dans la section précédente.

N. phaneranthera Viv. ; Munb., cat. ; Ball, spic. ; *Lycopsis calycina* Rœm. et Schultes. — Plante mollement hispide ; tige rameuse à rameaux décombants ; feuilles lancéolées, longuement acuminées ; fleurs en grappes denses, feuillées ; calice à lobes linéaires, hispides, très longs ; corolle très longue dépassant le calice, purpurine à la gorge, à lobes noirs réunis en voute ogivale, étroite. Rég. désertique. Avril-mai. A. R. Sables : Aïn-Sefra, Bou-Saâda, Biskra, etc. Maroc, Tunisie.

Sous-tribu II. — LITHOSPERMÉES.

Clef des genres :

1	Style bifide.	ARNEBIA.
	Style capité ou lobé.	2

2	Corolle irrégulière	Echium.
	Corolle régulière	3
3	Corolle tubuleuse-campanulée.	Onosma.
	Corolle en forme de coupe ou d'entonnoir.	4
4	Corolle rotacée, à tube court; 5 gibbosités saillantes à la gorge	Myosotis.
	Corolle à gorge ouverte.	5
5	Achaines plus ou moins contractés en col à la base; corolle souvent rugueuse en travers à la gorge, avec un anneau glanduleux à la base. .	Alkanna.
	Achaines non contractés en col; gorge nue ou avec des plis longitudinaux velus	Lithospermum.

ALKANNA Tausch.

A. tinctoria Tausch.; Munb., cat.; *Anchusa tinctoria* Desf., fl. atl., non L.; fig. Reich. 115-I. *Orcanette.* — Souche ligneuse à écorce rouge, feuilletée; tiges couchées, rameuses au sommet; feuilles lancéolées, hérissées, les inférieures pétiolées, les supérieures cordiformes embrassantes; fleurs bleues assez grandes en grappes géminées, bien fournies, égalant les bractées foliacées; calice accrescent; carpelles grisâtres, tuberculeux. ♃ C. C. C. Sables de tout le littoral et même de l'intérieur. Médéa, Daya, Bel-Abbès, etc. Rég. médit., Orient.

A. orientalis Boissier; Munb., cat.; *Lithospermum orientale* L.; Desf. fl. atl. — Plante glanduleuse, un peu hispide; tiges dressées ou ascendantes; feuilles ondulées; fleurs jaunes; achaines réticulés. Algérie? Munb., Tunisie (Desf.). Orient.

MYOSOTIS L.

Calice 5-fide ou 5-partit, relativement petit; corolle à limbe rotacé, à lobes obtus, bleue, blanche ou rose; étamines égales, anthères incluses; carpelles 4, ovoïdes-trigones, lisses, brillants, dressés. Plantes herbacées, à feuilles lancéolées ou oblongues, entières, à grappes de fleurs à la fin lâches et dressées, allongées, ordinairement nues dans le haut.

a. Calice couvert de poils appliqués jamais crochus, ouvert à maturité; achaines largement ovales, noirs, luisants, étroitement bordés à la loupe.

M. lingulata Lehm.; Ball, spic.; *M. cœspitosa* Schultz; Munb., cat.; Lx, cat. Kab.; Reich. 120-I. — Tige dressée, arrondie à la base, rameuse ; feuilles oblongues ou linguiformes, atténuées à la base, d'un vert gai, glabrescentes ; fleurs en grappes lâches, à la fin très allongées, un peu feuillées à la base ; pédicelles fructifères étalés à angle droit, les inférieurs égalant 2-4 fois le calice à lobes aigus ; corolle à tube égalant le limbe ; style presque nul ; achaines arrondis au sommet. ② Tiaret (herb. Pomel). Europe, Orient.

β *foliosa* Ball. Maroc.

M. sicula Gussone ; Lx, cat. Kab. ; Reich. 120-II ; *M. debilis* Pomel. — Diffère du type par ses tiges décombantes, radicantes à la base, anguleuses ; par ses pédicelles plus courts ; son calice à lobes obtus ; sa corolle à limbe concave plus court que le tube, et son style un peu plus long. ① Mars-juin. Marais. C. C. C. Rég. médit.

M. pusilla Lois. ; Munb., cat. ; Reich. 120-III. — Plante velue, naine (3-5 cent.), multicaule, à tiges rameuses, étalées ; grappes feuillées dans le bas ; pédicelles égalant à peu près les calices, un peu étalés ; corolle petite, blanche ou bleue, concave ; carpelles retrécis au sommet obtusiuscule. ① R. R. L'Adjiba ! H.-Pl., Corse, Sardaigne.

M. perpusilla Pomel. — Grappe feuillée presque jusqu'au sommet ; pédicelles dressés. Djelfa, Djebel-Kteuf (Bibans).

M. heterodoxa Pomel. — Grappe feuillée à la base et au sommet, nue dans le milieu ; fleurs bleues ; calice peu ouvert. Constantine.

b. Tube du calice muni inférieurement de poils étalés et recourbés en crochet en totalité ou en partie.

1. Fleurs petites, peu apparentes ; carpelles étroitement bordés, au moins au sommet.

M. stricta Link ; Ball, spic. ; Reich. 123-II ; *M. rigida* Pomel. — Plante dressée, rigide, haute de 5-15 cent., rameuse dès la base, à rameaux dressés ; feuilles munies à la base et en dessous de poils crochus qui se continuent sur la tige ; grappes plus longues que le reste des tiges ; pédicelles dressés plus courts que le calice ; calice fermé à maturité ; à poils du tube tous uncinés ; carpelles ovales-obtus, carénés sur une des faces. ① R. R. Aurès, Dréat.

Nota. — Notre plante, *M. rigida* de M. Pomel a un aspect plus raide, plus robuste que la plante d'Europe, ses grappes sont un peu plus serrées et ses calices fructifères sont plus exactement appliqués contre la tige.

M. versicolor Persoon ; Munb., cat. ; Ball, spic. ; Reich. 124-I. — Tige dressée, plus ou moins rameuse, haute de 5-20 cent. ; feuilles d'un vert gai, couvertes de poils droits, étalés, jamais crochus, celles des premières bifurcations souvent subopposées ; grappes lâches, nues, souvent plus courtes que la tige ; pédicelles bien plus courts que le calice et couverts de poils appliqués, puis étalés ; calice fermé à maturité ; corolle à limbe concave, versicolore (jaune, puis blanc, puis violet), à tube à la fin une fois plus long que le calice. ① Mars-mai. R. R. Bou-Zecza, Tiaret, Bône, etc. Europe et Rég. médit.

M. hispida Schlecht. ; Munb., cat. ; Lx, cat. Kab ; Reich. 122-II-III. — Tige dressée, mince, simple ou divisée en longs rameaux grêles, dressés ; feuilles hispides à poils jamais crochus ; grapes nues, à la fin très lâches, plus longues que la tige ; pédicelles égalant le calice ou plus courts, à la fin étalés, couverts de poils appliqués ; calice ouvert à maturité ; corolle bleue ou blanche, à limbe concave, à tube court ; style très court ; carpelles un peu aigus au sommet. ① Mars-mai. C. C. C., partout. Europe, Rég. médit., Orient.

2. Corolles larges de 5-10 millim., ornementales.

M. alpestris Schmidt. Maroc (Ball, Cosson).

M. sylvatica Hoffm. Maroc (Ball).

M. macrocalycina Cosson, inéd. ; Lx, cat. Kab. — Plante hispide de 3-6 décim. ; souche vivace, noire, rampante ; feuilles inférieures oblongues, pétiolées, très grandes pour le genre, les supérieures sessiles ; tiges dressées, hispides, à poils un peu rétrorses ; fleurs en grappes à la fin lâches ; pédicelles inférieurs égalant 1 fois et 1/2 le calice ; calice très grand (7-9 millim.), irrégulier ; corolle bleue très grande (10-12 millim.), à limbe égalant 3 fois le tube ; achaines très gros, ovoïdes, aigus, carenés sur la face ventrale, à peine bordés. ♃ Mai-juin. Azrou-Tidjeur, montagnes du Châbet el Akra, etc.

Nota. — Cette remarquable plante semble, dans mes échantillons secs, avoir le calice fructifère ouvert. D'autre part, j'ai récolté sur l'Aïzer un *Myosotis* fort semblable, mais à corolles de 8 millim. seulement, plus pâles, à calices un peu plus petits et fermés à maturité. Cette plante, que j'ai longtemps cultivée, semble plus voisine du *M. sylvatica*. *M. speciosa* Pomel est encore très voisin, mais aurait son calice ouvert à maturité, sa corolle à tube égalant le limbe ; ses achaines sont bien plus courts et largement ovoïdes. Cette plante est des Beni-Foughal et de Goubia. Il est nécessaire de faire de nouvelles recherches sur les plantes de ce groupe.

LITHOSPERMUM Tournefort.

Herbes ou arbrisseaux à port plus robustes que les *Myosotis* ; corolle souvent pubescente en dehors ou en dedans, à tube généralement aussi long que le limbe ou plus long.

§ 1. *Rhytispermum* Link. — Achaines ovoïdes, trigones, tuberculeux ou échinulés. Plantes annuelles; corolle munie de plis longitudinaux pubescents entre les étamines.

L. arvense L.; Desf., fl. atl.; Munb., cat.; Lx, cat. Kab.; Ball, spic.; Reich. fig. 113-V. — Tiges dressées, rigides, rudes; feuilles oblongues ou lancéolées, pubescentes, les inférieures pétiolées; fleurs en 2-3 grappes terminales à la fin très allongées; pédicelles courts et rigides; calice accrescent à segments linéaires; fleurs petites, blanches ou bleuâtres; corolle velue en dehors; carpelles ovoïdes-trigones, acuminés, tuberculeux, très adhérents. ① Mars-mai. C. C. C., partout. Europe, Rég. médit., Orient. Devenue cosmopolite.

L. incrassatum Gussone; Munb., cat.; Lx, cat. Kab.; Ball, spic.; Reich. 113-II-III. — Plante souvent décombante, robuste, à fleurs bleues en grappes très allongées; calice très accrescent; pédicelles obconiques, paraissant parfois énormes par suite d'une monstruosité; carpelles peu adhérents, plus petits que dans le type, scrobiculés et tuberculeux. ① A. C. Rég. mont. Rég. médit.

L. punctatum. — Fleurs blanches; fruits lisses, marqués de petites fossettes ponctiformes espacées. Djebel-M'zi (Sud Oranais).

L. tenuiflorum L. fils; Munb., cat. — Plante mollement hispide, soyeuse; tige peu élevée, droite, rameuse dans le haut et parfois dès la base; feuilles radicales oblongues spatulées, brièvement pétiolées, les autres sessiles, oblongues ou lancéolées; fleurs bleues, roses ou blanches, subsessiles en grappes s'allongeant peu; bractées dépassant les calices; achaines petits, très régulièrement tuberculés et sculptés, un peu contractés en bec au sommet. Dunes à Maison-Carrée, entre Hydra et la Colonne-Voirol dans une broussaille. Orient.

L. apulum Vahl.; Munb., cat.; Lx, cat. Kab.; Ball, spic.; *Myosotis apula* L.; Desf., fl. atl.; fig. Reich. 112-III. — Tige dressée, rameuse au sommet ou dès la base, pubescente; feuilles hérissées, tuberculeuses, lancéolées, uninerviées; fleurs jaunes en grappes assez denses même à maturité et nombreuses; corolle petite, pubescente en dehors; achaines luisants, triquètres, acuminés, irrégulièrement tuberculeux. ① Mars-juin. C. C. C., partout. Rég. médit.

L. microspermum Boissier. Maroc.

§ 2. *Lithodora* Grisebach. — Achaines lisses ou finement tuberculés; gorge de la corolle sans plis, glabre ou pubescente.

L. callosum Vahl.; Munb., cat.; fig. Delile, Fl. Ég., tab. 16, fig. 2. — Plante canescente, rude, très hispide, à souche ligneuse très rameuse ; feuilles brièvement lancéolées, aiguës, à bords calleux, indurés ; fleurs bleues en grappes courtes et denses ; bractées lancéolées, dépassant les calices ; corolle égalant près de 3 fois le calice, hispidule à la gorge ; achaines ovoïdes, triquètres, aigus, luisants ou à peine tuberculés. ♃ Sahara : Metlili, Oued-Souf, etc. Égypte, Orient.

L. rosmarinifolium Tenore ; Lx, cat. Kab. — Petit arbrisseau très rameux à rameaux décombants ou dressés, nus dans le bas, très feuillés dans le haut ; feuilles canescentes en dessous, constellées en dessus de courts poils tuberculeux à la base, plus ou moins enroulées par les bords, les inférieures parfois linéaires comme des feuilles de romarin, mais presque toutes largement oblongues ; fleurs 1-3 au sommet des rameaux ; corolle bleue (15 millim. sur 8-10), en entonnoir, pubescente en dehors ; achaines lisses, blancs, brillants. ♄ Bougie, Bône (Meyer), Rég. médit.

L. consobrinum Pomel. — Buisson à grosses tiges ligneuses dressées, très rameuses ; feuilles linéaires, hispides, non tuberculeuses en dessus, canescentes en dessous, tout à fait pareilles à des feuilles de romarin ; fleurs en grappes compactes au sommet des rameaux, subsessiles ; bractées égalant les calices ; corolles bleues aussi grandes que dans le précédent, mais glabres ou glabrescentes en dehors ; achaines très finement tuberculeux. ♄ Environs d'Arzew.

Nota. — C'est probablement cette plante que Desfontaines et Ball signalent sous le nom de *L. fruticosum* L. Elle en est, en effet, fort voisine et en diffère par ses feuilles plus longues, ses fleurs un peu plus grandes et plus glabres.

ARNEBIA Forskall.

Ce genre diffère surtout de *Lithospermum* par son style bifide. Plantes désertiques hérissées, à fleurs subsessiles en grappes unilatérales ; calice accrescent, induré à la base, très hérissé ; corolle jaune, à tube long et étroit, à limbe petit.

A. decumbens Cosson et Kralick, Bull. soc. bot., vol. IV, p. 402 ; Munb., cat. ; *A. Viviani* Cosson et DR., olim ; *A. cornuta* Fish. et Mey. ; Munb., cat. ; *Lithospermum decumbens* Vent. ; *L. cornutum* Viv. — Plante d'ordinaire peu élevée, dressée ou décombante, jaunâtre, hérissée, commençant à fleurir dans la rosette radicale ; feuilles oblongues, uninerviées, les radicales atténuées en petiole ; grappes denses ; bractées égalant les calices ; calices fructifères à tube large, gibbeux, induré, pentagonal à angles élevés en crête hérissée, à lobes linéaires, connivents; corolle pubescente à limbe petit, en entonnoir; achaines gris, ovoïdes, trigones, grossièrement tuberculés. ♃.

α microcalyx Cosson et Kralick. — Calice fructifère de 8 millim.; corolle de 6 millim. Gabès (v. s.)

β macrocalyx Cosson et Kralick. — Calices fructifères de 15-22 millim.; corolle de 11 millim.; grappes très denses. Tout le Sahara.

ONOSMA L.

Grandes corolles campanulées-cylindriques à 5 dents.

O. Echioides L.; Desf., fl. atl.; Munb., cat.; Lx, cat. Kab.; Reich. 110-I. — Plante de 3-4 décim., très hispide, à poils jaunâtres; tiges robustes, très feuillées, rameuses au sommet; feuilles inférieures linéaires-oblongues, obtuses, uninerviées, atténuées en pétiole, les supérieures sessiles, lancéolées-aiguës; fleurs jaunes, distinctement pédicellées, à pédicelles grêles; bractées foliacées égalant le calice; calice 5-partit, à divisions lancéolées, d'un quart plus court que la corolle; corolle de 20-25 millim., papilleuse; anthères incluses; stigmate subbilobé; carpelles blanchâtres, luisants, ovoïdes-aigus. ♃ Juin-juillet. Djurdjura, Babors, H.-Pl. (Munby). Europe moyenne, Rég. médit., Orient.

Nota. — Boissier, Flor. d'Or., dit que la plante d'Algérie diffère de celle d'Europe par ses fruits plus gros, scrobiculés, subbigibbeux. La plante des Babors a ses achaines très lisses et très régulièrement ovoïdes-trigones, plus gros à la vérité; mes échantillons de Kabylie ont bien à peu près les achaines décrits par Boissier, mais ils ne sont pas suffisamment mûrs et ont pu se déformer en séchant.

O. echinata Desf., fl. atl. tab. 43. Tunisie.

ECHIUM Tournefort (Vipérine)

Calice 5-partit; corolle velue, en entonnoir, à gorge ouverte, élargie et nue, à limbe oblique, à 5 lobes inégaux; étamines inégales; carpelles insérés par une base plane et non contractés au-dessus, style bifide au sommet.

§ 1. *Calycina*. — Étamines incluses; fleurs inférieures généralement extra-axillaires.

E. calycinum Viv.; Munb., cat. — Tiges diffuses ou dressées, simples ou rameuses, hérissées; feuilles hérissées-tuberculeuses, oblongues, obtuses, les inférieures pétiolées; fleurs en grappes terminales, solitaires ou géminées; bractées semblables aux feuilles, successivement décroissantes;

calices très accrescents, à segments lancéolés ; corolle bleue, petite, velue en dehors ; achaines petits, finement tuberculeux. ① Guelma, Sidi-bou-Saïd, Cherchel (Coutan). Rég. médit.

E. arenarium Gussone. — Plus grêle, plus rameux que le précédent ; tubercules très petits ; calice non accrescent ; bractées cordiformes à la base. ② Ruines de Rusgunium près Alger, Sicile, Corse.

§ 2. *Phaneranthera.* — Étamines saillantes.

a. Feuilles lancéolées-aiguës, les radicales atténuées aux deux bouts, non distinctement pétiolées, nombreuses, en rosette dense, appliquée sur le sol ; fleurs roses ou jaunes, rarement bleues, petites, en grappes très nombreuses. Plantes puissantes, hérissées de longs poils, raides, souvent tuberculeux à la base.

E. flavum Desf., fl. atl., tab. 45 ; Munb., cat. ; Ball, spic. ; *E. Fontanesi* DC., Prodr. — Tige dressée, ferme (4-8 décim.) ; feuilles étroites ; grappes très nombreuses, à la fin dressées, formant une panicule étroite ; fleurs jaunes, rougeâtres ou blanchâtres ; calice brièvement pédicellé, à dents lancéolées-acuminées ; achaines presque lisses. Plante assez mollement hispide, à indument jaunâtre. ② Juillet. Tlemcen, Garrouban, Maroc, Espagne.

E. pomponium Boissier, voy. Esp., tab. 124 ; Munb., cat. ; Lx, cat. Kab. — Tige dressée (6-20 décim.), anguleuse, robuste, à grandes feuilles ; fleurs grenat, en grappes très courtes souvent dépassées par les feuilles florales, et formant une panicule étroite et linéaire ; bractéoles dilatées à la base, ciliées ainsi que les lobes calicinaux ; achaines tuberculés sur le bord. Plante très hispide, à longs poils blancs, raides. ② Mai-août. C. C. Marnes argileuses du Tell algérien. Douéra, Dély-Brahim, Bou-Medfa, Kabylie, Maroc, Espagne.

E. glomeratum Poiret ; Munb., cat. — Diffère surtout du précédent par le limbe de la corolle velu en dedans. Plante d'Orient signalée sans localité par Munby. (n. v.)

E. italicum L. ; Lx, cat. Kab. ; *E. pyrenaicum* Desf., fl. atl. ; Munb., cat. ; *E. pyramidatum* DC., Prod. — Diffère nettement des deux précédents par son port pyramidal ; tige de 2-4 décim., rameuse presque dès la base, à longs rameaux étalés ; grappes florales plus longues que les feuilles axillantes ; achaines fortement tuberculeux. ① Mai-juillet. A. C. Tout le Tell. Rég. médit.

E. gaditanum Boissier, voy. Esp.; Munb., cat. — Se distingue de toutes les plantes du groupe par ses fleurs bleues et son calice à dents très inégales. Algérie (Boissier), Espagne.

b. Feuilles radicales pétiolées, oblongues ou linéaires, généralement obtuses au sommet; fleurs généralement bleues; plantes hérissées de poils moins forts que les précédentes.

1. Grappes nombreuses, axillaires, réunies en panicule oblongue ou pyramidale.

E. sericeum Vahl; Munb., cat.; Ball, spic.; *E. prostratum* Desf.; *E. pycnanthum* Pomel. — Feuilles radicales linéaires, très étroites, pubescentes soyeuses, non tuberculeuses, un peu enroulées aux bords, les caulinaires étroites, un peu tuberculeuses; tiges de 1-4 décim., dressées, grêles, fermes; fleurs en grappes courtes, formant une panicule linéaire ou oblongue; calice à dents linéaires, hérissées-ciliées de poils blancs, dépassant les bractées; corolle étroite, à limbe plus long que le tube, rouge sur le vif, bleu à la fin, très bleu en herbier; achaines tuberculés sur les deux bords et sur la nervure dorsale ② ♃ Avril-mai. Arzew, Mostaganem, Renault, Daya, Ousseugh. Grèce, Italie.

E. ERIOBOTRIUM Pomel. — Feuilles radicales beaucoup moins soyeuses, les autres beaucoup plus tuberculeuses, hérissées; inflorescences très hérisées à bractées étroitement linéaires et non élargies à la base; achaines moins tuberculeux. Mazis (v. s.).

E. humile Desf., fl. atl.; Munb., cat., excl. synon.; Pomel, nouv. mat, p. 93. — Diffère de l'*E. sericeum* par ses feuilles radicales hérissées, plus ou moins tuberculeuses; par sa taille d'ordinaire moins élevée; par ses grappes plus longues formant une panicule oblongue ou subpyramidale; par ses calices fructifères à dents linéaires, longues de 1 cent., dépassant les bractées et ciliées-hérissées comme elles de longs poils blancs; par sa corolle à tube égalant le calice et plus long que le limbe brusquement dilaté. ② ♃ Avril-mai. C. C. C. Dans toute la région désertique.

NOTA. — Cette plante, dans laquelle Gussone avait cru bien à tort reconnaître l'*Anchusa aggregata* Lehm., est assez variable. Du côté de Biskra elle est extrêmement hispide, à longues grappes et à longs calices et paraît se rapprocher de l'*E. setosum* Vahl, auquel on l'a assimilée. Dans la province d'Oran, elle se rapproche beaucoup plus de l'*E. sericeum*.

E. onosmoides Pomel. — Corolle d'un blanc jaunâtre, très étroite dans toute sa longueur. Plante toute hérissée-tuberculeuse assez semblable d'ailleurs à l'*E. humile*. Oued-el-Arab (Reboud) v. s.

E. pustulatum Sibth. et Sm.; Gren. Godr., fl. Fr.; *E. tuberculatum* Hoffm. et Link.; Ball, spic. — Tige dressée (3-5 décim.); feuilles assez larges, les inférieures pétiolées, les supérieures amplexicaules, hérissées ainsi que les tiges de poils fortement tuberculeux à la base, en partie du moins; fleurs bleues en grappes assez longues, étalées; calice hérissé, un peu accrescent; carpelles fortement tuberculeux. ② Tout le Tell oranais. Rég. médit. J'ai un échantillon au moins bien voisin, mais très incomplet du Col de Sfa.

E. decipiens Pomel; *E. vulgare* Desf., fl. atl.; Munb., cat., non L. — Plante un peu plus grêle que la précédente, à poils plus mous; grappes en petit nombre et moins longues. L'*E. vulgare* L. en diffère par ses grappes très nombreuses, courtes, en panicule longue et étroite. ① ② Mazis, Maghnia, Nemours, Magenta, etc.

E. angustifolium Lehman. Maroc.

E. longifolium Delile. Maroc.

Var. *maroccanum* Ball. Maroc.

2. Grappes généralement terminales, solitaires ou plus souvent géminées.

E. nanum Cosson. Maroc.

E. modestum Ball. Maroc.

E. trygorrhizum Pomel. — Très petite plante à feuilles spatulées, hérissées-tuberculeuses, uninerviées; à tiges courtes, couchées en cercle; grappes denses, très hérissées, canescentes. Par la plupart de ces caractères cette plante rappelle tout à fait l'*E. humile*, mais son port est très différent. Mzab (Pomel).

E. maritimum Willd.; Munb., cat.; Lx, cat. Kab.; Ball, spic. — Tiges couchées ou ascendantes, simples ou peu rameuses, hérissées de poils fins, tuberculeux; feuilles étroitement oblongues, à nervure dorsale seule saillante, finement tuberculeuse, à poils appliqués, les radicales pétiolées, spatulées; grappes à la fin très allongées; calice hérissé, à segments linéaires-aigus; corolle de 2 centim. égalant deux fois le calice; carpelles très petits, gris, finement tuberculeux. ② ♃ C. C. C. Tout le littoral.

β *micrantum; E. micranthum* Schousboë, sec. Ball. — Fleurs moitié plus petites. Mostaganem, Maroc.

γ *sabulicolum; E. sabulicolum* Pomel. — Plante dressée, très hispide, hérissée, à tige ordinairement unique, à fleurs médiocres. Sables maritimes.

E. plantagineum L.; Munb., cat.; Lx, cat. Kab.; Ball, spic.; *E. violaceum* Lapeyrouse. — Diffère de l'*E. maritimum* par ses feuilles radicales très grandes, ovoïdes, appliquées en rosette sur le sol, rappelant celles du *Plantago major* et disparaissant de bonne heure; par ses feuilles caulinaires plus larges, un peu embrassantes; par ses tiges très rameuses et surtout par ses corolles très largement ouvertes, à peu près aussi larges que longues, les premières très grandes, les dernières plus petites, bleues, rarement roses ou panachées. ① Mars-juin. C. C. C. Tout le Tell, Rég. médit.

E. creticum L.; DC., fl. Fr.; *E. australe* Lamarck; *E. grandiflorum* Desf., fl. atl., tab. 46; Munb., cat. Kab. — Tige dressée, simple ou peu rameuse, fortement hérissée de poils piquants, tuberculeux, noirâtres à la base; feuilles presque toutes pétiolées, lancéolées-oblongues, jamais en rosette, à nervure médiane hérissée ainsi que le pétiole; calice très hérissé; corolles rouges très grandes (30-35 millim. sur 10-15 à l'ouverture), un peu courbées en dessus; achaines très gros, très fortement tuberculeux. ① C. C. C. Janvier-mars. Tout le Sahel d'Alger, Constantine, etc. Rég. médit.

Cette plante n'a aucun rapport morphologique ou biologique avec l'*E. plantagineum* auquel certains botanistes veulent la réunir.

E. clandestinum Pomel, nouv. mat. est une plante insuffisamment connue et dont la localité est incertaine.

Sous-tribu III. — CYNOGLOSSÉES.

Calice 5-fide ou 5-partit; stigmate capité ou ponctiforme.

Clef des genres :

1	2 carpelles entourés par le calice accrescent. . .	ROCHELIA.
	4 carpelles.	2
2	Carpelles comprimés, enfermés dans le calice aplati et denté.	ASPERUGO.
	Carpelles verticillés, en croix.	3
3	Carpelles déprimés, creusés sur le dos d'une cavité bordée d'une membrane infléchie.	OMPHALODES.
	Carpelles lisses, ailés sur les bords.	MATTIA.
	Carpelles lisses ou tuberculés, non ailés; corolle irrégulière.	ECHIOCHILON.
	Carpelles échinulés.	4

4	Carpelles petits, fixés à la colonne céntrale dans toute leur longueur; plantes annuelles, à petites fleurs bleues ou blanches.	ECHINOSPERMUM.
	Gros carpelles fixés à la colonne centrale par une partie de leur étendue; plantes robustes, à fleurs assez grandes	5
5	Carpelles fixés par leur sommet, souvent marqués sur le dos d'une dépression large et peu profonde; corolle en coupe	CYNOGLOSSUM.
	Carpelles creusés sur le dos d'une cavité profonde en forme de puits; corolle brune, tubuleuse, à limbe non étalé	SOLENANTHUS.

ROCHELIA Reichembach.

Calice quinquépartit; corolle en entonnoir, très petite, à écailles peu visibles; 5 étamines incluses; 1-2 achaines.

R. stellulata Reich.; Munb., cat.; Ball, spic.; fig. Reich. 132-II. — Petite plante rameuse, velue, à poils courts, denses, tuberculés; feuilles très petites, linéaires, les inférieures subspatulées et pétiolées; fruits en grappes divariquées assez denses; pédoncules plus courts que le calice, non réfléchis; calice à lobes linéaires recourbés au-dessus du fruit et tous couverts de poils crochus; 1-2 achaines très petits couverts de poils étoilés. ① Avril-mai. C. C. C. H.-Pl., 3 prov. Orient.

ECHIOCHILON Desf.

Calice 5-partit à 4 lobes longuement linéaires, le 5e presque nul ou nul; corolle tubuleuse, un peu courbe, dilatée de la base au sommet, à gorge nue, à limbe bilabié, très oblique; lèvre supérieure à deux lobes; lèvre inférieure trilobée; 5 étamines incluses, à filets courts; anthères oblongues, obtuses; achaines petits, lisses ou tuberculés, fixés au style par leur bord interne.

E. fruticosum Desf., fl. atl., tab. 47; Munb., cat. — Arbrisseau saharien à tiges tortueuses, dressées ou diffuses, rameuses, cendrées; feuilles sessiles, petites, lancéolées, hispides; fleurs axillaires, bleues ou purpurines, subsessiles, en épis effilés et terminaux; bractées et calices élégamment colorés. ♄ Tout le Sahara. Avril-juin.

ECHINOSPERMUM Schwartz.

Calice 5-partit, corolle en coupe, à tube court, à gorge fermée par 5 écailles; étamines incluses; stigmate subcapité;

achaines hérissés à bords aigus ou marginés. Herbes scabres, très rameuses, à feuilles couvertes de poils courts et tuberculés, les supérieures sessiles.

§ 1. *Sclerocaryum*. — Achaines fortement soudés ensemble, indistinctement marginés, couverts sur la face dorsale de pointes ligneuses dures et épaisses, courtes, non flexibles.

E. spinocarpos Forskall (sub *Anchusa*); *E. Vahlianum* Lehman; Munb., cat. — Plante rigide à rameaux assez épais; pédicelles fructifères courts, indurés; calice accrescent; grappes très lâches. ① A. C. H.-Pl., Sahara. 3 pr., Orient.

§ 2. *Lappula*. — Achaines caducs, marginés, à aiguillons flexibles, glochidiés; rameaux grêles, non indurés; grappes unilatérales.

E. Lappula L.; Munb., cat.; Reich. 128-II. — Grappes à la fin très allongées; fruits pédicellés; pédicelles dressés plus courts que le calice; achaines à plusieurs séries d'aiguillons glochidiés faibles. Sud de la province d'Alger (Munby). Europe, Orient.

E. barbatum Marsh. Bieb. Maroc.

E. patulum Lehm.; Munb., cat. — Rameaux étalés; inflorescences assez denses; achaines subsessiles à marges saillantes, à une seule série d'aiguillons glochidiés assez forts. ① A. C. H.-Pl. 3 prov., Sahara, Orient.

ASPERUGO Tournefort.

Calice 5-fide, accrescent, à la fin bivalve, foliacé, denté; corolle égalant le calice, à gorge fermée par 5 écailles obtuses, à limbe 5-partit; étamines incluses; carpelles comprimés, et réunis 2 à 2, fixés à la colonne centrale au-dessus du milieu de leur bord interne; style court, capité.

A. procumbens L.; Munb., cat.; Lx, cat. Kab.; Reich. 126. — Tiges rameuses, sarmenteuses, longues, hérissées; feuilles rudes, elliptiques ou oblongues, entières ou sinuées, mucronées; fleurs petites fasciculées, axillaires, bleues ou blanches. ① A. C. Avril-mai. Lieux frais des montagnes. Europe, Orient.

OMPHALODES Tournefort.

Calice 5-partit; corolle rotacée fermée par 5 écailles obtuses; étamines incluses; carpelles creusés d'une cavité bordée d'une membrane infléchie en dedans et fixés par la base de leur bord interne à la colonne centrale.

O. linifolia Mœnch; Munb., cat. — Tige de 2-4 décim., grêle, dressée, rameuse au sommet; feuilles minces, oblongues-lancéolées, un peu ciliées ainsi que le calice, les inférieures pétiolées; fleurs en grappes lâches sans bractées; pédicelles à la fin 2-3 fois plus longs que le calice; corolle blanche ou bleuâtre; achaines munis sur le bord de dents épaisses et de quelques cils. ① Mars-juin. Mostaganem, Aïn-Beïda (Julien). Espagne, France.

CYNOGLOSSUM Tournefort.

Calice 5-partit; corolle en entonnoir à gorge fermée par 5 écailles obtuses, à limbe quinquéfide, à tube allongé; étamines incluses; carpelles 4, déprimés sur le dos, non marginés, hérissés d'aiguillons glochidiés, insérés à la colonne centrale par la partie supérieure de leur face interne.

a. Grappes florales munies de bractées.

C. nebrodense Gussone; Munb., cat.; Lx, cat. Kab.; *C. Dioscoridis* Vill., var. *nebrodensis* Ball, spic.; Reich. 131-I. — Tige de 3-5 décim., droite, raide, pubescente, rameuse dans le haut; feuilles pubescentes un peu tuberculées, vertes, non veloutées, les radicales oblongues, pétiolées, les caulinaires sessiles et lancéolées; pédoncules plus longs que le calice, à la fin réfléchis; corolles bleues ou rouges, très petites, dépassant peu le calice. ① Mai-juin. R. R. Sommet des montagnes. Djurdjura, Beni-Sahla, Mouzaïa, etc. Maroc, Espagne, Sicile, Orient.

C. pictum Aïton; Munb., cat.; Lx, cat. Kab.; Ball, spic.; *C. officinale* Desf., fl. atl.?; fig. Reich. 130-I. — Se distingue du précédent par sa taille plus élevée; ses feuilles à pubescence plus fournie, peu ou pas tuberculeuses, les radicales très grandes; par ses fleurs beaucoup plus grandes à corolles dépassant le calice, veinées-réticulées. ② C. C. C. Tout le Tell; champs, moissons. Rég. médit., Orient.

C. clandestinum Desf., fl. atl., tab. 42; Munb., cat.; Lx, cat. Kab.; Ball, spic. — Plante multicaule, veloutée, à indumentum jaunâtre; feuilles lancéolées-linéaires, les inférieures longuement pétiolées, à pétiole ailé, engainant à la base; tiges de 3-5 décim., fermes, rameuses dans le haut; calices velus-veloutés, à divisions obtuses, oblongues; corolle bleuâtre, médiocre, dont les lobes pubescents en dehors restent adhérents par leur sommet. ② ♃ C. C. C. Maroc, Espagne, Italie.

b. Grappe munie de bractées.

C. cheirifolium L.; Munb., cat.; Lx, cat. Kab.; Ball, spic.; fig. Reich. 131-III. — Plante veloutée-canescente; port de l'espèce précédente; feuilles oblongues-lancéolées, se continuant avec les bractées; corolle d'un rouge jaunâtre, à limbe bien épanoui. ② ♃ A. C., partout. Rég. médit.

C. ARUNDANUM Cosson. Maroc.

SOLENANTHUS Ledebour.

Diffère de *Cynoglossum* par sa corolle tubuleuse, à lobes dressés, par ses étamines à longs filets, saillants dans la plupart des échantillons. Plante gynodioïque.

S. lanatus DC.; Munb., cat.; *Anchusa lanata* L.; Desf., fl. atl. — Plante multicaule, veloutée-canescente, très semblable d'aspect au *Cynoglossum cheirifolium;* corolle d'un brun noirâtre parfois toute petite avec les étamines abortives (forme femelle); parfois grande, à étamines longuement saillantes (formes mâle et hermaphrodite); achaines arrondis, à face dorsale proéminente creusée d'une cavité en forme de puits. ♃ C. C. C.

β glabrescens. — Plante pubescente mais non veloutée; grappes fructifères très longues; feuilles caulinaires et florales largement ovoïdes; étamines généralement incluses; aiguillons des carpelles très épaissis; cavité très réduite. El-Achir (Constantine).

MATTIA Schultes.

Port et aspect des plantes précédentes; achaines entièrement lisses, à face dorsale plane, marginée, avec des bords ailés-membraneux; corolle droite, tubuleuse; étamines exsertes.

M. gymnandra Cosson, Bull. soc. bot., vol. III, p. 708; Munb., cat.; Lx, cat. Kab. — Plante de 2 ou 3 décim., très veloutée; tiges rameuses divariquées dans le haut; corolle rouge jaunâtre, à écailles insérées avec les étamines au 1/3 supérieur du tube; lobes ovales triangulaires, courts; style allongé, filiforme. ♃ Juin-juillet, Hauts sommets du Djurdjura : Aïzer, Tizi-Hout, Tizi-Ougoulmin, etc.

Tribu II. — CERINTHÉES.

CERINTHE Tournefort (Mélinet).

Calice 5-partit; corolle tubuleuse 5-dentée, nue à la gorge; 2 carpelles biloculaires et biovulés ou un seul par avortement;

style gynobasique. Plantes glauques, dressées, rameuses dans le haut, à feuilles plus ou moins rudes, ponctuées de gros tubercules écailleux plus ou moins nombreux et présentant quelques poils épars, d'ailleurs glabrescentes, les inférieures spatulées, les supérieures cordiformes-amplexicaules, se continuant avec les bractées; fleurs en grappes terminales, solitaires ou géminées, garnies de grandes bractées cordiformes, imbriquées, finement ciliées, souvent colorées; sépales foliacés presque libres.

a. Plantes annuelles; dents de la corolle triangulaires-aiguës, réfléchies.

C. aspera Roth; Munb., cat.; Lx, cat. Kab.; *C. major* Desf., fl. atl.; Munb., cat.; Ball, spic., an L.?; fig. Reich. 95-II. — Plante de 4-8 décim.; bractées largement cordiformes et très accrescentes ainsi que le sépale le plus extérieur; corolle de couleur variable, longue de 18 millim.; étamines insérées au 1/3 inférieur de la corolle; anthères incluses, rarement un peu exsertes; fruits noirs, très gros, presque carrés, non sillonnés sur le dos et à bec seul bilobé. ① Mars-mai. C. C. C. Bonnes terres du Tell. Rég. médit., Orient.

C. gymnandra Gasparrini; Munb., cat.; Lx, cat. Kab.; Ball, spic. — Corolles toujours blanchâtres, tachées de pourpre noirâtre, longues de 30 millim.; étamines exsertes insérées au 1/3 supérieur de la corolle; fruits très petits, oblongs, marqués d'un sillon dorsal, sauf avortement d'une des 2 graines; bractées moins larges, moins accrescentes. ① Tout le littoral et la région montagneuse élevée, sables. Mars-juin. Naples.

C. oranensis Batt., Ass. fr., congrès de Toulouse, pl. XVIII. — Corolle ordinairement jaune, tachée de pourpre noirâtre, longue de 16-17 millim.; étamines saillantes, insérées au milieu de la corolle; fruits ovoïdes, luisants. ① Mars-mai. Sables maritimes. La Macta, Mostaganem, Nemours.

b. Dents de la corolle dressées; plantes vivaces.

C. minor L.; Desf.; fl. atl.; Munb., cat.; Reich. 94-I.

Cette plante a été signalée en Algérie par Desfontaines et Duval-Jouve en avait retrouvé un pied au Ruisseau près Alger. ♃ Europe.

Tribu III. — HÉLIOTROPÉES.

HELIOTROPIUM L. (Héliotrope).

Calice 5-partit ou 5-denté; corolle en coupe, à gorge nue ou barbue, munie dans les sinus des lobes de 5 plis terminés en petite dent; étamines incluses; style terminal; stigmate élargi en anneau à la base; 4 carpelles plus ou moins cohérents. Petites fleurs subsessiles en grappes scorpioïdes denses généralement sur 2 rangs.

a. Plantes annuelles à fleurs blanches, à feuilles ovoïdes-obtuses, pétiolées, penninerviées, pubescentes; corolle à préfloraison imbriquée; grappes terminales et axillaires.

1. Achaines soudés en un fruit unique enveloppé dans le calice et tombant avec lui.

H. supinum L.; Desf., fl. atl.; Munb., cat.; Lx, cat. Kab.; Ball, spic.; Reich. 93-I. — Tiges pubescentes à poils étalés, rameuses, couchées en cercle; feuilles pubescentes en dessus, tomenteuses en dessous, souvent un peu ondulées; fruit ovoïde-aigu, souvent à un seul carpelle. ① Juin-août. C. C. C. Dans le fond des mares sèches l'été. Rég. médit.

2. Achaines indépendants du calice et tombant individuellement.

H. europæum L.; Desf., fl. atl.; Munb., cat.; Lx, cat. Kab.; Ball, spic.; Reich. 93-II. — Plante fétide de 2-5 décim. et plus; tiges dressées ou étalées, très rameuses, couvertes de poils appliqués; feuilles pubescentes d'un vert blanchâtre; fruit arrondi. ① C. C. C. Juin-octobre. Champs, cultures. Europe moyenne, Orient.

Cette plante contient, au moins en Algérie, un alcaloïde toxique.

b. Plantes vivaces ou sous-frutescentes; carpelles tombant séparément ou par deux.

1. Fleurs blanches.

H. undulatum Vahl; Munb., cat.; Ball, spic.; *H. crispum* Desf., fl. atl., tab. 41. — Plante sous-frutescente à la base, à pubescence courte, grise, rude, tuberculée; tiges couchées, rameuses; feuilles très brièvement pétiolées, lancéolées ou oblongues, obtuses, à bords ondulés et enroulés; grappes denses et courtes, paniculées au sommet des tiges; corolle à tube dépassant le calice, velu en dehors, aussi long ou plus long que les lobes; préfloraison imbriquée; anthères fixées au milieu du tube; stigmate hérissé, conique-allongé, un peu plus long que le style; 4 achaines se séparant à maturité. ♃ Sahara, 3 prov. Orient.

H. maroccanum Lehman. Maroc.

H. Kralickii Pomel. Tunisie.

H. curassavicum L.; Desf., fl. atl.; Munb., cat. — Plante glabre de 3-6 décim., à tiges couchées, à feuilles linéaires-lancéolées; grappes petites; calice appliqué sur l'ovaire; fruit globuleux à 4 carpelles tombant séparément. ♃ Algérie (Desf.)

2. Fleurs jaunes.

H. luteum Poiret; Munb., cat. — Plante sous-frutescente, rameuse en forme de petit buisson, à rameaux pubescents; feuilles subsessiles, oblongues, petites, à bords enroulés et ondulés, pubescentes; grappes courtes, serrées, géminées; calice velu; corolle à tube velu ou glabre, à lobes étroits, aigus, à préfloraison valvaire; stigmate long, conique, hérissé, 2 fois plus court que le style, hispide, à poils réclinés; gros achaines velus, rarement glabres. ♄ Souf (Cosson), Orient.

H. suffrutiscescens Pomel. — Port du précédent; style très court et glabre ainsi que le stigmate dont il égale seulement le renflement basilaire; fruits glabres. ♄ Ouargla (Pomel) v. s.

SOLANÉES Jussieu.

Calice 5-fide ou 5-partit, généralement persistant; corolle à préfloraison tordue ou induplicative; 5 étamines insérées sur la corolle et alternant avec ses lobes; ovaire à 2 loges antero-postérieures, multiovulées; placentation septale; graines généralement comprimées, albuminées; embryon courbe. Plantes à suc aqueux, souvent toxiques, à feuilles alternes ou parfois géminées au sommet des rameaux. (Reich., vol. XX).

Clef des genres :

1	Fruit baccien.	2
	Fruit capsulaire.	10
2	Calice très accrescent formant à maturité une urcéole membraneuse qui enveloppe plus ou moins complètement la baie.	3
	Calice peu accrescent.	4
3	Calice à la fin très grand cachant tout à fait la baie.	PHYSALIS.
	Calice moins renflé, laissant voir la baie.	WITHANIA.
4	Corolle rotacée.	5
	Corolle plus ou moins tubuleuse.	7

5	Corolle 5-partite; anthères conniventes, s'ouvrant par un pore au sommet.	SOLANUM.
	Anthères s'ouvrant par une fente longitudinale. . .	6
6	Baie charnue souvent pluriloculaire; anthères cohérentes par leur sommet membraneux.	LYCOPERSICUM.
	Baie non charnue, à la fin vésiculeuse; anthères libres	CAPSICUM.
7	Baie à la fin sèche, membraneuse; corolle irrégulière subbilabiée	TRIGUERA.
	Baie charnue.	8
8	Arbrisseaux à corolle infundibuliforme, à tube étroit.	LYCIUM.
	Herbes vivaces, à corolle campanulée.	9
9	Plantes acaules.	MANDRAGORA.
	Plante caulescente	ATROPA.
10	Capsule à déhiscence pyxidaire	HYOSCYAMUS.
	Capsule s'ouvrant en 4 valves longitudinales. . .	DATURA.
	Capsule s'ouvrant en 2 valves longitudinales. . .	NICOTIANA.

TRIGUERA Cavanilles.

Calice membraneux 5-partit; corolle campanulée à 5 lobes inégaux; étamines incluses, subégales, à filets soudés à la base en coupe nectarifère; baie arrondie; style persistant, subulé; grosses graines comprimées, réniformes; embryon spiralé.

T. ambrosiaca Cav.; Munb., cat. — Tige rameuse; feuilles glabres ou pubescentes, obovées, crénelées, les supérieures sessiles; pédoncules extra-axillaires, courts, portant chacun 2 pédicelles; calice laineux; corolle violette, nutante. Plante à odeur de musc. ① Mars-avril. Plaine des Andalous à Oran. Espagne.

LYCOPERSICUM Tournefort.

L. esculentum L.; Desf., fl. atl. *La tomate*. — Cultivé, subsp.

SOLANUM L. (Morelle).

Calice peu ou pas accrescent, restant appliqué sur la baie; anthères rapprochées en colonne, s'ouvrant par 2 pores apicaux; style simple; stigmate obtus; baie globuleuse ou ovoïde, charnue, biloculaire; graines comprimées-réniformes. Herbes ou arbrisseaux à fleurs en cymes extra-axillaires.

S. nigrum L.; Desf., fl. atl.; Munb., cat.; Lx, cat. Kab.; Ball, spic.; Reich. 10; *S. Dillenii* Schultz; *S. moschatum* Presl., etc. *Morelle noire*. — Tige dressée, rameuse, glabrescente; rameaux pourvus de lignes saillantes, dentelées, plus ou moins prononcées; feuilles d'un vert sombre, presque glabres, pétiolées, ovales, aiguës, sinuées-dentées ou anguleuses, ou entières; fleurs en corymbes ombelliformes brièvement pédonculés; pédicelles à la fin réfléchis, pubescents; baies sphériques de la grosseur d'un pois, noires. ① C. C. C. Toute l'année. Cosmopolite, originaire de l'ancien monde.

S. suffruticosum Schousboë. Maroc (1).

S. pterocaulos Reich. 10-IV, an Dunal? n'est qu'une forme à rameaux un peu ailés du *S. nigrum*. Çà et là.

S. chlorocarpum Spenn; *S. ochroleucum* Bastard; *S. luteo virens* Gmelin; *S. humile* Bernh. — Baies jaunes ou jaunâtres. R. Bou-Saâda.

S. VILLOSUM Lamarck; Munb., cat.; Lx, cat. Kab.; Ball, spic.; Reich. 11-I. — Plante velue-pubescente à rameaux anguleux, ni ailés, ni denticulés; corolle 3-4 fois et non 1 fois plus longue que le calice; baies noires ou safranées; ombelles pauciflores. ① A. R.

S. MINIATUM Mertens et Koch. — Plante pubescente-blanchâtre à baies rouges; rameaux anguleux, scabres, tuberculés. C. C. C.

S. sodomæum L.; Munb., cat.; Ball, spic. — Arbrisseau rameux, très épineux à épines robustes, couvert de poils étoilés; feuilles sinuées-pinnatifides à lobes et sinus arrondis, à nervure portant sur les 2 faces de forts aiguillons, à la fin glabrescentes en dessus; corolle violacée, pubescente, aussi grande que celle de la pomme de terre; gros fruit globuleux, jaunâtre. ♄ Constantine (Munby). Souvent échappé de jardins près d'Alger, ainsi que beaucoup d'autres *Solanum*. Rég. médit., Afrique australe, Maurice, Australie.

S. Melongena L.; Desf., fl. atl. *L. Aubergine*. Cult.

S. tuberosum L.; Desf., fl. atl. *Pomme de terre*. Cult.

---

(1) Je ne connais point cette variété, mais à Alger le *S. nigrum* est souvent vivace par induration. J'ai vu à Fouka, dans une faille de rocher, au bord de la mer, un pied de *S. villosum* dont le tronc avait plus de 3 centimètres de diamètre et dont la ramure avait 10 mètres de circonférence. Ce géant avait des ombelles à 1-2 fleurs seulement.

S. Dulcamara L.; Munb., cat.; Lx, cat. Kab.; Reich. 12-I. — Plante sarmenteuse, un peu volubile; feuilles pétiolées, glabres ou pubescentes, ovales-acuminées, entières ou les supérieures triséquées, à segments latéraux plus petits, obliques, étalés ou réflechis; fleurs en cymes divariquées, longuement pédonculées, petites, violettes; baies rouges, ovoïdes. ♄ A. C. Broussailles marécageuses. Europe, Asie, Orient.

CAPSICUM L. (Piment).

On cultive beaucoup les *C. annuum* L., *frutescens* Wild, et leurs diverses variétés.

PHYSALIS L.

On cultive beaucoup, sous le nom de *Groseille* d'Amérique, les *Ph. pubescens* L. et *peruviana* Nees, que l'on trouve parfois échappés des cultures.

WITHANIA Pauqui.

Corolle 5-fide, peu brillante, dépassant le calice; étamines incluses; anthères à dehiscence longitudinale; ovaire muni à sa base d'un disque glanduleux; baie globuleuse; style subulé; stigmate capité.

W. frutescens Pauqui; Ball, spic.; *Atropa frutescens* L.; Desf.; fl. atl.; Munb., cat. — Arbuste rameux haut de 1 à 3 mètres, glabre, à rameaux subéreux, blanchâtres; feuilles pétiolées, ovoïdes, cordiformes ou suborbiculaires, entières, luisantes; fleurs solitaires ou réunies 2-3 sur un court pédoncule, nutantes; calice d'abord petit 5-denté, accrescent; corolle verdatre, assez grande, à 5 divisions linéaires; baies verdâtres. ♄ C. C. C. Tell oranais, Maroc, Espagne.

W. somnifera Dunal; Ball, spic.; *Physalis somnifera* L.; Desf., fl.; atl.; Munb,, cat. — Plante herbacée, sousfrutescente à la base, tomenteuse à poils étoilés; tiges robustes, dressées, rameuses; feuilles entières, ovoïdes ou oblongues, courtement pétiolées, vertes en dessus; fleurs petites, à pédicelles courts, en fascicules axillaires, nutantes; baie rougeâtre, globuleuse, de la grosseur d'un pois; calice très accrescent, presque fermé. ♃ R. R. Tell. Parties chaudes de la rég. médit.

ATROPA L.

Calice 5-denté, à la fin un peu accru et étalé en étoile; corolle campanulée à 5 lobes courts; 5 étamines écartées du style, à filets laineux à la base; anthères s'ouvrant longitudinalement; style filiforme; stigmate capité; ovaire inséré sur un disque nectarifère; baie globuleuse; graines reniformes comprimées.

A. **Belladona** L.; Munb., cat.; Lx, cat. Kab.; fig. Reich. 8. — Plante de 8-15 décim., glabrescente, finement glanduleuse; tiges fortes, dressées, très rameuses; feuilles d'un vert sombre, grandes, brièvement pétiolées, ovoïdes ou ovoïdes-lancéolées, les supérieures géminées; fleurs assez grandes, solitaires ou géminées, penchées; corolle d'un brun sale, un peu irrégulière, à 15 nervures, un peu rétrécie et plissée à la base; baie noire luisante à suc violet. ♃ Plante fortement toxique. R. Ruisseau des Singes, Djurdjura, Babors, Bône, etc. Europe, Orient.

MANDRAGORA Tournefort.

Plantes acaules, à grosse souche verticale descendante, à grandes feuilles oblongues-lancéolées en rosette, à pédoncules allongés et uniflores, à grandes corolles 5-fides, campanulées, plissées, marcescentes. Pour le reste comme *Atropa.*

M. autumnalis Spr.; Munb., cat.; Lx, cat. Kab.; Reich. 6. — Feuilles entières ou dentées; corolles de 3-4 cent., violettes, à dents triangulaires; fleurs longuement pédonculées; baies ovoïdes-oblongues, rougeâtres, dépassant peu les lobes du calice. ♃ Septembre-octobre. A. R. Oued-el-Alleug, Rouïba, Mouzaïa, Kabylie, etc., etc. Espagne, Italie, Orient, Grèce.

M. officinarum L.; Desf., fl. atl.; Munb., cat.; Ball, spic. Premières feuilles petites, obtuses, les autres sinuées ou entières; fleurs d'un blanc verdâtre, moins longuement pédicellées; corolle à lobes lancéolés-aigus; baie jaune, très grosse, dépassant beaucoup le calice. ♃ Février-mars. Algérie? Maroc, Espagne, Italie, Dalmatie, Grèce.

LYCIUM L.

Calice urcéolé, non accrescent, restant appliqué sur la baie. Arbrisseaux épineux, à petites feuilles oblongues ou spatulées, entières, brièvement atténuées en pétiole, fasciculées.

L. europæum L.; Desf., fl. atl.; *L. mediterraneum* Dunal; Munb., cat.; Ball, spic. — Tiges de 1-3 mètres, nombreuses, dressées, rameuses; rameaux étalés, rigides, en partie avortés et changés en épines ayant à leur base un fascicule de feuilles; fleurs brièvement pédicellées, dressées 1-3 à l'aisselle des feuilles; calice très court subrégulier; baie rouge ou orangée, pisiforme. ♄ C. C. C. Haies, broussailles. Rég. médit.

L. vulgare Dunal; Ball, spic.; *L. barbarum* Munb., cat.; Lx, cat. Kab. — Tiges faibles; fleurs longuement pédicellées, souvent pendantes; calice plus grand, bilabié; baies oblongues. ♄ R. R., probablement introduit. Existait autrefois au ravin du Centaure à Alger, Kabylie (Lx).

L. intricatum Boissier; Munb., cat. — Buisson divariqué, très rameux, à rameaux intriqués, très épineux; ramuscules feuillés dans toute leur longueur; feuilles petites, charnues; fleurs solitaires, dressées, courtement pédicellées, bleuâtres; calice à dents très courtes; corolle à limbe insensiblement élargi, à dents arrondies; étamines à filets glabres, arrivant ainsi que le style à la gorge de la corolle; petite baie rougeâtre, ovoïde ou oblongue. ♄ C., sur le tittoral oranais.

L. afrum L.; Munb., cat.; Ball, spic. — Diffère du précédent surtout par sa baie noire et son port rappelant celui du *L. europæum*, ou un peu pleureur; par ses feuilles non charnues, fasciculées à la base des épines. ♄ Oran d'après Munby, Bou-Saâda, Msila, Tunisie.

DATURA L. (Stramoine).

Calice pentagonal se coupant circulairement au-dessus de sa base persistante et accrescente; corolle en entonnoir, plissée, très grande; style allongé, à stigmate bilobé; 5 étamines insérées sur le tube de la corolle; grosses capsules généralement épineuses, quadrivalves, à 2 loges divisées elles-mêmes en 2 par une fausse cloison; grosses graines réniformes, comprimées. Grandes plantes à fleurs ornementales.

D. Stramonium L.; Desf., fl. atl.; Munb., cat.; Lx, cat. Kab.; Ball, spic.; Reich. 3. — Tige de 2-15 décim., épaisse, dichotome; feuilles sombres, ovoïdes-acuminées, inégalement sinuées-dentées, glabres ou glabrescentes; fleurs brièvement pédonculées, solitaires dans les dichotomies et sur les rameaux; corolle blanche, à lobes courts, condupliqués, brusquement acuminés en pointe fine; capsule épineuse; graines noires alvéolées. ① A. C. Terres riches et fumées. Juin-septembre. Cosmopolite.

β *Chalybæa* Koch; *D. Tatula* L. — Fleurs violacées. Avec le type. On cultive fréquemment dans les jardins les *D. arborea* et *fastuosa*.

HYOSCYAMUS Tournefort (Jusquiame).

Calice campanulé, persistant, accrescent, 5-denté, à dents triangulaires-aiguës, enveloppant la capsule; corolle en entonnoir, à 5 lobes obtus, un peu irrégulière; capsule pyxidaire; graines réniformes; fleurs en longs épis feuillés, unilatéraux. Herbes fétides, glanduleuses, fortement toxiques.

a Capsule ventrue à la base, opercule n'atteignant pas le tiers de la capsule.

H. niger L.; Desf., fl. atl.; Munb., cat.; Lx, cat. Kab.; Reich. 2 II. — Tiges dressées (4-12 décim.), rameuses; feuilles radicales pétiolées, en rosette; feuilles caulinaires sessiles, embrassantes, ovales-lancéolées, sinuées-dentées ou pinnatifides; épi très feuillé; calice réticulé; corolle à gorge d'un violet noir, à limbe large, jaunâtre, élégamment réticulé de violet; étamines exsertes. ① R. Çà et là, plus fréquent dans la montagne. Europe, Asie.

H. albus L.; Desf., fl. atl.; Munb., cat.; Lx, cat. Kab.; Ball, Spic.; Reich. 2-I. — Feuilles toutes pétiolées, souvent cordées à la base, sinuées-dentées, ovoïdes; corolle jaune; plante moins visqueuse et moins fétide. ① ②. C., au bord de la mer. Rég. médit.

H. MAJOR Miller; Ball, spic. — Tiges plus grêles partant d'une souche vivace, sous ligneuse, fond de la corolle d'un violet noirâtre sans réseau sur le limbe. Je n'ai vu cette plante bien caractérisée qu'une fois à Mustapha-Supérieur, mais on trouve assez souvent près de la mer une plante plus semblable à l'*H. albus* à fond de la corolle violet-noir.

b. Capsule ellipsoidale régulière, apiculée, se coupant au-dessus du milieu.

H. Falezlez Cosson; Bull. soc. bot. Fr., vol. II, p. 166, tab. V. — Plante vivace, sous-frutescente à la base, plus ou moins pubescente-visqueuse; tiges dressées, simples ou rameuses; feuilles radicales petites, entières, spatulées; feuilles moyennes ovoïdes-dentées, pétiolées; feuilles bractéales entières, oblongues, sessiles; calice réticulé; corolle blanchâtre à tube violet-noir dans le haut. ♃ Extrême-Sud. Falezlez ou El-Bethina des Touaregs.

NICOTIANA Tournefort (Tabac).

N. glauca Graham. — Arbrisseau de 1 à 4 mètres, à tiges dressées, peu rameuses; feuilles glauques, oblongues, aiguës, glabres; fleurs jaunes, longuement tubuleuses, étroites. ♄ Plante de l'Amérique du Sud, souvent subspontanée près des habitations.

N. rustica L.; Desf., fl. atl. — Tabac à fleurs jaunes. Rarement cultivé par les Arabes.

N. Tabacum L.; Desf., fl. atl. — Tabac ordinaire. Cult., subsp.

VERBASCÉES Bartling.

Calice 5-partit, persistant; corolle 5-partite, grande, rotacée à lobes arrondis, un peu irrégulière, à préfloraison imbriquée; 4-5 étamines inégales; style terminal, filiforme; capsule ovoïde, dure, acuminée par la base du style, biloculaire, septifrage, à valves souvent bifides; graines réfléchies, oblongues, tuberculeuses; embryon droit dans un albumen charnu. Grandes herbes à tiges rigides, simples ou rameuses; à feuilles oblongues ou ovoïdes, entières ou sinuées-dentées, les radicales grandes, pétiolées, en rosette, les caulinaires sessiles, embrassantes ou décurrentes; fleurs en grappes spiciformes ou en panicules. Groupe de transition entre les *Solanées* et les *Scrophulariées*, contenant des plantes très semblables d'aspect.

Clef des genres :

1 { 5 étamines. . . . . Verbascum.
  { 4 étamines. . . . . Celsia.

VERBASCUM L.

§ 1. *Thapsus.* — 3 étamines à anthères réniformes et 2 plus grandes à anthères décurrentes sur un seul côté du filet.

a. Fleurs solitaires, rarement fasciculées à l'aisselle des bractées; capsule globuleuse, glabre.

V. Blattaria L.; Munb., cat.; Lx, cat. Kab.; Reich. 32. — Tige de 4-10 décim., raide, dressée, rameuse dans le haut; feuilles glabres, inégalement dentées, les radicales oblongues, sinuées, brièvement pétiolées, les caulinaires ovoïdes, embrassantes, non décurrentes; fleurs jaunes avec une tache pourpre, médiocres, solitaires; pédoncules pubérulents égalant 2 fois le calice; calice à segments plus courts que la capsule; filets couverts de poils violets. ② Juin-août. R. Ben-Chicao, Djurdjura, Bougie, Garrouban, La Calle, etc. Rég. médit.

V. virgatum With.; Munb., cat. — Diffère du précédent par ses tiges simples, très feuillées; ses feuilles munies de poils glanduleux épars, les inférieures lancéolées, parfois un peu lyrées, assez brusquement pétiolées, les caulinaires acuminées ; par ses fleurs un peu fasciculées, à pédoncules plus courts que le calice. ② Oran (Munby), Constantine ! (Herb. Pomel). Europe, Rég. médit.

V. repandum Willd.? — Plante glabrescente ou plus ou moins velue-glanduleuse ; feuilles oblongues ou ovoïdes, obtuses, crénelées-dentées, les inférieures assez longuement pétiolées, sublyrées ; tiges simples, peu feuillées ; pédoncules solitaires un peu plus longs que le calice ; celui-ci égalant presque la capsule. Juillet. Djebel-Mzi (Sud oranais).

b. Capsule ovoïde ; pédicelles épaissis, robustes ; fleurs fasciculées.

V. atlanticum Sp. nov. — Tige de 5-10 décim. ; dressée, rameuse, pubescente-glanduleuse ainsi que les bractées, calices et capsules ; feuilles vertes, aranéeuses en dessus, tomenteuses en dessous, irrégulièrement dentées, les inférieures oblongues, sinuées-dentées à la base et atténuées en court pétiole, les autres largement embrassantes, subdécurrentes, oblongues puis ovoïdes ; fleurs des espèces précédentes, 1-3 à l'aisselle de petites bractées ; pédoncules indurés, épais, égalant le calice ; celui-ci à segments linéaires, carenés, atteignant le milieu de la capsule très grosse et ovoïde ; graines scrobiculées. ② Sanitarium de l'Aïn-Aïssa (Sud oranais).

V. phlomoides L., signalé en Kabylie par Munby n'a pu y être retrouvé et ne figure pas au catalogue de Lx ; *V. montanum* Schrader signalé à Blida par le même auteur ne paraît pas non plus s'y trouver.

§ 2. *Lychnitis.* — Anthères toutes semblables, réniformes ; feuilles épaisses, tomenteuses, peu ou pas décurrentes ; stigmates capités.

V. sinuatum L. ; Desf., fl. atl. ; Munb., cat. ; Lx, cat. Kab. ; Ball, spic. ; Reich. 24. — Plante de 5-20 décim., rameuse à rameaux étalés-dressés ; feuilles brièvement tomenteuses, sinuées-pinnatifides, à lobes ondulés, dentés ou incisés, les radicales grandes, pétiolées, les caulinaires un peu décurrentes ; fleurs jaunes, médiocres, fasciculées, formant une grande panicule d'épis interrompus ; filets couverts de poils violets ; anthères égales ; capsules petites, dépassant peu le calice ; pédoncules courts. ② Juin-août. C. C. C. Rég. médit.

V. Boerhaavii L. ; Munb., cat. ; Lx, cat. Kab. ; Reich. 33. — Tiges dressées (4-15 décim.), simples ou rameuses, à rameaux dressés ; feuilles radicales très tomenteuses, généralement ovales ou elliptiques, pétiolées, crénelées ou subentières, parfois incisées à la base ; fleurs assez grandes, jaunes, tachées de violet à la gorge, plongées dans un duvet cotonneux et disposées en épi raide, allongé, interrompu; pédicelles très courts; étamines à filets munis de poils violets, rares sur les inférieures dont les filets sont disposés obliquement; capsules ovoïdes-allongées, assez grandes. ② C. Dans la région montagneuse. Rég. médit.

V. numidicum Pomel; *V. Boerhaavii* Choulette, exsicc. — Diffère du *V. Boerhaavii* par ses pédicelles inégaux, dont quelques-uns sont plus longs que la capsule, et par ses étamines toutes égales. Sidi-Mecid, près Constantine (v. s., herb. Pomel.)

V. Warionis Franchet, inéd. — Diffère du *V. Boerhaavii* par ses feuilles radicales longues de 30 à 40 centimètres, oblongues-lancéolées et non petites et ovoïdes; par les feuilles caulinaires semi-décurrentes sur la tige; par ses étamines convertes de poils blancs. Localité inconnue. (n. v.)

V. kabylianum Debeaux, Rev. bot. avril 1890; *V. Debeauxii* Franchet, inédit. — Diffère du *V. Boerhaavii* par sa taille élevée, ses feuilles radicales plus grandes, 20-25 cent., mais de même forme, par ses pédicelles aussi longs et plus longs que les capsules; par les rameaux à la fin dénudés, indurés et spinescents au sommet; fleurs inconnues. Contrefort du Djurdjura, près Fort-National, sur la route de Taourirt-Amokran. Juin. (Debeaux, n. v.)

Nota. — Les descriptions originales de ces 2 dernières espèces, écrites de la main de M. Franchet, m'ont été communiquées par M. le général Paris. M. Franchet, dans les notes qui suivent ses descriptions, les considère comme des types très distincts. J'ai, d'autre part, trouvé jadis à la Glacière Laval, au-dessus de Blida, un *Verbascum* géant se rapportant de tout point à la description du *V. Debeauxii* moins les pédicelles, restés courts comme dans le *V. Boerhaavii*. C'était peut-être un hybride de ces deux espèces. Il était toutefois abondamment fructifié.

V. pulverulentum Villars? — Plante toute couverte d'un tomentum jaunâtre, floconneux, détersible; tige dressée, robuste, ramifiée dans le haut en panicule étroite, fournie, oblongue; feuilles fortement nerviées en dessous, entières ou peu dentées, les radicales grandes, oblongues ou presque lancéolées, atténuées insensiblement en court pétiole ailé; les caulinaires largement cordiformes, aiguës; inflorescence très tomenteuse, floconneuse; fleurs fasciculées, brièvement pétiolées; calice à divisions lancéolées; corolle petite, tomenteuse en dehors; étamines toutes semblables, courtes, à filets tout couverts de poils blancs, jusque sous les anthères ; capsules.....? Daya, chemin de Sidi-Bouzid (Clary) v. s. 1 seul spécimen.

V. granatense Pomel, herb. an Boissier? — Feuilles radicales sessiles, très grandes, oblongues, rétrécies au-dessus de la base cordiforme, aiguës au sommet, crénelées-dentées. Pour le reste comme le précédent, et j'ignore si les feuilles ne peuvent pas présenter ces diverses formes. Tlemcen. *V. granatense* doit avoir ses feuilles radicales fortement sinuées et non nerviées en dessous. J'ai encore dans ce groupe un échantillon beaucoup trop jeune cueilli dans l'Aurès par M. Letourneux.

V. Cossonianum Ball. Maroc. Peut-être identique à l'un des précédents.

V. cordatum Desf., Fl. atl. — Feuilles pétiolées, cordiformes à la base, épaisses, tomenteuses, les caulinaires entières, amplexicaules. Tlemcen. Fleurs et fruits et par suite section inconnue.

V. Lychnitis L.? Schousboë. Maroc.

V. Hookerianum Ball. Maroc.

V. Hænseleri Boissier. Maroc.

CELSIA L.

Plantes glabres ou un peu velues, à fleurs très grandes, à 4 étamines. Toutes nos espèces algériennes ont des étamines dimorphes comme les *Verbascum* de la section *Lychnitis* et appartiennent par suite à la section *Arcturus* Benth.; toutes ont de grandes corolles tachées de violet dans le fond.

a. Pédoncules plus courts que la capsule, robustes. Plantes plus ou moins pubescentes ou hispides, glanduleuses.

C. cretica L.; Desf., fl. atl.; Munb., cat.; Lx, cat. Kab. — Plante de 3-12 décim., pubescente, un peu visqueuse dans le haut, simple ou peu rameuse, très feuillée ; feuilles radicales lyrées-pinnatipartites, crénelées-dentées, les supérieures sessiles, cordiformes, dentées, passant insensiblement aux bractées ; inflorescence serrée, fleurs jaunes très grandes, subsessiles ; calice à segments foliacés, dentés, égalant presque la capsule ovoïde, très grosse et ventrue. Février-Mai. ② C. C. C. Tout le Tell. Espagne, Maroc, Italie.

C. Ballii nob.; *C. cretica* var. *Cavanillesii* Ball, pro parte ; *C. laciniata* Cosson, non Poiret. — Tiges grêles, rameuses

(3-6 décim.) peu feuillées; feuilles un peu pubescentes, les inférieures pétiolées, oblongues, sinuées-pinnatifides, à lobes crénelés-dentés ou lyrées, les caulinaires sessiles, sinuées-dentées; bractées plus courtes que le pédoncule ou l'égalant; pédoncule égalant le calice ou plus court; calice à segments entiers ou dentés, bien plus courts que la capsule; corolle médiocre. ② ♃ Avril-mai. El-Kantara, Biskra.

Nota. — Cette plante est très voisine du *C. sinuata* Cav.; Willk., illustr. tab. CXXVI et surtout de sa forme grêle et parviflore que j'ai vue de Cadix. Elle s'en distingue par sa capsule plus petite, ovoïde et non oblongue et par son calice bien moins développé à lobes souvent entiers. Je ne puis, d'autre part, réunir cette plante au *C. cretica* et bien moins au *C. laciniata.*

b. Pédoncules bien plus longs que la capsule, grêles, réfractés sous la fleur, redressés à maturité, plantes glabrescentes.

C. laciniata Poiret; Munb., cat. — Plante encore un peu hispidule; tiges rameuses, dressées, hautes de 3-12 décim., plus ou moins feuillées; feuilles glabrescentes, sinuées-pinnatifides, à lobes aigus, dentés, triangulaires, irréguliers; feuilles inférieures longuement pétiolées, lyrées, les supérieures sessiles, lancéolées; bractées minuscules; fleurs en grappes lâches; pédoncules égalant 2-3 fois le calice; calice à segments foliacés, dentés, plus courts que la capsule ovoïde; fleurs jaunes, grandes; style très long. ② Oran, Daya, Garrouban, Bougie (Lx).

C. betonicæfolia Desf., fl. atl.; Munb., cat.; Lx, cat. Kab.; Ball, spic. — Souche vivace; tige dressée, brune, simple ou peu rameuse, peu feuillée; feuilles finement crénelées ou dentées, à dents arrondies, oblongues ou lancéolées, les radicales pétiolées, à pétiole élargi, souvent entières, plus rarement lyrées ou sinuées; inflorescence lâche; fleurs très grandes, très longuement pédonculées; bractées étroites, acuminées; calice foliacé, denté, plus court que la capsule ovoïde. ♃ C. C. C. Avril-juin. Tout le Tell, Maroc.

C. maroccana Ball. Maroc.

C. Barnadesii Vahl. Maroc.

C. ramosissima Bentham. Maroc.

SCROPHULARIÉES Lindley.

Fleurs généralement irrégulières, pentamères ou plus rarement tétramères; étamines 4 ou 2 seulement; ovaire capsulaire à 2 loges; embryon droit ou un peu courbe dans un albumen charnu. Ces plantes ne diffèrent des *Celsia* par aucun caractère important et s'éloignent des *Solanées* par l'avortement de la cinquième étamine.

Clef des genres :

1	2 étamines; corolle rotacée; capsule obcordée ou didyme.	VERONICA.
	4 étamines en général; corolle tubuleuse.	2
2	Corolle nettement bilabiée.	4
	Corolle tubuleuse, campanulée ou subbilabiée. . .	3
3	Corolle grande, campanulée, à 5 lobes peu profonds	DIGITALIS.
	Petite plante rupestre; corolle tubuleuse, en coupe, à 5 segments subégaux.	ERINUS.
4	Corolle bossue ou éperonnée à la base; cloison de la capsule parallèle aux lèvres de la corolle. . .	5
	Corolle ni bossue, ni éperonnée; cloison de la capsule généralement perpendiculaire aux lèvres de la corolle.	6
5	Corolle à gorge ouverte; éperon nul ou très petit; petites fleurs blanches	ANARRHINUM.
	Corolle à gorge fermée, gibbeuse à la base. . . .	ANTIRRHINUM.
	Corolle à gorge fermée, éperonnée à la base. . .	LINARIA.
6	Calice pentamère.	7
	Calice tétramère; capsule polysperme.	8
7	Corolle globuleuse, urcéolée, à lèvre supérieure bilobée.	SCROPHULARIA.
	Corolle longuement tubuleuse, à lèvre supérieure en casque	PEDICULARIS.
8	Corolle à palais plan, non plissé.	8
	Corolle à palais convexe ou bigibbeux; fleurs en gros épis serrés, quadrangulaires.	10
9	Graines striées; petites fleurs en grappes grêles, unilatérales.	ODONTITES.
	Graines munies de côtes ailées sur le dos.	BARTSIA.
10	Calice enflé-campanulé; palais bigibbeux; graines munies de côtes longitudinales fines.	TRIXAGO.
	Calice tubuleux; palais convexe; graines à peine striées.	EUFRAGIA.

Tribu I. — PERSONNÉES.

Lèvre supérieure enveloppant l'inférieure dans le bouton floral; corolle personnée, à gorge ordinairement fermée par le palais gibbeux de la lèvre inférieure; capsule à déhiscence variable.

SCROPHULARIA Tournefort.

Corolle globuleuse, urcéolée, à limbe court, bilabié; lèvre supérieure bilobée, plane; lèvre inférieure à trois lobes courts et plans; 4 étamines fertiles et souvent le rudiment d'une cinquième; capsule ovoïde, septicide; tige carrée; feuilles opposées; fleurs en panicules axillaires, rameuses.

§ 1. *Scorodonia.* — Staminode orbiculaire ou plus large que long, fixé à la base de la corolle; pédicelles généralement plus longs que les calices; feuilles entières ou pennées, dentées, à nervures anastomosées, molles ou peu rigides.

a. Étamines exsertes.

Sc. arguta Solander. Maroc, Tunisie.

b. Étamines incluses.

1. Panicule feuillée.

Sc. peregrina L. — Plante glabre, dressée; feuilles toutes simples, lancéolées ou ovoïdes, tronquées ou cordiformes à la base, presque toutes pétiolées; fleurs en cymes axillaires 2-5 flores, pédonculées, formant une panicule allongée et feuillée. ① Édough (Lx), Rég. médit., Orient.

Sc. Scorodonia L.; Desf., fl. atl. Tunisie.

Sc. papillaris Boissier. Maroc.

Sc. tenuipes Cosson et Durieu, Bull. soc., bot. vol. IX, p. 175; Munb., cat.; Lx, cat. Kab. — Plante glanduleuse, glabrescente; tiges de 10-15 décim.; feuilles toutes pétiolées, cordées-ovoïdes, finement crénelées ou dentées; cymes dépassant de beaucoup les feuilles, longuement pédonculées, rameuses, à axes grêles et allongés; corolle de 5 millim., jaunâtre; sépales lancéolés, non marginés; capsule globuleuse, petite, fragile, brièvement acuminée. ♃ Djurdjura, Édough, Babors, Tunisie.

Sc. sambucifolia L.; Munb., cat.; Lx, cat. Kab.; Ball, spic., forma glabra vel glabrescens; *Sc. mellifera* Aïton; Desf., fl. atl., tab. 143. — Plante puissante à tiges grosses comme le doigt, hautes de 1 à 2 mètres; feuilles pinnatiséquées, à segments lancéolés ou ovales-elliptiques, profondément dentés ou pinnatifides, les supérieures rapidement décroissantes; panicules distantes, très courtement pédonculées, pauciflores; pédicelles dressés égalant près de deux fois le calice; fleurs très grosses d'un jaune rougeâtre (12-15 mill.); sépales orbiculaires, marginés; grosse capsule, ovoïde, acuminée. ♃ C. C. C. Tout le Tell. Maroc, Espagne.

2. Panicule généralement dépourvue de feuilles.

Sc. lævigata Vahl; Munb., cat.; Lx, cat. Kab.; Ball, spic.; *Sc. trifoliata* Desf., non L. — Plante glabre ou glabrescente (3-10 décim.), simple ou peu rameuse; feuilles grandes, pétiolées, profondément et grossièrement dentées, tantôt simples, cordiformes à la base, tantôt pennatiséquées, à 3-5 segments ovoïdes ou lancéolés, le médian plus grand; fleurs rougeâtres, au moins deux fois plus petites que dans la plante précédente; cymes multiflores, rameuses, à axes grêles, à pédicelles plus longs que le calice; bractées nombreuses, linéaires, parfois foliacées. ② ♃ Avril-juin. A. C. Algérie, Tunisie, Maroc.

Nota. — Cette espèce très répandue est assez variable. Les échantillons de Tunisie et du Maroc que je possède, ont des feuilles épaisses comme les indique le Prodrome. A Alger et à Oran, sous les broussailles ombreuses, on trouve le *Sc. pellucida* Pomel à feuilles très minces, molles, pellucides. C'est une grande plante annuelle ou bisannuelle. Le *Sc. foliosa* Pomel, est, je crois, constitué par des échantillons luxuriants de cette plante dont les bractées se sont développés en feuilles. L'espèce suivante, bien que très distincte, en est assez voisine.

Sc. hispida Desf., fl. atl.; Munb., cat. Lx, cat. Kab.; Boissier et Reuter, Pug., p. 91. — Plante velue-hispide à feuilles épaisses; nerviées en réseau à nervures saillantes en dessus, ovoïdes-subtriangulaires, cordiformes à la base, fortement et doublement dentées, un peu ondulées aux bords, simples pour la plupart; inflorescence plus compacte à axes robustes; pour le reste comme la précédente. ♃ Avril-juin. C. C., à Tlemcen, Constantine, Maroc.

β *glabrescens* Boissier. — Plante glabrescente. Oran.

Sc. subcrispa Pomel. — Plante glabrescente à feuilles incisées-dentées, un peu crispées. Raouïa (Flittas.)

Sc. Durandii Boissier. Maroc.

Sc. auriculata L.; Desf., fl. atl.; Lx, cat. Kab., *Sc. aquatica* L.; Munb., cat. — Tiges de 6-15 décim. dressées, simples ou peu rameuses à angles aigus ou ailés; feuilles glabres ou pubescentes, à nervures bien anastomosées; les inférieures généralement cordiformes à la base, arrondies au sommet; cymes pédonculées, multiflores, formant une panicule allongée et interrompue; pédicelles généralement courts; sépales orbiculaires, bordés d'une marge fauve, un peu ondulée et denticulée; fleurs médiocres, d'un pourpre noir; étamines à filets papilleux; capsule ovoïde, aiguë. ♃ Mars-juin C. C. C. Marais, fossés. Europe, Rég. médit.

α major. — Plante glabre, puissante; tige ailée; feuilles fermes, pennatiséquées à 3-7 segments oblongs ou lancéolés, dentés, à dents souvent aiguës; cymes assez longuement pédonculées.

β minor; Sc. aquatica L.? Plus humble, hispide; feuilles molles, crénelées, généralement simples, arrondies au sommet; cymes plus contractées. Ces 2 formes et des intermédiaires se trouvent dans presque tous les marais.

§ 2. *Tomiophyllum.* — Étamines généralement exsertes; feuilles épaisses, rigides, à nervures non visiblement anastomosées, généralement laciniées, rarement entières et dentées. Plantes vivaces, généralement glabres, à calices bordés de blanc.

a. *Lucidæ.* — Grandes fleurs de 6-10 millim.; feuilles inférieures assez longuement pétiolées; appendice staminal arrondi.

Sc. **lucida** L.; Desf., fl atl. — Grandes feuilles bipinnatiséquées « In fissuris rupium » Desf.

Sc. **laciniata** Waldst et Kit.? Tunisie (Lx).

b. *Caninæ.* — Fleurs violettes, très petites, en cymes dichotomes, à pédicelles très courts; feuilles brièvement pétiolées; appendice staminal linéaire, spatulé, oblong ou presque nul, entier ou tridenté; tiges cylindriques ou un peu anguleuses; cymes simples ou bifides, à branches sympodiques, formant une longue panicule assez fournie.

Sc. **canina** L.; Desf., fl. atl.; Munb., cat.; Lx, cat. Kab.; Ball, spic.; fig. Reich. 50-II. — Souche épaisse, très multicaule; tiges droites (5-10 décim.), simples ou rameuses; feuilles pennatiséquées à segments espacés, distincts ou confluents, inégalement incisés ou dentés. ♃ C. C. Toute l'Algérie. Europe mérid., Asie.

β pinnatifida; Sc. pinnatifida Brotero. — Plante très puissante à feuilles charnues, pinnatifides, à lobes entiers ou peu dentés, les supérieures souvent trifides. Bord de la mer.

Sc. **frutescens** L.; Ball, spic. — Feuilles entières, ovoïdes, dentées, tiges ligneuses à la base. Collo! Tanger, Espagne.

Sc. **ramosissima** Lois. Tunisie (Kralick).

Sc. Saharæ; *Sc. deserti* Cosson; Munb., cat., non Delile. — Plante très rameuse, sous frutescente à la base; feuilles minuscules, ovées ou lancéolées, entières ou dentées, cartilagineuses aux bords atténuées en pétiole très court ou nul; fleurs petites, tigrées; appendice staminal oblong, spatulé; cymes simples, rarement bifides. Toute la région désertique.

Sc. deserti a les feuilles du *Sc. canina* et l'appendice staminal orbiculaire. Notre plante a toujours les feuilles entières ou simplement dentées.

S. Duriæi Spach, inédit. M'est inconnu.

ANARRHINUM Desf., fl. atl.

Calice 5-fide à segments linéaires ou lancéolés; corolle petite, éperonnée ou non, tubuleuse, bilabiée, à gorge ouverte; étamines dressées, didynames à anthères réniformes subuniloculaires; capsules globuleuses, à loges égales s'ouvrant chacune par un pore; graines tuberculeuses. Fleurs petites, chacune à l'aisselle d'une bractée, formant de longues grappes spiciformes; feuilles alternes.

a. Plante herbacée, à feuilles radicales en rosette.

A. pedatum Desf., fl. atl., tab. 141; Munb., cat.; Lx, cat. Kab.; Ball, spic. — Feuilles radicales obovées ou oblongues, cunéiformes à la base, fortement dentées au sommet; tiges de 2-4 décim., droites, rameuses dans le haut, très feuillées à feuilles subsessiles, pédalées, divisées en lobes linéaires-lancéolés, divergents, aigus; bractées se continuant insensiblement avec les feuilles et dépassant les fleurs; corolle éperonnée; inflorescence plus ou moins velue. ♃ C. C. C. Broussailles. Avril-juin.

b. Plantes sous-frutescentes à la base.

A. fruticosum Desf., fl. atl., tab. 142; Munb., cat.; Ball, spic. — Plante très rameuse à la base à tiges longues, effilées (3-9 décim.), rameuses dans l'inflorescence; feuilles oblancéolées, entières, simples; fleurs minuscules, courtement pédicellées; bractées plus courtes que les pédicelles; corolle non éperonnée. ♄ Mai-juillet. H.-Pl. Tlemcen, Aïn-el-Hadjar, Antar, etc.

A. brevifolium Cosson. Tunisie.

ANTIRRHINUM Tournefort (Muflier).

Calice 5-partit; corolles bossues à la base, à lèvre supérieure bifide; l'inférieure trilobée à palais saillant et bilobé, fermant le tube ; 4 étamines didynames, capsule oblique à 2 loges inégales, la supérieure s'ouvrant généralement par 2 pores, l'inférieure par un seul ; graines rugueuses. Grandes fleurs axillaires, solitaires, en grappes terminales.

a. Plantes annuelles.

A. Orontium L. ; Desf., fl. atl. ; Munb., cat. ; Lx, cat. Kab. ; Ball, spic. ; Reich. 57-I. — Tige dressée, simple ou peu rameuse (3-5 décim.), poilue-glanduleuse au sommet ; feuilles lancéolées ou lancéolées-linéaires, obtuses, glabres, subpétiolées, les supérieures souvent alternes ; fleurs en grappe lâche ; pédicelles très courts, robustes ; calice 5 partit à divisions linéaires-allongées dépassant la corolle ; corolle rougeâtre, jaunâtre à la gorge, longue de 1 cent. environ, à tube velu ; capsule velue, ovale, irrégulière ; graines oblongues munies d'une côte sur une face et d'un sillon sur l'autre. ① A. R. Champs, cultures. Europe, Orient.

A. CALYCINUM Lamarck ; *A. grandiflorum* Chav. ; fig. Reich. 57-II. — Fleurs blanches, rarement roses, deux fois plus grandes, ornementales, en grappe plus dense. ① C. C. C. Caractères parfaitement constants en Algérie.

A. MICROCARPUM Pomel ; *A. parviflorum* Lange. Tunisie. Variation inverse du type *A. Orontium*.

A. majus L. ; Desf., fl. atl. ; Munb., cat. ; Ball, spic. ; Reich. 58-II. *Le Muflier*. — Tiges de 4-8 décim., dressées, simples ou rameuses, un peu pubescentes-glanduleuses dans le haut ; feuilles lancéolées ou linéaires, glabres ou pubescentes, les inférieures et les moyennes brièvement pétiolées ; fleurs en grappe spiciforme, glanduleuse ; pédicelles courts ; calice à lobes courts, suborbiculaires, obtus ; corolles de 3-4 centimètres, ornementales ; capsule glanduleuse, 1-2 fois plus courte que le calice ; graines ovoïdes, munies de crêtes anastomosées en réseau. ♃ A. R. Mustapha, dunes vers Sidi-Ferruch, etc. Europe moyenne et méridionale. Très cultivé.

A tortuosum Bosc ; Munb., cat. ; Ball, spic. — Diffère du type par ses sommités plus glabres, ses feuilles très étroites, ses sépales ovales-oblongs, généralement glabres. Forme méridionale très commune. Caractères peu constants.

A DIMINUTUM Pomel. — Plante rameuse, divariquée ; feuilles lancéolées-linéaires, aiguës, petites, longuement atténuées en pétiole grêle ; fleurs moitié plus petites que dans les précédents, en grappes pauciflores ; pédicelles égalant à peine le calice ; sépales lancéolés-aigus ; capsule petite, glanduleuse ainsi que la corolle, dépassant le calice du tiers. ♃ Kalaa.

Nota. — M. Rouy, matériaux pour servir à la révision de la Flore Portugaise, p. 8, signale au Santa-Cruz d'Oran l'*A. siculum* Ucria, var. *algeriense* à fleurs rougeâtres. Cette plante, que je n'ai point vue, doit être au moins bien voisine de l'*A. diminutum*.

A. ramosissimum Cosson et Durieu, Bull. soc., bot. vol. II, p. 254; Munb., cat. — Sous arbrisseau très rameux, à rameaux plus ou moins intriqués, grêles, rigides, à la fin spinescents; feuilles entières, linéaires, très petites, alternes, rares; fleurs purpurines, très petites, solitaires, distantes; pédicelles grêles, plus longs que la bractée et que le calice; calice à lobes lancéolés-aigus, à palais barbu; lèvre supérieure à 2 lobes, l'inférieure à 3 lobes réfléchis, le médian plus long; capsules globuleuses à 2 pores; graines concaves-convexes, alvéolées sur la face convexe. Sahara, lieux sablonneux, toute l'année.

A. flexuosum Pomel. — Rameaux longs, flexueux, peu épineux; corolle munie d'une faible saillie sur le tube au-dessus de la gibbosité basilaire. Metlili, Aïn-Sefra.

LINARIA Tournefort.

Ne diffère guère d'*Antirrhinum* que par sa corolle éperonnée à la base.

§ 1. *Cymbalaria* Chav. — Plantes rampantes; feuilles lobées, longuement pétiolées; fleurs axillaires, solitaires, capsule à 2 loges s'ouvrant chacune en 3 valves presque jusqu'à la base.

L. Cymbalaria L.; fig. Reich. 59-I. — Glabre; feuilles cordées-réniformes; fleurs violacées à gorge jaune; pédoncules s'allongeant beaucoup à maturité et rampant pour loger la capsule dans les anfractuosités du sol. ♃ Murs humides près des lieux habités. Subsp. Europe.

§ 2. *Elatinoides* Chav. — Feuilles entières ou dentées, penninerviées, brièvement pétiolées, ovales ou hastées; fleurs axillaires; capsule à 2 loges s'ouvrant par 2 opercules; graines ovoïdes, alvéolées ou tuberculeuses. Plantes le plus souvent couchées ou décombantes.

a. Tiges robustes, rigides; pédoncules floraux, rigides; fleurs jaunes à éperon plus court que le reste de la corolle ou l'égalant.

1. Graines alvéolées.

L. scariosa Desf., fl. atl., tab. 131; Munb., cat. — Tiges très robustes, étalées, velues, rameuses, longues de 3-6 décim.; feuilles velues, ovoïdes ou ovoïdes-lancéolées, entières ou dentées; pédicelles courts et robustes (2-4 millim.); corolle de 5 millim. environ, velue; sépales largement scarieux, velus, dépassant la capsule ; celle-ci de 4-6 millim., déprimée, pubescente. ④ Biskra, Tunisie.

L. **elatinoides** Desf., fl. atl., tab. 132 ; Munb., cat. ; Lx, cat. Kab. — Diffère du précédent par ses tiges et ses feuilles glabres ou peu velues ; ses pédicelles un peu moins trappus, glabrescents ; son calice glabrescent à lobes lancéolés, peu scarieux ne recouvrant pas tout à fait la capsule ; par sa capsule de 3 millim., globuleuse. ① A. C. Toute l'Algérie. Oued Djer, Mouzaïa, Médéa, Boghar, Chélif, Le Sig, etc., etc.

2. Graines tuberculées.

L. **fruticosa** Desf., fl. atl., tab. 133 ; Munb., cat. — Plante pubescente, sous frutescente à la base, multicaule, très rameuse à rameaux intriqués souvent spinescents ; feuilles petites, hastées ou lancéolées ; petites fleurs ; pédicelles de 5-7 millim. étalés, redressés vers le sommet, fermes, parfois persistants et spinescents ; calice dépassant largement la capsule à dents lancéolées-acuminées, scarieuses aux bords, étalées au sommet ; capsule petite, globuleuse. ♄ C. C. Tout le Sahara, Tunisie.

b. Tiges herbacées, grêles, longuement rampantes ou grimpantes ; pédoncules grêles, filiformes, assez longs ; feuilles radicales souvent opposées et glabres, disparaissant de bonne heure, les autres alternes.

1. Graines alvéolées.

L. **spuria** Miller ; Munb., cat. ; Lx, cat. Kab. ; Ball, spic. ; Reich. 59-II. — Plante velue-glanduleuse sauf les premières feuilles elliptiques et dentées ; tige centrale d'abord droite se développant peu ; tiges latérales longuement rampantes à feuilles ovales ou orbiculaires, les inférieures souvent cordées à la base, grandes, les supérieures très petites ; pédicelles velus, plus longs que la feuilles ; calice velu à divisions cordées-ovoïdes ; corolle de 6-10 millim. avec un éperon presque aussi long, d'un jaune d'or à lèvre supérieure d'un violet noir ; capsule petite, globuleuse. ① C. C. C. Mai-août. Terres argileuses. Rég. médit. Europe, Orient.

L. **lanigera** Desf., fl. atl., tab. 130 ; Munb., cat. — Diffère de l'espèce précédente par ses fleurs blanches à lèvre violacée, à gorge ponctuée de violet ; par son calice à divisions lancéolées, plus étroites ; par ses pédoncules généralement bien plus courts. Plante très velue, à tiges rameuses, à rameaux à la fin un peu raides. ④ Juillet-septembre. Terres argileuses. Cherchell, Tipaza, Marengo, Médéa, Garrouban, Constantine, Milah. Tunisie, Espagne, Orient.

L. Elatine Desf., fl. atl.; Munb., cat. — Tige velue-glanduleuse, divisée dès la base en longs rameaux presque simples, filiformes, couchés; feuilles inférieures pétiolées, oblongues, glabrescentes, les caulinaires hastées, velues, ovales, aiguës, les supérieures sagittées, les plus basses opposées et ovoïdes; pédoncules capillaires, glabres, bien plus longs que la feuille (2 cent. environ); calice à divisions lancéolées-aiguës; corolle de 8-10 millim. éperon compris, d'un jaune pâle avec la lèvre supérieure violette; graines alvéolées. ① « In arvis » Desf. 3 prov. A. C. Munby, n. v.

2. Graines tuberculées.

L. græca Chav.; Munb., cat.; Lx, cat. Kab.; Ball, spic.; *L. commutata* Bernh.; Munb., cat. — Aspect de l'espèce précédente, fleurs plus grandes (12-15 millim. avec l'éperon); corolle blanchâtre à lèvre supérieure d'un bleu clair. Plante souvent radicante à la base. ① Mai-août. Lieux humides. A. C. Rég. médit., Orient.

L. sagittata Steudel; Ball, spic.; *L. heterophylla* Schousboë; Sprengel; DC., Prodr., non Desf.; *Antirrhinum sagittatum* Poiret, Dict. — Plante glabre, à tiges grimpantes, parfois volubiles; feuilles entières, les radicales hastées-lancéolées, les autres linéaires, pétiolées; pédicelles filiformes, égalant ou dépassant les feuilles; fleurs très grandes; sépales lancéolés-aigus. ♃ Sud-Oranais (Warion), Aïn-Sefra, Founassa, Maroc.

β *homœophylla*. — Feuilles toutes sagittées. Maroc, Canaries, fig. Webb, Phyt. can. tab. 181.

§ 3. *Linariastrum*. — Corolle à gorge fermée par la lèvre inférieure bigibbeuse; capsule s'ouvrant par 4-10 dents; feuilles sessiles ou subsessiles, entières, lancéolées ou ovoïdes, les inférieures, et celles des rejets stériles qui partent du bas de la tige, verticillées.

a. *Discoidea* Boissier. — Graines discoïdales bordées d'une marge membraneuse.

1. Grandes fleurs de 25-30 millim., plantes vivaces.

L. marginata Desf., fl. atl.; Munb., cat.; Lx, cat. Kab.; Ball, spic.; *L. tristis* Miller; Munb., cat. — Tiges nombreuses, décombantes ou ascendantes, partant d'une souche vivace; feuilles alternes ou subverticillées, glabres, glauques, un peu charnues, très nombreuses, linéaires, planes sur les deux faces; fleurs en grappe spiciforme dense, s'allongeant un peu à maturité; corolle striée, souvent violacée, avec le palais pourpre noir, plus rarement jaune avec une tache rouille au palais ou sans tache ; gros éperon égalant le reste de la corolle ; graines grosses, largement ailées, concaves sur une face. ♃ Mars-juillet. Téniet-el-Haâd, Djurdjura, Oran, Daya, Antar, Mzi, etc., etc. Espagne.

Nota. — Le *L. melanantha* Boiss. et Reut., Pug., p. 85 ; Willk., Illustr., tab. CXII-A, se distingue, d'après ces auteurs, par des fleurs plus petites, à pédicelles extrêmement courts ; par ses grappes ne s'allongeant guère à maturité ; par ses feuilles très étroites, convexes en dessus, concaves en dessous. M. O. Debeaux a souvent déterminé sous ce nom des échantillons d'Algérie, et il est certain que l'on en trouve sur nos montagnes qui répondent à presque tous ces caractères. Pourtant il me semble difficile de faire deux espèces dans ce type en Algérie.

L. lurida Ball. Maroc.

2. Marge des graines longuement ciliée ; plante annuelle.

L. Pelliceriana Miller ; Reich. 62-I. — Glabre ; rejets stériles courts, grêles, à feuilles larges et courtes, verticillées par 3-4 ou alternes ; tige dressée, grêle, ferme (1-4 décim.) à feuilles linéaires ; fleurs purpurines. ① Avril-mai. Forêt de la Réghaïa. Europe, Rég. médit., Orient.

3. Graines à marge non ciliée ; plantes annuelles.

L. Broussonetii Chav. Maroc.

L. Tournefortii Poiret. Maroc.

L. amethystea Hoffm. et Link. Maroc.

L. arvensis Desf. ; Reich. 62-III. — Rejets stériles courts ; tiges dressées, simples ou rameuses (1-3 décim.), grêles ; feuilles toutes linéaires, glauques, glabres, un peu charnues ; inflorescence poilue-glanduleuse, à bractées linéaires-réfléchies ; fleurs bleues avec des stries plus foncées, minuscules, d'abord en tête compacte, puis en grappe lâche à maturité ; capsules assez grosses, globuleuses ; pédicelles très courts. ① Avril-mai. R. L'Adjiba, Ouarsenis, Oran, etc. Europe, Asie.

L. micrantha Spr. ; Munb., cat. ; *L. parviflora* Desf., fl. atl., tab. 137. — Plante robuste, à feuilles largement lancéolées ou ovales, celles des rejets stériles lancéolées-linéaires ; bractées inférieures très grandes, semblables aux feuilles. Pour le reste comme le précédent. ① Cultures à Oran, St-Louis, St-Denis-du-Sig, Msila. Rég. médit., Orient.

L. simplex DC. ; Munb., cat. ; Ball, spic. ; Reich. 62-II. — Fleurs jaunes. Pour le reste comme *L. arvensis*. ① A. C., 3 Prov. Europe, Asie.

L. Munbyana Boiss. et Reut., Pug., p. 89; Munb., cat.; Ball, spic. — Plante glabre, glauque, petite (5-20 cent.), multicaule à tiges diffuses; diffère du *L. simplex,* outre sa taille plus petite, par ses corolles un peu plus grandes, à palais barbu, et par ses graines très étroitement bordées. ① Oran, St-Louis, Mostaganem, Maroc, Espagne.

L. fallax Cosson, inédit. — Tiges ascendantes, simples ou peu rameuses, peu élevées; feuilles ternées, largement lancéolées ou presque ovoïdes, aiguës ; fleurs grandes, très brièvement pédicellées ; bractées oblongues, plus courtes que le calice ; sépales larges, obtus, plus courts que la capsule ; corolle de 10 millim., à palais barbu, fortement gibbeux, fendue jusqu'à la base et brusquement atténuée en un éperon de 15 millim. ; capsule grosse, globuleuse ; graines discoïdes, insensiblement amincies en marge transparente à peine distincte. Plante glabre avec quelques poils très courts dans l'inflorescence. ① Bord des mares près de Mécheria (Warion). Communiqué par M. le docteur Cosson.

b. *Virgatæ.* — Graines oblongues, généralement scrobiculées, non marginées ; fleurs en grappes spiciformes, terminales.

1. Plantes très semblables pour la plupart à celles de la section précédente ; fleurs petites ; grappes très lâches à maturité ; capsule s'ouvrant par des valves profondes, arrondies au sommet.

L. dissita Pomel. — Rejets stériles glabres ou pubescents, à feuilles lancéolées, verticillées par 3 ou 4 ; tiges de 1-3 décim., rameuses, robustes, à feuilles linéaires ; corolle jaune de 1 cent., éperon compris, à lèvre supérieure peu saillante; capsule globuleuse assez grande. Port du *L. simplex.* Arbaouat (Pomel).

β *parviflora.* — Fleurs de 7 millim. à peine. Aïn-Sefra.

L. gracilescens Pomel. — Très voisin du précédent, en diffère par ses fleurs plus grandes, à lèvre supérieure et à éperon plus allongés, à palais barbu ; port très grêle. Arbaouat, Mou-el-Gtouta, Bou-Saâda.

L. atlantica Boiss. et Reut., Pug., p. 90; Munb., cat. — Plantule minuscule, dressée, rameuse, glabre, glauque; feuilles aciculaires, fleurs jaunes, petites, en grappe pauciflore, très lâche ; graines lisses ou finement tuberculeuses. ① Mars-mai. Oran, Batterie espagnole.

2. Plantes élancées ; fleurs en grappes denses même à maturité, assez grandes ; capsule s'ouvrant par des dents courtes et aiguës ; feuilles des tiges florales linéaires ou étroitement lancéolées..

L. bipartita Willd.; Munb., cat.; Ball, spic. — Rejets stériles à feuilles lancéolées-obtuses, en verticilles distants; tiges florifères de 2-4 décim., dressées, longuement nues dans le haut; inflorescence glanduleuse, glabrescente; pédicelles égalant deux fois le calice et la bractée, étalés puis dressés; corolle violette ou violacée à palais jaune, velouté, fortement gibbeux; lèvre supérieure profondément bipartite, à lobes obtus redressés; éperon grêle un peu plus court que la corolle; style profondément bifide. ① Tiaret, Maroc, Espagne.

L. Fontanesi Cosson; *L. purpurea* Desf., non L. — Plante glabre même dans l'inflorescence, élancée, rameuse, fleurs purpurines; sépales et bractées sétacées. Pour le reste comme le suivant. ① Tunisie, Algérie ?

L. heterophylla Desf., fl. atl., tab. 140; Ball, spic., non Spreng. nec Schousb.; *L. aparinoides* Chavannes; Munb., cat.; Lx, cat. Kab. — Rejets stériles nombreux, étalés, très feuillés, à feuilles linéaires-lancéolées, verticillées par 6.; tiges florifères dressées, glabres ou glabrescentes dans le bas, plus ou moins nombreuses, simples ou ramifiées, pubescentes dans le haut; feuilles caulinaires linéaires, un peu charnues, nombreuses et comme spiralées dans le bas, plus rares vers le haut de la tige; grappes spiciformes bien fournies, pubescentes-glanduleuses; pédicelles égalant le calice ou plus courts; bractées linéaires-lancéolées, ciliées, membraneuses aux bords, un peu plus longues que les pédicelles; sépales linéaires-lancéolés, obtus, à bords membraneux, pubescents-glanduleux; corolle d'un jaune pâle (20-25 millim. avec l'éperon); éperon large à la base, aigu, plus long que la corolle; capsule oblongue, presque bilobée au sommet. Plante un peu glauque. ② ♃ C. C. Sur toutes nos montagnes. Mai-août. Sicile.

β spectabilis Pomel. — Fleurs d'un beau rouge pourpré, veloutées; pubescence de l'inflorescence rouge. Plante des plus ornementales. Zaccar, Médéa, Tlemcen, etc. A Tlemcen, elle est plus pâle et plus grêle.

L. sabulicola Pomel. — Beaucoup plus grêle; rejets stériles à feuilles verticillées par 3-4. Mou-el-Gtouta. (v. s.)

L. aurasiaca Pomel. — Diffère de *L. heterophylla* par son inflorescence glabre et par les feuilles des rejets stériles verticillées par 4. Ras Pharaoun. (v. s.)

L. reticulata Desf.; Munb., cat.; *Antirrhinum pinifolium* Poiret, voy. II, p. 193. — Plante de 8-12 décim., rameuse, à feuilles charnues, linéaires, étroites; diffère en outre du

L. heterophylla par sa corolle plus petite, réticulée-veinée, jaune ou rouge; capsule plus petite; inflorescence moins pubescente. ♃ Bône, La Calle.

L. baborensis. — Tiges florifères dressées (3-4 décim.), nombreuses, très feuillées jusqu'en haut, à feuilles linéaires-filiformes; rejets stériles nombreux, à feuilles étroitement linéaires, verticillées par 5-6; petite corolle jaune ou brune très élégamment réticulée. Plante très grêle, extrêmement feuillue. Babors, Guerrouch, Tamesguida, etc. Juin.

L. tingitana Boiss. et Reut., Pug., p. 84; Munb., cat.; Ball, spic. — Plante très puissante, 5-12 décim.; grosses tiges jonciformes peu rameuses; feuilles charnues, glauques, linéaires, peu denses, canaliculées en dessus, celles des rejets stériles semblables, mais plus courtes; inflorescences presque glabres; calice à peine ciliolé; corolle d'un jaune vif à gorge deux fois plus large que dans le *L. heterophylla;* éperon plus grêle; lobes de la lèvre supérieure allongés, réticulés. ① ♃ Littoral oranais A. C. Maroc.

Nota. — On réunit souvent cette plante au *L. heterophylla.* Je les ai longtemps cultivées côte à côte, longtemps examinées sur le vif, et je je crois pouvoir affirmer que, quoiques voisines, elles constituent 2 espèces des plus tranchées.

L. viscosa Dumont de Courset; Munb., cat.; Ball, spic. — Rejets stériles à feuilles largement lancéolées, verticillées par 3 ou 4, rarement opposées; tiges de 2-4 décim., dressées, simples ou rameuses, presque nues dans le haut; feuilles caulinaires longuement linéaires, larges de 1-2 millim. Se distingue facilement de toutes les plantes précédentes par ses pédoncules 2-3 fois plus longs, ce qui rend les jeunes grappes corymbiformes; par ses bractées oblongues ou elliptiques beaucoup plus grandes, scarieuses. Plante glabre, sauf l'inflorescence velue-glanduleuse. ① Mars-mai. Oran, Cassaigne, etc. Maroc, Espagne.

L. elegans Munby. — Corolle rouge ou purpurine, réticulée, à lèvre inférieure plus claire, tachée de jaune. Plante très voisine du *L. Salzmani* Boissier. Mostaganem. C. C.

L. maroccana Hooker fils. Maroc.

L. spartea Hoffm. et Link; *L. juncea* Desf. Maroc?

L. galioides Ball. Maroc.

Var. *pseudosupina* Ball. Maroc.

3. Feuilles très largement lancéolées, ovées ou obovées; tiges robustes (3-6 décim.); grandes fleurs de 20-35 millim.

L. ventricosa Cosson. Maroc.

L. latifolia Desf., fl. atl., tab. 134; Munb., cat.; Ball, spic. — Tige de 3-5 décim., dressée, simple ou peu rameuse; feuilles sessiles, ovées-lancéolées, les inférieures ternées, les autres alternes; corolles de 25 millim. éperon compris, jaunes, barbues à la gorge; bractées dépassant le calice, lancéolées; sépales lancéolés-aigus dépassant la capsule; grosses capsules globuleuses; graines comprimées, anguleuses. ① Mascara, Tlemcen, Aïn-Temouchent, Maroc.

L. triphylla L.; Desf., fl. atl.; Munb., cat.; Lx, cat. Kab.; Ball, spic.; Reich. 63-I. — Feuilles glauques, très larges, un peu charnues, ovoïdes ou orbiculaires, rarement lancéolées, presque toutes ternées ou opposées; bractées lancéolées, réfléchies, égalant le calice ou plus courtes; calice à divisions oblongues; corolles de 20-25 mill. éperon compris, barbues à la gorge, jaunes, purpurines ou panachées; grosses capsules globuleuses; graines réticulées-rugueuses. ① Mars-mai. Moissons dans toute l'Algérie. A. R. Rég. médit.

4. Mêmes caractères généraux; plantes plus humbles, plus grêles, à feuilles et fleurs relativement petites.

L. virgata Desf., fl. atl., tab. 135; Munb., cat.; Lx, cat. Kab. — Tiges dressées ou diffuses, simples ou rameuses, grêles, hautes de 1-2 décim., rarement 3-5; feuilles inférieures obovées, ternées, les supérieures lancéolées, alternes; fleurs nombreuses en grappes serrées; bractées petites, subulées; sépales lancéolés dépassant peu la capsule; corolle de 20 millim. dont plus de moitié pour l'éperon droit et aigu, étroite, dressée, bifide, à palais gonflé et réticulé, élégamment nuancée des couleurs les plus vives et les plus variées, le plus souvent d'un rouge vif; capsules de 4 millim., globuleuses. ① C. C. C. Avril-mai. Tout le Tell.

On le trouve dans les montagnes à fleurs presque blanches. Dans le Djurdjura je l'ai trouvé d'un jaune d'or avec les sépales deux fois plus longs.

L. Warionis Pomel; *L. mauritanica* Cosson, inédit. — Tiges courtes ascendantes; feuilles plus étroites que dans le précédent; en diffère en outre par ses bractées plus grandes; par ses corolles jaunes plus grandes aussi, à palais fortement barbu; par son calice muni de quelques longs poils aranéeux, dépassant la capsule plus grosse (5 millim.) et surtout par ses graines ailées sur les angles, alvéolées, à alvéoles profondes limitées par des crètes aiguës. Plante un peu glanduleuse. ① Avril-mai. Ksours : de l'Oued-Zergoun à l'Oued-Seggueur.

L. flava Desf., fl. atl., tab. 136; Munb., cat. — Plante glabre, multicaule à tiges simples, dressées ; feuilles petites, ovales ou lancéolées, ternées, opposées ou alternes; petites fleurs d'un jaune vif assez semblables à celles du *L. virgata*, réunies 1-5 au sommet des tiges ; graines fortement ridées. ① La Calle, Corse, Espagne. R. R.

C. paniculata. — Graines globuleuses ou anguleuses, non marginées ; fleurs assez longuement pédonculées en grappes très lâches, feuillées. Plantes humbles à tiges diffuses, rameuses.

1. Pédoncules recourbés en cercle ou réfléchis après l'anthèse ; grosses graines fortement rugueuses, muriquées.

L. reflexa Desf., fl. atl. ; Munb., cat. ; Lx, cat. Kab. — Plante ordinairement glabre, un peu glauque, rarement un peu hispide, à tiges diffuses, flexueuses, rameuses ; feuilles obovées ou oblongues atténuées à la base, aiguës ou obtuses au sommet; grappes feuillées, allongées; pédoncules égalant la feuille ou plus longs; fleurs axillaires, solitaires ou réunies 2-3 dans les verticilles de feuilles ; sépales lancéolés-aigus dépassant un peu la capsule; corolles de 20-25 millim. dont plus de moitié pour l'éperon aigu et grêle ; lèvre supérieure dressée, droite, émarginée, étroite ; lèvre inférieure bien plus large; palais un peu barbu à la gorge; filets poilus à la base; capsule globuleuse ; fleurs ordinairement bleuâtres avec une tache jaune au palais, pouvant d'ailleurs passer par les teintes les plus variées : blanc, jaune d'or, etc. ① Fleurit presque toute l'année. Corse, Italie, Tunisie, Grèce.

β *Lubbockii* Batt., Bull. soc. bot. 1882, p. 289. — Fleurs plus petites ; proéminences du palais brunes et non jaunes ; fleurs violacées. C. C. C. Autour de Médéa d'où elle me fut d'abord apportée par Sir John Lubbock.

γ *calycina.* — Sépales très longs, longuement acuminés. Aïn-el-Hadjar, Aïzer.

On trouve encore à Aïn-el-Hadjar et à Perrégaux une forme à fleurs jaunes, petites, en partie souterraines et cleistogames.

L. agglutinans Pomel. — Plante toute glanduleuse, visqueuse ; fleurs d'un bleu foncé, à très forte odeur de violette. Arbaouat, Itima, Aïn-Sefra, Bou-Saâda, Aflou.

L. Doumetii Cosson. Tunisie.

2. Graines petites, non muriquées ; pédoncules droits.

L. laxiflora Desf., fl. atl.; Munb., cat. — Petite plante multicaule à tiges rameuses ; feuilles linéaires, petites ; fleurs bleues plus petites que celles du *L. reflexa ;* filets glabres ; pédoncules toujours dressés ; graines finement alvéolées et chagrinées. ① C. C. C. Rég. désertique. Tunisie.

L. pedunculata Sprengel ; Boissier, voy. Esp., tab. 132. — Rejets stériles disparaissant de bonne heure à feuilles ovoïdes, opposées, ternées ou presque toutes en rosettes terminales ; tiges flexueuses, très rameuses à feuilles oblongues ou lancéolées ; pédoncules dressés, raides, très longs (20-35 millim.) ; sépales inégaux, lancéolés ; corolle jaune, à palais proéminent, strié-réticulé, fermant incomplètement la gorge, éperon plus court que le reste de la corolle ; graines très petites, noires, lisses. ① Avril-juin. Sables maritimes depuis Aïn-Taya jusqu'au cap Djinet. Espagne.

§ 3. *Chænorrhinum* Chav. — Gorge de la corolle imparfaitement fermée ; éperon court ; graines oblongues, tronquées, munies de crètes longitudinales ou de côtes. Plantes humbles à fleurs assez longuement pédonculées.

1. Plantes annuelles, hispides ; tiges dressées, très rameuses ; feuilles un peu charnues, rougeâtres en dessous, ovées, obovées ou oblongues, les inférieures en rosette, un peu atténuées en pétiole, les autres sessiles ; fleurs petites, bleuâtres, rosées ou jaunâtres.

L. rubrifolia Robert et Castagne ; Munb., cat.; fig. Willk., Illustr. CV ; *L. minor* Desf., fl. atl. ; Munb., cat. — Plante velue-glanduleuse à feuilles inférieures presque glabres ; tiges simples ou peu rameuses (5-15 cent.) ; pédoncules axillaires, alternes distants, longs de 10-15 millim. ; sépales linéaires-obtus, inégaux ; corolle dépassant le calice d'un tiers, à éperon très court ; capsule s'ouvrant par un large opercule bilobé ; graines munies de crêtes longitudinales dentées. ① Zaccar de Miliana, Castiglione (Clauson). Rég. médit.

β *Raveyi* Boissier. — Plante plus grande, plus rameuse ; corolle près de deux fois plus longue que le calice à éperon un peu plus court qu'elle. ① Nemours, Chott Chergui (Warion), Espagne.

L. exilis Cosson et Kralick, Bull. soc. bot., Vol. IV, p. 406 ; Munb., cat. ; fig. Willk. Illustr. CVI-A. — Plante velue mais non glanduleuse, très grêle, très rameuse ; pédicelles capillaires égalant 2-4 fois le calice ; corolle minuscule (4-5 millim., dont un tiers pour l'éperon) ; capsule très petite, s'ouvrant par un opercule ; graines minuscules, finement tuberculées entre les côtes filiformes, entières et peu visibles. ① Chotts : Aïn-Sefra, Aïn-Sfissifa, Pérégaux, Oran, Tunisie, Espagne.

b. Plantes rupestres à souches ligneuses, multicaules, à longues tiges flexueuses; graines très petites, noires, à crêtes longitudinales anastomosées ou ondulées.

L. flexuosa Desf., fl. atl., tab. 139; Munb., cat. — Plante glabre sauf les parties florales finement pubescentes; tiges très grêles, allongées, feuilles oblancéolées, étroites; pédicelles filiformes plus ou moins longs; fleurs distantes, axillaires, solitaires; calice moitié plus court que la corolle à divisions lancéolées-aiguës; corolle de 10-15 millim. à éperon court; petites capsules globuleuses. ♃ Constantine A. C. Tunisie.

L. macrocalyx Pomel; *L. granatensis* Munb., cat. an Willk? — Plante relativement robuste, extrêmement velue-glanduleuse dans toutes ses parties; feuilles ovales ou lancéolées; pédoncules de longueur très variable; corolles de 1 cent. éperon compris, dépassant un peu le calice; éperon très court. ♃ Tlemcen, Beguirat, Garrouban.

Tribu II. — RHINANTHÉES Bentham

Corolle à préfloraison imbricative, à lobes postérieurs toujours enveloppés par la lèvre inférieure, à gorge ouverte; capsule bivalve.

VERONICA Tournefort.

Calice 4-5 fide; corolle à 4-5 lobes dont le supérieur plus grand; 2 étamines à longs filets; capsule obcordée ou émarginée bivalve ou quadrivalve par dédoublement de 2 valves principales. Plantes à feuilles opposées, les supérieures seules alternes.

§ 1. *Omphalosperma* Bess. — Graines profondément creusées en coupe sur une face et convexes sur la face opposée; calice à 4 lobes. Herbes finement poilues-glanduleuses.

1. Feuilles florales bractéiformes et pédoncules dressés.

V. triphyllos L.; Munb., cat.; Ball, spic.; Reich. 100-II-III-IV. — Plante de 5-15 cent.; feuilles radicales ovoïdes, entières, pétiolées, les moyennes sessiles, profondément palmatiséquées, à lobes spatulés, les supérieures trifides ou réduites à un seul lobe; pédicelles plus longs que le calice;

celui-ci à lobes obtus, inégaux, dépassant la corolle bleue et égalant la capsule; capsule de 5-6 millim., orbiculaire, comprimée, fortement échancrée; style égalant le tiers de la capsule. ① Mars-juin. Terni, Tlemcen, Arbaouat, Brezina, Maroc, Europe.

V. præcox Allioni; Munb., cat.; Lx, cat. Kab.; Reich. 100-I. — Diffère de la précédente par ses feuilles crénelées ou entières; par le calice plus court que la corolle et que la capsule; celle-ci oblongue, peu échancrée. ① Montagnes. Avril-juin. Djurdjura, Dréat, Mzi, Aflou, Garrouban. Europe moyenne, Rég. médit.

2. Feuilles florales semblables aux autres; tiges couchées, rampantes; pédoncules recourbés après la floraison.

V. Tournefortii Gmelin; Ball, spic.; *V. Buxbaumi* Tenore; *V. Persica* Poiret; Reich. 78. — Tiges un peu radicantes à la base, rameuses; feuilles cordiformes-ovales, dentées en scie; pédicelles égalant 2-4 fois la feuille; calice à divisions lancéolées, divariquées par paires, ciliées, nerviées, dépassant la capsule; corolle bleue, veinée, grande, dépassant le calice; style égalant la cloison de la capsule; celle-ci une fois plus large que longue, réticulée à nervures saillantes, pubescente, comprimée, à bords amincis en carène aiguë, bilobée à lobes divergents un peu rétrécis au sommet et séparés par un sinus obtus. ① Constantine (Julien). Europe, Orient.

V. agrestis L.; Munb., cat.; Lx, cat. Kab.; Ball, spic.; Reich. 79-III. — Pédicelles dépassant peu la feuille; calice peu nervié dépassant la corolle; celle-ci d'un bleu pâle avec le lobe inférieur blanc; style court ne dépassant pas le sinus de la capsule; capsule poilue-glanduleuse, plus large que longue, obcordée, à lobes carenés non divergents, séparés par un sinus aigu. ① Mars-octobre. Montagnes et H.-Pl.: Djurdjura, Daya, Aflou, Biskra, Bou-Saâda, Oued-Okris, etc. Europe.

V. didyma Tenore; *V. polita* Fries; Reich. 77-I. — Plante plus humble et à feuilles plus petites que les précédentes, souvent glabrescente; lobes du calice larges, se recouvrant un peu à la base, aigus, nerviés; corolle petite, concolore, d'un bleu vif; style faisant saillie hors de l'échancrure; capsule ventrue, à sinus élargi, à lobes arrondis sur les bords; pour le reste comme *V. agrestis*. ① C. C. C. Tout le Tell. Europe.

V. hederæfolia L.; Desf., fl. atl.; Munb., cat.; Lx, cat. Kab.; Reich. 77-III-IV. — Feuilles pétiolées un peu en cœur à la base, 3-7 lobées, hispides; pédoncules sillonnés égalant la feuille ou plus longs; calice quadrangulaire sur le vif, à lobes toujours dressés, cordiformes-aigus, longuement ciliés; corolle petite, pâle; capsule glabre, subglobuleuse, 4-lobée, à graines très grosses; style court. ① Montagnes. Mars-juin. Tlemcen, Zaccar, Beni-Sahla de Blida, Dra-el-Mizan. Europe.

β *brevipes* Pomel, herbier. — Capsules subsessiles. Garrouban.

V. Cymbalaria Bodard; Munb., cat.; Ball, spic.; Reich. 77-V. — Corolle d'un beau blanc, assez grande; calice à lobes ovales ou obovés, obtus, atténués à la base, à la fin étalés. Pour le reste comme *V. hederæfolia*. ① C. C. C. Cultures. Rég. médit., Orient.

§ 2. *Veronicastrum* Koch. — Fleurs en grappes terminales; capsules comprimées; graines plan-convexes ou biconvexes.

V. arvensis L.; Desf., fl. atl.; Munb., cat.; Lx, cat. Kab.; Ball, spic.; Reich. 99-II. — Plante dressée ou décombante, simple ou rameuse, hispide; feuilles trinerviées, opposées, ovoïdes, dentées; fleurs en grappes spiciformes allongées; pédicelles dressés deux fois plus courts que le calice; bractées, égalant les fleurs; lobes du calice inégaux, velus-glanduleux, dépassant les corolles et les capsules; corolle petite, bleuâtre; style ne dépassant pas l'échancrure de la capsule; celle-ci obcordée un peu plus large que longue divisée jusqu'au tiers en 2 lobes arrondis, ciliés. ① C. C. C. Partout. Europe.

β *atlantica* Batt., Bull., soc., bot. 1881, p. 228. — Petite plante très velue à tiges couchées, à divisions du calice égales et plus courtes que la capsule. Blida, sous les Cèdres, Ras Pharaoun, dans l'Aurès.

V. serpyllifolia L.; Desf., fl. atl.; Munb., cat.; Lx, cat. Kab.; Reich. 97-II. — Tiges ascendantes, finement pubescentes; feuilles oblongues, elliptiques ou ovoïdes, opposées, grandes, glabres, entières ou obscurément dentées; fleurs médiocres, blanches ou bleuâtres, en grappes lâches, allongées; bractées lancéolées à peine hispidules; pédicelles allongés, filiformes, poilus-glanduleux ainsi que le calice à lobes peu inégaux; corolle petite; style égalant la capsule petite, réniforme, très arrondie à la base, plus large que longue. ♃ Mai-juin. Djurdjura, bois humides. Akafadou, Taourirt-Iril, Tamesguida, etc.

V. cuneifolia Don, var. *Maroccana* Ball. Maroc.

§ 3. *Chamædrys* Koch. — Fleurs en grappes axillaires; plantes vivaces.

a. Plantes non aquatiques.

V. montana L.; Munb., cat.; Lx, cat. Kab.; Reich. 84-III-IV. Tiges décombantes, radicantes, poilues; grandes feuilles ovales-dentées, pétiolées, nerviées-réticulées, hispides, opposées; fleurs en grappes lâches, pauciflores, à pédoncules filiformes; pédicelles plus longs que le calice, velus; calice à 4 lobes ovés, subégaux, plus courts que la capsule; corolle de 6-8 millim., blanche, veinée; capsule orbiculaire, bilobée, papyracée, semblable à un fruit de *Biscutella*, large de 6-7 millim.; style de 5-6 millim. Guerrouch, Djurdjura, Tamesguida, Édough, etc. Europe.

V. rosea Desf., fl. atl.; Munb., cat.; Lx, cat. Kab. — Tiges sous ligneuses à la base, rameuses, ascendantes, finement pubescentes (5-40 cent.), rameuses ou simples; feuilles opposées, oblongues-lancéolées ou linéaires, dentées ou sinuées-pinnatifides, glabres ou finement pubescentes; grappes denses, dressées, pédonculées, solitaires ou géminées ou ternées; bractées lancéolées un peu plus courtes que le pédicelle capillaire; calice plus court que le pédicelle, à 4-5 lobes lancéolés finement pubescents plus courts que la corolle et que la capsule; corolle grande, bleue, devenant rose en herbier; capsule glabre, comprimée, orbiculaire; style de 5-6 millim. ♃ C. C. Rég. mont. élevée, Djurdjura, Aurès, Mzi, Aïssa, Garrouban, etc., etc.

2. Plantes de marais à grappes toujours opposées.

V. Beccabunga L.; Desf., fl. atl.; Munb., cat.; Lx, cat. Kab.; Ball, spic.; Reich. 80. — Plante glabre, rampante à la base, à tiges ascendantes, grosses, fistuleuses; feuilles grandes, épaisses, pétiolées, elliptiques ou ovales-oblongues, un peu dentées; fleurs en grappes lâches, ascendantes; pédicelles étalés, plus longs que le calice et égalant les bractées; calice 4-partit, à lobes lancéolés-aigus, plus courts que la corolle bleuâtre et dépassant un peu la capsule; style plus court que la capsule; capsule glabre, suborbiculaire, à peine émarginée, renflée; graines nombreuses. ♃ Fossés et ruisseaux des montagnes élevées. A. C. Très rare dans la Mitidja. Europe.

V. Anagallis L.; Desf., fl. atl.; Munb., cat.; Lx, cat. Kab.; Ball, spic.; Reich. 81-I. — Diffère de l'espèce précédente par ses tiges robustes, presque quadrangulaires, droites, fermes (3-10 décim.), simples ou rameuses; par ses feuilles ovales-lancéolées ou lancéolées-aiguës, glabres ou un peu pubescentes, sessiles et embrassantes. ♃ Fossés, ruisseaux, partout. C. C. C. Europe, Orient.

V. ANAGALLOIDES Gussone. — Plante plus grêle que les précédentes, à fleurs blanches ou roses, à feuilles étroites, lancéolées-aiguës, diffère en outre de *V. Anagallis* par sa capsule bien plus petite, pyriforme, aiguë à la base, peu ou pas émarginée; grappes glabres ou pubescentes. Fossés de la Mitidja. R. Rassauta, Reghaïa, Boufarick, etc. Rég. médit.

V. scutellata L.; Desf. fl. atl.; Munb, cat. — Plante très grêle, à feuilles lancéolées-linéaires, aiguës, subentières; grappes alternes, très grêles, lâches, à pédicelles capillaires étalés, beaucoup plus longs que le calice; capsules obcordées, profondément bilobées. ♃ Marais (Desf.) n. v. Europe.

ERINUS L.

Calice cylindrique profondément 5-fide; corolle en coupe à tube étroit égalant le calice; limbe 5-fide presque plan, à lobes subégaux, émarginés; 4 étamines didynames, incluses; anthères uniloculaires; capsule ovoïde, biloculaire, à 2 valves loculicides, bifides ou bipartites; graines petites, nombreuses, rugueuses.

E. alpinus L.; Munb., cat.; Lx, cat. Kab., var. *atlanticus*. — Plante velue, multicaule, cespiteuse; tiges ascendantes (5-12 cent.), simples, naissant sous des rosettes terminales feuilles oblongues, spatulées, incisées dentées, les radicales presque en rosette, les caulinaires alternes, plus petites; fleurs en grappes terminales courtes et denses; pédicelles courts; capsule incluse dans le calice; corolle petite, rouge ou purpurine. La plante d'Europe est plus glabre et a ses corolles plus grandes, bleuâtres. ♃ Mai-juillet. Azrou-Tidjeur, Tirourda.

DIGITALIS Tournefort (Digitale)

Calice 5-partit; corolle en doigt de gant, à limbe oblique, indistinct, subbilabié; lèvre supérieure entière ou échancrée, l'inférieure trilobée; 4 étamines didynames, incluses; anthères biloculaires; capsule à 2 loges, à 2 valves septicides. Grandes plantes à tiges dressées, à feuilles alternes, à grandes fleurs en grappe terminale.

D. atlantica Pomel; *D. grandiflora* Munb., cat., non Allioni. — Souche épaisse, noueuse; tiges simples, fistuleuses, pubescentes-laineuses à la base, hautes de 4-8 décim.; feuilles grandes, minces, oblongues-lancéolées, ciliées, glabres, denticulées, les inférieures atténuées en large pétiole ailé, les supérieures embrassantes; grappe unilatérale, longue; bractées lancéolées-aiguës, les inférieures plus grandes, égalant la fleur; pédicelles étalés plus courts que le calice et pubescents-glanduleux comme lui ; sépales lancéolés-aigus ; corolle d'un jaune sale, longue de 23-30 millim. sur 10; pubescente en dehors, ciliée ; lèvres très obliques, inégales, la supérieure large, bilobée, l'inférieure à lobes latéraux lancéolés, à lobe médian beaucoup plus long, semi-elliptique, un petit lobule arrondi dans chaque sinus ; capsule ovoïde-acuminée, pubescente-glanduleuse, égalant deux fois le calice. ♃ Juillet. Goubia (Babors), montagnes près du cap Aokas.

D. lutea L. var. *atlantica* Ball. Maroc.

D. laciniata Lindley. Maroc.

ODONTITES Persoon.

Calice campanulé 4-fide ; corolle bilabiée, à lèvre supérieure en casque bilobé, à lèvre inférieure plane, divisée en 3 lobes entiers, étalés-dressés ; 4 étamines didynames à loges aristées ou apiculées ; capsule oblongue, obtuse ou émarginée, loculicide. Herbes grêles rameuses, à feuilles opposées, les supérieures alternes, à petites fleurs en grappes spiciformes, unilatérales, à graines petites, striées.

Ces plantes habitant souvent les montagnes et fleurissant à une époque où l'on herborise peu, sont encore insuffisamment étudiées en Algérie.

a. Fleurs jaunes

O. lutea Reich. ; Munb., cat. ; *Euphrasia lutea* L. ; Desf., fl. atl. ; Reich. 108-I. — Tige de 1-5 décim., dressée, raide, scabre, pubescente, à rameaux étalés ; feuilles linéaires entières ou les inférieures dentées, scabres ; bractées un peu plus courtes que les fleurs ; calice finement pubescent mais non glanduleux ainsi que la corolle ; celle-ci très ouverte à lobes ciliés, à lèvres égales entre elles et égalant le tube ; style et étamines débordant la corolle ; filets poilus inférieurement ; anthères glabres et libres. ① Bône, R. (Munby) « in arvis » (Desf.) Europe.

O. Triboutii Grenier et Paillot, *Billotia* vol. I, p. 81. — Ne diffère de l'*O. lutea*, qui fait probablement double emploi avec lui dans les catalogues, que par sa corolle glabre et ses étamines subincluses, et d'après mes échantillons par ses anthères moins absolument glabres. ① Octobre. Sommets boisés des montagnes aux environs de Bône.

O. Reboudii Pomel, encore très voisin, se distingue par ses anthères très barbues le long des sutures, et par sa corolle à lèvres inégales. ① Environs de Soukarras.

O. viscosa Reich.; Munb., cat.; *Euphrasia viscosa* L.; Desf., fl. atl.; fig. Reich. 108-II. — Aspect de l'*Odontites lutea*, mais poilue-glanduleuse dans l'inflorescence; corolle glabre ou glabrescente; étamines incluses à filets glabres, à anthères un peu poilues à l'insertion du filet. ① Bône (Meyer), 3 prov. (Munby). Rég. médit.

b. Fleurs purpurines

O. purpurea Don; Munb., cat.; Ball, spic.; *Euphrasia purpurea* Desf. — Tiges raides, dressées (3-5 décim.), brunes, finement pubescentes, rameuses, à rameaux étalés; feuilles entières, lancéolées-linéaires, planes, assez minces, pubescentes; bractées linéaires-lancéolées, plus courtes que les fleurs; calice glabre, pubescent, ou glanduleux; corolle glabre à lèvres subégales; étamines incluses, glabres sauf quelques poils laineux qui agglutinent le sommet des anthères. Plante annuelle ou vivace par induration. C. C. Broussailles dans presque toute l'Algérie, Espagne.

O. ciliata Pomel. — Diffère de l'espèce précédente par ses bractées ovales-lancéolées, ciliées; par son calice à dents plus profondes, ciliées ou ciliées-glanduleuses; par sa corolle un peu pubescente sur le tube, à lèvres inégales et surtout par ses étamines à anthères fortement barbues. ① Bône. v. s., couleur de la corolle par suite peu certaine.

O. Fradini Pomel. — Tige dressée, pubescente, rameuse presque dès la base, à longs rameaux étalés; feuilles linéaires, rudes, un peu épaisses; bractées linéaires-lancéolées; glabres, plus longues que les calices, ceux-ci fendus au delà du milieu, un peu ciliés-glanduleux; anthères un peu barbues; capsule obovée, ciliée, poilue, émarginée. v. s. Bône.

Nota. — C'est certainement à cette dernière plante que se rapportent les échantillons d'*O. Dukerleyi* Grenier et Paillot, de mon herbier. D'autre part ces auteurs disent (loco citato) que leur plante ne se distingue de l'*O. purpurea* que par son calice glanduleux. J'ai constaté sur le terrain que l'*O. purpurea* a son calice indifféremment glanduleux ou non. L'*O. Dukerleyi*, insuffisamment décrit doit donc être rapporté comme synonyme soit à l'*O. purpurea*, soit à l'*O. Fradini*. D'ailleurs les *O. purpurea*, *ciliata* et *Fradini* se ressemblent beaucoup en herbier, en dehors des caractères tirés des anthères glabres ou barbues, caractères dont la valeur aurait aussi besoin d'être vérifiée sur le vif.

O. violacea Pomel; *O. Djurdjuræ* Cosson, inéd. — Plante pubescente-hérissée de petits poils rigides non appliqués; tiges diffuses, rameuses; feuilles linéaires ou lancéolées; fleurs violacées; épis terminaux assez denses; bractées lancéolées dépassant les calices et plus courtes que les corolles ; calice pubescent-glanduleux, divisé jusqu'au tiers en lobes lancéolés ; corolle longuement exserte, glabre, fendue jusqu'aux trois quarts en deux lèvres subégales, très atténuées à la base, l'inférieure à 3 larges lobes obovés, le médian émarginé ; anthères violettes, glabres, agglutinées par quelques poils au sommet et ne dépassant pas la lèvre supérieure ; capsule plus courte que le calice, échancrée, ciliée. ① Djurdjura, sommets. A. C. Tababor.

O. discolor Pomel ; *O. atlantica* Cosson, inéd. — Tiges rameuses, dressées ou diffuses, diffère du précédent par ses anthères très fortement barbues dans toute leur longueur ; par sa corolle moins exserte, à lèvre inférieure petite, trilobée, bien plus courte et plus foncée que la lèvre supérieure ; calice divisé presque jusqu'au milieu en lobes lancéolés, hispidules ; calice fructifère atteignant 10 millim. ; grosse capsule égalant le calice, ciliée et arrondie au sommet ; feuilles lancéolées, larges, brusquement retrécies à la base. Juillet-août. Hautes prairies du Djurdjura, Souk-Arras.

BARTSIA L.

B. aspera Boissier. Maroc.

TRIXAGO Steven.

Calice renflé à divisions courtes ; corolle à palais bigibbeux, à lèvre inférieure trilobée plus longue que le casque ; capsule ovoïde, aiguë ; gros placentas bifides ; graines munies de côtes fines, longitudinales. Plante velue-visqueuse, à tige simple ; fleurs en épi terminal, quadrangulaire, dense, épais, pubescent-glanduleux.

T. apula Steven ; Lx, cat. Kab. ; Munb., cat. ; *Bartsia Trixago* L. ; Ball, spic. ; *B. versicolor* Persoon ; *Rhinanthus versicolor* Desf., fl. atl. ; fig. Reich. 103. — Plante poilue, scabre ou hérissée-glanduleuse ; tige dressée (2-8 décim.), raide ; feuilles opposées, sessiles, lancéolées, dentées, à dents obtuses, écartées ; gros épi terminal, à bractées plus courtes que les fleurs ; corolles grandes, ornementales, blanches, nuancées de pourpre, ou entièrement jaunes, dorées ; capsule égalant à peu près le calice. ① C. C. C. Tout le Tell. Rég. médit., cosmopolite.

EUFRAGIA Grisebach.

Calice tubuleux profondément 5-fide ; corolle à palais convexe, non gibbeux ; capsule oblongue à placentas minces ; graines très petites à peine striées. Le reste comme *Trixago*.

E. viscosa Benth.; Munb., cat.; Lx, cat. Kab.; *Bartsia viscosa* L.; Ball, spic.; *Rhinanthus maximus* Desf., fl. atl.; fig. Reich. 105. — Port du *Trixago apula*, s'en distingue à ses bractées lancéolées-linéaires dépassant longuement les fruits; calice profondément 4-fide; corolles d'un jaune pâle, à lèvre inférieure bien plus longue que le casque; épi souvent peu dense à la base, souvent très long; feuilles ovales-oblongues, fortement dentées. ① C. C. C. Tout le Tell. Europe, Rég. médit.

E. latifolia Griseb.; Munb., cat.; *Bartsia latifolia* Sibth.; Ball, spic.; *Eufrasia latifolia* Desf., fl. atl.; fig. Reich. 104-II. Plante poilue-glanduleuse, canescente (5-20 cent.), simple ou rameuse dès la base, dressée; feuilles ovoïdes ou oblongues profondément dentées, les supérieures palmatifides; épi d'abord court et compact, s'allongeant à maturité; bractées plus courtes que le calice; corolles petites, purpurines, foncées au sommet; capsule mûre égalant presque le calice. C. C. C. Mars-juin. Pelouses un peu arides du Tell. Rég. médit., Orient.

PEDICULARIS Tournefort.

Calice renflé, ventru, à 3-5 dents inégales ou bilabié; corolle bilabiée à lèvre supérieure en casque; 4 étamines didynames, anthères mutiques; capsule ovale ou lancéolée, comprimée, loculicide, bivalve; grosses graines ovoïdes-trigones, peu nombreuses, fixées latéralement au fond de la capsule; radicule dirigée vers le sommet du fruit. Herbes à feuilles pinnatifides, à fleurs en grappes terminales.

P. numidica Pomel; *P. sylvatica* Munb., non L. — Tiges robustes, un peu pubescentes, hautes de 5-20 cent., la centrale dressée, les latérales ascendantes, plus courtes; feuilles linéaires-oblongues dans leur pourtour, pinnatipartites, à lobes élégamment lobulés-dentés; fleurs jaunes, brièvement pétiolées, dressées, toutes axillaires, en longues grappes feuillées; calice pubescent, fendu au bord inférieur, divisé en 5 lobes foliacés, le supérieur plus étroit; corolle longuement exserte à lèvre supérieure bidentée au sommet; capsule lancéolée égalant le calice, à bec à peine latéral. ① Mai. Collo, Cap Cavallo, Bône, Guerrouch.

Nota. — Les beaux échantillons de Collo et du Cap Cavallo de l'herbier de M. Pomel sont certainement très différents du *P. sylvatica* par leurs tiges inégales, peu nombreuses, très robustes et pubescentes; par la capsule plus longue, lancéolée, à acumen presque terminal; par les feuilles plus grandes, plus nombreuses. Des échantillons de Bône, que j'ai en herbier, paraissent se rapprocher beaucoup plus du *P. sylvatica*, mais ils sont très jeunes.

OROBANCHÉES Jussieu.

Plantes parasites, sans chlorophylle, à tige charnue, portant des écailles au lieu de feuilles; fleurs grandes, en grappes terminales; calice 4-5 fide à tube fendu ou non; corolle marcescente, tubuleuse, arquée; lèvre supérieure en casque; lèvre inférieure trilobée; étamines 4, didynames, anthères biloculaires, persistantes, mucronées; style bilobé; capsule uniloculaire, bivalve à 4 placentaires; graines très petites, alvéolées, albuminées.

Clef des genres :

Fleurs à l'aisselle d'une bractée et munies en outre de deux bractées latérales généralement adnées au calice; tiges simples ou rameuses. . . . . PHELIPPÆA.

Pas de bractées latérales; capsule à valves cohérentes au sommet et à la base; tiges simples . . . . OROBANCHE.

PHELIPPÆA C. A. Meyer, non Tournefort.

NOTA. — Tournefort avait créé le genre *Phelippæa* pour les plantes dont on a depuis fait le genre *Anoplanthus*, et non pour les plantes que l'on y range d'habitude; mais cette habitude est si générale que nous croyons devoir la respecter. D'autre part nos deux sections algériennes de *Phelippæa* constitueraient deux genres pour le moins aussi distincts que *Trixago* et *Eufragia*.

§ 1. *Cistanche* Hoffm. et Link; *Phelippæa* Pomel. — Calice campanulé-tubuleux, 5-fide, à lobes subégaux, courts; corolles très grandes, à limbe à peine bilabié, à 5 lobes subégaux; anthères laineuses, subexsertes; stigmate large, suborbiculaire; capsule s'ouvrant par le sommet et fendant la base du style persistant. Grosses tiges charnues, toujours simples, parasites sur les salsolacées.

Ph. lutea Desf., fl. atl., tab. 146; Munb., cat.; Ball, spic. — Plante glabre; tiges robustes, parfois comme le bras, hautes de 2-15 décim., épaissies à la base, nombreuses; écailles ovoïdes ou ovoïdes-lancéolées; fleurs en long épi assez dense, commençant parfois sous terre avec des fleurs cléistogames; bractées pareilles aux écailles; bractéoles glabres, oblongues, carenées, égalant le calice; calice de 15-18 millim., campanulé-cylindrique, fendu jusqu'au tiers en 5 lobes arrondis; corolle de 4-5 cent., à tube étroit, brusquement élargi au-dessus du calice; limbe large de 20-25 millim.; étamines insérées au-dessous du milieu du tube; filets poilus à la base; capsule ovoïde, subsphérique, égalant deux fois le calice. ♃ Avril-mai. Commun à Oran, Perrégaux, L'Habra, Sud des 3 prov., Bibans, etc. Arabie, Espagne.

Ph. violacea Desf., fl. atl., tab. 145; Munb., cat. — Diffère du précédent par sa corolle violette avec deux plis jaunâtres à la gorge, à tube insensiblement élargi de la base au sommet. ♃ Sahara, 3 prov.

Ph. mauritanica Coss. et DR., Bull. soc., bot. vol. IV, p. 409. — Plante basse de 5-15, rarement 30-40 cent.; grosse tige élargie à la base et dans l'inflorescence, toute couverte d'écailles étroitement imbriquées, rarement lâches, ovoïdes, obtuses; bractées laineuses ainsi que les bractéoles et le calice; fleurs en épi dense, large, peu allongé; diffère en outre des espèces précédentes par son calice de 20-25 millim., par sa corolle de 4-5 cent., violette, à tube étroit dans le calice et insensiblement élargi au-dessus; par ses étamines insérées au milieu du tube; par sa capsule ovée-suborbiculaire 2 fois plus courte que le calice. ♃ Littoral oranais. A. R. Janvier-mars. Oran, Perrégaux.

Ph. lusitanica Schultz. Maroc.

Ph. senegalensis Reuter. Maroc.

§ 2. *Trionychion* Wallroth; *Kopsia Dumortier; Phelipanche* Pomel. — Calice à 4 rarement 5 lobes acuminés ou subulés, plus ou moins échancré supérieurement; corolle bilabiée, à lèvre supérieure en casque; étamines plus courtes que la corolle; anthères glabres ou barbues; stigmate nettement bilobé; capsule à valves à la fin écartées au sommet par la rupture du style. Plantes plus grêles, souvent rameuses, à fleurs bleues ou bleuâtres.

a. *Macranthæ.* — Corolles de 20-35 sur 8-12 millim.

Ph. arenaria Walpers; Munb., cat.; *Phelipanche arenaria* et *Ph. atlantica* Pomel; fig. Reich. 145-146. — Tige de 2-4 décim., simple, dressée; grandes fleurs bleues en épi cylindrique, arrondi au sommet, large de 4-5 cent.; calice 5-fide, à lobes lancéolés-acuminés, plus longs que le tube, atteignant le sommet de la bractée lancéolée; corolle pubérulente, peu courbée, insensiblement élargie, à lobes obtus, ciliés-denticulés; anthères barbues; filets glabres, insérés au-dessous de l'étranglement de la corolle; style glanduleux. ♃ Sur *Artemisia campestris.* H.-Pl., 3 prov. Batna, Aflou, etc.

Le *Ph. atlantica* Pomel a les lobes du calice bien plus courts que la plante décrite par Grenier et Godron et il en est de même de la bractée et des bractéoles; les lobes de la corolle sont moins dentés et le style est glanduleux et non poilu-glanduleux. Tous ces caractères sont variables aussi bien dans la plante d'Algérie que dans la plante de France.

Ph. cœrulæa C. A. Meyer; Munb., cat.; Ball, spic. — Plante voisine, distincte par sa corolle fortement courbée, à lobes aigus, pubescente-hispide, et par ses anthères glabres. Maroc (Ball), Algérie? Cette plante pousse en Europe sur l'*Achillœa Millefolium*, et peut-être sur les *Achillœa* des montagnes du Sud oranais.

Ph. Ægyptiaca Walpers; Munb., cat. — Plante pubescente-furfuracée, à tige robuste, à grandes fleurs; grappe assez lâche, subpyramidale; bractées lancéolées-acuminées égalant le calice et les bractéoles; corolle velue, grande, fortement courbée, à lobes souvent aigus, acuminés; anthères glabres ou peu barbues. Tout le Sahara. A. R. Tunisie, Orient. Cette plante ressemble beaucoup au *Ph. Reuteriana* Reich. 218-II.

b. *Micranthæ.* — Corolles plus petites.

1. *Lavandulaceæ.* — Tiges de 2-6 décim., élancées, simples ou peu rameuses, à rameaux courts; lobes calicinaux longuement acuminés, un peu plus courts que le tube de la corolle, subulés ainsi que les bractées; grappes pyramidales très longues, terminées par un toupet de bractées. Toutes ces plantes sont souvent réunies en une seule espèce : *Ph. lavandulacea.*

Ph. Schultzii Mutel, Fl. fr. Atlas (supplément) tab. II, fig. 4; Lx, cat. Kab.; Ball, spic. — Plante un peu velue-visqueuse à fleurs pâles; sépales très longuement subulés; grappe très allongée, effilée au sommet où les bractées et les sépales forment un long toupet; corolle contractée, un peu courbe, à lobes subaigus; anthères généralement glabres ou peu barbues. ♃ Mai-juin. Sur les grandes ombellifères : *Elœoselinum, Thapsia*, etc. Colonne-Voirol, Zaccar, Bône, Dra-el-Mizan, etc.

Ph. stricta Moris, Fl. sardoa, tab. CII. — Plante élevée simple ou peu rameuse, à fleurs assez longuement pédicellées; grappe moins chevelue, corolle presque droite, peu contractée au-dessus de l'ovaire, à lobes un peu aigus; anthères glabres. ♃ Sur le *Thapsia* et le *Rubia peregrina.* Algérie, herb. Desf. d'après Moris. J'ai une plante au moins très voisine, cueillie à Bou-Medfa sur les *Tamarix.*

Ph. lavandulacea Schultz; Munb., cat.; Reich. 147. var. — Plante élevée 2-6 décim.; tige généralement simple; fleurs très bleues, subsessiles; corolle à lobes très obtus, denticulés, barbus ; anthères barbues. ♃ Avril-mai. Sur *Calendula foliosa* Bou Zecza. La plante figurée par Reichembach a ses sépales moins longuement acuminés. Des échantillons semblables aux nôtres se trouvent dans l'herbier Boissier.

Ph. Fraasii Walpers ; *Ph. cernua* Pomel. — Tige simple ; grappe dense à fleurs brièvement pédicellées ; bractées lancéolées-linéaires atteignant le sommet du tube calicinal ; sépales brièvement acuminés-subulés, plus longs que le tube de la corolle ; corolle de 15 millim., fortement arquée, étalée ; limbe petit, à lobes subobtus à peine ciliés, faiblement érodés-crénelés ; étamines glabres ou pubescentes à la base. Garrouban. V. s. herb. Pomel et comparée dans l'herbier Boissier avec la plante de Walpers.

2. *Ramosæ.* — Plantes plus basses et plus rameuses que les précédentes ; calice à lobes faiblement acuminés, égalant ou dépassant peu le tube ; anthères glabres, rarement un peu barbues. Plantes très communes, parasites sur les plantes les plus diverses, constituant le *Ph. ramosa (sensu latiori).* Je n'ai point vu en Algérie le type même de l'espèce, parasite sur le chanvre. Nous avons les formes suivantes.

Ph. Muteli Reuter ; cat. ; Lx, cat Kab. Reich. 150. — Plante robuste, rameuse, pubescente-glanduleuse ; fleurs assez grandes, de nuance variable, en épis courts, assez denses ; corolle large, 10-12 millim., avec deux gros plis sur la lèvre inférieure, très pubescente, longue de 15-20 millim. ; calice purpuracé, à lobes courts, assez brusquement acuminés ; capsule ovoïde, obtuse, plus courte que le calice. C. C. C. Rég. médit.

Ph. floribunda Pomel, me semble une forme robuste du *Ph. Muteli,* très rameuse et très multiflore, à fleurs bleues ; forme que j'ai déterminée autrefois bien à tort *Ph. lavandulacea* dans divers herbiers.

Ph. tenuiflora Pomel, me semble une autre forme remarquable de ce même type, très rameuse, à fleurs de 20-22 millim. Sur *Salvia patula.* Mascara.

Ph. nana Reich. 151. — Plante plus grêle, plus glabre, à corolles plus étroites, plus petites, à lobes aigus ; sépales lancéolés ; capsule ovoïde, allongée, plus courte que le calice. A. C. Sur diverses plantes ; typique et abondant sur la Ciguë.

Ph. pulchra Pomel. — Diffère de *Ph. nana* par son calice coriace à tube plus long, à lobes un peu subulés ; par sa capsule allongée, étroite au sommet, dépassant d'un tiers le tube du calice. Sur *Leucanthemum decipiens.* Mazis. (v. s.)

Au surplus le groupe des *micranthæ*, tout entier, demande de nouvelles études pour bien fixer les limites de ses diverses formes, et ce qui, dans leurs variations, provient de la nature du support.

OROBANCHE L. (Orobanche)

§ 1. *Boulardia* Schultz 1847; *Ceratocalyx* Cosson 1848. — Calice campanulé, à tube non fendu, à limbe formant 2 longues cornes, rarement 4.

O. latisquama; *Boulardia latisquama* Schultz; *Ceratocalyx macrolepis* Cosson, Annales sc. nat. 1848 et pl.; Munb., cat. — Plante glabre ou à peu près, robuste, d'un brun rouge, haute de 2-5 décim., à tige plus ou moins couverte de très larges écailles ovoïdes, coriaces; bractées semblables aux écailles, denticulées; corolle dressée, arquée (25-35 mill.), d'un brun rougeâtre. ♃ Avril-juin. Sur le Romarin. Littoral, d'Oran au Maroc.

§ 2. *Osproleon*. — Calice fendu plus ou moins complètement en 2 segments bifides ou entiers. Groupe très difficile, où les caractères sont souvent peu stables et incertains.

a. Corolles denticulées, d'un rouge brun, un peu charnues, luisantes, comme vernissées en dedans; bractées furfuracées formant toupet au sommet de l'épi. Plantes généralement parasites sur les Légumineuses.

O. sanguinea Presl.; *O. crinita* Viv.! Munb., cat.; Reich. 158; Moris, tab. CIV, optima. — Corolles très petites (12-15 millim.), étroites, en épi serré, à toupet très marqué; lobes de la lèvre inférieure arrondis, subégaux; étamines à filets glabres ou à peine poilus à l'insertion qui est très voisine de la base de la corolle; stigmate pourpré. ♃ Bord de la mer sur les *Lotus creticus, cytisoides* et *drepanocarpos*. Oran, Castiglione, Aïn-Taya, Corso, Bône, etc. Rég. médit.

O. fœtida Poiret; Desf., fl. atl., tab. 144; Munb., cat.; Ball, spic. — Tige de 4-5 décim., rameuse, rougeâtre, anguleuse, à bractées lancéolées, espacées, longuement acuminées; calice presque glabre à lobes un peu soudés en avant, ovoïdes à la base, bifides, longuement acuminées, dépassant le tube de la corolle; corolle glabre, papyracée, de 25-30 millim., peu arquée, non ventrue à la base, à lobes tous étalés, même les supérieurs, larges, arrondis, subégaux; limbe large de 15-18 millim.; stigmate jaune; filets glabres ou un peu poilus à la base, insérés au bas de la corolle. Sur les *Scorpiurus* et *Medicago*. Mai. J'ai trouvé une seule fois cette belle plante de Kara-Mustapha à St-Pierre et St-Paul. Maroc, Espagne, etc. Elle est souvent confondue avec la suivante qui est très commune, et également fétide.

O. condensata Moris. — Plante puissante, furfuracée-pubescente à grosses tiges de 4-8 décim., nombreuses; écailles nombreuses, imbriquées sur le pied, plus ou moins distantes sur la tige bractées lancéolées-linéaires, acuminées, dépassant ou égalant les corolles; calice à 2 lobes bifides, rarement simples ovoïdes à la base, lancéolés-acuminés égalant le tube de la corolle ou plus courts; corolle grande, à dos arqué, ventrue à la base; lèvre supérieure bilobée, large, dressée; lèvre inférieure trilobée, à lobe médian plus long; filets plus ou moins poilus, insérés à la base de la corolle; stigmate pourpre, profondément bilobé. ♃ C. C. C. Mars-mai. Broussailles. Sur le *Calycotome spinosa*. Italie.

O. SPARTII Gussone. — Écailles et bractées plus larges, courtes; sépales plus courts; corolles larges et courtes, presque droites sur le dos, très ventrues; stigmate jaunâtre, puis brun. Bône (Mutel). France, Italie.

O. VARIEGATA Wallr.; Ball, spic.; Reich. 160. — Diffère de l'*O. Spartii* par sa corolle arquée au-dessus, très ventrue, pubescente-glanduleuse, jaunâtre extérieurement, d'un pourpre foncé et dorée à l'intérieur; lèvre inférieure à lobe moyen 2 fois grand comme les latéraux; filets très dilatés et velus à la base; style jaune. ♃ Algérie (Mutel), Maroc, Région médit. La plante qui pousse sur le *Calycotome intermedia* dans le Dahra en est au moins bien voisine.

O. densiflora Salzman; Munb., cat. — Tige épaisse, anguleuse; écailles lâches, lancéolées; bractées linéaires-subulées; épi très dense, court; fleurs moins charnues que dans les précédents, jaunâtres sur le sec; sépales plurinerviés, brusquement subulés, bifides ou trifides, dépassant le tube de la corolle; corolle glabre, assez longue, à dos arqué, à lobes inégalement denticulés; filets glabres ou un peu poilus; style glabre; stigmate profondément bilobé. ♃ Oran (Munby). Maroc, Espagne, Sardaigne, v. s., herbier Boissier.

O. Hookeriana Ball. Maroc.

O. tetuanensis Ball. Maroc.

b. Corolles peu ou pas charnues, blanches, jaunâtres, violacées ou rougeâtres, rarement brunes.

O. reticulata Wallr.; Munb., cat.; Ball, spic. — Corolles amples, à lobes réticulés de lignes saillantes. Semblable pour le reste aux espèces précédentes. Sur les Cistes: Oran, Maroc, Espagne.

O. Rapum Thuillier; Munb., cat.; Reich. 157; *O. major* Desf., fl. atl. — Souche renflée et couverte de courtes écailles; tige robuste (2-6 décim.); écailles lancéolées; bractées larges à la base, égalant ou dépassant les fleurs; sépales bifides, à lobes lancéolés-aigus; corolle pubérulente, ventrue, arquée sur le dos, d'un fauve canelle; lèvre supérieure dressée, en casque, subentière; l'inférieure à lobes ovoïdes à peine denticulés, le médian plus grand; filets glabres, insérés à la base de la corolle, un peu glanduleux; stigmate jaune. Djebel-Mouzaïa! Sur *Cytisus triflorus* R. R. Constantine (Munby), Édough, Oran.

NOTA. — L'*Orobanche thyrsoidea* Moris, me semble difficile à distinguer de l'*O. Rapum,* et je ne saurais affirmer que ce ne soit pas notre plante.

O. epithymum DC.; Reich. 163. — Tige de 1-3 décim., grêle; fleurs assez grandes, rougeâtres, en grappe lâche; bractées lancéolées égalant ou dépassant la corolle; sépales lancéolés, écartés, entiers ou munis d'une dent latérale et divariquée; corolle pubescente-glanduleuse, peu arquée; étamines insérées vers le quart inférieur de la corolle; anthères barbues au sommet; filets glabres à la base sur nos échantillons. Sur *Thymus algeriensis.* Tizi-Djaboub (Djurdjura). Europe, Rég. médit., Orient.

O. Galii Vaucher var. *atlantica.* — Tige pubescente-glanduleuse ainsi que toute la plante, jaune ou un peu brunâtre; fleurs en long épi lâche; bractées lancéolées égalant ou dépassant la fleur; calice à limbe large, nervié-réticulé, soudé en avant et fendu seulement en arrière; sépales bifides à lobes lancéolés, courts; corolle petite, tubuleuse, à limbe peu développé, jaunâtre, à lèvre supérieure porrigée; filets insérés au quart inférieur ou au-dessous, hispides, épais, fusiformes-acuminés; anthères barbues sur les sutures. Sur *Galium tunetanum.* Montagnes : Djurdjura, Médéa, Zaccar.

NOTA. — L'espèce d'Europe a les fleurs beaucoup plus grandes.

O. Clausonis Pomel est une forme de notre plante un peu plus glabre, mais ayant pourtant les filets hispides et les anthères barbues à la loupe. Sur *Asperula hirsuta.* Mouzaïa, Colonne-Voirol. R. R.

O. speciosa DC.; *O. pruinosa* Lap.; Munb., cat.; Ball, spic.; Reich. 161. — Tige puissante (3-8 décim.), pubescente-furfuracée ainsi que les bractées et les sépales; fleurs très grandes, en long et gros épi un peu lâche, dépassant les bractées; sépales plurinerviés, bien distincts, simples ou bifides, à lobes lancéolés égalant le tube de la corolle; corolle blanche, striée de violet, rarement jaunâtre ou violacée, un peu pubescente-glanduleuse, à lèvres très grandes, étalées, denticulées, ciliées, la supérieure à 2 grands lobes, l'inférieure à 3 lobes arrondis, le médian plus grand, formant ensemble un limbe large de 15-20 millim.; filets pubescents, insérés au-dessus de la base de la corolle; stigmate violacé. Avril-mai. Sur les Fèves, les Pois et diverses Légumineuses; sur les *Pelargonium* et rarement sur les Capucines. Europe mérid., Rég. médit., Orient.

O. amethystina Thuillier ; Lx, cat. Kab. ; *O. Eryngii* Vaucher ; Munb., cat. ; *O. Ritro* Debeaux, cat. Boghar ; Munb., cat. — Aspect de l'espèce précédente ; fleurs plus petites, à limbe large de 10-12 millim. ; bractées égalant ou dépassant la corolle, lancéolées-linéaires et non très large à la base ; corolle brusquement courbée vers son tiers inférieur, à lobes très développés, fortement denticulés ; filets insérés au tiers inférieur de la corolle.

α *Galactitis.* — Grande plante à long épi, à belles fleurs blanches, striées de violet ; filets pubescents insérés un peu plus bas que le tiers inférieur de la corolle. Sur *Galactites tomentosa, Helminthia Echioides* et diverses composées. Cette plante est peut-être l'*O. barbata* Poiret. *O. laxa* Pomel me semble être une forme appauvrie, à sépales subentiers. (v. s. herb. Pomel.)

β *Eryngii.* — Plante peu élevée à épi court ; corolles souvent d'un jaune paille ; filets glabres ou glabrescents. A. C. Sur *Eryngium campestre.*

O. minor Sutton ; Munb., cat. ; Lx, cat. Kab. ; Reich. 183. — Très semblable à la précédente, forme *Galactitis*, mais à fleurs bien plus petites ; bractées ovales à la base ; corolle régulièrement arquée, à lobes obtusément denticulés. Plante vagabonde poussant sur les supports les plus variés et par suite assez variable elle-même. C. C. C. Ce type est le plus souvent sur des légumineuses. Europe, Rég. médit., Orient.

β *flavescens.* — Fleurs jaunâtres, concolores. Sur l'*Orlaya maritima* et les *Daucus.*

O. hyalina Sprun. ; *O. Salisii* Requien ; Munb., cat. — Corolle glabre, blanchâtre, à lèvre supérieure entière, porrigée ; filets pubescents insérés au-dessous du tiers inférieur de la corolle. A. C. Sur *Chrysanthenum Myconis* et *multicaule.* 3 prov.

O. ambigua Pomel, a la taille et le port des petites formes de l'*O. minor* et sa corolle fortement et inégalement denticulée comme *O. galactitis;* style velu, glanduleux ; étamines insérées au milieu du tube. Oran. v. s.

O. Calendulæ Pomel. — Plante robuste (3-6 décim.), très semblable à l'*O. minor ;* sépales simples et subuninerviés, ou bifides et binerviés, à corolle un peu plus ample, peu courbée, un peu resserrée sous le limbe, denticulée ; lèvre supérieure subentière, l'inférieure à 3 lobes arrondis, le médian plus grand, les latéraux étalés ; étamines insérées au quart inférieur du tube, à filets pubescents ; capsule allongée. Sur les *Calendula* vivaces. Oran. v. s.

O. Bovei Reuter, in DC., prodr. — Plante encore très semblable à l'*O. minor*, en diffère par ses corolles très courtes (12 millim.), à tube presque droit, relativement amples, et par ses filets insérés près de la base du tube. Sur *Hyoseris radiata* Saint-Louis (Oran). v. s. herb. Pomel.

O. curvata Pomel. — Diffère de l'*O. Bovei* par ses sépales simples subuninerviés, par sa corolle arquée en quart de cercle, à lobes fortement denticulés. Plante concolore, d'un jaune pâle. Sur *Centaurea fragilis*. Oran. v. s. herb. Pomel.

Nota. — Toutes les plantes ci-dessus, à partir de l'*O. minor*, se ressemblent beaucoup. Ce groupe qui comprend en Algérie et ailleurs une foule de formes distinguées par les botanistes, est des plus difficiles, car aucun de ses caractères ne présente de fixité. Les espèces suivantes sont beaucoup plus nettes.

O. Scolymi Pomel. — Plante puissante, multicaule, pubescente-glanduleuse, jaune sur le vif; tiges épaisses (3-8 décim.); écailles largement lancéolées, imbriquées sur la souche, lâches dans le haut; fleurs assez grandes, concolores, d'un jaune pâle, en gros épi très dense; bractées lancéolées-aiguës, égalant les fleurs ou plus courtes; sépales contigus, mais non soudés, multinerviées, divisés jusqu'au milieu en lobes aigus et courts; corolles glanduleuses, étalées, régulièrement arquées; lèvres denticulées, la supérieure en casque, l'inférieure trilobée, à lobe médian plus grand, avec 2 fortes gibbosités entre les lobes; étamines insérées au tiers du tube de la corolle; filets velus; style glabrescent ou velu; corolles de 15-20 millim. Sur *Scolymus maculatus* et *grandiflorus*. A. C. sur ce dernier dans la Mitidja.

O. leptantha Pomel. — Plante élancée, hirsute-furfuracée; squames lâches, linéaires-lancéolées; tiges de 3-6 décim., poussant en touffes; bractées linéaires, hirsutes, dépassant longuement les fleurs; celles-ci en épi dense; sépales distincts, entiers, plurinerviés à base ovale, longuement subulés, plus courts que le tube de la corolle; corolles glanduleuses, dressées-étalées, d'un rose pâle, étroitement tubuleuses, à limbe médiocre, érodé-denticulé, cilié; lèvre supérieure émarginée-bilobée, porrigée; lèvre inférieure petite, à lobes arrondis, le médian plus large, émarginé; étamines à filets pubescents insérés au-dessus du quart inférieur du tube; stigmate jaune. Sur *Centaurea Fontanesi*, falaises à l'Est d'Oran (Pomel).

J'ai encore du Zaccar des échantillons, privés de leur support, au moins bien voisins de l'*O. Teucrii* Holandre et Schultz.

c. Fleurs bleues.

O. cernua Lœffling; Munb., cat.; Reich. 187. — Tiges pubescentes (1-5 décim.); écailles et bractées ovoïdes ou ovoïdes-lancéolées; fleurs en grappe dense; sépales lancéolés, entiers ou bifides, bien plus courts que la corolle; corolle arquée en quart de cercle, blanche dans le bas, bleue en haut; limbe petit, un peu denticulé; lobes de la lèvre inférieure presque égaux, ovoïdes, subaigus; filets glabres, insérés près du milieu du tube; stigmate blanchâtre. Mai-juillet. Sur les composées dans le Sud, en particulier sur *Atractylis cœspitosa.* Mai-juillet. Djelfa, Mzi, Aïssa, etc., etc. Rég. médit.

ACANTHACÉES Rob. Brown.

Cette famille diffère des *Personnées* par ses graines exalbuminées, assises sur un prolongement de placentaire et par sa dehiscence élastique. (Reich. vol. XVIII).

ACANTHUS Tournefort (Acanthe).

Calice subbilabié à 4 divisions inégales; corolle à tube très court, à lèvre supérieure nulle, l'inférieure très grande parcheminée, trilobée; 4 étamines didynames à gros filets épais; anthères uniloculaires, velues intérieurement, stigmate mince, bifide; capsule ovale à 2 loges, contenant 1-2 graines. Grandes plantes vivaces à très grandes feuilles pétiolées, à grosses hampes robustes, simples ou rarement rameuses; fleurs blanchâtres à nervures purpurines, grandes, en gros épis terminaux.

A. mollis L.; Desf., fl. atl.; Munb., cat.; Lx, cat. Kab.; Ball, spic. — Feuilles très grandes, molles, glabres ou glabrescentes, cordées-ovoïdes ou oblongues dans leur pourtour à limbe de 4-7 décim. sur 2-5, pinnatifide, à divisions larges, lobées, dentées. ♃ C. C. C., lieux frais. D'octobre à juin. Rég. médit.

A. spinulosus Host.; fig. Reich. 191. — Feuilles oblongues, non cordiformes, pinnatiséquées, à rachis ailé, spinuleux, à divisions linéaires-lancéolées, distantes, lobées-dentées, épineuses; corolles très larges; calices très grands à sépales latéraux, linéaires-aigus, très réduits. Plante bien plus humble à feuilles brièvement pétiolées, non cordiformes à la base. ♃ R. R. Dans le ravin du Beau fraisier à Bouzaréah.

LABIÉES Jussieu.

Calice persistant à 5 divisions, très rarement 4 ou 10; corolle imbriquée, bilabiée, à lèvre supérieure entière ou bilobée, rarement nulle, à lèvre inférieure trilobée; 4 étamines didynames ou 2 par avortement; style gynobasique naissant au centre de 4 achaines dressés; graines exalbuminées. Plantes généralement aromatiques, à tige carrée, à feuilles opposées, à fleurs en petites cymes ou glomérules axillaires, simulant souvent des verticilles, des grappes ou des épis. (Reich., vol. XVIII).

Tableau des tribus :

Tribu I. Ocymoïdées. — Corolle bilabiée; 4 étamines, les antérieures plus longues, fléchies sur la lèvre inférieure de la corolle.

Tribu II. Menthoïdées. — Corolle en entonnoir, régulière, à 5 lobes; 4 étamines subégales, écartées, rarement 2.

Tribu III. Thymées. — Corolle bilabiée; 4 étamines droites, écartées, les antérieures plus longues.

Tribu IV. Mélissées. — Corolle bilabiée; 4 étamines arquées, ascendantes, convergentes au sommet sous la lèvre supérieure de la corolle, les antérieures plus longues; anthères biloculaires, insérées plus ou moins obliquement sur un connectif dilaté à sa base.

Tribu V. Monardées. — Corolle bilabiée; 2 étamines parallèles, placées sous la lèvre supérieure de la corolle.

Tribu VI. Népétées. — Corolle bilabiée; 4 étamines parallèles, rapprochées, cachées sous la lèvre supérieure de la corolle, les antérieures plus courtes.

Tribu VII. Stachydées. — Corolle bilabiée; 4 étamines parallèles rapprochées sous la lèvre supérieure de la corolle, les antérieures plus longues.

Tribu VIII. Ajugées. — Corolle subunilabiée, la lèvre supérieure étant très courte et bipartite; 4 étamines parallèles, les antérieures plus longues; anthères à loges opposées bout à bout et s'ouvrant par une fente longitudinale unique.

Tribu I. — OCYMOIDÉES.

LAVANDULA L. (Lavande).

Calice tubuleux à 5 dents courtes dont la supérieure est souvent appendiculée; corolle à tube exserte, dilaté vers la gorge; anthères réniformes, uniloculaires, s'ouvrant en demi-cercle et s'étalant en disque; achaines oblongs, lisses, arrondis au sommet. Arbrisseaux ou sous-arbrisseaux aromatiques, à fleurs en épis terminaux.

§ 1. *Stœchas* Bentham. — Feuilles florales bractéiformes, abritant chacune 3-5 fleurs, les supérieures stériles formant toupet; dent supérieure du calice dilatée en appendice scarieux; épi compact; feuilles entières, dentées, ou crénelées. Arbrisseaux de 6-10 décim. et plus, mêlés aux cistes et aux autres broussailles.

L. Stœchas L.; Desf., fl. atl.; Munb., cat.; Lx, cat. Kab.; Ball, spic.; Reich. 26-III. — Tiges très rameuses, très feuillées jusque sous les épis floraux; feuilles linéaires-oblongues, très entières, enroulées aux bords, tomenteuses, cendrées sur les 2 faces; épis brièvement pédonculés, ovales ou oblongs, quadrangulaires, surmontés de grandes bractées dilatées, violettes. ♄ C. C. C. Broussailles du Tell. Rég. médit.

L. pedunculata Cav.; Ball, spic. Maroc.

L. dentata L.; Desf., fl. atl.; Munb., cat.; Ball. spic. — Feuilles crénelées ou pinnatifides, linéaires-oblongues, gauffrées, souvent vertes en dessus; épis longuement pédonculés, plus étroits et plus longs; fleurs bleues et non violettes; bractées stériles, pâles. ♄ Littoral d'Alger au Maroc. Espagne, Italie.

β *Candicans.* — Feuilles fortement enroulées, blanches tomenteuses sur les 2 faces ainsi que les tiges et les épis. Bord de la mer. Mazafran, Coléa.

§ 2. *Spica* Bentham. — Diffère de *Stœchas* par ses épis ordinairement plus lâches, à feuilles florales moins développées, sans bractées stériles. Sous-arbrisseaux à feuilles très entières, à épis longuement pédonculés.

L. Spica L. — Signalé « in collibus incultis » par Desfontaines, n'a pas été retrouvé.

L. vera L. Cultivé.

§ 3. *Pterostœchas* Gingens. — Bractées uniflores; épi étroit, sans toupet; calice subbilabié, à dent supérieure plus large, non appendiculée. Sous-arbrisseaux à feuilles très divisées, à épis longuement pédonculés, denses.

L. multifida L.; Desf., fl. atl.; Munb., cat. — Herbe sous-ligneuse à la base, plus ou moins pubescente-furfuracée, parfois hispide; feuilles ovoïdes, bipinnatiséquées, à lanières étroites, obtuses ou aiguës, pubescentes, blanchâtres, en dessous ou sur les deux faces; épis simples ou ternés, plus ou moins pubescents. ♃ A. R. Répandu dans toute l'Algérie, Maroc, Espagne, Italie, Orient, Tunisie.

L. intermedia Ball. Maroc.

L. abrotanoides Lam. Maroc.

L. tenuisecta Cosson. Maroc.

Tribu II. — MENTHOIDÉES.

Clef des genres :

1	Calice à dents concaves, aristées sous le sommet.	PRESLIA.
	Calice à dents planes.	2
2	2 étamines; achaines tronqués au sommet. . . .	LYCOPUS.
	4 étamines; achaines arrondis au sommet. . . .	MENTHA.

LYCOPUS L.

L. europæus L.; Desf., fl. atl.; Munb., cat.; Lx, cat. Kab.; Ball, spic.; Reich. 90-I. — Tiges dressées, carrées, rigides (6-12 décim.), simples ou un peu rameuses dans le haut; feuillles ovales ou lancéolées, grandes, fortement incisées-dentées, pinnatifides à la base, les inférieures pétiolées; fleurs blanches, petites, en faux verticilles compacts, axillaires, distants; plante glabre ou pubescente. ♃. Mai-août. Fossés, marais. A. C. Europe, Rég. médit., Orient.

PRESLIA Opitz.

P. cervina L. — Tiges couchées, ascendantes; feuilles glabres, ponctuées, sessiles, linéaires-lancéolées, un peu dentées; fleurs roses en faux verticilles axillaires, tous distants, gros, compacts; bractéoles palmatifides. ♃ R. Province d'Oran (Warion). France, Espagne.

MENTHA L. (Menthe).

Plantes vivaces, très odorantes, stolonifères, à tiges florifères dressées; feuilles dentées ou crénelées, sessiles ou brièvement pétiolées; fleurs généralement hétérostylées, en faux verticilles globuleux ou en épis terminaux.

§ 1. *Eumentha.* — Calice régulier, nu à la gorge.

a. Feuilles sessiles ou subsessiles, fleurs en épi terminal.

M. Timija Cosson. Maroc.

M. rotundifolia L.; Desf., fl. atl.; Munb., cat.; Lx, cat. Kab.; Ball spic.; Reich. 81. — Tiges dressées (5-8 décim.), rameuses au sommet, velues; feuilles sessiles, ovales ou arrondies, obtuses, crénelées ou dentées, plus ou moins gauffrées et tomenteuses, blanchâtres en dessous; bractées ovales, lancéolées-acuminées; fleurs blanches en épis cylindriques, aigus, très grêles dans les formes à petites fleurs; calice campanulé, petit (1 millim.), non strié, à la fin globuleux et à dents aiguës, conniventes à maturité. ♃ C. C. C. Fossés et marais de toute l'Algérie. Europe, Rég. médit., Orient.

Nota. — *Mentha insularis* Requien; Soc. dauph. nº 2,216, diffère du *M. rotundifolia* par ses feuilles brièvement pétiolées, minces et aiguës. Cette plante a été souvent indiquée en Algérie. J'ai, en effet, vu quelques échantillons s'en rapprochant (Mouzaïa, Bône), mais jamais bien caractérisés. M. Durando avait distribué sous ce nom le *M. Durandoana*.

M. sylvestris L.; Munb., cat.; Ball, spic. — Tiges rameuses dans le haut; feuilles lancéolées, ovales ou oblongues, toujours aiguës, dentées en scie, sessiles, blanches-tomenteuses en dessous ou sur les 2 faces, à tomentum très court; épis cylindriques ou coniques, gros, denses; bractées linéaires-sétacées; calice velu-velouté, à la fin un peu resserré à la gorge, à dents linéaires, conniventes à maturité. ♃ R. R. Sersou ! (Mac-Carthy), Bab-el-Oued (Durando). Europe, Asie.

M. Noulettiana Timbal. — Feuilles plus larges, plus arrondies à la base, parfois un peu réticulées-gauffrées, cendrées et grossièrement velues-tomenteuses sur les deux faces, ainsi que les tiges. Çà et là, assez fréquente dans les jardins.

M. viridis L. — Plante glabre, à feuilles d'un vert gai, à odeur très agréable. Très cultivée, subsp.

Nota. — Dans un petit marais de l'ancien consulat de Danemark, à Mustapha-Supérieur, il existe une forme très rameuse, à feuilles et à épis très étroits du *M. Noulettiana* et une forme tout à fait semblable du *M. viridis*.

b. Feuilles assez longuement pétiolées.

M. aquatica L.; Desf., fl. atl.; Munb., cat.; Reich. 85-I. — Tiges dressées ou ascendantes, souvent radicantes à la base, rameuses dans le haut; feuilles ovoïdes, dentées en scie, plus ou moins velues, molles, les inférieures grandes; fleurs purpurines en faux verticilles peu nombreux, confluents au sommet de l'inflorescence en gros capitule globuleux; calice à tube oblong ou obové, strié, à dents triangulaires, brusquement et longuement subulées, dressées à maturité. Plante à odeur forte, peu agréable. ♃ A. R. Marais. Maison-Carrée, Réghaïa, Boufarik, Constantine, Bône, La Calle, etc. Europe, Asie. Devenue cosmopolite.

M. Schultzii Boutigny var. (*Malinvaud in litteris*). — Tiges diffuses ou dressées, très rameuses, feuilles semblables à celles du *M. aquatica*, ordinairement plus petites; fleurs beaucoup plus petites, en faux verticilles très denses, larges de 1 cent. environ; calices de 2-3 millim. dont 1/3 pour les dents. Plante velue hispide à odeur de *M. aquatica* et évidemment hybride de cette espèce et du *M. rotundifolia*. Caractères peu stables. Certains échantillons sont à peu près identiques au *M. Schultzii* distribué par M. Malinvaud n° 29. D'autres passent par de nombreuses transitions au *M. aquatica* qui existe à côté. Dans l'eau, au milieu des herbes aquatiques elle atteint 2 mètres de haut et ses verticilles nombreux sont longuement distants, les supérieurs à peine confluents; dans les endroits plus secs elle est humble et diffuse. Boufarick, dans une prairie à droite du chemin de fer, en venant d'Alger, au delà des pépinières.

M. Durandoana Malinvaud (in litteris); *M. insularis* Durando, non Requien. Plante dressée d'un vert sombre, glabre ou glabrescente; feuilles un peu épaisses, luisantes, très brièvement petiolées, ovées ou ovées-lancéolées, médiocres, dentées en scie; fleurs bleuâtres en épis cylindriques, lâches à la base, obtus, gros comme dans *M. sylvestris*; feuilles florales subulées; calices fortement striés, oblongs, hirtules, à dents courtes; corolle hispidule en dehors au sommet. Plante à odeur forte, citronnée, très agréable. Hybride probable des *M. aquatica* et *viridis*. Dans le ruisseau de la Pointe-Pescade. Plante très stable, digne d'être cultivée.

M. piperita L., qui diffère du précédent par ses feuilles lancéolées, plus longuement pétiolées, etc., est signalé dans le Nord de l'Afrique dans le *Prodr. floræ hispanicæ*. On l'a effectivement cultivé en grand à Boufarick et on le cultive çà et là dans les jardins avec diverses autres menthes, mais je ne l'ai jamais vu spontané ou subspontané.

§ 2. *Pulegium*. — Calice strié, glanduleux, presque bilabié, velu à la gorge; fleurs en faux verticilles globuleux, distants, axillaires formant de longs épis interrompus et feuillés, plus denses au sommet. Plantes stolonifères à jeunes pousses rampantes assez différentes des tiges florifères redressées et rameuses; feuilles elliptiques, ovoïdes ou lancéolées, atténuées en court pétiole; odeur forte, spéciale.

M. Pulegium L.; Desf. fl. atl.; Munb., cat.; Lx, cat. Kab.; Ball, spic.; Reich. 89-II. — Tiges et feuilles glabrescentes ou un peu velues; fleurs bleues, purpurines ou blanches; calice tubuleux resserré à la gorge à maturité, vert, un peu hérissé. ♃ Juin-août. A. C. Lieux humides. Europe, Rég. médit., Orient, Amérique.

M. gibraltarica Willd. ; *M. Pulegium* var *villosa* Benth. ; Ball, spic. ; *M. Pulegium* var. *eriantha* Durieu ; Malinvaud exsic. 96. — Plante velue-tomenteuse dans toutes ses parties, parfois tout à fait blanche plus nettement aquatique, à fleurs un peu plus grandes. Commune dans la Mitidja.

M. numidica Poiret. — Espèce bien douteuse, m'est inconnue.

Tribu III. — THYMÉES Bentham.

Clef des genres :

1	Calice bilabié, barbu à la gorge ; lèvre supérieure tridentée ; lèvre inférieure à 2 longues dents ciliées, arquées-ascendantes.	THYMUS.
	Calice non distinctement bilabié, à lèvre supérieure orbiculaire	2
2	Lèvre inférieure de la corolle à 3 lobes égaux ; anthères à loges distinctes au sommet.	ORIGANUM.
	Lèvre inférieure de la corolle à lobe médian beaucoup plus grand, échancré ; anthères à loges soudées au sommet.	HYSSOPUS.

HYSSOPUS L. (Hysope).

H. officinalis L. Maroc.

THYMUS L. (Thym).

Calice à tube ovoïde avec des poils blancs à la gorge, visibles entre les dents de la lèvre inférieure ; corolle à lèvre supérieure dressée, plane, émarginée, à lèvre inférieure trilobée à lobes subégaux ; 4 étamines droites, divergentes ; anthères à loges peu divergentes à la base, distinctes au sommet ; fleurs ordinairement petites, brièvement pédicellées, en glomérules axillaires réunis en tête ou en grappe spiciforme. Plantes vivaces odorantes, à feuilles petites, ponctuées-glanduleuses, subsessiles ou courtement pétiolées. Les thyms ont souvent 2 formes de fleurs sur des pieds différents, les unes femelles plus petites, les autres hermaphrodites, plus grandes.

§ 1. *Coridothymus* Reich. — Calice comprimé-ancipité ; corolle à tube saillant ; fleurs roses, subsolitaires à l'aisselle des feuilles florales ovoïdes, nombreuses, serrées en capitule ovoïde, oblong, compact. Arbrisseau rigide, dressé, rameux.

Th. capitatus Hoffm. ; *Satureia capitata* L. — Feuilles lancéolées-linéaires, aiguës, ciliées, ponctuées-glanduleuses ; tiges et capitules pubescents-furfuracés. ♄ Lieux rocheux. Tlemcen. Tunisie, Espagne, Italie, Orient.

§ 2. *Mastichina.* — Calice à tube bien plus court que les lèvres ; celles-ci à dents à la fin longuement aristées, à arêtes blanches, égalant ou dépassant la corolle blanche ou rosée, à la fin divariquées.

Th. Fontanesi Boiss. et Reut., Pug. p. 95; Munb., cat.; Debeaux, cat. de Boghar; *Th. mastichina* Desf., fl. atl.; Munb., cat., non L.; *Th. Monardi* De Noé, fig. Atl., expl. sc. Alg., tab. 66. — Tiges dressées ou ascendantes (2-4 décim.) simples ou rameuses, furfuracées; feuilles planes, rarement enroulées, oblongues ou lancéolées, obtuses, glabres ou glabrescentes, luisantes, à peine ciliées à la base, les florales sessiles, ovoïdes, peu différentes ; épi floral plus ou moins interrompu à la base ; lèvre supérieure du calice divisée jusqu'au tiers en dents à peine ciliées. ♄ Mai-juillet. A. C. Coléah, Médéa, Miliana, Perrégaux, Tlemcen, Mascara, Maillot, Bou-Sâada, Aumale, Constantine, Boghar, etc., etc.

β *Pallescens* De Noé, fig. loc. cit. — Feuilles étroites, linéaires.

γ *latifolius* De Noé, fig. ibid. — Feuilles largement ovoïdes.

Th. heterophyllus nob. — Feuilles linéaires-aiguës, fortement enroulées aux bords, ciliées et hispides dans toute leur longueur ; feuilles florales ovées-lancéolées, dépassant longuement les fleurs ; dents inférieures du calice longuement ciliées ; corolle blanche, petite. ♃ Tigremount.

§ 3. *Euthymus.* — Calice moins profondément fendu, à dents de la lèvre supérieure non aristées, celles de la lèvre inférieure pectinées-ciliées.

a. *Serpyllum.* — Feuilles planes, non enroulées, les florales peu différentes des autres, ciliées ou non ; corolle à tube inclus.

1. Feuilles courtes (5-8 millim.), ovoïdes-obtuses, rarement oblongues ou lancéolées, un peu épaisses.

Th. Guyonii De Noé, Bull. soc., bot. II, p. 580 ; Munb., cat. — Plante glabre ou glabrescente ; tiges décombantes, souvent radicantes ; rameaux courts, ascendants, très feuillés ; feuilles toutes semblables, les florales non ciliées ; glomérules pauciflores formant un épi court, lâche, feuillé ; calice glabre à lèvres égales, la supérieure à dents triangulaires ; corolle blanche, petite. ♃ Aflou, Djelfa, Constantine.

Th. dreatensis Batt., Bull. soc., bot. 1888, p. 393. — Plante très gazonnante, à tiges couchées, rameuses, radicantes ; rameaux florifères dressés, courts, pubescents, furfuracés ; pédicelles très courts, furfuracés ; capitules globuleux, bien fournis ; calices hispides, à dents toutes ciliées, celles de la lèvre inférieure robustes, subulées dès la base ; corolles roses, grandes dans les fleurs hermaphrodites; feuilles florales ciliées dans leur moitié inférieure. ♃ C. Sur tout le sommet du Dréat. Mai-août.

Th. Serpyllum L., var. *atlanticum* Ball. Maroc.

2. Feuilles plus grandes (10-20 millim.), oblongues, lancéolées ou sublinéaires; étamines longuement saillantes.

Th. maroccanus Ball. Maroc.

Th. lanceolatus Desf., fl. atl., tab. 128. — Tiges peu nombreuses, raides, dressées, peu ou pas rameuses (1-2 décim.); feuilles fermes (10-20 millim. sur 6-8), souvent obtuses au sommet, glabrescentes, non ciliées à la base ou avec 1-3 cils très courts, très caduques dans le bas de la tige; feuilles florales petites, souvent plus courtes que les fleurs; grappe pyramidale, un peu lâche, rameuse à la base; fleurs roses, fasciculées à l'aisselle des feuilles florales; pédicelles grêles égalant à peu près le calice, finement et brièvement pubescents; calice nutant, finement hispidule à la loupe, à lèvre supérieure ovoïde, brièvement tridentée au sommet, à dent médiane plus longue. ♃ R. R. Juin-septembre, Tlemcen, Tiaret, Ben-Chicao.

Th. kabylicus nob.; *Th. lanceolatus* Munb., cat.? Lx, cat. Kab. — Tiges généralement décombantes, poussant en touffes fournies, très feuillées; feuilles grandes, lancéolées, plus molles, ciliées à la base, non caduques, les florales aussi grandes que les autres; fleurs roses, grandes *à peine pédicellées*, réunies en tête dense; calices hispides ainsi que l'axe et les pédicelles à dents de la lèvre supérieure un peu plus profondes. Plante assez variable pour la grandeur de ses feuilles et de ses fleurs; une forme grandiflore et ornementale existe au Dréat où elle est très rare ♃ Juin-août. Médéa, Djurdjura, Constantine, etc.

Th. numidicus. Poiret; Desf., fl. atl., sec. Cosson, Soc. dauph. n° 911. — Feuilles étroitement lancéolées ou linéaires, les florales courtes, ovoïdes, plus larges; capitules très denses, médiocres. Pour le reste comme le précédent, dont il n'est pas toujours facile de le distinguer. Constantine, Bône, l'Arba, Tunisie.

Nota. — Desfontaines compare le *Th. numidicus* au *Th. Zygis* L. Si comme *Th. Zygis* il prenait le *Th. striatus* Vahl, ainsi que le font la plupart des auteurs italiens, c'est bien la plante ci-dessus qu'il avait en vue. Mais s'il considérait comme *Th. Zygis* celui de la flore d'Espagne, c'est d'une des plantes ci-après qu'il voulait parler. Poiret, voy. vol. II, p. 188, compare sa plante à un *Th. hispanicus* qui est resté problématique et que Bentham rapporte au *Micromeria inodora*. M. Pomel considère le *Th. numidicus* de Poiret comme une forme voisine du *Th. algeriensis*. Enfin, c'est probablement la plante ci-dessus qu'avaient en vue Grenier et Godron, lorsque, dans leur Flore de France, ils signalent le *Th. Zygis* en Algérie.

3. Feuilles entières, glabres, obtuses, subspatulées, très étroitement linéaires, fasciculées.

Th. satureoides Cosson. Maroc.

b. Angustifolii. — Feuilles inférieures au moins à bords enroulés et par suite étroitement linéaires, plus ou moins ciliés, fasciculées ; tiges ligneuses généralement décombantes ; rameaux florifères dressés ; rameaux stériles plus longs, grêles, décombants. Groupe un peu confus de petites espèces passant les unes aux autres par des intermédiaires nombreux. Indumentum variable dans presque tous les types, velouté, hispide ou nul.

1. Tube de la corolle longuement saillant hors du calice ; feuilles florales multinerviées, larges, ovoïdes-aiguës, généralement purpurines.

Th. Broussonnetii Boissier. (Feuilles toutes larges). Maroc.

Th. ciliatus Desf., fl. atl. (sub. *Thymbra*), tab. 122 ; Munb., cat. — Rameaux pubescents ; feuilles fortement ciliées, glabrescentes ou hispidules, les florales grandes, souvent pubescentes, ciliées, à bords un peu enroulés au sommet ; fleurs violacées ou plus souvent rouges, subsessiles, en gros capitules ovoïdes ou oblongs, denses, plus rarement lâches à la base ; calice à tube un peu plus court que les lèvres, hispide, à dents toutes ciliées, celles de la lèvre supérieure subégales, acuminées, égalant le tiers de la lèvre ; corolle longuement exserte, rarement subincluse. ♄ Avril-septembre. C. C. C.

α major. — Capitules très gros ; feuilles florales larges de 5-7 millim. ; calices de 7-8 millim. Mascara, Mostaganem.

β intermedius. — Capitules plus étroits ; feuilles florales de 5-6 millim. ; rameaux florifères parfois très longs (1-4 décim.). Miliana, L'Adjiba, Dréat, El-Achir, etc. Intermédiaire entre les *Th. ciliatus* et *coloratus*. Il a été distribué sous ce dernier nom dans nos exsiccata.

2. Tube de la corolle peu saillant.

Th. thymbroides Pomel. — Plante très velue à feuilles florales aussi larges que dans *Th. ciliatus α*, vertes ; capitules laches, allongés. Mostaganem.

Th. coloratus Boissier et Reuter, Pug., p. 96 ; Munb. cat. — Sous-arbrisseau bas, très rameux, à capitules denses, gros comme une noisette, à feuilles florales souvent très colorées et glabrescentes ainsi que les calices. C. C. C. Tlemcen, Terni, Garrouban, Mouzaïa, Babors, etc., etc.

Nota. — A Terni et à Garrouban les feuilles florales ont une remarquable tendance à devenir trilobées, c'est alors le *Th. sublobatus*. Pomel.

Th. mundyanus Boiss. et Reut., Pug., p. 96 ; Munb., cat. ; *Th. striatus* Munb., fl. d'Alg. pl. IV non Vahl. — Rameaux et calices velus ; feuilles glabres ou hispidules, peu ciliées, peu glanduleuses ; feuilles florales vertes, moins larges que dans les précédents, égalant les calices; calice de 5-6 millim., fendu au-delà du milieu en deux lèvres égales, à la fin brun-violacé; corolles un peu exsertes. ♃ Oran, La grande falaise, Djebel-Santo, Nemours, Téniet, Agar-Amellal (Constantine), etc. Cette plante diffère de *Th. thymbroides* Pomel par ses feuilles florales moitié moins larges.

Th. algeriensis Boiss. et Reut., loc. cit.; Munb., cat.; Lx, cat. Kab. — Feuilles un peu ciliées à la base, glabres, les florales lancéolées, peu différentes, égalant ou dépassant les calices; calice glanduleux, glabrescent ou peu hispide. Pour le reste semblable au précédent dont il diffère encore cependant par ses feuilles moins enroulées, plus ponctuées-glanduleuses, plus ciliées. C. C. C. Montagnes, 3 prov. Fort de l'Empereur (Alger).

Nota. — *Th. numidicus* Poiret et Desfontaines en serait d'après M. Pomel une forme très peu ciliée.

Th. Zattarellus Pomel. — Forme grêle à fleurs très petites, à feuilles fortement enroulées, les florales plus larges; lèvre supérieure du calice plus brusquement relevée. Çà et là avec le type, Tlemcen, Terni, Blida.

Th. albiflorus nob. — Fleurs toujours blanches; plante glabrescente à calices peu ou pas hispides; tiges très radicantes. Mzi, Djebel-Aïssa (Sud-Oranais).

Th. pallidus Cosson. Maroc.

Th. hirtus Willd., non Benth., Munb., cat., Lx, cat. Kab.; *Th. diffusus* Salzm. — Plante basse, diffuse, généralement cendrée, hispidule; feuilles peu ou pas ciliées, les florales peu dissemblables ne dépassent pas les fleurs; calices très courts (3-4 millim.), à lèvres égales, la supérieure brièvement tridentée; corolle très courte dépassant peu le calice, pâle, à tube inclus; capitules assez denses, étroits. ♄ Mai-août. Rég. mont.; Zaccar, Blida, Tirourda, Dréat, H.-Pl., El-Kantara, etc.

β Saharæ Pomel inéd. — Capitules pauciflores; feuilles florales dépassant les fleurs. Biskra, El-Abiod, Maïa.

ORIGANUM L. (Origan).

Calice petit, tubuleux, campanulé, barbu à la gorge, à 5 dents courtes, triangulaires, non distinctement bilabié, ou bilabié, à lèvre supérieure orbiculaire, à lèvre inférieure bidentée ou nulle, à tube muni de 10-13 stries; corolle et étamines des Thyms. Herbes vivaces élevées, à tiges rondes, à feuilles de *Calamintha*, à fleurs disposées en épis agrégés en grandes inflorescences composées; feuilles florales petites, bractéiformes, étroitement appliquées.

§ 1. *Euoriganum.* — Calice non bilabié à 5 dents subégales.

O. hirtum Link ; Munb., cat. ; Lx, cat. Kab. ; *O glandulosum* Desf., fl. atl. — Tiges dressées, grêles, fermes (2-12 décim.), hispides ; feuilles ovoïdes, à base largement arrondie, brièvement pétiolées, subentières, obtuses, plus ou moins pubescentes, ponctuées-glanduleuses, les florales vertes, égalant ou dépassant les calices, très glanduleux aussi, glabrescents ou hispidules ; fleurs blanches en épis courts et denses, souvent globuleux, formant une panicule oblongue ou pyramidale. ♃ Juin-septembre. C. C. C. Environs d'Alger, broussailles, montagnes de tout le Tell, etc. Tunisie.

O. floribundum Munby, Bull. soc., bot. vol. II, p. 286 et cat. ; *O cinereum* De Noé ; Lx, cat. Kab. — Plante de 3-5 décim., velue-cendrée ; jeunes pousses décombantes ; tiges florifères ascendantes ; feuilles ovoïdes ou orbiculaires, entières ou un peu crénelées, petites, glanduleuses, velues ; épis grêles, lâches, allongés, formant une panicule pyramidale très ample. ♃ Montagnes : Blida, Mouzaïa, Zaccar, Djurdjura, Boghar, etc.

O. vulgare L. ; Munb., cat. — Tiges dressées, raides (4-8 décim.) ; feuilles grandes, ovoïdes, les florales rougeâtres, non glanduleuses ; fleurs réunies en grosses têtes rougeâtres disposées en corymbe terminal. Nord de l'Afrique jusqu'aux Canaries d'après Bentham (in DC., Prodr.) n. v.

O. compactum Benth. Maroc.

§ 2. *Majorana.* — Lèvre supérieure du calice large, orbiculaire, l'inférieure bidentée, petite ou nulle.

O. majorana L. ; Desf., fl. atl. *(Marjolaine).* — Plante dressée, cendrée ; fleurs en épis globuleux. Très cultivée. Mascara (Desf.)

Tribu IV. — MÉLISSÉES.

Clef des genres :

1	Calice non bilabié ; anthères distinctes au sommet, divergentes à la base ; plantes microphylles ; fleurs en grappes allongées	2
	Calice bilabié ; feuilles ovoïdes assez grandes. . .	3
2	Corolle petite, subrégulière ; calice fructifère renflé-vésiculeux, à 15-20 stries.	SACCOCALYX.
	Corolle bilabiée ; calice cylindracé.	MICROMERIA.
	Corolle bilabiée ; calice campanulé à 10 stries. . .	SATUREIA.

3 { Calice longuement tubuleux; anthères distinctes au sommet, divergentes à la base. . . . . . . Calamintha.
Calice campanulé; anthères soudées au sommet, divergentes à la base. . . . . Melissa.

MICROMERIA Bentham.

Calice petit, tubuleux, à 13 nervures, non bilabié, les dents antérieures seulement plus profondes; corolle à tube droit, sans anneau pileux, à lèvre supérieure droite, presque plane, entière ou émarginée, l'inférieure trilobée, à lobes subégaux. Plantes microphylles à feuilles sessiles ou brièvement pétiolées, semblables à celles des thyms, et, sauf dans le *M. inodora,* à longs rameaux grêles, dressés ou ascendants, à petites fleurs roses ou rosées en petites cymes axillaires semblables à celles des *Eucalamintha,* généralement disposées d'un seul côté du rameau; odeur de Thym.

M. inodora Bentham; Munb., cat.; *Thymus inodorus* Desf., fl. atl., tab. 129. — Arbrisseau de 2-5 déc., à port de Bruyère, très rameux, très feuillé; tiges ligneuses, tortueuses, à écorce crevassée; rameaux courts, tout couverts de fascicules de feuilles; feuilles petites (2-3 millim. sur 1), sessiles, aciculaires, à bords enroulés, tomenteuses en dessous; fleurs axillaires, solitaires, brièvement pédicellées; calice glabrescent, papilleux (4 millim.), rougeâtre, velu à la gorge, divisé au tiers en dents lancéolées-aiguës, un peu étalées, brièvement ciliées; corolle rose, très grande pour le genre (10-12 millim.), à lèvre inférieure large de 6-7 millim.; achaines oblongs; plante inodore. ♄ Novembre-janvier et presque toute l'année. Coteaux calcaires du Sahel d'Alger.

M. græca Benth.; Munb., cat.; Lx, cat. Kab.; Reich. 79-II. — Tiges grêles, dressées ou ascendantes, simples ou rameuses; feuilles un peu enroulées aux bords, brièvement pétiolées, glabrescentes ou hispidules, fortement nerviées, les inférieures ovoïdes, rapprochées, souvent rougeâtres en dessous, les supérieures distantes, lancéolées ou linéaires; fleurs roses, petites, en cymes pédonculées, généralement plus courtes que la feuille florale; bractéoles courtes, subulées, calice pubescent, long de 5 millim. dont 2 pour les dents sétacées, ciliées, dressées; inflorescence lâche, pubescente. ♃ C. C. C. Presque toute l'année. Tell et rég. montagneuse, rochers, broussailles, etc. Rég. médit.

β *latifolia* Boissier, Voy. Esp. — Tiges plus robustes; feuilles florales ovées-lancéolées (10-18 millim.), fortement nerviées; cymes multiflores, denses. Cette plante est souvent prise à tort pour le *M. nervosa* Desf., et ce serait même, d'après Bentham, la plante qui se trouve sous ce nom dans son herbier. Mais il est certain que plusieurs des plantes de cet herbier y ont été ajoutées après coup, avant qu'il ne devint la propriété du Museum.

M. nervosa Benth.; *Satureia nervosa* Desf., fl. atl., tab. 121, fig. 2 optima.; *M. plumosa* Hampe; exsicc. Todaro, n° 852! — Diffère du précédent par ses feuilles toutes largement ovoïdes, longues de 6-10 mill.; par ses inflorescences plus denses, formées de cymes très brièvement pédonculées et surtout par ses calices un peu plus petits, longuement hispides, à dents plumeuses, étalées. ♃ R. R. Ténès, Cherchel, Tunisie, Espagne, Italie, Orient.

M. Fontanesi Pomel; *Satureia filiformis* Desf., fl. atl., tab. 121-1 ; non *Micromeria filiformis* Bentham. — Diffère du *M. nervosa* par ses feuilles plus petites, mais de même forme; par ses cymes pauciflores en inflorescence lâche et grêle; par lës dents du calice non plumeuses.

α typica. — Plante velue-canescente; inflorescences assez denses, effilées; cymes à 3-5 fleurs. Tell oranais, Dahra, Tiaret, Maroc (herb. Cosson).

β depauperata Pomel. — Feuilles plus étroites; plante très grêle, beaucoup plus glabre; cymes 1-3 flores.

γ major. — Feuilles du *M. nervosa,* glabrescentes ou un peu hispides, rouges en dessous; bractéoles nombreuses plus longues que les pédicelles. Plante très voisine du *M. nervosa* dont elle ne diffère que par ses dents calicinales plus courtes, non plumeuses, et son inflorescence plus interrompue. R. R. Les 2 Cèdres (Blida), Le Chenoua.

M. debilis Pomel; *M. microphylla* Cosson, exsicc. vix Bentham. — Plante ligneuse à la base, toute couverte d'une pubescence cendrée extrêmement courte; tiges nombreuses, grêles, filiformes, dressées, flexueuses (3-8 décim.); feuilles du *M. græca;* fleurs minuscules, en cymes multiflores longuement pédonculées, formant de longues grappes interrompues; bractéoles égalant les pédicelles; calices de 3 millim., très étroits, à dents de moins de 1 millim., dressées, obtuses, dépassant à peine les poils de la gorge, non ciliées. ♃ Mai-juillet. C. Rochers des H.-Pl. et du Sud Oranais, Guergour, Garrouban, Aïn-Sefra, Gada d'Enfous, Djebel-Imifri (Maroc), etc.

β villosissima. — Plante longuement velue-canescente; tiges très faibles, diffuses; feuilles plus larges; fleurs blanchâtres. Grands rochers des Cascades à Tlemcen.

M. microphylla Bentham; Todaro exsicc. n° 853, est plus voisin du *M. Fontanesi* que de l'espèce ci-dessus, laquelle n'est point microphylle et qui par ses caractères floraux se rapprocherait davantage de l'espèce ci-après. Pourtant des échantillons de Lella-Aziza (Maroc), distribués par M. Cosson et appartenant bien au *M. microphylla* Bentham, se rapprochent beaucoup du *M. debilis*.

M. juliana Benth.; Munb., cat. — Plante cendrée, brièvement pubescente; feuilles du *M. grœca*, plus manifestement enroulées; tiges de 3-6 décim. Espèce remarquable par ses cymes *multiflores, compactes*, pédonculées, égalant ou dépassant les feuilles florales; pédoncules à bractéoles nombreuses égalant presque les calices; calices de l'espèce précédente à dents conniventes non ciliées. ♃ Massif des Babors et montagnes voisines; Rég. médit.

SATUREIA L. (Sarriette).

S. inodora Salzman. Maroc.

S. montana L. — Plante dressée (2-4 décim.), rameuse; feuilles coriaces, glabres, linéaires-lancéolées, fortement ponctuées, sessiles, atténuées à la base; fleurs blanches ou roses, en glomérules pédonculés de 2-7; bractéoles linéaires, mucronées, ciliées; calice à dents lancéolées, acuminées, mucronées, ciliées; achaines bruns, finement chagrinés. ♄ R. R. Collines sèches du Tell (Pomel). n. v. Europe, Orient.

SACCOCALYX Cosson et Durieu.

S. satureoides Coss. et DR., annal. sc. nat. 1853, p. 80, tab. 5; Munb., cat. — Sous-arbrisseau, à tiges robustes, 2-12 décim., rameuses; rameaux dressés, flexueux; petites feuilles oblongues ou linéaires, fasciculées, ciliées à la base; fleurs petites, subsessiles, blanches, rosées ou purpurines verticillées par 4-6; calice régulier, velu, à 5 dents obtuses, à la fin renflé-vésiculeux; corolle à tube inclus, à limbe minuscule formé de 4 petits lobes étalés, subégaux, dont l'un émarginé représente la lèvre supérieure; achaines oblongs. Plante à odeur de Thym. ♄ Commune dans la dune à Bou-Sâada, Le Khreider, Aïn-Sfissifa, Djebel-Amour, etc.

CALAMINTHA Mœnch (Calament).

Calice cylindrique à 13 stries, à lèvre supérieure tridentée, étalée; corolle bilabiée, à lèvre supérieure presque plane, à lèvre inférieure trilobée, à lobes un peu inégaux.

§ 1. *Eucalamintha*. — Fleurs en cymes dichotomes, axillaires; tube du calice droit.

C. baborensis; *C. grandiflora* var. *breviflora* Cosson, herb. — Tiges diffuses à la base, un peu radicantes, puis ascendantes, flexueuses, hispides ainsi que les pétioles; jeunes pousses velues; feuilles grandes, largement ovoïdes, profondément dentées, à grosses dents mucronées, un peu épaisses, pâles ou rougeâtres en dessous, vertes en dessus, un peu hispides, toutes couvertes, surtout en dessous, d'un indument papilleux dense et très court; cymes pédonculées à 4-6 fleurs assez longuement pédicellées; cymes inférieures plus courtes que la feuille florale; bractéoles sétacées; calice glabre extérieurement sauf l'indument papilleux qui recouvre toute la plante, long de 8-10 millim. sur 2-3, à dents acuminées, subulées, longuement ciliées, les 3 supérieures redressées, les 2 inférieures droites égalant la moitié du tube; corolle rose, pubescente, à tube élargi au dessus du calice, à partie exserte pas beaucoup plus longue que le calice, limbe à 4 lobes arrondis peu inégaux; achaines oblongs, obtus, marqués de 2 nervures longitudinales sur le dos. ♃ Juin-juillet. Babors.

Cette plante diffère du *C. grandiflora* par ses fleurs moitié plus petites, ses feuilles plus épaisses et plus larges à dents mucronées et par son indument pulvérulent.

C. officinalis Mœnch; Munb., cat.; Jordan, Bulletin de la société linnéenne de Lyon 1846, pl. 1-A; Reich. 75-II. — Plante rameuse, flexueuse, velue ou glabrescente, odorante, à feuilles ovoïdes, dentées à dents peu profondes, pétiolées, cordiformes à la base, les inférieures parfois très grandes (4-6 cent. de limbe); cymes pédonculées à fleur centrale longuement pédicellée avec 2 petites cymes latérales; 3-4 flores; fleurs roses, grandes, pouvant dépasser 2 cent.; calice de 6-10 millim. sur 2, peu renflé à la base, peu ou pas étranglé sous les dents; dents supérieures redressées, brièvement acuminées, ciliées, dents inférieures lancéolées, aristées, ciliées-plumeuses, égalant presque le tube, droites; poils de la gorge du calice inclus; corolle élargie sous la gorge; achaines petits, ponctués, ovoïdes, subglobuleux. ♃ Juin-juillet. L'Alma, Yacouren (Kabylie), etc. Europe moyenne, Rég. médit., Orient.

C. ascendens Jordan, loc. cit.; *C. menthæfolia* Gren. Godr. — Feuilles plus petites, moins profondément dentées; fleurs plus petites en cymes ombelliformes, brièvement pédonculées, calices plus courts, élargis à la base à maturité, rétrécis sous les dents, fléchis sur le pédicelle. ♃ Blida, Guerrouch, etc. Avec l'espèce.

C. Nepeta Link et Hoffm. ; Munb., cat. ; fig. Jord., loc. cit., tab. II-A. — Plante cendrée, hispide, dressée, rameuse, à petites feuilles dentées ; diffère du *C. officinalis* par ses fleurs bien plus petites ; par ses calices à tube élargi à la base, à dents courtes, moins inégales, les inférieures non plumeuses et subulées ; poils de la gorge saillants ; corolle bleuâtre, insensiblement élargie. ♃ A. R. Mouzaïa, Palestro, etc. Rég. médit., Orient.

C. bœtica Boissier et Reuter, Pug., p. 92. — Plante très velue, à tiges ascendantes, rameuses ; petites feuilles très brièvement pétiolées, tronquées à la base, crénelées, velues, fortement nerviées; fleurs grandes comme dans *C. officinalis* en cymes pauciflores, brièvement pédonculées; calice assez semblable à celui du *C. Nepeta,* moins élargi à la base, nutant à la floraison. ♃ Garrouban (Pomel), Maroc, Espagne.

C. heterotricha Boissier et Reuter, Pug., p. 93; Munb., cat.; Lx, cat. Kab. — Rameaux herbacés non florifères, mollement velus, à feuilles ovoïdes, subrhomboïdales (limbe de 2 sur 2 cent.), dentées, fortement nerviées; tiges florifères raides, rameuses, à feuilles brièvement velues ou glabrescentes, petites, fortement nerviées, courtement pétiolées; fleurs grandes comme dans les précédents, rosées ou lilas pâle; cymes pauciflores, brièvement pédonculées, très rapprochées sur les rameaux florifères ; calice petit, infléchi sur le pédicelle, retréci sous les dents; dents supérieures courtes, à la fin redressées, les inférieures longues, subulées, plumeuses, un peu conniventes, arquées. Odeur de Pouliot. ♃ C. C. C. Tout le Tell algérien.

C. nervosa Pomel. — Plante glabre ou glabrescente, à tiges dressées, raides, rameuses ; feuilles petites, brièvement pétiolées, ovoïdes, dentées, ponctuées en dessous, fortement nerviées; fleurs grandes, roses, en cymes très pauciflores, axillaires; grappes feuillées jusqu'au sommet; calice court assez semblable à celui de l'espèce précédente, à dents peu plumeuses. ♃ Gouraya de Bougie, Beni-Foughal.

C. candidissima Munby, cat. ; *Melissa candidissima* Munb., fl. d'Alg., p. 61. — Plante toute couverte sauf dans l'inflorescence d'un épais tomentum blanc; feuilles ovoïdes, un peu tronquées à la base, très obtuses, obscurément crénelées, brièvement pétiolées; tiges fermes, dressées, rameuses ; inflorescence en grappe composée assez dense, papilleuse ; feuilles florales rares, petites, tomenteuses ; cymes brièvement pédonculées, à 1-5 fleurs ; bractéoles oblongues; pédicelles plus courts que le calice ou l'égalant; calice petit, nutant, un peu rétréci sous les dents très courtes, peu ou pas ciliées; poils de la gorge subexsertes; corolles rosées, assez grandes; achaines bruns, petits, globuleux, à peine ponctués. Plante très odorante. Massif du Djebel-Santo à Oran.

C. hispidula Boissier et Reuter, Pug., p. 93; Munb., cat. — Plante toute couverte d'un court indûment frisé; tiges dressées, très rameuses, à rameaux grêles feuillés jusqu'au sommet de l'inflorescence; feuilles très petites, ovoïdes, fortement nerviées, brièvement pétiolées, indistinctement crénelées; cymes toutes axillaires, subsessiles; fleurs petites, rosées; pédicelles grêles égalant le calice; calice de 4 millim., gibbeux à la base, un peu sinueux; dents supérieures redressées, courtes, triangulaires à la base, dents inférieures longues, subulées, ascendantes, ciliées; achaines globuleux, très petits, finement ponctués, bruns. ① Bône.

Nota. — Ce Calament ne nous paraît point séparable des *Eucalamintha* dont il a tout à fait le port. Cependant par ses verticilles distants, tous axillaires, par les pédoncules des cymes si courts qu'ils sont parfois peu visibles, par son calice gibbeux à la base, il est certain qu'il se rapproche des plantes de la section *Acinos* ou l'avaient placé les auteurs de l'espèce.

§ 2. *Acinos* Bentham. — Pédoncules simples en faux verticilles tous axillaires; calices de 6-9 millim., gibbeux à la base, assez longuement tubuleux, sinueux, à côtes bien marquées, hérissées de poils courts, à dents ciliées toutes ascendantes après l'anthèse. Plantes à petites feuilles brièvement pétiolées.

C. granatensis Boissier et Reuter, Pug., p. 94; *C. alpina* Munb., cat.; Lx, cat. Kab.; Ball, spic., vix L. — Tiges décombantes, flexueuses, rarement dressées, souvent radicantes à la base, hispidules à poils rétrorses, ovoïdes, suborbiculaires ou lancéolées, dentées dans le haut, un peu enroulées aux bords, glabrescentes ou hispidules; fleurs purpurines, brièvement pédicellées, assez grandes, 4-7 par verticille; verticilles généralement distants; calice à lèvre supérieure brusquement tronquée avec 3 dents subulées dès la base, ciliées; lèvre inférieure aussi longue, à 2 dents longuement subulées; corolle égalant 1 fois et 1/2 ou 2 fois le calice; achaines oblongs, atténués à la base. ♃ C. C. C. Toutes les montagnes élevées de l'Algérie vers 1,700 mètres. Espagne, Maroc, Tunisie.

C. patavina Jacquin; Desf., fl. atl. — Plante dressée, voisine de la précédente; fleurs plus grandes; dents de la lèvre supérieure du calice lancéolées à la base. Mascara d'après Desfontaines. n. v. Europe mérid., Rég. médit., Orient.

C. acinos Benth. Maroc (Ball).

C. graveolens Benth.; Munb., cat.; Ball, spic. — Tiges simples ou rameuses 3-10 cent., rarement 15 ou 20, hispidules; feuilles denses, entières ou à peine dentées, ovoïdes-suborbiculaires, brusquement acuminées, fortement nerviées en dessous à nervures arquées, ciliées; calice à gorge poilue; lèvre supérieure divisée jusqu'au milieu en 3 dents lancéolées-aristées; lèvre inférieure à 2 dents ascendantes plus courtes que la lèvre supérieure; corolle petite, rosée ou blanche à tube inclus, à limbe n'atteignant pas le sommet des feuilles florales; verticilles très rapprochés. ① C. C. C. Rég. médit.

β *purpurascens* Boissier, Voy. Esp.; *Thymus purpurascens* Poiret. — Feuilles très brièvement pétiolées, souvent pourprées en dessous, très denses; corolle à peine exserte, très petite. Avec l'espèce.

§ 3. *Clinopodium* Benth. — Cymes rameuses comme dans *Eucalamintha*, formant de faux verticilles globuleux très denses (sauf dans *C. atlantica*) entourés comme dans les *Phlomis* d'un involucre de bractées linéaires et plumeuses; calices plus ou moins sinueux, à dents plumeuses.

C. atlantica Ball. Maroc.

C. Clinopodium Benth.; *Clinopodium vulgare* L., var. *plumosum* Lx, cat. Kab.; *Clinopodium villosum* De Noé, Bull. soc. bot. II, p. 580; *Clinopodium Munbyanum* Salle, exsicc.; Munb., cat. — Tiges dressées (3-10 décim.), simples ou peu rameuses si ce n'est à la base, velues ou hispides; feuilles grandes, ovoïdes, allongées, faiblement dentées, velues sur les 2 faces, pâles en dessous, vertes en dessus, les florales décroissantes; faux verticilles globuleux, gros (2-3 cent.), très velus, très denses, distants; bractées égalant presque les calices; calices de 10 millim. environ, très velus, à dents subulées longues et plumeuses; corolles rouges égalant 1 fois et 1/2 à 2 fois le calice; achaines bruns, ovoïdes. ♃ C. C. C. Juin-juillet. Broussailles et haies du Tell et de la région montagneuse.

β *glabrescens*; *Clinopodium glabrescens* Pomel. — Feuilles presque glabres. Zaccar, montagnes de Bougie.

La plante d'Europe a les glomérules un peu moins gros, moins denses et moins velus, les calices un peu moins longs.

MELISSA L. (Melisse).

Calice plan en dessus, un peu velu à la gorge, à 13 stries; lèvre supérieure tridentée, l'inférieure bifide; corolle à lèvre supérieure dressée, concave, émarginée, à lèvre inférieure à 3 lobes un peu inégaux, à tube nu.

M. officinalis L.; Munb., cat.; Lx, cat. Kab.; *Melissa altissima* Sibth. et Sm.; Munb., cat.; Reich. 60. — Tiges dressées ou ascendantes, très rameuses; feuilles toutes pétiolées, grandes, ovoïdes, souvent cordées à la base, crénelées, d'un vert gai, molles; fleurs médiocres, blanches ou jaunâtres, en cymes axillaires, unilatérales, brièvement pédonculées, plus courtes que la feuille. Plante de 4-8 décim., glabrescente ou velue, à odeur citronnée très agréable. ♃ Lieux frais, ravins des montages. Bouzaréah, L'Alma, Boufarik, Blida, Mouzaïa, Djurdjura, Sidi-Réhan, Babors, etc. Rég. médit., Orient.

Tribu V. — MONARDÉES.

Clef des genres :

Connectif des étamines à 2 branches, l'une longue portant une loge d'anthère, l'autre plus courte portant une écaille ou subulée; calice campanulé, bilabié . . . . . SALVIA.

Connectif allongé, soudé au filet et formant en arrière de la loge un mucron dentiforme; calice campanulé à lèvre supérieure entière, l'inférieure bidentée; arbuste à feuilles linéaires . . . . ROSMARINUS.

Loge insérée au sommet du filet; herbes à feuilles oblongues ou ovoïdes, à calice tubuleux, resserré à la gorge. ZIZYPHORA.

ZIZYPHORA L.

Calice longuement tubuleux, 13-nervié, à dents courtes non épineuses; corolle à tube grêle, à limbe petit, à lèvres de même longueur, la supérieure entière, l'inférieure trifide à lobes arrondis, le moyen plus long, émarginé; 2 étamines parallèles à anthères subcohérentes; étamines supérieures rudimentaires ou nulles.

§ 1. Anthères uniloculaires, non appendiculées.

Z. hispanica L.; Munb., cat. — Herbe de 5-15 cent., semblable au *Calamintha graveolens*, mais à calices plus longs et plus droits. Fleurs en longs épis très feuillés; calice hispidule à dents conniventes; corolle à tube peu saillant. ① H.-Pl. 3 prov. A. C. Espagne.

Z. capitata L.; Desf., fl. atl.; Munb., cat. — Diffère du précédent par ses feuilles caulinaires peu nombreuses, distantes, lancéolées-aiguës, longuement atténuées à la base, ciliées;

par ses feuilles florales largement ovoïdes, acuminées, ciliées, pubescentes; par son inflorescence en tête globuleuse. H.-Pl. (Munby). Rég. médit. mérid.

§ 2. Anthères appendiculées par la loge stérile rudimentaire.

Z. tenuior L.; Desf., fl. atl.; Munb., cat. — Plante hispide à tiges longues, simples; fleurs en longues grappes feuillées; feuilles lancéolées-aiguës, les florales semblables aux autres mais plus longues, calices très hispides. ① Algérie (Desf.; Munby). Rég. médit. mérid.

SALVIA L. (Sauge)

§ 1. *Eusphace* Bentham. — Calice campanulé à 5 dents peu inégales; dent médiane de la lèvre supérieure un peu plus courte que les latérales; tube de la corolle ample, dépassant le calice; lèvre supérieure en casque bilobé, dressé; lèvre inférieure grande, à lobes latéraux étalés-réfléchis, à lobe médian large, émarginé-bilobé; branche anthérifère du connectif ascendante, l'autre avec une loge stérile abortive. Arbrisseaux à feuilles largement lancéolées, entières ou finement crénelées, parfois avec 2 lobules arrondis à la base du limbe, très finement nerviées-réticulées et gaufrées, brièvement tomenteuses en dessous; grandes fleurs en panicules terminales lâches.

S. Aucheri Bentham; Munb., cat.; Cosson. Voy. et Soc. dauph. n° 916. — Feuilles aiguës assez longuement pétiolées; rameaux florifères élancés (4-7 décim.), glabres, arrondis, portant 2-3 paires de feuilles longuement lancéolées; feuilles florales à peu près nulles; bractées caduques, squamiformes; calices brièvement pédicellés, pubescents, glanduleux, longs de 8-10 millim., à dents acuminées, corolles grandes, velues en dehors, violacées. (v. s.) Aurès, Bou-Thaleb, Orient.

S. maurorum Ball, spic., tab. XXVIII. Maroc.

NOTA. — M. le Dr Clary a distribué de Daya, prov. d'Oran, une plante intermédiaire entre les *S. Aucheri* et *Maurorum*. Elle a le port de la première avec des calices plus grands (12 millim.), à dents ovoïdes-aiguës; les corolles grandes, longuement exsertes.

S. officinalis L. Cultivé.

S. triloba L. fils; Munb., cat.; *S. officinalis* Desf., fl. atl.? — Arbrisseau robuste, élevé, très rameux; rameaux florifères tomenteux, feuillés jusque dans l'inflorescence; feuilles larges ayant souvent 2 lobules arrondis à la base du limbe, blanches-tomenteuses en dessous, vertes en dessus; inflorescence velue-glanduleuse; calices médiocres (6 millim.), laineux, grandes corolles rosées, glabres extérieurement. ♄ Très cultivé, spont.? Italie, Grèce, Archipel, Gibraltar.

S. interrupta Schousboë. Maroc.

§ 2. *Horminum* Benth. — Calice tubuleux, à lèvre supérieure tronquée, très brièvement tridentée, à dents écartées ; corolle à lèvre supérieure dressée ; lèvre inférieure à lobes latéraux dressés, le médian arrondi ; branches antérieures des connectits déjettées en arrière et réunies par leur extrémité calleuse. Herbes annuelles à fleurs médiocres, à feuilles florales sessiles cordées, très amples, acuminées.

S. viridis L. ; Desf., fl. atl., tab. 1 ; Munb., cat. ; Lx, cat. Kab. ; fig. Reich. 45-III. — Tige dressée, simple ou rameuse, à rameaux basilaires ascendants, hispide, carrée ; feuilles pétiolées, ovées ou elliptiques, brièvement tomenteuses en dessous, gaufrées, finement crénelées sur le bord ; fleurs bleues ou roses en longs épis feuillés, interrompus ; calices fructifères réfléchis, nettement bilabiés (10-12 millim.) ① Mars-mai. Terres argileuses du Tell, 3 prov., Rég. médit. mérid., Orient.

β *Horminum ; Salvia Horminum* L. ; Munb., cat. — Épi floral surmonté d'un bouquet de bractées stériles, colorées. Plus rare que le type çà et là. Kouba, etc.

§ 3. *Æthiopis* Benth. — Caractères généraux du § 2. — Plantes vivaces, à grandes fleurs généralement blanches.

a. Calice longuement tubuleux ; feuilles médiocres ; tiges simples.

S. phlomoides Asso ; Munb., cat. — Feuilles inférieures en rosette, oblongues, spatulées, recouvertes d'un épais tomentum blanc ; tiges simples, dressées ou ascendantes (2-4 décim.), ne portant guère que des feuilles florales, celles-ci tomenteuses, grandes, égalant les calices, curvinerves ; inflorescence en gros verticilles distants, velue, glutineuse ; calices tubuleux longs de 20-22 millim. à maturité ; corolle blanche, très grande, longuement exserte. ♃ Mai-juin. H.-Pl., 3 prov. A. C. Espagne.

2. Feuilles ovoïdes très grandes ; calices largement campanulés ; corolle bossue avec une gibbosité en forme de sac sous la gorge ; grandes plantes rameuses.

S. patula Desf., fl. atl. ; Lx, cat. Kab. ; *S. argentea* Munb., cat. ; Ball, spic., vix L. sec. Boissier, Flor. d'Or. — Feuilles radicales en rosette, grandes, ovoïdes, gaufrées, crénelées ou sinuées-dentées, souvent cordiformes à la base, brièvement pétiolées, tantôt couvertes d'un épais tomentum blanc, laineux, tantôt vertes et plus ou moins glabres ; feuilles caulinaires décroissantes ; peu nombreuses ; tiges robustes, hispides, ramifiées en panicule pyramidale (3-8 décim.) ;

inflorescence glanduleuse, visqueuse, hispide; feuilles florales égalant presque les calices, les supérieures sans fleurs à leur aisselle; verticilles de 4-6 fleurs très grandes, tantôt distants, tantôt rapprochés; calice fructifère brièvement pédicellé, hispide, fortement nervié, largement campanulé; lèvre supérieure à dents brusquement cuspidées; lèvre inférieure à dents ovoïdes, cuspidées; connectif muni d'une saillie anguleuse au point où il s'élargit en lame. ♃ Mai-juin. H.-Pl., lieux un peu secs des montagnes. A. C.

β *suaveolens* Pomel. — Verticilles rapprochés, peu de bractées stériles au sommet des rameaux. Avec l'espèce.

S. AURASIACA Pomel. — Tige très brièvement hispide; feuilles florales très petites, ovoïdes, 2-3 fois plus courtes que les calices et comme eux brièvement pubescentes-glanduleuses, vertes; corolle très gibbeuse à la base, à tube large. Aurès. Dans les Babors et à Sétif on trouve une forme voisine à calice peu ou pas aristé.

S. Æthiopis L.; Desf., fl. atl.; Munb., cat.; Reich. 4-7. — Diffère du *S. patula* par son inflorescence non visqueuse, ses calices laineux et non hispides, à dents moins brusquement cuspidées; feuilles florales plus courtes que les calices; fleurs plus petites; tige laineuse non hispide. ♃ Algérie, d'après Desfontaines. Rég. médit.

S. argentea L. — Diffère de *S. patula*, d'après M. Pomel, par ses feuilles non cordiformes à la base; par la lèvre supérieure du calice à dents moins inégales et plus écartées; par son connectif plus fortement denté au point où il s'élargit. Le *S. patula* est lui-même bien polymorphe.

S. Sclarea L.; Munb., cat.; Lx, cat. Kab. — Diffère de *S. patula* par sa panicule resserrée et non pyramidale; par ses feuilles florales très amples, concaves, ciliées, dépassant les calices; par ses calices moins largement campanulés, à dents de la lèvre inférieure bien plus étroites, lancéolées-aristées; corolles souvent lavées de violet. ♃ Kabylie. (n. v.)

S. ceratophylla L. Maroc.

S. tingitana Ettling; *S. fœtida* Lam.; Desf., fl. atl. Tunisie.

c. Feuilles très divisées, oblongues dans leur pourtour, feuilles florales minuscules, cordiformes, à la fin réfléchies; fleurs en épi subcontinu; corolles bicolores, non gibbeuses, à lèvre supérieure dressée, non falciforme.

S. Jaminiana De Noé; Munb., cat. — Plante multicaule; feuilles glabres, glauques, pinnatifides ou pinnatipartites à lobes plus ou moins étroits, plus ou moins divisés, gaufrés;

tiges nombreuses, dressées, fermes, grêles ; calices subsessiles, fortement hispides ; profondément fendus en 2 lèvres à dents lancéolées non aristées, la médiane de la lèvre supérieure plus courte ; corolles velues. ♃ Batna, Biskra, El-Outaïa.

§ 4. *Pletiosphace* Benth. — Calice à lèvre supérieure plane ou presque plane en dessus avec deux dépressions plus ou moins larges, à dents petites, généralement conniventes, à lèvre inférieure à 1-2 dents lancéolées-acuminées. Corolle à tube élargi sous la gorge sans anneau pileux, à lèvre supérieure dressée concave ou comprimée, à lèvre inférieure trilobée à lobes latéraux dressés, oblongs ou linéaires, à lobe médian arrondi, souvent cochléaire, émarginé ou denticulé ; étamines à branche courte du connectif brusquement dilatée ; feuilles florales à la fin réfléchies.

a. *algerienses*. — Plantes rameuses, élevées, à grandes fleurs ; pédicelles égalant souvent les calices ; calices glanduleux à lèvres peu profondes, très écartées ; lèvre supérieure un peu pliée en dos d'âne à dent médiane brièvement aristée, les 4 autres dents calicinales longuement aristées ; grandes corolles à lèvre supérieure comprimée, velue, falciforme ; branche courte du connectif projetée en avant pour fermer la gorge de la corolle.

S. bicolor Desf., fl. atl., tab. 2 ; Munb., cat. ; Lx, cat. Kab. ; Ball, spic. — Plante de 8-15 décim. ; feuilles inférieures pétiolées très grandes, vertes, plus ou moins pubescentes, ovées ou triangulaires, inégalement sinuées, souvent cordiformes à la base ; feuilles supérieures sessiles, décroissantes ; les florales longuement acuminées ; fleurs de 25-30 millim., plus ou moins bleues avec le lobe médian de la lèvre inférieure blanc. ♃ A. C. Avril-mai. 3 prov. terres argileuses. Espagne, Maroc.

S. algeriensis Desf., fl. atl., tab. 3 ; Munb., cat. — Plante de 2-5 décim. ou plus, assez semblable à la précédente ; feuilles moins sinuées ; corolles bleues concolores. Forme des peuplements serrés. ① Prov. d'Oran, Chélif, Maroc.

S. ochroleuca Cosson. Maroc.

b. *Eupletiosphace*. — Lèvre supérieure du calice large, arrondie au sommet, à dents très courtes, conniventes, peu ou pas aristées, à bords repliés en dessous ; feuilles florales cordiformes entières.

1. Sous arbrisseaux très rameux, à feuilles lancéolées-linéaires, à grandes fleurs.

S. Balansæ De Noé, loc. cit., p. 581. — Feuilles tomenteuses en dessous, fortement gaufrées ; inflorescences glanduleuses, odorantes ; calice fendu jusqu'au 1/3, à dents de la lèvre supérieure distinctes, celles de la lèvre inférieure peu profondes; corolle blanche à lobe médian de la lèvre inférieure très grand, denticulé; plié en tuile, à lobes latéraux oblongs, appliqués contre le médian. ♄ Pont du Chéliff (Dahra).

β *Aurasiaca* De Noé, loc. cit. — Fleurs bleues; feuilles très étroites. Aurès. n. v.

2. Herbes vivaces à feuilles oblongues plus ou moins divisées, les inférieures en rosette; fleurs médiocres; branche inférieure du connectif dejettée en arrière. Fleurissent presque toute l'année en Algérie.

S. verbenaca L.; Todaro, exsic., n° 1382!; Loret, flore de l'Hérault; *S. horminoides* Pourret d'après Loret et Rouy; *S. verbenaca* Desf., fl. atl., pro parte. — Feuilles bien vertes, les radicales assez longuement pétiolées, ovoïdes ou oblongues, plus ou moins sinuées, à lobes crénelés, les caulinaires supérieures sessiles; tiges de 4-8 décim. à 1-2 paires de rameaux, inflorescences brièvement pubescentes, peu glanduleuses, en grappes allongées, effilées, d'une teinte violet foncé; verticilles 6-flores, distants; calices fructifères horizontaux, à dents de la lèvre supérieure brièvement cuspidées; corolles violet foncé, dépassant peu le calice, à lèvres courtes, égales, rapprochées, la supérieure peu ou pas comprimée; style inclus ou subinclus. ♃ A. R. Bord des chemins, broussailles, Rég. médit.

S. CLANDESTINA L.; Desf., fl. atl.; *S. multifida* Sibth. et Sm.; Todaro, exsic. — Plante plus courte (2-4 décim.), à feuilles ordinairement plus allongées et souvent pinnatifides; à inflorescence pubescente-glanduleuse, odorante; fleurs bleues, rarement blanches, un peu bicolores, en grappe brusquement tronquée au sommet; calices un peu plus petits que dans *S. verbenaca*, à dents de la lèvre supérieure souvent peu apparentes; corolles égalant 2-3 fois le calice, à lèvre supérieure dressée, un peu arquée, comprimée, plus longue que l'inférieure; celle-ci à lobe médian cochléaire, plus clair, strié au sommet. ♃ C. C. C., partout dans le Tell. Rég. médit.

S. sabulicola Pomel diffère du *S. clandestina* par ses feuilles fortement gaufrées et ses calices très velus intérieurement; ses fleurs sont blanches. Ghamras à l'ouest d'Oran.

S. CONTROVERSA Tenore. — Diffère du *S. clandestina* par son port plus grêle, ses feuilles oblongues-lancéolées, bien plus étroites, fortement gaufrées, plus ou moins laciniées, vertes en dessus, tomenteuses en dessous. C. C. C. Lieux secs du Tell: Oued Sahel, Isser, Oran, etc., etc. Espagne, Italie, Orient.

S. LANIGERA Poiret. — Feuilles blanchâtres, brièvement tomenteuses sur les 2 faces, souvent découpées en lanières lobulées; calice à dents de la lèvre supérieure distinctes, velu-hispide ainsi que la tige, laineux en dedans. Plante très semblable d'ailleurs au *S. controversa*; fleurs un peu plus grandes. ♃ Région subdésertique, H.-Pl.

NOTA. — Nous n'avons décrit que les types principaux du groupe du *S. verbenaca* qui forme ici, comme dans le reste de la région méditerranéenne une foule de variations secondaires.

c. *ininterruptæ*. — Inflorescence très rameuse ; fleurs petites, en épis grêles, ininterrompus ; calices petits, à lèvres très écartées.

S. nemorosa L.? ; Debeaux, Ass. fr., Congr. d'Oran, p. 311. — Tiges nombreuses, fermes, dressées ou ascendantes, veloutées-pubescentes ainsi que la face inférieure des feuilles ; feuilles fortement gaufrées, crénelées, vertes en dessus, ovoïdes, les inférieures brièvement pétiolées, les supérieures sessiles, cordées-amplexicaules, acuminées, les florales égalant à peu près la fleur ; fleurs d'un bleu intense en panicule resserrée. ♃ Talus du chemin de fer à St-Charles d'Oran, près la porte de Mostaganem. Adventice? Les échantillons secs que je dois à M. Debeaux, diffèrent assez du *S. sylvestris* de Hongrie distribué par la Société Dauphinoise et généralement donné comme synonyme du *S. nemorosa*.

§ 5. *Notiosphace* Benth. — Connectifs libres, à branches portant chacune une loge d'anthère fertile ou non ; corolle à tube souvent muni d'un anneau pileux.

S. Taraxacifolia Cosson. Maroc.

S. Ægyptiaca L. ; Munb., cat. ; Ball, spic. — Souche ligneuse ; tiges couchées ou dressées, nombreuses, raides, rameuses, courtes ; feuilles très petites, lancéolées-linéaires, fortement gaufrées, à bords souvent repliés en dessous, crénelés-dentés, les inférieures atténuées en pétiole ; feuilles florales minuscules, linéaires ; verticilles écartés, pauciflores ; fleurs pédicellées ; calice des *Pletiosphace ;* corolle à tube nu dépassant à peine le calice. Plante brièvement canescente-laineuse. Rég. désertique, 3 prov. A. C. Mars-mai. Orient, Maroc.

ROSMARINUS L. (Romarin).

R. officinalis L. ; Desf., fl. atl. ; Munb., cat. ; Lx, cat. Kab. ; Reich. 43. — Arbrisseau raide, rameux, très feuillé à feuilles coriaces, enroulées par les bords, luisantes en dessus, tomenteuses en dessous ; fleurs brièvement pédicellées en petites grappes terminales et axillaires ; bractées petites, caduques ; calice à lèvre supérieure ovale, à lobes de la lèvre inférieure lancéolés ; corolle bleue ou blanche, à lèvre supérieure bifide, l'inférieure trilobée, à lobe médian très large. ♄ Broussailles. A. C. Rég. médit.

α typicus; R. Tournefortii De Noé? — Grappes courtes; fleurs assez longuement pédicellées; bractées lancéolées, petites; calice presque aussi large que long, pulvérulent. 3 prov. A. C.

β laxiflorus De Noé. — Fleurs en petites grappes pauciflores, lâches; bractées ovoïdes; calice souvent glabre ou glabrescent, court, à dents ovées-triangulaires; corolles souvent blanches. Plante rampant souvent sur les rochers (var. *reptans* Deb., loc. cit.) Oran (Santa-Cruz), montagnes au-dessus du Cap Aokas, Kefrida.

γ lavandulaceus De Noé. — Inflorescences très velues; grappes multiflores, allongées; calice bien plus long que large; bractées largement ovoïdes, persistantes; fleurs bleues. Littoral: L'Adjiba, forme plus densiflore; *R. littoralis* Deb., Oran.

Tribu VI. — NÉPÉTÉES.

NEPETA L.

Calice à 5 dents toutes semblables, tubuleux ou ovoïde; lèvre supérieure de la corolle plane, dressée, bifide, l'inférieure trilobée, à lobe médian orbiculaire et concave; anthères opposées bout à bout et s'ouvrant par une fente médiane commune.

a. *Pycnonepeta* Bentham. — Glomérules denses en épis plus ou moins interrompus.

N. granatensis Boissier. Maroc.

N. multibracteata Desf., fl. atl., tab. 123; Munb., cat.; Lx, cat. Kab.; Ball, spic. — Plante pubescente; tiges fermes, carrées, dressées, simples ou peu rameuses; feuilles cordiformes, grossièrement dentées ou crénelées, molles, plus ou moins velues, les inférieures pétiolées, les supérieures subsessiles, les florales lancéolées, bractéiformes; glomérules très multiflores, en épi large, cylindrique, continu; bractées linéaires-aiguës; purpurines, très nombreuses; calices finement 10-nerviés, longs de 1 cent., à dents linéaires-acuminées, ciliées plus courtes que le tube; corolles rouges. ♃ Mai-juillet. Rég. mont. 3 prov. Maroc, Portugal.

N. ACEROSA Webb; Boissier, Voy. Esp.!; Cosson, soc. dauph. nº 2997!; Munb., cat.; Lx, cat. Kab.; non aliorum; *N. multibracteata β Boveana* Benth., Prodr.; *N. algeriensis* De Noé, Bull. soc., bot. vol. II, p. 581; *N. tuberosa* Desf., fl. atl., non L. sec. Cosson. — Racine souvent napiforme; tige robuste (6-12 décim.), rameuse dans le haut; feuilles inférieures cordiformes, très grandes; épis floraux plus longs, plus étroits, plus interrompus, d'un vert pâle; calice irrégulier, un peu courbé en *S*, subbilabié à dents inégales; corolles d'un rose très pâle ou violettes (Desf.). ♃ Collines du littoral, base des montagnes. Alger, Blida, Chenoua, Djurdjura, Bône, Arzeu, Tlemcen, Maroc, Tunisie, Espagne.

N. Apulei Ucria, exclusis synonymis; Munb., cat.; *N. acerosa* multorum. — Plante scabre, souvent très rameuse; feuilles oblongues ou lancéolées, dentées, les inférieures cordiformes à la base, les florales bractéiformes ovoïdes-aiguës ou oblongues, multinerviées; bractées semblables, mais plus petites; glomérules étroits, en longs épis interrompus dans le bas; calice court (6-8 millim.) droit, subrégulier, à dents égalant le tube ou plus longues, lancéolées-aiguës; corolles rouges, assez grandes, à tube saillant. ♃ Avril-mai. Tombeau de la Chrétienne, Oran, Miserghin, Constantine, Italie.

N. reticulata Desf., fl. atl., tab. 124; Munb., cat. — Plante velue-pubescente, à tiges simples ou peu rameuses; feuilles oblongues ou lancéolées, subsessiles ou sessiles, dentées, les inférieures cordiformes à la base; feuilles florales et bractées très développées, membraneuses, veinées-réticulées, hyalines; épis assez gros, allongés, interrompus; calices de 1 cent., à dents inégales, lancéolées-oblongues, 2 fois plus courtes que le tube; corolle rosée, grande. ♃ Mai-juin. Tlemcen, Oran, Garrouban, Daya, Espagne.

b. *Cataria* Benth. — Fleurs en petites cymes axillaires lâches, souvent pédonculées; bractées linéaires, courtes; calice tubuleux, courbe, à gorge un peu oblique; feuilles florales rapidement décroissantes.

N. atlantica Ball. Maroc.

N. amethystima Desf., var. *atlantica*. — Plante cendrée, toute couverte d'un court tomentum mêlé de glandes à essence très nombreuses dans l'inflorescence; tiges grêles, très nombreuses, dressées (4-10 décim.), rameuses à rameaux grêles; feuilles petites, oblongues ou lancéolées, pétiolées, cordées à la base, dentées ou crénelées, les florales sessiles; cymes multiflores, à pédoncule plus court que la feuille florale, les inférieures distantes, lâches; calices de 7 millim., violets au sommet; corolles bleues ou violacées, assez grandes, à tube saillant; achaines oblongs, tuberculeux. ♃ Cette plante est voisine de la variété *alpina* d'Espagne. Les calices sont peut-être un peu plus grands. Juin-juillet. Djebel-Mzi, Aïssa (Sud oranais).

Tribu VII. — STACHYDÉES.

Clef des genres :

1	Calice subrégulier, non bilabié, ouvert, à dents étalées à maturité.	2
	Calice bilabié.	8

2	Anthères exsertes.	3
	Anthères incluses.	7
3	Lèvre supérieure de la corolle en forme de casque.	4
	Lèvre supérieure de la corolle dressée, plane ou un peu concave	5
4	Casque comprimé latéralement, carené sur le dos, velu extérieurement.	PHLOMIS.
	Casque non carené, glabre ou cilié.	LAMIUM.
5	Anthères à loges parallèles.	BETONICA.
	Anthères à loges encore distinctes et s'ouvrant chacune par une fente propre, quoique très divergentes	BALLOTA.
	Anthères à loges opposées bout à bout et s'ouvrant par une fente unique; dents du calice spinuleuses	6
6	Achaines tronqués et velus au sommet.	LEONURUS
	Achaines arrondis et glabres au sommet.	STACHYS.
7	Bractéoles nombreuses; calice à 5 ou 10 dents; achaines tronqués au sommet.	MARRUBIUM.
	Bractéoles nulles; 5 dents spinescentes au calice; achaines arrondis au sommet.	SIDERITIS.
8	Lèvres du calice ouvertes à maturité; arbrisseau à nucules un peu charnus.	PRASIUM.
	Lèvres du calice fermées à maturité.	9
9	Lèvres du calice entières, la supérieure munie d'une écaille saillante.	SCUTELLARIA.
	Lèvres du calice dentées.	10
10	Style quadrifide; tube de la corolle non renflé sous la gorge.	CLEONIA.
	Style bifide; tube de la corolle renflé sous la gorge.	BRUNELLA.

PRASIUM L.

Calice campanulé, subrégulier; étamines 4 parallèles, rapprochées sous la lèvre supérieure; achaines charnus, subbacciens, un peu connés latéralement à la base.

P. majus L.; Desf., fl. atl.; Munb., cat.; Lx, cat. Kab.; Ball, spic.; Reich., 2-I. — Arbuste sarmenteux, glabre ou glabrescent; feuilles pétiolées, ovoïdes, dentées, fortement nerviées, luisantes en dessus; fleurs solitaires, axillaires, formant une grappe un peu dense au sommet des rameaux; calice accrescent, membraneux, pubérulent-glanduleux, à dents aristées; corolle blanche ou blanchâtre, dilatée à la gorge, à casque oblong, obtus, à lèvre inférieure divisée en trois lobes ovoïdes; achaines noirs, trigones. ♃ Mars-août. C. C. C. Broussailles, 3 prov. Rég. médit.

BRUNELLA Tournefort; *Prunella* L.

Calice bilabié à lèvre supérieure plane, tronquée, à 3 dents courtes, l'inférieure bifide; corolle munie intérieurement d'un anneau pileux, à lèvre supérieure en casque, comprimée latéralement, à lèvre inférieure trilobée; 4 étamines rapprochées sous le casque, à filets appendiculés; anthères très étalées; achaines oblongs. Fleurs en épis denses, à l'aisselle de larges bractées membraneuses semi-orbiculaires, ciliées et cuspidées.

B. vulgaris L.; Desf., fl. atl.; Ball, spic. — Plante glabrescente à tiges herbacées, rameuses, dressées ou ascendantes (1-4 décim.); feuilles pétiolées, ovoïdes ou lancéolées, obtuses; fleurs purpurines en épi cylindrique ordinairement muni à sa base de 2 feuilles opposées; calice glabrescent, cilié ou velu, à lèvre supérieure à 3 dents peu profondes, la médiane plus large, obtuse ou mucronée, à lèvre inférieure divisée jusqu'au milieu en 2 dents lancéolées-aiguës; corolle petite à partie exserte plus courte que le calice; filets munis sous le sommet d'un appendice droit ou arqué. ♃ ① Europe, Rég. médit., Orient.

α *genuina*. — Calices fructifères de 8-10 millim.; achaines de 1, 1 et 1/2 millim. Garrouban, R. R.

β *major*; *B. algeriensis* De Noé, Bull. soc. bot., II, p. 582; Munb., cat. — Épis allongés; calices fructifères longs de 15 millim.; achaines de 2, 2 et 1/2 millim. Région d'Alger et Djurdjura. A. C.

γ *parviflora* Poiret, It. II, p. 188. — Corolles très petites à lèvre supérieure de la corolle fortement dentée. Cap Cavallo, Djebel-Megris, Bône, La Calle, etc.

B. alba Pallas; Munb., cat. — Plante velue-hispide à souche vivace très fibreuse, à tiges décombantes, un peu radicantes à la base; diffère en outre de l'espèce précédente par ses corolles beaucoup plus grandes, blanches, parfois roses (El-Kseur, col d'El-Aouana, etc.); par l'appendice des filets recourbé en arc; par la lèvre supérieure du calice à dents plus profondes se recouvrant par les bords; feuilles supérieures étroitement lancéolées. ♃ Toute l'Algérie surtout dans la région submontagneuse. Europe, Rég. médit., Orient.

CLEONIA L.

Diffère de *Brunella* par sa corolle longuement tubuleuse, insensiblement élargie à la gorge et dépourvue d'anneau pileux ; par son style quadrifide à divisions bleues, subulées ; par la branche anthérifère du filet élargie.

Cl. lusitanica L.; Desf., fl. atl.; Munb., cat.; Lx, cat. Kab.; Ball, spic. — Tige hispidule, simple ou rameuse surtout à la base ; feuilles linéaires ou oblongues, fortement dentées, cunéiformes à la base ; fleurs en gros épi carré, très dense ; bractées laciniées, à pointe violacée, longuement acuminées, ciliées de longs poils blancs ; calice très hispide ; corolle bleue ou violacée, maculée de blanc à la gorge, très grande ; achaines donnant avec l'eau un abondant mucilage. Plante ornementale. ① Avril-mai. Affreville, Chéliff, Ben-Chicao, vallée de l'Oued-Sahel, Bibans, Boghar, etc. Tunisie, Espagne.

SCUTELLARIA L.

Calice court, à 2 lèvres entières, fermé après la floraison avec une grosse écaille saillante et transversale sur le dos de la lèvre supérieure ; corolle sans anneau pileux, à lèvre supérieure en casque, trifide, à lèvre inférieure indivise ; étamines parallèles rapprochées sous le casque ; filets non appendiculés ; anthères opposées bout à bout et s'ouvrant par une fente commune ; achaines globuleux.

Sc. denmatensis Cosson. Maroc.

Sc. Columnæ Allioni ; Munb., cat.; Lx, cat. Kab.; fig. Reich. 56-I. — Plante pubescente-glanduleuse dans le haut ; tige de 4-8 décim., dressée, rameuse ; feuilles grandes, pétiolées, ovoïdes, grossièrement dentées ou crénelées; les inférieures cordiformes ; bractées ovoïdes-aiguës ; verticilles biflores en épi lâche, unilatéral, effilé ; calice hispide ; corolles de 15-18 millim., arquées-ascendantes ; achaines tuberculeux, avec un poil sur chaque tubercule. ♃ Juin-août. Djurdjura, Babors, Col-de-Tenia (Mouzaïa). France, Italie, Orient.

Sc. galericulata L.; Munb., cat.; Reich. 55-II. — Plante de 2-5 décim., glabre, à souche rampante, grêle ; tiges ascendantes, simples ou rameuses ; feuilles lancéolées-oblongues, brièvement pétiolées, dentées, cordiformes à la base, les florales non bractéiformes ; verticilles biflores, axillaires unilatéraux ; calice glabre, réfléchi à maturité ; corolle violette à tube grêle, arqué-ascendant. ♃ Babors d'après Munby. Europe, Rég. médit., Orient.

MARRUBIUM L. (Marrube).

Calice tubuleux à 5 ou à 10 dents spinescentes ou non; lèvre supérieure de la corolle presque plane, bilobée; lèvre inférieure trilobée; 4 étamines incluses; anthères à loges opposées bout à bout, s'ouvrant par une fente unique; achaines trigones, obtus ou tronqués; style bifide ou bilobé. Plantes vivaces, velues ou pubescentes, à feuilles orbiculaires, ovoïdes ou flabellées, dentées, à fleurs médiocres, roses ou blanches en glomérules axillaires formant de longs épis interrompus et feuillés.

a. Calice à 6-10 dents généralement recourbées en crochet.

M. vulgare L.; Desf., fl. atl.; Munb., cat.; Lx, cat. Kab.; Ball, spic.; fig. Reich. 23-I. — Tiges tomenteuses, dressées, rameuses; feuilles tomenteuses, vertes en dessus, inégalement crénelées, fortement reticulées, les inférieures longuement pétiolées, orbiculaires ou ovoïdes, les supérieures atténuées en coin à la base, subsessiles; fleurs blanches, petites, en glomérules très denses; bractéoles linéaires-subulées, glabres au sommet crochu; calice à 10 dents subulées, inégales. ♃ C. C. C. Plante de l'ancien monde devenue cosmopolite.

β lanatum ; M. apulum Tenore. — Plante à tige couverte d'un tomentum blanc très épais ; feuilles blanches-tomenteuses sur les 2 faces. Régions un peu sèches. Perrégaux, El-Kantara, Sud Oranais, etc.

b. Calice à 5 dents rarement mêlées de denticules.

M. supinum L.; Munb., cat.; *M. sericeum* Boissier, Voy. Esp., tab. 148. — Port de l'espèce précédente longuement tomenteux, un peu soyeux; feuilles plus grossièrement réticulées, profondément crénelées-dentées; bractéoles non crochues; calice à 5 dents acuminées, dressées; corolle rosée à lèvre supérieure bifide, l'inférieure trilobée à lobe médian large, bilobé; style bifide à branches aiguës. ♃ Montagnes du Sud. Aflou, Mzi, Djelfa. Espagne.

M. echinatum Ball. Maroc.

M. peregrinum L.; Munb., cat. — Plante grêle, canescente, à feuilles oblongues ou lancéolées-dentées; glomérules pauciflores; bractéoles linéaires; calice à 5 dents linéaires-aiguës, dressées; fleurs blanches. ♃ Signalé avec doute à l'Ouarsenis par Munby; je l'ai vu vendre frais à Alger par un marchand d'herbes indigène.

M. Alysson L.; Desf., fl. atl.; Munb., cat.; Lx, cat. Kab.; Ball, spic. — Tiges dressées ou ascendantes, rameuses, velues-tomenteuses; feuilles presque toutes flabelliformes, incisées-crénelées, grossièrement réticulées, plus ou moins soyeuses-tomenteuses; glomérules de 5-6 fleurs; bractéoles nulles ou à peu près; calice à la fin induré, à tube étroit, portant 5 nervures principales et 5 plus petites, à limbe brusquement étalé en étoile rigide formé de 5 dents ovoïdes-acuminées, spinescentes; corolle rosée, très petite, égalant les dents du calice ou plus courte. ♃ C. C. C. Terres argileuses un peu sèches de toute l'Algérie, manque à Alger. Avril-juin. Espagne, Maroc.

M. alyssoides Pomel. — Diffère de l'espèce précédente par ses glomérules multiflores, par son calice à 10 nervures égales, à limbe en entonnoir fermé à la gorge par un faisceau de poils, à dents plus molles, aiguës mais non spinescentes. ♃ Juin. Garrouban.

M. pseudo-Alysson De Noé, inédit; Munb., cat. — Grosse souche ligneuse; tiges sous-frutescentes à la base, grêles, rigides, rameuses, couvertes comme toute la plante d'un tomentum uniforme très court; feuilles petites, plissées plutôt que réticulées, cunéiformes ou flabellées, paucidentées au sommet, argentées; glomérules pauciflores, à bractéoles obsolètes; calice à 10 nervures égales, en entonnoir, à large limbe foliacé égalant presque le tube et formé de 3 dents lancéolées, brièvement cuspidées, et de 2 larges dents orbiculaires, mutiques; corolle minuscule à lèvre supérieure bilobée, à anneau pileux rudimentaire; style bilobé à lobes subobtus, très courts, inégaux. ♄ Avril-juin. Sud oranais, Ogla-Nadja (Cosson).

M. deserti De Noé; *Sideritis deserti* De Noé, Bull. soc. bot. vol. II, p. 582; *Maropsis deserti* Pomel. — Diffère du *M. pseudo-Alysson* par son calice plus petit, resserré sous la gorge, à 5 dents ovoïdes, égales, mutiques, plus courtes que le tube. Sous-arbrisseau blanchâtre, tomenteux, très rameux, diffus, intriqué. ♄ Tout le Sahara. C. C. Tunisie.

SIDERITIS L. (Crapaudine).

Ce genre ne diffère du précédent par aucun caractère très important; les achaines sont en général plus arrondis; les branches du style plus courtes, obtuses comme dans nos dernières espèces de *Marrubium* et inégales, la branche antérieure plus large embrassant la base de la branche postérieure. Les feuilles sont ordinairement linéaires ou lancéolées, les dents du calice sont plus longuement épineuses, à épines faibles, toujours au nombre de 5; les corolles sont jaunes ou blanches.

§ 1. *Hesiodia* Benth. — Feuilles larges, dentées, les florales semblables aux autres, dépassant les glomérules pauciflores ; herbes généralement annuelles à port de *Stachys*.

S. montana L.; Munb., cat.; Ball, spic.; Reich. 25-II. — Tige simple ou rameuse à la base (5-20 cent.); feuilles oblongues, plus ou moins dentées, les inférieures pétiolées; glomérules triflores à l'aisselle de presque toutes les feuilles, rapprochés; calice à dents ovoïdes, spinescentes, subégales; corolles jaunâtres, petites, dépassant peu le calice. Plante plus ou moins velue. ① Avril-juin. C. C. C. H.-Pl. Rég. médit., Orient.

S. romana L.; Desf., fl. atl.; Munb., cat.; Ball, spic.; Reich. 25-I. — Plante plus rameuse que le *S. montana* à tiges ascendantes; dent supérieure du calice accrescente beaucoup plus grande que les autres; corolle blanche beaucoup plus grande. ① La Calle, Filfilla, Maroc, Rég. médit.

S. villosa Cosson. Maroc.

S. Cossoniana Ball; *S. Balansæ* Coss., non Boiss. et Reut. Maroc.

§ 2. *Eusideritis*. — Sous-arbrisseaux ou arbrisseaux à feuilles florales sessiles, cordiformes, épineuses sur le bord.

S. hirsuta L.; Ball, spic. — Plante sous-frutescente à la base, à tiges herbacées; feuilles plus ou moins velues, obovées, cunéiformes, incisées-dentées dans tout leur pourtour; fleurs en grappe allongée, interrompue; feuilles florales très larges, dentées, à peine épineuses; calice velu, non atténué à la base, à dents égales, lancéolées, dressées; corolle dépassant peu le calice, à lèvre supérieure linéaire-oblongue, bilobée, blanche, à lèvre inférieure, jaune, trifide, à lobe médian à peine échancré. ♄ M. le Dr Warion a trouvé une variété de cette plante dans l'oued Taria, prov. d'Oran. Je n'ai vu des pays barbaresques que la variété *maroccana* Cosson, remarquable par ses feuilles florales très grandes, par ses glomérules très écartés, etc. Maroc. L'espèce se trouve en France, en Espagne et en Italie.

S. hyssopifolia L.; Ball, spic. — Plante glabrescente ou velue, verte, à feuilles généralement trinerviées, oblongues-lancéolées ou linéaires, obtuses, entières ou dentées, atténuées à la base; feuilles florales inférieures ovées-lanceolées, les autres cordées, semi-orbiculaires, luisantes, incisées-dentées, épineuses, égalant les calices; glomérules imbriqués ou distincts; calices atténués à la base à dents-égales, lancéolées-acuminées; corolle jaune ou jaunâtre; lobe médian de la lèvre inférieure arrondi-crénelé. Plante très polymorphe de la région méditerranéenne occidentale et du Maroc, de laquelle je rapprocherai les 2 plantes suivantes :

S. GUILLONII Timbal. — Tiges rameuses, allongées (3-6 décim.), très feuillées presque jusqu'au sommet; feuilles courtes petites, glabrescentes, dentées; épis compacts et étroits (8 millim.), un peu pubescents; fleurs petites; feuilles florales plus courtes que les calices. Environs de Constantine (Meyer). France.

S. ATLANTICA Pomel. — Tiges grêles (2-4 décim.), droites; feuilles un peu tomenteuses en dessous, entières, à bords un peu enroulés, linéaires oblongues, obtuses, les supérieures lancéolées-aiguës, longuement atténuées à la base; fleurs assez grandes, en épis larges de 10-15 millim., courts, compacts, ou interrompus à la base; feuilles florales larges, luisantes, nerviées. Environs de Constantine. Djebel-Riz (Julien) v. s.

β nervosa Pomel. — Feuilles fortement nerviées, les inférieures seules canescentes, spatulées-obtuses; lèvre supérieure de la corolle bifide et non bilobée. Boghar.

S. incana L.; Benth., Prodr.; Munb., cat.; Lx, cat. Kab.; *S. virgata* Desf., fl. atl., tab. 125! — Tiges grêles, nombreuses, dressées (3-5 décim.); feuilles les plus inférieures très petites, oblongues, entières, couvertes d'un épais duvet blanc, toutes les autres linéaires ou lancéolées-linéaires, couvertes comme tout le reste de la plante d'un tomentum très court, grisâtre; fleurs en verticilles distincts ou rapprochés au sommet des tiges; feuilles florales un peu plus petites que dans l'espèce précédente, longuement dentées-épineuses; calice tomenteux à 5 dents égales, épineuses, étalées-dressées; corolle pubescente, jaune, petite, avec une tache plus foncée à la gorge. ♄ Juin-juillet. A. C. Lieux secs : Mascara, Oran, H.-Pl., Sud, Tunisie, Maroc, Espagne.

S. aurasiaca. — Plante tomenteuse dans le bas, très glabre et luisante dans le haut; tiges très grêles, très longues (5-8 décim.); feuilles longuement linéaires-lancéolées; verticilles très distants; fleurs médiocres. Intermédiaire entre les *S. incana* et *hyssopifolia*. Djebel-Tougour (Lx).

S. Guyoniana Boissier et Reuter, Pug., p. 98; Munb., cat. — Plante toute couverte d'un épais tomentum blanc; tiges très rameuses, feuillées jusqu'au sommet; feuilles inférieures oblongues, spatulées, arrondies au sommet, fortement nerviées-réticulées en dessous, entières ou un peu dentées, les supérieures seules linéaires-lancéolées; verticilles distants, très tomenteux; calices un peu plus grands que dans le *S. incana;* corolle pubescente, rosée, à gorge plus foncée. ♄

α latifolia Debeaux, congrès d'Oran. — Feuilles larges de 1 cent. et plus. Batterie espagnole, environs d'Oran.

β angustifolia Debeaux, loc. cit. — Feuilles étroites ou sublinéaires. Djebel-Santo, Tlemcen, Daya.

S. **pycnostachys** Pomel. — Cette curieuse plante que je n'ai vue qu'en fruits mûrs et en herbier, diffère du *S. Guyoniana* par ses verticilles réunis en épi court, étroit et compact et par les feuilles supérieures très longuement linéaires glabrescentes. Mascara (Pomel).

S. **ochroleuca** De Noé; Munb., cat. — Plante très rameuse à la base, à rameaux grêles, dressés, scabres (4-8 décim.); feuilles glabrescentes, linéaires-oblongues, uninerviées, un peu crispées; fleurs jaunâtres, petites, en verticilles pauciflores, très distants; feuilles florales ovales-acuminées ou cordiformes, plus ou moins dentées-épineuses, à dents très grêles; calices un peu tomenteux, courts, à la fin subglobuleux, à 5 dents dressées, presque égales, plus ou moins longues; corolle petite, jaunâtre, un peu exserte. ♄ H.-Pl. oranais, El-Macta, Maroc.

β tomentosa Maroc.

S. **grandiflora** Salzman. Maroc.

S. **spinosa** Lamarck. — Plante velue ou glabrescente, à rameaux raides, dressés, presque simples; feuilles un peu vertes, raides, oblongues-lancéolées, aiguës, les inférieures atténuées en court pétiole, dentées-spinuleuses; feuilles florales largement ovales, acuminées et dentées-épineuses, dépassant les fleurs; calice de 10-12 millim., à dents spinescentes égalant le tube ou plus longues; fleurs jaunes en épis compacts ou interrompus. Barbarie d'après Vahl. (n. v.) Espagne.

S. **maura** De Noé apud Balansa « plantes d'Algérie », n° 564; *S. arborescens* Munb., cat. vix Salzman. — Arbrisseau élevé, rameux, glabrescent, à rameaux terminaux de 2-4 décim.; feuilles subtrinerviées, oblongues, lancéolées ou linéaires, dentées ou entières, atténuées à la base, souvent fasciculées, les florales larges, cordiformes, dentées-spinuleuses, égalant les calices ou un peu plus courtes, velues ou glabres ; faux verticilles 6-10 flores, un peu distants à la base, rapprochés au sommet des rameaux en épi subcylindrique, assez dense ; calice campanulé, vèlu, divisé jusqu'au tiers en dents brièvement spinuleuses ; corolle jaunâtre à gorge livide, à lèvre supérieure bilobée. ♄ Mai-juin. Pont du Chélif, Ouillis en Dahra.

Nota. — *S. arborescens* d'Espagne est plus robuste, a ses épis floraux beaucoup plus longs et plus lâches effilés en pointe au sommet, ses bractées et ses calices beaucoup plus grands, etc. (Debeaux, in litteris).

S. leucantha Cav. — Port de l'espèce précédente, plus petit, velu-canescent dans l'inflorescence, glabre ailleurs ; feuilles uninerviées, fortement dentées, calice velu, campanulé, à dents larges, ovoïdes, à peine épineuses, plus courtes que le tube ; corolle blanche. Djebel-Santo à Oran (Debeaux).

PHLOMIS L.

Calice tubuleux, plissé en long, 5-denté, membraneux entre les dents ; lèvre supérieure de la corolle fortement voûtée en casque, tomenteuse en dessus, à tomentum étoilé, comprimée latéralement, lèvre inférieure dépassant peu le casque, rarement plus courte ; tube muni d'un anneau pileux ; anthères à loges opposées, s'ouvrant par une fente commune ; achaines trigones, arrondis au sommet. Plantes robustes, souvent tomenteuses, à poils étoilés mêlés de poils simples ; fleurs en faux verticilles compacts, à 6-15 fleurs (*in nostris*) subsessiles, entourés de bractéoles linéaires aussi longues que les calices ou plus longues.

a. Fleurs jaunes ; plantes entièrement tomenteuses.

Ph. crinita Cavanilles ; Ball, spic. ; *Ph. biloba* Desf., fl. atl., tab. 127 ; Munb., cat. ; Lx, cat. Kab. ; *Ph. mauritanica* Munb., fl. d'Alg. — Tiges de 5-12 décim., peu rameuses ; feuilles épaisses, gaufrées, entières, ovoïdes allongées, les inférieures pétiolées plus ou moins cordiformes à la base, les florales sessiles, largement ovoïdes, acuminées ; glomérules rapprochés au sommet des tiges ; bractéoles molles, plumeuses ; calice velu soyeux, à dents linéaires, molles. ♃ C. C. 3 prov. Mai-août. Broussailles. Espagne.

Nota. — C'est une monstruosité accidentelle à double casque qui a été décrite et figurée dans le Flora atlantica.

Ph. floccosa Don. Tunisie.

b. Fleurs roses ou purpurines ; feuilles vertes en dessus.

Ph. Bovei De Noé, Bull. soc. bot. II, p. 585 ; Munb cat.; Lx, cat. Kab. ; *Ph. samia* Desf., fl. atl. ; non L. ; *Ph. samia* var. *algeriana* D.C., Prodr. — Feuilles toutes pétiolées, très grandes, ovoïdes, gaufrées, crénelées, très tomenteuses en dessous, d'un vert sombre en dessus, les radicales à limbe de 10-20 cent. sur 8-15, fortement cordées, à bords du sinus arrondis, très obtuses, les caulinaires décroissantes, les florales ovoïdes-allongées, non cordées ; tiges puissantes (5-10 décim.), pubescentes, peu rameuses, à rameaux dressés-étalés ; faux verticilles distants, gros ; bractéoles courtement velues, rigides, égalant les calices, ramifiées à leur base ; fleurs de 3 cent., calice brièvement velu, à dents courtes, dressées ; corolle à gros casque fortement recourbé, couvert d'un tomentum jaunâtre. ♃ Juin-août. Rég. atl. A. C.

Ph. Herba-venti L. ; Munb., cat. ; Lx, cat. Kab. ; Ball. spic.; *Ph. pungens* Willd. ; Munb.; cat. — Tiges hispides, dressées (2-6 décim.), très rameuses, à rameaux très étalés ; feuilles ovales-lancéolées ou lancéolées-aiguës, dentées en scie, glabrescentes ou subtomenteuses en dessous, vertes en dessus avec de très petits poils étoilés, les florales sessiles ; faux verticilles distants ; fleurs de 18-20 millim. ; calice pubescent à longues dents subulées, plumeuses ; corolle pupurine, à lèvres courtes, à casque recourbé, à angle droit ; bractéoles très fines, rigides, égalant ou dépassant les calices, plumeuses. ♃ Mai-août. Champs, cultures. Çà et là, 3 prov. Rég. médit.

Nota. — Par ses petites fleurs et ses feuilles étroites, la plante d'Algérie paraît se rapporter au *Ph. pungens* Willd. mais son indûment est très variable.

BALLOTA Bentham

Diffère de *Phlomis* par la lèvre supérieure de la corolle dressée, cochléaire et par les loges des anthères moins nettement opposées. Plantes à tiges nombreuses, flexueuses, à glomérules floraux nombreux, à fleurs médiocres.

B. nigra L. ; Desf., fl. atl. ; Munb., cat.; Ball, spic. ; *B. fœtida* Lamarck ; fig. Reich. 17. — Tiges herbacées, pubescentes, rameuses (5-10 décim.) ; feuilles toutes pétiolées, largement ovales, crénelées ou dentées en scie ; fleurs de 15 millim., en glomérules rameux ; bractéoles linéaires ; calice en entonnoir à 10 côtés, à 5 dents plus ou moins profondes, dressées ou étalées, terminées en pointe raide sétacée ; corolle rosée, à tube inclus dans le calice, à lèvre supérieure velue. ♃ C. C. Décombres, cultures, etc., etc. Europe mérid., Rég. médit., Orient.

B. hirsuta Bentham ; Munb., cat.; Ball, spic.; *B. hispanica* Munb., cat ; *Marrubium hispanicum* Desf., fl. atl., non L. ; *Marrubium crispum* Desf., fl. atl. ? ; *Ballota orbicularis* Lag.; *B. africana* Colmeiro. — Plante puissante (5-20 décim.), rameuse, mollement velue, sous-frutescente à la base ; feuilles ovales ou orbiculaires, crénelées, cordiformes à la base, fortement nerviées-réticulées, pubescentes-tomenteuses, vertes en dessus, les florales sessiles, dépassant les glomérules ; glomérules globuleux, multiflores ; bractéoles lancéolées ou oblongues, plus ou moins cuspidées ; calice à large limbe foliacé, nervié-réticulé ; corolle rosée à lèvre supérieure pubescente, bifide. ♄ D'Oran à Ténès. Haies, broussailles, etc. Maroc, Espagne.

B. bullata Pomel ; *B. mollissima* Bentham ? *Marrubium pseudo-Dictamnus* Desf., fl. atl. ? — Plante courtement tomenteuse, ni velue, ni hispide, à tomentum laineux-floconneux ; tiges relativement courtes ; feuilles brièvement pétiolées souvent blanches sur les 2 faces, fermes, gaufrées, suborbiculaires, petites, obtusément crénelées, les florales plus courtes que les glomérules ; calice à limbe égalant le tube, fortement réticulé, à 10-20 dents inégales, à peine cuspidées. ♄ Mai-août. Tunisie, Tébessa.

β intermedia. — Même type mais velu. El Kantara.

STACHYS L.

Calice tubuleux-campanulé, à 5 dents épineuses ; corolle à lèvre supérieure concave, à lèvre inférieure trilobée ; étamines exsertes, les latérales à la fin déjetées en dehors ; anthères à 2 loges opposées, s'ouvrant par une fente commune ; achaine arrondi au sommet.

§ 1. *Eriostachys* Bentham. — Bractéoles aussi longues ou presque aussi longues que les calices ; tiges herbacées.

St. germanica L. Maroc.

St. cretica L. Maroc.

St. Heraclea Allioni. — Feuilles vertes, finement crénelées, tomenteuses, les inférieures oblongues, les supérieures ovées-allongées, les florales ovoïdes-aiguës, longuement ciliées ; calices et corolles longuement velus-soyeux. Souvent cité dans les pays barbaresques, d'où je ne l'ai point vu. Rég. médit.

§ 2. *Stachyotypus* Dumortier. — Bractéoles nulles ou très petites ; tiges herbacées.

a. Espèces vivaces.

1. Fleurs roses ou rosées.

St. arenaria Vahl ; Desf., fl. atl., tab. 126 ; Munb., cat. — Plante plus ou moins hispide ; tiges de 4-8 décim., rigides, rameuses à la base, souvent étalées en cercle sur le sol ; feuilles oblongues ou lancéolées, atténuées en pétiole à la base, dentées dans le haut, les florales bractéiformes ; verticilles distants à 6-10 fleurs rouges, grandes ; calice tubuleux-campanulé, à dents longuement spinescentes, égalant le tube, étalées, rigides ; corolle à lèvre supérieure émarginée, à anneau pileux au milieu du tube ; achaines finement rugueux. ♃ Avril-mai. Sables : littoral, 3 prov., Médéa (Nador), Tiaret, Bou-Thaleb, etc., etc. Italie.

St. hydrophila Boissier. — Tiges rameuses, dressées, hautes de 5-15 décim., grêles, glabres ou hispidules, à poils réclinés ; feuilles inférieures longuement pétiolées, à pétioles grêles, à limbe cordé-ovoïde ou triangulaire, mince, mou, un peu hispide sur les 2 faces ; pétioles décroissant successivement, nuls dans le haut de la tige ; épi floral longuement interrompu ; faux verticille à 6-8 fleurs brièvement pédicellées ; bractéoles nulles ; calice campanulé, glanduleux, hispidule, à dents subégales, lancéolées-étalées, spinescentes, un peu plus courtes que le tube ; corolle purpurine, grande, à tube égalant les dents du calice, non ventru, muni d'un court anneau pileux au-dessus du milieu ; lèvre supérieure entière, obtuse ; lèvre inférieure bien plus longue, à lobes latéraux peu marqués, à lobe médian grand, subémarginé ; étamines peu inégales, à filets poilus, les antérieures souvent un peu enroulées. Plante grimpant dans les broussailles, plus élancée, plus glabre et à fleurs plus grandes que le *St. sylvatica*. ♃ Juin. Bordj-Boui, chez les Beni-Abbès (Lx) ; Djebel-Tafat, près des gorges du Guergour. Syrie.

St. Mialhesi De Noé, Bull. soc. bot. II, 584 ; Munb., cat. — Tiges de 4-8 décim., élancées, flexueuses, hispides, simples ou peu rameuses ; feuilles molles, cordées-ovoïdes, larges, hispides, grossièrement crénelées, les inférieures très longuement pétiolées, à pétioles grêles, très grandes, les florales sessiles, bractéiformes ; verticilles à 6 fleurs environ, distants ; calices subsessiles, velus-hispides, campanulés, à dents largement ovoïdes, à peine spinuleuses ; corolles pubescentes, blanchâtres, maculées de rose, à anneau pileux complet; achaines finement granuleux. ♃ Aïn-Talazid, Chiffa, Zaccar, Chenoua. Mai-juin.

St. circinnata L'Héritier; Desf., fl. atl.; Munb., cat.; Lx, cat. Kab.; Ball, spic.; *St. erioleuca* Pomel. — Tiges ascendantes, mollement velues (3-6 décim.); feuilles plus petites et plus épaisses que dans l'espèce précédente, fortement réticulées, blanches-tomenteuses en dessous, vertes et pubescentes en dessus, finement crénelées; inflorescence fortement tomenteuse-blanchâtre, plus ou moins dense; verticilles de 6 fleurs; calice fortement tomenteux, court, à dents triangulaires, mucronées-spinuleuses, plus courtes que le tube; corolle pubescente, rosée, à anneau pileux oblique et incomplet; achaines anguleux. ♃ Juin-juillet. Djurdjura, Djelfa, Babors, etc., etc. Type très variable. Maroc, Espagne.

St. numidica Pomel. — Diffère du précédent par ses calices à dents lancéolées, étroites, égalant le tube, molles, à peine épineuses; par ses inflorescences denses, à feuilles florales minuscules. ♃ Constantine, Sétif, Tamesguida, Mouïas, etc., etc.

St. Guyoniana De Noé; Munb., cat. — Se distingue des précédents par ses tiges plus grêles, décombantes; par ses feuilles petites, cordiformes, obtuses, régulièrement crénelées, toutes brièvement pétiolées, *même les feuilles florales*; verticilles à 2-6 fleurs, tous distincts, formant de longues inflorescences interrompues; corolles petites; à lèvre supérieure courte, dépassée par les étamines; anneau pileux à peu près complet; achaines fortement tuberculeux. ♃ Avril-mai, El-Kantara, Sud Const.

St. saxicola Cosson. Maroc.

Var. *villosissima* Ball. Maroc.

St. Maweana Ball. Maroc.

St. mollis Willd. Maroc.

2. Fleurs jaunes.

St. maritima L.; Reich. 12-III. — Plante tomenteuse-blanchâtre; tiges courtes (1-3 décim.); feuilles brièvement pétiolées, elliptiques-oblongues, finement crénelées, les florales sessiles; calice très velu, à dents ovoïdes, courtes, à peine spinescentes; corolle jaune à anneau pileux complet. ♃ Avril-juin. Djidjelli (Simair).

b. Espèces annuelles.

1. Plantes grêles, à feuilles florales inférieures généralement pétiolées.

St. annua L.; Munb., cat.; fig. Reich. 11-II. — Tige très rameuse à la base; rameaux grêles, ascendants; feuilles petites, lancéolées-oblongues, atténuées à la base, dentées ou subentières, aiguës, les florales aussi grandes que les autres; verticilles 3-4 flores, distants; calices de 6 millim., à dents brièvement aristées; corolle jaunâtre une fois plus longue que le calice. Plante de 1-3 décim., glabrescente. ① Algérie, d'après Munby. Europe, Rég. médit., Orient.

St. arvensis L.; Munb., cat.; Ball, spic.; Reich. 11-I. — Plante grêle, hispidule, souvent rameuse dès la base, à tiges ascendantes (1-3 décim.); feuilles presque toutes pétiolées, crénelées, ovoïdes-obtuses, les inférieures cordées à la base; verticilles distincts à 4-6 fleurs; bractéoles nulles; calice petit (5-6 millim.), à dents subégales, lancéolées-aiguës, à peine aristées; corolle rose ou blanche, très petite, dépassant peu le calice. ① Mars-mai. Lieux sablonneux du Tell. C. C. C. Plante cosmopolite.

St. marrubiifolia Viviani; Munb., cat.; fig. Atl., expl. sc. Alg., tab. 63. — Diffère du précédent par sa taille plus élevée; par son calice irrégulier, très velu, à dent médiane supérieure plus longue et deux fois plus large que les autres; par sa corolle rouge une fois plus longue que le calice, à lèvre supérieure entière. ① De Collo à La Calle. Corse, Italie.

St. Durandiana Cosson. Maroc.

St. brachyclada De Noé, Bull. soc. bot. II, p. 583; Munb., cat.; fig. Atl., expl. sc. Alg., tab. 65. — Plante hispidule, velue dans le haut, grêle, flexueuse, très rameuse, à rameaux ascendants; feuilles petites, ovales-arrondies, crénelées, les florales bien développées, presque toutes pétiolées, les inférieures cordées à la base; verticilles de 2-6 fleurs, distincts; calice campanulé à dents aristées, plumeuses, un peu plus courtes que le tube; corolles blanches ou rosées, à tube court, inclus, à lèvres courtes, la supérieure émarginée, l'inférieure ponctuée; anneau pileux peu marqué; achaines petits, brillants. ① Avril-mai. Environs d'Oran.

2. Plantes robustes, dressées, grandiflores, à feuilles florales sessiles ou brièvement pétiolées, sublancéolées, aiguës; bractéoles très petites ou nulles; 4-6 fleurs par verticille.

St. hirta L.; Desf., fl. atl.; Munb., cat.; Lx, cat. Kab.; Ball, spic. — Plante d'un vert gai, hispide; feuilles molles, velues, les inférieures grandes, longuement pétiolées, cordées-ovoïdes, grossièrement crénelées, les supérieures brièvement pétiolées ou subsessiles; fleurs jaunâtres assez grandes, à verticilles supérieurs rapprochés en épi; calices velus, turbinés-campanulés (10-11 millim.), à dents lancéolées, égales, longuement aristées, égalant le tube, corolle à lèvre supérieure émarginée, à lèvre inférieure ponctuée, anneau pileux bien marqué; achaines petits (moins de 2 millim.) ① C. C. C., partout. Mars-juin, Rég. médit.

β *virgata*. — Plante plus élancée, à verticilles plus distants, à corolles étroites. Bougie.

St. hirtula Pomel me paraît être aussi une forme du *St. hirta* très appauvrie, à dents calicinales plus courtes. Guelma. (v. s.)

St. Duriæi-hirta. — Plante très semblable au *Stachys-hirta* dont elle se distingue difficilement en herbier, mais remarquable sur le terrain par ses grandes corolles roses. Djebel-Ouach à Constantine. C'est vraisemblablement un hybride, toutefois elle fructifie abondamment.

St. hirto-marrubiifolia. — Très grande plante (5-12 décim.), rameuse, à grandes fleurs rosées, à lèvre supérieure de la corolle un peu émarginée, à calice du *St. marrubiifolia* mais plus long et moins velu. Forêt des Mouïas près Constantine. Cette plante probablement hybride fructifie bien aussi.

St. Duriæi De Noé, Bull. soc. bot. II, p. 583; Munb, cat.; Lx, cat. Kab., fig. atl., expl. sc. Alg., tab. 64. — Port général du *St. hirta*, plus robuste; fleurs très grandes, en diffère en outre par les caractères suivants: feuilles inférieures petiolées, oblongues dentées, à dents obtuses, peu ou pas cordées à la base, les supérieures atténuées à la base en pétiole ailé large et court, les florales formant toupet au sommet de l'épi; calice ample, subbilabié, à dents largement lancéolées, aristées, plus longues que le tube; tube peu resserré au-dessus des achaines; corolle jaunâtre lavée de rouge, grande et large, à lèvre supérieure entière ou émarginée; achaines de 2 millim. Plante d'une teinte générale jaunâtre. ① Terres argileuses. Avril-juin. Constantine.

β *ochroleuca* De Noé, loc. cit.; *St. ochroleuca* Pomel. — Plante très puissante (3-10 décim.); feuilles florales longuement acuminées, aristées, subentières; corolles d'un blanc jaunâtre, ponctuées à la gorge, très grandes. ① Terres argileuses, Avril-mai. Bou-Medfa, Blida, Kara-Mustapha, Ménerville, Tizi-Renif, etc.

γ *rubriflora; St. pulchra* Pomel. — Aussi puissant que le précédent; fleurs rouges, maculées à la gorge, les plus grandes du genre en Algérie (20-25 millim.) Aomar près Dra-el-Mizan, Bône, Collo.

S. argilacea Pomel. — Plante du même type se caractérise par son calice à dents plus courtes que le tube et son inflorescence commençant presque à la base des tiges. Beni-Zerouals au Dahra. (v. s.)

BETONICA L. (Bétoine).

Ce genre diffère de *Stachys* par ses bractées très développées, par ses étamines latérales non déjettées en dehors, par ses anthères à loges parallèles et surtout par son rhizome indéfini n'émettant que des axes florifères latéraux.

B. officinalis L.; Desf., fl. atl., var. *algeriensis* Ball, spic.; *B. algeriensis* De Noé, loc. cit. 582; Munb., cat.; Lx, cat. Kab. — Plante mollement velue; feuilles oblongues, régulièrement dentées ou crénelées, à grosses dents, les radicales nombreuses, longuement pétiolées; tiges de 3-6 décim., simples, dressées; feuilles caulinaires peu nombreuses, les florales bractéiformes; fleurs en glomérules compacts, les inférieurs parfois très distincts, les supérieurs réunis en épi dense; bractées égalant presque les calices, foliacées, oblongues; calice de 10 millim. environ, pubescent, à dents spinuleuses bien plus courtes que le tube; corolle velue, rouge ou blanchâtre, exserte, à tube cylindrique, étroit, sans anneau pileux. ♃ Août-septembre. Montagnes. C. C. Europe, Orient.

NOTA. — La grandeur du calice est le seul caractère à peu près constant qui sépare la plante d'Algérie, assez variable d'ailleurs, de la plante d'Europe.

LEONURUS L.

L. Cardiaca L. *Agripaume*. — Tige dressée, ferme, rameuse (6-15 décim.); feuilles toutes longuement pétiolées, très étalées, d'un vert foncé en dessus pubescentes-blanchâtres en dessous, les inférieures cordées-palmatipartites, à segments munis de dents très inégales et peu nombreuses; glomérules de fleurs denses, sessiles, distants, axillaires; bractéoles courtes, sétacées; calice velu, anguleux, très ouvert, à dents triangulaires, aristées, celles de la lèvre inférieure réfléchies; corolle rose, velue, à tube dépassant le calice resserré sous le milieu et muni d'un anneau pileux oblique; achaines trigones, tronqués et poilus au sommet. ♃ Juin-août. Bône (Fradin).

LAMIUM L.

Calice campanulé à 5 dents non épineuses; corolle à lèvr supérieure en casque; lèvre inférieure à lobe médian granc et retréci à la base, à lobes latéraux petits; anthères de *Stachys;* étamines saillantes; achaines tronqués et glabre au sommet, trigones, à angles aigus.

§ 1. *Lamiopsis* Dumortier. — Anthères barbues; tube de la coroll dépourvu d'anneau pileux.

L. longiflorum Tenore; Munb., cat.; Lx, cat. Kab.; *L. lævi gatum* DC.; *L. numidicum* De Noé, loc. cit., p. 584, Reich. 6-I — Tiges ascendantes glabres ou un peu pubescentes, rougeâ tres, hautes de 3-6 décim., épaisses, flexueuses; feuilles tou tes pétiolées, glabres ou pubescentes, cordées-ovoïdes, pro fondément dentées; fleurs purpurines très grandes (25-3 millim.), 6-12 par verticille; bractéoles minuscules, subulées calice glabre ou pubescent, à dents lancéolées-acuminées accrescentes, étalées; corolle à casque velu, à tube égalant fois le calice. ② ♃ Juin-août. Montagnes élevées: Djurdjura Dréat, Mégris, Babors, Aurès, Rég. médit.

L. amplexicaule L.; Desf., fl. atl.; Munb., cat.; Lx, cat Kab.; Ball, spic.; Reich. 3-II. — Tiges ascendantes (1-4 décim.) nombreuses, glabres; feuilles inférieures pétiolées, cordées orbiculaires, incisées-crénelées, les supérieures sessiles réniformes, crénelées-lobées; glomérules denses en grapp interrompue; bractéoles nulles; calice mollement velu, dents lancéolées-acuminées, conniventes; corolles très varia bles suivant la saison, d'abord très courtes, puis à tube troi fois plus long que le calice; achaines lisses. ① C. C. C Champs, cultures. Cosmopolite.

L. incisum Willd.; *L. hybridum* Villars; Reich., 3-III. – Diffère du précédent par ses inflorescences très denses, plu velues; par ses feuilles florales dépassant davantage les glo mérules, ovées-triangulaires, incisées-crénelées; atténuée en pétiole cunéiforme; bractéoles très petites; dents du calic à la fin divariquées. ① R. R. Herbier Pomel, sans localité Europe.

L. purpureum L., var. *exannulatum* Loret; *L. Durando* Pomel. — Tiges dressées ou ascendantes, rameuses dès l base, un peu scabres; feuilles pubescentes, les inférieure longuement pétiolées, cordées-ovoïdes, crénelées, les florale ovoïdes, dentées, brièvement pétiolées; glomérules rappro chés au sommet des tiges, sauf la paire inférieure souven écartée des autres; bractéoles très petites, linéaires-subulées; calice hispidule à dents un peu divariquées; corolle à tube grèle, très saillant, peu dilaté au sommet, à lèvres petites; achaines lisses. ① A. R. Mars-juin. Lieux frais des montagnes, forêt de la Réghaïa.

§ 2. *Lamiotypus* Dumortier. — Anthères barbues; tube de la corolle muni d'un anneau pileux; plantes vivaces.

L. maculatum L.; Desf., fl. atl.; *L. grandiflorum* Pourret; Reich. 4-II-III. — Tiges simples ou peu rameuses; feuilles toutes pétiolées, les plus inférieures cordées-suborbiculaires, obtuses, les moyennes cordées-ovoïdes, aiguës, les supérieures cordées-triangulaires, acuminées, toutes incisées et doublement dentées, parfois tachées de blanc; verticilles de 6-10 fleurs; calice à dents longuement acuminées, subulées, à la fin divariquées; corolle grande, purpurine à casque entier, bicarené, à lèvre inférieure tachée de pourpre, à tube courbe, saillant. Plante pubescente ou velue. ♃ Aïzer (Lx).

§ 3. *Galeobdolon* Bentham. — Anthères glabres; tube de la corolle muni d'un anneau pileux oblique.

L. flexuosum Tenore; Munb., cat.; Lx, cat. Kab.; Ball, spic.; *L. album* Desf., fl. atl., non L.; fig. Reich. 5-I. — Plante velue-soyeuse, pubescente ou presque glabre; tiges simples ou peu rameuses (3-6 décim.), hispides, flexueuses; feuilles toutes pétiolées, molles, grandes, ovoïdes-oblongues, aiguës, fortement dentées; glomérules de 4-8 fleurs, denses, en grappe interrompue; calice à divisions lancéolées-acuminées, velu ou glabrescent; corolles blanches, très velues, à casque allongé; lèvre inférieure à lobe médian obcordé, à lobes latéraux recourbés, anguleux ou dentés. ♃ Rég. atl. A. R. Mai-juin. Bou-Zecza, montagnes de L'Arba, Djurdjura, Babors, etc. France, Espagne, Italie.

Tribu VIII. — AJUGÉES

Clef des genres :

Corolle munie intérieurement d'un anneau pileux, à lèvre supérieure courte, émarginée, à lèvre inférieure trifide. AJUGA.

Corolle sans anneau pileux, à lèvre supérieure bipartite, la corolle paraissant unilabiée et à 5 lobes . . . . TEUCRIUM.

TEUCRIUM L.

§ 1. *Teucris.* — Fleurs solitaires à l'aisselle des feuilles supérieures; calice à 5 dents subégales.

T. fruticans L., Desf., fl. atl.; Munb., cat.; Lx, cat. Kab.; Ball, spic. — Arbrisseau de 10-15 décim., rameux, à rameaux étalés; feuilles blanches, tomenteuses en dessous, vertes et luisantes en dessus, à bords un peu enroulés, brièvement pétiolées; fleurs d'un bleu pâle, grandes, courtement pédicellées; calice campanulé, blanc-tomenteux, ainsi que les jeunes rameaux. ♄.

α *latifolium* Rouy. — Feuilles ovoïdes ou oblongues; dents du calice ovoïdes, plus courtes que le tube. Bône. Rég. médit.

β *lancifolium* Debeaux. — Feuilles lancéolées, plus ou moins larges, parfois ovoïdes ou oblongues; dents du calice égalant le tube, lancéolées. Oued-Zitoun (Tlemcen), Beguirat, Nemours, Daya.

γ *linearifolium* Clary. — Feuilles linéaires, fortement enroulées. Daya (Clary).

T. pseudo-Chamæpitys L.; Desf., fl. atl.; Munb., cat,; Lx, cat. Kab. — Herbe vivace; tiges rameuses à la base, à rameaux dressés (2-4 décim.), velus, très feuillés; feuilles velues ou pubescentes, 3-5 partites, à divisions entières ou trifides, à segments linéaires roulés par les bords; fleurs blanches ou rosées, pubescentes, grandes, rapprochées en grappe terminale, subunilatérale; calice à dents aristées. ♃ C. C. C. Avril-juin. Broussailles : France, Espagne.

T. campanulatum L.; Munb., cat. — Tiges diffuses ou dressées, rameuses, flexueuses; feuilles brièvement pétiolées, ovoïdes, glabres sur les 2 faces, pinnatipartites ou triséquées, à divisions pinnatipartites, à lobes divariqués, étroits; verticilles biflores, distants; fleurs bleues, petites; calice campanulé à dents courtes, acuminées. ♃ Rouïba (Durando), localité disparue d'où j'ai vu des échantillons secs, El-Kantara, Aïn-Ibel, Daya, Aflou, etc. Espagne, Italie.

§ 2. *Stachyobotrys.* — Faux verticilles multiflores, réunis en épis simples ou composés; calice campanulé, inséré obliquement, à dents plus ou moins inégales; corolles à lobes oblongs, le médian concave, plus grand; achaines glabres, réticulés, rugueux.

T. bracteatum Desf., fl. atl., tab. 120; Munb., cat. — Plante robuste, rameuse, velue; feuilles longuement pétiolées, ovoïdes-allongées, cordiformes à la base, crénelées-dentées; tiges de 3-5 décim., très rameuses, à épis lâches; bractées pétiolées, d'abord semblables aux feuilles; les supérieures très réduites; fleurs pubescentes, rosées, en épis nombreux sur la même tige. ♃ Prov. d'Oran. Mai-juin. Djebel-Santo, Tlemcen, Mascara, Maroc.

T. collinum Cosson et Balansa. Maroc.

§ 3. *Scorodonia.* — Verticilles biflores réunis en grappes terminales, bractéolées, rameuses, à fleurs verdâtres ; calice inséré obliquement, bilabié à dent supérieure plus large ; achaînes petits, globuleux, rugueux, ou presque lisses. Herbes vivaces, robustes, à tiges dressées (3-6 décim.), à feuilles pétiolées, ovoïdes, crénelées-dentées, assez grandes. Série de petites espèces géographiques.

T. pseudo-Scorodonia Desf., fl. atl., tab. 119; Munb., cat.; Lx, cat. Kab.; Ball. spic. — Tiges robustes; feuilles cordiformes à la base, obtuses, finement crénelées et réticulées-gaufrées, un peu charnues, tomenteuses-blanchâtres en dessous, pubescentes en dessus ; bractées ovoïdes ou lancéolées, corolle à tube peu saillant; calice pubescent-tomenteux comme toute la plante, accrescent, à dent supérieure large. ♃ Juin-août. Zaccar, Beni-Sahla de Blida, Mouzaïa, Djurdjura, Oran, Maroc.

β *crispum* Pomel. — Feuilles un peu crispées sur les bords; calice très accrescent. Oran.

T. bæticum Boissier et Reuter; *T. Scorodonia* Broussonnet, non L. Maroc.

T. atratum Pomel. — Feuilles grandes, ovoïdes, cunéiformes à la base, doublement et grossièrement dentées, grossièrement réticulées-nerviées, à nervures saillantes en dessous, non gaufrées, glabres ou glabrescentes comme toute la plante; fleurs en longues grappes; bractées pétiolées, largement ovoïdes-aiguës, souvent rougeâtres ; calice accrescent, coriace, luisant à dent supérieure très large, cuspidée, concave en dessus. ♃ Guerrouch, Goubia, Babors, La Calle.

β *intermedium.* — Fortement pubescent ; feuilles un peu velues, non gaufrées, minces, tronquées à la base mais non cordiformes. Kabylie orientale, De Taourirt-Iril à El-Kseur. Forme voisine à l'Édough (Bône). Cette dernière plante se rapproche beaucoup du *T. Scorodonia* type, toutefois ce dernier a la dent supérieure du calice moins accrescente, les pédicelles plus courts, les feuilles bien plus finement réticulées, un peu gaufrées et un peu cordiformes à la base.

§ 4. *Scordium.* — Faux verticilles pauciflores axillaires, distants ou rapprochées ; feuilles florales semblables aux autres ; plantes annuelles sauf *T. Scordioides* ; calice à 5 dents.

T. scordioides Schreber; Munb., cat.; Lx, cat. Kab.; Reich. 38-III. — Plante de marais, mollement velue à souche radicante, rhizomateuse ; tiges ascendantes ou dressées, nombreuses, rameuses ; feuilles sessiles, ovoïdes ou oblongues, crénelées, assez grandes, cordées ou arrondies à la base ; fleurs roses, petites, géminées à l'aisselle des feuilles supérieures ; calice de 3 millim., non accrescent. ♃ Mai-août. Marais. C. C. C. Europe, Rég. médit., Orient.

T. Botrys L. ; Desf., fl. atl. ; Munb., cat. ; Reich. 38-I. — Tige rameuse dès la base, dressée, à rameaux étalés ; feuilles toutes pétiolées, molles, pubescentes, glanduleuses, odorantes, bipinnatifides à segments étroits, obtus ; glomérules de 2-3 fleurs rosées ; calice accrescent, dressé (8 millim. sur 4), à dents courtes, triangulaires, cuspidées. ① « In collibus » Desf. Europe, Rég. médit., Orient.

T. resupinatum Desf., fl. atl., tab. 117 ; Munb., cat. ; Lx, cat. Kab. — Tiges généralement couchées, rameuses (1-5 décim.), rougeâtres, hispides ; feuilles lancéolées, fortement dentées, atténuées en pétiole à la base, les supérieures linéaires et entières ; verticilles biflores, souvent rapprochés en grappes au sommet des rameaux ; calice gibbeux à la base, peu accrescent (6-7 millim.), à dents acuminées ; corolle jaunâtre, grande, se retournant par la torsion du tube. ① Juin-août. Terres argileuses. C. C. C.

T. mauritanicum De Noé, Bull. soc. bot., vol. II, p. 585. — Diffère du précédent par ses fleurs en grappe assez dense, cylindrique ; par ses calices velus, longs de 8-9 millim., élargis à la base ; par ses pédicelles recourbés en crochet au-dessus de la base du calice ; corolles peu exsertes. ① Oran, Miserghin. (v. s.)

T. decipiens Cosson. Maroc.

T. spinosum L. ; Munb., cat. — Diffère des précédents par ses tiges très rameuses, à rameaux divariqués, intriqués, spinescents au sommet ; par ses verticilles à 1-6 fleurs ; par son calice à dent supérieure à la fin ovoïde et beaucoup plus large que les autres ; corolle blanchâtre, tordue. ① Constantine, Rég. médit., France exceptée.

§ 5. *Chamædrys*. — Fleurs geminées ou ternées à l'aisselle des bractées et formant une grappe terminale subunilatérale ; calice à 5 dents ; plantes sous-ligneuses à la base, très rameuses, à feuilles ovoïdes, crénelées, assez épaisses, luisantes en dessus, fortement nerviées en dessous.

1. Feuilles florales semblables aux autres, au moins dans la partie inférieure de la grappe.

T. lucidum L. ; Desf., fl. atl. ; Munb., cat. ; Reich. 38-V. — Plante de 3-5 décim. ; souche rampante, stolonifère ; rameaux dressés, glabres ; feuilles toutes pétiolées, glabres, luisantes, cunéiformes et entières à la base, profondément dentées dans le haut; fleurs en grappe lâche, feuillée, allongée; calices glabres; corolles purpurines, à lobe médian ovale, obtus, concave. ♃ « In Atlante » Desf. France, Espagne, Italie.

T. Chamædrys L.; Munb., cat.; Lx, cat. Kab.; fig. Reich. 38-IV. *Germandrée, Petit-Chêne.* — Tiges 1-3 décim., couchées ou ascendantes, radicantes à la base; feuilles velues ou glabrescentes, courtement pétiolées, les supérieures presque sessiles; fleurs en grappe assez dense, courte; calice rougeâtre, pubescent; corolle purpurine, à lobe médian large, concave, obové-cunéiforme. ♃ A. C. dans les montagnes. Mai-juillet. Maroc, Europe, Rég. médit., Orient.

2. Feuilles florales ovales, concaves-naviculaires, entières ou les inférieures dentées; feuilles épaisses; inflorescence pubescente-glanduleuse.

T. flavum L.; Desf., fl. atl.; Munb., cat.; Lx, cat. Kab. — Tiges raides, dressées (3-6 décim.); feuilles pétiolées, glabres, un peu enroulées aux bords, crénelées; fleurs en grappe allongée, souvent un peu interrompue à la base; corolle d'un jaune verdâtre ou rosée, à lobe médian ovale, suborbiculaire. ♃ C. C. C. Broussailles, Rég. médit.

Nota. — La plante d'Europe a ses feuilles pubescentes en dessus, veloutées en dessous.

T. ramosissimum Desf., fl. atl. Tunisie.

§ 6. *Polium.* — Fleurs en grappes terminales très denses, oblongues, ovoïdes ou globuleuses; calice à 5 dents.

a. Feuilles ovoïdes, pétiolées, profondément crénelées, à limbe presque aussi large que long.

T. albidum Munb., Bull. soc. bot. II, p. 286. — Plante très rameuse, sous frutescente à la base, à tiges très grêles, flexueuses, diffuses; feuilles petites, velues en dessus, blanches-tomenteuses en dessous; fleurs de 15-17 millim., jaunâtres, agglomérées au sommet des rameaux; calice de 8 millim. ♃ Grands rochers des cascades à Tlemcen.

T. granatense Boissier et Reuter, var. *atlanticum; T. pyrenaicum* var. *atlanticum* Cosson. Maroc.

b. Feuilles oblongues, subsessiles, crénelées; fleurs en grosses grappes ovoïdes oblongues.

T. compactum Clemente; Munb., cat.; fig. Boissier, Voy. Esp., tab. 150. — Tiges ascendantes, nombreuses, velues; feuilles atténuées à la base, velues sur les 2 faces, les florales supérieures entières ; calice campanulé, ventru, long de 1 cent., à dents courtes, très velu à la gorge ; corolle jaunâtre, un peu plus longue que le calice ; grosses grappes cylindriques ou oblongues. ♃ Mai-juin. Madids, Batna, Tunisie, Espagne.

T. Alopecuros De Noé. Tunisie.

T. bullatum Cosson. Maroc.

T. Polium L.; Desf., fl. atl.; Munb., cat.; Lx, cat. Kab.; Ball, spic.; Reich. 37-IV-VII. — Plante tomenteuse, canescente, grise ou jaunâtre, sous-frutescente à la base ; tiges nombreuses, grêles, fermes, dressées ou ascendantes, plus ou moins rameuses ; feuilles sessiles, oblongues ou linéaires, crénelées, à bords plus ou moins enroulés ; fleurs en capitules denses réunis en corymbe terminal, ou diversement paniculés ; fleurs petites, blanches, jaunâtres, roses ou purpurines ; calice petit (3-4 millim.), campanulé, à dents courtes, subégales, souvent noyées dans le tomentum ; corolle à tube inclus, velu en dehors, à lobes latéraux linéaires, le médian ovoïde ou orbiculaire. ♃ Type extrêmement variable, commun dans les broussailles et les friches. Juin-août. Rég. médit.

β *angustifolium* Bentham ; *T. capitatum* L. ; Desf., fl. atl. ; Munb., cat. — Tiges généralement dressées, grêles ; feuilles linéaires, longues, fortement enroulées ; capitules petits, denses ; calice court, canescent, à dents cachées dans le tomentum ; corolle blanche, petite. C. C. C.

γ *purpurascens* Bentham. — Fleurs purpurines, petites, en petits capitules denses ; odeur peu agréable. Hammam-R'hira, etc., etc.

T. AUREIFORME Pomel. — Plante robuste à tomentum un peu jaunâtre, surtout dans l'inflorescence ; calice de 5-6 millim., corolle relativement grande. Beni-Zerouals au Dahra.

T. FLAVOVIRENS nob. — Feuilles relativement grandes, non atténuées à la base, crénelées dans toute leur étendue ; fleurs petites, en capitules très denses, couverts d'un tomentum doré, tirant sur le vert ; corolle petite, jaune, à lobes latéraux courts, à lobe médian ovoïde-aigu, cucullé. Djebel-Mzi, Djebel-Aissa (Sud-Oranais). Maroc (herb. Cosson).

T. THYMOÏDES Pomel. — Tiges très courtes ; feuilles entières ou à peine crénelées au sommet, fortement enroulées, linéaires ; bractées semblables aux feuilles, dépassant les fleurs ; calice plissé-anguleux vers le haut, à tomentum très court et incolore ; corolle blanche, petite. Sud ; Ousseugh, Itima, Djelfa, Bou-Saâda, etc. Cette plante, que M. Pomel place dans la section *Chamædrys* me semble inséparable du *T. Polium* dont elle a le facies et auquel la rejoignent des intermédiaires.

NOTA. — Nous passons sous silence une foule de formes secondaires du *T. Polium* qui sont trop imparfaitement connues et limitées, et qu'il serait bien intéressant de suivre dans toute l'aire de l'espèce. De ce nombre sont les *T. stæchadifolium*, *compositum*, *polycephalum*, *foliosum*, *virescens* et *cephalotes* de M. Pomel.

AJUGA L. (Bugle).

Plantes à glomérules de fleurs axillaires, formant des grappes feuillées, spiciformes.

§ 1. *Bugula* Tournefort. — Anneau pileux continu, éloigné de l'insertion des étamines. Plantes à feuilles entières, oblongues ou obovées, les radicales pétiolées, étalées à terre, plus grandes, les florales sessiles; fleurs bleues.

A. reptans L. — Souche vivace émettant de longs stolons; tiges alternativement velues sur 2 faces opposées; feuilles florales souvent colorées, les supérieures plus courtes que les fleurs. ♃ Juin. Grand ravin de Yacouren et chez les Oulad-Ali, frontière de Tunisie (Lx, in litteris), Kefrida au-dessus du cap Aokas, Guerrouch, Europe, Rég. médit., Orient.

§ 2. *Chamæpitys* Tournefort. — Glomérules 1-2 flores; anneau pileux interrompu et placé à l'insertion même des étamines. Plantes à tiges généralement décombantes, à feuilles linéaires, dentées ou trifides, les radicales pas plus grandes que les autres; fleurs roses ou jaunes.

A. Iva Schreber; Desf., fl. atl.; (sub. *Teucrio*) Munb., cat.; Lx, cat. Kab.; Ball, spic.; Reich. 34-III. — Plante velue à odeur musquée; tiges de 5-15 cent., épaisses, fleuries presque dès la base; feuilles entières ou dentées; fleurs généralement plus courtes que les feuilles, roses, blanches ou jaunâtres, à lobe terminal large, obcordé; graines oblongues, à hile très grand, finement réticulées-alvéolées. ♃ C. C. Mars-août. Tout le Tell. Rég. médit., Orient.

A. pseudo-Iva Robert et Castagne. — Fleurs d'un jaune d'or, plante plus velue; graines plus grosses, à alvéoles plus grandes. Habite une zone plus sèche. Oran, Mostaganem, L'Adjiba, etc., etc.

A. Chamæpitys Schreber; Munb., cat.; Reich. 34-I. — Petite plante hispide, grêle, diffuse, à feuilles radicales longuement pétiolées, dentées, simples, oblongues, les autres trifides, à lanières linéaires, étroites, d'abord pétiolées, puis sessiles, un peu visqueuses; fleurs jaunes, petites, plus courtes que les feuilles; calice à 5 dents inégales, lancéolées-aiguës; corolles égalant 3 fois le calice; graines petites, alvéolées, ou un peu ridées transversalement. ① A. R., un peu partout. Garrouban, Cherchel, Bou-Thaleb, etc. Europe, Orient.

A. Chia Schreb.; Boissier, fl. d'Or.; fig. Reich. 34-I. — Fleurs égalant 5 fois le calice, dépassant les feuilles ou un peu plus courtes; graines plus grosses, plus nettement ridées. Plante sous-frutescente à la base. ♃ Le Khreider.

Nota. — J'ai souvent trouvé une plante de tout point semblable, mais non vivace, et j'ai de Daya, un échantillon vivace, tout à fait pareil à l'*A. Chamæpitys*. Il me semble difficile de séparer ces diverses plantes.

VERBENACÉES Jussieu.

Cette famille ne diffère guère des *Labiées* que par son ovaire à 2-4 carpelles cohérents, uni ou biovulés, à style terminal; les anthères y ont toujours leurs loges parallèles et à déhiscence longitudinale.

Tribu I. — VERBÉNÉES.

Inflorescence indéfinie en grappe, en épi ou en tête; ovules dressées, anatropes; feuilles simples.

LIPPIA L.

Fleurs en tête ou en épi, chacune à l'aiselle d'une bractée souvent accrescente; calice petit, tubuleux, biailé ou bicarené, bifide; corolle tubuleuse, à limbe étalé, subbilabié, à lèvre supérieure entière ou émarginée, l'inférieure trifide; étamines incluses; fruit à 2 coques uniovulées.

L. nodiflora Rich.; Munb., cat.; Lx, cat. Kab.; *Verbena nodiflora* L.; Desf., fl. atl. — Plante herbacée, couverte de poils en navette très petits et appliqués; tiges noueuses, couchées, radicantes; feuilles oblongues, atténuées en court pétiole, dentées dans leur moitié supérieure; épis floraux très denses, ovoïdes ou oblongs sur un pédoncule plus long que la feuille; bractées étroitement imbriquées, obovées-cunéiformes, marginées, égalant le tube de la corolle; calice membreux un peu adhérent au fruit. ① Marais, çà et là. A. C., au moins dans les provinces d'Alger et de Constantine. Juin-octobre. Espagne, Italie.

L. citriodora Kunth. *Verveine citronelle*. Cult.

VERBENA L.

Diffère de *Lippia* par ses fleurs toujours en épi, par son calice à 4-5 dents, par sa corolle quinquéfide à divisions subégales, par son fruit à 2-4 coques uniovulées.

V. officinalis L.; Desf., fl. atl.; Munb., cat.; Lx, cat. Kab.; Ball, spic.; Reich. 91-II. — Tiges quadrangulaires, dressées, rudes, canaliculées sur 2 faces opposées, hautes de 4-8 décim., rameuses dans le haut; feuilles rudes, vertes, un peu épaisses, les inférieures pétiolées, oblongues-lancéolées, les moyennes tripartites, à segments incisés, les supérieures lancéolées; fleurs petites, rosées, sessiles, en épis grêles, interrompus; bractées plus courtes que le calice, appliquées; calice subtétragone, à dents courtes; fruit oblong, muni de côtes au sommet. ♃ C. C. C. Champs, bord des chemins. Europe, Rég. médit., Orient. Devenue presque cosmopolite.

V. **supina** L.; Desf., fl. atl.; Munb., cat.; Ball, spic.; Reich. 91-I. — Plante hispide, un peu cendrée, à tiges le plus souvent diffuses, rameuses; feuilles plus molles, plus divisées, à pourtour ovoïde, ordinairement bipinnatifides, à lobes étroits, oblongs; fleurs pâles, petites, en épis assez denses; calice presque globuleux; fruits cohérents, rugueux. ① Mai-août. Lieux humides. A. R., mais très répandu. 3 prov. Rég. médit. mérid.

Tribu II. — VITICIDÉES.

Inflorescence définie; ovules pendants, amphitropes ou subanatropes; feuilles digitées.

VITEX L.

V. Agnus-castus L.; Munb., cat.; Lx, cat. Kab.; Ball, spic.; Reich. 92. — Arbuste ou petit arbre odorant, à feuilles opposées, pétiolées, à 5-7 folioles lancéolées-aiguës, entières, blanches, finement tomenteuses en dessous ainsi que les calices et les inflorescences; fleurs bleues ou violettes, rarement blanches, en grappes composées de petites cymes et réunies 3-5 au sommet des rameaux; calice campanulé, 5-denté; corolle quinquéfide, bilabiée, large de 1 cent. environ avec le lobe inférieur plus grand; fruit globuleux, drupacé, à demi enfermé dans le calice. ♄ A. R. Lieux humides du littoral. Juillet-août. Castiglione, Bords de l'Isser, Cap Aokas, Sidi-Rehan, Oued Kessir, etc., etc. Rég. médit. orientale.

LENTIBULARIACÉES Richard.

Corolle monopétale, bilabiée; 2 étamines à anthères uniloculaires; ovaire uniloculaire à placentation centrale; ovules nombreux, anatropes; fruit capsulaire; graines minimes, exalbuminées; embryon droit. (Fig. Reich. XX).

UTRICULARIA L.

Calice bilabié, bipartit; corolle personnée, à tube presque nul, éperonnée; lèvre inférieure plus longue, entière, ample, à palais saillant et bilobé; filets dilatés embrassant l'ovaire; anthères à déhiscence longitudinale; capsule s'ouvrant circulairement au-dessus de la base. Plantes vivaces, herbacées, aquatiques, à feuilles 2-3 fois pennatiséquées, à lanières filiformes chargées de vésicules operculées jouant le rôle de vessies natatoires et de sacs digestifs; fleurs jaunes, pédicellées, en grappes exondées.

U. vulgaris L.; Munb., cat.; Reich. 201-202. — Tiges flottantes, longues, rameuses; feuilles ovoïdes dans leur pourtour, à lanières étalées en tout sens; lèvre supérieure aussi longue que le palais; anthères soudées; fleurs de 15-18 millim., R. R. Maison-Carrée, étang Altairac; La Rassauta, Réghaïa, Senhadja, Constantine, La Calle, etc. Plante cosmopolite.

U. exoleta Rob. Br.; *U. minor* Munb., cat.? — Plantule à rameaux capillaires, courts, à feuilles minuscules; scapes filiformes à 4 fleurs très petites; bractées petites, ovoïdes; pédicelles plus longs que les fleurs, dressés, même à maturité; lèvres subentières, à peu près égales; éperon obtus, horizontal; capsule sphérique, membraneuse, deux fois plus longue que le calice; graines peltées, ailées. ♃ Juin-août. La Calle, Aïn-Rihan, marais des Senhadja, petits lacs des Seba près l'oued Mafrag (Lx), Égypte, Abyssinie, Mayotte, Sénégal, Gabon, Natal, Inde, Ceylan, Java, Chine, Australie, etc., etc.

PRIMULACÉES Ventenat.

Corolle à préfloraison tordue ou imbriquée, rarement nulle; étamines opposées aux lobes de la corolle; ovaire libre, rarement infère, à placenta central, globuleux, multiovulé; ovules fixés par leur face ventrale; fruit capsulaire; graine albuminée; embryon parallèle au hile. Port très variable. (Fig. Reich. XVII).

Clef des genres :

1	Ovaire semi-infère, s'ouvrant par des valves; feuilles caulinaires alternes; fleurs blanches, petites, en panicules terminales.	SAMOLUS.
	Ovaire libre; feuilles opposées ou toutes radicales.	2

2	Déhiscence non pixidaire	3
	Déhiscence pixidaire; feuilles opposées	6
3	Plantes acaules; feuilles toutes radicales	4
	Plantes caulescentes	5
4	Plantes à gros tubercule; fleurs pendantes, à pétales brusquement redressés; pédoncules uniflores. .	CYCLAMEN.
	Plantes rhizomateuses, à corolle hypocratériforme.	PRIMULA.
	Plante annuelle; hampes pluriflores	ANDROSACE.
5	Fleurs jaunes, régulières; feuilles opposées ou verticillées, lancéolées	LYSIMACHIA.
	Fleurs roses, bilabiées; feuilles linéaires, éparses.	CORIS.
	Fleurs verdâtres; corolle plus courte que le calice; plante minuscule	ASTEROLINUM.
6	Plante minuscule, à fleurs peu apparentes; corolle plus courte que le calice	CENTUNCULUS.
	Fleurs bleues ou rouges, rarement blanches; corolle rotacée dépassant le calice	ANAGALLIS.

PRIMULA L. (Primevère.)

P. vulgaris Huds.; *P. grandiflora* Lam.; Munb., cat.; Lx, cat. Kab.; *P. acaulis* Jacquin; *P. sylvestris* Scopoli; Reich. 50-II-III. — Feuilles oblongues (1-2 décim. sur 3-4 cent,), crénelées-denticulées sur le bord, gaufrées, glabres en dessus, mollement poilues en dessous, atténuées en pétiole ailé; pédoncules grêles, poilus, égalant les feuilles ou plus longs; calice tubuleux à 5 dents lancéolées, acuminées, égalant presque le tube; corolle à tube étroit, appendiculée à la gorge, à limbe large, plan, rotacé, à divisions obcordées, blanchâtres, jaunes à la gorge; capsule ovoïde, remplissant le calice; fleurs hétérostylées, larges de 3 cent. ♃ Mars-mai. Lieux humides des montagnes vers 1,200 mètres. Europe, Rég. médit., Orient.

P. officinalis L.; Desf., fl. atl. et herb. — Pédoncules multiflores à fleurs petites, penchées, odorantes, en ombelle au sommet des hampes. « Algérie » Desf. Europe, Orient, Sibérie.

ANDROSACE Tournefort.

A. maxima L.; Desf., fl. atl.; Munb., cat.; Lx, cat, Kab.; Reich. 70-I. — Plante de 3-10 cent., rougeâtre, pubescente, un peu charnue; feuilles en rosette, elliptiques, dentées, sessiles glabrescentes ; hampes terminées par une ombelle simple, involucrée par des bractées foliacées ; calice égalant les pédicelles, accrescent, à tube glanduleux, à 5 lobes étalés, parfois dentés ; corolle blanche, plus courte que le calice, à gorge jaune, plissée ; graines très grosses, triquètres. ① H.-Pl., Djurdjura oriental, Babors, etc., etc., Europe, Rég. médit., Orient.

CYCLAMEN Tournefort.

a. Pédoncules floraux roulés en tire-bouchon après l'anthèse.

C. africanum Boiss. et Reut., Pug., p. 75 ; Munb., cat. ; Lx, cat. Kab. ; *C. europœum* Desf., fl. atl., non L. ; *C. neapolitanum* Munb., fl. d'Alg., non Tenore. — Gros tubercule noirâtre aplati, large de 5-20 cent. ; feuilles naissant sur de courtes tiges, à long pétiole cylindrique, à limbe cordiforme à la base, polygonal ou ovoïde, à sommet aigu, un peu charnu, denticulé, glabre, agréablement maculé de taches claires ou blanches, très grand (5-16 cent.) ; fleurs roses, longuement pédonculées, grandes, à odeur de violette, naissant avant les feuilles ; sépales ovoïdes, acuminés, denticulés sur le bord ; corolle à tube globuleux, à divisions lancéolées, redressées, un peu tordues en spirale ; gorge plus foncée, pentagonale à 10 dents. ♃ Octobre-janvier. C. C. C. Broussailles ombreuses. Alger, Djurdjura.

C. SALDENSE Pomel, Bull. soc. bot. fr. 1889, p. 354. — Diffère du précédent par ses feuilles non anguleuses à peine denticulées, à sommet obtus ; fleurs plus petites. Bougie. (n. v.)

C. repandum L. ; *C. vernum* Lobel. — Tubercule petit ; feuilles médiocres, non maculées, cordiformes à la base ; irrégulièrement anguleuses et grossièrement sinuées-dentées, non denticulées ; fleurs grandes, d'un rouge pourpré, à gorge cylindrique, non dentée ; style saillant. ♃ Juin. Babors (Cosson et Doumet, inédit.) El-Ma-Berd, route de Guerrouch.

b. Pédoncules ne se roulant jamais en tire-bouchon.

C. punicum Pomel, loc. cit. ; *C. latifolium* Sibth. et Smith? *C. persicum* hortulanorum. — Tubercule médiocre ; feuilles poussant avant les fleurs, régulièrement cordiformes, denticulées tout autour ; pétiole dilaté dans le sinus en lobule triangulaire ; fleurs grandes, odorantes, d'un rose pâle avec un anneau violet au-dessus de la gorge ; gorge cylindrique, non dentée ; sépales ovoïdes-aigus, membraneux et entiers aux bords. ♃ Janvier-mars. Frontière tunisienne (Cosson et Lx). Tunisie.

LYSIMACHIA L.

a. Fleurs en panicules axillaires.

L. vulgaris L.; Munb., cat.; Reich. 45-II. — Souche rampante; tige dressée, ferme (3-6 décim.), simple ou rameuse, pubescente; feuilles lancéolées-aiguës, entières, verticillées par 2-3-4, brièvement pétiolées; fleurs en panicules rameuses, pédonculées, munies de bractées; sépales lancéolés acuminés, ciliés; corolle d'un beau jaune, à segments ovales, étalés, 2-3 fois plus longs que les sépales; filets soudés dans leur 1/3 inférieur et recouvrant l'ovaire. ♃ Juin-juillet. Khodjaberry près Boufarik. Europe, Rég. médit., Orient.

b. Fleurs axillaires, solitaires, longuement pédonculées.

L. Cousiniana Coss. et DR., Bull. soc. bot. Fr., vol. IX, p. 174; Munb., cat. — Tiges quadrangulaires, subailées (1-5 décim.), dressées, étalées ou diffuses; feuilles opposées, ovoïdes; pédicelles dépassant la feuille, à la fin recourbés en hameçon; sépales lancéolés-subulés, plus courts que les pétales; étamines libres; fleurs jaunes; port d'*Anagallis*. ♃ Mai-juillet. De Collo à Bougie: Djebel-Msala, Djebel-Si-Rehan, Oued-Agrioun, Goufi, Guerrouch, etc.

ASTEROLINUM Link et Hoffm.

A. Linum-stellatum Hoffm. et Link; Munb., cat.; Lx, cat. Kab.; Ball, spic.; Reich. 45-IV-V. — Petite plantule glabre (3-10 cent.), simple ou rameuse, dressée, d'un vert pâle; feuilles petites, lancéolées-acuminées, opposées, subsessiles; fleurs axillaires dépassées par les feuilles, en grappe terminale, simple; pédoncules penchés, nus, égalant le calice; sépales lancéolés-acuminés, étalés; corolle verdâtre de 2 millim., plus courte que le calice, persistante; capsule ronde à 2-3 graines. ① Mars-mai. Dans la mousse sous toutes les broussailles. C. C. C. Rég. médit.

CORIS Tournefort.

Calice campanulé, subbilabié, à limbe double, l'externe à dents spinescentes, sétacées, inégales, étalées, l'interne à 5 lobes triangulaires dont les 2 supérieurs plus grands, connivents à maturité; corolle tubuleuse, à limbe 5-fide, bilabié, à lobes émarginés, les 2 antérieurs plus courts; 5 étamines à filets inégaux et glanduleux à la base; capsule à 5 valves et à 5 graines.

C. monspeliensis L.; Desf., fl. atl.; Munb., cat.; Lx, cat Kab.; Reich. 76-IV. — Tige dressée, rameuse, très feuillée (1-2 décim.); fleurs roses ou purpurines en grappes denses terminales. Port de *Labiée*. ① ② Avril-juin. Pelouses sèches C. C. Rég. médit.

CENTUNCULUS L.

Calice 4-5 partit, à lobes lancéolées-aigus; corolle plus petite que le calice, suburcéolée; étamines 4-5, saillantes capsule pyxidaire; graines nombreuses.

C. minimus L.; Reich. 41-IV. — Petite plantule glabre, grêle (3-8 cent.); feuilles ovoïdes, petites, subsessiles, alternes fleurs subsessiles, axillaires, solitaires, minuscules, blanches ou rosées, s'ouvrant au milieu du jour; capsule globuleuse, apiculée; graines noires, triquètres. ① Avril. Reghaïa Tunisie, Europe, Rég. médit.

ANAGALLIS L. (Mouron).

Fleurs pentamères, régulières; sépales presque libres, lancéolés-aigus, étroits; corolle rotacée, profondément lobée filets poilus; pas de staminodes; pédoncules axillaires; uniflores, grêles, ordinairement recourbés en crochet à maturité. Herbes glabres, à feuilles simples, entières.

α *Arvenses*. — Tiges quadrangulaires, plus ou mois rameuses, étroitement ailées; feuilles sessiles, opposées ou verticillées; fleurs bleues ou rouges, exceptionnellement blanches; pétales plus ou moins ciliés-glanduleux et denticulés dans toutes les formes.

1. Plantes annuelles; feuilles ovoïdes, opposées ou ternées.

A. arvensis L.; Desf., fl. atl.; Munb., cat.; Lx, cat. Kab. Ball, spic.; Reich. 31-I-II. — Type cosmopolite, très variable dont nous décrirons les principales formes algériennes :

A. PARVIFLORA Salzman. — Corolle généralement bleue, à lobes obovés ne dépassant pas 6 millim. de diamètre, plus courte que le calice. ① Reghaïa, Dellys, etc.

A. CŒRULEA Lam. — Tiges robustes, décombantes, rarement dressées corolle bleue de 10-15 millim., à lobes obovés, égalant ou dépassant le calice; feuilles généralement 5-nerviées. C. C. C.

β *serotina*. — Tiges courtes; feuilles petites, étroites; pédoncules courts égalant 1 fois et 1/2 la feuille; fleurs petites. C. C. C. Mai-juillet Moissons.

γ latifolia; A. latifolia L. ? — Plante puissante à larges feuilles ovées-obtuses, pédoncules ne dépassant pas beaucoup la feuille ; fleurs grandes 12-15 millim.) C. C. C. Ruisseaux, fossés, champs humides. Mars-mai.

A. phœnicea Lam. — Fleurs rouges.

NOTA. — On a prétendu distinguer spécifiquement cette forme par sa corolle dépassant beaucoup le calice ; par ses feuilles toujours trinerviées ; sa capsule à 5 stries et non 8-10 ; par ses racines moins chevelues (Clos), etc., etc. Aucun des caractères différentiels invoqués, après une étude très attentive sur le vif, ne m'a paru stable en Algérie où toutes les formes de ce groupe pullulent.

A. PLATYPHYLLA Baudo, atl., expl. sc. alg., pl. 67 ; Munb., cat. — Tiges le plus souvent dressées, assez grêles ; feuilles très larges, plus minces et plus molles que dans les précédents ; pédoncules longs et grêles ; fleurs bleues, pâles et un peu rosées en dessous, rarement roses ou blanches ; corolles de 16-30 millim., à lobes obovés et comme tronqués à l'extrémité, se recouvrant par les bords, minces, bien plus longs que les sépales. Plante très remarquable. C. C. C.

2. Feuilles lancéolées-aiguës, généralement ternées ou verticillées ; longs pédoncules capillaires ; plantes bisannuelles ou vivaces.

A. linifolia L. ; Munb., cat. ; Lx, cat. Kab. ; Ball, spic. — Souche vivace ; tiges dressées ou diffuses, assez robustes ou grêles et longuement rampantes ; fleurs grandes d'un bleu foncé en dessus, rougeâtres en dessous ; pétales obovés, larges, comme tronqués au bout et se recouvrant par les bords, parfois plus étroits. Plante ornementale. Mars-juin. C. C. C. Broussailles, sables, montagnes de toute l'Algérie. Espagne.

β microphylla Ball. Maroc.

γ rubriflora ; A. collina Schousboë ; Munb., cat. ; Ball, spic. — Fleurs rouges ; pour le reste semblable au type. Oran. C. C. C. Maroc.

A. Monelli L. ; Brotero, phyt. Lus. ; Munb., cat. ; fig. Herb. génér. de l'amateur, vol. I, tab. 26. — Tiges dressées ; grêles ; fleurs plus petites, à pétales étroits. ② Djebel-Mzi. Portugal, Italie.

b. *nummulares*. — Tiges grêles ; feuilles brièvement pétiolées, à limbe orbiculaire.

A. crassifolia Thore ; Munb., cat. ; Ball, spic. — Tiges rampantes et radicantes ; feuilles alternes, un peu charnues ; fleurs blanches, axillaires, à pédoncules plus courts que la feuille. ♃ Djebel-Ouach à Constantine ! Senhadja, Bône. Maroc, Espagne, France.

A. tenella L.; Munb., cat.; Ball, spic.; Reich. 41-IV. — Tiges grêles; feuilles petites, opposées; fleurs roses, à pédoncules égalant 2-5 fois le limbe. ① Oran, Garrouban, etc. Maroc, Europe occidentale, Crète.

A. repens Pomel. — Se distingue du précédent par ses tiges radicantes et ses pédoncules égalant 1 fois 1/2 la feuille. Juin-juillet. El-Oujda, à l'Est d'Oran. (v. s.)

SAMOLUS Tournefort.

Corolle périgyne; 5 staminodes alternipétales; capsule à 5 dents.

S. Valerandi L.; Desf., fl. atl.; Munb., cat.; Lx, cat. Kab.; Ball, spic.; Reich. 42-III. — Tige de 1-4 décim., dressée, simple ou rameuse; feuilles obovées ou oblongues, luisantes, entières, les radicales en rosettes et pétiolées, les supérieures alternes, subsessiles; fleurs blanches, petites, en grappes terminales; pédoncules genouillés, avec une bractée à l'articulation. ♃ Avril-Août. Bord des eaux. C. C. C. Cosmopolite.

PLOMBAGINÉES Endlicher.

Fleurs régulières, hermaphrodites; calice gamosépale souvent scarieux; corolle à 5 pétales, tantôt libres et unguiculés, tantôt soudés sous le limbe étalé en un tube étroit; 5 étamines oppositipétales; anthères à 2 loges s'ouvrant longitudinalement; 5 styles parfois soudés en un seul; ovaire à 5 carpelles, uniloculaire; un seul ovule orthotrope pendant au bout d'un funicule qui s'élève du fond de la loge. (Reich, vol. XVII.)

Clef des genres :

1	Fleurs en capitules solitaires sur de longues hampes; styles plumeux	Armeria.
	Fleurs non réunies en capitule.	2
2	Corolle gamopétale; styles soudés.	3
	Corolle polypétale; styles libres.	4
3	Étamines libres; styles soudés jusqu'au sommet.	Plumbago.
	Étamines soudées à la corolle; styles soudés jusqu'au milieu.	Limoniastrum.
4	Styles amincis au sommet.	Statice.
	Styles capités.	Goniolimon.

PLUMBAGO L. (Dentelaire).

Calice tubuleux, glanduleux, à 5 angles et à 5 dents; corolle en coupe soudée jusqu'au limbe en tube long et étroit; limbe rotacé, 5-partit; étamines libres, hypogynes; styles soudés jusqu'au sommet; 5 stigmates filiformes. Tiges rameuses, feuillées; fleurs en épis, chacune munie de 3 bractées planes et herbacées.

P. europæa L.; Desf., fl. atl.; Munb., cat.; Lx, cat. Kab.; Ball, spic.; Reich. 87. — Tiges dressées, très rameuses, hautes de 6-12 décim.; feuilles un peu ondulées, rudes en dessous, les inférieures obovées, atténuées en pétiole, les moyennes sessiles, embrassant la tige par deux oreilles arrondies, les supérieures linéaires-lancéolées; fleurs violettes à limbe large de 1 cent. environ. ♃ Juillet-août. Rég. médit.

LIMONIASTRUM Mœnch.

Calice tubuleux 5-denté, sans côtes; corolle de *Plumbago* avec le tube épaissi à la base; étamines soudées au tube de la corolle jusqu'à la gorge; styles glabres, soudés jusqu'au milieu; épillets à 2 ou 3 bractées, réunis en épis. Arbrisseaux à feuilles entières, couvertes d'un enduit crétacé pavimenteux; fleurs élégantes, purpurines, larges de 10-15 millim.

§ 1. *Eulimoniastrum.* — Tiges rameuses, feuillées; bractées non épineuses.

L. monopetalum Boissier; Munb., cat.; Ball, spic. — Arbuste très rameux de 5-12 décim; feuilles charnues, linéaires-oblongues, atténuées en pétiole brièvement engaînant; épillets 1-2 flores, alternes, fusiformes, étroitement appliqués contre l'axe creusé et très fragile aux articulations; bractées étroitement imbriquées, l'extérieure en forme de coupe très oblique, la moyenne triquètre, saillante, linéaire, subulée au sommet, l'interne 1 fois plus longue que l'externe, enveloppant les fleurs; corolle à tube saillant. ♄ Bône R. (Munby), Tanger. Rég. médit.

L. Guyonianum Cosson et Durieu, inéd.; Boissier, in DC., Prodr.; Munb., cat. — Diffère du précédent par ses feuilles linéaires-lancéolées; par ses épillets divergents, pédonculés; par l'axe non fragile, plié en zig-zag; par sa bractée intermédiaire non apparente, incluse dans l'inférieure; arbuste très ornemental. ♄ Sahara, 3 prov. Biskra, etc. Tunisie. C'est probablement le *Statice monopetala* du *Flora atlantica*.

L. ouarglense Pomel, s'en distingue d'après l'auteur par sa bractée intermédiaire plane, dépassant un peu l'inférieure. Ouargla.

§ 2. *Bubania* De Girard. — Arbrisseau bas, à divisions de la souche terminées par des rosettes de feuilles d'où partent des hampes florifères rameuses et aphylles ; filets fortement papilleux à la base ; bractée moyenne nulle, bractée supérieure très indurée et chargée de fortes épines simples ou rameuses.

L. Feei ; *Bubania Feei* de Gir. ; Munb., cat. ; fig. Atl., expl. sc. Alg., pl. 68-2. — Tiges ligneuses, basses, courtes ; feuilles oblancéolées ; hampes de 1-2 décim., dichotomes avec des écailles aux dichotomies ; épillets caducs, uniflores, subsessiles, très épineux, velus. ♄ Lieux rocailleux du Sahara, de la Tunisie au Maroc. Mai-juillet.

STATICE Willd.

Calice à 5-10 côtes, à limbe ordinairement membraneux, à 5 angles, ou 5-10 denté ; pétales à peu près libres, rarement soudés en tube ; étamines insérées à la base de la corolle ; 5 styles glabres, libres ou presque libres ; stigmates filiformes ; scapes très rameux ; fleurs en petits épillets munis de 3 bractées et formant des épis (sauf *St. Letourneuxii*) ; feuilles toutes en rosettes radicales.

§ 1. *Pterocládos* Boissier. — Feuilles généralement sinuées à lobes arrondis, à nervure médiane prolongée en mucron ; scapes bi ou triailés dans toute leur longueur ou au sommet seulement, à ailes prolongées en appendices foliacés lancéolés-aigus ; rameaux et ramuscules fortement triailés, obpyramidés, à ailes à la fin indurées et nerviées ; ailes du rameau florifère prolongées au-devant de l'épi en appendice aigu ; épis denses et courts ; épillets à 2-4 fleurs ; bractée supérieure scarieuse en dedans, herbacée et rigide en dehors, à 2-3 pointes ; calice à insertion non oblique, très ample, fortement plissé, coloré, membraneux, persistant ; corolle jaunâtre à pétales soudés en tube dans le bas et avec les filets papilleux ; fruit pyxidaire.

a. Bord du calice entier ou à peine denticulé ; bractées externes herbacées, raides en dessous de l'épi ; bractées intermédiaires scarieuses ; bractées internes bicarenées, chaque carène terminée par une pointe épineuse et l'une d'elles portant en outre un ergot épineux renversé en arrière.

St. sinuata L. ; Desf., fl. atl. ; Munb., cat. ; Ball, spic. — Plante un peu hispide, à grandes feuilles ; scapes forts, raides, fortement ailés à ailes ondulées ; calice bleu ; bractée externe courte et hispide ; la moyenne lancéolée, subulée, ciliée. Bord de la mer A. R. Oran, Douaouda, Fort de l'Eau, Aïn-Taya, Hammam-bou-Hadjar (Pomel). Rég. médit.

Var. *integrifolia* L. Maroc.

St. Bonduelli Lestiboudois, ann. sc. nat., § 3, vol. XVI, p. 81, pl. 17; Munb., cat. — Scapes grêles, non ailés; bractée externe subulée, épineuse; la moyenne ovoïde brusquement acuminée; l'interne longuement épineuse, à éperon un peu foliacé; calice jaune d'or ou jaunâtre. ① Sahara, 3 prov. Biskra, Bou-Saâda, Laghouat, Founassa.

St. Baumierana Cosson. Maroc.

b. Bord du calice à 5 dents alternant avec autant d'arêtes; bractées extérieure et moyenne membraneuses, l'interne à 2 fortes épines divariquées.

St. Thouini Viv.; Munb., cat.; Lx, cat. Kab.; Ball, spic.; *St. Ægyptiaca* Pers.; Delile, fl. Ég., tab. 25. — Assez variable; scapes tantôt fortement, tantôt à peine ailés, plus ou moins longs; calice bleu ou bleuâtre. ① Mars-mai. Très répandu dans les terrains argileux un peu secs. Oran, Chélif, Bibans, H.-Pl., 3 prov. Maroc, Espagne, Tunisie, Orient.

St. akkensis Cosson (Maroc).

§ 2. *Ctenostachys*. — Calice inséré obliquement, à limbe coloré, brièvement lobé; corolle rose, polypétale; filets libres, non glanduleux à la base; ovaire s'ouvrant par un opercule; scapes ailés ou anguleux, souvent feuillés; épis distiques, pectinés.

St. mucronata L. fils. Maroc.

St. pectinata Aïton. Canaries.

§ 3. *Limonium*. — Calice non coloré, inséré un peu obliquement, 5-lobé; corolle rose ou purpurine, à pétales soudés seulement à la base, à préfloraison convolutive; filets soudés par leur base seulement à la corolle; ovaire indéhiscent; sous-arbrisseaux ou herbes vivaces, à feuilles en rosettes, entières, rarement nulles, à scapes rameux, non ailés; fleurs diversement paniculées.

a. *Pruinosæ*. — Tiges et rameaux couverts de petites plaques calcaires visibles à la loupe, rayonnantes, avec une dépression ponctiforme au centre: épillets uniflores formant des épis courts, eux-mêmes rangés en épis sur des rameaux étalés; calice à limbe membraneux aussi long que le tube et étalé horizontalement.

St. asparagoides Cosson et Durieu, inéd. — Feuilles.....?; tiges ligneuses, dressées, très rameuses, à rameaux plusieurs fois ramifiés, grêles, intriqués, tout couverts de petits cladodes verts, linéaires, fasciculés, rappelant ceux de l'*Asparagus acutifolius*, aussi longs que les entre-nœuds des ramuscules (4 millim.), fasciculés par 5-6; petits épis lâches, terminaux ou réunis en épis composés un peu circinnés, formant des panicules oblongues; bractée extérieure petite, ovoïde, aiguë, brune, largement bordée de blanc, l'intermédiaire deux fois plus longue, très obtuse aussi, à partie verte non apiculée; calice glabre, à tube de 4 mill., étroit, à limbe membraneux, transparent, à 5 angles, brusquement étalé, large de 5 millim.; corolle longuement exserte, à limbe purpurin étalé; pétales longs de 12 millim., à limbe oblong; anthères arrondies à la base; styles libres. ♄ Nemours, rochers maritimes. Juin.

St. pruinosa L.; Munb., cat. — Feuilles obcordées, courtes, souvent nulles; tiges de 4-6 décim., très florifères, rameuses; épis recourbés en cercle formant d'amples panicules terminales; bractées presque entièrement membraneuses; calice de l'espèce précédente; corolle rosée, pas de cladodes verts. Plante ornementale. Région désertique : Biskra, Bou-Saâda, Laghouat, Aïn-Sefra, défilé des Bibans, etc.

b. *Genuinæ (genuinæ, densifloræ* et *steirocladæ* Boissier). — Calice à insertion souvent un peu oblique, à limbe petit, peu distinct du tube, dressé ou en entonnoir, 5-lobé.

1. Grandes feuilles oblongues ou lancéolées (1-2 décim. sur 3-5 cent.), coriaces, fortement nerviées, assez longuement pétiolées, à pétiole large, engainant à la base, aiguës ou obtuses, généralement mucronées; panicules florifères très amples, étalées; grandes plantes robustes, glabres, vertes ou un peu glauques.

St. Limonium L.; Desf., fl. atl.; Munb., cat. — Panicule large, corymbiforme, à rameaux robustes; épis assez denses et courts, agglomérés au sommet des rameaux; bractée externe ovale, arrondie sur le dos, largement scarieuse aux bords, mucronées; bractée interne une fois plus longue, non carenée, obtuse, largement scarieuse aux bords; fleurs lilas. ♃ Juin-juillet. Bône. Europe, Asie.

St. leptostachys Pomel. — Plante puissante de 6-12 décim.; grosses tiges très rameuses, à rameaux très grêles, épillets 1-3 flores, généralement distants, subunisériés en épis grêles, lâches, allongés, flexueux, formant une grande panicule pyramidale ou irrégulière, bractée extérieure subcarénée, aiguë, l'interne plus d'une fois plus longue, obtuse, ample, à bords scarieux; calice velu sur le tube, à lobes subobtus; corolle bleue ou violette, petite. ♃ Juillet-août. Bou-Hanifia, Eckmül à Oran, Relizane, Boghar, Bouguirat (Pomel).

2. Feuilles oblongues, mucronées, assez grandes (4-10 cent. sur 2-3); tiges élevées; inflorescences pyramidales, grandes, lâches.

St. delicatula De Girard, Ann. sc. nat. 1884, p. 327 ; Munb., cat. ; *St globulariæfolia* var. *glauca* Boissier, Voy. Esp., tab. 155 ; Choulette, exsicc. ; *St. pyrrholepis* Pomel. — Feuilles oblongues ou obovées, très glauques, étroitement bordées d'une marge hyaline ondulée, mucronées ; hampe élevée, ramifiée dans sa moitié supérieure en panicule pyramidale, distique ; épillets peu distants, assez semblables à ceux de l'espèce précédente, mais à pétales rosés, plus grands, plus larges, nettement émarginés. ♃ Juin-août. Biskra, Bou-Saâda, Le Kreider, etc. Espagne.

Nota. — On a certainement confondu sous le nom de *St. delicatula* plusieurs espèces qu'il est à peu près impossible de bien apprécier en herbier. C'est ainsi que le *St. delicatula* de la station classique du col de Santa-Cruz est absolument différent de la plante des Chotts avec laquelle j'ai pu la comparer sur le vif au jardin botanique. La plante des Chotts, *St. pyrrholepis* Pomel, a des corolles beaucoup plus grandes. Elle me semble se rapporter très bien à la planche du voyage en Espagne. Quant à la plante du Santa-Cruz elle me paraît bien voisine du *St. leptostachys* Pomel dont elle est peut-être une forme à petites feuilles. M. Pomel la considère comme le vrai *St. delicatula* et comme spécifiquement distincte du *St. leptostachys*.

St. globulariæfolia Desf., fl. atl. ; Munb., cat., exclusis omnibus synonymis. — Plante de 1-8 décim. ; feuilles vertes ou un peu glauques, obscurément mucronées, subuninerviées, épaisses, à peine bordée sur le sec ; hampes dressées, ramifiées assez bas en ample pyramide ; épillets de 5-6 millim., à 3-4 fleurs, très distants, en longs épis flexueux, étalés ; bractée externe et intermédiaire égales, aiguës, subcarénées, l'interne très ample, 3 fois plus longue, mucronée, étroitement bordée ; calice glabre ou presque glabre, à divisions profondes et aiguës. ♃ Hammam-es-Koutine. C. C. Autour des sources chaudes.

St. gummifera DR. ; Boiss. et Reut., Pug., p. 104 ; Munb., cat. — Feuilles coriaces, glauques, plurinerviées, spatulées, à limbe brusquement élargi, suborbiculaire, avec une courte pointe infléchie, mucronée ; pétiole large, en tuile, embrassant à la base, sécrétant une matière gommeuse ; épillets assez gros en épis étalés recourbés, lâches, unilatéraux ; bractée externe petite, aiguë, la moyenne obtuse, un peu plus longue, l'interne 3 fois plus longue, très ample et très obtuse, à partie verte mucronulée ; calice légèrement hispide sur les côtes ; dents courtes et très obtuses. ♃ Rochers maritimes à Oran : Fort La Mouna (Durieu), Cap Falcon (Doumergue).

β corymbulosa Cosson. — Épillets plus courts à 3-5 fleurs et non 1-2, moins distants, en épis courts et fortement recourbés. Rochers maritimes au Christel (Debeaux). Déterminé par M. Cosson.

St. cymulifera Boissier, Pug., p. 104 et herb., pro parte. — Diffère de l'espèce par son inflorescence très grêle, très étalée, très rameuse et surtout par ses épillets très petits, très étroits. Bords des sebkas d'Oran. C. C. C. Juin-août.

Nota. — C'est cette dernière plante que l'on a presque toujours distribuée sous le nom de *St. gummifera*, elle se trouve dans l'herbier Boissier sous le nom de *St. cymulifera* avec une autre plante très différente qui, pour moi n'est qu'une forme à épis denses du *St. sebkarum*. Je crois donc que le *St. cymulifera* n'existe pas comme espèce. Au bord de la Sebka à Miserghin, où Boissier a fait cette espèce, je n'ai pu voir que 3 *Statice*, à savoir : *St. gummifera*, var. *cymulifera, St. sebkarum* et *St. Durixi*. Ces 3 *Statice* se retrouvent à Valmy, à La Senia et tout autour des Sebkas.

3. Feuilles spatulées, oblongues ou lancéolées plus ou moins mucronulées ; épis plus ou moins denses ; inflorescences moins grêles, plus agglomérées.

St. sebkarum Pomel ; *St. cyrtostachya* Boiss. et Reut., Pug., p. 103, non De Girard, sec. Pomel. — Feuilles coriaces, un peu glauques, marginées, atténuées en pétiole embrassant et un peu gummifère comme l'espèce précédente, à limbe assez brusquement élargi, obové, mucronulé, plurinervié ; épillets réunis en épis denses, unilatéraux, un peu arqués, formant une panicule étalée ou pyramidale ; bractées fauves, étroitement bordées, l'inférieure aiguë, carenée, l'interne à dos arrondi, très obtuse, à partie coriace prolongée jusqu'au sommet ; calice velu sur les nervures, à dents ovales, subaiguës ; corolles purpurines ou bleuâtres, médiocres. ♃ C. C. C. Autour des Sebkas d'Oran, Arzeu.

β macrolepis ; St. lepidorachis Pomel. — Épillets plus gros, serrés, distiques ; bractées externes très larges, imbriquées. Avec l'espèce.

γ glomerata ; St. cymulifera Boissier, pro parte. — Épillets serrés en épis courts, subglobuleux. Çà et là. Avec l'espèce.

St. Lingua Pomel. — Feuilles oblongues ou lancéolées, molles, à nervures grêles au nombre de 3 le plus souvent, étroitement marginées, un peu ondulées aux bords, mucronées ; pétiole large, coriace, tuberculeux ; inflorescence de l'espèce précédente ; bractée interne à partie verte aiguë ; calice à tube velu. ♃ v. s. Sources thermales à Hammam-Bou-Hanifia ; littoral à Arzeu.

St. oleæfolia Scopoli; Ball, spic.; *St. densiflora* Gussone; Todaro, exsicc.!; *St. oxylepis* Boissier, Prodr.; Munb., cat. — Feuilles en rosette dense, oblongues, obtuses ou un peu aiguës, plus ou moins mucronulées, uninerviées ou plurinerviées dans les grands exemplaires, bordées d'une étroite marge hyaline ondulée; tiges dressées ordinairement de 3-4 décim., rameuses, à rameaux courts, dressés, les inférieurs souvent stériles, les supérieurs un peu ramifiés; parfois la plante devient très grande (6-8 décim.), elle est alors beaucoup plus rameuse, à rameaux plus étalés; épis généralement denses, dressés ou subétalés en panicule distique, oblongue; épillets à 1-2 fleurs; bractée externe ovoïde-aiguë, subcarenée, étroitement bordée, exactement appliquée sur l'interne; celle-ci plus de 2 fois plus longue, ovoïde, à marge fauve assez étroite, un peu aiguë au sommet; calice peu saillant, à divisions aiguës, à tube velu surtout sur les côtes; corolle purpurine, petite. ♃ A. C. Littoral: de Fouka à Cherchel, Gouraya, Ténès, Arzeu, Cap Falcon, etc., etc. Sicile, Italie.

β *parvula*. — Plante naine à souches extrêmement feuillées, les feuilles mortes persistant très longtemps; feuilles petites, courtes, rigides, bien mucronées. Cap Falcon (Oran).

γ *steiroclada* Pomel, herb. — Rameaux stériles très nombreux, à peu près comme dans *St. virgata*. Fouka, Cap Ténès.

St. Fradiniana Pomel. — Feuilles pâles, minces, oblancéolées et aiguës ou oblongues et obtuses; tiges élancées, très rameuses, à rameaux allongés, étalés en inflorescence un peu corymbiforme; limbe du calice plus grand, évasé; corolles bleuâtres, un peu plus grandes. ♃ Bône, Oued Messida.

St. Duriæi De Girard; Munb., cat., fig. atl., expl. sc. alg., pl. 68-I. — Feuilles glauques, oblongues-lancéolées, non mucronées, atténuées à la base; tiges dressées, fermes, rameuses dans le haut, à rameaux tous fertiles, étalés; épillets à 3-4 fleurs, étroitement imbriqués en épis larges, oblongs, étalés et un peu arqués, à épillets sur plusieurs rangs; bractées brunes, larges et étroitement bordées-membraneuses, les externes larges, suborbiculaires, avec un gros mucron obtus, très régulièrement imbriquées entre elles sous l'épi et non appliquées sur l'écaille interne; celle-ci large, obtuse, égalant 2 fois et 1/2 l'externe, ondulée sur les bords; calice un peu hispide sur les angles, à limbe obtusément 5-lobé, un peu étalé; corolle très petite, purpurine. Espèce très tranchée. Oran, La Sénia, La Macta, Le Khreider, etc., etc.

St. Lychnidifolia De Girard. Maroc (Ball).

Nota. — Cette espèce a à peu près les feuilles du *St. sebkarum*, et des épis presque aussi denses que le *St. Duriæi*. Elle a été indiquée à Oran, peut-être par confusion avec des formes du *St. sebkarum* ou du *St. Lingua.*

St. occidentalis Lloyd. Maroc.

St. ovalifolia Poiret. Maroc

4. Feuilles oblongues, arrondies et obtuses au sommet, non mucronées, uninerviées ou subtrinerviées, à bords un peu enroulés en dessous, insensiblement atténuées en pétiole étroit, larges de 1-2 cent.

St. spathulata Desf., fl. atl.; Munb., cat.; *St. cordata* Poiret, non L. — Feuilles très glauques, longues de 6-10 cent., larges de 12-15 millim. au sommet, spatulées, longuement atténuées en pétiole grêle, charnues, peu ou pas enroulées aux bords; tiges robustes, dressées; fleurs très grandes; (calice de 8 millim.), en épis lâches, allongés, formant une panicule généralement étroite; bractée externe, aiguë, la moyenne à peine plus longue, membraneuse, obtuse, l'interne 3-4 fois plus longue, étroitement membraneuse aux bords, aiguë, subcarenée; calice glabre, à dents ovées-lancéolées, aiguës (le Prodrome de DC., les dit obtuses); corolle grande, exserte, purpurine. ♃ La Calle, Oued Messida (Littoral).

Nota. — Il existe à Philippeville une plante très voisine dont les feuilles ne sont point glauques, mais brièvement acuminées et dont les épis sont fortement arqués. (v. s., herb. Boissier).

St. psiloclada Boissier; Munb., cat., soc. dauph., n° 3019. — Plante de 2-3 décim.; feuilles courtement pétiolées, en rosettes denses; hampes grêles, dressées, très rameuses, formant une panicule pyramidale; épis assez lâches; épillets à 1-3 fleurs; bractée extérieure très petite, aiguë, presque entièrement membraneuse, l'interne environ 4 fois plus longue, obtuse, largement scarieuse au sommet, à partie verte insensiblement acuminée; calice velu à la base sur les nervures, à lobes arrondis très obtus; fleurs bleuâtres assez grandes. ♃ Rochers maritimes au bord de la route avant la Pointe Pescade; Cap Matifou. R. R. Espagne, Italie.

β *intermedia* Boissier. — Feuilles submucronulées; épillets très distants. Signalée à Bône par Munby.

St. minutiflora Gussone, var.; Boissier, in DC., Prodr.; Munb., cat.; *St. cyrtostachya* De Girard, sec.; Pomel. — Plante extrêmement semblable à la précédente, dont elle diffère par sa bractée externe un peu grande, par sa bractée supérieure membraneuse jusqu'au milieu, à partie herbacée brusquement prolongée en mucron n'arrivant pas au sommet de la partie membraneuse, par ses épis étalés-recourbés. ♃ Juillet-août. Oran, Bains de la Reine, Cap Ténès. L'espèce en Italie et aux Baléares.

Cette plante n'est identique ni au *St. minutiflora* de Gussone, ni au *St. psiloclada*. Elle est très voisine de tous les deux. Ce serait d'après M. Pomel la plante décrite par De Girard sous le nom de *St. cyrtostachia*, plante restée douteuse.

St. Gougetiana De Girard; Munb., cat. — Feuilles des précédents, souvent plus petites, moins molles; hampes dressées (1-2 déc., rarement 3-4), ramifiées en panicule distique, étroitement pyramidale, souvent plus longue que le scape; épillets 1-3 flores en épis tantôt très denses, imbriqués, tantôt assez lâches; bractée externe ovoïde, obtuse, étroitement bordée, l'interne 2 fois plus longue, ample, arrondie-obtuse au sommet, à partie herbacée, aiguë; corolle petite, purpurine. Plante à rosettes nombreuses parfois réunies en grosses touffes. ♃ Rochers et falaises maritimes. Phare de Bougie, Cap Matifou, Sidi-Ferruch, Pointe Pescade, etc., etc.

St. multiceps Pomel. — Port du *St. Gougetiana*, en diffère par sa bractée inférieure très aiguë, subcarenée; épis toujours très denses. ♃ Si Braham ou Khrouès près Cherchel.

5. Feuilles ordinairement très étroites, entières ou émarginées, atténuées en pétiole étroit; rameaux de l'inflorescence presque tous stériles, les supérieurs seuls fertiles (*Steirocladæ* de Boissier).

St. virgata Willd.; Munb., cat.; *St. cordata* Desf., fl. atl., non L. sec. Durieu (DC., Prodr.) — Plante de 3-5 décim., à feuilles étroites oblongues ou oblancéolees, obtuses, longuement atténuées en pétiole; tiges très rameuses dès la base; rameaux stériles dichotomes; épillets grands, distants, à 2-4 fleurs, un peu courbes, en épis subunisériés ou distiques, étalés, raides; bractées étroitement bordées, lâches, l'inférieure ovoïde-aiguë, un peu carenée, la supérieure 3-4 fois plus grande, obtuse; calice anguleux, hispide sur les côtes, à tube égalant à peu près deux fois le limbe. ♃ Pointe Pescade! (Lallemant), La Calle. Rég. médit.

St. dubia Andrz.; Munb., cat. — Diffère surtout du *St. virgata* par son port un peu plus grêle; ses épillets 1-2 flores, plus étroits, à bractées plus appliquées; par le calice à tube un peu plus court. La Calle, Oued Messida.

St. minuta L.; Desf., fl. atl. — Petite plante cespiteuse de 5-15 cent., à souche ligneuse, très rameuse, à feuilles nombreuses, imbriquées au sommet des divisions de la souche, petites, oblongues, obtuses ou rétuses, raides, uninerviées, à bords enroulés en dessous, insensiblement atténuées en pétiole (10-15 millim. sur 3-4); épis lâches; épillets 1-2 flores; bractées un peu lâches, l'inférieure acuminée, 3 fois plus courte que l'interne; calice à tube pubescent égalant le limbe; celui-ci exserte, à lobes lancéolés-aigus. ♃ Dellys. (n. v.) Espagne, midi de la France.

St. cordata Gussone, an L.? — Diffère du *St. minuta* par sa taille un peu plus élevée, ses feuilles plus molles, ses inflorescences plus rameuses, plus fragiles, par son calice à lobes plus profonds. ♃ Messad, Djebel Bou-Kahlil près Djelfa. (herb. Cosson, n. v.)

§ 4. *Aristidella.* — Épillets indistincts, glomérulés en épis courts, à grosses bractées vertes, coriaces, un peu membraneuses aux bords; fleurs entremêlées de bractéoles membraneuses très développées; insertion très oblique; fleur externe de chaque épillet assez longuement pédicellée. Plante un peu intermédiaire par son inflorescence entre les *Statice* et les *Armeria.*

St. Letourneuxii Coss., inédit. — Plante cespiteuse poussant en touffes très denses, très feuillées, à feuilles oblancéolées-aiguës (20-25 millim. sur 3-4), uninerviées, insensiblement atténuées à la base, très denses, imbriquées sur les tiges qui sont entièrement recouvertes par les vieilles feuilles marcescentes; scapes grêles, fragiles, simples, portant quelques épis courts, alternes, distants et un épi terminal; épillets indistincts; bractées alternes, très grandes; calice étroit, glabre, à limbe se fendant en 5 lanières linéaires; corolle petite, lilas, à pétales émarginés. Juillet. Cap Ténès.

§ 5. *Schizhymenium.* — Calice à insertion non oblique, se rompant en 5 cornes uncinées. Plante annuelle à feuilles penninerves. Pour le reste comme la § *Limonium.*

St. echioides L.; Desf., fl. atl.; Munb., cat.; Ball, spic.; Reich. 96-III. — Plante de 5-25 cent., à feuilles rougeâtres en dessous, obovées-cunéiformes, petites, en rosette peu dense; hampe rameuse presque dès la base, à rameaux dressés-étalés, allongés; épillets distants, uni-biflores, assez longs, en longs épis unilatéraux; bractée inférieure 4 fois plus courte que l'interne; celle-ci carenée, tuberculeuse; corolles petites, purpurines ou rosées. ① Lieux un peu secs. C. C. C. Mai-juillet. Sidi-Ferruch, L'Adjiba, Bibans, Beni-Mansour, Maillot, Oran, Perrégaux, Mascara, Constantine, Bône, etc. Rég. médit., Nord de l'Asie.

§ 6. *Myriolepis.* — Calice à insertion non oblique, à lobes terminés par une arète fine et droite; axe de l'inflorescence prolongé au delà des épis; scapes et rameaux non ailés; feuilles nulles.

St. ferulacea L.; Desf., fl. atl.; Ball, spic. — Hampes dressées, rameuses, à rameaux courts, tout couverts de ramuscules; ramuscules tout couverts de bractées scarieuses, aristées, ceux du sommet des rameaux florifères formant de petits corymbes denses tous dirigés du même côté; épillets uniflores; bractée externe aristée, l'interne 2 fois plus longue, verte, carenée, obtuse; limbe du calice non évasé. ♄ Bône (Desf.), Tunisie, Maroc. Rég. médit.

§ 7. *Polyarthrion.* — Filcts assez longuement soudés aux pétales.

St. ornata Ball. Maroc.

GONIOLIMON Boissier.

Plantes à port de *Statice;* stigmates capités; bractées moyenne et interne de chaque épillet latérales par rapport à la bractée externe; bractée interne généralement tricuspide. Pour le reste comme *Statice.*

G. tartaricum Boissier; Munb., cat.; Reich. 88. — Souche ligneuse; feuilles obovées ou oblongues, aiguës, mucronées; hampes dressées, raides, dichotomes; inflorescence en corymbe. ♃ Bords du Chott El-Tarf près d'Aïn-Beïda, Tunisie, Orient.

ARMERIA Willdenow.

Fleurs pédicellées en épillets à une seule bractée, réunis en capitule involucré, sur des hampes simples et nues, enveloppées au sommet dans une gaine réfléchie; étamines insérées à la base de la corolle; styles plumeux au moins à la base. Herbes vivaces, à feuilles toutes radicales, en rosette fournie, lancéolées ou linéaires-lancéolées. Pour les autres caractères comme *Statice.* Ces plantes sont toutes très semblables d'aspect, peu différenciées et difficiles à limiter spécifiquement.

§ 1. *Macrocentron* Boissier. — Calice inséré obliquement sur le pédicelle et prolongé au delà de l'insertion en éperon filiforme et poilu appliqué sur le pédicelle qui présente une fovéole pour le recevoir.

A. mauritanica Wallroth; Munb., cat.; Ball, spic.; *Statice pseudo-Armeria* Desf., fl. atl.; *St. lusitanica* Poiret, Voy. — Feuilles lancéolées-aiguës, larges, 5-nerviées, étroitement bordées d'une marge hyaline ondulée; pétiole élargi à la base; scapes élevés; écailles de l'involucre croissant régulièrement des externes aux internes, larges, obtuses ou mucronulées, largement scarieuses aux bords; bractées hyalines; bractéoles grandes, égalant presque le calice de la fleur postérieure; pédicelles longs et grêles, pouvant atteindre 5 millim.; éperon un peu plus court que le pédicelle; calice à côtes primaires seules ciliées, à limbe grand, brièvement 5-lobé, à lobes terminés par des arêtes fines; corolles grandes, rouges-purpurines; capitules à la fin sphériques, les plus gros du genre pouvant atteindre 5 cent. de diamètre. ♃ Avril. Oran, Dahra, Bougie, La Calle.

β *minor.* — Capitules petits (2 et 1/2-3 cent.), hémisphériques, à bractées un peu herbacées sur le dos, robustes; calice de l'*A. bœtica;* feuilles très grandes, 5-7 nerviées; hampes très élevées. Djidjelli.

A. Boissierana Cosson, not. crit., p. 44; Pomel, herb. — Plante très semblable à l'*A. mauritanica,* en diffère par ses feuilles trinerviées, ses capitules moins gros (3 cent. environ), pas de bractéoles; nervures du calice cessant d'être herbacées vers le milieu du limbe; arêtes par conséquent entièrement hyalines. ♃ Oran, Espagne. (v. s.)

A. simplex Pomel; *A. mauritanica,* var. *ciliolata* Boissier? — Diffère de l'*A. Boissierana* par ses souches simples, à un seul scape, par ses feuilles ciliolées, par les côtes du calice presque glabres, herbacées jusqu'en haut. (v. s.)

A. bœtica Boissier, voy. Esp., var. *africana;* Munb., cat. — Feuilles larges, trinerviées, relativement courtes; hampes assez robustes (2-5 décim.); capitules assez gros, hémisphériques (3 cent. environ), à fleurs rose pâle, rarement rouges; écailles involucrales croissant régulièrement des externes ovées, coriaces, étroitement membraneuses aux bords, aux internes larges, obovées, plus longuement scarieuses; bractées à dos largement herbacé, robustes; bractéoles très variables, souvent grandes; calices brièvement pédicellés, à éperon égalant presque le pédicelle, à côtes hispides, herbacées jusqu'aux arêtes robustes du limbe. ♃ Avril-juin. Terrains sablonneux du littoral aux environs d'Alger.

Nota. — Ayant pu suivre de près les variations de cette espèce aux environs d'Alger, j'ai constaté que beaucoup de caractères considérés comme spécifiques dans le genre *Armeria*, n'ont pas une bien grande constance. Bien que l'*A. bœtica* ait généralement les écailles extérieures courtes, elle peut parfois les avoir très longues, acuminées-spinuleuses et dépassant le capitule (Cap Matifou). Elle a parfois des pédicelles très courts et très robustes, et d'autres fois de longs pédicelles grêles. Les côtes du calice peuvent être très velues ou presque glabres. C'est très probablement une forme de l'*A. bœtica* qui a été décrite dans le Prodrome de De Candolle sous le nom d'*A. mauritanica β calva* et signalée à la Réghaïa, où je n'ai jamais vu que l'*A. bœtica*. Toutefois c'est la plante de la Réghaïa qui avait été primitivement décrite par Wallroth comme *A. mauritanica*.

A. spinulosa Boissier, Prodr.; Munb., cat. — Feuilles oblancéolées, longues et étroites, trinerviées, fermes; scapes grêles, élancés; capitules médiocres; écailles externes lancéolées-acuminées, spinuleuses, les autres obovées, mucronées ou non; pédicelles robustes comprimés, très courts; éperon presque nul, bien plus court que le pédicelle et visible seulement dans la fleur inférieure de chaque épillet, qui seule aussi est distinctement pédicellée; bractées membraneuses très grandes; bractéoles petites, peu nombreuses; calice à côtes primaires et secondaires égales, épaisses, velues, à limbe scarieux, étalé, plus court que le tube et muni de 5 arêtes rigides. ♃ Mai. Prairies sableuses à La Calle, entre la route et le Lac Houbeira. Boissier place cette plante avec doute dans la section *Macrocentron*, elle me paraît bien voisine des plantes de la section suivante. Je n'ai pas vu les corolles.

§ 2. *Plagiobasis*. — Pédicelle se logeant très obliquement dans une fossette de la base du calice; celui-ci non distinctement éperonné; calice à côtes primaires et secondaires égales, également velues. Groupe de plantes très répandu dans nos montagnes où il forme une série de variations difficiles à limiter et à assimiler aux espèces décrites. Ces plantes fleurissent de mai à juillet.

a. Écailles du péricline croissant régulièrement des extérieures très courtes et mucronulées aux internes obovées, mutiques ou rétuses-mucronulées, largement scarieuses.

A. allioides Boissier; Munb., cat.; Lx, cat. Kab. — Feuilles lancéolées, 3-5 nerviées, ciliolées ou non; bractées membraneuses; bractéoles d'ordinaire bien développées; calice à côtes aussi larges que leurs intervalles, à tube égalant le limbe; celui-ci à lobes triangulaires courts, longuement aristés; corolles blanches. ♃ Hautes montagnes : Djurdjura, Babors, Aurès, Maroc, Espagne.

2. Écailles, les inférieures au moins, lancéolées, acuminées, spinuleuses, plus ou moins longues.

A. atlantica Pomel; *A. longearistata* Munby, cat., vix Boissier. — Écailles de l'involucre subégales en longueur, de plus en plus scarieuses des externes lancéolées-aiguës aux internes obovées, brièvement acuminées, mucronulées ou mutiques; bractées membraneuses généralement plus courtes que le calice; bractéoles variables ou nulles; calice assez longuement pédicellé, aigu à la base, à limbe égalant à peu près le tube, muni de lobes triangulaires courts, longuement aristés, à arêtes fermes aussi longues que le limbe; corolles blanches ou blanchâtres. ♃ A. C. Montagnes.

α typica. — Feuilles petites, lancéolées, trinerviées, ciliolées, les extérieures courtes; bractées plus courtes que le tube du calice; pédicelle de la fleur inférieure de chaque épillet égalant le tube du calice. Daya, Djebel-Ksel (Pomel).

β fibrosa; A. fibrosa Pomel. — Souches fibreuses; feuilles étroites, longues, glabres; scapes grêles, élancés; capitules médiocres, bractées égalant les calices. Zaccar, Téniet, Dira, etc. A Aïn-Abessa près Sétif on en trouve une forme à écailles rigides très vulnérantes, à arêtes très rigides aussi.

γ major. — Feuilles très larges (10-17 millim.), 5-7 nerviées; capitules très gros (3-4 cent.); fleurs grandes; bractées plus courtes que les calices brièvement pédicellés et brièvement aristés; anthères bleues. Nador de Médéa, Tigremount. Peut être espèce à part.

A. Choulettiana Pomel; *A. plantaginea* Choulette, exsicc.; Munb., cat., non Willd. — Souches fibreuses, épaisses; feuilles lancéolées, trinerviées, rarement 5 nerviées, glabres ou ciliolées, les externes plus courtes; scapes plus ou moins longs; capitules variables, à écailles extérieures le plus souvent longues, lancéolées-acuminées, peu rigides, parfois courtes comme dans *A. allioïdes;* bractées membraneuses, ou un peu coriaces au milieu, égalant presque les calices; calices subéperonnés, à côtes longuement ciliées; fleurs rouges. ♃ Montagnes de la province de Constantine.

α typica. — Calice à côtes brièvement ciliées, à limbe moitié long comme le tube, à arêtes courtes. Philippeville. (v. s.)

β pulchra. — Feuilles assez larges; scapes peu élevés; gros capitules; écailles toutes grandes, ovées-lancéolées, fauves; calice à limbe plus long que le tube, longuement pédicellé; corolles grandes, ornementales; anthères jaunâtres. Djebel-Tamesguida.

γ ferruginea. — Assez semblable à la précédente; calice à limbe ferrugineux longuement aristé. Mouïas (Constantine).

δ brachylepis. — Écailles de l'*A. allioides.* Taourirt-Iril. Djebel-Mégris.

A. longevaginata. — Souches fibreuses, multicaules; feuilles étroitement linéaires, très longues; scapes très grêles, longs, striés longitudinalement sur le sec; capitules très petits avec des gaînes de 45 mill.; écailles toutes lancéolées-acuminées, dépassant les calices, les intérieures bordées-scarieuses; bractées membraneuses égalant ou dépassant les calices; calices subsessiles, petits, à côtes très velues, à lobes du limbe relativement très longs, aristés; fleurs rouges, médiocres. ♃ Djebel-Ouach. Juin.

A. ebracteata Pomel. — Glabre; feuilles trinerviées, lancéolées, courtes, assez larges (3-8 millim.); scapes robustes, peu élevés (2-3 décim.), très rugueux dans mes échantillons, pustuleux; involucre à écailles toutes égales, très amples, coriaces, rouges au sommet, ovées-acuminées, les plus internes largement scarieuses, obovées, mucronées; épillets indistincts par suite de l'avortement presque complet des bractées et des bractéoles; calice petit, à tube égalant le limbe, brièvement aristé; fleurs blanches assez grandes; anthères blanches, petites; capitules médiocres, pauciflores. ♃ Espèce bien tranchée, n'ayant de rapport qu'avec la plante suivante. Terni, Garrouban.

A. lachnolepis Pomel. — Port de l'espèce précédente, en diffère par ses bractées bien développées, ses écailles et ses feuilles pubescentes. Tiaret. Sersou.

PLANTAGINÉES Jussieu.

Corolle imbriquée, régulière, généralement isostémone; ovaire à 1-4 loges; ovules peltés; fruit capsulaire (in nostris); graine albuminée, à hile ventral; embryon parallèle au hile. (Fig. Reich., vol. XVII).

PLANTAGO L.

Fleurs petites, verdâtres, tétramères, isostémones, réunies en épis denses, linéaires ou globuleux; fruit pyxidaire à loges uni ou pluriovulées; graines fixées au milieu de la cloison.

§ 1. *Euplantago* Boissier, fl. d'Or. — Plantes acaules, à feuilles toutes en rosettes, ou brièvement caulescentes à feuilles alternes.

a. *majores* Boissier. — Feuilles larges, pétiolées, ovoïdes; épis linéaires; corolle glabre; ovaire biloculaire; loges à 4-8 graines.

Pl. major L.; Desf., fl. atl.; Munb., cat.; Lx, cat. Kab.; Ball, spic.; Reich. 77. — Plante glabre; feuilles coriaces à 3-7 nervures; scapes ascendants ou dressés, égalant les feuilles; bractées concaves, ovales, obtuses; lobes du calice et de la corolle ovales-obtus. ♃ C. C. C. Lieux humides. Mai-octobre. Plante cosmopolite.

PL. INTERMEDIA Gilibert. — Souche épaisse, courte, brune; feuilles plus molles, velues, ainsi que les hampes; épi lâche dans le bas; lobes de la corolle lancéolés-aigus. ♃ Azib des Aït-Koufi (Djurdjura).

b. *Cymbiformes* Boissier. — Capsule triloculaire, à loges monospermes, rarement dispermes; graines naviculaires ou marquées d'un sillon sur la face interne.

1. Plantes annuelles, souvent caulescentes, à feuilles alternes, lancéolées, engainantes à la base; sépales inégaux largement membraneux; gros épis globuleux ou oblongs; 3 graines par capsule, très grandes, elliptiques, 1 plane et 2 naviculaires, brillantes, translucides sur les bords.

P. amplexicaulis Cavanilles; Munb., cat.; Ball, spic.; *Pl. lagopodioides* Desf., fl. atl., tab. 39, fig. 2. — Tiges plus ou moins élevées, rameuses; feuilles largement lancéolées, 3-5 nerviées, entières ou denticulées, plus ou moins pubescentes; atténuées en pétiole court et embrassant; scapes allongés, lisses, axillaires; bractées ovoïdes, largement scarieuses; lobes corollins ovoïdes, étalés, brièvement acuminés; très grosses capsules; graines de 4-5 millim. sur 2-3. ① A. C. Çà et là. El-Affroun, Chélif, Oran, Nemours, H.-Pl. et Sahara, Bibans, Constantine. Espagne, Orient.

P. bauphuloides Pomel. — Tige et scapes presque nuls; corolles plus petites. ① Metlili, Brezina. (v. s.)

2. Feuilles pétiolées, lancéolées, 3-7 nerviées, entières ou denticulées, toutes radicales; pédoncules anguleux; épis cylindriques épais et courts; sépales antérieurs soudés.

P. lanceolata L.; Desf., fl. atl.; Munb., cat.; Lx, cat. Kab.; Reich. 79-I-III. — Feuilles glabres ou pubescentes, souvent dressées (1-3 décim. sur 1-4 cent.); scapes de 2-5 décim.; corolle glabre à lobes lancéolés-aigus; bractées et sépales scarieux, glabrescents ou brièvement velus sur le dos. ♃ Mai-août. C. C. C. Europe.

β altissima; *P. altissima* L. — Épis de 4-7 cent.; scapes de 6-10 décim.; A. R. Bouzaréah, etc.

P. Lagopus L.; Desf., fl. atl.; Munb., cat.; Lx, cat. Kab.; Ball, spic.; Reich. 82-IV. — Diffère du *P. lanceolata* par sa corolle à lobes velus sur la nervure dorsale des pétales, par le calice et les bractées largement velus-soyeux au sommet, ce qui rend l'épi velouté. ① Rég. médit.

α genuina. — Plante de 1-3 décim.; feuilles 3-5 nerviées; pétioles longuement laineux à la base; scapes grêles; épis oblongs ou subglobuleux. C. C. C.

β *lusitanica; Pl. lusitanica* L.; Desf., fl. atl.; Munb., cat. — Plante plus puissante, plus robuste, à épis plus allongés; feuilles 5-7 nerviées, denticulées; pétioles poilus mais moins laineux: scapes sillonnés. C. C. C.

3. Plantes généralement petites, annuelles, assez semblables d'ailleurs aux précédentes; feuilles lancéolées, 1-3 nerviées, entières ou denticulées; épis globuleux ou cylindriques, courts.

P. ciliata Desf., fl. atl., tab. 39, fig. 3; Munb., cat. — Petite plante argentée-soyeuse, appliquée sur le sol, multicaule; feuilles longuement velues-soyeuses, lancéolées ou spatulées, mucronées, égalant ou dépassant les hampes très courtes; bractées, sépales et corolles velus; pétales lancéolés-aigus. ① Sahara, 3 prov. A. C. Région désertique du Sahara à l'Inde.

P. ovata Forskall; Munb., cat.; *P. decumbens* Forskall, sec. Boissier, fl. d'Or.; Ball, spic.; *P. argentea* Desf., fl. atl.; *P. microcephala* Poiret. — Feuilles étroitement lancéolées-linéaires, longuement acuminées, argentées-soyeuses, entières ou subentières; scapes grêles, plus courts ou plus longs que les feuilles; épis globuleux ou oblongs; corolle à lobes larges, ovoïdes ou orbiculaires, glabres; bractées glabres; sépales glabres ou pubescents. ① C. C. C. Terrains argileux subdésertiques. H.-Pl., Sahara, Chélif, Oran, Bibans, etc. Maroc, Canaries, Espagne, Tunisie, Orient, Inde.

P. notata Lagasca; Munb., cat.; *P. syrtica* Viv. — Aspect et port du précédent, en diffère par ses feuilles dentées, lacinulées; par ses bractées très laineuses ainsi que le bas des calices. ① A. R. El-Kantara, M'sila, etc. Tunisie.

P. Lœfflingii L.; Munb., cat. — Feuilles du précédent; scapes grêles; épis globuleux ou oblongs; bractées plus larges que longues, mucronées par la nervure dorsale herbacée entre 2 larges lobes scarieux, orbiculaires, glabres ou ciliés sur le bord; sépales scarieux, glabres, orbiculaires; corolle petite, à lobes lancéolés-aigus. ① Mars-mai. Oran, Ténès, Garrouban, Espagne, Canaries.

P. Bellardi Allioni; *P. pilosa* Pourret; Munb., cat.; *P. holostea* Lamarck; Desf., fl. atl.; *P. lanata* Poiret, Voy.; Reich. 82-I-III. — Feuilles pubescentes, entières ou denticulées; scapes robustes, hispides, à poils étalés, épis assez longuement cylindriques; bractées lancéolées, pubescentes, presque entièrement herbacées; sépales pubescents, brusquement acuminés; corolle glabre, petite, à lobes lancéolés-aigus. ① C. C. C. Tout le Tell. Mars-juin. Europe, Rég. médit.

4. Plante vivace, argentée-soyeuse; épis cylindriques, allongés, lâches dans le bas; scapes pubescents, non sillonnés; sépales égaux:

P. albicans L.; Desf., fl. atl.; Munb., cat.; Ball, spic.; Reich. 18-IV. — Feuilles brièvement pétiolées, velues-soyeuses, blanches, obscurément nerviées, oblongues, lancéolées ou linéaires, naissant des divisions d'une souche souvent épigée; bractées largement lancéolées, obtuses, herbacées, membraneuses aux bords, velues au sommet; sépales non carenés, obtus, scarieux aux bords, bordés de longs poils; corolles à lobes ovoïdes-aigus. ♃ Mars-juillet. C. C. C. Toute l'Algérie. Plante très variable pour la largeur des feuilles, la dimension des fleurs, etc. Importante pour le pâturage des moutons dans les H.-Pl. Rég. médit.

Var. *humilis* Ball. Maroc.

c. *biconvexæ* Boissier. — Graines biconvexes ou plan-convexes; tube de la corolle velu; lobes glabres; capsules biloculaires ou subquadriloculaires; feuilles en rosettes radicales.

P. Coronopus L.; Desf., fl. atl.; Munb., cat.; Lx, cat. Kab.; Ball, spic.; Reich. 79-V-VIII. — Feuilles atténuées en pétiole large, dentées, pinnatifides ou bipinnatifides; scapes ascendants, pubescents; épis linéaires, nutants avant l'anthèse; bractées brusquement subulées, en pointe herbacée, égalant les calices ou plus longues, étroitement membraneuses aux bords; fleurs très nombreuses, très denses; calice comprimé; sépales postérieurs carenés, à carène ailée-membraneuse et ciliée; corolle à lobes ovés-lancéolés, aigus, à diamètre égalant la longueur du calice. ①, ②, ♃ C. C. C. Type méditerranéen polymorphe.

P. Columnæ Gouan. — Feuilles à rachis large, trinervié, longuement atténuées en un large pétiole, dentées ou pinnatifides dans le haut, à lobes lancéolés souvent dentés; scapes ascendants, dépassant les feuilles; épis pouvant dépasser 3 décim. de longueur ou beaucoup plus courts. C. C. C. Tout le Tell.

Nota. — *Plantago Coronopus*, var. *vulgaris* Gren. et Godr., fl. Fr. n'est qu'une forme moins robuste de la sous-espèce *Pl. Columnæ*. Il en est de même de leur variété *maritima* caractérisée par ses scapes dressés, grêles ainsi que les épis; leur forme *integrata* n'est que la variété *maritima* à feuilles subentières et charnues. On trouve ces dernières formes dans les prairies du bord de la mer. Certaines de ces formes grêles ont une remarquable tendance à devenir franchement vivaces; on en trouve une à Boufarick à grosses souches sous-ligneuses; mais c'est surtout sur les falaises, à Aïn-Taya, que la souche de cette plante a d'énormes dimensions, supérieures à celles du *P. macrorhiza* Poiret, auquel il semble passer, dans cette localité, par des intermédiaires peut-être hybrides. *P. prionota* Pomel, dont je n'ai vu que deux échantillons, m'a paru une forme aberrante du *P. Columnæ* ayant presque les feuilles du *P. serraria* (Miliana, Pomel).

P. Cupani Gussone. — Feuilles glabres ou hispides, en rosette dense, à pétiole et à rachis étroits, uninerviés, à limbe bipinnatipartit, à segments linéaires; scapes grêles, décombants, dépassant peu les feuilles ou plus courts; épis courts et grêles. A. C. Bord des chemins, lieux sablonneux du littoral. Sicile, Maroc.

P. rosulata nob. — Feuilles luisantes, charnues, en rosette fortement appliquée sur le sol, ciliées, glabres ou hispides sur les faces; pinnatifides ou bipinnatifides, à rachis étroit, 1-3 nervié, à lobes lancéolés-aigus, un peu falciformes, entiers ou lobulés, opposés, rapprochés ou distants et alors séparés par des dentelons courts et aigus; scapes décombants; épis relativement courts et peu denses. ♃ C. C. C. Sommet des montagnes: Maroc. Aspect du *P. Cupani*, plus robuste.

P. macrorhiza Poiret; Munb., cat.; Ball, spic.; *P. crithmoides* Desf., fl. atl. — Grosse souche vivace; feuilles hispides, épaisses, lancéolées-linéaires, grossièrement et régulièrement dentées, rarement graminiformes et entières; scapes pubescents, non striés, dressés ou ascendants, généralement courts (5-15 cent.); gros épis cylindriques, velus, courts (2-7 cent. sur 6-8 millim.); caractères floraux du *P. Columnæ*. ♃ C. C. C. Sur tout le littoral. Espagne, Corse, Italie.

P. serraria L.; Desf. fl. atl.; Munb., cat.; Lx, cat. Kab.; Reich. 79-IV. — Feuilles largement lancéolées, 3-5 nerviées, fortement dentées en scie, brièvement atténuées en pétiole embrassant; scapes du *P. Columnæ*; épi linéaire, long et étroit, à fleurs plus lâches que dans le *P. Columnæ* et un peu plus grandes; sépales postérieurs relevés en carène ailée, membraneuse, peu ou pas ciliée; corolle à lobes ovoïdes-aigus, à diamètre plus court que la longueur du calice; bractées carenées, peu ou pas apiculées, ordinairement moitié plus courtes que le calice; capsule biloculaire à 2 graines. ♃ C. C. C. Tout le littoral, Tell, Rég. médit.

P. maritima L.; Desf., fl. atl.; Lx, cat. Kab. — Feuilles longuement linéaires, entières ou un peu dentées, charnues, glabres ou glabrescentes; scapes cylindriques, pubescents, égalant les feuilles ou plus longs; épi linéaire, un peu lâche à la base. ♃ Bord de la mer, terrains salés. Europe, Rég. médit.

P. crassifolia Forskall. — Feuilles semi-cylindriques; bractées largement ovales; sépales postérieurs relevés en carène ailée-membraneuse. Littoral d'Alger.

β ambigua Pomel, herb. — Bractées lancéolées. Fort-de-l'Eau.

P. chottica Pomel. — Feuilles un peu canaliculées en dessus; bractées lancéolées; sépales carenés et denticulés mais non ailés sur le dos. Cette plante très semblable au *P. maritima* type, en diffère, d'après M. Pomel, par ses feuilles moins nettement pliées en gouttière et ses bractées noircissant en herbier. Chotts : Le Khreider, etc.

? **P. gracilis** Poiret, Voy. II, p. 185; Desf., fl. atl. — Feuilles lancéolées-linéaires, glabres, un peu dentées ; scapes glabres, épis de 5-8 cent., glabres ; bractées ovales-obtuses. ♃ Ruines d'Hippone (n. v.) Le Prodrome en fait un synonyme du *P. serpentina* Villars.

P. serpentina Villars ; Munb., cat. ; Reich. 80-III. — Souche vivace, épaisse, écailleuse, rameuse, souvent épigée ; feuilles linéaires-étroites, glabres ou pubescentes, glauques, planes, épaisses et coriaces, entières ou à peine denticulées, trinerviées, atténuées aux deux bouts ; pédoncules frêles, étalés, égalant ou dépassant les feuilles, finement pubescents ; épi cylindrique, dense (3-6 cent.) ; bractées rigides, longuement acuminées-subulées, carenées, finement ciliées et scarieuses aux bords, dépassant le calice ; sépales postérieurs carenés-denticulés, mais non ailés sur le dos, ciliés au sommet ; capsule conique, aiguë. ♃ Tlemcen (Munby), France, Espagne, Suisse, Tyrol.

P. atlantica Nob. — Souche ligneuse, écailleuse, peu ou pas épigée ; feuilles planes, lancéolées-linéaires, atténuées aux deux bouts, scabres, fortement dentées à dents linéaires, dressées, plus rarement entières ; scapes dressés, pubescents (5-20 cent.) ; épis lâches (3-4 cent.) ; sépales postérieurs à peine carenés, pubescents, non denticulées, ciliés au sommet ; corolle à lobes ovoïdes, peu aigus. Le reste comme *P. serpentina*. ♃ Mai. Teniet-el-Haâd. Dans certains exemplaires les feuilles rappellent celles du *P. Coronopus*.

P. subulata L. ; Desf., fl. atl. ; Munb., cat. — Plante cespiteuse à larges touffes denses ; racine verticale ; feuilles courtes, entières, triquètres, au sommet, subulées, à 3 nervures contiguës ; scapes pubescents dépassant longuement les feuilles ; épis de 2-4 cent., denses ; bractées un peu plus courtes que dans les 2 précédents ; corolle à lobes ovoïdes-aigus. ♃ Terni, Daya, etc. Europe mérid.

§ 2. *Psyllium*. — Plantes caulescentes à feuilles opposées ; corolle glabre, à tube ridé en travers ; graines canaliculées.

a. Plantes annuelles.

P. Psyllium L. ; Desf., fl. atl. ; Munb., cat., Lx, cat. Kab. ; Ball, spic. ; Reich. 84-VI. — Plante de 1-4 décim., pubescente-glanduleuse ; tige dressée, fistuleuse, simples ou rameuse ;

feuilles linéaires ou lancéolées, entières ou dentées, atténuées aux deux bouts; pédoncules dépassant d'ordinaire les feuilles ; épis globuleux ; bractées lancéolées, acuminées en une pointe herbacée et obtuse; sépales égaux, lancéolés aigus, à nervure herbacée, plus courts que la capsule ; corolle à lobes étroitement lancéolés, acuminés; capsules à 3 graines, 1 plane, ailée et 2 naviculaires. ① C. C. C. Mai-août. Partout. Rég. médit.

P. Durandoi Pomel. — Capitules plus petits ; fleurs plus courtes ; bractées largement scarieuses aux bords, acuminées ; sépales elliptiques, scarieux avec la nervure herbacée ; lobes de la corolle ovales-orbiculaires, brusquement acuminés. St-Denis du Sig. Plante très remarquable. (v. s.)

P. parviflora Desf., fl. atl. — Feuilles très entières, étroitement linéaires, très longues, dépassant beaucoup les épis pauciflores ; fleurs longues ; bractées, sépales et lobes corollins étroits et allongés. Tout le Sahara. A. C.

P. STRICTA Schousboë? ; Ball, spic. ? — Feuilles linéaires, entières, uninerviées ; pédoncules égalant les feuilles ; sépales oblongs, obtus ; lobes corollins oblongs, acuminés ; plante recouverte d'un indument de poils papilleux très courts. Arbaouat (herb. Pomel). Maroc.

P. Afra L. ; Desf. fl. atl. Tunisie. (n. v.)

b. Plantes vivaces, ligneuses à la base.

P. mauritanica Boissier et Reuter, Pug. p. 105; Munb., cat.; Lx, cat. Kab.; Ball, spic. ; *P. Cynops* Desf., fl. atl.; Munb., cat., non L. — Petit buisson touffu, très rameux, à rameaux florifères herbacés, pubescent, un peu visqueux ; feuilles lancéolées-linéaires, trinerviées ; pédicelles dressés, rigides, dépassant les feuilles ; capitules pauciflores, à grosses fleurs; bractées carenées, ovoïdes, les inférieures à pointe herbacée, rigide, dépassant les fleurs ; sépales ovoïdes, cucullés, subégaux, les antérieurs plus aigus, les postérieurs carenés, obtus, ciliés. ♄ A. R. Tlemcen, Terni, Djurdjura, Maroc. La plante du Djurdjura a des graines de 4-5 millim.; celle du Maroc les a moitié plus petites et celle de Tlemcen d'une taille intermédiaire.

GLOBULARIACÉES DC.

Fleurs hermaphrodites réunies en capitule dense, entouré d'un involucre de bractées imbriquées; calice à 5 dents plus ou moins inégales, à gorge généralement fermée par des poils; corolle tubuleuse à la base, à limbe bilabié; lèvre inférieure tridentée en forme de ligule de chicoracée; lèvre supérieure à 2 petites dents ; 4 étamines didynames ; ovaire uniloculaire, uniovulé ; ovule pendant, anatrope ; graine albuminée ; embryon droit, à radicule supère. (Fig. Reich. XX).

GLOBULARIA L (Globulaire).

G. Alypum L.; Desf., fl. atl.; Munb., cat.; Lx, cat. Kab.; Ball, spic.; Reich. 107-I-II. — Arbrisseau de 3-6 décim., très rameux ; tiges à écorce noirâtre ; feuilles alternes et fasciculées, coriaces, glabres, oblongues ou obovées, cunéiformes à la base, très brièvement pétiolées entières ou plus souvent tridentées au sommet, longues de 1-2 cent. sur 5-6 millim. ; capitules hémisphériques, terminaux et axillaires, subsessiles ; péricline imbriqué à écailles nombreuses, ciliées ou velues, ovoïdes ; réceptacle floral court, conique ou globuleux ; bractées molles, linéaires-subulées ; calice très velu, profondément 5-denté ; corolle bleue, rarement rose ou blanche, à lèvre supérieure presque nulle, l'inférieure très longue. Plante purgative. Les feuilles sont employées aux mêmes usages que le *Séné* par les indigènes. ♄ Mars-mai. C. C. C. broussailles. Rég. médit., Orient.

G. vescerilensis. — Arbuste plus fort, plus élevé, à feuilles toujours entières ; capitules plus gros ; écailles du réceptacle très velues ; réceptacle cylindro-conique de 10-12 millim. sur 3. Rochers au-dessus d'El-Kantara.

G. eriocephala Pomel. — Arbrisseau médiocre, à feuilles entières ; écailles du péricline peu nombreuses, peu inégales, très velues ; réceptacle ovoïde. Goudjila Pomel.

APÉTALES

Groupe artificiel où l'on a réuni toutes les familles de Dicotylédones généralement dépourvues de corolle et où les affinités sont souvent obscures. Nous diviserons d'abord ces familles en un certain nombre de groupes secondaires.

1° CYCLOSPERMÉES

Embryon périphérique, sauf dans certaines *Polygonées*, entourant un albumen farineux, ou contourné en spirale et alors sans albumen ; fruit monosperme ou formé d'un verticille de carpelles monospermes *(Phytolaccacées)*; étamines 5, rarement plus *(Polygonées Phytolaccacées)* ou moins ; fleurs généralement hermaphrodites, ce qui distingue ce groupe de quelques *Urticinées* qui ont un embryon semblable. Les *Polygonées*, dont l'embryon est droit et axile, se reconnaissent facilement à leurs feuilles munies d'un ochrea. Les *Caryophyllées* et familles voisines se distinguent des *Cyclospermées* par leur corolle.

2° THYMÉLÉÉES

Fleurs hermaphrodites ou unisexuées par avortement ; périanthe régulier, gamophylle, souvent coloré, généralement tétramère, parfois à 3-5-6 divisions ; embryon droit sauf quelques *Santalacées*, albuminé ou exalbuminé.

3° MULTIOVULÉES

Périanthe tubuleux, coloré, régulier ou non ; ovaire infère, multiovulé.

4° EUPHORBIALES

Fruit formé de carpelles monospermes ou dispermes, verticillés ; fleurs monoïques ou dioïques.

5° CÉRATOPHYLLÉES

Plantes aquatiques à feuilles divisées en lanières capillaires, rudes ; fleurs monoïques, apérianthées ; 4 cotylédons verticillés.

6° URTICINÉES

Fleurs dioïques, monoïques ou hermaphrodites, pourvues d'un calice ordinairement gamophylle; inflorescence variable, mais ne formant pas de vrais chatons; fruit achénien, ou drupacé, ou samaroïde, nu ou recouvert par le calice accrescent et charnu *(Morées)* ou enfermé dans un sycone *(Ficus)*; ovule orthotrope, droit, courbe ou anatrope *(Ulmacées)*, mais à micropyle regardant toujours le sommet de l'ovaire; feuilles stipulées; stipules souvent caduques.

7° AMENTACÉES

Arbres à feuilles alternes, simples, stipulées; fleurs unisexuées; périanthe tantôt nul, tantôt formé d'écailles, ou d'un calice régulier; fleurs mâles toujours réunies en chatons; fleurs femelles en inflorescences variées, souvent aussi en chatons; fruit capsulaire ou achénien, monosperme ou polysperme.

1° CYCLOSPERMES

Clef des familles :

1	Carpelles verticillés portant chacun un style. . .	PHYTOLACCACÉES.
	Ovaire uniloculaire uniovulé	2
2	Périanthe corollin, tubuleux, à base persistante et étroitement soudée à l'ovaire, entouré d'un involucre caliciforme renfermant parfois plusieurs fleurs.	NYCTAGINÉES.
	Périanthe dialysépale, ovaire plus ou moins libre.	3
3	Fleurs munies de 3 bractées	AMARANTHACÉES.
	Fleurs munies de 2 bractées au plus.	4
4	Feuilles sans ochrea ; embryon toujours périphérique et courbe ; ovaire lenticulaire	SALSOLACÉES.
	Feuilles munies d'un ochrea ; embryon latéral et courbe ou axile et droit ; radicule supère ; ovaire souvent trigone	POLYGONÉES.

PHYTOLACCACÉES Endlicher

Calice 4-5 partit; corolle ordinairement nulle; étamines en même nombre que les sépales ou plus nombreuses, hypogynes; carpelles verticillés sans columelle au centre; styles latéraux, internes, crochus; fruit charnu ou sec; graine dressée; albumen farineux parfois nul; embryon annulaire ou arqué, rarement droit; radicule infère.

PHYTOLACCA Tournefort

Fleurs à 3 bractées, en grappe ou en épi ; calice à 5 divisions souvent pétaloïdes, réfléchies à maturité, persistantes; 5-30 étamines insérées sur un disque charnu ; 5-12 carpelles verticillés, sessiles, uniovulés ; fruit baccien ; feuilles alternes, ovoïdes oblongues ; penninerviées, brièvement pétiolées.

P. decandra L.; Desf., fl. atl. ; Munb., cat. — *Raisin d'Amérique.* — Herbe puissante, rameuse (10-15 décim.); fleurs rosées en grandes grappes dépassant les feuilles; carpelles cohérents, d'un violet noir. ♃ Subsp. R. Alger, Boufarick, etc. Originaire d'Amérique.

P. dioica L.; *Pircunia dioica* Moquin. *Bella sombra.* — Grand arbre; fleurs verdâtres; fruits incolores à carpelles peu ou pas cohérents. ♄ Cult. Amérique du Sud.

GIESECKIA L.

Fleurs unibractéolées en cymes ombelliformes oppositifoliées; calice 5 partit à divisions non réfléchies à maturité; 5-15 étamines géminées ou ternées en groupes opposés aux sépales; anthères versatiles; 3-5 carpelles verticillés, distincts, uniovulés; embryon annulaire autour d'un albumen farineux.

G. pharnaceoides L. — Petite plante désertique, grêle; feuilles petites, oblongues, obtuses, atténuées à la base; petites fleurs en ombelles sessiles plus courtes que la feuille. ① Baniou près Bou-Saada. Dunes. Octobre-novembre. Afrique, Asie.

NYCTAGINÉES Endlicher

BOERHAAVIA L.

Fleurs hermaphrodites, sans involucre caliciforme, en cymes ombelliformes extra axillaires, formant d'étroites panicules terminales; périanthe en entonnoir ou en cloche, étranglé au-dessus de l'ovaire ; 1-3 étamines soudées en anneau à la base; anthères subexsertes; ovaire aigu; style filiforme; stigmate obtus; fruit cylindro-conique; embryon condupliqué. Herbes désertiques sousligneuses à la base à feuilles de Chénopode ou d'*Atriplex*.

B. Reboudiana Pomel. — Plante velue-glutineuse, ligneuse à la base, rameuse, à branches noueuses; feuilles opposées, brièvement pétiolées, ovoïdes, obtuses, subsinuées, ondulées, les supérieures lancéolées ; fleurs très brièvement pédicellées, réunies 3-5 en glomérules-ombelliformes pourvus de bractées linéaires, sur un pédoncule de 10-12 millim. ; périgone à limbe minuscule (1 millim.), campanulé, subglobuleux ; fruits velus-glanduleux à 5 angles et autant de sillons, obové-allongé (4 millim. sur 2). ♄ Zeribet-el-Oued (Reboud).

Nota. — Cette plante est très voisine du *B. repens* L., var. *viscosa* dont le *B. maroccana* Ball serait le type d'après Boissier (Flor. d'Or.). Elle en diffère par sa base nettement ligneuse sur l'échantillon de M. Pomel.

B. plumbaginea Cavanilles, var. *lybica* Pomel. — Tige sous-frutescente, rameuse, à rameaux finement striés, flexueux, glabres ou glabrescents ; feuilles triangulaires, aiguës, pétiolées, un peu charnues, ondulées, subsinuées, parsemées de petits poils crispés ; bractées linéaires, membraneuses ; fleurs inégalement pédicellées, disposées en 3-4 glomérules superposés, distants, les inférieurs ombelliformes, le supérieur globuleux, à pédoncules robustes égalant l'entre-nœud ; périanthe en entonnoir, velu en dehors, long de 1 millim. et 1/2, aussi large ; fruit de 3-4 millim., en massue, à 10 côtes et à 3 verticilles de tubercules glanduleux dont le plus élevé très saillant. Khranga-si-Nagi (Reboud).

Les *Mirabilis* (*Belles de nuit*) et les *Bougainvillea*, très cultivés, appartiennent à cette famille.

SALSOLACÉES Moquin-Tandon.

Fleurs nues ou munies de 1-2 bractées, hermaphrodites ou polygames ; périanthe herbacé, persistant, parfois accrescent avec des appendices scarieux brillants et colorés, rarement charnu, à 2-5 sépales libres ou un peu soudés ; étamines opposées aux sépales et en même nombre ; ovaire uniloculaire, uniovulé, souvent lenticulaire, rarement soudé au calice ; graine unique, horizontale ou verticale ; testa crustacé, manquant parfois, recouvrant une enveloppe membraneuse ; embryon enroulé ; albumen farineux ou nul.

Sous-famille I. — CYCLOLOBÉES.

Embryon annulaire ou subannulaire ; albumen central ordinairement abondant.

Tableau des tribus :

Tribu I. Chénopodées. — Fleurs généralement hermaphrodites, toutes semblables ; péricarpe généralement distinct ; tégument de la graine double ; tige non articulée ; feuilles planes à limbe deltoïde ou ovoïde.

Tribu II. Spinaciées. — Fleurs diclines, dimorphes ; péricarpe distinct ou non ; pour le reste comme la tribu I.

Tribu III. Camphorosmées. — Fleurs hermaphrodites toutes semblables ; péricarpe distinct ; 1 seul tégument à la graine ; tige non articulée ; feuilles membraneuses ou charnues, linéaires ou semi-cylindriques.

Tribu IV. Polycnémées. — Fleurs solitaires, hermaphrodites, toutes semblables, bibractéolées ; péricarpe membraneux, indéhiscent ; 2 téguments à la graine ; testa crustacé ; tiges continues ; feuilles aciculaires, denses, rigides.

Tribu V. Salicorniées. — Tiges articulées ; feuilles charnues, squamiformes ou nulles ; fleurs hermaphrodites, toutes semblables, en chatons terminaux.

Tribu I. — CHÉNOPODÉES C. A. Meyer.

Clef des genres :

1	Graine verticale	Blitum.
	Graines horizontales, au moins pour la plupart . .	2
2	Calice 5-partit, à divisions étalées, non indurées. .	Oreoblitum.
	Calice à divisions repliées sur l'ovaire ou indurées.	3
3	Calice fortement induré	Beta.
	Calice peu ou pas induré	Chenopodium.

BETA Tournefort (Bette, Poirée).

5 étamines subpérigynes, insérées sur un disque charnu qui unit le calice à l'ovaire ; style court ; 2-5 stigmates ; fruit déprimé soudé avec le calice ligneux et accrescent.

B. vulgaris L. — Feuilles radicales grandes, luisantes, à côtes rougeâtres ; limbe cordé-ovoïde, obtus ; feuilles caulinaires rhomboïdales ou lancéolées ; tiges de 6-15 décim., très profondément sillonnées, fermes, dressées, striées de pourpre ; grande panicule florale à rameaux dressés, effilés ; fleurs petites, solitaires ou glomérulées par 2-3 ; stigmates étroits, lancéolés. ①, ②, ♃ Mitidja, etc.

Type bien spontané en Algérie, où il est difficile de ne pas reconnaître l'origine des *Bettes* cultivées. *B. sulcata* Gasparrini s'en distingue par ses tiges velues à la base et ses stigmates courts.

B. maritima L. — Plante nettement vivace, à tiges le plus souvent couchées en cercle ; feuilles inférieures longuement pétiolées, ovoïdes ou rhomboïdales, atténuées à la base, aiguës ; inflorescence moins rameuse, fruits plus gros ; stigmates plus larges. ♃ C. C. Bord de la mer.

β *Debeauxii* Clary, cat. de Daya. — Plus grêle; fruits très petits; embryon ne faisant pas bourrelet autour de la graine. Montagnes: Médéa, Aumale, Daya, etc.

B. macrocarpa Gussone; *B. Bourgœi* Cosson. — Tiges dressées ou décombantes, peu rameuses; feuillées jusqu'au sommet; florifères parfois dès la base; feuilles petites, rhomboïdales ou lancéolées, les radicales obtuses, toutes insensiblement atténuées en pétiole; fruits très gros; disque relevé en cupule; calice très accrescent, très induré à lobes à la fin dressés en cornes rigides et non appliqués sur le fruit. ① Terres argileuses un peu salées. Oran, Perrégaux, Chélif, Cherchel, El-Affroun, Castiglione, Fort de l'Eau, Biskra, etc., etc. Sicile, France, Espagne.

OREOBLITON Durieu.

Calice profondément divisé, à lanières étalées, non indurées; disque peu développé; ovaire capsulaire presque libre; stigmates grêles; fleurs petites, sans bractées, longuement pédicellées, en petites cymes axillaires, pauciflores très grêles. Sous arbrisseaux à souche ligneuse, à rameaux très grèles, nombreux, feuillés jusqu'au sommet.

O. thesioides Durieu et Moquin, Prodr. et Rev. Duch. II, p. 428; Munb., cat.; fig. Atl., expl. sc. Alg., pl. 79; *O. chenopodioides* Coss. et DR., Bull. soc. bot., vol. II, p. 367. — Caractères du genre. ♄ Rochers: Mila, Khraneg (De Marsilly), El-Kantara, Biskra, Tébessa, etc.

CHENOPODIUM L. (Chenopode).

Calice à 5, rarement 3-4 sépales herbacés, carenés ou non; 5 étamines hypogynes ou moins; 2, rarement 3 styles; fruit déprimé enveloppé par le calice mais n'y adhérant pas; péricarpe membraneux; graines lenticulaires, horizontales, rarement verticales, larges de 1 millim. environ. Herbes annuelles ou vivaces, poussant de préférence dans les cultures ou près des habitations, à fleurs petites, vertes ou farineuses; grappes composées, axillaires et terminales, très multiflores; graines d'un noir brillant; feuilles alternes, pétiolées.

§ 1. *Chenopodiastrum.* — Plantes généralement farineuses, glabres ou glabrescentes, à odeur désagréable ou faible; embryon formant un anneau complet; graines horizontales.

1. Feuilles entières; plante très fétide.

C. Vulvaria L.; Desf., fl. atl.; Munb., cat.; *C. olidum* Curtis, Ball, spic. — Tiges souvent couchées, flexueuses, rameuses;

feuilles petites, ovoïdes ou rhomboïdales, obtuses, cendrées; inflorescences spiciformes, petites, sans bractées; calice enveloppant totalement l'ovaire; graine à bords un peu aigus. ① A. C. Cultures. Europe.

2. Feuilles dentées, sinuées ou incisées; plantes peu odorantes.

Ch. album L.; Munb., cat.; Lx, cat. Kab.; Ball, spic. — Tige dressée (3-10 décim.), rameuse dressée, anguleuse, munie de bandes alternativement blanches et vertes; feuilles glauques, rarement vertes, toutes pétiolées; 2 fois plus longues que larges, ovées-rhomboidales, plus ou moins sinuées-dentées, les supérieures lancéolées ou linéaires, aiguës; grappes compactes, effilées, formant une grande inflorescence pyramidale peu ou pas feuillée; sépales carenés; graines luisantes, lisses, à bord subaigu. ① C. C. C. Cultures, champs. Cosmopolite, originaire de l'ancien monde.

Type des plus polymorphes; varie à feuilles plus ou moins sinuées-dentées, ou subentières; blanchâtres sur les 2 faces, ou sur une seule, rarement vertes sur les 2 faces; à grappes très compactes, ou interrompues ou effilées. Ces variations ont été décrites comme autant d'espèces. On trouve tous les intermédiaires entre cette plante et le *C. opulifolium*.

C. OPULIFOLIUM Schrader; Munb., cat.; Lx, cat. Kab.; Ball, spic. — Grandes feuilles aussi larges que longues, largement ovoïdes, sinuées-dentées, parfois un peu trilobées, obtuses, glauques sur les 2 faces; inflorescences assez compactes, graines un peu obtuses aux bords. ① Avec le précédent.

C. murale L.; Desf., fl. atl.; Munb., cat.; Lx, cat. Kab.; Ball, spic. — Tiges robustes (3-6 décim.), sillonnées, rouges sur les côtes, rameuses, très feuillées; feuilles vertes sur les 2 faces, assez grandes, toutes pétiolées, ovées-rhomboïdales; arrondies ou cunéiformes à la base, aiguës au sommet, dentées à dents inégales, dressées; fleurs en panicules axillaires, étalées, rameuses; sépales non carenés; graine amincie sur le bord en carène tranchante. ① C. C. C. Toute l'année. Décombres, bord des routes, murs, etc., jusque dans le désert. Cosmopolite.

β canescens Moquin. — Farineux, blanchâtre. Avec l'espèce.

C. hybridum L.; Munb., cat. — Grande plante dressée, à grandes feuilles ovées-triangulaires, cordées à la base, munies de 2-4 angles aigus sur les bords; graines 2 fois plus grosses que dans les précédents. Algérie (Munby). Je n'ai vu en Algérie ni cette plante ni le *C. urbicum* L. signalé par M. Gandoger.

§ 2. *Botrys.* — Plantes glanduleuses, parfois pubescentes, jamais farineuses, fortement aromatiques; embryon formant autour de la graine un anneau incomplet, certaines fleurs n'ont que 2-3 sépales et leur graine est verticale.

C. Botrys L.; Desf., fl. atl.; Munb., cat. — Tige dressée (3-7 décim.), sillonnée, simple ou rameuse dès la base; feuilles pétiolées, un peu glauques, subpennatiséquées à lobes obtus, glanduleuses sur les 2 faces; fleurs en petites grappes axillaires courtes, formant de longues panicules linéaires; sépales velus, non carenés, cachant le fruit; graine petite à bords subaigus. ① Sables (Desf., Bové). Europe moyenne, Rég. médit., Orient, Inde, Amérique du Nord.

C. ambrosioides L.; Desf., fl. atl.; Munb., cat., Lx, cat. Kab.; Ball, spic. — *Ambroisie, Thé du Mexique.* — Tiges souvent vivaces par induration, puissantes, très rameuses, sillonnées ou anguleuses; feuilles très grandes (10-15 cent.), oblongues ou lancéolées, sinuées-dentées, les supérieures plus petites, entières ou dentées; glomérules de fleurs en petites grappes axillaires, dressées, feuillées à feuilles 6-10 fois plus longues que les glomérules; graines petites, luisantes, obtuses. ①, ♃ A. C., fossés. Originaire d'Amérique, répandu dans toutes les régions chaudes.

BLITUM Tournefort.

Sépales charnus à maturité, entourant le fruit; 5 étamines hypogynes, à filets filiformes; 2 styles; péricarpe membraneux, un peu lâche; graine verticale, comprimée, à radicule infère.

B. virgatum L.; Munb., cat. — Plante glabre; tiges rameuses à la base, à rameaux dressés, ascendants, feuillés jusqu'au sommet; feuilles un peu charnues, deltoïdes, sinuées-dentées, brusquement atténuées en pétiole, les supérieures hastées, à pétiole court, aiguës; fleurs en glomérules globuleux, sessiles, axillaires. Lieux un peu secs. H.-Pl., L'Adjiba, etc., etc. Mai-juillet. Europe.

Tribu II. — SPINACIÉES.

ATRIPLEX Tournefort.

Calice des fleurs mâles et hermaphrodites à 3-5 sépales soudés à la base; 3-5 étamines; fruit nul ou horizontal comme dans les *Chénopodes;* fleurs femelles à 2 styles soudés à la base; fruit ovoïde, vertical, comprimé par les 2 bractées herbacées, planes, souvent soudées ensemble, nues ou portant sur le dos des appendices herbacés.

Nota. — Nous ne pouvons maintenir le genre *Obione* qui se distinguerait par la radicule plus nettement ascendante et proéminente près des styles et par ses 2 bractées fructifères plus complètement soudées. Ces caractères ne sont ni tranchés ni constants.

a. Plantes vertes, rarement un peu farineuses ou glauques ; involucre fructifère herbacé.

A. hastata L.; *A. patula*, var. *hastata* Lx, cat. Kab. — Tiges ordinairement dressées, à rameaux étalés; feuilles pétiolées, alternes ou opposées, les inférieures au moins hastées, tronquées à la base, entières ou sinuées-dentées, presque aussi larges que longues; fleurs petites, glomérulées sur de longues grappes grêles, interrompues, étalées, feuillées à la base; involucre du fruit souvent triangulaire, lisse, parfois muriqué; graines de grosseur variable. Cette plante présente des intermédiaires avec l'espèce suivante. ① A. C. Bord de la mer, terrains salés, Chotts, cultures des oasis. Europe, Orient.

A. patula L.; Desf., fl. atl.; Munb., cat.; Lx, cat. Kab.; Ball, spic.; *A. littoralis* Munb., cat.? — Diffère du précédent par ses feuilles généralement lancéolées ou même linéaires, entières, un peu charnues, parfois hastées mais alors un peu cunéiformes à la base et à auricules dressés, bien plus longues que larges; involucre souvent hasté et lisse, parfois muriqué. C. C. C. Avec le précédent. Cultures.

A. chenopodioides spec. nov. — Plante puissante, un peu glauque ; tige dressée, anguleuse, très rameuse, à longs rameaux étalés; feuilles très charnues, pétiolées, les inférieures très grandes (6-8 cent.), plus larges ou aussi larges que longues, largement tronquées, subcordiformes à la base, ovées-obtuses, irrégulièrement sinuées-dentées, à dents obtuses, semblables à celles du *Chenopodium opulifolium*, mais plus grandes, les supérieures ovoïdes, oblongues ou lancéolées, généralement obtuses ou mucronulées, subentières; fleurs en petits glomérules denses, distants, formant de longs épis interrompus, d'abord nutants puis dressés, réunis en grandes panicules terminales très rameuses, nues; involucre fructifère très jeune ové-triangulaire, muriqué sur les valves. Plante un peu farineuse sur les tiges, à port de *Chénopode*, à odeur de *Vulvaire*, mais plus faible. Bou-Hanifia près Mascara, terres argileuses.

b. Plantes plus ou moins blanches-argentées, à indumentum écailleux.

1. Plantes annuelles.

A. dimorphostegia Karelin et Kiriloff; Munb., cat. — Tiges blanches, rameuses, divariquées, décombantes, la centrale courte, dressée ; feuilles pétiolées, entières, ovoïdes, obtuses, plus ou moins cunéiformes à la base ; fleurs inférieures en groupes de 2-3, pédicellées, à l'aisselle des feuilles ; involucre fructifère membraneux, à valves libres, cordées-ovoïdes ou suborbiculaires, obtuses, entières ou un peu sinuées-dentées ; graine petite ; fleurs supérieures en grappes courtes et denses, à involucre fructifère plus petit, ové-triangulaire, un peu muriqué. ① Extrême Sud : Ouargla, Laghouat, Metlili, etc. Orient.

A. laciniata L.; Munb., cat.; Gren. et Godr., fl. Fr., Todaro, exsicc. 1,110. — Tiges blanchâtres, lisses, à la fin indurées subligneuses, très rameuses, à rameaux divariqués ; feuilles souvent vertes en dessus, allongées, incisées ou sinuées-dentées, hastées à la base ; fleurs en grappes serrées et nues, ou un peu feuillées et interrompues à la base ; involucre fructifère rhomboïdal, coriace, subtrilobé, denté ou entier, généralement lisse sur le dos ; graine rostellée. ① Juillet-septembre. Bône, embouchure de la Seybouse, 3 prov. (Munby).

A. rosea L.; Gren. et Godr., fl Fr.; Soc. dauph., n° 216 *bis* ! — Diffère du précédent par ses feuilles ovées-deltoïdes, jamais hastées, plus régulièrement sinuées-dentées à dents triangulaires, argentées sur les 2 faces, longues de 2-5 cent. sur 1-2 ; par ses épis feuillés et interrompus ; par son involucre fructifère à valves dentées, non trilobées, nerviées ou tuberculeuses sur le dos, et surtout par sa graine non rostellée, à radicule n'arrivant que jusqu'au milieu de la graine et distante par suite des styles d'un quart de cercle. ① Route de la Pointe-Pescade (Allard).

A. Tornabeni Tineo ; Todaro, exsicc. n° 1,311 ! — Plante plus grêle que les précédentes ; feuilles plus petites, argentées sur les 2 faces, les inférieures ovées-deltoïdes, très irrégulièrement sinuées dentées ou anguleuses, les supérieures deltoïdes ou oblongues, subentières ; épis floraux interrompus et feuillés à la base au moins ; involucre fructifère à valves longuement soudées à la base, en forme de cerf-volant, denté ou trilobé dans le haut, peu ou pas tuberculé sur la partie coriace ; graine rostellée par la radicule saillante près des styles. ① Plages : de Mustapha à Hussein-Dey, Matifou, Castiglione. R. R. Italie.

2. **Arbrisseaux ou sous-arbrisseaux.**

A. Halimus L.; Desf., fl. atl.; Munb., cat.; Lx, cat. Kab.; Ball, spic. *Ktaf des Arabes.* — Arbuste puissant, argenté, très rameux; feuilles brièvement pétiolées, ovales-obtuses ou oblongues, entières, rarement dentées; grappes de 2-5 cent., nues, simples, rapprochées au sommet des rameaux en panicules pyramidales; involucre réniforme, obtus, à peine apiculé, à bords très entiers, lisse sur le dos. ♄ C. C. C. Terrains salés du littoral et de l'intérieur. Important pour la nourriture des animaux. Rég. médit., Orient.

A. glauca L.; Desf., fl. atl.; *Obione glauca* Moquin; Munb., cat. — Tiges décombantes, rameuses; feuilles argentées, alternes, sessiles, petites, ovées ou orbiculaires, entières ou subentières; involucre fructifère deltoide ou rhomboïdal, denté à la base, un peu tuberculé. ♄ Oran (Munby), Algérie (Desf.) Espagne, Orient.

A. parvifolia Lowe; Munb., cat.; Ball, spic.; *A. mauritanica* Boiss. et Reut., Pug., p. 106. — Plante sous-frutescente, à tiges dressées ou décombantes; feuilles oblongues, atténuées à la base, subpétiolées, obtuses ou aiguës, un peu sinuées ou entières, argentées sur les 2 faces ou un peu vertes en dessus; fleurs en épis terminaux, assez gros, feuillés et interrompus à la base; involucre fructifère sessile, triangulaire acuminé, denté et tuberculeux à la base, ou entier. ♄ Lieux secs et un peu salés de toute l'Algérie. Oran, Chélif, Bibans, H.-Pl., etc., etc. Maroc, Tunisie.

A. portulacoides L.; Desf., fl. atl.; *Obione portulacoides* Moquin; Munb., cat.; Ball, spic. — Aspect de l'*A. Halimus*, mais bien plus humble; tiges décombantes; feuilles entières, oblongues ou lancéolées, obtuses ou aiguës, un peu charnues; involucre fructifère cunéiforme, tronqué au sommet, à valves soudées jusqu'en haut, muriqué ou non sur le dos; radicule saillante près des styles. ♄ Bône, embouchure de la Seybouse, etc. Rég. médit., bords de l'Atlantique.

A. coriacea Forskall; *Obione coriacea* Moquin; Munb., cat.; Delile, fl. Æg., tab. 41. — Arbrisseau argenté, à tiges décombantes, rameuses; rameaux redressés, très feuillés; feuilles coriaces, entières, ovoïdes ou oblongues, atténuées en coin à la base; fleurs en glomérules formant des épis interrompus, réunis en petite panicule dense au sommet des rameaux; involucre obtriangulaire, à valves soudées jusqu'au milieu, tridentées au sommet. ♄ Biskra (Cosson), Sud, Égypte.

A. mollis Desf., fl. atl.; Munb., cat. — Diffère des précédents par ses tiges dressées; par son involucre grand, arrondi, membraneux, très obtus, entier, assez semblable à celui de l'*A. hortensis*. Sahara (Desf.), Canaries, Cyrénaïque, Tunisie, Malte.

SPINACIA Tournefort. (*Épinard*).

Sp. oleracea L. et *Sp. glabra* Miller. Cultivés.

Tribu III. — CAMPHOROSMÉES.

Clef des genres :

1	Graine verticale ; calice à 4 dents.	CAMPHOROSMA.
	Graine horizontale ; calice 5-fide.	2
2	Calice ni ailé ni épineux.	CHENOLEA.
	Calice à la fin ailé.	KOCHIA.
	Calice à la fin épineux.	ECHINOPSILON.

CAMPHOROSMA L.

C. monspeliensis L.; Desf.; Munb., cat. — Plante ligneuse à la base, velue; tiges nombreuses, étalées, rameuses, les florifères redressées ; feuilles linéaires, subulées, très nombreuses, celles des jeunes rameaux axillaires fasciculées ; fleurs solitaires à l'aisselle de bractées linéaires, en épis courts et compacts, formant une panicule étroite et blanchâtre; calice tubuleux, comprimé, à 2 grandes dents carenées et 2 plus petites; 4 étamines saillantes; 3 styles; fruit comprimé, enfermé dans le calice non modifié; graine à testa membraneux, à embryon condupliqué, vert. ♄ 3 prov. (Munb.) Rég. médit., Orient.

KOCHIA Roth.

K. prostrata Schrader; Munb., cat. — Même port; tiges moins feuillées, moins touffues; feuilles finement pubescentes ; fleurs solitaires ou fasciculées à l'aisselle des feuilles et formant de longs épis linéaires. ♄ Barbarie (Moquin).

ECHINOPSILON Moquin-Tandon.

E. muricatus Moquin ; Munb., cat.; *Salsola muricata* L.; Desf., fl. atl. — Plante velue, couchée, très rameuse; feuilles linéaires-lancéolées, velues ; fleurs géminées à l'aisselle des feuilles, sessiles; calice laineux à épines subulées, égalant 2-3 fois son diamètre. ♄ Fleurit parfois la 1re année et semble alors annuel. Tout le Sahara. C. C. C. Égypte, Arabie, etc.

E. sedoides Moquin; Munb., cat.; *Kochia sedoides* Schrader. — Tige dressée, à rameaux courts, dressés; feuilles charnues, cylindriques, velues; fleurs un peu laineuses, glomérulées; épines inégales, égalant au plus le diamètre du calice. ① Algérie (Moquin), Hongrie, Caucase, Orient, Sibérie.

CHENOLEA Thunberg.

Ch. canariensis Moquin. Maroc.

Tribu IV. — POLYCNÉMÉES.

POLYCNEMUM L.

Étamines 3-5, à filets soudés en cupule à la base; calice à 5 divisions lancéolées, non accrescentes, ni ailées, ni appendiculées; filets filiformes; style filiforme, court; stigmates capillaires; graine verticale à radicule ascendante; embryon annulaire; albumen farineux, abondant.

P. Fontanesi DR. et Moq.; Munb., cat. — Sous-arbrisseau très rameux, diffus; feuilles rigides, semblables à celles du Genevrier, mais plus étroites, denses, imbriquées, piquantes; calice plus court que les bractées; sépales obtus; 5 étamines; ovaire subglobuleux. ♃ Broussailles. Maillot, L'Adjiba, Garrouban, Daya.

Tribu V. — SALICORNIÉES.

Fleurs sessiles, ternées, rarement 2 dans des excavations de l'axe à l'aisselle des bractées, formant des chatons axillaires ou terminaux; calice généralement gamosépale, à 3-4 lobes formant une utricule close par le rapprochement des dents, à la fin spongieux, à partie exserte scutiforme; 1-2 étamines; style bi-trifide à branches plumeuses; graine verticale. Herbes ou arbrisseaux.

Clef des genres:

1	Jeunes rameaux articulés, chaque article entièrement revêtu par 2 feuilles connées qui en forment l'écorce et ne se séparent que sous forme de dent au sommet.	2
	Gaines foliaires évasées, bien plus courtes que les entre-nœuds; fleurs en chatons axillaires. . . .	HALOPEPLIS.
2	Fleurs en chatons terminaux, allongés, rameaux très verts.	3
	Fleurs en petits chatons axillaires très courts. . .	4
3	Graine à testa crustacé; embryon latéral, courbe semi-annulaire; albumen farineux	ARTHROCNEMON.
	Graine à testa membraneux; embryon condupliqué; albumen presque nul	SALICORNIA.

4 { Calice à la fin ailé circulairement ; chatons ovoïdes ; brièvement pédonculés ; embryon annulaire. . . KALIDIUM.
Calice non ailé ; chatons très courts, formant par leur réunion de très longs chatons composés jaunâtres. HALOCNEMON.

ARTHROCNEMON Moquin.

A. macrostachyum Moris et Delponte ; *A. fruticosum* var. Moq. ; Cosson, voy. ; Munb., cat. ; *A. glaucum* Boissier ; *Salicornia macrostachya* Moricand. — Tiges ligneuses, dressées ou décombantes, radicantes ; rameaux florifères dressés, à articles cylindriques, charnus, épais ; fleurs groupées par 3, assez longuement exsertes, laissant dans l'axe, après leur chute, une logette simple. ♄ C. C. C. Terrains salés de toute l'Algérie. Rég. médit.

SALICORNIA L.

S. fruticosa L. ; Desf., fl. atl. ; Munb., cat. ; Ball, spic. — Port de l'espèce précédente, ordinairement plus grêle ; fleurs moins saillantes, laissant 3 logettes contiguës dans l'axe après leur chute. ♄ Mêmes localités. Rivages de l'Europe, du Cap et de l'Amérique.

S. herbacea L. ; Desf., fl. atl. ; Munb., cat. — Plante annuelle, dressée, rarement décombante, non radicante ; graines hispides ; fleurs laissant dans l'axe 3 logettes en triangle. ① Terrains salés çà et là. Bône, etc., etc. Europe, Cap, Orient, Amérique du Nord.

KALIDIUM Moquin.

K. arabicum Moq. ; Munb., cat. ; *Salicornia arabica* Pallas ; Desf., fl. atl. non L. — Arbrisseau très rameux à rameaux verts un peu en zigzag, portant un petit chaton à chaque articulation ; articles courts, un peu charnus ; chatons alternes. ♄ Rivages maritimes (Desf.). Arabie. Orient.

HALOCNEMON Marshal von Bieberstein.

H. strobilaceum Moq. ; Munb., cat. — Arbrisseau jaunâtre, très rameux à rameaux florifères allongés, dressés, nombreux, tout couverts de chatons abortifs, globuleux, et d'autres fertiles, oblongs ou ovoïdes, tous opposés ; bractées opposées, libres, à la fin caduques ; 1 seule étamine ; graine albuminée ; embryon courbe à radicule supère. ♄ Chotts, cuvettes près du Hodna à Baniou, H.-Pl., Sahara, Tunisie, Italie, Orient.

HALOPEPLIS De Bunge.

H. amplexicaulis Boissier (Fl. d'Or.); *Halostachys perfoliata* Moq. (pro parte); Munb., cat.; *Salicornia amplexicaulis* Vahl. — Petite herbe glauque, bleuâtre, rameuse, décombante ou dressée; feuilles inférieures bien développées, les autres réduites à leur gaine évasée, bien plus courte que les entre-nœuds; fleurs ternées en chatons axillaires, alternes; bractées spiralées; 1 seule étamine; embryon unciné, à radicule ascendante; albumen copieux. ① Juillet-août. Cuvette des Chotts et des Sebkas d'où l'eau s'est retirée. Oran, Khreider, etc. Tunisie, Italie, Espagne.

Sous-famille II. — SPIROLOBÉES.

Embryon roulé en spirale; albumen souvent nul.

Tableau des Tribus :

Tribu I. Suédées. — 2 téguments séminaux; embryon plan; tige non articulée; feuilles charnues, vermiculaires.

Tribu II. Salsolées. — 1 seul tégument séminal; embryon conique; tige articulée ou non; feuilles charnues, semicylindriques ou cylindriques. ou nulles.

Tribu I. — SUÉDÉES.

SUÆDA Forskall.

Fleurs petites, verdâtres, bractéolées, solitaires ou glomérulées à l'aisselle des feuilles, en épis feuillés terminaux; calice sec ou charnu, non appendiculé; 5 étamines hypogynes ou insérées sur un petit disque nectarifère, style nul; 3-5 stigmates lancéolés, subulés, utricule comprimé; graine verticale à radicule infère ou horizontale; testa crustacé; albumen nul ou formant 2 petites calottes, une de chaque côté de l'embryon. Plantes très rameuses à feuilles charnues.

a. Graines généralement verticales.

S. vermiculata Forskall; Munb., cat.; *Salsola mollis* Desf., fl. atl. — Arbuste saharien très rameux, divariqué, glabre, à rameaux lisses, luisants; feuilles oblongues ou ovoïdes, obtuses (5-9 millim.), atténuées en court pétiole; calice sec à maturité; graine non rostellée. ♄ Chotts, Biskra, Tunisie, Orient, Canaries.

S. fruticosa Forskall; Desf., fl. atl.; Munb., cat.; Ball, spic. — Tiges et rameaux dressés ou étalés, très feuillés; feuilles linéaires plus ou moins longues ; graine rostellée. ♄ C. C. C. Bord de la mer, terrains un peu salés de toute l'Algérie. Cosmopolite.

β brevifolia Moquin. — Feuilles courtes, de couleur plus claire. Chotts, Sud.

b. Graines généralement horizontales. (*Chenopodina* Moquin).

S. vera Forskall ; *Chenopodina vera,* var. *Balansæ* Moq.; Munb., cat. — Port de l'espèce précédente ; feuilles parfois un peu velues, ainsi que les rameaux. ♄ Rochers maritimes à Mostaganem. M'est insuffisamment connue.

S. maritima Dumortier ; *Chenopodina maritima* Moq.; Munb., cat. — Plante annuelle à tige dressée, très rameuse, à rameaux étalés ou dressés ; feuilles longuement linéaires à base élargie ; graine rostellée, un peu tuberculée. ① Terrains salés. Oran, La Sénia, La Macta, Chéliff, Bône, etc.

SEVADA Moquin.

Diffère de *Suœda* par ses fleurs polygames, à calice 5-fide ; par la présence de 5 staminodes et d'un style court et épais. Les fruits sont inconnus et par suite la place de cette plante dans la classification est douteuse.

S. Schimperi Moq.; Munb., cat. — Arbuste très rameux, à feuilles obovées ou oblongues, alternes ou subopposées, sessiles ; calice à dents charnues, un peu gibbeuses. ♄ Biskra.

Tribu II. — SALSOLÉES.

Clef des genres :

1	Graine horizontale	2
	Graine verticale.	4
2	Calice fructifère nuciforme, non ailé.	TRAGANUM.
	Calice ailé-appendiculé	3
3	Arbrisseau articulé, non feuillé	HALOXYLON.
	Plantes non articulées, feuillées.	SALSOLA.
4	Calice non ailé avec un sépale aristé.	CORNULACA.
	Calice ailé à maturité.	5
5	Rameaux articulés	ANABASIS.
	Rameaux non articulés.	6
6	Arbrisseau à rameaux épineux, à feuilles aciculaires ; pas de staminodes.	NOÆA.
	Feuilles charnues ; 4-5 staminodes.	HALOGETON.

TRAGANUM Delile.

Fleurs hermaphrodites munies de 2 bractées; calice 5-fide, s'indurant à la base; 5 étamines à anthères sagittées et à filets comprimés, insérés sur un disque nectarifère; ovaire ovoïde; 2 styles soudés à la base; graine orbiculaire sans albumen; embryon cochléaire.

T. nudatum Delile, fl. Æg., tab. 22-1; Munb., cat. — Arbrisseau très rameux, à rameaux intriqués; feuilles alternes, charnues, petites, linéaires, les supérieures triquètres, parfois réfléchies; 1-3 fleurs en glomérules laineux; bractées triquètres. ♄ Tout le Sud, Égypte, Orient.

SALSOLA L.

Diffère de *Traganum* par son calice 5-partit, à sépales munis sur le dos d'une aile membraneuse étalée horizontalement; l'ensemble de ces ailes simulant parfois une corolle brillamment nuancée; 5 étamines, rarement 4 dans les fleurs mâles. Herbes ou arbrisseaux à fleurs hermaphrodites ou polygames.

a. Plantes vivaces, à feuilles opposées.

S. tetragona Del., fl. Æg., tab. 21, fig. 4; *Caroxylon tetragonum* Moq.; Munb., cat. — Arbrisseau rameux, papilleux, blanchâtre; feuilles un peu laineuses, très petites, charnues, étroitement imbriquées sur de jeunes rameaux quadrangulaires pareils à des chatons, opposés ou alternes; fleurs solitaires; bractées semblables aux feuilles; anthères surmontées d'un appendice punctiforme. ♄ Sud : Baniou, Biskra, etc. Orient.

β tetrandra. — Fleurs tétramères, forme exclusivement mâle. Arzeu (Munby), Sahara, Orient.

S. oppositifolia Desf., fl. atl.; *S. fruticosa* Cavanilles; *S. longifolia* Moq.; Munb., cat.; Ball, spic., vix Forskall, sec. De Bunge, in Boissier, fl. Or. — Arbuste de 6-15 décim., à tiges dressées, rameuses; rameaux opposés, ascendants; feuilles linéaires, charnues, mucronulées, longues de 1 à 2 cent., embrassantes à la base; fleurs polygames en longs épis lâches; feuilles florales courtes; ailes du calice très grandes, très belles et de nuances fort variables. Octobre-novembre. ♄ Oran, Bibans, H.-Pl., Sahara. Espagne, Sicile. Le vrai *Salsola longifolia* Forskall en Orient.

Var. *verticillata* Ball. Maroc.

b. Arbrisseaux à feuilles alternes.

S. vermiculata L.; Munb., cat.; Lx, cat. Kab.; Ball, spic. — Arbrisseau à tiges dressées ou décombantes, très rameuses; feuilles linéaires, élargies à la base, généralement pubescentes ou velues, d'un vert pâle ou jaunâtre, les florales subulées ou vermiculaires, souvent glabres; fleurs solitaires, en grappes étroitement paniculées; ailes calicinales grandes, mais bien moins que dans l'espèce précédente, généralement pâles. ♄ Octobre-novembre. C. C. C. Lieux secs et un peu salés de toute l'Algérie. Rég. médit. mérid.

α *flavescens* Moq. — Tiges raides, dressées, formant un buisson intriqué; feuilles pubescentes d'un vert jaunâtre, les raméales subulées. Matifou, etc., etc. C. C. C.

β *villosa* Moq. — Tiges décombantes; feuilles velues. A. R. Mostaganem.

γ *microphylla* Moq.; *Salsola brevifolia* Desf., fl. atl. — Tiges dressées, robustes; feuilles courtes, épaisses, charnues et glabrescentes, au moins dans le haut des tiges. Oran, Mascara, tout le Sud. Varie à rameaux étalés, divariqués, spinescents (Laghouat).

c. Plantes annuelles, généralement épineuses; ailes calicinales peu développées.

S. Kali L.; Desf., fl. atl.; Munb., cat.; Lx, cat. Kab.; Ball, spic. — Plante hispidule ou glabre, rameuse, charnue, à tiges rougeâtres, divariquées, la centrale dressée; feuilles alternes, charnues, linéaires-lancéolées ou claviformes, terminées en épine; fleurs assez grandes, en glomérules axillaires de 1-3, formant des épis assez denses; bractées épineuses dépassant les fleurs; sépales à la fin épineux au sommet avec une aile rose plus ou moins développée sur le dos. ① Juin-août. Bord de la mer. C. C. C. Cosmopolite.

β *calvescens* Gren. et Godr. — Ailes presque nulles. Avec le type.

S. Tragus L.; Desf., fl. atl.; Munb., cat. — Feuilles finement linéaires (2-5 cent. sur 1-2 millim.); tiges grêles et dressées. Bord de la mer (Desf.); La Calle (Munby). Le Khreider!

S. Soda L.; Desf., fl. atl.; Munb., cat. — Tige dressée, rameuse dès la base, à rameaux ascendants; feuilles charnues, longues, glabres, embrassantes, semi-cylindriques, molles, non épineuses, terminées par une soie; fleurs axillaires, très distantes; calice ni épineux ni ailé; ailes remplacées par de petites crêtes; fruits très gros. ① Bône.

HALOXYLON De Bunge.

Diffère de *Salsola* par ses rameaux articulés et par la présence de 5 staminodes soudés en cupule avec les filets.

H. articulatum Boissier, Fl. Or.; *Salsola articulata* Cav.; *Caroxylon articulatum* Moq.; Munb., cat. — Arbrisseau très rameux, à rameaux divariqués, intriqués, opposés ou alternes, grêles ; feuilles opposées, soudées pour former l'écorce de chaque article et apparentes seulement sous forme d'écailles triangulaires et laineuses en dedans, au sommet de chaque article ; fleurs en épis comme pédonculés, les articles inférieurs des axes floraux restant stériles ; bractées petites, subaiguës ; calice largement ailé, à ailes membraneuses, brillantes ; style assez long, bifide. ♄ Lieux salés et gypseux. Espagne, Orient.

H. SCOPARIUM Pomel. — Rameaux éphédroïdes, dressés, noircissant en herbier, très grêles. C. C. C. H.-Pl. et Sud, Chélif, Relizane, etc.

H. Schmittianum Pomel ; *Anabasis articulata* Choulette, exsicc. n° 473. — Tiges dressées, robustes, très blanches en herbier ; rameaux florifères fleuris jusqu'à la base formant des épis denses, opposés, étalés, réunis en panicule oblongue, serrée ; bractées vertes, ovales-orbiculaires, membraneuses et ciliées-laineuses aux bords ; ailes calicinales bien développées ; staminodes et filets soudés en cupule urcéolée enveloppant presque l'ovaire ; style et stigmates courts. (v. s.) Plaines sableuses au sud de Biskra. (Schmitt).

NOÆA Moquin

Ce genre ne diffère de *Salsola* que par ses graines verticales.

N. spinosissima Moq.; Munb., cat.; *Salsola Echinus* Labillardière ; Del., fl. Æg., tab. 21 ; *Salsola camphorosmoides* Desf., fl. atl. — Arbrisseau peu élevé, rameux, à feuilles alternes, subulées, fasciculées, pâles ; ramuscules étalés, terminés en épine ; fleurs solitaires ; calice à larges ailes brillantes. ♄ Tlemcen, Marhoun, Aïn-Sefra, Bou-Saâda, Djelfa, etc. Orient.

ANABASIS L.

Port d'*Haloxylon*, en diffère par la graine verticale.

A. prostrata Pomel ; *A. articulata* Choulette, exsicc. n° 475, non Moq. — Tiges couchées, ligneuses ; rameaux herbacés, très épais, flexueux, charnus, à port d'*Arthrocne-*

mon macrostachyum; articles encore plus gros, plus turgides, larges de 5-6 millim. et un peu plus longs, non épaissis au sommet, terminés en cupule bidentée; fleurs en épis courts et interrompus ; bractées concaves, carenées, aiguës, un peu exsertes ; calice fructifère étalé, large de 12 millim., à ailes rouges, brillantes, dont 3 grandes et 2 plus petites; staminodes semiorbiculaires, à peine laineux ; radicule infère, ascendante. ♄ Débris schisteux au bord de la mer. Décembre (Pomel).

A. articulata Moq.; Munb., cat.; *Salsola articulata* Forskall; Del., Fl. Æg. — Arbrisseau rigide, généralement brouté, très rameux, à rameaux droits, fermes, durs, non charnus; articles étroits, allongés; calices fructifères un peu plus petits que dans le précédent, à ailes moins inégales; staminodes plongés dans une laine assez épaisse; radicule infère; fleurs en épis très fournis ; ailes calicinales passant par les nuances les plus variées. ♄ Novembre. Jolie plante très répandue dans les H.-Pl. et le Sud: Bibans, Msila, etc., etc.

Nota. — Rien assurément n'est plus différent que les 2 plantes ci-dessus. Pourtant certains échantillons du Sud et de la Tunisie, semblent intermédiaires, et Moquin décrit son espèce avec des articles épais et charnus.

A. aretioïdes Cosson et Moquin, Bull. soc. bot. Fr., vol. IX, p. 299 et tab. — Plante bizarre poussant en touffes compactes, formant sur le sol des mamelons crustacés, glauques, durs, larges de 10-50 cent. et plus, piquants; articles très courts, entièrement cachés par la base connée des feuilles; feuilles opposées, imbriquées, charnues, mucronées et piquantes au sommet, laineuses à la base; fleurs 2-3 au sommet des rameaux; sépales lancéolés, à ailes égales ou inégales; staminodes arrondis, glabres ainsi que les filets; radicule infère, ascendante. ♄ Novembre. Entre Biskra et Touggourt, Laghouat, Aïn-Sefra.

HALOGETON C.-A. Meyer.

Fleurs souvent polygames en glomérules axillaires; plantes feuillées, à rameaux non articulés ni épineux; feuilles alternes, charnues, semi-cylindriques, terminées par une soie. Groupe hétérogène.

H. alopecuroïdes Moq.; Boissier, Fl. Or.; *Anabasis alopecuroïdes* Moq., Prodr.; Munb., cat.; Del., Fl. Æg., tab. 21. — Arbrisseau très rameux à rameaux dressés ou étalés ; fleurs en épis terminaux, denses ; 5 sépales dont 3 ailés seulement ; étamines et staminodes des *Anabasis ;* staminodes ciliés. ♄ Tout le Sud. Tunisie. Orient.

H. sativus Moq. ; *Salsola sativa* L. ; Munb., cat. — Tiges charnues, herbacées, décombantes puis redressées, très rameuses ; feuilles terminées par une longue soie caduque ; fleurs rosées, en épis denses ; sépales lancéolés-étroits, ailés vers leur sommet, à 3 ailes assez grandes et 2 très petites ; filets libres sans staminodes ni nectaires. ① Bibans, Msila, Biskra, Laghouat, etc. Espagne, Sibérie.

CORNULACA Delile.

Sépales non ailés, l'un terminé par une soie épineuse ; graine à radicule supère ; tige non articulée ; feuilles aristées, charnues, subtriquètres. Pour le reste comme *Anabasis*.

C. monacantha Del. ; fl. Æg., pl. 22. — Sous-arbrisseau très rameux, à feuilles distantes sur les rameaux non florifères ; fleurs 1-3 ensemble, plongées dans une laine épaisse à l'aisselle des feuilles. ♄ Extrême Sud : Touggourt (Prax). Orient.

AMARANTACÉES Rob. Br.

Fleurs généralement munies de 3 bractées, polygames ou hermaphrodites ; calice à 3-5 sépales subégaux, libres ou soudés à la base, scarieux ou herbacés, ni ailés, ni appendiculés ; 3-5 étamines hypogynes, opposées aux sépales, à filets libres ou soudés en cupule à la base, avec ou sans staminodes ; ovaire uniloculaire, uni ou pluriovulé ; style simple, terminal ; graines lenticulaires, suspendues verticalement au funicule qui part du fond de la loge ; testa crustacé et tegmen membraneux ; embryon annulaire ; albumen farineux. Famille peu distincte de la précédente.

Clef des genres :

1	Feuilles opposées ; fleurs en glomérules axillaires.	ALTERNANTHERA.
	Feuilles opposées ; fleurs en longs épis terminaux, à la fin réfléchies, épineuses.	ACHYRANTES.
	Feuilles alternes.	2
2	Pas de staminodes ; sépales verdâtres, glabrescents	AMARANTUS.
	Staminodes autant que d'étamines ; sépales hyalins	ÆRUA.

AMARANTUS Kunth.

Fleurs polygames, monoïques, petites, vertes, en panicules très denses, terminales; 3-5 sépales libres, rarement 2-4; filets subulés; anthères biloculaires (in nostris); fruit monosperme, indéhiscent ou pyxidaire; radicule infère. Herbes annuelles, inodores, à feuilles alternes, pétiolées, ovoïdes ou rhomboïdales.

§ 1. *Euamarantus*. — Fruit pyxidaire.

a. 5 sépales; 5 étamines; inflorescence non feuillée dans le haut. Plantes d'origine américaine.

1. Inflorescence formée d'épis composés, agglomérés au sommet des tiges en masse compacte, le terminal plus long mais jamais 4-5 fois plus long que les autres.

A. retroflexus L.; Munb., cat. — Plante d'un vert pâle (2-7 décim.), robuste, simple ou rameuse, à rameaux courts, pubescents; feuilles longuement pétiolées, ovales, obtuses, atténuées à la base, ondulées aux bords; bractées acuminées, presque spinescentes, 1 fois plus longues que le calice (5 millim.); sépales brusquement tronqués, mucronés; style dépassant peu les sépales. ① Juin-septembre. Cultures. A. C. Cosmopolite.

A. Delilei Richter et Loret, Bull. soc., bot. vol. XIII, p. 316. — Plante verte, à feuilles brusquement atténuées à la base; bractées égalant le calice ou plus courtes; sépales aigus; capsule élargie dans le haut; style dépassant longuement les sépales. Semblable pour tout le reste au précédent. Août-novembre. Dans un jardin européen à Mansourah au delà des Bibans. Montpellier.

2. Épi composé terminal très long, 4-10 fois plus long que les autres.

A. chlorostachys Willd.; Munb., cat.; Ball, spic. — Plante d'un vert pâle, parfois rougeâtre; épi terminal très long, très grêle, flexueux; caractères floraux du précédent. ① C. C. C. Cultures.

A. patulus Bertoloni; Munb., cat.; Lx, cat. Kab. — Diffère de l'*A. chlorostachys* par sa teinte d'un vert sombre, par son épi terminal droit, généralement moins long, par ses bractées plus courtes (3-4 millim.), d'un tiers plus longues que le calice; styles dépassant de beaucoup le calice. ① Septembre-octobre. Cultures. Aïn-Taya, etc.

A. caudatus L.; Desf. fl. atl.; Lx, cat, Kab. — *Queue de renard*. Cult., parfois subsp.

b. 3 sépales ; 3 étamines ; fleurs en glomérules axillaires formant des grappes feuillées.

A. sylvestris Desf. ; *A. Blitum* Moq., Prodr. ; Ball, spic. ; Munb., cat. ; *A. viridis* L. (pro parte). — Tige de 2-5 décim., souvent rameuse dès la base, à rameaux ascendants ; feuilles longuement pétiolées, ovées-rhomboïdales ou lancéolées, assez grandes ; glomérules inférieurs espacés, les supérieurs rapprochés en épi feuillé ; bractées égalant à peu près les sépales, lancéolées, non piquantes ; sépales bien plus courts que la capsule. A. C. ① Europe, Rég. médit., Orient, Inde.

β græcizans. — Feuilles étroites, lancéolées. R.

A. albus L. ; Desf., fl. atl. ; Munb., cat. ; Ball, spic. — Tiges raides, très rameuses, blanches ainsi que les rameaux étalés ; feuilles petites, brièvement pétiolées, atténuées à la base ; glomérules petits, non confluents même au sommet des rameaux ; bractées subulées, spinescentes, dépassant le calice ; sépales subulés dépassant la capsule. ① R. Çà et là. Guyotville, Maison-Carrée, Constantine, Perrégaux, etc.

§ 2. *Albersia* Kunth ; *Euxolus* Raffinesque. — Ovaire s'ouvrant irrégulièrement par déchirure ; 3 sépales ; 3 étamines.

A. Blitum Kunth ; L., ex parte ; Gren. et Godr. Fl. Fr. ; Boiss., Fl. Or. — Tige dressée ou décombante ; feuilles vertes, grandes, longuement pétiolées, ovées-rhomboïdales ; souvent émarginées au sommet ; fleurs vertes en glomérules axillaires et en épis dressés, le terminal plus long ; bractées triangulaires-aiguës, plus courtes que le calice ; sépales lancéolés plus courts que le fruit. ① R. R. Alger, Oran, etc. Cultures.

A. deflexus L. ; Lx, cat. Kab. ; Ball, spic. ; *A. prostratus* Balbis ; Munb., cat. — Tiges diffuses, grêles, assez longues, simples ou rameuses ; feuilles ovées-rhomboïdales, médiocres, aiguës ou obtuses à pétiole égalant à peu près le limbe ; fleurs en glomérules, puis en épis coniques, assez gros ; bractées égalant les sépales lancéolés-mucronés, plus courts que l'ovaire ; celui-ci une fois plus long que large. ② ♃ C. C. C. Le long des murs, etc.

ÆRUA Forskall.

Fleurs hermaphrodites, pentamères ; sépales égaux, laineux ; 5 étamines et 5 staminodes soudés en cupule avec les filets ; style court ; 2 petits stigmates ; ovaire uniovulé ; capsule indéhiscente ; graine verticale, lenticulaire, à radicule ascendante.

Æ. javanica Jussieu; Munb., cat. — Plante ligneuse à la base, blanche-tomenteuse; tiges ailées, dressées, rameuses, à rameaux dressés; feuilles ovées ou lancéolées, obtuses, mucronulées, longuement atténuées à la base, subsessiles alternes; fleurs brillantes, en épis laineux réunis en panicule terminale non feuillée; bractées ovoïdes, égalant à peine les sépales mucronulés. ♃ Sahara, Biskra, Ouargla, etc. Rég. désertiques de l'Afrique et de l'Asie.

ACHYRANTHES L.

Fleurs hermaphrodites, pentamères ou tétramères; sépales inégaux, à la fin indurés; style allongé; stigmate capité; feuilles opposées. Pour le reste comme *Ærua*.

A. argentea Lamarck; Desf., fl. atl.; Munb., cat.; Lx, cat. Kab.; Ball, spic. — Tiges dressées, un peu rameuses, grêles (3-12 décim.); grandes feuilles ovoïdes-acuminées, molles, finement pubescentes, vertes en dessus, argentées en dessous, brièvement pétiolées; fleurs en longs épis effilés, d'abord horizontales puis brusquement réfléchies; bractées inégales, épineuses ainsi que les sépales et comme eux scarieuses, vertes ou purpurines. ♃ Broussailles fraîches du Tell, ravins, haies. Alger, Reghaïa, Kabylie, etc., etc. Espagne, Italie, Canaries, Le Cap, Orient.

ALTERNANTHERA Moq.

Fleurs hermaphrodites, pentamères, en glomérules axillaires denses, opposés comme les feuilles et les rameaux; sépales et bractées scarieux, argentés, glabres, non épineux. Pour le reste comme *Ærua*.

A. sessilis Rob. Br.; *A. nodiflora* Willk., fl. Esp. non Rob. Br.; *A. denticulata β major* et *A. sessilis* Moq., Prodr.; Munb., cat. — Plante glabrescente à tiges carrées, décombantes, radicantes aux nœuds; feuilles opposées, obovées ou lancéolées, un peu denticulées sur le bord, longuement atténuées à la base, subsessiles; bractées courtes, glomérules ovoïdes, sessiles. ① La Calle, Bône, Senhadja. Espagne et Rég. tropicale de tout le Globe.

POLYGONÉES Jussieu.

Fleurs généralement hermaphrodites; calice herbacé ou pétaloïde à 3-6 sépales, semblables ou dissemblables, en un ou deux verticilles, l'intérieur parfois accrescent et enveloppant le fruit; 4-16 étamines insérées au fond du calice ou sur un anneau glanduleux; glandes hypogynes nulles ou alternant avec les étamines; anthères biloculaires; ovaire uniovulé; embryon central ou latéral à radicule supère; albumen farineux; fruit achénien, trigone ou lenticulaire, rarement tétragone; styles autant que d'angles au fruit; tiges généralement noueuses et articulées; feuilles alternes, rarement nulles, munies d'un ochrea à la base.

Clef des genres :

1	Arbustes ou petits arbres éphedroïdes, sans feuilles ou à feuilles caduques de bonne heure.	CALLIGONUM.
	Plantes feuillées; ovaire trigone ou lenticulaire. .	2
2	Fleurs polygames; calice fructifère induré, épineux.	EMEX.
	Calice fructifère non épineux.	3
3	Calice à 6 divisions, dont les 3 internes accrescentes, entières ou fimbriées, gibbeuses ou non à la base, enveloppent l'ovaire.	RUMEX.
	Calice à 4-9 divisions peu accrescentes, subégales, souvent pétaloïdes en totalité ou en partie. . .	POLYGONUM.

CALLIGONUM L.

Fleurs hermaphrodites, fasciculées dans les gaînes; 5 sépales pétaloïdes, subégaux, non accrescents, à la fin réfléchis; 12-16 étamines; 4 stigmates capités, subsessiles; ovaire quadrangulaire, chevelu (in nostris); embryon axile.

C. comosum L'Hér.; Munb., cat. — Feuilles minuscules, subulées, adnées à l'ochrea; fruit couvert de poils roux, rameux, indistinctement sériés. ♄ Sables sahariens. Mai-juin. Aïn-Sefra, Biskra, etc. Tunisie.

D'après MM. Letourneux et Blanc, la plante de Tunisie serait une variété ou une espèce distincte.

EMEX Neck.

Fleurs polygames, monoïques; calice herbacé, à 3-6 sépales étalés dans les fleurs mâles; 4-6 étamines opposées par paires aux sépales extérieurs; fleurs femelles à calice urcéolé, à 6 dents dont les 3 extérieures à la fin spinescentes; ovaire trigone; 3 styles; stigmates en pinceau; embryon latéral. Herbes annuelles à grandes feuilles, à ochrea membraneux, lacinié; fleurs verdâtres en pseudo-verticilles ou en grappes axillaires courtes, les mâles terminales, pédicellées, à pédicelles non articulés, les femelles basilaires, subsessiles.

E. spinosa Campdera; Munb., cat.; Lx, cat. Kab.; Ball, spic. — Plante glabre à feuilles pétiolées, cordées ou tronquées-ovoïdes, grandes, un peu charnues; tiges rougeâtres, dichotomes dès la base, à premières inflorescences souterraines avec des fruits charnus. ① C. C. C. Tell et cultures du Sud. Italie, Orient.

RUMEX L.

Fleurs hermaphrodites, polygames ou dioïques; calice herbacé à 6 sépales dont les 3 intérieurs accrescents *(valves)* enveloppent le fruit et sont souvent munis à leur base d'une callosité très convexe; 6 étamines opposées par paires aux sépales extérieurs; 3 styles filiformes à stigmates en pinceau.

§ 1. *Lapathum* Tournefort. — *Patience.* — Fleurs hermaphrodites ou polygames; styles libres; feuilles jamais hastées ni sagittées.

a. Valves dentées ou fimbriées.

R. pulcher L.; Desf., fl. atl.; Munb., cat.; Lx, cat. Kab.; Ball, spic. — Feuilles radicales pétiolées, rétrécies en dessus de la base, en forme de violon, un peu cordées à la base, les moyennes oblongues, obtuses, entières ou un peu sinuées; feuilles caulinaires petites, lancéolées-aiguës; tiges dressées, anguleuses, très rameuses à rameaux étalés ou divariqués, raides; fleurs en faux verticilles distants, presque tous munis d'une bractée; pédicelles très courts, articulés à la base; valves réticulées, calleuses, à dents sétacées, raides, plus courtes que le diamètre de la valve. ② C. C. C. Champs, bord des chemins, etc. Europe, Rég. médit., Orient.

R. maritimus L. — Feuilles étroites, pétiolées; panicule étroite à rameaux dressés; faux verticilles rapprochés ou confluents, multiflores, tous pourvus d'une feuille bractéale; pédicelles grêles, articulés vers la base; valves petites, calleuses, triangulaires-acuminées, à dents sétacées aussi longues ou plus longues que le diamètre de la valve. ② Bône, La Calle, Europe, Rég. médit., Orient.

R. obtusifolius L.; Munb., cat.; Lx, cat. Kab.; *R. Friesii* Gren. et Godr., Fl. Fr. — Tige dressée, rameuse dans le haut, à rameaux dressés, en panicule terminale; feuilles inférieures grandes, longuement pétiolées, ovoïdes-obtuses, cordiformes à la base, un peu papilleuses en dessous sur les nervures, les supérieures aiguës, lancéolées; fleurs en verticilles distants, puis confluents au sommet des tiges, nus; pédicelles allongés, articulés vers la base; valves grandes, triangulaires, à callosités très petites, portant vers le bas 3-5 dents subulées, entières dans le haut. ♃ Juillet. Djurdjura, Aïzer, Aït-bou-Addou, Azib-Zamoun, etc.

b. Valves entières.

R. conglomeratus Murray ; Munb., cat. ; Lx, cat. Kab. ; Ball, spic. — Tige de 5-12 décim., très rameuse ; feuilles un peu ondulées aux bords, lancéolées, les radicales oblongues, pétiolées ; faux verticilles denses, munis d'une feuille bractéale, les supérieurs nus, tous distincts à maturité ; valves très petites (2 millim.), oblongues-obtuses, toutes munies d'une forte callosité allongée ; pédicelles articulés vers le bas. ♃ Marais, lieux humides. Toute l'Algérie, Europe, Rég. médit., Orient, Amérique du Nord.

R. crispus L. ; Munb., cat. ; Lx, cat. Kab. ; Ball, spic. — Tige puissantes (5-20 décim.), rameuse à rameaux dressés et courts ; feuilles très grandes, les radicales pétiolées, lancéolées-aiguës, ondulées-crispées aux bords, tronquées à la base, les caulinaires lancéolées-linéaires ; faux-verticilles denses, pour la plupart confluents, formant une panicule étroite, longue et très fournie ; pédicelles plus courts ou à peine plus longs que les valves, articulés vers la base ; valves cordées-orbiculaires, aussi larges que longues, atteignant 5 millim. et plus, portant toutes ou presque toutes une callosité de couleur claire. ♃ Marais, fossés. C. C. C. Cosmopolite.

R. elongatus Gussone. — Feuilles radicales très longues, longuement pétiolées, à limbe étroitement linéaire, un peu ondulé ; panicule peu fournie, peu rameuse ; verticilles presque tous distincts, nus ; fleurs assez longuement pédicellées ; valves triangulaires-obtuses, bien plus longues que larges, dont une seule calleuse. ♃ Cette plante, que j'observe et cultive depuis de longues années, constitue une espèce parfaitement distincte. Marais : Maison-Carrée, Réghaia. R. Italie.

R. Patientia L. — Plante très puissante, à grosses tiges, à grandes feuilles, assez semblable au *R. crispus,* mais à valves bien plus grandes (9 millim. sur 8 environ), dont une seule calleuse, cordées, très obtuses. ♃ Condé-Smendou, Mouïas, Le Kroubs (Constantine). Tout à fait subspontané.

§ 2. *Platypodium* Willk. — Fleurs hermaphrodites; pédicelles fortement épaissis au sommet, lancéolés-cunéiformes, sillonnés en dessous, articulés à la base, recourbés à maturité; valves allongées, dentées, à dents charnues, linéaires, souvent uncinées; styles soudés aux angles de l'ovaire. Plantes annuelles à feuilles pétiolées, ovées-rhomboïdales ou lancéolées, entières, atténuées à la base; gaînes blanches, brillantes.

R. bucephalophorus L.; Desf., fl. atl.; Munb., cat.; Lx, cat. Kab.; Ball, spic. — Petite plante généralement rameuse dès la base, à rameaux ascendants, simples ou peu rameux; fleurs en faux verticilles pauciflores formant des grappes effilées, peu feuillées; sépales externes petits, lancéolés, redressés; fruits pendants (2-3 millim. de large sur 3-4 de long, dents comprises). ① C. C. C. Partout. Rég. médit.

R. platycarpus. — Tiges plus raides; pédoncules courts; fruits à la fin indurés, à grosses et fortes épines, larges de 12-15 millim. (épines comprises) sur 5-6 de long; valves fortement nerviées, un peu calleuses à la base. Peut être espèce à part. Djidjelli, Djebel-Tamesguida.

§ 3. *Acetosella* Meisner. — Fleurs dioïques; calice fructifère herbacé, non accrescent, à sépales tous étroitement appliqués sur l'ovaire et les internes soudés avec lui; styles soudés aux angles de l'ovaire; feuilles hastées; gaînes scarieuses, blanches; pédicelles non articulés.

R. Acetosella L.; Munb., cat.; Lx, cat. Kab. — Plante glabre; tiges dressées (2-4 décim.), plus ou moins rameuses; feuilles pétiolées, hastées-lancéolées, à oreillettes linéaires recourbées vers le haut; fleurs petites, en grappes linéaires, formant une panicule lâche, terminale. ♃ Très répandu mais assez rare. Cosmopolite.

§ 4. *Acetosa.* — *Oseille.* — Fleurs dioïques, polygames ou monoïques; styles adnés aux angles de l'ovaire; valves accrescentes, membraneuses, diaphanes, entières, souvent colorées; feuilles acides, souvent hastées; ochrea membraneux, longuement lacinié.

a. Plante sous-frutescente à la base; feuilles linéaires, sessiles.

R. Aristidis Cosson, Bull. soc. bot., vol. V, p. 104; Munb., cat. — Dioïque, glabre, rameux; feuilles charnues, longuement linéaires, uninerviées, obtuses, étroites, atténuées à la base mais sessiles; inflorescences rameuses peu denses; valves cordées-orbiculaires, petites, finement veinées, dépourvues de callosité. ♄ Sables. Juin-août. Senhadja (Lx).

b. Plantes vivaces ou annuelles; feuilles pétiolées, généralement assez larges.

R. scutatus L.; Desf., fl. atl.; Munb., cat.; Lx, cat. Kab.; Ball, spic., var. *induratus; R. induratus* Boiss. et Reut., Pug., p. 107. — Plante glauque; tiges diffuses, très rameuses, dichotomes; feuilles longuement pétiolées, aussi larges que longues, hastées-ovales à oreillettes divergentes ou suborbiculaires; fleurs en longues grappes peu fournies, à axe persistant et s'indurant après la chute des fruits, ce qui le distingue du *R. scutatus* type; sépales externes réfléchis; valves profondément cordées-orbiculaires; fruit pendant; pédicelles articulés au-dessus du milieu. ♃ C. C. Lieux frais des montagnes. Maroc, Espagne. Le type dans l'Europe tempérée.

R. Papilio Cosson. Maroc.

R. tingitanus L.; Desf., fl. atl.; Munb., cat.; Lx, cat. Kab.; Ball, spic. — Plante traçante, rameuse, polygame; tiges flexueuses; feuilles hastées, ovales ou panduriformes, ou plus ou moins découpées, sinuées, érodées ou subpinnatifides, un peu charnues; grappes allongées, effilées, formées de faux verticilles de 3-5 fleurs, nus, distants; valves cordiformes, orbiculaires, très grandes (15 millim.), réticulées-membraneuses, sans callosité; pédicelles capillaires articulés au 1/3 inférieur. ♃ C. C. C. Sables du littoral et de l'intérieur. Bord de la mer, Médéa, etc., etc.

β lacerus; R. pictus Ball, non Forskall. — Feuilles pinnati ou bipinnatifides. Sables désertiques. C. C. C.

R. vesicarius L.; Munb., cat.; *R. roseus* Desf., fl. atl.? Munb., cat. — Tiges fistuleuses, rameuses dès la base, dichotomes; feuilles charnues, ovées-rhomboïdales ou hastées; fleurs en grappes oppositifoliées et terminales, nues, simples ou ramifiées en panicule; pédicelles uni-biflores, articulés vers leur milieu; valves très grandes, ovoïdes, profondément cordées à la base, à lobes du sinus rapprochés, veinées-réticulées, roses; gros fruits aigus. ①, ② Fentes des rochers, lieux frais du Sud, Canaries, Orient.

R. roseus L., indiqué par Desfontaines, peut-être par confusion avec le précédent, s'en distingue par ses valves bordées d'une nervure marginale. Orient.

R. thyrsoides Desf., fl. atl.; Munb., cat.; Lx, cat. Kab.; Ball, spic., non Grenier et Godron, Fl. Fr. — Racine charnue, pivotante; tiges dressées, peu rameuses, cannelées; feuilles semblables à celles de l'oseille cultivée, un peu hastées à la base, oblongues, ovoïdes ou lancéolées; fleurs dioïques en panicule ovoïde, dense; valves bien plus larges que hautes, en forme de papillon étalé, émarginées au sommet et à la base munie d'un callus au-dessous des ailes. ♃ Avril-mai. C. C. C. Tout le Tell. Plante très voisine du *R. Acetosa* L. dont elle diffère par la forme des valves et la panicule plus condensée. Espagne, Italie.

R. intermedius DC. Maroc.

R. tuberosus L.; Munb., cat.; Lx, cat. Kab. — Plante encore très voisine du *R. Acetosa* L. dont elle diffère par ses racines renflées en tubercules oblongs; valves cordées-orbiculaires. Orient.

POLYGONUM L.

Fleurs hermaphrodites, rarement polygames; calice souvent coloré, peu accrescent, à 5, rarement 3-4 divisions; 5-8 étamines, rarement 4-9; anthères mobiles; 2-3 styles; stigmates capités; fruit trigone, enfermé dans le calice persistant; embryon latéral ou axile.

§ 1. *Persicaria* Tournefort. — Fleurs formant des épis denses, terminaux, généralement rosés; grands stigmates; tiges non volubiles, rameuses, noueuses, rougeâtres; racines fibreuses; feuilles lancéolées-aiguës, grandes, rappelant des feuilles de *Saule*. Plantes de marais.

a. Achaines tous ovales, comprimés sur les 2 faces.

P. amphibium L. — Plante flottant à la surface des eaux, à tiges radicantes aux nœuds, à grandes feuilles épaisses, luisantes, penninerviées, brusquement tronquées à la base, pétiolées; fleurs roses en épis cylindriques, compacts, dressés, solitaires; sépales ni glanduleux, ni nerviés; 5 étamines saillantes. Juillet-août. Lac de Mouzaïa, Le Corso, Réghaïa, Djebel-Ouach. Je n'ai pas vu en Algérie la forme exondée. Cosmopolite.

P. lapathifolium L.; Munb., cat.; Lx, cat. Kab. — Tiges de 3-12 décim., robustes, à nœuds souvent très saillants, rameuses; feuilles atténuées à la base, lancéolées, un peu rudes aux bords et sur la nervure médiane, souvent maculées de brun; fleurs verdâtres ou rosées, en épis paniculés au sommet des tiges, oblongs, obtus, denses; pédoncules communs rudes et glanduleux, ainsi que les sépales; 6 étamines; 2 styles distincts jusqu'à la base; achaines concaves sur les 2 faces. Varie à feuilles vertes et glabres sur les 2 faces, ou blanches-tomenteuses en dessous, à épis dressés ou nutants. ① Juin-août. Marais, fossés. C. C. C. Cosmopolite.

b. Achaines dimorphes, les uns trigones, les autres comprimés, lenticulaires.

P. Persicaria L.; Lx, cat. Kab. — Assez semblable au précédent; calice ni glanduleux, ni nervié; styles soudés à la base; gaînes longuement ciliées; achaines luisants. Varie comme le précédent à feuilles vertes sur les 2 faces ou discolores, à pédoncules lisses ou ponctués. ① Juin-octobre. La Chiffa, Miliana, Djurdjura, Constantine, etc. Cosmopolite.

P. serrulatum Lag. ; Munb., cat. ; Ball, spic. — Tiges très longues, grêles, sarmenteuses ; feuilles très longuement lancéolées, étroites, aiguës, subsessiles, bordées de petits aiguillons raides, visibles à la loupe ; gaînes longuement ciliées ; grappes lâches, linéaires, subfiliformes ; fleurs blanches ou roses ; pédoncules lisses ; 6 étamines ; 3 styles ; achaines brillants. ♃ Bord des ruisseaux. Mai-septembre. C. C. C. Rég. médit., Asie.

β *salicifolium; P. salicifolium* Delile. — Gaînes brièvement ciliées ; feuilles plus larges et plus courtes. Maroc (Ball), Algérie ? Canaries, Orient.

P. Hydropiper L. ; Munb., cat. — Tiges fortement noueuses ; feuilles ovées-lancéolées, brièvement pétiolées ; gaînes à cils courts, entremêlés de quelques-uns plus longs ; fleurs en épis filiformes, interrompus, souvent inclinés au sommet ; 6-8 étamines ; 2 styles ; achaines chagrinés, les lenticulaires marqués sur chaque face d'une ligne saillante. Les feuilles mâchées piquent la langue comme du piment. ① Août-septembre. Marais de la Réghaïa, au bord d'un fossé, sur la rive gauche ! Commun à La Calle. Cosmopolite.

§ 2. *Avicularia* Meisner. — Fleurs fasciculées à l'aisselle des feuilles, formant des grappes interrompues, rarement très denses, parfois nues au sommet ou même dans toute leur longueur ; 3 styles courts et libres ; stigmates très petits ; achaines trigones ; feuilles lancéolées, le plus souvent petites.

a. Plantes vivaces, sous-ligneuses ou ligneuses.

P. maritimum L. ; Desf., fl. atl. ; Munb., cat. ; Lx, cat. Kab. ; Ball, spic. — Sous-arbrisseau radicant, à tiges rampantes ou dressées ; entre nœuds rapprochés, plus courts que les feuilles et souvent que les gaînes ; feuilles épaisses, souvent grandes, ovoïdes ou lancéolées, un peu enroulées par les bords, grandes (2-3 cent. sur 5-15 millim.), fortement nerviées en dessous ; gaînes laciniées, argentées, rougeâtres à la base, grandes, à 12 nervures environ ; 8 étamines ; gros achaines de 4-5 millim., dépassant le calice, bruns, luisants. ♄ Sables maritimes. Cosmopolite.

Certaines formes rampantes, grêles, à entrenœuds inférieurs allongés se rapprochent du *P. littorale* Link. Réghaïa.

P. equisetiforme Sibth. et Sm.; Munb., cat.; *P. controversum* Gussone; *P. suffruticosum* Salzman; *P. Flagellare* Bert.; Munb., cat.; sec. Boissier, Voy. Esp., p. 552. — Souche vivace, parfois nettement ligneuse et très grosse, avec une écorce crevassée rappelant l'écorce d'*Aune;* tiges nombreuses, très longues, noueuses, à entre-nœuds allongés, bien feuillés; feuilles brièvement pétiolées, oblongues, elliptiques ou lancéolées, aiguës ou obtuses, assez grandes, à marge finement crispée-ondulée; gaînes bientôt fimbriées, rougeâtres à la base, argentées, multinerviées; fleurs d'un beau rose ou plus rarement blanches, plus grandes que dans le *P. aviculare*, réunies 3-4 à l'aisselle des feuilles florales, inégalement pédicellées; 6 étamines; 3 styles; achaines petits, finement ponctués, à peine striés. ♃, ♄ A. C. Toute l'Algérie. Rég. médit.

α *dissitiflorum*. — Glomérules distants, axillaires. Çà et là.

β *tenue; P. flagellare* soc. dauph. n° 4236. — Tiges grêles, dressées dans les grandes herbes; fleurs en grappes peu denses, très élégantes; feuilles florales petites. Marais de la Reghaïa.

δ *spicatum*. — Feuilles grandes, elliptiques; fleurs en épis gros et courts, très denses, à feuilles florales très petites. Saïda, Aïn-el-Hadjar.

P. Balansæ Boiss. et Reut., diagn., § 2-IV, p. 78; Munb., cat. — Me semble une simple forme du *P. equisetiforme* à tiges plus courtes, plus feuillées, à entrenœuds courts, à souches grêles, peu ligneuses; à glomérules tous axillaires. Batna, Hodna, etc.

J'ai suivi les auteurs les plus recommandables en rapportant notre plante, très variable d'ailleurs, au *P. equisetiforme*, de Sibthorp et Smith, bien que la description de ces auteurs ne s'y adapte qu'imparfaitement et que ce nom soit tout à fait impropre; tandis qu'il s'appliquerait bien mieux au *P. scoparium*. Notre plante a le port du *P. aviculare*.

P. scoparium Requien; *P. equisetiforme* Gren. et Godr., Fl. Fr. — Tiges nombreuses, parallèles, de bonne heure aphylles. ♄ Tunisie, Algérie? Corse, Sardaigne.

P. aviculare L.; Desf. fl. atl.; Munb., cat., Lx, cat., Kab.; Ball, spic. — Tiges dressées ou diffuses, rameuses, noueuses, striées, feuillées jusqu'au sommet des rameaux florifères; feuilles brièvement pétiolées, oblongues ou linéaires-lancéolées; gaînes rougeâtres à la base, bifides puis fimbriées; glomérules de 3-5 fleurs subsessiles, petites, roses ou blanches; achaines bruns, peu luisants, à faces concaves, striées en long. ① C. C. C. Cosmopolite.

α *humifusum* Jordan. — Tiges couchées, longues et rameuses, bien feuillées, à feuilles oblongues. C. C.

β polycnemiforme Lecoq et Lamotte. — Assez semblable au précédent ; feuilles lancéolées-linéaires. A. C.

γ denudatum Desv. ? — Tiges puissantes, rampantes, très longues, à gaînes lâches, courtes ; rameaux grêles, effilés, à entrenœuds très courts souvent entièrement cachés par les gaînes ; feuilles nulles sauf au sommet des rameaux où elles sont très petites ; fleurs petites sortant peu des gaînes ; achaines petits. A. C.

δ depressum Meisner ; *P. Gussonei* Todaro, exsic. — Tiges souvent vivaces par induration, courtes, trappues, couchées en cercle sur le sol, très rameuses, très feuillées ; feuilles oblongues ; rameaux divariqués à entrenœuds presque nuls, bien plus courts que les gaînes et surtout que les feuilles. A. C. J'avais pris autrefois cette forme pour le *P. herniarioides*.

ε vegetum Ledebour. — Tiges dressées ou ascendantes ; grandes feuilles souvent pétiolées et un peu ondulées sur le bord, pouvant atteindre 3 cent. ; fleurs peu nombreuses. R.

γ erectum Ledebour. — Port du *P. Bellardi* ; achaines du *P. aviculare* ; tiges et grappes feuillées jusqu'au sommet. C. C. 3 Prov. Bel-Abbès, Constantine, etc., etc.

P. Bellardi Allioni; Munb., cat.; Lx, cat. Kab. — Tiges dressées, rameuses, élancées, très fortement striées, d'un vert tendre; feuilles lancéolées-elliptiques, aiguës, les inférieures très grandes; fleurs petites, rosées, en longues grappes effilées, longuement interrompues, aphylles, au moins dans le haut; fruits plus gros et plus luisants que dans le *P. aviculare*. ① R., mais très répandu dans toute l'Algérie. Europe, Rég. médit., Orient.

§ 3. *Tiniaria* Meisner. — Fleurs fasciculées à l'aisselle des feuilles ; calice accrescent ; 1 seul style court, à stigmate trilobé. Herbes volubiles à feuilles pétiolées, grandes, ovées-sagittées.

P. Convolvulus L. ; Munb., cat. ; Lx, cat. Kab. — Fleurs blanches, brièvement pédicellées, réfléchies, fasciculées par 3-6 à l'aisselle des feuilles ; gros achaines noirs et mats enveloppés dans le calice non ailé. ① A. C. Champs, cultures. Cosmopolite.

THYMÉLÉÉES

Clef des familles :

1	Étamines nombreuses s'ouvrant par des opercules en forme de trappe.	LAURINÉES.
	Étamines ne s'ouvrant pas par des opercules. . .	2

2	Plante charnue, rougeâtre, sans feuilles et sans chlorophylle, en forme de massue.	Balanophorées.
	Plantes vertes, feuillées; feuilles rarement réduites à des écailles.	3
3	Tiges articulées; feuilles opposées, parfois réduites à des écailles; plantes parasites sur les branches des arbres.	Loranthacées.
	Tiges non articulées; feuilles alternes.	4
4	Feuilles couvertes d'écailles peltées, formant un indumentum argenté	Éléagnées.
	Feuilles non argentées-écailleuses.	5
5	Ovaire supère; graine exalbuminée.	Thyméléacées.
	Ovaire infère; graine albuminée.	Santalacées.

LAURINÉES DC.

Fleurs dioïques, hermaphrodites ou polygames; calice 4-9 fide, à préfloraison imbriquée; étamines périgynes, insérées sur un disque charnu, en même nombre que les divisions du calice ou en nombre multiple, les unes fertiles, alternant avec d'autres stériles; anthères biloculaires ou quadriloculaires, s'ouvrant de bas en haut par des valvules; ovaire uniloculaire; ovule pendant, anatrope; fruit drupacé; graine unique, exalbuminée; embryon droit; radicule supère. (Reich., vol. XII).

LAURUS L. (Laurier).

Fleurs dioïques ou hermaphrodites, en ombelles axillaires, involucrées; calice tétramère, caduc; fleurs mâles à 8-12 étamines, à anthères introrses; fleurs femelles à 2-4 staminodes tripartits; style court, épais; stigmate subcapité.

L. nobilis L.; Desf., fl. atl.; Munb., cat.; Lx, cat. Kab.; Ball, spic.; Reich. 1345. — *Laurier d'Apollon, Laurier-sauce.* — Arbre de 3-10 mètres, à feuilles courtement pétiolées, coriaces, odorantes comme toute la plante, oblongues, lancéolées ou ovoïdes, penninerviées, un peu ondulées aux bords; fleurs blanches ou verdâtres; baies grosses comme une petite noisette, très odorantes; cotylédons à la fois huileux et amylacés. ♄ Mars-avril. Arbre jadis commun dans tout le Sahel d'Alger; montagnes : Blida, Mouzaïa, La Chiffa, Djurdjura; forme des forêts impénétrables, avec quelques autres essences, entre le Cap Aokas et l'Oued Agrioun, etc., etc. Rég. médit.

THYMÉLEACÉES De Jussieu.

Fleurs hermaphrodites, dioïques ou polygames; calice 4-5 fide; 8-10 étamines sur 2 rangs; ovaire libre, uniloculaire, généralement uniovulé; ovule anatrope, suspendu au haut de la loge; un seul style; stigmate capité; fruit sec ou drupacé, monosperme. Plantes rarement annuelles, ordinairement sous-frutescentes ou frutescentes, à écorce fibreuse, tenace et souvent vésicante. (Fig. Reich. XI).

Clef des genres :

Fruit sec. . . . . THYMELÆA.

Fruit drupacé. . . . . DAPHNE.

THYMELÆA Tournefort; *Passerina* L. et *Stellera* L.

Plantes à feuilles sessiles, à fleurs glomérulées à l'aisselle des feuilles; calice persistant sauf dans *Th. hirsuta.*

§ 1. *Lygia* Fasano. — Plantes annuelles; calice fructifère urcéolé; style à peu près terminal; graine légèrement albuminée.

Th. arvensis Lamarck; Ball, Spic. (sub. *Passerina); Stellera Passerina* L.; Desf., fl. atl.; *Thymelæa Passerina* Cosson; Lx, cat. Kab.; *Passerina annua* Wickstr.; Munb., cat.; fig Reich. 1167. — Tiges et rameaux dressés, effilés, grêles; feuilles lancéolées-linéaires, sessiles, aiguës, glabres; 1-3 fleurs tribractéolées à l'aisselle des feuilles; bractées souvent plus longues que le fruit. ① Juin. A. C. Oran, Perrégaux, Tiaret, Aïn-el-Hadjar. Europe mérid., Rég. médit., Orient, Nord de l'Asie.

β *pubescens* Tenore; *Passerina annua*, var. *algeriensis* Chabert, Bull. soc. bot. 1889. — Plante puissante (in nostris), haute de 3-8 décim., pubescente; bractées plus courtes que les fruits. ① C. C. Juillet-août. Mitidja, Italie.

§ 2. *Chlamydanthus* C. A. Meyer. — Calice tubuleux, rarement urcéolé; style ordinairement latéral; graine exalbuminée. Arbrisseaux.

Th. virgata Desf., fl. atl., tab. 95 (sub *Passerina*); Munb., cat.; Ball, spic. — Souche ligneuse, rameaux florifères herbacés, simples, dressés (2-5 décim.), velus; feuilles oblongues, obtuses, ou lancéolées, assez larges, velues-pubescentes, les inférieures à la fin glabrescentes, les florales courtes, peu différentes des bractées et dépassant peu les fleurs; fleurs dioïques ou polygames en glomérules multiflores; calice de 5-6 millim., tubuleux, à lobes deux fois plus courts que le tube; anthères incluses. ♄ Tlemcen, Daya, Aïn-el-Hadjar, Djelfa, Sétif. Maroc, Espagne.

Var. *Broussonetii* Ball. Maroc.

Th. villosa Endl. Maroc.

Th. nitida Desf., fl. atl., tab. 94 ; Munb. cat. (sub *Passerina*). — Arbrisseau très rameux, à rameaux intriqués; ramuscules de l'année très courts, à feuilles étroitement imbriquées; feuilles linéaires-oblongues, petites, obtuses, pubescentes-soyeuses ; fleurs jaunâtres (6 millim.), peu nombreuses à l'aisselle des feuilles supérieures, tubuleuses, à lobes aigus. ♄ Mascara, Oran, Mostaganem, Daya, Tunisie.

Th. virescens Cosson et Durieu, inéd.; Munb., cat. (sub *Passerina); Meisner*, in DC., Prodr. — Port de l'espèce précédente, glabrescent ; fleurs polygames ; calice à lobes obtus, pubescent ; fleurs 5-10 au sommet des ramuscules annuels. ♄ Montagnes du Sud. Aurès, Djelfa, etc.

β *glaberrima*. — Plante absolument glabre ; calices fructifères brillants, très glabres. Djebel-Aïssa (Sud oranais).

Th. Tartonraira Allioni ; *Passerina Tartonraira* Schrader; Munb., cat.; Reich. 1171. — Arbrisseau soyeux-canescent, peu élevé, rameux, à rameaux épais, étalés-dressés, très feuillés au sommet; feuilles oblongues (2-3 cent. sur 3-4 millim.), atténuées à la base, à nervures parallèles, épaisses ; fleurs polygames en glomérules axillaires, bien plus courtes que les feuilles, munies à la base de bractées courtes, ovoïdes ; calice de 4-5 millim., soyeux en dehors, jaune et glabre intérieurement, à divisions ovales, un peu plus courtes que le tube. ♄ Mai. Berrouaghia (Delaage), Constantine (Munby), Djelfa, entre Sebdou et El-Aricha, etc. Rég. médit.

Th. microphylla Cosson et Durieu, Bull. soc. bot., vol. III, p. 744; Munb., cat. — Arbrisseau de 3-12 décim., rameux, dioïque; rameaux effilés, soyeux, canescents ainsi que les feuilles ; feuilles très petites, souvent plus courtes que les entre nœuds, éparses, peu étalées ; fleurs jaunâtres, bractéolées, glomérulées, plus longues que les feuilles ; calice des fleurs mâles tubuleux (4-6 millim.), à lobes près de 4 fois plus courts que le tube ; calice des fleurs femelles urcéolé (3-4 millim.), à lobes de 1 millim. environ. ♄ C. C. C. H.-Pl. Tunisie.

Th. canescens Schousboë (sub *Passerina*). Maroc.

§ 3. *Piptochlamys* C. A. Mey. — Calice à la fin entièrement caduc.

Th. hirsuta Endlicher ; Lx, cat. Kab.; *Passerina hirsuta* L.; Desf., fl. atl. ; Munb., cat.; Ball, spic.; Reich. 1168. — Arbuste de 5-15 décim., très rameux ; jeunes rameaux pubescents ;

feuilles coriaces, épaisses, ovoïdes, très nombreuses, imbriquées au sommet des rameaux, concaves et très laineuses en dessus, glabres, convexes et luisantes en dessous, épaisses ; fleurs polygames, sans bractées, glomérulées par 2-5 au sommet des rameaux ; calice soyeux en dehors, glabre en dedans, à divisions ovales-obtuses, un peu plus courtes que le tube, étalées. ♄ C. C. C. Toute l'Algérie. Rég. médit.

Nota. — Les premières feuilles de cette plante sont planes, lancéolées, molles, glabres sur les 2 faces ; quand la plante est broutée il s'en produit parfois de semblables aux points broutés.

DAPHNE L.

a. Fleurs terminales.

D. Gnidium L. ; Desf., fl. atl. ; Munb., cat.; Lx, cat. Kab. ; Ball, spic.; Reich. 1173. — *Garou ; Saint bois.* — Tiges ligneuses, nombreuses, dressées (6-12 décim.), rameuses à rameaux dressés, feuillés dans toute leur longueur ; feuilles glabres, lancéolées-aiguës, cuspidées, un peu glauques en dessous, longues de 40 millim. sur 5 environ ; fleurs blanches, paniculées au sommet des rameaux ; pédoncules et pédicelles blancs-tomenteux ; calice soyeux en dehors, à dents étalées, plus courtes que le tube. A. C. dans le Tell. Rég. médit.

D. oleoides Schreber ; Munb., cat.; Lx, cat. Kab. ; Reich. 1174. — Arbrisseau rameux, peu élevé ; feuilles obovées, rappelant celles du Buis, persistantes, aiguës ou obtuses, à la fin glabres, un peu ponctuées en dessous ; fleurs glomérulées par 2-4, sans bractées ; calice soyeux, blanc, purpurin ou verdâtre, à lobes lancéolés-aigus égalant presque le tube ; baie rouge. Babors (Munby), Tirourda (Lx).

b. Fleurs axillaires ou latérales.

D. Laureola L. ; Munb., cat. ; Lx, cat. Kab. ; Ball, spic. ; Reich. 1179 ; *D. Philippi* Chabert, Bull. soc. bot. 1889, an Gren. et Godr. ? — Tige dressée (3-8 décim.), peu rameuse ; feuilles très grandes (5-10 cent. sur 2-3), oblongues, obtuses, glabres, luisantes ; fleurs verdâtres brièvement pédicellées, 3-8 en petites grappes penchées ; bractées grandes, foliacées, égalant ou dépassant les fleurs ; calice glabre ; baie noire à maturité. ♄ Bois des montagnes élevées. Djurdjura, Babors, Europe.

Var. *Hosmariensis* Ball. Maroc.

Espèce insuffisamment connue :

D. kabylica Chabert, loc. cit. — Aspect du précédent plus petit. N'a été vu qu'en feuilles. Celles-ci sont très caduques sauf au sommet des tiges, Aït-ou-Abban.

ÉLÉAGNÉES Rob. Br.

ELÆAGNUS L.

E. angustifolius L. ; Desf. fl. atl. ; Reich. 1166. — *Chalef, Olivier de Bohême.* Cultivé dans les oasis.

SANTALACÉES Rob. Br.

Fleurs munies de bractées ; calice 3-5 fide, à préfloraison valvaire ; étamines opposées aux divisions du calice et en même nombre, ou faisant corps avec elles ; ovaire infère soudé avec le tube calicinal, uniloculaire ; ovules 2-5, réduits au nucelle et pendants au sommet d'un placenta central libre ; fruit monosperme, sec ou charnu ; embryon droit, axile, dans un albumen abondant ; radicule supère. Plantes généralement parasites sur les racines d'autres plantes, quoique bien feuillées. (Reich. XI).

Clef des genres :

Fleurs dioïques ; fruit drupacé. . . . . Osyris.

Fleurs hermaphrodites ; fruit sec . . . . Thesium.

OSYRIS L.

Fleurs jaunes, 3-4 fides, sur de petits rameaux axillaires, les mâles assez nombreuses, à 3-4 étamines insérées sur un disque très développé ; fleurs femelles solitaires, turbinées, à étamines abortives, à 3 stigmates, à disque épigyne dont les lobes alternent avec ceux du calice. Arbrisseaux plus ou moins élevés, à fruits rouges.

O. lanceolata Hochstetter et Steudel ; Ball, spic. ; *O. quadripartita* Decaisne ; Munb., cat. ; *O. quadrifida* Salzman ; *O. alba* Desf., fl. atl., pro parte. — Arbuste très rameux, bien feuillé, toujours vert, à tronc parfois gros comme le bras ; feuilles lancéolées-aiguës, subpenninerviées, atténuées en court pétiole ; ramuscules de fleurs mâles plus courts que la feuille ; calice à 3-4 divisions ; baie globuleuse ou ellipsoidale, à peine de la grosseur d'un pois, sur un court ramuscule. ♄ Broussailles du Tell. Maroc, Espagne.

O. alba L. ; Desf., fl. atl., pro parte ; Munb., cat. ; **Lx, cat.** Kab. — Plante plus humble à tiges effilées de 5-15 décim., anguleuses, rameuses, vertes, formant des peuplements assez denses au bord des ruisseaux et dans les broussailles humides ; feuilles uninerviées, linéaires-lancéolées ; fleurs à calice trifide, les mâles nombreuses, formant d'étroites et longues panicules nues ou peu feuillées, les femelles solitaires à l'extrémité de ramuscules assez longs et feuillés ; baie globuleuse ou un peu déprimée, de la grosseur d'un pois. ♄ Maison-Carrée, El-Affroun, Médéa, etc., etc. 3 prov. Rég. médit.

THESIUM L.

Fleurs petites, blanches ou verdâtres, munies d'une bractée et de 2-3 bractéoles ; calice persistant, soudé à l'ovaire et se dilatant au-dessus en limbe, à 4-5 divisions conniventes, s'enroulant après l'anthèse et formant un mamelon au-dessus du fruit ; disque nul ; étamines à filets subulés, nus ou munis d'un faisceau de poils ; style filiforme ; stigmate capité ; fruit ou nucule oblong, nervié. Herbes ou sous arbrisseaux rameux, à feuilles linéaires.

a. Fleurs paniculées sur des ramuscules grêles, divariqués au sommet des tiges, nucules nerviés en long, non réticulés.

Th. divaricatum Jan ; Munb., cat. ; *Th. humifusum* DC. ; Lx, cat. Kab. ; *Th. linophyllum* Desf., non L. ; Reich. 1153. — Souche ligneuse à la base ; tiges nombreuses, grêles, étalées en cercle, rameuses vers le haut, à rameaux très grêles, divariqués ; feuilles longuement linéaires, les bractéales petites ; ramuscules floraux scabres sur les angles ; fruit très petit (3 millim. dont un pour le mamelon). ♃ Çà et là, montagnes et collines du Sahel. Staouéli, Blida, Djurdjura, etc. Rég. médit., Europe mérid.

b. Fleurs axillaires en longues grappes spiciformes, feuillées, peu fournies, dressées ; bractées semblables aux feuilles ; nucule réticulé entre les côtes longitudinales.

Th. mauritanicum Batt., Bull. soc. bot. 1888, p. 393. — Sous-arbrisseau ligneux à la base, tout papilleux, scabre ; nucules de 5 millim. dont 1 millim. 1/2 pour le mamelon, à nervures transversales horizontales, scalariformes. ♄ Djebel-Aïssa (Sud Or.). Juin. Plante voisine du *Th. græcum ;* fruits 2 fois plus gros ; plus robuste.

Th. humile Vahl ; Munb., cat. ; Ball, spic. ; *Th. alpinum* **Desf.**, fl. atl., sec. Munby ; Reich. 1152. — Moins scabre que le précédent, nervures transversales du nucule formant des losanges. ① A. C. Champs, un peu partout. Espagne, Italie.

LORANTHACÉES Lindley.

Plantes parasites (les nôtres) sur les branches des arbres, à feuilles opposées ou nulles ; fleurs dioïques, rarement monoïques ; caractères généraux des *Santalacées*, souvent avec addition d'une corolle ; ovules réduits au nucelle ou tout à fait rudimentaires *(Viscum) ;* 1 ou plusieurs embryons.

VISCUM L. (Guy).

V. album L. ; Munb., cat. — Arbrisseau à tiges noueuses, articulées ; feuilles opposées, oblongues, obtuses, coriaces, épaisses, sessiles, parallélinerviées (4-8 cent. sur 1-2) ; fleurs en petites têtes sessiles, axillaires et terminales ; fleurs mâles à calice 4 fide, à anthères faisant intimement corps avec les dents du calice qui émettent le pollen par des pores nombreux ; fleurs femelles à calice obscurément 4 denté, avec une corolle à 4 pétales squamiformes, charnus ; fruit baccien, blanc, transparent, plus gros qu'un pois, sessile ; sarcocarpe mucilagineux employé pour faire de la glu ; endocarpe vert ainsi que les graines. ♄ Parasite sur divers arbres, mais très rare en Algérie. Daya (Munby) ; gorges du Guergour, vers l'extrémité et à droite en s'éloignant du Hammam, sur *Pistacia atlantica.* Europe.

ARCEUTHOBIUM Marshal von Bieberstein.

A. Oxycedri Marsh. Bieb. ; Munb., cat. — Petite plante de 5-12 cent., articulée, rameuse ; feuilles réduites à de courtes écailles opposées, poussant en touffes serrées sur les branches du *Juniperus Oxycedrus ;* fleurs dioïques, les mâles terminales, sessiles sur un court article, à 3 sépales obovés, un peu cucullés, portant chacun sur son milieu une anthère s'ouvrant par une fente transversale, puis s'évasant en coupe ; fleurs femelles terminales et axillaires à 2 courts sépales entre lesquels se trouve l'ovaire ; fruit à la fin pédicellé, ovoïde (2 millim. sur 1), couronné par le stigmate sessile, s'ouvrant avec élasticité et projettant à distance la graine visqueuse. ♃ A. C. Lella-Khadidja, Teniet, Aurès, etc. Rég. médit. Orient.

BALANOPHORÉES Richard.

Fleurs polygames ou dioïques, petites, très denses sur un gros spadice ; périanthe imparfait ; étamine unique ; ovaire infère ou semi-infère, uniloculaire, uniovulé, à ovule pendant; fruit petit, indehiscent, subdrupacé; albumen huileux; embryon petit, latéral. Plantes parasites.

CYNOMORIUM Micheli

C. coccineum L.; Desf., fl. atl.; Munb., cat. — Plante rouge, très charnue, claviforme, écailleuse, toute couverte dans le haut de petites fleurs étroitement serrées et rudimentaires; fleurs mâles à 1-5 divisions linéaires; anthère biloculaire sur un filet cylindrique, canaliculé, logeant un rudiment d'ovaire; fleurs hermaphrodites à périanthe très imparfait. ♃. C. C. C. à Oran. Parasite sur les *Salsolacées*, Phare de Cherchel, Biskra, etc., etc. Canaries, Espagne, Italie, Orient.

MULTIOVULÉES

Clef des familles :

Fleurs hermaphrodites; périanthe irrégulier; étamines soudées en colonne avec les styles; ovaire pluriloculaire; plantes non parasites, feuillées. . . . . ARISTOLOCHIÉES.

Fleurs monoïques; périanthe régulier; ovaire uniloculaire; étamines nombreuses; plantes parasites sans chlorophylle . . . . CYTINÉES.

ARISTOLOCHIÉES Jussieu

Périanthe simple, régulier ou irrégulier, ordinairement coloré; étamines épigynes et gynandres, insérées sur la base du style; ovaire infère, pluriloculaire, pluriovulé; ovules anatropes; graines albuminées; embryon minime, basilaire, (Reich., vol. XII).

ARISTOLOCHIA Tournefort (Aristoloche).

Périanthe renflé-vésiculeux autour de l'ovaire et se prolongeant au-dessus en long cornet terminé par une languette unilatérale, garni intérieurement de poils réclinés; 6 étamines à anthères subsessiles, soudées avec le style par leur face dorsale; style court; stigmate à 6 lobes étalés; grosses capsules ventrues, coriaces, ombiliquées au sommet, à 6 loges, déhiscentes en 6 valves; graines planes, triangulaires, empilées sur un seul rang dans chaque loge; feuilles cordiformes, finement nerviées en réseau transparent, pétiolées, sans stipules.

a. Souches le plus souvent tubéreuses; tiges herbacées; tube du périanthe droit ou presque droit, feuilles très obtuses.

Les catalogues citent en Algérie dans ce groupe : les *A. longa* L. et *rotunda* L. Je ne les y ai vues bien typiques ni l'une ni l'autre. Toutefois je ne connais point la plante autrefois récoltée à Kouba par Bové, et désignée dans le Prodrome sous le nom d'*A. rotunda* var. *grandiflora*. Kouba a été entièrement bouleversé depuis par les cultures. Il me semble difficile de séparer spécifiquement les diverses plantes de ce groupe que nous avons en Algérie, bien qu'elles présentent entre elles d'assez grandes différences. Elles semblent même être intermédiaires entre les deux types linnéens précités.

A. longa L. ; Reich. 1344. Souche napiforme-allongée ou cylindrique, verticale ; tiges dressées ou étalées, anguleuses, simples ou peu rameuses ; feuilles brièvement mais nettement pétiolées, pubescentes sur les nervures, à sinus basilaire très ouvert ; fleurs solitaires égalant ou dépassant la feuille, brièvement pédonculées, à pédoncule égalant à peu près le pétiole, longues de 4-5 cent. environ ; tube peu ou pas resserré à la gorge ; languette lancéolée-aiguë ou obtuse, environ 2 fois plus courte que le tube ; couronne stigmatique à lobes obtus ; capsule ellipsoidale, subglobuleuse, à valves se séparant au sommet. ♃ Tlemcen (Munby), Rég. médit.

A. Fontanesi Boissier et Reuter, Pug., p. 108 ; Munb., cat. ; Lx, cat. Kab. ; *A. longa* Desf., saltem pro parte ; *A. multinervis* et *A. Fontanesi* Pomel. — Souche verticale, cylindrique longue de 10 à 40 cent. ; plus grande que l'espèce dans toutes ses parties ; sinus des feuilles généralement moins ouvert, limbe plus glabre, pétiole souvent plus court ; fleurs beaucoup plus grandes (5-7 cent.), larges, multinerviées, d'ailleurs variables ; capsule pyriforme. C. C. C. Sahel d'Alger, Mitidja, Djurdjura, Chélif, etc., etc.

A. atlantica Pomel. — Souche ovoïde, oblongue ou lobée, assez variable ; feuilles pétiolées, glauques et pubescentes en dessous, larges à la base ; fleurs très grandes (7-8 cent.) ; languette très large (2 cent.), multinerviée ; couronne à lobes profonds, arrondis au sommet. Zaccar de Miliana, Nador de Médéa.

A. paucinervis Pomel ; *A. rotunda* Munb., cat. — Souche ovoïde, grosse comme un œuf de poule ; feuilles pétiolées, à sinus bien ouvert ; fleurs petites, fauves ; languette brunâtre, un peu purpurine, à 5 nervures ; couronne épaisse à lobes superficiels convexes (v. s.) Garrouban. Je rapprocherai de cette plante, une plante assez voisine, à très petites fleurs pâles et jaunâtres, à souche oblongue ou plurilobée, qui est commune dans les forêts de la province de Constantine. Guerrouch, Mouïas, etc.

A. rotunda L. — Souche globuleuse, parfois plurilobée ; feuilles sessiles ou subsessiles, à sinus très peu ouvert ou même à lobes se recouvrant par les bords ; corolle petite, purpurine à la gorge ; couronne à lobes profonds, aigüs. ♃ Tunisie (Desf.) Europe.

β *grandiflora* Duchartre in DC., Prodr. — Grandes fleurs à lèvre ovoïde, longuement acuminée, obtuse au sommet, brune au dehors, plus pâle en dedans ; tube pâle, brun dans la partie globuleuse. Kouba. Ne serait-ce point un lusus de l'*A. Fontanesi ?*

A. pistolochia L. — Maroc (Ball).

b. Plantes à tiges ligneuses, volubiles ; tube du périanthe courbé en siphon ; souches fibreuses.

A. altissima Desf., fl. atl., tab. 249; Munb., cat.; Lx, cat. Kab. — Liane à tiges nombreuses, grêles, rondes, striées, grimpant très haut dans les arbres et les broussailles; feuilles à pétiole plus long que le sinus étroit, à limbe cordé-ovoïde, un peu ondulé, luisant sur les 2 faces, finement nervié en réseau saillant en-dessous; fleurs longuement pétiolées, d'un vert brunâtre en dehors, à 6 nervures; languette égalant le tube, jaune en dedans avec des poils pourprés, 5 nerviée; couronne à lobes aigus et distincts ; grosses capsules cylindro-pyriformes, à valves restant adhérentes par le sommet et par la base, graines lisses. ♄ C. C. C. Broussailles du Tell. Fleurit toute l'année. Tunisie, Sicile, Grèce.

A. bœtica. L.; Munb., cat.; Ball. spic., var. *glauca ; A. glauca* Desf., fl. atl., tab. 250. — Diffère de l'espèce précédente par sa taille moins élevée, ses feuilles glauques, cordiformes, larges et courtes, à sinus ouvert; par son périanthe d'un pourpre brunâtre en dedans, bien plus grand. ♄ Rochers. Oran, Tlemcem, Nemours, etc. Le type, à peine différent, en Espagne et en Portugal.

CYTINÉES Lindley.

Fleurs monoïques ou dioïques; calice à lobes imbriqués, rarement valvaires ; 8-16 anthères 1-2 loculaires, fixées à une colonne centrale; ovaire infère ou semi-infère, uniloculaire à 4-8 placentas pariétaux, multiovulées; ovules anatropes ou orthotropes; fruit baccien, polysperme; graines minuscules à albumen celluleux couvrant un très petit embryon. Plantes parasites, sans chlorophylle à feuilles réduites à des écailles. (Reich., vol. XI).

CYTINUS L.

C. Hypocistis L.; Desf., fl. atl.; Munb., cat.; Lx, cat. Kab.; Ball, spic.; Reich. 1150. — Plante de 4-12 cent., charnue, fortement écailleuse à la manière des Orobanches; écailles ovales, charnues, imbriquées ; 5-15 fleurs assez grandes, terminales, monoïques, les supérieures mâles, les inférieures femelles; calice à 4 lobes, rarement 3 ou plus de 4; ovaire infère à 8 placentas multiovulés; style cylindrique; stigmate globuleux; baie molle, pulpeuse. Plante parasite sur les racines de Cistinées frutescentes, poussant souvent en touffes et venant fleurir à fleur de sol. Donnait autrefois le suc d'Hypociste très riche en tannin et en mucilage. Rég. médit.

α *lutescens*. — Petite plante d'un jaune assez vif, à écailles d'un brun rougeâtre au sommet; calice très papilleux à lobes assez étroits. Sur *Fumana viscosa*; *Helianthemum Pomeridianum*; *H. lavandulæfolium*, en général sur les Cistinées à fleurs jaunes.

β *genuinus*. — Plante plus forte, moins jaune. Sur les Cistes à fleurs blanches.

γ *kermesinus* Gussone. — Écailles pourprées; fleurs blanches, glabres ou glabrescentes ou papilleuses à lobes larges et arrondis. Encore plus grand que le précédent. R. Sur les Cistes à fleurs rouges. Sidi-Ferruch. Sur *C. heterophyllus*, etc.

EUPHORBIALES.

Clef des familles :

Fruit formé de 3 coques monospermes; styles centraux. EUPHORBIACÉES.
Fruit formé de 4 carpelles rapprochés 2 à 2; plantes grêles, aquatiques . . . . CALLITRICHINÉES

Capsule triloculaire, à loges biovulées, à déhiscence loculicide et à styles périphériques . . . . BUXACÉES.

EUPHORBIACÉES Jussieu.

Fleurs unisexuées, les mâles et les femelles parfois réunies dans un involucre commun et simulant une fleur unique *(Euphorbia)*; calice libre, infère, variable, parfois nul; corolle alternant avec le calice ou nulle, étamines des fleurs mâles en nombre extrêmement variable, à filets libres ou agrégés, anthères biloculaires; fleurs femelles à ovaire libre, supère, formé de carpelles verticillés, 1-2 ovulés; ovules pendants, anatropes; styles autant que de loges; embryon droit, axile, à radicule tournée vers le hile; fruit formé (in nostris) de 3 coques monospermes, déhiscentes avec élasticité; graines souvent caronculées, à testa coriace; albumen huileux. (Reich., vol. V.)

Tableau des tribus :

Tribu I. EUPHORBIÉES. — Fleurs apétales, une femelle et plusieurs mâles, réunies dans un involucre commun, gamophylle; fleurs mâles formées par une seule étamine à filet articulé sur un pédicelle; 3 coques monospermes, cotylédons plans.

Tribu II. Phyllanthées. — Pas d'involucre commun; calice 5-6 partit, imbriqué; corolle à pétales alternant avec les sépales ou nulle; étamines des fleurs mâles dressées dans le bouton; ovaire triloculaire à loges biovulées; cotylédons larges.

Tribu III. Acalyphées (*Acalyphées* et *Crotonées* du Prodrome). — Pas d'involucre commun; pétales alternes avec les sépales ou nuls; fleurs mâles à étamines en nombre variable; fleurs femelles à 3 loges uniovulées; cotylédons larges.

Tribu I. — EUPHORBIÉES.

EUPHORBIA L. (*Euphorbe*).

Fleurs mâles 10 ou plus, réduites à une étamine à filet articulé et munies à leur base d'une bractée lacérée, réunies dans un même involucre gamophylle avec une fleur femelle pédicellée, centrale, le tout simulant une fleur unique; involucre à 4-5 divisions petites, membraneuses, alternant avec 4-5 lobes épais, glanduleux, jaunâtres, de forme variée; anthères à 2 loges globuleuses; 3 styles; 3 coques monospermes. Plantes à suc laiteux et acre, rarement cactoïdes (Maroc), plus souvent bien feuillées, à feuilles simples, entières ou dentées.

§ 1. *Anisophyllum*. — Feuilles *opposées*, brièvement pétiolées, asymétriques, à base oblique, munies de petites stipules linéaires; involucre tétramère. Herbes généralement couchées en cercle sur le sol; involucres brièvement pédonculés, solitaires et alaires.

E. Peplis L.; Desf., fl. atl.; Munb., cat.; Lx, cat. Kab.; Ball, spic.; Reich. 4753. — Plante glabre, petite, robuste; feuilles charnues, à la fin rougeâtres, oblongues-obtuses ou émarginées; glandes de l'involucre arrondies, entières, rougeâtres; capsule lisse (3 millim.); graines blanchâtres, ovoïdes, lisses. ④ A. C. Sables maritimes. Juin-août. Rivages de la méditerranée et de l'Europe Occidentale.

E. Chamæsyce L.; Munb., cat.; Lx, cat. Kab.; Ball, spic.; Reich. 4750. — Tiges grèles; feuilles petites, minces, suborbiculaires ou oblongues, bien vertes en dessus, glauques en dessous; glandes de l'involucre tridentées, capsules lisses, hautes de 2 millim., à coques carenées; graines tétragones, ridées-tuberculeuses. Plante glabre, rarement velue (*E. canescens* L.) A. C. Juillet-octobre. Rég. médit., Orient.

E. Kralickii Cosson, inéd. — Plantule annuelle, dressée, toute velue-hispide, à poils blancs, très grêle, rameuse; feuilles oblongues, obtuses, arrondies à la base et au sommet, très asymétriques, entières ou subcrénelées (5 millim.

sur 2), à pétiole très court; involucre très petit, très hispide, à lobes peu distincts entre les glandes larges, suborbiculaires, concaves, subcondupliquées, munies en dessous d'appendices pétaloïdes blancs, bi ou trilobés, 2-3 fois plus longs qu'elles, manquant parfois; styles bifides, très courts; capsules très petites (1 millim. et 1/2), ovoïdes-trigones, à 3 sillons profonds, très facilement déhiscentes, minces; graines quadrangulaires, à faces sillonnées transversalement, tronquées à la base, atténuées au sommet. ① Algérie? Tunisie (Lx). Cette plante rappelle un peu l'*E. Glyptosperma* Boissier, Icon. Euph., pl. 17.

E. granulata Forskall, var. *glaberrima* Boissier, in DC., Prodr. — Plantule à souche indurée, sous ligneuse, extrêmement rameuse, couchée; rameaux intriqués, très grêles, à entre nœuds très courts surtout dans le bas, rendus noueux par les cicatrices des feuilles. Pour le reste comme l'espèce précédente, sauf la glabréité absolue de toutes ses parties et ses glandes à peine appendiculées. Mzab, Brézina (Herb. Pomel). Orient, Asie.

§ 2. *Diacanthium.* — Plantes cactoïdes, frutescentes, à tiges munies de côtes, à feuilles éparses ou nulles, les florales opposées; stipules remplacées par une paire d'aiguillons; cymes axillaires ou supra-axillaires; glandes non appendiculées.

E. resinifera Berg. Maroc.

E. Baumierana Hooker fils et Cosson. Maroc.

E. Echinus Hooker fils et Cosson. Maroc.

§ 3. *Tithymalus.* — Feuilles caulinaires éparses, rarement opposées; stipules nulles; inflorescence en cymes dichotomes, à axes primaires généralement en ombelle ou en verticilles, munis à la base d'un verticille de feuilles; bractées opposées, rarement solitaires ou ternées; glandes de l'involucre non appendiculées.

§§ 1. *Helioscopia.* — Glandes de l'involucre arrondies en avant; bractées toujours libres.

a. Graines alvéolées, plantes annuelles.

E. Helioscopia L.; Desf., fl. atl.; Munb., cat.; Lx, cat. Kab.; Ball, spic.; Reich. 4754. — Tige dressée (1-4 décim.), simple ou rameuse dès la base; feuilles croissant de la base au sommet, glabres ou glabrescentes, obovées ou cunéiformes, arrondies ou émarginées au sommet, finement dentées dans leur moitié supérieure, les inférieures atténuées en pétiole, celles du verticille ombellaire larges; bractées assez semblables aux feuilles, plus petites, libres, inégales, mucronulées;

ombelle large, concave, à 5 rayons trifurqués, à rayons secondaires bifurqués; glandes arrondies; capsule lisse à coques non ailées, arrondies; graines ovoïdes, brunes, caronculées. ① C. C. C. Champs, cultures. Plante de l'ancien monde devenue cosmopolite.

E. pterococca Brotero; Munb., cat.; Ball, spic. — Plante glabre, souvent grêle; tige dressée, plus ou moins rameuse, souvent avec de nombreux rameaux florifères au-dessous de l'ombelle; feuilles oblongues, minces, finement dentées tout autour, les inférieures atténuées en pétiole, celles du verticille semblables aux autres; bractées ovées-rhomboïdales, dentées dans leur moitié supérieure; ombelle convexe à 5-6 rayons trifurqués puis bifurqués; capsule petite, à coques globuleuses, munies sur le dos de deux ailes écartées et ondulées; graines finement alvéolées, à bordure des alvéoles membraneuse, blanchâtre; pas de caroncule. ① Avril-mai. A. C. Dans le Tell, Rég. médit.

b. Graines quadrangulaires, profondément rugueuses en travers sur les faces.

E. cernua Cosson et Durieu; Munb., cat.; Lx, cat. Kab. — Plante glabre, grêle, à tiges dressées, simples ou rameuses dès la base; feuilles minces, obovées ou oblongues, obtuses, à peine denticulées à la loupe, les inférieures atténuées en pétiole; ombelles triradiées à rayons grêles, allongés, dichotomes, souvent avec quelques rameaux florifères sous l'ombelle; rameaux florifères penchés au sommet avant l'anthèse, puis redressés; bractées opposées, semiorbiculaires, grandes; capsule brièvement stipitée, lisse, à coques oblongues (3-4 millim.); styles courts, bifides; caroncule petite, stipitée, déprimée. ① Avril-mai. Broussailles humides des montagnes. A. C. Mouzaïa, Blida, l'Arba, Djurdjura.

c. Capsule sphérique à sillons à peine marqués; graines lisses, ovoïdes.

E. akenocarpa Gussone; Munb., cat.; Ball, spic. — Tige dressée, simple jusqu'à l'inflorescence; feuilles glabres ou presque glabres, sessiles, obovées-cunéiformes, denticulées au sommet; ombelles à 3-5 rayons robustes, plusieurs fois dichotomes, puis sympodiques; bractées libres, suborbiculaires, mucronulées, à peine dentées; capsules sphériques, indurées, presque indéhiscentes, à sillons peu visibles, lisses ou un peu muriculées vers le sommet; graines lisses, noires, luisantes. ① Algérie (Munby), Tunisie, Maroc, Rég. médit. occid.

d. Graines ovoïdes, lisses ou tuberculées ; capsules muriquées ou fortement tuberculeuses, rarement lisses.

1. Plantes annuelles.

E. cuneifolia Gussone ; Munb., cat. — Plante de 5-30 cent., glabre, dressée, simple ou ramifiée en corymbe ; feuilles cunéiformes, minces, dentées au sommet, celles du verticille embrassantes, ombelle convexe, dense, à 5 rayons trifurqués, à rayons secondaires dichotomes ; bractées libres, suborbiculaires, dentées au sommet ; capsules très petites (1 mill. et demi), brièvement stipitées et dont chaque coque porte 2 rangs de pointes vertes, dressées ; graine lisse ou à peu près ; caroncule petite. ① Mars-juin. Prairies marécageuses : Réghaïa, Mitidja, l'Arba, Philippeville, Bône, La Calle, Corse, Italie.

E. Reboudiana Cosson, inédit ; soc. dauph., n° 952. — Plante velue-hispide, au moins dans le bas ; feuilles oblongues, obscurément crénelées, celles du verticille semblables, peu élargies à la base ; diffère en outre de l'*E. cuneifolia* par ses ombelles plus grandes, à rayons plus allongés ; par ses capsules plus grosses (2 millim. au moins), subglobuleuses, stipitées, toutes couvertes de longues verrues cylindriques ; graines plus grosses mais semblables. ① Constantine.

E. Cossoniana Boissier, in DC., Prodr. ; Lx, cat. Kab. ; Munb., cat. — Plante pubescente ou glabrescente, différant en outre de la précédente par ses graines fortement tuberculeuses. Bougie, Philippeville, Bône, Djurdjura oriental.

E. platyphylla L. ; Munb., cat. — Plante élancée (2-5 décim.), glabre ou velue ; feuilles inférieures obovées, obtuses, pétiolées, les autres sessiles, embrassantes, oblongues, aiguës, finement dentées ; bractées ovoïdes ou triangulaires, mucronées, finement dentées ; capsules globuleuses à tubercules hémisphériques ; graines lisses, luisantes ; petite caroncule réniforme. ① Kouba, Europe, Orient.

2. Plantes vivaces.

E. pilosa L. ; Reich. 4770 ; *E. coralloides* Desf., fl. atl. ? — Tiges velues, dressées, naissant d'une souche vivace, hautes de 3-6 décim., simples ou peu rameuses ; feuilles oblongues lancéolées, velues sur les 2 faces, finement dentées ; ombelle à 5 rayons trifurqués, à rameaux bifurqués ; feuilles du verticille ombellaire ovales, mucronulées ; bractées jaunâtres obovées ou suborbiculaires ; capsule velue, à peine tuberculeuse, grosse (4-5 millim.), à sillons peu marqués ; graines lisses. ♃ Tourbières du Djebel-Ouach (Julien).

E. pubescens Vahl; Desf., fl. atl.; Munb., cat.; Lx, cat. Kab.; Ball, spic.; Reich. 4769. — Plante robuste (2-8 décim.), velue-pubescente; tiges dressées ou ascendantes, robustes, peu rameuses dans le bas; feuilles lancéolées-aiguës, finement dentées, les radicales atténuées en pétiole; ombelle généralement à 5 rayons plusieurs fois bifurqués; capsule globuleuse, trigone, trisulquée; coques hérissées-tuberculeuses, sauf sur la nervure médiane; graines brunes, ovoïdes, parsemées de petites crêtes peu saillantes ou tuberculées, souvent avec une petite côte longitudinale sur le dos; caroncule réniforme. ♃ Avril-août. C. C. C. Marais. Rég. médit. Plante variable.

β *subglabra* Gren. Godr. — Plante glabrescente. Avec l'espèce.

γ *crispata* Boissier. — Presque glabre sauf les rameaux floraux et le milieu des bractées; feuilles ondulées-crispées aux bords; capsules petites. Aflou (Clary).

E. paniculata Desf., fl. atl., non aliorum; *E. algeriensis* Boissier et Reuter, diagn., § 2-IV, p. 85; Munb., cat. — Plante d'aspect glabre, d'un vert gai avec les inflorescences jaunes; tiges striées, sous-frutescentes à la base, glabres, rougeâtres, souvent nombreuses et peu rameuses en dehors des rameaux florifères, hautes de 2-5 décim., parfois de plusieurs mètres dans les grandes broussailles maritimes (Corso, Mazafran, Tunisie) et alors plus rameuses; feuilles oblongues ou largement lancéolées; lancéolées sur les rameaux stériles, sessiles, glabres en dessus, presque glabres en dessous, finement dentées, les supérieures et celles du verticille ombellaire larges, courtes, parfois ovoïdes ou suborbiculaires, subentières; ombelles à 5 rayons, 3-5 furqués puis dichotomes, souvent avec des rameaux infra-ombellaires; bractées libres, grandes, entières, ovoïdes ou suborbiculaires; involucre un peu poilu en dedans, à lobes à peine denticulés, tronqués, à glandes largement ovoïdes ou arrondies; grosses capsules globuleuses, à 3 sillons, hautes de 4-5 millim., toutes verruqueuses; styles bifides, cohérents à la base; graines lisses; caroncule petite, déprimée. ♃, ♄ C. C. C. Littoral.

E. atlantica Cosson, inéd.; Boissier, Prodr.; *E. verrucosa* Desf., sec.; Boissier. — Diffère par ses tiges presque simples, plus courtes, moins ramifiées sous les ombelles; par les feuilles souvent ciliées, les ombellaires suborbiculaires; par les styles allongés, bilobés, épaissis au sommet; par sa grosse capsule ovoïde, presque lisse, souvent avec quelques grands poils. ♃ Aurès, Djurdjura.

Nota. — Ces 2 dernières plantes sont bien voisines de l'*E. verrucosa* L.

E. Bivonæ Steudel; *E. fruticosa* Biv.; Munb., cat.; *E. spinosa* Desf., fl. atl., tab. 101, mala. — Arbuste de 8-15 décim., très rameux, à tiges et rameaux dressés, couverts par les cicatrices des feuilles tombées; rameaux floraux très feuillés; feuilles lancéolées, médiocres, un peu ondulées et entières aux bords, d'un vert pâle, celles du verticille ombellaire semblables, égalant l'ombelle; ombelles petites (4 cent. environ), à 5 rayons courts, bifides; bractées jaunes, libres, oblongues, mucronées ou non; capsule de 5 millim., subglobuleuse, trisulquée, à coques couvertes de verrues courtement cylindriques; styles soudés jusqu'au milieu, spatulés, bilobés au sommet, courts; graines ovoïdes, luisantes, lisses, noires; caroncule ovoïde. ♄ Rochers calcaires, Oran, Chenoua, Pointe-Pescade, Bou-Zecza, Aurès, etc. Malte, Sicile. Port de *Daphne Gnidium*.

E. RUPICOLA Boissier. Voy. Esp., tab. 161; Munb., cat.; *E. dumetorum* Cosson, inéd. — Diffère de l'espèce ci-dessus par ses ombelles plus larges, à rayons dépassant le verticille ombellaire; celui-ci à feuilles ovoïdes; bractées ovoïdes ou orbiculaires. ♄ Rio-Salado (Pomel). Espagne.

e. Graines parcourues longitudinalement par de grandes crêtes spongieuses, nombreuses, très saillantes, irrégulièrement anastomosées et dentées; pas de caroncule.

E. Guyoniana Boissier et Reuter, Pug., p. 109; Munb., cat. — Plante glabre, glauque, rameuse, à rameaux effilés, cylindriques, portant de distance en distance et surtout aux dichotomies des bractées ovées-rhomboïdales, mucronées, ayant ou n'ayant pas de fleurs à leur aisselle; feuilles linéaires, alternes, nulles sur certains rameaux florifères, nombreuses et étroites sur d'autres, plus larges et obtuses à la base des tiges; involucre subsessile à dents ciliées, à glandes largement ovoïdes, ponctuées; capsule longuement stipitée, subglobuleuse, lisse (4-5 millim.), à 3 sillons profonds, à coques subcarenées; styles allongés, bifides au sommet, cohérents à la base. ♃ Dunes de toute la région saharienne. Biskra, Bou-Saâda, Aïn-Sefra, etc.

§§ 2. *Esula.* — Glandes de l'involucre en croissant à cornes tournées en dehors (*E. calyptrata* faisant seul exception).

a. Glandes à cornes très peu saillantes; arbrisseau à rameaux épais, rougeâtres; à feuilles linéaires-lancéolées, obtuses, très entières, très denses sur les rameaux de l'année, puis caduques.

E. dendroides L.; Desf., fl. atl.; Munb., cat.; Lx, cat. Kab.; Reich. 4,772. — Ombelles à 3-10 rayons, courts, bifides; bractées semi orbiculaires ou subrhomboïdales, entières, libres, mucronées ou non; gros involucre à glandes légèrement échancrées, à angles obtus; capsule glabre, lisse, trigone, à 3 sillons profonds, haute de 5 millim., large de 6-7; coques comprimées par le côté avec un sillon sur le dos; graines lisses ternes, arrondies-comprimées avec une caroncule en crête; styles allongés, cohérents à la base, épaissis au sommet. ♄ Cap Ténès, Bougie, Bône, Cap de Garde. Rég. médit.

b. Glandes parfois plurilobées, entières ou bicornes, à cornes obtuses et courtes; grosses capsules trigones, hautes de 6-7 millim. sur 5-6, lisses ou granuleuses; graines lisses. Herbes glabres à feuilles fortement et irrégulièrement dentées, à bractées libres.

1. Caroncule convexe, lobée à la base.

E. serrata L.; Desf., fl. atl.; Munb., cat.; Reich. 4,784. — Souche ligneuse, verticale, rameuse; rameaux dressés (3-5 décim.), striés, les uns stériles à feuilles toutes linéaires-lancéolées, aiguës, les autres florifères, à feuilles supérieures élargies à la base, celles du verticille ombellaire largement cordiformes, embrassantes, longuement acuminées; bractées très grandes, cordiformes, les intérieures plus petites; ombelles à 3-5 rayons 1-2 fois bifurqués, avec quelques rameaux florifères infra-ombellaires; glandes à 2 pointes obtuses; graines cylindriques, tronquées aux 2 bouts. ♃ Littoral. Oran, Dellys; R. à Alger. Rég. médit., Canaries.

2. Caroncules très grandes, coniques, stipitées, plissées longitudinalement.

E. cornuta Persoon; Munb., cat. — Tige dressée, rameuse; feuilles inférieures linéaires, tronquées ou rétuses, mucronées ou non; feuilles supérieures et bractées élargies, cordiformes à la base, très longuement acuminées; ombelles irrégulières, pauciradiées, à rayons dichotomes; glandes involucrales à 2-4, parfois 6-10 lobules; graines blanchâtres; caroncule à 4 sillons. ① ♃ Toute la bordure nord du Sahara. Orient.

E. calyptrata Cosson et Durieu, Bull. soc. bot., vol. IV, p. 504; Boissier, Icones Euphorb., tab. 60. — Diffère de l'*E. cornuta* par ses feuilles florales et ses bractées étroitement linéaires, non dilatées à la base, très longues, tronquées et souvent trilobées au sommet, pareilles aux feuilles caulinaires; par les glandes involucrales entières, elliptiques ou un peu tronquées au sommet, plus larges que longues; par la caroncule énorme, noirâtre, longuement stipitée, à 10-12 côtes subégales. ① ♃ Bordure nord du Sahara.

c. Glandes nettement bicornes, à cornes dirigées en avant; bractées libres ou connées.

1. Plantes annuelles; graines tuberculées; feuilles non dentées.

E. exigua L.; Desf., fl. atl.; Munb., cat.; Lx, cat. Kab.; Ball, spic.; Reich. 4777. — Plante souvent rameuse dès la base, à tiges dressées ou ascendantes (1-2 décim.); feuilles sessiles, linéaires, aiguës, tronquées ou rétuses (*E. retusa* Reich. 4778; *E. rubra* DC.), celles du verticille ombellaire élargies à la base; bractées semblables, plus courtes; ombelles à 2-4 rayons dichotomes, souvent avec des rayons infra-ombellaires; glandes involucrales brunes, elliptiques avec 2 pointes fines d'un vert tendre; capsule trigone, lisse, un peu granuleuse, haute de 2 millim. sur 2; styles courts ; graines brunes; caroncule réniforme. ① C. C. C. Champs et culture de tout le Tell. Europe, Rég. médit., Orient.

E. glebulosa (1) Cosson et Durieu, Bull. soc. bot., vol. IV, p. 493; *E. globulosa* Boissier, Prodr.; Munb., cat.; fig. Boissier, Icon. Euph. tab. 90. — Diffère de l'*E. exigua* par ses ombelles longuement ramifiées; par ses bractées rhomboïdales ou ovoïdes, aussi larges ou plus larges que longues; par sa capsule de 3 millim., finement ridée-réticulée sur le sec; par ses graines blanchâtres, puis brunâtres, toutes couvertes de tubercules d'aspect terreux et surmontées d'une grande caroncule conique. ① ♃ Laghouat, Mzab, Biskra, Tunisie.

β *peplidea* Cosson, herbier; Boissier, Prodr. — Feuilles beaucoup plus grandes, plus larges, ovées-cunéiformes, les supérieures subfalciformes, parfois très grandes. Port d'*E. Peplis*. Forme robuste quoique couchée. El-Kantara, Biskra. (v. s. herb. Pomel.)

2. Plantes annuelles; graines sillonnées en long ou munies de lignes longitudinales de fovéoles.

E. sulcata De Lens; Munb., cat. — Plante de 5-10 cent., dressée, feuilles oblongues-cunéiformes, élargies, émarginées et mucronées au sommet, où les supérieures simplement tronquées, arrondies, celles du verticille ombellaire élargies à la base; bractées d'abord semblables aux feuilles, puis ovoïdes-aiguës; glandes de l'*E. exigua;* capsules plus grosses; graines blanchâtres à 8 sillons longitudinaux profonds et continus; caroncule réniforme. Aspect de l'*E. exigua*, plus robuste. ① H.-Pl., Téniet, Batna, Santa-Cruz (Oran), Tlemcen. R. France, Espagne.

(1) *De gleba, terre.* Allusion à l'aspect terreux des graines.

E. Peplus L.; Desf., fl. atl.; Munb., cat.; Lx, cat. Kab.; Reich. 4773. — Tige dressée rameuse ; feuilles toutes pétiolées, obovées, arrondies ou émarginées au sommet, entières; ombelle à 3 rayons plusieurs fois bifurqués, allongés; bractées sessiles, ovales, entières, apiculées, obliques à la base; glandes 4, petites, à cornes subulées; capsule petite, trigone, lisse, à coques munies sur le dos de 2 ailes peu saillantes; graines cendrées, puis brunes, arquées, prismatiques, à 6 faces; faces dorsales à 4 petits trous; faces latérales à 3 trous; faces internes plus courtes avec un sillon longitudinal continu; caroncule arrondie. ① A. R. Champs. Europe, Rég. médit., Orient, Canaries.

E. PEPLOIDES Gouan; Munb., cat.; Reich. 4774. — Diffère surtout de l'*E. Peplus* par ses graines plus petites avec un trou de moins sur les faces. ① C. C. C. Avec l'espèce.

3. Plantes annuelles; graines sillonnées en travers.

E. falcata L.; Desf., fl. atl.; Munb., cat.; Lx, cat. Kab.; Ball, spic.; Reich. 4776. — Tige dressée, simple ou rameuse dès la base; feuilles cunéiformes, les inférieures petites, obtuses ou tronquées, les supérieures aiguës et souvent mucronées, celles du verticille ombellaire ovées ou obovées, aiguës; ombelles à 3-5 rayons plusieurs fois bifurqués, à rameaux plus ou moins divariqués, avec des rameaux florifères infra-ombellaires ; bractées largement ovées ou rhomboïdales, aiguës, finement dentelées; glandes à cornes courtes; capsule petite, lisse, trigone; graines non caronculées, grises, presque quadrangulaires, à sillons transversaux en échelle. ① A. C. Tout le Tell, H.-Pl., Rég. médit., Orient.

β rubra. — Plante naine à inflorescence très condensée, à bractées imbriquées et rougeâtres ainsi que les feuilles. A. C. Broussailles un peu sèches.

4. Plantes annuelles ou vivaces, glabres; graines irrégulièrement fovéolées ou rugueuses; bractées libres.

E. hieroglyphica Cosson et Durieu, inéd.; Munb., cat.; Boissier, in DC., Prodr. — Port des formes robustes de l'*E. falcata ;* inflorescence condensée; bractées plus longues que larges; glandes à cornes discolores, allongées; graines blanchâtres marquées sur les faces de dépressions linéaires, brunes, ramuleuses, imitant l'écriture arabe; caroncule conique, déprimée. ① Constantine.

E. medicaginea Boissier, Voy. Esp., tab. 162; Munb., cat. — Tige robuste, dressée, peu rameuse jusqu'à l'inflorescence;

feuilles sessiles, oblongues ou émarginées, rarement linéaires, d'un vert clair, finement denticulées au sommet; 5-6 rayons plusieurs fois dichotomes avec des rameaux infra-ombellaires, formant ensemble une ample ombelle hémisphérique; bractées semi-orbiculaires ou un peu polygonales, les plus jeunes très jaunes; glandes orangées, contiguës, à pointes sétacées; capsule lisse, trigone, trisulquée; graines obscurément quadrangulaires, oblongues, brunes, parcourues par des crêtes vermiculaires blanches, plus ou moins longues. ④ Avril-juin. Mitidja, Coléa, Oran, Maroc, Espagne, Tunisie.

Var. *oblongifolia* Ball. Maroc.

E. megalatlantica Ball. Maroc.

E. rimarum Cosson. Maroc.

E. pinea L.; Munb., cat.; Lx, cat. Kab.; *E. calcarea* Coss. et DR., olim. — Tiges dressées ou ascendantes, robustes, simples ou rameuses; feuilles denses, subimbriquées, longuement linéaires, obtuses ou aiguës, mucronulées, caduques, et laissant sur la tige des cicatrices saillantes. Plante pour le reste voisine de l'*E. medicaginea*. Elle s'en distingue facilement par son ombelle plus verte, ses glandes au nombre de 4 et non 5, à cornes subulées très longues, par sa capsule plus grosse, à coques subcarenées pourvues sur le dos de deux bandes granuleuses, par ses graines à fovéoles irrégulières. ♃ Fleurit parfois la 1re année. La Chiffa, l'Arba, Djurdjura, Cap Matifou, Cap Ténès, Oran, etc., etc. Rochers et terrains calcaires. Rég. médit.

E. segetalis L.; Munb., cat.; Reich. 4,780. — Ne paraît guère différer de l'*E. pinea* que par sa racine annuelle. C'est une forme plus boréale du même type. Je crois l'avoir trouvée à Oued-el-Alleug.

E. biumbellata Poiret, voy. p. 174, vol. II; Desf., fl. atl.; Munb., cat. — Tiges dressées, robustes (4-10 décim.), dénudées à la base; feuilles linéaires-oblongues, trinerviées, obtuses ou émarginées, les supérieures élargies à la base; rameaux florifères plusieurs fois bifurqués, les premiers souvent solitaires, puis formant un verticille multiradié séparé par un long entre-nœud de l'ombelle terminale; bractées grandes, semi-orbiculaires ou réniformes ou ovoïdes, obtuses; glandes à cornes allongées et épaissies en massue au sommet; capsules granuleuses sur toute leur étendue; graines ovées-cylindriques, couvertes d'un enduit blanchâtre, subéreux, parcouru par des sillons longitudinaux irréguliers, anastomosés en réseau; caroncule grande, déprimée, stipitée. ♃ Djidjelli, Bône, La Calle, etc. Espagne, France, Italie.

E. luteola Cosson et Durieu, inéd.; Boissier, Prodr.; Munb., cat.; fig. Boissier, Icon. Euph., tab. 100. — Tiges dressées, élancées, simples ou rameuses, hautes de 4-10 décim.; feuilles trinerviées un peu épaisses, oblongues ou longuement linéaires, dressées, étalées ou réclinées, très variables, obtuses ou aiguës, celles du verticille ombellaire plus larges; rameaux florifères dichotomes, très nombreux, axillaires et en ombelle terminale; bractées ovoïdes-aiguës; glandes à cornes courtes, épaisses, souvent bi ou trilobées; capsule lisse; graines noirâtres, chagrinées, recouvertes d'un enduit blanchâtre et subéreux marqué de sillons ou d'enfoncements irréguliers, à la fin divisé en plaques hexagonales un peu caduques laissant voir le testa noir et chagriné; caroncule globuleuse, très petite. Espèce très polymorphe, glauque ou jaunâtre, se distinguant toujours facilement des *E. pinea* et *biumbellata* par sa capsule lisse, de l'*E. terracina* par ses graines maculées ou sillonnées, de l'*E. bupleuroides* par ses feuilles entières et de toutes par la forme de ses glandes. ♃ Juillet-août. Montagnes : Djurdjura, Aurès, Babors, Djelfa, Djebel-Amour, etc.

E. bupleuroides Desf., fl. atl., tab. 103; Munb., cat. — Port de l'espèce précédente; en diffère par ses feuilles finement dentées au sommet, noircissant en herbier; par ses bractées ovoïdes-oblongues. ♃ Tlemcen, Frendah.

5. Plantes généralement vivaces; bractées libres; graines lisses; plantes glabres.

E. terracina L.; Lx, cat. Kab.; Ball, spic.; *E. provincialis* Willd.; Munb., cat.; *E. seticornis* Poiret; Desf., fl. atl.; *E. heterophylla* Desf., fl. atl., tab. 102; Reich. 4,790-4,775. — Plante polymorphe, vivace, mais fleurissant la 1re année; tiges dressées ou ascendantes, rameuses, à inflorescence ample, très ramifiée; feuilles lancéolées ou les inférieures rétuses (*E. heterophylla* Desf.), finement dentées dans le haut, celles du verticille ombellaire un peu plus larges; bractées denticulées, ovées rhomboïdales ou semi-orbiculaires, mucronées, parfois lobulées; glandes à cornes sétacées très longues; capsule déprimée, lisse, trigone, profondément trisulquée; graines courtes, blanchâtres; caroncule brièvement stipitée, relevée en crête. ♃ C. C. C. Sur tout le littoral et dans l'intérieur. El-Ghicha, Gada d'Enfous, etc. Rég. médit. C'est surtout la forme *angustifolia* à feuilles linéaires-lancéolées, aiguës, même les involucrales, à inflorescence longuement paniculée, que j'ai vue du Sud.

52

E. nicæensis Allioni; Munb., cat. — Diffère de l'espèce précédente par ses feuilles coriaces très entières, oblongues-lancéolées, généralement obtuses, celles du verticille ombellaire ovoïdes ou elliptiques, rarement lancéolées, mucronées; par ses glandes à pointes courtes et épaisses; par sa capsule ovoïde, parfois un peu velue, à sillons peu profonds. ♃ Haut Rhumel (Choulette), Lambèse (Cosson, Lx). Rég. médit.

E. demnatensis Cosson. Maroc.

E. dasycarpa Cosson. Maroc.

NOTA. — Ces 2 dernières espèces marocaines à port d'*E. nicæensis* sont remarquables par leurs glandes grandes, simplement tronquées en avant, à peine émarginées. La première n'a pas ses graines tout à fait lisses, elles présentent quelques dépressions irrégulières et superficielles; sa capsule est pubérulente; la 2e a la capsule laineuse.

E. Paralias L.; Desf., fl. atl.; Munb., cat.; Lx, cat. Kab.; Ball, spic.; Reich. 4789. — Souche ligneuse à la base; tiges nombreuses, simples, dressées (3-6 décim.), poussant en touffes; feuilles imbriquées, glauques, épaisses, coriaces, dressées, entières, concaves, oblongues-lancéolées, aiguës ou les inférieures obtuses; ombelle à 3-5 rayons épais, dichotomes; bractées réniformes, épaisses, mucronulées; glandes à pointes courtes, à sinus entier ou dentelé; grosses capsules déprimées, à coques ovoïdes avec 2 bandes granuleuses sur le dos; graines subglobuleuses, très grosses (3 millim.), blanches ou maculées; caroncule petite. ♃ Sables maritimes. Rég. médit., Europe occidentale.

E. Pithyusa L.; Desf., fl. atl.; Reich. 4788. — Même port; capsules très petites; graines un peu rugueuses; feuilles caulinaires inférieures et raméales linéaires-acuminées « ad maris littora » Desf. Rég. médit.

E. aleppica L. — Tunisie (Lx).

6. Bractées connées au moins en partie.

E. amygdaloides L.; Lx, cat. Kab.; Reich. 4779. — Tiges dressées, robustes, portant à la base des feuilles de l'année précédente très grandes, épaisses, oblongues, obtuses, atténuées en pétiole, penninerviées, pouvant atteindre 15 cent. sur 4; puis, sur les tiges florifères, des feuilles de l'année plus minces, plus courtes surtout dans le bas, ovées, mucronulées; rameaux florifères nombreux, les supérieurs en ombelle; bractées très grandes, soudées en collerette concave, orbiculaire ou suborbiculaire, entières sur le bord ainsi que les feuilles; glandes à cornes subulées, convergentes; capsule grande, lisse, trigone, trisulquée avec un petit sillon sur le dos de chaque carpelle; graines lisses, ovoïdes, à caroncule orbiculaire relevée en pyramide courte. Plante de 5-12 décim. plus ou moins pubescente. ♃ Ruisseau des Singes, Djurdjura, Babors. Europe moyenne, Rég. médit., Orient.

E. Characias L. Maroc.

NOTA. — *E. mauritanica* Desf., fl. atl., est probablement l'*E. obtusifolia* Poiret, plante des Canaries, de la section *Tirucalli*.

Tribu II. — PHYLLANTHÉES.

ANDRACHNE L.

Fleurs monoïques, solitaires ou fasciculées aux aisselles des feuilles ; 5-6 sépales; 5-6 pétales très petits dans les fleurs mâles ; celles-ci à 5-6 étamines le plus souvent monadelphes avec un disque extra staminal à 3-6 glandes libres ou soudées en tube ; fleurs femelles à 3 styles, à stigmates bifides ; fruit capsulaire à 3 coques dispermes et bivalves ; graines finement tuberculeuses, sans caroncule ; feuilles distiques, stipulées.

A. telephioides L.; Munb., cat. ; Reich. 4807. — Port de *Telephium Imperati* ou d'*Euphorbia Chamæsyce ;* capsules déprimées, à coques lisses, larges; pétales entiers ; feuilles glauques. ♃ Mzab, Biskra, Rég. médit., France exceptée, Orient.

A. maroccana Ball. Maroc.

SECURINEGA Jussieu ; *Colmeiroa* Reuter.

Fleurs dioïques, axillaires, les mâles fasciculées; les femelles solitaires ou peu nombreuses ; caractères du genre précédent, sauf l'absence des pétales et les graines lisses. Arbres ou arbustes à rameaux distiques, souvent épineux.

S. buxifolia J. Müller; *Colmeiroa buxifolia* Reuter; Munb., cat.; *Adelia buxifolia* Poiret. — Arbuste très rameux dès la base, à rameaux raides, dressés, épineux au sommet; feuilles fasciculées, puis distiques, semblables à celles du Buis; stipules petites, sétacées, ciliées ; graines marquées de linéoles blanches. Bône, La Calle. Espagne.

Tribu III. — ACALYPHÉES.

Clef des genres :

1 { Étamines polyadelphes, indéfinies, réunies en androcée rameux . . . . RICINUS.
  { Étamines en nombre défini. 2

2 { Pas de pétales, généralement 2 coques. . . . . MERCURIALIS.
  { Fleurs mâles à 5 pétales; 3 coques. . . . . . . CROZOPHORA.

CROZOPHORA Neck ou mieux *Chrozophora*.

Fleurs monoïques, les mâles en grappes spiciformes, axillaires ou terminales; calice 5-fide ; 5 pétales; 5-10 étamines monadelphes au centre de la fleur; fleurs femelles peu nombreuses à la base de la grappe mâle; calice 10-partit; corolle petite ou nulle; 3 styles bifides; capsules à 3 coques.

a. Tomentum étoilé ; capsules couvertes d'écailles peltées; graines sans caroncule.

C. tinctoria Jussieu; Munb., cat.; Lx, cat. Kab.; *Croton tinctorium* L.; Desf., fl. atl.; Reich. 4805. — Tige d'abord dressée, robuste; bientôt rameuse à rameaux étalés; feuilles alternes, pétiolées, trinerviées, rhomboïdales, ovoïdes ou lancéolées, plus ou moins sinuées-dentées, couvertes sur les 2 faces d'un tomentum velouté et présentant en dessous quelques petites glandes cupuliformes jaunâtres dont 2 plus grandes au sommet du pétiole; capsule large (7-8 millim.), à coques globuleuses ; graines rugueuses, tronquées à la base, pointues au sommet. ① Juin-septembre. A. C. Rég. médit., Orient.

C. verbascifolia Jussieu; Munb., cat. — Diffère de l'espèce précédente par son tomentum extrêmement dense, blanc ou jaunâtre, recouvrant même la tige; par ses feuilles inférieures tronquées, presque cordiformes à la base; par ses capsules peu tuberculeuses, 2 fois plus petites ainsi que les graines. ① Mzab, Biskra, etc. Orient, Espagne, Tunisie.

b. Tomentum soyeux à poils simples ; pas d'écailles peltées sur la capsule; graine munie d'une caroncule.

C. Warionis Cosson, inéd. — Tige dressée, rameuse, velue; feuilles petites, ovoïdes, brièvement pétiolées, finement et irrégulièrement denticulées, velues-soyeuses sur les 2 faces; capsule velue-soyeuse, non écailleuse, brièvement pédonculée, réfléchie, prismatique-triquêtre, à coques à peine séparées par des sillons peu marqués; graines blanchâtres, quadrangulaires; caroncule substipitée, dressée, un peu cochléaire en avant, arrondie en arrière. ① Miserghin (Warion). Spont.?

NOTA. — Cette plante, dont la place dans le genre *Crozophora* est extrêmement douteuse, a été récoltée en fruits par le Dr Warion, en 1877, à Miserghin, où on l'a vainement cherchée depuis. Je n'ai point vu les fleurs mâles. C'est à M. Debeaux que je suis redevable d'un des échantillons cueillis par feu le Dr Warion.

MERCURIALIS L. (Mercuriale).

Fleurs dioïques, rarement monoïques; calice tripartit, valvaire dans les fleurs mâles, imbriqué dans les fleurs femelles; pétales nuls; fleurs mâles à 9-12 étamines libres, sans trace d'ovaire; fleurs femelles à 2 carpelles monospermes et à 2 staminodes glanduliformes; 2 styles indivis, papilleux sur toute leur longueur; graines munies d'une caroncule. Herbes à feuilles opposées, dentées, stipulées.

a. Espèces vivaces.

M. elliptica Lamarck. Maroc (Cosson, herb.)

M. perennis L.; Munb., cat.; Reich. 4,804. — Souche rampante, à grosses fibres radicales; tiges herbacées, simples, noueuses, nues inférieurement; feuilles oblongues-lancéolées (4-10 cent. sur 2-3), dentées en scie, finement ciliées, glabres ou pubescentes, pétiolées; fleurs dioïques, les mâles en petits glomérules espacés sur un axe commun, filiforme, plus long que la feuille; fleurs femelles axillaires, ordinairement solitaires, longuement pédonculées; capsule didyme, brièvement poilue. ♃ Babors, Guerrouch, Goubia, montagnes de la rade de Bougie, etc. Europe.

b. Plantes annuelles.

M. annua L.; Desf., fl. atl.; Munb., cat.; Lx, cat. Kab.; Ball, spic.; Reich. 4,801-4,802. — Tige dressée, noueuse, rameuse, striée, anguleuse; feuilles glabres ou glabrescentes, un peu ciliées, ovées-lancéolées, dentées, plus petites que dans l'espèce précédente, un peu charnues; fleurs mâles comme dans l'espèce précédente; capsules didymes, vertes, hérissées de pointes terminées par un poil. ① C. C. C. Partout dans les cultures. Europe, Rég. médit., Orient.

β ambigua; M. ambigua L. — Monoïque; fleurs mâles entremêlées avec les fleurs femelles sur des axes très courts. Avec le type.

RICINUS Tournefort (Ricin).

R. communis L.; Desf., fl. atl.; Munb., cat.; Lx, cat. Kab.; Ball, spic. — Arbuste ou petit arbre glabre, à grandes feuilles peltées; divisées au delà du milieu en 7-9 lobes lancéolés-dentés; pétiole arrondi, muni à la base et au sommet de glandes peltées; stipules caduques; grappes extra-axillaires à fleurs mâles et femelles sur le même axe; pas de corolles; androcée en forme d'arbuscule très rameux; fleurs femelles à styles rougeâtres, très longs, bifides au sommet; capsule grosse, tricoque à coques échinulées, s'ouvrant avec élasticité; grosses graines marbrées, lisses, luisantes, munies d'une grosse caroncule. ♃ A. C., près des lieux habités, sous la forme *R. africanus* Müller, Prodr., arborescente et à rameaux verdâtres, relativement grêles. Vraisemblablement introduit. Beaucoup d'autres formes sont cultivées dans les jardins et sur les voies ferrées.

BUXACÉES Klotsch.

Petite famille distraite des Euphorbiacées dont elle diffère par l'absence de suc laiteux; par ses styles périphériques et non centraux sur les fleurs femelles, et surtout par sa capsule loculicide.

BUXUS L. (Buis).

Fleurs monoïques, en glomérules axillaires, munies chacune d'une bractée; calices à 4 sépales inégaux opposés par paires; pas de corolle ni de disque; fleurs mâles à 4 étamines; fleurs femelles à 3 styles épais, canaliculés en dedans; ovaire triloculaire à loges biovulées; capsule coriace, tricuspidée par les styles, s'ouvrant en 3 valves qui portent chacune 2 moitiés de style; arbustes à feuilles simples, entières, luisantes, coriaces, opposées, persistantes.

B. sempervirens L.; Munb., cat.; Reich. 4808, var. *angustifolia* Loudon. — Feuilles lancéolées, 3 fois plus longues que larges. Madids, Tababor, Gorges du Guergour. Mai-juin. La variété en Orient, l'espèce en Europe et en Orient.

CALLITRICHINÉES Link.

Fleurs hermaphrodites, monoïques ou dioïques par avortement, axillaires, solitaires, sessiles; involucre de 2 bractées blanchâtres, opposées, courbées en croissant; calice et corolle nuls; 1 rarement 2 étamines alternant avec les pièces de l'involucre et insérées sous l'ovaire dans les fleurs hermaphrodites; filet filiforme, allongé; anthère réniforme; ovaire libre, sessile ou stipité, formé de 4 carpelles uniovulés, indéhiscents; 2 longs styles divergents; stigmates aigus; fruit charnu-membraneux; embryon arqué dans un albumen charnu; radicule supère; cotylédons courts. Petites herbes nageantes, molles; tiges grêles, simples ou rameuses; feuilles opposées, sessiles, les supérieures rapprochées en rosette.

CALLITRICHE L.

a. Ovaire brièvement stipité.

C. vernalis Kutzing; Munb., cat.; Ball, spic.; Reich. 4746; *C. verna* Desf., fl. atl., pro parte. Feuilles supérieures nageantes, ovoïdes, très denses, les inférieures linéaires; bractées persistantes, obtuses, droites, non conniventes; styles courts, dressés, caducs; fruit plus long que large; carpelles carenés, ailés sur le dos à ailes conniventes 2 à 2 de manière à simuler un ovaire bicarpellaire. ① C. C. C. Fossés de la Mitidja, marais, etc. Europe, Rég., médit.

C. stagnalis Scopoli; Lx, cat. Kab.; Reich. 4747. — Feuilles toutes ovoïdes; bractées conniventes; styles persistants, longs, à la fin réfléchis sur les bords du fruit aussi large que long; carpelles fortement ailés, carenés, divergents, en étoile à 4 branches. Touffes épaisses, souvent en partie exondées. A. C. Dans la Kabylie. Dellys, Fort-National, Constantine. Europe, Rég. médit., Orient.

C. platycarpa Kutzing; Munb., cat.; Reich. 4748. — Diffère du précédent par ses feuilles inférieures linéaires. Alger, R. (Munby).

b. Fruit très petit, très longuement stipité au moins dans un certain nombre de fleurs.

C. pedunculata DC.; Munb., cat.; *C. autumnalis* Desf., fl. atl. ? non L. — Plante ordinairement exondée, couvrant d'un tapis vert le fond des mares d'où l'eau s'est retirée; feuilles petites, linéaires, les supérieures oblongues, pas d'involucre; styles courts, réfléchis; ovaire très petit, à carpelles parallèles, carenés, à peine ailés; podogyne pouvant atteindre 2 cent. dans les fruits inférieurs et se recourbant pour enterrer le fruit, court dans les fruits supérieurs. ① C. C. C. Angleterre, France, Italie, Orient.

C. truncata Gussone. — Diffère de l'espèce précédente par ses fruits sessiles, les inférieurs, seuls étant pédonculés. ① Djebel Ouach (Julien).

CERATOPHYLLINÉES

CERATOPHYLLÉES Gray.

CERATOPHYLLUM L.

Grandes herbes vivaces, submergées, rudes, rameuses, articulées-noueuses ; feuilles verticillées, sessiles, sans stipules, multiséquées, à segments trichotomes, divisés en lanières filiformes et scabres ; fleurs monoïques, axillaires, sessiles dans un involucre 10-12 partit ; périanthe nul ; fleurs mâles à 12-15 étamines ; fleurs femelles réduites à un ovaire surmonté d'un style unique, infléchi au sommet ; achaine monosperne ; graine exalbuminée, à 4 cotylédons verticillés ; radicule infère.

C. demersum L. ; Desf., fl. atl. ; Munb., cat. — Feuilles à lanières dentées-spinuleuses ; fruit ovoïde, comprimé, non ailé, muni au-dessous de la base de 2 épines réfléchies parfois réduites à des tubercules, terminé en pointe aussi longue ou plus longue que lui. Plante d'un vert sombre. ♃ C. C. Eaux profondes. Europe.

C. submersum L. ; Munb., cat. — Plante d'un vert plus clair, à feuilles moins scabres ; fruit dépourvu d'épines et à pointe plus courte que lui. Algérie (Munby). Europe.

URTICINÉES

Clef des familles :

1	Fleurs mâles à 12-20 étamines dans un involucre diphylle ; anthères linéaires, longues, sagittées.	CYNOCRAMBÉES.
	Étamines opposées aux divisions du calice et ordinairement en même nombre.	2
2	Arbres ou arbustes à feuilles alternes.	3
	Herbes ou arbrisseaux à suc aqueux.	5
3	Suc laiteux ; fleurs unisexuées ; fruit composé, charnu, succulent *(mûre ou figue)*.	MORÉES.
	Suc aqueux ; fleurs hermaphrodites ou polygames.	4
4	Fleurs axillaires, solitaires ; fruit drupacé. . . .	CELTIDÉES.
	Fleurs en glomérules ombelliformes ; fruit samaroïde.	ULMACÉES.
5	Filets longs, enroulés, élastiques ; anthères arrondies, dorsifixes ; embryon droit.	URTICÉES.
	Filets courts, non élastiques ; anthères terminales et oblongues ; embryon courbe ou spiralé. . . .	CANNABINÉES.

CYNOCRAMBÉES Endlicher.

Herbes à suc aqueux; fleurs monoïques, en glomérules sessiles, axillaires; fleurs mâles à 2 sépales dressés, puis enroulés; fleurs femelles à calice tubuleux soudés sur le côté de l'ovaire; stigmate entier; ovaire infère, uniloculaire, uniovulé, à ovule courbe; achaine coriace, arrondi; graine condupliquée; embryon en fer à cheval, dans un albumen charnu; radicule appliquée contre le dos d'un cotylédon.

THELIGONUM L.

Th. Cynocrambe L.; Desf., fl. atl.; Munb., cat.; **Lx**, cat. Kab.; Ball, spic. — Herbe un peu charnue, à odeur de chou; tiges articulées, noueuses, dressées ou décombantes, un peu rameuses; feuilles pétiolées, ovales, à bords scabres, les inférieures opposées. ① C. C. C. Lieux frais, broussailles, jardins, etc. Rég. médit.

CANNABINÉES Endlicher.

Feuilles inférieures au moins opposées, palmées; fleurs dioïques, les mâles en panicules ou en grappes avec un calice à 5 divisions; 5 étamines oppositisépales; anthères s'ouvrant longitudinalement; fleurs femelles monosépales; ovaire uniloculaire, uniovulé, bivalve; graine pendante, à embryon courbe, sans albumen, radicule supère.

CANNABIS Tounefort (Chanvre).

Étamines pendantes; fleurs femelles fasciculées en panicule spiciforme et terminale, munies chacune d'une petite bractée; style court à 2 longs stigmates filiformes; embryon condupliqué.

C. sativa L.; Munb., cat. — Tige droite, raide; feuilles palmatiséquées à 5-7 segments lancéolés, acuminés, fortement dentés, les supérieures décroissantes, à 1-3 segments; fleurs mâles pendantes en panicule dressée. ① Plante originaire d'Orient.

Var. *Kif* DC., Prodr.; Dukerley, Bull. soc. bot. Fr. XIII, p. 401. — Tiges de 3-10 décim., bien feuillées, à feuilles relativement petites; inflorescence condensée; graines plus petites, fauves, ternes, marbrées. *Kif* des Arabes, *Tekrouri*. Cult., subsp.

URTICÉES DC.

Fleurs dioïques ou polygames; fleurs mâles à calice 4-5 partit, ou à un seul sépale *(Fôrskohlea)*; étamines autant que de sépales ; fleurs femelles à calice tubuleux, 3-5 partit, ou nul *(Forskohlea)* ; ovaire uniloculaire, uniovulé ; ovule dressé ; embryon droit, axile, à radicule supère. Herbes ou arbrisseaux à feuilles simples, pétiolées, généralement ovoïdes.

URTICA Tournefort (Ortie).

Calice mâle à 5 divisions ; calice femelle tétramère à divisions extérieures petites, parfois nulles ; achaines lenticulaires ; stigmate sessile. Herbes plus ou moins munies de poils urticants, à feuilles ovoïdes, fortement dentées en scie, opposées au moins dans le bas, à fleurs vertes en panicules axillaires et terminales, rarement en capitules ou en épis.

a. Grappes axillaires géminées, simples, spiciformes.

U. urens L.; Desf., fl. atl.; Munb., cat.; Lx, cat. Kab.; Ball, spic.; Reich. 1,320. — Tige dressée (2-6 décim.), rameuse dès la base ; feuilles petites pour le genre, ovées-elliptiques, couvertes de tubercules radiés visibles à la loupe, mêlés de poils urticants ; fleurs mâles et femelles mêlées, en épis subsessiles, bien plus courts que les feuilles. Plante un peu urticante. ④ A. C. Champs, cultures, jardins. Europe, presque cosmopolite.

β *iners* ; *U. iners* Forskahl. — Plante peu ou pas urticante, à très petites feuilles. El-Kantara.

U. membranacea Poiret ; Desf., fl. atl.; Munb., cat.; Lx, cat. Kab.; Ball, spic.; Reich. 1,321 ; *U. neglecta* Gussone ; *U. atlantica* Blume. — Plante peu urticante malgré ses gros poils, bien plus grande que la précédente (4-12 décim.) ; grandes feuilles à tubercules remplacés par de petits poils appliqués ; fleurs mâles et femelles sur des épis pédonculés, distincts, très rarement un peu mêlées dans le même épi ; épis mâles unilatéraux à rachis plan portant toutes les fleurs sur leur face supérieure, plus longs que les feuilles (4-15 cent. et plus) ; épis femelles cylindriques, à axe grêle, à fleurs très petites, plus courts que les feuilles sauf dans le haut de la tige. Pieds, les uns entièrement femelles *(U. neglecta* Guss.), les autres mâles avec quelques épis femelles dans le bas, d'autres, plus rares, femelles avec quelques épis mâles au sommet. ① Jardins, voisinage des habitations, décombres. Rég. médit. occid.

b. Panicules rameuses.

U. pilulifera L.; Desf., fl. atl.; Munb., cat.; Lx, cat. Kab.; Ball, spic.; Reich. 1,302. — Plante puissante (6-20 décim.) ;

rameuse; feuilles très grandes, cordées-ovoïdes, tuberculeuses, à dents très profondes (parfois 2 cent.), avec de gros poils urticants; inflorescences mâles en panicule rameuse dépassant les feuilles; inflorescences femelles en gros capitules sphériques, hérissés, tantôt solitaires ou géminés, tantôt se développant sur les rameaux des grappes mâles; graines très grosses, lenticulaires, employées dans la médecine arabe. ④ Décombres. Avril-juin. Europe moyenne, Rég. médit., Orient, Asie tropicale, Ste-Hélène, etc.

NOTA. — Notre plante très puissante et à stipules lancéolées répond à la variété *balearica ; U. balearica* L.

U. dioica L.; Desf., fl. atl.; Munb., cat.; Lx, cat. Kab.; Ball, spic.; Reich. 1,324. — Souche vivace; tiges dressées peu rameuses; feuilles cordées à la base, longuement ovoïdes, acuminées, fortement dentées, à dent terminale allongée; fleurs mâles et femelles en panicules axillaires, rameuses, plus courtes que les feuilles. Plante très urticante. Dans la plante d'Algérie (var. *procera* Müll.) les fleurs mâles et femelles se trouvent toujours mêlées dans chaque panicule. Elle est donc monoïque.

PARIETARIA Tournefort (Pariétaire).

Fleurs polygames, en glomérules axillaires, sessiles, munis de bractées; fleurs les unes mâles, les autres hermaphrodites ou femelles; calice à 4-5 divisions subégales, à tube accrescent dans les fleurs fructifères et tombant avec le fruit; 4-5 étamines; style court; stigmate en pinceau. Herbes molles, non urticantes, à feuilles pétiolées, ovoïdes ou lancéolées, entières, jamais opposées.

1. Plantes vivaces.

P. officinalis L.; Desf., fl. atl.; Ball, spic., var. *diffusa; P. diffusa* Mertens et Koch; Munb., cat.; Lx, cat. Kab.; Reich. 1318. — Plante pubescente; tiges diffuses ou dressées, plus ou moins rameuses; feuilles tuberculées à la loupe, triplinerviées, ovoïdes ou lancéolées, en glomérules denses souvent pauciflores; bractées soudées à la base, décurrentes sur le rameau; calice des fleurs hermaphrodites longuement tubuleux, hispide au sommet. ♃ C. C. C. Europe moyenne, Rég. médit., Orient.

NOTA. — Il me semble bien difficile de séparer spécifiquement de notre plante le *P. erecta* Mertens et Koch, forme plus boréale, qui constituait avec elle le *P. officinalis* de Linné et même le *P. judaica* L. d'Orient.

2. Plantes annuelles.

P. mauritanica Durieu, Rev. bot. Duch. II, p. 427; Munb., cat.; Lx, cat. Kab.— Tiges dressées (3-6 décim.), pubérulentes, rondes, transparentes, plus ou moins rameuses; feuilles ovées, ou ovées-lancéolées, acuminées, hispidules, tuberculées à la loupe, à 3 nervures principales, molles, pellucides, plus ou moins grandes; cymes multiflores, très rameuses, à bractées oblongues, ciliées, un peu soudées à la base et décurrentes; fleurs tétramères, sessiles, à calice profondément divisé en lobes ovés ou lancéolés, hispides-ciliés; les fleurs supérieures mâles ou hermaphrodites, campanulées; les inférieures femelles; calice fructifère allongé, à lobes dressés dépassant la bractée; style allongé. ① C. C. C. Mars-mai. Lieux frais et ombreux du Tell. Espagne.

β *diffusa* Weddel. — Tiges diffuses, grêles, très rameuses; feuilles petites. Montagnes, pied des rochers.

P. lusitanica L.; Munb., cat.; Lx, cat. Kab. — Petite plante très multicaule, à tiges grêles, peu rameuses, rappelant dans ses grands échantillons la variété *diffusa* de l'espèce précédente, mais s'en distinguant facilement par ses glomérules très petits, pauciflores, subsessiles, peu ou pas rameux, dépassés par les bractées linéaires, non décurrentes; style court; calice peu accrescent. Plante d'un vert sombre, à feuilles généralement petites, ovoïdes ou suborbiculaires. ② Pied des rochers dans toute la région montagneuse, parfois tout à fait minuscule. Rég. médit.

FORSKOHLEA L.

Fleurs monoïques réunies dans des involucres, les uns à 4-6 bractées, très laineux en dedans, multiflores avec les fleurs mâles à la périphérie et les femelles au centre, les autres plus rares, diphylles, à fleurs toutes femelles; fleurs mâles à calice monophylle, unilabié, subtridenté, à une seule étamine; fleurs femelles sans calice; ovaire elliptique, laineux; atténué en stigmate filiforme, hispide; feuilles alternes.

F. tenacissima L.; Desf., fl. atl.; Munb., cat.; Ball, spic. — Sous-arbrisseau rameux, ligneux à la base, à rameaux dressés, à port d'*Ortie*, velu-laineux, rendu fortement hispide par de gros poils raides, accrochants; feuilles médiocres, obovées, pétiolées, fortement dentées, blanches-tomenteuses en dessous; stipules libres. Rég. saharienne: Biskra, Metlili, etc. Espagne, Arabie, Inde.

MORÉES Endlicher.

Clef des genres :

1	Fleurs mâles et femelles réunies dans l'intérieur d'un réceptacle pyriforme ou globuleux, à peine ouvert au sommet.	Ficus.
	Fleurs mâles et femelles séparées, sur des inflorescences distinctes, les mâles en épis.	2
2	Fleurs femelles en épis courts et denses, à calices à la fin succulents	Morus.
	Fleurs femelles en capitules globuleux, succulentes, mêlées de fleurs abortives, sèches, piliformes. .	Broussonetia.

MORUS L. (Mûrier).

On cultive les *M. nigra* L. et *M. alba* L.

BROUSSONETIA Ventenat.

B. papyrifera Vent. — *Mûrier à papier.* Cult. subsp.

FICUS L. (Figuier).

Fleurs mâles au sommet du sycône *(figue)*; calice 3-5 fide; 3-5 étamines dressées même avant l'anthèse; fleurs femelles à calice 5-fide, à la fin charnu; ovaire uniloculaire; style latéral, 1-2 stigmates; embryon courbe.

F. Carica L.; Desf., fl. atl.; Munb., cat.; Lx, cat. Kab.; Reich. 1329. — *Le Figuier.* — Arbre à feuilles pétiolées, caduques, rudes, 3-7 lobées, à lobes obtus, plus ou moins sinués-dentés, rarement entiers; grosses figues non succulentes à l'état sauvage. ♄ A. C. Très cultivé aussi. Rég. médit., Orient, Inde.

On cultive beaucoup sur les routes et dans les jardins divers *Ficus* exotiques : *F. nitida, lævigata, Roxburgii, elastica, religiosa, capensis, etc.*

CELTIDÉES Endlicher.

Arbres à feuilles caduques, à base oblique, brièvement pétiolées; calice 5-fide; 5 étamines; ovaire uniloculaire, uniovulé, à ovule pendant; 2 stigmates sessiles; fruit drupacé; embryon courbe dans un albumen charnu.

CELTIS Tournefort (Micocoulier).

C. australis L.; Desf., fl. atl.; Munb., cat.; Lx, cat. Kab.; Ball, spic.; Reich. 1338. — Arbre à rameaux grêles, à feuilles petites, ovées-lancéolées, dentées, longuement acuminées;

fleurs axillaires, solitaires, longuement pédonculées ; fruit noirâtre gros comme un noyau de cerise ; noyau alvéolé ; gros stigmates divariqués. ♄ Avril-mai. A. R. Ravins frais. Alger, La Chiffa, Kabylie, Sidi-Rehan, etc., etc. Cultivé parfois sur les routes. Europe mérid., Rég. médit., Orient.

ULMACÉES Mirbeck.

Diffèrent des *Celtidées* par leurs feuilles doublement dentées ; par leurs fleurs en glomérules ombelliformes ; par l'ovaire primitivement biloculaire devenant une samare monosperme et par l'ovule anatrope.

ULMUS L. (Orme).

Fleurs hermaphrodites ; calice membraneux, 4-5 rarement 8-fide ; samare comprimée, ailée tout autour.

U. campestris L. ; Desf., fl. atl. ; Munb., cat. ; Lx, cat. Kab. ; Ball, spic. ; Reich. 1331. — Rameaux parfois subéreux *(U. suberosa* Ehr.) ou à écorce lisse *(U. nuda* Ehr.) ; feuilles ovées ou ovées-lancéolées, brièvement acuminées ou simplement aiguës, pubescentes ou glabres, médiocres ; ombelles subsessiles ; fleurs brièvement pédicellées à pédicelles courts, articulés vers le milieu ; samare obovée, atténuée à la base, veinée, glabre aux bords, échancrée au sommet ; graine arrivant jusqu'à l'échancrure. ♄ Mars-mai. A. C. Dans le Tell. Europe, Rég. médit., Orient.

U. montana Smith. — Feuilles plus grandes, longuement acuminées ; samare ovale-orbiculaire à échancrure n'arrivant pas jusqu'à la graine. « Africa borealis » Boissier, Fl. d'Or. Europe, Sibérie.

AMENTACÉES

Clef des familles :

Ovaire capsulaire, supère, bicarpellé, à placentas pariétaux ; graines poilues ; fleurs apérianthées, entourées d'un disque glanduleux complet ou formé de 1-2 glandes. Salicinées.

Fleurs femelles apérianthées, en chatons ovoïdes, dont les écailles sont à la fin ligneuses ; ovaire en forme de petite nucule biovulée, comprimée. . . . . Bétulacées.

Fleurs femelles réunies 1-3 dans une cupule formée de bractées soudées ; périanthe supère d'ordinaire à 6 divisions ; ovaire infère à 2-3-6 loges biovulées donnant un fruit monosperme par avortement. . . . . Cupulifères.

SALICINÉES Richard.

Fleurs en chatons, apérianthées, chacune à l'aisselle d'une écaille et munie d'un petit disque glanduleux ; fleurs mâles formées d'étamines en nombre variable, à filets libres ou plus ou moins cohérents, à anthères biloculaires, s'ouvrant longitudinalement ; fleurs femelles formées d'un ovaire bi-carpellaire, uniloculaire ou subbiloculaire ; 2 placentas pariétaux multiovulés ; ovules anatropes, ascendants ; 2 styles très courts plus ou moins soudés ; stigmates entiers ou lobés ; capsule déhiscente en 2 valves médioplacentifères ; graines chevelues à la base, exalbuminées, à radicule infère et à cotylédons plans-convexes. Arbres ou arbustes à bois blanc, léger, fibreux, tenace, à écorces amères contenant des principes fébrifuges, à feuilles caduques.

Clef des genres :

2-5 étamines par fleur mâle ; disque réduit à 2 glandes ; écailles des chatons entières . . . . SALIX.

8-12 étamines et plus, libres ; disque cupuliforme ; écailles incisées ou laciniées. . . . . POPULUS.

SALIX Tournefort (Saule).

Arbres ou arbustes à feuilles lancéolées ou oblongues, courtement pétiolées.

a. *fragiles* Koch. — Chatons latéraux, naissant avec les feuilles ; écailles concolores, pâles, tombant avant la maturité de la capsule ; disque formé de 2 glandes ; capsules glabres ; feuilles lancéolées-aiguës ; fleurs mâles à 2 étamines distinctes, rarement 3 ; anthères jaunes.

S. alba L. ; Munb., cat. ; Ball, spic. ; Reich. 1263. — Arbre médiocre à rameaux grisâtres ; feuilles soyeuses-argentées en dessous et parfois en dessus, finement dentées, glanduleuses aux bords ; stipules petites, soyeuses ainsi que les pétioles et les jeunes rameaux ; chatons assez denses avec des écailles foliacées à la base, les mâles grêles, allongés ; 2 étamines ; chatons femelles un peu arqués, à axe poilu ; capsule de 5-6 millim., ovoïde-conique, à pédicelles égalant à peine les glandes très courtes. ♄ A. C. Cultivé et spontané. Europe moyenne, Rég. médit., Orient.

S. vitellina Seringe. — Rameaux plus grêles, plus flexueux, jaunes. R. Cult.

S. babylonica L. ; Desf., fl. atl. ; Munb., cat. — *Saule pleureur* Cult.

S. fragilis L.; β *pendula* Fries. — Cult. R. Bouzaréa.

b. *Amygdalinæ.* — Écailles persistantes. Pour le reste comme les précédents.

S. amygdalina L.; *S. triandra* Dub.; Reich. 1,256-1,260. — Arbuste ou arbre à rameaux flexibles, effilés; feuilles glabres; chatons mâles un peu lâches à écailles poilues à la base; 3 étamines; chatons femelles plus denses; pédicelle à la fin 2-3 fois plus long que les glandes. ♄ Varie à feuilles glauques en dessous *(S. amygdalina)* ou vertes sur les 2 faces *(S. triandra).* Maison-Carrée, Edough, Seybouse. Europe, Rég. médit., Orient.

c. *Purpureæ.* — 2 étamines soudées par leurs filets et parfois même par leurs anthères, simulant une étamine unique; anthères pourprées ou brunes; chatons latéraux, sessiles, à écailles persistantes, un peu discolores au sommet; une seule glande au disque. Arbuste à feuilles lancéolées.

S. purpurea L.; Munb., cat.; Lx, cat. Kab.; Ball, spic.; *S. Helix* L.; Desf., fl. atl.; Reich. 1,230-1,235. — Rameaux dressés; feuilles glabres, glauques et parfois un peu soyeuses en dessous, finement dentées, souvent un peu élargies dans le haut; stipules nulles; chatons petits, denses, à écailles obovées, poilues; capsule ovoïde, courte (2-3 millim.), tomenteuse, sessile; stigmates oblongs, pourprés, subsessiles. ♄ Avril-mai. C. C. Bord des ruisseaux. Europe moyenne, Rég. médit., Orient.

d. *Capreæ.* — 2 étamines libres ou à peine soudées à la base; chatons latéraux, gros, précédant souvent les feuilles, à la fin pédonculés avec des écailles foliacées sur le pédoncule; écailles discolores, velues, persistantes; capsules de 6-10 millim., assez longuement pédicellées; 1 seule glande. Arbres ou arbustes à rameaux courts, cendrés-pubescents, au moins dans leur jeunesse, peu flexibles, rudes; feuilles oblongues, grandes, rudes, fortement nerviées, tomenteuses-cendrées en dessous et parfois en dessus, rarement glabrescentes, brièvement pétiolées, crénelées, dentées ou subentières; stipules réniformes, foliacées, dentées.

S. cinerea L.; Reich. 1,222. — Rameaux adultes cendrés-pubescents; chatons mâles longuement velus-soyeux, courts; capsules tomenteuses à pédicelle égalant 3-4 fois la glande. ♄ R. Avril-mai. Edough. Europe. Rég. médit., Orient.

β *rufinervis* DC. — Nervures rouges. Babors.

S. pedicellata Desf., fl. atl.; Munb., cat.; Lx, cat. Kab.; Ball, spic.; *S. Ægyptiaca* L.? Munb., cat. — Jeunes rameaux seuls pubescents; capsule glabre à pédicelle égalant 6-8 fois la glande. ♄ C. C. C. Tout le Tell. Maroc, Tunisie, Espagne, Italie, Orient.

S. canariensis Chr. Smith. Maroc.

POPULUS Tournefort (Peuplier).

Arbres élevés à feuilles parfois dimorphes, les supérieures au moins ovoïdes ou suborbiculaires, longuement pétiolées, plus ou moins sinuées-dentées ; gros bourgeons enveloppés d'écailles épaisses.

§ 1. *Leuce* Reich. — Bourgeons pubescents, rarement glabres à la fin, peu ou pas glutineux ; jeunes rameaux pubescents ; pétioles cylindriques ; 4-8 étamines, rarement 15 ; stigmates bipartits.

P. alba L. ; Desf., fl. atl. ; Munb., cat. ; Lx, cat. Kab. ; Ball. spic. ; Reich. 1270. — Écorce recouverte d'un épiderne blanc et lisse, brune dans les parties crevassées ; feuilles blanches-tomenteuses en dessous, aranéeuses puis glabres en dessus, d'un vert sombre, un peu luisantes, très variables de forme ; tantôt larges, tronquées-subcordiformes à la base, fortement sinuées comme dans la plante d'Europe (Djidjelli, Bône, etc.) ; tantôt plus petites, ovoïdes, irrégulièrement crénelées ou dentées (tout le reste du Tell), et alors souvent à rameaux pendants (var. *Salmoni* Carrière) ; chatons naissant avant les feuilles, pendants, les mâles assez gros, à écailles dentées et longuement poilues au sommet ; chatons femelles allongés, lâches, à écailles caduques ; capsule enveloppée à sa base dans le disque, petite, ovoïde, brièvement pédicellée, rarement à pédicelle aussi long qu'elle (Bordj-bou-Arréridj). ♄ A. C. Europe tempérée, Rég. médit., Orient.

P. subintegrifolia Lange? ; *P. alba*, var. *integrifolia* Ball, spic. — Jeunes rameaux peu tomenteux à tomentum très détersible ; feuilles assez longuement pétiolées, largement ovoïdes, parfois un peu cordiformes, à bords entiers ou obscurément crénelés, luisantes, peu nerviées et d'un vert assez clair en dessus, à tomentum argenté très court en dessous ; jeunes branches à écorce très verte ; stipules petites ; capsules très petites, brièvement pédicellées. ♄ Aïn-Aïssa (Sud oranais). Cultivé de boutures au jardin botanique, les jeunes pousses ont des feuilles un peu trilobées et sinuées.

P. Tremula L. ; Munb., cat. ; Reich. 1274. — Arbre à écorce lisse, à branches étalées ; feuilles longuement pétiolées, très mobiles, grandes, ovales-suborbiculaires ; fortement dentées-sinuées, ordinairement glabres sur les 2 faces, celles des jeunes rejets ovoïdes-acuminées, brièvement pétiolées, finement dentées, velues-laineuses ; capsule brièvement pédicellée. ♄ Babors. Europe, Asie.

§ 2. *Turanga* Bunge. — Bourgeons pubescents ; jeunes rameaux un peu velus ; écailles des chatons lacérées, un peu ciliées ; disque urcéolé, multidenté ; 25-30 étamines.

P. euphratica Oliv.; Munb., cat. — Arbre médiocre à rameaux étalés; feuilles glabres, glauques, celles des jeunes rejets linéaires, puis lancéolées, entières, à limbe vertical, celles de l'arbre tantôt ovoïdes, plus larges que longues, fortement dentées à dents aiguës, tantôt oblongues ou orbiculaires, parfois entières; chatons femelles pauciflores, à grosses capsules ovoïdes, longuement pédicellées. ♄ Lella-Maghnia, jardin des officiers; fruits en avril. Nord de l'Asie, Orient.

§ 3. *Aigeiros* Duby. — Bourgeons visqueux, glabres, ainsi que les rameaux et les feuilles; écailles des chatons glabres; disque entier; 12-30 étamines.

P. nigra L.; Munb., cat.; Lx, cat. Kab.; Ball, spic.; Reich. 1275. — Arbre élevé; feuilles ovées-triangulaires, acuminées, dentées. ♄ Ravins des montagnes. Tlemcen, Kabylie, Babors, La Calle.

β *pyramidalis* Spach. (*Peuplier d'Italie*). — Rameaux dressés contre la tige; feuilles aussi larges que longues. Cult.

BÉTULACÉES Endlicher.

ALNUS Tournefort (Aune).

Fleurs monoïques; chatons mâles, à écailles peltées, coriaces, munies vers leur bord inférieur de 4 bractéoles et abritant 3 fleurs; périanthe à 4 segments; 4 étamines à filets courts et libres, à anthères biloculaires; chatons femelles ellipsoïdes, à écailles charnues, ovales, abritant 2 fleurs apérianthées, à la fin dures et ligneuses; nucules comprimés, anguleux, ailés ou non, ordinairement uniloculaires et uniséminés par avortement; graines exalbuminées, à radicule supère. Arbres à feuilles alternes.

A. glutinosa Gærtner; Desf., fl. atl.; Munb., cat.; Lx, cat. Kab.; Reich. 1295. — Arbre à écorce brune; jeunes rameaux glabres; feuilles pétiolées, obovées ou suborbiculaires, plus ou moins crénelées et dentées, les plus jeunes glutineuses, glabres, un peu pubescentes en dessous à la jonction des nervures; chatons mâles 3-7 au sommet des rameaux; chatons femelles en même nombre, pédonculés, à écailles très épaissies au sommet; nucules brièvement ailées; graines aptères. ♄ Djurdjura, Babors, de Bougie à La Calle. Forme au bord du lac Tonga des forêts où l'on voit à peine le jour. Europe, Sibérie.

CUPULIFÈRES Richard.

Fleurs mâles en chatons; périanthe nul ou caliciforme; 5-20 étamines; fleurs femelles sessiles, réunies 1-3 dans une cupule de forme variable formée de bractées soudées; capsules réunies en chatons ou en courts épis; périanthe supère, régulier; ovaire infère à 2-3 rarement 6 loges biovulées; ovules anatropes; fruit ordinairement monosperme par avortement; graine exalbuminée; embryon droit, à radicule supère, à gros cotylédons charnus. Arbres ou arbustes à feuilles alternes, simples, pétiolées, stipulées.

Clef des genres :

Fleurs mâles entourées d'un involucre caliciforme, sans bractées; une seule fleur femelle dans chaque cupule; cupules formées de nombreuses bractées non épineuses. QUERCUS.

Fleurs mâles dans un involucre caliciforme et à l'aisselle de bractées; fleurs femelles, parfois hermaphrodites, 3 dans chaque cupule qui les enveloppe complètement; cupules à la fin déhiscentes en 4 valves, toutes couvertes d'épines subulées, vulnérantes. . . . . CASTANEA.

Fleurs mâles apérianthées chacune à l'aisselle d'une bractée soudée à sa base avec 2 bractéoles; fleurs femelles 1-2 par cupule; cupules à la fin foliacées, formées d'un petit nombre de bractées et ne contenant à la fin qu'un seul fruit à péricarpe osseux . . . . CORYLUS.

CORYLUS Tournefort (Coudrier, Noisettier)

C. avellana L.; Munb., cat.; Reich. 1,300. — Cult., ne paraît nulle part spontané.

CASTANEA Tournefort (Châtaigner)

C. vulgaris Lamarck; Munb., cat.; *C. vesca* Gærtner; Reich. 1305. — Arbre élevé à grandes feuilles lancéolées ou oblongues, aiguës, dentées en scie, coriaces, glabres, luisantes, fortement penninerviées; chatons très longs, raides, linéaires; cupule très grosse; fruits bruns, luisants, à large base grisâtre. Spontané dans les forêts de l'Édough près Bône et en Tunisie près d'Aïn-Draham; cultivé. Europe moyenne et mérid., Orient, Inde, Japon, Amérique du nord.

QUERCUS Tournefort (Chêne) (1)

Fleurs mâles en chatons pendants; périgone à 4-9 divisions, 4-20 étamines; fleurs femelles globuleuses, solitaires,

(1) Auct. Trabut.

enfermées dans un involucre de bractées s'accroissant en cupule ; ovaire à trois styles ; gland plus ou moins recouvert à la base par la cupule.

§ 1. *Robur*. — Feuilles tombant à l'automne; gland à maturation annuelle.

Q. pedunculata Ehrh. Maroc, Tanger (herb. Cosson).

Q. Mirbeckii Dur., in Duch., Rev. bot. II-426 ; *Q. lusitanica* subsp. *bœtica* DC., Prodr.; *Q. Robur* Desf., fl. atl., non L. *Zeen* en arabe. — Arbre pouvant atteindre de grandes dimensions (25 à 30 m.), à branches étalées; grandes feuilles pétiolées, un peu coriaces, marcescentes, vert foncé en dessus, glauques en dessous après la chute d'un duvet floconneux, largement oblongues, lancéolées, émarginées ou cordées à la base; marge assez également crénelée-lobée; nervure principale bordée de quelques poils; nervures latérales nombreuses (9 à 15), saillantes, régulières et parallèles; chatons mâles tomenteux; fruits à maturation annuelle (1), solitaires ou groupés en petit nombre, sessiles ou rarement sur un pédoncule court; cupule hémisphérique, tomenteuse, à écailles courtes, gibbeuses, apprimées; glands ordinairement médiocres, cylindriques. Galles assez fréquentes sur les rameaux. Fleurit avril-mai ; fruit octobre-novembre. Ce chêne est presque spécial à la côte barbaresque, il est surtout abondant dans les sols frais toute l'année, de la Khroumirie, du littoral Constantinois, de la Kabylie, où il forme des massifs importants, on le retrouve à une altitude plus considérable dans l'Aurès, les Mahdids, l'Atlas de Blida, Teniet, l'Ouarsenis, Tlemcen, Garrouban. Maroc septentrional, Portugal.

Le *Q. Mirbeckii* n'est pas très éloigné du *Q. sessiliflora* dont il se distingue surtout par le nombre plus grand des nervures ; les feuilles sont aussi plus coriaces et le bois plus dense ; par une série d'intermédiaires le *Q. Mirbeckii* est relié aussi au *Q. lusitanica.* Ce chêne présente en Algérie un assez grand nombre de formes dont quelques-unes nous paraissent des produits d'hybridation.

β *angustifolia*. — Feuilles *très étroites*, longuement elliptiques, lancéolées, glabres ; nervures secondaires moins régulièrement parallèles que dans le type. Arbre ayant l'apparence des *Q. castaneæfolia*, au milieu desquels il se trouve. Marabout de Sidi-Brahim à Iakouren, Kabylie.

---

(1) C'est à tort que plusieurs auteurs (Endlicher, Wenzig, Spach, etc.) regardent ce chêne comme murissant son gland en deux ans. Cette erreur s'explique par l'apparence de beaucoup d'échantillons d'herbier qui portent, sur le bois aoûté de l'année, des glands situés au-dessous d'une vigoureuse pousse d'été, qui, par son insertion, fait croire que le rameau principal est de 2e année.

γ *subpedunculata.* — Cupule sur un pédoncule court ; feuilles subelliptiques longuement pétiolées, irrégulièrement crénelées-lobées, à 6-7 nervures secondaires, longueur 5-7 centim. Bouira. R.

δ *fagifolia.* — Feuilles médiocres (5-7 cent.), pétiolées, ovales-oblongues, très superficiellement sinuées-dentées ; 10-12 nervures régulièrement parallèles. Bouïra. R.

ε *microphylla.* — Feuilles petites (5-6 cent.), oblongues-lancéolées, régulièrement sinuées, conservant assez longtemps leur duvet ; écailles moyennes et inférieures de la cupule très tuméfiées ; très fertile, gland petit. Bouïra. R. Dans l'Aurès, Oum-Achra, près Medina (Herb. Cosson).

ζ *brevipetiolata.* — Pétiole très court (2 millim.) ; feuilles 6-8 cent., assez profondément crénelées-lobées à lobes aigus et mucronés, 7-9 nerviées, très glabres et vertes sur les deux faces. Tlemcen à Terni.

η *Tlemcenensis; Q. lusitanica* var. *Tlemcenensis* Warion, in herb. Coss.; *Q. pseudo-suber* var. *Tlemcenensis* DC., Prodr. ; *Q. pseudo-suber* Desf. ? ; *Q. hybrida* Brot. ; *Q lusitanica* γ *Broteri* Pereira Coutinho. — Arbre assez grand, à feuilles de dimensions médiocres, nerviées, conservant toute l'année leur pubescence à la face inférieure. Assez répandu dans la région de Tlemcen, entre Terni et Sebdou.

Q. Mirbeckii × **Ilex** Nob. — Arbre ayant un peu le port d'un chêne-liège ; feuilles 5-6 cent., coriaces, mais caduques, ovales, oblongues, cordées ou arrondies à la base, assez superficiellement sinuées-dentées, ondulées, 8-9 nerviées, glabres en dessus, pubescentes en dessous ; cupule pubescente, sessile ou pédonculée sur le même pied, à écailles courtes, tuméfiées, apprimées ; glands petits assez rares. Ce chêne qui se rapporterait assez bien au *Q. lusitanica*, β *alpestris* Boiss. ; *Q. valentina* Cav., trouvé à l'état isolé dans un massif de *Q. Ilex*, *Q. Suber* et *Q. Mirbeckii*, nous a paru provenir d'un croisement. Bouïra R. R.

Q. lusitanica Lam. Tanger, Portugal.

Q. humilis Lamk. Maroc, Portugal.

§ 2. *Cerris.* — Feuilles caduques ; gland à maturation biennale.

Q. castaneæfolia C.-A. Meyer ; *Q. Afares* Pomel, nouv. mat., Fl. atl. *Afarez* des Kabyles. — Grand arbre fastigié plus rarement pyramidal, à écorce très rugueuse ; feuilles pétiolées, longuement elliptiques, lancéolées, aiguës, acuminées, vertes, luisantes, parsemées de poils étoilés en dessus, blanches-tomenteuses en dessous ou pubescentes verdâtres, parcourues par 10-14 paires de nervures secondaires, régulièrement parallèles, se terminant dans de grosses dents aiguës mucronées, séparées par des sinus arrondis ; chatons nus à la base, pauciflores, de 10 cent.; rachis pubescent; périgone à 4-5 lobes velus inégaux; étamines 4-5 portant quelques poils au sommet des anthères; fruits isolés, géminés, ou rapprochés par 4-6, portés sur un pédoncule court et épais, à maturation biennale; cupule hérissée, canescente, à écailles longues réfléchies, les supérieures plus étroites, saillantes ; glands tantôt cylindriques et allongés, tantôt gros et courts. Fleurit juin ; fruit octobre-novembre. Kabylie orientale : Iakouren, Akfadou, Taourirt-Irhil, Babor, Guerrouch, Tamesguida, Goufi ; est limité à l'Est par la longitude de Collo, constitue dans ces régions de vastes peuplements au-dessus de la zone du Chêne-liège avec lequel il s'hybride.

α virescens. — Feuilles larges, verdâtres en dessous.

β incana. — Feuilles plus étroites, plus coriaces, blanches-tomenteuses en dessous.

× **Q. numidica** Trabut, soc. bot. Fr. 1889 ; *Q. pseudo-suber* var. *castaneæfolia* Wenzig ; *Q. pseudo-suber* Coss., non Santi, nec Desf. ; *Q. castaneæfolia* × *Suber*. — Arbre de grande dimension ayant le port du *Q. castaneæfolia ;* mais se distinguant immédiatement par le tronc et les principales branches produisant en abondance une couche profonde de liège ; les feuilles ont généralement moins de nervures, elles sont aussi un peu moins grandes et plus coriaces ; la cupule est tantôt hérissée, comme celle du *Q. castaneæfolia*, tantôt recouverte d'écailles courtes, la maturation est le plus souvent biennale. Les glands ne sont jamais très abondants comme chez l'Afarez ; fl. juin, fruit novembre. Dans la zone de contact des Afarez et du Chêne-liège, assez commun. Akfadou, Guerrouch, Taourirt-Irhil, Gouffi.

β brevisquama. — Cupule médiocre, écailles courtes.

× **Q. kabylica** Trab. Assoc. fr., Avt. sc. 1889 ; *Q. Suber* × *castaneæfolia.* — Arbre de taille moyenne ayant le port du *Q. Suber ;* mais à feuilles caduques, moins coriaces, plus allongées; cupule variable, généralement hérissée comme celle de l'*Afarès,* mais plus petite ; glands assez rares à maturation souvent biennale ou incomplète, si bien qu'en automne ces chênes ne portent souvent que de très petits glands qui tombent pendant l'hiver. Le liège assez épais ne se reproduit que lentement et est impropre à l'exploitation. Cet hybride est assez commun dans la zone de contact des Chênes-liège et des Afarez. En Kabylie de 800 à 1,000 m. Taourirt-Irhil, Akfadou, El-Ma-Beurd, etc.

§ 3. *Suber.* — **Feuilles persistantes ; gland à maturation annuelle.**

Q. Suber L. (Chêne-liège), en arabe *Fernan*. — Arbre de taille moyenne; mais pouvant atteindre une assez grande dimension, fixé par de fortes et longues racines, émettant des rejets; tronc ainsi que les rameaux recouverts d'une couche profonde de liège; feuilles coriaces persistant 1-3 ans, pétiolées, ovales ou oblongues, plus rarement lancéolées, arrondies ou cordiformes à la base, rarement atténuées, planes ou à face inférieure concave, dentées-épineuses, rarement subentières, vertes, un peu luisantes en dessus, blanchâtres-tomenteuses en dessous; 5-7 paires de nervures latérales; périgone des fleurs mâles à 6 lobes velus; étamines à anthères presque toujours mutiques, rarement un peu mucronées, velues. Fruit à maturation annuelle, rarement biennale, souvent solitaire ou par 2-5, rarement en grappe 9-12; cupule conique à la base, grise-tomenteuse, à écailles saillantes, de longueur croissante à partir de la base, les supérieures plus étroites, terminées en lanières molles, fragiles, à la fin étalées; gland de grosseur très variable, ordinairement âpre; fleurit depuis janvier à juin; fruit en automne. Dans les terrains siliceux, sables, grès et schistes cristallins, depuis le niveau de la mer jusqu'à 1,300 m. (Téniet). Le Chêne-liège forme d'importantes forêts surtout dans le nord des départements d'Alger et de Constantine jusqu'en Khroumirie; on le retrouve à Bouïra, la Chiffa, Ben-Chikao, à l'ouest d'Aumale, Téniet-el-Haâd, Adélia, Beni-Menasser, Gouraya, Chenoua, Ténès, Tiaret, Bou-Sfer, Tlemcen, etc. (Algérie 454,000 hectares, Tunisie 116,000 hectares), Maroc. Sud de l'Europe.

Le *Q. suber* est très variable; nous citons quelques formes, mais on pourrait en noter encore un très grand nombre :

β *brevisquama*. — Écailles de la cupule très courtes, ovales-lancéolées, les supérieures ne dépassant pas le bord. Réghaïa.

γ *subcrinita*. — Écailles de la cupule très longues, étalées, révolutées, les supérieures étroites, dépassant longuement les bords de la cupule.

δ *brevicupulata*. — Cupule très réduite ne recouvrant qu'une très faible partie de la base du gland.

ε *macrocarpa*. — Gland très long (4 cent.)

ζ *microcarpa*. — Glands très petits, nombreux (1,5-2 cent.)

η *dulcis*. — Glands doux, gros; feuilles larges.

θ *macrophylla*. — Feuilles très grandes (8 cent.)

ι *microphylla*. — Feuilles très petites (2-2,5 cent.)

κ *subintegrifolia*. — Feuilles grandes, oblongues, obtuses, entières ou à peine dentées.

λ *oleæfolia*. — Feuilles ovales-lancéolées; apparence de l'olivier.

μ *pendula*. — Rameaux longs, grêles, pendants; feuilles petites; liège fin. Çà et là.

ν *racemosa*. — 8 à 12 glands en grappes pendantes; feuilles grandes, longues. Iakouren.

ξ *biennalis*. — Maturation biennale; écailles courtes apprimées; feuilles lancéolées. Azazga, Kabylie R. Conforme au *Q. occidentalis*, mais par individus isolés.

ο *caduca*. — Feuilles se renouvelant complètement au printemps. Taourirt-Irhil, Kabylie.

× **Q. Ilex-Suber** Peirera Coutinho. — Diffère du *Q. Ilex* par ses feuilles plus grandes, à dents éloignées, cuspidés, d'un vert gai en dessus, plus blanches en dessous, à nervures latérales régulières comme chez le *Q. Suber*. La cupule pédonculée est conique, avec des écailles ovales-lancéolées un peu plus longues, dressées. Le gland annuel est assez peu abondant. Le tronc ne présente pas une couche de liège; mais seulement des traînées de tissu subéreux. Bouïra R., Aïn-Gorraba, Tlemcen R. Portugal (Peirera Coutinho).

Le *Q. Morisii* Borzi, jorn. bot. ital. de Sardaigne, est aussi un hybride de *Suber* et d'*Ilex* ; mais le tronc est nettement subéreux.

Q. Ilex L. ; *Q. Ballota* Desf., fl. atl. — Arbre moyen ou élevé à cime ovale arrondie; souches puissantes, donnant de nombreux rejets ; tronc couvert d'une écorce finement gercée ; feuilles coriaces persistantes, polymorphes, oblongues, ovales, subarrondies, ou ovales lancéolées, plus ou moins ondulées, entières, dentées ou épineuses, 7-nerviées, d'un vert obscur sur la face supérieure, blanches-tomenteuses en dessous. Périgone des fleurs mâles à 5-6 lobes plus ou moins pubescents; étamines avec anthères apiculées, plus rarement mutiques, glabres ou peu velues ; fruit annuel, cupule grise tomenteuse, hémisphérique ou turbinée avec des écailles ovales lancéolées, exactement apprimées; gland très variable, âpre ou doux. Surtout dans les terrains calcaires à une altitude de 350 à 1,600 m., caractérise la zone inférieure de la région montagneuse. Avec le Pin d'Alep qu'il dépasse en altitude, il forme le principal boisement des montagnes, aussi bien des versants méditerranéens que des massifs sahariens. Le gland généralement doux est recherché par les indigènes qui en font une grande consommation.

β *Ballota*. — Gland doux.

vulgaris. — Feuilles ovales, oblongues, entières ou dentées.

rotundifolia. — Feuilles largement ovales-arrondies.

oleoides. — Feuilles lancéolées ; port d'olivier.

microphylla. — Feuilles très petites épineuses.

avellanæformis. — Cupule grande, turbinée, retenant le gland.

pendula. — Rameaux grêles, allongés, pendants. Bouïra R.

Q. AGRIFOLIA? — Diffère de *Q. Ilex* par ses feuilles vert foncé sur les deux faces, à peu près glabres en dessous, très épineuses ; cupule hémisphérique, à écailles ovales-lancéolées, apprimées, tomenteuses ; gland âpre, annuel. Le Sahel d'Alger avec le *Q. coccifera* et le *Q. Ilex*, paraît un *Q. Ilex* × *Coccifera.*

§ 4. *Coccigera.* — Feuilles persistantes ; maturation biennale.

Q. coccifera L. ; *Q. pseudo-coccifera* Desf., *Chêne-Kermès.* — Arbuste ou arbre, très rameux et piquant, à souche, produisant d'abondants rejets, écorce peu crevassée ; feuilles très coriaces, persistant 2-3 ans, le plus souvent assez petites, très brièvement pétiolées, ovales, oblongues, généralement ondulées, dentées, épineuses, rarement entières, vertes, brillantes, glabres sur les deux faces ; chatons nombreux, étamines glabres ; fruits à maturation biennale, solitaires ou géminés, portés sur un pédoncule gros et court, cupule hémisphérique de dimension variable, recouverte d'écailles aiguës, plus ou moins saillantes ou réfléchies ; gland subcylindrique, strié. Très répandu sur le littoral, généralement à l'état de broussaille, mais pouvant former des arbres assez élevés, notamment dans la région de Djidjelli (Ziama, Guerrouch). Rég. médit. Ce chêne est excessivement polymorphe.

α *echinata.* — Cupule hérissée.

β *laxispinosa.* — Écailles peu nombreuses, épaisses, longues, réfléchies.

γ *crassicupulata.* — Cupule très grosse recouvrant presque complètement le gland.

δ *brevicupulata.* — Cupule très réduite ; écailles très courtes ; gland petit.

ε *imbricata.* — Écailles lancéolées ou ovales-lancéolées, courtes, un peu dressées à maturité.

ζ *microphylla.* — Feuilles très épineuses, très petites.

η *latifolia.* — Grandes feuilles, larges, pouvant atteindre 6-8 cent.

θ *lanceolata.* — Feuilles ovales-lancéolées, atténuées à la base, subentières ; cupule à écailles courtes. Arbre. Bouzaréa.

Q. AUZANDRI Gren. Godr. ; *Q. coccifera-ilex ?* — Arbuste ayant le port du *Q. coccifera* dont il diffère par ses feuilles plus allongées, présentant souvent des poils étoilés à la face inférieure, par la cupule à écailles courtes, lancéolées, pubescentes, apprimées, rappelant celle du *Q. Ilex;* gland à maturation biennale. Le Sahel d'Alger, route de la Bouzaréa à El-Biar. Rég. médit.

2e APPENDICE

Page 1, ligne 16, au lieu de *Monochlamydées*, lisez : *Apétales* ou *Monochlamydées.*

Page 3, **Clematis cirrhosa** L.

β semitriloba; Cl. semitriloba Lag.; *Cl. balearica* Rich., fig. Willk, Ill, tab. CXXII. — Feuilles toutes triséquées, à segments pétiolulés, incisés, crénelés ou plus ou moins divisés; fleurs plus petites. Tlemcen, route des Cascades, Maroc, Espagne, Corse, Sicile.

Page 6, **Myosurus minimus** L., ajouter aux localités le Djebel-Meghris près Sétif.

Page 8, **Ranunculus batrachioides** Pomel, ajouter aux localités le Djebel-Ouach (Julien).

Page 13, *Ranunculus intermedius* Poiret. — Plante grêle, à fleurs de *R. sardous*, à fruits minuscules. De Bougie à La Calle, marais du bord de la mer.

Page 16, **Delphinium sylvaticum** Pomel. — Cette plante est très voisine du *D. pentagynum* Desf. avec lequel elle avait été confondue. On la trouve des Babors à La Calle. Elle a toujours 3 gros carpelles, ses graines sont couvertes de longues papilles rubanées.

Page 18, au lieu de **Pæonia Russi**, var. *Coriacea*, lisez : *P. coriacea* Boissier; et comme localités : Maroc, Espagne. La plante d'Algérie, *P. corallina*, var. *atlantica* Cosson, Comp. p. 54 s'en distingue par ses feuilles pubescentes en dessous, ses fruits généralement géminés, etc. Djurdjura, montagnes au-dessus du Cap Aokas, Babors, Guerrouch, Avril-juin.

Page 19, à **Nymphæa alba** ajoutez :

β minor DC.; Cosson, Comp. — Plante beaucoup plus petite. Lacs des Seba, Senhadja (Lx).

Nuphar luteum Smith. Lacs de La Calle.

Page 26, *Fumaria longipes*, ajoutez : Nemours.

Page 27, *Fumaria Munbyi* Boiss. et Reut. — Plante très voisine de la variété à fleurs blanches du *F. agraria*, mais à fleurs plus petites.

Page 39, **Biscutella brevicalcarata** Batt. — Espèce bien tranchée, mais très rare, dont j'ai pu apprécier les caractères par la culture.

Page 40, avant **Thlaspi perfoliatum** mettre :

Th. atlanticum nov. sp. — Plante de 2-4 décim., à souche vivace, charnue, à grosses racines un peu tubéreuses; feuilles radicales elliptiques ou suborbiculaires, entières ou subentières, longuement pétiolées, à pétiole grêle; tiges robustes, dressées, bien feuillées à feuilles glauques, un peu charnues, entières, sessiles, ovées-auriculées, à oreilles larges et arrondies; fleurs...; fruits obcordés à sinus largement ouvert, un peu cochléaires, longs de 12 millim. sur 10-12 de large; style court, ne dépassant pas le sinus; cloison mince; 6 graines par capsule; pédoncules étalés horizontalement (7-8 millim.) ♃ Mai-juin. Djebel-Tamesguida, du lac au sommet.

Page 42, aux divers *Senebiera* décrits, il conviendrait d'ajouter : *S. didyma* Persoon; *S. pinnatifida* DC. — Plante d'origine américaine, depuis longtemps répandue en Europe, signalée en Tunisie et au Maroc par M. le Dr Cosson et que M. le Dr Clary vient de trouver près d'Oran.

Page 49, **Draba hispanica** Boissier, ajouter aux localités : Gorges du Guergour. Localité remarquable par sa faible altitude.

Page 51, **Camelina sylvestris,** ajouter après cette espèce, qui doit constituer une première section *Eucamelina :*

§ 2. *Brassicoides*. — Siliques à valves non décurrentes sur le style.

C. Souliei Batt., Bull. soc. bot. 1889, p. CCXVIII. — Plante annuelle, puissante, glabre, glauque; feuilles un peu charnues, embrassantes, larges, les inférieures oblongues, les moyennes cordées-ovoïdes, entières ou subentières, les supérieures plus larges que longues, dentées, cordées-orbiculaires; pétales de 7 millim. sur 3; 2 glandes hypogynes; silicules oblongues, renflées, atténuées à la base, 3 fois plus longues que le style et 2-3 fois plus courtes que le pédicelle; stigmate capité. ① Avril-mai. Route de Teniet à Tiaret, à 40 kil. de Teniet, autour de l'Aïn-Sfa (Soulié).

Page 57, **Brassica maurorum** Durieu. — Cette plante a complètement envahi les cultures à Aïn-Témouchent.

Page 66, **Sisymbrium macroloma** Pomel. — Me semble difficile à séparer du *S. Columnæ* Jacquin.

Page 67, **S. crassifolium** Cav., à placer dans la section *Pachypodium*.

Page 71, après *Erysimum Kunzeanum*, ajoutez :

E. repandum L. — Diffère de l'espèce précédente par sa tige plus robuste, bien plus ramifiée ; par les poils des feuilles presque tous bifides ; par ses siliques à angles plus obtus, plus toruleuses, à style égalant ou dépassant la largeur de la silique et non presque nul. Aïn-Sefra, Aïn-Beida, Orient.

Tous les autres *Erysimum* qui suivent doivent être considérés comme des variétés de l'*E. grandiflorum* Desf., type extrêmement variable. Le caractère tiré des siliques stipitées ou non n'a aucune constance.

Page 76, **Notoceras canariense**, au lieu de fleurs blanches, lire : fleurs jaunes ou rosées.

Page 80, **Nasturtium Munbyanum**. — Cette plante, commune à Terni, est nettement annuelle.

Page 83, ligne 2, après bicarpellaire, ajoutez ou tricarpellaire.

Page 84, ligne 1, § *Resedastrum*. — Au lieu de ovaire tétramère, lire : ovaire trimère, rarement tétramère.

Page 85, ligne 23, au lieu de semi-linéaires, lire : semi-lunaires.

Page 90, après *Cistus ladaniferus*, mettre :

C. Ladanifero-monspeliensis Loret. — Djebel-Sarcab près Cherchel (Coutan).

Page 91, **Halimium umbellatum** Spach. — Tlemcen, Terni.

Page 96, après *Helianthemum getulum* Pomel, mettre en synonyme : *H. metlilense* Cosson et Durieu.

Page 99, **H. polifolium** DC. — M. Doumergue m'a récemment envoyé du Kristel, près de la Montagne des Lions, un très curieux *Helianthemum* qui a, comme l'*H. polifolium*, les sépales entièrement tomenteux et de grandes fleurs blanches, mais qui en diffère totalement par ses feuilles épaisses, elliptiques ou suborbiculaires ; par ses tiges contournées, couchées sur le sol et intriquées. C'est peut-être une espèce nouvelle.

Page 106, **Polygala nemorivaga** Pomel, ajouter aux localités : Guerrouch, Edough (1).

Page 109, **Parnassia palustris** L. — Cette plante aurait été retrouvée à La Calle par M. Meyer (Chabert, Bull. soc. bot. 1889, p. 317).

Page 109, **Malope stipulacea** Cav. — Le *M. malachoïdes* type est assez fréquent dans l'Est de l'Algérie. Il diffère du *stipulacea* par son port plus grêle et ses stipules moins développées.

Page 115, **Lavatera flava** Desf., fl. atl. tab. 172; Munb., cat. — Herbe vivace, veloutée, à tiges de 3-6 décim., dressées, rameuses ; feuilles à limbe semi-orbiculaire, crénelées-dentées, les supérieures subtrilobées ; fleurs fasciculées à l'aisselle des feuilles, inégalement pédonculées ; calicule à lobes ovés-lancéolés plus courts que le calice ; corolle grande, d'un jaune pâle. ♃ Terres argileuses. Mascara, rives de la Tafna, Tunisie.

Page 117, **Hibiscus palustris** L. La localité de cette plante qui est peut-être une espèce nouvelle et autochthone (Lx) n'est point Bône, mais le littoral entre l'Oued Agrioun et le Cap Aokas. On l'y trouve au bord des ruisseaux et des lagunes.

Page 123, **E. tordylioides.** Les fleurs sont roses et bleuissent en séchant. Rochers des Cascades à Tlemcen.

Page 125, **E. asplenioides** Cosson et Durieu, an *Geranium asplenioides* Desf. ? Plante très semblable à l'*Erodium hymenodes* L'Hér. sauf qu'elle est acaule et moins visqueuse et que ses fleurs sont d'un rose assez foncé, bleuissant par la dessiccation. Kabylie, Babors, Kef-M'sid-el-Aïcha, etc.

Page 126, **E. pulverulentum.** Espèce bien distincte.

Page 128, **E. pachyrhizum** Cosson. M'sila.

Page 130, **Silene tridentata** Desf., au lieu de pétales tridentés, lisez : pétales bidentés ou bifides, rarement tridentés, petits, parfois assez grands (Lella Maghnia).

Page 131, **S. cirtensis** Pomel. Excellente espèce bien distincte du *S. cinerea* par sa capsule cylindro-conique à thécaphore court ; par son calice réticulé à côtes non carenées, etc.

---

(1) Prononcer Edoubr. Les gh dans les noms arabes doivent se prononcer hr. Il suffit parfaitement d'ailleurs de les prononcer r pour être compris des Arabes, tandis qu'on ne l'est point en les prononçant g.

Page 133, **S. scabrida** Soyer-Willemet et Godron. La localité de Saïda doit être rapportée à la plante suivante :

S. oropediorum Cosson, inédit. Identique au *S. scabrida* sauf les graines, non tuberculées, mais à bords relevés de quelques éminences lenticulaires, comme lobés. H.-Pl.

S. mauritanica Pomel, à supprimer.

Page 137, **S. cretica** L. Oran (Clary).

Page 138, avant **S. Boryi** mettre :

S. Rouyana Batt., Bull. soc. bot. 1888, p. 385. — Plante glabre à souche vivace, cespiteuse ; feuilles étroitement lancéolées ; tiges élancées, noueuses, glutineuses sous les nœuds, à feuilles d'œillet ; fleurs solitaires au sommet des tiges et des rameaux ; calice blanchâtre, lisse, finement réticulé, claviforme, avec un anneau induré à la base, subombiliqué, long de 22-30 millim., à dents ovoïdes ; pétales bifides à lanières arrondies au sommet, blanches en dessus, violacées, un peu tigrées en dehors, grandes avec 2 écailles à la gorge, ovoïdes entières, presque gibbeuses à la base ; capsule plus longue que le thécaphore (12 millim. sur 6), un peu exserte ; graines tuberculées à faces concaves. ♃ Djebel-M'zi au point où la forêt commence. Cette belle plante, dont une figure doit paraître dans le 4e fascicule des *Illustrationes floræ atlanticæ*, ne se rapproche que du *S. caramanica* Boissier.

Page 141, **Eudianthe corsica** Fenzl. ; A. C. Dans les prairies marécageuses élevées de l'Est, Kabylie, Babors, Djebel-Ouach, Mouias, etc.

Page 144, **Dianthus rupicola**. Ce n'est pas dans les Babors, mais au bord de la mer, entre l'embouchure de l'Oued-el-Kebir et Djidjelli que cette plante a été récoltée ; ce ne serait point d'ailleurs le *D. rupicola* (Lx, in litteris). J'ai tout lieu de croire que c'est la plante suivante que j'ai récoltée au Cap-de-Garde.

Dianthus Aristidis, nov. spec. — Souche dense, cespiteuse, à courts rejets, très feuillée ; feuilles linéaires, un peu charnues, glauques, assez semblables à celles du *D. Caryophyllus ;* tiges carrées, fortes, noueuses, à feuilles assez larges, dépassant les entrenœuds ou plus courtes, linéaires ; bractées peu développées ; fleurs grandes comme dans le *D. Caryophyllus,* souvent agglomérées par 5-8 au sommet des tiges ; écailles du calicule 4-6, appliquées, striées, à pointe verte assez large, plus ou moins longue, pouvant dépasser le 1/3 du calice ; calice cylindrique, strié dans presque toute sa longueur, à dents lancéolées-aiguës ; pétales larges, obovés, contigus, purpurins, irrégulièrement dentés, glabres à la gorge, longuement onguiculés. ♃ Cap-de-Garde, falaises. Cette plante rappelle tout à fait le *D. Caryophyllus ;* elle en diffère par son calicule et son calice.

Page 154, **Alsine setacea**. Si les *Alsine setacea* et *mucronata* sont faciles à caractériser en France, il n'en est pas de même en Algérie et en Orient, où ces types s'émiettent en perdant successivement tous leurs caractères distinctifs. Ce n'est qu'au Mzi que j'ai pu trouver l'*Alsine setacea* typique ou à peu près, avec ses pédicelles égalant 2-3 fois le calice, ses bractées courtes, ovoïdes, largement membraneuses aux bords, son inflorescence peu dense, ses sépales égaux marqués de 2 bandes vertes. A Aflou on trouve au contraire à peu près l'*Alsine mucronata.* Au Dréat et au Djebel-Tougour, dans l'Aurès, on trouve l'*A. tenuissima* Pomel, qui est probablement la plante désignée dans les catalogues sous le nom d'*A. setacea* var. *pubescens* Cosson et que Gay considérait comme une espèce nouvelle. Cette plante à feuilles hispidules, ainsi que le haut des pédicelles et la base des calices, a ses fleurs relativement très grandes, souvent agglomérées en corymbes denses, à pédicelles égalant les calices ou plus courts, les bractées sont très grandes, lancéolées-acuminées et dépassent parfois les pédicelles ; les sépales inégaux rappellent par leur forme ceux de l'*A. mucronata,* mais ils ont les deux bandes vertes très marquées.

Page 157, **Sagina procumbens** L., ajoutez comme localité : L'Edough.

Page 165, après **Illecebrum verticillatum,** ajoutez :

Nota. — M. Letourneux avait rapporté de son dernier voyage chez les Senhadja une très curieuse plante ayant tous les caractères de l'*Illecebrum verticillatum,* mais à fleurs presque toutes solitaires à l'aisselle des feuilles.

Page 171, **Montia fontana** L. — Il existe au sommet du Dréat une remarquable variété de cette plante, poussant par pieds isolés, à tiges rougeâtres, à grandes feuilles charnues et à gros fruits.

Page 176, après *Linum punctatum,* ajoutez :

L. narbonense L. — Tiges dressées (2-4 décim.); feuilles lancéolées-linéaires, un peu scabres ; fleurs bleues très grandes (3 cent.); sépales lancéolés, longuement acuminés, trinerviés, largement membraneux aux bords, non ciliés;

stigmates filiformes ; grosses capsules globuleuses. ♃ Juin. Cherchel (Coutan), Chenoua (Debray).

Page 181, **Haplophyllum Buxbaumi** Poiret. — Plante jaunâtre, d'aspect glabre, finement pubescente à la loupe ; tiges ascendantes, rameuses dans le haut ; feuilles obovées ou spatulées, larges, atténuées en pétiole, entières ou les supérieures divisées en 2-3 lanières ; fleurs en corymbe lâche, souvent feuillé ; sépales jaunâtres, ovoïdes, obtus, glabrescents ou glabres ; filets longuement barbus dans le bas ; ovaire glabre. ♃ Oran, entre Karguentah et Saint-Charles (Debeaux, Garrigues).

Page 183, après **H. Roberti**, ajoutez :

§ 3. *Triadenia* Spach. — Pétales munis d'un appendice cucullé ; étamines en trois phalanges alternant avec autant de glandes hypogynes ; capsule triloculaire. Sous-arbrisseaux glauques, glabres, à feuilles ponctuées-pellucides, petites, un peu charnues ; sépales obtus, non glanduleux.

H. Ægyptiacum L. — Tiges dressées, très feuillées, à feuilles opposées, imbriquées, oblongues-aiguës ; fleurs subsessiles, peu nombreuses aux aisselles des feuilles supérieures ; sépales ovoïdes ; pétales et étamines persistants ; styles courts, inclus dans le calice. ♃ Laghouat, Hodna, etc. Orient.

Page 183, après *Elatine campylosperma*, ajoutez :

E. macropoda Gussone. — Petite plantule à tiges filiformes, radicantes aux nœuds, ascendantes ; feuilles linéaires-spatulées ; fleurs axillaires et terminales à pédoncules 1-4 fois plus longs que la feuille, dressés ; sépales 1 fois plus longs que la capsule ; graines arquées. ① Aïn-Aflou (Clary).

Page 187, 5e ligne, à partir du bas de la page, au lieu de « angles aigus », lisez : « angles ailés ».

Page 190, **Rhamnus cathartica** L. — N'a été trouvé en Algérie que sur la crète occidentale du Tababort (Lx).

Après le *Rh. libanotica*, mettre :

Rh. Frangula L. ; Munb., cat. — Arbuste de 2-3 mètres à feuilles alternes, pétiolées, ovales-acuminées, entières ; stipules subulées, fleurs hermaphrodites, en fascicules axillaires ; pétales ovales, onguiculés ; style indivis, stigmate capité ; fruit sphérique, rouge, puis noir, graines lenticulaires, munies sur le bord d'une échancrure profonde, transversale, bordée par 2 lèvres cartilagineuses. ♄ La Calle, bord du lac Tonga, bords des lacs des Seba près Bordj-Ali-Bey. Europe.

Page 197, **Genista Cossoniana**. — Ce Genêt, le plus grand de notre flore, forme entre Maillot et le Col de Tirourda des broussailles de plus de 4 mètres de haut.

Page 199, **Genista Vepres** Pomel, ajouter en synonyme : *G. kabylica* Cosson, inédit.

Page 203, **Retama Duriæi**. De Bougie à La Calle. Cette plante est bien voisine du *R. Retam*.

Page 206, **Adenocarpus anagyrifolius** Pourret, ajoutez : (sub *Cytiso*).

Page 209, rétablir ainsi la clef des *Trifoliolées*.

1	Étamines monadelphes; carène rostrée.	Ononis.
	Étamines diadelphes; carène obtuse.	2
2	Corolle marcescente; pétales plus ou moins soudés entre eux par leurs onglets et adhérents au tube staminal	Trifolium.
	Corolle caduque; pétales libres.	3
3	Filets non dilatés.	4
	Filets, au moins en partie, brusquement dilatés au sommet; stipules semblables aux folioles. . . .	5
4	Gousse ordinairement linéaire, comprimée, déhiscente	Trigonella.
	Gousse indéhiscente	4
5	Gousse ordinairement roulée en spirale, parfois réniforme	Medicago.
	Gousse petite, ovoïde, à style terminal droit. . .	Melilotus.
6	Gousses ailées.	Tetragonolobus
	Gousses non ailées.	6
7	Gousses linéaires, déhiscentes, à valves se roulant en tire-bouchon.	Lotus.
	Gousses oblongues ou linéaires, à valves ne se roulant pas en tire-bouchon.	Bonjeania.
	Gousses subglobuleuses, indéhiscentes.	Dorycnium.

Page 210, **Ononis geminiflora**, localités à ajouter: El-Achir, Sétif, Le Khroubs.

Page 213, après **O. cenisia**, ajouter :

β biflora. — Plante beaucoup plus robuste, à pédoncules presque toujours biflores. Aurès (Lx).

Page 217, **O. Columnæ.** — Forme grandiflore, très ramassée au Djebel-M'sid-el-Aïcha. Ajouter ensuite :

O. minutissima L.; Ball, spic. — Tiges très grêles; feuilles brièvement pétiolées à petites folioles étroites, dentées, cunéiformes, les florales ne dépassant pas les fleurs; fleurs en capitules très denses, feuillés, terminaux; lobes du calice très longuement subulés; corolles jaunes; gousses glabres; graines petites. ♃ Cherchel (Coutan).

Page 218, supprimer l'*Ononis hirta* et ériger l'*O. cirtensis* en espèce.

Page 226, **M. Biancæ** Todaro. — Forme semblable, mais à gousses moins fortement nerviées et encore moins larges. Aïn-Abessa (Constantine).

Page 241, après **Trifolium nigrescens**, mettez :

Tr. elegans Savi; Munb., cat. — Racine forte, rameuse; plante à fleurs roses, presque glabres, d'un vert gai; tiges couchées à la base, non radicantes; feuilles à folioles larges, dentées à dents cuspidées; stipules linéaires lancéolées; capitules globuleux sur un pédoncule dépassant la feuille; fleurs pédicellées à la fin réfléchies; calice petit, campanulé, à dents lancéolées-subulées, les supérieures plus longues, séparées par un sinus obtus, une fois plus longues que le tube; gousse pédicellée, oblongue, ni crénelée, ni bosselée. ♃ Environs de Bône, Ste-Anne (Meyer), Europe.

Page 241, **Tr. Michelianum.** Maison-Carrée, Réghaïa, Corso. Abondant dans quelques marais.

Page 241, **Tr. isthmocarpum.** — Le type de l'espèce est commun dans la province de Constantine; Ziama, Djidjelli, Guerrouch, etc.

Page 243, **Bonjeania hirsuta** Reich.; *Lotus hirsutus* Desf., fl. alt. — Plante de 2-5 décim., très velue, formant un buisson intriqué; tiges florifères herbacées, cylindriques, ascendantes; stipules bien plus longues que le pétiole; fleurs rosées à carène noirâtre, 5-10 sur un pédoncule plus long que la feuille; calice très velu; gousse de 6-8 millim., très renflée. ♄ Broussailles à l'ouest de l'embouchure de la Mafrague (Lx), plaine des Kharezas (Meyer). Rég. médit., Orient.

Page 275, **Vicia erviformis.** — Cette plante a, en Algérie, ses gousses généralement velues-soyeuses, argentées; elle a de 9 à 30 fleurs. *Le Vicia disperma β sericea* fait double emplo avec elle. Terni, Tlemcen, Zaccar.

Même page, ligne 32, au lieu de *V. Bivonæ* DC., lisez : *V. Bivonæ* Sprengel, non DC.

Page 278, **Lathyrus articulatus,** localité : Nemours.

Page 278, **Lathyrus Nissolia,** localité : Terni.

Page 281, après **Lathyrus niger,** mettre :

L. macrorhizus Wimmer ; *Orobus tuberosus* L. ; *Lathyrus tuberosus* Munb., cat. ? Souche vivace, rampante, rameuse, épaissie çà et là en tubercules ; tiges ascendantes ou dressées, un peu ailées ; feuilles à 2-4 paires de folioles oblongues, mucronées, glauques en dessous ; rachis non ailé, terminé en pointe sétacée, courte ; stipules semi sagittées ; fleurs 2-4 sur un pédoncule égalant ou dépassant la feuille ; calice à dents très inégales, les supérieures courtes, convergentes ; corolle rouge puis violacée ; gousse de 30 millim. sur 5 noircissant à maturité. ♃ Forêts au-dessus de Terni. Europe. Rég. médit., Orient.

Page 281, rétablir comme espèces légitimes les *Lathyrus angulatus* et *inconspicuus* L. Le *L. inconspicuus* se trouve à Taourirt-Iril.

Page 285, **Scorpiurus muricata,** ajoutez aux localités : Sidi-Rehan, bord de la mer, près le cap Aokas.

Page 294, ajoutez après *Hedysarum mauritanicum* Pomel, comme sous espèce :

H. MICRANTHUM nob. — Fleurs de moitié plus petites, pas plus grandes que celles de l'*H. spinosissimum* Sibth. et Sm. Bords de la Tafna. Avril-mai.

Page 299, **Rosa stylosa,** ajoutez aux localités : Djurdjura (Chabert et Crepin).

Avant la section *Caninæ* intercaler la section :

§ 2. *Gallicæ.* — Styles libres ou soudés ; stipules étroites, toutes semblables ; ovaires sessiles.

R. gallica L. ; Munb., cat. — Souche rampante à tiges nombreuses et grêles ; aiguillons presque nuls sur les vieilles tiges, nombreux sur les nouvelles, les uns sétacés, souvent glanduleux, les autres grands, comprimés à la base, un peu courbés en faulx ; feuilles à 5-7 folioles arrondies ou elliptiques, d'un vert foncé en dessus, finement tomenteuses en dessous, doublement dentées à dents larges, étalées, glanduleuses ; pédoncules ordinairement solitaires ; divisions du calice un peu pennées, non appendiculées au sommet, plus courtes que la corolle, réfléchies, puis caduques à maturité; corolles grandes, odorantes, purpurines; styles libres. ♄ Tafer, forêt des Beni-Sahla de Bône, Montagne des Merassen, Tunisie (Lx). Europe.

Page 302, **Rubus atlanticus** Pomel, ajoutez en synonyme: *R. numidicus* Focke. — Plante très répandue dans les forêts de la province de Constantine.

Page 305, **Spiræa Filipendula**, ajoutez aux localités : Djebel, Meghris, Terni sur Tlemcen.

Page 307, **Poterium ancistroides**, ajoutez aux localités : Toudja (Kabylie), Babors.

Poterium Duriæi me semble devoir être réuni à *P. Fontanesi.*

Page 312, **Pyrus longipes**, ajoutez aux localités : Aïn-Abessa, Djebel-Meghris.

Page 316, **Isnardia palustris**, ajoutez aux localités : Yakouren (Kabylie), bord d'un étang.

Page 318, **Trapa natans**, au lieu de R. Bône, mettez : Très commun dans les lacs de La Calle.

Page 320, **Peplis Portula** L. Commun dans la province de Constantine.

Page 321, **Tamarix Bounopœa**. Corrigez ainsi la description, d'après la plante du Chott Hodna, étudiée sur le vif : fleurs tétramères, pétales linéaires; 4 étamines ; ovaire brusquement atténué au long col portant 4 stigmates courts.

Page 325, **Sedum nevadense,** ajoutez aux localités : Djebel-Meghris.

Page 326, **Sedum acre**. La plante d'Algérie a les tiges plus robustes, les feuilles jaunâtres bien plus grandes que dans la plante d'Europe, les fleurs sont plus grandes aussi.

Page 338, **Hydrocotyle vulgaris**. Lacs des Seba, entre Bône et La Calle (Lx).

Page 354, **Bupleurum semicompositum** L. — La forme à involucres lisses généralement regardée comme le *B. semicompositum* L. existe aussi en Algérie, non seulement à Oran (Legrand, Bull. soc. bot. 1890, p. 68), mais dans le Hodna et probablement ailleurs. Maintenant, cette plante est-elle bien le *B. semicompositum* de L ? Linné dit de son espèce : « affine *Odontiti* ». Il est évident que les plantes nommées aujourd'hui *B. Odontites* et *B. semicompositum* ne se ressemblent aucunement; mais il reste à établir si c'est notre *B. semicompositum* qui est mal nommé ou notre *B. Odontites.* C'est un point intéressant à vérifier.

Page 362, **Seseli tortuosum** L. — Plante très glauque, glabre, robuste, très ramifiée dès la base, à rameaux fermes, tortueux, divariqués, entrelacés; feuilles triangulaires dans leur pourtour, divisées en lanières rigides, scabres, plus ou moins linéaires, canaliculées en dessus, mucronées; feuilles inférieures seules bien développées, pétiolées à pétiole canaliculé en dessus; feuilles moyennes à limbe sessile sur la gaîne, très réduit et enfin nul dans les feuilles supérieures; ombelles nombreuses, pédonculées, à 3-10 rayons raides, sillonnés, rudes du côté interne, à la fin épais, involucre nul, involucelles polyphylles à folioles lancéolées, bordées d'une marge blanche, dents de calice petites; styles divariqués égalant 2 fois le stylopode; fruit ovoïde-oblong, pubescent, à côtes épaisses et carenées; commissure à 2 bandelettes superficielles. Cette plante s'est développée, au jardin botanique, de graines apportées par nous du Sud Oranais.

Page 362, **Fœniculum vulgare**. La forme du Djebel-Amour, cultivée au jardin botanique, n'a, ni dans la plante, ni dans les fruits l'odeur de Fenouil, mais une odeur extrêmement différente. Morphologiquement elle ne diffère guère de la forme ordinaire du Tell.

Page 386, **Sambucus nigra**. Spontané près Soukarras, au Djebel-Tougourt, forêt de Bellezma (Lx).

Page 388, **Oldenlandia inconstans** Pomel au lieu de étamines insérées sur le milieu du tube, lisez : insérées au tiers du tube. Corrigez la localité ainsi : bords d'un petit lac entre Saboun et Bordj-Ali-Bey.

Page 398, **Galium palustre** L., type. Commun de Bougie à La Calle.

Le *Galium verum* est très commun dans la région de Sétif et y produit beaucoup de formes intermédiaires entre lui et le *G. tunetanum.*

Page 403, le *Valeriana Phu* se trouve réellement dans l'herbier de Desfontaines avec La Calle comme localité. Cette plante se distingue facilement du *V. tuberosa* par sa souche non tubéreuse, ses fleurs toutes hermaphrodites, blanches, par ses bractéoles non scarieuses aux bords, etc. Europe.

Page 422, **Bellis prostrata** Pomel, simple forme du *Bellis annua*.

Page 436, **Lasiopogon muscoides**, localité : Msila.

Page 438, au lieu de *F. mauritanica*, lire *E. mauritanica.*

Page 454, après *Anthemis kabylica*, ajoutez :

A. numidica nov. spec. — Diffère de l'*A. montana* et surtout de la variété *kabylica* par l'épais duvet argenté qui la recouvre. Elle diffère de l'*A. Columnæ* Tenore par ses ligules bien développées. Djebel-Tamesguida, Djebel-Meghris.

A. tuberculata Boissier, localités : Constantine, butte du télégraphe de Sétif, Sétif, Aïn-Kermane, etc.

Page 475, **Senecio ambiguus**, localités : Aurès, près du Cheliah, Tébessa (Lx).

Page 470, avant *Eusénéciodées*, mettre :

Tribu des BIDENTIDÉES.

Capitules hétérogames ou homogames; ligules neutres, parfois nulles; fleurons réguliers; anthères échancrées à la base en 2 lobes aigus; style des fleurons du disque à branlinéaires portant au sommet un pinceau de poils surmonté d'un petit cône nu; achaines comprimés, tétragones, surmontés de 1-5 arêtes.

BIDENS L.

Péricline hémisphérique à 2 rangs de folioles; les extérieures herbacées, étalées ou réfléchies, les internes plus courtes scarieuses; achaines oblongs, cunéiformes, comprimés, élargis et tronqués au sommet, sans podocarpe, épineux sur les bords, avec une côte sur le dos, portant au sommet 1-3 arêtes barbelées; réceptacle convexe, alvéolé, muni d'écailles scarieuses; feuilles opposées.

B. tripartita L.; Munb., cat. — Plante dressée, glabrescente, haute de 1-5 décim.; feuilles ordinairement tripartites à segments lancéolés, dentés, le médian plus grand existant seul parfois, pétiole ailé, court; capitules solitaires, terminaux, dressés; corolles jaunes, toutes tubuleuses; achaines bruns. ① Bône (Munby). Europe, Orient.

Page 526, **Carduus numidicus**, localité : Mouïas.

Page 530, **Tolpis barbata**, localités : de Djidjelli à La Calle.

Page 532, **Hypochœris blechnoides** Pomel, localités : de Bougie à La Calle.

Page 541, **Leontodon helmintioides.** Commun à Sétif.

Page 553, **Lactuca numidica**, description à compléter : feuilles hispides ; tiges ramifiées formant une ample inflorescence ovoïde, à rameaux simples ou peu ramifiés ; capitules en glomérules axillaires, lancéolés, renfermant 5 ligules jaunes, à limbe elliptique, tronqué et 5 denté au sommet, ces 5 ligules réunies en verticille régulier, large de 10-12 millim. ; fruits noirs, lancéolés, atténués en bec plus court qu'eux, à aigrette un peu plus longue que le bec. ♃ Août-octobre.

Page 566, **Andryala nigricans** est bien voisin d'*A. sinuata.*

Page 569, **Ambrosia.** Il existe sur les sables maritimes, de Bougie à La Calle, une plante vivace, cespiteuse, ayant des feuilles d'*Ambrosia*. Nous ne l'avons pas vue en fleurs.

Page 576, **Specularia L.**

M. Julien vient de m'envoyer, du Djebel-Ouach à Constantine, une curieuse plante encore en boutons floraux, qui a les feuilles et à peu près les fleurs du *Sp. falcata ;* mais ces fleurs sont solitaires sur de très longs pédoncules. Il y a le plus souvent un seul pédoncule terminant la tige, parfois 2 ou 3 autres axillaires. Le Prodrome ne contient, comme *Specularia* à fleurs solitaires, que le *Sp. pentagonia* qui est très différent, par ses grandes corolles, ses pédoncules bien plus courts, etc. Ce *Specularia* est glabre. C'est probablement une espèce nouvelle que j'inscris provisoirement sous le nom de *Sp. Juliani.*

Page 588, **Erythæa Centaurium.** La forme typique de l'espèce se trouve à La Calle ; les feuilles sont plus petites que dans la variété *suffruticosa ;* les fleurs plus petites aussi et à pétales plus aigus sont réunies en inflorescence moins agglomérée, plus nettement dichotome.

Page 592, **Convolvulus Durandoi**, localités : Djidjelli, Djebel-Ouach, etc.

Page 604, **Myosotis macrocalycina.** J'ai cette année étudié cette plante dans une grande partie de ses stations ; le calice est toujours fermé à maturité, et elle constitue un type parfaitement unique.

Page 629, **Celsia betonicæfolia**, supprimer la localité de Bougie, qui doit être attribuée au *Verbascum Blattaria.*

Page 642, **Linaria baborensis**, n'est qu'une forme montagnarde du *L. reticulata* Desf. Il semble ailleurs (Meghris) passer au *L. heterophylla.*

Page 652, **Odontites violacea.** — Cette plante est facile à reconnaître à son port bas et grêle, à ses tiges décombantes avec les rameaux florifères redressés ; elle pousse généralement en petits peuplements assez denses; les fleurs sont souvent blanchâtres.

Page 653, **O. discolor**, supprimez le synonyme *O. atlantica* Cosson, inéd. et ajoutez après :

O. rigidifolia Benth., var. *atlantica* Cosson. — Diffère de l'espèce précédente par son calice fructifère et sa capsule beaucoup moins développés. Djurdjura, Soukarras, Hammam-Melouan, etc.

Nous avons encore récolté près du col de Tirourda un très grand *Odontites* voisin de l'*O. Fradini*, mais à corolle discolore, à étamines très saillantes, à bractées égalant les calices, ceux-ci à dents lancéolées un peu plus courtes que le tube, à longs styles hispides. Octobre.

Page 716, **Ajuga chia.** La plante du Khreider vivace par induration, ne diffère pas d'ailleurs de la variété grandiflore de l'*A. Chamæpitys. A. chia*, d'Asie mineure, est une plante différente.

Page 740, à la fin de la page, ajoutez :

PINGUICULA L.

P. lusitanica L. Maroc.

Page 763, après le *S. oppositifolia*, mettez :

S. zygophylla nov. spec. — Tiges épaisses, ligneuses, couchées en cercle, gazonnantes, à rameaux redressés, ligneux, hauts de 1-3 décim.; feuilles opposées ou glomérulées, alternes dans l'inflorescence, cylindriques, turgides, glabres, glauques, arrondies et mucronulées au sommet, brusquement contractées à la base; fleurs moitié plus petites que dans l'espèce précédente, glomérulées, 1-3 à l'aisselle des feuilles florales; glomérules réunis en épis terminaux ou axillaires, bien fournis; feuilles florales égalant la fleur ou plus courtes; bractées globuleuses, plus courtes que la feuille florale; filets linéaires; anthères larges, insérées vers leur milieu; style court. Environs de l'oued Krebassa, près du chott Chergui. Novembre. Espèce ornementale.

Page 764, après **S. vermiculata**, ajoutez :

S. spinescens Moquin? — Diffère de l'espèce précédente par ses tiges beaucoup plus grêles, plus élancées, à rameaux divariqués à angle droit, à la fin spinescents ; feuilles minuscules (1-2 mill. sur 1), pubescentes, obtuses ; feuilles florales et bractées membraneuses aux bords ; fleurs solitaires, petites, à ailes toujours d'un blanc verdâtre. Haïad en Naan près Mécheria, oued Krebassa, près du chott Chergui. Novembre.

Enfin ajouter l'**Argan**, du Maroc ; *Argania sideroxylon* Rœmer et Schultes. Arbre de la famille des Sapotées, laquelle n'a pas de représentants en Algérie et le *Silene Behen* L., que le Dr Clary m'envoie au dernier moment de Mers-el-Kebir, peut-être subspontané.

Cet appendice était imprimé quand M. F. Crépin, le monographe si autorisé du genre *Rosa*, a bien voulu rédiger pour notre flore un synopsis des Roses d'Algérie qu'il étudiait en ce moment. Nous sommes heureux d'ajouter ici ce travail important.

Synopsis des Roses d'Algérie, par F. Crépin

ROSA Tournefort (1)

Section I. *Synstylæ.* — Styles saillants au-dessus du disque en une colonne grêle égalant les étamines; sépales réfléchis pendant et après l'anthèse, caducs avant la complète maturité ; stipules supérieures et bractées étroites, non dilatées ; tiges longuement sarmenteuses.

R. sempervirens L. — Feuilles moyennes des ramuscules florifères ordinairement 5-foliolées, rarement 7-foliolées ; folioles presque toujours complètement glabres, à dents simples ; inflorescence ordinairement pauciflore ; pédicelles glabres, hispides-glanduleux ; bractées et bractéoles persistant longtemps ; boutons courts, ovoïdes-arrondis ; sépales ovales, brusquement atténuées en pointe courte ; colonne stylaire ordinairement hérissée, rarement glabre. C. C.

(1) Les matériaux qui ont servi à rédiger cet article étaient trop peu abondants pour nous permettre de faire une étude approfondie des Roses algériennes. On considèrera donc ce synopsis comme un simple travail préparatoire destiné à diriger les nouvelles recherches des amateurs.

Obs. — Cette espèce paraît être abondante et répandue dans les régions voisines de la méditerranée. Il sera intéressant d'en rechercher la distribution dans l'intérieur du pays. La variation à réceptacles arrondis a été décrite sous le nom de *R. scandens* Mill.; celle à styles glabres, sous celui de *R. prostrata* DC.

R. moschata Herrm. (1762), Mill. (1768). — Feuilles moyennes des ramuscules florifères, ordinairement 7-foliolées, rarement 9-foliolées; folioles ordinairement pubescentes, rarement glabres, à dents simples rarement composées-glanduleuses; inflorescence ordinairement multiflore; pédicelles souvent velus, hispides-glanduleux; bractées et bractéoles promptement caduques; boutons ovoïdes-allongés; sépales lancéolés, insensiblement atténués; colonne stylaire hérissée. Alger, Bouzaréah, Birmandreïs, Tlemcen.

Obs. — Cette espèce n'est vraisemblablement que subspontanée et provenant d'anciennes cultures des Maures. La variation observée en Algérie et décrite sous le nom de *R. Munbyana* Gdgr. est à feuilles glabres.

Section II. *Stylosæ.* — Styles ordinairement glabres, agglutinés en une colonne grêle dépassant à peine le disque conique (1); sépales réfléchis après l'anthèse, caducs avant la complète maturité; stipules supérieures et bractées peu dilatées; tiges un peu sarmenteuses, à aiguillons crochus, très épaissis à la base.

R. stylosa Desv. — Feuilles moyennes des ramuscules florifères 7-foliolées, ordinairement pubescentes, rarement glabres, à dents ordinairement simples; inflorescence ordinairement pauciflore; pédicelles ordinairement hispides-glanduleux; sépales semblables à ceux du *R. canina;* styles beaucoup plus courts que les étamines. Zaccar de Miliana (Pomel, herb.!)

Obs. — Cette espèce, dont les caractères vacillent entre ceux des *Synstylæ* et des *Caninæ*, existe probablement çà et là en Algérie. Sur échantillons d'herbier, il est assez facile de la confondre avec des variations du *R. canina*. Les deux formes que M. le Dr Chabert (Bull. soc. bot. de Fr., tab. XXXVI, 1889, p. 22 et 23) a rapportées, d'après notre avis, au *R. stylosa*, ne sont vraisemblablement que des variations multiflores du *R. canina.*

Section III. *Gallicæ.* — Styles libres, inclus; sépales réfléchis après l'anthèse, caducs; inflorescence souvent uniflore et dépourvue de bractées; stipules supérieures étroites; feuilles des ramuscules florifères 3-5-foliolées; tiges dressées, ordinairement hétéracanthes.

R. gallica L. — Souche longuement rampante; tiges peu élevées, à aiguillons crochus, ordinairement entremêlés d'acicules et de glandes; folioles ordinairement grandes, à dents glanduleuses; fleurs grandes; pédicelles longs, hispides-glanduleux.

---

(1) Sur échantillons d'herbier, certaines formes du *R. canina*, par suite de la contraction du réceptacle, présentent des styles saillants simulant une courte colonne stylaire.

Obs. — M. Letourneux a dit à M. Battandier avoir observé cette espèce à Tafer, Beni-Salah de Bône et Merassen. Il est très probable que l'espèce n'était que subspontanée dans ces locatités. J'ai vu des specimens recueillis par ce collecteur (in quercetis vallis El-Fedja [Ouchtetas] *haud infrequens*, 24 mai 1886) qui sont à fleurs doubles ainsi qu'un autre cueilli à Tiaret par Delestre. Munby a récolté à l'état subspontané ou cultivé le *R. alba* L. à fleurs doubles à Tlemcen.

Section IV. *Caninæ.* — Styles libres, inclus ; sépales réfléchis après l'anthèse, caducs ou redressés et couronnant le réceptacle jusqu'à complète maturité, puis caducs ou persistants, les extérieurs appendiculés latéralement ; inflorescence uni ou pauciflore, munie de bractées plus ou moins dilatées ; tiges dressées, à aiguillons alternes, crochus, arqués ou droits.

Sous-Section I. *Eucaninæ.* — Folioles non glanduleuses, en dessous ou à glandes rares et inodores ; sépales réfléchis après l'anthèse et caducs, ou redressés persistants jusqu'à complète maturité puis caducs ; aiguillons crochus ou arqués.

R. canina L. — Folioles glabres ou pubescentes, rarement à nervures secondaires munies de glandes inodores, à dents simples, doubles ou composées-glanduleuses ; pédicelles assez épais, lisses, rarement hispides-glanduleux, dépassant rarement les bractées ou les stipules supérieures ; sépales réfléchis après l'anthèse, assez promptement caducs ; styles plus ou moins hérissés, rarement glabres ; aiguillons ordinairement robustes, crochus.

α lutetiana (R. lutetiana Lem. et formæ proximæ). — Folioles glabres, à dents simples ; pédicelles et réceptacles lisses.

β andegavensis (R. andegavensis Bast. et formæ proximæ). — Folioles glabres, à dents simples ; pédicelles hispides-glanduleux.

γ dumalis (R. dumalis Bechst. et formæ proximæ). — Folioles glabres, à dents doubles ou composées-glanduleuses ; pédicelles lisses.

δ dumetorum (R. dumetorum Thuill. et formæ proximæ). — Folioles plus ou moins pubescentes, à dents simples ; pédicelles lisses.

ε Deseglisei (R. Deseglisei Bor. et formæ proximæ). — Folioles plus ou moins pubescentes, à dents simples ; pédicelles hispides-glanduleux.

ζ tomentella (R. tomentella Lem. et formæ proximæ). — Folioles pubescentes, à nervures secondaires parfois glanduleuses ; pédicelles lisses, rarement hispides-glanduleux.

Obs. — Ces diverses formes ont été observées en Algérie, mais les matériaux que nous en avons vus ne nous permettent pas d'en établir la distribution géographique. Le *R. tomentella* Lem., dans sa forme la plus typique, devra probablement prendre le rang du *R. Pouzini* Tratt.

R. Pouzini Tratt. — Folioles glabres, rarement pubescentes, à nervures secondaires non glanduleuses, rarement glanduleuses, à dents ouvertes, ordinairement composées-glanduleuses ; pédicelles grêles, allongés, dépassant assez longuement les bractées ou les stipules supérieures, presque toujours hispides-glanduleux ; sépales ordinairement glanduleux, réfléchis après l'anthèse, caducs ; styles glabres, glabrescents ou un peu hérissés ; aiguillons grêles, crochus. Mansourah, Nador de Médéah, Djebel-Madid, Aït-Daoud, Haïdous, arrondissement de Boghar, Lambèse, Tala-Rana, Aït Koufi, Djebel-Aïzer, Dréat, Berrouaghia, Batna.

Obs. — Cette espèce d'ordre secondaire, dérivée du *R. canina*, se distingue de celui-ci par ses axes et ses aiguillons plus grêles, par son feuillage jeune ordinairement couleur lie du vin, par ses pédicelles plus grêles, plus allongés et par ses fleurs plus petites. Elle est probablement répandue dans tous les massifs montagneux de l'Algérie.

R. montana Chaix. — Folioles glabres, glaucescentes, à nervures secondaires parfois glanduleuses, à dents composées-glanduleuses; stipules supérieures et bractées assez dilatées; pédicelles ordinairement hispides-glanduleux; réceptacle hispide-glanduleux ou lisse; sépales se redressant après l'anthèse, couronnant le réceptacle jusqu'à complète maturité, puis caducs; styles tomenteux; aiguillons assez grêles, arqués ou presque droits. Chaîne du Djurdjura: Environs de Tirourda et Fort-National (Lx); Djebel-Tababor (Cosson).

Obs. — M. Cosson a recueilli au Djebel-Tababor, et M. Battandier au Zaccar de Milianah, une forme très curieuse, qui est vraisemblablement une variété du *R. montana*; sous-arbrisseau à tiges grêles ne dépassant pas 50 cent.; folioles à nervures secondaires glanduleuses, à nervure médiane avec une légère villosité de même que les pétioles; pédicelles à glandes délicates; réceptacle lisse. M. Battandier m'a écrit que la plante du Zaccar de Milianah est à souche rampante, particularité qui s'observe parfois dans le *R. montana* des Alpes d'Europe. Nous avons vu, dans l'herbier de M. Battandier, un specimen en fleurs recueilli en juin 1890 au Djebel-Meghris, près Sétif, à folioles très petites, glabres, glanduleuses sur les nervures secondaires, à dents composées-glanduleuses, à fleurs très petites, à pédicelles et réceptacle lisses. Nous sommes assez porté à considérer cette forme comme une variété microphylle du *R. montana*. Une forme à peu près semblable a été récoltée, en 1888, par M. le Dr Clary, au Djebel Bou-Kherouf. Il est vraisemblable qu'on découvrira le *R. montana* sous diverses variations, çà et là dans les massifs montagneux de l'Algérie, en compagnie, peut-être des *R. glauca* Vill. et *R. coriifolia* Fries.

Sous-Section II. *Rubiginosæ*. — Folioles abondamment glanduleuses en dessous, à glandes odorantes, à dents composées-glanduleuses; sépales réfléchis après l'anthèse et caducs, ou redressés persistants jusqu'à complète maturité, puis caducs; aiguillons crochus ou arqués.

R. sicula Tratt. — Sous-arbrisseau ne dépassant pas 50 cent., souvent de 1 à 3 décim., à axes tortueux et rabougris; aiguillons crochus ou arqués; folioles petites, ovales-arrondies ou suborbiculaires, rarement ovales-elliptiques, ordinairement glabres et glanduleuses sur les deux faces, très rarement pubescentes; pédicelles très courts, hispides-glanduleux, rarement lisses, parfois un peu velus; sépales relevés après l'anthèse, couronnant le réceptacle jusqu'à complète maturité, puis caducs, glanduleux sur le dos, rarement lisses; corolle petite; styles fortement hérissés ou velus. Chaîne du Djurdjura : environs de Tirourda, Mechmel-Aït-Daoud; Djebel-Tababor; Monts Aurès : vallée de Medina; Djebel Dréat.

Obs. — Cette espèce a été souvent confondue avec le *R. Seraphini* Viv. que nous n'avons pas encore vu de l'Algérie. Celui-ci se distingue du *R. sicula* par ses folioles non glanduleuses en dessus, ses pédicelles lisses, ses sépales non glanduleux sur le dos, non relevés sur le réceptacle et ses styles glabres ou très peu hérissés.

R. micrantha Sm. — Arbrisseau plus ou moins élevé, à aiguillons crochus non entremêlés d'aiguillons sétacés ; folioles ovales, assez grandes, plus ou moins arrondies à la base, glabres ou pubescentes, ordinairement non glanduleuses en dessus ; pédicelles longs, hispides-glanduleux ; sépales réfléchis après l'anthèse, caducs avant la maturité ; corolle de grandeur moyenne ; styles glabres, glabrescents ou peu hérissés. Tiaret, Djebel Tessalah, Djebel Ksel.

Obs. — Cette espèce existe probablement çà et là sous diverses variations. Jusqu'ici, nous n'avons pas vu le *R. rubiginosa* L. provenant d'Algérie. Il se distingue par ses tiges hétéracanthes, ses sépales redressés pendant la maturation du réceptacle et ses styles fortement hérissés.

R. agrestis Savi ; *R. sepium* Thuill. — Arbrisseau plus ou moins élevé, à aiguillons crochus non entremêlés d'aiguillons sétacés ; folioles ovales-elliptiques, plus ou moins atténuées en coin à la base, ordinairement glabres, rarement pubescentes ; pédicelles longs, lisses ; sépales réfléchis après l'anthèse caducs avant la maturité ; corolle de grandeur moyenne ; styles souvent glabres, plus rarement un peu hérissées. Environs de Tirourda, Fort-National, Djebel-Mouzaïa, Médéah, Tralimet.

Obs. — Il est probable que cette espèce existe çà et là dans une grande partie de l'Algérie. Nous n'avons point vu d'échantillon du vrai *R. graveolens* Gren., qui se distingue du *R. agrestis* par ses sépales redressés sur le réceptable pendant la maturation et ses styles fortement hérissés ou velus.

Remarques sur quelques espèces signalées en Algérie. Desfontaines, dans son *Flora Atlantica*, décrit trois espèces : 1° le *R. moschata* cultivé dans la Tunisie pour la fabrication de l'essence de rose ; 2° un *R. majalis*, dont l'identité spécifique n'est pas connue ; 3° son *R. microphylla*, qui, d'après ce que j'en ai vu appartient au *R. Pouzini*. Munby, dans son catalogue, cite un *R. Sherardi* qui est probablement une variété du *R. canina*. Le *R. Fontanesii* Pomel nous est inconnu. Nous avons bien vu dans l'herbier de cet auteur un petit specimen provenant de Blidah, étiquetté *R. Fontanesii*, qui n'est rien autre qu'un *R. Pouzini* et dont les caractères ne correspondent pas avec la description du *R. Fontanesii*. M. Battandier, dans le présent ouvrage, cite avec doute : 1° le *R. tomentosa* Sm. d'après une indication manuscrite de Duval-Jouve et qui n'est probablement qu'une variété du *R. canina* ; 2° *R. pimpinellifolia*, d'après le catalogue de Munby, et qui n'est vraisemblablement pas le *R. pimpinellifolia*, espèce sans doute étrangère à l'Algérie, de même que le *R. tomentosa*.

Enfin le *R. numidica* Grenier, décrit par Deseglise (*Journal of Botany*, 1874, p. 171) et signalé dans des haies autour de Constantine, est, à en juger par sa description une variation du *R. tomentella* Lem. ou du *R. Pouzini* Tratt. Ce dernier en Algérie est souvent à folioles plus ou moins pubescentes en dessous.

TABLE DES GENRES

A

B

C

D

E

F

G

H

M

N

O

P

Q

R

S

T

U

V

X

Z

W

Alger. — Typographie Adolphe Jourdan.

OUVRAGES DES MÊMES AUTEURS

Flore d'Alger et Catalogue des plantes d'Algérie, ou énumération systématique de toutes les plantes signalées jusqu'à ce jour comme spontanées en Algérie, avec description des espèces qui se trouvent dans la région d'Alger. — *Monocotylédones.* — 1 vol. in-8° . . . . 3 fr. »

Atlas de la Flore d'Alger. — Monographie avec diagnoses d'espèces nouvelles, inédites ou critiques, de la flore atlantique. — *Phanérogames* et *Cryptogames acrogènes.* Une feuille de texte et 11 planches. — 1er fascicule in-8° . . . . 4 fr. »

Flore de l'Algérie, *ancienne flore d'Alger transformée,* contenant la description de toutes les plantes signalées jusqu'à ce jour comme spontanées en Algérie. — DICOTYLÉDONES. — In-8° grand raisin.

1er fascicule. — *Thalamiflores* . . . . 4 fr. »

2e — *Caliciflores polypétales*. . . . . 4 fr. »

3e — *Caliciflores gamopétales* . . . . 4 fr. »

4e — *Corolliflores et apétales* . . . . 8 fr. »

Pour paraître prochainement

5e — *Gymnospermes, Fougères, Muscinées, Characées.*

ALGÉRIE. — **Plantes médicales, essences et parfums.** — In-8° grand raisin . . . . 1 fr. 50

Étude sur l'Halfa *(Stipa tenacissima)*, par M. L. Trabut, professeur à l'École de médecine d'Alger (mémoire ayant obtenu le premier prix au concours ouvert par le gouvernement général de l'Algérie, 1888). — 1 vol. grand in-8° avec 22 planches. 4 fr. »

D'Oran à Méchéria, par L. Trabut, 1887. . . . . 1 fr. 50

Les Zônes botaniques de l'Algérie, par L. Trabut, 1888. . . . . 1 fr. 50

ALGER. — TYPOGRAPHIE ADOLPHE JOURDAN.

www.ingramcontent.com/pod-product-compliance
Ingram Content Group UK Ltd.
Pitfield, Milton Keynes, MK11 3LW, UK
UKHW021935200726
13855UKWH00007B/8

9 782012 859937